최종 실전 모의고사(7회) 수록

철도관련법 철도안전법

황승순

박영사

철도관련법을 출간하게 된 동기

철도관련법(철도안전법)은 철도 산업의 전문 자격 시험 과목 중 하나로, 철도차량운전면허, 철도관제자격증명, 철도운송산업기사, 철도교통안전관리자 등 많은 시험에서 필수로 채택되고 있다.

특히 한 번에 1,000여 명을 태우고 질주하는 철도기장(기관사)의 꿈을 이루고자 하는 초년생들은 철도차량 운전교육훈련기관에 입교할 때부터 철도안전법 과목을 마주하게 된다.

법령은 처음 접하는 경우에 이해하기 쉽지 않다. 철도관련법 체계에는 기틀이 되는 철도안전법과, 위임명령인 시행령 그리고 시행규칙들이 톱니바퀴처럼 맞물려 중복 없이 시스템적으로 어우러져 있다. 입법 목적, 위임 입법의 이유, 다른 법률과의 상호관련성들을 꿰뚫지 않고서는 완벽하게 이해하기 힘든 것이 법령이다.

필자는 한국철도공사에서 여객사업본부장, 물류사업본부장을 거치면서 철도 경영의 근간인 여객과 화물운송 업무를 두루 경험하였다. 이와 더불어 안전본부장을 하면서 철도 전반의 안전한 운송에 관하여 국토교통부와 토론과 조언에 참여하였고, 철도안전법의 체계화와 정착에 깊게 관여하였다. 이러한 지식과 경험을 후배들에게 효과적으로 물려주고자 「철도관련법」을 집필하게 되었다.

수험생의 쉬운 이해를 위하여 법과 시행령·시행규칙을 하나로 묶어 체계적으로 정리하였다. 노트 정리하듯이 간결한 문장으로 엮어내려고 노력하였다.

아무쪼록 본 교재가 전문적인 대학 교재로서, 수험생의 기본서로서, 철도 안전업무의 바이블로서 철도산업의 관계자 모두의 곁에 함께하기를 간절히 소망한다.

저자 **황 승 순**

카페 cafe.daum.net/RAIL

메일 hss-21@daum.net

철도취업·자격정보

01 최초로 법령의 핵심내용을 <u>노트식으로</u> 정리하였습니다.
짧은 문장, 핵심 키워드로 이해하기 쉽게 하였습니다.

02 <u>1회 학습분량</u>을 균형 있게 <u>배분하여</u> 학습효과를 높였습니다.
법령을 적정분량으로 장을 구분하고, 기출예상문제를 배치하여 즉시 핵심을 체크
할 수 있도록 배려하였습니다.

03 <u>교과서처럼</u> 체계적으로 정리하였습니다.
법과 시행령, 시행규칙을 통합 정리하여 편집 순서대로 읽기만 하면 머리에 쏙
들어오도록 편집하였습니다.

04 법령의 <u>＜별표＞</u>내용 중 출제빈도가 높은 내용은 핵심정리에 포함시켰습니다.
출제빈도가 낮고 분량이 많은 ＜별표＞는 각 단원의 마지막에 배치하여 학습하는
데 방해를 받지 않도록 하였습니다.

05 철도안전법의 윤곽을 단박에 체계화할 수 있도록 <u>특별부록</u>을 만들었습니다.
① 숫자로 정리한 철도안전법   ② 승인·신고·보고 등 분류표
③ 각종 절차의 비교·정리표   ④ 운전규칙의 차이점 비교표

06 1회독에 <u>3회</u> 학습효과를 노렸습니다.
핵심내용 → 문제의 지문 → 해설(법령 원문)
한번 학습하면 세 번의 공부효과를 거두도록 하였습니다.

07 <u>기출예상문제</u>는 반드시 출제가능한 문제로 함축하였습니다.
책만 두꺼워지고, 분량만 채우려는 반복적인 문제는 제외시켰습니다.

08 최근 개정된 <u>출제경향</u> 및 <u>출제범위</u>에 맞췄습니다.
· 운전면허 시험범위가 아닌 철도안전법 제4장, 제7장을 별책으로 이동정리
· 2개의 관련지침을 법령의 해당항목에 삽입정리
① 철도사고·장애, 철도차량고장 등에 따른 의무보고 및 철도안전 자율보고에
관한 지침
② 철도종사자 등에 관한 교육훈련 시행지침

09 철도안전의 최고 책임자이자 <u>경험자가 집필한</u> 책입니다.
단순히 법령의 해석에 그치지 않고, 입법취지가 담겨진 살아있는 책입니다.

10 철도안전의 <u>기본서</u>가 되도록 집필하였습니다.
대학의 교재로, 철도 안전업무의 편람으로, 수험생의 길잡이로

1. 철도차량 운전면허

① 최초 시행일 : 2006년 7월 1일

② 철도차량 운전면허 종류별 운전이 가능한 철도차량

운전면허의 종류	운전할 수 있는 철도차량의 종류
1. 고속철도차량 운전면허	① 고속철도차량 ② 철도장비 운전면허에 따라 운전할 수 있는 차량
2. 제1종 전기차량 운전면허	① 전기기관차 ② 철도장비 운전면허에 따라 운전할 수 있는 차량
3. 제2종 전기차량 운전면허	① 전기동차 ② 철도장비 운전면허에 따라 운전할 수 있는 차량
4. 디젤차량 운전면허	① 디젤기관차　② 디젤동차　③ 증기기관차 ④ 철도장비 운전면허에 따라 운전할 수 있는 차량
5. 철도장비 운전면허	① 철도건설과 유지보수에 필요한 기계나 장비 ② 철도시설의 검측장비 ③ 철도ㆍ도로를 모두 운행할 수 있는 철도복구장비 ④ 전용철도에서 시속 25킬로미터 이하로 운전하는 차량 ⑤ 사고복구용 기중기 ⑥ 입환(入換)작업을 위해 원격제어가 가능한 장치를 설치하여 시속 25킬로미터 이하로 운전하는 동력차
6. 노면전차 운전면허	노면전차

③ 철도차량 운전면허 자격취득절차

④ 응시자격안내

  ㉮ 신체검사, 적성검사에 합격한 자

  ㉯ 교육훈련 기관에서 교육훈련 이수자(기능시험에 한함)

  ㉰ 철도안전법의 결격사유에 해당되지 않는 자

  ㉱ 고속철도차량 운전면허 응시자는 철도안전법 시행규칙에서 규정한 디젤 차량, 제1
    종 전기차량, 제2종 전기차량에 대한 운전업무 수행 경력이 3년 이상인 자

⑤ 철도차량 운전면허시험의 과목 (일반응시자)

응시면허	필기시험	기능시험
디젤차량 운전면허	● 철도 관련 법 ● 철도시스템 일반 ● 디젤차량의 구조 및 기능 ● 운전이론 일반 ● 비상 시 조치 등	● 준비점검 ● 제동취급 ● 제동기 외의 기기 취급 ● 신호준수, 운전취급, 신호·선로 숙지 ● 비상 시 조치 등
제1종 전기차량 운전면허	● 철도 관련 법 ● 철도시스템 일반 ● 전기기관차의 구조 및 기능 ● 운전이론 일반 ● 비상 시 조치 등	● 준비점검 ● 제동취급 ● 제동기 외의 기기 취급 ● 신호준수, 운전취급, 신호·선로 숙지 ● 비상 시 조치 등
제2종 전기차량 운전면허	● 철도 관련 법 ● 도시철도시스템 일반 ● 전기동차의 구조 및 기능 ● 운전이론 일반 ● 비상 시 조치 등	● 준비점검 ● 제동취급 ● 제동기 외의 기기 취급 ● 신호준수, 운전취급, 신호·선로 숙지 ● 비상 시 조치 등
철도장비 운전면허	● 철도 관련 법 ● 철도시스템 일반 ● 기계·장비차량의 구조 및 기능 ● 비상 시 조치 등	● 준비점검 ● 제동취급 ● 제동기 외의 기기 취급 ● 신호준수, 운전취급, 신호·선로 숙지 ● 비상 시 조치 등
노면전차 운전면허	● 철도 관련 법 ● 노면전차 시스템 일반 ● 노면전차의 구조 및 기능 ● 비상 시 조치 등	● 준비점검 ● 제동취급 ● 제동기 외의 기기 취급 ● 신호준수, 운전취급, 신호·선로 숙지 ● 비상 시 조치 등

⑥ 철도차량 운전면허시험의 과목기준 (일반응시자)

  ㉮ 철도 관련 법은 「철도안전법」과 그 하위규정 및 철도차량 운전에 필요한 규정
    을 포함한다.

  ㉯ 철도차량 운전 관련 업무경력자, 철도 관련 업무 경력자 또는 버스 운전 경력자
    가 철도차량 운전면허시험에 응시하는 때에는 그 경력을 증명하는 서류를 첨부
    하여야 한다.

⑦ 필기시험

㉮ 응시 제출 서류

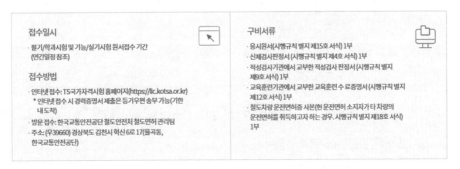

접수일시
· 필기/학과시험 및 기능/실기시험 원서접수 기간
  (연간일정 참조)

접수방법
· 인터넷접수: TS국가자격시험 홈페이지(https://lic.kotsa.or.kr)
  * 인터넷접수 시 경력증명서 제출은 등기우편 송부 가능(기한
    내 도착)
· 방문접수: 한국교통안전공단 철도안전처 철도면허관리팀
· 주소: (우39660) 경상북도 김천시 혁신6로 17(율곡동,
  한국교통안전공단)

구비서류
· 응시원서(시행규칙 별지 제15호 서식) 1부
· 신체검사판정서 (시행규칙 별지 제4호 서식) 1부
· 적성검사기관에서 교부한 적성검사 판정서 (시행규칙 별지
  제9호 서식) 1부
· 교육훈련기관에서 교부한 교육훈련 수료증명서 (시행규칙 별지
  제12호 서식) 1부
· 철도차량 운전면허증 사본(현 운전면허 소지자가 타 차량의
  운전면허를 취득하고자 하는 경우. 시행규칙 별지 제18호 서식)
  1부

㉯ 접수 기간 및 방법

ⓐ 접수기간 내에 인터넷을 이용한 원서접수

ⓑ 인터넷 접수

TS국가자격시험 홈페이지 신청·조회 메뉴에서 접수 실시

ⓒ 유의사항

수험일시와 장소는 시험일 5일전 이후부터 출력 가능(SMS 통지)

㉰ 응시 수수료 : 수수료 77,000원

인터넷 접수 시 온라인 결제(신용카드 및 계좌이체, 체크카드)

㉱ 시험장소 : 상시 CBT 필기시험장

ⓐ 서울 구로, 수원, 대전, 대구, 부산, 광주, 춘천, 전주 지역

ⓑ 전용 상시 CBT 필기시험장(주차시설 없으므로 대중교통 이용 필수)

㉲ 시행방법

컴퓨터에 의한 시험 120분

⑧ 기능시험

㉮ 기능시험 대상 : 응시 면허에 대한 필기시험 합격이 유효한자

㉯ 필기시험 합격유효기간

필기시험 합격한 날부터 2년이 되는 날이 속하는 해의 12월 31일까지

㉰ 접수 기간 및 방법

ⓐ 접수기간 내에 인터넷을 이용한 원서접수

ⓑ 인터넷 접수 : TS국가자격시험 홈페이지

㉱ 유의사항 : 시험일시와 장소는 시험일 5일전 17시 이후, SMS수신후 출력가능

㉲ 시험장소 : 공단기능시험장(대전) 또는 공단이 지정하는 장소

㉳ 시행방법 : 전 기능 모의운전 연습기(실제차량)을 통한 기능 시험 50분

ⓐ 응시수수료

구 분	모의운전연습기	실제차량
고속철도차량	253,000원	550,000원
제1종 전기차량	231,000원	242,000원
제2종 전기차량	242,000원	220,000원
디젤차량	220,000원	330,000원
철도장비	220,000원	220,000원
노면전차	242,000원	220,000원

* 인터넷 접수 시 온라인 결제(신용카드 및 계좌이체, 체크카드)로 진행

⑨ 철도차량운전면허 결격 사유

㉮ 19세 미만인 사람

㉯ 철도차량 운전상의 위험과 장해를 일으킬 수 있는 정신질환자 또는 뇌전증 환자로서 대통령령으로 정하는 사람

㉰ 철도차량 운전상의 위험과 장해를 일으킬 수 있는 약물(마약류 및 환각물질) 또는 알코올 중독자로서 대통령령으로 정하는 사람

㉱ 두 귀의 청력을 완전히 상실한 사람, 두 눈의 시력을 완전히 상실한 사람

㉲ 운전면허가 취소된 날부터 2년이 지나지 아니하였거나 운전면허의 효력정지 기간 중인 사람

* 대통령령으로 정하는 사람이란?
  해당분야의 전문의가 정상적인 운전을 할 수 없다고 인정하는 사람

⑩ 문제출제 및 채점

㉮ 문제출제 방법 : 문제은행 방식

문제은행 방식이란?
다양의 문항분석 카드를 체계적으로 분류·정리·보관해 놓은 뒤 랜덤하게 문제를 출제하는 방식

시험문제 공개 여부(비공개)
문제은행 방식으로 운영되기 때문에 시험문제를 공개할 경우, 반복 출제되는 문제들을 선택하여 단순 암기 위주의 시험 준비로 변할 우려가 있으므로 공개하지 않음.

㉯ 공단이 위촉한 면허시험위원에게 면허 종류별로 시험과목, 출제 난이도, 출제 문제 수, 문제 제출 기한 등을 알려주고, 쉬운 문제 20~30%, 보통 문제 50~65%, 어려운 문제 15~20%의 비율로 출제

㉰ 출제·검토 완료된 문제 중 공단이 위촉한 면허시험위원이 문제의 편중을 지양하고 난이도 등을 고려하여 문제를 최종 선정

* 객관식 4지 선택형으로 함을 원칙으로 하되 필요시 주관식을 혼용 가능

㉱ 채점 방법
  수험생이 작성한 정답안을 컴퓨터 프로그램에서 자동으로 채점

2. 철도교통관제사 자격증명

① 철도교통 관제자격증명이란?

　　철도차량의 운행을 집중제어 · 통제 · 감시하는 관제업무 자격

② 시행일 : 2017년 7월 25일

③ 철도교통 관제자격증명 자격취득절차

❶ 신체검사 및 적성검사	❷ 교육과정이수	❸ 학과시험	❹ 실기시험
국토교통부장관이 실시하는 신체검사 및 적성검사에서 합격판정	국토교통부장관이 지정하는 교육훈련기관에서 교육훈련이수	5개 과목에서 과목당 40점 이상 평균 60점 이상 득점 (관제관련규정의 경우 60점 이상)	5개 과목에서 과목당 60점 이상 평균 80점 이상

❺ 자격증발급	❻ 관제실무수습	❼ 관제실무 수습등록	❽ 관제업무종사
철도교통 관제자격증명서	철도운영기관에서 교육계획에 따른 관제실무수습	철도운영기관: 한국교통안전공단에 실무수습 결과 통보 및 시스템 등록 한국교통안전공단: 정보 확인 및 실무수습 승인처리	관제구간별 자격증 기재사항 변경, 갱신, 반납, 정지, 취소, 자료관리 등

★ 합격기준 (과목당 100점 만점)

학과시험 과목당 40점 이상 (관제관련규정의 경우 60점 이상) 총점 평균 60점 이상 득점	실기시험 과목당 60점 이상 총점 평균 80점 이상 득점

④ 철도 관제자격증명 시험의 과목 및 합격기준

관제자격증명 종류	학과시험 과목	실기시험 과목
철도 관제자격 증명	• 철도 관련 법 • 관제 관련 규정 • 철도시스템 일반 • 철도교통 관제 운영 • 비상 시 조치 등	• 열차운행계획 • 철도관제 시스템 운용 및 실무 • 열차운행선 관리 • 비상 시 조치 등
도시철도 관제자격 증명	• 철도 관련 법 • 관제 관련 규정 • 도시철도시스템 일반 • 도시철도교통 관제 운영 • 비상 시 조치 등	• 열차운행계획 • 도시철도관제 시스템 운용 및 실무 • 도시철도 열차운행선 관리 • 비상 시 조치 등

* 〈학과시험의 일부 면제〉

ⓐ 철도차량 운전면허를 받은 사람에 대해서는 학과시험 과목 중 철도관련 법 과목 및 철도시스템 일반 과목을 면제한다

ⓑ 국가기술자격을 가진 사람에 대해서는 학과시험 과목 중 해당 국가기술자격의 시험과목과 동일한 과목을 면제한다

⑤ 응시 원서 제출

　㉮ 접수방법

　　ⓐ 인터넷 접수 – TS국가자격시험 홈페이지(https://lic.kotsa.or.kr)

　　ⓑ 방문 접수 : 한국교통안전공단 철도안전처 철도면허 관리팀

　　　(우39660) 경상북도 김천시 혁신 6로 17(율곡동, 한국교통안전공단)

　㉯ 제출서류

　　ⓐ 구비서류응시원서 1부

　　ⓑ 신체검사판정서 1부

　　ⓒ 적성검사기관에서 교부한 적성검사판정서 1부

　　ⓓ 교육훈련기관에서 교부한 교육훈련 수료증명서 1부

　　ⓔ 철도차량 운전면허증 사본(현 운전면허 소지자가 타 차량의 운전면허를 취
　　　득하고자 하는 경우) 1부

⑥ 학과시험 중 철도관련법 시험범위

주 요 과 목	주 요 항 목
1. 철도안전법 및 하위법령	① 철도안전법
	② 철도안전법 시행령
	③ 철도안전법 시행규칙
	④ 기타 철도안전 관련 법령
2. 도시철도법 및 하위법령	① 도시철도법
	② 도시철도법 시행령
	③ 도시철도법 시행규칙
3. 관련 지침	① 철도교통 관제자격증명 갱신에 관한 지침
	② 철도교통 관제자격증명시험 시행지침
	③ 철도종사자 등에 관한 교육훈련 시행지침
	④ 철도종사자 등의 신체검사에 관한 지침
	⑤ 철도종사자 등의 적성검사 시행지침
	⑥ 철도사고등의 보고에 관한 지침

⑦ 실기시험

　㉮ 대상 : 해당종목에 대한 학과시험 합격이 유효기간 내에 있는 자

　㉯ 학과시험 합격유효기간

　　학과시험 합격한 날부터 2년이 되는 날이 속하는 해의 12월 31일까지

　㉰ 시행방법 : 전 기능 모의운전 연습기(작업형)시험 – 과목당 60분 내외

　㉱ 시험장소 : 관제실기시험장 – 한국교통안전공단 철도종사자 자격시험장

3. 철도운송산업기사

① 시험개요 : 여객 및 화물을 안전하게 수송하는 업무를 수행하도록 하기 위해 자격 제정
② 시행처 : 한국산업인력공단
③ 시험과목
    ㉮ 필기 : 1. 여객운송   2. 화물운송   3. 열차운전
       * 각 과목별 관련된 업무 중 철도안전법에서 15% 출제
    ㉯ 실기 : 열차조성실무
④ 검정방법
    ㉮ 필기 : 객관식 4지 택일형, 과목당 20문항 (과목당 30분)
    ㉯ 실기 : 작업형 (1시간 정도),   필답형 (1시간)
⑤ 합격기준
    ㉮ 필기 : 100점 만점으로 과목당 40점 이상, 전 과목 평균 60점 이상
    ㉯ 실기 : 100점 만점으로 60점 이상
⑥ 혜택 : 한국철도공사, 도시철도공사 등 채용시 가산점
⑦ 응시자격 : 대학교 2학년 과정 수료자

4. 철도교통안전관리자

① 시험개요 : 교통안전에 관한 전문적인 지식과 기술을 가진 자에게 자격을 부여
② 시행처 : 한국교통안전공단
③ 교통안전관리자 자격시험의 실시 : 짝수 월의 마지막 주 월요일~금요일
④ 응시자격안내 : 제한 없음
⑤ 시험시간 및 시험방법

구분	시험과목	문제 수(객관식 필기시험)	
1교시 과목	① 교통법규 (50문항) <2점>	– 교통안전법 : 10문제 – 철도산업발전기본법 5문제 – 철도안전법 : 35문제	총 50문제
2교시 과목	② 교통안전관리론 : 25문제 <4점> ③ 철도공학 : 25문제 <4점> ④ 선택과목(1과목) : 25문제 <4점> (열차운전, 전기이론, 철도신호 중 택일)		총 75문제

차례

〈범 례〉

● 안전법　　: 철도안전법
● 차량규칙 : 철도차량운전규칙
● 도시규칙 : 도시철도운전규칙
● 사고보고지침 : 철도사고·장애, 철도차량고장 등에 따른 의무보고 및
　　　　　　　　　철도안전 자율보고에 관한 지침
● 교육훈련지침 : 철도종사자 등에 관한 교육훈련 시행지침

PART

01

철도안전법

1장 철도안전법의 개요

1 제정 근거 및 목적

(1) 근거법률 : 철도산업발전기본법 제14조

제14조(철도안전) ① 국가는 국민의 생명·신체 및 재산을 보호하기 위하여 철도안전에 필요한 법적·제도적 장치를 마련하고 이에 필요한 재원을 확보하도록 노력하여야 한다.
② 철도시설관리자는 그 시설을 설치 또는 관리에 있어서 법령이 정하는 바에 따라 당해 시설의 안전한 상태를 유지하고, 당해 시설과 이를 이용하려는 철도차량간의 종합적인 성능검증 및 안전상태 점검 등 안전확보에 필요한 조치를 하여야 한다.
③ 철도운영자 또는 철도차량 및 장비 등의 제조업자는 법령이 정하는 바에 따라 철도의 안전한 운행 또는 그 제조하는 철도차량 및 장비 등의 구조·설비 및 장치의 안전성을 확보하고 이의 향상을 위하여 노력하여야 한다.

(2) 제정 시기 및 규모

① 법 제정일 : 2004. 10. 22. 제정
② 법 시행일 : 2005. 01. 01. 시행
③ 법 조문 : 제9장 제83조 (146개 조문)
  * 실제운용 122개 조문 (삭제 24개 조문)

(3) 제정 목적

① 철도안전을 확보하기 위하여 필요한 사항을 규정하고
② 철도안전 관리체계를 확립함으로써
③ 공공복리의 증진에 이바지함을 목적으로 한다.

(4) 법 체계

① 철도안전법 : 법률
② 철도안전법시행령 : 대통령령
  * 「철도안전법」에서 위임된 사항과 그 시행에 필요한 사항을 규정함

③ 철도안전법시행규칙 : 국토교통부령
　　* 「철도안전법」및 「철도안전법시행령」에서 위임된 사항과 그 시행에 필요한 사항을 규정함

2 용어의 정의

(1) 일반용어

① 철도 : 「철도산업발전기본법」제3조 제1호에 따른 철도
　"철도"라 함은 여객 또는 화물을 운송하는 데 필요한 철도시설과 철도차량 및 이와 관련된 운영·지원체계가 유기적으로 구성된 운송체계

② 전용철도 : 「철도사업법」제2조제5호에 따른 전용철도
　"전용철도"란 다른 사람의 수요에 따른 영업을 목적으로 하지 아니하고 자신의 수요에 따라 특수 목적을 수행하기 위하여 설치하거나 운영하는 철도

③ 철도시설 : 철도산업발전기본법 제3조제2호에 따른 철도시설
　"철도시설"이라 함은 다음에 해당하는 시설(부지를 포함)을 말한다.
　㉮ 철도의 선로(선로에 부대되는 시설을 포함), 역시설(물류시설·환승시설 및 편의시설 등을 포함) 및 철도운영을 위한 건축물·건축설비
　㉯ 선로 및 철도차량을 보수·정비하기 위한 선로보수기지, 차량정비기지 및 차량유치시설
　㉰ 철도의 전철전력설비, 정보통신설비, 신호 및 열차제어설비
　㉱ 철도노선간 또는 다른 교통수단과의 연계운영에 필요한 시설
　㉲ 철도기술의 개발·시험 및 연구를 위한 시설
　㉳ 철도경영연수 및 철도전문인력의 교육훈련을 위한 시설
　㉴ 그 밖에 철도의 건설·유지보수 및 운영을 위한 시설로서 **대통령령**이 정하는 시설

④ 철도운영 : 철도산업발전기본법 제3조제3호에 따른 철도운영
　"철도운영"이라 함은 철도와 관련된 다음에 해당하는 것
　㉮ 철도 여객 및 화물 운송
　㉯ 철도차량의 정비 및 열차의 운행관리
　㉰ 철도시설·철도차량 및 철도부지 등을 활용한 부대사업개발 및 서비스

⑤ 철도차량 : 철도산업발전기본법 제3조제4호에 따른 철도차량
　"철도차량"이라 함은 선로를 운행할 목적으로 제작된 동력차·객차·화차 및 특수차를 말한다

⑥ 철도용품 : 철도시설 및 철도차량 등에 사용되는 부품·기기·장치 등
⑦ 열차
　선로를 운행할 목적으로 철도운영자가 편성하여 열차번호를 부여한 철도차량
⑧ 선로
　철도차량을 운행하기 위한 궤도와 이를 받치는 노반(路盤) 또는 인공구조물로
　구성된 시설
⑨ 철도운영자 : 철도운영에 관한 업무를 수행하는 자
⑩ 철도시설관리자 : 철도시설의 건설 또는 관리에 관한 업무를 수행하는 자
⑪ 철도종사자
　㉮ 운전업무종사자 : 철도차량의 운전업무에 종사하는 사람
　㉯ 관제업무종사자 : 철도차량의 운행을 집중 제어·통제·감시하는 업무
　㉰ 여객승무원 : 여객에게 승무(乘務) 서비스를 제공하는 사람
　㉱ 여객역무원 : 여객에게 역무(驛務) 서비스를 제공하는 사람
　㉲ 작업책임자 : 철도차량의 운행선로 또는 그 인근에서 철도시설의 건설 또는
　　　　　　　　관리와 관련한 작업의 협의·지휘·감독·안전관리 등의 업무에
　　　　　　　　종사하도록 철도운영자 또는 철도시설관리자가 지정한 사람
　㉳ 철도운행안전관리자 : 철도차량의 운행선로 또는 그 인근에서 철도시설의
　　　　　　　　　　　　건설 또는 관리와 관련한 작업의 일정을 조정하고
　　　　　　　　　　　　해당 선로를 운행하는 열차의 운행일정을 조정하는
　　　　　　　　　　　　사람
　㉴ 그 밖에 **대통령령**으로 정하는 사람
　　철도운영 및 철도시설관리와 관련하여 철도차량의 안전운행 및 질서유지와
　　철도차량 및 철도시설의 점검·정비 등에 관한 업무에 종사하는 사람으로
　　서 **대통령령**으로 정하는 사람
　　〈대통령령으로 정하는 안전운행 또는 질서유지 철도종사자〉
　　ⓐ 철도사고, 철도준사고 및 운행장애(이하 "철도사고등")가 발생한 현장에
　　　서 조사·수습·복구 등의 업무를 수행하는 사람
　　ⓑ 철도차량의 운행선로 또는 그 인근에서 철도시설의 건설 또는 관리와
　　　관련된 작업의 현장감독업무를 수행하는 사람
　　ⓒ 철도시설 또는 철도차량을 보호하기 위한 순회점검업무 또는 경비업무
　　　를 수행하는 사람
　　ⓓ 정거장에서 철도신호기·선로전환기 또는 조작판 등을 취급하거나 열차
　　　의 조성업무를 수행하는 사람

ⓔ 철도에 공급되는 전력의 원격제어장치를 운영하는 사람

ⓕ 「사법경찰관리의 직무를 수행할 자와 그 직무범위에 관한 법률」 제5조 제11호에 따른 철도경찰 사무에 종사하는 국가공무원

ⓖ 철도차량 및 철도시설의 점검·정비 업무에 종사하는 사람

(2) 사고 및 장애 용어

① 철도사고

철도운영 또는 철도시설관리와 관련하여 사람이 죽거나 다치거나 물건이 파손되는 사고로 **국토교통부령**으로 정하는 것

〈철도사고의 범위 : 국토교통부령〉

㉮ 철도교통사고 : 철도차량의 운행과 관련된 사고로서 다음에 해당하는 사고

ⓐ 충돌사고 : 철도차량이 다른 철도차량 또는 장애물(동물 및 조류는 제외)과 충돌하거나 접촉한 사고

ⓑ 탈선사고 : 철도차량이 궤도를 이탈하는 사고

ⓒ 열차화재사고 : 철도차량에서 화재가 발생하는 사고

ⓓ 기타철도교통사고 : ⓐ~ⓒ까지의 사고에 해당하지 않는 사고로서 철도차량의 운행과 관련된 사고

♣ 「기타철도교통사고」의 종류 (사고보고지침)

1. 위험물사고

열차에서 위험물(운송취급주의 위험물) 또는 위해물품이 누출되거나 폭발하는 등으로 사상자 또는 재산피해가 발생한 사고

* 사상자 : 다음의 인명피해를 말한다

1) 사망자 : 사고로 즉시 사망하거나 30일 이내에 사망한 사람

2) 부상자 : 사고로 24시간 이상 입원 치료한 사람

2. 건널목사고

「건널목개량촉진법」에 따른 건널목에서 열차 또는 철도차량과 도로를 통행하는 차마, 사람 또는 기타 이동 수단으로 사용하는 기계기구와 충돌하거나 접촉한 사고

3. 철도교통사상사고

충돌사고, 탈선사고, 열차화재사고, 위험물사고, 건널목사고를 동반하지 않고 열차 또는 철도차량의 운행으로 여객, 공중, 직원이 사망하거나 부상을 당한 사고

* 여객 : 철도를 이용하여 여행할 목적으로 역구내에 들어온 사람이나 열차를 이용 중인 사람

* 직원 : 계약을 체결하여 철도운영자등의 업무를 수행하는 사람을 포함한다.

ⓒ 철도안전사고 : 철도시설 관리와 관련된 사고로서 다음에 해당하는 사고.
단, 「재난 및 안전관리 기본법」에 따른 자연재난으로 인한 사고는 제외

　ⓐ 철도화재사고 : 철도역사, 기계실 등 철도시설에서 화재가 발생하는 사고

　ⓑ 철도시설파손사고 : 교량·터널·선로, 신호·전기·통신 설비 등의 철도
시설이 파손되는 사고

　ⓒ 기타철도안전사고 : ⓐ, ⓑ에 해당하지 않는 사고로서 철도시설 관리와
관련된 사고

♣ 「기타철도안전사고」의 종류 (사고보고지침)

1. 철도안전사상사고
"철도화재사고", "철도시설파손사고"를 동반하지 않고 대합실, 승강장, 선로 등 철도시설에서 추락, 감전, 충격 등으로 여객, 공중, 직원이 사망하거나 부상을 당한 사고

2. 기타안전사고 : "철도안전사상사고"에 해당되지 않는 기타철도안전사고

② 철도준사고

철도안전에 중대한 위해를 끼쳐 철도사고로 이어질 수 있었던 것으로 **국토교통부령**으로 정하는 것

〈철도준사고의 범위 : 국토교통부령〉

㉮ 운행허가를 받지 않은 구간으로 열차가 주행하는 경우

㉯ 열차가 운행하려는 선로에 장애가 있음에도 진행을 지시하는 신호가 표시되는 경우. 단, 복구 및 유지 보수를 위한 경우로서 관제 승인을 받은 경우에는 제외한다.

㉰ 열차 또는 철도차량이 승인 없이 정지신호를 지난 경우

㉱ 열차 또는 철도차량이 역과 역사이로 미끄러진 경우

㉲ 열차운행을 중지하고 공사 또는 보수작업을 시행하는 구간으로 열차가 주행한 경우

㉳ 안전운행에 지장을 주는 레일 파손이나 유지보수 허용범위를 벗어난 선로 뒤틀림이 발생한 경우

㉴ 안전운행에 지장을 주는 철도차량의 차륜, 차축, 차축베어링에 균열 등의 고장이 발생한 경우

㉵ 철도차량에서 화약류 등 「철도안전법 시행령」에 따른 위험물 또는 위해물품이 누출된 경우

㉶ 준사고에 준하는 것으로서 철도사고로 이어질 수 있는 것

③ 운행장애

철도사고 및 철도준사고 외에 철도차량의 운행에 지장을 주는 것으로서 <u>국토교통부령</u>으로 정하는 것

〈운행장애의 범위 : 국토교통부령〉

㉮ 관제의 사전승인 없는 정차역 통과

㉯ 다음의 구분에 따른 운행 지연.

단, 다른 철도사고 또는 운행장애로 인한 운행 지연은 제외

ⓐ 고속열차 및 전동열차 : 20분 이상

ⓑ 일반여객열차 : 30분 이상

ⓒ 화물열차 및 기타열차 : 60분 이상

철도사고등의 분류기준

철도사고	철도 교통사고	충돌사고		
		탈선사고		
		열차화재사고		
		기타철도 교통사고	위험물사고	
			건널목사고	
			철도교통 사상사고	여객
				공중
				직원
	철도 안전사고	철도화재사고		
		철도시설파손사고		
		기타철도 안전사고	철도안전 사상사고	여객
				공중
				직원
			기타안전사고	
철도준사고	철도준사고			
운행장애	무정차통과, 운행지연			
철도재난				

주) 1) 하나의 철도사고로 인하여 다른 철도사고가 유발된 경우에는 최초에 발생한 사고로 분류함(단, 충돌·탈선·열차화재사고 이외의 철도사고로 인하여 충돌·탈선·열차화재사고가 유발된 경우에는 충돌·탈선·열차화재사고로 분류함)

2) 철도사고등이 재난으로 인하여 발생한 경우에는 재난과 철도사고, 철도준사고, 또는 운행장애로 각각으로 분류함

3) 철도준사고 또는 운행장애가 철도사고로 인하여 발생한 경우에는 철도사고로 분류함

(3) 기타 용어

① 철도차량정비 : 철도차량(철도차량을 구성하는 부품·기기·장치를 포함)을 점검·검사, 교환 및 수리하는 행위

② 철도차량정비기술자 : 철도차량정비에 관한 자격, 경력 및 학력 등을 갖추어 국토교통부장관의 인정을 받은 사람

③ 정거장

ⓐ 여객의 승하차(여객 이용시설 및 편의시설 포함), ⓑ 화물의 적하, ⓒ 열차의 조성(철도차량을 연결하거나 분리하는 작업), ⓓ 열차의 교차통행 또는 대피를 목적으로 사용되는 장소

④ 선로전환기 : 철도차량의 운행선로를 변경시키는 기기

(4) 철도안전법 약어

① 철도운영자등 : 철도운영자 · 철도시설관리자

② 시 · 도지사

특별시장 · 광역시장 · 특별자치시장 · 도지사 · 특별자치도지사

③ 철도사고등 : 철도사고 · 철도준사고 · 운행장애

④ 위험물취급자

㉮ 위험물의 운송을 위탁하여 철도로 운송하려는 자

㉯ 위험물을 운송하는 철도운영자

⑤ 철도경계선 : 가장 바깥쪽 궤도의 끝선

⑥ 철도보호지구

㉮ 철도경계선으로부터 30미터 이내의 지역

㉯ 「도시철도법」에 따른 노면전차의 경우에는 철도경계선으로부터 10미터 이내의 지역

⑦ 철도안전위험요인 : 철도안전을 해치거나 해칠 우려가 있는 사건 · 상황 · 상태 등

⑧ 사업주 : 철도운영자등과의 계약에 따라 철도운영이나 철도시설 등의 업무에 종사하는 사업주

⑨ 소유자등 : 철도차량을 소유하거나 운영하는 자

♣ 시행지침 용어의 정의

1. 철도안전정보관리시스템 (사고보고지침)
   철도안전에 관한 지식 보급과 철도안전에 관한 정보의 종합관리를 위해 구축되는 정보시스템을 말한다.
2. 운전교육훈련기관 (교육훈련지침)
   「철도안전법」 국토교통부장관으로부터 철도차량 운전에 관한 전문교육훈련기관으로 지정받은 기관을 말한다.

3. 관제교육훈련기관 (교육훈련지침)

국토교통부장관으로부터 관제업무에 관한 전문교육훈련기관으로 지정 받은 기관을 말한다.

4. 정비교육훈련기관 (교육훈련지침)

국토교통부장관으로부터 철도차량정비기술에 관한 전문교육훈련기관으로 지정 받은 기관을 말한다.

5. 철도안전전문기관 (교육훈련지침)

국토교통부장관으로부터 철도안전 전문인력의 교육훈련 등을 담당하는 기관으로 지정 받은 전문기관 또는 단체를 말한다.

6. 교육훈련시행자 (교육훈련지침)

운전교육훈련기관·관제교육훈련기관·철도안전전문기관·정비교육훈련기관 및 철도운영기관의 장을 말한다.

7. 전기능모의운전연습기 (교육훈련지침)

실제차량의 운전실과 운전 부속장치를 실제와 유사하게 제작하고, 영상 음향 진동 등 환경적인 요소를 현장감 있게 구현하여 운전연습 효과를 최대한 발휘할 수 있도록 제작한 운전훈련연습 장치를 말한다.

8. 전기능모의관제시스템 (교육훈련지침)

철도운영기관에서 운영 중인 관제설비와 유사하게 제작되어 철도차량의 운행을 제어·통제·감시하는 업무 수행 및 이례상황 구현이 가능하도록 제작된 관제훈련연습시스템을 말한다.

9. 기본기능모의운전연습기 (교육훈련지침)

동력차제어대 등 운전취급훈련에 반드시 필요한 부분만 실제차량의 실물과 유사하게 제작하고 나머지는 간략하게 구성하며, 기타 장치 및 객실 등은 컴퓨터 그래픽으로 처리하여 운전취급훈련 및 이론 교육을 병행할 수 있도록 제작한 운전훈련연습 장치를 말한다.

10. 기본기능모의관제시스템 (교육훈련지침)

철도 관제교육훈련에 꼭 필요한 부분만 유사하게 제작한 관제훈련연습시스템을 말한다.

11. 컴퓨터지원교육시스템 (교육훈련지침)

컴퓨터시스템의 멀티미디어교육기능을 이용하여 철도차량운전과 관련된 차량, 시설, 전기, 신호 등을 학습할 수 있도록 제작된 프로그램 또는 철도관제와 관련된 교육훈련을 학습할 수 있도록 제작된 프로그램(기본기능모의관제시스템) 및 이를 지원하는 컴퓨터시스템 일체를 말한다.

3 다른 법률과의 관계

① 철도안전에 관하여 다른 법률에 특별한 규정이 있는 경우를 제외하고는 이 법에서 정하는 바에 따른다

② 다른 법률에 특별한 규정이 있는 경우에는 철도안전법보다 우선 적용한다

4 국가 등의 책무

(1) 국가와 지방자치단체의 책무

국민의 생명·신체 및 재산을 보호하기 위하여 철도안전시책을 마련하여 성실히 추진하여야 한다

(2) 철도운영자 및 철도시설관리자의 책무 (철도운영자등)

① 철도운영이나 철도시설관리를 할 때에는 법령에서 정하는 바에 따라 철도안전을 위하여 필요한 조치를 하여야 한다

② 국가나 지방자치단체가 시행하는 철도안전시책에 적극 협조하여야 한다

5 조약과의 관계

① 국제철도(대한민국을 포함한 둘 이상의 국가에 걸쳐 운행되는 철도)를 이용한 화물 및 여객 운송에 관하여 대한민국과 외국 간 체결된 조약에 이 법과 다른 규정이 있는 때에는 그 조약의 규정에 따른다.

② 다만, 이 법의 규정내용이 조약의 안전기준보다 강화된 기준을 포함하는 때에는 그러하지 아니하다.

철도안전법의 개요

기출예상문제

1. 철도안전법의 제정근거로 맞는 것은?
　① 재난 및 안전관리기본법　　　② 철도산업발전기본법
　③ 산업안전보건법　　　　　　　④ 철도사업법

> **해설** 〈철도산업발전기본법〉
> 제14조(철도안전) ① 국가는 국민의 생명 · 신체 및 재산을 보호하기 위하여 철도안전에 필요한 법적 · 제도적 장치를 마련하고 이에 필요한 재원을 확보하도록 노력하여야 한다.
> ② 철도시설관리자는 그 시설을 설치 또는 관리함에 있어서 법령이 정하는 바에 따라 당해 시설의 안전한 상태를 유지하고, 당해 시설과 이를 이용하려는 철도차량간의 종합적인 성능검증 및 안전상태 점검 등 안전확보에 필요한 조치를 하여야 한다.
> ③ 철도운영자 또는 철도차량 및 장비 등의 제조업자는 법령이 정하는 바에 따라 철도의 안전한 운행 또는 그 제조하는 철도차량 및 장비 등의 구조 · 설비 및 장치의 안전성을 확보하고 이의 향상을 위하여 노력하여야 한다.
> ④ 국가는 객관적이고 공정한 철도사고조사를 추진하기 위한 전담기구와 전문인력을 확보하여야 한다.

2. 철도안전법의 제정일 및 시행일이 맞게 짝지어진 것은?
　① 제정일 : 2004.10.22. 시행일 : 2005.01.01.
　② 제정일 : 2005.01.01. 시행일 : 2004.10.22.
　③ 제정일 : 2003.10.22. 시행일 : 2005.01.01.
　④ 제정일 : 2002.10.22. 시행일 : 2004.10.22.

> **해설** 안전법 부칙 〈법률 제7245호, 2004. 10. 22.〉
> 제1조 (시행일) 이 법은 2005년 1월 1일부터 시행한다.

3. 철도안전법에 대한 설명이 맞는 것은?
　① 철도안전법 시행규칙은 국토교통부령이다
　② 철도안전법 시행령은 국무총리령이다
　③ 철도안전법은 대통령령이다
　④ 철도안전법 시행령은 법률이다

> **해설** 철도안전법 [시행 2024.8.17.] [법률 제19687호, 2023.8.16, 개정]
> 철도안전법 시행령 [시행 2023.7.19.] [대통령령 제33633호, 2023.7.11, 개정]
> 철도안전법 시행규칙 [시행 2023.1.19.] [국토교통부령 제1189호, 2023.1.18., 개정]

정답 1. ② 2. ① 3. ①

4. 철도안전법의 체계에 관한 설명으로 가장 적합하지 않은 것은?

① 철도안전법은 철도안전 확보를 위한 기본 법률이다

② 철도안전법시행령은 「철도안전법」에서 위임된 사항과 그 시행에 필요한 사항을 규정함을 목적으로 한다

③ 철도안전법시행규칙은 「철도안전법시행령」에서 위임된 사항과 그 시행에 필요한 사항을 규정함을 목적으로 한다

④ 철도안전법시행규칙은 「철도안전법」 및 「철도안전법시행령」에서 위임된 사항과 그 시행에 필요한 사항을 규정함을 목적으로 한다

> **해설** 시행령 제1조(목적) 이 영은 「철도안전법」에서 위임된 사항과 그 시행에 필요한 사항을 규정함을 목적으로 한다.
> 시행규칙 제1조(목적) 이 규칙은 「철도안전법」 및 같은 법 시행령에서 위임된 사항과 그 시행에 필요한 사항을 규정함을 목적으로 한다.

5. 철도안전법의 구성으로 맞는 것은?

① 8장 71조   ② 8장 81조   ③ 9장 71조   ④ 9장 83조

> **해설** 안전법 : 철도안전법은 총 제9장 제83조로 구성되어 있다.
> 그러나, 법이 보완개정을 거듭하면서 신설조문이 추가되어 현재 140개 조문으로 이루어져 있다.
> 그 중에서 24개 조문이 삭제되어 조문번호만 남아 있어, 실제 운용중인 것은 116개 조문이다.

6. 철도안전법의 실질적인 제정 목적은?

① 철도안전확보

② 철도안전관리체계 확립

③ 국민경제발전에 이바지

④ 공공복리 증진

> **해설** 안전법 제1조(목적) 이 법은 철도안전을 확보하기 위하여 필요한 사항을 규정하고 철도안전 관리체계를 확립함으로써 공공복리의 증진에 이바지함을 목적으로 한다.

7. 철도안전법이 추구하는 목적으로 타당하지 않은 것은?

① 철도안전을 확보하기 위하여 필요한 사항을 규정

② 효율적인 철도사업관리

③ 철도안전 관리체계의 확립

④ 공공복리의 증진

> **해설** 안전법 제1조(목적)

8. 다음 중 철도안전법의 제정 목적으로 가장 바람직하지 않은 것은?

① 철도안전관리체계 확립

② 공공복리의 증진

③ 철도안전기반의 구축

④ 철도안전의 확보

> **해설** 안전법 제1조(목적)

9. 철도안전법의 제정 목적으로 모두 짝지어진 것은?

| ㉠ 철도안전관리체계 확립 | ㉡ 공공복리의 증진 |
| ㉢ 철도안전 확보 | ㉣ 국가물류체계 확립 |

① ㉠, ㉡, ㉢, ㉣   ② ㉠, ㉡, ㉢   ③ ㉡, ㉢   ④ ㉣

> **해설** 안전법 제1조(목적)

정답 | 4. | ③ | 5. | ④ | 6. | ① | 7. | ② | 8. | ③ | 9. | ②

10. 철도안전법의 제정 목적으로 적합한 것은?

① 철도안전법은 「도시철도법」 제18조에 따라 도시철도의 운전과 차량 및 시설의 유지·보전에 필요한 사항을 정하여 도시철도의 안전운전을 도모함을 목적으로 한다

② 철도안전법은 철도안전을 확보하기 위하여 필요한 사항을 규정하고 철도안전 관리체계를 확립함으로서 공공복리의 증진에 이바지함을 목적으로 한다

③ 철도안전법은 「철도산업발전기본법」 제39조의 규정에 의하여 열차의 편성, 철도차량의 운전 및 신호방식 등 철도차량의 안전운행에 관하여 필요한 사항을 정함을 목적으로 한다

④ 철도안전법은 철도산업의 경쟁력을 높이고 발전기반을 조성함으로써 철도산업의 효율성 및 공익성의 향상과 국민경제의 발전에 이바지함을 목적으로 한다

해설 안전법 제1조(목적)

11. 철도안전법 용어의 뜻으로 틀린 것은?

① 전용철도란 「철도산업발전기본법」에 따른 전용철도를 말한다

② 철도란 「철도산업발전기본법」에 따른 철도를 말한다

③ 철도운영이란 「철도산업발전기본법」에 따른 철도운영을 말한다

④ 철도차량은 「철도산업발전기본법」에 따른 철도차량을 말한다

해설 안전법 제2조(정의) 이 법에서 사용하는 용어의 뜻은 다음과 같다.
1. "철도"란 「철도산업발전기본법」(이하 "기본법"이라 한다) 제3조제1호에 따른 철도를 말한다.
   ① "철도"라 함은 여객 또는 화물을 운송하는 데 필요한 철도시설과 철도차량 및 이와 관련된 운영·지원체계가 유기적으로 구성된 운송체계를 말한다.
2. "전용철도"란 「철도사업법」 제2조제5호에 따른 전용철도를 말한다.
   ⑤ "전용철도"란 다른 사람의 수요에 따른 영업을 목적으로 하지 아니하고 자신의 수요에 따라 특수 목적을 수행하기 위하여 설치하거나 운영하는 철도를 말한다.
4. "철도운영"이란 기본법 제3조제3호에 따른 철도운영을 말한다.
   ③. "철도운영"이라 함은 철도와 관련된 다음 각목의 1에 해당하는 것을 말한다.
      가. 철도 여객 및 화물 운송   나. 철도차량의 정비 및 열차의 운행관리
      다. 철도시설·철도차량 및 철도부지 등을 활용한 부대사업개발 및 서비스
5. "철도차량"이란 기본법 제3조제4호에 따른 철도차량을 말한다.
   ④ "철도차량"이라 함은 선로를 운행할 목적으로 제작된 동력차·객차·화차 및 특수차를 말한다.

12. 철도안전법에서 용어의 뜻으로 맞는 것은?

① "전용철도"란 다른 사람의 수요에 따른 영업을 목적으로 하지 아니하고 자신의 수요에 따라 특수 목적을 수행하기 위하여 설치하거나 운영하는 철도를 말한다

② "철도차량"이라 함은 선로를 운행할 목적으로 제작된 기관차·객차·화차 및 특수차를 말한다

③ "철도"라 함은 여객 또는 화물을 운송하는 데 필요한 철도시설과 철도차량 및 이와 관련된 운영·지원체계가 체계적으로 구성된 운송체계를 말한다

④ "철도용품"이란 철도시설 및 철도차량 등에 사용되는 부품·기기·장비 등을 말한다

해설 안전법 제2조(정의) 5의2. "철도용품"이란 철도시설 및 철도차량 등에 사용되는 부품·기기·장치 등을 말한다.

13. 철도안전법에서 용어의 뜻에 대한 설명 중 맞는 것은?

① "관제업무종사자"는 철도차량의 운행을 집중 제어·통제·감독하는 업무에 종사하는 사람을 말한다

② "선로전환기"라 함은 철도차량의 운행선로를 변경시키는 기기를 말한다

③ "철도시설관리자"란 철도시설의 건설 또는 운영에 관한 업무를 수행하는 자를 말한다

④ "역"이란 여객의 승하차, 화물의 적하, 열차의 조성, 열차의 교차통행 또는 대피를 목적으로 사용되는 장소를 말한다

해설 안전법 제2조(정의) 9. "철도시설관리자"란 철도시설의 건설 또는 관리에 관한 업무를 수행하는 자를 말한다.

10. 철도종사자

나. 철도차량의 운행을 집중 제어·통제·감시하는 업무(이하 "관제업무"라 한다)에 종사하는 사람

시행령 제2조(정의) 이 영에서 사용하는 용어의 뜻은 다음 각 호와 같다.

1. "정거장"이란 여객의 승하차(여객 이용시설 및 편의시설을 포함한다), 화물의 적하(積荷), 열차의 조성(組成 : 철도차량을 연결하거나 분리하는 작업을 말한다), 열차의 교차통행 또는 대피를 목적으로 사용되는 장소를 말한다.

2. "선로전환기"란 철도차량의 운행선로를 변경시키는 기기를 말한다.

14. 철도안전법령에서 다음과 같은 뜻을 가진 용어는?

> 여객의 승하차(여객 이용시설 및 편의시설을 포함한다), 화물의 적하, 열차의 조성, 열차의 교차통행 또는 대피를 목적으로 사용되는 장소를 말한다

① 역　　　　　② 철도시설　　　　　③ 정거장　　　　　④ 선로

해설 시행령 제2조(정의)

15. 철도안전법에서 용어의 뜻으로 틀린 것을 모두 고르시오?

① "선로"라 함은 철도차량을 운행하기 위한 레일과 이를 받치는 침목 또는 인공구조물로 구성된 시설을 말한다

② 철도차량의 운행선로 또는 그 인근에서 철도시설의 건설 또는 관리와 관련한 작업의 협의·지휘·감독·안전관리 등의 업무에 종사하도록 철도운영자 또는 철도시설관리자가 지정한 사람도 철도종사자에 포함된다

③ "열차"라 함은 선로를 운행할 목적으로 철도종사자가 편성하여 열차번호를 부여한 철도차량을 말한다

④ 철도차량의 운행선로 또는 그 인근에서 철도시설의 건설 또는 관리와 관련한 작업의 일정을 조정하고 해당 선로를 운행하는 열차의 운행일정을 조정하는 사람도 철도종사자에 포함된다

해설 안전법 제2조(정의)

6. "열차"란 선로를 운행할 목적으로 철도운영자가 편성하여 열차번호를 부여한 철도차량을 말한다.

7. "선로"란 철도차량을 운행하기 위한 궤도와 이를 받치는 노반(路盤) 또는 인공구조물로 구성된 시설을 말한다.

16. 철도안전법에서 "선로"의 정의에 포함되지 않는 것은?

① 궤도　　　　　② 노반　　　　　③ 인공구조물　　　　　④ 전차선

해설 안전법 제2조(정의) 7. "선로"

17. 철도안전법에서 "철도운영"의 뜻에 포함되지 않는 것은?

① 철도시설·철도차량 및 철도부지 등을 활용한 부대사업개발 및 서비스
② 철도시설의 유지보수
③ 철도 여객 및 화물 운송
④ 철도차량의 정비

해설 안전법 제2조(정의) 4. "철도운영"이란 기본법 제3조제3호에 따른 철도운영을 말한다.
철도산업발전기본법 제3조(정의) ③ "철도운영"이라 함은 철도와 관련된 다음 각목의 1에 해당하는 것을 말한다.
　　가. 철도 여객 및 화물 운송
　　나. 철도차량의 정비 및 열차의 운행관리
　　다. 철도시설·철도차량 및 철도부지 등을 활용한 부대사업개발 및 서비스

18. 철도안전법에서 철도종사자에 포함되지 않는 사람은?

① 작업책임자　　② 기관사　　③ 국토교통부 철도국직원　　④ 여객승무원

해설 안전법 제2조(정의) 10. "철도종사자"란 다음 각 목의 어느 하나에 해당하는 사람을 말한다.
　　가. 철도차량의 운전업무에 종사하는 사람(이하 "운전업무종사자"라 한다)
　　나. 철도차량의 운행을 집중 제어·통제·감시하는 업무(이하 "관제업무"라 한다)에 종사하는 사람
　　다. 여객에게 승무(乘務) 서비스를 제공하는 사람(이하 "여객승무원"이라 한다)
　　라. 여객에게 역무(驛務) 서비스를 제공하는 사람(이하 "여객역무원"이라 한다)
　　마. 철도차량의 운행선로 또는 그 인근에서 철도시설의 건설 또는 관리와 관련한 작업의 협의·지휘·감독·안전관리 등의 업무에 종사하도록 철도운영자 또는 철도시설관리자가 지정한 사람(이하 "작업책임자"라 한다)
　　바. 철도차량의 운행선로 또는 그 인근에서 철도시설의 건설 또는 관리와 관련한 작업의 일정을 조정하고 해당 선로를 운행하는 열차의 운행일정을 조정하는 사람(이하 "철도운행안전관리자"라 한다)
　　사. 그 밖에 철도운영 및 철도시설관리와 관련하여 철도차량의 안전운행 및 질서유지와 철도차량 및 철도시설의 점검·정비 등에 관한 업무에 종사하는 사람으로서 대통령령으로 정하는 사람

19. 철도안전법에서 "철도종사자"에 해당하지 않는 것은?

① 운전업무종사자　　② 작업책임자　　③ 열차운행관리자　　④ 여객역무원

해설 안전법 제2조(정의) 10. "철도종사자"란

20. 철도안전법에서 용어의 뜻으로 맞는 것은?

① "철도사고"란 철도사고 및 철도준사고 외에 철도차량의 운행에 지장을 주는 것으로서 국토교통부령으로 정하는 것을 말한다
② "운행장애"란 철도운영 또는 철도시설관리와 관련하여 사람이 죽거나 다치거나 물건이 파손되는 사고로 국토교통부령으로 정하는 것을 말한다
③ "위험사고"란 철도안전에 중대한 위해를 끼쳐 철도사고로 이어질 수 있었던 것으로 국토교통부령으로 정하는 것을 말한다
④ "철도차량정비기술자"란 철도차량정비에 관한 자격, 경력 및 학력 등을 갖추어 국토교통부장관의 인정을 받은 사람을 말한다

정답 | 16. | ④ | 17. | ② | 18. | ③ | 19. | ③ | 20. | ④

안전법 제2조(정의) 11. "철도사고"란 철도운영 또는 철도시설관리와 관련하여 사람이 죽거나 다치거나 물건이 파손되는 사고로 국토교통부령으로 정하는 것을 말한다.

12. "철도준사고"란 철도안전에 중대한 위해를 끼쳐 철도사고로 이어질 수 있었던 것으로 국토교통부령으로 정하는 것을 말한다.

13. "운행장애"란 철도사고 및 철도준사고 외에 철도차량의 운행에 지장을 주는 것으로서 국토교통부령으로 정하는 것을 말한다.

15. "철도차량정비기술자"란 철도차량정비에 관한 자격, 경력 및 학력 등을 갖추어 제24조의2에 따라 국토교통부장관의 인정을 받은 사람을 말한다.

21. 철도안전법에서 "철도시설"의 뜻에 해당하지 않는 것은?

① 철도경영연수 및 철도전문인력의 교육훈련을 위한 시설

② 철도노선간 또는 다른 교통수단과의 연계운영에 필요한 시설

③ 선로 및 철도차량을 보수·정비하기 위한 선로보수기지, 차량정비기지 및 차량유치시설

④ 철도의 선로(선로에 부대되는 시설 포함), 역시설(물류시설·환승시설 및 편의시설 등은 제외) 및 철도운영을 위한 건축물·건축설비

안전법 제2조(정의) 3. "철도시설"이란 기본법 제3조제2호에 따른 철도시설을 말한다.

② "철도시설"이라 함은 다음 각목의 1에 해당하는 시설(부지를 포함한다)을 말한다.

가. 철도의 선로(선로에 부대되는 시설을 포함한다), 역시설(물류시설·환승시설 및 편의시설 등을 포함한다) 및 철도운영을 위한 건축물·건축설비

나. 선로 및 철도차량을 보수·정비하기 위한 선로보수기지, 차량정비기지 및 차량유치시설

다. 철도의 전철전력설비, 정보통신설비, 신호 및 열차제어설비

라. 철도노선간 또는 다른 교통수단과의 연계운영에 필요한 시설

마. 철도기술의 개발·시험 및 연구를 위한 시설

바. 철도경영연수 및 철도전문인력의 교육훈련을 위한 시설

사. 그 밖에 철도의 건설·유지보수 및 운영을 위한 시설로서 대통령령이 정하는 시설

22. 철도안전법에서 대통령령으로 정하는 안전운행 또는 질서유지 철도종사자가 아닌 것은?

① 철도차량의 운행선로 또는 그 인근에서 철도시설의 건설 또는 관리와 관련된 작업의 현장감독업무를 수행하는 사람

② 철도차량의 운행을 집중 제어·통제·감시하는 업무에 종사하는 사람

③ 철도시설 또는 철도차량을 보호하기 위한 순회점검업무 또는 경비업무를 수행하는 사람

④ 정거장에서 철도신호기·선로전환기 또는 조작판 등을 취급하거나 열차의 조성업무를 수행하는 사람

시행령 제3조(안전운행 또는 질서유지 철도종사자) 「철도안전법」(이하 "법"이라 한다) 제2조제10호사목에서 "대통령령으로 정하는 사람"이란 다음 각 호의 어느 하나에 해당하는 사람을 말한다.

1. 철도사고, 철도준사고 및 운행장애(이하 "철도사고등"이라 한다)가 발생한 현장에서 조사·수습·복구 등의 업무를 수행하는 사람

2. 철도차량의 운행선로 또는 그 인근에서 철도시설의 건설 또는 관리와 관련된 작업의 현장감독업무를 수행하는 사람

3. 철도시설 또는 철도차량을 보호하기 위한 순회점검업무 또는 경비업무를 수행하는 사람

4. 정거장에서 철도신호기·선로전환기 또는 조작판 등을 취급하거나 열차의 조성업무를 수행하는 사람

5. 철도에 공급되는 전력의 원격제어장치를 운영하는 사람

6. 「사법경찰관리의 직무를 수행할 자와 그 직무범위에 관한 법률」 제5조제11호에 따른 철도경찰 사무에 종사하는 국가공무원
7. 철도차량 및 철도시설의 점검 · 정비 업무에 종사하는 사람

23. 철도안전법에서 "철도사고"의 범위에 해당하지 않는 것은?

① 철도교통사고와 철도안전사고로 분류한다
② 철도교통사고는 충돌사고, 탈선사고, 열차화재사고, 기타철도교통사고로 나눈다
③ 철도안전사고는 철도화재사고, 철도시설파손사고, 기타철도안전사고로 나눈다
④ 운행허가를 받지 않은 구간으로 열차가 주행하는 경우도 철도사고에 해당한다

해설 시행규칙 제1조의2(철도사고의 범위) 「철도안전법」(이하 "법"이라 한다) 제2조제11호에서 "국토교통부령으로 정하는 것"이란 다음 각 호의 어느 하나에 해당하는 것을 말한다.
　1. 철도교통사고 : 철도차량의 운행과 관련된 사고로서 다음 각 목의 어느 하나에 해당하는 사고
　　가. 충돌사고 : 철도차량이 다른 철도차량 또는 장애물(동물 및 조류는 제외한다)과 충돌하거나 접촉한 사고
　　나. 탈선사고 : 철도차량이 궤도를 이탈하는 사고
　　다. 열차화재사고 : 철도차량에서 화재가 발생하는 사고
　　라. 기타철도교통사고 : 가목부터 다목까지의 사고에 해당하지 않는 사고로서 철도차량의 운행과 관련된 사고
　2. 철도안전사고 : 철도시설 관리와 관련된 사고로서 다음 각 목의 어느 하나에 해당하는 사고. 다만, 「재난 및 안전관리 기본법」 제3조제1호가목에 따른 자연재난으로 인한 사고는 제외한다.
　　가. 철도화재사고 : 철도역사, 기계실 등 철도시설에서 화재가 발생하는 사고
　　나. 철도시설파손사고 : 교량 · 터널 · 선로, 신호 · 전기 · 통신 설비 등의 철도시설이 파손되는 사고
　　다. 기타철도안전사고 : 가목 및 나목에 해당하지 않는 사고로서 철도시설 관리와 관련된 사고

24. 철도안전법에서 "철도사고"의 범위에 해당하지 않는 것은?

① 운행장애　　② 열차화재사고　　③ 철도화재사고　　④ 충돌사고

해설 시행규칙 제1조의2(철도사고의 범위)

25. "기타철도교통사고"에 해당하지 않는 것은?

① 건널목사고　② 철도교통사상사고　③ 철도안전사상사고　④ 위험물사고

해설 철도사고보고지침. 제2조(정의) ① 이 지침에서 사용하는 "철도사고"라 함은 「철도안전법」(이하 "법"이라 한다.) 제2조 제11호에 따른 철도사고를 말하며(단 전용철도에서 발생한 사고는 제외한다.), 규칙 제1조의2에서 별도로 정하지 않은 세부분류기준은 다음 각 호와 같다.
　1. 규칙 제1조의2 제1호 라목의 "기타철도교통사고"란 다음 각 목의 어느 하나에 해당하는 것을 말한다.
　　가. 위험물사고 : 열차에서 위험물(「철도안전법」 시행령 제45조에 따른 위험물을 말한다. 이하 같다) 또는 위해물품(규칙 제78조제1항에 따른 위해물품을 말한다. 이하 같다)이 누출되거나 폭발하는 등으로 사상자 또는 재산피해가 발생한 사고
　　나. 건널목사고 : 「건널목개량촉진법」 제2조에 따른 건널목에서 열차 또는 철도차량과 도로를 통행하는 차마(「도로교통법」 제2조제17호에 따른 차마를 말한다), 사람 또는 기타 이동 수단으로 사용하는 기계기구와 충돌하거나 접촉한 사고
　　다. 철도교통사상사고 : 규칙 제1조의2의 "충돌사고", "탈선사고", "열차화재사고"를 동반하지 않고, 위 가목, 나목을 동반하지 않고 열차 또는 철도차량의 운행으로 여객(이하 철도를 이용하여 여행할 목적으로 역구내에 들어온 사람이나 열차를 이용 중인 사람을 말한다.), 공중(公衆), 직원(이하 계약을 체결하여 철도운영자등의 업무를 수행하는 사람을 포함한다.)이 사망하거나 부상을 당한 사고

정답 23. ④ 24. ① 25. ③

26. 철도사고보고지침에서 "사상자"에 해당하지 않는 것은?

① 사고로 12시간 이상 치료한 사람   ② 사고로 즉시 사망한 사람

③ 사고로 30일 이내에 사망한 사람   ④ 사고로 24시간 이상 입원치료한 사람

해설 철도사고보고지침. 제2조(정의) ④ 이 지침에서 사용하는 "사상자"라 함은 다음의 인명피해를 말한다.
　　1. 사망자 : 사고로 즉시 사망하거나 30일 이내에 사망한 사람
　　2. 부상자 : 사고로 24시간 이상 입원 치료한 사람

27. "기타철도안전사고"에 해당하는 것은?

① 건널목사고   ② 철도안전사상사고   ③ 위험물사고   ④ 철도화재사고

해설 철도사고보고지침. 제2조(정의) ① 이 지침에서 사용하는 "철도사고"라 함은 「철도안전법」(이하 "법"이라 한다.) 제2조 제11호에 따른 철도사고를 말하며(단 전용철도에서 발생한 사고는 제외한다.), 규칙 제1조의2에서 별도로 정하지 않은 세부분류기준은 다음과 같다.
　2. 규칙 제1조의2 제2호 다목의 "기타철도안전사고"란 다음에 해당하는 것을 말한다.
　　　가. 철도안전사상사고 : 규칙 제1조의2의 "철도화재사고", "철도시설파손사고"를 동반하지 않고 대합실, 승강장, 선로 등 철도시설에서 추락, 감전, 충격 등으로 여객, 공중, 직원이 사망하거나 부상을 당한 사고
　　　나. 기타안전사고 : 위 가목의 사고에 해당되지 않는 기타철도안전사고

28. 자율보고 시행지침에서 정의하는 철도사고로 틀린 것은?

① 위험물 사고는 열차에서 위험물 또는 위해물품이 누출되거나 폭발하는 등으로 사상자 또는 재산피해가 발생한 사고를 말한다

② 건널목 사고란 건널목에서 열차 또는 철도차량과 도로를 통행하는 차마, 사람 또는 기타 이동수단으로 사용하는 기계기구와 충돌하거나 접촉한 사고이다

③ 기타 철도교통사고에는 위험물 사고, 건널목 사고, 철도교통사상사고, 기타안전사고로 이루어져 있다

④ 철도안전사상사고는 철도화재사고, 철도시설파손사고를 동반하지 않고, 대합실, 승강장, 선로 등 철도시설에서 추락, 감전, 충격 등으로 여객, 공중, 직원이 사망하거나 부상을 당한 사고이다

해설 철도사고보고지침. 제2조(정의) ① 이 지침에서 사용하는 "철도사고"라 함은 「철도안전법」(이하 "법"이라 한다.) 제2조 제11호에 따른 철도사고를 말하며(단 전용철도에서 발생한 사고는 제외한다.), 규칙 제1조의2에서 별도로 정하지 않은 세부분류기준은 다음 각 호와 같다.
　1. 규칙 제1조의2 제1호 라목의 "기타철도교통사고"란 다음 각 목의 어느 하나에 해당하는 것을 말한다.
　　　가. 위험물사고 : 열차에서 위험물(「철도안전법」 시행령 제45조에 따른 위험물을 말한다. 이하 같다) 또는 위해물품(규칙 제78조제1항에 따른 위해물품을 말한다. 이하 같다)이 누출되거나 폭발하는 등으로 <u>사상자</u> 또는 재산피해가 발생한 사고
　　　나. 건널목사고 : 「건널목개량촉진법」 제2조에 따른 건널목에서 열차 또는 철도차량과 도로를 통행하는 차마(「도로교통법」 제2조제17호에 따른 차마를 말한다), 사람 또는 기타 이동 수단으로 사용하는 기계기구와 충돌하거나 접촉한 사고
　　　다. 철도교통사상사고 : 규칙 제1조의2의 "충돌사고", "탈선사고", "열차화재사고"를 동반하지 않고, 위 가목, 나목을 동반하지 않고 열차 또는 철도차량의 운행으로 여객(이하 철도를 이용하여 여행할 목적으로 역구내에 들어온 사람이나 열차를 이용 중인 사람을 말한다.), 공중(公衆), 직원(이하 계약을 체결하여 철도운영자등의 업무를 수행하는 사람을 포함한다.)이 사망하거나 부상을 당한 사고

29. 철도안전법에서 "철도준사고"의 범위에 해당하지 않는 것은?

① 열차 또는 철도차량이 승인 없이 정지신호를 지난 경우
② 열차 또는 철도차량이 역과 역사이로 미끄러진 경우
③ 열차가 운행하려는 선로에 장애가 있음에도 복구 및 유지 보수를 위한 경우로서 관제 승인을 받아 진행을 지시하는 신호가 표시되는 경우
④ 안전운행에 지장을 주는 레일 파손이나 유지보수 허용범위를 벗어난 선로 뒤틀림 이 발생한 경우

> **해설** 시행규칙 제1조의3(철도준사고의 범위) 법 제2조제12호에서 "국토교통부령으로 정하는 것"이란 다음 각 호의 어느 하나에 해당하는 것을 말한다.
> 1. 운행허가를 받지 않은 구간으로 열차가 주행하는 경우
> 2. 열차가 운행하려는 선로에 장애가 있음에도 진행을 지시하는 신호가 표시되는 경우. 다만, 복구 및 유지 보수를 위한 경우로서 관제 승인을 받은 경우에는 제외한다.
> 3. 열차 또는 철도차량이 승인 없이 정지신호를 지난 경우
> 4. 열차 또는 철도차량이 역과 역사이로 미끄러진 경우
> 5. 열차운행을 중지하고 공사 또는 보수작업을 시행하는 구간으로 열차가 주행한 경우
> 6. 안전운행에 지장을 주는 레일 파손이나 유지보수 허용범위를 벗어난 선로 뒤틀림이 발생한 경우
> 7. 안전운행에 지장을 주는 철도차량의 차륜, 차축, 차축베어링에 균열 등의 고장이 발생한 경우
> 8. 철도차량에서 화약류 등 「철도안전법 시행령」(이하 "영"이라 한다) 제45조에 따른 위험물 또는 제78조 제1항에 따른 위해물품이 누출된 경우
> 9. 제1호부터 제8호까지의 준사고에 준하는 것으로서 철도사고로 이어질 수 있는 것

30. 철도안전법에서 "운행장애"의 범위에 해당하지 않는 것은?

① 철도사고 또는 운행장애로 인한 화물열차의 60분 이상 운행 지연
② 고속열차 및 전동열차의 20분 이상 운행 지연
③ 일반여객열차의 30분 이상 운행 지연
④ 관제의 사전승인 없는 정차역 통과

> **해설** 시행규칙 제1조의4(운행장애의 범위) 법 제2조제13호에서 "국토교통부령으로 정하는 것"이란 다음 각 호의 어느 하나에 해당하는 것을 말한다.
> 1. 관제의 사전승인 없는 정차역 통과
> 2. 다음 각 목의 구분에 따른 운행 지연. 다만, 다른 철도사고 또는 운행장애로 인한 운행 지연은 제외한다.
> 　가. 고속열차 및 전동열차 : 20분 이상
> 　나. 일반여객열차 : 30분 이상
> 　다. 화물열차 및 기타열차 : 60분 이상

31. 철도안전법에서 정한 약어의 설명으로 틀린 것은?

① "철도사고등"이라 함은 철도사고, 철도준사고 및 운행장애를 말한다
② "시·도지사"라 함은 중앙행정기관의 장 또는 특별시장·광역시장·특별자치시장· 도지사·특별자치도지사를 말한다
③ "철도운영자등"이라 함은 철도운영자 및 철도시설관리자를 말한다
④ "사업주"라 함은 철도운영자등과의 계약에 따라 철도운영이나 철도시설 등의 업무 에 종사하는 사업주를 말한다
⑤ "소유자등"이라 함은 철도차량을 소유하거나 운영하는 자를 말한다
⑥ "철도보호지구"라 함은 철도경계선(가장 바깥쪽 궤도의 끝선을 말한다)으로부터 30미터 이내(「도시철도법」에 따른 노면전차의 경우에는 10미터 이내)의 지역을 말한다

제4조②항, 제5조④항, 제24조①항, 제38조의2①항, 제40조의2제②항2호
"시 · 도지사"라 함은 ⓐ 특별시장 ⓑ 광역시장 ⓒ 특별자치시장 ⓓ 도지사 ⓔ 특별자치도지사를 말한다.

32. 철도안전법과 다른 법률과의 관계로 맞는 것은?

① 다른 법률에 특별한 규정이 있는 경우를 제외하고는 철도안전법에서 정하는 바에 따른다

② 다른 법률에 특별한 규정이 있는 경우에는 철도안전법을 우선 적용한다

③ 철도안전에 관하여 다른 법률에 특별한 규정이 있는 경우에는 철도안전법에서 정하는 바에 따른다

④ 철도안전에 관하여 다른 법률에 특별한 규정이 있는 경우에는 철도안전법시행령을 우선 적용한다

안전법 제3조(다른 법률과의 관계) 철도안전에 관하여 다른 법률에 특별한 규정이 있는 경우를 제외하고는 이 법에서 정하는 바에 따른다.

33. 국민의 생명 · 신체 및 재산을 보호하기 위하여 철도안전시책을 마련하여 추진하여야 하는 책무가 있는 자는?

① 국가와 지방자치단체   ② 철도시설관리자   ③ 철도운영자   ④ 국토교통부장관

안전법 제4조(국가 등의 책무) ① 국가와 지방자치단체는 국민의 생명 · 신체 및 재산을 보호하기 위하여 철도 안전시책을 마련하여 성실히 추진하여야 한다.

34. 철도운영자 및 철도시설관리자가 철도운영이나 철도시설관리를 할 때의 책무가 아닌 것은?

① 법령에서 정하는 바에 따라 철도안전을 위하여 필요한 조치를 하여야 한다

② 지방자치단체가 시행하는 철도안전시책에 적극 협조하여야 한다

③ 국민의 안전을 위하여 철도안전시책을 마련하여 추진하여야 한다

④ 국가가 시행하는 철도안전시책에 적극 협조하여야 한다

안전법 제4조(국가 등의 책무) ② 철도운영자 및 철도시설관리자(이하 "철도운영자등"이라 한다)는 철도운영 이나 철도시설관리를 할 때에는 법령에서 정하는 바에 따라 철도안전을 위하여 필요한 조치를 하고, 국가나 지방자치단체가 시행하는 철도안전시책에 적극 협조하여야 한다.

철도안전 관리체계

1 철도안전 종합계획

(1) 철도안전 종합계획 수립

① 수립의무자 : 국토교통부장관

② 수립주기 : 5년마다

③ 철도안전 종합계획에는 포함되어야 할 사항

㉮ 철도안전 종합계획의 추진 목표 및 방향

㉯ 철도안전에 관한 시설의 확충, 개량 및 점검 등에 관한 사항

㉰ 철도차량의 정비 및 점검 등에 관한 사항

㉱ 철도안전 관계 법령의 정비 등 제도개선에 관한 사항

㉲ 철도안전 관련 전문 인력의 양성 및 수급관리에 관한 사항

㉳ 철도종사자의 안전 및 근무환경 향상에 관한 사항 <2021.6.23.추가>

㉴ 철도안전 관련 교육훈련에 관한 사항

㉵ 철도안전 관련 연구 및 기술개발에 관한 사항

㉶ 그 밖에 철도안전에 관한 사항으로서 국토교통부장관이 필요하다고 인정하는 사항

④ 수립 및 변경절차

㉮ 협의 : 미리 관계 중앙행정기관의 장 및 철도운영자등과 협의한 후

㉯ 심의 : 철도산업발전기본법에 따른 철도산업위원회의 심의를 거쳐야 한다

* 수립된 철도안전 종합계획의 경미한 사항 변경(**대통령령**으로 정함)은 변경절차인 협의·심의를 거치지 않을 수 있다

〈철도안전종합계획의 경미한 변경 : 대통령령〉

ⓐ 철도안전 종합계획에서 정한 총사업비를 원래 계획의 100분의 10 이내에서의 변경

ⓑ 철도안전 종합계획에서 정한 시행기한 내에 단위사업의 시행시기의 변경

ⓒ 법령의 개정, 행정구역의 변경 등과 관련하여 철도안전 종합계획을 변경하는 등 당초 수립된 철도안전 종합계획의 기본방향에 영향을 미치지 아니하는 사항의 변경

⑤ 철도안전 종합계획 수립·변경시 자료제출을 요구를 할 수 있다

㉮ 자료요청 대상 : 관계 중앙행정기관의 장 또는 시·도지사에게

＊ 시·도지사 : 특별시장·광역시장·특별자치시장·도지사·특별자치도지사

㉯ 자료제출을 요구 받은 경우 : 특별한 사유가 없으면 이에 따라야 한다

⑥ 수립·변경시 고시 : 관보에 고시

(관보란 ?) 헌법과 법령 등의 공포의 수단으로 사용하며, 대국민 주지사항의 공고 및 고시 수단, 국가시책의 홍보매체 역할 및 기관 간 의사전달 수단으로써의 기능도 가진다. 따라서 정부사항에 대한 역사적 기록문서의 성격이다

(2) 연차별 시행계획

① 수립의무자 : 국토교통부장관, 시·도지사 및 철도운영자등

② 수립·추진

수립의무자는 철도안전 종합계획에 따라 소관별로 철도안전 종합계획의 단계적 시행에 필요한 연차별 시행계획을 수립·추진하여야 한다

③ 시행계획의 수립 및 시행절차 등 : 필요한 사항은 **대통령령**으로 정한다

④ 시행계획 수립절차 등

㉮ 다음 년도 시행계획 제출

시·도지사 및 철도운영자등은 매년 10월 말까지 국토교통부장관에게 제출

㉯ 전년도 시행계획의 추진실적 제출

시·도지사 및 철도운영자등은 매년 2월 말까지 국토교통부장관에게 제출

㉰ 국토교통부장관이 시행계획을 수정 요청할 수 있는 경우

다음 연도의 시행계획이

ⓐ 철도안전 종합계획에 위반되거나

ⓑ 철도안전 종합계획을 원활하게 추진하기 위하여 보완이 필요하다고 인정될 때에는 시·도지사 및 철도운영자등에게 시행계획의 수정을 요청할 수 있다

㉱ 수정요청을 받은 경우에는 특별한 사유가 없는 한 이를 시행계획에 반영하여야 한다

2 철도안전투자의 공시

(1) 공시 의무

① 공시의무자 : 철도운영자

② 공시내용 : 철도차량의 교체, 철도시설의 개량 등 철도안전 분야에 투자하는 예산 규모

③ 공시주기 : 매년 공시

(2) 구체적인 공시 기준 등

철도안전투자의 공시 기준, 항목, 절차 등에 필요한 사항은 **국토교통부령**으로 정한다

(3) 철도안전투자의 공시 기준 등

① 철도운영자가 철도안전투자의 예산 규모를 공시하는 경우에 따라야 할 기준

㉮ 예산 규모에는 다음의 예산이 모두 포함되도록 할 것

ⓐ 철도차량 교체에 관한 예산

ⓑ 철도시설 개량에 관한 예산

ⓒ 안전설비의 설치에 관한 예산

ⓓ 철도안전 교육훈련에 관한 예산

ⓔ 철도안전 연구개발에 관한 예산

ⓕ 철도안전 홍보에 관한 예산

ⓖ 그 밖에 철도안전에 관련된 예산으로서 국토교통부장관이 정해 고시하는 사항

㉯ 다음 사항이 모두 포함된 예산 규모를 공시할 것(공시할 예산기간)

ⓐ 과거 3년간 철도안전투자의 예산 및 그 집행 실적

ⓑ 해당 년도 철도안전투자의 예산

ⓒ 향후 2년간 철도안전투자의 예산

㉰ 철도안전투자 예산의 재원을 다음과 같이 구분하여 공시할 것

ⓐ 국가의 보조금

ⓑ 지방자치단체의 보조금

ⓒ 철도운영자의 자금 등

㉱ 그 밖에 철도안전투자와 관련된 예산으로서 국토교통부장관이 정해 고시하는 예산을 포함해 공시할 것

② 공시시기

철도운영자는 철도안전투자의 예산 규모를 매년 5월말까지 공시

③ 공시방법

철도안전정보종합관리시스템과 해당 철도운영자의 인터넷 홈페이지에 게시하는 방법

④ 기타 공시기준 및 절차 등 필요한 사항 : 국토교통부장관이 정하여 고시

3 안전관리체계의 승인

(1) 안전관리체계

① 안전관리체계의 정의

철도운영을 하거나 철도시설을 관리하려는 경우에 필요한 인력, 시설, 차량, 장비, 운영절차, 교육훈련 및 비상대응계획 등 철도 및 철도시설의 안전관리에 관한 유기적 체계

② 안전관리체계의 승인 의무

㉮ 승인권자 : 국토교통부장관

㉯ 승인을 받아야 하는 자 : 철도운영자등(철도운영자, 철도시설관리자)

㉰ 승인대상

ⓐ 신규로 안전관리체계를 갖추었을 때

ⓑ 승인 받은 안전관리체계를 변경하려는 경우

(단, 국토교통부령으로 정하는 경미한 사항을 변경하려는 경우에는 국토교통부장관에게 신고만 하면 된다 – ⑩항 참조)

ⓒ 안전관리기준의 변경에 따라 안전관리체계를 변경하려는 경우

③ 안전관리체계의 승인을 받지 않아도 되는 자 : 전용철도의 운영자

전용철도의 운영자는 자체적으로 안전관리체계를 갖추고 지속적으로 유지하여야 한다

④ 안전관리체계의 승인절차, 승인방법, 검사기준, 검사방법, 신고절차 및 고시방법 등에 관하여 필요한 사항은 **국토교통부령**으로 정한다

⑤ 안전관리체계 승인신청서(서류포함)의 제출 기한

* 기준일 : 철도운용 또는 철도시설 관리 개시 예정일을 기준으로

㉮ 신규 : 90일 전까지

㉯ 승인받은 안전관리체계를 변경하려는 경우 : 30일 전까지

단, 철도노선의 신설 또는 개량의 경우 : 90일 전까지

ⓒ 제출하는 서류 중 14일 전까지 제출 가능한 서류

    ⓐ 유지관리 방법 및 절차

      (종합시험운행 실시 결과를 반영한 유지관리 방법을 포함한다)

    ⓑ 종합시험운행 실시 결과 보고서

⑥ 안전관리체계 승인신청서에 첨부하는 서류

  ㉮ 「철도사업법」 또는 「도시철도법」에 따른 철도사업면허증 사본

  ㉯ 조직ㆍ인력의 구성, 업무 분장 및 책임에 관한 서류

  ㉰ 다음 사항을 적시한 철도안전관리시스템에 관한 서류

    ⓐ 철도안전관리시스템 개요   ⓑ 철도안전경영

    ⓒ 문서화   ⓓ 위험관리

    ⓔ 요구사항 준수   ⓕ 철도사고 조사 및 보고

    ⓖ 내부 점검   ⓗ 비상대응

    ⓘ 교육훈련   ⓙ 안전정보

    ⓚ 안전문화

  ㉱ 다음 사항을 적시한 열차운행체계에 관한 서류

    ⓐ 철도운영 개요   ⓑ 철도사업면허

    ⓒ 열차운행 조직 및 인력   ⓓ 열차운행 방법 및 절차

    ⓔ 열차 운행계획   ⓕ 승무 및 역무

    ⓖ 철도관제업무   ⓗ 철도보호 및 질서유지

    ⓘ 열차운영 기록관리

    ⓙ 위탁 계약자 감독 등 위탁업무 관리에 관한 사항

  ㉲ 다음 사항을 적시한 유지관리체계에 관한 서류

    ⓐ 유지관리 개요   ⓑ 유지관리 조직 및 인력

    ⓒ 유지관리 방법 및 절차

      (종합시험운행 실시 완료된 결과를 반영한 유지관리 방법 포함)

    ⓓ 유지관리 이행계획   ⓔ 유지관리 기록

    ⓕ 유지관리 설비 및 장비   ⓖ 유지관리 부품

    ⓗ 철도차량 제작 감독

    ⓘ 위탁 계약자 감독 등 위탁업무 관리에 관한 사항

  ㉳ 종합시험운행 실시 결과 보고서

⑦ 안전관리체계 승인 검사

  ㉮ 안전관리체계가 안전관리기준에 적합한지를 검사한 후 승인 여부를 결정

㉯ 승인신청서 접수후 검사 계획서 통보기한

　　　국토교통부장관은 15일 이내 신청인에게 통보

　　㉰ 검사의 구분

　　　ⓐ 서류검사

　　　　철도운영자등이 제출한 서류가 안전관리기준에 적합한지 검사

　　　ⓑ 현장검사

　　　　㉠ 안전관리체계의 이행가능성 및 실효성을 현장에서 확인하기 위한 검사

　　　　㉡ 서류검사만으로 안전관리기준에 적합 여부를 판단할 수 있는 경우에
　　　　　는 현장검사를 생략할 수 있다

　　㉱ 도시철도에 대한 승인(변경) 검사를 하는 경우에는 해당 도시철도의 관할
　　　시·도지사와 협의할 수 있다. 협의 요청을 받은 시·도지사는 협의를 요청
　　　받은 날부터 20일 이내에 의견을 제출하여야 하며, 그 기간 내에 의견을 제
　　　출하지 아니하면 의견이 없는 것으로 본다

⑧ 안전관리체계 변경승인신청서에 첨부하는 서류

　㉮ 안전관리체계의 변경내용과 증빙서류

　㉯ 변경 전후의 대비표 및 해설서

⑨ 철도운영 및 철도시설의 안전관리에 필요한 기술기준(안전관리기준)

　㉮ 안전관리기준을 정하는 자 : 국토교통부장관이 정하여 관보에 고시

　㉯ 안전관리기준에 포함되는 내용

　　철도안전경영, 위험관리, 사고 조사 및 보고, 내부점검, 비상대응계획, 비상
　　대응훈련, 교육훈련, 안전정보관리, 운행안전관리, 차량·시설의 유지관리
　　(차량의 기대수명에 관한 사항 포함) 등

　㉰ 안전관리기준을 정할 때 전문기술적인 사항에 대하여는 철도기술심의위원
　　회의 심의를 거칠 수 있다

⑩ 국토교통부장관에게 신고할 수 있는 경미한 사항의 변경 (승인이 아님)

　<경미한 사항의 변경은 다음을 제외한 변경사항을 말한다>

　* 따라서 변경 승인을 받아야 하는 대상이며, 이외는 신고대상이다

　㉮ 안전 업무를 수행하는 전담조직의 변경(조직 부서명의 변경은 제외)

　㉯ 열차운행 또는 유지관리 인력의 감소

　㉰ 철도차량 또는 다음에 해당하는 철도시설의 증가

　　ⓐ 교량, 터널, 옹벽

　　ⓑ 선로(레일)

ⓒ 역사, 기지, 승강장안전문

ⓓ 전차선로, 변전설비, 수전실, 수·배전선로

ⓔ 연동장치, 열차제어장치, 신호기장치, 선로전환기장치, 궤도회로장치, 건
널목보안장치

ⓕ 통신선로설비, 열차무선설비, 전송설비

㉒ 철도노선의 신설 또는 개량

㉓ 사업의 합병 또는 양도·양수

㉔ 유지관리 항목의 축소 또는 유지관리 주기의 증가

㉕ 위탁 계약자의 변경에 따른 열차운행체계 또는 유지관리체계의 변경

4 안전관리체계의 유지 등

(1) 철도운영자등의 의무

철도운영자등은 승인받은 안전관리체계를 지속적으로 유지하여야 한다

(2) 안전관리체계의 지속적인 유지여부 점검·확인

① 점검·확인 검사자 : 국토교통부장관

② 점검·확인 검사 목적 : 안전관리체계 위반 여부 확인 및 철도사고 예방

③ 점검·확인 검사기준 : **국토교통부령**으로 정한다

④ 검사 종류

ⓐ 정기검사 : 1년마다 1회 실시

철도운영자등이 국토교통부장관으로부터 승인 또는 변경승인 받은 안전관
리체계를 지속적으로 유지하는지를 점검·확인하기 위하여 정기적으로 실
시하는 검사

ⓑ 수시검사

철도운영자등이 철도사고 및 운행장애 등을 발생시키거나 발생시킬 우려가
있는 경우에 안전관리체계 위반사항 확인 및 안전관리체계 위해요인 사전
예방을 위해 수행하는 검사

(3) 검사계획

① 정기·수시검사를 시행하려는 경우의 검사계획 사전통보

ⓐ 기본 : 검사 시행일 7일 전까지 통보해야 한다

ⓑ 긴급 수시검사 : 사전통보를 하지 않을 수 있다

(철도사고, 철도준사고 및 운행장애의 발생 등의 경우)

② 검사계획의 조정

검사 시작 이후 검사계획을 변경할 사유가 발생한 경우에는 철도운영자등과 협의하여 검사계획을 조정할 수 있다

③ 검사계획에 포함하는 내용

ⓐ 검사반의 구성

ⓑ 검사 일정 및 장소

ⓒ 검사 수행 분야 및 검사 항목

ⓓ 중점 검사 사항

ⓔ 그 밖에 검사에 필요한 사항

(4) 검사시기의 유예 또는 변경

① 사유

국토교통부장관은 철도운영자등이 안전관리체계 정기검사의 유예를 요청한 경우

② 철도운영자등이 유예 또는 변경 요청할 수 있는 경우

ⓐ 검사대상 철도운영자등이 사법기관 및 중앙행정기관의 조사 및 감사를 받고 있는 경우

ⓑ 「항공·철도 사고조사에 관한 법률」 항공·철도사고조사위원회가 철도사고에 대한 조사를 하고 있는 경우

ⓒ 대형 철도사고의 발생, 천재지변, 그 밖의 부득이한 사유가 있는 경우

(5) 검사결과 조치

① 결과보고서 작성

국토교통부장관은 정기검사 또는 수시검사를 마친 경우에는 다음 사항이 포함된 검사 결과보고서를 작성하여야 한다

ⓐ 안전관리체계의 검사 개요 및 현황

ⓑ 안전관리체계의 검사 과정 및 내용

ⓒ 시정조치 사항

ⓓ 시정조치계획서에 따른 시정조치명령의 이행 정도

ⓔ 철도사고에 따른 사망자·중상자의 수 및 철도사고등에 따른 재산피해액

② 검사결과 시정조치

ⓐ 검사 결과 안전관리체계가 지속적으로 유지되지 아니하거나 그 밖에 철도 안전을 위하여 필요하다고 인정하는 경우에는 **국토교통부령**으로 정하는 바에 따라 시정조치를 명할 수 있다

ⓑ 철도운영자등이 시정조치명령을 받은 경우에 14일 이내에 시정조치계획서를 작성하여 국토교통부장관에게 제출하여야 한다

ⓒ 국토교통부장관은 철도운영자등에게 시정조치를 명하는 경우에는 시정에 필요한 적정한 기간을 주어야 한다

ⓓ 시정조치를 완료한 경우에는 지체 없이 그 시정내용을 국토교통부장관에게 통보하여야 한다

③ 정기검사 또는 수시검사에 관한 세부적인 기준·방법 및 절차는 국토교통부장관이 정하여 고시한다

5 안전관리체계 승인의 취소 등

(1) 승인취소, 업무의 제한 또는 정지를 명할 수 있는 경우

① 절대적 취소 (반드시 취소하여야 한다)

거짓이나 그 밖의 부정한 방법으로 승인을 받은 경우

② 재량적 처분 (필요적 처분, 상대적 처분)

승인을 취소하거나 6개월 이내의 기간을 정하여 업무의 제한이나 정지할 수 있다

ⓐ 변경승인을 받지 아니하거나 변경신고를 하지 아니하고 안전관리체계를 변경한 경우

ⓑ 안전관리체계를 지속적으로 유지하지 아니하여 철도운영이나 철도시설의 관리에 중대한 지장을 초래한 경우

ⓒ 시정조치명령을 정당한 사유 없이 이행하지 아니한 경우

(2) 승인의 취소, 업무의 제한·정지 등의 처분기준 : 국토교통부령 (별표2)

6 과징금

(1) 과징금 부과권자 : 국토교통부장관

(2) 과징금을 부과할 수 있는 경우

① 업무의 제한이나 정지를 명하여야 하는 경우로서

② 그 업무의 제한이나 정지가 철도 이용자 등에게 심한 불편을 주거나 그 밖에 공익을 해할 우려가 있는 경우에

③ 업무의 제한이나 정지를 갈음하여 부과할 수 있다

(3) 과징금 부과금액 한도 : 30억원 이하

(4) 과징금 부과 기준 등

과징금을 부과하는 위반행위의 종류, 과징금의 부과기준 및 징수방법, 그 밖에 필요한 사항은 **대통령령**으로 정한다 (별표1)

(5) 과징금 미납시 징수방법

국토교통부장관은 과징금을 내야 할 자가 납부기한까지 과징금을 내지 아니하는 경우에는 국세 체납처분의 예에 따라 징수한다

(6) 과징금의 부과 및 납부

① 과징금 부과

국토교통부장관은 과징금을 부과할 때에는 그 위반행위의 종류와 해당 과징금의 금액을 명시하여 이를 납부할 것을 서면으로 통지하여야 한다

② 과징금 납부

㉮ 납부기한 : 통지를 받은 날부터 20일 이내

㉯ 납부장소 : 국토교통부장관이 정하는 수납기관

ⓐ 과징금을 받은 수납기관은 그 과징금을 낸 자에게 영수증 교부

ⓑ 과징금의 수납기관은 과징금을 받으면 지체 없이 그 사실을 국토교통부장관에게 통보

7 철도운영자등에 대한 안전관리 수준평가

(1) 평가자 : 국토교통부장관

(2) 평가이유

철도운영자등의 자발적인 안전관리를 통한 철도안전 수준의 향상을 위하여 철도운영자등의 안전관리 수준에 대한 평가를 실시할 수 있다

(3) 평가결과가 미흡한 철도운영자등에 조치 방법

① 안전관리체계의 지속적인 유지여부 검사방법에 의한 검사 시행(정기검사, 수시검사)

② 안전관리체계의 시정조치 방법에 의한 시정조치 등 개선을 위하여 필요한 조치를 명할 수 있다

(4) **안전관리 수준평가의 대상, 기준, 방법, 절차 등 :** 국토교통부령으로 정한다

　① 철도운영자등의 안전관리 수준에 대한 평가의 대상 및 기준

　　㉮ 사고 분야

　　　ⓐ 철도교통사고 건수

　　　ⓑ 철도안전사고 건수

　　　ⓒ 운행장애 건수

　　　ⓓ 사상자 수

　　㉯ 철도안전투자 분야 (* 철도시설관리자는 평가 제외 항목임)

　　　철도안전투자의 예산 규모 및 집행 실적

　　㉰ 안전관리 분야

　　　ⓐ 안전성숙도 수준

　　　ⓑ 정기검사 이행실적

　　㉱ 그 밖에 안전관리 수준평가에 필요한 사항으로서 국토교통부장관이 정해 고시하는 사항

　② 평가시기 : 국토교통부장관은 매년 3월 말까지 실시

　③ 평가방법 : 서면평가의 방법

　　단, 국토교통부장관이 필요하다고 인정하는 경우에는 현장평가를 실시할 수 있다

　④ 평가결과

　　ⓐ 철도운영자등에게 통보해야 한다

　　ⓑ 「지방공기업법」에 따른 지방공사인 경우에는 지방공사의 업무를 관리·감독하는 지방자치단체의 장에게도 함께 통보할 수 있다

　⑤ 안전관리 수준평가의 기준, 방법 및 절차 등에 관해 필요한 사항 : 국토교통부장관이 정해 고시한다

8 철도안전 우수운영자 지정

(1) **우수운영자 지정권자 :** 국토교통부장관

(2) **지정근거 :** 안전관리 수준평가 결과를 활용하여 지정

　① 지정대상 : 안전관리 수준평가 결과가 최상위 등급인 철도운영자등

　② 지정의 유효기간 : 지정받은 날부터 1년

(3) 우수운영자 지정 혜택

① 우수운영자 지정표시

㉮ 표시장소

철도차량, 철도시설이나 관련 문서 등에 철도안전 우수운영자로 지정되었음을 나타내는 표시를 할 수 있다

㉯ 표시방법 : 국토교통부장관이 정해 고시하는 표시를 사용

㉰ 표시의 제한 및 시정조치

ⓐ 지정을 받은 자가 아니면 지정 표시를 하거나 이와 유사한 표시를 하여서는 아니 된다

ⓑ 표시제한을 위반한 자에 대하여는 해당 표시를 제거하게 하는 등 필요한 시정조치를 명할 수 있다

② 철도안전 우수운영자에게 포상 등의 지원을 할 수 있다

③ 철도안전 우수운영자 지정 표시 및 지원 등에 관해 필요한 사항은 국토교통부장관이 정해 고시한다

(4) 지정의 대상, 기준, 방법, 절차 등에 필요한 사항 : 국토교통부령으로 정함

(5) 우수운영자 지정의 취소

① 절대적 취소 (반드시 취소하여야 한다)

㉮ 거짓이나 그 밖의 부정한 방법으로 철도안전 우수운영자 지정을 받은 경우

㉯ 안전관리체계의 승인이 취소된 경우

② 재량적 취소 (필요적취소·상대적취소 : 취소할 수 있다)

지정기준에 부적합하게 되는 등 그 밖에 **국토교통부령**으로 정하는 사유가 발생한 경우

㉮ 계산 착오, 자료의 오류 등으로 안전관리 수준평가 결과가 최상위 등급이 아닌 것으로 확인된 경우

㉯ 국토교통부장관이 정해 고시하는 표시가 아닌 다른 표시를 사용한 경우

■ 철도안전법 시행령 [별표 1] 〈개정 2019.10.22.〉

안전관리체계 관련 과징금의 부과기준(제6조 관련)

1. 일반기준
가. 위반행위의 횟수에 따른 과징금의 가중된 부과기준은 최근 2년간 같은 위반행위로 과징금 부과처분을 받은 경우에 적용한다. 이 경우 기간의 계산은 위반행위에 대하여 과징금 부과처분을 받은 날과 그 처분 후 다시 같은 위반행위를 하여 적발된 날을 기준으로 한다.

나. 가목에 따라 가중된 부과처분을 하는 경우 가중처분의 적용 차수는 그 위반행위 전 부과처분 차수(가목에 따른 기간 내에 과징금 부과처분이 둘 이상 있었던 경우에는 높은 차수를 말한다)의 다음 차수로 한다.

다. 위반행위가 둘 이상인 경우로서 각 처분내용이 모두 업무정지인 경우에는 각 처분기준에 따른 과징금을 합산한 금액을 넘지 않는 범위에서 무거운 처분기준에 해당하는 과징금 금액의 2분의 1의 범위에서 가중할 수 있다.

라. 국토교통부장관은 다음의 어느 하나에 해당하는 경우에는 제2호의 개별기준에 따른 과징금 금액의 2분의 1 범위에서 그 금액을 줄일 수 있다. 다만, 과징금을 체납하고 있는 위반행위자의 경우에는 그렇지 않다.
1) 위반행위가 사소한 부주의나 오류로 인한 것으로 인정되는 경우
2) 위반행위자가 법 위반상태를 시정하거나 해소하기 위한 노력이 인정되는 경우
3) 그 밖에 사업 규모, 사업 지역의 특수성, 위반행위의 정도, 위반행위의 동기와 그 결과 및 위반 횟수 등을 고려하여 과징금 금액을 줄일 필요가 있다고 인정되는 경우

마. 국토교통부장관은 다음의 어느 하나에 해당하는 경우에는 제2호의 개별기준에 따른 과징금 금액의 2분의 1 범위에서 그 금액을 늘릴 수 있다. 다만, 법 제9조의2제1항에 따른 과징금 금액의 상한을 넘을 경우 상한금액으로 한다.
1) 위반의 내용 및 정도가 중대하여 공중에게 미치는 피해가 크다고 인정되는 경우
2) 법 위반상태의 기간이 6개월 이상인 경우
3) 그 밖에 사업 규모, 사업 지역의 특수성, 위반행위의 정도, 위반행위의 동기와 그 결과 및 위반 횟수 등을 고려하여 과징금 금액을 늘릴 필요가 있다고 인정되는 경우

2. 개별기준
(단위: 백만원)

위반행위	근거법조문	과징금 금액
가. 법 제7조제3항을 위반하여 변경승인을 받지 않고 안전관리체계를 변경한 경우 1) 1차 위반 2) 2차 위반 3) 3차 위반 4) 4차 이상 위반	법 제9조 제1항제2호	120 240 480 960
나. 법 제7조제3항을 위반하여 변경신고를 하지 않고 안전관리체계를 변경한 경우 1) 1차 위반 2) 2차 위반 3) 3차 이상 위반	법 제9조 제1항제2호	경고 120 240
다. 법 제8조제1항을 위반하여 안전관리체계를 지속적으로 유지하지 않아 철도운영이나 철도시설의 관리에 중대한 지장을 초래한 경우 1) 철도사고로 인한 사망자 수 　가) 1명 이상 3명 미만 　나) 3명 이상 5명 미만 　다) 5명 이상 10명 미만 　라) 10명 이상 2) 철도사고로 인한 중상자 수 　가) 5명 이상 10명 미만 　나) 10명 이상 30명 미만 　다) 30명 이상 50명 미만 　라) 50명 이상 100명 미만 　마) 100명 이상 3) 철도사고 또는 운행장애로 인한 재산피해액 　가) 5억원 이상 10억원 미만 　나) 10억원 이상 20억원 미만 　다) 20억원 이상	법 제9조 제1항제3호	 360 720 1,440 2,160 180 360 720 1,440 2,160 180 360 720
라. 법 제8조제3항에 따른 시정조치명령을 정당한 사유 없이 이행하지 않은 경우 1) 1차 위반 2) 2차 위반 3) 3차 위반 4) 4차 이상 위반	법 제9조 제1항제4호	240 480 960 1,920

비고
1. "사망자"란 철도사고가 발생한 날부터 30일 이내에 그 사고로 사망한 사람을 말한다.
2. "중상자"란 철도사고로 인해 부상을 입은 날부터 7일 이내 실시된 의사의 최초 진단결과 24시간 이상 입원 치료가 필요한 상해를 입은 사람(의식불명, 시력상실을 포함)를 말한다.
3. "재산피해액"이란 시설피해액(인건비와 자재비등 포함),차량피해액(인건비와 자재비등 포함),운임환불 등을 포함한 직접손실액을 말한다.
4. 위 표의 다목 1)부터 3)까지의 규정에 따른 과징금을 부과하는 경우에 사망자, 중상자, 재산피해가 동시에 발생한 경우는 각각의 과징금을 합산하여 부과한다. 다만, 합산한 금액이 법 제9조의2제1항에 따른 과징금 금액의 상한을 초과하는 경우에는 법 제9조의2제1항에 따른 상한금액을 과징금으로 부과한다.
5. 위 표 및 제4호에 따른 과징금 금액이 해당 철도운영자등의 전년도(위반행위가 발생한 날이 속하는 해의 직전 연도를 말한다) 매출액의 100분의 4를 초과하는 경우에는 전년도 매출액의 100분의 4에 해당하는 금액을 과징금으로 부과한다.

안전관리체계 관련 처분기준(제7조 관련)

1. 일반기준

가. 위반행위의 횟수에 따른 행정처분의 가중된 부과기준은 최근 2년간 같은 위반행위로 행정처분을 받은 경우에 적용한다. 이 경우 기간의 계산은 위반행위에 대하여 행정처분을 받은 날과 그 처분 후 다시 같은 위반행위를 하여 적발된 날을 기준으로 한다.

나. 가목에 따라 가중된 부과처분을 하는 경우 가중처분의 적용 차수는 그 위반행위 전 부과처분 차수(가목에 따른 기간 내에 행정처분이 둘 이상 있었던 경우에는 높은 차수를 말한다)의 다음 차수로 한다.

다. 위반행위가 둘 이상인 경우로서 그에 해당하는 각각의 처분기준이 다른 경우에는 그 중 무거운 처분기준(무거운 처분기준이 같을 때에는 그 중 하나의 처분기준을 말한다)에 따르며, 둘 이상의 처분기준이 같은 업무제한·정지인 경우에는 무거운 처분기준의 2분의 1 범위에서 가중할 수 있되, 각 처분기준을 합산한 기간을 초과할 수 없다.

라. 국토교통부장관은 다음의 어느 하나에 해당하는 경우에는 제2호의 개별기준에 따른 업무제한·정지 기간의 2분의 1 범위에서 그 기간을 줄일 수 있다.

　　1) 위반행위가 사소한 부주의나 오류로 인한 것으로 인정되는 경우

　　2) 위반행위자가 법 위반상태를 시정하거나 해소하기 위한 노력이 인정되는 경우

　　3) 그 밖에 위반행위의 정도, 위반행위의 동기와 그 결과 등을 고려하여 업무제한·정지 기간을 줄일 필요가 있다고 인정되는 경우

마. 국토교통부장관은 다음의 어느 하나에 해당하는 경우에는 제2호의 개별기준에 따른 업무제한·정지 기간의 2분의 1 범위에서 그 기간을 늘릴 수 있다. 다만, 법 제9조제1항에 따른 업무제한·정지 기간의 상한을 넘을 수 없다.

　　1) 위반의 내용 및 정도가 중대하여 공중에게 미치는 피해가 크다고 인정되는 경우

　　2) 법 위반상태의 기간이 6개월 이상인 경우

　　3) 그 밖에 위반행위의 정도, 위반행위의 동기와 그 결과 등을 고려하여 업무제한·정지 기간을 늘릴 필요가 있다고 인정되는 경우

2. 개별기준

위반행위	근거법조문	처분 기준
가. 거짓이나 그 밖의 부정한 방법으로 승인을 받은 경우 　1) 1차 위반	법 제9조 제1항제1호	승인취소
나. 법 제7조제3항을 위반하여 변경승인을 받지 않고 안전관리체계를 변경한 경우 　1) 1차 위반 　2) 2차 위반 　3) 3차 위반 　4) 4차 이상 위반	법 제9조 제1항제2호	 업무정지(업무제한) 10일 업무정지(업무제한) 20일 업무정지(업무제한) 40일 업무정지(업무제한) 80일
다. 법 제7조제3항을 위반하여 변경신고를 하지 않고 안전관리체계를 변경한 경우 　1) 1차 위반 　2) 2차 위반 　3) 3차 이상 위반	법 제9조 제1항제2호	 경고 업무정지(업무제한) 10일 업무정지(업무제한) 20일

위반행위	근거법조문	처분 기준
라. 법 제8조제1항을 위반하여 안전관리체계를 지속적으로 유지하지 않아 철도운영이나 철도시설의 관리에 중대한 지장을 초래한 경우		
1) 철도사고로 인한 사망자 수		
가) 1명 이상 3명 미만		업무정지(업무제한) 30일
나) 3명 이상 5명 미만		업무정지(업무제한) 60일
다) 5명 이상 10명 미만		업무정지(업무제한) 120일
라) 10명 이상		업무정지(업무제한) 180일
2) 철도사고로 인한 중상자 수	법 제9조 제1항제3호	
가) 5명 이상 10명 미만		업무정지(업무제한) 15일
나) 10명 이상 30명 미만		업무정지(업무제한) 30일
다) 30명 이상 50명 미만		업무정지(업무제한) 60일
라) 50명 이상 100명 미만		업무정지(업무제한) 120일
마) 100명 이상		업무정지(업무제한) 180일
3) 철도사고 또는 운행장애로 인한 재산피해액		
가) 5억원 이상 10억원 미만		업무정지(업무제한) 15일
나) 10억원 이상 20억원 미만		업무정지(업무제한) 30일
다) 20억원 이상		업무정지(업무제한) 60일
마. 법 제8조제3항에 따른 시정조치명령을 정당한 사유 없이 이행하지 않은 경우	법 제9조 제1항제4호	
1) 1차 위반		업무정지(업무제한) 20일
2) 2차 위반		업무정지(업무제한) 40일
3) 3차 위반		업무정지(업무제한) 80일
4) 4차 이상 위반		업무정지(업무제한) 160일

비고
1. "사망자"란 철도사고가 발생한 날부터 30일 이내에 그 사고로 사망한 경우를 말한다.
2. "중상자"란 철도사고로 인해 부상을 입은 날부터 7일 이내 실시된 의사의 최초 진단결과 24시간 이상 입원 치료가 필요한 상해를 입은 사람(의식불명, 시력상실을 포함)을 말한다.
3. "재산피해액"이란 시설피해액(인건비와 자재비등 포함), 차량피해액(인건비와 자재비등 포함), 운임환불 등을 포함한 직접손실액을 말한다.

2장

기출예상문제

1. 철도안전 종합계획을 수립하여야 하는 자는?

　① 국가　　② 국토교통장관　　③ 지방자치단체　　④ 철도운영자등

해설 안전법 제5조(철도안전 종합계획) ① 국토교통부장관은 5년마다 철도안전에 관한 종합계획(이하 "철도안전 종합계획"이라 한다)을 수립하여야 한다.

2. 철도안전 종합계획의 수립주기는?

　① 1년마다　　② 3년마다　　③ 5년마다　　④ 10년마다

해설 안전법 제5조(철도안전 종합계획)

3. 철도안전 종합계획에 포함되지 않는 사항으로만 짝지어진 것은?

> a. 철도차량의 정비 및 점검 등에 관한 사항
> b. 철도안전 관련 전문 인력의 양성 및 수급관리에 관한 사항
> c. 철도안전 종합계획의 추진 목표 및 방향
> d. 철도안전시책 마련 및 추진에 관한 사항
> e. 철도사업 관계 법령의 정비 등 제도개선에 관한 사항
> f. 철도안전 관련 연구 및 기술개발에 관한 사항
> g. 철도시설의 정비 및 점검 등에 관한 사항
> h. 철도종사자의 안전 및 근무환경 향상에 관한 사항
> i. 철도안전 관련 교육훈련에 관한 사항
> j. 철도안전에 관한 시설의 확충, 개량 및 점검 등에 관한 사항
> k. 그 밖에 철도안전에 관한 사항으로서 국토교통부장관이 필요하다고 인정하는 사항

　① a, e, g　　② d, e, g　　③ a, e, h　　④ e, g, h

해설 안전법 제5조(철도안전 종합계획) ② 철도안전 종합계획에는 다음 각 호의 사항이 포함되어야 한다.
　1. 철도안전 종합계획의 추진 목표 및 방향
　2. 철도안전에 관한 시설의 확충, 개량 및 점검 등에 관한 사항
　3. 철도차량의 정비 및 점검 등에 관한 사항
　4. 철도안전 관계 법령의 정비 등 제도개선에 관한 사항
　5. 철도안전 관련 전문 인력의 양성 및 수급관리에 관한 사항
　6. 철도종사자의 안전 및 근무환경 향상에 관한 사항 〈2021.6.23.추가〉
　7. 철도안전 관련 교육훈련에 관한 사항
　8. 철도안전 관련 연구 및 기술개발에 관한 사항
　9. 그 밖에 철도안전에 관한 사항으로서 국토교통부장관이 필요하다고 인정하는 사항

정답 1. ② 2. ③ 3. ②

4. 철도안전 종합계획의 수립절차로 (   )에 적합한 것은?

> a. 국토교통부장관 5년마다 철도안전에 관한 종합계획을 수립하여야 한다.
> b. 국토교통부장관은 철도안전 종합계획을 수립할 때에는 미리 관계 중앙행정기관의 장 및 (가)과 협의한 후 철도산업발전기본법에 따른 (나)의 심의를 거쳐야 한다.
> c. 수립한 철도안전 종합계획을 변경할 때에도 또한 같다.

① 가 : 철도시설관리자   나 : 철도기술위원회
② 가 : 철도운영자   나 : 철도기술위원회
③ 가 : 철도운영자등   나 : 철도산업위원회
④ 가 : 지방자치단체   나 : 철도산업위원회

해설 안전법 제5조(철도안전 종합계획) ③ 국토교통부장관은 철도안전 종합계획을 수립할 때에는 미리 관계 중앙행정기관의 장 및 철도운영자등과 협의한 후 기본법 제6조제1항에 따른 철도산업위원회의 심의를 거쳐야 한다. 수립된 철도안전 종합계획을 변경(대통령령으로 정하는 경미한 사항의 변경은 제외한다)할 때에도 또한 같다.

5. 철도안전 종합계획의 경미한 사항의 변경으로 수립 또는 변경절차를 따르지 않을 수 있는 것으로 틀린 것은?
① 철도안전 종합계획에서 정한 시행기한 내에 단위사업의 시행시기의 변경
② 철도안전 종합계획에서 정한 당해 연도 사업비를 원래 계획의 100분의 10 이내에서의 변경
③ 행정구역의 변경 등과 관련하여 철도안전 종합계획을 변경하는 등 당초 수립된 철도안전 종합계획의 기본방향에 영향을 미치지 아니하는 사항의 변경
④ 법령의 개정 등과 관련하여 철도안전 종합계획을 변경하는 등 당초 수립된 철도안전 종합계획의 기본방향에 영향을 미치지 아니하는 사항의 변경

해설 시행령 제4조(철도안전 종합계획의 경미한 변경) 법 제5조제3항 후단에서 "대통령령으로 정하는 경미한 사항의 변경"이란 다음 각 호의 어느 하나에 해당하는 변경을 말한다.
1. 법 제5조제1항에 따른 철도안전 종합계획(이하 "철도안전 종합계획"이라 한다)에서 정한 총사업비를 원래 계획의 100분의 10 이내에서의 변경
2. 철도안전 종합계획에서 정한 시행기한 내에 단위사업의 시행시기의 변경
3. 법령의 개정, 행정구역의 변경 등과 관련하여 철도안전 종합계획을 변경하는 등 당초 수립된 철도안전 종합계획의 기본방향에 영향을 미치지 아니하는 사항의 변경

6. 철도안전 종합계획을 수립하거나 변경에 관한 설명으로 틀린 것은?
① 필요하다고 인정하면 관계 중앙행정기관의 장 또는 시·도지사에게 관련 자료의 제출을 요구할 수 있다
② 자료 제출 요구를 받은 관계 중앙행정기관의 장 또는 시·도지사는 특별한 사유가 없으면 이에 따라야 한다
③ 관계 중앙행정기관의 장 또는 시·도지사에게 관련 자료의 제출을 요구하여야 한다
④ 철도안전 종합계획을 수립하거나 변경하였을 때에는 이를 관보에 고시하여야 한다

해설 안전법 제5조(철도안전 종합계획) ④ 국토교통부장관은 철도안전 종합계획을 수립하거나 변경하기 위하여 필요하다고 인정하면 관계 중앙행정기관의 장 또는 특별시장·광역시장·특별자치시장·도지사·특별자치도지사(이하 "시·도지사"라 한다)에게 관련 자료의 제출을 요구할 수 있다. 자료 제출 요구를 받은 관계 중앙행정기관의 장 또는 시·도지사는 특별한 사유가 없으면 이에 따라야 한다.

정답 | 4. | ③ | 5. | ② | 6. | ③

⑤ 국토교통부장관은 제3항에 따라 철도안전 종합계획을 수립하거나 변경하였을 때에는 이를 관보에 고시하여야 한다.

7. 철도안전 종합계획의 연차별 시행계획을 수립 · 추진하여야 하는 자가 아닌 것은?

① 국가   ② 철도운영자등   ③ 시 · 도지사   ④ 국토교통부장관

해설 안전법 제6조(시행계획) ① 국토교통부장관, 시 · 도지사 및 철도운영자등은 철도안전 종합계획에 따라 소관별로 철도안전 종합계획의 단계적 시행에 필요한 연차별 시행계획(이하 "시행계획"이라 한다)을 수립 · 추진하여야 한다.

8. 철도안전 종합계획의 연차별 시행계획에 관한 설명으로 맞지 않는 것은?

① 시 · 도지사, 철도운영자등은 다음 연도의 시행계획을 매년 10월 말까지 국토교통부장관에게 제출하여야 한다

② 시 · 도지사 및 철도운영자등은 전년도 시행계획의 추진실적을 매년 2월 말까지 국토교통부장관에게 제출하여야 한다

③ 미리 관계 중앙행정기관의 장 및 철도운영자등과 협의한 후 철도산업위원회의 심의를 거쳐야 한다

④ 시행계획의 수립 및 시행절차 등에 관하여 필요한 사항은 대통령령으로 정한다

해설 안전법 제6조(시행계획) ② 시행계획의 수립 및 시행절차 등에 관하여 필요한 사항은 대통령령으로 정한다.
시행령 제5조(시행계획 수립절차 등) ① 법 제6조에 따라 특별시장 · 광역시장 · 특별자치시장 · 도지사 또는 특별자치도지사(이하 "시 · 도지사"라 한다)와 철도운영자 및 철도시설관리자(이하 "철도운영자등"이라 한다)는 다음 연도의 시행계획을 매년 10월 말까지 국토교통부장관에게 제출하여야 한다. 〈개정 2013. 3. 23.〉
② 시 · 도지사 및 철도운영자등은 전년도 시행계획의 추진실적을 매년 2월 말까지 국토교통부장관에게 제출하여야 한다. 〈개정 2013. 3. 23.〉
③ 국토교통부장관은 제1항에 따라 시 · 도지사 및 철도운영자등이 제출한 다음 연도의 시행계획이 철도안전 종합계획에 위반되거나 철도안전 종합계획을 원활하게 추진하기 위하여 보완이 필요하다고 인정될 때에는 시 · 도지사 및 철도운영자등에게 시행계획의 수정을 요청할 수 있다. 〈개정 2013. 3. 23.〉
④ 제3항에 따른 수정 요청을 받은 시 · 도지사 및 철도운영자등은 특별한 사유가 없는 한 이를 시행계획에 반영하여야 한다.

9. 철도안전투자의 공시의무자는?

① 철도운영자   ② 철도시설관리자   ③ 철도운영자등   ④ 국토교통부장관

해설 안전법 제6조의2(철도안전투자의 공시) ① 철도운영자는 철도차량의 교체, 철도시설의 개량 등 철도안전 분야에 투자(이하 이 조에서 "철도안전투자"라 한다)하는 예산 규모를 매년 공시하여야 한다.

10. 철도안전투자의 공시에 관련한 설명으로 틀린 것은?

① 공시대상은 철도차량의 교체, 철도시설의 개량 등 철도운영 분야에 투자하는 예산 규모를 말한다

② 철도안전투자란 철도차량의 교체, 철도시설의 개량 등 철도안전 분야에 투자하는 것을 말한다

③ 철도안전투자의 공시 기준, 항목, 절차 등에 필요한 사항은 국토교통부령으로 정한다

④ 철도안전투자의 예산 규모는 매년 공시하여야 한다

해설 안전법 제6조의2(철도안전투자의 공시) ② 제1항에 따른 철도안전투자의 공시 기준, 항목, 절차 등에 필요한 사항은 국토교통부령으로 정한다.

정답 | 7. | ① | 8. | ③ | 9. | ① | 10. | ①

11. 철도안전투자의 공시기준으로 철도안전투자 예산규모에 포함되어야 할 예산이 아닌 것은?

① 철도안전 홍보에 관한 예산　　② 철도안전 교육훈련에 관한 예산
③ 철도차량 교체에 관한 예산　　④ 철도시설 신설에 관한 예산

해설 시행규칙 제1조의5(철도안전투자의 공시 기준 등) ① 철도운영자는 법 제6조의2제1항에 따라 철도안전투자(이하 "철도안전투자"라 한다)의 예산 규모를 공시하는 경우에는 다음 각 호의 기준에 따라야 한다.

　1. 예산 규모에는 다음 각 목의 예산이 모두 포함되도록 할 것
　　가. 철도차량 교체에 관한 예산
　　나. 철도시설 개량에 관한 예산
　　다. 안전설비의 설치에 관한 예산
　　라. 철도안전 교육훈련에 관한 예산
　　마. 철도안전 연구개발에 관한 예산
　　바. 철도안전 홍보에 관한 예산
　　사. 그 밖에 철도안전에 관련된 예산으로서 국토교통부장관이 정해 고시하는 사항

12. 철도안전투자의 공시기준으로 철도안전투자에 모두 포함되어야 할 예산규모가 아닌 것은?

① 과거 3년간 철도안전투자의 예산　　② 해당 년도 철도안전투자의 예산
③ 향후 3년간 철도안전투자의 예산　　④ 과거 3년간 철도안전투자의 집행실적

해설 시행규칙 제1조의5(철도안전투자의 공시 기준 등)

　2. 다음 각 목의 사항이 모두 포함된 예산 규모를 공시할 것
　　가. 과거 3년간 철도안전투자의 예산 및 그 집행 실적
　　나. 해당 년도 철도안전투자의 예산
　　다. 향후 2년간 철도안전투자의 예산

13. 철도안전투자 예산의 재원을 구분하여 공시하여야 하는데 재원구분이 아닌 것은?

① 국가의 보조금　　　　　　　② 지방자치단체의 보조금
③ 철도운영자의 자금　　　　　④ 철도시설관리자의 지원자금

해설 시행규칙 제1조의5(철도안전투자의 공시 기준 등)

　3. 국가의 보조금, 지방자치단체의 보조금 및 철도운영자의 자금 등 철도안전투자 예산의 재원을 구분해 공시할 것

14. 철도안전투자의 공시기준으로 적합하지 않은 것은?

① 철도안전투자와 관련된 예산으로서 국토교통부장관이 정해 고시하는 예산을 포함해 공시할 것
② 철도안전정보종합관리시스템과 해당 철도운영자의 인터넷 홈페이지에 게시하는 방법으로 한다
③ 철도운영자등은 철도안전투자의 예산 규모를 매년 5월말까지 공시해야 한다
④ 국토교통부령으로 정한 사항 외에 철도안전투자의 공시 기준 및 절차 등에 관해 필요한 사항은 국토교통부장관이 정해 고시한다

해설 시행규칙 제1조의5(철도안전투자의 공시 기준 등) ① 철도운영자는 법 제6조의2제1항에 따라 철도안전투자(이하 "철도안전투자"라 한다)의 예산 규모를 공시하는 경우에는 다음 각 호의 기준에 따라야 한다.

　4. 그 밖에 철도안전투자와 관련된 예산으로서 국토교통부장관이 정해 고시하는 예산을 포함해 공시할 것

정답 | 11. | ④ | 12. | ③ | 13. | ④ | 14. | ③

② 철도운영자는 철도안전투자의 예산 규모를 매년 5월말까지 공시해야 한다.

③ 제2항에 따른 공시는 법 제71조제1항에 따라 구축된 철도안전정보종합관리시스템과 해당 철도운영자의 인터넷 홈페이지에 게시하는 방법으로 한다.

④ 제1항부터 제3항까지에서 규정한 사항 외에 철도안전투자의 공시 기준 및 절차 등에 관해 필요한 사항은 국토교통부장관이 정해 고시한다.

15. 안전관리체계의 승인을 받아야 할 자가 아닌 것은?

① 철도운영자   ② 철도시설관리자   ③ 철도운영자등   ④ 전용철도운영자

해설 안전법 제7조(안전관리체계의 승인) ① 철도운영자등(전용철도의 운영자는 제외한다. 이하 이 조 및 제8조에서 같다)은 철도운영을 하거나 철도시설을 관리하려는 경우에는 인력, 시설, 차량, 장비, 운영절차, 교육훈련 및 비상대응계획 등 철도 및 철도시설의 안전관리에 관한 유기적 체계(이하 "안전관리체계"라 한다)를 갖추어 국토교통부장관의 승인을 받아야 한다.

16. 안전관리체계의 승인권자는?

① 국토교통부장관   ② 국가   ③ 지방자치단체장   ④ 시·도지사

해설 안전법 제7조(안전관리체계의 승인)

17. 안전관리체계를 자체적으로 갖추고 지속적으로 유지하여야 하는 자는?

① 철도운영자   ② 철도시설관리자   ③ 철도운영자등   ④ 전용철도운영자

해설 안전법 제7조(안전관리체계의 승인) ② 전용철도의 운영자는 자체적으로 안전관리체계를 갖추고 지속적으로 유지하여야 한다.

18. 안전관리체계의 승인과 관련한 설명으로 틀린 것은?

① 승인받은 안전관리체계를 변경하려는 경우에는 국토교통부장관의 변경승인을 받아야 한다

② 안전관리체계를 국토교통부령으로 정하는 경미한 사항을 변경하려는 경우에는 국토교통부장관에게 신고하여야 한다

③ 안전관리기준의 변경에 따른 안전관리체계의 변경하려는 경우에는 국토교통부장관의 변경승인을 받아야 한다

④ 철도운영을 하거나 철도시설을 관리하려는 경우에 인력, 시설, 차량, 장비, 운영절차, 교육훈련 및 비상대응계획 등 철도 및 철도시설의 안전관리에 관한 유기적 체계를 안전관리기준라고 한다

해설 안전법 제7조(안전관리체계의 승인) ① 철도운영자등(전용철도의 운영자는 제외한다. 이하 이 조 및 제8조에서 같다)은 철도운영을 하거나 철도시설을 관리하려는 경우에는 인력, 시설, 차량, 장비, 운영절차, 교육훈련 및 비상대응계획 등 철도 및 철도시설의 안전관리에 관한 유기적 체계(이하 "안전관리체계"라 한다)를 갖추어 국토교통부장관의 승인을 받아야 한다.

③ 철도운영자등은 제1항에 따라 승인받은 안전관리체계를 변경(제5항에 따른 안전관리기준의 변경에 따른 안전관리체계의 변경을 포함한다. 이하 이 조에서 같다)하려는 경우에는 국토교통부장관의 변경승인을 받아야 한다. 다만, 국토교통부령으로 정하는 경미한 사항을 변경하려는 경우에는 국토교통부장관에게 신고하여야 한다.

정답 | 15. | ④ | 16. | ① | 17. | ④ | 18. | ④

19. 안전관리체계의 경미한 사항의 변경으로 국토교통부장관에게 신고할 수 있는 것은?

① 열차운행 또는 유지관리 인력의 감소
② 안전 업무를 수행하는 조직 부서명의 변경
③ 교량, 터널, 옹벽의 철도시설 증가
④ 철도차량의 증가
⑤ 위탁 계약자의 변경에 따른 열차운행체계 또는 유지관리체계의 변경

해설 시행규칙 제3조(안전관리체계의 경미한 사항 변경) ① 법 제7조제3항 단서에서 "국토교통부령으로 정하는 경미한 사항"이란 다음 각 호의 어느 하나에 해당하는 사항을 제외한 변경사항을 말한다.

1. 안전 업무를 수행하는 전담조직의 변경(조직 부서명의 변경은 제외한다)
2. 열차운행 또는 유지관리 인력의 감소
3. 철도차량 또는 다음 각 목의 어느 하나에 해당하는 철도시설의 증가
    가. 교량, 터널, 옹벽
    나. 선로(레일)
    다. 역사, 기지, 승강장안전문
    라. 전차선로, 변전설비, 수전실, 수·배전선로
    마. 연동장치, 열차제어장치, 신호기장치, 선로전환기장치, 궤도회로장치, 건널목보안장치
    바. 통신선로설비, 열차무선설비, 전송설비
4. 철도노선의 신설 또는 개량
5. 사업의 합병 또는 양도·양수
6. 유지관리 항목의 축소 또는 유지관리 주기의 증가
7. 위탁 계약자의 변경에 따른 열차운행체계 또는 유지관리체계의 변경

20. 안전관리체계의 승인과 관련한 설명으로 틀린 것은?

① 국토교통부장관은 안전관리체계의 승인 신청을 받은 경우에는 해당 안전관리체계가 안전관리기준에 적합한지를 검사한 후 승인 여부를 결정하여야 한다
② 안전관리체계의 승인절차, 승인방법, 검사기준, 검사방법, 신고절차 및 고시방법 등에 관하여 필요한 사항은 대통령령으로 정한다
③ 국토교통부장관은 안전관리체계의 변경승인 신청을 받은 경우에는 해당 안전관리체계가 안전관리기준에 적합한지를 검사한 후 승인 여부를 결정하여야 한다
④ 철도안전경영, 위험관리, 사고 조사 및 보고, 내부점검, 비상대응계획, 비상대응훈련, 교육훈련, 안전정보관리, 운행안전관리, 차량·시설의 유지관리(차량의 기대수명에 관한 사항을 포함한다) 등 철도운영 및 철도시설의 안전관리에 필요한 기술기준(안전관리기준)은 국토교통부장관이 정한다

해설 안전법 제7조(안전관리체계의 승인) ④ 국토교통부장관은 제1항 또는 제3항 본문에 따른 안전관리체계의 승인 또는 변경승인의 신청을 받은 경우에는 해당 안전관리체계가 제5항에 따른 안전관리기준에 적합한지를 검사한 후 승인 여부를 결정하여야 한다.

⑤ 국토교통부장관은 철도안전경영, 위험관리, 사고 조사 및 보고, 내부점검, 비상대응계획, 비상대응훈련, 교육훈련, 안전정보관리, 운행안전관리, 차량·시설의 유지관리(차량의 기대수명에 관한 사항을 포함한다) 등 철도운영 및 철도시설의 안전관리에 필요한 기술기준을 정하여 고시하여야 한다.

⑥ 제1항부터 제5항까지의 규정에 따른 승인절차, 승인방법, 검사기준, 검사방법, 신고절차 및 고시방법 등에 관하여 필요한 사항은 국토교통부령으로 정한다.

21. 철도안전관리체계 승인신청서의 제출기한은?

① 철도운용 개시 예정일 90일 전까지

② 철도차량 관리 개시 예정일 90일 전까지

③ 철도운용 개시 예정일 30일 전까지

④ 철도시설 관리 개시 예정일 90일 전까지

> **해설** 시행규칙 제2조(안전관리체계 승인 신청 절차 등) ① 철도운영자 및 철도시설관리자(이하 "철도운영자등"이라 한다)가 법 제7조제1항에 따른 안전관리체계(이하 "안전관리체계"라 한다)를 승인받으려는 경우에는 철도운용 또는 철도시설 관리 개시 예정일 90일 전까지 별지 제1호서식의 철도안전관리체계 승인신청서에 다음 각 호의 서류를 첨부하여 국토교통부장관에게 제출하여야 한다

22. 안전관리체계 승인신청서에 첨부하는 서류 또는 내용으로 틀린 것은?

① 열차운행체계에 관한 서류 - 열차운영 기록관리

② 유지관리체계에 관한 서류 - 유지관리 부품 제작감독

③ 종합시험운행 실시 결과 보고서

④ 철도안전관리시스템에 관한 서류 - 교육훈련

> **해설** 시행규칙 제2조(안전관리체계 승인 신청 절차 등) ① 철도안전관리체계 승인신청서에 다음 각 호의 서류를 첨부하여 국토교통부장관에게 제출하여야 한다.
> 1. 「철도사업법」 또는 「도시철도법」에 따른 철도사업면허증 사본
> 2. 조직·인력의 구성, 업무 분장 및 책임에 관한 서류
> 3. 다음 각 호의 사항을 적시한 철도안전관리시스템에 관한 서류
>   가. 철도안전관리시스템 개요　나. 철도안전경영　다. 문서화　라. 위험관리
>   마. 요구사항 준수　바. 철도사고 조사 및 보고　사. 내부 점검
>   아. 비상대응　자. 교육훈련　차. 안전정보　카. 안전문화
> 4. 다음 각 호의 사항을 적시한 열차운행체계에 관한 서류
>   가. 철도운영 개요　나. 철도사업면허　다. 열차운행 조직 및 인력
>   라. 열차운행 방법 및 절차　마. 열차 운행계획　바. 승무 및 역무
>   사. 철도관제업무　아. 철도보호 및 질서유지　자. 열차운영 기록관리
>   차. 위탁 계약자 감독 등 위탁업무 관리에 관한 사항
> 5. 다음 각 호의 사항을 적시한 유지관리체계에 관한 서류
>   가. 유지관리 개요　나. 유지관리 조직 및 인력
>   다. 유지관리 방법 및 절차(법 제38조에 따른 종합시험운행 실시 결과(완료된 결과를 말한다. 이하 이 조에서 같다)를 반영한 유지관리 방법을 포함한다)　라. 유지관리 이행계획
>   마. 유지관리 기록　바. 유지관리 설비 및 장비　사. 유지관리 부품
>   아. 철도차량 제작 감독　자. 위탁 계약자 감독 등 위탁업무 관리에 관한 사항
> 6. 법 제38조에 따른 종합시험운행 실시 결과 보고서

23. 철도운영자등이 승인받은 안전관리체계를 변경하려는 경우에 철도안전관리체계 변경승인신청서의 제출기한은?

① 변경된 철도운용 개시 예정일 30일 전

② 변경된 철도운용 개시 예정일 90일 전

③ 변경된 철도시설 관리 개시 예정일 30일 전

④ 변경된 철도시설 관리 개시 예정일 90일 전

> **해설** 시행규칙 제2조(안전관리체계 승인 신청 절차 등) ② 철도운영자등이 법 제7조제3항 본문에 따라 승인받은 안전관리체계를 변경하려는 경우에는 변경된 철도운용 또는 철도시설 관리 개시 예정일 30일 전(제3조제1항

정답 | **21.** | ①, ④ | **22.** | ② | **23.** | ①, ③

제4호에 따른 변경사항의 경우에는 90일 전)까지 별지 제1호의2서식의 철도안전관리체계 변경승인신청서에 다음 각 호의 서류를 첨부하여 국토교통부장관에게 제출하여야 한다.

24. 철도운영자등이 승인받은 안전관리체계를 변경하려는 경우에 철도안전관리체계 변경승인신청서를 변경된 철도운용 또는 철도시설 관리 개시 예정일 90일 전까지 국토교통부장관에게 제출하여야 하는 것은?
   ① 철도노선의 신설 또는 개량
   ② 안전 업무를 수행하는 전담조직의 변경
   ③ 역사, 기지, 승강장안전문의 철도시설 증가
   ④ 유지관리 항목의 축소 또는 유지관리 주기의 증가

해설 시행규칙 제2조(안전관리체계 승인 신청 절차 등) ② 철도운영자등이 법 제7조제3항 본문에 따라 승인받은 안전관리체계를 변경하려는 경우에는 변경된 철도운용 또는 철도시설 관리 개시 예정일 30일 전(제3조제1항 제4호에 따른 변경사항의 경우에는 90일 전)까지 별지 제1호의2서식의 철도안전관리체계 변경승인신청서에 다음 각 호의 서류를 첨부하여 국토교통부장관에게 제출하여야 한다.
시행규칙 제3조(안전관리체계의 경미한 사항 변경) ① 법 제7조제3항 단서에서 "국토교통부령으로 정하는 경미한 사항"이란 다음 각 호의 어느 하나에 해당하는 사항을 제외한 변경사항을 말한다.
4. 철도노선의 신설 또는 개량

25. 철도운영자등이 안전관리체계의 승인 또는 변경승인을 신청하는 경우에 철도운용 또는 철도시설 관리 개시 예정일 14일 전까지 제출할 수 있는 서류가 아닌 것은?
   ① 유지관리 방법 및 절차
   ② 열차운행체계에 관한 서류
   ③ 종합시험운행 실시 결과를 반영한 유지관리 방법 및 절차에 관한 서류
   ④ 종합시험운행 실시 결과 보고서

해설 시행규칙 제2조(안전관리체계 승인 신청 절차 등)
③ 제1항 및 제2항에도 불구하고 철도운영자등이 안전관리체계의 승인 또는 변경승인을 신청하는 경우 제1항제5호다목 및 같은 항 제6호에 따른 서류는 철도운용 또는 철도시설 관리 개시 예정일 14일 전까지 제출할 수 있다.
① 철도안전관리체계 승인신청서에 다음 각 호의 서류를 첨부하여 국토교통부장관에게 제출하여야 한다.
5. 다음 각 호의 사항을 적시한 유지관리체계에 관한 서류
   다) 유지관리 방법 및 절차(법 제38조에 따른 종합시험운행 실시 결과(완료된 결과를 말한다. 이하 이 조에서 같다)를 반영한 유지관리 방법을 포함한다)
6. 법 제38조에 따른 종합시험운행 실시 결과 보고서

26. 국토교통부장관은 안전관리체계의 승인 또는 변경승인 신청을 받은 경우에 승인 또는 변경승인에 필요한 검사 등의 계획서를 작성하여 신청인에게 통보하는 기한은?
   ① 변경승인 신청을 받은 15일 이내   ② 변경승인 신청을 받은 30일 이내
   ③ 변경승인 신청을 받은 60일 이내   ④ 변경승인 신청을 받은 90일 이내

해설 시행규칙 제2조(안전관리체계 승인 신청 절차 등) ④ 국토교통부장관은 제1항 및 제2항에 따라 안전관리체계의 승인 또는 변경승인 신청을 받은 경우에는 15일 이내에 승인 또는 변경승인에 필요한 검사 등의 계획서를 작성하여 신청인에게 통보하여야 한다.

27. 안전관리체계의 승인방법에 설명으로 틀린 것은?

① 서류검사는 철도운영자등이 제출한 서류가 안전관리기준에 적합한지 검사를 말한다

② 서류검사만으로 안전관리기준에 적합 여부를 판단할 수 있는 경우에는 현장검사를 생략할 수 있다

③ 확인검사는 안전관리체계의 이행가능성 및 실효성을 현장에서 확인하기 위한 검사를 말한다

④ 안전관리체계의 승인 또는 변경승인을 위한 검사는 서류검사와 현장검사로 구분하여 실시한다

> **해설** 시행규칙 제4조(안전관리체계의 승인 방법 및 증명서 발급 등) ① 법 제7조제4항에 따른 안전관리체계의 승인 또는 변경승인을 위한 검사는 다음 각 호에 따른 서류검사와 현장검사로 구분하여 실시한다. 다만, 서류검사만으로 법 제7조제5항에 따른 안전관리에 필요한 기술기준(이하 "안전관리기준"이라 한다)에 적합 여부를 판단할 수 있는 경우에는 현장검사를 생략할 수 있다.
> 1. 서류검사 : 제2조제1항 및 제2항에 따라 철도운영자등이 제출한 서류가 안전관리기준에 적합한지 검사
> 2. 현장검사 : 안전관리체계의 이행가능성 및 실효성을 현장에서 확인하기 위한 검사

28. 국토교통부장관이 「도시철도법」에 따른 도시철도와 도시철도건설사업 또는 도시철도운송사업을 위탁받은 법인이 건설·운영하는 도시철도에 대하여 안전관리체계의 승인 또는 변경승인을 위한 검사를 하는 경우에 해당 도시철도의 관할 시·도지사에게 협의 요청시 시·도지사의 의견 제출기한은?

① 협의를 요청받은 날부터 20일 이내   ② 협의를 요청한 날부터 20일 이내

③ 협의를 요청받은 날부터 10일 이내   ④ 협의를 요청한 날부터 10일 이내

> **해설** 시행규칙 제4조(안전관리체계의 승인 방법 및 증명서 발급 등) ② 국토교통부장관은 「도시철도법」 제3조제2호에 따른 도시철도 또는 같은 법 제24조 또는 제42조에 따라 도시철도건설사업 또는 도시철도운송사업을 위탁받은 법인이 건설·운영하는 도시철도에 대하여 법 제7조제4항에 따른 안전관리체계의 승인 또는 변경승인을 위한 검사를 하는 경우에는 해당 도시철도의 관할 시·도지사와 협의할 수 있다. 이 경우 협의 요청을 받은 시·도지사는 협의를 요청받은 날부터 20일 이내에 의견을 제출하여야 하며, 그 기간 내에 의견을 제출하지 아니하면 의견이 없는 것으로 본다.

29. 국토교통부장관이 안전관리기준을 정할 때 전문기술적인 사항에 대해 심의를 거칠 수 있는 조직은?

① 철도기술심의위원회   ② 철도산업위원회

③ 철도산업기술위원회   ④ 철도안전위원회

> **해설** 시행규칙 제5조(안전관리기준 고시) ① 국토교통부장관은 법 제7조제5항에 따른 안전관리기준을 정할 때 전문기술적인 사항에 대해 제44조에 따른 철도기술심의위원회의 심의를 거칠 수 있다.
> ② 국토교통부장관은 법 제7조제5항에 따른 안전관리기준을 정한 경우에는 이를 관보에 고시해야 한다.

30. 국토교통부장관이 정한 안전관리기준을 고시하는 곳은?

① 공보   ② 관보   ③ 홈페이지   ④ 게시판

> **해설** 시행규칙 제5조(안전관리기준 고시)

정답 | 27. | ③ | 28. | ① | 29. | ① | 30. | ②

31. 안전관리체계를 지속적으로 유지하는지의 검사목적은?

① 안전관리체계 위반 여부 확인 및 철도사고 예방을 위하여
② 철도안전 우수운영자 지정을 위하여
③ 안전관리 수준 평가를 위하여
④ 철도운영자등의 승인취소 등의 처분을 위하여

> **해설** 안전법 제8조(안전관리체계의 유지 등) ② 국토교통부장관은 안전관리체계 위반 여부 확인 및 철도사고 예방 등을 위하여 철도운영자등이 제1항에 따른 안전관리체계를 지속적으로 유지하는지 다음 각 호의 검사를 통해 국토교통부령으로 정하는 바에 따라 점검 · 확인할 수 있다.

32. 국토교통부장관이 안전관리체계의 지속적 유지여부 검사를 시행하려는 경우에 검사 계획을 검사 대상 철도운영자등에게 통보해야 하는 시기는?

① 검사 시행일 3일 전까지
② 검사 시행일 5일 전까지
③ 검사 시행일 7일 전까지
④ 검사 시행일 14일 전까지

> **해설** 시행규칙 제6조(안전관리체계의 유지 · 검사 등) ② 국토교통부장관은 법 제8조제2항에 따른 정기검사 또는 수시검사를 시행하려는 경우에는 검사 시행일 7일 전까지 다음 각 호의 내용이 포함된 검사계획을 검사 대상 철도운영자등에게 통보해야 한다. 다만, 철도사고, 철도준사고 및 운행장애(이하 "철도사고등"이라 한다)의 발생 등으로 긴급히 수시검사를 실시하는 경우에는 사전 통보를 하지 않을 수 있고, 검사 시작 이후 검사 계획을 변경할 사유가 발생한 경우에는 철도운영자등과 협의하여 검사계획을 조정할 수 있다.

33. 안전관리체계의 유지 · 검사에 관한 설명으로 틀린 것은?

① 정기검사는 1년마다 1회 실시해야 한다
② 정기검사는 철도운영자등이 국토교통부장관으로부터 승인 또는 변경승인 받은 안전관리체계를 지속적으로 유지하는지를 점검 · 확인 및 안전관리체계 위해요인 사전예방을 위하여 정기적으로 실시하는 검사를 말한다
③ 검사 결과 안전관리체계가 지속적으로 유지되지 아니할 경우에는 국토교통부령으로 정하는 바에 따라 시정조치를 명할 수 있다
④ 수시검사는 철도운영자등이 철도사고 및 운행장애 등을 발생시키거나 발생시킬 우려가 있는 경우에 안전관리체계 위반사항 확인 및 안전관리체계 위해요인 사전예방을 위해 수행하는 검사를 말한다

> **해설** 안전법 제8조(안전관리체계의 유지 등) ② 국토교통부장관은 안전관리체계 위반 여부 확인 및 철도사고 예방 등을 위하여 철도운영자등이 제1항에 따른 안전관리체계를 지속적으로 유지하는지 다음 각 호의 검사를 통해 국토교통부령으로 정하는 바에 따라 점검 · 확인할 수 있다.
> 1. 정기검사 : 철도운영자등이 국토교통부장관으로부터 승인 또는 변경승인 받은 안전관리체계를 지속적으로 유지하는지를 점검 · 확인하기 위하여 정기적으로 실시하는 검사
> 2. 수시검사 : 철도운영자등이 철도사고 및 운행장애 등을 발생시키거나 발생시킬 우려가 있는 경우에 안전관리체계 위반사항 확인 및 안전관리체계 위해요인 사전예방을 위해 수행하는 검사 〈신설〉
> ③ 국토교통부장관은 제2항에 따른 검사 결과 안전관리체계가 지속적으로 유지되지 아니하거나 그 밖에 철도안전을 위하여 긴급히 필요하다고 인정하는 경우에는 국토교통부령으로 정하는 바에 따라 시정조치를 명할 수 있다.
> 시행규칙 제6조(안전관리체계의 유지 · 검사 등) ① 국토교통부장관은 법 제8조제2항제1호에 따른 정기검사를 1년마다 1회 실시해야 한다.

34. 안전관리체계의 유지 · 검사에 관한 설명으로 틀린 것은?

① 철도사고등의 발생 등으로 긴급히 수시검사를 실시하는 경우에는 검사계획을 사전 통보하지 않을 수 있다
② 검사 시작 이후 검사계획을 변경할 사유가 발생한 경우에는 철도운영자등과 협의하여 검사계획을 생략할 수 있다
③ 검사계획에는 검사반의 구성, 검사 일정 및 장소, 검사 수행 분야 및 검사 항목, 중점 검사 사항, 그 밖에 검사에 필요한 사항을 포함하여야 한다
④ 국토교통부장관은 철도운영자등이 안전관리체계 정기검사의 유예를 요청한 경우에 검사 시기를 유예하거나 변경할 수 있다

해설 시행규칙 제6조(안전관리체계의 유지 · 검사 등) ② 국토교통부장관은 법 제8조제2항에 따른 정기검사 또는 수시검사를 시행하려는 경우에는 검사 시행일 7일 전까지 다음 각 호의 내용이 포함된 검사계획을 검사 대상 철도운영자등에게 통보해야 한다. 다만, 철도사고, 철도준사고 및 운행장애(이하 "철도사고등"이라 한다)의 발생 등으로 긴급히 수시검사를 실시하는 경우에는 사전 통보를 하지 않을 수 있고, 검사 시작 이후 검사계획을 변경할 사유가 발생한 경우에는 철도운영자등과 협의하여 검사계획을 조정할 수 있다.
1. 검사반의 구성
2. 검사 일정 및 장소
3. 검사 수행 분야 및 검사 항목
4. 중점 검사 사항
5. 그 밖에 검사에 필요한 사항
    ③ 국토교통부장관은 다음 각 호의 사유로 철도운영자등이 안전관리체계 정기검사의 유예를 요청한 경우에 검사 시기를 유예하거나 변경할 수 있다.

35. 철도운영자등이 국토교통부장관에게 안전관리체계 정기검사의 유예를 요청할 수 있는 사유가 아닌 것은?

① 검사대상 철도운영자등이 중앙행정기관의 감사를 받고 있는 경우
② 대형 철도사고의 발생, 천재지변, 그 밖의 부득이한 사유가 있는 경우
③ 항공 · 철도사고조사위원회가 철도사고에 대한 조사를 하고 있는 경우
④ 검사대상 철도운영자등이 사법기관의 감사를 받고 있는 경우

해설 시행규칙 제6조(안전관리체계의 유지 · 검사 등) ③ 국토교통부장관은 다음 각 호의 사유로 철도운영자등이 안전관리체계 정기검사의 유예를 요청한 경우에 검사 시기를 유예하거나 변경할 수 있다.
1. 검사대상 철도운영자등이 사법기관 및 중앙행정기관의 조사 및 감사를 받고 있는 경우
2. 「항공 · 철도 사고조사에 관한 법률」 제4조제1항에 따른 항공 · 철도사고조사위원회가 같은 법 제19조에 따라 철도사고에 대한 조사를 하고 있는 경우
3. 대형 철도사고의 발생. 천재지변. 그 밖의 부득이한 사유가 있는 경우

36. 국토교통부장관이 안전관리체계의 정기검사 또는 수시검사를 마친 경우에 작성하는 결과보고서에 포함되어야 할 사항이 아닌 것은?

① 철도사고에 따른 사망자 · 중경상자의 수 및 철도사고등에 따른 재산피해액
② 제출된 시정조치계획서에 따른 시정조치명령의 이행 정도
③ 안전관리체계의 검사 과정 및 내용
④ 안전관리체계의 검사 개요 및 현황

해설 시행규칙 제6조(안전관리체계의 유지 · 검사 등) ④ 국토교통부장관은 정기검사 또는 수시검사를 마친 경우에는 다음 각 호의 사항이 포함된 검사 결과보고서를 작성하여야 한다.

정답 | **34.** | ② | **35.** | ④ | **36.** | ①

1. 안전관리체계의 검사 개요 및 현황
2. 안전관리체계의 검사 과정 및 내용
3. 법 제8조제3항에 따른 시정조치 사항
4. 제6항에 따라 제출된 시정조치계획서에 따른 시정조치명령의 이행 정도
5. 철도사고에 따른 사망자·중상자의 수 및 철도사고등에 따른 재산피해액

37. 안전관리체계의 유지·검사에 관한 설명으로 틀린 것은?

① 정기검사 또는 수시검사에 관한 세부적인 기준·방법 및 절차는 국토교통부령으로 정하여 고시한다

② 국토교통부장관은 철도운영자등에게 시정조치를 명하는 경우에는 시정에 필요한 적정한 기간을 주어야 한다

③ 철도운영자등이 시정조치명령을 받은 경우에 14일 이내에 시정조치계획서를 작성하여 국토교통부장관에게 제출하여야 한다

④ 시정조치를 완료한 경우에는 지체 없이 그 시정내용을 국토교통부장관에게 통보하여야 한다

해설 시행규칙 제6조(안전관리체계의 유지·검사 등) ⑤ 국토교통부장관은 법 제8조제3항에 따라 철도운영자등에게 시정조치를 명하는 경우에는 시정에 필요한 적정한 기간을 주어야 한다.

⑥ 철도운영자등이 법 제8조제3항에 따라 시정조치명령을 받은 경우에 14일 이내에 시정조치계획서를 작성하여 국토교통부장관에게 제출하여야 하고, 시정조치를 완료한 경우에는 지체 없이 그 시정내용을 국토교통부장관에게 통보하여야 한다.

⑦ 제1항부터 제6항까지의 규정에서 정한 사항 외에 정기검사 또는 수시검사에 관한 세부적인 기준·방법 및 절차는 국토교통부장관이 정하여 고시한다.

38. 철도안전관리체계 승인의 절대적 취소 사유는?

① 안전관리체계를 지속적으로 유지하지 아니하여 철도운영이나 철도시설의 관리에 중대한 지장을 초래한 경우

② 변경승인을 받지 아니하거나 변경신고를 하지 아니하고 안전관리체계를 변경한 경우

③ 거짓이나 그 밖의 부정한 방법으로 승인을 받은 경우

④ 시정조치명령을 정당한 사유 없이 이행하지 아니한 경우

해설 안전법 제9조(승인의 취소 등) ① 국토교통부장관은 안전관리체계의 승인을 받은 철도운영자등이 다음 각 호의 어느 하나에 해당하는 경우에는 그 승인을 취소하거나 6개월 이내의 기간을 정하여 업무의 제한이나 정지를 명할 수 있다. 다만, 제1호에 해당하는 경우에는 그 승인을 취소하여야 한다.

1. 거짓이나 그 밖의 부정한 방법으로 승인을 받은 경우
2. 제7조제3항을 위반하여 변경승인을 받지 아니하거나 변경신고를 하지 아니하고 안전관리체계를 변경한 경우
3. 제8조제1항을 위반하여 안전관리체계를 지속적으로 유지하지 아니하여 철도운영이나 철도시설의 관리에 중대한 지장을 초래한 경우
4. 제8조제3항에 따른 시정조치명령을 정당한 사유없이 이행하지 아니한 경우

② 제1항에 따른 승인 취소, 업무의 제한 또는 정지의 기준 및 절차 등에 관하여 필요한 사항은 국토교통부령으로 정한다.

39. 안전관리체계의 승인을 받은 철도운영자등이 안전관리체계를 지속적으로 유지하지 아니하여 철도운영이나 철도시설의 관리에 중대한 지장을 초래한 경우에게 국토교통부장관이 할 수 있는 처분이 아닌 것은?

① 승인을 취소하여야 한다
② 6개월 이내의 기간을 정하여 업무의 정지를 명할 수 있다
③ 승인을 취소할 수 있다
④ 6개월 이내의 기간을 정하여 업무의 제한을 명할 수 있다

> **해설** 안전법 제9조(승인의 취소 등)

40. 안전관리체계의 승인을 취소할 수 있는 사유가 아닌 것은?

① 안전관리체계의 변경신고를 하지 아니하고 안전관리체계를 변경한 경우
② 안전관리체계의 변경승인을 받지 아니하고 안전관리체계를 변경한 경우
③ 안전관리체계를 지속적으로 유지하지 아니하여 철도운영이나 철도시설의 관리에 지장을 초래한 경우
④ 시정조치명령을 정당한 사유없이 이행하지 아니한 경우

> **해설** 안전법 제9조(승인의 취소 등)

41. 안전관리체계 관련 처분기준의 일반기준으로 틀린 것은?

① 위반행위의 횟수에 따른 행정처분의 가중된 부과기준은 최근 2년간 같은 위반행위로 행정처분을 받은 경우에 적용한다
② 위반행위자가 법 위반상태를 시정하거나 해소하기 위한 노력이 인정되는 경우 개별기준에 따른 업무제한·정지 기간의 2분의 1 범위에서 그 기간을 줄일 수 있다
③ 위반의 내용 및 정도가 중대하여 이해관계인에게 미치는 피해가 크지 않다고 인정되는 경우 업무정지 처분기준의 2분의 1 범위에서 그 기간을 줄일 수 있다
④ 법 위반상태의 기간이 6개월 이상인 경우에는 개별기준에 따른 업무제한·정지기간의 2분의 1 범위에서 그 기간을 늘릴 수 있다

> **해설** 안전법 제9조, 세칙 제7조 별표1 〈안전관리체계 관련 처분기준〉
>
> 1. 일반기준
>   가. 위반행위의 횟수에 따른 행정처분의 가중된 부과기준은 최근 2년간 같은 위반행위로 행정처분을 받은 경우에 적용한다. 이 경우 기간의 계산은 위반행위에 대하여 행정처분을 받은 날과 그 처분 후 다시 같은 위반행위를 하여 적발된 날을 기준으로 한다.
>   나. 가목에 따라 가중된 부과처분을 하는 경우 가중처분의 적용 차수는 그 위반행위 전 부과처분 차수(가목에 따른 기간 내에 행정처분이 둘 이상 있었던 경우에는 높은 차수를 말한다)의 다음 차수로 한다.
>   다. 위반행위가 둘 이상인 경우로서 그에 해당하는 각각의 처분기준이 다른 경우에는 그 중 무거운 처분기준(무거운 처분기준이 같을 때에는 그 중 하나의 처분기준을 말한다)에 따르며, 둘 이상의 처분기준이 같은 업무제한·정지인 경우에는 무거운 처분기준의 2분의 1 범위에서 가중할 수 있되, 각 처분기준을 합산한 기간을 초과할 수 없다.
>   라. 국토교통부장관은 다음의 어느 하나에 해당하는 경우에는 제2호의 개별기준에 따른 업무제한·정지 기간의 2분의 1 범위에서 그 기간을 줄일 수 있다.
>   1) 위반행위가 사소한 부주의나 오류로 인한 것으로 인정되는 경우
>   2) 위반행위자가 법 위반상태를 시정하거나 해소하기 위한 노력이 인정되는 경우
>   3) 그 밖에 위반행위의 정도, 위반행위의 동기와 그 결과 등을 고려하여 업무제한·정지 기간을 줄일 필요가 있다고 인정되는 경우

정답 | **39.** | ① | **40.** | ③ | **41.** | ③

마. 국토교통부장관은 다음의 어느 하나에 해당하는 경우에는 제2호의 개별기준에 따른 업무제한·정지 기간의 2분의 1 범위에서 그 기간을 늘릴 수 있다. 다만, 법 제9조제1항에 따른 업무제한·정지 기간의 상한을 넘을 수 없다.

    1) 위반의 내용 및 정도가 중대하여 공중에게 미치는 피해가 크다고 인정되는 경우

    2) 법 위반상태의 기간이 6개월 이상인 경우

    3) 그 밖에 위반행위의 정도, 위반행위의 동기와 그 결과 등을 고려하여 업무제한·정지 기간을 늘릴 필요가 있다고 인정되는 경우

42. 안전관리체계 관련 처분기준 중 개별기준의 설명으로 틀린 것은?

① "사망자"란 철도사고가 발생한 날부터 30일 이내에 그 사고로 사망한 경우를 말한다

② "중상자"란 철도사고로 인해 부상을 입은 날부터 7일 이내 실시된 의사의 최초 진단결과 24시간 이상 입원 치료가 필요한 상해를 입은 사람(의식불명, 시력상실을 포함)을 말한다

③ "재산피해액"이란 시설피해액(인건비와 자재비등 포함), 차량피해액(인건비와 자재비등 포함), 운임환불 등을 포함한 직접손실액을 말한다

④ "경상자"란 철도사고로 인해 부상을 입은 날부터 7일 이내 실시된 의사의 최초 진단결과 상해를 입은 사람을 말한다

해설 안전법 제9조, 세칙 제7조 별표1 〈안전관리체계 관련 처분기준〉

    1. "사망자"란 철도사고가 발생한 날부터 30일 이내에 그 사고로 사망한 경우를 말한다.

    2. "중상자"란 철도사고로 인해 부상을 입은 날부터 7일 이내 실시된 의사의 최초 진단결과 24시간 이상 입원 치료가 필요한 상해를 입은 사람(의식불명, 시력상실을 포함)을 말한다.

    3. "재산피해액"이란 시설피해액(인건비와 자재비등 포함), 차량피해액(인건비와 자재비등 포함), 운임환불 등을 포함한 직접손실액을 말한다.

43. 철도안전법에서 과징금의 부과권자 및 납부자는?

① 국토교통부장관 - 철도운영자등　　② 국가 - 철도운영자

③ 시·도지사 - 철도시설관리자　　④ 국토교통부장관 - 한국철도기술연구원

해설 안전법 제9조의2(과징금)

    ① 국토교통부장관은 제9조제1항에 따라 철도운영자등에 대하여 업무의 제한이나 정지를 명하여야 하는 경우로서 그 업무의 제한이나 정지가 철도 이용자 등에게 심한 불편을 주거나 그 밖에 공익을 해할 우려가 있는 경우에는 업무의 제한이나 정지를 갈음하여 30억원 이하의 과징금을 부과할 수 있다.

44. 철도안전법에서 과징금을 부과하는 목적은?

① 철도운영자등에 대하여 업무의 정지가 철도 이용자 등에게 심한 불편을 줄 우려가 있는 경우에 업무의 제한을 갈음하여 부과한다

② 철도이용자에 대하여 업무의 제한이나 정지가 철도 운영자 등에게 심한 불편을 줄 경우에 업무의 제한이나 정지를 갈음하여 부과한다

③ 철도운영자등에 대하여 업무의 제한이 공익을 해할 우려가 있는 경우에 업무의 제한을 갈음하여 부과한다

④ 철도운영자등에 대하여 업무의 제한이 철도 이용자 등에게 심한 불편을 줄 경우에 업무의 정지에 갈음하여 부과한다

해설 안전법 제9조의2(과징금)

45. 철도안전법에서 과징금의 최고한도는?

① 30억원 이하   ② 20억원 이하   ③ 10억원 이하   ④ 50억원 이하

해설 안전법 제9조의2(과징금)

46. 철도안전법에서 과징금의 부과에 관한 설명으로 틀린 것은?

① 과징금을 부과하는 위반행위의 종류, 과징금의 부과기준 및 징수방법, 그 밖에 필요한 사항은 대통령령으로 정한다
② 과징금을 내야 할 자가 납부기한까지 과징금을 내지 아니하는 경우에는 국세 체납처분의 예에 따라 징수한다
③ 과징금을 부과할 때에는 그 위반행위의 종류와 해당 과징금의 금액을 명시하여 이를 납부할 것을 서면으로 통지하여야 한다
④ 과징금 부과 통지를 받은 자는 통지를 받은 날부터 14일 이내에 국토교통부장관이 정하는 수납기관에 과징금을 내야 한다

해설 안전법 제9조의2(과징금) ② 제1항에 따라 과징금을 부과하는 위반행위의 종류, 과징금의 부과기준 및 징수방법, 그 밖에 필요한 사항은 대통령령으로 정한다.
③ 국토교통부장관은 제1항에 따른 과징금을 내야 할 자가 납부기한까지 과징금을 내지 아니하는 경우에는 국세 체납처분의 예에 따라 징수한다.
시행령 제7조(과징금의 부과 및 납부) ① 국토교통부장관은 법 제9조의2제1항에 따라 과징금을 부과할 때에는 그 위반행위의 종류와 해당 과징금의 금액을 명시하여 이를 납부할 것을 서면으로 통지하여야 한다.
② 제1항에 따라 통지를 받은 자는 통지를 받은 날부터 20일 이내에 국토교통부장관이 정하는 수납기관에 과징금을 내야 한다.
③ 제2항에 따라 과징금을 받은 수납기관은 그 과징금을 낸 자에게 영수증을 내주어야 한다.
④ 과징금의 수납기관은 제2항에 따른 과징금을 받으면 지체 없이 그 사실을 국토교통부장관에게 통보하여야 한다.

47. 안전관리체계의 변경승인을 받지 않고 변경한 경우의 처분기준으로 틀린 것은?

① 2차 위반 : 업무정지(업무제한) 20일
② 1차 위반 : 업무정지(업무제한) 10일
③ 4차이상 위반 : 업무정지(업무제한) 60일
④ 3차 위반 : 업무정지(업무제한) 40일

해설 안전법 시행규칙 제7조 (별표1)

위반행위	근거법조문	처분 기준
나. 법 제7조제3항을 위반하여 변경승인을 받지 않고 안전관리체계를 변경한 경우		
1) 1차 위반		업무정지(업무제한) 10일
2) 2차 위반	법 제9조	업무정지(업무제한) 20일
3) 3차 위반	제1항제2호	업무정지(업무제한) 40일
4) 4차 이상 위반		업무정지(업무제한) 80일
다. 법 제7조제3항을 위반하여 변경신고를 하지 않고 안전관리체계를 변경한 경우		
1) 1차 위반		경고
2) 2차 위반	법 제9조	업무정지(업무제한) 10일
3) 3차 이상 위반	제1항제2호	업무정지(업무제한) 20일
마. 법 제8조제3항에 따른 시정조치명령을 정당한 사유 없이 이행하지 않은 경우		
1) 1차 위반		업무정지(업무제한) 20일
2) 2차 위반	법 제9조	업무정지(업무제한) 40일
3) 3차 위반	제1항제4호	업무정지(업무제한) 80일
4) 4차 이상 위반		업무정지(업무제한) 160일

정답 | 45. | ① | 46. | ④ | 47. | ③

48. 안전관리체계의 변경신고를 하지 않고 변경한 경우의 과징금 금액으로 틀린 것은?

① 2차 위반 : 120백만원　　　　② 1차 위반 : 경고

③ 4차 이상 위반 : 480백만원　　④ 3차 이상 위반 : 240백만원

해설 안전법 시행령 제6조 (별표1)

위반행위	근거법조문	과징금 금액
가. 법 제7조제3항을 위반하여 변경승인을 받지 않고 안전관리체계를 변경한 경우		(백만원)
1) 1차 위반	법 제9조 제1항제2호	120
2) 2차 위반		240
3) 3차 위반		480
4) 4차 이상 위반		960
나. 법 제7조제3항을 위반하여 변경신고를 하지 않고 안전관리체계를 변경한 경우		(백만원)
1) 1차 위반	법 제9조 제1항제2호	경고
2) 2차 위반		120
3) 3차 이상 위반		240
라. 법 제8조제3항에 따른 시정조치명령을 정당한 사유 없이 이행하지 않은 경우		(백만원)
1) 1차 위반	법 제9조 제1항제4호	240
2) 2차 위반		480
3) 3차 위반		960
4) 4차 이상 위반		1,920

49. 철도운영자등에 대한 안전관리 수준평가에 관한 설명으로 맞는 것은?

① 국토교통부장관은 철도운영자등의 자발적인 안전관리를 통한 철도안전 수준의 향상을 위하여 철도운영자등의 안전관리 수준에 대한 평가를 실시하여야 한다

② 안전관리 수준평가의 대상, 기준, 방법, 절차 등에 필요한 사항은 국토교통부령으로 정한다

③ 안전관리 수준평가를 실시한 결과 그 평가결과가 미흡한 철도운영자등에 대하여 정기검사, 수시검사를 시행하거나 시정조치 등 개선을 위하여 필요한 조치를 명하여야 한다

④ 국토교통부장관은 매년 2월말까지 안전관리 수준평가를 실시한다

해설 안전법 제9조의3(철도운영자등에 대한 안전관리 수준평가) ① 국토교통부장관은 철도운영자등의 자발적인 안전관리를 통한 철도안전 수준의 향상을 위하여 철도운영자등의 안전관리 수준에 대한 평가를 실시할 수 있다.

② 국토교통부장관은 제1항에 따른 안전관리 수준평가를 실시한 결과 그 평가결과가 미흡한 철도운영자등에 대하여 제8조제2항에 따른 검사를 시행하거나 같은 조 제3항에 따른 시정조치 등 개선을 위하여 필요한 조치를 명할 수 있다.

③ 제1항에 따른 안전관리 수준평가의 대상, 기준, 방법, 절차 등에 필요한 사항은 국토교통부령으로 정한다.

50. 철도운영자등에 대한 안전관리 수준평가에 관한 설명으로 틀린 것은?

① 안전관리 수준평가는 서면평가와 현장평가의 방법으로 실시한다

② 철도안전법시행규칙에서 규정한 외에 안전관리 수준평가의 기준, 방법 및 절차 등에 관해 필요한 사항은 국토교통부장관이 정해 고시한다

③ 철도시설관리자는 안전관리 수준평가 대상 중 철도안전투자 분야(철도안전투자의 예산 규모 및 집행 실적)를 제외하고 실시할 수 있다

④ 안전관리 수준평가는 국토교통부장관이 필요하다고 인정하는 경우에는 현장평가를 실시할 수 있다

해설 시행규칙 제8조(철도운영자등에 대한 안전관리 수준평가의 대상 및 기준 등) ① 법 제9조의3제1항에 따른 철도운영자등의 안전관리 수준에 대한 평가(이하 "안전관리 수준평가"라 한다)의 대상 및 기준은 다음 각 호와 같다. 다만, 철도시설관리자에 대해서 안전관리 수준평가를 하는 경우 제2호를 제외하고 실시할 수 있다.
  1. 사고 분야
    가. 철도교통사고 건수
    나. 철도안전사고 건수
    다. 운행장애 건수
    라. 사상자 수
  2. 철도안전투자 분야 : 철도안전투자의 예산 규모 및 집행 실적
  3. 안전관리 분야
    가. 안전성숙도 수준   나. 정기검사 이행실적
  4. 그 밖에 안전관리 수준평가에 필요한 사항으로서 국토교통부장관이 정해 고시하는 사항
② 국토교통부장관은 매년 3월말까지 안전관리 수준평가를 실시한다.
③ 안전관리 수준평가는 서면평가의 방법으로 실시한다. 다만, 국토교통부장관이 필요하다고 인정하는 경우에는 현장평가를 실시할 수 있다.
④ 국토교통부장관은 안전관리 수준평가 결과를 해당 철도운영자등에게 통보해야 한다. 이 경우 해당 철도운영자등이 「지방공기업법」에 따른 지방공사인 경우에는 같은 법 제73조제1항에 따라 해당 지방공사의 업무를 관리ㆍ감독하는 지방자치단체의 장에게도 함께 통보할 수 있다.
⑤ 제1항부터 제4항까지에서 규정한 사항 외에 안전관리 수준평가의 기준, 방법 및 절차 등에 관해 필요한 사항은 국토교통부장관이 정해 고시한다.

51. 철도운영자등에 대한 안전관리 수준평가의 대상 및 기준으로 틀린 것은?

① 사고 분야 : 철도교통사고 건수, 철도안전사고 건수, 운행장애 건수, 사상자 수

② 안전관리 분야 : 안전성숙도 수준, 정기검사 이행실적, 운행장애 건수

③ 안전관리 수준평가에 필요한 사항으로서 국토교통부장관이 정해 고시하는 사항

④ 철도안전투자 분야 : 철도안전투자의 예산 규모 및 집행 실적

해설 시행규칙 제8조(철도운영자등에 대한 안전관리 수준평가의 대상 및 기준 등)

52. 철도안전 우수운영자 지정에 관한 설명으로 틀린 것은?

① 국토교통부장관은 우수운영자 지정을 받지 않은 자가 우수운영자로 지정되었음을 나타내는 표시를 하거나 이와 유사한 표시를 한 자에 대하여 해당 표시를 제거하게 하는 등 필요한 시정조치를 명할 수 있다

② 지정을 받은 자가 아니면 철도차량, 철도시설이나 관련 문서 등에 우수운영자로 지정되었음을 나타내는 표시를 하거나 이와 유사한 표시를 하여서는 아니 된다

③ 국토교통부장관은 안전관리 수준평가 결과에 따라 철도운영자등을 대상으로 철도안전 우수운영자를 지정한다

④ 철도안전 우수운영자로 지정을 받은 자는 철도차량, 철도시설이나 관련 문서 등에 철도안전 우수운영자로 지정되었음을 나타내는 표시를 할 수 있다

정답 | **50.** | ① | **51.** | ② | **52.** | ③

제9조의4(철도안전 우수운영자 지정) ① 국토교통부장관은 제9조의3에 따른 안전관리 수준평가 결과에 따라 철도운영자등을 대상으로 철도안전 우수운영자를 지정할 수 있다.

② 제1항에 따른 철도안전 우수운영자로 지정을 받은 자는 철도차량, 철도시설이나 관련 문서 등에 철도안전 우수운영자로 지정되었음을 나타내는 표시를 할 수 있다.

③ 제1항에 따른 지정을 받은 자가 아니면 철도차량, 철도시설이나 관련 문서 등에 우수운영자로 지정되었음을 나타내는 표시를 하거나 이와 유사한 표시를 하여서는 아니 된다.

④ 국토교통부장관은 제3항을 위반하여 우수운영자로 지정되었음을 나타내는 표시를 하거나 이와 유사한 표시를 한 자에 대하여 해당 표시를 제거하게 하는 등 필요한 시정조치를 명할 수 있다.

⑤ 제1항에 따른 철도안전 우수운영자 지정의 대상, 기준, 방법, 절차 등에 필요한 사항은 국토교통부령으로 정한다.

53. 철도안전 우수운영자 지정에 관한 설명으로 틀린 것은?

① 안전관리 수준평가 결과가 최상위 등급인 철도운영자등을 철도안전 우수운영자로 지정하여 철도안전 우수운영자로 지정되었음을 나타내는 표시를 사용하게 할 수 있다

② 철도안전 우수운영자는 철도안전 우수운영자로 지정되었음을 나타내는 표시를 하려면 국토교통부장관이 정해 고시하는 표시를 사용해야 한다

③ 국토교통부장관은 철도안전 우수운영자에게 포상 등의 지원을 한다

④ 철도안전 우수운영자 지정의 유효기간은 지정받은 날부터 1년으로 한다

시행규칙 제9조(철도안전 우수운영자 지정 대상 등) ① 국토교통부장관은 법 제9조의4제1항에 따라 안전관리 수준평가 결과가 최상위 등급인 철도운영자등을 철도안전 우수운영자(이하 "철도안전 우수운영자"라 한다)로 지정하여 철도안전 우수운영자로 지정되었음을 나타내는 표시를 사용하게 할 수 있다.

② 철도안전 우수운영자 지정의 유효기간은 지정받은 날부터 1년으로 한다.

③ 철도안전 우수운영자는 제1항에 따라 철도안전 우수운영자로 지정되었음을 나타내는 표시를 하려면 국토교통부장관이 정해 고시하는 표시를 사용해야 한다.

④ 국토교통부장관은 철도안전 우수운영자에게 포상 등의 지원을 할 수 있다.

⑤ 제1항부터 제4항까지에서 규정한 사항 외에 철도안전 우수운영자 지정 표시 및 지원 등에 관해 필요한 사항은 국토교통부장관이 정해 고시한다.

54. 철도안전 우수운영자 지정의 절대적 취소에 해당하는 것은?

① 안전관리체계의 승인이 취소된 경우

② 시정조치 명령을 위반한 경우

③ 계산 착오, 자료의 오류 등으로 안전관리 수준평가 결과가 최상위 등급이 아닌 것으로 확인된 경우

④ 국토교통부장관이 정해 고시하는 표시가 아닌 다른 표시를 사용한 경우

안전법 제9조의5(우수운영자 지정의 취소) 국토교통부장관은 제9조의4에 따라 철도안전 우수운영자 지정을 받은 자가 다음 각 호의 어느 하나에 해당하는 경우에는 그 지정을 취소할 수 있다. 다만, 제1호 또는 제2호에 해당하는 경우에는 지정을 취소하여야 한다.

1. 거짓이나 그 밖의 부정한 방법으로 철도안전 우수운영자 지정을 받은 경우

2. 제9조에 따라 안전관리체계의 승인이 취소된 경우

3. 제9조의4제5항에 따른 지정기준에 부적합하게 되는 등 그밖에 국토교통부령으로 정하는 사유가 발생한 경우

시행규칙 제9조의2(철도안전 우수운영자 지정의 취소) 법 제9조의5제3호에서 "제9조의4제5항에 따른 지정기준에 부적합하게 되는 등 그 밖에 국토교통부령으로 정하는 사유"란 다음 각 호의 사유를 말한다.

정답 | 53. | ③ | 54. | ①

1. 계산 착오, 자료의 오류 등으로 안전관리 수준평가 결과가 최상위 등급이 아닌 것으로 확인된 경우
2. 제9조제3항을 위반하여 국토교통부장관이 정해 고시하는 표시가 아닌 다른 표시를 사용한 경우

55. 철도안전 우수운영자 지정을 취소할 수 있는 경우가 아닌 것은?

① 거짓이나 그 밖의 부정한 방법으로 철도안전 우수운영자 지정을 받은 경우
② 철도안전 우수운영자 지정기준에 부적합하게 되는 경우
③ 계산 착오, 자료의 오류 등으로 안전관리 수준평가 결과가 최상위 등급이 아닌 것으로 확인된 경우
④ 국토교통부장관이 정해 고시하는 표시가 아닌 다른 표시를 사용한 경우

해설 안전법 제9조의5(우수운영자 지정의 취소)
시행규칙 제9조의2(철도안전 우수운영자 지정의 취소)

정답 | 55. | ①

3장 철도종사자 안전관리(철도차량 운전면허)

1 철도차량 운전면허

(1) 운전면허 취득 의무

① 철도차량을 운전하려는 사람

② 도시철도법에 따른 노면전차를 운전하려는 사람은 운전면허 외에 「도로교통법」에 따른 자동차 운전면허를 추가로 받아야 한다

③ 운전면허 발급자 : 국토교통부장관

(2) 운전면허 없이 운전할 수 있는 경우

① 철도차량 운전에 관한 전문 교육훈련기관에서 실시하는 운전교육훈련을 받기 위하여 철도차량을 운전하는 경우

　* 교육훈련을 담당하는 사람을 승차시켜야 하며, **국토교통부령**으로 정하는 표지를 해당 철도차량의 앞면 유리에 붙여야 한다

② 운전면허시험을 치르기 위하여 철도차량을 운전하는 경우

　* 운전면허시험에 대한 평가를 담당하는 사람을 승차시켜야 하며, **국토교통부령**으로 정하는 표지를 해당 철도차량의 앞면 유리에 붙여야 한다

③ 철도차량을 제작·조립·정비하기 위한 공장 안의 선로에서 철도차량을 운전하여 이동하는 경우

④ 철도사고등을 복구하기 위하여 열차운행이 중지된 선로에서 사고복구용 특수차량을 운전하여 이동하는 경우

〈표지 : 운전교육훈련, 운전면허시험 철도차량 부착〉

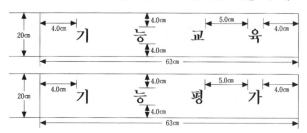

* 바탕은 파란색, 글씨는 노란색
* 앞면 유리 오른쪽(운전석 중심으로) 윗부분에 부착

(3) 철도차량의 종류별 운전면허

운전면허의 종류	운전할 수 있는 철도차량의 종류
1. 고속철도차량 운전면허	가. 고속철도차량 나. 철도장비 운전면허에 따라 운전할 수 있는 차량
2. 제1종 전기차량 운전면허	가. 전기기관차 나. 철도장비 운전면허에 따라 운전할 수 있는 차량
3. 제2종 전기차량 운전면허	가. 전기동차 나. 철도장비 운전면허에 따라 운전할 수 있는 차량
4. 디젤차량 운전면허	가. 디젤기관차 나. 디젤동차 다. 증기기관차 라. 철도장비 운전면허에 따라 운전할 수 있는 차량
5. 철도장비 운전면허	가. 철도건설과 유지보수에 필요한 기계나 장비 나. 철도시설의 검측장비 다. 철도·도로를 모두 운행할 수 있는 철도복구장비 라. 전용철도에서 시속 25km 이하로 운전하는 차량 마. 사고복구용 기중기 바. 입환작업을 위해 원격제어가 가능한 장치를 설치하여 시속 25km 이하로 운전하는 동력차
6. 노면전차 운전면허	노면전차

1. 시속 100km 이상으로 운행하는 철도시설의 검측장비 운전시 다음 면허중 하나를 가져야 한다
   ⓐ 고속철도차량 운전면허   ⓑ 제1종 전기차량 운전면허
   ⓒ 제2종 전기차량 운전면허   ⓓ 디젤차량 운전면허 중 하나의 운전면허가 있어야 한다

2 고속철도차량
   선로를 시속 200km 이상의 최고운행 속도로 주행할 수 있는 철도차량

3. 용어의 의미
   ㉮ 기관차 : 동력장치가 집중되어 있는 철도차량
   ㉯ 동차 : 동력장치가 분산되어 있는 철도차량
   ㉰ 노면전차 : 도로 위에 부설한 레일 위를 주행하는 철도차량

4. 철도차량의 종류별 운전면허에 관계없이 운전할 수 있는 경우(철도장비 운전면허 제외)
  ㉮ 차량기지 내에서 시속 25km 이하로 운전하는 철도차량
  ㉯ 이 경우 다른 운전면허의 철도차량을 운전하는 때에는 국토교통부장관이 정하는 교육훈련을 받아야 한다

(4) 운전면허의 결격사유 (운전면허를 받을 수 없는 경우)

① 결격사유
  ㉮ 19세 미만인 사람
  ㉯ 철도차량 운전상의 위험과 장해를 일으킬 수 있는 정신질환자 또는 뇌전증 환자로서 <u>대통령령</u>으로 정하는 사람
    * 대통령령 : 해당 분야 전문의가 정상적인 운전을 할 수 없다고 인정하는 사람
  ㉰ 철도차량 운전상의 위험과 장해를 일으킬 수 있는 약물(마약류 및 환각물질) 또는 알코올 중독자로서 <u>대통령령</u>으로 정하는 사람
    * 대통령령 : 해당 분야 전문의가 정상적인 운전을 할 수 없다고 인정하는 사람
  ㉱ 두 귀의 청력 또는 두 눈의 시력을 완전히 상실한 사람
  ㉲ 운전면허가 취소된 날부터 2년이 지나지 아니하였거나 운전면허의 효력정지기간 중인 사람

② 결격사유 관련 개인정보의 제공 요청
  ㉮ 국토교통부장관은 결격사유의 확인을 위하여 개인정보를 보유하고 있는 기관의 장에게 해당 정보의 제공을 요청할 수 있다. 이 경우 요청을 받은 기관의 장은 특별한 사유가 없으면 이에 따라야 한다.
  ㉯ 요청하는 대상기관과 개인정보의 내용 및 제공방법 등에 필요한 사항은 <u>대통령령</u>으로 정한다
  ㉰ 국토교통부장관은 운전면허의 결격사유 확인을 위하여 다음 기관의 장에게 해당 기관이 보유하고 있는 개인정보의 제공을 요청할 수 있다
    ⓐ 보건복지부장관
    ⓑ 병무청장
    ⓒ 시·도지사 또는 시장·군수·구청장(자치구의 구청장)
    ⓓ 육군참모총장, 해군참모총장, 공군참모총장 또는 해병대사령관
  ㉱ 국토교통부장관이 대상기관의 장에게 요청할 수 있는 개인정보의 내용

보유기관	개인정보의 내용
1. 보건복지부장관 또는 시·도지사	마약류 중독자로 판명되거나 마약류 중독으로 치료보호기관에서 치료 중인 사람에 대한 자료

2. 병무청장	정신질환 및 뇌전증으로 신체등급이 5급 또는 6급으로 판정된 사람에 대한 자료
3. 특별자치시장·특별자치도지사·시장·군수 또는 구청장	가. 시각장애인 또는 청각장애인으로 등록된 사람에 대한 자료 나. 정신질환으로 6개월 이상 입원·치료 중인 사람에 대한 자료
4. 육군참모총장, 해군참모총장, 공군참모총장 또는 해병대사령관	군 재직 중 정신질환 또는 뇌전증으로 전역 조치된 사람에 대한 자료

ⓑ 대상기관의 장은 개인정보를 제공하는 경우에는 국토교통부령으로 정하는 서식에 따라 서면 또는 전자적 방법으로 제공해야 한다

(5) 운전면허의 신체검사 (관제자격증명의 신체검사 준용)

① 신체검사 의무

운전면허를 받으려는 사람은 철도차량 운전에 적합한 신체상태를 갖추고 있는지를 판정받기 위하여 국토교통부장관이 실시하는 신체검사에 합격하여야 한다

② 국토교통부장관은 신체검사를 의료기관에서 실시하게 할 수 있다

㉮ 신체검사 실시 의료기관

ⓐ 「의료법」의 의원

ⓑ 「의료법」의 병원

ⓒ 「의료법」의 종합병원

㉯ 신체검사의 합격기준, 검사방법 및 절차 등에 관하여 필요한 사항은 **국토교통부령**으로 정한다

③ 신체검사의료기관은 신체검사 판정서의 각 신체검사 항목별로 신체검사를 실시한 후 합격여부를 기록하여 신청인에게 발급한다

④ 신체검사의 방법 및 절차 등에 관하여 필요한 세부사항은 국토교통부장관이 정하여 고시한다

⑤ 신체검사의 항목과 합격기준 : (별표3)

(6) 운전적성검사

① 운전적성검사 의무

운전면허를 받으려는 사람은 철도차량 운전에 적합한 적성을 갖추고 있는지를 판정받기 위하여 국토교통부장관이 실시하는 적성검사에 합격하여야 한다

② 일정기간 동안 운전적성검사를 받을 수 없는 경우

   ㉮ 운전적성검사에 불합격한 사람 : 검사일부터 3개월

   ㉯ 운전적성검사 과정에서 부정행위를 한 사람 : 검사일부터 1년

③ 국토교통부장관은 운전적성검사에 관한 전문기관을 지정하여 운전적성검사를 하게 할 수 있다

④ 운전적성검사기관은 정당한 사유 없이 운전적성검사 업무를 거부하여서는 아니 되고, 거짓이나 그 밖의 부정한 방법으로 운전적성검사 판정서를 발급하여서는 아니 된다

⑤ 운전적성검사기관의 지정기준, 지정절차 등에 관하여 필요한 사항은 **대통령령**으로 정한다 (관제자격증명 준용)

   ㉮ 운전적성검사기관 지정기준

      ⓐ 운전적성검사 업무의 통일성을 유지하고 운전적성검사 업무를 원활히 수행하는데 필요한 상설 전담조직을 갖출 것

      ⓑ 운전적성검사 업무를 수행할 수 있는 전문검사인력을 3명 이상 확보할 것

      ⓒ 운전적성검사 시행에 필요한 사무실, 검사장과 검사 장비를 갖출 것

      ⓓ 운전적성검사기관의 운영 등에 관한 업무규정을 갖출 것

   ㉯ 운전적성검사기관 지정절차

      ⓐ 운전적성검사기관으로 지정을 받으려는 자는 국토교통부장관에게 지정 신청

      ⓑ 국토교통부장관은 운전적성검사기관 지정 신청을 받은 경우에는 (ㄱ) 지정기준을 갖추었는지 여부, (ㄴ) 운전적성검사기관의 운영계획, (ㄷ) 운전업무종사자의 수급상황 등 지정여부를 종합적으로 심사한 후 결정

      ⓒ 국토교통부장관은 운전적성검사기관을 지정한 경우에는 그 사실을 관보에 고시

   ㉰ 운전적성검사기관이 국토교통부장관에게 변경사항 통지

      ⓐ 통지대상 변경내용

        (ㄱ) 명칭·대표자·소재지

        (ㄴ) 운전적성검사 업무수행에 중대한 영향을 미치는 사항의 변경

      ⓑ 통지기한 : 해당 사유가 발생한 날부터 15일 이내

      ⓒ 국토교통부장관은 통지를 받은 때에는 그 사실을 관보에 고시

   ㉱ 운전적성검사기관 지정기준, 지정절차에 관한 세부적인 사항은 **국토교통부령**으로 정한다 (별표5)

      ⓐ 지정기준에 적합여부 정기심사

국토교통부장관은 운전적성검사기관 또는 관제적성검사기관이 지정기준에 적합한 지를 2년마다 심사하여야 한다

ⓑ 운전적성검사기관 또는 관제적성검사기관으로 지정받으려는 자가 적성검사기관 지정신청서에 첨부하여야 하는 서류

㉠ 운영계획서

㉡ 정관이나 이에 준하는 약정(법인 그 밖의 단체만 해당한다)

㉢ 운전적성검사 또는 관제적성검사를 담당하는 전문인력의 보유 현황 및 학력·경력·자격 등을 증명할 수 있는 서류

㉣ 운전적성검사시설 또는 관제적성검사시설 내역서

㉤ 운전적성검사장비 또는 관제적성검사장비 내역서

㉥ 운전적성검사기관 또는 관제적성검사기관에서 사용하는 직인의 인영

* 이 경우 「전자정부법」에 따른 행정정보의 공동이용을 통하여 법인등기사항증명서(신청인이 법인인 경우만 한정)를 확인한다

(이후 각종 기관지정 신청시 법인등기사항증명서 확인은 같다)

⑥ 운전적성검사의 합격기준, 검사의 방법 및 절차 등에 관하여 필요한 사항은 **국토교통부령**으로 정한다

㉮ 적성검사의 항목 및 불합격기준 (별표4)

검사대상 면허	검사항목		불합격기준
	문답형 검사	반응형 검사	
고속철도차량 면허 제1종전기차량 면허 제2종전기차량 면허 디젤차량 면허 노면전차 면허 철도장비 면허 철도차량 운전면허 시험 응시자	● 인성 － 일반성격 － 안전성향	● 주의력 － 복합기능 － 선택주의 － 지속주의 ● 인식 및 기억력 － 시각변별 － 공간지각 ● 판단 및 행동력 － 추론 － 민첩성	·문답형 검사항목 중 안전성향 검사에서 부적합으로 판정된 사람 ·반응형 검사 평가점수가 30점 미만인 사람

1. 문답형 검사 판정은 적합 또는 부적합으로 한다.
2. 반응형 검사 점수 합계는 70점으로 한다.
3. 안전성향검사는 전문의(정신건강의학) 진단결과로 대체 할 수 있으며, 부적합 판정을 받은 자에 대해서는 당일 1회에 한하여 재검사를 실시하고 그 재검사 결과를 최종적인 검사결과로 할 수 있다.

ⓒ 운전적성검사기관 또는 관제적성검사기관은 적성검사 판정서의 각 적성검사 항목별로 적성검사를 실시한 후 합격 여부를 기록하여 신청인에게 발급

ⓓ 운전적성검사 또는 관제적성검사의 방법·절차·판정기준 및 항목별 배점기준 등에 관하여 필요한 세부사항은 국토교통부장관이 정한다

⑦ 운전적성검사기관의 지정취소 및 업무정지 (관제자격증명 준용)

㉮ 절대적 취소 (취소하여야 한다)

ⓐ 거짓이나 그 밖의 부정한 방법으로 지정을 받았을 때

ⓑ 업무정지 명령을 위반하여 그 정지기간 중 운전적성검사 업무를 하였을 때

㉯ 재량적 취소 또는 업무정지

지정을 취소하거나 6개월 이내의 기간을 정하여 업무의 정지를 명할 수 있는 경우

ⓐ 지정기준에 맞지 아니하게 되었을 때

ⓑ 정당한 사유 없이 운전적성검사 업무를 거부하였을 때

ⓒ 거짓이나 그 밖의 부정한 방법으로 운전적성검사 판정서를 발급하였을 때

㉰ 지정취소된 운전적성검사기관의 재지정 제한

ⓐ 지정이 취소된 운전적성검사기관이 2년이 지나지 않은 경우

ⓑ 지정취소된 기관의 설립·운영자 및 임원이 그 지정이 취소된 날부터 2년이 지나지 아니하고 설립·운영하는 검사기관

㉱ 지정취소 및 업무정지의 세부기준 등에 관하여 필요한 사항은 **국토교통부령**으로 정한다 (별표6)

(7) 운전교육훈련

① 운전교육훈련 의무

운전면허를 받으려는 사람은 철도차량의 안전한 운행을 위하여 국토교통부장관이 실시하는 운전에 필요한 지식과 능력을 습득할 수 있는 교육훈련을 받아야 한다

② 운전교육훈련의 기간, 방법 등에 관하여 필요한 사항은 **국토교통부령**으로 정한다

㉮ 운전교육훈련의 기간 및 방법 등

ⓐ 운전교육훈련은 운전면허 종류별로 실제 차량이나 모의운전연습기를 활용하여 실시

ⓑ 운전교육훈련의 과목과 교육훈련시간 (일반응시자)

교육과정	이론교육	기능교육
가. 디젤차량 　　운전면허 　　(810)	•철도관련법(50) •철도시스템 일반(60) •디젤차량의 구조 및 기능(170) •운전이론 일반(30) •비상시 조치 등(30) 　(인적오류 예방 포함)	•현장실습교육 •운전실무 및 모의운행 훈련 •비상시 조치 등
	340시간	470시간
나. 제1종 　　전기차량 　　운전면허 　　(810)	•철도관련법(50) •철도시스템 일반(60) •전기기관차의 구조 및 기능(170) •운전이론 일반(30) •비상시 조치 등(30) 　(인적오류 예방 포함)	•현장실습교육 •운전실무 및 모의운행 훈련 •비상시 조치 등
	340시간	470시간
다. 제2종 　　전기차량 　　운전면허 　　(680)	•철도관련법(40) •도시철도시스템 일반(45) •전기동차의 구조 및 기능(100) •운전이론 일반(25) •비상시 조치 등(30) 　(인적오류 예방 포함)	•현장실습교육 •운전실무 및 모의운행 훈련 •비상시 조치 등
	240시간	440시간
라. 철도장비 　　운전면허 　　(340)	•철도관련법(50) •철도시스템 일반(40) •기계·장비의 구조 및 기능(60) •비상시 조치 등(20) 　(인적오류 예방 포함)	•현장실습교육 •운전실무 및 모의운행 훈련 •비상시 조치 등
	170시간	170시간
마. 노면전차 　　운전면허 　　(440)	•철도관련법(50) •노면전차 시스템 일반(40) •노면전차의 구조 및 기능(80) •비상시 조치 등(30) 　(인적오류 예방 포함)	•현장실습교육 •운전실무 및 모의운행 훈련 •비상시 조치 등
	200시간	240시간

이 표는 일반응시자의 경우이며, 운전면허 소지자, 철도차량 운전업무 관련 경력자, 철도관련 업무경력자, 버스운전 경력자 등의 교육훈련 과목 및 기간은 <별표7>을 참조바랍니다.

　㉺ 운전교육훈련 과정의 조정

　　　운전교육훈련기관은 운전교육훈련과정별 교육훈련신청자가 적어 그 운전교육훈련과정의 개설이 곤란한 경우에는 국토교통부장관의 승인을 받아 해당 운전교육훈련과정을 개설하지 아니하거나 운전교육훈련시기를 변경하

여 시행할 수 있다

ⓓ 운전교육훈련 수료증 발급

운전교육훈련기관은 운전교육훈련을 수료한 사람에게 운전교육훈련 수료증을 발급

③ 운전교육훈련기관의 지정

㉮ 국토교통부장관은 철도차량 운전에 관한 전문 교육훈련기관을 지정하여 운전교육훈련을 실시하게 할 수 있다

㉯ 운전교육기관의 지정기준, 지정절차 등에 관하여 필요한 사항은 **대통령령**으로 정한다

ⓐ 운전교육훈련기관 지정기준

㈀ 운전교육훈련 업무 수행에 필요한 상설 전담조직을 갖출 것

㈁ 운전면허의 종류별로 운전교육훈련 업무를 수행할 수 있는 전문인력을 확보할 것

㈂ 운전교육훈련 시행에 필요한 사무실·교육장과 교육 장비를 갖출 것

㈃ 운전교육훈련기관의 운영 등에 관한 업무규정을 갖출 것

ⓑ 운전교육훈련기관 지정기준에 관한 세부적인 사항은 **국토교통부령**으로 정한다 (별표8)

ⓒ 운전교육훈련기관의 적합여부 정기심사

국토교통부장관은 운전교육훈련기관이 지정기준에 적합한 지의 여부를 2년마다 심사

㉰ 운전교육훈련기관 지정절차

ⓐ 운전교육훈련기관으로 지정을 받으려는 자는 국토교통부장관에게 지정 신청

ⓑ 운전교육훈련기관 지정신청서에 첨부하는 서류

㈀ 운전교육훈련계획서(운전교육훈련평가계획을 포함)

㈁ 운전교육훈련기관 운영규정

㈂ 정관이나 이에 준하는 약정(법인 그 밖의 단체에 한정)

㈃ 운전교육훈련을 담당하는 강사의 자격·학력·경력 등을 증명할 수 있는 서류 및 담당업무

㈄ 운전교육훈련에 필요한 강의실 등 시설 내역서

㈅ 운전교육훈련에 필요한 철도차량 또는 모의운전연습기 등 장비 내역서

㈆ 운전교육훈련기관에서 사용하는 직인의 인영

ⓒ 국토교통부장관은 행정정보의 공동이용을 통하여 법인 등기사항증명서를 확인 (신청인이 법인인 경우만 해당)

ⓓ 국토교통부장관은 운전교육훈련기관 지정 신청을 받은 경우에는 (ㄱ) 지정기준을 갖추었는지 여부, (ㄴ) 운전교육훈련기관의 운영계획, (ㄷ) 운전업무종사자의 수급상황 등을 종합적으로 심사한 후 그 지정 여부를 결정

ⓔ 국토교통부장관은 운전교육훈련기관을 지정한 경우에는 그 사실을 관보에 고시

㉺ 운전교육훈련기관이 국토교통부장관에게 변경사항(변경사실) 통지

ⓐ 알려야 할 변경사항

(ㄱ) 명칭　　　(ㄴ) 대표자　　　(ㄷ) 소재지

(ㄹ) 운전교육훈련 업무수행에 중대한 영향을 미치는 사항의 변경

ⓑ 통지기한 : 해당 사유가 발생한 날부터 15일 이내

ⓒ 국토교통부장관은 통지를 받은 때에는 그 사실을 관보에 고시

④ 운전교육훈련 수료증 발급

운전교육훈련기관은 정당한 사유 없이 운전교육훈련 업무를 거부하여서는 아니 되고, 거짓이나 그 밖의 부정한 방법으로 운전교육훈련 수료증을 발급하여서는 아니 된다

⑤ 운전교육훈련기관의 지정취소 및 업무정지

㉮ 절대적 취소 (취소하여야 한다)

ⓐ 거짓이나 그 밖의 부정한 방법으로 지정을 받았을 때

ⓑ 업무정지 명령을 위반하여 그 정지기간 중 운전교육훈련 업무를 하였을 때

㉯ 재량적 취소(상대적 취소·필요적 취소) 또는 업무정지

지정을 취소하거나 6개월 이내의 기간을 정하여 업무의 정지를 명할 수 있는 경우

ⓐ 지정기준에 맞지 아니하게 되었을 때

ⓑ 정당한 사유 없이 운전교육훈련 업무를 거부하였을 때

ⓒ 거짓이나 그 밖의 부정한 방법으로 운전교육훈련 수료증을 발급하였을 때

㉰ 지정취소된 운전교육훈련기관의 재지정 제한

ⓐ 지정이 취소된 운전교육훈련기관이 2년이 지나지 않은 경우

ⓑ 지정취소된 기관의 설립·운영자 및 임원이 그 지정이 취소된 날부터 2년이 지나지 아니하고 설립·운영하는 검사기관

㉱ 지정취소 및 업무정지의 세부기준 등에 관하여 필요한 사항은 **국토교통부령**으로 정한다 (별표9)

♣ 운전면허 및 관제자격 교육방법 등 (교육훈련지침)

1. 교육훈련 대상자의 선발 등
   1) 운전교육훈련기관 및 관제교육훈련기관(교육훈련기관) 장은 교육훈련 과정별 교육생 선발에 관한 기준을 마련하고 그 기준에 적합한 자를 교육훈련 대상자로 선발하여야 한다.
   2) 교육훈련기관의 장은 교육훈련 과정별 교육대상자가 적어 교육과정을 개설하지 아니하거나 교육훈련 시기를 변경하여 시행 할 필요가 있는 경우에는 모집공고를 할 때 미리 알려야 하며 교육과정을 폐지하거나 변경하는 경우에는 국토교통부장관에게 보고하여 승인을 받아야 한다.
   3) 교육훈련대상자로 선발된 자는 교육훈련기관에 교육훈련을 개시하기 전까지 교육훈련에 필요한 등록을 하여야 한다.

2. 운전면허의 교육방법
   1) 운전교육훈련기관의 교육은 운전면허의 종류별로 구분하여 「철도안전법 시행규칙」에 따른 정원의 범위에서 교육을 실시하여야 한다.
   2) 컴퓨터지원교육시스템에 의하여 교육을 실시하는 경우에는 교육생 마다 각각의 컴퓨터 단말기를 사용하여야 한다.
   3) 모의운전연습기를 이용하여 교육을 실시하는 경우에는 전기능모의운전연습기·기본기능모의운전연습기 및 컴퓨터지원교육시스템에 의한 교육이 모두 이루어지도록 교육계획을 수립하여야 한다.
   4) 철도운영자 및 철도시설관리자(위탁 운영을 받은 기관의 장을 포함한다. "철도운영자등"이라 한다)은 다른 운전면허의 철도차량을 차량기지 내에서 25km/h 이하로 운전하고자 하는 사람에 대하여는 업무를 수행하기 전에 기기취급 등에 관한 실무수습·교육을 받도록 하여야 한다.
   5) 철도운영자등(위탁 받은 기관의 장을 포함한다)이 교육을 실시하는 경우에는 평가에 관한 기준을 마련하여 교육을 종료할 때 평가하여야 한다.
   6) 운전교육훈련기관의 장은 기능시험을 면제하는 운전면허에 대한 교육을 실시하는 경우에는 교육에 관한 평가기준을 마련하여 교육을 종료할 때 평가하여야 한다.
   7) 그 밖의 교육훈련의 순서 및 교육운영기준 등 세부사항은 교육훈련시행자가 정하여야 한다.

(8) 운전면허시험

① 운전면허시험 응시 조건

운전면허시험에 응시하려는 사람은 신체검사 및 운전적성검사에 합격한 후 운전교육훈련을 받아야 응시 할 수 있다

② 운전면허시험의 과목, 절차 등에 관하여 필요한 사항은 **국토교통부령**으로 정한다
③ 운전면허시험의 과목 및 합격기준
  ㉮ 시험의 구분
    ⓐ 운전면허의 종류별로 필기시험과 기능시험으로 구분하여 시행
    ⓑ 필기시험 합격의 유효기간
      필기시험에 합격한 날부터 2년이 되는 날이 속하는 해의 12월 31일까지
    ⓒ 기능시험
      (ㄱ) 기능시험은 필기시험을 합격한 경우에만 응시 가능
      (ㄴ) 기능시험은 실제차량이나 모의운전연습기를 활용하여 시행
  ㉯ 시험의 과목 및 합격기준 (별표10)
    ⓐ 일반응시자

응시면허	필기시험		기능시험
디젤차량 운전면허	• 철도 관련 법 • 디젤차량의 구조 및 기능 • 비상 시 조치 등	• 철도시스템 일반 • 운전이론 일반	• 준비점검 • 제동취급 • 제동기 외의 기기 취급 • 신호준수, 운전취급, 신호·선로 숙지 • 비상시 조치 등
제1종 전기차량 운전면허	• 철도 관련 법 • 전기기관차의 구조 및 기능 • 비상 시 조치 등	• 철도시스템 일반 • 운전이론 일반	
제2종 전기차량 운전면허	• 철도 관련 법 • 전기동차의 구조 및 기능 • 비상 시 조치 등	• 도시철도시스템 일반 • 운전이론 일반	
철도장비 운전면허	• 철도 관련 법 • 기계·장비차량의 구조 및 기능	• 철도시스템 일반 • 비상 시 조치 등	
노면전차 운전면허	• 철도 관련 법 • 노면전차의 구조 및 기능	• 노면전차 시스템 일반 • 비상 시 조치 등	

1. 철도 관련 법은 「철도안전법」과 그 하위규정 및 철도차량 운전에 필요한 규정을 포함
2. 철도차량 운전 관련 업무경력자, 철도 관련 업무 경력자 또는 버스 운전 경력자가 철도차량 운전면허 시험에 응시하는 때에는 그 경력을 증명하는 서류를 첨부

    ⓑ 합격기준
      (ㄱ) 필기시험 합격기준
        – 합격점수 : 총점 평균 60점 이상 득점한 사람
        – 최저점수 : 매 과목 40점 이상 (철도관련법은 60점 이상),
      (ㄴ) 기능시험의 합격기준
        – 합격점수 : 총점 평균 80점 이상 득점한 사람
        – 최저점수 : 시험 과목당 60점 이상

ⓒ 운전면허소지자의 시험과목 : (별표10)

㉰ 운전면허시험의 방법·절차, 기능시험 평가위원의 선정 등에 관하여 필요한 세부사항은 국토교통부장관이 정한다

④ 운전면허시험 시행계획의 공고 (관제자격증명 시험과 같다)

㉮ 공고기관 : 한국교통안전공단

㉯ 공고기한 : 매년 11월 30일까지

㉰ 공고내용 : 필기시험 및 기능시험의 일정·응시과목 등을 포함한 다음 해의 운전면허시험 시행계획

㉱ 공고장소 : 인터넷 홈페이지 등에 공고

㉲ 시행계획 변경시 공고

국토교통부장관의 승인을 받아야 하며 변경되기 전의 필기시험일 또는 기능시험일의 7일 전까지 공고

⑤ 운전면허시험 응시원서의 제출

㉮ 응시원서 제출장소 및 시기 : 한국교통안전공단에 필기시험 응시원서 접수 기한까지

㉯ 응시원서에 첨부하는 서류 (ⓒ는 기능시험 응시원서 접수기한까지 제출할 수 있다)

ⓐ 신체검사의료기관이 발급한 신체검사 판정서

(운전면허시험 응시원서 접수일 이전 2년 이내인 것에 한정)

ⓑ 운전적성검사기관이 발급한 운전적성검사 판정서

(운전면허시험 응시원서 접수일 이전 10년 이내인 것에 한정)

ⓒ 운전교육훈련기관이 발급한 운전교육훈련 수료증명서

(기능시험 응시원서 접수기한까지 제출할 수 있다)

ⓓ 운전교육훈련기관으로 지정받은 대학의 장이 발급한 철도운전관련 교육 과목 이수 증명서

(이론교육 과목의 이수로 인정받으려는 경우에만 해당)

ⓔ 철도차량 운전면허증의 사본

(면허 소지자가 다른 차량 운전면허를 취득하는 경우에 한정)

ⓕ 관제자격증명서 사본 (관제자격증명서를 받은 사람만 제출한다)

ⓖ 운전업무 수행 경력증명서

(고속철도차량 운전면허시험에 응시하는 경우에 한정한다)

㉰ 응시원서 첨부서류를 생략할 수 있는 경우

ⓐ 제출 생략 대상서류 : ㉯항의 ⓐ~ⓕ까지의 서류

ⓑ 생략할 수 있는 조건 : 철도안전에 관한 정보의 종합관리를 위한 정보체계에 따라 확인할 수 있는 경우

(9) 운전면허증의 발급

① 철도차량 운전면허증의 발급대상

㉮ 발급자 : 국토교통부장관 (발급실무 : 한국교통안전공단)

㉯ 발급대상 : 운전면허시험에 합격하여 운전면허를 받은 사람

㉰ 발급근거 : **국토교통부령**으로 정하는 바에 따라 발급

② 운전면허증의 재발급 및 기재사항의 변경 신청

㉮ 대상

ⓐ 운전면허증을 잃어버렸거나

ⓑ 운전면허증이 헐어서 쓸 수 없게 되었을 때

ⓒ 운전면허증의 기재사항이 변경되었을 때

㉯ 발급근거 : **국토교통부령**으로 정하는 바에 따라 발급

㉰ 발급절차

철도차량 운전면허증 (재)발급신청서에 분실사유서나 헐어 못 쓰게 된 운전면허증을 첨부하여 한국교통안전공단에 제출

(10) 운전면허의 갱신

① 운전면허의 유효기간 : 10년

② 유효기간 이후에도 그 운전면허의 효력을 유지하려는 경우

㉮ 운전면허의 효력 유지·정지·상실

ⓐ 운전면허의 유효기간 만료 전에 **국토교통부령**으로 정하는 바에 따라 운전면허의 갱신을 받아야 한다

ⓑ 운전면허의 효력 정지

운전면허의 갱신을 받지 않은 경우에는 운전면허의 유효기간이 만료되는 날의 다음 날부터 그 운전면허의 효력 정지

ⓒ 운전면허의 효력의 실효(상실)

운전면허의 효력이 정지된 사람이 6개월의 범위에서 **대통령령**으로 정하는 기간(6개월) 내에 운전면허의 갱신을 신청하여 운전면허의 갱신을 받지 아니하면 그 기간이 만료되는 날의 다음 날부터 그 운전면허는 효력을 잃는다

ⓓ 운전면허 갱신신청서 제출기한 : 유효기간 만료일 전 6개월 이내

ⓔ 갱신 받은 운전면허의 유효기간

종전 운전면허 유효기간의 만료일 다음 날부터 기산

ⓕ 운전면허 갱신 안내 통지(**국토교통부령**) – 관제자격증명과 같다

　　ⓐ 한국교통안전공단은 운전면허의 유효기간 만료일 6개월 전까지 해당 운전면허 취득자에게 운전면허 갱신에 관한 내용 통지

　　ⓑ 한국교통안전공단은 운전면허의 효력이 정지된 사람이 있는 때에는 해당 운전면허의 효력이 정지된 날부터 30일 이내에 해당 운전면허 취득자에게 통지

　　ⓒ 통지를 받을 사람의 주소 등을 통상적인 방법으로 확인할 수 없거나 통지서를 송달할 수 없는 경우에는 한국교통안전공단 게시판 또는 인터넷 홈페이지에 14일 이상 공고함으로써 통지에 갈음

③ 운전면허증을 갱신하여 발급 가능한 경우(갱신신청 조건)

㉮ 철도차량의 운전업무에 종사한 경력이 있는 경우

　　ⓐ 경력 기한 : 운전면허의 갱신을 신청하는 날 전 10년 이내

　　ⓑ 경력 기간

　　　㈀ **국토교통부령**으로 정하는 철도차량의 운전업무에 종사한 경력

　　　　(유효기간 내에 6개월 이상 운전경력)

　　　㈁ **국토교통부령**으로 정하는 바에 따라 ㈀과 같은 수준 이상의 경력이 있다고 인정되는 경우

　　　　㉠ 관제업무에 2년 이상 종사한 경력

　　　　㉡ 운전교육훈련기관에서의 운전교육훈련업무에 2년 이상 종사한 경력

　　　　㉢ 철도운영자등에게 소속되어 철도차량 운전자를 지도·교육·관리하거나 감독하는 업무에 2년 이상 종사한 경력

㉯ **국토교통부령**으로 정하는 교육훈련을 받은 경우

　　(운전면허 갱신신청일 전까지 20시간 이상 받은 경우)

④ 운전면허의 효력이 실효된 사람이 운전면허를 다시 받으려는 경우

㉮ **대통령령**으로 정하는 바에 따라 그 절차의 일부를 면제할 수 있다

㉯ 재취득 절차의 일부면제

　　ⓐ 조건

　　　운전면허가 실효된 날부터 3년 이내에 실효된 운전면허와 동일한 운전

면허를 취득하려는 경우

ⓑ 일부면제 내용

㉠ 운전면허 갱신신청 조건을 갖춘 경우

운전교육훈련과 운전면허시험 중 필기시험 면제

㉡ 운전면허 갱신신청 조건을 갖추지 않은 경우

운전교육훈련 면제

(11) 운전면허의 취소 · 정지 등

① 절대적 취소(취소하여야 한다)

㉮ 거짓이나 그 밖의 부정한 방법으로 운전면허를 받았을 때

㉯ 운전면허의 결격사유 중 다음에 해당하게 되었을 때

ⓐ 철도차량 운전상의 위험과 장해를 일으킬 수 있는 정신질환자 또는 뇌
전증환자로서 **대통령령**으로 정하는 사람

ⓑ 철도차량 운전상의 위험과 장해를 일으킬 수 있는 약물(마약류 및 환각
물질) 또는 알코올 중독자로서 **대통령령**으로 정하는 사람

ⓒ 두 귀의 청력 또는 두 눈의 시력을 완전히 상실한 사람

㉰ 운전면허의 효력정지기간 중 철도차량을 운전하였을 때

㉱ 운전면허증을 다른 사람에게 빌려주었을 때

② 재량적 취소 또는 효력 정지

운전면허를 취소하거나 1년 이내의 기간을 정하여 운전면허의 효력을 정지시
킬 수 있는 경우

㉮ 철도차량을 운전 중 고의 또는 중과실로 철도사고를 일으켰을 때

㉯ 운전업무종사자의 준수사항, 철도사고등이 발생한 경우 해당 철도차량의
운전업무종사자 및 여객승무원의 준수사항 위반하였을 때

㉰ 술을 마시거나 약물을 사용한 상태에서 철도차량을 운전하였을 때

㉱ 술을 마시거나 약물을 사용한 상태에서 업무를 하였다고 인정할 만한 상당
한 이유가 있음에도 불구하고 국토교통부장관 또는 시 · 도지사의 확인 또
는 검사를 거부하였을 때

㉲ 이 법 또는 이 법에 따라 철도의 안전 및 보호와 질서유지를 위하여 한 명
령 · 처분을 위반하였을 때

③ 운전면허의 취소 및 효력정지 처분하였을 경우의 조치사항

㉮ 처분 내용의 통지대상

ⓐ 해당 운전면허 취득자

ⓑ 운전면허 취득자를 고용하고 있는 철도운영자등

㉯ 운전면허증의 반납 및 반환

ⓐ 통지를 받은 운전면허 취득자는 그 통지를 받은 날부터 15일 이내에 운전면허증을 국토교통부장관(한국교통안전공단)에게 반납

ⓑ 운전면허의 효력이 정지된 사람으로부터 운전면허증을 반납 받았을 때에는 보관하였다가 정지기간이 끝나면 즉시 돌려주어야 한다

④ 운전면허의 취소 및 효력정지의 세부내용

㉮ 운전면허의 취소 및 효력정지 처분의 세부기준 및 절차는 그 위반의 유형 및 정도에 따라 **국토교통부령**으로 정한다 (별표11)

㉯ 국토교통부장관은 **국토교통부령**으로 정하는 바에 따라 운전면허의 발급, 갱신, 취소 등에 관한 자료를 유지·관리하여야 한다
(철도차량 운전면허 발급대장에 기록하고 유지·관리)

(12) 운전면허증 관련 세부사항

① 운전면허증의 대여 등 금지

㉮ 운전면허증을 다른 사람에게 빌려주거나 빌리거나

㉯ 이를(빌려주거나 빌리거나) 알선하여서는 아니 된다.

② 운전업무 실무수습

㉮ 실무수습 시행자 : 철도운영자등

㉯ 철도차량의 운전업무에 종사하려는 사람은 **국토교통부령**으로 정하는 바에 따라 실무수습을 이수하여야 한다 (세부기준 : 별표12)

㉰ 운전업무 실무수습의 관리

철도운영자등은 운전업무종사자 실무수습 관리대장에 운전업무 실무수습을 받은 구간 등을 기록하고 그 내용을 한국교통안전공단에 통보

〈운전업무종사자(운전면허 취득자) 실무수습 관리대장〉

일련 번호	성명 (생년 월일)	면허 종류	소속 기관	실무수습			평가자		인증
				수습구간/수 습차량	교육 시간	운전 거리	성명	날인 (날짜)	

〈운전면허 취득후 실무수습 · 교육의 세부기준〉

• 철도차량 운전면허 실무수습 이수경력이 없는 사람

면허종별	실무수습 · 교육항목	실무수습 · 교육시간 또는 거리
제1종 전기차량 운전면허	• 선로 · 신호 등 시스템 • 운전취급 관련 규정 • 제동기 취급 • 제동기 외의 기기 취급 • 속도관측 • 비상시 조치 등	400시간 이상 또는 8,000km 이상
디젤차량 운전면허		400시간 이상 또는 8,000km 이상
제2종 전기차량 운전면허		400시간 이상 또는 6,000km 이상 (단, 무인운전 구간의 경우 200시간 이상 또는 3,000km 이상)
철도장비 운전면허		300시간 이상 또는 3,000km 이상 (입환(入換)작업을 위해 원격제어가 가능 한 장치를 설치하여 시속 25km 이하로 동력차를 운전할 경우 150시간 이상)
노면전차 운전면허		300시간 이상 또는 3,000km 이상

* 이외의 실무수습의 세부기준은 별표12 참조

③ 철도경영자등이 무자격자에게 운전업무에 종사시키지 않아야 하는 경우

㉮ 운전면허를 받지 아니하거나

㉯ 운전면허가 취소되거나

㉰ 운전면허의 효력이 정지된 경우

㉱ 실무수습을 이수하지 아니한 사람

♣ 운전업무 및 관제업무의 실무수습 (교육훈련지침)

1. 실무수습의 절차 등

  1) 철도운영자등은 철도차량의 운전업무에 종사하려는 사람 또는 관제업무에 종사하려는 사람에 대하여 실무수습을 실시하여야 한다.

  2) 철도운영자등은 실무수습에 필요한 교육교재 · 평가 등 교육기준을 마련하고 그 절차에 따라 실무수습을 실시하여야 한다.

  3) 철도운영자 등은 운전업무 및 관제업무에 종사하고자 하는 자에 대하여 자격기준을 갖춘 실무수습 담당자를 지정하여 가능한 개별교육이 이루어지도록 노력하여야 한다.

  4) 철도운영자등은 실무수습을 이수한 자에 대하여는 매월 말일을 기준으로 다음달 10일까지 교통안전공단에 실무수습기간·실무수습을 받은 구간 · 인증기관 · 평가자 등의 내용을 통보하고 철도안전정보망에 관련 자료를 입력하여야 한다.

2. 실무수습의 방법 등

  1) 철도운영자등은 실무수습의 항목 및 교육시간 등에 관한 세부교육 계획을 마련·시
행하여야 한다.

  2) 철도운영자등은 운전업무 또는 관제업무수행 경력자가 기기취급 방법이나 작동원리
및 조작방식 등이 다른 철도차량 또는 관제시스템을 신규 도입·변경하여 운영하고자
하는 때에는 조작방법 등에 관한 교육을 실시하여야 한다.

  3) 철도운영자 등은 영업운행하고 있는 구간의 연장 또는 이설 등으로 인하여 변경된
구간에 대한 운전업무 또는 관제업무를 수행하려는 자에 대하여 해당 구간에 대한
실무수습을 실시하여야 한다.

3. 실무수습의 평가

  1) 철도운영자등은 철도차량운전면허취득자에 대한 실무수습을 종료하는 경우에는 다음
항목이 포함된 평가를 실시하여 운전업무수행에 적합여부를 종합평가하여야 한다.

    (a) 기본업무

    (b) 제동취급 및 제동기 이외 기기취급

    (c) 운전속도, 운전시분, 정지위치, 운전충격

    (d) 선로·신호 등 시스템의 이해

    (e) 이례사항, 고장처치, 규정 및 기술에 관한 사항

    (f) 기타 운전업무수행에 필요하다고 인정되는 사항

  2) 평가결과 운전업무 및 관제업무를 수행하기에 부적합 하다고 판단되는 경우에는
재교육 및 재평가를 실시하여야 한다.

4. 실무수습 담당자의 자격기준

운전업무수행에 필요한 실무수습을 담당할 수 있는 자의 자격기준은 다음과 같다.

  (a) 운전업무경력이 있는 자로서 철도운영자등에 소속되어 철도차량운전자를 지도·교
육·관리 또는 감독하는 업무를 하는 자

  (b) 운전업무 경력이 5년 이상인 자

  (c) 운전업무경력이 있는 자로서 전문교육을 1월 이상 받은 자

  (d) 운전업무경력이 있는 자로서 철도운영자등으로부터 운전업무 실무수습을 담당할
수 있는 능력이 있다고 인정받은 자

신체검사 항목 및 불합격 기준(제12조제2항 및 제40조제4항 관련)

1. 운전면허 또는 관제자격증명 취득을 위한 신체검사

검사 항목	불합격 기준
가. 일반 결함	1) 신체 각 장기 및 각 부위의 악성종양 2) 중증인 고혈압증(수축기 혈압 180mmHg 이상이고, 확장기 혈압 110mmHg 이상인 사람) 3) 이 표에서 달리 정하지 아니한 법정 감염병 중 직접 접촉, 호흡기 등을 통하여 전파가 가능한 감염병
나. 코·구강·인후 계통	의사소통에 지장이 있는 언어장애나 호흡에 장애를 가져오는 코, 구강, 인후, 식도의 변형 및 기능장애
다. 피부 질환	다른 사람에게 감염될 위험성이 있는 만성 피부질환자 및 한센병 환자
라. 흉부 질환	1) 업무수행에 지장이 있는 급성 및 만성 늑막질환 2) 활동성 폐결핵, 비결핵성 폐질환, 중증 만성천식증, 중증 만성기관지염, 중증 기관지확장증 3) 만성폐쇄성 폐질환
마. 순환기 계통	1) 심부전증 2) 업무수행에 지장이 있는 발작성 빈맥(분당 150회 이상)이나 기질성 부정맥 3) 심한 방실전도장애 4) 심한 동맥류 5) 유착성 심낭염 6) 폐성심 7) 확진된 관상동맥질환(협심증 및 심근경색증)
바. 소화기 계통	1) 빈혈증 등의 질환과 관계있는 비장종대 2) 간경변증이나 업무수행에 지장이 있는 만성 활동성 간염 3) 거대결장, 게실염, 회장염, 궤양성 대장염으로 고치기 어려운 경우
사. 생식이나 비뇨기 계통	1) 만성 신장염 2) 중증 요실금 3) 만성 신우염 4) 고도의 수신증이나 농신증 5) 활동성 신결핵이나 생식기 결핵 6) 고도의 요도협착 7) 진행성 신기능장애를 동반한 양측성 신결석 및 요관결석 8) 진행성 신기능장애를 동반한 만성신증후군
아. 내분비 계통	1) 중증의 갑상샘 기능 이상 2) 거인증이나 말단비대증 3) 애디슨병 4) 그 밖에 쿠싱증후근 등 뇌하수체의 이상에서 오는 질환 5) 중증인 당뇨병(식전 혈당 140 이상) 및 중증의 대사질환(통풍 등)
자. 혈액이나 조혈 계통	1) 혈우병 2) 혈소판 감소성 자반병 3) 중증의 재생불능성 빈혈 4) 용혈성 빈혈(용혈성 황달) 5) 진성적혈구 과다증 6) 백혈병

검사 항목	불합격 기준
차. 신경 계통	1) 다리·머리·척추 등 그 밖에 이상으로 앉아 있거나 걷지 못하는 경우 2) 중추신경계 염증성 질환에 따른 후유증으로 업무수행에 지장이 있는 경우 3) 업무에 적응할 수 없을 정도의 말초신경질환 4) 두개골 이상, 뇌 이상이나 뇌 순환장애로 인한 후유증(신경이나 신체증상)이 남아 업무수행에 지장이 있는 경우 5) 뇌 및 척추종양, 뇌기능장애가 있는 경우 6) 전신성·중증 근무력증 및 신경근 접합부 질환 7) 유전성 및 후천성 만성근육질환 8) 만성 진행성·퇴행성 질환 및 탈수조성 질환(유전성 무도병, 근위축성 측색경화증, 보행실조증, 다발성경화증)
카. 사지	1) 손의 필기능력과 두 손의 악력이 없는 경우 2) 난치의 뼈·관절 질환이나 기형으로 업무수행에 지장이 있는 경우 3) 한쪽 팔이나 한쪽 다리 이상을 쓸 수 없는 경우(운전업무에만 해당한다)
타. 귀	귀의 청력이 500Hz, 1000Hz, 2000Hz에서 측정하여 측정치의 산술평균이 두 귀 모두 40dB 이상인 사람
파. 눈	1) 두 눈의 나안(裸眼) 시력 중 어느 한쪽의 시력이라도 0.5 이하인 경우(다만, 한쪽 눈의 시력이 0.7 이상이고 다른 쪽 눈의 시력이 0.3 이상인 경우는 제외한다)로서 두 눈의 교정시력 중 어느 한쪽의 시력이라도 0.8 이하인 경우(다만, 한쪽 눈의 교정시력이 1.0 이상이고 다른 쪽 눈의 교정시력이 0.5 이상인 경우는 제외한다) 2) 시야의 협착이 1/3 이상인 경우 3) 안구 및 그 부속기의 기질성·활동성·진행성 질환으로 인하여 시력 유지에 위협이 되고, 시기능장애가 되는 질환 4) 안구 운동장애 및 안구진탕 5) 색각이상(색약 및 색맹)
하. 정신 계통	1) 업무수행에 지장이 있는 지적장애 2) 업무에 적응할 수 없을 정도의 성격 및 행동장애 3) 업무에 적응할 수 없을 정도의 정신장애 4) 마약·대마·향정신성 의약품이나 알코올 관련 장애 등 5) 뇌전증 6) 수면장애(폐쇄성 수면 무호흡증, 수면발작, 몽유병, 수면 이상증 등)이나 공황장애

비고

1. 철도차량 운전면허 소지자가 다른 종류의 철도차량 운전면허를 취득하려는 경우에는 운전면허 취득을 위한 신체검사를 받은 것으로 본다.
2. 도시철도 관제자격증명을 취득한 사람이 철도 관제자격증명을 취득하려는 경우에는 관제자격증명 취득을 위한 신체검사를 받은 것으로 본다.
3. 철도차량 운전면허 소지자가 관제자격증명을 취득하려는 경우 또는 관제자격증명 취득자가 철도차량 운전면허를 취득하려는 경우에는 관제자격증명 또는 운전면허 취득을 위한 신체검사를 받은 것으로 본다.

2. 운전업무종사자 등에 대한 신체검사

검사 항목	불합격 기준	
	최초검사·특별검사	정기검사
가. 일반 결함	1) 신체 각 장기 및 각 부위의 악성종양 2) 중증인 고혈압증(수축기 혈압 180mmHg 이상이고, 확장기 혈압 110mmHg 이상인 경우) 3) 이 표에서 달리 정하지 아니한 법정 감염병 중 직접 접촉, 호흡기 등을 통하여 전파가 가능한 감염병	1) 업무수행에 지장이 있는 악성종양 2) 조절되지 아니하는 중증인 고혈압증 3) 이 표에서 달리 정하지 아니한 법정 감염병 중 직접 접촉, 호흡기 등을 통하여 전파가 가능한 감염병

검사 항목	불합격 기준	
	최초검사 · 특별검사	정기검사
나. 코 · 구강 · 인후 계통	의사소통에 지장이 있는 언어장애나 호흡에 장애를 가져오는 코 · 구강 · 인후 · 식도의 변형 및 기능장애	의사소통에 지장이 있는 언어장애나 호흡에 장애를 가져오는 코 · 구강 · 인후 · 식도의 변형 및 기능장애
다. 피부 질환	다른 사람에게 감염될 위험성이 있는 만성 피부질환자 및 한센병 환자	
라. 흉부 질환	1) 업무수행에 지장이 있는 급성 및 만성 늑막질환 2) 활동성 폐결핵, 비결핵성 폐질환, 중증 만성천식증, 중증 만성기관지염, 중증 기관지확장증 3) 만성 폐쇄성 폐질환	1) 업무수행에 지장이 있는 활동성 폐결핵, 비결핵성 폐질환, 만성 천식증, 만성 기관지염, 기관지확장증 2) 업무수행에 지장이 있는 만성 폐쇄성 폐질환
마. 순환기 계통	1) 심부전증 2) 업무수행에 지장이 있는 발작성 빈맥(분당 150회이상)이나 기질성 부정맥 3) 심한 방실전도장애 4) 심한 동맥류 5) 유착성 심낭염 6) 폐성심 7) 확진된 관상동맥질환(협심증 및 심근경색증)	1) 업무수행에 지장이 있는 심부전증 2) 업무수행에 지장이 있는 발작성 빈맥(분당 150회 이상)이나 기질성 부정맥 3) 업무수행에지장이있는 심한 방실전도장애 4) 업무수행에 지장이 있는 심한 동맥류 5) 업무수행에 지장이 있는 유착성 심낭염 6) 업무수행에 지장이 있는 폐성심 7) 업무수행에 지장이 있는 관상동맥질환(협심증 및 심근경색증)
바. 소화기 계통	1) 빈혈증등의 질환과 관계있는 비장종대 2) 간경변증이나 업무수행에 지장이 있는 만성 활동성 간염 3) 거대결장, 게실염, 회장염, 궤양성 대장염으로 난치인 경우	업무수행에 지장이 있는 만성 활동성 간염이나 간경변증
사. 생식이나 비뇨기 계통	1) 만성 신장염 2) 중증 요실금 3) 만성 신우염 6) 고도의 요도협착 4) 고도의 수신증이나 농신증 5) 활동성 신결핵이나 생식기 결핵 7) 진행성 신기능장애를 동반한 양측성 신결석 및 요관결석 8) 진행성 신기능장애를 동반한 만성신증후군	1) 업무수행에 지장이 있는 만성 신장염 2) 업무수행에 지장이 있는 진행성 신기능장애를 동반한 양측성 신결석 및 요관결석
아. 내분비 계통	1) 중증의 갑상샘 기능 이상 2) 거인증이나 말단비대증 3) 애디슨병 4) 그 밖에 쿠싱증후근 등 뇌하수체의 이상에서 오는 질환 5) 중증인 당뇨병(식전 혈당 140 이상) 및 중증의 대사질환(통풍 등)	업무수행에 지장이 있는 당뇨병, 내분비질환, 대사질환(통풍 등)
자. 혈액이나 조혈 계통	1) 혈우병 2) 혈소판 감소성 자반병 3) 중증의 재생불능성 빈혈 4) 용혈성 빈혈(용혈성 황달) 5) 진성적혈구 과다증 6) 백혈병	1) 업무수행에 지장이 있는 혈우병 2) 업무수행에 지장이 있는 혈소판 감소성 자반병 3) 업무수행에 지장이 있는 재생불능성 빈혈 4) 업무수행에 지장이 있는 용혈성 빈혈(용혈성 황달) 5) 업무수행에 지장이 있는 진성적혈구 과다증 6) 업무수행에 지장이 있는 백혈병

검사 항목	불합격 기준	
	최초검사 · 특별검사	정기검사
차. 신경 계통	1) 다리·머리·척추 등 그 밖에 이상으로 앉아 있거나 걷지 못하는 경우 2) 중추신경계 염증성 질환에 따른 후유증으로 업무수행에 지장이 있는 경우 3) 업무에 적응할 수 없을 정도의 말초신경질환 4) 머리뼈 이상, 뇌 이상이나 뇌 순환장애로 인한 후유증(신경 이나 신체증상)이 남아 업무수행에 지장이 있는 경우 5) 뇌 및 척추종양, 뇌기능장애가 있는 경우 6) 전신성·중증 근무력증 및 신경근 접합부 질환 7) 유전성 및 후천성 만성근육질환 8) 만성 진행성·퇴행성 질환 및 탈수조성 질환(유전성 무도병, 근위축성 측색경화증, 보행 실조증, 다발성경화증)	1) 다리·머리·척추 등 그 밖에 이상으로 앉아 있거나 걷지 못하는 경우 2) 중추신경계 염증성 질환에 따른 후유증으로 업무수행에 지장이 있는 경우 3) 업무에 적응할 수 없을 정도의 말초신경질환 4) 머리뼈 이상, 뇌 이상이나 뇌 순환장애로 인한 후유증(신경이나 신체증상)이 남아 업무수행에 지장이 있는 경우 5) 뇌 및 척추종양, 뇌기능장애가 있는 경우 6) 전신성·중증 근무력증 및 신경근 접합부 질환 7) 유전성 및 후천성 만성근육질환 8) 업무수행에 지장이 있는 만성 진행성·퇴행성 질환 및 탈수조성 질환(유전성 무도병, 근위축성 측색경화증, 보행 실조증, 다발성 경화증)
카. 사지	1) 손의 필기능력과 두 손의 악력이 없는 경우 2) 난치의 뼈·관절 질환이나 기형으로 업무수행에 지장이 있는 경우 3) 한쪽 팔이나 한쪽 다리 이상을 쓸 수 없는 경우(운전업무에만 해당한다)	1) 손의 필기능력과 두 손의 악력이 없는 경우 2) 난치의 뼈·관절 질환이나 기형으로 업무수행에 지장이 있는 경우 3) 한쪽 팔이나 한쪽 다리 이상을 쓸 수 없는 경우(운전업무에만 해당한다)
타. 귀	귀의 청력이 500Hz, 1000Hz, 2000Hz에서 측정하여 측정치의 산술평균이 두 귀 모두 40dB 이상인 경우	귀의 청력이 500Hz, 1000Hz, 2000Hz에서 측정하여 측정치의 산술평균이 두 귀 모두 40dB 이상인 경우
파. 눈	1) 두 눈의 나안 시력 중 어느 한쪽의 시력이라도 0.5 이하인 경우(다만, 한쪽 눈의 시력이 0.7 이상이고 다른 쪽 눈의 시력이 0.3 이상인 경우는 제외한다)로서 두 눈의 교정시력 중 어느 한쪽의 시력이라도 0.8 이하인 경우(다만, 한쪽 눈의 교정시력이 1.0 이상이고 다른 쪽 눈의 교정시력이 0.5 이상인 경우는 제외한다) 2) 시야의 협착이 1/3 이상인 경우 3) 안구 및 그 부속기의 기질성, 활동성, 진행성 질환으로 인하여 시력 유지에 위협이 되고, 시기능장애가 되는 질환 4) 안구 운동장애 및 안구진탕 5) 색각이상(색약 및 색맹)	1) 두 눈의 나안 시력 중 어느 한쪽의 시력이라도 0.5 이하인 경우(다만, 한쪽 눈의 시력이 0.7 이상이고 다른 쪽 눈의 시력이 0.3 이상인 경우는 제외한다)로서 두 눈의 교정시력 중 어느 한쪽의 시력이라도 0.8 이하인 경우(다만, 한쪽 눈의 교정시력이 1.0 이상이고 다른 쪽 눈의 교정시력이 0.5 이상인 경우는 제외한다) 2) 시야의 협착이 1/3 이상인 경우 3) 안구 및 그 부속기의 기질성, 활동성, 진행성 질환으로 인하여 시력 유지에 위협이 되고, 시기능장애가 되는 질환 4) 안구 운동장애 및 안구진탕 5) 색각이상(색약 및 색맹)
하. 정신 계통	1) 업무수행에 지장이 있는 지적장애 2) 업무에 적응할 수 없을 정도의 성격 및 행동장애 3) 업무에 적응할수 없을정도의 정신장애 4) 마약·대마·향정신성 의약품이나 알코올 관련 장애 등 5) 뇌전증 6) 수면장애(폐쇄성 수면 무호흡증, 수면발작, 몽유병, 수면 이상증 등)이나 공황장애	1) 업무수행에 지장이 있는 지적장애 2) 업무에 적응할 수 없을 정도의 성격 및 행동장애 3) 업무에 적응할 수 없을 정도의 정신장애 4) 마약·대마·향정신성 의약품 이나 알코올 관련 장애 등 5) 뇌전증 6) 업무수행에 지장이 있는 수면장애(폐쇄성 수면 무호흡증, 수면발작, 몽유병, 수면 이상증 등)이나 공황장애

적성검사 항목 및 불합격 기준 (제16조제2항 관련)

검사대상	검사항목		불합격기준
	문답형 검사	반응형 검사	
1. 고속철도차량 　　제1종전기차량 　　제2종전기차량 　　디젤차량 　　노면전차 　　철도장비 　　철도차량 운전면허 　　시험 응시자	·인성 －일반성격 －안전성향	·주의력 －복합기능 －선택주의 －지속주의 ·인식 및 기억력 －시각변별 －공간지각 ·판단 및 행동력 －추론 －민첩성	·문답형 검사항목 중 안전성향 검사에서 부적합으로 판정된 사람 ·반응형 검사 평가점수가 30점 미만인 사람
2. 철도교통관제사 　　자격증명 응시자	·인성 －일반성격 －안전성향	·주의력 －복합기능 －선택주의 ·인식 및 기억력 －시각변별 －공간지각 －작업기억 ·판단 및 행동력 －추론 －민첩성	·문답형 검사항목 중 안전성향 검사에서 부적합으로 판정된 사람 ·반응형 검사 평가점수가 30점 미만인 사람

비고 :

1. 문답형 검사 판정은 적합 또는 부적합으로 한다.

2. 반응형 검사 점수 합계는 70점으로 한다.

3. 안전성향검사는 전문의(정신건강의학) 진단결과로 대체 할 수 있으며, 부적합 판정을 받은 자에 대해서는 당일 1회에 한하여 재검사를 실시하고 그 재검사 결과를 최종적인 검사결과로 할 수 있다.

4. 철도차량 운전면허 소지자가 다른 종류의 철도차량 운전면허를 취득하려는 경우에는 운전적성검사를 받은 것으로 본다. 다만, 철도장비 운전면허 소지자(2020년 10월 8일 이전에 적성검사를 받은 사람만 해당한다)가 다른 종류의 철도차량 운전면허를 취득하려는 경우에는 적성검사를 받아야 한다.

■ 철도안전법 시행규칙 [별표 5] 〈개정 2024.11.12.〉

운전적성검사기관 또는 관제적성검사기관의 세부 지정기준(제18조제1항관련)

1. 검사인력
가. 자격기준

등급	자격자	학력 및 경력자
책임검사관	1) 정신건강임상심리사 1급 자격을 취득한 사람 2) 정신건강임상심리사 2급 자격을 취득한 사람으로서 2년 이상 적성검사 분야에 근무한 경력이 있는 사람 3) 임상심리사 1급 자격을 취득한 사람 4) 임상심리사 2급 자격을 취득한 사람으로서 2년 이상 적성검사 분야에 근무한 경력이 있는 사람	1) 심리학 관련 분야 박사학위를 취득한 사람 2) 심리학 관련 분야 석사학위 취득한 사람으로서 2년 이상 적성검사 분야에 근무한 경력이 있는 사람 3) 대학을 졸업한 사람(법령에 따라 이와 같은 수준 이상의 학력이 있다고 인정되는 사람을 포함한다)으로서 선임검사관 경력이 2년 이상 있는 사람
선임검사관	1) 정신건강임상심리사 2급 자격을 취득한 사람 2) 임상심리사 2급 자격을 취득한 사람	1) 심리학 관련 분야 석사학위를 취득한 사람 2) 심리학 관련 분야 학사학위 취득한 사람으로서 2년 이상 적성검사 분야에 근무한 경력이 있는 사람 3) 대학을 졸업한 사람(법령에 따라 이와 같은 수준 이상의 학력이 있다고 인정되는 사람을 포함한다)으로서 검사관 경력이 5년 이상 있는 사람
검사관		학사학위 이상 취득자

비고: 가목의 자격기준 중 책임검사관 및 선임검사관의 경력은 해당 자격·학위·졸업 또는 학력을 취득·인정받기 전과 취득·인정받은 후의 경력을 모두 포함한다.

나. 보유기준
1) 운전적성검사 또는 관제적성검사(이하 이 표에서 "적성검사"라 한다) 업무를 수행하는 상설 전담조직을 1일 50명을 검사하는 것을 기준으로 하며, 책임검사관과 선임검사관 및 검사관은 각각 1명 이상 보유하여야 한다.
2) 1일 검사인원이 25명 추가될 때마다 적성검사를 진행할 수 있는 검사관을 1명씩 추가로 보유하여야 한다.

2. 시설 및 장비
가. 시설기준
1) 1일 검사능력 50명(1회 25명) 이상의 검사장(70㎡ 이상이어야 한다)을 확보하여야 한다. 이 경우 분산된 검사장은 제외한다.
2) 운전적성검사기관과 관제적성검사기관으로 함께 지정받으려는 경우 1)에 따른 시설기준을 중복하여 갖추지 않을 수 있다.

나. 장비기준
1) 별표 4 또는 별표 13에 따른 문답형 검사 및 반응형 검사를 할 수 있는 검사장비와 프로그램을 갖추어야 한다.
2) 운전적성검사기관과 관제적성검사기관으로 함께 지정받으려는 경우 1)에 따른 장비기준을 중복하여 갖추지 않을 수 있다.
3) 적성검사기관 공동으로 활용할 수 있는 프로그램(별표 4 및 별표 13에 따른 문답형 검사 및 반응형 검사)을 개발할 수 있어야 한다.

3. 업무규정
가. 조직 및 인원
나. 검사 인력의 업무 및 책임
다. 검사체제 및 절차
라. 각종 증명의 발급 및 대장의 관리
마. 장비운용·관리계획
바. 자료의 관리·유지
사. 수수료 징수기준
아. 그 밖에 국토교통부장관이 적성검사 업무수행에 필요하다고 인정하는 사항

4. 일반사항
가. 국토교통부장관은 2개 이상의 운전적성검사기관 또는 관제적성검사기관을 지정한 경우에는 모든 운전적성검사기관 또는 관제적성검사기관에서 실시하는 적성검사의 방법 및 검사항목 등이 동일하게 이루어지도록 필요한 조치를 하여야 한다.
나. 국토교통부장관은 철도차량운전자 등의 수급계획과 운영계획 및 검사에 필요한 프로그램개발 등을 종합 검토하여 필요하다고 인정하는 경우에는 1개 기관만 지정할 수 있다. 이 경우 전국의 분산된 5개 이상의 장소에서 검사를 할 수 있어야 한다.

운전적성검사기관 및 관제적성검사기관의 지정취소 및 업무정지의 기준

(제19조제1항 관련)

위반사항	해당 법조문	처분기준			
		1차 위반	2차 위반	3차 위반	4차 위반
1. 거짓이나 그 밖의 부정한 방법으로 지정을 받은 경우	법 제15조의2 제1항제1호	지정취소			
2. 업무정지 명령을 위반하여 그 정지기간 중 운전적성검사업무 또는 관제적성검사업무를 한 경우	법 제15조의2 제1항제2호	지정취소			
3. 법 제15조제5항 또는 제21조의6제4항에 따른 지정기준에 맞지 아니하게 된 경우	법 제15조의2 제1항제3호	경고 또는 보완명령	업무정지 1개월	업무정지 3개월	지정취소
4. 정당한 사유 없이 운전적성검사업무 또는 관제적성검사업무를 거부한 경우	법 제15조의2 제1항제4호	경고	업무정지 1개월	업무정지 3개월	지정취소
5. 법 제15조제6항을 위반하여 거짓이나 그 밖의 부정한 방법으로 운전적성검사 판정서 또는 관제적성검사 판정서를 발급한 경우	법 제15조의2 제1항제5호	업무정지 1개월	업무정지 3개월	지정취소	

비고 :
1. 위반행위가 둘 이상인 경우로서 그에 해당하는 각각의 처분기준이 다른 경우에는 그 중 무거운 처분기준에 따르며, 위반행위가 둘 이상인 경우로서 그에 해당하는 각각의 처분기준이 같은 경우에는 무거운 처분기준의 2분의 1까지 가중할 수 있되, 각 처분기준을 합산한 기간을 초과할 수 없다.
2. 위반행위의 횟수에 따른 행정처분의 가중된 부과기준은 최근 1년간 같은 위반행위로 행정처분을 받은 경우에 적용한다. 이 경우 기간의 계산은 위반행위에 대하여 행정처분을 받은 날과 그 처분 후 다시 같은 위반행위를 하여 적발된 날을 기준으로 한다.
3. 비고 제2호에 따라 가중된 행정처분을 하는 경우 가중처분의 적용 차수는 그 위반행위 전 부과처분 차수(비고 제2호에 따른 기간 내에 행정처분이 둘 이상 있었던 경우에는 높은 차수를 말한다)의 다음 차수로 한다.
4. 처분권자는 위반행위의 동기·내용 및 위반의 정도 등 다음 각 목에 해당하는 사유를 고려하여 그 처분을 감경할 수 있다. 이 경우 그 처분이 업무정지인 경우에는 그 처분기준의 2분의 1 범위에서 감경할 수 있고, 지정취소인 경우(거짓이나 그 밖의 부정한 방법으로 지정을 받은 경우나 업무정지 명령을 위반하여 그 정지기간 중 적성검사업무를 한 경우는 제외한다)에는 3개월의 업무정지 처분으로 감경할 수 있다.
    가. 위반행위가 고의나 중대한 과실이 아닌 사소한 부주의나 오류로 인한 것으로 인정되는 경우
    나. 위반의 내용·정도가 경미하여 이해관계인에게 미치는 피해가 적다고 인정되는 경우

■ 철도안전법 시행규칙 [별표 7] 〈개정 2023.12.20.〉

운전면허 취득을 위한 교육훈련 과정별 교육시간 및 교육훈련과목

(제20조제3항 관련)

1. 일반응시자

교육과정	교육과목 및 시간	
	이론교육	기능교육
가. 디젤차량 운전면허 (810)	•철도관련법(50) •철도시스템 일반(60) •디젤 차량의 구조 및 기능(170) •운전이론 일반(30) •비상시 조치(인적오류 예방 포함) 등(30)	•현장실습교육 •운전실무 및 모의운행 훈련 •비상시 조치 등
	340시간	470시간
나. 제1종 전기 차량 운전면허 (810)	•철도관련법(50) •철도시스템 일반(60) •전기기관차의 구조 및 기능(170) •운전이론 일반(30) •비상시 조치(인적오류 예방 포함) 등(30)	•현장실습교육 •운전실무 및 모의운행 훈련 •비상시 조치 등
	340시간	470시간
다. 제2종 전기 차량 운전면허 (680)	•철도관련법(40) •도시철도시스템 일반(45) •전기동차의 구조 및 기능(100) •운전이론 일반(25) •비상시 조치(인적오류 예방 포함) 등(30)	•현장실습교육 •운전실무 및 모의운행 훈련 •비상시 조치 등
	240시간	440시간
라. 철도장비 운전면허 (340)	•철도관련법(50) •철도시스템 일반(40) •기계·장비의 구조 및 기능(60) •비상시 조치(인적오류 예방 포함) 등(20)	•현장실습교육 •운전실무 및 모의운행 훈련 •비상시 조치 등
	170시간	170시간
마. 노면전차 운전면허 (440)	•철도관련법(50) •노면전차 시스템 일반(40) •노면전차의 구조 및 기능(80) •비상시 조치(인적오류 예방 포함) 등(30)	•현장실습교육 •운전실무 및 모의운행 훈련 •비상시 조치 등
	200시간	240시간

* 이론교육의 과목별 교육시간은 100분의 20 범위 내에서 조정 가능.

2. 운전면허 소지자

( ) : 시간

소지면허	교육과목 및 시간		
	교육과정	이론교육	기능교육
가. 디젤차량운전면허·제1종전기차량 운전면허·제2종전기차량 운전면허	고속철도차량 운전면허 (420)	•고속철도 시스템 일반(15) •고속전기차량의 구조 및 기능(85) •고속철도 운전이론 일반(10) •고속철도 운전관련 규정(20) •비상시 조치(인적오류 예방 포함) 등(10)	•현장실습교육 •운전실무 및 모의운행 훈련 •비상시 조치 등
		140시간	280시간
나. 디젤차량 운전면허	1) 제1종 전기 차량운전면허 (85)	•전기기관차의 구조 및 기능(40) •비상시 조치(인적오류 예방 포함) 등(10)	•현장실습교육 •운전실무 및 모의운행 훈련
		50시간	35시간
	2) 제2종 전기 차량운전면허 (85)	•도시철도 시스템 일반(10) •전기동차의 구조 및 기능(30) •비상시 조치(인적오류 예방 포함) 등(10)	•현장실습교육 •운전실무 및 모의운행 훈련
		50시간	35시간
	3) 노면전차 운전면허 (60)	•노면전차 시스템 일반(10) •노면전차의 구조 및 기능(25) •비상시 조치(인적오류 예방 포함) 등(5)	•현장실습교육 •운전실무 및 모의운행 훈련
		40시간	20시간

소지면허	교육과목 및 시간		
	교육과정	이론교육	기능교육
다. 제1종전기 차량운전면허	1) 디젤차량 운전면허 (85)	•디젤 차량의 구조 및 기능(40) •비상시 조치(인적오류 예방 포함)(10)	•현장실습교육 •운전실무 및 모의운행 훈련
		50시간	35시간
	2) 제2종 전기 차량운전면허 (85)	•도시철도 시스템 일반(10) •전기동차의 구조 및 기능(30) •비상시 조치(인적오류 예방 포함)(10)	•현장실습교육 •운전실무 및 모의운행 훈련
		50시간	35시간
	3) 노면전차 운전면허 (50)	•노면전차 시스템 일반(10) •노면전차의 구조 및 기능(15) •비상시 조치(인적오류 예방 포함)(5)	•현장실습교육 •운전실무 및 모의운행 훈련
		30시간	20시간
라. 제2종전기 차량운전면허	1) 디젤차량 운전면허 (130)	•철도시스템 일반(10) •디젤 차량의 구조 및 기능(45) •비상시 조치(인적오류 예방 포함)(5)	•현장실습교육 •운전실무 및 모의운행 훈련
		60시간	70시간
	2) 제1종 전기 차량운전면허 (130)	•철도시스템 일반(10) •전기기관차의 구조 및 기능(45) •비상시 조치(인적오류 예방 포함)(5)	•현장실습교육 •운전실무 및 모의운행 훈련
		60시간	70시간
	3) 노면전차 운전면허 (50)	•노면전차 시스템 일반(10) •노면전차의 구조 및 기능(15) •비상시 조치(인적오류 예방 포함)(5)	•현장실습교육 •운전실무 및 모의운행 훈련
		30시간	20시간
마. 철도장비 운전면허	1) 디젤차량 운전면허 (460)	•철도관련법(30) •철도시스템 일반(30) •디젤차량의 구조 및 기능(100) •운전이론(30) •비상시 조치(인적오류 예방 포함)(10)	•현장실습교육 •운전실무 및 모의운행 훈련 •비상시 조치 등
		200시간	260시간
	2) 제1종 전기 차량운전면허 (460)	•철도관련법(30) •철도시스템 일반(30) •전기기관차의 구조 및 기능(100) •운전이론(30) •비상시 조치(인적오류 예방 포함)(10)	•현장실습교육 •운전실무 및 모의운행 훈련 •비상시 조치 등
		200시간	260시간
	3) 2종 전기 차량운전면허 (340)	•철도관련법(30) •도시철도시스템 일반(30) •전기동차의 구조 및 기능(70) •운전이론(30) •비상시 조치(인적오류 예방 포함)(10)	•현장실습교육 •운전실무 및 모의운행 훈련 •비상시 조치 등
		170시간	175시간
	4) 노면전차 운전면허 (220)	•철도관련법(30) •노면전차시스템 일반(20) •노면전차의 구조 및 기능(60) •비상시 조치(인적오류 예방 포함)(10)	•현장실습교육 •운전실무 및 모의운행 훈련 •비상시 조치 등
		120시간	100시간
바. 노면전차 운전면허	1) 디젤차량 운전면허 (320)	•철도관련법(30) •철도시스템 일반(30) •디젤 차량의 구조 및 기능(100) •운전이론(30) •비상시 조치(인적오류 예방 포함)(10)	•현장실습교육 •운전실무 및 모의운행 훈련 •비상시 조치 등
		200시간	120시간
	2) 제1종 전기 차량운전면허 (320)	•철도관련법(30) •철도시스템 일반(30) •전기기관차의 구조 및 기능(100) •운전이론(30) •비상시 조치(인적오류 예방 포함)(10)	•현장실습교육 •운전실무 및 모의운행 훈련 •비상시 조치 등
		200시간	120시간
	3) 제2종 전기 차량운전면허 (275)	•철도관련법(30) •도시철도시스템 일반(30) •전기동차의 구조 및 기능(70) •운전이론(25) •비상시 조치(인적오류 예방 포함)(10)	•현장실습교육 •운전실무 및 모의운행 훈련 •비상시 조치 등
		165시간	110시간
	4) 철도장비 운전면허 (165)	•철도관련법(30) •철도시스템 일반(20) •기계·장비의 구조 및 기능(60) •비상시 조치(인적오류 예방 포함)(10)	•현장실습교육 •운전실무 및 모의운행 훈련 •비상시 조치 등
		120시간	45시간

* 이론교육의 과목별 교육시간은 100분의 20 범위 내에서 조정 가능.

3. 관제자격증명 취득자

소지면허	교육과정	교육과목 및 시간	
		이론교육	기능교육
가. 철도 관제 자격증명	1) 디젤차량 운전면허 (260)	•디젤 차량의 구조 및 기능(100) •운전이론(30) •비상시 조치(인적오류 예방 포함) 등(10)	•현장실습교육 •운전실무 및 모의운행 훈련 •비상시 조치 등
		140시간	120시간
	2) 제1종 전기 차량운전면허 (260)	•전기기관차의 구조 및 기능(100) •운전이론(30) •비상시 조치(인적오류 예방 포함) 등(10)	•현장실습교육 •운전실무 및 모의운행 훈련 •비상시 조치 등
		140시간	120시간
	3) 제2종 전기 차량운전면허 (215)	•전기동차의 구조 및 기능(70) •운전이론(25) •비상시 조치(인적오류 예방 포함) 등(10)	•현장실습교육 •운전실무 및 모의운행 훈련 •비상시 조치 등
		105시간	110시간
	4) 철도장비 운전면허 (115)	•기계·장비의 구조 및 기능(60) •비상시 조치(인적오류 예방 포함) 등(10)	•현장실습교육 •운전실무 및 모의운행 훈련 •비상시 조치 등
		70시간	45시간
	5) 노면전차 운전면허 (170)	•노면전차의 구조 및 기능(60) •비상시 조치(인적오류 예방 포함) 등(10)	•현장실습교육 •운전실무 및 모의운행 훈련 •비상시 조치 등
		70시간	100시간
나. 도시철도 관제자격증명	1) 디젤차량 운전면허 (290)	•철도시스템 일반(30) •디젤 차량의 구조 및 기능(100) •운전이론(30) •비상시 조치(인적오류 예방 포함) 등(10)	•현장실습교육 •운전실무 및 모의운행 훈련 •비상시 조치 등
		170시간	120시간
	2) 제1종 전기 차량운전면허 (290)	•철도시스템 일반(30) •전기기관차의 구조 및 기능(100) •운전이론(30) •비상시 조치(인적오류 예방 포함) 등(10)	•현장실습교육 •운전실무 및 모의운행 훈련 •비상시 조치 등
		170시간	120시간
	3) 제2종 전기 차량운전면허 (215)	•전기동차의 구조 및 기능(70) •운전이론(25) •비상시 조치(인적오류 예방 포함) 등(10)	•현장실습교육 •운전실무 및 모의운행 훈련 •비상시 조치 등
		105시간	110시간
	4) 철도장비 운전면허 (135)	•철도시스템 일반(20) •기계·장비의 구조 및 기능(60) •비상시 조치(인적오류 예방 포함) 등(10)	•현장실습교육 •운전실무 및 모의운행 훈련 •비상시 조치 등
		90시간	45시간
	5) 노면전차 운전면허 (170)	•노면전차의 구조 및 기능(60) •비상시 조치(인적오류 예방 포함) 등(10)	•현장실습교육 •운전실무 및 모의운행 훈련 •비상시 조치 등
		70시간	100시간

* 이론교육의 과목별 교육시간은 100분의 20 범위 내에서 조정 가능

4. 철도차량 운전 관련 업무경력자

( ) : 시간

경력	교육과목 및 시간		
	교육과정	이론교육	기능교육
가. 철도차량 운전 업무 보조경력 1년 이상(철도 장비의 경우 철도 장비 운전 업무수행경력 3년 이상)	디젤 또는 제1종 차량 운전면허 (290)	• 철도관련법(30) • 철도시스템 일반(20) • 디젤 차량 또는 전기기관차의 구조 및 기능 (100) • 운전이론 일반(20) • 비상시 조치(인적오류 예방 포함) 등(20)	• 현장실습교육 • 운전실무 및 모의운행 훈련 • 비상시 조치 등
		190시간	100시간
나. 철도차량 운전 업무 보조경력 1년 이상 또는 전동차 차장 경력이 2년 이상	1) 제2종 전기 차량운전면허 (290)	• 철도관련법(30) • 도시철도시스템 일반(30) • 전기동차의 구조 및 기능(90) • 운전이론 일반(25) • 비상시 조치(인적오류 예방 포함) 등(10)	• 현장실습교육 • 운전실무 및 모의운행 훈련 • 비상시 조치 등
		185시간	105시간
	2) 노면전차 운전면허 (140)	• 철도관련법(20) • 노면전차시스템 일반(10) • 노면전차의 구조 및 기능(40) • 비상시 조치(인적오류 예방 포함) 등(10)	• 현장실습교육 • 운전실무 및 모의운행 훈련 • 비상시 조치 등
		80시간	60시간
다. 철도차량 운전 업무 보조경력 1년 이상	철도장비 운전면허 (100)	• 철도관련법(20) • 철도시스템 일반(10) • 기계 · 장비의 구조 및 기능(40) • 비상시 조치(인적오류 예방 포함) 등(10)	• 현장실습교육 • 운전실무 및 모의운행 훈련 • 비상시 조치 등
		80시간	20시간
라. 철도건설 및 유지보수에 필요한 기계 또는 장비작업경력 1년 이상	철도장비 운전면허 (185)	• 철도관련법(20) • 철도시스템 일반(20) • 기계 · 장비의 구조 및 기능(70) • 비상시 조치(인적오류 예방 포함) 등(10)	• 현장실습교육 • 운전실무 및 모의운행 훈련 • 비상시 조치 등
		120시간	65시간

* 이론교육의 과목별 교육시간은 100분의 20 범위 내에서 조정 가능.

5. 철도 관련 업무경력자

( ): 시간

경력	교육과목 및 시간		
	교육과정	이론교육	기능교육
철도운영자에 소속되어 철도관련 업무에 종사한 경력 3년 이상인 사람	1) 디젤 또는 제1종 차량 운전면허 (395)	•철도관련법(30) •철도시스템 일반(30) •디젤 차량 또는 전기기관차의 구조 및 기능(150) •운전이론 일반(20) •비상시 조치(인적오류 예방 포함) 등(20)	•현장실습교육 •운전실무 및 모의운행 훈련 •비상시 조치 등
		250시간	145시간
	2) 제2종 전기차량 운전면허 (340)	•철도관련법(30) •도시철도시스템 일반(30) •전기동차의 구조 및 기능(90) •운전이론 일반(20) •비상시 조치(인적오류 예방 포함) 등(20)	•현장실습교육 •운전실무 및 모의운행 훈련 •비상시 조치 등
		190시간	150시간
	3) 철도장비 운전면허 (215)	•철도관련법(30) •철도시스템 일반(20) •기계·장비의 구조 및 기능(70) •비상시 조치(인적오류 예방 포함) 등(10)	•현장실습교육 •운전실무 및 모의운행 훈련 •비상시 조치 등
		130시간	85시간
	4) 노면전차 운전면허 (215)	•철도관련법(30) •노면전차시스템 일반(20) •노면전차의 구조 및 기능(70) •비상시 조치(인적오류 예방 포함) 등(10)	•현장실습교육 •운전실무 및 모의운행 훈련 •비상시 조치 등
		130시간	85시간

* 이론교육의 과목별 교육시간은 100분의 20 범위 내에서 조정 가능.

6. 버스 운전 경력자

( ): 시간

경력	교육과목 및 시간		
	교육과정	이론교육	기능교육
「여객자동차운수사업법 시행령」 제3조제1호에 따른 노선 여객자동차운송사업에 종사한 경력이 1년 이상인 사람	노면전차 운전면허 (250)	•철도관련법(30) •노면전차시스템 일반(20) •노면전차의 구조 및 기능(70) •비상시 조치(인적오류 예방 포함) 등(10)	•현장실습교육 •운전실무 및 모의운행 훈련 •비상시 조치 등
		130시간	120시간

* 이론교육의 과목별 교육시간은 100분의 20 범위 내에서 조정 가능.

7. 일반사항

가. 철도관련법은 「철도안전법」과 그 하위법령 및 철도차량운전에 필요한 규정을 말한다.

나. 고속철도차량 운전면허를 취득하기 위해 교육훈련을 받으려는 사람은 법 제21조에 따른 디젤차량, 제1종 전기차량 또는 제2종 전기차량의 운전업무 수행경력이 3년 이상 있어야 한다. 이 경우 운전업무 수행경력이란 운전업무종사자로서 운전실에 탑승하여 전방 선로감시 및 운전관련 기기를 실제로 취급한 기간을 말한다.

다. 모의운행훈련은 전(全) 기능 모의운전연습기를 활용한 교육훈련과 병행하여 실시하는 기본기능 모의운전연습기 및 컴퓨터 지원교육시스템을 활용한 교육훈련을 포함한다.

라. 노면전차 운전면허를 취득하기 위한 교육훈련을 받으려는 사람은 「도로교통법」 제80조에 따른 운전면허를 소지하여야 한다.

마. 법 제16조 제3항에 따른 운전훈련교육기관으로 지정받은 대학의 장은 해당 대학의 철도운전 관련 학과의 정규과목 이수를 제1호부터 제5호까지의 규정에 따른 이론교육의 과목 이수로 인정할 수 있다.

바. 제1호부터 제6호까지에 동시에 해당하는 자에 대해서는 이론교육·기능교육 훈련 시간의 합이 가장 적은 기준을 적용한다.

■ 철도안전법 시행규칙 [별표 8] 〈개정 2024.11.12.〉

교육훈련기관의 세부 지정기준 (제22조제1항 관련)

1. 인력기준
가. 자격기준

등급	학력 및 경력
책임 교수	1) 박사학위 소지자로서 철도교통에 관한 업무에 10년 이상 또는 철도차량 운전 관련 업무에 5년 이상 근무한 경력이 있는 사람 2) 석사학위 소지자로서 철도교통에 관한 업무에 15년 이상 또는 철도차량 운전 관련 업무에 8년 이상 근무한 경력이 있는 사람 3) 학사학위 소지자로서 철도교통에 관한 업무에 20년 이상 또는 철도차량 운전 관련 업무에 10년 이상 근무한 경력이 있는 사람 4) 철도 관련 4급 이상의 공무원 경력 또는 이와 같은 수준 이상의 자격 또는 경력이 있는 사람 5) 대학의 철도차량 운전 관련 학과에서 조교수 이상으로 재직한 경력이 있는 사람 6) 선임교수 경력이 3년 이상 있는 사람
선임 교수	1) 박사학위 소지자로서 철도교통에 관한 업무에 5년 이상 또는 철도차량 운전 관련 업무에 3년 이상 근무한 경력이 있는 사람 2) 석사학위 소지자로서 철도교통에 관한 업무에 10년 이상 또는 철도차량 운전 관련 업무에 5년 이상 근무한 경력이 있는 사람 3) 학사학위 소지자로서 철도교통에 관한 업무에 15년 이상 또는 철도차량 운전 관련 업무에 8년 이상 근무한 경력이 있는 사람 4) 철도차량 운전업무에 5급 이상의 공무원 경력 또는 이와 같은 수준 이상의 자격 및 경력이 있는 사람 5) 대학의 철도차량 운전 관련 학과에서 전임강사 이상으로 재직한 경력이 있는 사람 6) 교수 경력이 3년 이상 있는 사람
교수	1) 학사학위 소지자로서 철도차량 운전업무수행자에 대한 지도교육 경력이 2년 이상 있는 사람 2) 전문학사 소지자로서 철도차량 운전업무수행자에 대한 지도교육 경력이 3년 이상 있는 사람 3) 고등학교 졸업자로서 철도차량 운전업무수행자에 대한 지도교육 경력이 5년 이상 있는 사람 4) 철도차량 운전과 관련된 교육기관에서 강의 경력이 1년 이상 있는 사람

1. "철도교통에 관한 업무"란 철도운전·안전·차량·기계·신호·전기·시설에 관한 업무를 말한다.
2. "철도차량운전 관련 업무"란 철도차량 운전업무수행자에 대한 안전관리·지도교육 및 관리감독 업무를 말한다.
3. 교수의 경우 해당 철도차량 운전업무 수행경력이 3년 이상인 사람으로서 학력 및 경력의 기준을 갖추어야 한다.
4. 노면전차 운전면허 교육과정 교수의 경우 국토교통부장관이 인정하는 해외 노면전차 교육훈련과정을 이수한 경우에는 제3호에 따른 경력을 갖춘 것으로 본다.
5. 해당 철도차량 운전업무 수행경력이 있는 사람으로서 현장 지도교육의 경력은 운전업무 수행경력으로 합산할 수 있다.
6. 책임교수·선임교수의 학력 및 경력란 1)부터 3)까지의 "근무한 경력" 및 교수의 학력 및 경력란 1)부터 3)까지의 "지도교육 경력"은 해당 학위를 취득 또는 졸업하기 전과 취득 또는 졸업한 후의 경력을 모두 포함한다.

나. 보유기준
1) 1회 교육생 30명을 기준으로 철도차량 운전면허 종류별 전임 책임교수, 선임교수, 교수를 각 1명 이상 확보하여야 하며, 운전면허 종류별 교육인원이 15명 추가될 때마다 운전면허 종류별 교수 1명 이상을 추가로 확보하여야 한다. 이 경우 추가로 확보하여야 하는 교수는 비전임으로 할 수 있다.
2) 두 종류 이상의 운전면허 교육을 하는 지정기관의 경우 책임교수는 1명만 둘 수 있다.

2. 시설기준
가. 강의실
- 면적은 교육생 30명 이상 한 번에 수용할 수 있어야 한다(60㎡ 이상). 이 경우 1㎡당 수용인원은 1명을 초과하지 아니하여야 한다.
나. 기능교육장
1) 전 기능 모의운전연습기·기본기능 모의운전연습기 등을 설치할 수 있는 실습장을 갖추어야 한다.
2) 30명이 동시에 실습할 수 있는 컴퓨터지원시스템 실습장(면적 90㎡ 이상)을 갖추어야 한다.
다. 그 밖에 교육훈련에 필요한 사무실·편의시설 및 설비를 갖출 것

3. 장비기준
가. 실제차량
- 철도차량 운전면허별로 교육훈련기관으로 지정받기 위하여 고속철도차량·전기기관차·전기동차·디젤기관차·철도장비·노면전차를 각각 보유하고, 이를 운용할 수 있는 선로, 전기·신호 등의 철도시스템을 갖출 것
나. 모의운전연습기

장비명	성능기준			보유기준	비고
전 기능 모의 운전연습기	• 운전실 및 제어용 컴퓨터시스템 • 음향시스템	• 선로영상시스템 • 고장처치시스템	• 교수제어대 및 평가시스템	1대 이상 보유	
	• 플랫폼시스템	• 구원운전시스템	• 진동시스템	권장	
기본기능 모 의운전연습기	• 운전실 및 제어용 컴퓨터시스템 • 음향시스템	• 선로영상시스템 • 고장처치시스템		5대 이상 보유	1회 교육수요(10명 이하)가 적어 실제차량으로 대체하는 경우 1대 이상으로 조정할 수 있음
	• 교수제어대 및 평가시스템			권장	

1. "전 기능 모의운전연습기"란 실제차량의 운전실과 유사하게 제작한 장비를 말한다.
2. "기본기능 모의운전연습기"란 철도차량의 운전훈련에 꼭 필요한 부분만을 제작한 장비를 말한다.
3. "보유"란 교육훈련을 위하여 설비나 장비를 필수적으로 갖추어야 하는 것을 말한다.
4. "권장"이란 원활한 교육의 진행을 위하여 설비나 장비를 향후 갖추어야 하는 것을 말한다.
5. 교육훈련기관으로 지정받기 위하여 철도차량 운전면허 종류별로 모의운전연습기나 실제차량을 갖추어야 한다. 다만, 부득이한 경우 등 국토교통부장관이 인정하는 경우에는 기본기능 모의운전연습기의 보유기준은 조정할 수 있다.

다. 컴퓨터지원교육시스템

성능기준		보유기준	비고
• 운전 기기 설명 및 취급법 • 신호(ATS, ATC, ATO, ATP) 및 제동이론 • 고장처치 목록 및 절차	• 운전 이론 및 규정 • 차량의 구조 및 기능 • 비상 시 조치 등	지원교육프로그램 및 컴퓨터 30대 이상 보유	컴퓨터지원교육시스템은 차종별 프로그램만 갖추면 다른 차종과 공유하여 사용할 수 있음

비고: "컴퓨터지원교육시스템"이란 컴퓨터의 멀티미디어 기능을 활용하여 운전·차량·신호 등을 학습할 수 있도록 제작된 프로그램 및 이를 지원하는 컴퓨터시스템 일체를 말한다.

라. 제1종 전기차량 운전면허 및 제2종 전기차량 운전면허의 경우는 팬터그래프, 변압기, 컨버터, 인버터, 견인전동기, 제동장치에 대한 설비교육이 가능한 실제 장비를 추가로 갖출 것. 다만, 현장교육이 가능한 경우에는 장비를 갖춘 것으로 본다.

4. 국토교통부장관이 정하는 필기시험 출제범위에 적합한 교재를 갖출 것

5. 교육훈련기관 업무규정의 기준
가. 교육훈련기관의 조직 및 인원
나. 교육생 선발에 관한 사항
다. 연간 교육훈련계획: 교육과정 편성, 교수인력의 지정 교과목 및 내용 등
라. 교육기관 운영계획
마. 교육생 평가에 관한 사항
바. 실습설비 및 장비 운용방안
사. 각종 증명의 발급 및 대장의 관리
아. 교수인력의 교육훈련
자. 기술도서 및 자료의 관리·유지
차. 수수료 징수에 관한 사항
카. 그 밖에 국토교통부장관이 철도전문인력 교육에 필요하다고 인정하는 사항

■ 철도안전법 시행규칙 [별표 9] 〈개정 2023.12.20.〉

운전교육훈련기관의 지정취소 및 업무정지기준(제23조제1항 관련)

위반사항	근거 법조문	처분기준			
		1차 위반	2차 위반	3차 위반	4차 위반
1. 거짓이나 그 밖의 부정한 방법으로 지정을 받은 경우	법 제15조의2 제1항 제1호	지정취소			
2. 업무정지 명령을 위반하여 그 정지기간 중 운전교육훈련업무를 한 경우	법 제15조의2 제1항 제2호	지정취소			
3. 법 제16조제4항에 따른 지정기준에 맞지 아니한 경우	법 제15조의2 제1항 제3호	경고 또는 보완명령	업무정지 1개월	업무정지 3개월	지정취소
4. 정당한 사유 없이 운전교육훈련업무를 거부한 경우	법 제15조의2 제1항 제4호	경고	업무정지 1개월	업무정지 3개월	지정취소
5. 법 제16조제5항을 위반하여 거짓이나 그 밖의 부정한 방법으로 운전교육훈련 수료증을 발급한 경우	법 제15조의2 제1항 제5호	업무정지 1개월	업무정지 3개월	지정취소	

비고 :
1. 위반행위가 둘 이상인 경우로서 그에 해당하는 각각의 처분기준이 다른 경우에는 그 중 무거운 처분기준에 따르며, 위반행위가 둘 이상인 경우로서 그에 해당하는 각각의 처분기준이 같은 경우에는 무거운 처분기준의 2분의 1까지 가중할 수 있되, 각 처분기준을 합산한 기간을 초과할 수 없다.
2. 위반행위의 횟수에 따른 행정처분의 가중된 부과기준은 최근 1년간 같은 위반행위로 행정처분을 받은 경우에 적용한다. 이 경우 기간의 계산은 위반행위에 대하여 행정처분을 받은 날과 그 처분 후 다시 같은 위반행위를 하여 적발된 날을 기준으로 한다.
3. 비고 제2호에 따라 가중된 행정처분을 하는 경우 가중처분의 적용 차수는 그 위반행위 전 부과처분 차수(비고 제2호에 따른 기간 내에 행정처분이 둘 이상 있었던 경우에는 높은 차수를 말한다)의 다음 차수로 한다.
4. 처분권자는 위반행위의 동기·내용 및 위반의 정도 등 다음 각 목에 해당하는 사유를 고려하여 그 처분을 감경할 수 있다. 이 경우 그 처분이 업무정지인 경우에는 그 처분기준의 2분의 1 범위에서 감경할 수 있고, 지정취소인 경우(거짓이나 그 밖의 부정한 방법으로 지정을 받은 경우나 업무정지 명령을 위반하여 정지기간 중 교육훈련업무를 한 경우는 제외한다)에는 3개월의 업무정지 처분으로 감경할 수 있다.
   가. 위반행위가 고의나 중대한 과실이 아닌 사소한 부주의나 오류로 인한 것으로 인정되는 경우
   나. 위반의 내용·정도가 경미하여 이해관계인에게 미치는 피해가 적다고 인정되는 경우

철도차량 운전면허시험의 과목 및 합격기준(제24조제2항 관련)

1. 운전면허 시험의 응시자별 면허시험 과목

가. 일반응시자·철도차량 운전 관련 업무경력자·철도 관련 업무 경력자·버스 운전 경력자

응시면허	필기시험	기능시험
디젤차량 운전면허	• 철도 관련 법　　• 철도시스템 일반 • 디젤차량의 구조 및 기능 • 운전이론 일반　　• 비상 시 조치 등	• 준비점검　　　　• 제동취급 • 제동기 외의 기기 취급 • 신호준수, 운전취급, 신호·선로 숙지 • 비상 시 조치 등
제1종 전기차량 운전면허	• 철도 관련 법　　• 철도시스템 일반 • 전기기관차의 구조 및 기능 • 운전이론 일반　　• 비상 시 조치 등	• 준비점검　　　　• 제동취급 • 제동기 외의 기기 취급 • 신호준수, 운전취급, 신호·선로 숙지 • 비상 시 조치 등
제2종 전기차량 운전면허	• 철도 관련 법　　• 도시철도시스템 일반 • 전기동차의 구조 및 기능 • 운전이론 일반　　• 비상 시 조치 등	• 준비점검　　　　• 제동취급 • 제동기 외의 기기 취급 • 신호준수, 운전취급, 신호·선로 숙지 • 비상 시 조치 등
철도장비 운전면허	• 철도 관련 법　　• 철도시스템 일반 • 기계·장비차량의 구조 및 기능 • 비상 시 조치 등	• 준비점검　　　　• 제동취급 • 제동기 외의 기기 취급 • 신호준수, 운전취급, 신호·선로 숙지 • 비상 시 조치 등
노면전차 운전면허	• 철도 관련 법　　• 노면전차 시스템 일반 • 노면전차의 구조 및 기능 • 비상 시 조치 등	• 준비점검　　　　• 제동취급 • 제동기 외의 기기 취급 • 신호준수, 운전취급, 신호·선로 숙지 • 비상 시 조치 등

비고 : 철도 관련 법은 「철도안전법」과 그 하위규정 및 철도차량 운전에 필요한 규정을 포함한다.

나. 운전면허 소지자

소지면허	응시면허	필기시험	기능시험
디젤차량 운전면허 제1종 전기차량 운전면허 제2종 전기차량 운전면허	고속철도 차량 운전면허	• 고속철도 시스템 일반 • 고속철도차량의 구조 및 기능 • 고속철도 운전이론 일반 • 고속철도 운전 관련 규정 • 비상 시 조치 등	• 준비점검 • 제동 취급 • 제동기 외의 기기 취급 • 신호 준수, 운전 취급, 신호·선로 숙지 • 비상 시 조치 등
		주) 고속철도차량 운전면허시험 응시자는 디젤차량, 제1종 전기차량 또는 제2종 전기차량에 대한 운전업무 수행 경력이 3년 이상 있어야 한다.	
디젤차량 운전면허	제1종 전기차량 운전면허	• 전기기관차의 구조 및 기능	• 준비점검　　　• 제동 취급 • 제동기 외의 기기 취급 • 비상 시 조치 등
		주) 디젤차량 운전업무수행 경력이 2년 이상 있고 별표 7 제2호에 따른 교육훈련을 받은 사람은 필기시험 및 기능시험을 면제한다.	
	제2종 전기차량 운전면허	• 도시철도 시스템 일반 • 전기동차의 구조 및 기능	• 준비점검　　　• 제동 취급 • 제동기 외의 기기 취급 • 비상 시 조치 등
		주) 디젤차량 운전업무수행 경력이 2년 이상 있고 별표 7 제2호에 따른 교육훈련을 받은 사람은 필기시험을 면제한다.	
	노면전차 운전면허	• 노면전차 시스템 일반 • 노면전차의 구조 및 기능	• 준비점검　　　• 제동 취급 • 제동기 외의 기기 취급 • 비상 시 조치 등
		주) 디젤차량 운전업무수행 경력이 2년 이상 있고 별표 7 제2호에 따른 교육훈련을 받은 사람은 필기시험을 면제한다.	

소지면허	응시면허	필기시험	기능시험
제1종 전기차량 운전면허	디젤차량 운전면허	• 디젤차량의 구조 및 기능	• 준비점검　　• 제동 취급 • 제동기 외의 기기 취급 • 비상 시 조치 등
		주) 제1종 전기차량 운전업무수행 경력이 2년 이상 있고 별표 7 제2호에 따른 교육훈련을 받은 사람은 필기시험 및 기능시험을 면제 한다.	
	제2종 전기차량 운전면허	• 도시철도 시스템 일반 • 전기동차의 구조 및 기능	• 준비점검　　• 제동 취급 • 제동기 외의 기기 취급 • 비상 시 조치 등
		주) 제1종 전기차량 운전업무수행 경력이 2년 이상 있고 별표 7 제2호에 따른 교육훈련을 받은 사람은 필기시험을 면제 한다.	
	노면전차 운전면허	• 노면전차 시스템 일반 • 노면전차의 구조 및 기능	• 준비점검　　• 제동 취급 • 제동기 외의 기기 취급 • 비상 시 조치 등
		주) 제1종 전기차량 운전업무수행 경력이 2년 이상 있고 별표 7 제2호에 따른 교육훈련을 받은 사람은 필기시험을 면제 한다.	
제2종 전기차량 운전면허	디젤차량 운전면허	• 철도시스템 일반 • 디젤차량의 구조 및 기능	• 준비점검　　• 제동 취급 • 제동기 외의 기기 취급 • 비상 시 조치 등
		주) 제2종 전기차량 운전업무수행 경력이 2년 이상 있고 별표 7 제2호에 따른 교육훈련을 받은 사람은 필기시험을 면제 한다.	
	제1종 전기차량 운전면허	• 철도시스템 일반 • 전기기관차의 구조 및 기능	• 준비점검　　• 제동 취급 • 제동기 외의 기기 취급 • 비상 시 조치 등
		주) 제2종 전기차량 운전업무수행 경력이 2년 이상 있고 별표 7 제2호에 따른 교육훈련을 받은 사람은 필기시험을 면제 한다.	
	노면전차 운전면허	• 노면전차 시스템 일반 • 노면전차의 구조 및 기능	• 준비점검　　• 제동 취급 • 제동기 외의 기기 취급 • 비상 시 조치 등
		주) 제2종 전기차량 운전업무수행 경력이 2년 이상 있고 별표 7 제2호에 따른 교육훈련을 받은 사람은 필기시험을 면제 한다.	
철도장비 운전면허	디젤차량 운전면허	• 철도 관련 법　• 철도시스템 일반 • 디젤차량의 구조 및 기능	• 준비점검 • 제동 취급 • 제동기 외의 기기 취급 • 신호 준수, 운전 취급, 신호· 선로 숙지 • 비상 시 조치 등
	제1종전기차량 운전면허	• 철도 관련 법　• 철도시스템 일반 • 전기기관차의 구조 및 기능	
	제2종전기차량 운전면허	• 철도 관련 법　• 도시철도 시스템 일반 • 전기동차의 구조 및 기능	
	노면전차 운전면허	• 철도 관련 법　• 노면전차 시스템 일반 • 노면전차의 구조 및 기능	
노면전차 운전면허	디젤차량 운전면허	• 철도 관련 법　• 철도시스템 일반 • 디젤차량의 구조 및 기능　• 운전이론 일반	• 준비점검 • 제동 취급 • 제동기 외의 기기 취급 • 신호 준수, 운전 취급, 신호· 선로 숙지 • 비상 시 조치 등
	제1종전기차량 운전면허	• 철도 관련 법　• 철도시스템 일반 • 전기기관차의 구조 및 기능　• 운전이론 일반	
	제2종전기차량 운전면허	• 철도 관련 법　• 도시철도 시스템 일반 • 전기동차의 구조 및 기능　• 운전이론 일반	
	철도장비 운전면허	• 철도 관련 법　• 철도시스템 일반 • 기계·장비차량의 구조 및 기능	

비고: 운전면허 소지자가 다른 종류의 운전면허를 취득하기 위하여 운전면허시험에 응시하는 경우에는 신체검사 및 적성검사의 증명서류를 운전면허증 사본으로 갈음한다. 다만, 철도장비 운전면허 소지자의 경우에는 적성검사 증명서류를 첨부하여야 한다.

다. 관제자격증명 취득자

소지면허	응시면허	필기시험	기능시험
1) 철도 관제 자격증명	디젤차량 운전면허	• 디젤차량의 구조 및 기능 • 운전이론 일반 • 비상 시 조치 등	• 준비점검 • 제동 취급 • 제동기 외의 기기 취급 • 신호 준수, 운전 취급, 신호·선로 숙지 • 비상 시 조치 등
	제1종 전기차량 운전면허	• 전기기관차의 구조 및 기능 • 운전이론 일반 • 비상 시 조치 등	
	제2종 전기차량 운전면허	• 전기동차의 구조 및 기능 • 운전이론 일반 • 비상 시 조치 등	
	철도장비 운전면허	• 기계·장비차량의 구조 및 기능 • 비상 시 조치 등	
	노면전차 운전면허	• 노면전차의 구조 및 기능 • 비상 시 조치 등	
2) 도시철도 관제자격증명	디젤차량 운전면허	• 철도시스템 일반 • 디젤차량의 구조 및 기능 • 운전이론 일반 • 비상 시 조치 등	• 준비점검 • 제동 취급 • 제동기 외의 기기 취급 • 신호 준수, 운전 취급, 신호·선로 숙지 • 비상 시 조치 등
	제1종 전기차량 운전면허	• 철도시스템 일반 • 전기기관차의 구조 및 기능 • 운전이론 일반 • 비상 시 조치 등	
	제2종 전기차량 운전면허	• 전기동차의 구조 및 기능 • 운전이론 일반 • 비상 시 조치 등	
	철도장비 운전면허	• 철도시스템 일반 • 기계·장비차량의 구조 및 기능 • 비상 시 조치 등	
	노면전차 운전면허	• 노면전차의 구조 및 기능 • 비상 시 조치 등	

2. **철도차량 운전면허 시험의 합격기준은 다음과 같다.**

　가. 필기시험 합격기준은 과목당 100점을 만점으로 하여 매 과목 40점 이상(철도관련법의 경우 60점 이상), 총점 평균 60점 이상 득점한 사람

　나. 기능시험의 합격기준은 시험 과목당 60점 이상, 총점 평균 80점 이상 득점한 사람

3. **기능시험은 실제차량이나 모의운전연습기를 활용한다.**

4. **제1호 나목 및 다목에 동시에 해당하는 경우에는 나목을 우선 적용한다. 다만, 응시자가 원하는 경우에는 다목의 규정을 적용할 수 있다.**

■ 철도안전법 시행규칙 [별표 11] 〈개정 2021.6.23.〉

운전면허취소 · 효력정지 처분의 세부기준(제35조 관련)

처분대상		근거 법조문	처분기준			
			1차위반	2차위반	3차위반	4차위반
1. 거짓이나 그 밖의 부정한 방법으로 운전면허를 받은 경우		법 제20조제1항제1호	면허취소			
2. 법 제11조제2호부터 제4호까지의 규정에 해당하는 경우 가. 철도차량 운전상의 위험과 장해를 일으킬 수 있는 정신질환자 또는 뇌전증환자로서 해당 분야 전문의가 정상적인 운전을 할 수 없다고 인정하는 사람 나. 철도차량 운전상의 위험과 장해를 일으킬 수 있는 약물(「마약류 관리에 관한 법률」 제2조제1호에 따른 마약류 및 「화학물질관리법」 제22조제1항에 따른 환각물질을 말한다) 또는 알코올 중독자로서 해당 분야 전문의가 정상적인 운전을 할 수 없다고 인정하는 사람 다. 두 귀의 청력을 완전히 상실한 사람, 두 눈의 시력을 완전히 상실한 사람		법 제20조제1항제2호	면허취소			
3. 운전면허의 효력정지 기간 중 철도차량을 운전한 경우		법 제20조제1항제3호	면허취소			
4. 운전면허증을 타인에게 대여한 경우		법 제20조제1항제4호	면허취소			
5. 철도차량을 운전 중 고의 또는 중과실로 철도사고를 일으킨 경우	사망자가 발생한 경우	법 제20조제1항제5호	면허취소			
	부상자가 발생한 경우		효력정지 3개월	면허취소		
	1천만원 이상 물적 피해가 발생한 경우		효력정지 2개월	효력정지 3개월	면허취소	
5의2. 법 제40조의2제1항을 위반한 경우		법 제20조제1항제5호의2	경고	효력정지 1개월	효력정지 2개월	효력정지 3개월
5의3. 법 제40조의2제5항을 위반한 경우		법 제20조제1항제5호의2	효력정지 1개월	면허취소		

처분대상	근거 법조문	처분기준			
		1차위반	2차위반	3차위반	4차위반
6. 법 제41조제1항을 위반하여 술에 만취한 상태(혈중 알코올농도 0.1퍼센트 이상)에서 운전한 경우	법 제20조제1항제6호	면허취소			
7. 법 제41조제1항을 위반하여 술을 마신 상태의 기준(혈중 알코올농도 0.02퍼센트 이상)을 넘어서 운전을 하다가 철도사고를 일으킨 경우	법 제20조제1항제6호	면허취소			
8. 법 제41조제1항을 위반하여 약물을 사용한 상태에서 운전한 경우	법 제20조제1항제6호	면허취소			
9. 법 제41조제1항을 위반하여 술을 마신 상태(혈중 알코올농도 0.02퍼센트 이상 0.1퍼센트 미만)에서 운전한 경우	법 제20조제1항제6호	효력정지 3개월	면허취소		
10. 법 제41조제2항을 위반하여 술을 마시거나 약물을 사용한 상태에서 업무를 하였다고 인정할 만한 상당한 이유가 있음에도 불구하고 확인이나 검사 요구에 불응한 경우	법 제20조제1항제7호	면허취소			
11. 철도차량 운전규칙을 위반하여 운전을 하다가 열차운행에 중대한 차질을 초래한 경우	법 제20조제1항제8호	효력정지 1개월	효력정지 2개월	효력정지 3개월	면허취소

비고 :
 1. 위반행위가 둘 이상인 경우로서 그에 해당하는 각각의 처분기준이 다른 경우에는 그 중 무거운 처분기준에 따르며, 위반행위가 둘 이상인 경우로서 그에 해당하는 각각의 처분기준이 같은 경우에는 무거운 처분기준의 2분의 1까지 가중할 수 있되, 각 처분기준을 합산한 기간을 초과할 수 없다.
 2. 위반행위의 횟수에 따른 행정처분의 기준은 최근 1년간 같은 위반행위로 행정처분을 받은 경우에 적용한다. 이 경우 행정처분 기준의 적용은 같은 위반행위에 대하여 최초로 행정처분을 한 날과 그 처분 후의 위반행위가 다시 적발된 날을 기준으로 한다.
 3. 국토교통부장관은 다음 어느 하나에 해당하는 경우에는 위 표 제5호, 제5호의2, 제5호의3 및 제11호에 따른 효력정지기간(위반행위가 둘 이상인 경우에는 비고 제1호에 따른 효력정지기간을 말한다)을 2분의 1의 범위에서 이를 늘리거나 줄일 수 있다. 다만, 효력정지기간을 늘리는 경우에도 1년을 넘을 수 없다.
   1) 효력정지기간을 줄여서 처분할 수 있는 경우
     가) 철도안전에 대한 위험을 피하기 위한 부득이한 사유가 있는 경우
     나) 그 밖에 위반행위의 정도, 위반행위의 동기와 그 결과 등을 고려하여 처분을 줄일 필요가 있다고 인정되는 경우
   2) 효력정지기간을 늘려서 처분할 수 있는 경우
     가) 고의 또는 중과실에 의해 위반행위가 발생한 경우
     나) 다른 열차의 운행안전 및 여객·공중(公衆)에 상당한 영향을 미친 경우
     다) 그 밖에 위반행위의 정도, 위반행위의 동기와 그 결과 등을 고려하여 처분을 늘릴 필요가 있다고 인정되는 경우

■ 철도안전법 시행규칙 [별표 12] 〈개정 2021.6.23.〉

실무수습 · 교육의 세부기준 (제37조관련)

1. 운전면허취득 후 실무수습 · 교육 기준
가. 철도차량 운전면허 실무수습 이수경력이 없는 사람

면허종별	실무수습 · 교육항목	실무수습 · 교육시간 또는 거리
제1종 전기차량 운전면허	• 선로 · 신호 등 시스템 • 운전취급 관련 규정 • 제동기 취급 • 제동기 외의 기기취급 • 속도관측 • 비상시 조치 등	400시간 이상 또는 8,000km 이상
디젤차량 운전면허		400시간 이상 또는 8,000km 이상
제2종 전기차량 운전면허		400시간 이상 또는 6,000km 이상 (단, 무인운전 구간의 경우 200시간 이상 또는 3,000km 이상)
철도장비 운전면허		300시간 이상 또는 3,000km 이상 (입환(入換)작업을 위해 원격제어가 가능한 장치를 설치하여 시속 25km 이하로 동력차를 운전할 경우 150시간 이상)
노면전차 운전면허		300시간 이상 또는 3,000km 이상

나. 철도차량 운전면허 실무수습 이수경력이 있는 사람

면허종별	실무수습 · 교육항목	실무수습 · 교육시간 또는 거리
고속철도차량 운전면허	• 선로 · 신호 등 시스템 • 운전취급 관련 규정 • 제동기 취급 • 제동기 외의 기기취급 • 속도관측 • 비상시조치 등	200시간 이상 또는 10,000km 이상
제1종 전기차량 운전면허		200시간 이상 또는 4,000km 이상
디젤차량 운전면허		200시간 이상 또는 4,000km 이상
제2종 전기차량 운전면허		200시간 이상 또는 3,000km 이상 (단, 무인운전 구간의 경우 100시간 이상 또는 1,500km 이상)
철도장비 운전면허		150시간 이상 또는 1,500km 이상
노면전차 운전면허		150시간 이상 또는 1,500km 이상

2. 그 밖의 철도차량 운행을 위한 실무수습 · 교육 기준
가. 운전업무종사자가 운전업무 수행경력이 없는 구간을 운전하려는 때에는 60시간 이상 또는 1,200km 이상의 실무수습·교육을 받아야 한다. 다만, 철도장비 운전업무를 수행하는 경우는 30시간 이상 또는 600km 이상으로 한다.

나. 운전업무종사자가 기기취급방법, 작동원리, 조작방식 등이 다른 철도차량을 운전하려는 때는 해당 철도차량의 운전면허를 소지하고 30시간 이상 또는 600km 이상의 실무수습·교육을 받아야 한다.

다. 연장된 신규 노선이나 이설선로의 경우에는 수습구간의 거리에 따라 다음과 같이 실무수습 교육을 실시한다. 다만, 제75조제10항에 따라 영업시운전을 생략할 수 있는 경우에는 영상자료 등 교육자료를 활용한 선로견습으로 실무수습을 실시할 수 있다.
  1) 수습구간이 10km 미만: 1왕복 이상
  2) 수습구간이 10km 이상~20km 미만: 2왕복 이상
  3) 수습구간이 20km 이상: 3왕복 이상

라. 철도장비 운전면허 취득 후 원격제어가 가능한 장치를 설치한 동력차의 운전을 위한 실무수습·교육을 150시간 이상 이수한 사람이 다른 철도장비 운전업무에 종사하려는 경우 150시간 이상의 실무수습·교육을 받아야 한다.

3. 일반사항
가. 제1호 및 제2호에서 운전실무수습·교육의 시간은 교육시간, 준비점검시간 및 차량점검시간과 실제운전시간을 모두 포함한다.

나. 실무수습 교육거리는 선로견습, 시운전, 실제 운전거리를 포함한다.

4. 제1호부터 제3호까지에서 규정한 사항 외에 운전업무 실무수습의 방법·평가 등에 관하여 필요한 세부사항은 국토교통부장관이 정하여 고시한다.

3장

기출예상문제

1. 철도차량 운전면허와 관련한 설명으로 틀린 것은?

① 철도차량을 운전하려는 사람은 국토교통부장관으로부터 철도차량 운전면허를 받아야 한다

② 교육훈련 또는 운전면허시험을 위하여 철도차량을 운전하는 경우 등 국토교통부령으로 정하는 경우에는 운전면허 없이 운전할 수 있다

③ 「도시철도법」에 따른 노면전차를 운전하려는 사람은 철도차량 운전면허 외에 「도로교통법」에 따른 운전면허를 받아야 한다

④ 철도차량 운전면허는 대통령령으로 정하는 바에 따라 철도차량의 종류별로 받아야 한다

> **해설** 안전법 제10조(철도차량 운전면허) ① 철도차량을 운전하려는 사람은 국토교통부장관으로부터 철도차량 운전면허(이하 "운전면허"라 한다)를 받아야 한다. 다만, 제16조에 따른 교육훈련 또는 제17조에 따른 운전면허시험을 위하여 철도차량을 운전하는 경우 등 대통령령으로 정하는 경우에는 그러하지 아니하다.
> ② 「도시철도법」 제2조제2호에 따른 노면전차를 운전하려는 사람은 제1항에 따른 운전면허 외에 「도로교통법」 제80조에 따른 운전면허를 받아야 한다. 〈신설 2018. 2. 21.〉
> ③ 제1항에 따른 운전면허는 대통령령으로 정하는 바에 따라 철도차량의 종류별로 받아야 한다.

2. 철도차량 운전면허의 발급자는?

① 시 · 도지사   ② 철도운영자   ③ 국토교통부장관   ④ 한국철도기술연구원

> **해설** 안전법 제10조(철도차량 운전면허)

3. 철도차량 운전면허 없이 운전을 할 수 있는 경우는?

① 철도사고등을 복구하기 위하여 사고복구용 특수 차량을 운전하여 이동하는 경우

② 운전면허시험을 치르기 위하여 철도차량을 운전하는 경우

③ 철도차량을 제작 · 조립 · 정비하기 위하여 철도차량을 운전하여 이동하는 경우

④ 교육기관에서 실시하는 교육훈련을 받기 위하여 철도차량을 운전하는 경우

> **해설** 시행령 제10조(운전면허 없이 운전할 수 있는 경우) ① 법 제10조제1항 단서에서 "대통령령으로 정하는 경우"란 다음 각 호의 어느 하나에 해당하는 경우를 말한다.
> 1. 법 제16조제3항에 따른 철도차량 운전에 관한 전문 교육훈련기관(이하 "운전교육훈련기관"이라 한다)에서 실시하는 운전교육훈련을 받기 위하여 철도차량을 운전하는 경우
> 2. 법 제17조제1항에 따른 운전면허시험(이하 이 조에서 "운전면허시험"이라 한다)을 치르기 위하여 철도차량을 운전하는 경우
> 3. 철도차량을 제작 · 조립 · 정비하기 위한 공장 안의 선로에서 철도차량을 운전하여 이동하는 경우
> 4. 철도사고등을 복구하기 위하여 열차운행이 중지된 선로에서 사고복구용 특수차량을 운전하여 이동하는 경우

정답 | 1. | ② | 2. | ③ | 3. | ②

② 제1항제1호 또는 제2호에 해당하는 경우에는 해당 철도차량에 운전교육훈련을 담당하는 사람이나 운전 면허시험에 대한 평가를 담당하는 사람을 승차시켜야 하며, 국토교통부령으로 정하는 표지를 해당 철도 차량의 앞면 유리에 붙여야 한다.

4. 철도차량 운전면허 없이 운전할 수 있는 운전교육훈련 또는 운전면허시험용 철도차 량의 표지 부착에 대한 설명으로 틀린 것은?

① 표지의 바탕은 노란색, 글씨는 파란색으로 한다

② 운전교육훈련을 담당하는 사람이나 운전면허시험에 대한 평가를 담당하는 사람을 승차시켜야 한다

③ 표지는 앞면 유리 오른쪽(운전석 중심으로) 윗부분에 부착한다

④ 국토교통부령으로 정하는 표지를 해당 철도차량의 앞면 유리에 붙여야 한다

해설 시행령 제10조(운전면허 없이 운전할 수 있는 경우)
〈표지 : 운전교육훈련, 운전면허시험 철도차량 부착〉

* 바탕은 파란색, 글씨는 노란색
* 앞면 유리 오른쪽(운전석 중심으로) 윗부분에 부착

5. 철도차량 운전면허의 종류가 아닌 것은?

① 고속철도차량 운전면허   ② 제2종 전기차량 운전면허
③ 디젤고속차량 운전면허   ④ 철도장비 운전면허

해설 시행령 제11조(운전면허 종류) ① 법 제10조제3항에 따른 철도차량의 종류별 운전면허는 다음 각 호와 같다.
1. 고속철도차량 운전면허   2. 제1종 전기차량 운전면허
3. 제2종 전기차량 운전면허   4. 디젤차량 운전면허
5. 철도장비 운전면허   6. 노면전차(路面電車) 운전면허

6. 철도차량 운전면허의 결격사유인 것으로 짝지어진 것은?

> a. 19세 이하인 사람
> b. 철도차량 운전상의 위험과 장해를 일으킬 수 있는 정신질환자 또는 뇌전증 환자로 서 해당 분야 전문의가 정상적인 운전을 할 수 없다고 인정하는 사람
> c. 철도차량 운전상의 위험과 장해를 일으킬 수 있는 약물(마약류, 환각물질) 또는 알 코올 중독자로서 해당 분야 전문의가 정상적인 운전을 할 수 없다고 인정하는 사람
> d. 두 귀의 청력 또는 두 눈의 시력을 상실한 사람
> e. 운전면허가 취소된 날부터 2년이 지나지 아니하였거나 운전면허의 효력정지기간 중인 사람

① b, c, d, e   ② a, b, c, e   ③ b, c, d   ④ b, c, e

해설 안전법 제11조(운전면허의 결격사유) 다음 각 호의 어느 하나에 해당하는 사람은 운전면허를 받을 수 없다.
1. 19세 미만인 사람
2. 철도차량 운전상의 위험과 장해를 일으킬 수 있는 정신질환자 또는 뇌전증환자로서 대통령령으로 정하 는 사람

3. 철도차량 운전상의 위험과 장해를 일으킬 수 있는 약물(「마약류 관리에 관한 법률」 제2조제1호에 따른 마약류 및 「화학물질관리법」 제22조제1항에 따른 환각물질을 말한다. 이하 같다) 또는 알코올 중독자로서 대통령령으로 정하는 사람

4. 두 귀의 청력 또는 두 눈의 시력을 완전히 상실한 사람

5. 운전면허가 취소된 날부터 2년이 지나지 아니하였거나 운전면허의 효력정지기간 중인 사람

시행령 제12조(운전면허를 받을 수 없는 사람) 법제11조제2호 및 제3호에서 "대통령령으로 정하는 사람"이란 해당 분야 전문의가 정상적인 운전을 할 수 없다고 인정하는 사람을 말한다.

7. 철도차량 운전면허의 결격사유 확인을 위한 개인정보를 요청할 수 있는 기관이 아닌 것은?

① 해병대사령관 ② 자치구의 구청장 ③ 법무부장관 ④ 보건복지부장관

해설 시행령 제12조의2(운전면허의 결격사유 관련 개인정보의 제공 요청) ① 국토교통부장관은 법 제11조 제2항 전단에 따라 운전면허의 결격사유 확인을 위하여 다음 각 호의 기관의 장에게 해당 기관이 보유하고 있는 개인정보의 제공을 요청할 수 있다.

1. 보건복지부장관
2. 병무청장
3. 시·도지사 또는 시장·군수·구청장(자치구의 구청장)
4. 육군참모총장, 해군참모총장, 공군참모총장 또는 해병대사령관

② 국토교통부장관이 법 제11조 제2항 전단에 따라 이 조 제1항 각 호의 대상기관의 장에게 요청할 수 있는 개인정보의 내용은 별표 1의2와 같다.

③ 제1항 각 호의 대상기관의 장은 법 제11조 제2항 후단에 따라 개인정보를 제공하는 경우에는 국토교통부령으로 정하는 서식에 따라 서면 또는 전자적 방법으로 제공해야 한다.

8. 철도차량 운전면허 종류별 운전이 가능한 철도차량의 연결이 잘못된 것은?

① 고속철도차량 운전면허 - 철도장비 운전면허에 따라 운전할 수 있는 차량
② 철도장비 운전면허 - 입환작업을 위해 원격제어가 가능한 장치를 설치하여 시속 25킬로미터 이하로 운전하는 동력차
③ 디젤차량 운전면허 - 증기기관차
④ 제2종 전기차량 운전면허 - 전기동차, 디젤동차

해설 시행규칙 제11조(운전면허의 종류에 따라 운전할 수 있는 철도차량의 종류) 영 제11조제1항에 따른 철도차량의 종류별 운전면허를 받은 사람이 운전할 수 있는 철도차량의 종류는 별표 1의2와 같다.

〈철도차량 운전면허 종류별 운전이 가능한 철도차량〉(제11조 관련)

운전면허의 종류	운전할 수 있는 철도차량의 종류
1. 고속철도차량 운전면허	가. 고속철도차량 나. 철도장비 운전면허에 따라 운전할 수 있는 차량
2. 제1종 전기차량 운전면허	가. 전기기관차 나. 철도장비 운전면허에 따라 운전할 수 있는 차량
3. 제2종 전기차량 운전면허	가. 전기동차 나. 철도장비 운전면허에 따라 운전할 수 있는 차량
4. 디젤차량 운전면허	가. 디젤기관차 나. 디젤동차 다. 증기기관차 라. 철도장비 운전면허에 따라 운전할 수 있는 차량
5. 철도장비 운전면허	가. 철도건설과 유지보수에 필요한 기계나 장비 나. 철도시설의 검측장비 다. 철도·도로를 모두 운행할 수 있는 철도복구장비 라. 전용철도에서 시속 25킬로미터 이하로 운전하는 차량 마. 사고복구용 기중기 바. 입환(入換)작업을 위해 원격제어가 가능한 장치를 설치하여 시속 25킬로미터 이하로 운전하는 동력차
6. 노면전차 운전면허	노면전차

정답 | 7. | ③ | 8. | ④

a. 100km/h 이상으로 운행하는 철도시설의 검측장비 운전은 고속철도차량운전면허, 제1종 전기차량운전면허, 제2종 전기차량운전면허, 디젤차량운전면허중 하나의 운전면허가 있어야 한다.

b. 선로를 200km/h 이상의 최고운행 속도로 주행할 수 있는 철도차량을 고속철도차량으로 구분한다.

c. 동력장치가 집중되어 있는 철도차량을 기관차, 동력장치가 분산되어 있는 철도차량을 동차로 구분한다.

d. 도로 위에 부설한 레일 위를 주행하는 철도차량은 노면전차로 구분한다.

e. 철도차량 운전면허(철도장비 운전면허는 제외한다) 소지자는 철도차량 종류에 관계없이 차량기지 내에서 25km/h 이하로 운전하는 철도차량을 운전할 수 있다. 이 경우 다른 운전면허의 철도차량을 운전하는 때에는 국토교통부장관이 정하는 교육훈련을 받아야 한다.

f. "전용철도"란「철도사업법」제2조제5호에 따른 전용철도를 말한다.

9. 철도차량 운전면허 종류별 운전이 가능한 철도차량의 설명으로 틀린 것은?

① 동력장치가 집중되어 있는 철도차량을 기관차, 동력장치가 분산되어 있는 철도차량을 동차로 구분한다

② 시속 100키로미터 이상으로 운행하는 철도시설의 검측장비 운전은 제2종 전기차량운전면허로 가능하다

③ 철도차량 운전면허(철도장비 운전면허를 포함한다) 소지자는 철도차량 종류에 관계없이 차량기지 내에서 시속 25킬로미터 이하로 운전하는 철도차량을 운전할 수 있다

④ 도로 위에 부설한 레일 위를 주행하는 철도차량은 노면전차로 구분한다

> **해설** 시행규칙 제11조(운전면허의 종류에 따라 운전할 수 있는 철도차량의 종류)

10. 운전면허의 신체검사에 관한 설명으로 틀린 것은?

① 국토교통부장관은 신체검사를「의료법」에 따른 의원, 병원, 종합병원에서 실시하게 할 수 있다

② 신체검사의 합격기준, 검사방법 및 절차 등에 관하여 필요한 사항은 대통령령으로 정한다

③ 신체검사의료기관은 신체검사 판정서의 각 신체검사 항목별로 신체검사를 실시한 후 합격여부를 기록하여 신청인에게 발급하여야 한다

④ 운전면허를 받으려는 사람은 철도차량 운전에 적합한 신체상태를 갖추고 있는지를 판정받기 위하여 국토교통부장관이 실시하는 신체검사에 합격하여야 한다

> **해설** 안전법 제12조(운전면허의 신체검사) ① 운전면허를 받으려는 사람은 철도차량 운전에 적합한 신체상태를 갖추고 있는지를 판정받기 위하여 국토교통부장관이 실시하는 신체검사에 합격하여야 한다.
> ② 국토교통부장관은 제1항에 따른 신체검사를 제13조에 따른 의료기관에서 실시하게 할 수 있다.
> ③ 제1항에 따른 신체검사의 합격기준, 검사방법 및 절차등에 관하여 필요한 사항은 국토교통부령으로 정한다.
> 시행규칙 제12조(신체검사 방법 · 절차 · 합격기준 등) ③ 신체검사의료기관은 별지 제4호서식의 신체검사 판정서의 각 신체검사 항목별로 신체검사를 실시한 후 합격여부를 기록하여 신청인에게 발급하여야 한다.
> ④ 그 밖에 신체검사의 방법 및 절차 등에 관하여 필요한 세부사항은 국토교통부장관이 정하여 고시한다.
> 제13조(신체검사 실시 의료기관) 제12조제1항에 따른 신체검사를 실시할 수 있는 의료기관은 다음 각 호와 같다.
> 1.「의료법」제3조제2항제1호가목의 의원   2.「의료법」제3조제2항제3호가목의 병원
> 3.「의료법」제3조제2항제3호마목의 종합병원

11. 운전면허 신체검사의 불합격기준으로 틀린 것은?

① 업무수행에 지장이 있는 발작성 빈맥(분당 150회 이상)이나 기질성 부정맥

② 중증인 당뇨병(식전 혈당 130 이상) 및 중증의 대사질환(통풍 등)

③ 시야의 협착이 1/3 이상인 경우

④ 중증인 고혈압증(수축기 혈압 180mmHg 이상이고, 확장기 혈압 110mmHg 이상인 사람)

해설 시행규칙 제12조(신체검사 방법·절차·합격기준 등) ② 법 제12조제3항 및 법 제21조의5제2항에 따른 신체검사의 항목과 합격기준은 별표 2 제1호와 같다.

검사 항목	불합격 기준
가. 일반 결함	1) 신체 각 장기 및 각 부위의 악성종양 2) 중증인 고혈압증(수축기 혈압 180mmHg 이상이고, 확장기 혈압 110mmHg 이상인 사람) 3) 이 표에서 달리 정하지 아니한 법정 감염병 중 직접 접촉, 호흡기 등을 통하여 전파가 가능한 감염병
마. 순환기 계통	1) 심부전증 2) 업무수행에 지장이 있는 발작성 빈맥(분당 150회 이상)이나 기질성 부정맥 3) 심한 방실전도장애 4) 심한 동맥류 5) 유착성 심낭염 6) 폐성심 7) 확진된 관상동맥질환(협심증 및 심근경색증)
아. 내분비 계통	1) 중증의 갑상샘 기능 이상 2) 거인증이나 말단비대증 3) 애디슨병 4) 그 밖에 쿠싱증후근 등 뇌하수체의 이상에서 오는 질환 5) 중증인 당뇨병(식전 혈당 140 이상) 및 중증의 대사질환(통풍 등)
파. 눈	1) 두 눈의 나안(裸眼) 시력 중 어느 한쪽의 시력이라도 0.5 이하인 경우(다만, 한쪽 눈의 시력이 0.7 이상이고 다른 쪽 눈의 시력이 0.3 이상인 경우는 제외한다)로서 두 눈의 교정시력 중 어느 한쪽의 시력이라도 0.8 이하인 경우(다만, 한쪽 눈의 교정시력이 1.0 이상이고 다른 쪽 눈의 교정시력이 0.5 이상인 경우는 제외한다) 2) 시야의 협착이 1/3 이상인 경우 3) 안구 및 그 부속기의 기질성·활동성·진행성 질환으로 인하여 시력 유지에 위협이 되고, 시기능장애가 되는 질환 4) 안구 운동장애 및 안구진탕 5) 색각이상(색약 및 색맹)

12. 철도차량 운전적성검사에 대한 설명으로 틀린 것은?

① 운전면허를 받으려는 사람은 철도차량 운전에 적합한 적성을 갖추고 있는지를 판정받기 위하여 국토교통부장관이 실시하는 적성검사에 합격하여야 한다

② 국토교통부장관은 운전적성검사에 관한 전문기관을 지정하여 운전적성검사를 하게 할 수 있다

③ 운전적성검사기관의 지정기준, 지정절차 등에 관하여 필요한 사항은 대통령령으로 정한다

④ 운전적성검사의 합격기준, 검사의 방법 및 절차 등에 관하여 필요한 사항은 대통령령으로 정한다

해설 안전법 제15조(운전적성검사) ① 운전면허를 받으려는 사람은 철도차량 운전에 적합한 적성을 갖추고 있는지를 판정받기 위하여 국토교통부장관이 실시하는 적성검사(이하 "운전적성검사"라 한다)에 합격하여야 한다.
③ 운전적성검사의 합격기준, 검사의 방법 및 절차 등에 관하여 필요한 사항은 국토교통부령으로 정한다.
④ 국토교통부장관은 운전적성검사에 관한 전문기관(이하 "운전적성검사기관"이라 한다)을 지정하여 운전적성검사를 하게 할 수 있다.
⑤ 운전적성검사기관의 지정기준, 지정절차 등에 관하여 필요한 사항은 대통령령으로 정한다.

정답 11. ② 12. ④

13. 운전적성검사를 일정기간 동안 받을 수 없는 경우로 맞는 것은?

① 운전적성검사 과정에서 부정행위를 한 사람 : 검사일부터 1년
② 운전적성검사에 불합격한 사람 : 검사일부터 6개월
③ 운전적성검사 과정에서 부정행위를 한 사람 : 검사일부터 2년
④ 운전적성검사에 불합격한 사람 : 불합격일부터 1년

> **해설** 안전법 제15조(운전적성검사) ② 운전적성검사에 불합격한 사람 또는 운전적성검사 과정에서 부정행위를 한 사람은 다음 각 호의 구분에 따른 기간 동안 운전적성검사를 받을 수 없다.
> 1. 운전적성검사에 불합격한 사람 : 검사일부터 3개월
> 2. 운전적성검사 과정에서 부정행위를 한 사람 : 검사일부터 1년

14. 운전적성검사기관 지정기준으로 틀린 것은?

① 운전적성검사 시행에 필요한 사무실, 검사장과 검사 장비를 갖출 것
② 운전적성검사 업무의 통일성을 유지하고 운전적성검사 업무를 원활히 수행하는데 필요한 상설 전담조직을 갖출 것
③ 운전적성검사 업무를 수행할 수 있는 전문검사인력을 확보할 것
④ 운전적성검사기관의 운영 등에 관한 업무규정을 갖출 것

> **해설** 시행령 제14조(운전적성검사기관 지정기준) ① 운전적성검사기관의 지정기준은 다음 각호와 같다.
> 1. 운전적성검사 업무의 통일성을 유지하고 운전적성검사 업무를 원활히 수행하는데 필요한 상설 전담조직을 갖출 것
> 2. 운전적성검사 업무를 수행할 수 있는 전문검사인력을 3명 이상 확보할 것
> 3. 운전적성검사 시행에 필요한 사무실, 검사장과 검사 장비를 갖출 것
> 4. 운전적성검사기관의 운영 등에 관한 업무규정을 갖출 것
> ② 제1항에 따른 운전적성검사기관 지정기준에 관한 세부적인 사항은 국토교통부령으로 정한다.

15. 운전적성검사기관이 그 명칭·대표자·소재지나 그 밖에 운전적성검사 업무의 수행에 중대한 영향을 미치는 사항의 변경이 있는 경우에는 해당 사유가 발생한 날부터 몇일 이내에 국토교통부장관에게 그 사실을 알려야 하는지 옳은 것은?

① 10일 이내　　② 15일 이내　　③ 20일 이내　　④ 30일 이내

> **해설** 시행령 제15조(운전적성검사기관의 변경사항 통지) ① 운전적성검사기관은 그 명칭·대표자·소재지나 그 밖에 운전적성검사 업무의 수행에 중대한 영향을 미치는 사항의 변경이 있는 경우에는 해당 사유가 발생한 날부터 15일 이내에 국토교통부장관에게 그 사실을 알려야 한다.

16. 제2종 전기차량 운전면허의 적성검사 중 문답형 검사항목인 것은?

① 안전성향검사　　② 복합기능검사　　③ 공간지각검사　　④ 민첩성검사

> **해설** 시행규칙 제16조(적성검사 방법·절차 및 합격기준 등) ② 법 제15조제3항 및 법 제21조의6제2항에 따른 적성검사의 항목 및 합격기준은 별표 4와 같다.
> 적성검사 항목 및 불합격 기준 (제16조제2항 관련)

검사대상	검사항목		불합격기준
	문답형 검사	반응형 검사	
1. 고속철도차량 제1종전기차량 제2종전기차량 디젤차량 노면전차	· 인성 －일반성격 －안전성향	· 주의력 　－복합기능　－선택주의　－지속주의 · 인식 및 기억력 　－시각변별　－공간지각 · 판단 및 행동력	· 문답형 검사항목 중 안전성향 검사에서 부적합으로 판정된 사람 · 반응형 검사 평가점수가

철도장비 철도차량 운전면 허 시험 응시자	-추론	-민첩성	30점 미만인 사람

17. 제2종 전기차량 운전면허의 적성검사 불합격 기준에 해당하는 것은?

① 문답형 검사항목 중 안전성향 검사에서 부적합으로 판정된 사람
② 반응형 검사 평가점수가 40점 미만인 사람
③ 문답형 검사항목 중 일반성격 검사에서 부적합으로 판정된 사람
④ 문답형 검사 평가점수가 30점 미만인 사람

해설 시행규칙 제16조(적성검사 방법 · 절차 및 합격기준 등)

18. 운전면허의 적성검사에 관한 설명으로 틀린 것은?

① 반응형 검사 점수 합계는 70점으로 한다
② 안전성향검사의 부적합 판정을 받은 자에 대해서는 당일 1회에 한하여 재검사를 실시하고 그 재검사 결과를 최종적인 검사결과로 할 수 있다
③ 문답형 검사 점수 합계는 60점으로 한다
④ 안전성향검사는 전문의(정신건강의학) 진단결과로 대체 할 수 있다

해설 시행규칙 제16조(적성검사 방법 · 절차 및 합격기준 등) ② 법 제15조제3항 및 법 제21조의6제2항에 따른 적성검사의 항목 및 합격기준은 별표 4와 같다.
〈적성검사 항목 및 불합격 기준〉
1. 문답형 검사 판정은 적합 또는 부적합으로 한다.
2. 반응형 검사 점수 합계는 70점으로 한다.
3. 안전성향검사는 전문의(정신건강의학) 진단결과로 대체 할 수 있으며, 부적합 판정을 받은 자에 대해서는 당일 1회에 한하여 재검사를 실시하고 그 재검사 결과를 최종적인 검사결과로 할 수 있다.

19. 운전적성검사기관 또는 관제적성검사기관으로 지정받으려는 자가 적성검사기관 지정신청서에 첨부하여야 할 서류가 아닌 것은?

① 법인등기사항증명서(신청인이 법인이 아닌 경우만 해당한다)는 「전자정부법」에 따른 행정정보의 공동이용을 통하여 확인하여야 한다
② 운영계획서
③ 운전적성검사 또는 관제적성검사를 담당하는 전문인력의 보유 현황 및 학력 · 경력 · 자격 등을 증명할 수 있는 서류
④ 운전적성검사장비 또는 관제적성검사장비 내역서

해설 시행규칙 제17조(운전적성검사기관 또는 관제적성검사기관의 지정절차 등) ① 운전적성검사기관 또는 관제적성검사기관으로 지정받으려는 자는 별지 제10호서식의 적성검사기관 지정신청서에 다음 각 호의 서류를 첨부하여 국토교통부장관에게 제출하여야 한다. 이 경우 국토교통부장관은 「전자정부법」 제36조제1항에 따른 행정정보의 공동이용을 통하여 법인등기사항증명서(신청인이 법인인 경우만 해당한다)를 확인하여야 한다.
1. 운영계획서
2. 정관이나 이에 준하는 약정(법인 그 밖의 단체만 해당한다)
3. 운전적성검사 또는 관제적성검사를 담당하는 전문인력의 보유 현황 및 학력 · 경력 · 자격 등을 증명할 수 있는 서류
4. 운전적성검사시설 또는 관제적성검사시설 내역서

정답 | **17.** | ① | **18.** | ③ | **19.** | ①

5. 운전적성검사장비 또는 관제적성검사장비 내역서

6. 운전적성검사기관 또는 관제적성검사기관에서 사용하는 직인의 인영

20. 국토교통부장관이 운전적성검사기관 지정기준에 적합한지의 여부를 심사하는 주기는?

① 1년마다　　　② 2년마다　　　③ 3년마다　　　④ 5년마다

해설 시행규칙 제18조(운전적성검사기관 및 관제적성검사기관의 세부 지정기준 등)

② 국토교통부장관은 운전적성검사기관 또는 관제적성검사기관이 제1항 및 영 제14조제1항(영 제20조의2에서 준용하는 경우를 포함한다)에 따른 지정기준에 적합한 지의 여부를 2년마다 심사하여야 한다.

21. 운전적성검사기관 또는 관제적성검사기관의 세부 지정기준으로 틀린 것은?

① 운전적성검사기관과 관제적성검사기관으로 함께 지정받으려는 경우 시설기준을 중복하여 갖추지 않을 수 있다

② 검사관의 학력은 학사학위 이상 취득자이어야 한다

③ 운전적성검사 업무를 수행하는 상설 전담조직을 1일 50명을 검사하는 것을 기준으로 한다

④ 시설기준은 1일 검사능력 50명(1회 25명) 이상의 검사장(70㎡ 이상이어야 한다)을 확보하여야 한다. 이 경우 분산된 검사장을 포함한다

해설 시행규칙 제18조(운전적성검사기관 및 관제적성검사기관의 세부 지정기준 등) ① 영 제14조제2항 및 영 제20조의2에 따른 운전적성검사기관 및 관제적성검사기관의 세부지정기준은 별표 5와 같다.

〈운전적성검사기관 또는 관제적성검사기관의 세부 지정기준〉

1. 검사인력

가. 자격기준

등급	자격자	학력 및 경력자
책임검사관	1) 정신건강임상심리사 1급 자격을 취득한 사람 2) 정신건강임상심리사 2급 자격을 취득한 사람으로서 2년 이상 적성검사 분야에 근무한 경력이 있는 사람 3) 임상심리사 1급 자격을 취득한 사람 4) 임상심리사 2급 자격을 취득한 사람으로서 2년 이상 적성검사분야에 근무한 경력이 있는 사람	1) 심리학 관련 분야 박사학위를 취득한 사람 2) 심리학 관련 분야 석사학위 취득한 사람으로서 2년 이상 적성검사분야에 근무한 경력이 있는 사람 3) 대학을 졸업한 사람(법령에 따라 이와 같은 수준 이상의 학력이 있다고 인정되는 사람을 포함한다)으로서 선임검사관 경력이 2년 이상 있는 사람
검사관		학사학위 이상 취득자

비고: 가목의 자격기준 중 책임검사관 및 선임검사관의 경력은 해당 자격·학위·졸업 또는 학력을 취득·인정받기 전과 취득·인정받은 후의 경력을 모두 포함한다.

나. 보유기준

1) 운전적성검사 또는 관제적성검사(이하 이 표에서 "적성검사"라 한다) 업무를 수행하는 상설 전담조직을 1일 50명을 검사하는 것을 기준으로 하며, 책임검사관과 선임검사관 및 검사관은 각각 1명 이상 보유하여야 한다.

2) 1일 검사인원이 25명 추가될 때마다 적성검사를 진행할 수 있는 검사관을 1명씩 추가로 보유하여야 한다.

2. 시설 및 장비

가. 시설기준

1) 1일 검사능력 50명(1회 25명) 이상의 검사장(70㎡ 이상이어야 한다)을 확보하여야 한다. 이 경우 분산된 검사장은 제외한다.

2) 운전적성검사기관과 관제적성검사기관으로 함께 지정받으려는 경우 1)에 따른 시설기준을 중복하여 갖추지 않을 수 있다.

나. 장비기준

1) 별표 4 또는 별표 13에 따른 문답형 검사 및 반응형 검사를 할 수 있는 검사장비와 프로그램을 갖추어야 한다.

2) 운전적성검사기관과 관제적성검사기관으로 함께 지정받으려는 경우 1)에 따른 장비기준을 중복하여 갖추지 않을

수 있다.

　　3) 적성검사기관 공동으로 활용할 수 있는 프로그램(별표 4 및 별표 13에 따른 문답형 검사 및 반응형 검사)을 개발할
　　　 수 있어야 한다.

22. 운전적성검사기관의 절대적 지정취소 사유는?

　① 거짓이나 그 밖의 부정한 방법으로 운전적성검사 판정서를 발급하였을 때
　② 운전적성검사 업무를 거부하였을 때
　③ 운전적성검사기관 지정기준에 맞지 아니하게 되었을 때
　④ 업무정지 명령을 위반하여 그 정지기간 중 운전적성검사 업무를 하였을 때

해설 안전법 제15조의2(운전적성검사기관의 지정취소 및 업무정지) ① 국토교통부장관은 운전적성검사기관이 다
음 각 호의 어느 하나에 해당할 때에는 지정을 취소하거나 6개월 이내의 기간을 정하여 업무의 정지를 명할 수
있다. 다만, 제1호 및 제2호에 해당할 때에는 지정을 취소하여야 한다. (필요적 취소 or 절대적 취소)
　1. 거짓이나 그 밖의 부정한 방법으로 지정을 받았을 때
　2. 업무정지 명령을 위반하여 그 정지기간 중 운전적성검사 업무를 하였을 때
　3. 제15조제5항에 따른 지정기준에 맞지 아니하게 되었을 때
　4. 제15조제6항을 위반하여 정당한 사유 없이 운전적성검사 업무를 거부하였을 때
　5. 제15조제6항을 위반하여 거짓이나 그 밖의 부정한 방법으로 운전적성검사 판정서를 발급하였을 때

23. 운전적성검사기관이 정당한 사유 없이 운전적성검사 업무를 거부하였을 때 국토교통부장관이 할 수 있는 처분을 모두 고르시오?

　① 지정을 취소하여야 한다
　② 6개월 이내의 기간을 정하여 업무의 정지를 명할 수 있다
　③ 지정을 취소할 수 있다
　④ 6개월 이내의 기간을 정하여 업무의 제한을 명할 수 있다

해설 안전법 제15조의2(운전적성검사기관의 지정취소 및 업무정지)

24. 운전적성검사기관의 지정취소 및 업무정지에 관련된 설명으로 틀린 것은?

　① 지정취소 및 업무정지의 세부기준 등에 관하여 필요한 사항은 대통령령으로 정한다
　② 국토교통부장관은 지정이 취소된 운전적성검사기관이나 그 기관의 임원이 그 지정
　　이 취소된 날부터 2년이 지나지 아니하고 설립·운영하는 검사기관을 운전적성검
　　사기관으로 지정하여서는 아니 된다
　③ 국토교통부장관은 지정이 취소된 운전적성검사기관이나 그 기관의 설립·운영자가
　　그 지정이 취소된 날부터 2년이 지나지 아니하고 설립·운영하는 검사기관을 운전
　　적성검사기관으로 지정하여서는 아니 된다
　④ 지정을 취소하거나 업무정지의 처분을 한 경우에는 지체 없이 운전적성검사기관에
　　지정기관 행정처분서를 통지하고, 그 사실을 관보에 고시하여야 한다

해설 안전법 제15조의2(운전적성검사기관의 지정취소 및 업무정지) ② 제1항에 따른 지정취소 및 업무정지의 세부
기준 등에 관하여 필요한 사항은 국토교통부령으로 정한다.
　③ 국토교통부장관은 제1항에 따라 지정이 취소된 운전적성검사기관이나 그 기관의 설립·운영자 및 임원
이 그 지정이 취소된 날부터 2년이 지나지 아니하고 설립·운영하는 검사기관을 운전적성검사기관으로
지정하여서는 아니 된다.
시행규칙 제19조(운전적성검사기관 및 관제적성검사기관의 지정취소 및 업무정지)
　② 국토교통부장관은 운전적성검사기관 또는 관제적성검사기관의 지정을 취소하거나 업무정지의 처분을
한 경우에는 지체 없이 운전적성검사기관 또는 관제적성검사기관에 별지 제11호의3서식의 지정기관 행
정처분서를 통지하고, 그 사실을 관보에 고시하여야 한다.

정답 | **22.** | ④ | **23.** | ②, ③ | **24.** | ①

25. 운전적성검사기관의 지정취소 및 업무정지의 기준으로 틀린 것은?

① 정당한 사유 없이 운전적성검사업무를 거부한 경우 3차 위반 시 업무정지 3개월 처분을 한다

② 위반의 내용·정도가 경미하여 이해관계인에게 미치는 피해가 적다고 인정되는 경우에는 그 처분을 감경할 수 있다

③ 위반행위의 횟수에 따른 행정처분의 가중된 부과기준은 최근 1년간 같은 위반행위로 행정처분을 받은 경우에 적용한다

④ 위반행위가 둘 이상인 경우로서 그에 해당하는 각각의 처분기준이 같은 경우에는 무거운 처분기준의 2분의 1까지 감경할 수 있되, 각 처분기준을 합산한 기간을 초과할 수 없다

해설 시행규칙 제19조(운전적성검사기관 및 관제적성검사기관의 지정취소 및 업무정지) ① 법 제15조의2제2항 및 법 제21조의6제5항에 따른 운전적성검사기관 및 관제적성검사기관의 지정취소 및 업무정지의 기준은 별표 6과 같다.

〈운전적성검사기관 및 관제적성검사기관의 지정취소 및 업무정지의 기준〉
(제19조제1항 관련)

위반사항	해당 법조문	처분기준			
		1차 위반	2차 위반	3차 위반	4차 위반
3. 법 제16조제4항에 따른 지정기준에 맞지 아니한 경우	법 제16조제4항제3호	경고 또는 보완명령	업무정지 1개월	업무정지 3개월	지정취소
4. 정당한 사유 없이 운전적성검사업무 또는 관제적성검사업무를 거부한 경우	법 제15조의2제1항4호	경고	업무정지 1개월	업무정지 3개월	지정취소
5. 법 제16조제5항을 위반하여 거짓이나 그 밖의 부정한 방법으로 운전교육훈련 수료증을 발급한 경우	법 제16조제5항제5호	업무정지 1개월	업무정지 3개월	지정취소	–

1. 위반행위가 둘 이상인 경우로서 그에 해당하는 각각의 처분기준이 다른 경우에는 그 중 무거운 처분기준에 따르며, 위반행위가 둘 이상인 경우로서 그에 해당하는 각각의 처분기준이 같은 경우에는 무거운 처분기준의 2분의 1까지 가중할 수 있되, 각 처분기준을 합산한 기간을 초과할 수 없다.

2. 위반행위의 횟수에 따른 행정처분의 가중된 부과기준은 최근 1년간 같은 위반행위로 행정처분을 받은 경우에 적용한다. 이 경우 기간의 계산은 위반행위에 대하여 행정처분을 받은 날과 그 처분 후 다시 같은 위반행위를 하여 적발된 날을 기준으로 한다.

4. 처분권자는 위반행위의 동기·내용 및 위반의 정도 등 다음 각 목에 해당하는 사유를 고려하여 그 처분을 감경할 수 있다. 이 경우 그 처분이 업무정지인 경우에는 그 처분기준의 2분의 1 범위에서 감경할 수 있고, 지정취소인 경우(거짓이나 그 밖의 부정한 방법으로 지정을 받은 경우나 업무정지 명령을 위반하여 그 정지기간 중 적성검사업무를 한 경우는 제외한다)에는 3개월의 업무정지 처분으로 감경할 수 있다.
   가. 위반행위가 고의나 중대한 과실이 아닌 사소한 부주의나 오류로 인한 것으로 인정되는 경우
   나. 위반의 내용·정도가 경미하여 이해관계인에게 미치는 피해가 적다고 인정되는 경우

26. 운전교육훈련에 관한 설명으로 맞는 것은?

① 운전교육훈련의 기간, 방법 등에 관하여 필요한 사항은 대통령령으로 정한다

② 국토교통부장관은 철도차량 운전에 관한 전문 교육훈련기관을 지정하여 운전교육훈련을 실시하여야 한다

③ 운전교육기관의 지정기준, 지정절차 등에 관하여 필요한 사항은 국토교통부령으로 정한다

④ 운전면허를 받으려는 사람은 철도차량의 안전한 운행을 위하여 국토교통부장관이 실시하는 운전에 필요한 지식과 능력을 습득할 수 있는 교육훈련을 받아야 한다

정답 25. ④ 26. ④

해설 안전법 제16조(운전교육훈련) ① 운전면허를 받으려는 사람은 철도차량의 안전한 운행을 위하여 국토교통부장관이 실시하는 운전에 필요한 지식과 능력을 습득할 수 있는 교육훈련(이하 "운전교육훈련"이라 한다)을 받아야 한다.

② 운전교육훈련의 기간, 방법 등에 관하여 필요한 사항은 국토교통부령으로 정한다.

③ 국토교통부장관은 철도차량 운전에 관한 전문 교육훈련기관(이하 "운전교육훈련기관"이라 한다)을 지정하여 운전교육훈련을 실시하게 할 수 있다.

④ 운전교육기관의 지정기준. 지정절차 등에 관하여 필요한 사항은 대통령령으로 정한다.

27. 운전교육훈련기관의 지정기준에 관한 설명으로 틀린 것은?

① 운전교육훈련 업무 수행에 필요한 상설 전담조직을 갖출 것

② 운전면허의 종류별로 운전교육훈련 업무를 수행할 수 있는 전문인력을 3명 이상 확보할 것

③ 운전교육훈련 시행에 필요한 사무실 · 교육장과 교육 장비를 갖출 것

④ 운전교육훈련기관의 운영 등에 관한 업무규정을 갖출 것

⑤ 운전교육훈련기관 지정기준에 관한 세부적인 사항은 국토교통부령으로 정한다

해설 시행령 제17조(운전교육훈련기관 지정기준) ① 운전교육훈련기관 지정기준은 다음 각호와 같다.

1. 운전교육훈련 업무 수행에 필요한 상설 전담조직을 갖출 것
2. 운전면허의 종류별로 운전교육훈련 업무를 수행할 수 있는 전문인력을 확보할 것
3. 운전교육훈련 시행에 필요한 사무실 · 교육장과 교육 장비를 갖출 것
4. 운전교육훈련기관의 운영 등에 관한 업무규정을 갖출 것

② 제1항에 따른 운전교육훈련기관 지정기준에 관한 세부적인 사항은 국토교통부령으로 정한다.

28. 운전교육훈련기관의 지정에 관한 설명으로 틀린 것은?

① 국토교통부장관은 운전교육훈련기관의 변경사항 통지를 받은 경우에는 그 사실을 관보에 고시하여야 한다

② 운전교육훈련기관은 그 명칭 · 대표자 · 소재지나 그 밖에 운전교육훈련 업무의 수행에 중대한 영향을 미치는 사항의 변경이 있는 경우에는 해당 사유가 발생한 날부터 15일 이내에 국토교통부장관에게 그 사실을 알려야 한다

③ 국토교통부장관은 지정 받은 운전교육훈련기관이 지정기준에 적합한지의 여부를 매년 심사하여야 한다

④ 국토교통부장관은 운전교육훈련기관의 지정 신청을 받은 경우에는 지정기준을 갖추었는지 여부, 운전교육훈련기관의 운영계획 및 운전업무종사자의 수급 상황 등을 종합적으로 심사한 후 그 지정 여부를 결정하여야 한다

해설 시행령 제16조(운전교육훈련기관 지정절차) ② 국토교통부장관은 제1항에 따라 운전교육훈련기관의 지정 신청을 받은 경우에는 제17조에 따른 지정기준을 갖추었는지 여부, 운전교육훈련기관의 운영계획 및 운전업무종사자의 수급 상황 등을 종합적으로 심사한 후 그 지정 여부를 결정하여야 한다.

시행령 제18조(운전교육훈련기관의 변경사항 통지) ① 운전교육훈련기관은 그 명칭 · 대표자 · 소재지나 그 밖에 운전교육훈련 업무의 수행에 중대한 영향을 미치는 사항의 변경이 있는 경우에는 해당 사유가 발생한 날부터 15일 이내에 국토교통부장관에게 그 사실을 알려야 한다.

시행규칙 제22조(운전교육훈련기관의 세부 지정기준 등) ① 영 제17조제2항에 따른 운전교육훈련기관의 세부 지정기준은 별표 8과 같다.

② 국토교통부장관은 운전교육훈련기관이 제1항 및 영 제17조제1항에 따른 지정기준에 적합한지를 2년마다 심사해야 한다.

29. 운전교육훈련기관의 세부 지정기준으로 틀린 것은?

① 인력의 선임교수 자격기준으로 석사학위 소지자로서 철도교통에 관한 업무에 10년 이상 또는 철도차량 운전 관련 업무에 5년 이상 근무한 경력이 있는 사람이 포함된다

② 시설기준으로 강의실의 경우에는 면적은 교육생 30명 이상 한 번에 수용할 수 있어야 한다 (60제곱미터 이상)

③ 국토교통부장관이 정하는 필기시험 출제범위에 적합한 교재를 갖추어야 한다

④ 인력의 책임교수 자격기준으로 철도 관련 5급 이상의 공무원 경력 또는 이와 같은 수준 이상의 자격 및 경력이 있는 사람이 포함된다

해설 시행규칙 제22조(운전교육훈련기관의 세부 지정기준 등) ① 영 제17조제2항에 따른 운전교육훈련기관의 세부 지정기준은 별표 8과 같다.

〈교육훈련기관의 세부 지정기준〉

1. 인력기준(자격기준)

	학력 및 경력
책임 교수	1) 박사학위 소지자로서 철도교통에 관한 업무에 10년 이상 또는 철도차량 운전 관련 업무에 5년 이상 근무한 경력이 있는 사람 2) 석사학위 소지자로서 철도교통에 관한 업무에 15년 이상 또는 철도차량 운전 관련 업무에 8년 이상 근무한 경력이 있는 사람 3) 학사학위 소지자로서 철도교통에 관한 업무에 20년 이상 또는 철도차량 운전 관련 업무에 10년 이상 근무한 경력이 있는 사람 4) 철도 관련 4급 이상의 공무원 경력 또는 이와 같은 수준 이상의 자격 및 경력이 있는 사람 5) 대학의 철도차량 운전 관련 학과에서 조교수 이상으로 재직한 경력이 있는 사람 6) 선임교수 경력이 3년 이상 있는 사람
선임 교수	1) 박사학위 소지자로서 철도교통에 관한 업무에 5년 이상 또는 철도차량 운전 관련 업무에 3년 이상 근무한 경력이 있는 사람 2) 석사학위 소지자로서 철도교통에 관한 업무에 10년 이상 또는 철도차량 운전 관련 업무에 5년 이상 근무한 경력이 있는 사람 3) 학사학위 소지자로서 철도교통에 관한 업무에 15년 이상 또는 철도차량 운전 관련 업무에 8년 이상 근무한 경력이 있는 사람 4) 철도차량 운전업무에 5급 이상의 공무원 경력 또는 이와 같은 수준 이상의 자격 및 경력이 있는 사람 5) 대학의 철도차량 운전 관련 학과에서 전임강사 이상으로 재직한 경력이 있는 사람 6) 교수 경력이 3년 이상 있는 사람

2. 시설기준

　가. 강의실

　　－ 면적은 교육생 30명 이상 한 번에 수용할 수 있어야 한다(60제곱미터 이상). 이 경우 1제곱미터당 수용인원은 1명을 초과하지 아니하여야 한다.

4. 국토교통부장관이 정하는 필기시험 출제범위에 적합한 교재를 갖출 것

30. 운전교육훈련기관의 기간 및 방법 등에 관한 설명으로 틀린 것은?

① 일반응시자가 제2종 전기차량 운전면허를 취득하기 위하여는 이론교육 240시간, 기능교육 440시간의 교육을 받아야 한다

② 교육훈련은 운전면허 종류별로 실제 차량이나 모의운전연습기를 활용하여 실시한다

③ 운전교육훈련기관은 운전교육훈련과정별 교육훈련 신청자가 많아 그 운전교육훈련과정의 개설이 곤란한 경우에는 국토교통부장관의 승인을 받아 해당 운전교육훈련과정을 개설하지 아니하거나 운전교육훈련 시기를 변경하여 시행할 수 있다

④ 일반응시자가 제2종 전기차량운전면허를 취득하기 위한 이론교육의 과목별 교육시간은 100분의 20 범위 내에서 조정 가능하다

해설 시행규칙 제20조(운전교육훈련의 기간 및 방법 등) ① 법 제16조제1항에 따른 교육훈련은 운전면허 종류별로 실제 차량이나 모의운전연습기를 활용하여 실시한다.

② 운전교육훈련을 받으려는 사람은 법 제16조제3항에 따른 운전교육훈련기관(이하 "운전교육훈련기관"이라 한다)에 운전교육훈련을 신청하여야 한다.

③ 운전교육훈련의 과목과 교육훈련시간은 별표 7과 같다.

④ 운전교육훈련기관은 운전교육훈련과정별 교육훈련신청자가 적어 그 운전교육훈련과정의 개설이 곤란한 경우에는 국토교통부장관의 승인을 받아 해당 운전교육훈련과정을 개설하지 아니하거나 운전교육훈련 시기를 변경하여 시행할 수 있다.

⑤ 운전교육훈련기관은 운전교육훈련을 수료한 사람에게 별지 제12호서식의 운전교육훈련 수료증을 발급하여야 한다.

〈운전면허 취득을 위한 교육훈련 과정별 교육시간 및 교육훈련과목〉

1. 일반응시자

교육과정	교육과목 및 시간	
	이론교육	기능교육
가. 디젤차량 운전면허 (810)	•철도관련법(50) •철도시스템 일반(60) •디젤 차량의 구조 및 기능(170) •운전이론 일반(30) •비상시 조치(인적오류 예방 포함) 등(30)	•현장실습교육 •운전실무 및 모의운행 훈련 •비상시 조치 등
	340시간	470시간
나. 제1종 전기 차량 운전면허 (810)	•철도관련법(50) •철도시스템 일반(60) •전기기관차의 구조 및 기능(170) •운전이론 일반(30) •비상시 조치(인적오류 예방 포함) 등(30)	•현장실습교육 •운전실무 및 모의운행 훈련 •비상시 조치 등
	340시간	470시간
다. 제2종 전기 차량 운전면허 (680)	•철도관련법(40) •도시철도시스템 일반(45) •전기동차의 구조 및 기능(100) •운전이론 일반(25) •비상시 조치(인적오류 예방 포함) 등(30)	•현장실습교육 •운전실무 및 모의운행 훈련 •비상시 조치 등
	240시간	440시간

* 이론교육의 과목별 교육시간은 100분의 20 범위 내에서 조정 가능.

31. 철도차량 운전면허 취득을 위한 교육훈련 과정별 교육시간 및 교육훈련 과목에 관한 설명으로 틀린 것은?

① 일반응시자의 디젤차량 운전면허의 기능교육 과목은 현장실습교육, 운전실무 및 모의운행 훈련, 비상시 조치 등이다

② 제2종 전기 차량 운전면허 소지자가 디젤차량 운전면허를 취득하기 위한 이론교육 과목은 철도시스템 일반, 디젤차량의 구조 및 기능, 비상시 조치(인적오류 예방 포함) 등이다

③ 철도차량 운전업무 보조경력 1년 이상인 사람이 제2종 전기차량 운전면허를 받으려면 이론교육 185시간, 기능교육 105시간의 교육을 받아야 한다

④ 철도운영자에 소속되어 철도관련 업무에 종사한 경력 3년 이상인 사람이 제2종 전기차량 운전면허를 받으려면 이론교육 200시간, 기능교육 140시간의 교육을 받아야 한다

해설 시행규칙 제20조(운전교육훈련의 기간 및 방법 등) ③ 운전교육훈련의 과목과 교육훈련시간은 별표 7과 같다. 〈운전면허 취득을 위한 교육훈련 과정별 교육시간 및 교육훈련과목〉

정답 | 31. | ④

대 상	교육과목 및 시간		
	교육과정	이론교육	기능교육
제2종전기 차량운전면허 소지자가 다른 운전면허 취득시	1) 디젤차량 운전면허 (130)	•철도시스템 일반(10) •디젤 차량의 구조 및 기능(45) •비상시 조치(인적오류 예방 포함) 등(5)	•현장실습교육 •운전실무 및 모의운행 훈련
		60시간	70시간
	2) 제1종 전기차량 운전면허 (130)	•철도시스템 일반(10) •전기기관차의 구조 및 기능(45) •비상시 조치(인적오류 예방 포함) 등(5)	•현장실습교육 •운전실무 및 모의운행 훈련
		60시간	70시간
	3) 노면전차 운전면허 (50)	•노면전차 시스템 일반(10) •노면전차의 구조 및 기능(15) •비상시 조치(인적오류 예방 포함) 등(5)	•현장실습교육 •운전실무 및 모의운행 훈련
		30시간	20시간
철도차량 운전업무 보조경력 1년 이상 또는 전동차 차장 경력이 2년 이상 경력자가 운전면허 취득시	제2종 전기 차량운전면허 (290)	•철도관련법(30) •도시철도시스템 일반(30) •전기동차의 구조 및 기능(90) •운전이론 일반(25) •비상시 조치(인적오류 예방 포함) 등(10)	•현장실습교육 •운전실무 및 모의운행 훈련 •비상시 조치 등
		185시간	105시간
철도운영자에 소속되어 철도관련 업무에 종사한 경력 3년 이상인 사람이 운전면허 취득시	디젤 또는 제1종 전기차량 운전면허 (395)	•철도관련법(30) •철도시스템 일반(30) •디젤 차량 또는 전기기관차의 구조 및 기능(150) •운전이론 일반(20) •비상시 조치(인적오류 예방 포함) 등(20)	•현장실습교육 •운전실무 및 모의운행 훈련 •비상시 조치 등
		250시간	145시간
	제2종 전기차량 운전면허 (340)	•철도관련법(30) •도시철도시스템 일반(30) •전기동차의 구조 및 기능(90) •운전이론 일반(20) •비상시 조치(인적오류 예방 포함) 등(20)	•현장실습교육 •운전실무 및 모의운행 훈련 •비상시 조치 등
		190시간	150시간

32. 철도차량 운전면허 취득을 위한 교육훈련 과정별 교육시간 및 교육훈련과목에 관한 일반사항의 설명으로 틀린 것은?

① 철도장비 운전면허 소지자가 다른 종류의 철도차량 운전면허를 취득하기 위하여 교육훈련을 받는 경우에는 적성검사를 받은 것으로 본다

② 철도관련법은 「철도안전법」과 그 하위법령 및 철도차량운전에 필요한 규정을 말한다

③ 철도차량 운전면허 소지자가 다른 종류의 철도차량 운전면허를 취득하기 위하여 교육훈련을 받는 경우에는 신체검사와 적성검사를 받은 것으로 본다

④ 모의운행훈련은 전 기능 모의운전연습기를 활용한 교육훈련과 병행하여 실시하는 기본기능 모의운전연습기 및 컴퓨터지원교육시스템을 활용한 교육훈련을 포함한다

해설 시행규칙 제20조(운전교육훈련의 기간 및 방법 등) ③ 운전교육훈련의 과목과 교육훈련시간은 별표 7과 같다.
〈운전면허 취득을 위한 교육훈련 과정별 교육시간 및 교육훈련과목〉

정답 | 32. | ①

6. 일반사항

가. 철도관련법은 「철도안전법」과 그 하위법령 및 철도차량운전에 필요한 규정을 말한다.

나. 철도차량 운전면허 소지자가 다른 종류의 철도차량 운전면허를 취득하기 위하여 교육훈련을 받는 경우에는 신체검사와 적성검사를 받은 것으로 본다. 다만, 철도장비 운전면허 소지자가 다른 종류의 철도차량 운전면허를 취득하기 위하여 교육훈련을 받는 경우에는 적성검사를 받아야 한다.

다. 고속철도차량 운전면허를 취득하기 위해 교육훈련을 받으려는 사람은 법 제21조에 따른 디젤차량, 제1종 전기차량 또는 제2종 전기차량의 운전업무 수행경력이 3년 이상 있어야 한다. 이 경우 운전업무 수행경력이란 운전업무종사자로서 운전실에 탑승하여 전방 선로감시 및 운전관련 기기를 실제로 취급한 기간을 말한다.

라. 모의운행훈련은 전(全) 기능 모의운전연습기를 활용한 교육훈련과 병행하여 실시하는 기본기능 모의운전연습기 및 컴퓨터지원교육시스템을 활용한 교육훈련을 포함한다.

마. 노면전차 운전면허를 취득하기 위한 교육훈련을 받으려는 사람은 「도로교통법」제80조에 따른 운전면허를 소지하여야 한다.

33. 운전교육훈련기관으로 지정받으려는 자가 제출하는 운전교육훈련기관 지정신청서에 첨부하는 서류가 아닌 것은?

① 운전교육훈련에 필요한 철도차량 또는 모의운전연습기 등 장비 내역서

② 운전교육훈련에 필요한 기자재 내역서

③ 정관이나 이에 준하는 약정(법인 그 밖의 단체에 한정한다)

④ 운전교육훈련계획서(운전교육훈련 평가계획을 포함한다)

해설 시행규칙 제21조(운전교육훈련기관의 지정절차 등) ① 운전교육훈련기관으로 지정받으려는 자는 별지 제13호서식의 운전교육훈련기관 지정신청서에 다음 각 호의 서류를 첨부하여 국토교통부장관에게 제출하여야 한다. 이 경우 국토교통부장관은 「전자정부법」 제36조제1항에 따른 행정정보의 공동이용을 통하여 법인 등기사항증명서(신청인이 법인인 경우만 해당한다)를 확인하여야 한다.

1. 운전교육훈련계획서(운전교육훈련평가계획을 포함한다)
2. 운전교육훈련기관 운영규정
3. 정관이나 이에 준하는 약정(법인 그 밖의 단체에 한정한다)
4. 운전교육훈련을 담당하는 강사의 자격·학력·경력 등을 증명할 수 있는 서류 및 담당업무
5. 운전교육훈련에 필요한 강의실 등 시설 내역서
6. 운전교육훈련에 필요한 철도차량 또는 모의운전연습기 등 장비 내역서
7. 운전교육훈련기관에서 사용하는 직인의 인영

34. 운전교육훈련기관의 지정취소 및 업무정지의 기준으로 틀린 것은?

① 위반행위가 둘 이상인 경우로서 그에 해당하는 각각의 처분기준이 같은 경우에는 무거운 처분기준의 2분의 1까지 가중할 수 있되, 각 처분기준을 합산한 기간보다 적어야 한다

② 거짓이나 그 밖의 부정한 방법으로 운전교육훈련 수료증을 발급한 경우 3차 위반 시 지정 취소한다

③ 위반행위의 횟수에 따른 행정처분의 가중된 부과기준은 최근 1년간 같은 위반행위로 행정처분을 받은 경우에 적용한다

④ 지정기준에 맞지 아니한 경우 4차 위반 시 지정 취소한다

해설 시행규칙 제23조(운전교육훈련기관의 지정취소 및 업무정지 등) ① 법 제16조제5항에 따른 운전교육훈련기관의 지정취소 및 업무정지의 기준은 별표 9와 같다.

정답 | 33. | ② | 34. | ①

〈운전교육훈련기관의 지정취소 및 업무정지기준〉

위반사항	근거 법조문	처분기준			
		1차 위반	2차 위반	3차 위반	4차 위반
1. 거짓이나 그 밖의 부정한 방법으로 지정을 받은 경우	법 제16조제5항 제1호	지정취소			
2. 업무정지 명령을 위반하여 그 정지기간 중 운전교육훈련업무를 한 경우	법 제16조제5항 제2호	지정취소			
3. 법 제16조제4항에 따른 지정기준에 맞지 아니한 경우	법 제16조제5항 제3호	경고 또는 보완명령	업무정지 1개월	업무정지 3개월	지정취소
4. 정당한 사유 없이 운전교육훈련 업무를 거부한 경우	법 제16조제5항 제4호	경고	업무정지 1개월	업무정지 3개월	지정취소
5. 법 제16조제5항을 위반하여 거짓이나 그 밖의 부정한 방법으로 운전교육훈련 수료증을 발급한 경우	법 제16조제5항 제5호	업무정지 1개월	업무정지 3개월	지정취소	

1. 위반행위가 둘 이상인 경우로서 그에 해당하는 각각의 처분기준이 다른 경우에는 그 중 무거운 처분기준에 따르며, 위반행위가 둘 이상인 경우로서 그에 해당하는 각각의 처분기준이 같은 경우에는 무거운 처분기준의 2분의 1까지 가중할 수 있되, 각 처분기준을 합산한 기간을 초과할 수 없다.
2. 위반행위의 횟수에 따른 행정처분의 가중된 부과기준은 최근 1년간 같은 위반행위로 행정처분을 받은 경우에 적용한다. 이 경우 기간의 계산은 위반행위에 대하여 행정처분을 받은 날과 그 처분 후 다시 같은 위반행위를 하여 적발된 날을 기준으로 한다.

35. 철도차량운전면허 교육훈련 방법에 관한 설명으로 맞는 것은?

① 컴퓨터지원교육시스템에 의하여 교육을 실시하는 경우에는 강의실 마다 각각의 컴퓨터 단말기를 설치하여야 한다
② 교육훈련기관의 장은 교육과정을 폐지하거나 변경하는 경우에는 국토교통부장관에게 보고하여야 한다
③ 모의운전연습기를 이용하여 교육을 실시하는 경우에는 전기능모의운전연습기 · 기본기능모의운전연습기 및 컴퓨터지원교육시스템에 의한 교육이 모두 이루어지도록 교육계획을 수립하여야 한다
④ 철도운영자등은 다른 운전면허의 철도차량을 차량기지 내에서 시속 45킬로미터 이하로 운전하고자 하는 사람에 대하여는 업무를 수행하기 전에 기기취급 등에 관한 실무수습 · 교육을 받도록 하여야 한다

해설 교육훈련지침 제4조(교육훈련 대상자의 선발 등) ① 운전교육훈련기관 및 관제교육훈련기관 장은 교육훈련 과정별 교육생 선발에 관한 기준을 마련하고 그 기준에 적합한 자를 교육훈련 대상자로 선발하여야 한다.
② 교육훈련기관의 장은 교육훈련 과정별 교육대상자가 적어 교육과정을 개설하지 아니하거나 교육훈련 시기를 변경하여 시행 할 필요가 있는 경우에는 모집공고를 할 때 미리 알려야 하며 교육과정을 폐지하거나 변경하는 경우에는 국토교통부장관에게 보고하여 승인을 받아야 한다.
③ 교육훈련대상자로 선발된 자는 교육훈련기관에 교육훈련을 개시하기 전까지 교육훈련에 필요한 등록을 하여야 한다.
제5조(운전면허의 교육방법) ① 운전교육훈련기관의 교육은 운전면허의 종류별로 구분하여 「철도안전법 시행규칙」 제22조에 따른 정원의 범위에서 교육을 실시하여야 한다.
② 컴퓨터지원교육시스템에 의하여 교육을 실시하는 경우에는 교육생 마다 각각의 컴퓨터 단말기를 사용하여야 한다.

정답 | 35. | ③

③ 모의운전연습기를 이용하여 교육을 실시하는 경우에는 전기능모의운전연습기·기본기능모의운전연습기 및 컴퓨터지원교육시스템에 의한 교육이 모두 이루어지도록 교육계획을 수립하여야 한다.

④ 철도운영자 및 철도시설관리자(위탁 운영을 받은 기관의 장을 포함한다. 이하 "철도운영자등"이라 한다)은 시행규칙 제11조에 따라 다른 운전면허의 철도차량을 차량기지 내에서 시속 25킬로미터 이하로 운전하고자 하는 사람에 대하여는 업무를 수행하기 전에 기기취급 등에 관한 실무수습·교육을 받도록 하여야 한다.

⑤ 철도운영자등(위탁 받은 기관의 장을 포함한다)이 제4항의 교육을 실시하는 경우에는 평가에 관한 기준을 마련하여 교육을 종료할 때 평가하여야 한다.

⑥ 운전교육훈련기관의 장은 시행규칙 제24조에 따라 기능시험을 면제하는 운전면허에 대한 교육을 실시하는 경우에는 교육에 관한 평가기준을 마련하여 교육을 종료할 때 평가하여야 한다.

⑦ 그 밖의 교육훈련의 순서 및 교육운영기준 등 세부사항은 교육훈련시행자가 정하여야 한다.

36. 철도차량 운전면허시험에 관한 설명으로 틀린 것은?

① 운전면허시험의 과목, 절차 등에 관하여 필요한 사항은 국토교통부령으로 정한다

② 운전면허시험에 응시하려는 사람은 운전교육훈련을 수료 후 신체검사 및 운전적성검사를 받아야 한다

③ 운전면허를 받으려는 사람은 국토교통부장관이 실시하는 철도차량 운전면허시험에 합격하여야 한다

④ 국토교통부장관은 운전면허시험에 합격하여 운전면허를 받은 사람에게 국토교통부령으로 정하는 바에 따라 철도차량 운전면허증을 발급하여야 한다

해설 안전법 제17조(운전면허시험) ① 운전면허를 받으려는 사람은 국토교통부장관이 실시하는 철도차량 운전면허시험에 합격하여야 한다.

② 운전면허시험에 응시하려는 사람은 제12조에 따른 신체검사 및 운전적성검사에 합격한 후 운전교육훈련을 받아야 한다.

③ 운전면허시험의 과목, 절차 등에 관하여 필요한 사항은 국토교통부령으로 정한다.

37. 운전면허시험의 과목 및 합격기준으로 맞는 것은?

① 필기시험에 합격한 사람에 대해서는 필기시험에 합격한 날부터 2년이 되는 날이 속하는 해의 12월 31일까지 실시하는 운전면허시험에 있어 필기시험의 합격을 유효한 것으로 본다

② 기능시험은 모의운전연습기로만 활용하여 시행한다

③ 철도차량 운전면허시험은 운전면허의 종류별로 필기시험과 실기시험으로 구분하여 시행한다

④ 실기시험은 필기시험을 합격한 경우에만 응시할 수 있다

해설 시행규칙 제24조(운전면허시험의 과목 및 합격기준) ① 법 제17조제1항에 따른 철도차량 운전면허시험(이하 "운전면허시험"이라 한다)은 영 제11조제1항에 따른 운전면허의 종류별로 필기시험과 기능시험으로 구분하여 시행한다. 이 경우 기능시험은 실제차량이나 모의운전연습기를 활용하여 시행한다.

② 제1항에 따른 필기시험과 기능시험의 과목 및 합격기준은 별표 10과 같다. 이 경우 기능시험은 필기시험을 합격한 경우에만 응시할 수 있다.

③ 제1항에 따른 필기시험에 합격한 사람에 대해서는 필기시험에 합격한 날부터 2년이 되는 날이 속하는 해의 12월 31일까지 실시하는 운전면허시험에 있어 필기시험의 합격을 유효한 것으로 본다.

④ 운전면허시험의 방법·절차, 기능시험 평가위원의 선정 등에 관하여 필요한 세부사항은 국토교통부장관이 정한다.

38. 철도차량 운전면허시험의 일반응시자의 면허시험 과목으로 맞는 것은?

① 철도장비 운전면허 필기시험 과목은 철도 관련 법, 철도시스템 일반, 기계·장비차량의 구조 및 기능, 비상 시 조치 등이다

② 디젤차량 운전면허 필기시험 과목은 철도 관련 법, 철도시스템 일반, 기관차의 구조 및 기능, 운전이론 일반, 비상 시 조치 등이다

③ 제2종 전기차량 운전면허 기능시험 과목은 준비점검, 제동취급, 제동기 외의 기기 취급, 신호준수, 운전취급, 전기동차의 구조 및 기능, 비상 시 조치 등이다

④ 제1종 전기차량 운전면허 필기시험 과목은 철도 관련 법, 도시철도시스템 일반, 전기동차의 구조 및 기능, 운전이론 일반, 비상 시 조치 등이다

해설 시행규칙 제24조(운전면허시험의 과목 및 합격기준) ② 제1항에 따른 필기시험과 기능시험의 과목 및 합격기준은 별표 10과 같다. 이 경우 기능시험은 필기시험을 합격한 경우에만 응시할 수 있다.

〈철도차량 운전면허시험의 과목 및 합격기준〉

1. 운전면허 시험의 응시자별 면허시험 과목

가. 일반응시자 · 철도차량 운전 관련 업무경력자 · 철도 관련 업무 경력자

응시면허	필기시험	기능시험
디젤차량 운전면허	• 철도 관련법 • 철도시스템 일반 • 디젤차량의 구조 및 기능 • 운전이론 일반 • 비상 시 조치 등	• 준비점검 • 제동취급 • 제동기 외의 기기 취급 • 신호준수, 운전취급, 신호 · 선로 숙지 • 비상 시 조치 등
제1종 전기차량 운전면허	• 철도 관련 법 • 철도시스템 일반 • 전기기관차의 구조 및 기능 • 운전이론 일반 • 비상 시 조치 등	• 준비점검 • 제동취급 • 제동기 외의 기기 취급 • 신호준수, 운전취급, 신호 · 선로 숙지 • 비상 시 조치 등
제2종 전기차량 운전면허	• 철도 관련 법 • 도시철도시스템 일반 • 전기동차의 구조 및 기능 • 운전이론 일반 • 비상 시 조치 등	• 준비점검 • 제동취급 • 제동기 외의 기기 취급 • 신호준수, 운전취급, 신호 · 선로 숙지 • 비상 시 조치 등
철도장비 운전면허	• 철도 관련 법 • 철도시스템 일반 • 기계 · 장비차량의 구조 및 기능 • 비상 시 조치 등	• 준비점검 • 제동취급 • 제동기 외의 기기 취급 • 신호준수, 운전취급, 신호 · 선로 숙지 • 비상 시 조치 등
노면전차 운전면허	• 철도 관련 법 • 노면전차 시스템 일반 • 노면전차의 구조 및 기능 • 비상 시 조치 등	• 준비점검 • 제동취급 • 제동기 외의 기기 취급 • 신호준수, 운전취급, 신호 · 선로 숙지 • 비상 시 조치 등

39. 철도차량 운전면허 시험의 합격기준으로 틀린 것은?

① 기능시험은 필기시험을 합격한 경우에만 응시할 수 있다

② 필기시험 합격기준은 과목당 100점을 만점으로 하여 매 과목 40점 이상(철도관련법의 경우 60점 이상), 총점 평균 60점 이상 득점한 사람

③ 기능시험의 합격기준은 시험 과목당 60점 이상, 총점 평균 80점 이상 득점한 사람

④ 필기시험 합격기준은 과목당 100점을 만점으로 하여 매 과목 60점 이상(철도관련법의 경우 40점 이상), 총점 평균 60점 이상 득점한 사람

해설 시행규칙 제24조(운전면허시험의 과목 및 합격기준) ② 제1항에 따른 필기시험과 기능시험의 과목 및 합격기준은 별표 10과 같다. 이 경우 기능시험은 필기시험을 합격한 경우에만 응시할 수 있다.

　2. 철도차량 운전면허 시험의 합격기준은 다음과 같다.

　　가. 필기시험 합격기준은 과목당 100점을 만점으로 하여 매 과목 40점 이상(철도관련법의 경우 60점 이상), 총점 평균 60점 이상 득점한 사람

　　나. 기능시험의 합격기준은 시험 과목당 60점 이상. 총점 평균 80점 이상 득점한 사람

40. 운전면허시험 시행계획에 관한 설명으로 틀린 것은?

① 한국교통안전공단은 운전면허시험을 실시하려는 때에는 매년 11월 30일까지 필기시험 및 기능시험의 일정·응시과목 등을 포함한 다음 해의 운전면허시험 시행계획을 인터넷 홈페이지 등에 공고하여야 한다

② 한국교통안전공단은 운전면허시험의 응시 수요 등을 고려하여 필요한 경우에는 공고한 시행계획을 변경할 수 있다

③ 한국교통안전공단은 운전면허시험 응시원서 접수 마감 7일 이내에 시험일시 및 장소를 한국교통안전공단 게시판 또는 인터넷 홈페이지 등에 공고하여야 한다

④ 한국교통안전공단은 운전면허시험의 공고한 시행계획을 변경할 경우에는 국토교통부장관의 승인을 받아야 하며 변경된 필기시험일 또는 기능시험일의 7일 전까지 그 변경사항을 인터넷 홈페이지 등에 공고하여야 한다

해설 시행규칙 제25조(운전면허시험 시행계획의 공고) ① 「한국교통안전공단법」에 따른 한국교통안전공단은 운전면허시험을 실시하려는 때에는 매년 11월 30일까지 필기시험 및 기능시험의 일정·응시과목 등을 포함한 다음 해의 운전면허시험 시행계획을 인터넷 홈페이지 등에 공고하여야 한다.

② 한국교통안전공단은 운전면허시험의 응시 수요 등을 고려하여 필요한 경우에는 제1항에 따라 공고한 시행계획을 변경할 수 있다. 이 경우 미리 국토교통부장관의 승인을 받아야 하며 변경되기 전의 필기시험일 또는 기능시험일(필기시험일 또는 기능시험일이 앞당겨진 경우에는 변경된 필기시험일 또는 기능시험일을 말한다)의 7일 전까지 그 변경사항을 인터넷 홈페이지 등에 공고하여야 한다.

제26조(운전면허시험 응시원서의 제출 등) ④ 한국교통안전공단은 운전면허시험 응시원서 접수마감 7일 이내에 시험일시 및 장소를 한국교통안전공단 게시판 또는 인터넷 홈페이지 등에 공고하여야 한다.

시행규칙 제26조(운전면허시험 응시원서의 제출 등) ① 운전면허시험에 응시하려는 사람은 별지 제15호서식의 철도차량 운전면허시험 응시원서에 다음 각호의 서류를 첨부하여 한국교통안전공단에 제출하여야 한다.

　1. 신체검사의료기관이 발급한 신체검사 판정서(운전면허시험 응시원서 접수일 이전 2년 이내인 것에 한정한다)

　2. 운전적성검사기관이 발급한 운전적성검사 판정서(운전면허시험 응시원서 접수일 이전 10년 이내인 것에 한정한다)

　3. 운전교육훈련기관이 발급한 운전교육훈련 수료증명서

　3의2. 법 제16조제3항에 따라 운전교육훈련기관으로 지정받은 대학의 장이 발급한 철도운전관련 교육과목 이수 증명서(별표 7 제6호바목에 따라 이론교육 과목의 이수로 인정받으려는 경우에만 해당한다)

　4. 철도차량 운전면허증의 사본(철도차량 운전면허 소지자가 다른 철도차량 운전면허를 취득하고자 하는 경우에 한정한다)

　5. 운전업무 수행 경력증명서(고속철도차량 운전면허시험에 응시하는 경우에 한정한다)

② 한국교통안전공단은 제1항제1호부터 제4호까지의 서류를 영 제63조제1항제7호에 따라 관리하는 정보체계에 따라 확인할 수 있는 경우에는 그 서류를 제출하지 아니하도록 할 수 있다.

41. 철도차량 운전면허시험 응시원서에 첨부하여야 하는 서류 중 철도안전에 관한 정보의 종합관리를 위한 정보체계에 따라 확인할 수 있는 경우에 제출을 생략할 수 있는 서류가 아닌 것은?
① 고속철도차량 운전면허시험에 응시하는 경우에 운전업무 수행 경력증명서
② 운전교육훈련기관이 발급한 운전교육훈련 수료증명서
③ 관제자격증명서 사본
④ 운전적성검사기관이 발급한 운전적성검사 판정서

시행규칙 제26조(운전면허시험 응시원서의 제출 등) ① 운전면허시험에 응시하려는 사람은 필기시험 응시 전까지 별지 제15호서식의 철도차량 운전면허시험 응시원서에 다음 각호의 서류를 첨부하여 한국교통안전공단에 제출해야 한다. 다만, 제3호의 서류는 기능시험 응시 전까지 제출할 수 있다.
   1. 신체검사의료기관이 발급한 신체검사 판정서(운전면허시험 응시원서 접수일 이전 2년 이내인 것에 한정한다)
   2. 운전적성검사기관이 발급한 운전적성검사 판정서(운전면허시험 응시원서 접수일 이전 10년 이내인 것에 한정한다)
   3. 운전교육훈련기관이 발급한 운전교육훈련 수료증명서
   3의2. 법 제16조제3항에 따라 운전교육훈련기관으로 지정받은 대학의 장이 발급한 철도운전관련 교육과목 이수 증명서(별표 7 제6호바목에 따라 이론교육 과목의 이수로 인정받으려는 경우에만 해당한다)
   4. 철도차량 운전면허증의 사본(철도차량 운전면허 소지자가 다른 철도차량 운전면허를 취득하고자 하는 경우에 한정한다)
   5. 관제자격증명서 사본[제38조의12제2항에 따라 관제자격증명서를 발급받은 사람(이하 "관제자격증명 취득자"라 한다)만 제출한다.]
   6. 운전업무 수행 경력증명서(고속철도차량 운전면허시험에 응시하는 경우에 한정한다)
   ② 한국교통안전공단은 제1항제1호부터 제5호까지의 서류를 영 제63조제1항제7호에 따라 관리하는 정보체계에 따라 확인할 수 있는 경우에는 그 서류를 제출하지 않도록 할 수 있다.

42. 철도차량 운전면허시험에 응시하려는 사람이 응시원서에 첨부하여 제출하는 서류 중 기능시험 응시 전까지 제출할 수 있는 서류는?
① 관제자격증명서 사본
② 운전교육훈련기관이 발급한 운전교육훈련 수료증명서
③ 운전업무 수행 경력증명서
④ 신체검사의료기관이 발급한 신체검사 판정서

시행규칙 제26조(운전면허시험 응시원서의 제출 등)

43. 운전면허증의 발급에 관한 설명으로 틀린 것은?
① 운전면허를 받은 사람이 운전면허증의 기재사항이 변경되었을 때에는 국토교통부령으로 정하는 바에 따라 기재사항의 변경을 신청할 수 있다
② 운전면허를 받은 사람이 운전면허증이 헐어서 쓸 수 없게 되었을 때에는 국토교통부령으로 정하는 바에 따라 기재사항의 변경을 신청할 수 있다
③ 국토교통부장관은 운전면허시험에 합격하여 운전면허를 받은 사람에게 국토교통부령으로 정하는 바에 따라 철도차량 운전면허증을 발급하여야 한다
④ 운전면허를 받은 사람이 운전면허증을 잃어버렸을 때에는 국토교통부령으로 정하는 바에 따라 운전면허증의 재발급을 신청할 수 있다

안전법 제18조(운전면허증의 발급 등) ① 국토교통부장관은 운전면허시험에 합격하여 운전면허를 받은 사람

에게 국토교통부령으로 정하는 바에 따라 철도차량 운전면허증(이하 "운전면허증"이라 한다)을 발급하여야 한다.

② 제1항에 따라 운전면허를 받은 사람(이하 "운전면허 취득자"라 한다)이 운전면허증을 잃어버렸거나 운전면허증이 헐어서 쓸 수 없게 되었을 때 또는 운전면허증의 기재사항이 변경되었을 때에는 국토교통부령으로 정하는 바에 따라 운전면허증의 재발급이나 기재사항의 변경을 신청할 수 있다.

44. 운전면허의 갱신에 관한 설명으로 틀린 것은?

① 철도차량운전면허를 갱신하려는 사람은 운전면허의 유효기간 만료일 전 6개월 이내에 철도차량 운전면허 갱신신청서에 철도차량 운전면허증 등의 서류를 첨부하여 한국교통안전공단에 제출하여야 한다

② 운전면허 취득자로서 유효기간 이후에도 그 운전면허의 효력을 유지하려는 사람은 운전면허의 유효기간 만료 전에 국토교통부령으로 정하는 바에 따라 운전면허의 갱신을 받아야 한다

③ 갱신 받은 운전면허의 유효기간은 종전 운전면허 유효기간의 만료일부터 기산한다

④ 운전면허의 유효기간은 10년으로 한다

해설 안전법 제19조(운전면허의 갱신) ① 운전면허의 유효기간은 10년으로 한다.

② 운전면허 취득자로서 제1항에 따른 유효기간 이후에도 그 운전면허의 효력을 유지하려는 사람은 운전면허의 유효기간 만료 전에 국토교통부령으로 정하는 바에 따라 운전면허의 갱신을 받아야 한다.

③ 국토교통부장관은 제2항 및 제5항에 따라 운전면허의 갱신을 신청한 사람이 다음 각 호의 어느 하나에 해당하는 경우에는 운전면허증을 갱신하여 발급하여야 한다.

1. 운전면허의 갱신을 신청하는 날 전 10년 이내에 국토교통부령으로 정하는 철도차량의 운전업무에 종사한 경력이 있거나 국토교통부령으로 정하는 바에 따라 이와 같은 수준 이상의 경력이 있다고 인정되는 경우

2. 국토교통부령으로 정하는 교육훈련을 받은 경우

시행규칙 제31조(운전면허의 갱신절차) ① 법 제19조제2항에 따라 철도차량운전면허를 갱신하려는 사람은 운전면허의 유효기간 만료일 전 6개월 이내에 별지 제20호서식의 철도차량 운전면허 갱신신청서에 다음 각 호의 서류를 첨부하여 한국교통안전공단에 제출하여야 한다.

1. 철도차량 운전면허증   2. 법 제19조제3항 각 호에 해당함을 증명하는 서류

② 제1항에 따라 갱신받은 운전면허의 유효기간은 종전 운전면허 유효기간의 만료일 다음 날부터 기산한다.

45. 운전면허의 갱신에 필요한 조건으로 틀린 것은?

① 국토교통부령으로 정하는 교육훈련을 받은 경우

② 운전면허의 갱신을 신청하는 날 전 10년 이내에 국토교통부령으로 정하는 철도차량의 운전업무에 종사한 경력이 있을 때

③ 갱신에 필요한 경력의 인정, 교육훈련의 내용 등 운전면허 갱신에 필요한 세부사항은 국토교통부령으로 정하여 고시한다

④ 운전면허의 갱신을 신청하는 날 전 10년 이내에 국토교통부령으로 정하는 바에 따라 이와 같은 수준 이상의 경력이 있다고 인정되는 경우

해설 안전법 제19조(운전면허의 갱신)

시행규칙 제32조(운전면허 갱신에 필요한 경력 등) ① 법 제19조제3항제1호에서 "국토교통부령으로 정하는 철도차량의 운전업무에 종사한 경력"이란 운전면허의 유효기간 내에 6개월 이상 해당 철도차량을 운전한 경력을 말한다. 〈개정 2013. 3. 23.〉

② 법 제19조제3항제1호에서 "이와 같은 수준 이상의 경력"이란 다음 각 호의 어느 하나에 해당하는 업무에 2년 이상 종사한 경력을 말한다. 〈개정 2017. 7. 25.〉

정답 | 44. | ③ | 45. | ③

1. 관제업무
2. 운전교육훈련기관에서의 운전교육훈련업무
3. 철도운영자등에게 소속되어 철도차량 운전자를 지도·교육·관리하거나 감독하는 업무
③ 법 제19조제3항제2호에서 "국토교통부령으로 정하는 교육훈련을 받은 경우"란 운전교육훈련기관이나 철도운영자등이 실시한 철도차량 운전에 필요한 교육훈련을 운전면허 갱신신청일 전까지 20시간 이상 받은 경우를 말한다.
④ 제1항 및 제2항에 따른 경력의 인정, 제3항에 따른 교육훈련의 내용 등 운전면허 갱신에 필요한 세부사항은 국토교통부장관이 정하여 고시한다.

46. 운전면허의 갱신에 필요한 경력 등으로 틀린 것은?

① 운전면허의 갱신을 신청하는 날 전 10년 이내에 관제업무에 2년 이상 종사한 경력이 있다고 인정되는 경우
② 운전교육훈련기관이나 철도운영자등이 실시한 철도차량 운전에 필요한 교육훈련을 운전면허 갱신신청일까지 20시간 이상 받은 경우
③ 운전면허의 갱신을 신청하는 날 전 10년 이내에 운전면허의 유효기간 내에 6개월 이상 해당 철도차량을 운전한 경력이 있을 때
④ 운전면허의 갱신을 신청하는 날 전 10년 이내에 철도운영자등에게 소속되어 철도차량 운전자를 지도·교육·관리하거나 감독하는 업무에 2년 이상 종사한 경력이 있다고 인정되는 경우
⑤ 운전면허의 갱신을 신청하는 날 전 10년 이내에 운전교육훈련기관에서의 운전교육훈련업무에 2년 이상 종사한 경력이 있다고 인정되는 경우

해설 안전법 제19조(운전면허의 갱신)
시행규칙 제32조(운전면허 갱신에 필요한 경력 등) ① 법 제19조제3항제1호에서 "국토교통부령으로 정하는 철도차량의 운전업무에 종사한 경력"이란 운전면허의 유효기간 내에 6개월 이상 해당 철도차량을 운전한 경력을 말한다.
② 법 제19조제3항제1호에서 "이와 같은 수준 이상의 경력"이란 다음 각 호의 어느 하나에 해당하는 업무에 2년 이상 종사한 경력을 말한다.
1. 관제업무
2. 운전교육훈련기관에서의 운전교육훈련업무
3. 철도운영자등에게 소속되어 철도차량 운전자를 지도·교육·관리하거나 감독하는 업무
③ 법 제19조제3항제2호에서 "국토교통부령으로 정하는 교육훈련을 받은 경우"란 운전교육훈련기관이나 철도운영자등이 실시한 철도차량 운전에 필요한 교육훈련을 운전면허 갱신신청일 전까지 20시간 이상 받은 경우를 말한다.
④ 제1항 및 제2항에 따른 경력의 인정, 제3항에 따른 교육훈련의 내용 등 운전면허 갱신에 필요한 세부사항은 국토교통부장관이 정하여 고시한다.

47. 운전면허의 유효기간이 만료되는 날의 다음 날부터 그 운전면허의 효력이 정지되는 경우는?

① 운전면허의 유효기간 만료 전에 국토교통부령으로 정하는 바에 따라 운전면허의 갱신을 받지 아니한 경우
② 운전면허의 효력이 정지된 사람이 6개월의 범위에서 대통령령으로 정하는 기간 내에 운전면허의 갱신을 신청하여 운전면허의 갱신을 받지 아니한 경우
③ 운전면허증을 다른 사람에게 빌려주었을 때
④ 운전면허의 효력정지기간 중 철도차량을 운전하였을 때

해설 안전법 제19조(운전면허의 갱신) ② 운전면허 취득자로서 제1항에 따른 유효기간 이후에도 그 운전면허의 효력을 유지하려는 사람은 운전면허의 유효기간 만료 전에 국토교통부령으로 정하는 바에 따라 운전면허의 갱신을 받아야 한다.

④ 운전면허 취득자가 제2항에 따른 운전면허의 갱신을 받지 아니하면 그 운전면허의 유효기간이 만료되는 날의 다음 날부터 그 운전면허의 효력이 정지된다.

48. 철도차량 운전면허의 효력을 잃는 경우는?

① 운전면허의 유효기간 만료 전에 국토교통부령으로 정하는 바에 따라 운전면허의 갱신을 받지 아니한 경우

② 거짓이나 그 밖의 부정한 방법으로 운전면허를 받았을 때

③ 운전면허의 효력이 정지된 사람이 6개월 내에 운전면허의 갱신을 신청하여 운전면허의 갱신을 받지 아니한 경우

④ 두 눈의 시력을 완전히 상실한 사람

해설 안전법 제19조(운전면허의 갱신) ⑤ 제4항에 따라 운전면허의 효력이 정지된 사람이 6개월의 범위에서 대통령령으로 정하는 기간(6개월) 내에 운전면허의 갱신을 신청하여 운전면허의 갱신을 받지 아니하면 그 기간이 만료되는 날의 다음 날부터 그 운전면허는 효력을 잃는다.

49. 운전면허 갱신에 관한 내용의 통지에 관한 설명으로 틀린 것은?

① 국토교통부장관은 운전면허 취득자에게 그 운전면허의 유효기간이 만료되기 전에 대통령령으로 정하는 바에 따라 운전면허의 갱신에 관한 내용을 통지하여야 한다

② 운전면허 갱신에 관한 통지는 철도차량 운전면허 갱신통지서에 따르고, 통지를 받을 사람의 주소 등을 통상적인 방법으로 확인할 수 없거나 통지서를 송달할 수 없는 경우에는 한국교통안전공단 게시판 또는 인터넷 홈페이지에 14일 이상 공고함으로써 통지에 갈음할 수 있다

③ 한국교통안전공단은 운전면허의 효력이 정지된 사람이 있는 때에는 해당 운전면허의 효력이 정지된 날부터 30일 이내에 해당 운전면허 취득자에게 이를 통지하여야 한다

④ 한국교통안전공단은 운전면허의 유효기간 만료일 6개월 전까지 해당 운전면허 취득자에게 운전면허 갱신에 관한 내용을 통지하여야 한다

해설 안전법 제19조(운전면허의 갱신) ⑥ 국토교통부장관은 운전면허 취득자에게 그 운전면허의 유효기간이 만료되기 전에 국토교통부령으로 정하는 바에 따라 운전면허의 갱신에 관한 내용을 통지하여야 한다.

시행규칙 제33조(운전면허 갱신 안내 통지) ① 한국교통안전공단은 법 제19조제4항에 따라 운전면허의 효력이 정지된 사람이 있는 때에는 해당 운전면허의 효력이 정지된 날부터 30일 이내에 해당 운전면허 취득자에게 이를 통지하여야 한다.

② 한국교통안전공단은 법 제19조제6항에 따라 운전면허의 유효기간 만료일 6개월 전까지 해당 운전면허 취득자에게 운전면허 갱신에 관한 내용을 통지하여야 한다.

③ 제2항에 따른 운전면허 갱신에 관한 통지는 별지 제21호서식의 철도차량 운전면허 갱신통지서에 따른다.

④ 제1항 및 제2항에 따른 통지를 받을 사람의 주소 등을 통상적인 방법으로 확인할 수 없거나 통지서를 송달할 수 없는 경우에는 한국교통안전공단 게시판 또는 인터넷 홈페이지에 14일 이상 공고함으로써 통지에 갈음할 수 있다.

50. 운전면허의 효력이 실효된 사람이 운전면허가 실효된 날부터 3년 이내에 실효된 운전면허와 동일한 운전면허를 취득하려는 경우에 일부 절차의 면제에 관한 설명으로 틀린 것은?

① 운전면허의 갱신을 신청하는 날 전 10년 이내에 6개월 이상 해당 철도차량을 운전한 경력이 있는 경우에는 운전교육훈련과 운전면허시험 중 필기시험을 면제한다

② 운전교육훈련기관이나 철도운영자등이 실시한 철도차량 운전에 필요한 교육훈련을 운전면허 갱신신청일 전까지 20시간 이상 받은 경우에는 운전교육훈련과 운전면허시험 중 필기시험과 기능시험을 면제한다

③ 운전면허의 갱신을 신청하는 날 전 10년 이내에 관제업무에 2년 이상 종사한 경력이 있는 경우에는 운전교육훈련과 운전면허시험 중 필기시험을 면제한다

④ 운전면허를 갱신할 수 있는 조건을 갖추지 아니한 경우에는 운전교육훈련을 면제한다

> **해설** 안전법 제19조(운전면허의 갱신)
> ③ 국토교통부장관은 제2항 및 제5항에 따라 운전면허의 갱신을 신청한 사람이 다음 각 호의 어느 하나에 해당하는 경우에는 운전면허증을 갱신하여 발급하여야 한다.
> 　1. 운전면허의 갱신을 신청하는 날 전 10년 이내에 국토교통부령으로 정하는 철도차량의 운전업무에 종사한 경력이 있거나 국토교통부령으로 정하는 바에 따라 이와 같은 수준 이상의 경력이 있다고 인정되는 경우
> 　2. 국토교통부령으로 정하는 교육훈련을 받은 경우
> ⑦ 국토교통부장관은 제5항에 따라 운전면허의 효력이 실효된 사람이 운전면허를 다시 받으려는 경우 대통령령으로 정하는 바에 따라 그 절차의 일부를 면제할 수 있다.
> 시행령 제20조(운전면허 취득절차의 일부 면제) 법 제19조제7항에 따라 운전면허의 효력이 실효된 사람이 운전면허가 실효된 날부터 3년 이내에 실효된 운전면허와 동일한 운전면허를 취득하려는 경우에는 다음 각 호의 구분에 따라 운전면허 취득절차의 일부를 면제한다.
> 　1. 법 제19조제3항 각 호에 해당하지 아니하는 경우 : 법 제16조에 따른 운전교육훈련 면제
> 　2. 법 제19조제3항 각 호에 해당하는 경우 : 법 제16조에 따른 운전교육훈련과 법 제17조에 따른 운전면허시험 중 필기시험 면제

51. 철도차량 운전면허증에 대한 설명으로 틀린 것은?

① 철도운영자등은 운전면허가 취소되거나 그 효력이 정지된 사람을 철도차량의 운전업무에 종사하게 하여서는 아니 된다

② 입환작업을 위해 원격제어가 가능한 장치를 설치하여 25km/h 이하로 운전하는 동력차는 철도장비 운전면허로 운전할 수 있다

③ 철도운영자등은 실무수습을 이수한 사람을 철도차량의 운전업무에 종사하게 하여서는 아니 된다

④ 누구든지 운전면허증을 다른 사람에게 빌려주거나 빌리거나 이를 알선하여서는 아니 된다

> **해설** 안전법 제19조의2(운전면허증의 대여 등 금지) 누구든지 운전면허증을 다른 사람에게 빌려주거나 빌리거나 이를 알선하여서는 아니 된다.
> 제21조의2(무자격자의 운전업무 금지 등) 철도운영자등은 운전면허를 받지 아니하거나(제20조에 따라 운전면허가 취소되거나 그 효력이 정지된 경우를 포함한다) 제21조에 따른 실무수습을 이수하지 아니한 사람을 철도차량의 운전업무에 종사하게 하여서는 아니 된다.

52. 운전면허를 반드시 취소하여야 하는 경우가 아닌 것은?

① 철도차량 운전상의 위험과 장해를 일으킬 수 있는 정신질환자 또는 뇌전증환자로서 해당 분야 전문의가 정상적인 운전을 할 수 없다고 인정하였을 때

② 운전면허의 효력정지기간 중 철도차량을 운전하였을 때

③ 두 귀의 청력 또는 두 눈의 시력을 완전히 상실하였을 때

④ 철도차량을 운전 중 고의 또는 중과실로 철도사고를 일으켰을 때

정답 | **50.** | ② | **51.** | ③ | **52.** | ④

해설 안전법 제20조(운전면허의 취소 · 정지 등) ① 국토교통부장관은 운전면허 취득자가 다음 각 호의 어느 하나에 해당할 때에는 운전면허를 취소하거나 1년 이내의 기간을 정하여 운전면허의 효력을 정지시킬 수 있다. 다만, 제1호부터 제4호까지의 규정에 해당할 때에는 운전면허를 취소하여야 한다. (필요적 취소 or 절대적 취소)
1. 거짓이나 그 밖의 부정한 방법으로 운전면허를 받았을 때
2. 제11조제2호부터 제4호까지의 규정에 해당하게 되었을 때
3. 운전면허의 효력정지기간 중 철도차량을 운전하였을 때
4. 제19조의2를 위반하여 운전면허증을 다른 사람에게 빌려주었을 때
5. 철도차량을 운전 중 고의 또는 중과실로 철도사고를 일으켰을 때
5의2. 제40조의2제1항 또는 제5항을 위반하였을 때
6. 제41조제1항을 위반하여 술을 마시거나 약물을 사용한 상태에서 철도차량을 운전하였을 때
7. 제41조제2항을 위반하여 술을 마시거나 약물을 사용한 상태에서 업무를 하였다고 인정할 만한 상당한 이유가 있음에도 불구하고 국토교통부장관 또는 시 · 도지사의 확인 또는 검사를 거부하였을 때
8. 이 법 또는 이 법에 따라 철도의 안전 및 보호와 질서유지를 위하여 한 명령 · 처분을 위반하였을 때
제11조(운전면허의 결격사유) 다음 각 호의 어느 하나에 해당하는 사람은 운전면허를 받을 수 없다.
2. 철도차량 운상상의 위험과 장해를 일으킬 수 있는 정신질환자 또는 뇌전증환자로서 대통령령으로 정하는 사람
3. 철도차량 운상상의 위험과 장해를 일으킬 수 있는 약물(「마약류 관리에 관한 법률」 제2조제1호에 따른 마약류 및 「화학물질관리법」 제22조제1항에 따른 환각물질을 말한다. 이하 같다) 또는 알코올 중독자로서 대통령령으로 정하는 사람
4. 두 귀의 청력 또는 두 눈의 시력을 완전히 상실한 사람

53. 운전면허를 취소하거나 1년 이내의 기간을 정하여 운전면허의 효력을 정지시킬 수 있는 경우가 아닌 것은?
① 철도안전법 또는 철도안전법에 따라 철도의 안전 및 보호와 질서유지를 위하여 한 명령 · 처분을 위반하였을 때
② 철도사고등이 발생하는 경우 해당 철도차량의 운전업무종사자와 여객승무원이 철도사고등의 현장을 이탈하였을 때
③ 운전면허증을 다른 사람에게 빌려주었을 때
④ 술을 마시거나 약물을 사용한 상태에서 업무를 하였다고 인정할 만한 상당한 이유가 있음에도 불구하고 국토교통부장관 또는 시 · 도지사의 확인 또는 검사를 거부하였을 때

해설 안전법 제20조(운전면허의 취소 · 정지 등)

54. 운전면허의 취소 또는 효력정지 처분과 관련한 설명으로 틀린 것은?
① 운전면허의 효력이 정지된 사람으로부터 운전면허증을 반납 받았을 때에는 보관하였다가 정지기간이 끝나면 즉시 돌려주어야 한다
② 국토교통부장관이 운전면허의 취소 및 효력정지 처분을 하였을 때에는 철도차량 운전면허 취소 · 효력정지 처분 통지서를 해당 운전면허 취득자와 운전면허 취득자를 고용하고 있는 철도운영자등에게 통지하여야 한다
③ 운전면허의 취소 또는 효력정지 통지를 받은 운전면허 취득자는 그 통지를 받은 날부터 15일 이내에 운전면허증을 국토교통부장관(한국교통안전공단)에게 반납하여야 한다
④ 취소 및 효력정지 처분의 세부기준 및 절차는 그 위반의 유형 및 정도에 따라 대통령령으로 정하고, 국토교통부령으로 정하는 바에 따라 운전면허의 발급, 갱신, 취소 등에 관한 자료를 철도차량 운전면허 발급대장에 기록하고 유지 · 관리하여야 한다

정답 | **53.** | ③ | **54.** | ④

안전법 제20조(운전면허의 취소ㆍ정지 등) ② 국토교통부장관이 제1항에 따라 운전면허의 취소 및 효력정지 처분을 하였을 때에는 국토교통부령으로 정하는 바에 따라 그 내용을 해당 운전면허 취득자와 운전면허 취득자를 고용하고 있는 철도운영자등에게 통지하여야 한다.

③ 제2항에 따른 운전면허의 취소 또는 효력정지 통지를 받은 운전면허 취득자는 그 통지를 받은 날부터 15일 이내에 운전면허증을 국토교통부장관에게 반납하여야 한다.

④ 국토교통부장관은 제3항에 따라 운전면허의 효력이 정지된 사람으로부터 운전면허증을 반납 받았을 때에는 보관하였다가 정지기간이 끝나면 즉시 돌려주어야 한다.

⑥ 국토교통부장관은 국토교통부령으로 정하는 바에 따라 운전면허의 발급, 갱신, 취소 등에 관한 자료를 유지ㆍ관리하여야 한다.

시행규칙 제34조(운전면허의 취소 및 효력정지 처분의 통지 등) ① 국토교통부장관은 법 제20조제1항에 따라 운전면허의 취소나 효력정지 처분을 한 때에는 별지 제22호서식의 철도차량 운전면허 취소ㆍ효력정지 처분 통지서를 해당 처분대상자에게 발송하여야 한다.

② 국토교통부장관은 제1항에 따른 처분대상자가 철도운영자등에게 소속되어 있는 경우에는 철도운영자등에게 그 처분 사실을 통지하여야 한다.

시행규칙 제36조(운전면허의 유지ㆍ관리) 한국교통안전공단은 운전면허 취득자의 운전면허의 발급ㆍ갱신ㆍ취소 등에 관한 사항을 별지 제23호서식의 철도차량 운전면허 발급대장에 기록하고 유지ㆍ관리하여야 한다.

55. 운전면허의 취소 또는 효력정지 처분의 세부기준으로 틀린 것은?

① 철도차량을 운전 중 고의 또는 중과실로 철도사고를 일으켜 사망자가 발생한 경우에는 운전면허를 취소하여야 한다

② 술을 마신 상태의 기준(혈중알코올농도 0.02퍼센트 이상)을 넘어서 운전을 하다가 철도사고를 일으킨 경우에는 운전면허를 취소하여야 한다

③ 술을 마시거나 약물을 사용한 상태에서 업무를 하였다고 인정할 만한 상당한 이유가 있음에도 불구하고 확인이나 검사 요구에 불응한 경우에는 운전면허를 취소하여야 한다

④ 술에 만취한 상태(혈중알코올농도 0.01퍼센트 이상)에서 운전한 경우에는 운전면허를 취소하여야 한다

안전법 제20조(운전면허의 취소ㆍ정지 등) ⑤ 제1항에 따른 취소 및 효력정지 처분의 세부기준 및 절차는 그 위반의 유형 및 정도에 따라 국토교통부령으로 정한다.

시행규칙 제35조(운전면허의 취소 또는 효력정지 처분의 세부기준) 법 제20조제5항에 따른 운전면허의 취소 또는 효력정지 처분의 세부기준은 별표 10의2와 같다.

〈운전면허취소ㆍ효력정지 처분의 세부기준〉

처분대상		근거 법조문	처분기준			
			1차위반	2차위반	3차위반	4차위반
5. 철도차량을 운전 중 고의 또는 중과실로 철도사고를 일으킨 경우	사망자가 발생한 경우	법 제20조제1항 제5호	면허취소			
	부상자가 발생한 경우		효력정지 3개월	면허취소		
	1천만원 이상 물적 피해가 발생한 경우		효력정지 2개월	효력정지 3개월	면허취소	
6. 법 제41조제1항을 위반하여 술에 만취한 상태(혈중 알코올농도 0.1퍼센트 이상)에서 운전한 경우		법 제20조제1항 제6호	면허취소			
7. 법 제41조제1항을 위반하여 술을 마신 상태의 기준(혈중 알코올농도 0.02퍼센트 이상)을 넘어서 운전을 하다가 철도사고를 일으킨 경우		법 제20조제1항 제6호	면허취소			

8. 법 제41조제1항을 위반하여 약물을 사용한 상태에서 운전한 경우	법 제20조제1항 제6호	면허취소			
9. 법 제41조제1항을 위반하여 술을 마신 상태(혈중 알코올농도 0.02퍼센트 이상 0.1퍼센트 미만)에서 운전한 경우	법 제20조제1항 제6호	효력정지 3개월	면허취소		
10. 법 제41조제2항을 위반하여 술을 마시거나 약물을 사용한 상태에서 업무를 하였다고 인정할 만한 상당한 이유가 있음에도 불구하고 확인이나 검사 요구에 불응한 경우	법 제20조제1항 제7호	면허취소			
11. 철도차량 운전규칙을 위반하여 운전을 하다가 열차운행에 중대한 차질을 초래한 경우	법 제20조제1항 제8호	효력정지 1개월	효력정지 2개월	효력정지 3개월	면허취소

56. 철도차량 운전규칙을 위반하여 운전을 하다가 열차운행에 중대한 차질을 초래한 경우에 운전면허 효력정지 처분의 세부기준 보다 2분의 1의 범위에서 늘려서 처분할 수 있는 경우가 아닌 것은?

① 철도안전에 대한 위험을 피하기 위한 부득이한 사유가 있는 경우
② 다른 열차의 운행안전 및 여객·공중에 상당한 영향을 미친 경우
③ 위반행위의 정도, 위반행위의 동기와 그 결과 등을 고려하여 처분을 늘릴 필요가 있다고 인정되는 경우
④ 고의 또는 중과실에 의해 위반행위가 발생한 경우

해설 시행규칙 제35조(운전면허의 취소 또는 효력정지 처분의 세부기준) 법 제20조제5항에 따른 운전면허의 취소 또는 효력정지 처분의 세부기준은 별표 10의2와 같다.

〈운전면허취소·효력정지 처분의 세부기준〉

비고. 3. 국토교통부장관은 다음 어느 하나에 해당하는 경우에는 위 표 제5호, 제5호의2, 제5호의3 및 제11호에 따른 효력정지기간(위반행위가 둘 이상인 경우에는 비고 제1호에 따른 효력정지기간을 말한다)을 2분의 1의 범위에서 이를 늘리거나 줄일 수 있다. 다만, 효력정지기간을 늘리는 경우에도 1년을 넘을 수 없다.

　1) 효력정지기간을 줄여서 처분할 수 있는 경우
　　가) 철도안전에 대한 위험을 피하기 위한 부득이한 사유가 있는 경우
　　나) 그 밖에 위반행위의 정도, 위반행위의 동기와 그 결과 등을 고려하여 처분을 줄일 필요가 있다고 인정되는 경우
　2) 효력정지기간을 늘려서 처분할 수 있는 경우
　　가) 고의 또는 중과실에 의해 위반행위가 발생한 경우
　　나) 다른 열차의 운행안전 및 여객·공중(公衆)에 상당한 영향을 미친 경우
　　다) 그 밖에 위반행위의 정도, 위반행위의 동기와 그 결과 등을 고려하여 처분을 늘릴 필요가 있다고 인정되는 경우

57. 운전업무 실무수습에 관한 설명으로 틀린 것은?

① 운전업무종사자가 기기 취급방법, 작동원리, 조작방식 등이 다른 철도차량을 운전하려는 때는 해당 철도차량의 운전면허를 소지하고 30시간 이상 또는 600킬로미터 이상의 실무수습·교육을 받아야 한다

② 철도차량의 운전업무에 종사하려는 사람은 국토교통부령으로 정하는 바에 따라 실무수습을 이수하여야 한다

③ 제2종 전기차량 운전면허 취득 후 실무수습 이수경력이 없는 경우에는 400시간 이상 또는 6,000킬로미터 이상의 실무수습·교육을 받아야 한다 (단, 무인운전 구간의 경우 200시간 이상 또는 3,000킬로미터 이상)

④ 철도운영자등은 철도차량의 운전업무에 종사하려는 사람이 운전업무 실무수습을 이수한 경우에는 철도차량 운전면허 발급대장에 운전업무 실무수습을 받은 구간 등을 기록하고 그 내용을 한국교통안전공단에 통보해야 한다

해설 안전법 제21조(운전업무 실무수습) 철도차량의 운전업무에 종사하려는 사람은 국토교통부령으로 정하는 바에 따라 실무수습을 이수하여야 한다.

시행규칙 제37조(운전업무 실무수습) 법 제21조에 따라 철도차량의 운전업무에 종사하려는 사람이 이수하여야 하는 실무수습의 세부기준은 별표 11과 같다.

시행규칙 제38조(운전업무 실무수습의 관리 등) 철도운영자등은 철도차량의 운전업무에 종사하려는 사람이 제37조에 따른 운전업무 실무수습을 이수한 경우에는 별지 제24호서식의 운전업무종사자 실무수습 관리대장에 운전업무 실무수습을 받은 구간 등을 기록하고 그 내용을 한국교통안전공단에 통보해야 한다.

〈실무수습·교육의 세부기준〉

1. 운전면허취득 후 실무수습·교육 기준

   가. 철도차량 운전면허 실무수습 이수경력이 없는 사람

면허종별	실무수습·교육항목	실무수습·교육시간 또는 거리
제1종 전기차량 운전면허	• 선로·신호 등 시스템 • 운전취급 관련 규정 • 제동기 취급 • 제동기 외의 기기취급 • 속도관측 • 비상시 조치 등	400시간 이상 또는 8,000킬로미터 이상
디젤차량 운전면허		400시간 이상 또는 8,000킬로미터 이상
제2종 전기차량 운전면허		400시간 이상 또는 6,000킬로미터 이상 (단, 무인운전 구간의 경우 200시간 이상 또는 3,000킬로미터 이상)
철도장비 운전면허		300시간 이상 또는 3,000킬로미터 이상 (입환(入換)작업을 위해 원격제어가 가능한 장치를 설치하여 시속 25킬로미터 이하로 동력차를 운전할 경우 150시간 이상)
노면전차 운전면허		300시간 이상 또는 3,000킬로미터 이상

2. 그 밖의 철도차량 운행을 위한 실무수습·교육 기준

   가. 운전업무종사자가 운전업무 수행경력이 없는 구간을 운전하려는 때에는 60시간 이상 또는 1,200킬로미터 이상의 실무수습·교육을 받아야 한다. 다만, 철도장비 운전업무를 수행하는 경우는 30시간 이상 또는 600킬로미터 이상으로 한다.

   나. 운전업무종사자가 기기취급방법, 작동원리, 조작방식 등이 다른 철도차량을 운전하려는 때는 해당 철도차량의 운전면허를 소지하고 30시간 이상 또는 600킬로미터 이상의 실무수습·교육을 받아야 한다.

   다. 연장된 신규 노선이나 이설선로의 경우에는 수습구간의 거리에 따라 다음과 같이 실무수습 교육을 실시한다. 다만, 제75조제10항에 따라 영업시운전을 생략할 수 있는 경우에는 영상자료 등 교육자료를 활용한 선로견습으로 실무수습을 실시할 수 있다.

   1) 수습구간이 10킬로미터 미만 : 1왕복 이상

   2) 수습구간이 10킬로미터 이상~20킬로미터 미만 : 2왕복 이상

   3) 수습구간이 20킬로미터 이상 : 3왕복 이상

58. 운전업무 실무수습·교육에 관한 설명으로 틀린 것은?

① 실무수습·교육항목으로 제동기 취급, 제동기 외의 기기취급, 속도관측이 포함된다

② 철도차량 운전면허 실무수습의 이수경력이 없는 사람과 이수경력이 없는 사람의 실무수습·교육항목이 동일하다

③ 실무수습·교육항목으로 선로·신호 등 시스템, 운전취급 관련 규정, 비상시 조치 등이 포함된다

④ 운전실무수습·교육의 시간은 교육시간, 준비점검시간 및 차량점검시간과 실제운전시간을 제외하고, 실무수습 교육거리는 선로견습, 시운전, 실제 운전거리를 포함한다

해설 시행규칙 제37조(운전업무 실무수습) 법 제21조에 따라 철도차량의 운전업무에 종사하려는 사람이 이수하여야 하는 실무수습의 세부기준은 별표 11과 같다.

〈실무수습·교육의 세부기준〉

3. 일반사항

가. 제1호 및 제2호에서 운전실무수습·교육의 시간은 교육시간, 준비점검시간 및 차량점검시간과 실제운전시간을 모두 포함한다.

나. 실무수습 교육거리는 선로견습, 시운전, 실제 운전거리를 포함한다.

59. 운전업무 및 관제업무의 실무수습에 관한 설명으로 적합한 것은?

① 철도운영자등은 운전업무 또는 관제업무수행 경력자가 기기취급 방법이나 작동원리 및 조작방식 등이 같은 철도차량 또는 관제시스템을 도입·변경하여 운영하고자 하는 때에는 조작방법 등에 관한 교육을 실시하여야 한다

② 국토교통부장관은 영업운행하고 있는 구간의 연장 또는 이설 등으로 인하여 변경된 구간에 대한 운전업무 또는 관제업무를 수행하려는 자에 대하여 해당 구간에 대한 실무수습을 실시하여야 한다

③ 철도운영자 등은 운전업무 및 관제업무에 종사하고자 하는 자에 대하여 자격기준을 갖춘 실무수습 담당자를 지정하여 가능한 개별교육이 이루어지도록 노력하여야 한다

④ 철도운영자등은 실무수습을 이수한 자에 대하여는 매월 말일을 기준으로 다음달 15일까지 교통안전공단에 실무수습기간·실무수습을 받은 구간·인증기관·평가자 등의 내용을 통보하고 철도안전정보망에 관련 자료를 입력하여야 한다.

해설 교육훈련지침 제7조(실무수습의 절차 등) ① 철도운영자등은 법 제21조에 따라 철도차량의 운전업무에 종사하려는 사람 또는 법 제22조에 따라 관제업무에 종사하려는 사람에 대하여 실무수습을 실시하여야 한다.

② 철도운영자등은 실무수습에 필요한 교육교재·평가 등 교육기준을 마련하고 그 절차에 따라 실무수습을 실시하여야 한다.

③ 철도운영자 등은 운전업무 및 관제업무에 종사하고자 하는 자에 대하여 제10조에 따른 자격기준을 갖춘 실무수습 담당자를 지정하여 가능한 개별교육이 이루어지도록 노력하여야 한다.

④ 철도운영자등은 제1항에 따라 실무수습을 이수한 자에 대하여는 매월 말일을 기준으로 다음달 10일까지 교통안전공단에 실무수습기간·실무수습을 받은 구간·인증기관·평가자 등의 내용을 통보하고 철도안전정보망에 관련 자료를 입력하여야 한다.

제8조(실무수습의 방법 등) ① 철도운영자등은 시행규칙 제37조 및 제39조에 따른 실무수습의 항목 및 교육시간 등에 관한 세부교육 계획을 마련·시행하여야 한다.

② 철도운영자등은 운전업무 또는 관제업무수행 경력자가 기기취급 방법이나 작동원리 및 조작방식 등이 다른 철도차량 또는 관제시스템을 신규 도입·변경하여 운영하고자 하는 때에는 조작방법 등에 관한 교육을 실시하여야 한다.

③ 철도운영자 등은 영업운행하고 있는 구간의 연장 또는 이설 등으로 인하여 변경된 구간에 대한 운전업무 또는 관제업무를 수행하려는 자에 대하여 해당 구간에 대한 실무수습을 실시하여야 한다.

60. 철도차량운전면허 취득자에 대한 실무수습을 종료 후의 종합평가에 포함되는 내용이 아닌 것은?

① 이례사항, 고장처치, 규정 및 기술에 관한 사항
② 제동취급 및 제동기 등의 기기취급
③ 운전속도, 운전시분, 정지위치, 운전충격
④ 선로·신호 등 시스템의 이해

해설 교육훈련지침 제9조(실무수습의 평가) ① 철도운영자등은 철도차량운전면허취득자에 대한 실무수습을 종료하는 경우에는 다음 각호의 항목이 포함된 평가를 실시하여 운전업무수행에 적합여부를 종합평가하여야 한다.
1. 기본업무
2. 제동취급 및 제동기 이외 기기취급
3. 운전속도, 운전시분, 정지위치, 운전충격
4. 선로·신호 등 시스템의 이해
5. 이례사항, 고장처치, 규정 및 기술에 관한 사항
6. 기타 운전업무수행에 필요하다고 인정되는 사항
③ 제1항 및 제2항에 따른 평가결과 운전업무 및 관제업무를 수행하기에 부적합 하다고 판단되는 경우에는 재교육 및 재평가를 실시하여야 한다.

61. 철도차량운전면허 취득자에 대한 실무수습 담당자의 자격기준으로 틀린 것은?

① 운전업무경력이 있는 자로서 철도운영자등에 소속되어 철도차량운전자를 지도·교육·관리 또는 감독하는 업무를 하는 자
② 운전업무 경력이 5년 이상인 자
③ 운전업무경력이 있는 자로서 전문교육을 3월 이상 받은 자
④ 운전업무경력이 있는 자로서 철도운영자등으로부터 운전업무 실무수습을 담당할 수 있는 능력이 있다고 인정받은 자

해설 교육훈련지침 제10조(실무수습 담당자의 자격기준) ① 운전업무수행에 필요한 실무수습을 담당할 수 있는 자의 자격기준은 다음 각호 1과 같다.
1. 운전업무경력이 있는 자로서 철도운영자등에 소속되어 철도차량운전자를 지도·교육·관리 또는 감독하는 업무를 하는 자
2. 운전업무 경력이 5년 이상인 자
3. 운전업무경력이 있는 자로서 전문교육을 1월 이상 받은 자
4. 운전업무경력이 있는 자로서 철도운영자등으로부터 운전업무 실무수습을 담당할 수 있는 능력이 있다고 인정받은 자

4장 철도종사자 안전관리(관제자격증명 등)

1 철도교통관제사 자격증명 (관제자격증명)

(1) 관제자격증명 발급자 : 국토교통부장관

관제자격증명은 **대통령령**으로 정하는 바에 따라 관제업무의 종류별로 받아야 한다

(2) 관제자격증명의 종류 (대통령령으로 정함)

① 도시철도 관제자격증명 : 「도시철도법」에 따른 도시철도 차량에 관한 관제업무

② 철도 관제자격증명 : 철도차량에 관한 관제업무

(도시철도 차량에 관한 관제업무 포함)

(3) 관제자격증명의 결격사유 : 운전면허의 결격사유와 같음

① 19세 미만인 사람

② 관제 업무상의 위험과 장해를 일으킬 수 있는 정신질환자 또는 뇌전증환자로서 **대통령령**으로 정하는 사람

* 대통령령 : 해당 분야 전문의가 정상적인 관제업무를 할 수 없다고 인정하는 사람

③ 관제업무상의 위험과 장해를 일으킬 수 있는 약물(마약류 및 환각물질) 또는 알코올 중독자로서 **대통령령**으로 정하는 사람

* 대통령령 : 해당 분야 전문의가 정상적인 관제업무를 할 수 없다고 인정하는 사람

④ 두 귀의 청력 또는 두 눈의 시력을 완전히 상실한 사람

⑤ 관제자격증명이 취소된 날부터 2년이 지나지 아니하였거나 관제자격증명의 효력정지기간 중인 사람

(4) 신체검사와 관제적성검사

① 신체검사

관제자격증명을 받으려는 사람은 관제업무에 적합한 신체상태를 갖추고 있는 지 판정받기 위하여 국토교통부장관이 실시하는 신체검사에 합격하여야 한다

② 관제적성검사

㉮ 관제자격증명을 받으려는 사람은 관제업무에 적합한 적성을 갖추고 있는지 판정받기 위하여 국토교통부장관이 실시하는 적성검사에 합격하여야 한다

㉯ 국토교통부장관은 관제적성검사에 관한 전문기관을 지정하여 관제적성검사 를 하게 할 수 있다

㉰ 관제적성검사기관의 지정기준 및 지정절차 등에 필요한 사항은 **대통령령**으 로 정한다

③ 운전면허 절차와 동일한 경우

㉮ 신체검사의 방법 및 절차

㉯ 관제적성검사기관의 지정절차, 지정취소 및 업무정지

〈적성검사 항목 및 불합격 기준〉

검사대상	검사항목		불합격기준
	문답형 검사	반응형 검사	
철도교통관제사 자격증명 응시자	• 인성 －일반성격 －안전성향	• 주의력 －복합기능 －선택주의 • 인식 및 기억력 －시각변별 －공간지각 －작업기억 • 판단 및 행동력 －추론 －민첩성	• 문답형 검사항목 중 안전 성향 검사에서 부적합으로 판정된 사람 • 반응형 검사 평가점수가 30 점 미만인 사람

1. 문답형 검사 판정은 적합 또는 부적합으로 한다.
2. 반응형 검사 점수 합계는 70점으로 한다.
3. 안전성향검사는 전문의(정신건강의학) 진단결과로 대체 할 수 있으며, 부적합 판정을 받은 자에 대해 서는 당일 1회에 한하여 재검사를 실시하고 그 재검사 결과를 최종적인 검사결과로 할 수 있다.

(5) 관제교육훈련

① 관제교육훈련 의무

관제자격증명을 받으려는 사람은 관제업무의 안전한 수행을 위하여 국토교통부장관이 실시하는 관제업무에 필요한 지식과 능력을 습득할 수 있는 교육훈련을 받아야 한다

② 관제교육훈련의 기간 및 방법 등에 필요한 사항은 **국토교통부령**으로 정한다

㉮ 관제교육훈련의 과목 및 교육훈련시간 (별표15)

관제자격증명 종류	관제교육훈련 과목	교육훈련시간
가. 철도 관제자격증명	• 열차운행계획 및 실습 • 철도관제(노면전차 관제를 포함한다) 시스템 운용 및 실습 • 열차운행선 관리 및 실습 • 비상 시 조치 등	360시간
나. 도시철도 관제자격증명	• 열차운행계획 및 실습 • 도시철도관제(노면전차 관제를 포함한다) 시스템 운용 및 실습 • 열차운행선 관리 및 실습 • 비상 시 조치 등	280시간

㉯ 교육을 수료한 사람에게는 관제교육훈련 수료증을 발급한다

③ 국토교통부령으로 정하는 바에 따라 관제교육훈련의 일부를 면제할 수 있는 경우

㉮ 「고등교육법」에 따른 학교에서 국토교통부령으로 정하는 관제업무 관련 교과목을 이수한 사람 : 이수한 교과목 면제

* (국토교통부령) 관제교육훈련의 과목과 교육내용이 동일한 교과목

㉯ 다음의 업무에 5년 이상의 경력을 취득한 사람 : 교육훈련시간을 105시간으로 단축

ⓐ 철도차량의 운전업무에 5년 이상의 경력을 취득한 사람

ⓑ 철도신호기·선로전환기·조작판의 취급업무에 5년 이상의 경력을 취득한 사람

㉰ 관제자격증명을 받은 후 다른 종류의 관제자격증명을 받으려는 사람 : 교육훈련시간을 80시간으로 단축 (도시철도 관제자격증명 취득자)

④ 국토교통부장관은 관제업무에 관한 전문 교육훈련기관을 지정하여 관제교육훈련을 실시하게 할 수 있다

⑤ 관제교육훈련기관의 지정기준 및 지정절차 등에 필요한 사항은 **대통령령**으로 정한다

㉒ 관제교육훈련기관 지정신청서에 첨부하는 서류

ⓐ 관제교육훈련계획서(관제교육훈련평가계획을 포함한다)

ⓑ 관제교육훈련기관 운영규정

ⓒ 정관이나 이에 준하는 약정(법인 그 밖의 단체에 한정한다)

ⓓ 관제교육훈련을 담당하는 강사의 자격·학력·경력 등을 증명할 수 있는 서류 및 담당업무

ⓔ 관제교육훈련에 필요한 강의실 등 시설 내역서

ⓕ 관제교육훈련에 필요한 모의관제시스템 등 장비 내역서

ⓖ 관제교육훈련기관에서 사용하는 직인의 인영

㉯ 국토교통부장관은 관제교육훈련기관이 지정기준에 적합한지를 2년마다 심사해야 한다

㉰ 관제교육훈련기관의 지정취소 및 업무정지 기준 (별표9)

♣ 관제자격 교육방법 (교육훈련지침)

1. 관제교육훈련기관의 교육은 교육훈련 과정별로 구분하여 정원의 범위에서 교육을 실시하여야 한다.

2. 컴퓨터지원교육시스템에 의한 교육을 실시하는 경우에는 교육생 마다 각각의 컴퓨터 단말기를 사용하여야 한다.

3. 모의관제시스템을 이용하여 교육을 실시하는 경우에는 전기능모의관제시스템·기본기능 모의관제시스템 및 컴퓨터지원교육시스템에 의한 교육이 모두 이루어지도록 교육계획을 수립하여야 한다.

4. 교육훈련기관은 교육훈련을 종료하는 경우에는 평가에 관한 기준을 마련하여 평가하여야 한다.

5. 그 밖의 교육훈련의 순서 및 교육운영기준 등 세부사항은 교육훈련시행자가 정하여야 한다.

(6) 관제자격증명시험

① 관제자격증명 시험 시행

㉮ 시험실시자 : 국토교통부장관

㉯ 시험구분

ⓐ 학과시험 : 학과시험에 합격한 날부터 2년이 되는 날이 속하는 해의 12월 31일까지 실시하는 관제자격증명시험에 있어 학과시험의 합격을 유효

ⓑ 실기시험 : 학과시험 합격한 경우에만 응시가능 : 모의관제시스템 활용

ⓒ 학과시험 및 실시시험 과목

ⓐ 관제자격증명시험의 과목, 방법 및 절차 등에 필요한 사항은 **국토교통부령**으로 정한다 (별표16)

관제자격증명 종류	학과시험 과목	실기시험 과목
가. 철도 관제자격 증명	• 철도 관련 법 • 관제 관련 규정 • 철도시스템 일반 • 철도교통 관제 운영 • 비상 시 조치 등	• 열차운행계획 • 철도관제 시스템 운용 및 실무 • 열차운행선 관리 • 비상 시 조치 등
나. 도시철도 관제자격 증명	• 철도 관련 법 • 관제 관련 규정 • 도시철도시스템 일반 • 도시철도교통 관제 운영 • 비상 시 조치 등	• 열차운행계획 • 도시철도관제 시스템 운용 및 실무 • 도시철도 열차운행선 관리 • 비상 시 조치 등

② 합격기준

ⓐ 학과시험 합격기준

과목당 100점을 만점으로 하여 시험 과목당 40점 이상(관제 관련 규정의 경우 60점 이상), 총점 평균 60점 이상 득점할 것

ⓑ 실기시험의 합격기준

시험 과목당 60점 이상, 총점 평균 80점 이상 득점할 것

③ 시험의 일부 면제

국토교통부장관은 다음에 해당하는 사람에게는 **국토교통부령**으로 정하는 바에 따라 관제자격증명시험의 일부를 면제할 수 있다

㉮ 운전면허를 받은 사람 : 「철도관련법」 과목 및 「철도 · 도시철도시스템일반」 과목 면제

㉯ 관제자격증명을 받은 후 다른 종류의 관제자격증명에 필요한 시험에 응시하려는 사람 (도시철도 관제자격증명 취득자)

ⓐ 학과시험 과목 : 「철도관련법」 과목 및 「관제관련규정」 과목 면제

ⓑ 실기시험 과목 : 「열차운행계획」, 「철도관제시스템 운용 및 실무」 과목 면제

④ 시험응시 조건

신체검사와 관제적성검사에 합격한 후 관제교육훈련을 받아야 한다

⑤ 관제자격증명시험 응시원서 제출

⑦ 응시원서에 첨부하는 서류
　ⓐ 신체검사의료기관이 발급한 신체검사 판정서
　　(관제자격증명시험 응시원서 접수일 이전 2년 이내인 것에 한정)
　ⓑ 관제적성검사기관이 발급한 관제적성검사 판정서
　　(관제자격증명시험 응시원서 접수일 이전 10년 이내인 것에 한정)
　ⓒ 관제교육훈련기관이 발급한 관제교육훈련 수료증명서
　ⓓ 철도차량 운전면허증의 사본(철도차량 운전면허 소지자만 제출한다)
　ⓔ 도시철도 관제자격증명서의 사본(도시철도 관제자격증명 취득자만 제출
　　한다)
⑭ 응시원서 첨부서류 생략할 수 있는 경우
　ⓐ 제출 생략 대상서류 : ⑦항의 ⓐ~ⓓ까지의 서류
　ⓑ 생략할 수 있는 조건 : 철도안전에 관한 정보의 종합관리를 위한 정보체
　　계에 따라 확인할 수 있는 경우
⑥ 시험 일시 및 장소 공고
한국교통안전공단은 관제자격증명시험 응시원서 접수마감 7일 이내에 한국교
통안전공단 게시판 또는 인터넷 홈페이지 등에 공고

(7) 관제자격증명서의 재발급

① 재발급 사유 : 관제자격증명서를 잃어버렸거나 헐거나 훼손되어 못 쓰게 된 때
② 재발급신청서에 첨부서류
　⑦ 관제자격증명서(헐거나 훼손되어 못 쓰게 된 경우만 제출)
　⑭ 분실사유서(분실한 경우만 제출)
　⑭ 증명사진
③ 제출장소 : 한국교통안전공단

(8) 관제자격증명의 갱신

① 관제자격증명의 유효기간 : 10년
② 유효기간 이후에도 그 관제자격증명의 효력을 유지하려는 경우
　⑦ 관제자격증명의 효력 유지·정지·상실
　　ⓐ 관제자격증명의 유효기간 만료 전에 **국토교통부령**으로 정하는 바에 따
　　라 관제자격증명의 갱신을 받아야 한다
　　ⓑ 관제자격증명의 효력 정지
　　관제자격증명의 갱신을 받지 않은 경우에는 관제자격증명의 유효기간
　　이 만료되는 날의 다음 날부터 그 관제자격증명의 효력 정지

ⓒ 관제자격증명의 효력의 실효(상실)

관제자격증명의 효력이 정지된 사람이 6개월의 범위에서 **대통령령**으로
정하는 기간(6개월) 내에 관제자격증명의 갱신을 신청하여 관제자격증
명의 갱신을 받지 아니하면 그 기간이 만료되는 날의 다음 날부터 그
관제자격증명은 효력을 잃는다

㉯ 관제자격증명 갱신신청서 제출기한 : 유효기간 만료일 전 6개월 이내

㉰ 갱신 받은 관제자격증명의 유효기간

종전 관제자격증명 유효기간의 만료일 다음 날부터 기산

㉱ 관제자격증명 갱신 안내 통지(**국토교통부령**)

ⓐ 한국교통안전공단은 관제자격증명의 유효기간 만료일 6개월 전까지 해
당 관제자격증명 취득자에게 관제자격증명 갱신에 관한 내용 통지

ⓑ 한국교통안전공단은 관제자격증명의 효력이 정지된 사람이 있는 때에는
해당 관제자격증명의 효력이 정지된 날부터 30일 이내에 해당 관제자격
증명 취득자에게 통지

ⓒ 통지를 받을 사람의 주소 등을 통상적인 방법으로 확인할 수 없거나 통
지서를 송달할 수 없는 경우에는 한국교통안전공단 게시판 또는 인터넷
홈페이지에 14일 이상 공고함으로써 통지에 갈음

③ 관제자격증명서를 갱신하여 발급 가능한 경우(갱신신청 조건)

㉮ 철도차량의 관제업무에 종사한 경력이 있는 경우

ⓐ 경력 기한 : 관제자격증명의 갱신을 신청하는 날 전 10년 이내

ⓑ 경력 기간

㉠ **국토교통부령**으로 정하는 관제업무에 종사한 경력

(유효기간 내에 6개월 이상 관제업무에 종사한 경력)

㉡ **국토교통부령**으로 정하는 바에 따라 이와 같은 수준 이상의 경력이
있다고 인정되는 경우

㉠ 관제교육훈련기관에서의 관제교육훈련업무에 2년 이상 종사한
경력

㉡ 철도운영자등에게 소속되어 관제업무종사자를 지도 · 교육 · 관
리하거나 감독하는 업무에 2년 이상 종사한 경력

㉯ **국토교통부령**으로 정하는 교육훈련을 받은 경우

관제교육훈련기관이나 철도운영자등이 실시한 관제업무에 필요한 교육훈
련을 관제자격증명 갱신신청일 전까지 40시간 이상 받은 경우

④ 관제자격증명의 효력 실효자의 재취득

   ㉮ **대통령령**으로 정하는 바에 따라 그 절차의 일부를 면제할 수 있다

   ㉯ 재취득시 절차의 일부면제

      ⓐ 실효된 관제자격증명과 동일한 관제자격증명 재취득 기한

        관제자격증명이 실효된 날부터 3년 이내

      ⓑ 일부면제

        ㉠ 갱신신청 조건을 갖춘 경우

          관제 교육훈련과 관제자격증명시험 중 학과시험 면제

        ㉡ 갱신신청 조건을 갖추지 않은 경우

          관제 교육훈련 면제

(9) 관제자격증명의 취소 · 정지 처분

① 처분권자 : 국토교통부장관

② 절대적 취소 (취소하여야 한다)

   ㉮ 거짓이나 그 밖의 부정한 방법으로 관제자격증명을 취득하였을 때

   ㉯ 관제지격증명의 결격사유 중 다음에 해당하게 되었을 때

      ⓐ 관제 업무상의 위험과 장해를 일으킬 수 있는 정신질환자 또는 뇌전증 환자로서 대통령령으로 정하는 사람

        * 대통령령 : 해당 분야 전문의가 정상적인 관제업무를 할 수 없다고 인정하는 사람

      ⓑ 관제업무상의 위험과 장해를 일으킬 수 있는 약물(마약류 및 환각물질) 또는 알코올 중독자로서 대통령령으로 정하는 사람

        * 대통령령 : 해당 분야 전문의가 정상적인 관제업무를 할 수 없다고 인정하는 사람

      ⓒ 두 귀의 청력 또는 두 눈의 시력을 완전히 상실한 사람

   ㉰ 관제자격증명의 효력정지 기간 중에 관제업무를 수행하였을 때

   ㉱ 관제자격증명서를 다른 사람에게 빌려주었을 때

③ 재량적 취소 또는 효력정지

관제자격증명을 취소하거나 1년 이내의 기간을 정하여 관제자격증명의 효력을 정지시킬 수 있는 경우

   ㉮ 관제업무 수행 중 고의 또는 중과실로 철도사고의 원인을 제공하였을 때

   ㉯ 관제업무종사자의 준수사항을 위반하였을 때

ⓒ 술을 마시거나 약물을 사용한 상태에서 관제업무를 수행하였을 때

ⓒ 술을 마시거나 약물을 사용한 상태에서 관제업무를 하였다고 인정할 만한 상당한 이유가 있음에도 불구하고 국토교통부장관 또는 시·도지사의 확인 또는 검사를 거부하였을 때

④ 관제자격증명의 취소 및 효력정지의 세부내용

㉮ 관제자격증명의 취소 및 효력정지 처분의 세부기준 및 절차는 그 위반의 유형 및 정도에 따라 **국토교통부령**으로 정한다 (별표18)

㉯ 국토교통부장관은 **국토교통부령**으로 정하는 바에 따라 관제자격증명의 발급, 갱신, 취소 등에 관한 자료를 유지·관리하여야 한다
(관제자격증명서 발급대장에 기록하고 유지·관리)

(10) 관제자격증명 관련 세부사항

① 관제자격증명서의 대여 등 금지

㉮ 관제자격증명서를 다른 사람에게 빌려주거나 빌리거나

㉯ 이를(빌려주거나 빌리거나 하는 행위) 알선하여서는 아니 된다.

② 관제업무 실무수습

㉮ 실무수습 실시자 : 철도운영자등

㉯ 관제업무에 종사하려는 사람은 **국토교통부령**으로 정하는 바에 따라 실무수습을 이수하여야 한다

㉰ 실무수습 계획 수립 시행

ⓐ 철도운영자등은 관제업무 실무수습의 항목 및 교육시간 등에 관한 실무수습 계획을 수립하여 시행 (교통안전공단에 계획수립 내용 통보)

ⓑ 총 실무수습 시간 : 100시간 이상

㉱ 실무수습 이수 내용(항목)

ⓐ 관제업무를 수행할 구간의 철도차량 운행의 통제·조정 등에 관한 관제업무 실무수습

ⓑ 관제업무 수행에 필요한 기기 취급방법 및 비상 시 조치방법 등에 대한 관제업무 실무수습

㉲ 관제업무 실무수습의 관리

ⓐ 철도운영자등은 관제업무종사자 실무수습 관리대장에 관제업무 실무수습을 받은 구간 등을 기록하고 그 내용을 한국교통안전공단에 통보

ⓑ 철도운영자등은 관제업무 실무수습을 받은 구간 외의 다른 구간에서 관제업무를 수행하게 하여서는 아니 된다

③ 철도경영자등이 무자격자에게 관제업무에 종사시키지 않아야 하는 경우

㉮ 관제자격증명을 받지 아니하거나

㉯ 관제자격증명이 취소되거나

㉰ 관제자격증명의 효력이 정지된 경우

㉱ 실무수습을 이수하지 아니한 사람

♣ 관제업무의 실무수습 (교육훈련지침)

1. 실무수습의 평가

　1) 철도운영자등은 관제자격 취득자에 대한 실무수습을 종료하는 경우에는 다음의 항목이 포함된 평가를 실시하여 관제업무수행에 적합여부를 종합평가하여야 한다.

　　(a) 열차집중제어(CTC)장치 및 콘솔의 운용(시스템의 운용을 포함한 현장설비의 제어 및 감시능력 포함)

　　(b) 운행정리 및 작업의 통제와 관리(작업수행을 위한 협의, 승인 및 통제 포함)

　　(c) 규정, 절차서, 지침 등의 적용능력

　　(d) 각종 응용프로그램의 운용능력

　　(e) 각종 이례상황의 처리 및 운행정상화 능력(사고 및 장애의 수습과 운행정상화 업무포함)

　　(f) 작업의 통제와 이례상황 발생시 조치요령

　　(g) 기타 관제업무수행에 필요하다고 인정되는 사항

　2) 평가결과 운전업무 및 관제업무를 수행하기에 부적합 하다고 판단되는 경우에는 재교육 및 재평가를 실시하여야 한다.

2. 관제업무수행에 필요한 실무수습을 담당할 수 있는 자의 자격기준

　1) 관제업무경력이 있는 자로서 철도운영자등에 소속되어 관제업무종사자를 지도·교육·관리 또는 감독하는 업무를 하는 자

　2) 관제업무 경력이 5년 이상인 자

　3) 관제업무경력이 있는 자로서 전문교육을 1월 이상 받은 자

　4) 관제업무경력이 있는 자로서 철도운영자등으로부터 관제업무 실무수습을 담당할 수 있는 능력이 있다고 인정받은 자

2 운전업종사자 등의 관리

(1) 신체검사와 적성검사 시행

① 검사 의무

철도차량 운전·관제업무 등 **대통령령**으로 정하는 업무에 종사하는 철도종사자는 정기적으로 신체검사와 적성검사를 받아야 한다.

② 신체검사·적성검사 대상자

㉮ 운전업무종사자

㉯ 관제업무종사자

㉰ 정거장에서 철도신호기·선로전환기 및 조작판 등을 취급하는 업무를 수행하는 사람

③ 신체검사·적성검사의 시기, 방법 및 합격기준 등에 관하여 필요한 사항은 **국토교통부령**으로 정한다

(2) 신체검사

① 신체검사의 종류

㉮ 최초검사 : 해당 업무를 수행하기 전에 실시하는 신체검사

㉯ 정기검사 : 최초검사를 받은 후 2년마다 실시하는 신체검사

㉰ 특별검사 : 철도종사자가 철도사고등을 일으키거나 질병 등의 사유로 해당 업무를 적절히 수행하기가 어렵다고 철도운영자등이 인정하는 경우에 실시하는 신체검사

② 최초검사의 생략(대체)

㉮ 대상자 : 운전업무종사자 또는 관제업무종사자

㉯ 최초검사 대체

운전면허의 신체검사 또는 관제자격증명의 신체검사를 받은 날에 최초검사를 받은 것으로 본다

㉰ 단, 신체검사를 받은 날부터 2년 이상이 지난 후에 운전업무나 관제업무에 종사하는 사람은 최초검사를 받아야 한다

③ 정기검사 유효기간

㉮ 정기검사 실시 주기

최초검사나 정기검사를 받은 날부터 2년이 되는 날(신체검사 유효기간 만료일) 전 3개월 이내에 실시

㉯ 정기검사의 유효기간 기산

신체검사 유효기간 만료일의 다음날부터 기산

㉰ 신체검사의 합격기준 : (별표3의 2호)

(3) 적성검사

① 적성검사의 종류

㉮ 최초검사 : 해당 업무를 수행하기 전에 실시하는 적성검사

㉯ 정기검사 : 최초검사를 받은 후 10년(50세 이상인 경우에는 5년)마다 실시하는 적성검사

㉰ 특별검사 : 철도종사자가 철도사고등을 일으키거나 질병 등의 사유로 해당 업무를 적절히 수행하기 어렵다고 철도운영자등이 인정하는 경우에 실시하는 적성검사

② 최초검사의 생략(대체)

㉮ 대상자 : 운전업무종사자 또는 관제업무종사자

㉯ 최초검사 대체

운전적성검사 또는 관제적성검사를 받은 날에 최초검사를 받은 것으로 본다

㉰ 단, 운전적성검사 또는 관제적성검사를 받은 날부터 10년(50세 이상인 경우에는 5년) 이상이 지난 후에 운전업무나 관제업무에 종사하는 사람은 최초검사를 받아야 한다

③ 적성검사의 유효기간

㉮ 정기검사 실시주기

최초검사나 정기검사를 받은 날부터 10년(50세 이상인 경우에는 5년)이 되는 날(적성검사 유효기간 만료일) 전 12개월 이내에 실시

㉯ 정기검사의 유효기간 기산

적성검사 유효기간 만료일의 다음날부터 기산

㉰ 적성검사의 합격기준 : (별표19)

〈운전업무종사자의 적성검사 항목 및 불합격기준〉

검사 대상	검사 주기	검사항목		불합격기준
		문답형검사	반응형 검사	
운전업무 종사자	정기 검사	• 인성 －일반성격 －안전성향 －스트레스	• 주의력 －복합기능　－선택주의 －지속주의 • 인식 및 기억력	• 문답형 검사항목 중 안전성향 검사에서 부적합으로 판정된 사람

		–시각변별 –공간지각 • 판단 및 행동력 : 민첩성	• 반응형 검사 항목 중 부적합(E등급)이 2개 이상인 사람
특별 검사	• 인성 –일반성격 –안전성향 –스트레스	• 주의력 –복합기능 –선택주의 –지속주의 • 인식 및 기억력 –시각변별 –공간지각 • 판단 및 행동력 –추론 –민첩성	• 문답형 검사항목 중 안전성향 검사에서 부적합으로 판정된 사람 • 반응형 검사 항목 중 부적합(E등급)이 2개 이상인 사람

1. 문답형 검사 판정은 적합 또는 부적합으로 한다.
2. 반응형 검사 점수 합계는 70점으로 한다. 다만, 정기검사와 특별검사는 검사항목별 등급으로 평가한다.
3. 특별검사의 복합기능(운전) 및 시각변별(관제/신호) 검사는 시뮬레이터 검사기로 시행한다.
4. 안전성향검사는 전문의(정신건강의학) 진단결과로 대체 할 수 있으며, 부적합 판정을 받은 자에 대해서는 당일 1회에 한하여 재검사를 실시하고 그 재검사결과를 최종적인 검사결과로 할 수 있다.

(4) 불합격자 처리

① 신체검사·적성검사에 불합격자 조치

철도운영자등은 신체검사·적성검사에 불합격하였을 때에는 그 업무에 종사하게 하여서는 아니 된다

② 적성검사의 재검사 제한기간

㉮ 적성검사에 불합격한 사람 : 검사일부터 3개월

㉯ 적성검사 과정에서 부정행위를 한 사람 : 검사일부터 1년

③ 신체검사·적성검사의 위탁

철도운영자등은 신체검사와 적성검사를 신체검사 실시 의료기관 및 운전적성검사기관·관제적성검사기관에 각각 위탁할 수 있다

3 철도종사자에 대한 안전 및 직무교육

(1) 철도안전에 관한 교육 실시

① 교육실시자

㉮ 철도운영자등

㉯ 철도운영자등과의 계약에 따라 철도운영이나 철도시설 등의 업무에 종사하는 사업주

② 교육대상자 : 자신이 고용하고 있는 철도종사자

  ㉮ 철도종사자중 대상자

    ⓐ 운전업무종사자 ⓑ 관제업무종사자 ⓒ 여객승무원 ⓓ 여객역무원

  ㉯ 안전운행 또는 질서유지 철도종사자 중 대상자

    ⓐ 철도차량의 운행선로 또는 그 인근에서 철도시설의 건설 또는 관리와 관련된 작업의 현장감독업무를 수행하는 사람

    ⓑ 철도시설 또는 철도차량을 보호하기 위한 순회점검업무 또는 경비업무를 수행하는 사람

    ⓒ 정거장에서 철도신호기·선로전환기 또는 조작판 등을 취급하거나 열차의 조성업무를 수행하는 사람

    ⓓ 철도에 공급되는 전력의 원격제어장치를 운영하는 사람

    ⓔ 철도차량 및 철도시설의 점검·정비 업무에 종사하는 사람

③ 교육내용 및 방법 : 정기적으로 철도안전에 관한 교육 실시

  ㉮ 교육방법 : 강의 및 실습의 방법

  ㉯ 교육시간 : 매 분기마다 6시간 이상 실시

  ㉰ 교육의 위탁 : 안전전문기관 등 안전업무에 관한 업무를 수행하는 전문기관에 위탁하여 실시할 수 있다

  ㉱ 철도종사자에 대한 안전교육의 내용 (별표20)

교육대상	교육 내용	교육 방법
1. 철도 종사자 (철도로 운송하는 위험물을 취급하는 종사자는 제외한다)	가. 철도안전법령 및 안전관련 규정 나. 철도운전 및 관제이론 등 분야별 안전업무수행 관련 사항 다. 철도사고 사례 및 사고예방대책 라. 철도사고 및 운행장애 등 비상 시 응급조치 및 수습복구대책 마. 안전관리의 중요성 등 정신교육 바. 근로자의 건강관리 등 안전·보건관리에 관한 사항 사. 철도안전관리체계 및 철도안전관리시스템 　　(Safety Management System) 아. 위기대응체계 및 위기대응 매뉴얼 등	강의 및 실습
2. 위험물을 취급하는 철도종사자	가. 제1호 가목부터 아목까지의 교육과목 나. 위험물 취급 안전 교육	강의 및 실습

④ 교육실시 여부 확인

  ㉮ 철도운영자등은 사업주의 안전교육 실시 여부를 확인하여야 하고

  ㉯ 확인 결과 사업주가 안전교육을 실시하지 아니한 경우 안전교육을 실시하도록 조치하여야 한다

(2) 철도 직무교육 실시

① 교육실시자 : 철도운영자등

② 교육대상자 : 자신이 고용하고 있는 철도종사자

㉮ 철도종사자중 대상자

ⓐ 운전업무종사자 ⓑ 관제업무종사자 ⓒ 여객승무원

㉯ 안전운행 또는 질서유지 철도종사자중 대상자

ⓐ 정거장에서 철도신호기·선로전환기 또는 조작판 등을 취급하거나 열차의 조성업무를 수행하는 사람

ⓑ 철도에 공급되는 전력의 원격제어장치를 운영하는 사람

ⓒ 철도차량 및 철도시설의 점검·정비 업무에 종사하는 사람

③ 교육방법 : 적정한 직무수행을 할 수 있도록 정기적으로 직무교육 실시

④ 교육대상자별 교육시간

㉮ 5년마다 35시간 이상 교육대상자

ⓐ 운전업무종사자 ⓑ 관제업무종사자 ⓒ 여객승무원 ⓓ 철도차량 점검, 정비업무 종사자

㉯ 5년마다 21시간 이상 교육대상자

ⓐ 정거장에서 철도신호기·선로전환기 또는 조작판 등 취급자

ⓑ 열차의 조성업무를 수행하는 사람

ⓒ 철도에 공급되는 전력의 원격제어장치를 운영하는 사람

ⓓ 철도시설의 점검·정비 업무에 종사하는 사람

⑤ 철도직무교육의 내용·시간·방법 : (별표22)

(3) 교육관련 세부내용

철도운영자등 및 사업주가 실시하여야 하는 교육의 대상, 내용 및 그 밖에 필요한 사항은 **국토교통부령**으로 정한다

♣ 철도종사자 안전교육 및 직무교육 (교육훈련지침)

1. 안전교육의 계획수립 등

  1) 철도운영자등은 매년 안전교육 계획을 수립하여야 한다.

  2) 철도운영자등은 안전교육 계획에 따라 안전교육을 성실히 수행하고, 교육의 성과를 확인할 수 있도록 평가를 실시하여야 한다.

2. 안전교육 실시 방법 등

  1) 철도운영자등이 실시해야 하는 안전교육의 종류와 방법

    (a) 집합교육 : 교육교재와 적절한 교육장비 등을 갖추고 실습 또는 시청각교육을 병행하여 실시

    (b) 원격교육 : 철도운영자등의 자체 전산망을 활용하여 실시

    (c) 현장교육 : 현장소속(근무장소를 포함한다)에서 교육교재, 실습장비, 안전교육 자료 등을 활용하여 실시

    (d) 위탁교육 : 교육훈련기관 등에 위탁하여 실시

2) 철도운영자등이 원격교육을 실시는 경우에는 다음에 해당하는 요건을 갖추어야 한다.

    (a) 교육시간에 상당하는 분량의 자료제공(1시간 학습 분량은 200자 원고지 20매 이상 또는 이와 동일한 분량의 자료)

    (b) 교육대상자가 전산망에 게시된 자료를 열람하고 필요한 경우 질의·응답을 할 수 있는 시스템

    (c) 교육자의 수강정보 등록(아이디, 비밀번호), 교육시작 및 종료시각, 열람여부 확인 등을 위한 관리시스템

3) 교육훈련기관이 교육을 실시하고자 하는 때에는 교육내용이 포함된 교육과목을 편성하여 교육목적을 효과적으로 달성할 수 있도록 하여야 한다.

4) 철도운영자등이 안전교육을 실시하는 경우 교육계획, 교육결과를 기록·관리하여야 한다.

5) 교육계획에는 교육대상, 인원, 교육시행자, 교육내용을 포함하여야 하고, 교육결과는 실제 교육받은 인원, 교육평가결과를 포함해야 한다. 다만, 원격교육 및 전산으로 관리하는 경우 전산기록을 그 결과로 한다.

3. 안전교육의 위탁

철도운영자등이 안전교육 대상자를 교육훈련기관에 위탁하여 교육을 실시한 때에는 당해 교육이수 시간을 당해연도에 실시하여야 할 교육시간으로 본다.

4. 철도종사자의 안전교육을 담당할 수 있는 사람의 자격기준

1) 실무수습 담당자의 자격기준을 갖춘 사람

2) 교육훈련기관 교수와 동등이상의 자격을 가진 사람

3) 철도운영자등이 정한 기준 및 절차에 따라 안전교육 담당자로 지정된 사람

5. 직무교육의 계획수립 등

1) 철도운영자등은 매년 직무교육 계획을 수립하여야 한다.

2) 철도운영자등은 직무교육 계획에 따라 직무교육을 성실히 수행하고, 교육의 성과를 확인할 수 있도록 평가를 실시하여야 한다.

6. 직무교육 실시 방법 등

1) 철도운영자등이 실시해야 하는 직무교육의 종류와 방법

    (a) 집합교육 : 교육교재와 적절한 교육장비 등을 갖추고 실습 또는 시청각교육을 병행하여 실시

ⓑ 원격교육 : 철도운영자등의 자체 또는 외부위탁 전산망을 활용하여 실시

ⓒ 부서별 직장교육 : 현장소속(근무장소를 포함한다)에서 교육교재, 실습장비, 안전교육 자료 등을 활용하여 실시

ⓓ 위탁교육 : 교육훈련기관·철도안전전문기관·정비교육훈련기관 등에 위탁하여 실시

2) 철도운영자등이 원격교육을 실시하는 경우에는 다음에 해당하는 요건을 갖추어야 한다.

ⓐ 교육시간에 상당하는 분량의 자료제공(1시간 학습 분량은 200자 원고지 20매 이상 또는 이와 동일한 분량의 자료)

ⓑ 교육대상자가 전산망에 게시된 자료를 열람하고 필요한 경우 질의·응답을 할 수 있는 시스템

ⓒ 교육자의 수강정보 등록(아이디, 비밀번호), 교육시작 및 종료시각, 열람여부 확인 등을 위한 관리시스템

3) 운전교육훈련기관 또는 관제교육훈련기관이 교육을 실시하고자 하는 때에는 교육내용이 포함된 교육과목을 편성하여 교육목적을 효과적으로 달성할 수 있도록 하여야 한다.

4) 철도운영자등이 직무교육을 실시하는 경우 교육계획, 교육결과를 기록·관리하여야 한다.

5) 교육계획에는 교육대상, 인원, 교육시행자, 교육내용을 포함하여야 하고, 교육결과에는 실제 교육받은 인원, 교육평가내용을 포함해야 한다. 다만, 원격교육 및 전산으로 관리하는 경우 전산기록을 그 결과로 한다.

7. 철도종사자의 직무교육 담당자의 자격기준

1) 실무수습 담당자의 자격기준을 갖춘 사람

2) 교육훈련기관 교수와 동등이상의 자격을 가진 사람

3) 철도운영자등이 정한 기준 및 절차에 따라 직무교육 담당자로 지정된 사람

4 철도차량정비기술자

(1) 철도차량정비기술자의 인정

① 인정 신청 및 인정

㉮ 인정자 : 국토교통부장관 (실무 : 한국교통안전공단)

㉯ 신청인 : 철도차량정비기술자로 인정을 받으려는 사람(등급변경 인정 포함)

㉰ 철도차량정비기술자 인정 신청서에 첨부서류

ⓐ 철도차량정비업무 경력확인서

ⓑ 국가기술자격증 사본

(자격별 경력점수에 포함되는 국가기술자격의 종목에 한정)

ⓒ 졸업증명서 또는 학위취득서(해당하는 사람에 한정)

ⓓ 사진

ⓔ 철도차량정비경력증(등급변경 인정 신청의 경우에 한정)

ⓕ 정비교육훈련 수료증(등급변경 인정 신청의 경우에 한정)

② 국토교통부장관은 신청인이 **대통령령**으로 정하는 자격, 경력 및 학력 등 철도
차량정비기술자의 인정 기준에 해당하는 경우에는 철도차량정비기술자로 인정
한다 (별표14)

㉮ 등급별 세부기준

등 급 구 분	역 량 지 수
1등급 철도차량정비기술자	80점 이상
2등급 철도차량정비기술자	60점 이상 80점 미만
3등급 철도차량정비기술자	40점 이상 60점 미만
4등급 철도차량정비기술자	10점 이상 40점 미만

㉯ 역량지수의 계산식

역량지수 = 자격별 경력점수 + 학력점수

ⓐ 자격별 경력점수

국가기술자격 구분	점수	국가기술자격 구분	점수
기술사 및 기능장	10점/년	기능사	6점/년
기 사	8점/년	국가기술자격증이 없는 경우	3점/년
산업기사	7점/년		

ⓑ 자격별 학력점수

학력 구분	점 수	
	철도차량정비 관련학과	철도차량정비 관련학과 외의 학과
석사 이상	25점	10점
학 사	20점	9점
전문학사(3년제)	15점	8점
전문학사(2년제)	10점	7점
고등학교 졸업	5점	

③ 철도차량정비경력증 발급

㉮ 국토교통부장관은 신청인을 철도차량정비기술자로 인정하면 철도차량정비기술자로서의 등급 및 경력 등에 관한 증명서(철도차량정비경력증)를 그 철도차량정비기술자에게 발급하여야 한다

㉯ 인정의 신청, 철도차량정비경력증의 발급 및 관리 등에 필요한 사항은 국토교통부령으로 정한다

㉰ 한국교통안전공단은 철도차량정비경력증의 발급(재발급 포함) 및 취소 현황을 매 반기의 말일을 기준으로 다음 달 15일까지 국토교통부장관에게 제출

(2) 철도차량정비기술자의 명의 대여금지

① 대여금지

㉮ 자기의 성명을 사용하여 다른 사람에게 철도차량정비 업무를 수행하게 하거나

㉯ 철도차량정비경력증을 빌려 주어서는 아니 된다

② 다른 사람 명의의 사용금지

㉮ 다른 사람의 성명을 사용하여 철도차량정비 업무를 수행하거나

㉯ 다른 사람의 철도차량정비경력증을 빌려서는 아니 된다

③ 알선 금지

누구든지 위의 ①항이나 ②항에서 금지된 행위를 알선해서는 아니 된다

(3) 철도차량정비 기술교육훈련

① 철도차량정비기술자의 정비교육훈련 의무

㉮ 철도차량정비기술자는 업무 수행에 필요한 소양과 지식을 습득하기 위하여 **대통령령**으로 정하는 바에 따라 국토교통부장관이 실시하는 교육·훈련(정비교육훈련)을 받아야 한다

㉯ 철도차량정비기술자가 철도차량정비기술자의 상위 등급으로 등급변경의 인정을 받으려는 경우 정비교육훈련을 받아야 한다

② 정비교육훈련 실시기준

㉮ 교육내용 및 교육방법

철도차량정비에 관한 법령, 기술기준 및 정비기술 등 실무에 관한 이론 및 실습 교육

㉯ 교육시간 : 철도차량정비업무의 수행기간 5년마다 35시간 이상

㉰ 위 기준 외에 정비교육훈련에 필요한 구체적인 사항은 **국토교통부령**으로 정한다

③ 정비교육훈련의 실시시기 및 시간 등 : (별표21)

교육훈련 시기	교육훈련시간
기존에 정비 업무를 수행하던 철도차량 차종이 아닌 새로운 철도차량 차종의 정비에 관한 업무를 수행하는 경우 그 업무를 수행하는 날부터 1년 이내	35시간 이상
철도차량정비업무의 수행기간 5년 마다	35시간 이상

1. 위 표에 따른 35시간 중 인터넷 등을 통한 원격교육은 10시간의 범위에서 인정할 수 있다
2. 정비교육훈련은 강의·토론 등으로 진행하는 이론교육과 철도차량정비 업무를 실습하는 실기교육으로 시행하되, 실기교육을 30% 이상 포함해야 한다

♣ 철도차량정비기술자의 교육훈련 등 (교육훈련지침)

1. 교육훈련 대상자의 선발 등
   1) 정비교육훈련기관은 교육생 선발기준을 마련하고 그 기준에 적합하게 대상자를 선발하여야 한다.
   2) 정비교육훈련기관은 교육생을 선발할 경우에는 교육인원, 교육일시 및 장소 등에 관하여 미리 알려야 한다.
2. 교육의 신청 등
   1) 정비교육훈련을 받고자 하는 사람은 정비교육훈련기관에 철도차량정비기술자 교육훈련 신청서를 제출하여야 한다. 다만, 정비교육훈련기관은 자신이 소속되어 있는 철도운영자 소속의 종사자에게 교육훈련을 시행하는 경우 교육훈련 신청 절차를 따로 정할 수 있다.
   2) 교육훈련 대상자로 선발된 사람은 교육훈련을 개시하기 전까지 정비교육훈련기관에 등록 하여야 한다. 다만, 정비교육훈련기관은 자신이 소속되어 있는 철도운영자 소속의 종사자에게 교육훈련을 시행하는 경우 등록 절차를 따로 정할 수 있다.
3. 정비교육훈련의 교육과목 및 내용

교육과목	교육내용	교육방법
철도안전 및 철도차량 일반	철도차량정비기술자로서 철도안전 및 철도차량에 대한 기본적인 개념과 지식을 함양하여 실무에 적용할 수 있는 능력을 배양 • 철도 및 철도안전관리 일반 • 철도안전법령 및 행정규칙(한, 차량분야) • 철도차량 시스템 일반 • 철도차량 기술기준(한, 해당차종) • 철도차량 정비 규정 및 지침, 절차 • 철도차량 정비 품질관리 등 • 그 밖에 정비교육훈련기관이 정하는 사항	강의 및 토의
차량정비 계획 및 실습	철도차량 정비계획 수립에 대한 지식과 유지보수장비 운용에 대한 지식을 함양하고 실제상황에서 운용할 수 있는 능력 배양 • 철도차량 유지보수 계획수립	강의 및 실습

	• 철도차량 보수품 관리 • 철도차량 검수설비 및 장비 관리 • 철도차량 신뢰성 관리 • 그 밖에 정비교육훈련기관이 정하는 사항	
차량정비 실무 및 관리	철도차량 유지보수에 대한 세부 지식을 함양하고 실제 적용할 수 있는 능력을 배양 • 철도차량 엔진장치 유지보수 • 철도차량 전기제어장치 유지보수 • 철도차량 전동 발전기 유지보수 • 철도차량 운전실장치 유지보수 • 철도차량 대차장치 유지보수 • 철도차량 공기제동장치 유지보수 • 철도차량 동력전달장치 유지보수 • 철도차량 차체장치 유지보수 • 철도차량 성능시험 • 그 밖에 정비교육훈련기관이 정하는 사항	강의 및 실습
철도차량 고장 분석 및 비상시 조치 등	철도차량 정비와 관련한 고장(장애) 사례 및 비상시 조치에 대한 지식을 함양하고 실제 적용할 수 있는 능력을 배양 • 고장(장애)사례 분석 • 사고복구 절차 • 철도차량 응급조치 요령 • 철도차량 고장탐지 및 조치 • 그 밖에 정비교육훈련기관이 정하는 사항	강의 및 토의

4. 교육방법 등

  1) 정비교육훈련기관은 철도차량정비기술자에 대한 교육을 실시하고자 하는 경우 교육내용이 포함된 교육과목을 편성하고 전문인력을 배치하여 교육목적을 효과적으로 달성할 수 있도록 하여야 한다.

  2) 정비교육훈련기관은 교육을 실시하는 경우에는 평가에 관한 기준을 마련하여 교육훈련을 종료할 때 평가를 하여야 한다.

  3) 정비교육훈련기관은 교육운영에 관한 기준 등 세부사항을 정하고 그 기준에 맞게 운영하여야 한다.

  4) 정비교육훈련기관은 교육훈련을 실시하여 수료자에 대하여는 철도차량정비기술자 교육훈련관리대장에 기록하고 유지·관리하여야 한다.

  5) 그 밖의 교육훈련의 순서 및 교육운영기준 등 세부사항은 교육훈련시행자가 정하여야 한다.

    ④ 정비교육훈련기관 지정

      ㉮ 국토교통부장관은 철도차량정비기술자를 육성하기 위하여 철도차량정비 기술에 관한 전문 교육훈련기관(정비교육훈련기관)을 지정하여 정비교육훈련을 실시하게 할 수 있다

ⓝ 정비교육훈련기관의 지정기준 및 절차 등에 필요한 사항은 **대통령령**으로 정한다

    ⓐ 정비교육훈련기관의 지정기준

        ㉠ 정비교육훈련 업무 수행에 필요한 상설 전담조직을 갖출 것

        ㉡ 정비교육훈련 업무를 수행할 수 있는 전문인력을 확보할 것

        ㉢ 정비교육훈련에 필요한 사무실, 교육장 및 교육장비를 갖출 것

        ㉣ 정비교육훈련기관의 운영 등에 관한 업무규정을 갖출 것

    ⓑ 정비교육훈련기관의 지정을 위한 심사 및 지정여부 결정

        ㉠ 지정기준을 갖추었는지 여부

        ㉡ 철도차량정비기술자의 수급 상황 등을

        ㉢ 종합적으로 심사한 후 지정여부 결정

    ⓒ 정비교육훈련기관을 지정한 때에는 다음사항을 관보에 고시

        ㉠ 정비교육훈련기관의 명칭 및 소재지

        ㉡ 대표자의 성명

        ㉢ 그 밖에 정비교육훈련에 중요한 영향을 미친다고 국토교통부장관이 인정하는 사항

ⓓ 기정기준 및 절차 등에 관한 세부적 사항은 **국토교통부령**으로 정한다

    ⓐ 정비교육훈련기관의 세부 지정기준 : (별표23)

    ⓑ 국토교통부장관은 정비교육훈련기관이 정비교육훈련기관의 지정기준에 적합한지의 여부를 2년마다 심사해야 한다

ⓡ 정비교육훈련기관의 준수사항

    ⓐ 정당한 사유 없이 정비교육훈련 업무를 거부하여서는 아니 되고

    ⓑ 거짓이나 그 밖의 부정한 방법으로 정비교육훈련 수료증을 발급하여서는 아니 된다

ⓜ 정비교육훈련기관의 변경사항 통지

    ⓐ 정비교육훈련기관은 지정내용이 변경된 때에는 그 사유가 발생한 날부터 15일 이내에 국토교통부장관에게 그 내용을 통지

    ⓑ 국토교통부장관은 통지를 받은 때에는 그 내용을 관보에 고시

⑤ 정비교육훈련기관 지정신청서에 첨부하는 서류

  ㉮ 정비교육훈련계획서(정비교육훈련평가계획 포함)

  ㉯ 정비교육훈련기관 운영규정

ⓓ 정관이나 이에 준하는 약정(법인 및 단체에 한정)

ⓔ 정비교육훈련을 담당하는 강사의 자격·학력·경력 등을 증명할 수 있는 서류 및 담당업무

ⓕ 정비교육훈련에 필요한 강의실 등 시설 내역서

ⓖ 정비교육훈련에 필요한 실습 시행 방법 및 절차

ⓗ 정비교육훈련기관에서 사용하는 직인의 인영(印影 : 도장 찍은 모양)

⑥ 정비교육훈련기관의 지정취소

㉮ 정비교육 훈련기관의 지정취소 및 업무정지의 기준 : (별표24)

위반사항		해당 법조문	처분기준			
			1차위반	2차위반	3차위반	4차위반
절대적 취소	1. 거짓이나 그 밖의 부정한 방법으로 지정을 받은 경우	법제15조의2 제1항제1호	지정 취소			
	2. 업무정지 명령을 위반하여 그 정지기간 중 정비교육훈련업무를 한 경우	법제15조의2 제1항제2호	지정 취소			
3. 법 제24조의4제3항에 따른 지정기준에 맞지 않은 경우		법제15조의2 제1항제3호	경고 또는 보완 명령	업무 정지 1개월	업무 정지 3개월	지정 취소
4. 법 제24조의4제4항을 위반하여 정당한 사유 없이 정비교육훈련업무를 거부한 경우		법제15조의2 제1항제4호	경고	업무 정지 1개월	업무 정지 3개월	지정 취소
5. 법 제24조의4제4항을 위반하여 거짓이나 그 밖의 부정한 방법으로 정비교육훈련 수료증을 발급한 경우		법제15조의2 제1항제5호	업무 정지 1개월	업무 정지 3개월	지정 취소	

㉯ 지정취소 또는 업무정지 처분의 통지 및 고시

국토교통부장관은 정비교육훈련기관의 지정을 취소하거나 업무정지의 처분을 한 경우에는 지체 없이 그 정비교육훈련기관에 지정기관 행정처분서를 통지하고 그 사실을 관보에 고시

(4) 철도차량정비기술자의 인정취소 및 정지 처분

① 처분권자 : 국토교통부장관

② 절대적 취소 (인정을 취소하여야 한다)

㉮ 거짓이나 그 밖의 부정한 방법으로 철도차량정비기술자로 인정받은 경우

㉯ 철도차량정비기술자의 인정 기준에 따른 자격기준에 해당하지 아니하게 된 경우

㉰ 철도차량정비 업무 수행 중 고의로 철도사고의 원인을 제공한 경우

③ 1년의 범위에서 철도차량정비기술자의 인정을 정지시킬 수 있는 경우

㉮ 다른 사람에게 철도차량정비경력증을 빌려 준 경우

㉯ 철도차량정비 업무수행중 중과실로 철도사고의 원인을 제공한 경우

〈철도안전법〉
제4장 철도시설 및 철도차량의 안전관리 : 맨 뒤편 별책으로 이동 정리

* 2021년부터 철도차량 운전면허 시험범위에서 제외되었습니다.

■ 철도안전법 시행령 [별표 14] 〈개정 2024.7.9.〉

철도차량정비기술자의 인정 기준(제21조의2 관련)

1. 철도차량정비기술자는 자격, 경력 및 학력에 따라 등급별로 구분하여 인정하되, 등급별 세부기준은 다음 표와 같다.

등급구분	역량지수	등급구분	역량지수
1등급 철도차량정비기술자	80점 이상	3등급 철도차량정비기술자	40점 이상 60점 미만
2등급 철도차량정비기술자	60점 이상 80점 미만	4등급 철도차량정비기술자	10점 이상 40점 미만

2. 제1호에 따른 역량지수의 계산식은 다음과 같다.

역량지수 = 자격별 경력점수 + 학력점수

가. 자격별 경력점수

국가기술자격 구분	점수	국가기술자격 구분	점수
기술사 및 기능장	10점/년	기능사	6점/년
기사	8점/년	국가기술자격증이 없는 경우	3점/년
산업기사	7점/년		

1) 철도차량정비기술자의 자격별 경력에 포함되는 「국가기술자격법」에 따른 국가기술자격의 종목은 국토교통부장관이 정하여 고시한다. 이 경우 둘 이상의 다른 종목 국가기술자격을 보유한 사람의 경우 그 중 점수가 높은 종목의 경력점수만 인정한다.
2) 경력점수는 다음 업무를 수행한 기간에 따른 점수의 합을 말하며, 마) 및 바)의 경력의 경우 100분의 50을 인정한다.
   가) 철도차량의 부품·기기·장치 등의 마모·손상, 변화 상태 및 기능을 확인하는 등 철도차량 점검 및 검사에 관한 업무
   나) 철도차량의 부품·기기·장치 등의 수리, 교체, 개량 및 개조 등 철도차량 정비 및 유지관리에 관한 업무
   다) 철도차량 정비 및 유지관리 등에 관한 계획수립 및 관리 등에 관한 행정업무
   라) 철도차량의 안전에 관한 계획수립 및 관리, 철도차량의 점검·검사, 철도차량에 대한 설계·기술검토·규격관리 등에 관한 행정업무
   마) 철도차량 부품의 개발 등 철도차량 관련 연구 업무 및 철도관련 학과 등에서의 강의 업무
   바) 그 밖에 기계설비·장치 등의 정비와 관련된 업무
3) 2)를 적용할 때 다음의 어느 하나에 해당하는 경력은 제외한다.
   가) 18세 미만인 기간의 경력(국가기술자격을 취득한 이후의 경력은 제외한다)
   나) 주간학교 재학 중의 경력(「직업교육훈련 촉진법」 제9조에 따른 현장실습계약에 따라 산업체에 근무한 경력은 제외한다)
   다) 이중취업으로 확인된 기간의 경력
   라) 철도차량정비업무 외의 경력으로 확인된 기간의 경력
4) 경력점수는 월 단위까지 계산한다. 이 경우 월 단위의 기간으로 산입되지 않는 일수의 합이 30일 이상인 경우 1개월로 본다.

나. 학력점수

학력 구분	점 수		학력 구분	점 수	
	철도차량정비 관련학과	철도차량정비 관련 학과 외의 학과		철도차량정비 관련학과	철도차량정비 관련 학과 외의 학과
석사 이상	25점	10점	전문학사(2년제)	10점	7점
학사	20점	9점	고등학교 졸업	5점	
전문학사(3년제)	15점	8점			

1) "철도차량정비 관련 학과"란 철도차량 유지보수와 관련된 학과 및 기계·전기·전자·통신 관련 학과를 말한다. 다만, 대상이 되는 학력점수가 둘 이상인 경우 그 중 점수가 높은 학력점수에 따른다.
2) 철도차량정비 관련 학과의 학위 취득자 및 졸업자의 학력 인정 범위는 다음과 같다.
   가) 석사 이상
     (1) 「고등교육법」에 따른 학교에서 철도차량정비 관련 학과의 석사 또는 박사 학위과정을 이수하고 졸업한 사람
     (2) 그 밖에 관계 법령에 따라 국내 또는 외국에서 (1)과 같은 수준 이상의 학력이 있다고 인정되는 사람
   나) 학사
     (1) 「고등교육법」에 따른 학교에서 철도차량정비 관련 학과의 학사 학위과정을 이수하고 졸업한 사람
     (2) 그 밖에 관계 법령에 따라 국내 또는 외국에서 (1)과 같은 수준의 학력이 있다고 인정되는 사람
   다) 전문학사(3년제)
     (1) 「고등교육법」에 따른 학교에서 철도차량정비 관련 학과의 전문학사 학위과정을 이수하고 졸업한 사람(철도차량정비 관련 학과의 학위과정 3년을 이수한 사람 포함)
     (2) 그 밖의 관계 법령에 따라 국내 또는 외국에서 (1)과 같은 수준의 학력이 있다고 인정되는 사람
   라) 전문학사(2년제)
     (1) 「고등교육법」에 따른 4년제 대학, 2년제 대학 또는 전문대학에서 2년 이상 철도차량정비 관련 학과의 교육과정을 이수한 사람
     (2) 그 밖에 관계 법령에 따라 국내 또는 외국에서 (1)과 같은 수준의 학력이 있다고 인정되는 사람
   마) 고등학교 졸업
     (1) 「초·중등교육법」에 따른 해당 학교에서 철도차량정비 관련 학과의 고등학교 과정을 이수하고 졸업한 사람
     (2) 그 밖에 관계 법령에 따라 국내 또는 외국에서 (1)과 같은 수준의 학력이 있다고 인정되는 사람
3) 철도차량정비 관련 학과 외의 학위 취득자 및 졸업자의 학력 인정 범위는 다음과 같다.
   가) 석사 이상
     (1) 「고등교육법」에 따른 학교에서 석사 또는 박사 학위과정을 이수하고 졸업한 사람
     (2) 그 밖에 관계 법령에 따라 국내 또는 외국에서 (1)과 같은 수준 이상의 학력이 있다고 인정되는 사람
   나) 학사
     (1) 「고등교육법」에 따른 학교에서 학사 학위과정을 이수하고 졸업한 사람
     (2) 그 밖에 관계 법령에 따라 국내 또는 외국에서 (1)과 같은 수준의 학력이 있다고 인정되는 사람
   다) 전문학사(3년제)
     (1) 「고등교육법」에 따른 학교에서 전문학사 학위과정을 이수하고 졸업한 사람(전문학사 학위과정 3년을 이수한 사람을 포함한다)
     (2) 그 밖의 관계 법령에 따라 국내 또는 외국에서 (1)과 같은 수준의 학력이 있다고 인정되는 사람
   라) 전문학사(2년제)
     (1) 「고등교육법」에 따른 4년제 대학, 2년제 대학 또는 전문대학에서 2년 이상 교육과정을 이수한 사람
     (2) 그 밖에 관계 법령에 따라 국내 또는 외국에서 (1)과 같은 수준의 학력이 있다고 인정되는 사람
   마) 고등학교 졸업
     (1) 「초·중등교육법」에 따른 해당 학교에서 고등학교 과정을 이수하고 졸업한 사람
     (2) 그 밖에 관계 법령에 따라 국내 또는 외국에서 (1)과 같은 수준의 학력이 있다고 인정되는 사람

■ 철도안전법 시행규칙 [별표 15] 〈개정 2023.1.18.〉

관제교육훈련의 과목 및 교육훈련시간(제38조의2제2항 관련)

1. 관제교육훈련의 과목 및 교육훈련시간

관제자격증명 종류	관제교육훈련 과목	교육훈련시간
가. 철도 관제자격 증명	• 열차운행계획 및 실습 • 철도관제(노면전차 관제를 포함한다) 시스템 운용 및 실습 • 열차운행선 관리 및 실습 • 비상 시 조치 등	360시간
나. 도시철도 관제자격증명	• 열차운행계획 및 실습 • 도시철도관제(노면전차 관제를 포함한다) 시스템 운용 및 실습 • 열차운행선 관리 및 실습 • 비상 시 조치 등	280시간

2. 관제교육훈련의 일부 면제

가. 법 제21조의7제1항제1호에 따라 「고등교육법」 제2조에 따른 학교에서 제1호에 따른 관제교육훈련 과목 중 어느 하나의 과목과 교육내용이 동일한 교과목을 이수한 사람에게는 해당 관제교육훈련 과목의 교육훈련을 면제한다. 이 경우 교육훈련을 면제받으려는 사람은 해당 교과목의 이수 사실을 증명할 수 있는 서류를 관제교육훈련기관에 제출하여야 한다

나. 법 제21조의7제1항제2호에 따라 철도차량의 운전업무 또는 철도신호기·선로전환기·조작판의 취급업무에 5년 이상의 경력을 취득한 사람에 대한 철도 관제자격증명 또는 도시철도 관제자격증명의 교육훈련시간은 105시간으로 한다. 이 경우 교육훈련을 면제받으려는 사람은 해당 경력을 증명할 수 있는 서류를 관제교육훈련기관에 제출하여야 한다.

다. 법 제21조의7제1항제3호에 따라 도시철도 관제자격증명을 취득한 사람에 대한 철도 관제자격증명의 교육훈련시간은 80시간으로 한다. 이 경우 교육 훈련을 면제받으려는 사람은 도시철도 관제자격증명서 사본을 관제교육훈련기관에 제출해야 한다.

■ 철도안전법 시행규칙 [별표 16] 〈개정 2024.4.9.〉

관제자격증명시험의 과목 및 합격기준 (제38조의7제2항 관련 및 제38조의9 관련)

1. 학과시험 및 실기시험 과목

관제자격증명 종류	학과시험 과목	실기시험 과목
가. 철도 　　관제자격증명	• 철도 관련 법 • 관제 관련 규정 • 철도시스템 일반 • 철도교통 관제 운영 • 비상 시 조치 등	• 열차운행계획 • 철도관제 시스템 운용 및 실무 • 열차운행선 관리 • 비상 시 조치 등
나. 도시철도 　　관제자격증명	• 철도 관련 법 • 관제 관련 규정 • 도시철도시스템 일반 • 도시철도교통 관제 운영 • 비상 시 조치 등	• 열차운행계획 • 도시철도관제 시스템 운용 및 실무 • 도시열차운행선 관리 • 비상 시 조치 등

비고

1. 위 표의 학과시험 과목란 및 실기시험 과목란의 "관제"는 노면전차 관제를 포함한다.

2. 위 표의 "철도 관련 법"은 「철도안전법」, 같은 법 시행령 및 시행규칙과 관련 지침을 포함한다.

3. "관제 관련 규정"은 「철도차량운전규칙」 또는 「도시철도운전규칙」, 이 규칙 제76조제4항에 따른 규정 등 철도교통 운전 및 관제에 필요한 규정을 말한다.

2. 시험의 일부 면제

가. 철도차량 운전면허 소지자: 제1호의 학과시험 과목 중 철도 관련 법 과목 및 철도·도시철도 시스템 일반 과목 면제

나. 도시철도 관제자격증명 취득자

　　1) 학과시험 과목: 제1호 가목의 철도 관제자격증명 학과시험 과목 중 철도 관련 법 과목 및 관제 관련 규정 과목 면제

　　2) 실기시험 과목: 제1호 가목의 철도 관제자격증명 학과시험 과목 중 열차운행계획, 철도관제시스템 운용 및 실무 과목 면제

3. 합격기준

가. 학과시험 합격기준: 과목당 100점을 만점으로 하여 시험 과목당 40점 이상(관제 관련 규정의 경우 60점 이상), 총점 평균 60점 이상 득점할 것

나. 실기시험의 합격기준: 시험 과목당 60점 이상, 총점 평균 80점 이상 득점할 것

■ 철도안전법 시행규칙 [별표 17] 〈신설 2022. 12. 19.〉

관제교육훈련기관의 세부 지정기준(제38조의5제1항 관련)

1. 인력기준
가. 자격기준

등급	학력 및 경력
책임 교수	1) 박사학위 소지자로서 철도교통에 관한 업무에 10년 이상 또는 철도교통관제 업무에 5년 이상 근무한 경력이 있는 사람 2) 석사학위 소지자로서 철도교통에 관한 업무에 15년 이상 또는 철도교통관제 업무에 8년 이상 근무한 경력이 있는 사람 3) 학사학위 소지자로서 철도교통에 관한 업무에 20년 이상 또는 철도교통관제 업무에 10년 이상 근무한 경력이 있는 사람 4) 철도 관련 4급 이상의 공무원 경력 또는 이와 같은 수준 이상의 자격 및 경력이 있는 사람 5) 대학의 철도교통관제 관련 학과에서 조교수 이상으로 재직한 경력이 있는 사람 6) 선임교수 경력이 3년 이상 있는 사람
선임 교수	1) 박사학위 소지자로서 철도교통에 관한 업무에 5년 이상 또는 철도교통관제 업무나 철도차량 운전 관련 업무에 3년 이상 근무한 경력이 있는 사람 2) 석사학위 소지자로서 철도교통에 관한 업무에 10년 이상 또는 철도교통관제 업무나 철도차량 운전 관련 업무에 5년 이상 근무한 경력이 있는 사람 3) 학사학위 소지자로서 철도교통에 관한 업무에 15년 이상 또는 철도교통관제 업무나 철도차량 운전 관련 업무에 8년 이상 근무한 경력이 있는 사람 4) 철도 관련 5급 이상의 공무원 경력 또는 이와 같은 수준 이상의 자격 및 경력이 있는 사람 5) 대학의 철도교통관제 관련 학과에서 전임강사 이상으로 재직한 경력이 있는 사람 6) 교수 경력이 3년 이상 있는 사람
교수	철도교통관제 업무에 1년 이상 또는 철도차량 운전업무에 3년 이상 근무한 경력이 있는 사람으로서 다음의 어느 하나에 해당하는 학력 및 경력을 갖춘 사람 1) 학사학위 소지자로서 철도교통관제사나 철도차량 운전업무수행자에 대한 지도교육 경력이 2년 이상 있는 사람 2) 전문학사 소지자로서 철도교통관제사나 철도차량 운전업무수행자에 대한 지도교육 경력이 3년 이상 있는 사람 3) 고등학교 졸업자로서 철도교통관제사나 철도차량 운전업무수행자에 대한 지도교육 경력이 5년 이상 있는 사람 4) 철도교통관제와 관련된 교육기관에서 강의 경력이 1년 이상 있는 사람

비고
1. 철도교통에 관한 업무란 철도운전·신호취급·안전에 관한 업무를 말한다.
2. 철도교통에 관한 업무 경력에는 책임교수의 경우 철도교통관제 업무 3년 이상, 선임교수의 경우 철도교통관제 업무 2년 이상이 포함되어야 한다.
3. 철도차량운전 관련 업무란 철도차량 운전업무수행자에 대한 안전관리·지도교육 및 관리감독 업무를 말한다.
4. 철도차량 운전업무나 철도교통관제 업무 수행경력이 있는 사람으로서 현장 지도교육의 경력은 운전업무나 관제업무 수행경력으로 합산할 수 있다.

나. 보유기준
1회 교육생 30명을 기준으로 철도교통관제 전임 책임교수 1명, 비전임 선임교수, 교수를 각 1명 이상 확보하여야 하며, 교육인원이 15명 추가될 때마다 교수 1명 이상을 추가로 확보하여야 한다. 이 경우 추가로 확보하여야 하는 교수는 비전임으로 할 수 있다.

2. 시설기준
가. 강의실: 면적 60㎡ 이상의 강의실을 갖출 것. 다만, 1㎡당 교육인원은 1명을 초과하지 아니하여야 한다.
나. 실기교육장
  1) 모의관제시스템을 설치할 수 있는 실습장을 갖출 것
  2) 30명이 동시에 실습할 수 있는 면적 90㎡ 이상의 컴퓨터지원시스템 실습장을 갖출 것
다. 그 밖에 교육훈련에 필요한 사무실·편의시설 및 설비를 갖출 것

3. 장비기준
가. 모의관제시스템

장 비 명	성능기준	보유기준
전 기능 모의관제시스템	· 제어용 서버 시스템 · 대형 표시반 및 Wall Controller 시스템 · 음향시스템 · 관제사 콘솔 시스템 · 교수제어대 및 평가시스템	1대 이상 보유

나. 컴퓨터지원교육시스템

장 비 명	성능기준	보유기준
컴퓨터지원교육시스템	· 열차운행계획 · 철도관제시스템 운용 및 실무 · 열차운행선 관리 · 비상 시 조치 등	관련 프로그램 및 컴퓨터 30대 이상 보유

비고 :
1. 컴퓨터지원교육시스템이란 컴퓨터의 멀티미디어 기능을 활용하여 관제교육훈련을 시행할 수 있도록 제작된 기본기능 모의관제시스템 및 이를 지원하는 컴퓨터시스템 일체를 말한다.
2. 기본기능 모의관제시스템이란 철도 관제교육훈련에 꼭 필요한 부분만을 제작한 시스템을 말한다.

4. 관제교육훈련에 필요한 교재를 갖출 것
5. 다음 각 목의 사항을 포함한 업무규정을 갖출 것
가. 관제교육훈련기관의 조직 및 인원 나. 교육생 선발에 관한 사항
다. 연간 교육훈련계획: 교육과정 편성, 교수인력의 지정 교과목 및 내용 등
라. 교육기관 운영계획 마. 교육생 평가에 관한 사항 바. 실습설비 및 장비 운용방안
사. 각종 증명의 발급 및 대장의 관리 아. 교수인력의 교육훈련 자. 기술도서 및 자료의 관리·유지
차. 수수료 징수에 관한 사항 카. 그 밖에 국토교통부장관이 관제교육훈련에 필요하다고 인정하는 사항

■ 철도안전법 시행규칙 [별표 18] 〈개정 2018.2.9.〉

관제자격증명의 취소 또는 효력정지 처분의 세부기준(제38조의18 관련)

위반사항 및 내용		근거 법조문	처분기준			
			1차위반	2차위반	3차위반	4차위반
1. 거짓이나 그 밖의 부정한 방법으로 관제자격증명을 취득한 경우		법 제21조의 11제1항제1호	자격증명 취소			
2. 법 제21조의4에서 준용하는 법 제11조제2호부터 제4호까지의 어느 하나에 해당하게 된 경우		법 제21조의 11제1항제2호	자격증명 취소			
3. 관제자격증명의 효력정지기간 중에 관제업무를 수행한 경우		법 제21조의 11제1항제3호	자격증명 취소			
4. 법 제21조의10을 위반하여 관제자격증명서를 다른 사람에게 대여한 경우		법 제21조의 11제1항제4호	자격증명 취소			
5. 관제업무 수행 중 고의 또는 중과실로 철도사고의 원인을 제공한 경우	사망자가 발생한 경우	법 제21조의 11제1항제5호	자격증명 취소			
	부상자가 발생한 경우		효력정지 3개월	자격증명 취소		
	1천만원 이상 물적 피해가 발생한 경우		효력정지 15일	효력정지 3개월	자격증명 취소	
6. 법 제40조의2제2항제1호를 위반한 경우		법 제21조의 11제1항제6호	효력정지 1개월	효력정지 2개월	효력정지 3개월	효력정지 4개월
7. 법 제40조의2제2항제2호를 위반한 경우		법 제21조의 11제1항제6호	효력정지 1개월	자격증명 취소		
8. 법 제41조제1항을 위반하여 술을 마신 상태(혈중 알코올농도 0.1퍼센트 이상)에서 관제업무를 수행한 경우		법 제21조의 11제1항제7호	자격증명 취소			
9. 법 제41조제1항을 위반하여 술을 마신 상태(혈중 알코올농도 0.02퍼센트 이상 0.1퍼센트 미만)에서 관제업무를 수행하다가 철도사고의 원인을 제공한 경우		법 제21조의 11제1항제7호	자격증명 취소			
10. 법 제41조제1항을 위반하여 술을 마신 상태(혈중 알코올농도 0.02퍼센트 이상 0.1퍼센트 미만)에서 관제업무를 수행한 경우(제9호의 경우는 제외한다)		법 제21조의 11제1항제7호	효력정지 3개월	자격증명 취소		
11. 법 제41조제1항을 위반하여 약물을 사용한 상태에서 관제업무를 수행한 경우		법 제21조의 11제1항제7호	자격증명 취소			
12. 법 제41조제2항을 위반하여 술을 마시거나 약물을 사용한 상태에서 관제업무를 하였다고 인정할 만한 상당한 이유가 있음에도 불구하고 국토교통부장관 또는 시·도지사의 확인 또는 검사를 거부한 경우		법 제21조의 11제1항제8호	자격증명 취소			

비고

1. 위반행위가 둘 이상인 경우로서 그에 해당하는 각각의 처분기준이 다른 경우에는 그 중 무거운 처분기준에 따르며, 위반행위가 둘 이상인 경우로서 그에 해당하는 각각의 처분기준이 같은 경우에는 무거운 처분기준의 2분의 1까지 가중할 수 있되, 각 처분기준을 합산한 기간을 초과할 수 없다.
2. 위반행위의 횟수에 따른 행정처분의 가중된 부과기준은 최근 1년간 같은 위반행위로 행정처분을 받은 경우에 적용한다. 이 경우 기간의 계산은 위반행위에 대하여 행정처분을 받은 날과 그 처분 후 다시 같은 위반행위를 하여 적발된 날을 기준으로 한다.
3. 비고 제2호에 따라 가중된 행정처분을 하는 경우 가중처분의 적용 차수는 그 위반행위 전 부과처분 차수(비고 제2호에 따른 기간 내에 행정처분이 둘 이상 있었던 경우에는 높은 차수를 말한다)의 다음 차수로 한다.

운전업무종사자등의 적성검사 항목 및 불합격기준(제41조제4항 관련)

검사대상		검사주기	검사항목		불합격기준
			문답형 검사	반응형 검사	
1. 영 제21조제1호의 운전업무종사자	고속철도차량 · 제1종 전기차량 · 제2종 전기차량 · 디젤차량 · 노면전차 · 철도장비 운전업무종사자	정기검사	·인성 －일반성격 －안전성향 －스트레스	·주의력 －복합기능 －선택주의 －지속주의 ·인식 및 기억력 －시각변별 －공간지각 ·판단 및 행동력 : 민첩성	·문답형 검사항목 중 안전성향 검사에서 부적합으로 판정된 사람 ·반응형 검사 항목 중 부적합(E등급)이 2개 이상인 사람
		특별검사	·인성 －일반성격 －안전성향 －스트레스	·주의력 －복합기능 －선택주의 －지속주의 ·인식 및 기억력 －시각변별 －공간지각 ·판단 및 행동력 －추론 －민첩성	·문답형 검사항목 중 안전성향 검사에서 부적합으로 판정된 사람 ·반응형 검사 항목 중 부적합(E등급)이 2개 이상인 사람
2. 영제21조제2호의 관제업무종사자		정기검사	·인성 －일반성격 －안전성향 －스트레스	·주의력 －복합기능 －선택주의 ·인식 및 기억력 －시각변별 －공간지각 －작업기억 ·판단 및 행동력 ; 민첩성	·문답형 검사항목 중 안전성향 검사에서 부적합으로 판정된 사람 ·반응형 검사 항목 중 부적합(E등급)이 2개 이상인 사람
		특별검사	·인성 －일반성격 －안전성향 －스트레스	·주의력 －복합기능 －선택주의 ·인식 및 기억력 －시각변별 －공간지각 －작업기억 ·판단 및 행동력 －추론 －민첩성	·문답형 검사항목 중 안전성향 검사에서 부적합으로 판정된 사람 ·반응형 검사 항목 중 부적합(E등급)이 2개 이상인 사람
3. 영제21조제3호의 정거장에서 철도신호기·선로전환기 및 조작판 등을 취급하는 업무를 수행하는 사람		최초검사	·인성 －일반성격 －안전성향	·주의력 －복합기능 －선택주의 ·인식 및 기억력 －시각변별 －공간지각 －작업기억 ·판단 및 행동력 －추론 －민첩성	·문답형 검사항목 중 안전성향 검사에서 부적합으로 판정된 사람 ·반응형 검사 평가점수가 30점 미만인 사람
		정기검사	·인성 －일반성격 －안전성향 －스트레스	·주의력 －복합기능 －선택주의 ·인식 및 기억력 －시각변별 －공간지각 －작업기억 ·판단 및 행동력 : 민첩성	·문답형 검사항목 중 안전성향 검사에서 부적합으로 판정된 사람 ·반응형 검사 항목 중 부적합(E등급)이 2개 이상인 사람
		특별검사	·인성 －일반성격 －안전성향 －스트레스	·주의력 －복합기능 －선택주의 ·인식 및 기억력 －시각변별 －공간지각 －작업기억 ·판단 및 행동력 －추론 －민첩성	·문답형 검사항목 중 안전성향 검사에서 부적합으로 판정된 사람 ·반응형 검사 항목 중 부적합(E등급)이 2개 이상인 사람

비고 :
1. 문답형 검사 판정은 적합 또는 부적합으로 한다.
2. 반응형 검사 점수 합계는 70점으로 한다. 다만, 정기검사와 특별검사는 검사항목별 등급으로 평가한다.
3. 특별검사의 복합기능(운전) 및 시각변별(관제/신호) 검사는 시뮬레이터 검사기로 시행한다.
4. 안전성향검사는 전문의(정신건강의학) 진단결과로 대체 할 수 있으며, 부적합 판정을 받은 자에 대해서는 당일 1회에 한하여 재검사를 실시하고 그 재검사 결과를 최종적인 검사결과로 할 수 있다.

■ 철도안전법 시행규칙 [별표 20] 〈개정 2023.12.20.〉

철도종사자에 대한 안전교육의 내용

(제41조의2제3항 관련)

교육 대상	교육 내용	교육방법
1. 철도종사자 (법 제44조의3 제1항에 따른 철도로 운송하는 위험물을 취급하는 종사자는 제외한다)	가. 철도안전법령 및 안전관련 규정 나. 철도운전 및 관제이론 등 분야별 안전업무수행 관련 사항 다. 철도사고 사례 및 사고예방대책 라. 철도사고 및 운행장애 등 비상 시 응급조치 및 수습복구대책 마. 안전관리의 중요성 등 정신교육 바. 근로자의 건강관리 등 안전·보건관리에 관한 사항 사. 철도안전관리체계 및 철도안전관리시스템 　(Safety Management System) 아. 위기대응체계 및 위기대응 매뉴얼 등	강의 및 실습
2. 위험물을 취급하는 철도종사자 (법 제44조의3 제1항에 따른 철도로 운송하는 위험물을 취급하는 종사자를 말한다)	가. 제1호 가목부터 아목까지의 교육과목 나. 위험물 취급 안전 교육	강의 및 실습

■ 철도안전법 시행규칙 [별표 21] 〈개정 2020.10.7.〉

정비교육훈련의 실시시기 및 시간 등(제42조의3 관련)

1. 정비교육훈련의 시기 및 시간

교육훈련 시기	교육훈련시간
기존에 정비 업무를 수행하던 철도차량 차종이 아닌 새로운 철도차량 차종의 정비에 관한 업무를 수행하는 경우 그 업무를 수행하는 날부터 1년 이내	35시간 이상
철도차량정비업무의 수행기간 5년 마다	35시간 이상

비고 : 위 표에 따른 35시간 중 인터넷 등을 통한 원격교육은 10시간의 범위에서 인정할 수 있다.

2. 정비교육훈련의 면제 및 연기

가. 「고등교육법」에 따른 학교, 철도차량 또는 철도용품 제작회사, 「과학기술분야 정부출연연구기관 등의 설립·운영 및 육성에 관한 법률」 등 관계법령에 따라 설립된 연구기관·교육기관 및 주무관청의 허가를 받아 설립된 학회·협회 등에서 철도차량정비와 관련된 교육훈련을 받은 경우 위 표에 따른 정비교육훈련을 받은 것으로 본다. 이 경우 해당 기관으로부터 교육과목 및 교육시간이 명시된 증명서(교육수료증 또는 이수증 등)를 발급 받은 경우에 한정한다.

나. 철도차량정비기술자는 질병·입대·해외출장 등 불가피한 사유로 정비교육훈련을 받아야 하는 기간까지 정비교육훈련을 받지 못할 경우에는 정비교육훈련을 연기할 수 있다. 이 경우 연기 사유가 없어진 날부터 1년 이내에 정비교육훈련을 받아야 한다.

3. 정비교육훈련은 강의·토론 등으로 진행하는 이론교육과 철도차량정비 업무를 실습하는 실기교육으로 시행하되, 실기교육을 30% 이상 포함해야 한다.

4. 그 밖에 정비교육훈련의 교육과목 및 교육내용, 교육의 신청 방법 및 절차 등에 관한 사항은 국토교통부장관이 정하여 고시한다.

■ 철도안전법 시행규칙 [별표 22] 〈신설 2020.10.7.〉

철도직무교육의 내용·시간·방법 등(제41조의3제2항 관련)

1. 철도직무교육의 내용 및 시간

가. 법 제2조제10호가목에 따른 운전업무종사자

교육내용	교육시간
1) 철도시스템 일반 2) 철도차량의 구조 및 기능 3) 운전이론 4) 운전취급 규정 5) 철도차량 기기취급에 관한 사항 6) 직무관련 기타사항 등	5년 마다 35시간 이상

나. 법 제2조제10호나목에 따른 관제업무 종사자

교육내용	교육시간
1) 열차운행계획 2) 철도관제시스템 운용 3) 열차운행선 관리 4) 관제 관련 규정 5) 직무관련 기타사항 등	5년 마다 35시간 이상

다. 법 제2조제10호다목에 따른 여객승무원

교육내용	교육시간
1) 직무관련 규정 2) 여객승무 위기대응 및 비상시 응급조치 3) 통신 및 방송설비 사용법 4) 고객응대 및 서비스 매뉴얼 등 5) 여객승무 직무관련 기타사항 등	5년 마다 35시간 이상

라. 영 제3조제4호에 따른 철도신호기·선로전환기·조작판 취급자

교육내용	교육시간
1) 신호관제 장치 2) 운전취급 일반 3) 전기·신호·통신 장치 실무 4) 선로전환기 취급방법 5) 직무관련 기타사항 등	5년 마다 21시간 이상

마. 영 제3조제4호에 따른 열차의 조성업무 수행자

교육내용	교육시간
1) 직무관련 규정 및 안전관리 2) 무선통화 요령 3) 철도차량 일반 4) 선로, 신호 등 시스템의 이해 5) 열차조성 직무관련 기타사항 등	5년 마다 21시간 이상

바. 영 제3조제5호에 따른 철도에 공급되는 전력의 원격제어장치 운영자

교육내용	교육시간
1) 변전 및 전차선 일반 2) 전력설비 일반 3) 전기·신호·통신 장치 실무 4) 비상전력 운용계획, 전력공급원격제어장치(SCADA) 5) 직무관련 기타사항 등	5년 마다 21시간 이상

사. 영 제3조제7호에 따른 철도차량 점검·정비 업무 종사자

교육내용	교육시간
1) 철도차량 일반 2)철도시스템 일반 3)「철도안전법」및 철도안전관리체계(철도차량 중심) 4) 철도차량 정비 실무 5) 직무관련 기타사항 등	5년 마다 35시간 이상

아. 영 제3조제7호에 따른 철도시설 중 전기·신호·통신 시설 점검·정비 업무 종사자

교육내용	교육시간
1) 철도전기,철도신호,철도통신일반 2)「철도안전법」및 철도안전관리체계(전기분야 중심) 3) 철도전기, 철도신호, 철도통신 실무 4) 직무관련 기타사항 등	5년 마다 21시간이상

자. 영 제3조제7호에 따른 철도시설 중 궤도·토목·건축 시설 점검·정비 업무 종사자

교육내용	교육시간
1) 궤도,토목,시설,건축일반 2)「철도안전법」및 철도안전관리체계(시설분야 중심) 3) 궤도, 토목, 시설, 건축 일반 실무 4) 직무관련 기타사항 등	5년 마다 21시간 이상

2. 철도직무교육의 주기 및 교육 인정 기준

가. 철도직무교육의 주기는 철도직무교육 대상자로 신규 채용되거나 전직된 연도의 다음 년도 1월 1일부터 매 5년이 되는 날까지로 한다. 다만, 휴직·파견 등으로 6개월 이상 철도직무를 수행하지 아니한 경우에는 철도직무의 수행이 중단된 연도의 1월 1일부터 철도직무를 다시 시작하게 된 연도의 12월 31일까지의 기간을 제외하고 직무교육의 주기를 계산한다.

나. 철도직무교육 대상자는 질병이나 자연재해 등 부득이한 사유로 철도직무교육을 제1호에 따른 기간 내에 받을 수 없는 경우에는 철도운영자등의 승인을 받아 철도직무교육을 받을 시기를 연기할 수 있다. 이 경우 철도직무교육 대상자가 승인받은 기간 내에 철도직무교육을 받은 경우에는 제1호에 따른 기간 내에 철도직무교육을 받은 것으로 본다.

다. 철도운영자등은 철도직무교육 대상자가 다른 법령에서 정하는 철도직무에 관한 교육을 받은 경우에는 해당 교육시간을 제1호에 따른 철도직무교육시간으로 인정할 수 있다.

라. 철도차량정비기술자가 법 제24조의4에 따라 받은 철도차량정비기술교육훈련은 위 표에 따른 철도직무교육으로 본다.

3. 철도직무교육의 실시방법

가. 철도운영자등은 업무현장 외의 장소에서 집합교육의 방식으로 철도직무교육을 실시해야 한다. 다만, 철도직무교육시간의 10분의 5의 범위에서 다음의 어느 하나에 해당하는 방법으로 철도직무교육을 실시할 수 있다.
　　1) 부서별 직장교육   2) 사이버교육 또는 화상교육 등 전산망을 활용한 원격교육

나. 가목에도 불구하고 재해·감염병 발생 등 부득이한 사유가 있는 경우로서 국토교통부장관의 승인을 받은 경우에는 철도직무교육시간의 10분의 5를 초과하여 가목1) 또는 2)에 해당하는 방법으로 철도직무교육을 실시할 수 있다.

다. 철도운영자등은 가목1)에 따른 부서별 직장교육을 실시하려는 경우에는 매년 12월 31일까지 다음 해에 실시될 부서별 직장교육 실시계획을 수립하여야 하고, 교육내용 및 이수현황 등에 관한 사항을 기록·유지해야 한다.

라. 철도운영자등은 필요한 경우 다음의 어느 하나에 해당하는 기관에게 철도직무교육을 위탁하여 실시할 수 있다.
　　1) 다른 철도운영자등의 교육훈련기관   2) 운전 또는 관제 교육훈련기관   3) 철도관련 학회·협회
　　4) 그 밖에 철도직무교육을 실시할 수 있는 비영리 법인 또는 단체

마. 철도운영자등은 철도직무교육시간의 10분의 3 이하의 범위에서 철도운영기관의 실정에 맞게 교육내용을 변경하여 철도직무교육을 실시할 수 있다.

바. 2가지 이상의 직무에 동시에 종사하는 사람의 교육시간 및 교육내용은 다음과 같이 한다.
　　1) 교육시간: 종사하는 직무의 교육시간 중 가장 긴 시간   2) 교육내용: 종사하는 직무의 교육내용 가운데 전부 또는 일부를 선택

4. 제1호부터 제3호까지에서 규정한 사항 외에 철도직무교육에 필요한 사항은 국토교통부장관이 정하여 고시한다.

■ 철도안전법 시행규칙 [별표 23] 〈개정 2024.11.22.〉

정비교육훈련기관의 세부 지정기준(제42조의4제1항 관련)

1. 인력기준
가. 자격기준

등급	학력 및 경력
책임교수	1) 1등급 철도차량정비경력증 소지자로서 철도교통에 관한 업무에 10년 이상 또는 철도차량정비에 관한 업무에 5년 이상 근무한 경력이 있는 사람 2) 2등급 철도차량정비경력증 소지자로서 철도교통에 관한 업무에 15년 이상 또는 철도차량정비에 관한 업무에 8년 이상 근무한 경력이 있는 사람 3) 3등급 철도차량정비경력증 소지자로서 철도교통에 관한 업무에 20년 이상 또는 철도차량정비에 관한 업무에 10년 이상 근무한 경력이 있는 사람 4) 철도 관련 4급 이상의 공무원 경력 또는 이와 같은 수준 이상의 자격 및 경력이 있는 사람 5) 대학의 철도차량정비 관련 학과에서 조교수 이상으로 재직한 경력이 있는 사람 6) 선임교수 경력이 3년 이상 있는 사람
선임교수	1) 1등급 철도차량정비경력증 소지자로서 철도교통에 관한 업무에 5년 이상 또는 철도차량정비에 관한 업무에 3년 이상 근무한 경력이 있는 사람 2) 2등급 철도차량정비경력증 소지자로서 철도교통에 관한 업무에 10년 이상 또는 철도차량정비에 관한 업무에 5년 이상 근무한 경력이 있는 사람 3) 3등급 철도차량정비경력증 소지자로서 철도교통에 관한 업무에 15년 이상 또는 철도차량정비에 관한 업무에 8년 이상 근무한 경력이 있는 사람 4) 철도 관련 5급 이상의 공무원 경력 또는 이와 같은 수준 이상의 자격 및 경력이 있는 사람 5) 대학의 철도차량정비 관련 학과에서 전임강사 이상으로 재직한 경력이 있는 사람 6) 교수 경력이 3년 이상 있는 사람
교수	1) 1등급 철도차량정비경력증 소지자로서 철도차량정비 업무에 근무한 경력이 있는 사람 2) 2등급 철도차량정비경력증 소지자로서 철도교통에 관한 업무에 5년 이상 또는 철도차량정비에 관한 업무에 3년 이상 근무한 경력이 있는 사람 3) 3등급 철도차량정비경력증 소지자로서 철도차량 정비업무수행자에 대한 지도교육 경력이 2년 이상 있는 사람 4) 4등급 철도차량정비경력증 소지자로서 철도차량 정비업무수행자에 대한 지도교육 경력이 3년 이상 있는 사람 5) 철도차량 정비와 관련된 교육기관에서 강의 경력이 1년 이상 있는 사람

1. "철도교통에 관한 업무"란 철도안전 · 기계 · 신호 · 전기에 관한 업무를 말한다.
2. 책임교수의 경우 철도차량정비에 관한 업무를 3년 이상, 선임교수의 경우 철도차량정비에 관한 업무를 2년 이상 수행한 경력이 있어야 한다.
3. "철도차량정비에 관한 업무"란 철도차량 정비업무의 수행, 철도차량 정비계획의 수립 · 관리, 철도차량 정비에 관한 안전관리 · 지도교육 및 관리 · 감독 업무를 말한다.
4. "철도차량정비 관련 학과"란 철도차량 유지보수와 관련된 학과 및 기계 · 전기 · 전자 · 통신 관련 학과를 말한다.
5. "철도관련 공무원 경력"이란 「국가공무원법」 제2조에 따른 공무원 신분으로 철도관련 업무를 수행한 경력을 말한다.

나. 보유기준

    1. 1회 교육생 30명을 기준으로 상시적으로 철도차량정비에 관한 교육을 전담하는 책임교수와 선임교수 및 교수를 각각 1명 이상 확보해야 하며, 교육인원이 15명 추가될 때마다 교수 1명 이상을 추가로 확보해야 한다. 이 경우 선임교수, 교수 및 추가로 확보해야 하는 교수는 비전임으로 할 수 있다.

    2. 1회 교육생이 30명 미만인 경우 책임교수 또는 선임교수 1명 이상을 확보해야 한다.

2. 시설기준

다음 각 목의 시설기준을 갖출 것. 다만, 운전교육훈련기관 또는 관제교육훈련기관이 정비교육훈련기관으로 함께 지정받으려는 경우 중복되는 시설기준을 추가로 갖추지 않을 수 있다.

가. 이론교육장 : 기준인원 30명 기준으로 면적 60㎡ 이상의 강의실을 갖추어야 하며, 기준인원 초과 시 1명마다 2㎡씩 면적을 추가로 확보해야 한다. 다만, 1회 교육생이 30명 미만인 경우 교육생 1명마다 2㎡ 이상의 면적을 확보해야 한다.

나. 실기교육장 : 교육생 1명마다 3㎡ 이상의 면적을 확보해야 한다. 다만, 교육훈련기관 외의 장소에서 철도차량 등을 직접 활용하여 실습하는 경우에는 제외한다.

다. 그 밖에 교육훈련에 필요한 사무실·편의시설 및 설비를 갖추어야 한다.

3. 장비기준

다음 각 목의 장비기준을 갖출 것. 다만, 운전교육훈련기관 또는 관제교육훈련기관이 정비교육훈련기관으로 함께 지정받으려는 경우 중복되는 장비기준을 추가로 갖추지 않을 수 있다.

가. 컴퓨터지원교육시스템

장 비 명	성능기준	보유기준
컴퓨터지원교육시스템	철도차량정비 관련 프로그램	1명당 컴퓨터 1대

비고 : 컴퓨터지원교육시스템이란 컴퓨터의 멀티미디어 기능을 활용하여 정비교육훈련을 시행할 수 있도록 지원하는 컴퓨터시스템 일체를 말한다.

4. 정비교육훈련에 필요한 교재를 갖추어야 한다.

5. 다음 각 목의 사항을 포함한 업무규정을 갖추어야 한다.

가. 정비교육훈련기관의 조직 및 인원

나. 교육생 선발에 관한 사항

다. 1년간 교육훈련계획 : 교육과정 편성, 교수 인력의 지정 교과목 및 내용 등

라. 교육기관 운영계획

마. 교육생 평가에 관한 사항

바. 실습설비 및 장비 운용방안

사. 각종 증명의 발급 및 대장의 관리

아. 교수 인력의 교육훈련

자. 기술도서 및 자료의 관리·유지

차. 수수료 징수에 관한 사항

카. 그 밖에 국토교통부장관이 정비교육훈련에 필요하다고 인정하는 사항

■ 철도안전법 시행규칙 [별표 24] 〈개정 2020. 10. 7.〉

정비교육훈련기관의 지정취소 및 업무정지의 기준(제42조의6제1항 관련)

1. 일반기준

가. 위반행위의 횟수에 따른 행정처분의 가중된 부과기준은 최근 1년간 같은 위반행위로 행정처분을 받은 경우에 적용한다. 이 경우 기간의 계산은 위반행위에 대하여 행정처분을 받은 날과 그 처분 후 다시 같은 위반행위를 하여 적발된 날을 기준으로 한다.

나. 비고 제1호에 따라 가중된 행정처분을 하는 경우 가중처분의 적용 차수는 그 위반행위 전 부과처분 차수(비고 제1호에 따른 기간 내에 행정처분이 둘 이상 있었던 경우에는 높은 차수를 말한다)의 다음 차수로 한다.

다. 위반행위가 둘 이상인 경우로서 그에 해당하는 각각의 처분기준이 다른 경우에는 그 중 무거운 처분기준(무거운 처분기준이 같을 때에는 그 중 하나의 처분기준을 말한다)에 따르며, 위반행위가 둘 이상인 경우로서 그에 해당하는 각각의 처분기준이 같은 경우에는 무거운 처분기준의 2분의 1까지 가중할 수 있되, 각 처분기준을 합산한 기간을 초과할 수 없다.

라. 처분권자는 위반행위의 동기·내용 및 위반의 정도 등 다음 각 목에 해당하는 사유를 고려하여 그 처분을 감경할 수 있다. 이 경우 그 처분이 업무정지인 경우에는 그 처분기준의 2분의 1의 범위에서 감경할 수 있고, 지정취소인 경우(거짓이나 그 밖의 부정한 방법으로 지정을 받은 경우나 업무정지 명령을 위반하여 그 정지기간 중 적성검사업무를 한 경우는 제외한다)에는 3개월의 업무정지 처분으로 감경할 수 있다.

1) 위반행위가 고의나 중대한 과실이 아닌 사소한 부주의나 오류로 인한 것으로 인정되는 경우

2) 위반의 내용·정도가 경미하여 이해관계인에게 미치는 피해가 적다고 인정되는 경우

2. 개별기준

위반사항	해당 법조문	처분기준			
		1차위반	2차위반	3차위반	4차위반
1. 거짓이나 그 밖의 부정한 방법으로 지정을 받은 경우	법제15조의2 제1항제1호	지정취소			
2. 업무정지 명령을 위반하여 그 정지기간 중 정비교육훈련업무를 한 경우	법제15조의2 제1항제2호	지정취소			
3. 법 제24조의4제3항에 따른 지정기준에 맞지 않은 경우	법제15조의2 제1항제3호	경고또는 보완명령	업무정지 1개월	업무정지 3개월	지정취소
4. 법 제24조의4제4항을 위반하여 정당한 사유 없이 정비교육훈련업무를 거부한 경우	법제15조의2 제1항제4호	경고	업무정지 1개월	업무정지 3개월	지정취소
5. 법 제24조의4제4항을 위반하여 거짓이나 그 밖의 부정한 방법으로 정비교육훈련 수료증을 발급한 경우	법제15조의2 제1항제5호	업무정지 1개월	업무정지 3개월	지정취소	

4장

기출예상문제

1. 관제자격증명에 관한 설명으로 틀린 것은?
   ① 철도 관제자격 증명으로 도시철도 차량에 관한 관제업무를 할 수 있다
   ② 관제업무에 종사하려는 사람은 국토교통부장관으로부터 철도교통관제사 자격증명을 받아야 한다
   ③ 관제자격증명의 종류로는 일반철도 관제자격증명, 도시철도 관제자격증명이 있다
   ④ 관제자격증명은 대통령령으로 정하는 바에 따라 관제업무의 종류별로 받아야 한다

해설 안전법 제21조의3(관제자격증명) 관제업무에 종사하려는 사람은 국토교통부장관으로부터 철도교통관제사 자격증명(이하 "관제자격증명"이라 한다)을 받아야 한다.
② 관제자격증명은 대통령령으로 정하는 바에 따라 관제업무의 종류별로 받아야 한다.
시행령 제20조의2(관제자격증명의 종류) 법 제21조의3제1항에 따른 철도교통관제사 자격증명(이하 "관제자격증명"이라 한다)은 같은 조 제2항에 따라 다음 각 호의 구분에 따른 관제업무의 종류별로 받아야 한다.
1. 「도시철도법」 제2조제2호에 따른 도시철도 차량에 관한 관제업무: 도시철도 관제자격증명
2. 철도차량에 관한 관제업무(제1호에 따른 도시철도 차량에 관한 관제업무를 포함한다): 철도 관제자격증명 〈시행 2023.1.19〉

2. 관제자격증명의 결격사유인 것으로 짝지어진 것은?
   > a. 19세 미만인 사람
   > b. 관제업무상의 위험과 장해를 일으킬 수 있는 정신질환자 또는 뇌전증환자로서 해당 분야 전문의가 정상적인 관제업무를 할 수 없다고 인정하는 사람
   > c. 관제업무상의 위험과 장해를 일으킬 수 있는 약물(마약류, 환각물질) 또는 알코올 중독자로서 해당 분야 전문의가 정상적인 관제업무를 할 수 없다고 인정하는 사람
   > d. 두 귀의 청력 또는 두 눈의 시력을 완전히 상실한 사람
   > e. 관제자격증명이 취소된 날부터 1년이 지나지 아니하였거나 관제자격증명의 효력정지기간 중인 사람

   ① a, b, c, e   ② a, b, c, d   ③ a, b, d, e   ④ a, c, d, e

해설 안전법 제21조의4(관제자격증명의 결격사유) 관제자격증명의 결격사유에 관하여는 제11조를 준용한다. 이 경우 "운전면허"는 "관제자격증명"으로, "철도차량 운전"은 "관제업무"로 본다.
제11조(운전면허의 결격사유) 다음 각 호의 어느 하나에 해당하는 사람은 운전면허를 받을 수 없다.
1. 19세 미만인 사람
2. 철도차량 운전상의 위험과 장해를 일으킬 수 있는 정신질환자 또는 뇌전증환자로서 대통령령으로 정하는 사람
3. 철도차량 운전상의 위험과 장해를 일으킬 수 있는 약물(「마약류 관리에 관한 법률」 제2조제1호에 따른 마약류 및 「화학물질관리법」 제22조제1항에 따른 환각물질을 말한다. 이하 같다) 또는 알코올 중독자로서 대통령령으로 정하는 사람
4. 두 귀의 청력 또는 두 눈의 시력을 완전히 상실한 사람

정답 | 1. | ③ | 2. | ②

5. 운전면허가 취소된 날부터 2년이 지나지 아니하였거나 운전면허의 효력정지기간 중인 사람

시행령 제12조(운전면허를 받을 수 없는 사람) 법제11조제2호 및 제3호에서 "대통령령으로 정하는 사람"이란 해당 분야 전문의가 정상적인 운전을 할 수 없다고 인정하는 사람을 말한다.

3. 관제자격증명의 신체검사에 관한 설명으로 틀린 것은?

① 신체검사의 합격기준, 검사방법 및 절차 등에 관하여 필요한 사항은 국토교통부령으로 정한다
② 국토교통부장관은 신체검사를 「의료법」에 따른 의원, 병원, 종합병원에서 실시하게 할 수 있다
③ 관제자격증명을 받으려는 사람은 관제업무에 적합한 신체상태를 갖추고 있는지를 판정받기 위하여 국토교통부장관이 실시하는 신체검사에 합격하여야 한다
④ 신체검사의료기관은 신체검사 판정서의 각 신체검사 항목별로 신체검사를 실시한 후 검사결과를 기록하여 신청인에게 발급하여야 한다

해설 안전법 제21조의5(관제자격증명의 신체검사) ① 관제자격증명을 받으려는 사람은 관제업무에 적합한 신체상태를 갖추고 있는지 판정받기 위하여 국토교통부장관이 실시하는 신체검사에 합격하여야 한다.
　② 제1항에 따른 신체검사의 방법 및 절차 등에 관하여는 제12조 및 제13조를 준용한다. 이 경우 "운전면허"는 "관제자격증명"으로, "철도차량 운전"은 "관제업무"로 본다.
제12조(운전면허의 신체검사) ① 운전면허를 받으려는 사람은 철도차량 운전에 적합한 신체상태를 갖추고 있는지를 판정받기 위하여 국토교통부장관이 실시하는 신체검사에 합격하여야 한다.
　② 국토교통부장관은 제1항에 따른 신체검사를 제13조에 따른 의료기관에서 실시하게 할 수 있다.
　③ 제1항에 따른 신체검사의 합격기준, 검사방법 및 절차 등에 관하여 필요한 사항은 국토교통부령으로 정한다.
시행규칙 제12조(신체검사 방법ㆍ절차ㆍ합격기준 등)　③ 신체검사의료기관은 별지 제4호서식의 신체검사 판정서의 각 신체검사 항목별로 신체검사를 실시한 후 합격여부를 기록하여 신청인에게 발급하여야 한다.
　④ 그 밖에 신체검사의 방법 및 절차 등에 관하여 필요한 세부사항은 국토교통부장관이 정하여 고시한다.
제13조(신체검사 실시 의료기관) 제12조제1항에 따른 신체검사를 실시할 수 있는 의료기관은 다음 각 호와 같다.
　1. 「의료법」 제3조제2항제1호가목의 의원　　2. 「의료법」 제3조제2항제3호가목의 병원
　3. 「의료법」 제3조제2항제3호마목의 종합병원

4. 관제적성검사에 관한 설명으로 틀린 것은?

① 관제자격증명을 받으려는 사람은 관제업무에 적합한 적성을 갖추고 있는지 판정받기 위하여 국토교통부장관이 실시하는 적성검사에 합격하여야 한다
② 관제적성검사의 합격기준, 검사의 방법 및 절차 등에 관하여 필요한 사항은 국토교통부령으로 정한다
③ 국토교통부장관은 관제적성검사에 관한 전문기관을 지정하여 관제적성검사를 하게 할 수 있다
④ 관제적성검사기관의 지정기준 및 지정절차 등에 필요한 사항은 국토교통부령으로 정한다
⑤ 관제적성검사에 불합격한 사람은 검사일부터 3개월동안, 관제적성검사 과정에서 부정행위를 한 사람은 검사일부터 1년 동안 관제적성검사를 받을 수 없다

해설 안전법 제21조의6(관제적성검사) ① 관제자격증명을 받으려는 사람은 관제업무에 적합한 적성을 갖추고 있는지 판정받기 위하여 국토교통부장관이 실시하는 적성검사(이하 "관제적성검사"라 한다)에 합격하여야 한다.
　② 관제적성검사의 방법 및 절차 등에 관하여는 제15조제2항 및 제3항을 준용한다. 이 경우 "운전적성검사"는 "관제적성검사"로 본다.

③ 국토교통부장관은 관제적성검사에 관한 전문기관(이하 "관제적성검사기관"이라 한다)을 지정하여 관제적성검사를 하게 할 수 있다.

④ 관제적성검사기관의 지정기준 및 지정절차 등에 필요한 사항은 대통령령으로 정한다.

제15조(운전적성검사) ② 운전적성검사에 불합격한 사람 또는 운전적성검사 과정에서 부정행위를 한 사람은 다음 각 호의 구분에 따른 기간 동안 운전적성검사를 받을 수 없다.

    1. 운전적성검사에 불합격한 사람 : 검사일부터 3개월

    2. 운전적성검사 과정에서 부정행위를 한 사람 : 검사일부터 1년

③ 운전적성검사의 합격기준, 검사의 방법 및 절차 등에 관하여 필요한 사항은 국토교통부령으로 정한다.

5. 관제적성검사기관의 절대적 지정취소 사유를 모두 고르시오?

① 거짓이나 그 밖의 부정한 방법으로 관제적성검사 판정서를 발급하였을 때

② 거짓이나 그 밖의 부정한 방법으로 지정을 받았을 때

③ 관제적성검사기관 지정기준에 맞지 아니하게 되었을 때

④ 업무정지 명령을 위반하여 그 정지기간 중 관제적성검사 업무를 하였을 때

해설 안전법 제21조의6(관제적성검사)

    ⑤ 관제적성검사기관의 지정취소 및 업무정지 등에 관하여는 제15조제6항 및 제15조의2를 준용한다. 이 경우 "운전적성검사기관"은 "관제적성검사기관"으로, "운전적성검사"는 "관제적성검사"로, "제15조제5항"은 "제21조의6제4항"으로 본다.

제15조의2(운전적성검사기관의 지정취소 및 업무정지) ① 국토교통부장관은 운전적성검사기관이 다음 각 호의 어느 하나에 해당할 때에는 지정을 취소하거나 6개월 이내의 기간을 정하여 업무의 정지를 명할 수 있다. 다만, 제1호 및 제2호에 해당할 때에는 지정을 취소하여야 한다. (필요적 취소 or 절대적 취소)

    1. 거짓이나 그 밖의 부정한 방법으로 지정을 받았을 때

    2. 업무정지 명령을 위반하여 그 정지기간 중 운전적성검사 업무를 하였을 때

    3. 제15조제5항에 따른 지정기준에 맞지 아니하게 되었을 때

    4. 제15조제6항을 위반하여 정당한 사유 없이 운전적성검사 업무를 거부하였을 때

    5. 제15조제6항을 위반하여 거짓이나 그 밖의 부정한 방법으로 운전적성검사 판정서를 발급하였을 때

6. 관제교육훈련에 관한 설명으로 틀린 것은?

① 관제교육훈련의 기간 및 방법 등에 필요한 사항은 국토교통부령으로 정한다

② 관제자격증명을 받으려는 사람은 관제업무의 안전한 수행을 위하여 국토교통부장관이 실시하는 관제업무에 필요한 지식과 능력을 습득할 수 있는 교육훈련을 받아야 한다

③ 관제교육훈련기관의 지정기준 및 지정절차 등에 필요한 사항은 대통령령으로 정한다

④ 국토교통부장관은 관제업무에 관한 전문 교육훈련기관을 지정하여 관제교육훈련을 실시하게 할 수 없다

해설 안전법 제21조의7(관제교육훈련) ① 관제자격증명을 받으려는 사람은 관제업무의 안전한 수행을 위하여 국토교통부장관이 실시하는 관제업무에 필요한 지식과 능력을 습득할 수 있는 교육훈련(이하 "관제교육훈련"이라 한다)을 받아야 한다. 다만, 다음 각 호의 어느 하나에 해당하는 사람에게는 국토교통부령으로 정하는 바에 따라 관제교육훈련의 일부를 면제할 수 있다.

    1. 「고등교육법」 제2조에 따른 학교에서 국토교통부령으로 정하는 관제업무 관련 교과목을 이수한 사람

    2. 다음 각 목의 어느 하나에 해당하는 업무에 대하여 5년 이상의 경력을 취득한 사람

       가. 철도차량의 운전업무

       나. 철도신호기 · 선로전환기 · 조작판의 취급업무

    3. 관제자격증명을 받은 후 제21조의3제2항에 따른 다른 종류의 관제자격증명을 받으려는 사람

    ② 관제교육훈련의 기간 및 방법 등에 필요한 사항은 국토교통부령으로 정한다.

정답 | **5.** | ②, ④ | **6.** | ④

③ 국토교통부장관은 관제업무에 관한 전문 교육훈련기관(이하 "관제교육훈련기관"이라 한다)을 지정하여 관제교육훈련을 실시하게 할 수 있다.

④ 관제교육훈련기관의 지정기준 및 지정절차 등에 필요한 사항은 대통령령으로 정한다.

⑤ 관제교육훈련기관의 지정취소 및 업무정지 등에 관하여는 제15조제6항 및 제15조의2를 준용한다. 이 경우 "운전적성검사기관"은 "관제교육훈련기관"으로, "운전적성검사"는 "관제교육훈련"으로, "제15조 제5항"은 "제21조의7제4항"으로, "운전적성검사 판정서"는 "관제교육훈련 수료증"으로 본다.

7. 관제교육훈련의 일부를 면제할 수 있는 경우가 아닌 것은?

① 「고등교육법」에 따른 학교에서 국토교통부령으로 정하는 관제업무 관련 교과목을 이수한 사람

② 철도차량의 승무업무에 대하여 5년 이상의 경력을 취득한 사람

③ 관제자격증명을 받은 후 다른 종류의 관제자격증명을 받으려는 사람

④ 철도신호기 · 선로전환기 · 조작판의 취급업무에 대하여 5년 이상의 경력을 취득한 사람

해설 안전법 제21조의7(관제교육훈련) 제①항

8. 관제교육훈련기관의 세부 지정기준에 대한 설명으로 틀린 것은?

① 인력기준의 책임교수는 대학의 철도교통관제 관련 학과에서 조교수 이상으로 재직한 경력이 있는 사람이어야 한다

② 실기교육장의 시설기준은 30명이 동시에 실습할 수 있는 면적 90제곱미터 이상의 컴퓨터지원시스템 실습장을 갖추어야 한다

③ 교육생 선발에 관한 사항 등을 포함한 업무규정을 갖출 것

④ 국토교통부장관은 관제교육훈련기관이 지정기준에 적합한 지의 여부를 매년 심사하여야 한다

해설 시행규칙 제38조의5(관제교육훈련기관의 세부 지정기준 등) ① 영 제20조의3에 따른 관제교육훈련기관의 세부 지정기준은 별표 11의3과 같다.

② 국토교통부장관은 관제교육훈련기관이 제1항 및 영 제20조의3에서 준용하는 영 제17조제1항에 따른 지정기준에 적합한지를 2년마다 심사해야 한다.

〈관제교육훈련기관의 세부 지정기준〉

1. 인력기준

가. 자격기준

등급	학력 및 경력
책임 교수	1) 박사학위 소지자로서 철도교통에 관한 업무에 10년 이상 또는 철도교통관제 업무에 5년 이상 근무한 경력이 있는 사람 2) 석사학위 소지자로서 철도교통에 관한 업무에 15년 이상 또는 철도교통관제 업무에 8년 이상 근무한 경력이 있는 사람 3) 학사학위 소지자로서 철도교통에 관한 업무에 20년 이상 또는 철도교통관제 업무에 10년 이상 근무한 경력이 있는 사람 4) 철도 관련 4급 이상의 공무원 경력 또는 이와 같은 수준 이상의 자격 및 경력이 있는 사람 5) 대학의 철도교통관제 관련 학과에서 조교수 이상으로 재직한 경력이 있는 사람 6) 선임교수 경력이 3년 이상 있는 사람

2. 시설기준

가. 강의실 : 면적 60제곱미터 이상의 강의실을 갖출 것. 다만, 1제곱미터당 교육인원은 1명을 초과하지 아니하여야 한다.

나. 실기교육장

  1) 모의관제시스템을 설치할 수 있는 실습장을 갖출 것

  2) 30명이 동시에 실습할 수 있는 면적 90제곱미터 이상의 컴퓨터지원시스템 실습장을 갖출 것

다. 그 밖에 교육훈련에 필요한 사무실 · 편의시설 및 설비를 갖출 것

4. 관제교육훈련에 필요한 교재를 갖출 것

5. 다음 각 목의 사항을 포함한 업무규정을 갖출 것

가. 관제교육훈련기관의 조직 및 인원   나. 교육생 선발에 관한 사항

다. 연간 교육훈련계획 : 교육과정 편성, 교수인력의 지정 교과목 및 내용 등

라. 교육기관 운영계획   마. 교육생 평가에 관한 사항   바. 실습설비 및 장비 운용방안

9. 관제교육훈련의 기간 · 방법 등에 관한 설명으로 틀린 것은?

① 관제교육훈련은 실제 관제시스템이나 모의관제시스템을 활용하여 실시한다

② 철도 관제자격증명의 교육훈련 과목은 열차운행계획 및 실습, 철도관제시스템 운용 및 실습, 열차운행선 관리 및 실습, 비상 시 조치 등이다

③ 도시철도 관제자격증명을 취득한 사람에 대한 철도 관제자격증명의 교육훈련시간은 80시간으로 한다

④ 도시철도 관제자격증명의 관제교육훈련시간은 280시간이다

해설 시행규칙 제38조의2(관제교육훈련의 기간 · 방법 등) ① 법 제21조의7에 따른 관제교육훈련(이하 "관제교육훈련"이라 한다)은 모의관제시스템을 활용하여 실시한다.

② 관제교육훈련의 과목과 교육훈련시간은 별표 11의2와 같다.

③ 법 제21조의7제3항에 따른 관제교육훈련기관(이하 "관제교육훈련기관"이라 한다)은 관제교육훈련을 수료한 사람에게 별지 제24호의2서식의 관제교육훈련 수료증을 발급하여야 한다.

〈관제교육훈련의 과목 및 교육훈련시간〉

1. 관제교육훈련의 과목 및 교육훈련시간

관제자격증명 종류	관제교육훈련 과목	교육훈련시간
가. 철도 관제자격 증명	· 열차운행계획 및 실습 · 철도관제(노면전차 관제를 포함한다) 시스템 운용 및 실습 · 열차운행선 관리 및 실습 · 비상 시 조치 등	360시간
나. 도시철도 관제자격증명	· 열차운행계획 및 실습 · 도시철도관제(노면전차 관제를 포함한다) 시스템 운용 및 실습 · 열차운행선 관리 및 실습 · 비상 시 조치 등	280시간

2. 관제교육훈련의 일부 면제

나. 법 제21조의7제1항제2호에 따라 철도차량의 운전업무 또는 철도신호기 · 선로전환기 · 조작판의 취급 업무에 5년 이상의 경력을 취득한 사람에 대한 교육훈련시간은 105시간으로 한다. 이 경우 교육훈련을 면제받으려는 사람은 해당 경력을 증명할 수 있는 서류를 관제교육훈련기관에 제출하여야 한다.

다. 법 제21조의7제1항제3호에 따라 도시철도 관제자격증명을 취득한 사람에 대한 철도 관제자격증명의 교육훈련시간은 80시간으로 한다. 이 경우 교육 훈련을 면제받으려는 사람은 도시철도 관제자격증명서 사본을 관제교육훈련기관에 제출해야 한다.

10. 관제교육훈련기관 지정신청서에 첨부하는 서류가 아닌 것은?

① 법인 등기사항증명서
② 관제교육훈련기관에서 사용하는 직인의 인영
③ 관제교육훈련에 필요한 모의관제시스템 등 장비 내역서
④ 관제교육훈련을 담당하는 강사의 자격·학력·경력 등을 증명할 수 있는 서류 및 담당업무
⑤ 관제교육훈련기관 운영규정

해설 시행규칙 제38조의4(관제교육훈련기관 지정절차 등) ① 관제교육훈련기관으로 지정받으려는 자는 별지 제24호의3서식의 관제교육훈련기관 지정신청서에 다음 각 호의 서류를 첨부하여 국토교통부장관에게 제출하여야 한다. 이 경우 국토교통부장관은 「전자정부법」 제36조제1항에 따른 행정정보의 공동이용을 통하여 법인 등기사항증명서(신청인이 법인인 경우만 해당한다)를 확인하여야 한다.
1. 관제교육훈련계획서(관제교육훈련평가계획을 포함한다)
2. 관제교육훈련기관 운영규정
3. 정관이나 이에 준하는 약정(법인 그 밖의 단체에 한정한다)
4. 관제교육훈련을 담당하는 강사의 자격 · 학력 · 경력 등을 증명할 수 있는 서류 및 담당업무
5. 관제교육훈련에 필요한 강의실 등 시설 내역서
6. 관제교육훈련에 필요한 모의관제시스템 등 장비 내역서
7. 관제교육훈련기관에서 사용하는 직인의 인영

11. 관제자격증명의 교육훈련 방법에 관한 설명으로 맞는 것은?

① 컴퓨터지원교육시스템에 의한 교육을 실시하는 경우에는 강의실 마다 각각의 컴퓨터 단말기를 설치하여야 한다
② 교육훈련기관은 교육훈련을 종료하는 경우에는 종료에 관한 기준을 마련하여 종료하여야 한다
③ 관제교육훈련기관의 교육은 교육훈련 과정별로 구분하여 정원의 범위에서 교육을 실시하여야 한다
④ 모의관제시스템을 이용하여 교육을 실시하는 경우에는 전기능관제시스템·기본기능관제시스템 및 컴퓨터지원교육시스템에 의한 교육이 모두 이루어지도록 교육계획을 수립하여야 한다

해설 교육훈련지침 제6조(관제자격의 교육방법) ① 관제교육훈련기관의 교육은 교육훈련 과정별로 구분하여 시행규칙 제38조의5에 따른 정원의 범위에서 교육을 실시하여야 한다.
② 컴퓨터지원교육시스템에 의한 교육을 실시하는 경우에는 교육생 마다 각각의 컴퓨터 단말기를 사용하여야 한다.
③ 모의관제시스템을 이용하여 교육을 실시하는 경우에는 전기능모의관제시스템 · 기본기능모의관제시스템 및 컴퓨터지원교육시스템에 의한 교육이 모두 이루어지도록 교육계획을 수립하여야 한다.
④ 교육훈련기관은 제1항에 따라 교육훈련을 종료하는 경우에는 평가에 관한 기준을 마련하여 평가 하여야 한다.
⑤ 그 밖의 교육훈련의 순서 및 교육운영기준 등 세부사항은 교육훈련시행자가 정하여야 한다.

12. 관제자격증명시험의 과목 및 합격기준 등에 관한 설명으로 틀린 것은?

① 실기시험은 학과시험을 합격한 경우에만 응시할 수 있다

② 운전면허를 받은 사람, 관제자격증명을 받은 후 다른 종류의 관제자격증명에 필요한 시험에 응시하려는 사람은 관제자격증명시험의 일부를 면제할 수 있다

③ 도시철도 관제자격증명시험의 실기시험 과목은 열차운행계획, 도시철도관제 시스템 운용 및 실무, 열차운행선 관리, 비상 시 조치 등이다

④ 관제자격증명시험 중 학과시험에 합격한 사람에 대해서는 학과시험에 합격한 날부터 2년이 되는 날이 속하는 해의 12월 31일까지 실시하는 관제자격증명시험에 있어 학과시험의 합격을 유효한 것으로 본다

해설 안전법 제21조의8(관제자격증명시험)

시행규칙 제38조의7(관제자격증명시험의 과목 및 합격기준)

13. 관제자격증명시험에 관한 설명으로 틀린 것은?

① 한국교통안전공단은 관제자격증명시험을 실시하려는 때에는 매년 11월 30일까지 학과시험 및 실기시험의 일정·응시과목 등을 포함한 다음 해의 관제자격증명시험 시행계획을 인터넷 홈페이지 등에 공고하여야 한다

② 관제자격증명을 받으려는 사람은 관제업무에 필요한 지식 및 실무역량에 관하여 국토교통부장관이 실시하는 학과시험 및 실기시험에 합격하여야 한다

③ 관제자격증명시험에 응시하려는 사람은 신체검사와 관제적성검사에 합격한 후 관제교육훈련을 받아야 한다

④ 관제자격증명시험의 과목, 방법 및 절차 등에 필요한 사항은 대통령령으로 정한다

해설 안전법 제21조의8(관제자격증명시험) ① 관제자격증명을 받으려는 사람은 관제업무에 필요한 지식 및 실무역량에 관하여 국토교통부장관이 실시하는 학과시험 및 실기시험에 합격하여야 한다.

② 관제자격증명시험에 응시하려는 사람은 제21조의5제1항에 따른 신체검사와 관제적성검사에 합격한 후 관제교육훈련을 받아야 한다.

③ 국토교통부장관은 다음 각호의 어느 하나에 해당하는 사람에게는 국토교통부령으로 정하는 바에 따라 관제자격증명시험의 일부를 면제할 수 있다.

1. 운전면허를 받은 사람

2. 관제자격증명을 받은 후 제21조의3제2항에 따른 다른 종류의 관제자격증명에 필요한 시험에 응시하려는 사람 〈신설 2023.1.19.〉

④ 관제자격증명시험의 과목, 방법 및 절차 등에 필요한 사항은 국토교통부령으로 정한다.

시행규칙 제38조의8(관제자격증명시험 시행계획의 공고) 관제자격증명시험 시행계획의 공고에 관하여는 제25조를 준용한다. 이 경우 "운전면허시험"은 "관제자격증명시험"으로, "필기시험 및 기능시험"은 "학과시험 및 실기시험"으로 본다.

시행규칙 제25조(운전면허시험 시행계획의 공고) ① 「한국교통안전공단법」에 따른 한국교통안전공단은 운전면허시험을 실시하려는 때에는 매년 11월 30일까지 필기시험 및 기능시험의 일정·응시과목 등을 포함한 다음 해의 운전면허시험 시행계획을 인터넷 홈페이지 등에 공고하여야 한다.

② 한국교통안전공단은 운전면허시험의 응시 수요 등을 고려하여 필요한 경우에는 제1항에 따라 공고한 시행계획을 변경할 수 있다. 이 경우 미리 국토교통부장관의 승인을 받아야 하며 변경되기 전의 필기시험일 또는 기능시험일(필기시험일 또는 기능시험일이 앞당겨진 경우에는 변경된 필기시험일 또는 기능시험일을 말한다)의 7일 전까지 그 변경사항을 인터넷 홈페이지 등에 공고하여야 한다.

정답 | **12.** | ③ | **13.** | ④

14. 관제자격증명 학과시험의 일부 면제 및 합격기준 등에 관한 설명으로 틀린 것은?

① 학과시험 과목의 관제관련규정은 철도차량운전규칙, 철도교통관제 운영규정 등 철도교통 운전 및 관제에 필요한 규정, 철도안전법 시행규칙과 관련 지침을 말한다

② 학과시험 합격기준은 과목당 100점을 만점으로 하여 시험 과목당 40점 이상(관제관련규정의 경우 60점 이상), 총점 평균 60점 이상 득점한 사람이다

③ 관제자격증명 취득자는 학과시험 과목 중 철도관련법 과목 및 관제관련규정 과목을 면제한다

④ 관제자격증명 취득자는 실기시험 과목 중 열차운행계획, 철도관제시스템 운용 및 실무 과목을 면제한다

해설 시행규칙 제38조의7(관제자격증명시험의 과목 및 합격기준) ① 법 제21조의8제1항에 따른 관제자격증명시험(이하 "관제자격증명시험"이라 한다) 중 실기시험은 모의관제시스템을 활용하여 시행한다.

② 관제자격증명시험의 과목 및 합격기준은 별표 11의4와 같다. 이 경우 실기시험은 학과시험을 합격한 경우에만 응시할 수 있다.

③ 관제자격증명시험 중 학과시험에 합격한 사람에 대해서는 학과시험에 합격한 날부터 2년이 되는 날이 속하는 해의 12월 31일까지 실시하는 관제자격증명시험에 있어 학과시험의 합격을 유효한 것으로 본다.

④ 관제자격증명시험의 방법·절차, 실기시험 평가위원의 선정 등에 관하여 필요한 세부사항은 국토교통부장관이 정한다.

〈관제자격증명시험의 과목 및 합격기준〉

1. 학과시험 및 실기시험 과목

관제자격증명 종류	학과시험 과목	실기시험 과목
가. 철도 　관제자격증명	· 철도 관련 법 · 관제 관련 규정 · 철도시스템 일반 · 철도교통 관제 운영 · 비상 시 조치 등	· 열차운행계획 · 철도관제 시스템 운용 및 실무 · 열차운행선 관리 · 비상 시 조치 등
나. 도시철도 　관제자격증명	· 철도 관련 법 · 관제 관련 규정 · 도시철도시스템 일반 · 도시철도교통 관제 운영 · 비상 시 조치 등	· 열차운행계획 · 도시철도관제 시스템 운용 및 실무 · 도시철도 열차운행선 관리 · 비상 시 조치 등

비고
1. 위 표의 학과시험 과목란 및 실기시험 과목란의 "관제"는 노면전차 관제를 포함한다.
2. 위 표의 "철도 관련 법"은 「철도안전법」, 같은 법 시행령 및 시행규칙과 관련 지침을 포함한다.
3. "관제 관련 규정"은 「철도차량운전규칙」 또는 「도시철도운전규칙」, 이 규칙 제76조제4항에 따른 규정 등 철도교통 운전 및 관제에 필요한 규정을 말한다.

2. 시험의 일부 면제
가. 철도차량 운전면허 소지자 : 제1호의 학과시험 과목 중 철도 관련 법 과목 및 철도·도시철도 시스템 일반 과목 면제
나. 관제자격증명 취득자
1) 학과시험 과목 : 제1호가목의 철도 관제자격증명 학과시험 과목 중 철도 관련 법 과목 및 관제 관련 규정 과목 면제
2) 실기시험 과목 : 열차운행계획, 철도관제시스템 운용 및 실무 과목 면제

3. 합격기준
가. 학과시험 합격기준 : 과목당 100점을 만점으로 하여 시험 과목당 40점 이상(관제 관련 규정의 경우 60점 이상), 총점 평균 60점 이상 득점할 것
나. 실기시험의 합격기준 : 시험 과목당 60점 이상, 총점 평균 80점 이상 득점할 것

15. 관제자격증명시험 응시원서에 첨부하는 서류가 아닌 것은?

① 신체검사의료기관이 발급한 신체검사 판정서(관제자격증명시험 응시원서 접수일 이전 2년 이내인 것에 한정한다)

② 도시철도 관제자격증명서의 사본(도시철도 관제자격증명 취득자만 제출한다)

③ 철도차량 운전면허증의 사본(철도차량 운전면허 신규취득자에 한정한다)

④ 관제적성검사기관이 발급한 관제적성검사 판정서(관제자격증명시험 응시원서 접수일 이전 10년 이내인 것에 한정한다)

> **해설** 시행규칙 38조의10(관제자격증명시험 응시원서의 제출 등) ① 관제자격증명시험에 응시하려는 사람은 별지 제24호의5서식의 관제자격증명시험 응시원서에 다음 각 호의 서류를 첨부하여 한국교통안전공단에 제출해야 한다. 〈개정 2023. 1. 19.〉
> 1. 신체검사의료기관이 발급한 신체검사 판정서(관제자격증명시험 응시원서 접수일 이전 2년 이내인 것에 한정한다)
> 2. 관제적성검사기관이 발급한 관제적성검사 판정서(관제자격증명시험 응시원서 접수일 이전 10년 이내인 것에 한정한다)
> 3. 관제교육훈련기관이 발급한 관제교육훈련 수료증명서
> 4. 철도차량 운전면허증의 사본(철도차량 운전면허 소지자만 제출한다)
> 5. 도시철도 관제자격증명서의 사본(도시철도 관제자격증명 취득자만 제출한다)
> ② 한국교통안전공단은 제1항제1호부터 제5호까지의 서류를 영 제63조제1항제7호에 따라 관리하는 정보체계에 따라 확인할 수 있는 경우에는 그 서류를 제출하지 아니하도록 할 수 있다.

16. 관제자격증명 갱신에 필요한 경력 등에 관한 설명으로 틀린 것은?

① 관제자격증명의 갱신을 신청하는 날 전 10년 이내에 관제자격증명의 유효기간 내에 6개월 이상 관제업무에 종사한 경력이 있으면 갱신발급 받을 수 있다

② 관제교육훈련기관이나 철도운영자등이 실시한 관제업무에 필요한 교육훈련을 관제자격증명 갱신신청일 전까지 40시간 이상 받은 경우에 갱신발급 받을 수 있다

③ 관제자격증명의 갱신을 신청하는 날 전 10년 이내에 관제교육훈련기관에서 관제교육훈련업무에 2년 이상 종사한 경력이 있다고 인정되는 경우에 갱신발급 받을 수 있다

④ 관제자격증명의 유효기간은 5년으로 한다

> **해설** 안전법 제21조의9(관제자격증명서의 발급 및 관제자격증명의 갱신 등) 관제자격증명서의 발급 및 관제자격증명의 갱신 등에 관하여는 제18조 및 제19조를 준용한다. 이 경우 "운전면허시험"은 "관제자격증명시험"으로, "운전면허"는 "관제자격증명"으로, "운전면허증"은 "관제자격증명서"로, "철도차량의 운전업무"는 "관제업무"로 본다.
> 제19조(운전면허의 갱신) ① 운전면허의 유효기간은 10년으로 한다.
> ② 운전면허 취득자로서 제1항에 따른 유효기간 이후에도 그 운전면허의 효력을 유지하려는 사람은 운전면허의 유효기간 만료 전에 국토교통부령으로 정하는 바에 따라 운전면허의 갱신을 받아야 한다.
> ③ 국토교통부장관은 제2항 및 제5항에 따라 운전면허의 갱신을 신청한 사람이 다음 각 호의 어느 하나에 해당하는 경우에는 운전면허증을 갱신하여 발급하여야 한다.
> 1. 운전면허의 갱신을 신청하는 날 전 10년 이내에 국토교통부령으로 정하는 철도차량의 운전업무에 종사한 경력이 있거나 국토교통부령으로 정하는 바에 따라 이와 같은 수준 이상의 경력이 있다고 인정되는 경우
> 2. 국토교통부령으로 정하는 교육훈련을 받은 경우
> 시행규칙 제38조의15(관제자격증명 갱신에 필요한 경력 등) ① 법 제21조의9에 따라 준용되는 법 제19조제3항제1호에서 "국토교통부령으로 정하는 관제업무에 종사한 경력"이란 관제자격증명의 유효기간 내에 6개월 이상 관제업무에 종사한 경력을 말한다.

정답 | 15. | ③ | 16. | ④

② 법 제21조의9에 따라 준용되는 법 제19조제3항제1호에서 "이와 같은 수준 이상의 경력"이란 다음 각 호의 어느 하나에 해당하는 업무에 2년 이상 종사한 경력을 말한다.
1. 관제교육훈련기관에서의 관제교육훈련업무
2. 철도운영자등에게 소속되어 관제업무종사자를 지도·교육·관리하거나 감독하는 업무
③ 법 제21조의9에 따라 준용되는 법 제19조제3항제2호에서 "국토교통부령으로 정하는 교육훈련을 받은 경우"란 관제교육훈련기관이나 철도운영자등이 실시한 관제업무에 필요한 교육훈련을 관제자격증명 갱신신청일 전까지 40시간 이상 받은 경우를 말한다.

17. 관제자격증명에 관한 설명으로 틀린 것은?

① 철도운영자등은 관제자격증명을 받지 아니한 사람을 관제업무에 종사하게 하여서는 아니 된다
② 누구든지 관제자격증명서를 다른 사람에게 빌려주거나 빌려서는 아니 된다
③ 철도운영자등은 관제자격증명이 취소되거나 그 효력이 제한된 사람을 관제업무에 종사하게 하여서는 아니 된다
④ 누구든지 관제자격증명서를 다른 사람에게 빌려주거나 빌리는 것을 알선하여서는 아니 된다

해설 안전법 제21조의10(관제자격증명서의 대여 등 금지) 누구든지 관제자격증명서를 다른 사람에게 빌려주거나 빌리거나 이를 알선하여서는 아니 된다.
제22조의2(무자격자의 관제업무 금지 등) 철도운영자등은 관제자격증명을 받지 아니하거나(제21조의11에 따라 관제자격증명이 취소되거나 그 효력이 정지된 경우를 포함한다) 제22조에따른 실무수습을 이수하지 아니한 사람을 관제업무에 종사하게 하여서는 아니 된다.

18. 관제자격증명의 절대적 취소 요건이 아닌 것은?

① 철도차량 운전상의 위험과 장해를 일으킬 수 있는 정신질환자 또는 뇌전증환자로서 해당 분야 전문의가 정상적인 운전을 할 수 없다고 인정하는 사람
② 거짓이나 그 밖의 부정한 방법으로 관제자격증명을 취득하였을 때
③ 관제자격증명의 효력정지기간 중에 관제업무를 수행하였을 때
④ 관제자격증명서를 다른 사람으로부터 빌렸을 때

해설 안전법 제21조의11(관제자격증명의 취소·정지 등) ① 국토교통부장관은 관제자격증명을 받은 사람이 다음 각 호의 어느 하나에 해당할 때에는 관제자격증명을 취소하거나 1년 이내의 기간을 정하여 관제자격증명의 효력을 정지시킬 수 있다. 다만, 제1호부터 제4호까지의 어느 하나에 해당할 때에는 관제자격증명을 취소하여야 한다.
1. 거짓이나 그 밖의 부정한 방법으로 관제자격증명을 취득하였을 때
2. 제21조의4에서 준용하는 제11조제2호부터 제4호까지의 어느하나에 해당하게 되었을 때
3. 관제자격증명의 효력정지 기간 중에 관제업무를 수행하였을 때
4. 제21조의10을 위반하여 관제자격증명서를 다른 사람에게 빌려주었을 때
5. 관제업무 수행 중 고의 또는 중과실로 철도사고의 원인을 제공하였을 때
6. 제40조의2제2항을 위반하였을 때
7. 제41조제1항을 위반하여 술을 마시거나 약물을 사용한 상태에서 관제업무를 수행하였을 때
8. 제41조제2항을 위반하여 술을 마시거나 약물을 사용한 상태에서 관제업무를 하였다고 인정할 만한 상당한 이유가 있음에도 불구하고 국토교통부장관 또는 시·도지사의 확인 또는 검사를 거부하였을 때
제40조의2(철도종사자의 준수사항) ② 관제업무종사자는 관제업무 수행중 다음 각호의 사항을 준수하여야 한다.
1. 국토교통부령으로 정하는 바에 따라 운전업무종사자 등에게 열차 운행에 관한 정보를 제공할 것
2. 철도사고 및 운행장애 발생시 국토교통부령으로 정하는 조치 사항을 이행할 것
제11조(운전면허의 결격사유) 다음 각 호의 어느 하나에 해당하는 사람은 운전면허를 받을 수 없다.

2. 철도차량 운전상의 위험과 장해를 일으킬 수 있는 정신질환자 또는 뇌전증환자로서 대통령령으로 정하는 사람

3. 철도차량 운전상의 위험과 장해를 일으킬 수 있는 약물(「마약류 관리에 관한 법률」제2조제1호에 따른 마약류 및 「화학물질관리법」제22조제1항에 따른 환각물질을 말한다. 이하 같다) 또는 알코올 중독자로서 대통령령으로 정하는 사람

4. 두 귀의 청력 또는 두 눈의 시력을 완전히 상실한 사람

19. 관제자격증명을 취소하거나 1년 이내의 기간을 정하여 관제자격증명의 효력을 정지시킬 수 있는 경우가 아닌 것은?

① 관제업무종사자가 관제업무 수행 중 철도사고 및 운행장애 발생시 국토교통부령으로 정하는 조치 사항을 이행할 의무를 위반하였을 때

② 관제업무 수행 중 고의 또는 과실로 철도사고의 원인을 제공하였을 때

③ 위반하여 술을 마시거나 약물을 사용한 상태에서 관제업무를 수행하였을 때

④ 술을 마시거나 약물을 사용한 상태에서 관제업무를 하였다고 인정할 만한 상당한 이유가 있음에도 불구하고 국토교통부장관 또는 시·도지사의 확인 또는 검사를 거부하였을 때

해설 안전법 제21조의11(관제자격증명의 취소·정지 등)
제40조의2(철도종사자의 준수사항)

20. 관제자격증명의 취소 또는 효력정지 처분의 세부기준으로 틀린 것은?

① 관제업무 수행 중 고의 또는 중과실로 철도사고의 원인을 제공하여 1천만원 이상 물적 피해가 발생한 경우 1차위반시에는 효력정지 15일을 처분한다

② 술을 마신 상태(혈중 알코올농도 0.1퍼센트 이상)에서 관제업무를 수행한 경우에는 관제자격증명을 취소한다

③ 위반행위의 횟수에 따른 행정처분의 가중된 부과기준은 최근 1년간 같은 위반행위로 행정처분을 받은 경우에 적용한다. 이 경우 기간의 계산은 위반행위에 대하여 행정처분을 받은 날과 그 처분 후 다시 같은 위반행위를 하여 적발된 날을 기준으로 한다

④ 위반행위가 둘 이상인 경우로서 그에 해당하는 각각의 처분기준이 같은 경우에는 그 중 무거운 처분기준에 따른다

해설 시행규칙 38조의18(관제자격증명의 취소 또는 효력정지 처분의 세부기준) 법 제21조의11제1항에 따른 관제자격증명의 취소 또는 효력정지 처분의 세부기준은 별표 11의5와 같다.

〈관제자격증명의 취소 또는 효력정지 처분의 세부기준〉

위반사항 및 내용		근거 법조문	처분기준			
			1차위반	2차위반	3차위반	4차위반
5. 관제업무 수행 중 고의 또는 중과실로 철도사고의 원인을 제공한 경우	사망자가 발생한 경우	법제21조의 11제1항5호	자격증명 취소			
	부상자가 발생한 경우		효력정지 3개월	자격증명 취소		
	1천만원 이상 물적 피해가 발생한 경우		효력정지 15일	효력정지 3개월	자격증명 취소	
8. 법제41조제1항을 위반하여 술을 마신 상태(혈중 알코올농도 0.1퍼센트 이상)에서 관제업무를 수행한 경우		법제21조의 11제1항7호	자격증명 취소			

위반사항 및 내용	근거 법조문	처분기준			
		1차위반	2차위반	3차위반	4차위반
9. 법 제41조제1항을 위반하여 술을 마신 상태(혈중 알코올농도 0.02퍼센트 이상 0.1퍼센트 미만)에서 관제업무를 수행하다가 철도사고의 원인을 제공한 경우	법제21조의11제1항7호	자격증명 취소			
10. 법 제41조제1항을 위반하여 술을 마신 상태(혈중 알코올농도 0.02퍼센트 이상 0.1퍼센트 미만)에서 관제업무를 수행한 경우 (제9호의 경우는 제외한다)	제21조의11제1항7호	효력정지 3개월	자격증명 취소		
11. 법제41조제1항을 위반하여 약물을 사용한 상태에서 관제업무를 수행한 경우	법제21조의11제1항7호	자격증명 취소			
12. 법 제41조제2항을 위반하여 술을 마시거나 약물을 사용한 상태에서 관제업무를 하였다고 인정할 만한 상당한 이유가 있음에도 불구하고 국토교통부장관 또는 시·도지사의 확인 또는 검사를 거부한 경우	법제21조의11제1항8호	자격증명 취소			

1. 위반행위가 둘 이상인 경우로서 그에 해당하는 각각의 처분기준이 다른 경우에는 그 중 무거운 처분기준에 따르며, 위반행위가 둘 이상인 경우로서 그에 해당하는 각각의 처분기준이 같은 경우에는 무거운 처분기준의 2분의 1까지 가중할 수 있되, 각 처분기준을 합산한 기간을 초과할 수 없다.
2. 위반행위의 횟수에 따른 행정처분의 가중된 부과기준은 최근 1년간 같은 위반행위로 행정처분을 받은 경우에 적용한다. 이 경우 기간의 계산은 위반행위에 대하여 행정처분을 받은 날과 그 처분 후 다시 같은 위반행위를 하여 적발된 날을 기준으로 한다.

21. 관제업무 실무수습에 관한 설명으로 틀린 것은?

① 관제업무에 종사하려는 사람은 관제업무를 수행할 구간의 철도차량 운행의 통제·조정 등에 관한 관제업무 실무수습을 이수하여야 한다

② 철도운영자등은 관제업무 실무수습의 항목 및 교육시간 등에 관한 실무수습 계획을 수립하여 시행하여야 하고, 총 실무수습 시간은 100시간 이상으로 하여야 한다

③ 철도운영자등은 관제업무에 종사하려는 사람이 관제업무 실무수습을 받은 구간 외의 다른 구간에서 관제업무를 수행하게 하여서는 아니 된다

④ 철도운영자등은 관제업무 실무수습을 이수한 사람으로서 관제업무를 수행할 구간 또는 관제업무 수행에 필요한 기기의 변경으로 인하여 다시 관제업무 실무수습을 이수하여야 하는 사람에 대해서는 기본 실무수습 계획을 활용하여 시행할 수 있다

해설 안전법 제22조(관제업무 실무수습) 관제업무에 종사하려는 사람은 국토교통부령으로 정하는 바에 따라 실무수습을 이수하여야 한다.
시행규칙 39조(관제업무 실무수습) ① 법 제22조에 따라 관제업무에 종사하려는 사람은 다음 각 호의 관제업무 실무수습을 모두 이수하여야 한다.
　　1. 관제업무를 수행할 구간의 철도차량 운행의 통제·조정 등에 관한 관제업무 실무수습
　　2. 관제업무 수행에 필요한 기기 취급방법 및 비상 시 조치방법 등에 대한 관제업무 실무수습
② 철도운영자등은 제1항에 따른 관제업무 실무수습의 항목 및 교육시간 등에 관한 실무수습 계획을 수립하여 시행하여야 한다. 이 경우 총 실무수습 시간은 100시간 이상으로 하여야 한다.
③ 제2항에도 불구하고 관제업무 실무수습을 이수한 사람으로서 관제업무를 수행할 구간 또는 관제업무 수행에 필요한 기기의 변경으로 인하여 다시 관제업무 실무수습을 이수하여야 하는 사람에 대해서는 별도의 실무수습 계획을 수립하여 시행할 수 있다.
④ 제1항에 따른 관제업무 실무수습의 방법·평가 등에 관하여 필요한 세부사항은 국토교통부장관이 정하여 고시한다.

시행규칙 제39조의2(관제업무 실무수습의 관리 등) ① 철도운영자등은 제39조제2항 및 제3항에 따른 실무수습 계획을 수립한 경우에는 그 내용을 한국교통안전공단에 통보하여야 한다.

② 철도운영자등은 관제업무에 종사하려는 사람이 제39조제1항에 따른 관제업무 실무수습을 이수한 경우에는 별지 제25호서식의 관제업무종사자 실무수습 관리대장에 실무수습을 받은 구간 등을 기록하고 그 내용을 한국교통안전공단에 통보하여야 한다.

③ 철도운영자등은 관제업무에 종사하려는 사람이 제39조제1항에 따라 관제업무 실무수습을 받은 구간 외의 다른 구간에서 관제업무를 수행하게 하여서는 아니 된다.

22. 관제자격 취득자에 대한 실무수습을 종료시 시행하는 종합평가에 포함되어야 할 내용이 아닌 것은?

① 각종 응용프로그램의 운용능력

② 작업의 통제와 이례상황 발생시 조치요령

③ 운행정리 및 작업의 통제와 관리(작업수행을 위한 협의, 승인 및 통제 제외)

④ 열차집중제어(CTC)장치 및 콘솔의 운용

해설 교육훈련지침 제9조(실무수습의 평가) ② 철도운영자등은 관제자격 취득자에 대한 실무수습을 종료하는 경우에는 다음 각 호의 항목이 포함된 평가를 실시하여 관제업무수행에 적합여부를 종합평가하여야 한다.

1. 열차집중제어(CTC)장치 및 콘솔의 운용(시스템의 운용을 포함한 현장설비의 제어 및 감시능력 포함)

2. 운행정리 및 작업의 통제와 관리(작업수행을 위한 협의, 승인 및 통제 포함)

3. 규정, 절차서, 지침 등의 적용능력

4. 각종 응용프로그램의 운용능력

5. 각종 이례상황의 처리 및 운행정상화 능력(사고 및 장애의 수습과 운행정상화 업무포함)

6. 작업의 통제와 이례상황 발생시 조치요령

7. 기타 관제업무수행에 필요하다고 인정되는 사항

③ 제1항 및 제2항에 따른 평가결과 운전업무 및 관제업무를 수행하기에 부적합 하다고 판단되는 경우에는 재교육 및 재평가를 실시하여야 한다.

23. 관제업무수행에 필요한 실무수습을 담당할 수 있는 자의 자격기준이 아닌 것은?

① 관제업무경력이 있는 자로서 철도운영자등으로부터 관제업무 실무수습을 담당할 수 있는 능력이 있다고 인정받은 자

② 관제업무 경력이 3년 이상인 자

③ 관제업무경력이 있는 자로서 전문교육을 1월 이상 받은 자

④ 관제업무경력이 있는 자로서 철도운영자등에 소속되어 관제업무종사자를 지도·교육·관리 또는 감독하는 업무를 하는 자

해설 교육훈련지침 제10조(실무수습 담당자의 자격기준) ② 관제업무수행에 필요한 실무수습을 담당할 수 있는 자의 자격기준은 다음 각호 1과 같다.

1. 관제업무경력이 있는 자로서 철도운영자등에 소속되어 관제업무종사자를 지도·교육·관리 또는 감독하는 업무를 하는 자

2. 관제업무 경력이 5년 이상인 자

3. 관제업무경력이 있는 자로서 전문교육을 1월 이상 받은 자

4. 관제업무경력이 있는 자로서 철도운영자등으로부터 관제업무 실무수습을 담당할 수 있는 능력이 있다고 인정받은 자

24. 운전업무종사자 등의 관리에 관한 설명으로 틀린 것은?

① 철도차량 운전·관제업무 등 대통령령으로 정하는 업무에 종사하는 철도종사자로서 적성검사에 불합격한 사람은 검사일부터 3개월, 적성검사 과정에서 부정행위를 한 사람은 검사일부터 1년 동안 적성검사를 받을 수 없다

② 철도차량 운전·관제업무 등 대통령령으로 정하는 업무에 종사하는 철도종사자는 정기적으로 신체검사와 적성검사를 받아야 한다

③ 철도운영자등은 신체검사와 적성검사를 신체검사 실시 의료기관 및 운전적성검사기관·관제적성검사기관에 각각 위탁할 수 있다

④ 철도차량 운전·관제업무 등 대통령령으로 정하는 업무에 종사하는 철도종사자의 신체검사·적성검사의 시기, 방법 및 합격기준 등에 관하여 필요한 사항은 대통령령으로 정한다

> **해설** 안전법 제23조(운전업무종사자 등의 관리) ① 철도차량 운전 · 관제업무 등 대통령령으로 정하는 업무에 종사하는 철도종사자는 정기적으로 신체검사와 적성검사를 받아야 한다.
> ② 제1항에 따른 신체검사 · 적성검사의 시기, 방법 및 합격기준 등에 관하여 필요한 사항은 국토교통부령으로 정한다.
> ③ 철도운영자등은 제1항에 따른 업무에 종사하는 철도종사자가 같은 항에 따른 신체검사 · 적성검사에 불합격하였을 때에는 그 업무에 종사하게 하여서는 아니 된다.
> ④ 제1항에 따른 업무에 종사하는 철도종사자로서 적성검사에 불합격한 사람 또는 적성검사 과정에서 부정행위를 한 사람은 제15조제2항 각 호의 구분에 따른 기간 동안 적성검사를 받을 수 없다.〈신설〉
> ⑤ 철도운영자등은 제1항에 따른 신체검사와 적성검사를 제13조에 따른 신체검사 실시 의료기관 및 운전적성검사기관 · 관제적성검사기관에 각각 위탁할 수 있다.
> 제15조(운전적성검사) ② 운전적성검사에 불합격한 사람 또는 운전적성검사 과정에서 부정행위를 한 사람은 다음 각 호의 구분에 따른 기간 동안 운전적성검사를 받을 수 없다.
> 　1. 운전적성검사에 불합격한 사람 : 검사일부터 3개월
> 　2. 운전적성검사 과정에서 부정행위를 한 사람 : 검사일부터 1년

25. 정기적으로 신체검사와 적성검사를 받아야 하는 철도종사원이 아닌 자는?

① 철도운행안전관리자
② 관제업무종사자
③ 정거장에서 철도신호기·선로전환기 및 조작판 등을 취급하는 업무를 수행하는 사람
④ 운전업무종사자

> **해설** 안전법 제23조(운전업무종사자 등의 관리) ① 철도차량 운전 · 관제업무 등 대통령령으로 정하는 업무에 종사하는 철도종사자는 정기적으로 신체검사와 적성검사를 받아야 한다.
> 시행령 제21조(신체검사 등을 받아야 하는 철도종사자) 법 제23조제1항에서 "대통령령으로 정하는 업무에 종사하는 철도종사자"란 다음 각 호의 어느 하나에 해당하는 철도종사자를 말한다.
> 　1. 운전업무종사자
> 　2. 관제업무종사자
> 　3. 정거장에서 철도신호기 · 선로전환기 및 조작판 등을 취급하는 업무를 수행하는 사람

26. 운전업무종사자 등에 대한 신체검사에 관한 설명으로 틀린 것은?

① 신체검사는 최초검사, 정기검사, 특별검사로 구분하여 실시한다

② 정기검사는 최초검사나 정기검사를 받은 날부터 2년이 되는 날 전 3개월 이내에 실시한다

③ 운전업무종사자 또는 관제업무종사자는 운전면허의 신체검사 또는 관제자격증명의 신체검사를 받은 날에 최초검사를 받은 것으로 본다

④ 정기검사는 특별검사를 받은 후 2년마다 실시하는 신체검사이다

정답 | 24. | ④ | 25. | ① | 26. | ④

해설 시행규칙 제40조(운전업무종사자 등에 대한 신체검사) ① 법 제23조제1항에 따른 철도종사자에 대한 신체검사는 다음 각 호와 같이 구분하여 실시한다.

1. 최초검사 : 해당 업무를 수행하기 전에 실시하는 신체검사
2. 정기검사 : 최초검사를 받은 후 2년마다 실시하는 신체검사
3. 특별검사 : 철도종사자가 철도사고등을 일으키거나 질병 등의 사유로 해당 업무를 적절히 수행하기가 어렵다고 철도운영자등이 인정하는 경우에 실시하는 신체검사

② 영 제21조제1호 또는 제2호에 따른 운전업무종사자 또는 관제업무종사자는 법 제12조 또는 법 제21조의5에 따른 운전면허의 신체검사 또는 관제자격증명의 신체검사를 받은 날에 제1항제1호에 따른 최초검사를 받은 것으로 본다. 다만, 해당 신체검사를 받은 날부터 2년 이상이 지난 후에 운전업무나 관제업무에 종사하는 사람은 제1항제1호에 따른 최초검사를 받아야 한다.

③ 정기검사는 최초검사나 정기검사를 받은 날부터 2년이 되는 날(이하 "신체검사 유효기간 만료일"이라 한다) 전 3개월 이내에 실시한다. 이 경우 정기검사의 유효기간은 신체검사 유효기간 만료일의 다음날부터 기산한다.

27. 운전업무종사자 등의 신체검사 불합격기준으로 틀린 것은?

① 최초검사·특별검사 시에는 중증인 고혈압증(수축기 혈압 180mmHg 이상이고, 확장기 혈압 110mmHg 이상인 경우), 정기검사는 조절되지 아니하는 중증인 고혈압증

② 최초검사·특별검사 시에는 다른 사람에게 감염될 위험성이 있는 만성 피부질환자 및 한센병 환자

③ 최초검사·특별검사 시에는 중증인 당뇨병(식전 혈당 130 이상) 및 중증의 대사질환(통풍 등)

④ 최초검사·정기검사·특별검사 시에는 업무수행에 지장이 있는 발작성 빈맥(분당 150회 이상)이나 기질성 부정맥

해설 시행규칙 제40조(운전업무종사자 등에 대한 신체검사) ④ 제1항에 따른 신체검사의 방법 및 절차 등에 관하여는 제12조를 준용하며, 그 합격기준은 별표 2 제2호와 같다.

2. 운전업무종사자 등에 대한 신체검사

검사 항목	불합격 기준	
	최초검사 · 특별검사	정기검사
가. 일반 결함	1) 신체 각 장기 및 각 부위의 악성종양 2) 중증인 고혈압증(수축기 혈압 180mmHg 이상이고, 확장기 혈압 110mmHg 이상인 경우) 3) 이 표에서 달리 정하지 아니한 법정 감염병 중 직접 접촉, 호흡기 등을 통하여 전파가 가능한 감염병	1) 업무수행에 지장이 있는 악성종양 2) 조절되지 아니하는 중증인 고혈압증 3) 이 표에서 달리 정하지 아니한 법정 감염병 중 직접 접촉, 호흡기 등을 통하여 전파가 가능한 감염병
다. 피부 질환	다른 사람에게 감염될 위험성이 있는 만성 피부질환자 및 한센병 환자	
마. 순환기 계통	1) 심부전증 3) 심한 방실전도장애 2) 업무수행에 지장이 있는 발작성 빈맥(분당 150회이상)이나 기질성 부정맥 4) 심한 동맥류 5) 유착성 심낭염 6) 폐성심 7) 확진된 관상동맥질환(협심증 및 심근경색증)	1) 업무수행에 지장이 있는 심부전증 2) 업무수행에 지장이 있는 발작성 빈맥(분당 150회 이상)이나 기질성 부정맥 3) 업무수행에지장이있는 심한 방실전도장애 4) 업무수행에 지장이 있는 심한 동맥류, 유착성 심낭염, 폐성심, 관상동맥질환(협심증 및 심근경색증)
아. 내분비 계통	5) 중증인 당뇨병(식전 혈당 140 이상) 및 중증의 대사질환(통풍 등)	

정답 | **27.** | ③

28. 운전업무종사자 등에 대한 적성검사에 관한 설명으로 틀린 것은?

① 특별검사는 철도종사자가 철도사고등을 일으키거나 질병 등의 사유로 해당 업무를 적절히 수행하기 어렵다고 의사가 인정하는 경우에 실시하는 적성검사이다

② 적성검사는 최초검사, 정기검사, 특별검사로 구분하여 실시한다

③ 관제업무종사자는 관제적성검사를 받은 날에 최초검사를 받은 것으로 본다. 다만, 해당 관제적성검사를 받은 날부터 10년(50세 이상인 경우에는 5년) 이상이 지난 후에 관제업무에 종사하는 사람은 최초검사를 받아야 한다

④ 정기검사는 최초검사나 정기검사를 받은 날부터 10년(50세 이상인 경우에는 5년)이 되는 날 전 12개월 이내에 실시한다

> **해설** 시행규칙 제41조(운전업무종사자 등에 대한 적성검사) ① 법 제23조제1항에 따른 철도종사자에 대한 적성검사는 다음 각 호와 같이 구분하여 실시한다. 〈개정 2019. 1. 4.〉
> 　1. 최초검사 : 해당 업무를 수행하기 전에 실시하는 적성검사
> 　2. 정기검사 : 최초검사를 받은 후 10년(50세 이상인 경우에는 5년)마다 실시하는 적성검사
> 　3. 특별검사 : 철도종사자가 철도사고등을 일으키거나 질병 등의 사유로 해당 업무를 적절히 수행하기 어렵다고 철도운영자등이 인정하는 경우에 실시하는 적성검사
> ② 영 제21조제1호 또는 제2호에 따른 운전업무종사자 또는 관제업무종사자는 운전적성검사 또는 관제적성검사를 받은 날에 제1항제1호에 따른 최초검사를 받은 것으로 본다. 다만, 해당 운전적성검사 또는 관제적성검사를 받은 날부터 10년(50세 이상인 경우에는 5년) 이상이 지난 후에 운전업무나 관제업무에 종사하는 사람은 제1항제1호에 따른 최초검사를 받아야 한다. 〈개정 2019. 1. 4.〉
> ③ 정기검사는 최초검사나 정기검사를 받은 날부터 10년(50세 이상인 경우에는 5년)이 되는 날(이하 "적성검사 유효기간 만료일"이라 한다) 전 12개월 이내에 실시한다. 이 경우 정기검사의 유효기간은 적성검사 유효기간 만료일의 다음날부터 기산한다.

29. 운전업무종사자 등의 적성검사 항목 및 불합격기준에 관한 설명으로 틀린 것은?

① 운전업무종사자(제2종 전기차량 운전면허)의 특별검사의 문답형검사로 일반성격검사, 안전성향검사, 스트레스검사가 있다

② 관제업무종사자의 불합격기준은 문답형 검사항목중 안전성향 검사에서 부적합으로 판정한 사람과 반응형검사 항목 중 부적합(E등급)이 2개 이상인 사람이다

③ 정거장에서 철도신호기 등을 취급하는 업무를 수행하는 사람의 최초검사 불합격기준은 문답형 검사항목중 안전성향 검사에서 부적합으로 판정한 사람과 반응형검사 평가점수가 30점 미만인 사람이다

④ 관제업무종사자 정기검사의 문답형검사로 일반성격검사, 안전성향검사, 스트레스검사, 민첩성감사가 있다

> **해설** 시행규칙 제41조(운전업무종사자 등에 대한 적성검사) ④ 제1항에 따른 적성검사의 방법·절차 등에 관하여는 제16조를 준용하며, 그 합격기준은 별표 13과 같다.
> 〈운전업무종사자등의 적성검사 항목 및 불합격기준〉

검사대상		검사주기	검사항목 문답형검사	검사항목 반응형 검사	불합격기준
1. 영 제21조 제1호의 운전업무종사자	고속철도차량 제1종전기차량 제2종전기차량 디젤차량 노면전차 철도장비운전 업무종사자	정기검사	· 인성 －일반성격 －안전성향 －스트레스	· 주의력 －복합기능 －선택주의 －지속주의 · 인식 및 기억력 －시각변별 －공간지각 · 판단 및 행동력 : 민첩성	· 문답형 검사항목 중 안전성향 검사에서 부적합으로 판정된 사람 · 반응형 검사 항목 중 부적합(E등급)이 2개 이상인 사람
		특별검사	· 인성 －일반성격 －안전성향 －스트레스	· 주의력 －복합기능 －선택주의 －지속주의 · 인식 및 기억력	· 문답형 검사항목 중 안전성향 검사에서 부적합으로 판정된 사람

검사대상	검사주기	검사항목 문답형검사	검사항목 반응형 검사	불합격기준
			-시각변별 -공간지각 · 판단 및 행동력 -추론 -민첩성	· 반응형 검사 항목 중 부적합(E등급)이 2개 이상인 사람
2. 영제21조제2호의 관제 업무종사자	정기 검사	· 인성 -일반성격 -안전성향 -스트레스	· 주의력 -복합기능 -선택주의 · 인식 및 기억력 -시각변별 -공간지각 -작업기억 · 판단 및 행동력 ; 민첩성	· 문답형 검사항목 중 안전성향 검사에서 부적합으로 판정된 사람 · 반응형 검사 항목 중 부적합(E등급)이 2개 이상인 사람
	특별 검사	· 인성 -일반성격 -안전성향 -스트레스	· 주의력 -복합기능 -선택주의 · 인식 및 기억력 -시각변별 -공간지각 -작업기억 · 판단 및 행동력 -추론 -민첩성	· 문답형 검사항목 중 안전성향 검사에서 부적합으로 판정된 사람 · 반응형 검사 항목 중 부적합(E등급)이 2개 이상인 사람
3. 영제21조제3호의 정거장에서 철도신호기 · 선로전환기 및 조작판 등을 취급하는 업무를 수행하는 사람	최초 검사	· 인성 -일반성격 -안전성향	· 주의력 -복합기능 -선택주의 · 인식 및 기억력 -시각변별 -공간지각 -작업기억 · 판단 및 행동력 -추론 -민첩성	· 문답형 검사항목 중 안전성향 검사에서 부적합으로 판정된 사람 · 반응형 검사 평가점수가 30점 미만인 사람
	정기 검사	· 인성 -일반성격 -안전성향 -스트레스	· 주의력 -복합기능 -선택주의 · 인식 및 기억력 -시각변별 -공간지각 -작업기억 · 판단 및 행동력 : 민첩성	· 문답형 검사항목 중 안전성향 검사에서 부적합으로 판정된 사람 · 반응형 검사 항목 중 부적합(E등급)이 2개 이상인 사람
	특별 검사	· 인성 -일반성격 -안전성향 -스트레스	· 주의력 -복합기능 -선택주의 · 인식 및 기억력 -시각변별 -공간지각 -작업기억 · 판단 및 행동력 -추론 -민첩성	· 문답형 검사항목 중 안전성향 검사에서 부적합으로 판정된 사람 · 반응형 검사 항목 중 부적합(E등급)이 2개 이상인 사람

1. 문답형 검사 판정은 적합 또는 부적합으로 한다.
2. 반응형 검사 점수 합계는 70점으로 한다. 다만, 정기검사와 특별검사는 검사항목별 등급으로 평가한다.
3. 특별검사의 복합기능(운전) 및 시각변별(관제/신호) 검사는 시뮬레이터 검사기로 시행한다.
4. 안전성향검사는 전문의(정신건강의학) 진단결과로 대체 할 수 있으며, 부적합 판정을 받은 자에 대해서는 당일 1회에 한하여 재검사를 실시하고 그 재검사 결과를 최종적인 검사결과로 할 수 있다.

30. 철도종사자에 대한 안전교육에 관한 설명으로 틀린 것은?

① 철도운영자등 및 사업주는 철도안전교육을 강의 및 실습의 방법으로 매 분기마다 6시간 이상 실시하여야 한다. 다만, 다른 법령에 따라 시행하는 교육에서 그 교육을 받은 경우 그 교육시간은 철도안전교육을 받은 것으로 본다

② 철도운영자등 및 사업주는 철도안전교육을 안전전문기관 등 안전에 관한 업무를 수행하는 전문기관에 위탁하여 실시할 수 있다

③ 국토교통부장관은 철도운영자 및 사업주의 안전교육 실시 여부를 확인하여야 하고, 확인 결과 사업주가 안전교육을 실시하지 아니한 경우 안전교육을 실시하도록 조치하여야 한다

④ 철도운영자등 및 사업주가 실시하여야 하는 교육의 대상, 내용 및 그 밖에 필요한 사항은 국토교통부령으로 정한다

정답 | 30. | ③

안전법 제24조(철도종사자에 대한 안전 및 직무교육) ① 철도운영자등 또는 철도운영자등과의 계약에 따라
철도운영이나 철도시설 등의 업무에 종사하는 사업주(이하 이 조에서 "사업주"라 한다)는 자신이 고용하고
있는 철도종사자에 대하여 정기적으로 철도안전에 관한 교육을 실시하여야 한다.

② 철도운영자등은 자신이 고용하고 있는 철도종사자가 적정한 직무수행을 할 수 있도록 정기적으로 직무
교육을 실시하여야 한다.

③ 철도운영자등은 제1항에 따른 사업주의 안전교육 실시 여부를 확인하여야 하고, 확인 결과 사업주가 안
전교육을 실시하지 아니한 경우 안전교육을 실시하도록 조치하여야 한다.

④ 제1항 및 제2항에 따라 철도운영자등 및 사업주가 실시하여야 하는 교육의 대상, 내용 및 그 밖에 필요한
사항은 국토교통부령으로 정한다.

시행규칙 제41조의2(철도종사자의 안전교육 대상 등) ② 철도운영자등 및 사업주는 철도안전교육을 강의 및
실습의 방법으로 매 분기마다 6시간 이상 실시하여야 한다. 다만, 다른 법령에 따라 시행하는 교육에서 제3
항에 따른 내용의 교육을 받은 경우 그 교육시간은 철도안전교육을 받은 것으로 본다.

③ 철도안전교육의 내용은 별표 13의2와 같다.

④ 철도운영자등 및 사업주는 철도안전교육을 법 제69조에 따른 안전전문기관 등 안전에 관한 업무를 수행
하는 전문기관에 위탁하여 실시할 수 있다.

⑤ 제1항부터 제4항까지에서 규정한 사항 외에 철도안전교육의 평가방법 등에 필요한 세부사항은 국토교
통부장관이 정하여 고시한다.

31. 자신이 고용하고 있는 철도종사자에 대하여 정기적으로 철도안전에 관한 교육을 실
시하여야 하는 자가 아닌 것은?

① 국토교통부장관

② 철도운영자

③ 철도시설관리자

④ 철도운영자등과의 계약에 따라 철도운영이나 철도시설 등의 업무에 종사하는 사업주

안전법 제24조(철도종사자에 대한 안전 및 직무교육) 제1항

32. 철도종사자에 대한 안전교육 실시 여부를 확인하여야 하고, 확인 결과 안전교육을
실시하지 아니한 경우 안전교육을 실시하도록 조치하여야 할 사람 및 대상자가 맞
게 짝지어진 것은?

① 국토교통부장관 - 사업주　　　② 철도운영자 - 철도시설관리자

③ 철도운영자등 - 사업주　　　　④ 철도시설관리자 - 사업자

안전법 제24조(철도종사자에 대한 안전 및 직무교육) 제3항

33. 철도운영자등 및 철도운영자등과 계약에 따라 철도운영이나 철도시설 등의 업무에
종사하는 사업주가 철도안전에 관한 교육을 실시하여야 하는 대상자로 맞게 짝지어
진 것은?

> a. 운전업무종사자
> b. 관제업무종사자
> c. 여객승무원
> d. 여객역무원
> e. 작업책임자
> f. 철도운행안전관리자
> g. 그 밖에 대통령령으로 정하는 사람
> h. 철도사고, 철도준사고 및 운행장애가 발생한 현장에서 조사·수습·복구 등의 업무

를 수행하는 사람

i. 철도차량의 운행선로 또는 그 인근에서 철도시설의 건설 또는 관리와 관련된 작업의 현장감독업무를 수행하는 사람

j. 철도시설 또는 철도차량을 보호하기 위한 순회점검업무 또는 경비업무를 수행하는 사람

k. 정거장에서 철도신호기·선로전환기 또는 조작판 등을 취급하거나 열차의 조성업무를 수행하는 사람

l. 철도에 공급되는 전력의 원격제어장치를 운영하는 사람

m. 「사법경찰관리의 직무를 수행할 자와 그 직무범위에 관한 법률」 제5조제11호에 따른 철도경찰 사무에 종사하는 국가공무원

n. 철도차량 및 철도시설의 점검·정비 업무에 종사하는 사람

① a, b, c, d, e, h, k, l, n   ② a, b, c, d, e, f, k, l, n

③ a, b, c, d, e, j, l, m, n   ④ a, b, c, d, i, j, k, l, n

해설 시행규칙 제41조의2(철도종사자의 안전교육 대상 등) ① 법 제24조제1항에 따라 철도운영자등 및 철도운영자등과 계약에 따라 철도운영이나 철도시설 등의 업무에 종사하는 사업주(이하 이 조에서 "사업주"라 한다)가 철도안전에 관한 교육(이하 "철도안전교육"이라 한다)을 실시하여야 하는 대상은 다음 각 호와 같다.

    1. 법 제2조제10호가목부터 라목까지에 해당하는 사람

    2. 영 제3조제2호부터 제5호까지 및 같은 조 제7호에 해당하는 사람

안전법 제2조(정의) 이 법에서 사용하는 용어의 뜻은 다음과 같다.

    10. "철도종사자"란 다음 각 목의 어느 하나에 해당하는 사람을 말한다.

      가. 철도차량의 운전업무에 종사하는 사람(이하 "운전업무종사자"라 한다)

      나. 철도차량의 운행을 집중 제어·통제·감시하는 업무(이하 "관제업무"라 한다)에 종사하는 사람

      다. 여객에게 승무(乘務) 서비스를 제공하는 사람(이하 "여객승무원"이라 한다)

      라. 여객에게 역무(驛務) 서비스를 제공하는 사람(이하 "여객역무원"이라 한다)

시행령 제3조(안전운행 또는 질서유지 철도종사자) 「철도안전법」(이하 "법"이라 한다) 제2조제10호사목에서 "대통령령으로 정하는 사람"이란 다음 각 호의 어느 하나에 해당하는 사람을 말한다.

    2. 철도차량의 운행선로 또는 그 인근에서 철도시설의 건설 또는 관리와 관련된 작업의 현장감독업무를 수행하는 사람

    3. 철도시설 또는 철도차량을 보호하기 위한 순회점검업무 또는 경비업무를 수행하는 사람

    4. 정거장에서 철도신호기·선로전환기 또는 조작판 등을 취급하거나 열차의 조성업무를 수행하는 사람

    5. 철도에 공급되는 전력의 원격제어장치를 운영하는 사람

    7. 철도차량 및 철도시설의 점검·정비 업무에 종사하는 사람

34. 철도종사자의 안전교육의 내용이 아닌 것은? (철도로 운송하는 위험물을 취급하는 종사자는 제외한다)

a. 철도안전법령 및 안전관련 규정
b. 철도여객 및 화물운송 등 분야별 운영업무수행 관련 사항
c. 철도사고 사례 및 사고예방대책
d. 철도사고 및 운행장애 등 비상 시 응급조치 및 수습복구대책
e. 열차운영의 중요성 등 정신교육
f. 근로자의 건강관리 등 안전·보건관리에 관한 사항
g. 철도안전관리체계 및 철도안전관리시스템
h. 위기대응체계 및 위기대응 매뉴얼 등
i. 위험물 취급 안전 교육

① b, c, e, h   ② b, e   ③ a, c, d, f, g, h   ④ d, f

해설 시행규칙 제41조의2(철도종사자의 안전교육 대상 등) ③ 철도안전교육의 내용은 별표 13의2와 같다.

정답 | 34. | ②

〈철도종사자에 대한 안전교육의 내용〉

교육 대상	교육 내용	교육 방법
1. 철도 종사자 (철도로 운송하는 위험물을 취급하는 종사자는 제외한다)	가. 철도안전법령 및 안전관련 규정 나. 철도운전 및 관제이론 등 분야별 안전업무수행 관련 사항 다. 철도사고 사례 및 사고예방대책 라. 철도사고 및 운행장애 등 비상 시 응급조치 및 수습복구대책 마. 안전관리의 중요성 등 정신교육 바. 근로자의 건강관리 등 안전 · 보건관리에 관한 사항 사. 철도안전관리체계 및 철도안전관리시스템 (Safety Management System) 아. 위기대응체계 및 위기대응 매뉴얼 등	강의 및 실습
2. 위험물을 취급하는 철도 종사자	가. 제1호 가목부터 아목까지의 교육과목 나. 위험물 취급 안전 교육	강의 및 실습

35. 철도종사자에 대한 직무교육의 설명으로 틀린 것은?

① 철도직무교육을 받아야 할 사람은 운전업무종사자, 관제업무종사자, 여객승무원, 여객역무원이 포함된다

② 철도직무교육을 받아야 할 사람은 정거장에서 철도신호기 · 선로전환기 또는 조작판 등을 취급하거나 열차의 조성업무를 수행하는 사람이 포함된다

③ 철도직무교육을 받아야 할 사람은 철도에 공급되는 전력의 원격제어장치를 운영하는 사람과 철도차량 및 철도시설의 점검 · 정비 업무에 종사하는 사람이 포함된다

④ 철도운영자등은 자신이 고용하고 있는 철도종사자가 적정한 직무수행을 할 수 있도록 정기적으로 직무교육을 실시하여야 한다

⑤ 철도직무교육을 받아야 할 사람에서 철도운영자등이 철도직무교육 담당자로 지정한 사람은 제외한다

해설 안전법 제24조(철도종사자에 대한 안전 및 직무교육) ② 철도운영자등은 자신이 고용하고 있는 철도종사자가 적정한 직무수행을 할 수 있도록 정기적으로 직무교육을 실시하여야 한다.

시행규칙 제41조의3(철도종사자의 직무교육 등) ① 다음 각 호의 어느 하나에 해당하는 사람(철도운영자등이 철도직무교육 담당자로 지정한 사람은 제외한다)은 법 제24조제2항에 따라 철도운영자등이 실시하는 직무교육(이하 "철도직무교육"이라 한다)을 받아야 한다.

　　1. 법 제2조제10호가목부터 다목까지에 해당하는 사람

　　2. 영 제3조제4호부터 제5호까지 및 같은 조 제7호에 해당하는 사람

안전법 제2조(정의) 이 법에서 사용하는 용어의 뜻은 다음과 같다.

　　10. "철도종사자"란 다음 각 목의 어느 하나에 해당하는 사람을 말한다.

　　　가. 철도차량의 운전업무에 종사하는 사람(이하 "운전업무종사자"라 한다)

　　　나. 철도차량의 운행을 집중 제어 · 통제 · 감시하는 업무(이하 "관제업무"라 한다)에 종사하는 사람

　　　다. 여객에게 승무(乘務) 서비스를 제공하는 사람(이하 "여객승무원"이라 한다)

시행령 제3조(안전운행 또는 질서유지 철도종사자) 「철도안전법」(이하 "법"이라 한다) 제2조제10호사목에서 "대통령령으로 정하는 사람"이란 다음 각 호의 어느 하나에 해당하는 사람을 말한다.

　　　4. 정거장에서 철도신호기 · 선로전환기 또는 조작판 등을 취급하거나 열차의 조성업무를 수행하는 사람

　　　5. 철도에 공급되는 전력의 원격제어장치를 운영하는 사람

　　　7. 철도차량 및 철도시설의 점검 · 정비 업무에 종사하는 사람

정답 35. ①

36. 자신이 고용하고 있는 철도종사자가 적정한 직무수행을 할 수 있도록 정기적으로 직무교육을 실시하여야 하는 자가 아닌 것은?

① 철도운영자 ② 철도시설관리자 ③ 철도운영자등 ④ 사업주

> **해설** 안전법 제24조(철도종사자에 대한 안전 및 직무교육) ② 철도운영자등은 자신이 고용하고 있는 철도종사자가 적정한 직무수행을 할 수 있도록 정기적으로 직무교육을 실시하여야 한다.

37. 철도운영자등이 실시하는 직무교육의 내용·시간·방법 등에 대한 설명으로 틀린 것은?

① 운전업무종사자, 관제업무종사자, 여객승무원, 철도차량 정비·점검 업무 종사자의 교육시간은 5년마다 35시간 이상이다

② 철도신호기·선로전환기·조작판 취급자, 열차의 조성업무 수행자, 철도에 공급되는 전력의 원격제어장치 운영자, 철도시설 중 궤도·토목·건축 시설 점검·정비 업무 종사자의 교육시간은 5년마다 21시간 이상이다

③ 철도직무교육의 주기는 철도직무교육 대상자로 신규 채용되거나 전직된 연도의 다음 년도 1월 1일부터 매 5년이 되는 날까지로 한다

④ 철도운영자등은 철도직무교육시간의 10분의 5 이하의 범위에서 철도운영기관의 실정에 맞게 교육내용을 변경하여 철도직무교육을 실시할 수 있다

> **해설** 시행규칙 제41조의3(철도종사자의 직무교육 등) ② 철도직무교육의 내용·시간·방법 등은 별표 13의3과 같다.
>
> 〈철도직무교육의 내용·시간·방법 등〉
> 1. 철도직무교육의 내용 및 시간
> 　가. 교육시간이 5년마다 35시간 이상 대상자
> 　　운전업무종사자, 관제업무종사자, 여객승무원, 철도차량 정비·점검 업무 종사자
> 　나. 교육시간이 5년마다 21시간 이상 대상자
> 　　철도신호기·선로전환기·조작판 취급자, 열차의 조성업무 수행자, 철도에 공급되는 전력의 원격제어장치 운영자, 철도시설 중 궤도·토목·건축 시설 점검·정비 업무 종사자
> 2. 철도직무교육의 주기 및 교육 인정 기준
> 　가. 철도직무교육의 주기는 철도직무교육 대상자로 신규 채용되거나 전직된 연도의 다음 년도 1월 1일부터 매 5년이 되는 날까지로 한다. 다만, 휴직·파견 등으로 6개월 이상 철도직무를 수행하지 아니한 경우에는 철도직무의 수행이 중단된 연도의 1월 1일부터 철도직무를 다시 시작하게 된 연도의 12월 31일까지의 기간을 제외하고 직무교육의 주기를 계산한다.
> 3. 철도직무교육의 실시방법
> 　가. 철도운영자등은 업무현장 외의 장소에서 집합교육의 방식으로 철도직무교육을 실시해야 한다. 단, 철도직무교육시간의 10분의 5의 범위에서 다음의 하나에 해당하는 방법으로 철도직무교육을 실시할 수 있다.
> 　　1) 부서별 직장교육　　2) 사이버교육 또는 화상교육 등 전산망을 활용한 원격교육
> 　나. 가목에도 불구하고 재해·감염병 발생 등 부득이한 사유가 있는 경우로서 국토교통부장관의 승인을 받은 경우에는 철도직무교육시간의 10분의 5를 초과하여 가목1) 또는 2)에 해당하는 방법으로 철도직무교육을 실시할 수 있다.
> 　다. 철도운영자등은 가목1)에 따른 부서별 직장교육을 실시하려는 경우에는 매년 12월 31일까지 다음 해에 실시될 부서별 직장교육 실시계획을 수립해야 하고, 교육내용 및 이수현황 등에 관한 사항을 기록·유지해야 한다.
> 　라. 철도운영자등은 필요한 경우 다음의 어느 하나에 해당하는 기관에게 철도직무교육을 위탁하여 실시할 수 있다.

1) 다른 철도운영자등의 교육훈련기관 　　2) 운전 또는 관제 교육훈련기관 　3) 철도관련 학회 · 협회

4) 그 밖에 철도직무교육을 실시할 수 있는 비영리 법인 또는 단체

마. 철도운영자등은 철도직무교육시간의 10분의 3 이하의 범위에서 철도운영기관의 실정에 맞게 교육내용을 변경하여 철도직무교육을 실시할 수 있다.

바. 2가지 이상의 직무에 동시에 종사하는 사람의 교육시간 및 교육내용은 다음과 같이 한다.

1) 교육시간 : 종사하는 직무의 교육시간 중 가장 긴 시간 　2) 교육내용 : 종사하는 직무의 교육내용 가운데 전부 또는 일부를 선택

38. 철도차량정비기술자의 인정에 관한 설명으로 틀린 것은?

① 철도차량정비기술자로 인정을 받으려는 사람은 국토교통부장관에게 자격 인정을 신청하여야 한다

② 국토교통부장관은 신청인을 철도차량정비기술자로 인정하면 철도차량정비기술자로서의 등급 및 경력 등에 관한 증명서를 그 철도차량정비기술자에게 발급하여야 한다

③ 국토교통부장관은 신청인이 국토교통부령으로 정하는 자격, 경력 및 학력 등 철도차량정비기술자의 인정 기준에 해당하는 경우에는 철도차량정비기술자로 인정하여야 한다

④ 철도차량정비기술자 인정의 신청, 철도차량정비경력증의 발급 및 관리 등에 필요한 사항은 국토교통부령으로 정한다

> **해설** 안전법 제24조의2(철도차량정비기술자의 인정 등) ① 철도차량정비기술자로 인정을 받으려는 사람은 국토교통부장관에게 자격 인정을 신청하여야 한다.
> ② 국토교통부장관은 제1항에 따른 신청인이 대통령령으로 정하는 자격, 경력 및 학력 등 철도차량정비기술자의 인정 기준에 해당하는 경우에는 철도차량정비기술자로 인정하여야 한다.
> ③ 국토교통부장관은 제1항에 따른 신청인을 철도차량정비기술자로 인정하면 철도차량정비기술자로서의 등급 및 경력 등에 관한 증명서(이하 "철도차량정비경력증"이라 한다)를 그 철도차량정비기술자에게 발급하여야 한다.
> ④ 제1항부터 제3항까지의 규정에 따른 인정의 신청, 철도차량정비경력증의 발급 및 관리 등에 필요한 사항은 국토교통부령으로 정한다.

39. 한국교통안전공단에 제출하는 등급변경 인정을 제외한 철도차량정비기술자 인정 신청서에 첨부하여야 할 서류가 아닌 것은?

① 국가기술자격증 사본(자격별 경력점수에 포함되는 국가기술자격의 종목에 한정한다)

② 철도차량정비업무 경력확인서

③ 정비교육훈련 수료증

④ 졸업증명서 또는 학위취득서(해당하는 사람에 한정한다)

> **해설** 시행규칙 제42조(철도차량정비기술자의 인정 신청) 법 제24조의2제1항에 따라 철도차량정비기술자로 인정(등급변경 인정을 포함한다)을 받으려는 사람은 별지 제25호의2서식의 철도차량정비기술자 인정 신청서에 다음 각 호의 서류를 첨부하여 한국교통안전공단에 제출해야 한다.
> 1. 별지 제25호의3서식의 철도차량정비업무 경력확인서
> 2. 국가기술자격증 사본(영별표1의2에 따른 자격별 경력점수에 포함되는 국가기술자격의 종목에 한정한다)
> 3. 졸업증명서 또는 학위취득서(해당하는 사람에 한정한다)
> 4. 사진
> 5. 철도차량정비경력증(등급변경 인정 신청의 경우에 한정한다)
> 6. 정비교육훈련 수료증(등급변경 인정 신청의 경우에 한정한다)

40. 철도차량정비기술자의 인정기준으로 적합하지 않은 것은?

① 역량지수는 자격별 경력점수와 학력점수를 합하여 계산한다

② 자격별 경력점수는 기사의 경우 1년에 8점이다

③ 학력점수는 철도차량정비 관련학과의 석사이상인 경우 25점이다

④ 2등급 철도차량정비기술자의 인정기준은 역량지수 60점 이상 80점 이하이다

해설 시행령 제21조의2(철도차량정비기술자의 인정 기준) 법 제24조의2제2항에 따른 철도차량정비기술자의 인정 기준은 별표 1의2와 같다.

〈철도차량정비기술자의 인정 기준〉

1. 철도차량정비기술자는 자격, 경력 및 학력에 따라 등급별로 구분하여 인정하되, 등급별 세부기준은 다음 표와 같다.

등급구분	역량지수	등급구분	역량지수
1등급철도차량정비기술자	80점 이상	3등급철도차량정비기술자	40점 이상 60점 미만
2등급철도차량정비기술자	60점 이상 80점 미만	4등급철도차량정비기술자	10점 이상 40점 미만

2. 제1호에 따른 역량지수의 계산식은 다음과 같다.

역량지수 = 자격별 경력점수 + 학력점수

가. 자격별 경력점수

국가기술자격 구분	점수	국가기술자격 구분	점수
기술사 및 기능장	10점/년	기능사	6점/년
기사	8점/년	국가기술자격증이 없는 경우	3점/년
산업기사	7점/년		

나. 학력점수

| 학력 구분 | 점 수 | | 학력 구분 | 점 수 | |
	철도차량정비 관련학과	철도차량정비 관련학과외의 학과		철도차량 정비관련학과	철도차량정비 관련학과 외의 학과
석사 이상	25점	10점	전문학사 (2년제)	10점	7점
학사	20점	9점	고등학교 졸업	5점	
전문학사(3년제)	15점	8점			

41. 철도차량정비경력증의 발급 및 관리에 관한 설명으로 틀린 것은?

① 한국교통안전공단은 철도차량정비기술자의 인정 또는 등급변경을 신청한 사람이 철도차량정비기술자 인정 기준에 부적합하다고 인정한 경우에는 그 사유를 신청인에게 서면으로 통지해야 한다

② 한국교통안전공단은 철도차량정비경력증을 발급 또는 재발급 하였을 때에는 철도차량정비경력증 발급대장에 발급 또는 재발급에 관한 사실을 기록·관리해야 한다

③ 한국교통안전공단은 철도차량정비경력증 재발급 신청을 받은 경우 특별한 사유가 없으면 신청인에게 철도차량정비경력증을 재발급해야 한다

④ 한국교통안전공단은 철도차량정비경력증의 발급(재발급은 제외한다) 및 취소 현황을 매 반기의 말일을 기준으로 다음 달 15일까지 국토교통부장관에게 제출해야 한다

해설 시행규칙 제42조의2(철도차량정비경력증의 발급 및 관리) ① 한국교통안전공단은 제42조에 따라 철도차량정비기술자의 인정(등급변경 인정을 포함한다) 신청을 받으면 영 제21조의2에 따른 철도차량정비기술자 인정 기준에 적합한지를 확인한 후 별지 제25호의4서식의 철도차량정비경력증을 신청인에게 발급해야 한다.

② 한국교통안전공단은 제42조에 따라 철도차량정비기술자의 인정 또는 등급변경을 신청한 사람이 영 제21조의2에 따른 철도차량정비기술자 인정 기준에 부적합하다고 인정한 경우에는 그 사유를 신청인에게 서면으로 통지해야 한다.

정답 | 40. | ④ | 41. | ④

③ 철도차량정비경력증의 재발급을 받으려는 사람은 별지 제25호의5서식의 철도차량정비경력증 재발급 신청서에 사진을 첨부하여 한국교통안전공단에 제출해야 한다.

④ 한국교통안전공단은 제3항에 따른 철도차량정비경력증 재발급 신청을 받은 경우 특별한 사유가 없으면 신청인에게 철도차량정비경력증을 재발급해야 한다.

⑤ 한국교통안전공단은 제1항 또는 제4항에 따라 철도차량정비경력증을 발급 또는 재발급 하였을 때에는 별지 제25호의6서식의 철도차량정비경력증 발급대장에 발급 또는 재발급에 관한 사실을 기록·관리해야 한다. 다만, 철도차량정비경력증의 발급이나 재발급 사실을 영 제63조제1항제7호에 따른 정보체계로 관리하는 경우에는 따로 기록·관리하지 않아도 된다.

⑥ 한국교통안전공단은 철도차량정비경력증의 발급(재발급을 포함한다) 및 취소 현황을 매 반기의 말일을 기준으로 다음 달 15일까지 별지 제25호의7서식에 따라 국토교통부장관에게 제출해야 한다.

42. 철도차량정비기술자에 관한 설명으로 틀린 것은?

① 누구든지 자기의 성명을 사용하여 철도차량정비 업무를 수행하거나 다른 사람의 철도차량정비경력증을 빌려서는 아니 된다

② 철도차량정비기술자는 자기의 성명을 사용하여 다른 사람에게 철도차량정비 업무를 수행하게 하여서는 아니 된다

③ 철도차량정비기술자는 철도차량정비경력증을 빌려 주도록 알선해서는 아니 된다

④ 철도차량정비기술자는 철도차량정비경력증을 빌려 주어서는 아니 된다

해설 안전법 제24조의3(철도차량정비기술자의 명의 대여금지 등) ① 철도차량정비기술자는 자기의 성명을 사용하여 다른 사람에게 철도차량정비 업무를 수행하게 하거나 철도차량정비경력증을 빌려 주어서는 아니 된다.
② 누구든지 다른 사람의 성명을 사용하여 철도차량정비 업무를 수행하거나 다른 사람의 철도차량정비경력증을 빌려서는 아니 된다.
③ 누구든지 제1항이나 제2항에서 금지된 행위를 알선해서는 아니 된다.

43. 철도차량정비기술교육훈련에 관한 설명으로 틀린 것은?

① 철도차량정비기술자는 업무 수행에 필요한 소양과 지식을 습득하기 위하여 대통령령으로 정하는 바에 따라 철도운영자등이 실시하는 교육·훈련을 받아야 한다

② 정비교육훈련기관의 지정기준 및 절차 등에 필요한 사항은 대통령령으로 정한다

③ 국토교통부장관은 철도차량정비기술자를 육성하기 위하여 철도차량정비 기술에 관한 전문 교육훈련기관을 지정하여 정비교육훈련을 실시하게 할 수 있다

④ 정비교육훈련기관은 정당한 사유 없이 정비교육훈련 업무를 거부하여서는 아니 되고, 거짓이나 그 밖의 부정한 방법으로 정비교육훈련 수료증을 발급하여서는 아니 된다

해설 안전법 제24조의4(철도차량정비기술교육훈련) ① 철도차량정비기술자는 업무 수행에 필요한 소양과 지식을 습득하기 위하여 대통령령으로 정하는 바에 따라 국토교통부장관이 실시하는 교육·훈련(이하 "정비교육훈련"이라 한다)을 받아야 한다.
② 국토교통부장관은 철도차량정비기술자를 육성하기 위하여 철도차량정비 기술에 관한 전문 교육훈련기관(이하 "정비교육훈련기관"이라 한다)을 지정하여 정비교육훈련을 실시하게 할 수 있다.
③ 정비교육훈련기관의 지정기준 및 절차 등에 필요한 사항은 대통령령으로 정한다.
④ 정비교육훈련기관은 정당한 사유 없이 정비교육훈련 업무를 거부하여서는 아니 되고, 거짓이나 그 밖의 부정한 방법으로 정비교육훈련 수료증을 발급하여서는 아니 된다.
⑤ 정비교육훈련기관의 지정취소 및 업무정지 등에 관하여는 제15조의2를 준용한다. 이 경우 "운전적성검사기관"은 "정비교육훈련기관"으로, "운전적성검사 업무"는 "정비교육훈련 업무"로, "제15조제5항"은 "제24조의4제3항"으로, "제15조제6항"은 "제24조의4제4항"으로, "운전적성검사 판정서"는 "정비교육훈련 수료증"으로 본다.

44. 철도차량정비기술교육훈련의 실시기준에 대한 설명으로 틀린 것은?

① 교육훈련시간 35시간 중 인터넷 등을 통한 원격교육은 10시간의 범위에서 인정할
   수 있다
② 교육시간은 철도차량정비업무의 수행기간 5년마다 35시간 이상이다
③ 교육내용 및 교육방법은 철도차량정비에 관한 법령, 기술기준 및 정비기술 등 실
   무에 관한 이론 및 현장 교육으로 한다
④ 교육시간은 기존에 정비 업무를 수행하던 철도차량 차종이 아닌 새로운 철도차량
   차종의 정비에 관한 업무를 수행하는 경우 그 업무를 수행하는 날부터 1년 이내
   35시간 이상이다

해설 시행령 제21조의3(정비교육훈련 실시기준) ① 법 제24조의4제1항에 따른 정비교육훈련(이하 "정비교육훈
련"이라 한다)의 실시기준은 다음 각 호와 같다. [본조신설 2019. 6. 4.]
   1. 교육내용 및 교육방법 : 철도차량정비에 관한 법령, 기술기준 및 정비기술등 실무에 관한 이론 및 실습교육
   2. 교육시간 : 철도차량정비업무의 수행기간 5년마다 35시간 이상
   ② 제1항에서 정한사항 외에 정비교육훈련에 필요한 구체적인 사항은 국토교통부령으로 정한다.
시행규칙 제42조의3(정비교육훈련의 기준 등) ① 영 제21조의3제1항에 따른 정비교육훈련의 실시시기 및 시
간 등은 별표 13의4과 같다.
〈정비교육훈련의 실시시기 및 시간 등〉
   1. 정비교육훈련의 시기 및 시간

교육훈련 시기	교육훈련시간
기존에 정비 업무를 수행하던 철도차량 차종이 아닌 새로운 철도차량 차종의 정비에 관한 업무를 수행하는 경우 그 업무를 수행하는 날부터 1년 이내	35시간 이상
철도차량정비업무의 수행기간 5년 마다	35시간 이상

비고 : 위 표에 따른 35시간 중 인터넷 등을 통한 원격교육은 10시간의 범위에서 인정할 수 있다.

45. 정비교육훈련의 실시시기 및 시간 등의 설명을 틀린 것은?

① 철도차량정비기술자가 철도차량정비기술자의 상위 등급으로 등급변경의 인정을 받
   으려는 경우 정비교육훈련을 받아야 한다
② 철도차량정비기술자는 질병·입대·해외출장 등 불가피한 사유로 정비교육훈련을
   받아야 하는 기간까지 정비교육훈련을 받지 못할 경우에는 정비교육훈련을 연장
   수 있다. 이 경우 연기 사유가 없어진 날부터 1년 이내에 정비교육훈련을 받아야
   한다
③ 정비교육훈련은 강의·토론 등으로 진행하는 이론교육과 철도차량정비 업무를 실
   습하는 실기교육으로 시행하되, 실기교육을 30% 이상 포함해야 한다
④ 철도차량 또는 철도용품 제작회사에서 철도차량정비와 관련된 교육훈련을 받은 경
   우 정비교육훈련을 받은 것으로 본다

해설 시행규칙 제42조의3(정비교육훈련의 기준 등) ① 영 제21조3제1항에 따른 정비교육훈련의 실시시기 및 시
간 등은 별표 13의4과 같다.
   ② 철도차량정비기술자가 철도차량정비기술자의 상위 등급으로 등급변경의 인정을 받으려는 경우 제1항에
   따른 정비교육훈련을 받아야 한다.
〈정비교육훈련의 실시시기 및 시간 등〉
   2. 정비교육훈련의 면제 및 연기
   가. 「고등교육법」에 따른 학교, 철도차량 또는 철도용품 제작회사, 「과학기술분야 정부출연연구기관 등의
   설립·운영 및 육성에 관한 법률」 등 관계법령에 따라 설립된 연구기관·교육기관 및 주무관청의 허가
   를 받아 설립된 학회·협회 등에서 철도차량정비와 관련된 교육훈련을 받은 경우 위 표에 따른 정비교
   육훈련을 받은 것으로 본다. 이 경우 해당 기관으로부터 교육과목 및 교육시간이 명시된 증명서(교육수
   료증 또는 이수증 등)를 발급 받은 경우에 한정한다.

나. 철도차량정비기술자는 질병·입대·해외출장 등 불가피한 사유로 정비교육훈련을 받아야 하는 기한까지 정비교육훈련을 받지 못할 경우에는 정비교육훈련을 연기할 수 있다. 이 경우 연기 사유가 없어진 날부터 1년 이내에 정비교육훈련을 받아야 한다.

3. 정비교육훈련은 강의·토론 등으로 진행하는 이론교육과 철도차량정비 업무를 실습하는 실기교육으로 시행하되, 실기교육을 30% 이상 포함해야 한다.

4. 그 밖에 정비교육훈련의 교육과목 및 교육내용, 교육의 신청 방법 및 절차 등에 관한 사항은 국토교통부장관이 정하여 고시한다.

46. 정비교육훈련기관의 지정기준이 아닌 것은?

① 정비교육훈련에 필요한 사무실, 교육장 및 교육 장비를 갖출 것
② 정비교육훈련 업무 수행에 필요한 상설 전담조직을 갖출 것
③ 정비교육훈련기관의 운영 등에 관한 업무규정을 갖출 것
④ 정비교육훈련 업무를 수행할 수 있는 전문인력 3명 이상을 확보할 것

해설 시행령 제21조의4(정비교육훈련기관 지정기준 및 절차) ① 법 제24조의4제2항에 따른 정비교육훈련기관(이하 "정비교육훈련기관"이라 한다)의 지정기준은 다음 각 호와 같다.
1. 정비교육훈련 업무 수행에 필요한 상설 전담조직을 갖출 것
2. 정비교육훈련 업무를 수행할 수 있는 전문인력을 확보할 것
3. 정비교육훈련에 필요한 사무실, 교육장 및 교육 장비를 갖출 것
4. 정비교육훈련기관의 운영 등에 관한 업무규정을 갖출 것

47. 정비교육훈련기관의 설명으로 틀린 것은?

① 국토교통부장관은 정비교육훈련기관이 정비교육훈련기관의 지정기준에 적합한지의 여부를 매년 심사해야 한다
② 정비교육훈련기관은 정비교육훈련기관의 명칭 및 소재지, 대표자의 성명, 그 밖에 정비교육훈련에 중요한 영향을 미친다고 국토교통부장관이 인정하는 사항이 변경된 때에는 그 사유가 발생한 날부터 15일 이내에 국토교통부장관에게 그 내용을 통지해야 한다
③ 국토교통부장관은 정비교육훈련기관을 지정한 때에는 정비교육훈련기관의 명칭 및 소재지, 대표자의 성명, 그 밖에 정비교육훈련에 중요한 영향을 미친다고 국토교통부장관이 인정하는 사항을 관보에 고시해야 한다
④ 국토교통부장관은 정비교육훈련기관 지정 신청을 받으면 지정기준을 갖추었는지 여부 및 철도차량정비기술자의 수급 상황 등을 종합적으로 심사한 후 그 지정 여부를 결정해야 한다

해설 시행령 제21조의4(정비교육훈련기관 지정기준 및 절차) ② 정비교육훈련기관으로 지정을 받으려는 자는 제1항에 따른 지정기준을 갖추어 국토교통부장관에게 정비교육훈련기관 지정 신청을 해야 한다.
③ 국토교통부장관은 제2항에 따라 정비교육훈련기관 지정 신청을 받으면 제1항에 따른 지정기준을 갖추었는지 여부 및 철도차량정비기술자의 수급 상황 등을 종합적으로 심사한 후 그 지정 여부를 결정해야 한다.
④ 국토교통부장관은 정비교육훈련기관을 지정한 때에는 다음 각 호의 사항을 관보에 고시해야 한다.
1. 정비교육훈련기관의 명칭 및 소재지
2. 대표자의 성명
3. 그 밖에 정비교육훈련에 중요한 영향을 미친다고 국토교통부장관이 인정하는 사항
⑤ 제1항부터 제4항까지에서 규정한 사항 외에 정비교육훈련기관의 지정기준 및 절차 등에 관한 세부적인 사항은 국토교통부령으로 정한다.

시행령 제21조의5(정비교육훈련기관의 변경사항 통지 등) ① 정비교육훈련기관은 제21조의4제4항 각 호의 사항이 변경된 때에는 그 사유가 발생한 날부터 15일 이내에 국토교통부장관에게 그 내용을 통지해야 한다.
② 국토교통부장관은 제1항에 따른 통지를 받은 때에는 그 내용을 관보에 고시해야 한다.

시행규칙 제42조의4(정비교육훈련기관의 세부 지정기준 등) ① 영 제21조의4제1항에 따른 정비교육훈련기 관(이하 "정비교육훈련기관"이라 한다)의 세부 지정기준은 별표 13의5와 같다.
② 국토교통부장관은 정비교육훈련기관이 제1항에 따른 정비교육훈련기관의 지정기준에 적합한지의 여부 를 2년마다 심사해야 한다.

48. 정비교육훈련기관으로 지정을 받으려는 자가 국토교통부장관에게 제출하는 정비교 육훈련기관 지정신청서에 첨부하여야 하는 서류가 아닌 것은?
① 정비교육훈련계획서(정비교육훈련평가계획을 제외한다)
② 정비교육훈련을 담당하는 강사의 자격·학력·경력 등을 증명할 수 있는 서류 및 담당업무
③ 정비교육훈련기관 운영규정
④ 정비교육훈련에 필요한 실습 시행 방법 및 절차

> **해설** 시행규칙 제42조의5(정비교육훈련기관의 지정의 신청 등) ① 영 제21조의4제2항에 따라 정비교육훈련기관
> 으로 지정을 받으려는 자는 별지 제25호의8서식의 정비교육훈련기관 지정신청서에 다음 각 호의 서류를 첨
> 부하여 국토교통부장관에게 제출해야 한다. 이 경우 국토교통부장관은 「전자정부법」 제36조제1항에 따른
> 행정정보의 공동이용을 통하여 법인 등기사항증명서(신청인이 법인이 경우에만 해당한다)를 확인해야 한다.
> 1. 정비교육훈련계획서(정비교육훈련평가계획을 포함한다)
> 2. 정비교육훈련기관 운영규정
> 3. 정관이나 이에 준하는 약정(법인 및 단체에 한정한다)
> 4. 정비교육훈련을 담당하는 강사의 자격 · 학력 · 경력 등을 증명할 수 있는 서류 및 담당업무
> 5. 정비교육훈련에 필요한 강의실 등 시설 내역서
> 6. 정비교육훈련에 필요한 실습 시행 방법 및 절차
> 7. 정비교육훈련기관에서 사용하는 직인의 인영(印影 : 도장 찍은 모양)

49. 철도차량정비기술자의 인정에 관한 설명으로 틀린 것은?
① 철도차량정비 업무 수행 중 중과실로 철도사고의 원인을 제공한 경우에는 1년의 범위 내에서 철도차량정비기술자의 인정을 정지시킬 수 있다
② 거짓이나 그 밖의 부정한 방법으로 철도차량정비기술자로 인정받은 경우 그 인정 을 취소하여야 한다
③ 철도차량정비기술자로 인정받은 사람이 대통령령으로 정하는 자격, 경력 및 학력 등 철도차량정비기술자의 인정 기준에 해당하지 아니하게 된 경우 그 인정을 취소 하여야 한다
④ 철도차량정비기술자로 인정받은 사람이 철도차량정비 업무 수행 중 고의 또는 중 과실로 철도사고의 원인을 제공한 경우 그 인정을 취소하여야 한다

> **해설** 제24조의5(철도차량정비기술자의 인정취소 등) ① 국토교통부장관은 철도차량정비기술자가 다음 각 호의 어
> 느 하나에 해당하는 경우 그 인정을 취소하여야 한다.
> 1. 거짓이나 그 밖의 부정한 방법으로 철도차량정비기술자로 인정받은 경우
> 2. 제24조의2제2항에 따른 자격기준에 해당하지 아니하게 된 경우
> 3. 철도차량정비 업무 수행 중 고의로 철도사고의 원인을 제공한 경우
> ② 국토교통부장관은 철도차량정비기술자가 다음 각 호의 어느 하나에 해당하는 경우 1년의 범위에서 철도
> 차량정비기술자의 인정을 정지시킬 수 있다.
> 1. 다른 사람에게 철도차량정비경력증을 빌려 준 경우
> 2. 철도차량정비 업무수행중 중과실로 철도사고의 원인을 제공한 경우

정답 | **48.** | ① | **49.** | ④

5장

운행안전 · 철도 보호(철도교통관제 등)

1 철도차량의 운행

(1) 국토교통부령으로 정하는 내용

① 열차의 편성

② 철도차량 운전 및 신호방식 등

③ 철도차량의 안전운행에 필요한 사항

(2) 철도교통관제

① 철도차량 운행자의 의무

철도차량을 운행하는 자는 국토교통부장관이 지시하는 이동 · 출발 · 정지 등의 명령과 운행 기준 · 방법 · 절차 및 순서 등에 따라야 한다

② 국토교통부장관의 조언 · 정보제공

국토교통부장관은 철도차량의 안전하고 효율적인 운행을 위하여 철도시설의 운용상태 등 철도차량의 운행과 관련된 조언과 정보를 철도종사자 또는 철도운영자등에게 제공할 수 있다

③ 국토교통부장관의 철도차량 운행의 안전조치

국토교통부장관은 철도차량의 안전한 운행을 위하여 철도시설 내에서 사람, 자동차 및 철도차량의 운행제한 등 필요한 안전조치를 취할 수 있다

④ 국토교통부장관이 행하는 업무의 대상, 내용 및 절차 등에 관하여 필요한 사항은 **국토교통부령**으로 정한다

(3) 철도교통관제업무의 대상 및 내용

① 국토교통부장관이 행하는 관제업무의 내용

㉮ 철도차량의 운행에 대한 집중 제어·통제 및 감시

㉯ 철도시설의 운용상태 등 철도차량의 운행과 관련된 조언과 정보의 제공 업무

㉰ 철도보호지구에서 신고한 행위를 할 경우 열차운행 통제 업무

㉱ 철도사고등의 발생 시 사고복구, 긴급구조·구호 지시 및 관계 기관에 대한 상황 보고·전파 업무

㉲ 그 밖에 국토교통부장관이 철도차량의 안전운행 등을 위하여 지시한 사항

② 국토교통부장관의 철도교통관제업무 대상에서 제외되는 경우

㉮ 정상운행을 하기 전의 신설선 또는 개량선에서 철도차량을 운행하는 경우

㉯ 「철도산업발전 기본법」 용어의 정의에서 "철도시설" 중에 철도차량을 보수·정비하기 위한 차량정비기지 및 차량유치시설에서 철도차량을 운행하는 경우

③ 철도운영자등의 철도사고등이 발생시 통보

철도운영자등은 철도사고등이 발생하거나 철도시설 또는 철도차량 등이 정상적인 상태에 있지 아니하다고 의심되는 경우에는 이를 신속히 국토교통부장관에게 통보

④ 관제업무에 관한 세부적인 기준·절차 및 방법은 국토교통부장관이 정하여 고시

2 영상기록장치의 설치 · 운영

(1) 설치 · 운영목적

① 철도차량의 운행상황 기록 　② 교통사고 상황 파악

③ 안전사고 방지 　　　　　　 ④ 범죄 예방 등

(2) 영상기록장치를 설치 · 운영하여야 하는 곳

① 철도차량 중 대통령령으로 정하는 동력차 및 객차

㉮ 동력차 : 열차의 맨 앞에 위치한 동력차로서 운전실 또는 운전설비가 있는 동력차

㉯ 객차 : 승객 설비를 갖추고 여객을 수송하는 객차

② 승강장 등 대통령령으로 정하는 안전사고의 우려가 있는 역 구내

㉮ 승강장　　㉯ 대합실　　㉰ 승강설비

③ 대통령령으로 정하는 차량정비기지

    ㉮ 「철도사업법」에 따른 고속철도차량을 정비하는 차량정비기지

    ㉯ 철도차량을 중정비(철도차량을 완전히 분해하여 검수·교환하거나 탈선·화재 등으로 중대하게 훼손된 철도차량을 정비하는 것)하는 차량정비기지

    ㉰ 대지면적이 3,000㎡ 이상인 차량정비기지

④ 변전소 등 **대통령령**으로 정하는 안전확보가 필요한 철도시설

    ㉮ 변전소(구분소 포함), 무인기능실(전철전력설비, 정보통신설비, 신호 또는 열차 제어설비 운영과 관련된 경우만 해당)

    ㉯ 노선이 분기되는 구간에 설치된 분기기(선로전환기 포함), 역과 역 사이에 설치된 건넘선

    ㉰ 「통합방위법」에 따라 국가중요시설로 지정된 교량 및 터널

    ㉱ 「철도의 건설 및 철도시설 유지관리에 관한 법률」에 따른 고속철도에 설치된 길이 1km 이상의 터널

⑤ 「건널목 개량촉진법」에 따라 철도와 도로가 평면교차 되는 건널목으로서 <u>**대통령령**</u>으로 정하는 안전확보가 필요한 건널목

    * 「건널목 개량촉진법」에 따라 개량건널목으로 지정된 건널목(입체교차화 또는 구조 개량된 건널목은 제외)

(3) 영상기록장치 설치 안내

① 안내판 설치

철도운영자등은 영상기록장치를 설치하는 경우 운전업무종사자, 여객 등이 쉽게 인식할 수 있도록 **대통령령**으로 정하는 바에 따라 안내판 설치 등 필요한 조치를 하여야 한다

② 설치장소

운전업무종사자, 여객 등 개인정보보호법에 따른 정보주체가 쉽게 인식할 수 있는 운전실 및 객차 출입문 등

③ 안내판 표시내용

    ㉮ 영상기록장치의 설치 목적

    ㉯ 영상기록장치의 설치 위치, 촬영 범위 및 촬영 시간

    ㉰ 영상기록장치 관리 책임 부서, 관리책임자의 성명 및 연락처

    ㉱ 그 밖에 철도운영자등이 필요하다고 인정하는 사항

(4) 영상기록장치 설치기준 및 방법

① 영상기록장치의 설치 기준, 방법 등은 **대통령령**으로 정한다

② 설치기준

철도운영자등은 설치 목적과 다른 목적으로 영상기록장치를 임의로 조작하거나 다른 곳을 비추어서는 아니 된다

③ 영상기록시간 : 운행기간 외에는 영상기록(음성기록 포함)을 하여서는 아니 된다

④ 동력차의 영상기록장치 설치기준

㉮ 촬영할 대상 상황

ⓐ 선로변을 포함한 철도차량 전방의 운행 상황

ⓑ 운전실의 운전조작 상황

㉯ "운전실의 운전조작 상황"을 촬영할 수 있는 영상기록장치를 설치하지 않을 수 있는 철도차량

ⓐ 운행정보의 기록장치 등을 통해 철도차량의 운전조작 상황을 파악할 수 있는 철도차량

ⓑ 무인운전 철도차량

ⓒ 전용철도의 철도차량

⑤ 객차의 영상기록장치 설치기준

㉮ 영상기록장치의 해상도는 범죄 예방 및 범죄 상황 파악 등에 지장이 없는 정도일 것

㉯ 객차 내에 사각지대가 없도록 설치할 것

㉰ 여객 등이 영상기록장치를 쉽게 인식할 수 있는 위치에 설치할 것

⑥ 역구내·차량정비기지·철도시설 등의 영상기록장치 설치기준

㉮ 다음의 상황에 대한 영상이 모두 촬영될 수 있을 것

ⓐ 여객의 대기·승하차 및 이동 상황

ⓑ 철도차량의 진출입 및 운행 상황

ⓒ 철도시설의 운영 및 현장 상황

㉯ 철도차량 또는 철도시설이 충격을 받거나 화재가 발생한 경우 등 정상적이지 않은 환경에서도 영상기록장치가 최대한 보호될 수 있을 것

(5) 영상기록을 이용하거나 제공할 수 있는 경우

① 교통사고 상황 파악을 위하여 필요한 경우

② 범죄의 수사와 공소의 제기 및 유지에 필요한 경우

③ 법원의 재판업무수행을 위하여 필요한 경우

* 철도운영자등은 위의 경우 외에는 영상기록을 이용하거나 다른 자에게 제공하여서는 아니 된다

(6) 영상기록장치의 운영·관리 지침

① 지침 제정

철도운영자등은 영상기록장치에 기록된 영상이 분실·도난·유출·변조 또는 훼손되지 아니하도록 **대통령령**으로 정하는 바에 따라 영상기록장치의 운영·관리 지침을 마련

② 지침에 포함될 내용

ⓐ 영상기록장치의 설치 근거 및 설치 목적

ⓑ 영상기록장치의 설치 대수, 설치 위치 및 촬영 범위

ⓒ 관리책임자, 담당 부서 및 영상기록에 대한 접근권한이 있는 사람

ⓓ 영상기록의 촬영 시간, 보관기간, 보관장소 및 처리방법

ⓔ 철도운영자등의 영상기록 확인 방법 및 장소

ⓕ 정보주체의 영상기록 열람 등 요구에 대한 조치

ⓖ 영상기록에 대한 접근 통제 및 접근 권한의 제한 조치

ⓗ 영상기록을 안전하게 저장·전송할 수 있는 암호화 기술의 적용 또는 이에 상응하는 조치

ⓘ 영상기록 침해사고 발생에 대응하기 위한 접속기록의 보관 및 위조·변조 방지를 위한 조치

ⓙ 영상기록에 대한 보안프로그램의 설치 및 갱신

ⓚ 영상기록의 안전한 보관을 위한 보관시설의 마련 또는 잠금장치의 설치 등 물리적 조치

ⓛ 그 밖에 영상기록장치의 설치·운영 및 관리에 필요한 사항

(7) 영상기록의 보관기준 및 보관기간

① 영상기록의 제공과 그 밖에 영상기록의 보관 기준 및 보관 기간 등에 필요한 사항은 **국토교통부령**으로 정한다

② 보관기간

㉮ 영상기록장치 운영·관리 지침에서 정하는 보관기간 동안 보관

㉯ 보관기간은 3일 이상의 기간이어야 한다

③ 영상기록의 삭제

㉮ 철도운영자등은 보관기간이 지난 영상기록을 삭제하여야 한다

④ 보관기간 내에 "(5) 영상기록을 이용하거나 제공할 수 있는 경우"에 해당하여 영상기록에 대한 제공을 요청 받은 경우에는 해당 영상기록을 제공하기 전까지는 영상기록을 삭제해서는 아니 된다

3 열차운행의 일시 중지

(1) 열차운행의 일시 중지

① 일시 중지할 수 있는 자 : 철도운영자
② 일시 중지할 수 있는 경우
  ㉮ 지진, 태풍, 폭우, 폭설 등 천재지변 또는 악천후로 인하여 재해가 발생하였거나 재해가 발생할 것으로 예상되는 경우
  ㉯ 그 밖에 열차운행에 중대한 장애가 발생하였거나 발생할 것으로 예상되는 경우

(2) 열차운행 일시 중지 요청

① 요청자 및 요청 받는 자 : 철도종사자가 관제업무종사자에게 요청
② 일시 중지를 요청할 수 있는 경우
  ㉮ 철도사고 및 운행장애의 징후가 발견되거나
  ㉯ 발생 위험이 높다고 판단되는 경우
③ 조치사항
  ㉮ 관제업무종사자는 특별한 사유가 없으면 즉시 열차운행을 중지하여야 한다
  ㉯ 철도종사자는 열차운행의 중지 요청과 관련하여 고의 또는 중대한 과실이 없는 경우에는 민사상 책임을 지지 아니 한다
  ㉰ 누구든지 열차운행의 중지를 요청한 철도종사자에게 이를 이유로 불이익한 조치를 하여서는 아니 된다

4 철도종사자의 준수사항

(1) 운전업무종사자 준사사항

① 철도차량 출발 전 **국토교통부령**으로 정하는 조치 사항을 이행할 것
  ㉮ 철도차량이 「철도산업발전기본법」에 따른 차량정비기지에서 출발하는 경우 다음의 기능에 대하여 이상 여부를 확인할 것
    ⓐ 운전제어와 관련된 장치의 기능
    ⓑ 제동장치 기능

ⓒ 그 밖에 운전 시 사용하는 각종 계기판의 기능

㉯ 철도차량이 역시설에서 출발하는 경우 여객의 승하차 여부를 확인할 것. 단, 여객승무원이 대신하여 확인하는 경우에는 그렇지 않다

② **국토교통부령**으로 정하는 철도차량 운행에 관한 안전 수칙을 준수할 것

㉮ 철도신호에 따라 철도차량을 운행할 것

㉯ 철도차량의 운행 중에 휴대전화 등 전자기기를 사용하지 아니할 것. 단, 다음에 해당하는 경우로서 철도운영자가 운행의 안전을 저해하지 아니하는 범위에서 사전에 사용을 허용한 경우에는 그렇지 않다

ⓐ 철도사고등 또는 철도차량의 기능장애가 발생하는 등 비상상황이 발생한 경우

ⓑ 철도차량의 안전운행을 위하여 전자기기의 사용이 필요한 경우

ⓒ 그 밖에 철도운영자가 철도차량의 안전운행에 지장을 주지 아니한다고 판단하는 경우

㉰ 철도운영자가 정하는 구간별 제한속도에 따라 운행할 것

㉱ 열차를 후진하지 아니할 것. 단, 비상상황 발생 등의 사유로 관제업무종사자의 지시를 받는 경우에는 그렇지 않다

㉲ 정거장 외에는 정차를 하지 아니할 것 단, 정지신호의 준수 등 철도차량의 안전운행을 위하여 정차를 하여야 하는 경우에는 그러하지 아니하다.

㉳ 운행구간의 이상이 발견된 경우 관제업무종사자에게 즉시 보고할 것

㉴ 관제업무종사자의 지시를 따를 것

(2) 관제업무종사자 준수사항

① **국토교통부령**으로 정하는 바에 따라 운전업무종사자 등에게 열차 운행에 관한 정보를 제공할 것

㉮ 정보를 제공하여야 할 대상자

ⓐ 운전업무종사자

ⓑ 여객승무원

ⓒ 정거장에서 철도신호기, 선로전환기 또는 조작판 등을 취급하거나 열차의 조성업무를 수행하는 사람

㉯ 제공해야 할 정보

ⓐ 열차의 출발, 정차 및 노선변경 등 열차 운행의 변경에 관한 정보

ⓑ 열차 운행에 영향을 줄 수 있는 다음의 정보

    (ㄱ) 철도차량이 운행하는 선로 주변의 공사·작업의 변경 정보

    (ㄴ) 철도사고등에 관련된 정보

    (ㄷ) 재난 관련 정보

    (ㄹ) 테러 발생 등 그 밖의 비상상황에 관한 정보

② 철도사고, 철도준사고 및 운행장애(철도사고등) 발생 시 **국토교통부령**으로 정하는 조치 사항을 이행할 것

  ㉮ 철도사고등이 발생하는 경우 여객 대피 및 철도차량 보호 조치 여부 등 사고현장 현황을 파악할 것

  ㉯ 철도사고등의 수습을 위하여 필요한 경우 다음의 조치를 할 것

    ⓐ 사고현장의 열차운행 통제

    ⓑ 의료기관 및 소방서 등 관계기관에 지원 요청

    ⓒ 사고 수습을 위한 철도종사자의 파견 요청

    ⓓ 2차 사고 예방을 위하여 철도차량이 구르지 아니하도록 하는 조치 지시

    ⓔ 안내방송 등 여객 대피를 위한 필요한 조치 지시

    ⓕ 전차선(電車線, 선로를 통하여 철도차량에 전기를 공급하는 장치를 말한다)의 전기공급 차단 조치

    ⓖ 구원(救援)열차 또는 임시열차의 운행 지시

    ⓗ 열차의 운행간격 조정

  ㉰ 철도사고등의 발생사유, 지연시간 등을 사실대로 기록하여 관리할 것

(3) 작업책임자 준수사항

① <u>국토교통부령</u>으로 정하는 바에 따라 작업 수행 전에 작업원을 대상으로 안전교육을 실시할 것

〈안전교육에 포함해야 할 내용 : 국토교통부령〉

  ㉮ 해당 작업일의 작업계획(작업량, 작업일정, 작업순서, 작업방법, 작업원별 임무 및 작업장 이동방법 등을 포함)

  ㉯ 안전장비 착용 등 작업원 보호에 관한 사항

  ㉰ 작업특성 및 현장여건에 따른 위험요인에 대한 안전조치 방법

  ㉱ 작업책임자와 작업원의 의사소통 방법, 작업통제 방법 및 그 준수에 관한 사항

  ㉲ 건설기계 등 장비를 사용하는 작업의 경우에는 철도사고 예방에 관한 사항

  ㉳ 그 밖에 안전사고 예방을 위해 필요한 사항으로서 국토교통부장관이 정해

고시하는 사항

② **국토교통부령**으로 정하는 작업안전에 관한 조치 사항을 이행할 것

㉮ 철도운행안전관리자 준수사항의 다음의 조정 내용에 따라 작업계획 등의 조정·보완

ⓐ 작업일정 및 열차의 운행일정을 작업수행 전에 조정

ⓑ 작업일정 및 열차의 운행일정을 작업과 관련하여 관할 역의 관리책임자 (정거장에서 철도신호기·선로전환기 또는 조작판 등을 취급하는 사람을 포함) 및 관제업무종사자와 협의하여 조정

㉯ 작업 수행 전 다음 사항의 조치

ⓐ 작업원의 안전장비 착용상태 점검

ⓑ 작업에 필요한 안전장비·안전시설의 점검

ⓒ 그 밖에 작업 수행 전에 필요한 조치로서 국토교통부장관이 정해 고시하는 조치

㉰ 작업시간 내 작업현장 이탈 금지

㉱ 작업 중 비상상황 발생 시 열차방호 등의 조치

㉲ 해당 작업으로 인해 열차운행에 지장이 있는지 여부 확인

㉳ 작업완료 시 상급자에게 보고

㉴ 그 밖에 작업안전에 필요한 사항으로 국토교통부장관이 정해 고시하는 사항

(4) 철도운행안전관리자 준수사항

① 작업일정 및 열차의 운행일정을 작업수행 전에 조정할 것

② 작업일정 및 열차의 운행일정을 작업과 관련하여 관할 역의 관리책임자(정거장에서 철도신호기·선로전환기 또는 조작판 등을 취급하는 사람을 포함) 및 관제업무종사자와 협의하여 조정할 것

㉮ 철도시설 건설·관리 작업 관련 협의서의 작성

철도운행안전관리자와 관할 역의 관리책임자 및 관제업무종사자는 협의를 거친 경우에는 그 협의 내용을 **국토교통부령**으로 정하는 바에 따라 작성·보관하여야 한다

㉯ 철도운행안전관리자, 관할 역의 관리책임자 및 관제업무종사자는 협의를 거친 경우에는 다음 사항이 포함된 협의서를 작성해야 한다

ⓐ 협의 당사자의 성명 및 소속

ⓑ 협의 대상 작업의 일시, 구간, 내용 및 참여인원

ⓒ 작업일정 및 열차 운행일정에 대한 협의 결과

ⓓ 협의 결과에 따른 관제업무종사자의 관제 승인 내역

ⓔ 그 밖에 작업의 안전을 위하여 필요하다고 인정하여 국토교통부장관이 정하여 고시하는 사항

㉰ 철도운행안전관리자, 관할 역의 관리책임자 및 관제업무종사자는 작성한 협의서를 각각 협의 대상 작업의 종료일부터 3개월간 보관해야 한다

③ **국토교통부령**으로 정하는 열차운행 및 작업안전에 관한 조치 사항을 이행할 것

<**국토교통부령**으로 정하는 이행하여야 할 조치사항>

㉮ 철도운행안전관리자 준수사항의 다음의 조정 내용을 작업책임자에게 통지

ⓐ 작업일정 및 열차의 운행일정을 작업수행 전에 조정

ⓑ 작업일정 및 열차의 운행일정을 작업과 관련하여 관할 역의 관리책임자(정거장에서 철도신호기·선로전환기 또는 조작판 등을 취급하는 사람을 포함) 및 관제업무종사자와 협의하여 조정

㉯ 철도운행안전관리자의 업무

ⓐ 철도차량의 운행선로나 그 인근에서 철도시설의 건설 또는 관리와 관련한 작업을 수행하는 경우에 작업일정의 조정 또는 작업에 필요한 안전장비·안전시설 등의 점검

ⓑ 작업이 수행되는 선로를 운행하는 열차가 있는 경우 해당 열차의 운행일정 조정

ⓒ 열차접근경보시설이나 열차접근감시인의 배치에 관한 계획 수립·시행과 확인

ⓓ 철도차량 운전자나 관제업무종사자와 연락체계 구축 등

㉰ 작업 수행 전 다음 내용의 조치

ⓐ 「산업안전보건기준에 관한 규칙」에 따라 배치한 열차운행감시인의 안전장비 착용상태 및 휴대물품 현황 점검

ⓑ 그 밖에 작업 수행 전에 필요한 조치로서 국토교통부장관이 정해 고시하는 조치

㉱ 관할 역의 관리책임자(정거장에서 철도신호기·선로전환기 또는 조작판 등을 취급하는 사람을 포함한다) 및 작업책임자와의 연락체계 구축

㉲ 작업시간 내 작업현장 이탈 금지

㉳ 작업이 지연되거나 작업 중 비상상황 발생시 작업일정 및 열차의 운행일정 재조정 등에 관한 조치

ⓐ 그 밖에 열차운행 및 작업안전에 필요한 사항으로서 국토교통부장관이 정해 고시하는 사항

(5) 철도사고등이 발생시 운전업무종사자와 여객승무원 준수사항

① 철도사고등의 현장을 이탈하여서는 아니 된다

② 철도차량 내 안전 및 질서유지를 위하여 승객 구호조치를 하여야 한다

③ 그 외에 **국토교통부령**으로 정하는 후속조치를 이행하여야 한다

* 운전업무종사자와 여객승무원은 후속조치에 대하여 각각의 역할을 분담하여 이행할 수 있다

㉮ 관제업무종사자 또는 인접한 역시설의 철도종사자에게 철도사고등의 상황을 전파할 것

㉯ 철도차량 내 안내방송을 실시할 것. 단, 방송장치로 안내방송이 불가능한 경우에는 확성기 등을 사용하여 안내하여야 한다.

㉰ 여객의 안전을 확보하기 위하여 필요한 경우 철도차량 내 여객을 대피시킬 것

㉱ 2차 사고 예방을 위하여 철도차량이 구르지 아니하도록 하는 조치를 할 것

㉲ 여객의 안전을 확보하기 위하여 필요한 경우 철도차량의 비상문을 개방할 것

㉳ 사상자 발생 시 응급환자를 응급처치하거나 의료기관에 긴급히 이송되도록 지원할 것

④ 의료기관으로의 이송이 필요한 경우 등 **국토교통부령**으로 정하는 경우에는 ①~③에 따른 조치를 하지 않을 수 있다

〈운전업무종사자 · 여객승무원이 철도사고등의 현장 이탈이 가능한 경우〉

㉮ 운전업무종사자 또는 여객승무원이 중대한 부상 등으로 인하여 의료기관으로의 이송이 필요한 경우

㉯ 관제업무종사자 또는 철도사고등의 관리책임자로부터 철도사고등의 현장이탈이 가능하다고 통보받은 경우

㉰ 여객을 안전하게 대피시킨 후 운전업무종사자와 여객승무원의 안전을 위하여 현장을 이탈하여야 하는 경우

(6) 철도종사자의 흡연 금지

① 흡연금지 대상

철도종사자 (운전업무 실무수습을 하는 사람 포함)

② 흡연금지 시기 · 장소

업무에 종사하는 동안에는 열차 내에서 흡연을 하여서는 아니된다

5 **철도종사자의 음주 제한**

(1) 음주·약물 사용상태의 업무금지 대상 철도종사원(실무수습 중인자 포함)

① 운전업무종사자

② 관제업무종사자

③ 여객승무원

④ 작업책임자

⑤ 철도운행안전관리자

⑥ 정거장에서 철도신호기·선로전환기 및 조작판 등을 취급하거나 열차의 조성업무를 수행하는 사람

(열차의 조성업무 : 철도차량을 연결하거나 분리하는 작업)

⑦ 철도차량 및 철도시설의 점검·정비 업무에 종사하는 사람

(2) 음주·약물 사용여부의 확인 또는 검사

① 확인 또는 검사자

㉮ 국토교통부장관

㉯ 시·도지사(도시철도 및 위탁법인이 건설·운영하는 도시철도)

② 확인 또는 검사 목적

㉮ 철도안전과 위험방지를 위하여 필요하다고 인정하거나

㉯ 철도종사자가 술을 마시거나 약물을 사용한 상태에서 업무를 하였다고 인정할 만한 상당한 이유가 있을 때

③ 수검 의무

철도종사자는 국토교통부장관 또는 시·도지사의 확인 또는 검사를 거부하여서는 아니 된다

(3) 음주·약물사용 판단기준

① 술 : 혈중 알코올농도가 0.02% 이상인 경우

〈예외로 0.03% 이상을 음주로 판단하는 철도종사자〉

㉮ 작업책임자

㉯ 철도운행안전관리자

㉰ 정거장에서 철도신호기·선로전환기 및 조작판 등을 취급하거나 열차의 조성(철도차량을 연결하거나 분리하는 작업)업무를 수행하는 사람

② 약물 : 양성으로 판정된 경우

(4) 확인 또는 검사의 방법 · 절차

① 확인 또는 검사의 방법 · 절차 등에 관하여 필요한 사항은 **대통령령**으로 정한다

㉮ 음주여부 확인 또는 검사 방법

ⓐ 호흡측정기 검사의 방법으로 실시

ⓑ 검사 결과에 불복하는 사람에 대해서는 그 철도종사자의 동의를 받아 혈액 채취 등의 방법으로 다시 측정할 수 있다

㉯ 약물 사용 확인 또는 검사

소변 검사 또는 모발 채취 등의 방법으로 실시

② 확인 또는 검사의 세부절차와 방법 등 필요한 사항은 국토교통부장관이 정한다

6 위해물품의 휴대 금지

(1) 위해물품의 의의

① 무기, 화약류, 허가물질, 제한물질, 금지물질, 유해화학물질 또는 인화성이 높은 물질 등

② 공중이나 여객에게 위해를 끼치거나 끼칠 우려가 있는 물건 또는 물질

(2) 위해물품의 휴대 · 적재

① 열차에서 휴대하거나 적재(積載)할 수 없다

② 국토교통부장관 또는 시 · 도지사의 허가를 받은 경우 또는 **국토교통부령**으로 정하는 특정한 직무를 수행하기 위한 경우에는 휴대하거나 적재 할 수 있다

㉮ 「사법경찰관리의 직무를 수행할 자와 그 직무범위에 관한 법률」에 따른 철도경찰 사무에 종사하는 국가공무원(철도특별사법경찰관리)

㉯ 「경찰관직무집행법」의 경찰관 직무를 수행하는 사람

㉰ 「경비업법」에 따른 경비원

㉱ 위험물품을 운송하는 군용열차를 호송하는 군인

(3) 위해물품의 종류

① 위해물품의 종류, 휴대 또는 적재 허가를 받은 경우의 안전조치 등에 관하여 필요한 세부사항은 **국토교통부령**으로 정한다

② 위해물품의 구분

㉮ 화약류

「총포 · 도검 · 화약류 등의 안전관리에 관한 법률」에 따른 화약 · 폭약 · 화공품과 그 밖에 폭발성이 있는 물질

㉯ 고압가스

　　ⓐ 섭씨 50도 미만의 임계온도를 가진 물질

　　ⓑ 섭씨 50도에서 300킬로 파스칼을 초과하는 절대압력(진공을 0으로 하는 압력)을 가진 물질

　　ⓒ 섭씨 21.1도에서 280킬로 파스칼을 초과하거나 섭씨 54.4도에서 730킬로 파스칼을 초과하는 절대압력을 가진 물질

　　ⓓ 섭씨 37.8도에서 280킬로 파스칼을 초과하는 절대가스압력(진공을 0으로 하는 가스압력)을 가진 액체상태의 인화성 물질

㉰ 인화성 액체 : 밀폐식 인화점 측정법에 따른 인화점이 섭씨 60.5도 이하인 액체나 개방식 인화점 측정법에 따른 인화점이 섭씨 65.6도 이하인 액체

㉱ 가연성 물질류

　　ⓐ 가연성고체

　　　화기 등에 의하여 용이하게 점화되며 화재를 조장할 수 있는 가연성 고체

　　ⓑ 자연발화성 물질

　　　통상적인 운송상태에서 마찰·습기흡수·화학변화 등으로 인하여 자연발열하거나 자연발화하기 쉬운 물질

　　ⓒ 그 밖의 가연성물질

　　　물과 작용하여 인화성 가스를 발생하는 물질

㉲ 산화성 물질류

　　ⓐ 산화성 물질

　　　다른 물질을 산화시키는 성질을 가진 물질로서 유기과산화물 외의 것

　　ⓑ 유기과산화물

　　　다른 물질을 산화시키는 성질을 가진 유기물질

㉳ 독물류

　　ⓐ 독물

　　　사람이 흡입·접촉하거나 체내에 섭취한 경우에 강력한 독작용이나 자극을 일으키는 물질

　　ⓑ 병독을 옮기기 쉬운 물질

　　　살아 있는 병원체 및 살아 있는 병원체를 함유하거나 병원체가 부착되어 있다고 인정되는 물질

⑭ 방사성 물질

「원자력안전법」 제2조에 따른 핵물질 및 방사성물질이나 이로 인하여 오염된 물질로서 방사능의 농도가 킬로그램당 74킬로 베크렐(그램당 0.002마이크로큐리) 이상인 것

⑯ 부식성 물질

생물체의 조직에 접촉한 경우 화학반응에 의하여 조직에 심한 위해를 주는 물질이나 열차의 차체·적하물 등에 접촉한 경우 물질적 손상을 주는 물질

⑰ 마취성 물질

객실승무원이 정상근무를 할 수 없도록 극도의 고통이나 불편함을 발생시키는 마취성이 있는 물질이나 그와 유사한 성질을 가진 물질

⑱ 총포·도검류 등

「총포·도검·화약류 등 단속법」에 따른 총포·도검 및 이에 준하는 흉기류

⑲ 그 밖의 유해물질

위의 ㉮~㉯의 물질 외의 것으로서 화학변화 등에 의하여 사람에게 위해를 주거나 열차 안에 적재된 물건에 물질적인 손상을 줄 수 있는 물질

③ 휴대·적재의 허가 및 표지부착

㉮ 철도운영자등은 위해물품에 대하여 휴대나 적재의 적정성, 포장 및 안전조치의 적정성 등을 검토하여 휴대나 적재를 허가할 수 있다

㉯ 해당 위해물품이 위해물품임을 나타낼 수 있는 표지를 포장 바깥면 등 잘 보이는 곳에 붙여야 한다

7 위험물 운송

(1) 위험물의 운송위탁 및 운송 금지

① 대통령령으로 정하는 운송위탁 및 운송금지 위험물

㉮ 점화 또는 점폭약류를 붙인 폭약

㉯ 니트로글리세린

㉰ 건조한 기폭약

㉱ 뇌홍질화연에 속하는 것 등 **대통령령**으로 정하는 위험물

㉲ 그 밖에 사람에게 위해를 주거나 물건에 손상을 줄 수 있는 물질로서 국토교통부장관이 정하여 고시하는 위험물

② 위의 위험물 운송을 위탁할 수 없으며, 철도운영자는 이를 철도로 운송할 수 없다

(2) 위험물의 운송 (운송취급주의 위험물)

　① **대통령령**으로 정하는 운송취급주의 위험물

　　㉮ 철도운송 중 폭발할 우려가 있는 것

　　㉯ 마찰·충격·흡습 등 주위의 상황으로 인하여 발화할 우려가 있는 것

　　㉰ 인화성·산화성 등이 강하여 그 물질 자체의 성질에 따라 발화할 우려가 있는 것

　　㉱ 용기가 파손될 경우 내용물이 누출되어 철도차량·레일·기구 또는 다른 화물 등을 부식시키거나 침해할 우려가 있는 것

　　㉲ 유독성 가스를 발생시킬 우려가 있는 것

　　㉳ 그 밖에 화물의 성질상 철도시설·철도차량·철도종사자·여객 등에 위해나 손상을 끼칠 우려가 있는 것

　② **대통령령**으로 정하는 운송취급주의 위험물의 안전운송

　　㉮ 안전하게 포장·적재·관리·운송할 의무

　　　ⓐ 위험물의 운송을 위탁하여 철도로 운송하려는 자와 이를 운송하는 철도운영자는 ("위험물취급자")

　　　ⓑ **국토교통부령**으로 정하는 바에 따라

　　　ⓒ 철도운행상의 위험 방지 및 인명보호를 위하여 위험물을 안전하게 포장·적재·관리·운송하여야 한다. ("위험물취급")

　　㉯ 철도운영자의 안전조치 등에 따라야 할 의무

　　　위험물의 운송을 위탁하여 철도로 운송하려는 자는 위험물을 안전하게 운송하기 위하여 철도운영자의 안전조치 등에 따라야 한다

(3) 위험물의 포장 및 용기의 검사

　① 포장 및 용기의 안전성 검사에 합격필요

　　㉮ 위험물을 철도로 운송하는 데 사용되는 포장 및 용기(부속품 포함)를 제조·수입하여 판매하려는 자 또는 이를 소유하거나 임차하여 사용하는 자는 국토교통부장관이 실시하는 포장 및 용기의 안전성에 관한 검사에 합격하여야 한다.

　　㉯ 위험물 포장 및 용기의 검사의 합격기준·방법 및 절차 등에 필요한 사항은 **국토교통부령**으로 정한다.

　② 안전성 검사의 전부 또는 일부의 면제

　　국토교통부장관은 다음의 경우에는 국토교통부령으로 정하는 바에 따라 위험

물 포장 및 용기의 안전성에 관한 검사의 전부 또는 일부를 면제할 수 있다.

㉮ 「고압가스 안전관리법」에 따른 검사에 합격하거나 검사가 생략된 경우

㉯ 「선박안전법」에 따른 검사에 합격한 경우

㉰ 「항공안전법」에 따른 검사에 합격한 경우

㉱ 대한민국이 체결한 협정 또는 대한민국이 가입한 협약에 따라 검사하여 외국 정부 등이 발행한 증명서가 있는 경우

㉲ 그 밖에 국토교통부령으로 정하는 경우

③ 위험물 포장·용기검사기관 지정

㉮ 국토교통부장관은 위험물 포장 및 용기에 관한 전문검사기관("위험물 포장·용기검사기관")을 지정하여 검사를 하게 할 수 있다.

㉯ 위험물 포장·용기검사기관의 지정 기준·절차 등에 필요한 사항은 국토교통부령으로 정한다.

④ 국토교통부장관이 위험물 포장·용기검사기관의 지정취소 등

㉮ 지정을 취소하여야 하는 경우 (절대적 취소)

　　ⓐ 거짓이나 그 밖의 부정한 방법으로 위험물 포장·용기검사기관으로 지정받은 경우

　　ⓑ 업무정지 기간 중에 검사 업무를 수행한 경우

㉯ 지정을 취소하거나 6개월 이내의 기간을 정하여 그 업무의 전부 또는 일부의 정지를 명할 수 있는 경우 (상대적 취소)

　　ⓐ 포장 및 용기의 검사방법·합격기준 등을 위반하여 검사를 한 경우

　　ⓑ 지정기준에 맞지 아니하게 된 경우

㉰ 처분의 세부기준 등에 필요한 사항은 국토교통부령으로 정한다

(4) 위험물취급에 관한 교육

① 위험물취급자의 위험물취급안전교육 의무

㉮ 위험물취급자는 자신이 고용하고 있는 종사자(철도로 운송하는 위험물을 취급하는 종사자에 한정)가 위험물취급에 관하여 국토교통부장관이 실시하는 교육("위험물취급안전교육")을 받도록 하여야 한다.

㉯ 위험물취급안전교육의 전부 또는 일부를 면제할 수 있는 경우

　　ⓐ 철도안전에 관한 교육을 통하여 위험물취급에 관한 교육을 이수한 철도종사자

　　ⓑ 「화학물질관리법」에 따른 유해화학물질 안전교육을 이수한 유해화학물질 취급 담당자

ⓒ 「위험물안전관리법」에 따른 안전교육을 이수한 위험물의 안전관리와 관련된 업무를 수행하는 자

ⓓ 「고압가스 안전관리법」에 따른 안전교육을 이수한 운반책임자

ⓔ 그 밖에 국토교통부령으로 정하는 경우

㉰ 교육의 대상·내용·방법·시기 등 위험물취급안전교육에 필요한 사항은 국토교통부령으로 정한다.

② 위험물취급전문교육기관을 지정하여 교육 실시

㉮ 국토교통부장관은 교육을 효율적으로 하기 위하여 위험물취급안전교육을 수행하는 전문교육기관("위험물취급전문교육기관")을 지정하여 위험물취급안전교육을 실시하게 할 수 있다.

㉯ 교육시설·장비 및 인력 등 위험물취급전문교육기관의 지정기준 및 운영 등에 필요한 사항은 국토교통부령으로 정한다.

③ 국토교통부장관의 위험물취급전문교육기관의 지정취소 등

㉮ 지정을 취소하여야 하는 경우 (절대적 취소)

ⓐ 거짓이나 그 밖의 부정한 방법으로 위험물취급전문교육기관으로 지정받은 경우

ⓑ 업무정지 기간 중에 위험물취급안전교육을 수행한 경우

㉯ 지정을 취소하거나 6개월 이내의 기간을 정하여 그 업무의 전부 또는 일부의 정지를 명할 수 있는 경우

ⓐ 지정기준에 맞지 아니하게 된 경우

④ 처분의 세부기준 및 절차 등에 필요한 사항은 국토교통부령으로 정한다.

1. **철도차량의 운행과 관련하여 국토교통부령으로 정하는 사항이 아닌 것은?**
   ① 철도차량 운전
   ② 신호방식
   ③ 철도차량의 안전운행에 필요한 사항
   ④ 열차의 관제

   해설 안전법 제5조제39조(철도차량의 운행) 열차의 편성, 철도차량 운전 및 신호방식 등 철도차량의 안전운행에 필요한 사항은 국토교통부령으로 정한다.

2. **철도교통관제에 관한 설명으로 틀린 것은?**
   ① 국토교통부장관은 철도차량의 안전하고 효율적인 운행을 위하여 철도시설의 운용 상태 등 철도차량의 운행과 관련된 조언과 정보를 철도종사자 또는 철도운영자등에게 제공할 수 있다
   ② 철도운영자등은 철도차량의 안전한 운행을 위하여 철도시설 내에서 사람, 자동차 및 철도차량의 운행제한 등 필요한 안전조치를 취할 수 있다
   ③ 국토교통부장관이 행하는 철도교통관제 업무의 대상, 내용 및 절차 등에 관하여 필요한 사항은 국토교통부령으로 정한다
   ④ 철도차량을 운행하는 자는 국토교통부장관이 지시하는 이동·출발·정지 등의 명령과 운행 기준·방법·절차 및 순서 등에 따라야 한다

   해설 안전법 제39조의2(철도교통관제) ① 철도차량을 운행하는 자는 국토교통부장관이 지시하는 이동·출발·정지 등의 명령과 운행 기준·방법·절차 및 순서 등에 따라야 한다.
   ② 국토교통부장관은 철도차량의 안전하고 효율적인 운행을 위하여 철도시설의 운용상태 등 철도차량의 운행과 관련된 조언과 정보를 철도종사자 또는 철도운영자등에게 제공할 수 있다.
   ③ 국토교통부장관은 철도차량의 안전한 운행을 위하여 철도시설 내에서 사람, 자동차 및 철도차량의 운행제한 등 필요한 안전조치를 취할 수 있다.
   ④ 제1항부터 제3항까지의 규정에 따라 국토교통부장관이 행하는 업무의 대상, 내용 및 절차 등에 관하여 필요한 사항은 국토교통부령으로 정한다.

3. **국토교통부장관이 행하는 철도교통관제업무의 대상은?**
   ① 정상운행을 하기 전의 개량선에서 철도차량을 운행하는 경우
   ② 철도보호지구에서의 토지의 형질변경 및 굴착하는 행위를 할 경우 열차운행 통제 업무
   ③ 정상운행을 하기 전의 신설선에서 철도차량을 운행하는 경우
   ④ 철도차량을 보수·정비하기 위한 차량정비기지 및 차량유치시설에서 철도차량을 운행하는 경우

   해설 시행규칙 제76조(철도교통관제업무의 대상 및 내용 등) ① 다음 각 호의 어느 하나에 해당하는 경우에는 법 제39조의2에 따라 국토교통부장관이 행하는 철도교통관제업무(이하 "관제업무"라 한다)의 대상에서 제외한다.

정답 1. ④ 2. ② 3. ②

1. 정상운행을 하기 전의 신설선 또는 개량선에서 철도차량을 운행하는 경우
2. 「철도산업발전 기본법」 제3조제2호나목에 따른 철도차량을 보수 · 정비하기 위한 차량정비기지 및 차량유치시설에서 철도차량을 운행하는 경우

② 법 제39조의2제4항에 따라 국토교통부장관이 행하는 관제업무의 내용은 다음 각 호와 같다.
1. 철도차량의 운행에 대한 집중 제어 · 통제 및 감시
2. 철도시설의 운용상태 등 철도차량의 운행과 관련된 조언과 정보의 제공 업무
3. 철도보호지구에서 법 제45조제1항 각호의 어느 하나에 해당하는 행위를 할 경우 열차운행 통제 업무
4. 철도사고등의 발생 시 사고복구, 긴급구조 · 구호 지시 및 관계 기관에 대한 상황 보고 · 전파 업무
5. 그 밖에 국토교통부장관이 철도차량의 안전운행 등을 위하여 지시한 사항

③ 철도운영자등은 철도사고등이 발생하거나 철도시설 또는 철도차량 등이 정상적인 상태에 있지 아니하다고 의심되는 경우에는 이를 신속히 국토교통부장관에 통보하여야 한다.

④ 관제업무에 관한 세부적인 기준 · 절차 및 방법은 국토교통부장관이 정하여 고시한다.

4. 국토교통부장관이 행하는 철도교통관제업무의 내용이 아닌 것은?

① 철도차량의 운행에 대한 집중 제어 · 통제 및 감시
② 철도운영자등이 철도차량의 안전운행 등을 위하여 지시한 사항
③ 철도시설의 운용상태 등 철도차량의 운행과 관련된 조언과 정보의 제공 업무
④ 철도사고등의 발생 시 사고복구, 긴급구조 · 구호 지시 및 관계 기관에 대한 상황 보고 · 전파 업무

해설 시행규칙 제76조(철도교통관제업무의 대상 및 내용 등)

5. 철도운영자등이 영상기록장치의 설치목적이 아닌 것은?

① 교통사고 상황 파악
② 운전업무종사자의 근무상황 파악
③ 안전사고 방지
④ 철도차량의 운행상황 기록

해설 안전법 제39조의3(영상기록장치의 설치 · 운영 등) ① 철도운영자등은 철도차량의 운행상황 기록, 교통사고 상황 파악, 안전사고 방지, 범죄 예방 등을 위하여 다음 각 호의 철도차량 또는 철도시설에 영상기록장치를 설치 · 운영하여야 한다. 이 경우 영상기록장치의 설치 기준, 방법 등은 대통령령으로 정한다.

6. 영상기록장치를 설치 · 운용하여야 하는 철도차량 또는 철도시설이 아닌 것은?

① 대통령령으로 정하는 차량정비기지
② 철도차량 중 대통령령으로 정하는 철도차량
③ 변전소 등 대통령령으로 정하는 안전확보가 필요한 철도시설
④ 승강장 등 대통령령으로 정하는 안전사고의 우려가 있는 역 구내

해설 안전법 제39조의3(영상기록장치의 설치 · 운영 등) ① 철도운영자등은 철도차량의 운행상황 기록, 교통사고 상황 파악, 안전사고 방지, 범죄 예방 등을 위하여 다음 각 호의 철도차량 또는 철도시설에 영상기록장치를 설치 · 운영하여야 한다. 이 경우 영상기록장치의 설치 기준, 방법 등은 대통령령으로 정한다. 〈2022.5.27.시행〉
1. 철도차량 중 대통령령으로 정하는 동력차 및 객차
2. 승강장 등 대통령령으로 정하는 안전사고의 우려가 있는 역 구내
3. 대통령령으로 정하는 차량정비기지
4. 변전소 등 대통령령으로 정하는 안전확보가 필요한 철도시설
5. 「건널목 개량촉진법」에 따라 철도와 도로가 평면 교차되는 건널목으로서 대통령령으로 정하는 안전확보가 필요한 건널목

7. 영상기록장치를 설치 · 운용하여야 하는 철도차량 또는 철도시설이 아닌 것은?

① 입체교차화 또는 구조 개량된 건널목
② 열차의 맨 앞에 위치한 동력차로서 운전실 또는 운전설비가 있는 동력차
③ 승강장, 대합실 및 승강설비
④ 승객 설비를 갖추고 여객을 수송하는 객차
⑤ 변전소(구분소를 포함한다), 무인기능실(전철전력설비, 정보통신설비, 신호 또는 열차 제어설비 운영과 관련된 경우만 해당한다)

해설 시행령 제30조(영상기록장치 설치대상) ① 법 제39조의3제1항제1호에서 "대통령령으로 정하는 동력차 및 객차"란 다음 각 호의 동력차 및 객차를 말한다. 〈개정 2021. 6. 23.〉
    1. 열차의 맨 앞에 위치한 동력차로서 운전실 또는 운전설비가 있는 동력차
    2. 승객 설비를 갖추고 여객을 수송하는 객차
  ② 법 제39조의3제1항제2호에서 "승강장 등 대통령령으로 정하는 안전사고의 우려가 있는 역 구내"란 승강장, 대합실 및 승강설비를 말한다.
  ③ 법 제39조의3제1항제3호에서 "대통령령으로 정하는 차량정비기지"란 다음 각 호의 차량정비기지를 말한다.
    1. 「철도사업법」 제4조의2제1호에 따른 고속철도차량을 정비하는 차량정비기지
    2. 철도차량을 중정비(철도차량을 완전히 분해하여 검수 · 교환하거나 탈선 · 화재 등으로 중대하게 훼손된 철도차량을 정비하는 것을 말한다)하는 차량정비기지
    3. 대지면적이 3천제곱미터 이상인 차량정비기지
  ④ 법 제39조의3제1항제4호에서 "변전소 등 대통령령으로 정하는 안전확보가 필요한 철도시설"이란 다음 각 호의 철도시설을 말한다.
    1. 변전소(구분소를 포함한다), 무인기능실(전철전력설비, 정보통신설비, 신호 또는 열차 제어설비 운영과 관련된 경우만 해당한다)
    2. 노선이 분기되는 구간에 설치된 분기기(선로전환기를 포함한다), 역과 역 사이에 설치된 건넘선
    3. 「통합방위법」 제21조제4항에 따라 국가중요시설로 지정된 교량 및 터널
    4. 「철도의 건설 및 철도시설 유지관리에 관한 법률」 제2조제2호에 따른 고속철도에 설치된 길이 1킬로미터 이상의 터널
  ⑤ 법 제39조의3제1항제5호에서 "대통령령으로 정하는 안전확보가 필요한 건널목"이란 「건널목 개량촉진법」 제4조제1항에 따라 개량건널목으로 지정된 건널목(같은 법 제6조에 따라 입체교차화 또는 구조 개량된 건널목은 제외한다)을 말한다.

8. 영상기록장치를 설치 · 운용하여야 하는 철도시설이 아닌 것은?

① 고속철도차량을 정비하는 차량정비기지
② 노선이 분기되는 구간에 설치된 분기기(선로전환기를 제외한다)
③ 국가중요시설로 지정된 교량 및 터널
④ 대지면적이 3천제곱미터 이상인 차량정비기지
⑤ 고속철도에 설치된 길이 1킬로미터 이상의 터널
⑥ 역과 역 사이에 설치된 건넘선

해설 시행령 제30조(영상기록장치 설치대상) 제③, ④항

9. 영상기록장치 설치 · 운영에 관한 설명으로 틀린 것은?

① 철도운영자등은 영상기록장치를 설치하는 경우 운전업무종사자, 여객 등이 쉽게 인식할 수 있도록 대통령령으로 정하는 바에 따라 안내판 설치 등 필요한 조치를 하여야 한다

② 영상기록의 제공과 그 밖에 영상기록의 보관 기준 및 보관 기간 등에 필요한 사항은 국토교통부령으로 정한다

③ 철도운영자등은 설치 목적과 다른 목적으로 영상기록장치를 임의로 조작하거나 다른 곳을 비추어서는 아니 되며, 운행기간 중에는 영상기록을 하여서는 아니 된다

④ 영상기록장치의 설치 · 관리 및 영상기록의 이용 · 제공 등은 「개인정보 보호법」에 따라야 한다

> **해설** 안전법 제39조의3(영상기록장치의 설치 · 운영 등) ② 철도운영자등은 제1항에 따라 영상기록장치를 설치하는 경우 운전업무종사자, 여객 등이 쉽게 인식할 수 있도록 대통령령으로 정하는 바에 따라 안내판 설치 등 필요한 조치를 하여야 한다.
> ③ 철도운영자등은 설치 목적과 다른 목적으로 영상기록장치를 임의로 조작하거나 다른 곳을 비추어서는 아니 되며, 운행기간 외에는 영상기록(음성기록을 포함한다. 이하 같다)을 하여서는 아니 된다.
> ⑥ 영상기록장치의 설치 · 관리 및 영상기록의 이용 · 제공 등은 「개인정보 보호법」에 따라야 한다.
> ⑦ 제4항에 따른 영상기록의 제공과 그 밖에 영상기록의 보관 기준 및 보관 기간 등에 필요한 사항은 국토교통부령으로 정한다.

10. 철도운영자등이 영상기록을 이용하거나 다른 자에게 제공하여서는 아니 되는 경우로 틀린 것은?

① 범죄의 수사와 공소의 제기 및 유지에 필요한 경우

② 법원의 재판업무수행을 위하여 필요한 경우

③ 감사원의 감사업무로 필요한 경우

④ 교통사고 상황 파악을 위하여 필요한 경우

> **해설** 안전법 제39조의3(영상기록장치의 설치 · 운영 등) ④ 철도운영자등은 다음 각 호의 어느 하나에 해당하는 경우 외에는 영상기록을 이용하거나 다른 자에게 제공하여서는 아니 된다.
> 1. 교통사고 상황 파악을 위하여 필요한 경우
> 2. 범죄의 수사와 공소의 제기 및 유지에 필요한 경우
> 3. 법원의 재판업무수행을 위하여 필요한 경우

11. 영상기록장치의 안내판 설치에 관한 설명으로 틀린 것은?

① 철도운영자등은 운전업무종사자 및 여객 등 「개인정보 보호법」에 따른 정보주체가 쉽게 인식할 수 있는 운전실 및 객차 출입문 등에 설치한다

② 안내판에 영상기록장치의 설치 목적, 설치 위치, 촬영 범위 및 촬영 시간 등을 표시한다

③ 안내판에 영상기록장치 관리 책임 부서, 관리책임자의 성명 · 주소 및 연락처 등을 표시한다

④ 안내판에 철도운영자등이 필요하다고 인정하는 사항을 표시한다

> **해설** 시행령 제31조(영상기록장치 설치 안내) 철도운영자등은 법 제39조의3제2항에 따라 운전업무종사자 및 여객 등 「개인정보 보호법」 제2조제3호에 따른 정보주체가 쉽게 인식할 수 있는 운전실 및 객차 출입문 등에 다음 각 호의 사항이 표시된 안내판을 설치해야 한다.
> 1. 영상기록장치의 설치 목적
> 2. 영상기록장치의 설치 위치, 촬영 범위 및 촬영 시간
> 3. 영상기록장치 관리 책임 부서, 관리책임자의 성명 및 연락처
> 4. 그 밖에 철도운영자등이 필요하다고 인정하는 사항

정답 | 9. | ③ | 10. | ③ | 11. | ③

12. 동력차에 설치하는 영상기록장치의 설치기준으로 틀린 것은?

① 선로변을 포함한 철도차량 전방의 운행 상황을 촬영할 수 있는 영상기록장치를 설치할 것

② 운전실의 운전조작 상황을 촬영할 수 있는 영상기록장치를 각각 설치할 것

③ 무인운전 철도차량과 전용철도의 철도차량에는 운전실의 운전조작 상황을 촬영할 수 있는 영상기록장치를 설치하지 않을 수 있다

④ 운행정보의 기록장치 등을 통해 철도차량의 운전조작 상황을 파악할 수 있는 철도차량에는 운전실의 운전조작 상황을 촬영할 수 있는 영상기록장치를 설치하여야 한다

해설 시행령 제30조의2(영상기록장치의 설치 기준 및 방법) 법 제39조의3제1항에 따른 영상기록장치의 설치 기준 및 방법은 별표 4의4와 같다.

〈영상기록장치의 설치 기준 및 방법〉 (제30조의2 관련)

　1. 법 제39조의3제1항제1호에 따른 동력차에는 다음 각 목의 기준에 따라 영상기록장치를 설치해야 한다.
　　가. 다음의 상황을 촬영할 수 있는 영상기록장치를 각각 설치할 것
　　　1) 선로변을 포함한 철도차량 전방의 운행 상황
　　　2) 운전실의 운전조작 상황
　　나. 가목에도 불구하고 다음의 어느 하나에 해당하는 철도차량의 경우에는 같은 목 2)의 상황을 촬영할 수 있는 영상기록장치는 설치하지 않을 수 있다.
　　　1) 운행정보의 기록장치 등을 통해 철도차량의 운전조작 상황을 파악할 수 있는 철도차량
　　　2) 무인운전 철도차량
　　　3) 전용철도의 철도차량

13. 객차에 설치하는 영상기록장치의 설치기준으로 틀린 것은?

① 객차 내에 사각지대가 없도록 설치할 것

② 여객 등이 영상기록장치를 쉽게 인식할 수 있는 위치에 설치할 것

③ 영상기록장치의 해상도는 범죄 예방 및 범죄 상황 파악 등에 지장이 없는 정도일 것

④ 선로변을 포함한 철도차량 외방의 운행 상황을 촬영할 수 있는 영상기록장치를 설치할 것

해설 시행령 제30조의2(영상기록장치의 설치 기준 및 방법) 법 제39조의3제1항에 따른 영상기록장치의 설치 기준 및 방법은 별표 4의4와 같다.

〈영상기록장치의 설치 기준 및 방법〉 (제30조의2 관련)

　2. 법 제39조의3제1항제1호에 따른 객차에는 다음 각 목의 기준에 따라 영상기록장치를 설치해야 한다.
　　가. 영상기록장치의 해상도는 범죄 예방 및 범죄 상황 파악 등에 지장이 없는 정도일 것
　　나. 객차 내에 사각지대가 없도록 설치할 것
　　다. 여객 등이 영상기록장치를 쉽게 인식할 수 있는 위치에 설치할 것

14. 영상기록장치 설치대상중 승강장 등 대통령령으로 정하는 안전사고의 우려가 있는 역 구내, 대통령령으로 정하는 차량정비기지, 변전소 등 대통령령으로 정하는 안전확보가 필요한 철도시설에 설치하는 기준으로 틀린 것은?

① 철도차량의 진출입 및 운행 상황을 촬영할 수 있는 영상기록장치를 설치할 것

② 철도차량 또는 철도시설이 충격을 받거나 화재가 발생한 경우 등 정상적이지 않은 환경에서도 영상기록장치가 최대한 보호될 수 있을 것

③ 철도시설의 운영 및 현장 상황을 촬영할 수 있는 영상기록장치를 설치할 것

④ 여객의 대기 · 승하차 및 열차내 여객 상황을 촬영할 수 있는 영상기록장치를 설치할 것

정답 | 12. | ④ | 13. | ④ | 14. | ④

시행령 제30조의2(영상기록장치의 설치 기준 및 방법) 법 제39조의3제1항에 따른 영상기록장치의 설치 기준 및 방법은 별표 4의4와 같다.

〈영상기록장치의 설치 기준 및 방법〉 (제30조의2 관련)

  3. 법 제39조의3제1항제2호부터 제4호까지의 규정에 따른 시설에는 다음 각 목의 기준에 따라 영상기록장치를 설치해야 한다.

    가. 다음의 상황을 촬영할 수 있는 영상기록장치를 모두 설치할 것

      1) 여객의 대기 · 승하차 및 이동 상황

      2) 철도차량의 진출입 및 운행 상황

      3) 철도시설의 운영 및 현장 상황

    나. 철도차량 또는 철도시설이 충격을 받거나 화재가 발생한 경우 등 정상적이지 않은 환경에서도 영상기록장치가 최대한 보호될 수 있을 것

15. 영상기록장치에 기록된 영상이 분실 · 도난 · 유출 · 변조 또는 훼손되지 않도록 영상기록장치 운영 · 관리 지침에 포함되어야 할 사항이 아닌 것으로 짝지어진 것은?

> a. 영상기록장치의 설치 근거 및 설치 목적
> b. 영상기록장치의 설치 대수, 설치 위치 및 촬영 범위
> c. 관리책임자, 담당 부서 및 영상기록에 대한 접근 권한이 있는 사람
> d. 영상기록의 촬영 시간, 보관기준, 보관장소 및 처리방법
> e. 철도운영자등의 영상기록 확인 방법 및 장소
> f. 정보주체의 영상기록 열람 등 요구에 대한 조치
> g. 영상기록에 대한 접근 통제 및 접근 권한의 제한 조치
> h. 영상기록을 안전하게 저장 · 전송할 수 있는 암호화 기술의 적용 또는 이에 상응하는 조치
> i. 영상기록 침해사고 발생에 대응하기 위한 접속기록의 보관 및 위조 · 변조 방지를 위한 조치
> j. 영상기록장치 관리 책임 부서, 관리책임자의 성명 및 연락처
> k. 영상기록에 대한 보안프로그램의 설치 및 갱신
> l. 영상기록의 안전한 보관을 위한 보관시설의 마련 또는 잠금장치의 설치 등 물리적 조치
> m. 그 밖에 영상기록장치의 설치 · 운영 및 관리에 필요한 사항

① c, j   ② e, l   ③ d, j   ④ c, j, l

안전법 제39조의3(영상기록장치의 설치 · 운영 등) ⑤ 철도운영자등은 영상기록장치에 기록된 영상이 분실 · 도난 · 유출 · 변조 또는 훼손되지 아니하도록 대통령령으로 정하는 바에 따라 영상기록장치의 운영 · 관리 지침을 마련하여야 한다.

시행령 제32조(영상기록장치의 운영 · 관리 지침) 철도운영자등은 법 제39조의3제5항에 따라 영상기록장치에 기록된 영상이 분실 · 도난 · 유출 · 변조 또는 훼손되지 않도록 다음 각 호의 사항이 포함된 영상기록장치 운영 · 관리 지침을 마련해야 한다.

1. 영상기록장치의 설치 근거 및 설치 목적
2. 영상기록장치의 설치 대수, 설치 위치 및 촬영 범위
3. 관리책임자, 담당 부서 및 영상기록에 대한 접근 권한이 있는 사람
4. 영상기록의 촬영 시간, 보관기간, 보관장소 및 처리방법
5. 철도운영자등의 영상기록 확인 방법 및 장소
6. 정보주체의 영상기록 열람 등 요구에 대한 조치
7. 영상기록에 대한 접근 통제 및 접근 권한의 제한 조치

정답 | 15. | ③

8. 영상기록을 안전하게 저장·전송할 수 있는 암호화 기술의 적용 또는 이에 상응하는 조치
9. 영상기록 침해사고 발생에 대응하기 위한 접속기록의 보관 및 위조·변조 방지를 위한 조치
10. 영상기록에 대한 보안프로그램의 설치 및 갱신
11. 영상기록의 안전한 보관을 위한 보관시설의 마련 또는 잠금장치의 설치 등 물리적 조치
12. 그 밖에 영상기록장치의 설치·운영 및 관리에 필요한 사항

16. 영상기록의 보관기준 및 보관기간의 설명으로 틀린 것은?

① 보관기간은 3일 이상의 기간이어야 한다
② 보관기간 내에 교통사고 상황 파악을 위하여 필요한 경우에 해당하여 영상기록에 대한 제공을 요청 받은 경우에는 해당 영상기록을 제공하기 전까지는 영상기록을 삭제해서는 아니 된다
③ 보관기간 내에 감사원의 조사에 필요한 경우에 해당하여 영상기록에 대한 제공을 요청 받은 경우에는 해당 영상기록을 제공하기 전까지는 영상기록을 삭제해서는 아니 된다
④ 철도운영자등은 보관기간이 지난 영상기록을 삭제하여야 한다

해설 시행규칙 제76조의3(영상기록의 보관기준 및 보관기간) ① 철도운영자등은 영상기록장치에 기록된 영상기록을 영 제32조에 따른 영상기록장치 운영·관리 지침에서 정하는 보관기간 동안 보관하여야 한다. 이 경우 보관기간은 3일 이상의 기간이어야 한다.
② 철도운영자등은 보관기간이 지난 영상기록을 삭제하여야 한다. 다만, 보관기간 내에 법 제39조의3제4항 각 호의 어느 하나에 해당하여 영상기록에 대한 제공을 요청 받은 경우에는 해당 영상기록을 제공하기 전까지는 영상기록을 삭제해서는 아니 된다.

17. 철도운영자가 열차의 안전운행에 지장이 있다고 인정하는 경우에 열차운행을 일시 중지시킬 수 있는 경우가 아닌 것은?

① 열차운행에 중대한 장애가 발생하였거나 발생할 것으로 예상되는 경우
② 지진, 태풍, 폭우, 폭설 등 천재지변 또는 악천후로 인하여 재해가 발생할 것으로 예상되는 경우
③ 철도준사고로 장애가 발생하였거나 발생할 것으로 예상되는 경우
④ 지진, 태풍, 폭우, 폭설 등 천재지변 또는 악천후로 인하여 재해가 발생하였을 경우

해설 안전법 제40조(열차운행의 일시 중지) ① 철도운영자는 다음 각 호의 어느 하나에 해당하는 경우로서 열차의 안전운행에 지장이 있다고 인정하는 경우에는 열차운행을 일시 중지할 수 있다.
1. 지진, 태풍, 폭우, 폭설 등 천재지변 또는 악천후로 인하여 재해가 발생하였거나 재해가 발생할 것으로 예상되는 경우
2. 그 밖에 열차운행에 중대한 장애가 발생하였거나 발생할 것으로 예상되는 경우

18. 철도종사자가 관제업무종사자에게 열차운행을 일시 중지할 것을 요청할 수 있는 경우는?

① 열차운행에 중대한 장애가 발생하였거나 발생할 것으로 예상되는 경우
② 철도사고 및 운행장애의 징후가 발견되거나 발생 위험이 높다고 판단되는 경우
③ 철도준사고로 장애가 발생하였거나 발생할 것으로 예상되는 경우
④ 지진, 태풍, 폭우, 폭설 등 천재지변 또는 악천후로 인하여 재해가 발생하였을 경우

해설 안전법 제40조(열차운행의 일시 중지) ② 철도종사자는 철도사고 및 운행장애의 징후가 발견되거나 발생 위험이 높다고 판단되는 경우에는 관제업무종사자에게 열차운행을 일시 중지할 것을 요청할 수 있다. 이 경우 요청을 받은 관제업무종사자는 특별한 사유가 없으면 즉시 열차운행을 중지하여야 한다.

정답 | **16.** | ③ | **17.** | ③ | **18.** | ②

19. 철도종사자가 관제업무종사자에게 열차운행을 일시 중지 요청과 관련한 설명으로 틀린 것은?

① 요청을 받은 관제업무종사자는 특별한 사유가 없으면 즉시 열차운행을 중지하여야 한다

② 철도종사자는 열차운행의 중지 요청과 관련하여 고의 또는 중대한 과실이 없는 경우에는 민사상 책임을 지지 아니한다

③ 누구든지 열차운행의 중지를 요청한 철도종사자에게 이를 이유로 불이익한 조치를 하여서는 아니 된다

④ 철도종사자는 철도준사고 또는 운행장애의 징후가 예상될 때 요청할 수 있다

> **해설** 안전법 제40조(열차운행의 일시 중지) ② 철도종사자는 철도사고 및 운행장애의 징후가 발견되거나 발생 위험이 높다고 판단되는 경우에는 관제업무종사자에게 열차운행을 일시 중지할 것을 요청할 수 있다. 이 경우 요청을 받은 관제업무종사자는 특별한 사유가 없으면 즉시 열차운행을 중지하여야 한다.
> ③ 철도종사자는 제2항에 따른 열차운행의 중지 요청과 관련하여 고의 또는 중대한 과실이 없는 경우에는 민사상 책임을 지지 아니한다.
> ④ 누구든지 제2항에 따라 열차운행의 중지를 요청한 철도종사자에게 이를 이유로 불이익한 조치를 하여서는 아니 된다.

20. 운전업무종사자가 철도차량의 운전업무 수행 중 준수하여야 할 사항을 모두 고르시오?

① 국토교통부령으로 정하는 작업안전에 관한 조치 사항을 이행할 것

② 철도차량 출발 전 국토교통부령으로 정하는 조치 사항을 이행할 것

③ 국토교통부령으로 정하는 열차운행에 관한 조치 사항을 이행할 것

④ 국토교통부령으로 정하는 철도차량 운행에 관한 안전 수칙을 준수할 것

> **해설** 안전법 제40조의2(철도종사자의 준수사항) ① 운전업무종사자는 철도차량의 운전업무 수행 중 다음 각 호의 사항을 준수하여야 한다.
> 1. 철도차량 출발 전 국토교통부령으로 정하는 조치 사항을 이행할 것
> 2. 국토교통부령으로 정하는 철도차량 운행에 관한 안전 수칙을 준수할 것

21. 운전업무종사자의 준수사항이 아닌 것은?

① 철도차량이 차량정비기지에서 출발하는 경우 운전제어와 관련된 장치의 기능, 제동장치 기능, 그 밖에 운전 시 사용하는 각종 계기판의 기능에 대하여 이상 여부를 확인할 것

② 열차를 후진하지 아니할 것. 다만, 비상상황 발생 등의 사유로 관제업무종사자의 지시를 받는 경우에는 그러하지 아니하다

③ 철도사고등이 발생하는 경우 여객 대피 및 철도차량 보호 조치 여부 등 사고현장 현황을 파악할 것

④ 철도차량이 역시설에서 출발하는 경우 여객의 승하차 여부를 확인할 것. 다만, 여객승무원이 대신하여 확인하는 경우에는 그러하지 아니하다

⑤ 정거장 외에는 정차를 하지 아니할 것. 다만, 정지신호의 준수 등 철도차량의 안전운행을 위하여 정차를 하여야 하는 경우에는 그러하지 아니하다

> **해설** 시행규칙 제76조의4(운전업무종사자의 준수사항) ① 법 제40조의2제1항제1호에서 "철도차량 출발 전 국토교통부령으로 정하는 조치사항"이란 다음 각 호를 말한다.
> 1. 철도차량이 「철도산업발전기본법」 제3조제2호나목에 따른 차량정비기지에서 출발하는 경우 다음 각 목의 기능에 대하여 이상 여부를 확인할 것

가) 운전제어와 관련된 장치의 기능

나) 제동장치 기능

다) 그 밖에 운전 시 사용하는 각종 계기판의 기능

2. 철도차량이 역시설에서 출발하는 경우 여객의 승하차 여부를 확인할 것. 다만, 여객승무원이 대신하여 확인하는 경우에는 그러하지 아니하다.

② 법 제40조의2제1항제2호에서 "국토교통부령으로 정하는 철도차량 운행에 관한 안전 수칙"이란 다음 각 호를 말한다.

1. 철도신호에 따라 철도차량을 운행할 것

2. 철도차량의 운행 중에 휴대전화 등 전자기기를 사용하지 아니할 것. 다만, 다음 각 목의 어느 하나에 해당하는 경우로서 철도운영자가 운행의 안전을 저해하지 아니하는 범위에서 사전에 사용을 허용한 경우에는 그러하지 아니하다.

가. 철도사고등 또는 철도차량의 기능장애가 발생하는 등 비상상황이 발생한 경우

나. 철도차량의 안전운행을 위하여 전자기기의 사용이 필요한 경우

다. 그 밖에 철도운영자가 철도차량의 안전운행에 지장을 주지 아니한다고 판단하는 경우

3. 철도운영자가 정하는 구간별 제한속도에 따라 운행할 것

4. 열차를 후진하지 아니할 것. 다만, 비상상황 발생 등의 사유로 관제업무종사자의 지시를 받는 경우에는 그러하지 아니하다.

5. 정거장 외에는 정차를 하지 아니할 것. 다만, 정지신호의 준수 등 철도차량의 안전운행을 위하여 정차를 하여야 하는 경우에는 그러하지 아니하다.

6. 운행구간의 이상이 발견된 경우 관제업무종사자에게 즉시 보고할 것

7. 관제업무종사자의 지시를 따를 것

22. 운전업무종사자는 철도차량의 운행 중에 휴대전화 등 전자기기를 사용할 수 없으나 철도운영자가 운행의 안전을 저해하지 아니하는 범위에서 사전에 사용을 허용한 경우가 아닌 것은?

① 철도운영자가 철도차량의 안전운행에 지장을 주지 아니한다고 판단하는 경우

② 철도사고등 또는 철도차량의 기능장애가 발생하는 등 비상상황이 발생한 경우

③ 열차운행중 정거장 또는 신호소 역장과 통화가 필요한 경우

④ 철도차량의 안전운행을 위하여 전자기기의 사용이 필요한 경우

해설 시행규칙 제76조의4(운전업무종사자의 준수사항) ②항 제2호

23. 관제업무종사자가 관제업무 수행중 준수하여야 할 사항을 모두 고르시오?

① 철도차량 출발 전 국토교통부령으로 정하는 조치 사항을 이행할 것

② 국토교통부령으로 정하는 바에 따라 운전업무종사자 등에게 열차 운행에 관한 정보를 제공할 것

③ 작업일정 및 열차의 운행일정을 작업수행 전에 조정할 것

④ 철도사고, 철도준사고 및 운행장애 발생 시 국토교통부령으로 정하는 조치 사항을 이행할 것

해설 안전법 제40조의2(철도종사자의 준수사항) ② 관제업무종사자는 관제업무 수행 중 다음 각 호의 사항을 준수하여야 한다.

1. 국토교통부령으로 정하는 바에 따라 운전업무종사자 등에게 열차 운행에 관한 정보를 제공할 것

2. 철도사고, 철도준사고 및 운행장애(이하 "철도사고등"이라 한다) 발생 시 국토교통부령으로 정하는 조치 사항을 이행할 것

24. 관제업무종사자의 준수사항이 아닌 것은?

① 열차의 출발, 정차 및 노선변경 등 열차 운행의 변경에 관한 정보

② 철도사고등의 발생사유, 지연시간 등을 사실대로 기록하여 관리할 것

③ 철도사고등의 수습을 위하여 필요한 경우 작업특성 및 현장여건에 따른 위험요인에 대한 안전조치를 할 것

④ 철도사고등이 발생하는 경우 여객 대피 및 철도차량 보호 조치 여부 등 사고현장 현황을 파악할 것

> **해설** 시행규칙 제76조의5(관제업무종사자의 준수사항) ① 법 제40조의2제2항제1호에 따라 관제업무종사자는 다음 각 호의 정보를 운전업무종사자, 여객승무원 또는 영 제3조제4호에 따른 사람에게 제공하여야 한다.
> 　1. 열차의 출발, 정차 및 노선변경 등 열차 운행의 변경에 관한 정보
> 　2. 열차 운행에 영향을 줄 수 있는 다음 각 목의 정보
> 　　가. 철도차량이 운행하는 선로 주변의 공사 · 작업의 변경 정보
> 　　나. 철도사고등에 관련된 정보
> 　　다. 재난 관련 정보
> 　　라. 테러 발생 등 그 밖의 비상상황에 관한 정보
> ② 법 제40조의2제2항제2호에서 "국토교통부령으로 정하는 조치사항"이란 다음 각 호를 말한다.
> 　1. 철도사고등이 발생하는 경우 여객 대피 및 철도차량 보호 조치 여부 등 사고현장 현황을 파악할 것
> 　2. 철도사고등의 수습을 위하여 필요한 경우 다음 각 목의 조치를 할 것
> 　　가. 사고현장의 열차운행 통제
> 　　나. 의료기관 및 소방서 등 관계기관에 지원 요청
> 　　다. 사고 수습을 위한 철도종사자의 파견 요청
> 　　라. 2차 사고 예방을 위하여 철도차량이 구르지 아니하도록 하는 조치 지시
> 　　마. 안내방송 등 여객 대피를 위한 필요한 조치 지시
> 　　바. 전차선(電車線, 선로를 통하여 철도차량에 전기를 공급하는 장치를 말한다)의 전기공급 차단 조치
> 　　사. 구원(救援)열차 또는 임시열차의 운행 지시
> 　　아. 열차의 운행간격 조정
> 　3. 철도사고등의 발생사유, 지연시간 등을 사실대로 기록하여 관리할 것

25. 관제업무종사자가 열차운행에 관한 정보를 제공하여야 할 사람이 아닌 것은?

① 여객승무원

② 운전업무종사자

③ 정거장에서 철도신호기 · 선로전환기 또는 조작판 등을 취급하는 사람

④ 여객업무종사자

⑤ 열차의 조성업무를 수행하는 사람

> **해설** 시행규칙 제76조의5(관제업무종사자의 준수사항) ① 법 제40조의2제2항제1호에 따라 관제업무종사자는 다음 각 호의 정보를 운전업무종사자, 여객승무원 또는 영 제3조제4호에 따른 사람에게 제공하여야 한다.
> 　시행령 제3조(안전운행 또는 질서유지 철도종사자)
> 　4. 정거장에서 철도신호기 · 선로전환기 또는 조작판 등을 취급하거나 열차의 조성업무를 수행하는 사람

26. 관제업무종사자가 운전업무관계자 등에게 제공하는 열차 운행에 영향을 줄 수 있는 정보가 아닌 것은?

① 테러 발생 등 그 밖의 비상상황에 관한 정보

② 철도차량이 운행하는 선로 주변의 공사 · 작업의 협의 정보

③ 재난 관련 정보

④ 철도차량이 운행하는 선로 주변의 공사 · 작업의 변경 정보

해설 시행규칙 제76조의5(관제업무종사자의 준수사항) 제①항제2호

27. 관제업무종사자가 철도사고등 발생시 수습을 위하여 필요한 경우 조치할 내용이 아닌 것은?

① 전차선의 전기공급 차단 조치
② 구원열차 또는 임시열차의 운행 지시
③ 열차의 운행간격 조정
④ 사고수습중 현장이탈 방지 지시

해설 시행규칙 제76조의5(관제업무종사자의 준수사항) 제②항제2호

28. 작업책임자가 철도차량의 운행선로 또는 그 인근에서 철도시설의 건설 또는 관리와 관련된 작업 수행 중 준수하여야 할 사항을 모두 고르시오?

① 국토교통부령으로 정하는 바에 따라 작업 수행 전에 작업원을 대상으로 안전교육을 실시할 것
② 국토교통부령으로 정하는 작업안전에 관한 조치 사항을 이행할 것
③ 작업일정 및 열차의 운행일정을 작업수행 전에 조정할 것
④ 작업일정 및 열차의 운행일정을 작업과 관련하여 관할 역의 관리책임자 및 관제업무종사자와 협의하여 조정할 것

해설 안전법 제40조의2(철도종사자의 준수사항) ③ 작업책임자는 철도차량의 운행선로 또는 그 인근에서 철도시설의 건설 또는 관리와 관련된 작업 수행 중 다음 각 호의 사항을 준수하여야 한다.
1. 국토교통부령으로 정하는 바에 따라 작업 수행 전에 작업원을 대상으로 안전교육을 실시할 것
2. 국토교통부령으로 정하는 작업안전에 관한 조치 사항을 이행할 것

29. 작업책임자의 준수사항중 작업 수행 전에 작업원을 대상으로 실시하는 안전교육에 포함될 사항이 아닌 것은?

① 건설기계 등 장비를 사용하는 작업의 경우에는 철도사고 예방에 관한 사항
② 작업시간 내 작업현장 이탈 금지
③ 해당 작업일의 작업계획(작업량, 작업일정, 작업순서, 작업방법, 작업원별 임무 및 작업장 이동방법 등을 포함한다)
④ 안전장비 착용 등 작업원 보호에 관한 사항

해설 안전법 안전법 제40조의2제3항제1호
1. 국토교통부령으로 정하는 바에 따라 작업 수행 전에 작업원을 대상으로 안전교육을 실시할 것
시행규칙 제76조의6(작업책임자의 준수사항) ① 법 제2조제10호마목에 따른 작업책임자(이하 "작업책임자"라 한다)는 법 제40조의2제3항제1호에 따라 작업 수행 전에 작업원을 대상으로 다음 각 호의 사항이 포함된 안전교육을 실시해야 한다.
1. 해당 작업일의 작업계획(작업량, 작업일정, 작업순서, 작업방법, 작업원별 임무 및 작업장 이동방법 등을 포함한다)
2. 안전장비 착용 등 작업원 보호에 관한 사항
3. 작업특성 및 현장여건에 따른 위험요인에 대한 안전조치 방법
4. 작업책임자와 작업원의 의사소통 방법, 작업통제 방법 및 그 준수에 관한 사항
5. 건설기계 등 장비를 사용하는 작업의 경우에는 철도사고 예방에 관한 사항
6. 그 밖에 안전사고 예방을 위해 필요한 사항으로서 국토교통부장관이 정해 고시하는 사항

정답 | **27.** | ④ | **28.** | ①, ② | **29.** | ②

30. 작업책임자의 준수사항중 작업안전에 관하여 이행할 조치사항이 아닌 것은?

① 작업 수행 전 작업원의 안전장비 착용상태 점검

② 철도운행안전관리자가 작업일정 및 열차의 운행일정을 작업수행 전에 조정한 내용에 따라 작업계획 등의 조정·보완

③ 해당 작업으로 인해 열차운행에 지장이 있는지 여부 확인

④ 관할 역의 관리책임자 및 작업책임자와의 연락체계 구축

⑤ 작업완료 시 상급자에게 보고

해설 안전법 안전법 제40조의2제3항제2호

2. 국토교통부령으로 정하는 작업안전에 관한 조치 사항을 이행할 것

시행규칙 제76조의6(작업책임자의 준수사항) ② 법 제40조의2제3항제2호에서 "국토교통부령으로 정하는 작업안전에 관한 조치 사항"이란 다음 각 호를 말한다.

1. 법 제40조의2제4항제1호 및 제2호에 따른 조정 내용에 따라 작업계획 등의 조정·보완

2. 작업 수행 전 다음 각 목의 조치

가. 작업원의 안전장비 착용상태 점검

나. 작업에 필요한 안전장비·안전시설의 점검

다. 그 밖에 작업 수행 전에 필요한 조치로서 국토교통부장관이 정해 고시하는 조치

3. 작업시간 내 작업현장 이탈 금지

4. 작업 중 비상상황 발생 시 열차방호 등의 조치

5. 해당 작업으로 인해 열차운행에 지장이 있는지 여부 확인

6. 작업완료 시 상급자에게 보고

7. 그 밖에 작업안전에 필요한 사항으로서 국토교통부장관이 정해 고시하는 사항

31. 철도운행안전관리자가 철도차량의 운행선로 또는 그 인근에서 철도시설의 건설 또는 관리와 관련된 작업 수행 중 준수하여야 할 사항이 아닌 것은?

① 국토교통부령으로 정하는 바에 따라 작업 수행 전에 작업원을 대상으로 안전교육을 실시할 것

② 작업일정 및 열차의 운행일정을 작업수행 전에 조정할 것

③ 국토교통부령으로 정하는 열차운행 및 작업안전에 관한 조치 사항을 이행할 것

④ 작업일정 및 열차의 운행일정을 작업과 관련하여 관할 역의 관리책임자(정거장에서 철도신호기·선로전환기 또는 조작판 등을 취급하는 사람을 포함한다) 및 관제업무종사자와 협의하여 조정할 것

해설 안전법 제40조의2(철도종사자의 준수사항) ④ 철도운행안전관리자는 철도차량의 운행선로 또는 그 인근에서 철도시설의 건설 또는 관리와 관련된 작업 수행 중 다음 각 호의 사항을 준수하여야 한다.

1. 작업일정 및 열차의 운행일정을 작업수행 전에 조정할 것

2. 제1호의 작업일정 및 열차의 운행일정을 작업과 관련하여 관할 역의 관리책임자(정거장에서 철도신호기·선로전환기 또는 조작판 등을 취급하는 사람을 포함한다) 및 관제업무종사자와 협의하여 조정할 것

3. 국토교통부령으로 정하는 열차운행 및 작업안전에 관한 조치 사항을 이행할 것

32. 철도운행안전관리자의 준수사항이 아닌 것은?

① 관할 역의 관리책임자(정거장에서 철도신호기·선로전환기 또는 조작판 등을 취급하는 사람을 제외한다) 및 작업책임자와의 연락체계 구축

② 철도운행안전관리자가 작업일정 및 열차의 운행일정을 작업수행 전에 조정한 내용을 작업책임자에게 통지

③ 열차접근경보시설이나 열차접근감시인의 배치에 관한 계획 수립·시행과 확인

④ 작업시간 내 작업현장 이탈 금지

⑤ 작업이 지연되거나 작업중 비상상황 발생시 작업일정 및 열차의 운행일정 재조정 등에 관한 조치

해설 시행규칙 제76조의7(철도운행안전관리자의 준수사항) 법 제40조의2제4항제3호에서 "국토교통부령으로 정하는 열차운행 및 작업안전에 관한 조치 사항"이란 다음 각 호를 말한다.

1. 법 제40조의2제4항제1호 및 제2호에 따른 조정 내용을 작업책임자에게 통지
2. 영 제59조제2항제1호에 따른 업무

> 시행령 제59조(철도안전 전문인력의 구분) ② 제1항에 따른 철도안전 전문인력(이하 "철도안전 전문인력"이라 한다)의 업무 범위는 다음 각 호와 같다.
> 1) 철도운행안전관리자의 업무
>   가) 철도차량의 운행선로나 그 인근에서 철도시설의 건설 또는 관리와 관련한 작업을 수행하는 경우에 작업일정의 조정 또는 작업에 필요한 안전장비·안전시설 등의 점검
>   나) 가목에 따른 작업이 수행되는 선로를 운행하는 열차가 있는 경우 해당 열차의 운행일정 조정
>   다) 열차접근경보시설이나 열차접근감시인의 배치에 관한 계획 수립·시행과 확인
>   라) 철도차량 운전자나 관제업무종사자와 연락체계 구축 등

3. 작업 수행 전 다음 각 목의 조치
   가. 「산업안전보건기준에 관한 규칙」 제407조제1항에 따라 배치한 열차운행감시인의 안전장비 착용상태 및 휴대물품 현황 점검
   나. 그 밖에 작업 수행 전에 필요한 조치로서 국토교통부장관이 정해 고시하는 조치
4. 관할 역의 관리책임자(정거장에서 철도신호기·선로전환기 또는 조작판 등을 취급하는 사람을 포함한다) 및 작업책임자와의 연락체계 구축
5. 작업시간 내 작업현장 이탈 금지
6. 작업이 지연되거나 작업중 비상상황 발생시 작업일정 및 열차의 운행일정 재조정등에 관한 조치
7. 그 밖에 열차운행 및 작업안전에 필요한 사항으로서 국토교통부장관이 정해 고시하는 사항

33. 철도운행안전관리자가 작업일정 및 열차의 운행일정을 작업과 관련하여 관할 역의 관리책임자 및 관제업무종사자와 협의를 거친 경우 작성하는 협의서에 관한 내용으로 틀린 것은?

① 작성한 협의서를 각각 협의 대상 작업일부터 3개월간 보관해야 한다

② 협의서에는 협의 대상 작업의 일시, 구간, 내용 및 참여인원을 포함하여 작성한다

③ 협의서에는 협의 당사자의 성명 및 소속을 포함하여 작성한다

④ 협의서에는 작업일정 및 열차 운행일정에 대한 협의 결과를 포함하여 작성한다

해설 안전법 제76조의9(철도시설 건설·관리 작업 관련 협의서의 작성 등) ① 철도운행안전관리자, 관할 역의 관리책임자 및 관제업무종사자는 법 제40조의2제6항에 따라 같은 조 제4항제2호에 따른 협의를 거친 경우에는 다음 각 호의 사항이 포함된 협의서를 작성해야 한다.

1. 협의 당사자의 성명 및 소속
2. 협의 대상 작업의 일시. 구간. 내용 및 참여인원

3. 작업일정 및 열차 운행일정에 대한 협의 결과

4. 제3호의 협의 결과에 따른 관제업무종사자의 관제 승인 내역

5. 그 밖에 작업의 안전을 위하여 필요하다고 인정하여 국토교통부장관이 정하여 고시하는 사항

② 철도운행안전관리자, 관할 역의 관리책임자 및 관제업무종사자는 제1항에 따라 작성한 협의서를 각각 협의 대상 작업의 종료일부터 3개월간 보관해야 한다.

34. 철도사고등이 발생하는 경우 해당 철도차량의 운전업무종사자와 여객승무원의 준수 사항이 아닌 것은?

① 철도사고 현장의 인근 주민에게 신속히 대피하도록 한다

② 철도사고등의 현장을 이탈하여서는 아니 된다

③ 철도차량 내 안전 및 질서유지를 위하여 승객 구호조치 등 국토교통부령으로 정하는 후속조치를 이행하여야 한다

④ 의료기관으로의 이송이 필요한 경우 등 국토교통부령으로 정하는 경우에는 준수사항을 이행하지 않을 수 있다

해설 안전법 제40조의2(철도종사자의 준수사항) ⑤ 철도사고등이 발생하는 경우 해당 철도차량의 운전업무종사자와 여객승무원은 철도사고등의 현장을 이탈하여서는 아니 되며, 철도차량 내 안전 및 질서유지를 위하여 승객 구호조치 등 국토교통부령으로 정하는 후속조치를 이행하여야 한다. 다만, 의료기관으로의 이송이 필요한 경우 등 국토교통부령으로 정하는 경우에는 그러하지 아니하다.

35. 철도사고등이 발생하는 경우 해당 철도차량의 운전업무종사자와 여객승무원이 철도 차량 내 안전 및 질서유지를 위하여 이행하여야 할 후속조치 사항으로 틀린 것은?

① 관제업무종사자 또는 인접한 역시설의 철도종사자에게 철도사고등의 상황을 전파 할 것

② 2차 사고 예방을 위하여 철도차량이 구르지 아니하도록 하는 조치를 할 것

③ 사고현장 인근의 마을에 안내방송을 요청할 것. 다만, 방송장치로 안내방송이 불가 능한 경우에는 확성기 등을 사용하여 안내하여야 한다

④ 운전업무종사자와 여객승무원은 후속조치에 대하여 각각의 역할을 분담하여 이행 할 수 있다

⑤ 사상자 발생 시 응급환자를 응급처치하거나 의료기관에 긴급히 이송되도록 지원할 것

해설 시행규칙 제76조의8(철도사고등의 발생 시 후속조치 등) ① 법 제40조의2제5항 본문에 따라 운전업무종사자 와 여객승무원은 다음 각 호의 후속조치를 이행하여야 한다. 이 경우 운전업무종사자와 여객승무원은 후속 조치에 대하여 각각의 역할을 분담하여 이행할 수 있다.

1. 관제업무종사자 또는 인접한 역시설의 철도종사자에게 철도사고등의 상황을 전파할 것

2. 철도차량 내 안내방송을 실시할 것. 다만, 방송장치로 안내방송이 불가능한 경우에는 확성기 등을 사용하 여 안내하여야 한다.

3. 여객의 안전을 확보하기 위하여 필요한 경우 철도차량 내 여객을 대피시킬 것

4. 2차 사고 예방을 위하여 철도차량이 구르지 아니하도록 하는 조치를 할 것

5. 여객의 안전을 확보하기 위하여 필요한 경우 철도차량의 비상문을 개방할 것

6. 사상자 발생 시 응급환자를 응급처치하거나 의료기관에 긴급히 이송되도록 지원할 것

36. 철도사고등이 발생하는 경우 운전업무종사자와 여객승무원의 준수사항을 이행하지 않을 수 있는 경우로 틀린 것은?

① 관제업무종사자 또는 철도사고등의 관리책임자로부터 철도사고등의 현장이탈이 가능하다고 통보받은 경우

② 여객을 안전하게 대피시킨 후 운전업무종사자와 여객승무원의 안전을 위하여 현장을 이탈하여야 하는 경우

③ 인접선로로 운행하는 열차가 있어 현장을 이탈하여야 하는 경우

④ 운전업무종사자 또는 여객승무원이 중대한 부상 등으로 인하여 의료기관으로의 이송이 필요한 경우

해설 시행규칙 제76조의8(철도사고등의 발생 시 후속조치 등) ② 법 제40조의2제5항 단서에서 "의료기관으로의 이송이 필요한 경우 등 국토교통부령으로 정하는 경우"란 다음 각 호의 어느 하나에 해당하는 경우를 말한다.
1. 운전업무종사자 또는 여객승무원이 중대한 부상 등으로 인하여 의료기관으로의 이송이 필요한 경우
2. 관제업무종사자 또는 철도사고등의 관리책임자로부터 철도사고등의 현장이탈이 가능하다고 통보받은 경우
3. 여객을 안전하게 대피시킨 후 운전업무종사자와 여객승무원의 안전을 위하여 현장을 이탈하여야 하는 경우

37. 철도종사원의 흡연금지에 관한 설명으로 틀린 것은?

① 관제업무 실무수습하는 철도종사원은 흡연금지 대상에 포함되지 않는다

② 업무에 종사하는 동안에는 흡연을 하여서는 아니 된다

③ 흡연금지 대상은 철도종사자(운전업무 실무수습 하는 사람 포함)이다

④ 업무에 종사하는 동안에는 열차 내에서 흡연을 하여서는 아니 된다

해설 안전법 제40조의3(철도종사자의 흡연 금지) 철도종사자(제21조에 따른 운전업무 실무수습을 하는 사람을 포함한다)는 업무에 종사하는 동안에는 열차 내에서 흡연을 하여서는 아니 된다.

38. 술을 마시거나 약물을 사용한 상태에서 업무를 하여서는 아니 되는 철도종사자에 해당하지 않는 것을 모두 고르시오?

a. 여객역무원
b. 운전업무종사자
c. 관제업무종사자
d. 여객승무원
e. 실무수습 중인 관제업무종사자
f. 작업책임자
g. 철도운행안전관리자
h. 철도시설 또는 철도차량을 보호하기 위한 순회점검업무 또는 경비업무를 수행하는 사람
i. 정거장에서 철도신호기·선로전환기 및 조작판 등을 취급하거나 열차의 조성(組成: 철도차량을 연결하거나 분리하는 작업을 말한다)업무를 수행하는 사람
j. 철도에 공급되는 전력의 원격제어장치를 운영하는 사람
k. 철도차량 및 철도시설의 점검·정비 업무에 종사하는 사람

① a, e, h, j   ② a, h, j   ③ a, e, i, k   ④ q, d, e, h, j, k

안전법 제41조(철도종사자의 음주 제한 등) ① 다음 각 호의 어느 하나에 해당하는 철도종사자(실무수습 중인 사람을 포함한다)는 술(「주세법」 제3조제1호에 따른 주류를 말한다. 이하 같다)을 마시거나 약물을 사용한 상태에서 업무를 하여서는 아니 된다.

    1. 운전업무종사자 2. 관제업무종사자 3. 여객승무원 4. 작업책임자 5. 철도운행안전관리자

    6. 정거장에서 철도신호기 · 선로전환기 및 조작판 등을 취급하거나 열차의 조성(組成 : 철도차량을 연결하거나 분리하는 작업을 말한다)업무를 수행하는 사람

    7. 철도차량 및 철도시설의 점검 · 정비 업무에 종사하는 사람

39. 철도종사자에 대하여 술을 마셨거나 약물을 사용하였는지 확인 또는 검사에 관한 설명으로 틀린 것은?

    ① 확인 · 검사할 수 있는 사람은 국토교통부장관 또는 시 · 도지사이다

    ② 술을 마셨다고 판단하는 기준은 혈중 알코올농도가 0.03% 이상인 경우이다

       단, 일부 철도종사자는 0.02% 이상인 경우이다

    ③ 약물을 사용하였다고 판단하는 기준은 양성으로 판정된 경우이다

    ④ 철도종사자는 국토교통부장관 또는 시 · 도지사의 확인 또는 검사를 거부하여서는 아니 된다

    ⑤ 확인 또는 검사의 방법 · 절차 등에 관하여 필요한 사항은 대통령령으로 정한다

안전법 제41조(철도종사자의 음주 제한 등) ② 국토교통부장관 또는 시 · 도지사(「도시철도법」 제3조제2호에 따른 도시철도 및 같은 법 제24조에 따라 지방자치단체로부터 도시철도의 건설과 운영의 위탁을 받은 법인이 건설 · 운영하는 도시철도만 해당한다. 이하 이 조, 제42조, 제45조, 제46조 및 제82조제6항에서 같다)는 철도안전과 위험방지를 위하여 필요하다고 인정하거나 제1항에 따른 철도종사자가 술을 마시거나 약물을 사용한 상태에서 업무를 하였다고 인정할 만한 상당한 이유가 있을 때에는 철도종사자에 대하여 술을 마셨거나 약물을 사용하였는지 확인 또는 검사할 수 있다. 이 경우 그 철도종사자는 국토교통부장관 또는 시 · 도지사의 확인 또는 검사를 거부하여서는 아니 된다.

③ 제2항에 따른 확인 또는 검사 결과 철도종사자가 술을 마시거나 약물을 사용하였다고 판단하는 기준은 다음 각 호의 구분과 같다.

    1. 술 : 혈중 알코올농도가 0.02퍼센트(제1항제4호부터 제6호까지의 철도종사자는 0.03퍼센트) 이상인 경우

    2. 약물 : 양성으로 판정된 경우

④ 제2항에 따른 확인 또는 검사의 방법 · 절차 등에 관하여 필요한 사항은 대통령령으로 정한다.

40. 술을 마셨다고 판단하는 기준이 혈중 알코올농도가 0.03% 이상인 철도종사자가 아닌 것은?

    ① 열차의 조성(組成 : 철도차량을 연결하거나 분리하는 작업을 말한다)업무를 수행하는 사람

    ② 여객승무원

    ③ 정거장에서 철도신호기 · 선로전환기 및 조작판 등을 취급하는 업무를 수행하는 사람

    ④ 작업책임자

    ⑤ 철도운행안전관리자

안전법 제41조(철도종사자의 음주 제한 등)

③ 제2항에 따른 확인 또는 검사 결과 철도종사자가 술을 마시거나 약물을 사용하였다고 판단하는 기준은 다음 각 호의 구분과 같다.

    1. 술 : 혈중 알코올농도가 0.02퍼센트(제1항제4호부터 제6호까지의 철도종사자는 0.03퍼센트) 이상인 경우

2. 약물 : 양성으로 판정된 경우

안전법 제41조(철도종사자의 음주 제한 등) ① 다음 각 호의 어느 하나에 해당하는 철도종사자(실무수습 중인 사람을 포함한다)는 술(「주세법」 제3조제1호에 따른 주류를 말한다. 이하 같다)을 마시거나 약물을 사용한 상태에서 업무를 하여서는 아니 된다.

　　4. 작업책임자　　5. 철도운행안전관리자

　　6. 정거장에서 철도신호기 · 선로전환기 및 조작판 등을 취급하거나 열차의 조성(組成 : 철도차량을 연결하거나 분리하는 작업을 말한다)업무를 수행하는 사람

41. 철도종사자가 술을 마셨거나 약물을 사용하였는지 확인 또는 검사방법에 관한 설명으로 틀린 것은?

① 술을 마셨는지에 대한 확인 또는 검사는 호흡측정기 검사의 방법으로 실시한다

② 약물을 사용하였는지에 대한 확인 또는 검사는 소변 검사 또는 모발 채취 등의 방법으로 실시한다

③ 확인 또는 검사의 세부절차와 방법 등 필요한 사항은 국토교통부장관이 정한다

④ 술을 마셨는지에 대한 확인 또는 검사를 혈액 채취 방법으로 실시한 결과를 불복하는 사람에 대해서는 그 철도종사자의 동의를 받아 호흡측정기 검사방법으로 다시 측정할 수 있다

해설 시행령 제43조의2(철도종사자의 음주 등에 대한 확인 또는 검사) ② 법 제41조제2항에 따른 술을 마셨는지에 대한 확인 또는 검사는 호흡측정기 검사의 방법으로 실시하고, 검사 결과에 불복하는 사람에 대해서는 그 철도종사자의 동의를 받아 혈액 채취 등의 방법으로 다시 측정할 수 있다.
③ 법 제41조제2항에 따른 약물을 사용하였는지에 대한 확인 또는 검사는 소변 검사 또는 모발 채취 등의 방법으로 실시한다.
④ 제2항및제3항에 따른 확인 또는 검사의 세부절차와 방법 등 필요한 사항은 국토교통부장관이 정한다.

42. 위해물품의 휴대 금지에 관한 설명으로 틀린 것은?

① 국토교통부장관 또는 시 · 도지사의 허가를 받은 경우에는 위해물품을 열차에서 휴대하거나 적재할 수 있다

② 누구든지 무기, 화약류, 허가물질, 제한물질, 금지물질, 유해화학물질 또는 인화성이 높은 물질 등 공중이나 여객에게 위해를 끼치거나 끼칠 우려가 있는 물건 또는 물질을 열차에서 휴대하거나 적재할 수 없다

③ 국토교통령으로 정하는 특정한 직무를 수행하기 위한 경우에는 위해물품을 열차에서 휴대하거나 적재할 수 있다

④ 위해물품의 종류, 휴대 또는 적재 허가를 받은 경우의 안전조치 등에 관하여 필요한 세부사항은 대통령령으로 정한다

해설 안전법 제42조(위해물품의 휴대 금지) ① 누구든지 무기, 화약류, 허가물질, 제한물질, 금지물질, 유해화학물질 또는 인화성이 높은 물질 등 공중(公衆)이나 여객에게 위해를 끼치거나 끼칠 우려가 있는 물건 또는 물질(이하 "위해물품"이라 한다)을 열차에서 휴대하거나 적재(積載)할 수 없다. 다만, 국토교통부장관 또는 시 · 도지사의 허가를 받은 경우 또는 국토교통부령으로 정하는 특정한 직무를 수행하기 위한 경우에는 그러하지 아니하다.
② 위해물품의 종류, 휴대 또는 적재 허가를 받은 경우의 안전조치 등에 관하여 필요한 세부사항은 국토교통부령으로 정한다.

43. 특정한 직무를 수행하기 위하여 위해물품을 휴대 · 적재할 수 있는 경우가 아닌 것은?

① 「검찰청법」에 따른 수사관

② 「사법경찰관리의 직무를 수행할 자와 그 직무범위에 관한 법률」에 따른 철도경찰 사무에 종사하는 국가공무원

③ 「경찰관직무집행법」의 경찰관 직무를 수행하는 사람

④ 「경비업법」에 따른 경비원

⑤ 위험물품을 운송하는 군용열차를 호송하는 군인

> **해설** 시행규칙 제77조(위해물품 휴대금지 예외) 법 제42조제1항 단서에서 "국토교통부령으로 정하는 특정한 직무를 수행하기 위한 경우"란 다음 각 호의 사람이 직무를 수행하기 위하여 위해물품을 휴대 · 적재하는 경우를 말한다.
>
> 1. 「사법경찰관리의 직무를 수행할 자와 그 직무범위에 관한 법률」 제5조제11호에 따른 철도경찰 사무에 종사하는 국가공무원(이하 "철도특별사법경찰관리"라 한다)
> 2. 「경찰관 직무집행법」 제2조의 경찰관 직무를 수행하는 사람
> 3. 「경비업법」 제2조에 따른 경비원
> 4. 위험물품을 운송하는 군용열차를 호송하는 군인

44. 위해물품의 종류가 아닌 것은?

① 인화성 고체   ② 병독을 옮기기 쉬운 물질   ③ 고압가스   ④ 화약류

> **해설** 시행규칙 제78조(위해물품의 종류 등) ①법제42조제2항에 따른 위해물품의 종류는 다음 각 호와 같다.
>
> 1. 화약류 : 「총포 · 도검 · 화약류 등의 안전관리에 관한 법률」에 따른 화약 · 폭약 · 화공품과 그 밖에 폭발성이 있는 물질
> 2. 고압가스 : 섭씨 50도 미만의 임계온도를 가진 물질, 섭씨 50도에서 300킬로파스칼을 초과하는 절대압력(진공을 0으로 하는 압력을 말한다. 이하 같다)을 가진 물질, 섭씨 21.1도에서 280킬로파스칼을 초과하거나 섭씨 54.4도에서 730킬로파스칼을 초과하는 절대압력을 가진 물질이나, 섭씨 37.8도에서 280킬로파스칼을 초과하는 절대가스압력(진공을 0으로 하는 가스압력을 말한다)을 가진 액체상태의 인화성 물질
> 3. 인화성 액체 : 밀폐식 인화점 측정법에 따른 인화점이 섭씨 60.5도 이하인 액체나 개방식 인화점 측정법에 따른 인화점이 섭씨 65.6도 이하인 액체
> 4. 가연성 물질류 : 다음 각 목에서 정하는 물질
>   가. 가연성고체 : 화기 등에 의하여 용이하게 점화되며 화재를 조장할 수 있는 가연성 고체
>   나. 자연발화성 물질 : 통상적인 운송상태에서 마찰 · 습기흡수 · 화학변화 등으로 인하여 자연발열하거나 자연발화하기 쉬운 물질
>   다. 그 밖의 가연성물질 : 물과 작용하여 인화성 가스를 발생하는 물질
> 5. 산화성 물질류 : 다음 각 목에서 정하는 물질
>   가. 산화성 물질 : 다른 물질을 산화시키는 성질을 가진 물질로서 유기과산화물 외의 것
>   나. 유기과산화물 : 다른 물질을 산화시키는 성질을 가진 유기물질
> 6. 독물류 : 다음 각 목에서 정하는 물질
>   가. 독물 : 사람이 흡입 · 접촉하거나 체내에 섭취한 경우에 강력한 독작용이나 자극을 일으키는 물질
>   나. 병독을 옮기기 쉬운 물질 : 살아 있는 병원체 및 살아 있는 병원체를 함유하거나 병원체가 부착되어 있다고 인정되는 물질
> 7. 방사성 물질 : 「원자력안전법」 제2조에 따른 핵물질 및 방사성물질이나 이로 인하여 오염된 물질로서 방사능의 농도가 킬로그램당 74킬로베크렐(그램당 0.002마이크로큐리) 이상인 것
> 8. 부식성 물질 : 생물체의 조직에 접촉한 경우 화학반응에 의하여 조직에 심한 위해를 주는 물질이나 열차의 차체 · 적하물 등에 접촉한 경우 물질적 손상을 주는 물질
> 9. 마취성 물질 : 객실승무원이 정상근무를 할 수 없도록 극도의 고통이나 불편함을 발생시키는 마취성이 있는 물질이나 그와 유사한 성질을 가진 물질

10. 총포 · 도검류 등 : 「총포 · 도검 · 화약류 등 단속법」에 따른 총포 · 도검 및 이에 준하는 흉기류
11. 그 밖의 유해물질 : 제1호부터 제10호까지 외의 것으로서 화학변화 등에 의하여 사람에게 위해를 주거나 열차 안에 적재된 물건에 물질적인 손상을 줄 수 있는 물질
② 철도운영자등은 제1항에 따른 위해물품에 대하여 휴대나 적재의 적정성, 포장 및 안전조치의 적정성 등을 검토하여 휴대나 적재를 허가할 수 있다. 이 경우 해당 위해물품이 위해물품임을 나타낼 수 있는 표지를 포장 바깥면 등 잘 보이는 곳에 붙여야 한다.

45. 위해물품의 종류 및 설명으로 틀린 것은?

① 인화성 액체 : 밀폐식 인화점 측정법에 따른 인화점이 섭씨 60.5도 이하인 액체나 개방식 인화점 측정법에 따른 인화점이 섭씨 65.6도 이하인 액체
② 고압가스 : 섭씨 50도 미만의 임계온도를 가진 물질, 섭씨 50도에서 300킬로파스칼을 초과하는 절대압력(진공을 0으로 하는 압력을 말한다)을 가진 물질, 섭씨 21.1도에서 280킬로파스칼을 초과하거나 섭씨 54.4도에서 730킬로파스칼을 초과하는 절대압력을 가진 물질이나, 섭씨 37.8도에서 280킬로파스칼을 초과하는 절대가스압력(진공을 0으로 하는 가스압력을 말한다)을 가진 액체상태의 인화성 물질
③ 산화성 물질 : 다른 물질을 산화시키는 성질을 가진 물질로서 유기과산화물을 포함한 것
④ 방사성 물질 : 「원자력안전법」 따른 핵물질 및 방사성물질이나 이로 인하여 오염된 물질로서 방사능의 농도가 킬로그램당 74킬로베크렐(그램당 0.002마이크로큐리) 이상인 것

해설 시행규칙 제78조(위해물품의 종류 등)

46. 위험물의 운송위탁 및 운송 금지에 관한 설명으로 틀린 것은?

① 대통령령으로 정한 운송위탁 및 운송 금지 위험물은 점화 또는 점폭약류를 붙인 폭약, 니트로글리세린, 건조한 기폭약, 뇌홍질화연에 속하는 것, 그 밖에 사람에게 위해를 주거나 물건에 손상을 줄 수 있는 물질로서 국토교통부장관이 정하여 고시하는 위험물을 말한다
② 누구든지 대통령령으로 정하는 운송위탁 금지 위험물의 운송을 위탁할 수 없다
③ 위험물의 운송을 위탁하여 철도로 운송하려는 자는 위험물을 안전하게 운송하기 위하여 국토교통부령에 정하는 안전조치 등에 따라야 한다
④ 철도운영자는 대통령령으로 정하는 운송금지 위험물을 철도로 운송할 수 없다

해설 안전법 제43조(위험물의 운송위탁 및 운송 금지) 누구든지 점화류(點火類) 또는 점폭약류(點爆藥類)를 붙인 폭약, 니트로글리세린, 건조한 기폭약(起爆藥), 뇌홍질화연(雷汞窒化鉛)에 속하는 것 등 대통령령으로 정하는 위험물의 운송을 위탁할 수 없으며, 철도운영자는 이를 철도로 운송할 수 없다.
시행령 제44조(운송위탁 및 운송 금지 위험물 등) 법 제43조에서 "점화류 또는 점폭약류를 붙인 폭약, 니트로글리세린, 건조한 기폭약, 뇌홍질화연에 속하는 것 등 대통령령으로 정하는 위험물"이란 다음 각 호의 위험물을 말한다.
1. 점화 또는 점폭약류를 붙인 폭약　　　　2. 니트로글리세린
3. 건조한 기폭약　　　　　　　　　　　　4. 뇌홍질화연에 속하는 것
5. 그 밖에 사람에게 위해를 주거나 물건에 손상을 줄 수 있는 물질로서 국토교통부장관이 정하여 고시하는 위험물

47. 위험물의 운송에 관한 설명으로 틀린 것은?

① 운송을 위탁하여 철도로 운송하려는 자는 위험물을 안전하게 운송하기 위하여 철도운영자의 안전조치 등에 따라야 한다

② 대통령령으로 정하는 위험물의 운송을 위탁하여 철도로 운송하려는 자는 국토교통부령으로 정하는 바에 따라 철도운행상의 위험 방지 및 인명보호를 위하여 위험물을 안전하게 포장·적재·관리·운송하여야 한다.

③ 대통령령으로 정하는 위험물을 운송하는 철도운영자는 국토교통부령으로 정하는 바에 따라 철도운행상의 위험 방지 및 인명보호를 위하여 위험물을 안전하게 포장·적재·관리·운송하여야 한다.

④ 대통령령으로 정하는 운송취급주의 위험물에는 니트로글리세린, 유독성 가스를 발생시킬 우려가 있는 것이 포함된다

해설 안전법 제44조(위험물의 운송 등) ① 대통령령으로 정하는 위험물(이하 "위험물"이라 한다)의 운송을 위탁하여 철도로 운송하려는 자와 이를 운송하는 철도운영자(이하 "위험물취급자"라 한다)는 국토교통부령으로 정하는 바에 따라 철도운행상의 위험 방지 및 인명(人命) 보호를 위하여 위험물을 안전하게 포장·적재·관리·운송(이하 "위험물취급"이라 한다)하여야 한다.
② 위험물의 운송을 위탁하여 철도로 운송하려는 자는 위험물을 안전하게 운송하기 위하여 철도운영자의 안전조치 등에 따라야 한다.
시행령 제45조(운송취급주의 위험물)

48. 대통령령으로 정하는 운송취급주의 위험물이 아닌 것은?

① 마찰·충격·흡습 등 주위의 상황으로 인하여 발화할 우려가 있는 것

② 용기가 파손될 경우 내용물이 누출되어 철도차량·레일·기구 또는 다른 화물 등을 부식시키거나 침해할 우려가 있는 것

③ 철도운송 중 폭발의 염려가 있는 점화 또는 점폭약류를 붙인 폭약

④ 화물의 성질상 철도시설·철도차량·철도종사자·여객 등에 위해나 손상을 끼칠 우려가 있는 것

해설 안전법시행령 제45조(운송취급주의 위험물) 법 제44조제1항에서 "대통령령으로 정하는 위험물"이란 다음 각 호의 어느 하나에 해당하는 것으로서 국토교통부령으로 정하는 것을 말한다.
1. 철도운송 중 폭발할 우려가 있는 것
2. 마찰·충격·흡습(吸濕) 등 주위의 상황으로 인하여 발화할 우려가 있는 것
3. 인화성·산화성 등이 강하여 그 물질 자체의 성질에 따라 발화할 우려가 있는 것
4. 용기가 파손될 경우 내용물이 누출되어 철도차량·레일·기구 또는 다른 화물 등을 부식시키거나 침해할 우려가 있는 것
5. 유독성 가스를 발생시킬 우려가 있는 것
6. 그 밖에 화물의 성질상 철도시설·철도차량·철도종사자·여객 등에 위해나 손상을 끼칠 우려가 있는 것

49. 위험물 포장 및 용기의 안전성에 관한 검사의 전부 또는 일부를 면제할 수 있는 경우가 아닌 것은?

① 대한민국이 체결한 협정 또는 대한민국이 가입한 협약에 따라 검사하여 외국 정부 등이 발행한 증명서가 있는 경우

② 「선박안전법」에 따른 검사에 합격하거나 검사가 생략된 경우

③ 「고압가스 안전관리법」에 따른 검사에 합격하거나 검사가 생략된 경우

④ 「항공안전법」에 따른 검사에 합격한 경우

해설 안전법 제44조의2(위험물 포장 및 용기의 검사 등) ① 위험물을 철도로 운송하는 데 사용되는 포장 및 용기(부속품을 포함한다)를 제조·수입하여 판매하려는 자 또는 이를 소유하거나 임차하여 사용하는 자는 국토교통부장관이 실시하는 포장 및 용기의 안전성에 관한 검사에 합격하여야 한다.

② 제1항에 따른 위험물 포장 및 용기의 검사의 합격기준·방법 및 절차 등에 필요한 사항은 국토교통부령으로 정한다.

③ 국토교통부장관은 다음에 해당하는 경우에는 국토교통부령으로 정하는 바에 따라 위험물 포장 및 용기의 안전성에 관한 검사의 전부 또는 일부를 면제할 수 있다.

1. 「고압가스 안전관리법」 제17조에 따른 검사에 합격하거나 검사가 생략된 경우
2. 「선박안전법」 제41조제2항에 따른 검사에 합격한 경우
3. 「항공안전법」 제71조제1항에 따른 검사에 합격한 경우
4. 대한민국이 체결한 협정 또는 대한민국이 가입한 협약에 따라 검사하여 외국 정부 등이 발행한 증명서가 있는 경우
5. 그 밖에 국토교통부령으로 정하는 경우

④ 국토교통부장관은 위험물 포장 및 용기에 관한 전문검사기관(이하 "위험물 포장·용기검사기관"이라 한다)을 지정하여 제1항에 따른 검사를 하게 할 수 있다.

⑤ 위험물 포장·용기검사기관의 지정 기준·절차 등에 필요한 사항은 국토교통부령으로 정한다.

⑥ 국토교통부장관은 위험물 포장·용기검사기관이 다음 각 호의 어느 하나에 해당하는 경우에는 그 지정을 취소하거나 6개월 이내의 기간을 정하여 그 업무의 전부 또는 일부의 정지를 명할 수 있다. 다만, 제1호 또는 제2호에 해당하는 경우에는 그 지정을 취소하여야 한다.

1. 거짓이나 그 밖의 부정한 방법으로 위험물 포장·용기검사기관으로 지정받은 경우
2. 업무정지 기간 중에 제1항에 따른 검사 업무를 수행한 경우
3. 제2항에 따른 포장 및 용기의 검사방법·합격기준 등을 위반하여 제1항에 따른 검사를 한 경우
4. 제5항에 따른 지정기준에 맞지 아니하게 된 경우

⑦ 제6항에 따른 처분의 세부기준 등에 필요한 사항은 국토교통부령으로 정한다.

50. 위험물취급에 관한 교육의 설명으로 맞는 것은?

① 국토교통부장관은 위험물취급전문교육기관이 지정기준에 맞지 아니하게 된 경우에는 지정을 취소하여야 한다
② 「고압가스 안전관리법」에 따른 안전교육을 이수한 운반책임자는 위험물취급안전교육을 면제한다
③ 위험물취급자는 자신이 고용하고 있는 종사자(철도로 운송하는 위험물을 취급하는 종사자에 한정한다)가 위험물취급에 관하여 국토교통부장관이 실시하는 교육을 받도록 하여야 한다
④ 위험물취급자는 위험물취급 교육을 효율적으로 하기 위하여 위험물취급전문교육기관을 지정하여 위험물취급안전교육을 실시하게 할 수 있다

해설 안전법 제44조의3(위험물취급에 관한 교육 등) ① 위험물취급자는 자신이 고용하고 있는 종사자(철도로 운송하는 위험물을 취급하는 종사자에 한정한다)가 위험물취급에 관하여 국토교통부장관이 실시하는 교육(이하 "위험물취급안전교육"이라 한다)을 받도록 하여야 한다. 다만, 종사자가 다음 각 호의 어느 하나에 해당하는 경우에는 위험물취급안전교육의 전부 또는 일부를 면제할 수 있다.

1. 제24조제1항에 따른 철도안전에 관한 교육을 통하여 위험물취급에 관한 교육을 이수한 철도종사자
2. 「화학물질관리법」 제33조에 따른 유해화학물질 안전교육을 이수한 유해화학물질 취급 담당자
3. 「위험물안전관리법」 제28조에 따른 안전교육을 이수한 위험물의 안전관리와 관련된 업무를 수행하는 자
4. 「고압가스 안전관리법」 제23조에 따른 안전교육을 이수한 운반책임자
5. 그 밖에 국토교통부령으로 정하는 경우

② 제1항에 따른 교육의 대상·내용·방법·시기 등 위험물취급안전교육에 필요한 사항은 국토교통부령으로 정한다.

③ 국토교통부장관은 제1항에 따른 교육을 효율적으로 하기 위하여 위험물취급안전교육을 수행하는 전문교육기관(이하 "위험물취급전문교육기관"이라 한다)을 지정하여 위험물취급안전교육을 실시하게 할 수 있다.

④ 교육시설·장비 및 인력 등 위험물취급전문교육기관의 지정기준 및 운영 등에 필요한 사항은 국토교통부령으로 정한다.

⑤ 국토교통부장관은 위험물취급전문교육기관이 다음 각 호의 어느 하나에 해당하는 경우에는 그 지정을 취소하거나 6개월 이내의 기간을 정하여 그 업무의 전부 또는 일부의 정지를 명할 수 있다. 다만, 제1호 또는 제2호에 해당하는 경우에는 그 지정을 취소하여야 한다.

1. 거짓이나 그 밖의 부정한 방법으로 위험물취급전문교육기관으로 지정받은 경우

2. 업무정지 기간 중에 위험물취급안전교육을 수행한 경우

3. 제4항에 따른 지정기준에 맞지 아니하게 된 경우

⑥ 제5항에 따른 처분의 세부기준 및 절차 등에 필요한 사항은 국토교통부령으로 정한다.

6장 운행안전·철도 보호(철도보호지구 등)

1 철도보호지구에서의 행위제한

(1) 철도보호지구
① 철도경계선(가장 바깥쪽 궤도의 끝선)으로부터 30m 이내의 지역
② 「도시철도법」에 따른 도시철도 중 노면전차의 경우에는 10m 이내의 지역

(2) 철도보호지구의 행위 신고
① 다음에 해당하는 행위를 하려는 자는 **대통령령**으로 정하는 바에 따라 국토교통부장관 또는 시·도지사에게 신고하여야 한다
  ㉮ 토지의 형질변경 및 굴착(掘鑿)
  ㉯ 토석, 자갈 및 모래의 채취
  ㉰ 건축물의 신축·개축(改築)·증축 또는 인공구조물의 설치
  ㉱ 나무의 식재(**대통령령**으로 정하는 경우만 해당)
    ⓐ 철도차량 운전자의 전방 시야 확보에 지장을 주는 경우
    ⓑ 나뭇가지가 전차선이나 신호기 등을 침범하거나 침범할 우려가 있는 경우
    ⓒ 호우나 태풍 등으로 나무가 쓰러져 철도시설물을 훼손시키거나 열차의 운행에 지장을 줄 우려가 있는 경우
  ㉲ 그 밖에 철도시설을 파손하거나 철도차량의 안전운행을 방해할 우려가 있는 행위로서 **대통령령**으로 정하는 행위
    ⓐ 폭발물이나 인화물질 등 위험물을 제조·저장하거나 전시하는 행위
    ⓑ 철도차량 운전자 등이 선로나 신호기를 확인하는 데 지장을 주거나 줄 우려가 있는 시설이나 설비를 설치하는 행위
    ⓒ 철도신호등(鐵道信號燈)으로 오인할 우려가 있는 시설물이나 조명 설비를 설치하는 행위
    ⓓ 전차선로에 의하여 감전될 우려가 있는 시설이나 설비를 설치하는 행위
    ⓔ 시설 또는 설비가 선로의 위나 밑으로 횡단하거나 선로와 나란히 되도록 설치하는 행위

ⓕ 그 밖에 열차의 안전운행과 철도 보호를 위하여 필요하다고 인정하여 국토교통부장관이 정하여 고시하는 행위

② 노면전차 철도보호지구 근처의 행위 신고

㉮ 대상지역

노면전차 철도보호지구의 바깥쪽 경계선으로부터 20m 이내의 지역

㉯ 신고 대상 행위

굴착, 인공구조물의 설치 등 철도시설을 파손하거나 철도차량의 안전운행을 방해할 우려가 있는 행위로서 **대통령령**으로 정하는 행위

<대통령령으로 정하는 행위>

ⓐ 깊이 10m 이상의 굴착

ⓑ 다음에 해당하는 것을 설치하는 행위

㉠「건설기계관리법」제2조제1항제1호에 따른 건설기계 중 최대높이가 10m 이상인 건설기계

㉡ 높이가 10m 이상인 인공구조물

ⓒ「위험물안전관리법」에 따른 위험물을 지정수량 이상 제조·저장하거나 전시하는 행위

㉰ 신고

대통령령으로 정하는 바에 따라 국토교통부장관 또는 시·도지사에게 신고하여야 한다.

③ 신고내용의 검토 결과 안전조치 등을 명령할 필요가 있는 경우에는 신고를 받은 날부터 30일 이내에 신고인에게 그 이유를 분명히 밝히고 안전조치 등을 명하여야 한다

(3) 행위의 금지 또는 제한 명령

① 명령권자 : 국토교통부장관 또는 시·도지사

② 명령대상

철도차량의 안전운행 및 철도 보호를 위하여 필요하다고 인정할 때

③ 명령내용

㉮ 행위의 금지 또는 제한을 명령하거나 **대통령령**으로 정하는 필요한 조치를 하도록 명령할 수 있다

〈대통령령으로 정하는 필요한 조치명령〉

ⓐ 공사로 인하여 약해질 우려가 있는 지반에 대한 보강대책 수립·시행

ⓑ 선로 옆의 제방 등에 대한 흙막이공사 시행

ⓒ 굴착공사에 사용되는 장비나 공법 등의 변경

ⓓ 지하수나 지표수 처리대책의 수립·시행

ⓔ 시설물의 구조 검토·보강

ⓕ 먼지나 티끌 등이 발생하는 시설·설비나 장비를 운용하는 경우 방진막, 물을 뿌리는 설비 등 분진방지시설 설치

ⓖ 신호기를 가리거나 신호기를 보는데 지장을 주는 시설이나 설비 등의 철거

ⓗ 안전울타리나 안전통로 등 안전시설의 설치

ⓘ 그 밖에 철도시설의 보호 또는 철도차량의 안전운행을 위하여 필요한 안전조치

㉴ 토지, 나무, 시설, 건축물, 그 밖의 공작물(시설등)의 소유자나 점유자에게 다음의 조치를 하도록 명령할 수 있다

ⓐ 시설등이 시야에 장애를 주면 그 장애물을 제거할 것

ⓑ 시설등이 붕괴하여 철도에 위해(危害)를 끼치거나 끼칠 우려가 있으면 그 위해를 제거하고 필요하면 방지시설을 할 것

ⓒ 철도에 토사 등이 쌓이거나 쌓일 우려가 있으면 그 토사 등을 제거하거나 방지시설을 할 것

④ 손실보상

㉮ 손실보상 대상자

철도보호지구에서 행위의 금지·제한 또는 조치 명령으로 인하여 손실을 입은 자

㉯ 손실보상 협의

손실의 보상에 관하여는 국토교통부장관, 시·도지사 또는 철도운영자등이 그 손실을 입은 자와 협의하여야 한다

ⓐ 협의가 성립되지 아니하거나 협의를 할 수 없을 때에는 **대통령령**으로 정하는 바에 따라 「공익사업을 위한 토지 등의 취득 및 보상에 관한 법률」에 따른 관할 토지수용위원회에 재결(裁決)을 신청할 수 있다

ⓑ 재결에 대한 이의신청에 관하여는 「공익사업을 위한 토지 등의 취득 및 보상에 관한 법률」을 준용한다

(4) 행위 금지·제한 또는 조치 명령을 할 것을 요청

① 요청자(누가) : 철도운영자등

② 요청받는자(누구에게) : 국토교통부장관 또는 시·도지사에게

③ 요청내용

철도차량의 안전운행 및 철도 보호를 위하여 필요한 경우에 행위 금지·제한 또는 조치 명령을 할 것을 요청할 수 있다

2 여객열차내 및 철도보호·질서유지를 위한 금지행위

(1) 여객열차에서 여객의 금지행위 (무임승차자 포함)

① 금지행위 내용

㉮ 정당한 사유 없이 **국토교통부령**으로 정하는 여객출입 금지장소에 출입하는 행위

<여객출입 금지장소>

ⓐ 운전실   ⓑ 기관실   ⓒ 발전실   ⓓ 방송실

㉯ 정당한 사유 없이 운행 중에 비상정지버튼을 누르거나 철도차량의 옆면에 있는 승강용 출입문을 여는 등 철도차량의 장치 또는 기구 등을 조작하는 행위

㉰ 여객열차 밖에 있는 사람을 위험하게 할 우려가 있는 물건을 여객열차 밖으로 던지는 행위

㉱ 흡연하는 행위

㉲ 철도종사자와 여객 등에게 성적(性的) 수치심을 일으키는 행위

㉳ 술을 마시거나 약물을 복용하고 다른 사람에게 위해를 주는 행위

㉴ 그 밖에 공중이나 여객에게 위해를 끼치는 행위로서 **국토교통부령**으로 정하는 행위

ⓐ 여객에게 위해를 끼칠 우려가 있는 동식물을 안전조치 없이 여객열차에 동승하거나 휴대하는 행위

ⓑ 타인에게 전염의 우려가 있는 법정 감염병자가 철도종사자의 허락 없이 여객열차에 타는 행위

ⓒ 철도종사자의 허락 없이 여객에게 기부를 부탁하거나 물품을 판매·배부하거나 연설·권유 등을 하여 여객에게 불편을 끼치는 행위

㉵ 여객은 여객열차에서 다른 사람을 폭행하여 열차운행에 지장을 초래하여서는 아니 된다

② 행위금지 조치 명령

㉮ 명령을 할 수 있는 자 : 운전업무종사자, 여객승무원 또는 여객역무원

㉯ 금지행위를 한 사람에 대하여 필요한 경우 다음의 조치를 할 수 있다

ⓐ 금지행위의 제지

ⓑ 금지행위의 녹음·녹화 또는 촬영

③ 금지행위 안내 시행

㉮ 철도운영자는 **국토교통부령**으로 정하는 바에 따라 여객열차에서의 금지행위에 관한 사항을 여객에게 안내하여야 한다

㉯ 여객열차에서의 금지행위 안내방법

여객열차 및 승강장 등 철도시설에서 다음의 방법으로 안내

ⓐ 여객열차에서의 금지행위에 관한 게시물 또는 안내판 설치

ⓑ 영상 또는 음성으로 안내

(2) 철도 보호 및 질서유지를 위한 금지행위

① 금지행위 내용

㉮ 철도시설 또는 철도차량을 파손하여 철도차량 운행에 위험을 발생하게 하는 행위

㉯ 철도차량을 향하여 돌이나 그 밖의 위험한 물건을 던져 철도차량 운행에 위험을 발생하게 하는 행위

㉰ 궤도의 중심으로부터 양측으로 폭 3m 이내의 장소에 철도차량의 안전 운행에 지장을 주는 물건을 방치하는 행위

㉱ 철도교량 등 **국토교통부령**으로 정하는 시설 또는 구역에 **국토교통부령**으로 정하는 폭발물 또는 인화성이 높은 물건 등을 쌓아 놓는 행위

〈폭발물 등 적치금지 구역 : 국토교통부령〉

ⓐ 정거장 및 선로

(정거장 또는 선로를 지지하는 구조물 및 그 주변지역을 포함)

ⓑ 철도 역사

ⓒ 철도 교량

ⓓ 철도 터널

〈적치금지 폭발물 등 : 국토교통부령〉

ⓐ 운송위탁 및 운송금지 위험물, 운송취급주의 위험물로서

ⓑ 주변의 물건을 손괴할 수 있는 폭발력을 지니거나

ⓒ 화재를 유발하거나 유해한 연기를 발생하여

ⓓ 여객이나 일반대중에게 위해를 끼칠 우려가 있는 물건이나 물질

㉲ 선로(철도와 교차된 도로는 제외) 또는 **국토교통부령**으로 정하는 철도시설에 철도운영자등의 승낙 없이 출입하거나 통행하는 행위

〈출입금지 철도시설 : 국토교통부령〉

ⓐ 위험물을 적하하거나 보관하는 장소

ⓑ 신호·통신기기 설치장소 및 전력기기·관제설비 설치장소

ⓒ 철도운전용 급유시설물이 있는 장소

ⓓ 철도차량 정비시설

ⓑ 역시설 등 공중이 이용하는 철도시설 또는 철도차량에서 폭언 또는 고성방가 등 소란을 피우는 행위

ⓐ 철도시설에 국토교통부령으로 정하는 유해물 또는 열차운행에 지장을 줄 수 있는 오물을 버리는 행위

〈열차운행에 지장을 줄 수 있는 유해물 : 국토교통부령〉

철도시설이나 철도차량을 훼손하거나 정상적인 기능·작동을 방해하여 열차운행에 지장을 줄 수 있는 산업폐기물·생활폐기물을 말한다

ⓐ 역시설 또는 철도차량에서 노숙(露宿)하는 행위

ⓐ 열차운행 중에 타고 내리거나 정당한 사유 없이 승강용 출입문의 개폐를 방해하여 열차운행에 지장을 주는 행위

ⓐ 정당한 사유 없이 열차 승강장의 비상정지버튼을 작동시켜 열차운행에 지장을 주는 행위

ⓐ 그 밖에 철도시설 또는 철도차량에서 공중의 안전을 위하여 질서유지가 필요하다고 인정되어 **국토교통부령**으로 정하는 금지행위

〈질서유지를 위한 금지행위 : 국토교통부령〉

ⓐ 흡연이 금지된 철도시설이나 철도차량 안에서 흡연하는 행위

ⓑ 철도종사자의 허락 없이 철도시설이나 철도차량에서 광고물을 붙이거나 배포하는 행위

ⓒ 역시설에서 철도종사자의 허락 없이 기부를 부탁하거나 물품을 판매·배부하거나 연설·권유를 하는 행위

ⓓ 철도종사자의 허락 없이 선로변에서 총포를 이용하여 수렵하는 행위

② 행위금지 조치 명령

㉮ 명령을 할 수 있는 자 : 운전업무종사자, 여객승무원 또는 여객역무원

㉯ 금지행위를 한 사람에 대하여 필요한 경우 다음의 조치를 할 수 있다

ⓐ 금지행위의 제지

ⓑ 금지행위의 녹음·녹화 또는 촬영

3 여객 등의 안전 및 보안

(1) 보안검색 실시

① 보안검색 실시목적

국토교통부장관은 철도차량의 안전운행 및 철도시설의 보호를 위하여 필요한 경우

② 보안검색 실시자 : 철도특별사법경찰관리

「사법경찰관리의 직무를 수행할 자와 그 직무범위에 관한 법률」에 규정된 사람

③ 보안검색 내용

여객열차에 승차하는 사람의 신체·휴대물품 및 수하물에 대한 보안검색을 실시할 수 있다

④ 철도보안정보체계 구축·운영

㉮ 국토교통부장관은 보안검색 정보 및 그 밖의 철도보안·치안 관리에 필요한 정보를 효율적으로 활용하기 위하여 철도보안정보체계를 구축·운영하여야 한다

㉯ 국토교통부장관은 철도보안정보체계를 구축·운영하기 위한 철도보안정보시스템을 구축·운영해야 한다

㉰ 철도보안정보체계를 운영하기 위하여 철도차량의 안전운행 및 철도시설의 보호에 필요한 최소한의 정보만 수집·관리하여야 한다

㉱ 국토교통부장관은 철도보안정보체계를 구축·운영하기 위해 관계 기관과 필요한 정보를 공유하거나 관련 시스템을 연계할 수 있다

⑤ 보안검색 실시계획 통보

㉮ 국토교통부장관은 보안검색을 실시하게 하려는 경우에 사전에 철도운영자 등에게 보안검색 실시계획을 통보하여야 한다

㉯ 보안검색 실시계획을 통보받은 철도운영자등은 여객이 해당 실시계획을 알 수 있도록 보안검색 일정·장소·대상 및 방법 등을 안내문에 게시하여야 한다

㉰ 범죄가 이미 발생하였거나 발생할 우려가 있는 경우 등 긴급한 보안검색이 필요한 경우에는 사전 통보를 하지 아니할 수 있다

(2) 차량 운행정보 요구

① 국토교통부장관은 철도보안·치안을 위하여 필요하다고 인정하는 경우에는 차량 운행정보 등을 철도운영자에게 요구할 수 있다

② 철도운영자는 정당한 사유 없이 그 요구를 거절할 수 없다

③ 철도운영자에게 요구할 수 있는 정보

㉮ 보안검색 관련 통계

(보안검색 횟수 및 보안검색장비 사용내역 등을 포함)

㉯ 보안검색을 실시하는 직원에 대한 교육 등에 관한 정보

㉰ 철도차량 운행에 관한 정보

㉱ 그 밖에 철도보안·치안을 위해 필요한 정보로서 국토교통부장관이 정해 고시하는 정보

(3) 보안검색의 실시 방법 및 절차

① 보안검색의 실시방법과 절차 및 보안검색장비 종류 등에 필요한 사항과 철도보안정보체계 및 정보 확인 등에 필요한 사항은 **국토교통부령**으로 정한다

② 보안검색 실시방법

㉮ 전부검색

국가의 중요 행사 기간이거나 국가 정보기관으로부터 테러 위험 등의 정보를 통보받은 경우 등 국토교통부장관이 보안검색을 강화하여야 할 필요가 있다고 판단하는 경우에 국토교통부장관이 지정한 보안검색 대상 역에서 보안검색 대상 전부에 대하여 실시

㉯ 일부검색

휴대·적재 금지 위해물품을 휴대·적재하였다고 판단되는 사람과 물건에 대하여 실시하거나 전부검색으로 시행하는 것이 부적합하다고 판단되는 경우에 실시

③ 위해물품을 탐지하기 위한 보안검색 방법

㉮ 보안검색장비를 사용하여 검색한다

㉯ 다음에 해당하는 경우에는 여객의 동의를 받아 직접 신체나 물건을 검색하거나 특정 장소로 이동하여 검색을 할 수 있다

ⓐ 보안검색장비의 경보음이 울리는 경우

ⓑ 위해물품을 휴대하거나 숨기고 있다고 의심되는 경우

ⓒ 보안검색장비를 통한 검색결과 그 내용물을 판독할 수 없는 경우

ⓓ 보안검색장비의 오류 등으로 제대로 작동하지 아니하는 경우

ⓔ 보안의 위협과 관련한 정보의 입수에 따라 필요하다고 인정되는 경우

④ 보안검색시 신분증 제시 및 목적·이유 설명

㉮ 철도특별사법경찰관리가 보안검색을 실시하는 경우에는 검색 대상자에게 자신의 신분증을 제시하면서 소속과 성명을 밝히고 그 목적과 이유를 설명하여야 한다

㉯ 다음에 해당하는 경우에는 사전 설명 없이 검색할 수 있다

ⓐ 보안검색 장소의 안내문 등을 통하여 사전에 보안검색 실시계획을 안내한 경우

ⓑ 의심물체 또는 장시간 방치된 수하물로 신고된 물건에 대하여 검색하는 경우

(4) 보안검색장비의 종류

① 위해물품을 검색·탐지·분석하기 위한 장비

㉮ 엑스선 검색장비, ㉯ 금속탐지장비(문형 금속탐지장비와 휴대용 금속탐지장비 포함), ㉰ 폭발물 탐지장비, ㉱ 폭발물흔적탐지장비, ㉲ 액체폭발물탐지장비 등

② 보안검색 시 안전을 위하여 착용·휴대하는 장비

㉮ 방검복 ㉯ 방탄복 ㉰ 방폭 담요 등

(5) 보안검색장비의 성능인증

① 보안검색을 하는 경우에는 국토교통부장관으로부터 성능인증을 받은 보안검색장비를 사용하여야 한다

㉮ 성능인증을 위한 기준·방법·절차 등 운영에 필요한 사항은 **국토교통부령**으로 정한다

㉯ 보안검색장비의 성능인증 기준

ⓐ 국제표준화기구(ISO)에서 정한 품질경영시스템을 갖출 것

ⓑ 그 밖에 국토교통부장관이 정하여 고시하는 성능, 기능 및 안전성 등을 갖출 것

② 보안검색장비의 성능인증 신청

㉮ 철도보안검색장비 성능인증 신청서에 첨부서류

ⓐ 사업자등록증 사본

ⓑ 대리인임을 증명하는 서류(대리인이 신청하는 경우에 한정)

ⓒ 보안검색장비의 성능 제원표 및 시험용 물품(테스트 키트)에 관한 서류

ⓓ 보안검색장비의 구조·외관도

ⓔ 보안검색장비의 사용·운영방법·유지관리 등에 대한 설명서

ⓕ 보안검색장비의 성능인증 기준을 갖추었음을 증명하는 서류

㉯ 제출장소 : 한국철도기술연구원

ⓓ 보안검색장비 성능시험

    ⓐ 신청을 받으면 시험기관에 보안검색장비의 성능을 평가하는 시험을 요청해야 한다

    ⓑ 보안검색장비 성능인증 기준을 갖추었음을 증명하는 서류로 성능인증 기준을 충족하였다고 인정하는 경우에는 해당 부분에 대한 성능시험을 요청하지 않을 수 있다

    ⓒ 한국철도기술연구원은 성능인증 기준에 적합여부 등을 심의하기 위하여 성능인증심사위원회를 구성·운영할 수 있다

③ 보안검색장비 성능유지

  ㉮ 국토교통부장관은 성능인증을 받은 보안검색장비의 운영, 유지관리 등에 관한 기준을 정하여 고시하여야 한다

  ㉯ 국토교통부장관은 성능인증을 받은 보안검색장비가 운영 중에 계속하여 성능을 유지하고 있는지를 확인하기 위하여 **국토교통부령**으로 정하는 바에 따라 정기적으로 또는 수시로 점검을 실시하여야 한다

  ㉰ 보안검색장비의 성능점검

    한국철도기술연구원은 보안검색장비가 운영중에 계속하여 성능을 유지하고 있는지를 확인하기 위해 다음의 구분에 따른 점검을 실시해야 한다

    ⓐ 정기점검 : 매년 1회

    ⓑ 수시점검 : 보안검색장비의 성능유지 등을 위하여 필요하다고 인정하는 때

④ 성능인증 취소

  ㉮ 절대적 취소

    거짓이나 그 밖의 부정한 방법으로 인증을 받은 경우

  ㉯ 재량적 취소 (취소할 수 있다)

    보안검색장비가 성능인증 기준에 적합하지 아니하게 된 경우

(6) 보안검색장비 성능 시험기관의 지정

① 시험기관의 지정을 받으려는 법인이나 단체는 **국토교통부령**으로 정하는 지정기준을 갖추어 국토교통부장관에게 지정신청을 하여야 한다

  ㉮ **국토교통부령**으로 정하는 지정기준 : (별표26)

  ㉯ 철도보안검색장비 시험기관 지정 신청서 첨부서류

    ⓐ 사업자등록증 및 인감증명서(법인인 경우에 한정한다)

    ⓑ 법인의 정관 또는 단체의 규약

    ⓒ 성능시험을 수행하기 위한 조직·인력, 시험설비 등을 적은 사업계획서

ⓓ 국제표준화기구(ISO) 또는 국제전기기술위원회(IEC)에서 정한 국제기준에 적합한 품질관리규정

ⓔ 제1항에 따른 시험기관 지정기준을 갖추었음을 증명하는 서류

ⓓ 심사계획서 작성

ⓐ 시험기관 지정신청을 받은 때에는 현장평가 등이 포함된 심사계획서를 작성하여 신청인에게 통지하고 그 심사계획에 따라 심사해야 한다

ⓑ 국토교통부장관은 심사를 위해 필요한 경우 시험기관지정심사위원회를 구성·운영할 수 있다

ⓐ 철도보안검색장비 시험기관 지정서 발급

ⓐ 심사 결과 지정기준을 갖추었다고 인정하는 때에는 철도보안검색장비 시험기관 지정서를 발급하고

ⓑ 다음 사항을 관보에 고시해야 한다

㉠ 시험기관의 명칭

㉡ 시험기관의 소재지

㉢ 시험기관 지정일자 및 지정번호

㉣ 시험기관의 업무수행 범위

ⓜ 시험기관 운영규정 제출

시험기관으로 지정된 기관은 다음 사항이 포함된 시험기관 운영규정을 국토교통부장관에게 제출해야 한다

ⓐ 시험기관의 조직·인력 및 시험설비

ⓑ 시험접수·수행 절차 및 방법

ⓒ 시험원의 임무 및 교육훈련

ⓓ 시험원 및 시험과정 등의 보안관리

② 시험기관 지정취소 또는 업무정지

㉮ 절대적 취소

ⓐ 거짓이나 그 밖의 부정한 방법을 사용하여 시험기관으로 지정을 받은 경우

ⓑ 업무정지 명령을 받은 후 그 업무정지 기간에 성능시험을 실시한 경우

㉯ 재량적 취소 또는 업무정지

지정을 취소하거나 1년 이내의 기간을 정하여 그 업무의 전부 또는 일부의 정지를 명할 수 있다

ⓐ 정당한 사유 없이 성능시험을 실시하지 아니한 경우

ⓑ 성능인증을 위한 기준·방법·절차 등을 위반하여 성능시험을 실시한 경우

ⓒ 시험기관 지정기준을 충족하지 못하게 된 경우

ⓓ 성능시험 결과를 거짓으로 조작하여 수행한 경우

㉰ 처분사실 통지·고시 및 지정서 반납

ⓐ 국토교통부장관은 시험기관의 지정을 취소하거나 업무의 정지를 명한 경우에는 그 사실을 해당시험 기관에 통지하고 지체 없이 관보에 고시한다

ⓑ 시험기관의 지정취소 또는 업무정지 통지를 받은 시험기관은 그 통지를 받은 날부터 15일 이내에 철도보안검색장비 시험기관 지정서를 국토교통부장관에게 반납해야 한다

㉱ 시험기관의 지정취소 또는 업무정지 처분의 세부기준 : (별표27)

③ 보안검색장비 인증업무의 인증기관 위탁

㉮ 국토교통부장관은 인증업무의 전문성과 신뢰성을 확보하기 위하여 보안검색장비의 성능 인증 및 점검 업무를 **대통령령**으로 정하는 기관(인증기관)에 위탁할 수 있다

㉯ 인증업무의 위탁 : 한국철도기술연구원

4 직무장비의 휴대 및 사용

(1) 직무장비 사용

① 사용자 : 철도사법경찰관리

② 범인검거와 피의자 호송 등의 직무수행에 사용하는 직무장비의 종류

㉮ 수갑　　㉯ 포승　　㉰ 가스분사기　　㉱ 전자충격기

㉲ 경비봉　　㉳ 가스발사총(고무탄 발사 겸용인 것 포함)

③ 사용근거 법률

철도안전법 및 「사법경찰관리의 직무를 수행할 자와 그 직무범위에 관한 법률」

④ 사용 목적

직무를 수행하기 위하여 필요하다고 인정되는 상당한 이유가 있을 때에는 합리적으로 판단하여 필요한 한도에서 직무장비를 사용할 수 있다

⑤ 안전교육과 안전검사를 받은 후 사용

직무수행 중 직무장비를 사용할 때 사람의 생명이나 신체에 위해를 끼칠 수 있는 직무장비(가스분사기, 가스발사총 및 전자충격기를 말함)를 사용하는 경우에는 사전에 필요한 안전교육과 안전검사를 받은 후 사용

⑥ 직무장비의 사용기준, 안전교육과 안전검사 등에 관하여 필요한 사항은 **국토교통부령**으로 정한다

(2) 직무장비의 사용기준

① 가스분사기·가스발사총(고무탄 발사겸용인 것을 포함)의 경우

㉮ 사용대상

ⓐ 범인의 체포 또는 도주방지, ⓑ 타인 또는 철도특별사법경찰관리의 생명·신체에 대한 방호, ⓒ 공무집행에 대한 항거의 억제를 위해 필요한 경우에 최소한의 범위에서 사용

㉯ 사용거리

ⓐ 1m 이내의 거리에서 상대방의 얼굴을 향해 발사하지 말 것

ⓑ 단, 가스발사총으로 고무탄을 발사하는 경우에는 1m를 초과하는 거리에서도 상대방의 얼굴을 향해 발사해서는 안 된다

② 전자충격기의 경우

㉮ 14세 미만의 사람이나 임산부에게 사용해서는 안 되며

㉯ 전극침(電極針) 발사장치가 있는 전자충격기를 사용하는 경우에는 상대방의 얼굴을 향해 전극침을 발사하지 말 것

③ 경비봉의 경우

㉮ 타인 또는 철도특별사법경찰관리의 생명·신체의 위해와 공공시설·재산의 위험을 방지하기 위해 필요한 경우에 최소한의 범위에서 사용할 수 있으며

㉯ 인명 또는 신체에 대한 위해를 최소화하도록 할 것

④ 수갑·포승의 경우

㉮ 체포영장·구속영장의 집행, 신체의 자유를 제한하는 판결 또는 처분을 받은 사람을 법률에서 정한 절차에 따라 호송·수용하거나

㉯ 범인, 술에 취한 사람, 정신착란자의 자살 또는 자해를 방지하기 위해 필요한 경우에 최소한의 범위에서 사용할 것

(3) 직무장비의 안전교육 및 안전검사

① 안전교육

㉮ 교육실시자 : 철도경찰대장 또는 지방철도경찰대장

㉯ 교육내용 : 직무장비의 안전수칙, 사용방법 및 위험발생 시 응급조치 등에 관한 내용

㉰ 교육구분(종류) 및 교육주기

ⓐ 최초 안전교육 : 해당 직무장비를 사용하는 부서에 발령된 직후 실시

ⓑ 정기 안전교육 : 직전 안전교육을 받은 날부터 반기마다 실시
② 안전검사
㉮ 검사실시자 : 철도경찰대장등(철도경찰대장 또는 지방철도경찰대장)
㉯ 검사주기 : 반기마다
㉰ 직무장비별 안전검사 내용
ⓐ 가스분사기의 경우 : 안전장치의 결함 유무 및 약제통의 균열 유무 등
ⓑ 가스발사총의 경우 : 구경(口徑)의 임의개조 유무 및 방아쇠를 당기기 위해 필요한 힘이 1kg 이상인지 여부 등
ⓒ 전자충격기의 경우 : 자체결함·기능손상·균열 등으로 인한 누전현상 유무 등

5 철도종사자의 직무상 지시

(1) 철도종사자의 직무상 지시 준수

① 열차 또는 철도시설을 이용하는 사람은 철도안전법에 따라 철도의 안전·보호와 질서유지를 위하여 하는 철도종사자의 직무상 지시에 따라야 한다
② 누구든지 폭행·협박으로 철도종사자의 직무집행을 방해하여서는 아니 된다

(2) 철도종사자의 권한표시

① 철도종사자는 복장·모자·완장·증표 등으로 그가 직무상 지시를 할 수 있는 사람임을 표시하여야 한다
② 철도운영자등은 철도종사자가 표시를 할 수 있도록 복장·모자·완장·증표 등의 지급 등 필요한 조치를 하여야 한다

(3) 사람 또는 물건에 대한 퇴거 조치

① 퇴거시키거나 철거할 수 있는 경우
㉮ 여객열차에서 위해물품을 휴대한 사람 및 그 위해물품
㉯ 운송 금지 위험물을 운송위탁하거나 운송하는 자 및 그 위험물
㉰ 철도보호지구에서의 행위 금지·제한 또는 조치 명령에 따르지 아니하는 사람 및 그 물건
㉱ 여객열차에서의 금지행위를 위반하여 금지행위를 한 사람 및 그 물건
㉲ 철도보호 및 질서유지를 위한 금지행위를 위반하여 금지행위를 한 사람 및 그 물건
㉳ 보안검색에 따르지 아니한 사람

ⓐ 철도종사자의 직무상 지시를 따르지 아니하거나 직무집행을 방해하는 사람
② 퇴거시키거나 철거할 수 있는 지역
㉮ 열차 밖
㉯ **대통령령**으로 정하는 지역 밖으로 퇴거시키거나 철거할 수 있다
〈**퇴거지역의 범위** : 대통령령〉
ⓐ 정거장
ⓑ 철도신호기·철도차량정비소·통신기기·전력설비 등의 설비가 설치되어 있는 장소의 담장이나 경계선 안의 지역
ⓒ 화물을 적하하는 장소의 담장이나 경계선 안의 지역

■ 철도안전법 시행규칙 [별표 26] 〈신설 2019. 10. 23.〉

시험기관의 지정기준(제85조의8제1항 관련)

1. 다음 각 목의 요건을 모두 갖춘 법인 또는 단체일 것

가. 「공공기관의 운영에 관한 법률」 제4조에 따른 공공기관일 것

나. 「보안업무규정」 제10조에 따른 비밀취급 인가를 받은 기관일 것

다. 「국가표준기본법」 제23조 및 같은 법 시행령 제16조제2항에 따른 인정기구(이하 "인정기구"라 한다)에서
   인정받은 시험기관일 것

2. 다음 각 목의 요건을 갖춘 기술인력을 보유할 것.

다만, 나목 또는 다목의 인력이 라목에 따른 위험물안전관리자의 자격을 보유한 경우에는 라목의 기준을 갖
춘 것으로 본다.

가. 「보안업무규정」 제8조에 따른 비밀취급 인가를 받은 인력을 보유할 것

나. 인정기구에서 인정받은 시험기관에서 시험업무 경력이 3년 이상인 사람 2명 이상

다. 보안검색에 사용하는 장비의 시험·평가 또는 관련 연구 경력이 3년 이상인 사람 2명 이상

라. 「위험물안전관리법」 제15조제1항에 따른 위험물안전관리자 자격 보유자 1명 이상

3. 다음 각 목의 시설 및 장비를 모두 갖출 것

가. 다음의 시설을 모두 갖춘 시험실

  1) 항온항습 시설

  2) 철도보안검색장비 성능시험 시설

  3) 화학물질 보관 및 취급을 위한 시설

  4) 그 밖에 국토교통부장관이 정하여 고시하는 시설

나. 엑스선검색장비 이미지품질평가용 시험용 장비(테스트 키트)

다. 엑스선검색장비 표면방사선량률 측정장비

라. 엑스선검색장비 연속동작시험용 시설

마. 엑스선검색장비 등 대형장비용 온도·습도시험실(장비)

바. 폭발물검색장비·액체폭발물검색장비·폭발물흔적탐지장비 시험용 유사폭발물 시료

사. 문형금속탐지장비·휴대용금속탐지장비·시험용 금속물질 시료

아. 휴대용 금속탐지장비 및 시험용 낙하시험 장비

자. 시험데이터 기록 및 저장 장비

차. 그 밖에 국토교통부장관이 정하여 고시하는 장비

■ 철도안전법 시행규칙 [별표 27] 〈신설 2019. 10. 23.〉

시험기관의 지정취소 및 업무정지의 기준(제85조의9제1항 관련)

1. 일반기준

가. 위반행위가 둘 이상인 경우 또는 한 개의 위반행위가 둘 이상의 처분기준에 해당하는 경우에는 그 중 무거운 처분기준을 적용한다.

나. 위반행위의 횟수에 따른 행정처분의 기준은 최근 3년 동안 같은 위반행위로 처분을 받은 경우에 적용한다. 이 경우 기간의 계산은 위반행위에 대해서 처분을 받은 날과 그 처분 후 다시 같은 위반행위를 해서 적발된 날을 기준으로 한다.

다. 나목에 따라 가중된 행정처분을 하는 경우 가중처분의 적용 차수는 그 위반행위 전 처분 차수(나목에 따른 기간 내에 행정처분이 둘 이상 있었던 경우에는 높은 차수를 말한다)의 다음 차수로 한다.

라. 국토교통부장관은 다음의 어느 하나에 해당하는 경우에는 제2호의 개별기준에 따른 업무정지 기간의 2분의 1의 범위에서 그 기간을 줄일 수 있다.
1) 위반행위가 사소한 부주의나 오류로 인한 것으로 인정되는 경우
2) 위반행위자의 법 위반상태를 시정하거나 해소하기 위한 노력이 인정되는 경우
3) 그 밖에 위반행위의 정도, 위반행위의 동기와 그 결과 등을 고려해서 처분기간을 감경할 필요가 있다고 인정되는 경우

마. 국토교통부장관은 다음의 어느 하나에 해당하는 경우에는 제2호의 개별기준에 따른 업무정지 기간의 2분의 1의 범위에서 그 기간을 늘릴 수 있다.
1) 위반의 내용 및 정도가 중대해서 공중에게 미치는 피해가 크다고 인정되는 경우
2) 법 위반 상태의 기간이 3개월 이상인 경우
3) 그 밖에 위반행위의 정도, 위반행위의 동기와 그 결과 등을 고려해서 업무정지 기간을 늘릴 필요가 있다고 인정되는 경우

2. 개별기준

위반행위 또는 사유	근거 법조문	처분기준		
		1차위반	2차위반	3차이상위반
가. 거짓이나 그 밖의 부정한 방법을 사용해서 시험기관으로 지정을 받은 경우	법 제48조의4제3항제1호	지정취소		
나. 업무정지 명령을 받은 후 그 업무정지 기간에 성능시험을 실시한 경우	법 제48조의4제3항제2호	지정취소		
다. 정당한 사유 없이 성능시험을 실시하지 않은 경우	법 제48조의4제3항제3호	업무정지 (30일)	업무정지 (60일)	지정취소
라. 법 제48조의3제2항에 따른 기준·방법·절차 등을 위반하여 성능시험을 실시한 경우	법 제48조의4제3항제4호	업무정지 (60일)	업무정지 (120일)	지정취소
마. 법 제48조의4제2항에 따른 시험기관 지정기준을 충족하지 못하게 된 경우	법 제48조의4제3항제5호	경고	경고	지정취소
바. 성능시험 결과를 거짓으로 조작해서 수행한 경우	법 제48조의4제3항제6호	업무정지 (90일)	지정취소	

철도차량 운행안전 및 철도 보호

6장 기출예상문제

1. 철도보호지구의 범위에 관한 설명으로 틀린 것은?
   ① 노면전차는 바깥쪽 경계선으로부터 20미터 이내의 지역을 말한다
   ② 철도경계선으로부터 30미터 이내의 지역을 말한다
   ③ 도시철도 중 노면전차의 경우에는 철도경계선으로부터 10미터 이내의 지역을 말한다
   ④ 철도경계선은 가장 바깥쪽 궤도의 끝선을 말한다

   해설 안전법 제45조(철도보호지구에서의 행위제한 등) ① 철도경계선(가장 바깥쪽 궤도의 끝선을 말한다)으로부터 30미터 이내[「도시철도법」 제2조제2호에 따른 도시철도 중 노면전차(이하 "노면전차"라 한다)의 경우에는 10미터 이내]의 지역(이하 "철도보호지구"라 한다)에서 다음 각 호의 어느 하나에 해당하는 행위를 하려는 자는 대통령령으로 정하는 바에 따라 국토교통부장관 또는 시·도지사에게 신고하여야 한다.

2. 철도보호지구 등에서의 행위제한에 관한 설명으로 틀린 것은?
   ① 철도보호지구에서 토지의 형질변경 및 굴착 행위를 하려는 자는 대통령령으로 정하는 바에 따라 국토교통부장관 또는 시·도지사에게 신고하여야 한다
   ② 노면전차 철도보호지구의 바깥쪽 경계선으로부터 20미터 이내의 지역에서 굴착, 인공구조물의 설치 등 철도시설을 파손하거나 철도차량의 안전운행을 방해할 우려가 있는 행위로서 대통령령으로 정하는 행위를 하려는 자는 대통령령으로 정하는 바에 따라 국토교통부장관 또는 시·도지사에게 신고하여야 한다
   ③ 국토교통부장관 또는 시·도지사는 철도차량의 안전운행 및 철도 보호를 위하여 필요하다고 인정할 때에는 철도보호지구에서 신고를 하여야 하는 행위를 하는 자에게 그 행위의 금지 또는 제한을 명령하거나 대통령령으로 정하는 필요한 조치를 하도록 명령할 수 있다
   ④ 국토교통부장관은 철도차량의 안전운행 및 철도 보호를 위하여 필요한 경우 국토교통부장관 또는 시·도지사에게 철도보호지구에서 신고를 하여야 하는 행위 금지·제한 또는 조치 명령을 할 것을 요청할 수 있다

   해설 안전법 제45조(철도보호지구에서의 행위제한 등) ① 철도경계선(가장 바깥쪽 궤도의 끝선을 말한다)으로부터 30미터 이내[「도시철도법」 제2조제2호에 따른 도시철도 중 노면전차(이하 "노면전차"라 한다)의 경우에는 10미터 이내]의 지역(이하 "철도보호지구"라 한다)에서 다음 각 호의 어느 하나에 해당하는 행위를 하려는 자는 대통령령으로 정하는 바에 따라 국토교통부장관 또는 시·도지사에게 신고하여야 한다.
   1. 토지의 형질변경 및 굴착(掘鑿)
   2. 토석, 자갈 및 모래의 채취
   3. 건축물의 신축·개축(改築)·증축 또는 인공구조물의 설치
   4. 나무의 식재(대통령령으로 정하는 경우만 해당한다)
   5. 그 밖에 철도시설을 파손하거나 철도차량의 안전운행을 방해할 우려가 있는 행위로서 대통령령으로 정하는 행위
   ② 노면전차 철도보호지구의 바깥쪽 경계선으로부터 20미터 이내의 지역에서 굴착, 인공구조물의 설치 등 철도시설을 파손하거나 철도차량의 안전운행을 방해할 우려가 있는 행위로서 대통령령으로 정하는 행위

정답 | 1. | ① | 2. | ④

를 하려는 자는 대통령령으로 정하는 바에 따라 국토교통부장관 또는 시·도지사에게 신고하여야 한다.

③ 국토교통부장관 또는 시·도지사는 철도차량의 안전운행 및 철도 보호를 위하여 필요하다고 인정할 때에는 제1항 또는 제2항의 행위를 하는 자에게 그 행위의 금지 또는 제한을 명령하거나 대통령령으로 정하는 필요한 조치를 하도록 명령할 수 있다.

⑤ 철도운영자등은 철도차량의 안전운행 및 철도 보호를 위하여 필요한 경우 국토교통부장관 또는 시·도지사에게 제3항 또는 제4항에 따른 해당 행위 금지·제한 또는 조치 명령을 할 것을 요청할 수 있다.

3. 철도보호지구에서 토석, 자갈 및 모래의 채취 행위를 하려는 자가 신고를 할 수 있는 곳을 모두 고르시오?

① 국토교통부장관
② 한국교통안전공단
③ 시·도지사
④ 한국철도기술연구원

해설 안전법 제45조(철도보호지구에서의 행위제한 등) ① 철도경계선(가장 바깥쪽 궤도의 끝선을 말한다)으로부터 30미터 이내[「도시철도법」 제2조제2호에 따른 도시철도 중 노면전차(이하 "노면전차"라 한다)의 경우에는 10미터 이내]의 지역(이하 "철도보호지구"라 한다)에서 다음 각 호의 어느 하나에 해당하는 행위를 하려는 자는 대통령령으로 정하는 바에 따라 국토교통부장관 또는 시·도지사에게 신고하여야 한다.
1. 토지의 형질변경 및 굴착(掘鑿)
2. 토석, 자갈 및 모래의 채취
3. 건축물의 신축·개축(改築)·증축 또는 인공구조물의 설치
4. 나무의 식재(대통령령으로 정하는 경우만 해당한다)
5. 그 밖에 철도시설을 파손하거나 철도차량의 안전운행을 방해할 우려가 있는 행위로서 대통령령으로 정하는 행위

4. 철도보호지구에서 행위를 하려는 자가 신고하여야 하는 대상 행위가 아닌 것은?

① 나무의 식재(대통령령으로 정하는 경우만 해당한다)
② 건축물의 신축·개축·증축·재축 또는 인공구조물의 설치
③ 토지의 형질변경 및 굴착
④ 철도시설을 파손하거나 철도차량의 안전운행을 방해할 우려가 있는 행위로서 대통령령으로 정하는 행위
⑤ 토석, 자갈 및 모래의 채취

해설 안전법 제45조(철도보호지구에서의 행위제한 등)

5. 철도보호지구에서의 행위 신고절차에 관한 설명으로 틀린 것은?

① 국토교통부장관 또는 시·도지사는 신고나 변경신고를 받은 경우에는 신고인에게 행위의 금지 또는 제한을 명령하거나 안전조치 등을 명령할 필요성이 있는지를 검토하여야 한다
② 신고하려는 자(신고한 사항을 변경하는 경우 제외)는 해당 행위의 목적, 공사기간 등이 기재된 신고서에 설계도서(필요한 경우에 한정) 등을 첨부하여 국토교통부장관 또는 시·도지사에게 제출하여야 한다
③ 국토교통부장관 또는 시·도지사는 신고내용의 검토 결과 안전조치등을 명령할 필요가 있는 경우에는 신고를 받은 날부터 30일 이내에 신고인에게 그 이유를 분명히 밝히고 안전조치등을 명하여야 한다
④ 철도보호지구에서의 행위에 대한 신고와 안전조치등에 관하여 필요한 세부적인 사항은 국토교통부장관이 정하여 고시한다

해설 시행령 제46조(철도보호지구에서의 행위 신고절차) ① 법 제45조제1항에 따라 신고하려는 자는 해당 행위의 목적, 공사기간 등이 기재된 신고서에 설계도서(필요한 경우에 한정한다) 등을 첨부하여 국토교통부장관 또는 시·도지사에게 제출하여야 한다. 신고한 사항을 변경하는 경우에도 또한 같다.

② 국토교통부장관 또는 시·도지사는 제1항에 따라 신고나 변경신고를 받은 경우에는 신고인에게 법 제45조제3항에 따른 행위의 금지 또는 제한을 명령하거나 제49조에 따른 안전조치(이하 "안전조치등"이라 한다)를 명령할 필요성이 있는지를 검토하여야 한다. 〈개정 2018. 10. 23.〉

③ 국토교통부장관 또는 시·도지사는 제2항에 따른 검토 결과 안전조치등을 명령할 필요가 있는 경우에는 제1항에 따른 신고를 받은 날부터 30일 이내에 신고인에게 그 이유를 분명히 밝히고 안전조치등을 명하여야 한다.

④ 제1항부터 제3항까지에서 규정한 사항 외에 철도보호지구에서의 행위에 대한 신고와 안전조치등에 관하여 필요한 세부적인 사항은 국토교통부장관이 정하여 고시한다.

6. 철도보호지구에서 행위를 하려는 자가 신고하여야 할 행위중 "나무의 식재"에 해당하지 않는 것은?

① 호우나 태풍 등으로 나무가 쓰러져 철도시설물을 훼손시키거나 열차의 운행에 지장을 줄 우려가 있는 경우

② 철도차량 운전자의 전방 시야 확보에 지장을 주는 경우

③ 입환전호의 시야 확보에 지장을 주는 경우

④ 나뭇가지가 전차선이나 신호기 등을 침범하거나 침범할 우려가 있는 경우

> **해설** 시행령 제47조(철도보호지구에서의 나무 식재) 법 제45조제1항제4호에서 "대통령령으로 정하는 경우(나무의 식재)"란 다음 각 호의 어느 하나에 해당하는 경우를 말한다.
> 1. 철도차량 운전자의 전방 시야 확보에 지장을 주는 경우
> 2. 나뭇가지가 전차선이나 신호기 등을 침범하거나 침범할 우려가 있는 경우
> 3. 호우나 태풍등으로 나무가 쓰러져 철도시설물을 훼손시키거나 열차의 운행에 지장을 줄 우려가 있는경우

7. 철도보호지구에서 신고를 하고 하여야 하는 행위중 철도시설을 파손하거나 철도차량의 안전운행을 방해할 우려가 있는 행위로서 대통령령으로 정하는 행위에 해당하지 않는 것은? (철도보호지구에서의 안전운행 저해행위가 아닌 것은?)

① 폭발물이나 인화물질 등 위험물을 제조·저장하거나 전시하는 행위

② 시설 또는 설비가 선로의 위나 밑으로 횡단하거나 선로와 나란히 되도록 설치하는 행위

③ 철도 안전표지로 오인할 우려가 있는 시설물이나 조명 설비를 설치하는 행위

④ 철도차량 운전자 등이 선로나 신호기를 확인하는 데 지장을 주거나 줄 우려가 있는 시설이나 설비를 설치하는 행위

⑤ 전차선로에 의하여 감전될 우려가 있는 시설이나 설비를 설치하는 행위

> **해설** 시행령 제48조(철도보호지구에서의 안전운행 저해행위 등) 법 제45조제1항제5호에서 "대통령령으로 정하는 행위"란 다음 각 호의 어느 하나에 해당하는 행위를 말한다.
> 〈5. 그 밖에 철도시설을 파손하거나 철도차량의 안전운행을 방해할 우려가 있는 행위로서 대통령령으로 정하는 행위〉
> 1. 폭발물이나 인화물질 등 위험물을 제조·저장하거나 전시하는 행위
> 2. 철도차량 운전자 등이 선로나 신호기를 확인하는 데 지장을 주거나 줄 우려가 있는 시설이나 설비를 설치하는 행위
> 3. 철도신호등(鐵道信號燈)으로 오인할 우려가 있는 시설물이나 조명 설비를 설치하는 행위
> 4. 전차선로에 의하여 감전될 우려가 있는 시설이나 설비를 설치하는 행위
> 5. 시설 또는 설비가 선로의 위나 밑으로 횡단하거나 선로와 나란히 되도록 설치하는 행위
> 6. 그 밖에 열차의 안전운행과 철도 보호를 위하여 필요하다고 인정하여 국토교통부장관이 정하여 고시하는 행위

정답 | **6.** | ③ | **7.** | ③

8. 노면전차 경우 깊이 10미터 이상의 굴착 행위를 할 경우에 신고하여야 하는 지역은?

① 철도경계선으로부터 10미터 이내의 지역
② 철도보호지구의 바깥쪽 경계선으로부터 10미터 이내의 지역
③ 철도경계선으로부터 20미터 이내의 지역
④ 철도보호지구의 바깥쪽 경계선으로부터 20미터 이내의 지역

> **해설** 안전법 제45조(철도보호지구에서의 행위제한 등) ① 철도경계선(가장 바깥쪽 궤도의 끝선을 말한다)으로부터 30미터 이내[「도시철도법」 제2조제2호에 따른 도시철도 중 노면전차(이하 "노면전차"라 한다)의 경우에는 10미터 이내]의 지역(이하 "철도보호지구"라 한다)에서 다음 각 호의 어느 하나에 해당하는 행위를 하려는 자는 대통령령으로 정하는 바에 따라 국토교통부장관 또는 시·도지사에게 신고하여야 한다.
> ② 노면전차 철도보호지구의 바깥쪽 경계선으로부터 20미터 이내의 지역에서 굴착, 인공구조물의 설치 등 철도시설을 파손하거나 철도차량의 안전운행을 방해할 우려가 있는 행위로서 대통령령으로 정하는 행위를 하려는 자는 대통령령으로 정하는 바에 따라 국토교통부장관 또는 시·도지사에게 신고하여야 한다.
> 시행령 제48조의2(노면전차의 안전운행 저해행위 등) ① 법 제45조제2항에서 "대통령령으로 정하는 행위"란 다음 각 호의 어느 하나에 해당하는 행위를 말한다.
> 1. 깊이 10미터 이상의 굴착
> 2. 다음 각 목의 어느 하나에 해당하는 것을 설치하는 행위
> 가. 「건설기계관리법」 제2조제1항제1호에 따른 건설기계 중 최대높이가 10미터 이상인 건설기계
> 나. 높이가 10미터 이상인 인공구조물
> 3. 「위험물안전관리법」 제2조제1항제1호에 따른 위험물을 같은 항 제2호에 따른 지정수량 이상 제조·저장하거나 전시하는 행위

9. 노면전차 철도보호지구의 바깥쪽에서의 안전운행 저해 행위를 할 경우 국토교통부장관 또는 시·도지사에게 신고하여야 하는 행위에 해당하지 않는 것은?

① 「건설기계관리법」에 따른 건설기계 중 최대높이가 10미터 이내인 건설기계를 설치하는 행위
② 「위험물안전관리법」에 따른 위험물을 지정수량 이상 제조·저장하거나 전시하는 행위
③ 깊이 10미터 이상의 굴착
④ 높이가 10미터 이상인 인공구조물을 설치하는 행위

> **해설** 시행령 제48조의2(노면전차의 안전운행 저해행위 등)

10. 국토교통부장관 또는 시·도지사는 철도차량의 안전운행 및 철도 보호를 위하여 필요하다고 인정할 때 철도보호지구에서 신고대상 행위를 하는 자에게 필요한 조치를 하도록 명령할 수 있는 경우가 아닌 것은?

① 굴착공사에 사용되는 장비나 공법 등의 변경
② 먼지나 티끌 등이 발생하는 시설·설비나 장비를 운용하는 경우 방진막, 물을 뿌리는 설비 등 분진방지시설 설치
③ 공사로 인하여 약해질 우려가 있는 지반에 대한 보강대책 수립·시행
④ 철도 안전표지를 가리거나 표지를 보는데 지장을 주는 시설이나 설비 등의 철거

> **해설** 안전법 제45조(철도보호지구에서의 행위제한 등) ③ 국토교통부장관 또는 시·도지사는 철도차량의 안전운행 및 철도 보호를 위하여 필요하다고 인정할 때에는 제1항 또는 제2항의 행위를 하는 자에게 그 행위의 금지 또는 제한을 명령하거나 대통령령으로 정하는 필요한 조치를 하도록 명령할 수 있다.
> 시행령 제49조(철도 보호를 위한 안전조치) 법 제45조제3항에서 "대통령령으로 정하는 필요한 조치"란 다음

각 호의 어느 하나에 해당하는 조치를 말한다. 〈개정 2018. 10. 23.〉

1. 공사로 인하여 약해질 우려가 있는 지반에 대한 보강대책 수립 · 시행
2. 선로 옆의 제방 등에 대한 흙막이공사 시행
3. 굴착공사에 사용되는 장비나 공법 등의 변경
4. 지하수나 지표수 처리대책의 수립 · 시행
5. 시설물의 구조 검토 · 보강
6. 먼지나 티끌 등이 발생하는 시설 · 설비나 장비를 운용하는 경우 방진막, 물을 뿌리는 설비 등 분진방지 시설 설치
7. 신호기를 가리거나 신호기를 보는데 지장을 주는 시설이나 설비 등의 철거
8. 안전울타리나 안전통로 등 안전시설의 설치
9. 그 밖에 철도시설의 보호 또는 철도차량의 안전운행을 위하여 필요한 안전조치

11. 국토교통부장관 또는 시 · 도지사가 철도차량의 안전운행 및 철도 보호를 위하여 필요하다고 인정할 때 토지, 나무, 시설, 건축물, 그 밖의 공작물(시설등)의 소유자나 점유자에게 조치(명령)할 수 있는 것이 아닌 것은?

① 시설등이 붕괴하여 철도에 위해를 끼치거나 끼칠 우려가 있으면 그 위해를 제거하고 필요하면 방지시설을 할 것

② 공사로 인하여 약해질 우려가 있는 지반에 대한 보강대책을 수립 · 시행할 것

③ 시설등이 시야에 장애를 주면 그 장애물을 제거할 것

④ 철도에 토사 등이 쌓이거나 쌓일 우려가 있으면 그 토사 등을 제거하거나 방지시설을 할 것

> **해설** 안전법 제45조(철도보호지구에서의 행위제한 등) ④ 국토교통부장관 또는 시 · 도지사는 철도차량의 안전운행 및 철도 보호를 위하여 필요하다고 인정할 때에는 토지, 나무, 시설, 건축물, 그 밖의 공작물(이하 "시설등"이라 한다)의 소유자나 점유자에게 다음 각 호의 조치를 하도록 명령할 수 있다.
> 1. 시설등이 시야에 장애를 주면 그 장애물을 제거할 것
> 2. 시설등이 붕괴하여 철도에 위해(危害)를 끼치거나 끼칠 우려가 있으면 그 위해를 제거하고 필요하면 방지시설을 할 것
> 3. 철도에 토사 등이 쌓이거나 쌓일 우려가 있으면 그 토사 등을 제거하거나 방지시설을 할 것

12. 철도보호지구에서 철도차량의 안전운행 및 철도 보호를 위하여 행위의 금지 · 제한 또는 조치 명령으로 인하여 손실을 입은 자에 대한 보상(손실보상)에 관한 설명으로 틀린 것은?

① 손실보상 협의가 성립되지 아니하거나 협의를 할 수 없을 때에는 대통령령으로 정하는 바에 따라「공익사업을 위한 토지 등의 취득 및 보상에 관한 법률」에 따른 관할 손실보상위원회에 재결을 신청할 수 있다

② 손실을 입은 자가 있을 때에는 그 손실을 보상하여야 한다

③ 손실의 보상에 관하여는 국토교통부장관, 시 · 도지사 또는 철도운영자등이 그 손실을 입은 자와 협의하여야 한다

④ 재결에 대한 이의신청에 관하여는「공익사업을 위한 토지 등의 취득 및 보상에 관한 법률」의 규정을 준용한다

> **해설** 안전법 제46조(손실보상) ① 국토교통부장관, 시 · 도지사 또는 철도운영자등은 제45조제3항 또는 제4항에 따른 행위의 금지 · 제한 또는 조치 명령으로 인하여 손실을 입은 자가 있을 때에는 그 손실을 보상하여야 한다.
> ② 제1항에 따른 손실의 보상에 관하여는 국토교통부장관, 시 · 도지사 또는 철도운영자등이 그 손실을 입은 자와 협의하여야 한다.
> ③ 제2항에 따른 협의가 성립되지 아니하거나 협의를 할 수 없을 때에는 대통령령으로 정하는 바에 따라

정답 | **11.** | ② | **12.** | ①

「공익사업을 위한 토지 등의 취득 및 보상에 관한 법률」에 따른 관할 토지수용위원회에 재결(裁決)을 신청할 수 있다.

④ 제3항의 재결에 대한 이의신청에 관하여는 「공익사업을 위한 토지 등의 취득 및 보상에 관한 법률」 제83조부터 제86조까지의 규정을 준용한다.

13. 여객열차에서의 금지행위가 아닌 것으로 짝지어진 것은?

> a. 국토교통부령으로 정하는 여객출입 금지장소에 출입하는 행위
> b. 운행 중에 비상정지버튼을 누르거나 철도차량의 옆면에 있는 승강용 출입문을 여는 등 철도차량의 장치 또는 기구 등을 조작하는 행위
> c. 여객열차 밖에 있는 사람을 위험하게 할 우려가 있는 물건을 여객열차 밖으로 던지는 행위
> d. 철도차량을 향하여 돌이나 그 밖의 위험한 물건을 던져 철도차량 운행에 위험을 발생하게 하는 행위
> e. 흡연하는 행위
> f. 철도종사자와 여객 등에게 성적(性的) 수치심을 일으키는 행위
> g. 술을 마시거나 약물을 복용하고 다른 사람에게 위해를 주는 행위
> h. 그 밖에 공중이나 여객에게 위해를 끼치는 행위로서 국토교통부령으로 정하는 행위
> i. 여객은 여객열차에서 다른 사람을 폭행하여 열차운행에 지장을 초래하여서는 아니 된다

① a, b, c, d   ② a, b, d   ③ d, f, g   ④ d

해설 안전법 제47조(여객열차에서의 금지행위) ① 여객은 여객열차에서 다음 각 호의 어느 하나에 해당하는 행위를 하여서는 아니 된다.
1. 정당한 사유 없이 국토교통부령으로 정하는 여객출입 금지장소에 출입하는 행위
2. 정당한 사유 없이 운행 중에 비상정지버튼을 누르거나 철도차량의 옆면에 있는 승강용 출입문을 여는 등 철도차량의 장치 또는 기구 등을 조작하는 행위
3. 여객열차 밖에 있는 사람을 위험하게 할 우려가 있는 물건을 여객열차 밖으로 던지는 행위
4. 흡연하는 행위
5. 철도종사자와 여객 등에게 성적(性的) 수치심을 일으키는 행위
6. 술을 마시거나 약물을 복용하고 다른 사람에게 위해를 주는 행위
7. 그 밖에 공중이나 여객에게 위해를 끼치는 행위로서 국토교통부령으로 정하는 행위
② 여객은 여객열차에서 다른 사람을 폭행하여 열차운행에 지장을 초래하여서는 아니 된다.

14. 여객열차에서 금지행위를 한 사람에 대하여 금지행위를 제지할 수 있는 철도종사원이 아닌 것은?

① 운전업무종사자   ② 여객승무원   ③ 관제업무종사자   ④ 여객역무원

해설 안전법 제47조(여객열차에서의 금지행위) ② 운전업무종사자, 여객승무원 또는 여객역무원은 제1항의 금지행위를 한 사람에 대하여 필요한 경우 다음 각 호의 조치를 할 수 있다.
1. 금지행위의 제지
2. 금지행위의 녹음ㆍ녹화 또는 촬영

15. 여객열차에서의 금지행위를 한 사람에 대하여 필요한 경우 조치할 수 있는 내용이 아닌 것은?

① 금지행위의 제지   ② 금지행위의 녹음ㆍ녹화
③ 금지행위의 경찰관서 신고   ④ 금지행위의 촬영

해설 안전법 제47조(여객열차에서의 금지행위) ②항

16. 여객열차 내에서의 금지행위에서 국토교통부령으로 정하는 여객출입 금지장소가 아닌 것은?

① 역무실　　　② 운전실　　　③ 발전실　　　④ 방송실

해설 시행규칙 제79조(여객출입 금지장소) 법 제47조제1항제1호에서 "국토교통부령으로 정하는 여객출입 금지장소"란 다음 각 호의 장소를 말한다.
1. 운전실　　2. 기관실　　3. 발전실　　4. 방송실

17. 여객열차 내에서의 금지행위 중 공중이나 여객에게 위해를 끼치는 행위로서 국토교통부령으로 정하는 행위가 아닌 것은?

① 여객에게 위해를 끼칠 우려가 있는 동식물을 안전조치 없이 여객열차에 동승하거나 휴대하는 행위
② 타인에게 전염의 우려가 있는 법정 감염병자가 철도종사자의 허락 없이 여객열차에 타는 행위
③ 열차 승강장의 비상정지버튼을 작동시켜 열차운행에 지장을 주는 행위
④ 철도종사자의 허락 없이 여객에게 기부를 부탁하거나 물품을 판매·배부하거나 연설·권유 등을 하여 여객에게 불편을 끼치는 행위

해설 시행규칙 제80조(여객열차에서의 금지행위) 법 제47조제1항제7호에서 "국토교통부령으로 정하는 행위"란 다음 각 호의 행위를 말한다.
1. 여객에게 위해를 끼칠 우려가 있는 동식물을 안전조치 없이 여객열차에 동승하거나 휴대하는 행위
2. 타인에게 전염의 우려가 있는 법정 감염병자가 철도종사자의 허락 없이 여객열차에 타는 행위
3. 철도종사자의 허락 없이 여객에게 기부를 부탁하거나 물품을 판매·배부하거나 연설·권유 등을 하여 여객에게 불편을 끼치는 행위

18. 여객열차 내에서의 금지행위에 관한 사항의 안내에 관한 설명으로 틀린 것은?

① 여객열차에서의 금지행위에 관한 사항을 여객에게 안내하여야 하는 사람은 철도운영자등이다
② 여객열차에서의 금지행위 안내방법으로 영상 또는 음성으로 안내가 있다
③ 여객열차에서의 금지행위 안내방법으로 게시물 또는 안내판 설치가 있다
④ 여객열차에서의 금지행위를 안내하는 경우 여객열차 및 승강장 등 철도시설에서 안내한다

해설 안전법 제47조(여객열차에서의 금지행위) ③ 철도운영자는 국토교통부령으로 정하는 바에 따라 제1항 각 호에 따른 여객열차에서의 금지행위에 관한 사항을 여객에게 안내하여야 한다.
시행규칙 제80조의2(여객열차에서의 금지행위 안내방법) 철도운영자는 법 제47조제3항에 따른 여객열차에서의 금지행위를 안내하는 경우 여객열차 및 승강장 등 철도시설에서 다음 각 호의 어느 하나에 해당하는 방법으로 안내해야 한다.
1. 여객열차에서의 금지행위에 관한 게시물 또는 안내판 설치
2. 영상 또는 음성으로 안내

정답 | 16. | ① | 17. | ③ | 18. | ①

19. 철도 보호 및 질서유지를 위한 금지행위가 아닌 것으로 짝지어진 것은?

> a. 철도시설 또는 철도차량을 파손하여 철도차량 운행에 위험을 발생하게 하는 행위
> b. 철도차량을 향하여 돌이나 그 밖의 위험한 물건을 던져 철도차량 운행에 위험을 발생하게 하는 행위
> c. 궤도의 중심으로부터 양측으로 폭 5미터 이내의 장소에 철도차량의 안전 운행에 지장을 주는 물건을 방치하는 행위
> d. 철도종사자와 여객 등에게 성적(性的) 수치심을 일으키는 행위
> e. 철도교량 등 국토교통부령으로 정하는 시설 또는 구역에 국토교통부령으로 정하는 폭발물 또는 인화성이 높은 물건 등을 쌓아 놓는 행위
> f. 선로(철도와 교차된 도로를 포함한다) 또는 국토교통부령으로 정하는 철도시설에 철도운영자등의 승낙 없이 출입하거나 통행하는 행위
> g. 역시설 등 공중이 이용하는 철도시설 또는 철도차량에서 폭언 또는 고성방가 등 소란을 피우는 행위
> h. 철도시설에 국토교통부령으로 정하는 유해물 또는 열차운행에 지장을 줄 수 있는 오물을 버리는 행위
> i. 역시설 또는 철도차량에서 노숙(露宿)하는 행위
> j. 열차운행 중에 타고 내리거나 정당한 사유 없이 승강용 출입문의 개폐를 방해하여 열차운행에 지장을 주는 행위
> k. 여객열차 밖에 있는 사람을 위험하게 할 우려가 있는 물건을 여객열차 밖으로 던지는 행위
> l. 열차 승강장의 비상정지버튼을 작동시켜 열차운행에 지장을 주는 행위
> m. 그 밖에 철도시설 또는 철도차량에서 공중의 안전을 위하여 질서유지가 필요하다고 인정되어 국토교통부령으로 정하는 금지행위

① b, d, k　　② c, d, f, k　　③ c, d, f, k, l　　④ d, f, l

해설 안전법 제48조(철도 보호 및 질서유지를 위한 금지행위) 누구든지 정당한 사유 없이 철도 보호 및 질서유지를 해치는 다음 각 호의 어느 하나에 해당하는 행위를 하여서는 아니 된다.
1. 철도시설 또는 철도차량을 파손하여 철도차량 운행에 위험을 발생하게 하는 행위
2. 철도차량을 향하여 돌이나 그 밖의 위험한 물건을 던져 철도차량 운행에 위험을 발생하게 하는 행위
3. 궤도의 중심으로부터 양측으로 폭 3미터 이내의 장소에 철도차량의 안전 운행에 지장을 주는 물건을 방치하는 행위
4. 철도교량 등 국토교통부령으로 정하는 시설 또는 구역에 국토교통부령으로 정하는 폭발물 또는 인화성이 높은 물건 등을 쌓아 놓는 행위
5. 선로(철도와 교차된 도로는 제외한다) 또는 국토교통부령으로 정하는 철도시설에 철도운영자등의 승낙 없이 출입하거나 통행하는 행위
6. 역시설 등 공중이 이용하는 철도시설 또는 철도차량에서 폭언 또는 고성방가 등 소란을 피우는 행위
7. 철도시설에 국토교통부령으로 정하는 유해물 또는 열차운행에 지장을 줄 수 있는 오물을 버리는 행위
8. 역시설 또는 철도차량에서 노숙(露宿)하는 행위
9. 열차운행 중에 타고 내리거나 정당한 사유 없이 승강용 출입문의 개폐를 방해하여 열차운행에 지장을 주는 행위
10. 정당한 사유 없이 열차 승강장의 비상정지버튼을 작동시켜 열차운행에 지장을 주는 행위
11. 그 밖에 철도시설 또는 철도차량에서 공중의 안전을 위하여 질서유지가 필요하다고 인정되어 국토교통부령으로 정하는 금지행위

20. 폭발물 또는 인화성이 높은 물건 등을 쌓아 놓을 수 없는 적치금지 구역 또는 시설이 아닌 것은?

① 정거장 및 선로(정거장 또는 선로를 지지하는 구조물 및 그 주변지역은 제외한다)
② 철도 터널
③ 철도 역사
④ 철도 교량

해설 시행규칙 제81조(폭발물 등 적치금지 구역) 법 제48조제4호에서 "국토교통부령으로 정하는 구역 또는 시설"이란 다음 각 호의 구역 또는 시설을 말한다. 〈개정 2013. 3. 23.〉
1. 정거장 및 선로(정거장 또는 선로를 지지하는 구조물 및 그 주변지역을 포함한다)
2. 철도 역사   3. 철도 교량   4. 철도 터널

21. 철도운영자등의 승낙 없이 출입금지 철도시설이 아닌 것은?

① 신호·통신기기 설치장소 및 전력기기·관제설비 설치장소
② 위험물을 적하하거나 보관하는 장소
③ 철도차량 정비시설
④ 철도운전용 급수시설물이 있는 장소

해설 시행규칙 제83조(출입금지 철도시설) 법 제48조제5호에서 "국토교통부령으로 정하는 철도시설"이란 다음 각 호의 철도시설을 말한다.
1. 위험물을 적하하거나 보관하는 장소
2. 신호·통신기기 설치장소 및 전력기기·관제설비 설치장소
3. 철도운전용 급수시설물이 있는 장소
4. 철도차량 정비시설

22. 철도시설 또는 철도차량에서 공중의 안전을 위하여 질서유지를 위한 금지행위가 아닌 것은?

① 역시설에서 철도종사자의 허락 없이 기부를 부탁하거나 물품을 판매·배부하거나 연설·권유를 하는 행위
② 철도종사자의 허락 없이 선로 변에서 총포를 이용하여 수렵하는 행위
③ 철도시설이나 철도차량 안에서 흡연하는 행위
④ 철도종사자의 허락 없이 철도시설이나 철도차량에서 광고물을 붙이거나 배포하는 행위

해설 시행규칙 제85조(질서유지를 위한 금지행위) 법 제48조제11호에서 "국토교통부령으로 정하는 금지행위"란 다음 각 호의 행위를 말한다.
1. 흡연이 금지된 철도시설이나 철도차량 안에서 흡연하는 행위
2. 철도종사자의 허락 없이 철도시설이나 철도차량에서 광고물을 붙이거나 배포하는 행위
3. 역시설에서 철도종사자의 허락 없이 기부를 부탁하거나 물품을 판매·배부하거나 연설·권유를 하는 행위
4. 철도종사자의 허락 없이 선로 변에서 총포를 이용하여 수렵하는 행위

23. 열차운행에 지장을 줄 수 있는 유해물이란 무엇인가?

① 위험물로서 주변의 물건을 손괴할 수 있는 폭발력을 지니거나 화재를 유발하거나 유해한 연기를 발생하여 여객이나 일반대중에게 위해를 끼칠 우려가 있는 물건이나 물질을 말한다
② 철도시설이나 철도차량을 훼손하거나 정상적인 기능·작동을 방해하여 열차운행에 지장을 줄 수 있는 산업폐기물·생활폐기물을 말한다
③ 용기가 파손될 경우 내용물이 누출되어 철도차량·레일·기구 또는 다른 화물 등을 부식시키거나 침해할 우려가 있는 것을 말한다
④ 잡화류 또는 점폭약류를 붙인 폭약, 니트로글리세린, 건조한 기폭약, 뇌홍질화연에 속하는 것 등 대통령령으로 정하는 위험물을 말한다

정답 | **20.** | ① | **21.** | ④ | **22.** | ③ | **23.** | ②

시행규칙 제84조(열차운행에 지장을 줄 수 있는 유해물) 법 제48조제7호에서 "국토교통부령으로 정하는 유해물"이란 철도시설이나 철도차량을 훼손하거나 정상적인 기능 · 작동을 방해하여 열차운행에 지장을 줄 수 있는 산업폐기물 · 생활폐기물을 말한다.

시행규칙 제82조(적치금지 폭발물 등) 법 제48조제4호에서 "국토교통부령으로 정하는 폭발물 또는 인화성이 높은 물건"이란 영 제44조 및 영 제45조에 따른 위험물로서 주변의 물건을 손괴할 수 있는 폭력을 지니거나 화재를 유발하거나 유해한 연기를 발생하여 여객이나 일반대중에게 위해를 끼칠 우려가 있는 물건이나 물질을 말한다.

24. 여객 등의 안전 및 보안을 위한 설명으로 틀린 것은?

① 보안검색의 실시방법과 절차 및 보안검색장비 종류 등에 필요한 사항과 철도보안 정보체계 및 정보 확인 등에 필요한 사항은 국토교통부령으로 정한다

② 국토교통부장관은 철도차량의 안전운행 및 철도시설의 보호를 위하여 필요한 경우에는 철도특별사법경찰관리로 하여금 여객열차에 승차하는 사람의 신체 · 휴대물품 및 탁송화물에 대한 보안검색을 실시하게 할 수 있다

③ 국토교통부장관은 철도보안 · 치안을 위하여 필요하다고 인정하는 경우에는 차량 운행정보 등을 철도운영자에게 요구할 수 있고, 철도운영자는 정당한 사유 없이 그 요구를 거절할 수 없다

④ 국토교통부장관은 보안검색 정보 및 그 밖의 철도보안 · 치안 관리에 필요한 정보를 효율적으로 활용하기 위하여 철도보안정보체계를 구축 · 운영하여야 한다

안전법 제48조의2(여객 등의 안전 및 보안) ① 국토교통부장관은 철도차량의 안전운행 및 철도시설의 보호를 위하여 필요한 경우에는 「사법경찰관리의 직무를 수행할 자와 그 직무범위에 관한 법률」 제5조제11호에 규정된 사람(이하 "철도특별사법경찰관리"라 한다)으로 하여금 여객열차에 승차하는 사람의 신체 · 휴대물품 및 수하물에 대한 보안검색을 실시하게 할 수 있다.

② 국토교통부장관은 제1항의 보안검색 정보 및 그 밖의 철도보안 · 치안 관리에 필요한 정보를 효율적으로 활용하기 위하여 철도보안정보체계를 구축 · 운영하여야 한다.

③ 국토교통부장관은 철도보안 · 치안을 위하여 필요하다고 인정하는 경우에는 차량 운행정보 등을 철도운영자에게 요구할 수 있고, 철도운영자는 정당한 사유 없이 그 요구를 거절할 수 없다.

④ 국토교통부장관은 철도보안정보체계를 운영하기 위하여 철도차량의 안전운행 및 철도시설의 보호에 필요한 최소한의 정보만 수집 · 관리하여야 한다.

⑤ 제1항에 따른 보안검색의 실시방법과 절차 및 보안검색장비 종류 등에 필요한 사항과 제2항에 따른 철도보안정보체계 및 제3항에 따른 정보 확인 등에 필요한 사항은 국토교통부령으로 정한다.

25. 보안검색 방법 중 전부검색의 의미는?

① 일부검색으로 시행하는 것이 부적합하다고 판단되는 경우에 실시하는 것을 말한다

② 휴대 · 적재 금지 위해물품을 휴대 · 적재하였다고 판단되는 사람과 물건에 대하여 실시

③ 국가의 중요 행사 기간이거나 국가 정보기관으로부터 테러 위험 등의 정보를 통보 받은 경우 등 국토교통부장관이 보안검색을 강화하여야 할 필요가 있다고 판단하는 경우에 국토교통부장관이 지정한 보안검색 대상 역에서 보안검색 대상 전부에 대하여 실시하는 것을 말한다

④ 위험물을 운송위탁하거나 취급주의 위험물에 대하여 실시하는 것을 말한다

시행규칙 제85조의2(보안검색의 실시 방법 및 절차 등) ① 법 제48조의2제1항에 따라 실시하는 보안검색(이하 "보안검색"이라 한다)의 실시 범위는 다음 각 호의 구분에 따른다.

1. 전부검색 : 국가의 중요 행사 기간이거나 국가 정보기관으로부터 테러 위험 등의 정보를 통보받은 경우

등 국토교통부장관이 보안검색을 강화하여야 할 필요가 있다고 판단하는 경우에 국토교통부장관이 지정한 보안검색 대상 역에서 보안검색 대상 전부에 대하여 실시

2. 일부검색 : 법 제42조에 따른 휴대·적재 금지 위해물품(이하 "위해물품"이라 한다)을 휴대·적재하였다고 판단되는 사람과 물건에 대하여 실시하거나 제1호에 따른 전부검색으로 시행하는 것이 부적합하다고 판단되는 경우에 실시

26. 여객의 동의를 받아 직접 신체나 물건을 검색하거나 특정 장소로 이동하여 검색을 할 수 있는 경우가 아닌 것은?

① 보안의 위협과 관련한 정보의 입수에 따라 필요하다고 인정되는 경우
② 위해물품을 탁송하거나 숨기고 있다고 의심되는 경우
③ 보안검색장비를 통한 검색 결과 그 내용물을 판독할 수 없는 경우
④ 보안검색장비의 경보음이 울리는 경우
⑤ 보안검색장비의 오류 등으로 제대로 작동하지 아니하는 경우

해설 시행규칙 제85조의2(보안검색의 실시 방법 및 절차 등) ② 위해물품을 탐지하기 위한 보안검색은 법 제48조의2제1항에 따른 보안검색장비(이하 "보안검색장비"라 한다)를 사용하여 검색한다. 다만, 다음 각 호의 어느 하나에 해당하는 경우에는 여객의 동의를 받아 직접 신체나 물건을 검색하거나 특정 장소로 이동하여 검색을 할 수 있다.
1. 보안검색장비의 경보음이 울리는 경우
2. 위해물품을 휴대하거나 숨기고 있다고 의심되는 경우
3. 보안검색장비를 통한 검색 결과 그 내용물을 판독할 수 없는 경우
4. 보안검색장비의 오류 등으로 제대로 작동하지 아니하는 경우
5. 보안의 위협과 관련한 정보의 입수에 따라 필요하다고 인정되는 경우

27. 철도특별사법경찰관리가 검색 대상자에게 사전 설명 없이 검색할 수 있는 경우가 아닌 것은?

① 장시간 방치된 수하물로 신고된 물건에 대하여 검색하는 경우
② 보안검색 장소의 안내문 등을 통하여 사전에 보안검색 실시계획을 안내한 경우
③ 보안검색장비를 통한 검색 결과 그 내용물을 판독할 수 없는 경우
④ 의심물체로 신고된 물건에 대하여 검색하는 경우

해설 시행규칙 제85조의2(보안검색의 실시 방법 및 절차 등) ⑤ 법 제48조의2에 따라 철도특별사법경찰관리가 보안검색을 실시하는 경우에는 검색 대상자에게 자신의 신분증을 제시하면서 소속과 성명을 밝히고 그 목적과 이유를 설명하여야 한다. 다만, 다음의 어느 하나에 해당하는 경우에는 사전 설명 없이 검색할 수 있다.
1. 보안검색 장소의 안내문 등을 통하여 사전에 보안검색 실시계획을 안내한 경우
2. 의심물체 또는 장시간 방치된 수하물로 신고된 물건에 대하여 검색하는 경우

28. 보안검색장비의 종류 중 위해물품을 검색·탐지·분석하기 위한 장비가 아닌 것은?

① 휴대용 금속탐지장비　　② 방검복, 방탄복
③ 폭발물흔적탐지장비　　　④ 엑스선 검색장비

해설 시행규칙 제85조의3(보안검색장비의 종류) ① 법 제48조의2제1항에 따른 보안검색장비의 종류는 다음 각 호의 구분에 따른다.
1. 위해물품을 검색·탐지·분석하기 위한 장비 : 엑스선 검색장비, 금속탐지장비(문형 금속탐지장비와 휴대용 금속탐지장비를 포함한다), 폭발물 탐지장비, 폭발물흔적탐지장비, 액체폭발물탐지장비 등
2. 보안검색 시 안전을 위하여 착용·휴대하는 장비 : 방검복, 방탄복, 방폭 담요 등

29. 보안검색장비의 성능인증 등의 설명으로 틀린 것은?

① 성능인증을 위한 기준·방법·절차 등 운영에 필요한 사항은 대통령령으로 정한다

② 보안검색을 하는 경우에는 국토교통부장관으로부터 성능인증을 받은 보안검색장비를 사용하여야 한다

③ 국토교통부장관은 성능인증을 받은 보안검색장비의 운영, 유지관리 등에 관한 기준을 정하여 고시하여야 한다

④ 국토교통부장관은 제1항에 따라 성능인증을 받은 보안검색장비가 운영 중에 계속하여 성능을 유지하고 있는지를 확인하기 위하여 국토교통부령으로 정하는 바에 따라 정기적으로 또는 수시로 점검을 실시하여야 한다

> **해설** 안전법 제48조의3(보안검색장비의 성능인증 등) ① 제48조의2제1항에 따른 보안검색을 하는 경우에는 국토교통부장관으로부터 성능인증을 받은 보안검색장비를 사용하여야 한다.
> ② 제1항에 따른 성능인증을 위한 기준·방법·절차 등 운영에 필요한 사항은 국토교통부령으로 정한다.
> ③ 국토교통부장관은 제1항에 따른 성능인증을 받은 보안검색장비의 운영, 유지관리 등에 관한 기준을 정하여 고시하여야 한다.
> ④ 국토교통부장관은 제1항에 따라 성능인증을 받은 보안검색장비가 운영 중에 계속하여 성능을 유지하고 있는지를 확인하기 위하여 국토교통부령으로 정하는 바에 따라 정기적으로 또는 수시로 점검을 실시하여야 한다.

30. 보안검색장비의 성능인증 기준을 모두 고르시오?

① 국제표준화기구(ISO)에서 정한 품질경영시스템을 갖출 것

② 대통령령으로 정하는 기술기준을 갖출 것

③ 국토교통부장관이 정하여 고시하는 성능, 기능 및 안전성 등을 갖출 것

④ 한국철도표준기준에 적합하도록 제작할 것

> **해설** 안전법 제48조의3(보안검색장비의 성능인증 등) ③ 국토교통부장관은 제1항에 따른 성능인증을 받은 보안검색장비의 운영, 유지관리 등에 관한 기준을 정하여 고시하여야 한다.
> 시행규칙 제85조의5(보안검색장비의 성능인증 기준) 법 제48조의3제1항에 따른 보안검색장비의 성능인증 기준은 다음 각 호와 같다. [본조신설 2019. 10. 23.]
> 1. 국제표준화기구(ISO)에서 정한 품질경영시스템을 갖출 것
> 2. 그 밖에 국토교통부장관이 정하여 고시하는 성능, 기능 및 안전성 등을 갖출 것

31. 철도보안검색장비 성능인증 신청서에 첨부하는 서류가 아닌 것은?

① 대리인임을 증명하는 서류(대리인이 신청하는 경우에는 제외한다)

② 보안검색장비의 사용·운영방법·유지관리 등에 대한 설명서

③ 보안검색장비의 구조·외관도

④ 보안검색장비의 성능 제원표 및 시험용 물품(테스트 키트)에 관한 서류

> **해설** 시행규칙 제85조의6(보안검색장비의 성능인증 신청 등) ① 법 제48조의3제1항에 따른 보안검색장비의 성능인증을 받으려는 자는 별지 제45호의13서식의 철도보안검색장비 성능인증 신청서에 다음 각 호의 서류를 첨부하여 「과학기술분야 정부출연연구기관 등의 설립·운영 및 육성에 관한 법률」 제8조에 따라 설립된 한국철도기술연구원(이하 "한국철도기술연구원"이라 한다)에 제출해야 한다. 이 경우 한국철도기술연구원은 「전자정부법」 제36조제1항에 따른 행정정보의 공동이용을 통해서 법인 등기사항증명서(신청인이 법인인 경우만 해당한다)를 확인해야 한다.
> 1. 사업자등록증 사본
> 2. 대리인임을 증명하는 서류(대리인이 신청하는 경우에 한정한다)

3. 보안검색장비의 성능 제원표 및 시험용 물품(테스트 키트)에 관한 서류

4. 보안검색장비의 구조 · 외관도

5. 보안검색장비의 사용 · 운영방법 · 유지관리 등에 대한 설명서

6. 제85조의5에 따른 기준을 갖추었음을 증명하는 서류

32. 성능인증을 받은 보안검색장비의 그 성능 인증을 취소하여야 하는 경우를 모두 고르시오?

① 부정한 방법으로 인증을 받은 경우

② 성능인증 검사를 하지 않은 경우

③ 거짓으로 인증을 받은 경우

④ 보안검색장비가 성능인증 기준에 적합하지 아니하게 된 경우

> **해설** 안전법 제48조의3(보안검색장비의 성능인증 등) ⑤ 국토교통부장관은 제1항에 따른 성능인증을 받은 보안검색장비가 다음 각 호의 어느 하나에 해당하는 경우에는 그 인증을 취소할 수 있다. 다만, 제1호에 해당하는 때에는 그 인증을 취소하여야 한다.
> 1. 거짓이나 그 밖의 부정한 방법으로 인증을 받은 경우
> 2. 보안검색장비가 제2항에 따른 성능인증 기준에 적합하지 아니하게 된 경우

33. 보안검색장비의 성능점검에 대한 설명으로 틀린 것은?

① 국토교통부장관은 성능인증을 받은 보안검색장비가 운영 중에 계속하여 성능을 유지하고 있는지를 확인하기 위하여 국토교통부령으로 정하는 바에 따라 정기적으로 또는 수시로 점검을 실시하여야 한다

② 정기점검은 매년 1회 실시한다

③ 특별점검은 성능에 결함이 있을 때 실시한다

④ 수시점검은 보안검색장비의 성능유지 등을 위하여 필요하다고 인정하는 때에 실시한다

> **해설** 안전법 제48조의3(보안검색장비의 성능인증 등) ④ 국토교통부장관은 제1항에 따라 성능인증을 받은 보안검색장비가 운영 중에 계속하여 성능을 유지하고 있는지를 확인하기 위하여 국토교통부령으로 정하는 바에 따라 정기적으로 또는 수시로 점검을 실시하여야 한다.
> 시행규칙 제85조의7(보안검색장비의 성능점검) 한국철도기술연구원은 법 제48조의3제4항에 따라 보안검색장비가 운영중에 계속하여 성능을 유지하고 있는지를 확인하기 위해 다음각호의 구분에 따른 점검을 실시해야 한다.
> 1. 정기점검 : 매년 1회
> 2. 수시점검 : 보안검색장비의 성능유지 등을 위하여 필요하다고 인정하는 때

34. 보안검색장비의 성능을 평가하는 시험(성능시험)을 실시하는 기관(시험기관)의 지정을 취소하여야 하는 경우는?

① 정당한 사유 없이 성능시험을 실시하지 아니한 경우

② 업무정지 명령을 받은 후 그 업무정지 기간에 성능시험을 실시한 경우

③ 기준 · 방법 · 절차 등을 위반하여 성능시험을 실시한 경우

④ 시험기관 지정기준을 충족하지 못하게 된 경우

> **해설** 안전법 제48조의4(시험기관의 지정 등) ③ 국토교통부장관은 제1항에 따라 시험기관으로 지정받은 법인이나 단체가 다음 각 호의 어느 하나에 해당하는 경우에는 그 지정을 취소하거나 1년 이내의 기간을 정하여 그 업무의 전부 또는 일부의 정지를 명할 수 있다. 다만, 제1호 또는 제2호에 해당하는 때에는 그 지정을 취소하여야 한다.

정답 | 32. | ①, ③ **| 33. |** ③ **| 34. |** ②

1. 거짓이나 그 밖의 부정한 방법을 사용하여 시험기관으로 지정을 받은 경우
2. 업무정지 명령을 받은 후 그 업무정지 기간에 성능시험을 실시한 경우
3. 정당한 사유 없이 성능시험을 실시하지 아니한 경우
4. 제48조의3제2항에 따른 기준·방법·절차 등을 위반하여 성능시험을 실시한 경우
5. 제48조의4제2항에 따른 시험기관 지정기준을 충족하지 못하게 된 경우
6. 성능시험 결과를 거짓으로 조작하여 수행한 경우

35. 철도특별사법경찰관리가 휴대하여 범인검거와 피의자 호송 등의 직무수행에 사용하는 직무장비의 종류에 해당하지 않는 것은?

① 전자충격기   ② 가스발사총   ③ 사법경찰 권총   ④ 포승

해설 안전법 제48조의5(직무장비의 휴대 및 사용 등) ① 철도특별사법경찰관리는 이 법 및 「사법경찰관리의 직무를 수행할 자와 그 직무범위에 관한 법률」 제6조제9호에 따른 직무를 수행하기 위하여 필요하다고 인정되는 상당한 이유가 있을 때에는 합리적으로 판단하여 필요한 한도에서 직무장비를 사용할 수 있다.
② 제1항에서의 "직무장비"란 철도특별사법경찰관리가 휴대하여 범인검거와 피의자 호송 등의 직무수행에 사용하는 수갑, 포승, 가스분사기, 가스발사총(고무탄 발사겸용인 것을 포함한다), 전자충격기, 경비봉을 말한다.
③ 철도특별사법경찰관리가 제1항에 따라 직무수행 중 직무장비를 사용할 때 사람의 생명이나 신체에 위해를 끼칠 수 있는 직무장비(가스분사기, 가스발사총 및 전자충격기를 말한다)를 사용하는 경우에는 사전에 필요한 안전교육과 안전검사를 받은 후 사용하여야 한다.

36. 철도특별사법경찰관리가 직무수행 중 직무장비를 사용할 때 사람의 생명이나 신체에 위해를 끼칠 수 있어 사전에 필요한 안전교육과 안전검사를 받은 후 사용하여야 하는 직무장비가 아닌 것은?

① 가스분사기   ② 가스발사총   ③ 전자충격기   ④ 포승

해설 안전법 제48조의5(직무장비의 휴대 및 사용 등)

37. 철도특별사법경찰관리가 사용하는 직무장비의 사용기준으로 적합한 것은?

① 전자충격기의 경우: 19세 미만의 사람이나 임산부에게 사용해서는 안 되며, 전극침(電極針) 발사장치가 있는 전자충격기를 사용하는 경우에는 상대방의 얼굴을 향해 전극침을 발사하지 말 것
② 수갑·포승의 경우: 체포영장·구속영장의 집행, 신체의 자유를 제한하는 판결 또는 처분을 받은 사람을 법률에서 정한 절차에 따라 호송·수용하거나, 범인, 술에 취한 사람, 정신착란자의 자살 또는 자해를 방지하기 위해 필요한 경우에 사용할 것
③ 가스분사기·가스발사총(고무탄 발사겸용인 것을 포함한다. 이하 같다)의 경우: 범인의 체포 또는 도주방지, 타인 또는 철도특별사법경찰관리의 생명·신체에 대한 방호, 공무집행에 대한 항거의 억제를 위해 필요한 경우에 최소한의 범위에서 사용하되, 3미터 이내의 거리에서 상대방의 얼굴을 향해 발사하지 말 것
④ 경비봉의 경우: 타인 또는 철도특별사법경찰관리의 생명·신체의 위해와 공공시설·재산의 위험을 방지하기 위해 필요한 경우에 최소한의 범위에서 사용할 수 있으며, 인명 또는 신체에 대한 위해를 최소화하도록 할 것

해설 시행규칙 제85조의10(직무장비의 사용기준) 법 제48조의5제1항에 따라 철도특별사법경찰관리가 사용하는 직무장비의 사용기준은 다음 각 호와 같다.
1. 가스분사기·가스발사총(고무탄 발사겸용인 것을 포함한다. 이하 같다)의 경우: 범인의 체포 또는 도주방지, 타인 또는 철도특별사법경찰관리의 생명·신체에 대한 방호, 공무집행에 대한 항거의 억제를 위해

필요한 경우에 최소한의 범위에서 사용하되, 1미터 이내의 거리에서 상대방의 얼굴을 향해 발사하지 말
것. 다만, 가스발사총으로 고무탄을 발사하는 경우에는 1미터를 초과하는 거리에서도 상대방의 얼굴을
향해 발사해서는 안 된다.
2. 전자충격기의 경우: 14세 미만의 사람이나 임산부에게 사용해서는 안 되며, 전극침(電極針) 발사장치가
있는 전자충격기를 사용하는 경우에는 상대방의 얼굴을 향해 전극침을 발사하지 말 것
3. 경비봉의 경우: 타인 또는 철도특별사법경찰관리의 생명·신체의 위해와 공공시설·재산의 위험을 방
지하기 위해 필요한 경우에 최소한의 범위에서 사용할 수 있으며, 인명 또는 신체에 대한 위해를 최소화
하도록 할 것
4. 수갑·포승의 경우: 체포영장·구속영장의 집행, 신체의 자유를 제한하는 판결 또는 처분을 받은 사람
을 법률에서 정한 절차에 따라 호송·수용하거나, 범인, 술에 취한 사람, 정신착란자의 자살 또는 자해를
방지하기 위해 필요한 경우에 최소한의 범위에서 사용할 것

38. 철도특별사법경찰관리가 사용하는 직무장비의 안전교육 및 안전검사에 관한 설명으
로 틀린 것은?

① 안전검사는 철도경찰대장등이 직무장비별로 분기마다 실시한다
② 최초 안전교육은 해당 직무장비를 사용하는 부서에 발령된 직후 실시한다
③ 가스발사총의 안전검사는 구경의 임의개조 유무 및 방아쇠를 당기기 위해 필요한
힘이 1킬로그램 이상인지 여부 등을 검사한다
④ 정기 안전교육은 직전 안전교육을 받은 날부터 반기마다 실시한다

해설 안전법 시행규칙 제85조의11(직무장비의 안전교육 및 안전검사) ① 법 제48조의5제3항에 따른 안전교육은
「국토교통부와 그 소속기관 직제」 제40조 또는 제42조에 따른 철도경찰대장 또는 지방철도경찰대장(이
하 "철도경찰대장등"이라 한다)이 직무장비의 안전수칙, 사용방법 및 위험발생 시 응급조치 등에 관하여 다
음 각 호의 구분에 따라 실시한다.
1. 최초 안전교육: 해당 직무장비를 사용하는 부서에 발령된 직후 실시
2. 정기 안전교육: 직전 안전교육을 받은 날부터 반기마다 실시
② 법 제48조의5제3항에 따른 안전검사는 철도경찰대장등이 직무장비별로 다음 각 호의 구분에 따른 사항
에 대하여 반기마다 실시한다.
1. 가스분사기의 경우: 안전장치의 결함 유무 및 약제통의 균열 유무 등
2. 가스발사총의 경우: 구경(口徑)의 임의개조 유무 및 방아쇠를 당기기 위해 필요한 힘이 1킬로그램 이
상인지 여부 등
3. 전자충격기의 경우: 자체결함·기능손상·균열 등으로 인한 누전현상 유무 등

39. 철도종사자의 직무상 지시 준수에 대한 설명으로 틀린 것은?

① 누구든지 폭행·협박으로 철도종사자의 직무집행을 방해하여서는 아니 된다
② 철도종사자는 복장·모자·완장·증표 등으로 그가 직무상 지시를 할 수 있는 사람
임을 표시하여야 한다
③ 열차 또는 철도시설을 이용하는 사람은 철도안전법에 따라 철도의 안전·보호와
질서유지를 위하여 하는 철도종사자의 직무상 지시에 따라야 한다
④ 국토교통부장관은 철도종사자가 직무상 지시를 할 수 있는 사람임을 표시할 수 있
도록 복장·모자·완장·증표 등의 지급 등 필요한 조치를 하여야 한다

해설 안전법 제49조(철도종사자의 직무상 지시 준수) ① 열차 또는 철도시설을 이용하는 사람은 이 법에 따라 철도
의 안전·보호와 질서유지를 위하여 하는 철도종사자의 직무상 지시에 따라야 한다.
② 누구든지 폭행·협박으로 철도종사자의 직무집행을 방해하여서는 아니 된다.
시행령 제51조(철도종사자의 권한표시) ① 법 제49조에 따른 철도종사자는 복장·모자·완장·증표 등으로
그가 직무상 지시를 할 수 있는 사람임을 표시하여야 한다.

정답 | **38.** | ① | **39.** | ④

② 철도운영자등은 철도종사자가 제1항에 따른 표시를 할 수 있도록 복장·모자·완장·증표 등의 지급 등 필요한 조치를 하여야 한다.

40. 철도종사자가 사람 또는 물건을 열차 밖이나 대통령령으로 정하는 지역 밖으로 퇴거시키거나 철거할 수 있는 경우가 아닌 것끼리 짝지어진 것은?

> a. 여객열차에서 위해물품을 휴대한 사람 및 그 위해물품
> b. 운송 금지 위험물을 운송위탁하거나 운송하는 자 및 그 위험물
> c. 관제업무종사자의 준수사항을 따르지 아니한 사람
> d. 철도보호지구에서 제한행위를 신청한 자 또는 시설등의 소유자나 점유자가 행위 금지·제한 또는 조치 명령에 따르지 아니하는 사람 및 그 물건
> e. 여객열차에서의 금지행위를 하지 아니한 사람 및 그 물건
> f. 철도보호 및 질서유지를 위한 금지행위를 한 사람 및 그 물건
> g. 여객의 안전 및 보안을 위한 보안검색에 따르지 아니한 사람
> h. 여객의 안전 및 보안을 위한 보안검색장비의 성능점검을 받지 아니한 사람
> i. 철도종사자의 직무상 지시를 따르거나 직무집행을 방해하는 사람

① c, e, h, i   ② d, e, h   ③ d, f, g   ④ e, i

해설 안전법 제50조(사람 또는 물건에 대한 퇴거 조치 등) 철도종사자는 다음 각 호의 어느 하나에 해당하는 사람 또는 물건을 열차 밖이나 대통령령으로 정하는 지역 밖으로 퇴거시키거나 철거할 수 있다.
1. 제42조를 위반하여 여객열차에서 위해물품을 휴대한 사람 및 그 위해물품
2. 제43조를 위반하여 운송 금지 위험물을 운송위탁하거나 운송하는 자 및 그 위험물
3. 제45조제3항 또는 제4항에 따른 행위 금지·제한 또는 조치 명령에 따르지 아니하는 사람 및 그 물건
4. 제47조제1항을 위반하여 금지행위를 한 사람 및 그 물건
5. 제48조를 위반하여 금지행위를 한 사람 및 그 물건
6. 제48조의2에 따른 보안검색에 따르지 아니한 사람
7. 제49조를 위반하여 철도종사자의 직무상 지시를 따르지 아니하거나 직무집행을 방해하는 사람

41. 철도보호 및 질서유지를 위한 금지행위를 한 사람 및 그 물건의 퇴거지역으로 틀린 것은?
① 정거장 밖
② 화물을 적하하는 장소의 담장이나 경계선 안의 지역의 밖
③ 정거장 맞이방의 밖
④ 철도차량정비소·통신기기·전력설비 등의 설비가 설치되어 있는 장소의 담장이나 경계선 안의 지역의 밖
⑤ 철도신호기 등의 설비가 설치되어 있는 장소의 담장이나 경계선 안의 지역의 밖

해설 안전법 제50조(사람 또는 물건에 대한 퇴거 조치 등) 철도종사자는 다음 각 호의 어느 하나에 해당하는 사람 또는 물건을 열차 밖이나 대통령령으로 정하는 지역 밖으로 퇴거시키거나 철거할 수 있다.
시행령 제52조(퇴거지역의 범위) 법 제50조 각 호 외의 부분에서 "대통령령으로 정하는 지역"이란 다음 각 호의 어느 하나에 해당하는 지역을 말한다.
1. 정거장
2. 철도신호기·철도차량정비소·통신기기·전력설비 등의 설비가 설치되어 있는 장소의 담장이나 경계선 안의 지역
3. 화물을 적하하는 장소의 담장이나 경계선 안의 지역

철도사고조사 · 보칙

1 철도사고등의 발생 시 조치

(1) 철도사고등이 발생하였을 때 조치할 내용

① 조치 의무자 : 철도운영자등

② 조치할 내용

㉮ 인명피해 및 재산피해를 최소화하고

ⓐ 사상자 구호

ⓑ 유류품(遺留品) 관리

ⓒ 여객 수송 및 철도시설 복구 등

㉯ 열차를 정상적으로 운행할 수 있도록 필요한 조치를 하여야 한다

(2) 국토교통부장관의 지시

① 국토교통부장관은 철도사고의 의무보고를 받은 후 필요하다고 인정하는 경우에는 철도운영자등에게 사고 수습 등에 관하여 필요한 지시를 할 수 있다

② 지시를 받은 철도운영자등은 특별한 사유가 없으면 지시에 따라야 한다

(3) 사고발생시 준수사항

① 철도사고등이 발생하였을 때의 사상자 구호, 여객 수송 및 철도시설 복구 등에 필요한 사항은 **대통령령**으로 정한다

② 철도사고등의 발생시 철도운영자등이 준수하여야 하는 사항

㉮ 사고수습이나 복구작업을 하는 경우에는 인명의 구조와 보호에 가장 우선순위를 둘 것

㉯ 사상자가 발생한 경우에는 안전관리체계에 포함된 비상대응계획에서 정한 절차(비상대응절차)에 따라 응급처치, 의료기관으로 긴급이송, 유관기관과의 협조 등 필요한 조치를 신속히 할 것

㉰ 철도차량 운행이 곤란한 경우에는 비상대응절차에 따라 대체교통수단을 마련하는 등 필요한 조치를 할 것

2 철도사고등 의무보고

(1) 국토교통부장관에게 즉시 보고

① 보고대상

철도운영자등은 사상자가 많은 사고 등 <u>대통령령</u>으로 정하는 철도사고등이 발생하였을 때

㉮ 열차의 충돌이나 탈선사고

㉯ 철도차량이나 열차에서 화재가 발생하여 운행을 중지시킨 사고

㉰ 철도차량이나 열차의 운행과 관련하여 3명 이상 사상자가 발생한 사고

㉱ 철도차량이나 열차의 운행과 관련하여 5천만원 이상의 재산피해가 발생한 사고

② 보고절차

<u>국토교통부령</u>으로 정하는 바에 따라 즉시 국토교통부장관에게 보고

〈즉시 보고 내용 : 국토교통부령〉

ⓐ 사고 발생 일시 및 장소

ⓑ 사상자 등 피해사항

ⓒ 사고 발생 경위

ⓓ 사고 수습 및 복구 계획 등

♣ 철도사고등의 즉시보고 방법 (사고보고지침)

1. 철도운영자등(철도운영자 및 철도시설관리자를 말함. 전용철도 운영자는 제외)이 즉시 보고를 할 때에는 보고계통에 따라 전화 등 가능한 통신수단을 이용하여 구두로 다음과 같이 보고하여야 한다

   1) 일과시간 : 국토교통부(관련과) 및 항공 · 철도사고조사위원회

   2) 일과시간 이외 : 국토교통부 당직실

   * 철도운영자등은 즉시보고를 신속하게 할 수 있도록 비상연락망을 비치하여야 한다

2. 즉시보고는 사고발생 후 30분 이내에 하여야 한다

3. 즉시보고를 접수한 때에는 지체 없이 사고관련 부서(팀) 및 항공 · 철도사고조사위원회에 그 사실을 통보하여야 한다

4. 철도운영자등은 사고 보고 후 중간보고 · 종결보고 방법에 따라 국토교통부장관에게 보고하여야 한다

   * 종결보고는 철도안전정보관리시스템을 통하여 보고할 수 있다

(2) 즉시 보고를 제외한 사고의 조사보고

① 철도운영자등은 위(1)의 철도사고등을 제외한 철도사고등이 발생하였을 때에는 **국토교통부령**으로 정하는 바에 따라 사고 내용을 조사하여 그 결과를 국토교통부장관에게 보고

② 보고 구분

㉮ 초기보고 : 사고발생현황 등

㉯ 중간보고 : 사고수습·복구상황 등

㉰ 종결보고 : 사고수습·복구결과 등

♣ 철도사고등의 조사보고 방법 (사고보고지침)

1. 조사 보고해야할 대상 : 즉시보고 대상 이외의 철도사고등

   철도운영자등이 사고내용을 조사하여 그 결과를 보고하여야 할 철도사고등은 즉시보고 대상의 철도사고등을 제외한다

2. 사고발생 후 1시간 이내 초기보고 대상 및 방법

   1) 보고대상

      (a) 즉시보고 철도사고등을 제외한 철도사고

      (b) 철도준사고

      (c) 운행장애 중 지연운행으로 인하여 열차운행이 고속열차 및 전동열차는 40분, 일반여객열차는 1시간 이상 지연이 예상되는 사건

      (d) 그 밖에 언론보도가 예상되는 등 사회적 파장이 큰 사건

   2) 보고방법

      철도사고등이 발생한 후 또는 **사고발생** 신고를 접수한 후 1시간 이내에 사고발생현황을 보고계통에 따라 전화 등 가능한 통신수단을 이용하여 국토교통부(관련과)에 보고하여야 한다

      * 사고발생 신고 : 여객 또는 공중이 사고발생 신고를 하여야 알 수 있는 열차와 승강장사이 발빠짐, 승하차시 넘어짐, 대합실에서 추락·넘어짐 등의 사고를 말한다

3. 사고발생 후 72시간 이내 초기보고 대상 및 방법

   1) 보고대상

      철도운영자등은 1시간 이내 보고에 해당하지 않는 조사보고 대상

   2) 보고방법

      철도사고등이 발생한 후 또는 사고발생 신고를 접수한 후 72시간 이내(해당 기간에 포함된 토요일 및 법정공휴일에 해당하는 시간은 제외한다)에 초기보고를 보고계통에 따라 전화 등 가능한 통신수단을 이용하여 국토교통부(관련과)에 보고하여야 한다

4. 중간보고 및 종결보고 방법

철도운영자등은 초기보고 후에 중간보고 및 종결보고를 다음과 같이 한다

1) 중간보고 내용 및 보고방법

   (a) 사고보고서 작성보고

     철도사고등이 발생한 후 철도사고보고서에 사고수습 및 복구사항 등을 작성하여 사고수습·복구기간 중에 1일 2회 또는 수습상황 변동시 등 수시로 보고할 것

   (b) 단, 사고수습 및 복구상황의 신속한 보고를 위해 필요한 경우에는 전화 등 가능한 통신수단으로 보고 가능

2) 종결보고 내용 및 보고기한

   (a) 조사결과보고서에 포함될 내용

     – 철도사고등의 조사 경위

     – 철도사고등과 관련하여 확인된 사실

     – 철도사고등의 원인 분석

     – 철도사고등에 대한 대책 등

   (b) 보고기한

     철도사고등의 수습·복구(임시복구 포함)가 끝나 열차가 정상 운행하는 시점을 기준으로 다음달 15일 이전에 **조사결과 보고서**와 **사고현장상황** 및 **사고발생원인 조사표**를 작성하여 보고할 것

5. 철도안전사고에 해당하지 않는 자연재난이 발생한 경우의 보고

「재난 및 안전관리 기본법」에 정한 서식의 재난상황 보고서를 작성하여 보고할 것

6. 철도안전정보관리시스템을 통하여 보고할 수 있는 보고

1) 사고발생 후 72시간 이내 초기보고

2) 종결보고

♣ 철도운영자의 사고보고에 대한 조치 (사고보고지침)

1. 사고보고 내용의 보완지시 또는 관계전문가 조사

1) 대상 : 철도운영자등이 보고한 철도사고보고서의 내용이 미흡하다고 인정되는 경우

2) 조치 : 당해 내용을 보완할 것을 지시하거나 철도안전감독관 등 관계전문가로 하여금 미흡한 내용을 조사토록 할 수 있다.

2. 사고보고 내용의 공개(발표)

1) 발표 목적

   철도운영자등이 보고한 내용이 철도사고등의 재발을 방지하기 위하여 필요한 경우 그 내용을 발표할 수 있다

2) 공개하지 않을 수 있는 경우

(a) 미공개 대상

관련내용이 공개됨으로써 당해 또는 장래의 정확한 사고조사에 영향을 줄 수 있거나 개인의 사생활이 침해될 우려가 있는 내용

(b) 미공개 세부 내용

- 사고조사과정에서 관계인들로부터 청취한 진술
- 열차운행과 관계된 자들 사이에 행하여진 통신기록
- 철도사고등과 관계된 자들에 대한 의학적인 정보 또는 사생활 정보
- 열차운전실 등의 음성자료 및 기록물과 그 번역물
- 열차운행관련 기록장치 등의 정보와 그 정보에 대한 분석 및 제시된 의견
- 철도사고등과 관련된 영상 기록물

♣ 둘 이상의 기관과 관련된 사고의 처리 (사고보고지침)

1. 둘 이상의 철도운영자등이 관련된 철도사고등이 발생된 경우 해당 철도운영자등은 공동으로 조사를 시행할 수 있다

2. 보고해야할 사람

1) 최초 보고 : 사고 발생 구간을 관리하는 철도운영자등

2) 최초 보고 이후 조사 보고 등

(a) 보고 기한일 이전에 사고원인이 명확하게 밝혀진 경우

- 철도차량 관련 사고 등 : 해당 철도차량 운영자
- 철도시설 관련 사고 등 : 철도시설 관리자

(b) 보고 기한일 이전에 사고원인이 명확하게 밝혀지지 않은 경우

사고와 관련된 모든 철도차량 운영자 및 철도시설 관리자

3 철도차량 등에 발생한 고장 등 보고 의무

(1) 철도차량 · 철도용품 고장 보고 의무

① 보고자

㉮ 철도차량 또는 철도용품에 대하여 형식승인을 받은 자

㉯ 철도차량 또는 철도용품에 대하여 제작자승인을 받은 자

② 보고대상

승인받은 철도차량 또는 철도용품이 설계 또는 제작의 결함으로 인하여 **국토교통부령**으로 정하는 고장, 결함 또는 기능장애가 발생한 것을 알게 된 경우

㉮ 철도차량 형식승인 및 제작자 승인 내용과 다른 설계 또는 제작으로 인한 철도차량의 고장, 결함 또는 기능장애

㉯ 철도용품 형식승인 및 제작자 승인 내용과 다른 설계 또는 제작으로 인한 철도용품의 고장, 결함 또는 기능장애

㉰ 하자보수 또는 피해배상을 해야 하는 철도차량 및 철도용품의 고장, 결함 또는 기능장애

㉱ 그 밖에 위 ㉮~㉰에 따른 고장, 결함 또는 기능장애에 준하는 고장, 결함 또는 기능장애

③ 보고내용

국토교통부령으로 정하는 바에 따라 국토교통부장관에게 그 사실을 보고하여야 한다

(2) 철도차량 운영 · 정비중 고장 보고 의무

① 보고자 : 철도차량 정비조직인증을 받은 자

② 보고대상

철도차량을 운영하거나 정비하는 중에 **국토교통부령**으로 정하는 고장, 결함 또는 기능장애가 발생한 것을 알게 된 경우

("**철도사고등 의무보고**"로 보고된 고장, 결함 또는 기능장애 제외)

㉮ 철도차량 중정비(철도차량을 완전히 분해하여 검수 · 교환하거나 탈선 · 화재 등으로 중대하게 훼손된 철도차량을 정비하는 것)가 요구되는 구조적 손상

㉯ 차상신호장치, 추진장치, 주행장치 그 밖에 철도차량 주요장치의 고장 중 차량 안전에 중대한 영향을 주는 고장

㉰ 철도차량 관련 기술기준에 따른 최대허용범위(제작사가 기술자료를 제공하는 경우에는 그 기술자료에 따른 최대허용범위)를 초과하는 철도차량 구조의 균열, 영구적인 변형이나 부식

㉱ 그 밖에 위 ㉮~㉰에 따른 고장, 결함 또는 기능장애에 준하는 고장, 결함 또는 기능장애

③ **국토교통부령**으로 정하는 바에 따라 국토교통부장관에게 그 사실을 보고하여야 한다

(3) 보고절차

① 보고를 하려는 자는 고장·결함·기능장애 보고서를 국토교통부장관에게 제출하거나 국토교통부장관이 정하여 고시하는 방법으로 국토교통부장관에게 보고해야 한다

② 국토교통부장관은 보고를 받은 경우 관계기관 등에게 이를 통보해야 한다 (통보의 내용 및 방법 등에 관하여 필요한 사항은 국토교통부장관이 정하여 고시)

♣ **철도차량 등에 발생한 고장 등의 의무 보고 (사고보고지침)**

1. 고장보고 방법
고장보고를 할 때에는 관련서식에 따라 국토교통부장관(철도운행안전과장) 공문과 fax를 통해 보고하여야 한다.

2. 고장보고의 기한
고장보고는 보고자가 관련사실을 인지한 후 7일 이내로 한다.

3. 고장보고 내용의 전파 및 조치

1) 고장보고를 접수한 국토교통부장관은 필요한 경우 관련 부서(철도운영기관, 한국철도기술연구원, 한국교통안전공단 등)에 그 사실을 통보하여야 한다.

2) 보고를 받은 국토교통부장관은 필요하다고 판단하는 경우 철도차량 또는 철도용품에 결함이 있는지의 여부에 대한 조사를 실시할 수 있다.

4 철도안전 자율보고

(1) 철도안전위험요인 보고

① 보고할 수 있는 자

㉮ 철도안전을 해치거나 해칠 우려가 있는 사건·상황·상태 등(철도안전위험요인)을 발생시킨 사람

㉯ 철도안전위험요인이 발생한 것을 안 사람

㉰ 철도안전위험요인이 발생할 것이 예상된다고 판단하는 사람

② 보고를 받는자 : 국토교통부장관에게 그 사실을 보고할 수 있다

(2) 보고자의 보호

① 철도안전 자율보고를 한 사람의 의사에 반하여 보고자의 신분을 공개해서는 아니 된다

② 철도안전 자율보고를 사고예방 및 철도안전 확보 목적 외의 다른 목적으로 사용해서는 아니 된다

③ 누구든지 철도안전 자율보고를 한 사람에 대하여 이를 이유로 신분이나 처우와 관련하여 불이익한 조치를 하여서는 아니 된다

(3) 철도안전 자율보고에 포함되어야 할 사항, 보고 방법 및 절차

① 철도안전 자율보고에 포함되어야 할 사항, 보고 방법 및 절차는 **국토교통부령**으로 정한다

② 철도안전 자율보고의 절차

㉮ 철도안전 자율보고를 하려는 자는 철도안전 자율보고서를 한국교통안전공단 이사장에게 제출하거나

㉯ 국토교통부장관이 정하여 고시하는 방법으로 한국교통안전공단 이사장에게 보고해야 한다

㉰ 한국교통안전공단 이사장은 보고를 받은 경우 관계기관 등에게 이를 통보해야 한다

㉱ 통보의 내용 및 방법 등에 관하여 필요한 사항은 국토교통부장관이 정하여 고시한다

♣ 철도안전 자율보고 (사고보고지침)

1. 자율보고 방법
   1) 유선전화 : 054)459-7323
   2) 전자우편 : krails@kotsa.or.kr
   3) 인터넷 웹사이트 : www.railsafety.or.kr

2. 자율보고 매뉴얼 작성 등
   1) 한국교통안전공단 이사장은 자율보고 접수·분석 및 전파에 필요한 세부 방법·절차 등을 규정한 철도안전 자율보고 매뉴얼을 제정하여야 한다.
   2) 공단 이사장은 자율보고 매뉴얼을 제정하거나 변경할 때에는 국토교통부장관에게 사전 승인을 받아야 한다.
   3) 공단 이사장은 자율보고 매뉴얼 중 업무처리절차 등 주요 내용에 대하여는 보고자가 인터넷 등 온라인을 통해 쉽게 열람할 수 있도록 조치하여야 한다.

3. 업무담당자 지정 등
   1) 공단 이사장은 자율보고 접수·분석 및 전파에 관한 업무를 담당할 내부 부서 및 임직원을 지정하고, 직무범위와 책임을 부여하여야 한다.
   2) 공단 이사장은 지정한 담당 임직원이 해당업무를 수행하기 전에 자율보고 업무와 관련한 법령, 지침 및 자율보고 매뉴얼에 대한 초기교육을 시행하여야 한다.
4. 자율보고 등의 접수
   1) 공단 이사장은 자율보고를 접수한 경우 보고자에게 접수번호를 제공하여야 한다.
   2) 공단 이사장은 자율보고 내용을 파악한 후 누락 또는 부족한 내용이 있는 경우 보고자에게 추가 정보 제공 등을 요청하거나 관련 현장을 방문할 수 있다.
   3) 공단 이사장은 보고내용이 긴급히 철도안전에 영향을 미칠 수 있다고 판단되는 경우 지체 없이 철도운영자등에게 통보하여 조치를 취하도록 하여야 한다.
   4) 철도운영자등은 통보받은 보고내용의 진위여부, 조치 필요성 등을 확인하고, 필요한 경우 조치를 취하여야 한다.
   5) 철도운영자등은 보고내용에 대한 조치가 완료된 이후 10일 이내에 해당 조치결과를 공단 이사장에게 통보하여야 한다.
5. 자율보고 분석
   1) 공단 이사장은 접수한 자율보고에 대하여 초도 분석을 실시하고 분석결과를 월 1회 (전월 접수된 건에 대한 초도 분석결과를 토요일 및 공휴일을 제외한 업무일 기준 10일 내에) 국토교통부장관에게 제출하여야 한다.
   2) 공단 이사장은 초도분석에 이어 위험요인(Hazard) 분석, 위험도(Safety Risk) 평가, 경감조치(관계기관 협의, 전파) 등 해당 발생 건에 대한 위험도를 관리하기 위해 심층분석을 실시하여야 한다. 필요한 경우 분석회의를 구성 및 운영할 수 있다.
   3) 공단 이사장은 심층분석 결과를 분기 1회(전 분기 접수된 건에 대한 심층분석 결과를 다음 분기까지) 국토교통부장관에게 제출하여야 한다.
   4) (위험요인 등록) 공단 이사장은 자율보고 분석을 통해 식별한 위험요인, 위험도, 후속조치 등을 체계적으로 관리하기 위하여 철도안전위험요인 등록부(Hazard Register)를 작성하고 관리하여야 한다.
   5) (자율보고 연간 분석 등) 공단 이사장은 매년 2월말까지 전년도 자율보고 접수, 분석결과 및 경향 등을 포함하는 자율보고 연간 분석결과를 국토교통부장관에게 보고하여야 한다.
   6) (안전정보 전파) 공단 이사장은 자율보고 분석 결과 중 철도안전 증진에 기여할 수 있을 것으로 판단되는 안전정보는 철도운영자등 및 철도종사자와 공유하여야 한다.
6. 보고자 개인정보 보호
   1) 공단 이사장은 보고자의 의사에 반하여 보고자의 개인정보를 공개하여서는 아니 된다.

2) 공단 이사장은 보고자의 의사에 반하여 개인정보가 공개되지 않도록 업무처리절차를 마련하여 시행하여야 하며, 관계 임직원이 이를 준수하도록 하여야 한다.

4) 국토교통부장관은 철도안전 자율보고의 접수 및 처리업무에 관하여 필요한 지시를 하거나 조치를 명할 수 있다.

7. 전자시스템 구축 등

공단 이사장은 자율보고의 접수단계부터 자율보고의 분석단계 업무를 효과적으로 처리 및 기록·관리하기 위한 전자시스템을 구축·관리하여야 한다.

8. 자율보고제도 개선 등

1) 공단 이사장은 자율보고의 편의성을 제고하고 안전정보 공유 체계를 개선하기 위해 지속적으로 노력하여야 한다.

2) 공단 이사장은 자율보고제도를 운영하고 있는 국내 타 분야 및 해외 철도사례 연구 등을 통해 자율보고제도를 보다 효과적이고 효율적으로 운영할 수 있는 방안을 지속 연구하고, 이를 국토교통부장관에게 건의할 수 있다.

〈철도안전법〉
제7장 철도안전기반 구축 : 맨 뒤편 별책으로 이동 정리
* 2021년부터 철도차량 운전면허 출제범위에서 제외되었습니다.

5 보고 및 검사 (보칙)

(1) 보고 및 자료제출 명령

① 명령자 : 국토교통부장관, 관계 지방자치단체의 장

② 보고·자료 제출자 : 철도관계기관등 (10개 기관·단체)

③ 보고·자료제출을 명할 수 있는 경우

다음에 해당하는 경우 **대통령령**으로 정하는 바에 따라 철도관계기관등에 대하여 필요한 사항을 보고하게 하거나 자료의 제출을 명할 수 있다

㉮ 철도안전 종합계획 또는 시행계획의 수립 또는 추진을 위하여 필요한 경우

㉯ 철도안전투자의 공시가 적정한지를 확인하려는 경우

㉰ 철도안전관리체계 유지 점검·확인을 위하여 필요한 경우

㉱ 안전관리 수준평가를 위하여 필요한 경우

㉲ 운전적성검사기관, 관제적성검사기관, 운전교육훈련기관, 관제교육훈련기관, 안전전문기관, 정비교육훈련기관, 정밀안전진단기관, 인증기관, 시험기관, 위험물 포장·용기검사기관 및 위험물취급전문교육기관의 업무 수행 또는 지정기준 부합 여부에 대한 확인이 필요한 경우

ⓑ 철도운영자등이 운전업무·관제업무의 무자격자 및 신체검사·적성검사 불합격자의 종사 금지 등의 철도종사자 관리의무 준수 여부에 대한 확인이 필요한 경우

ⓢ 판매한 철도차량의 정비부품 공급, 기술지도·교육 등의 조치의무 준수 여부를 확인하려는 경우

ⓐ 종합시험운행 실시 결과의 검토를 위하여 필요한 경우

ⓩ 철도차량 인증정비조직의 준수사항 이행 여부를 확인하려는 경우

ⓒ 철도운영자가 열차운행을 일시 중지한 경우로서 그 결정 근거 등의 적정성에 대한 확인이 필요한 경우

ⓚ 위험물 운송을 위탁하여 철도로 운송하려는 자가 철도운영자의 안전조치등 지시에 대하여 적정한지에 대한 확인이 필요한 경우

ⓣ 위험물 포장 및 용기의 안전성에 대한 확인이 필요한 경우

ⓟ 철도로 운송하는 위험물을 취급하는 종사자의 위험물취급안전교육 이수 여부에 대한 확인이 필요한 경우

ⓗ 철도사고등의 의무보고에 따른 보고와 관련하여 사실 확인 등이 필요한 경우

ⓖ 철도안전기술의 진흥, 철도안전 전문인력 분야별 자격, 철도안전 지식의 보급 등에 따른 시책을 마련하기 위하여 필요한 경우

ⓝ 철도횡단교량 개축·개량지원에 따른 비용의 지원을 결정하기 위하여 필요한 경우

④ 보고 또는 자료의 작성기간 부여

㉮ 보고 또는 자료의 제출을 명할 때에는 7일 이상의 기간을 주어야 한다

㉯ 공무원이 철도사고등이 발생한 현장에 출동하는 등 긴급한 상황인 경우에는 그렇지 않다

(2) 질문·서류검사

① 질문·서류검사 대상 : (1) 보고·자료제출을 명할 수 있는 경우와 같음

② 질문·서류검사자 : 국토교통부장관·관계 지방자치단체의 소속공무원
출입·검사를 하는 공무원은 **국토교통부령**으로 정하는 바에 따라 그 권한을 표시하는 증표를 지니고 이를 관계인에게 보여주어야 한다

③ 출입처 : 철도관계기관등의 사무소 또는 사업장에 출입하여

④ 내용 : 관계인에게 질문하게 하거나 서류를 검사하게 할 수 있다

⑤ 전문가 위촉하여 검사 등의 업무 자문

국토교통부장관은 검사 등의 업무를 효율적으로 수행하기 위하여 특히 필요하다고 인정하는 경우에는 철도안전에 관한 전문가를 위촉하여 검사 등의 업무에 관하여 자문에 응하게 할 수 있다

6 수수료 (보칙)

(1) 수수료 납부

① 납부자

교육훈련, 면허, 검사, 진단, 성능인증 및 성능시험 등을 신청하는 자

② 수수료 : **국토교통부령**으로 정하는 수수료

③ 대행기관 또는 수탁기관의 수수료

㉮ 수수료 결정 : 대행기관 또는 수탁기관이 정하는 수수료

〈수수료 기준의 결정절차〉

ⓐ 해당 기관의 인터넷 홈페이지에 20일간 그 내용을 게시하여 이해관계인의 의견을 수렴

ⓑ 긴급하다고 인정하는 경우에는 인터넷 홈페이지에 그 사유를 소명하고 10일간 게시할 수 있다

㉯ 수수료기준 승인 및 공개

ⓐ 국토교통부장관의 승인을 받아야 함(승인받은 사항 변경도 같음)

ⓑ 해당 기관의 인터넷 홈페이지에 수수료 및 산정내용을 공개

㉰ 수수료 납부처 : 대행기관 또는 수탁기관에 납부

ⓐ 대행기관 : 국토교통부장관의 지정을 받은 기관

국토교통부장관의 지정을 받은 운전적성검사기관, 관제적성검사기관, 운전교육훈련기관, 관제교육훈련기관, 정비교육훈련기관, 정밀안전진단기관, 인증기관, 시험기관, 안전전문기관, 위험물 포장·용기검사기관 및 위험물취급전문교육기관

ⓑ 수탁기관 : 업무를 위탁 받은 기관

한국교통안전공단, 한국철도기술연구원, 국가철도공단, 철도안전 전문기관이나 단체

7 **청문 · 통보 및 징계권고 · 공무원 의제** (보칙)

(1) 국토교통부장관이 처분시 청문을 하여야 하는 경우

① 안전관리체계의 승인 취소

② 운전적성검사기관의 지정취소(준용하는 경우 포함)

③ 운전면허의 취소 및 효력정지

④ 관제자격증명의 취소 또는 효력정지

⑤ 철도차량정비기술자의 인정 취소

⑥ 철도차량 · 철도용품의 형식승인의 취소

⑦ 철도차량 · 철도용품의 제작자승인의 취소

⑧ 인증정비조직의 인증 취소

⑨ 정밀안전진단기관의 지정 취소

⑩ 위험물 포장 · 용기검사기관의 지정 취소 또는 업무정지

⑪ 위험물취급전문교육기관의 지정 취소 또는 업무정지

⑫ 보안검색장비 시험기관의 지정 취소

⑬ 철도운행안전관리자의 자격 취소

⑭ 철도안전전문기술자의 자격 취소

(2) 국토교통부장관의 통보 및 징계권고

① 수사기관 통보

국토교통부장관은 철도안전법 등 철도안전과 관련된 법규의 위반에 따른 범죄혐의가 있다고 인정할 만한 상당한 이유가 있을 때에는 관할 수사기관에 그 내용을 통보할 수 있다

② 철도운영자등에게 징계권고

㉮ 국토교통부장관은 철도안전법 등 철도안전과 관련된 법규의 위반에 따라 사고가 발생했다고 인정할 만한 상당한 이유가 있을 때에는 사고에 책임이 있는 사람을 징계할 것을 해당 철도운영자등에게 권고할 수 있다

㉯ 권고를 받은 철도운영자등은 이를 존중하여야 하며 그 결과를 국토교통부장관에게 통보

(3) 벌칙 적용에서 공무원 의제

다음에 해당하는 사람은 「형법」을 적용할 때에 공무원으로 본다

① 운전적성검사 업무에 종사하는 운전적성검사기관의 임직원 또는 관제적성검사 업무에 종사하는 관제적성검사기관의 임직원

② 운전교육훈련 업무에 종사하는 운전교육훈련기관의 임직원 또는 관제교육훈련 업무에 종사하는 관제교육훈련기관의 임직원

③ 정비교육훈련 업무에 종사하는 정비교육훈련기관의 임직원

④ 정밀안전진단 업무에 종사하는 정밀안전진단기관의 임직원

⑤ 위탁받은 검사 업무에 종사하는 기관 또는 단체의 임직원
(철도차량 형식승인검사, 철도용품 형식승인검사, 철도차량 제작자승인검사, 철도용품 제작자승인검사, 철도차량 완성검사)

⑥ 보안검색장비 성능시험 업무에 종사하는 시험기관의 임직원 및 성능인증·점검 업무에 종사하는 인증기관의 임직원

⑦ 철도안전 전문인력의 양성 및 자격관리 업무에 종사하는 안전전문기관의 임직원

⑧ 위험물 포장·용기검사 업무에 종사하는 위험물 포장·용기검사기관의 임직원

⑨ 위험물취급안전교육 업무에 종사하는 위험물취급전문교육기관의 임직원

⑩ 위탁업무에 종사하는 철도안전 관련 기관 또는 단체의 임직원
(한국교통안전공단, 한국철도기술연구원, 국가철도공단, 기타 철도안전 전문기관이나 단체)

8 권한의 위임 · 위탁 (보칙)

(1) 권한의 위임 (위임은 정부조직의 공무원에게만 가능)

① 국토교통부장관은 철도안전법에 따른 권한의 일부를 **대통령령**으로 정하는 바에 따라 소속 기관의 장 또는 시·도지사에게 위임할 수 있다

② 도시철도에 대한 다음의 권한을 해당 시·도지사에게 위임

㉮ 철도차량의 이동·출발 등의 명령과 운행기준 등의 지시, 조언·정보의 제공 및 안전조치 업무

㉯ 과태료의 부과·징수
철도차량의 안전한 운행을 위하여 철도시설 내에서 사람, 자동차 및 철도차량의 운행제한 등 필요한 안전조치에 따르지 아니한 자에 대한 과태료의 부과·징수 (1천만원 이내)

③ 다음의 권한을 철도특별사법경찰대장에게 위임

㉮ 술을 마셨거나 약물을 사용하였는지에 대한 확인 또는 검사

㉯ 철도보안정보체계의 구축·운영

㉰ 다음의 과태료의 부과·징수

ⓐ 철도종사자의 직무상 지시에 따르지 아니한 사람 (1천만원 이하)

ⓑ 철도종사자의 준수사항을 위반한 자 (500만원 이하)

ⓒ 여객출입 금지장소에 출입하거나 물건을 여객열차 밖으로 던지는 행위를 한 사람 (500만원 이하)

ⓓ 철도시설(선로를 제외한다)에 철도운영자등의 승낙 없이 출입하거나 통행한 사람

ⓔ 철도시설에 유해물 또는 오물을 버리는 행위를 한 사람 (500만원 이하)

ⓕ 열차운행 중에 타고 내리거나 정당한 사유 없이 승강용 출입문의 개폐를 방해하여 열차운행에 지장을 준 사람 (500만원 이하)

ⓖ 여객열차에서 정당한 사유 없이 열차 승강장의 비상정지버튼을 작동시켜 열차운행에 지장을 준 사람 (500만원 이하)

ⓗ 여객열차에서 흡연을 한 사람 (100만원 이하)

ⓘ 선로(철도와 교차된 도로는 제외)에 철도운영자등의 승낙없이 출입하거나 통행한 사람 (100만원 이하)

ⓙ 공중이나 여객에게 위해를 끼치는 행위를 한 사람 (50만원 이하)

    ㉠ 동식물을 안전조치 없이 여객열차에 동승·휴대

    ㉡ 전염 우려가 있는 법정 감염병자가 철도종사자의 허락없이 여객열차에 승차

    ㉢ 철도종사자의 허락없이 여객에 기부를 부탁, 물품을 판매·배부하거나 연설·권유 등

(2) 업무의 위탁

① 국토교통부장관은 이 법에 따른 업무의 일부를 **대통령령**으로 정하는 바에 따라 철도안전 관련 기관 또는 단체에 위탁할 수 있다

② 한국교통안전공단에 위탁하는 업무

  ㉮ 안전관리기준에 대한 적합 여부 검사

  ㉯ 기술기준의 제정 또는 개정을 위한 연구·개발

  ㉰ 안전관리체계에 대한 정기검사 또는 수시검사

  ㉱ 철도운영자등에 대한 안전관리 수준평가

  ㉲ 운전면허시험의 실시

  ㉳ 운전면허증 또는 관제자격증명서의 발급과 운전면허증 또는 관제자격증명서의 재발급이나 기재사항의 변경

  ㉴ 운전면허증 또는 관제자격증명서의 갱신 발급과 운전면허 또는 관제자격증명 갱신에 관한 내용 통지

㉮ 운전면허증 또는 관제자격증명서의 반납의 수령 및 보관

㉯ 운전면허 또는 관제자격증명의 발급·갱신·취소 등에 관한 자료의 유지·관리

㉰ 관제자격증명시험의 실시

㉮ 철도차량정비기술자의 인정 및 철도차량정비경력증의 발급·관리

㉴ 철도차량정비기술자 인정의 취소 및 정지에 관한 사항

㉵ 종합시험운행 결과의 검토

㉶ 철도차량의 이력관리에 관한 사항

㉮ 철도차량 정비조직의 인증 및 변경인증의 적합 여부에 관한 확인

㉯ 정비조직운영기준의 작성

㉰ 정밀안전진단기관이 수행한 해당 정밀안전진단의 결과 평가

㉰ 철도안전 자율보고의 접수

㉱ 철도안전에 관한 지식 보급과 철도안전에 관한 정보의 종합관리를 위한 정보체계 구축 및 관리

㉲ 철도차량정비기술자의 인정 취소에 관한 청문

③ 한국철도기술연구원에 위탁하는 업무

㉮ 기술기준의 제정 또는 개정을 위한 연구·개발

㉯ 철도차량, 철도용품 제작자 승인기준 유지의 정기검사 또는 수시검사

㉰ 철도차량·철도용품 표준규격의 제정·개정 등에 관한 업무 중 다음의 업무

ⓐ 표준규격의 제정·개정·폐지에 관한 신청의 접수

ⓑ 표준규격의 제정·개정·폐지 및 확인 대상의 검토

ⓒ 표준규격의 제정·개정·폐지 및 확인에 대한 처리결과 통보

ⓓ 표준규격서의 작성

ⓔ 표준규격서의 기록 및 보관

㉱ 철도차량 개조승인검사

④ 철도보호지구 등의 관리에 관한 다음의 업무를 국가철도공단에 위탁

㉮ 철도보호지구에서의 행위의 신고 수리, 노면전차 철도보호지구의 바깥쪽 경계선으로부터 20m 이내의 지역에서의 행위의 신고 수리 및 행위 금지·제한이나 필요한 조치명령

㉯ 철도보호지구 행위제한에 따른 손실보상과 손실보상에 관한 협의

⑤ 국토교통부장관이 지정하여 고시하는 철도안전에 관한 전문기관이나 단체에
위탁하는 업무

㉮ 철도안전 전문인력 자격부여 등에 관한 업무 중 자격부여신청 접수, 자격증
명서 발급, 관계 자료 제출 요청 및 자격부여에 관한 자료의 유지·관리 업무

9 규제의 재검토 (보칙)

(1) 재검토 대상 및 기준일

① 운송위탁 및 운송 금지 위험물 등   : 2017.1.1.
② 철도안전 전문인력의 자격기준   : 2017.1.1.
③ 운전면허의 신체검사 방법·절차·합격기준 등   : 2020.1.1.
④ 운전면허의 적성검사 방법·절차 및 합격기준 등   : 2020.1.1.
⑤ 위해물품의 종류 등   : 2020.1.1.
⑥ 안전전문기관의 세부 지정기준 등   : 2020.1.1.

(2) 재검토 주기

기준일을 기준으로 3년마다(매 3년이 되는 해의 기준일과 같은 날 전까지) 타당성
을 검토하여 개선 등의 조치를 해야 한다

철도사고조사 · 보칙

기출예상문제

7장

1. 철도사고등이 발생하였을 때 철도운영자등의 필요한 조치사항이 아닌 것은?

① 유류품 관리
② 사상자 구호
③ 사고원인 분석
④ 열차의 정상운행 조치

해설 안전법 제60조(철도사고등의 발생 시 조치) ① 철도운영자등은 철도사고등이 발생하였을 때에는 사상자 구호, 유류품(遺留品) 관리, 여객 수송 및 철도시설 복구 등 인명피해 및 재산피해를 최소화하고 열차를 정상적으로 운행할 수 있도록 필요한 조치를 하여야 한다.

2. 철도사고등이 발생 시 조치내용으로 틀린 것은?

① 국토교통부장관은 사고 보고를 받은 후 필요하다고 인정하는 경우에는 철도운영자등에게 사고 수습 등에 관하여 필요한 지시를 할 수 있다
② 국토교통부장관은 철도사고등이 발생하였을 때에는 사상자 구호, 유류품 관리, 여객 수송 및 철도시설 복구 등 인명피해 및 재산피해를 최소화하고 열차를 정상적으로 운행할 수 있도록 필요한 조치를 하여야 한다
③ 국토교통부장관의 사고 수습 등에 관하여 필요한 지시를 받은 철도운영자등은 특별한 사유가 없으면 지시에 따라야 한다
④ 철도사고등이 발생하였을 때의 사상자 구호, 여객 수송 및 철도시설 복구 등에 필요한 사항은 대통령령으로 정한다

해설 안전법 제60조(철도사고등의 발생 시 조치) ① 철도운영자등은 철도사고등이 발생하였을 때에는 사상자 구호, 유류품(遺留品) 관리, 여객 수송 및 철도시설 복구 등 인명피해 및 재산피해를 최소화하고 열차를 정상적으로 운행할 수 있도록 필요한 조치를 하여야 한다.
② 철도사고등이 발생하였을 때의 사상자 구호, 여객 수송 및 철도시설 복구 등에 필요한 사항은 대통령령으로 정한다.
③ 국토교통부장관은 제61조에 따라 사고 보고를 받은 후 필요하다고 인정하는 경우에는 철도운영자등에게 사고 수습 등에 관하여 필요한 지시를 할 수 있다. 이 경우 지시를 받은 철도운영자등은 특별한 사유가 없으면 지시에 따라야 한다.

3. 철도사고등이 발생한 경우 철도운영자등이 준수하여야 하는 사상이 아닌 것은?

① 사상자가 발생한 경우에는 안전관리체계에 포함된 비상대응계획에서 정한 절차(비상대응절차)에 따라 응급처치, 의료기관으로 긴급이송, 유관기관과의 협조 등 필요한 조치를 신속히 할 것
② 철도사고등이 발생하였을 때에는 열차를 정상적으로 운행할 수 있도록 필요한 조치를 한 후 인명피해 및 재산피해가 없도록 하여야 한다
③ 철도차량 운행이 곤란한 경우에는 비상대응절차에 따라 대체교통수단을 마련하는 등 필요한 조치를 할 것
④ 사고수습이나 복구작업을 하는 경우에는 인명의 구조와 보호에 가장 우선순위를 둘 것

해설 시행령 제56조(철도사고등의 발생시 조치사항) 법 제60조제2항에 따라 철도사고등이 발생한 경우 철도운영자등이 준수하여야 하는 사항은 다음 각 호와 같다.

정답 | 1. | ③ | 2. | ② | 3. | ②

1. 사고수습이나 복구작업을 하는 경우에는 인명의 구조와 보호에 가장 우선순위를 둘 것
2. 사상자가 발생한 경우에는 법 제7조제1항에 따른 안전관리체계에 포함된 비상대응계획에서 정한 절차 (이하 "비상대응절차"라 한다)에 따라 응급처치, 의료기관으로 긴급이송, 유관기관과의 협조 등 필요한 조치를 신속히 할 것
3. 철도차량 운행이 곤란한 경우에는 비상대응절차에 따라 대체교통수단을 마련하는등 필요한 조치를 할 것

4. 철도사고등이 발생하였을 때 사고수습이나 복구작업을 하는 경우에 가장 우선순위를 두어야 하는 것은?

① 유류품 관리　　　　　　　　　② 인명의 구조와 보호
③ 여객수송 및 철도시설 복구　　　④ 열차의 정상운행 조치

> **해설** 시행령 제56조(철도사고등의 발생시 조치사항) 1호

5. 철도사고등이 발생하였을 때 의무보고와 관련된 설명으로 맞는 것은?

① 철도운영자등은 사상자가 많은 사고 등 국토교통부령으로 정하는 철도사고등이 발생하였을 때에는 대통령령으로 정하는 바에 따라 즉시 국토교통부장관에게 보고하여야 한다
② 철도사고등으로 사상자가 발생하였을 경우에는 국토교통부장관에게 즉시 보고하여야 한다
③ 철도운영자등은 국토교통부장관에게 즉시 보고하여야 하는 것을 제외한 철도사고등이 발생하였을 때에는 국토교통부령으로 정하는 바에 따라 사고 내용을 조사하여 그 결과를 국토교통부장관에게 보고하여야 한다
④ 열차에 화재가 발생한 사고에 대하여는 국토교통부장관에게 즉시 보고하여야 한다

> **해설** 안전법 제61조(철도사고등 의무보고) ① 철도운영자등은 사상자가 많은 사고 등 대통령령으로 정하는 철도사고등이 발생하였을 때에는 국토교통부령으로 정하는 바에 따라 즉시 국토교통부장관에게 보고하여야 한다.
> ② 철도운영자등은 제1항에 따른 철도사고등을 제외한 철도사고등이 발생하였을 때에는 국토교통부령으로 정하는 바에 따라 사고 내용을 조사하여 그 결과를 국토교통부장관에게 보고하여야 한다.
> 시행령 제57조(국토교통부장관에게 즉시 보고하여야 하는 철도사고등) 법 제61조제1항에서 "사상자가 많은 사고 등 대통령령으로 정하는 철도사고등"이란 다음 각 호의 어느 하나에 해당하는 사고를 말한다.
> 1. 열차의 충돌이나 탈선사고
> 2. 철도차량이나 열차에서 화재가 발생하여 운행을 중지시킨 사고
> 3. 철도차량이나 열차의 운행과 관련하여 3명 이상 사상자가 발생한 사고
> 4. 철도차량이나 열차의 운행과 관련하여 5천만원 이상의 재산피해가 발생한 사고

6. 국토교통부장관에게 즉시 보고하여야 하는 철도사고등으로 맞는 것은?

① 차량의 탈선사고
② 열차에서 화재가 발생한 사고
③ 3명 이상 사상자가 발생한 사고
④ 열차의 운행과 관련하여 5천만원 이상의 재산피해가 발생한 사고

> **해설** 시행령 제57조(국토교통부장관에게 즉시 보고하여야 하는 철도사고등)

7. 철도운영자등이 철도사고등이 발생한 때 국토교통부장관에게 즉시 보고하여야 하는 내용이 아닌 것은?

① 사고 수습 및 복구 계획 등　　② 사상자 등 피해사항
③ 사고 조사 결과　　　　　　　④ 사고 발생 일시 및 장소

해설 시행규칙 제86조(철도사고등의 의무보고) ① 철도운영자등은 법 제61조제1항에 따른 철도사고등이 발생한 때에는 다음 각 호의 사항을 국토교통부장관에게 즉시 보고하여야 한다.
　1. 사고 발생 일시 및 장소　　2. 사상자 등 피해사항
　3. 사고 발생 경위　　　　　　4. 사고 수습 및 복구 계획 등

8. 철도사고등의 즉시보고에 관한 설명으로 틀린 것은?

① 철도운영자등은 즉시보고 후 국토교통부장관에게 중간보고 및 종결보고를 하여야 한다
② 철도운영자등은 즉시보고를 신속하게 할 수 있도록 비상연락망을 비치하여야 한다
③ 즉시보고는 사고발생 후 30분 이내에 하여야 한다
④ 즉시보고 철도사고등의 중간보고는 철도안전정보관리시스템을 통하여 보고할 수 있다

해설 철도사고보고지침 제4조(철도사고등의 즉시보고) ① 철도운영자등 (법 제4조에 따른 철도운영자 및 철도시설관리자를 말한다. 전용철도의 운영자는 제외한다.)이 규칙 제86조제1항의 즉시보고를 할 때에는 별표 1의 보고계통에 따라 전화 등 가능한 통신수단을 이용하여 구두로 다음과 같이 보고하여야 한다.
　1. 일과시간 : 국토교통부(관련과) 및 항공 · 철도사고조사위원회
　2. 일과시간 이외 : 국토교통부 당직실
　② 제1항의 즉시보고는 사고발생 후 30분 이내에 하여야 한다.
　③ 제1항의 즉시보고를 접수한 때에는 지체 없이 사고관련 부서(팀) 및 항공 · 철도사고조사위원회에 그 사실을 통보하여야 한다.
　④ 철도운영자등은 제1항의 사고 보고 후 제5조제4항제1호 및 제2호에 따라 국토교통부장관에게 보고하여야 한다.
　⑤ 제4항의 보고 중 종결보고는 철도안전정보관리시스템을 통하여 보고할 수 있다.
　⑥ 철도운영자등은 제1항의 즉시보고를 신속하게 할 수 있도록 비상연락망을 비치하여야 한다.

9. 국토교통부장관에게 즉시 보고하여야 하는 것을 제외한 철도사고등이 발생한 때 국토교통부장관에게 보고방법으로 맞는 것은?

① 종결보고 : 사고수습 · 복구상황 등　　② 초기보고 : 사고발생현황 등
③ 중간보고 : 사고수습 · 복구결과 등　　④ 특별보고 : 사상자 현황 등

해설 시행규칙 제86조(철도사고등의 의무보고) ② 철도운영자등은 법 제61조제2항에 따른 철도사고등이 발생한 때에는 다음 각 호의 구분에 따라 국토교통부장관에게 이를 보고하여야 한다.
　1. 초기보고 : 사고발생현황 등　　　　2. 중간보고 : 사고수습 · 복구상황 등
　3. 종결보고 : 사고수습 · 복구결과 등

10. 철도운영자등이 사고내용을 조사하여 그 결과를 보고해야 하는 철도사고등 중 발생한 후 1시간 이내에 국토교통부장관에게 초기보고를 해야 하는 것이 아닌 것은?

① 철도준사고　　　　　　　　　　② 언론보도가 예상되는 등 사회적 파장이 큰 사건
③ 탈선사고　　　　　　　　　　　④ 고속열차가 40분 지연이 예상되는 사건

해설 철도사고보고지침 제5조(철도사고등의 조사보고) ① 철도운영자등이 법 제61조제2항에 따라 사고내용을 조사하여 그 결과를 보고하여야 할 철도사고등은 영 제57조에 따른 철도사고등을 제외한다.

정답 | 7. | ③ | 8. | ④ | 9. | ② | 10. | ③

② 철도운영자등은 제1항의 조사보고 대상 가운데 다음 각 호의 사항에 대한 규칙 제86조제2항제1호의 초기보고는 철도사고등이 발생한 후 또는 사고발생 신고(여객 또는 공중(公衆)이 사고발생 신고를 하여야 알 수 있는 열차와 승강장사이 발빠짐, 승하차시 넘어짐, 대합실에서 추락·넘어짐 등의 사고를 말한다)를 접수한 후 1시간 이내에 사고발생현황을 별표 1의 보고계통에 따라 전화 등 가능한 통신수단을 이용하여 국토교통부(관련과)에 보고하여야 한다.

1. 영 제57조에 따른 철도사고등을 제외한 철도사고 (즉시보고 대상 철도사고등 제외)
2. 철도준사고
3. 규칙 제1조의4 제2호에 따른 지연운행으로 인하여 열차운행이 고속열차 및 전동열차는 40분, 일반여객열차는 1시간 이상 지연이 예상되는 사건
4. 그 밖에 언론보도가 예상되는 등 사회적 파장이 큰 사건

③ 철도운영자등은 제2항 각 호에 해당하지 않는 제1항에 따른 조사보고 대상에 대하여는 철도사고등이 발생한 후 또는 사고발생 신고를 접수한 후 72시간 이내(해당 기간에 포함된 토요일 및 법정공휴일에 해당하는 시간은 제외한다)에 규칙 제86조제2항제1호에 따른 초기보고를 별표 1의 보고계통에 따라 전화 등 가능한 통신수단을 이용하여 국토교통부(관련과)에 보고하여야 한다.

④ 철도운영자등은 제2항 또는 제3항에 따른 보고 후에 규칙 제86조제2항제2호와 제3호에 따라 중간보고 및 종결보고를 다음 각 호와 같이 하여야 한다.

1. 중간보고는 제1항의 철도사고등이 발생한 후 별지 제1호서식의 철도사고보고서에 사고수습 및 복구사항 등을 작성하여 사고수습·복구기간 중에 1일 2회 또는 수습상황 변동시 등 수시로 보고할 것.(다만 사고수습 및 복구상황의 신속한 보고를 위해 필요한 경우에는 전화 등 가능한 통신수단으로 보고 가능)
2. 종결보고는 발생한 철도사고등의 수습·복구(임시복구 포함)가 끝나 열차가 정상 운행하는 시점을 기준으로 다음달 15일 이전에 다음 각 목의 사항이 포함된 <u>조사결과 보고서</u>와 별표 2의 <u>사고현장상황</u> 및 <u>사고발생원인 조사표</u>를 작성하여 보고할 것.
   가. 철도사고등의 조사 경위
   나. 철도사고등과 관련하여 확인된 사실
   다. 철도사고등의 원인 분석
   라. 철도사고등에 대한 대책 등
3. 규칙 제1조의2 제2호의 자연재난이 발생한 경우에는 「재난 및 안전관리 기본법」 제20조제4항과 같은 법 시행규칙 별지 제1호서식의 재난상황 보고서를 작성하여 보고할 것.

⑤ 제3항의 초기보고 및 제4항제2호의 종결보고는 철도안전정보관리시스템을 통하여 할 수 있다.

11. 조사보고 대상의 철도사고등이 발생한 후 또는 사고발생 신고를 접수한 후 72시간 이내에 초기보고를 해야하는 것으로 틀린 것은?

① 정차역 통과
② 운행허가를 받지 않은 구간으로 열차가 주행하는 경우
③ 화물열차의 60분 운행지연
④ 일반여객열차가 40분 이상 지연이 예상되는 사건

해설 철도사고보고지침 제5조(철도사고등의 조사보고) 제④ 항

12. 조사보고 대상 철도사고등의 중간보고 및 종결보고 방법으로 틀린 것은?

① 중간보고는 사고수습·복구기간 중에 1일 2회 또는 수습상황 변동시 등 수시로 보고할 것
② 종결보고는 철도안전정보관리시스템을 통하여 할 수 있다
③ 종결보고는 발생한 철도사고등의 수습·복구가 끝나 열차가 정상 운행하는 시점을 기준으로 다음달 30일 이전에 조사결과 보고서와 사고현장상황 및 사고발생원인 조사표를 작성하여 보고할 것
④ 자연재난이 발생한 경우에는 「재난 및 안전관리 기본법」의 재난상황 보고서를 작성하여 보고할 것

해설 철도사고보고지침 제5조(철도사고등의 조사보고) 제④, ⑤항

13. 조사보고 대상의 철도사고등에 대한 종결보고시 작성보고 하여야 하는 것이 아닌 것은?

① 조사결과보고서 ② 초동보고서 ③ 사고현장상황 ④ 사고발생원인 조사표

해설 철도사고보고지침 제5조(철도사고등의 조사보고) 제④항 제2호

14. 조사보고 대상의 철도사고등에 대한 종결보고시 조사결과보고서에 포함될 내용이 아닌 것은?

① 철도사고등의 조사 경위 ② 철도사고등과 관련하여 조사중인 사실
③ 철도사고등의 원인 분석 ④ 철도사고등에 대한 대책 등

해설 철도사고보고지침 제5조(철도사고등의 조사보고) 제④ 항

15. 철도운영자등의 사고보고에 대한 조치내용으로 틀린 것은?

① 보고한 내용이 철도사고등의 재발을 방지하기 위하여 필요한 경우 그 내용을 발표할 수 있다
② 보고한 내용이 공개됨으로써 당해 또는 장래의 정확한 사고조사에 영향을 줄 수 있거나 개인의 사생활이 침해될 우려가 있는 내용은 공개하지 아니할 수 있다
③ 철도사고보고서의 내용이 미흡하다고 인정되는 경우에는 당해 내용을 보완 할 것을 지시하거나 철도안전감독관 등 관계전문가로 하여금 미흡한 내용을 조사토록 할 수 있다
④ 보고된 내용중 객실 등의 음성자료 및 기록물과 그 번역물은 공개하지 아니할 수 있다

해설 철도사고보고지침 제7조(철도운영자의 사고보고에 대한 조치) ① 국토교통부장관은 제4조 또는 제5조의 규정에 따라 철도운영자등이 보고한 철도사고보고서의 내용이 미흡하다고 인정되는 경우에는 당해 내용을 보완 할 것을 지시하거나 철도안전감독관 등 관계전문가로 하여금 미흡한 내용을 조사토록 할 수 있다.
② 국토교통부장관은 제4조 또는 제5조의 규정에 의하여 철도운영자등이 보고한 내용이 철도사고등의 재발을 방지하기 위하여 필요한 경우 그 내용을 발표할 수 있다. 다만, 관련내용이 공개됨으로써 당해 또는 장래의 정확한 사고조사에 영향을 줄 수 있거나 개인의 사생활이 침해될 우려가 있는 다음 각 호의 내용은 공개하지 아니할 수 있다.
1. 사고조사과정에서 관계인들로부터 청취한 진술
2. 열차운행과 관계된 자들 사이에 행하여진 통신기록
3. 철도사고등과 관계된 자들에 대한 의학적인 정보 또는 사생활 정보
4. 열차운전실 등의 음성자료 및 기록물과 그 번역물
5. 열차운행관련 기록장치 등의 정보와 그 정보에 대한 분석 및 제시된 의견
6. 철도사고등과 관련된 영상 기록물

16. 둘 이상의 철도운영자등이 관련된 철도사사고등이 발생한 경우 사고조사 및 보고방법으로 틀린 것은?

① 철도사고등에 따른 최초 보고자는 사고 발생 구간을 관리하는 철도운영자등이다
② 중간보고는 보고 기한일 이전에 사고원인이 명확하게 밝혀진 경우에는 철도시설 관련 사고 등은 철도차량 운영자 및 철도시설 관리자가 한다
③ 종결보고는 보고 기한일 이전에 사고원인이 명확하게 밝혀지지 않은 경우에는 사고와 관련된 모든 철도차량 운영자 및 철도시설 관리자가 한다
④ 공동으로 사고조사를 시행할 수 있다

정답 | 13. | ② | 14. | ② | 15. | ④ | 16. | ②

해설 철도사고보고지침 제9조(둘 이상의 기관과 관련된 사고의 처리) 둘 이상의 철도운영자등이 관련된 철도사고 등이 발생된 경우 해당 철도운영자등은 공동으로 조사를 시행할 수 있으며, 다음 각 호의 구분에 따라 보고 하여야 한다.

    1. 제4조 및 제5조에 따른 최초 보고: 사고 발생 구간을 관리하는 철도운영자등
    2. 제1호의 보고 이후 조사 보고 등
        가. 보고 기한일 이전에 사고원인이 명확하게 밝혀진 경우 : 철도차량 관련 사고 등은 해당 철도차량 운영자, 철도시설 관련 사고 등은 철도시설 관리자
        나. 보고 기한일 이전에 사고원인이 명확하게 밝혀지지 않은 경우 : 사고와 관련된 모든 철도차량 운영자 및 철도시설 관리자

17. 철도차량 또는 철도용품이 설계 또는 제작의 결함으로 인하여 국토교통부령으로 정하는 고장, 결함 또는 기능장애가 발생한 것을 알게 된 경우에 국토교통부장관에게 그 사실을 보고하여야 하는 사람이 아닌 것은?
① 철도차량에 대하여 개조승인을 받은 자
② 철도용품에 대하여 제작자승인을 받은 자
③ 철도용품에 대하여 형식승인을 받은 자
④ 철도차량에 대하여 제작자승인을 받은 자
⑤ 철도차량에 대하여 형식승인을 받은 자

해설 안전법 제61조의2(철도차량 등에 발생한 고장 등 보고 의무) ① 제26조 또는 제27조에 따라 철도차량 또는 철도용품에 대하여 형식승인을 받거나 제26조의3 또는 제27조의2에 따라 철도차량 또는 철도용품에 대하여 제작자승인을 받은 자는 그 승인받은 철도차량 또는 철도용품이 설계 또는 제작의 결함으로 인하여 국토교통부령으로 정하는 고장, 결함 또는 기능장애가 발생한 것을 알게 된 경우에는 국토교통부령으로 정하는 바에 따라 국토교통부장관에게 그 사실을 보고하여야 한다.

18. 철도차량을 운영하거나 정비하는 중에 고장, 결함 또는 기능장애가 발생한 것을 알게 된 경우에 국토교통부장관에게 그 사실을 보고하여야 하는 자는?
① 철도차량에 대하여 제작자승인을 받은 자
② 철도차량에 대하여 개조승인을 받은 자
③ 철도차량 정비조직인증을 받은 자
④ 철도용품에 대하여 제작자승인을 받은 자

해설 안전법 제61조의2(철도차량 등에 발생한 고장 등 보고 의무) ② 제38조의7에 따라 철도차량 정비조직인증을 받은 자가 철도차량을 운영하거나 정비하는 중에 국토교통부령으로 정하는 고장, 결함 또는 기능장애가 발생한 것을 알게 된 경우에는 국토교통부령으로 정하는 바에 따라 국토교통부장관에게 그 사실을 보고하여야 한다.

19. 철도차량 또는 철도용품이 설계 또는 제작의 결함으로 인하여 국토교통부장관에게 그 사실을 보고하여야 하는 국토교통부령으로 정하는 고장, 결함 또는 기능장애에 해당하지 않는 것은?
① 승인내용과 다른 설계 또는 제작으로 인한 철도차량의 고장, 결함 또는 기능장애
② 승인내용과 다른 설계 또는 제작으로 인한 철도용품의 고장, 결함 또는 기능장애
③ 하자보수 또는 피해배상을 해야 하는 철도차량 및 철도용품의 고장, 결함 또는 기능장애
④ 철도차량의 중정비가 요구되는 구조적 손상

해설 시행규칙 제87조(철도차량에 발생한 고장, 결함 또는 기능장애 보고) ① 법 제61조의2제1항에서 "국토교통부

령으로 정하는 고장, 결함 또는 기능장애"란 다음 각 호의 어느 하나에 해당하는 고장, 결함 또는 기능장애를 말한다.

1. 법 제26조 및 제26조의3에 따른 승인내용과 다른 설계 또는 제작으로 인한 철도차량의 고장, 결함 또는 기능장애
2. 법 제27조 및 제27조의2에 따른 승인내용과 다른 설계 또는 제작으로 인한 철도용품의 고장, 결함 또는 기능장애
3. 하자보수 또는 피해배상을 해야 하는 철도차량 및 철도용품의 고장, 결함 또는 기능장애
4. 그 밖에 제1호부터 제3호까지의 규정에 따른 고장, 결함 또는 기능장애에 준하는 고장, 결함 또는 기능장애

20. 철도차량을 운영하거나 정비하는 중에 국토교통부장관에게 그 사실을 보고하여야 하는 고장, 결함 또는 기능장애에 해당하지 않는 것은?

① 철도차량 중정비가 요구되는 구조적 손상
② 차상신호장치, 추진장치, 주행장치 그 밖에 철도차량 주요장치의 고장 중 차량 안전에 중대한 영향을 주는 고장
③ 사상자가 많은 철도사고등으로 국토교통부장관에 즉시 보고대상으로 보고된 고장, 결함 또는 기능장애
④ 고시된 기술기준에 따른 최대허용범위(제작사가 기술자료를 제공하는 경우에는 그 기술자료에 따른 최대허용범위를 말한다)를 초과하는 철도차량 구조의 균열, 영구적인 변형이나 부식

해설 시행규칙 제87조(철도차량에 발생한 고장, 결함 또는 기능장애 보고) ② 법 제61조의2제2항에서 "국토교통부령으로 정하는 고장, 결함 또는 기능장애"란 다음 각 호의 어느 하나에 해당하는 고장, 결함 또는 기능장애(법 제61조에 따라 보고된 고장, 결함 또는 기능장애는 제외한다)를 말한다.

1. 철도차량 중정비(철도차량을 완전히 분해하여 검수ㆍ교환하거나 탈선ㆍ화재 등으로 중대하게 훼손된 철도차량을 정비하는 것을 말한다)가 요구되는 구조적 손상
2. 차상신호장치, 추진장치, 주행장치 그 밖에 철도차량 주요장치의 고장 중 차량 안전에 중대한 영향을 주는 고장
3. 법 제26조제3항, 제26조의3제2항, 제27조제2항 및 제27조의2제2항에 따라 고시된 기술기준에 따른 최대허용범위(제작사가 기술자료를 제공하는 경우에는 그 기술자료에 따른 최대허용범위를 말한다)를 초과하는 철도차량 구조의 균열, 영구적인 변형이나 부식
4. 그밖에 제1호부터 제3호까지의 규정에 따른 고장, 결함 또는 기능장애에 준하는 고장, 결함 또는 기능장애

21. 철도차량을 완전히 분해하여 검수ㆍ교환하거나 탈선ㆍ화재 등으로 중대하게 훼손된 철도차량을 정비하는 것을 무엇이라고 하는가?

① 철도차량 정기정비   ② 철도차량 수시정비
③ 철도차량 중정비   ④ 철도차량 경정비

해설 시행규칙 제87조(철도차량에 발생한 고장, 결함 또는 기능장애 보고) 제②항 1호

22. 철도차량 등에 발생한 고장 등의 의무보고 방법으로 틀린 것은?

① 고장보고는 보고자가 관련사실을 인지한 후 15일 이내로 한다
② 고장보고를 접수한 국토교통부장관은 필요한 경우 철도운영기관, 한국철도기술연구원, 한국교통안전공단 등에 그 사실을 통보하여야 한다
③ 고장보고를 할 때에는 관련서식에 따라 국토교통부장관(철도운행안전과장)에게 공문과 fax를 통해 보고하여야 한다
④ 보고를 받은 국토교통부장관은 필요하다고 판단하는 경우에는 철도차량 또는 철도용품에 결함이 있는 여부에 대한 조사를 실시할 수 있다

해설 철도사고보고지침 제10조(고장보고 방법) 고장보고를 할 때에는 관련서식에 따라 국토교통부장관(철도운행안전과장) 공문과 fax를 통해 보고하여야 한다.

제11조(고장보고의 기한) 법 제61조의2에 따른 고장보고는 보고자가 관련사실을 인지한 후 7일 이내로 한다.

제12조(고장보고 내용의 전파 및 조치) ① 제10조 및 제11조에 따라 고장보고를 접수한 국토교통부장관은 필요한 경우 관련 부서(철도운영기관, 한국철도기술연구원, 한국교통안전공단 등)에 그 사실을 통보하여야 한다.

② 제10조 및 제11조에 따라 보고를 받은 국토교통부장관은 필요하다고 판단하는 경우, 법 제31조 제1항 제5호 및 규칙 제72조 제1항 제3호에 따른 철도차량 또는 철도용품에 결함이 있는 여부에 대한 조사를 실시할 수 있다.

23. 철도안전의 자율보고에 관한 설명으로 틀린 것은?

① 국토교통부장관은 철도안전 자율보고를 한 사람의 의사에 반하여 보고자의 신분을 공개해서는 아니 되며, 철도안전 자율보고를 사고예방 및 철도안전 확보 목적 외의 다른 목적으로 사용해서는 아니 된다
② 철도안전 자율보고에 포함되어야 할 사항, 보고 방법 및 절차는 국토교통부령으로 정한다
③ 철도안전을 해치거나 해칠 우려가 있는 사건·상황·상태 등을 발생시켰거나 철도안전위험요인이 발생한 것을 안 사람 또는 철도안전위험요인이 발생할 것이 예상된다고 판단하는 사람은 국토교통부장관에게 그 사실을 보고하여야 한다
④ 누구든지 철도안전 자율보고를 한 사람에 대하여 이를 이유로 신분이나 처우와 관련하여 불이익한 조치를 하여서는 아니 된다

해설 안전법 제61조의3(철도안전 자율보고) ① 철도안전을 해치거나 해칠 우려가 있는 사건·상황·상태 등(이하 "철도안전위험요인"이라 한다)을 발생시켰거나 철도안전위험요인이 발생한 것을 안 사람 또는 철도안전위험요인이 발생할 것이 예상된다고 판단하는 사람은 국토교통부장관에게 그 사실을 보고할 수 있다. (신설 2020.10.24)

② 국토교통부장관은 제1항에 따른 보고(이하 "철도안전 자율보고"라 한다)를 한 사람의 의사에 반하여 보고자의 신분을 공개해서는 아니 되며, 철도안전 자율보고를 사고예방 및 철도안전 확보 목적 외의 다른 목적으로 사용해서는 아니 된다.

③ 누구든지 철도안전 자율보고를 한 사람에 대하여 이를 이유로 신분이나 처우와 관련하여 불이익한 조치를 하여서는 아니 된다.

④ 제1항부터 제3항까지에서 규정한 사항 외에 철도안전 자율보고에 포함되어야 할 사항, 보고 방법 및 절차는 국토교통부령으로 정한다.

24. 철도안전을 해치거나 해칠 우려가 있는 사건·상황·상태 등을 무엇이라고 하는가?

① 철도안전위험인자   ② 철도안전위험요인
③ 철도안전장애인자   ④ 철도안전장애요인

해설 안전법 제61조의3(철도안전 자율보고) 제①항

25. 철도안전 자율보고서를 제출하거나 보고해야 하는 곳은?

① 한국교통안전공단   ② 한국철도기술연구원
③ 한국교통연구원   ④ 철도운영자등

해설 시행규칙 제88조(철도안전 자율보고의 절차 등) ① 법 제61조의3제1항에 따른 철도안전 자율보고를 하려는 자는 별지 제45호의19서식의 철도안전 자율보고서를 한국교통안전공단 이사장에게 제출하거나 국토교통부장관이 정하여 고시하는 방법으로 한국교통안전공단 이사장에게 보고해야 한다.

② 한국교통안전공단 이사장은 제1항에 따른 보고를 받은 경우 관계기관 등에게 이를 통보해야 한다.

③ 제2항에 따른 통보의 내용 및 방법 등에 관하여 필요한 사항은 국토교통부장관이 정하여 고시한다.

26. 철도안전 자율보고에 관한 설명으로 맞는 것은?

① 자율보고의 보고자는 유선전화, 전자우편, 인터넷 웹사이트를 통하여 보고할 수 있다

② 한국교통안전공단 이사장은 접수한 자율보고에 대하여 초도 분석을 실시하고 분석 결과를 월1회(전월 접수된 건에 대한 초도 분석결과를 토요일 및 공휴일을 제외한 업무일 기준 15일 내에) 국토교통부장관에게 제출하여야 한다

③ 철도운영자등은 한국교통안전공단 이사장으로부터 통보받은 자율보고내용에 대한 조치가 완료된 이후 15일 이내에 해당 조치결과를 공단 이사장에게 통보하여야 한다

④ 한국교통안전공단 이사장은 자율보고 매뉴얼을 제정하거나 변경할 때에는 국토교통부장관에게 사전 통보하여야 한다

⑤ 한국교통안전공단 이사장은 접수한 자율보고에 대한 심층분석 결과를 월 1회(전월 접수된 건에 대한 심층분석 결과를 익월까지) 국토교통부장관에게 제출하여야 한다

⑥ 공단 이사장은 매년 3월말까지 전년도 자율보고 접수, 분석결과 및 경향 등을 포함하는 자율보고 연간 분석결과를 국토교통부장관에게 보고하여야 한다

해설 철도사고보고지침 제13조(자율보고 방법) 자율보고의 보고자는 다음 각 호의 방법에 따라 보고할 수 있다.

1. 유선전화 : 054)459-7323
2. 전자우편 : krails@kotsa.or.kr
3. 인터넷 웹사이트 : www.railsafety.or.kr

제14조(자율보고 매뉴얼 작성 등) ① 한국교통안전공단(이하 "공단"이라 한다) 이사장은 자율보고 접수 · 분석 및 전파에 필요한 세부 방법 · 절차 등을 규정한 철도안전 자율보고 매뉴얼(이하 "자율보고 매뉴얼"이라 한다)을 제정하여야 한다.

② 공단 이사장은 자율보고 매뉴얼을 제정하거나 변경할 때에는 국토교통부장관에게 사전 승인을 받아야 한다.

③ 공단 이사장은 자율보고 매뉴얼 중 업무처리절차 등 주요 내용에 대하여는 보고자가 인터넷 등 온라인을 통해 쉽게 열람할 수 있도록 조치하여야 한다.

제15조(조치 등) ① 국토교통부장관은 철도안전 자율보고의 접수 및 처리업무에 관하여 필요한 지시를 하거나 조치를 명할 수 있다.

제16조(업무담당자 지정 등) ① 공단 이사장은 자율보고 접수 · 분석 및 전파에 관한 업무를 담당할 내부 부서 및 임직원을 지정하고, 직무범위와 책임을 부여하여야 한다.

② 공단 이사장은 제1항에 따라 지정한 담당 임직원이 해당업무를 수행하기 전에 자율보고 업무와 관련한 법령, 지침 및 제4조제1항에 따른 자율보고 매뉴얼에 대한 초기교육을 시행하여야 한다.

제17조(자율보고 등의 접수) ① 공단 이사장은 자율보고를 접수한 경우 보고자에게 접수번호를 제공하여야 한다.

② 공단 이사장은 제1항에 따른 자율보고 내용을 파악한 후 누락 또는 부족한 내용이 있는 경우 보고자에게 추가 정보 제공 등을 요청하거나 관련 현장을 방문할 수 있다.

③ 공단 이사장은 보고내용이 긴급히 철도안전에 영향을 미칠 수 있다고 판단되는 경우 지체 없이 철도운영자등에게 통보하여 조치를 취하도록 하여야 한다.

④ 철도운영자등은 통보받은 보고내용의 진위여부, 조치 필요성 등을 확인하고, 필요한 경우 조치를 취하여야 한다.

⑤ 철도운영자등은 보고내용에 대한 조치가 완료된 이후 10일 이내에 해당 조치결과를 공단 이사장에게 통보하여야 한다.

제18조(보고자 개인정보 보호) ① 공단 이사장은 보고자의 의사에 반하여 보고자의 개인정보를 공개하여서는 아니 된다.

② 공단 이사장은 제1항에 따라 보고자의 의사에 반하여 개인정보가 공개되지 않도록 업무처리절차를 마련

정답 | **26.** ① |

하여 시행하여야 하며, 관계 임직원이 이를 준수하도록 하여야 한다.

제19조(자율보고 분석) ① 공단 이사장은 제7조에 따라 접수한 자율보고에 대하여 초도 분석을 실시하고 분석결과를 월 1회(전월 접수된 건에 대한 초도 분석결과를 토요일 및 공휴일을 제외한 업무일 기준 10일 내에) 국토교통부장관에게 제출하여야 한다.

② 공단 이사장은 제1항에 따른 초도분석에 이어 위험요인(Hazard) 분석, 위험도(Safety Risk) 평가, 경감조치(관계기관 협의, 전파) 등 해당 발생 건에 대한 위험도를 관리하기 위해 심층분석을 실시하여야 한다. 필요한 경우 분석회의를 구성 및 운영할 수 있다.

③ 공단 이사장은 제2항에 따른 심층분석 결과를 분기 1회(전 분기 접수된 건에 대한 심층분석 결과를 다음 분기까지) 국토교통부장관에게 제출하여야 한다.

제20조(위험요인 등록) 공단 이사장은 제9조에 따른 자율보고 분석을 통해 식별한 위험요인, 위험도, 후속조치 등을 체계적으로 관리하기 위하여 철도안전위험요인 등록부(Hazard Register)를 작성하고 관리하여야 한다.

제21조(자율보고 연간 분석 등) 공단 이사장은 매년 2월말까지 전년도 자율보고 접수, 분석결과 및 경향 등을 포함하는 자율보고 연간 분석결과를 국토교통부장관에게 보고하여야 한다.

제22조(안전정보 전파) 공단 이사장은 제9조에 따른 자율보고 분석 결과 중 철도안전 증진에 기여할 수 있을 것으로 판단되는 안전정보는 철도운영자등 및 철도종사자와 공유하여야 한다.

제23조(전자시스템 구축 등) 공단 이사장은 제7조에 따른 자율보고의 접수단계부터 제10조에 따른 자율보고의 분석단계 업무를 효과적으로 처리 및 기록·관리하기 위한 전자시스템을 구축·관리하여야 한다.

제24조(자율보고제도 개선 등) ① 공단 이사장은 자율보고의 편의성을 제고하고 안전정보 공유 체계를 개선하기 위해 지속적으로 노력하여야 한다.

② 공단 이사장은 자율보고제도를 운영하고 있는 국내 타 분야 및 해외 철도사례 연구 등을 통해 자율보고제도를 보다 효과적이고 효율적으로 운영할 수 있는 방안을 지속 연구하고, 이를 국토교통부장관에게 건의할 수 있다.

27. 국토교통부장관이나 관계 지방자치단체가 철도관계기관등에 대하여 필요한 사항을 보고하게 하거나 자료의 제출을 명할 수 있는 경우가 아닌 것은?

① 안전관리 수준평가를 위하여 필요한 경우
② 철도안전 종합계획 또는 시행계획의 수립 또는 추진을 위하여 필요한 경우
③ 철도안전관리체계 승인기준에 적합한지 확인하려는 경우
④ 철도운영자가 열차운행을 일시 중지한 경우로서 그 결정 근거 등의 적정성에 대한 확인이 필요한 경우

해설 안전법 제73조(보고 및 검사) ① 국토교통부장관이나 관계 지방자치단체는 다음 각 호의 어느 하나에 해당하는 경우 대통령령으로 정하는 바에 따라 철도관계기관등에 대하여 필요한 사항을 보고하게 하거나 자료의 제출을 명할 수 있다.

1. 철도안전 종합계획 또는 시행계획의 수립 또는 추진을 위하여 필요한 경우
1의2. 제6조의2제1항에 따른 철도안전투자의 공시가 적정한지를 확인하려는 경우
2. 제8조제2항에 따른 점검·확인을 위하여 필요한 경우
2의2. 제9조의3제1항에 따른 안전관리 수준평가를 위하여 필요한 경우
3. 운전적성검사기관, 관제적성검사기관, 운전교육훈련기관, 관제교육훈련기관, 안전전문기관, 정비교육훈련기관, 정밀안전진단기관, 인증기관, 시험기관, 위험물 포장·용기검사기관 및 위험물취급전문교육기관의 업무 수행 또는 지정기준 부합 여부에 대한 확인이 필요한 경우
4. 철도운영자등의 제21조의2, 제22조의2 또는 제23조제3항에 따른 철도종사자 관리의무 준수 여부에 대한 확인이 필요한 경우
4의2. 제31조제4항에 따른 조치의무 준수 여부를 확인하려는 경우
5. 제38조제2항에 따른 검토를 위하여 필요한 경우
5의2. 제38조의9에 따른 준수사항 이행 여부를 확인하려는 경우
6. 제40조에 따라 철도운영자가 열차운행을 일시 중지한 경우로서 그 결정 근거 등의 적정성에 대한 확인이

필요한 경우

7. 제44조제2항에 따른 철도운영자의 안전조치등이 적정한지에 대한 확인이 필요한 경우

7의2. 제44조의2제1항에 따라 위험물 포장 및 용기의 안전성에 대한 확인이 필요한 경우

7의3. 제44조의3제1항에 따른 철도로 운송하는 위험물을 취급하는 종사자의 위험물취급안전교육 이수 여부에 대한 확인이 필요한 경우

8. 제61조에 따른 보고와 관련하여 사실 확인 등이 필요한 경우

9. 제68조, 제69조제2항 또는 제70조에 따른 시책을 마련하기 위하여 필요한 경우

10. 제72조의2제1항에 따른 비용의 지원을 결정하기 위하여 필요한 경우

28. 국토교통부장관이나 관계 지방자치단체가 철도관계기관등에 대하여 필요한 사항을 보고하게 하거나 자료의 제출을 명할 수 있는 경우가 아닌 것은?

① 위해물품 운송을 위탁하여 철도로 운송하려는 자가 철도운영자의 안전조치등 지시에 대하여 적정한지에 대한 확인이 필요한 경우

② 철도운영자등이 운전업무·관제업무의 무자격자 및 신체검사·적성검사 불합격자의 종사 금지 등의 철도종사자 관리의무 준수 여부에 대한 확인이 필요한 경우

③ 종합시험운행 실시 결과의 검토를 위하여 필요한 경우

④ 위험물 운송을 위탁하여 철도로 운송하려는 자가 철도운영자의 안전조치등 지시에 대하여 적정한지에 대한 확인이 필요한 경우

해설 안전법 제73조(보고 및 검사)

29. 철도안전법에 따라 수수료를 납부하여야 하는 자가 아닌 것은?

① 교육훈련을 신청하는 자   ② 면허를 신청하는 자

③ 검사를 신청하는 자   ④ 성능인증을 하는 자

⑤ 성능검사를 신청하는 자   ⑥ 진단을 신청하는 자

해설 안전법 제74조(수수료) ① 이 법에 따른 교육훈련, 면허, 검사, 진단, 성능인증 및 성능시험 등을 신청하는 자는 국토교통부령으로 정하는 수수료를 내야 한다.

30. 대행기관 또는 수탁기관의 수수료에 대한 설명을 틀린 것은?

① 수수료를 정하는 자는 대행기관 또는 수탁기관이다

② 수수료 납부는 대행기관 또는 수탁기관에 내야 한다

③ 수수료를 정하려는 대행기관 또는 수탁기관은 그 기준을 정하여 국토교통부장관의 승인을 받아야 한다

④ 수수료에 대한 기준을 정하려는 경우에는 해당 기관의 인터넷 홈페이지에 14일간 그 내용을 게시하여 이해관계인의 의견을 수렴하여야 한다. 다만, 긴급하다고 인정하는 경우에는 인터넷 홈페이지에 그 사유를 소명하고 7일간 게시할 수 있다

해설 안전법 제74조(수수료) ① 이 법에 따른 교육훈련, 면허, 검사, 진단, 성능인증 및 성능시험 등을 신청하는 자는 국토교통부령으로 정하는 수수료를 내야 한다. 다만, 이 법에 따라 국토교통부장관의 지정을 받은 운전적성검사기관, 관제적성검사기관, 운전교육훈련기관, 관제교육훈련기관, 정비교육훈련기관, 정밀안전진단기관, 인증기관, 시험기관, 안전전문기관, 위험물 포장·용기검사기관 및 위험물취급전문교육기관(이하 이 조에서 "대행기관"이라 한다) 또는 제77조제2항에 따라 업무를 위탁받은 기관(이하 이 조에서 "수탁기관"이라 한다)의 경우에는 대행기관 또는 수탁기관이 정하는 수수료를 대행기관 또는 수탁기관에 내야 한다.

② 제1항 단서에 따라 수수료를 정하려는 대행기관 또는 수탁기관은 그 기준을 정하여 국토교통부장관의 승인을 받아야 한다. 승인받은 사항을 변경하려는 경우에도 또한 같다.

시행규칙 제94조(수수료의 결정절차) ① 법 제74조제1항 단서에 따른 대행기관 또는 수탁기관(이하 이 조에서 "대행기관 또는 수탁기관"이라 한다)이 같은 조 제2항에 따라 수수료에 대한 기준을 정하려는 경우에는 해당 기관의 인터넷 홈페이지에 20일간 그 내용을 게시하여 이해관계인의 의견을 수렴하여야 한다. 다만, 긴급하다고 인정하는 경우에는 인터넷 홈페이지에 그 사유를 소명하고 10일간 게시할 수 있다.

② 제1항에 따라 대행기관 또는 수탁기관이 수수료에 대한 기준을 정하여 국토교통부장관의 승인을 얻은 경우에는 해당 기관의 인터넷 홈페이지에 그 수수료 및 산정내용을 공개하여야 한다.

31. 국토교통부장관이 처분을 하는 경우에 청문을 하여야 하는 경우가 아닌 것은?

① 안전관리체계의 승인 취소
② 운전면허의 취소 및 효력정지
③ 인증정비조직의 업무 정지
④ 시험기관의 지정 취소

해설 안전법 제75조(청문) 국토교통부장관은 다음 각 호의 어느 하나에 해당하는 처분을 하는 경우에는 청문을 하여야 한다.
1. 제9조제1항에 따른 안전관리체계의 승인 취소
2. 제15조의2에 따른 운전적성검사기관의 지정취소(제16조제5항, 제21조의6제5항, 제21조의7제5항, 제24조의4제5항 또는 제69조제7항에서 준용하는 경우를 포함한다)
3. 삭제
4. 제20조제1항에 따른 운전면허의 취소 및 효력정지
4의2. 제21조의11제1항에 따른 관제자격증명의 취소 또는 효력정지
4의3. 제24조의5제1항에 따른 철도차량정비기술자의 인정 취소
5. 제26조의2제1항(제27조제4항에서 준용하는 경우를 포함한다)에 따른 형식승인의 취소
6. 제26조의7(제27조의2제4항에서 준용하는 경우를 포함한다)에 따른 제작자승인의 취소
7. 제38조의10제1항에 따른 인증정비조직의 인증 취소
8. 제38조의13제3항에 따른 정밀안전진단기관의 지정 취소
8의2. 제44조의2제6항에 따른 위험물 포장·용기검사기관의 지정 취소 또는 업무정지
8의3. 제44조의3제5항에 따른 위험물취급전문교육기관의 지정 취소 또는 업무정지
9. 제48조의4제3항에 따른 시험기관의 지정 취소
10. 제69조의5제1항에 따른 철도운행안전관리자의 자격 취소
11. 제69조의5제2항에 따른 철도안전전문기술자의 자격 취소

32. 철도안전과 관련된 법규의 위반에 따른 통보 및 징계 권고에 대한 설명으로 맞는 것은?

① 철도안전법 등 철도안전과 관련된 법규의 위반에 따라 사고가 발생했다고 인정할 만한 상당한 이유가 있을 때에는 사고에 책임이 있는 사람을 징계할 것을 해당 철도운영자등에게 권고하여야 한다
② 철도안전법 등 철도안전과 관련된 법규의 위반에 따른 범죄혐의가 있다고 인정할 만한 상당한 이유가 있을 때에는 철도운영자등에게 그 내용을 통보할 수 있다
③ 철도안전법 등 철도안전과 관련된 법규의 위반에 따라 사고가 발생했다고 인정할 만한 상당한 이유가 있을 때에는 사고에 책임이 있는 사람을 조사할 것을 관할 수사기관에 통보할 수 있다
④ 징계할 것을 권고 받은 철도운영자등은 이를 존중하여야 하며 그 결과를 국토교통부장관에게 통보하여야 한다

해설 안전법 제75조의2(통보 및 징계권고) ① 국토교통부장관은 이 법 등 철도안전과 관련된 법규의 위반에 따른 범죄혐의가 있다고 인정할 만한 상당한 이유가 있을 때에는 관할 수사기관에 그 내용을 통보할 수 있다.
② 국토교통부장관은 이 법 등 철도안전과 관련된 법규의 위반에 따라 사고가 발생했다고 인정할 만한 상당한 이유가 있을 때에는 사고에 책임이 있는 사람을 징계할 것을 해당 철도운영자등에게 권고할 수 있다. 이 경우 권고를 받은 철도운영자등은 이를 존중하여야 하며 그 결과를 국토교통부장관에게 통보하여야 한다.

33. 형법을 적용할 때 공무원으로 보는 경우가 아닌 것은?

① 운전교육훈련 업무에 종사하는 운전교육훈련기관의 임직원 또는 관제교육훈련 업무에 종사하는 관제교육훈련기관의 임직원

② 철도차량 운전면허의 신체검사 업무에 종사하는 기관 또는 단체의 임직원

③ 위탁업무에 종사하는 한국교통안전공단의 임직원

④ 철도안전 전문인력의 양성 및 자격관리 업무에 종사하는 안전전문기관의 임직원

해설 안전법 제76조(벌칙 적용에서 공무원 의제) 다음 각 호의 어느 하나에 해당하는 사람은 「형법」 제129조부터 제132조까지의 규정을 적용할 때에는 공무원으로 본다.

1. 운전적성검사 업무에 종사하는 운전적성검사기관의 임직원 또는 관제적성검사 업무에 종사하는 관제적성검사기관의 임직원
2. 운전교육훈련 업무에 종사하는 운전교육훈련기관의 임직원 또는 관제교육훈련 업무에 종사하는 관제교육훈련기관의 임직원
2의2. 정비교육훈련 업무에 종사하는 정비교육훈련기관의 임직원
2의3. 정비교육훈련 업무에 종사하는 정비교육훈련기관의 임직원
2의4. 제27조의3에 따라 위탁받은 검사 업무에 종사하는 기관 또는 단체의 임직원
2의5. 제48조의4에 따른 성능시험 업무에 종사하는 시험기관의 임직원 및 성능인증·점검 업무에 종사하는 인증기관의 임직원
2의6. 제69조제5항에 따른 철도안전 전문인력의 양성 및 자격관리 업무에 종사하는 안전전문기관의 임직원
2의7. 제44조의2제4항에 따른 위험물 포장·용기검사 업무에 종사하는 위험물 포장·용기검사기관의 임직원
2의8. 제44조의3제3항에 따른 위험물취급안전교육 업무에 종사하는 위험물취급전문교육기관의 임직원
3. 제77조제2항에 따라 위탁업무에 종사하는 철도안전 관련 기관 또는 단체의 임직원

34. 형법의 규정을 적용할 때 공무원 의제 적용이 아닌 것은?

① 국토교통부장관이 권한의 일부를 위임한 업무에 종사하는 기관의 임직원

② 정비교육훈련 업무에 종사하는 정비교육훈련기관의 임직원

③ 운전적성검사 업무에 종사하는 운전적성검사기관의 임직원 또는 관제적성검사 업무에 종사하는 관제적성검사기관의 임직원

④ 위탁업무에 종사하는 철도안전 관련 기관 또는 단체의 임직원

해설 안전법 제76조(벌칙 적용에서 공무원 의제)

35. 권한의 위임·위탁에 관한 설명으로 틀린 것은?

① 국토교통부장관은 이 법에 따른 권한의 일부를 대통령령으로 정하는 바에 따라 소속 기관의 장 또는 시·도지사에게 위임할 수 있다

② 국토교통부장관은 이 법에 따른 업무의 일부를 대통령령으로 정하는 바에 따라 철도안전 관련 기관 또는 단체에 위탁할 수 있다

③ 위임기관은 시·도지사 및 철도특별사법경찰대장이 있다

④ 위탁기관은 한국교통안전공단, 한국철도기술연구원, 국가철도공단, 한국교통연구원, 국토교통부장관이 지정하여 고시하는 철도안전에 관한 전문기관이나 단체가 있다

해설 안전법 제77조(권한의 위임·위탁) ① 국토교통부장관은 이 법에 따른 권한의 일부를 대통령령으로 정하는 바에 따라 소속 기관의 장 또는 시·도지사에게 위임할 수 있다.

② 국토교통부장관은 이 법에 따른 업무의 일부를 대통령령으로 정하는 바에 따라 철도안전 관련 기관 또는 단체에 위탁할 수 있다.

정답 | **33.** | ② | **34.** | ① | **35.** | ④

시행령 제62조(권한의 위임) ① 국토교통부장관은 법 제77조제1항에 따라 해당 특별시·광역시·특별자치시·도 또는 특별자치도의 소관 도시철도(「도시철도법」 제3조제2호에 따른 도시철도 또는 같은 법 제24조 또는 제42조에 따라 도시철도건설사업 또는 도시철도운송사업을 위탁받은 법인이 건설·운영하는 도시철도를 말한다)에 대한 다음 각 호의 권한을 해당 시·도지사에게 위임한다.

② 국토교통부장관은 법 제77조제1항에 따라 다음 각 호의 권한을 「국토교통부와 그 소속기관 직제」 제40조에 따른 철도특별사법경찰대장에게 위임한다.

시행령 제63조(업무의 위탁) ① 국토교통부장관은 법 제77조제2항에 따라 다음 각 호의 업무를 한국교통안전공단에 위탁한다.

② 국토교통부장관은 법 제77조제2항에 따라 다음 각 호의 업무를 한국철도기술연구원에 위탁한다.

③ 국토교통부장관은 법 제77조제2항에 따라 철도보호지구 등의 관리에 관한 다음 각 호의 업무를 「국가철도공단법」에 따른 국가철도공단에 위탁한다.

④ 국토교통부장관은 법 제77조제2항에 따라 다음 각 호의 업무를 국토교통부장관이 지정하여 고시하는 철도안전에 관한 전문기관이나 단체에 위탁한다.

36. 철도안전법에서 국토교통부장관이 도시철도에 대한 권한을 시·도지사에게 위임하는 업무가 아닌 것은?

① 국토교통부장관이 철도차량을 운행하는 자에게 지시하는 이동·출발·정지 등의 명령 업무

② 여객열차에서 흡연을 한 사람에 대한 과태료 부과·징수

③ 철도차량의 안전한 운행을 위하여 철도시설 내에서 사람, 자동차 및 철도차량의 운행제한 등 필요한 국토교통부장관의 안전조치에 따르지 아니한 자에 대한 과태료의 부과·징수

④ 국토교통부장관이 철도종사자 또는 철도운영자등에게 제공하는 철도차량의 안전하고 효율적인 운행을 위하여 철도시설의 운용상태 등 철도차량의 운행과 관련된 조언과 정보의 제공 업무

해설 안전법시행령 제62조(권한의 위임) ① 국토교통부장관은 법 제77조제1항에 따라 해당 특별시·광역시·특별자치시·도 또는 특별자치도의 소관 도시철도(「도시철도법」 제3조제2호에 따른 도시철도 또는 같은 법 제24조 또는 제42조에 따라 도시철도건설사업 또는 도시철도운송사업을 위탁받은 법인이 건설·운영하는 도시철도를 말한다)에 대한 다음 각 호의 권한을 해당 시·도지사에게 위임한다.

1. 법 제39조의2제1항부터 제3항까지에 따른 이동·출발 등의 명령과 운행기준 등의 지시, 조언·정보의 제공 및 안전조치 업무

2. 법 제82조제1항제10호에 따른 과태료의 부과·징수

안전법 제39조의2(철도교통관제) ① 철도차량을 운행하는 자는 국토교통부장관이 지시하는 이동·출발·정지 등의 명령과 운행 기준·방법·절차 및 순서 등에 따라야 한다.

② 국토교통부장관은 철도차량의 안전하고 효율적인 운행을 위하여 철도시설의 운용상태 등 철도차량의 운행과 관련된 조언과 정보를 철도종사자 또는 철도운영자등에게 제공할 수 있다.

③ 국토교통부장관은 철도차량의 안전한 운행을 위하여 철도시설 내에서 사람, 자동차 및 철도차량의 운행제한 등 필요한 안전조치를 취할 수 있다.

안전법 제82조(과태료) ① 다음 각 호의 어느 하나에 해당하는 자에게는 1천만원 이하의 과태료를 부과한다.

10. 제39조의2제3항에 따른 안전조치를 따르지 아니한 자

37. 국토교통부장관이 철도특별사법경찰대장에게 위임한 과태료 부과, 징수 대상이 아닌 것은?

① 철도종사자의 직무상 지시에 따르지 아니한 사람

② 철도안전 우수운영자로 지정을 받지 않은 자가 우수운영자로 지정되었음을 나타내는 표시를 하거나 이와 유사한 표시를 한 자

③ 철도시설(선로는 제외한다)에 승낙 없이 출입하거나 통행한 사람

④ 철도시설에 유해물 또는 오물을 버리는 행위를 한 사람

⑤ 여객열차에서 흡연을 한 사람

⑥ 선로에 승낙 없이 출입하거나 통행한 사람

⑦ 철도종사자의 준수사항을 위반한 자

해설 시행령.제62조(권한의 위임) ② 국토교통부장관은 법 제77조제1항에 따라 다음 각 호의 권한을 「국토교통부와 그 소속기관 직제」 제40조에 따른 철도특별사법경찰대장에게 위임한다.

1. 법 제41조제2항에 따른 술을 마셨거나 약물을 사용하였는지에 대한 확인 또는 검사

2. 법 제48조의2제2항에 따른 철도보안정보체계의 구축 · 운영

3. 법 제82조제1항제14호, 같은 조 제2항제7호 · 제8호 · 제9호 · 제10호, 같은 조 제4항 및 같은 조 제5항제2호에 따른 과태료의 부과 · 징수

안전법 제82조(과태료) ① 다음 각 호의 어느 하나에 해당하는 자에게는 1천만원 이하의 과태료를 부과한다.

14. 제49조제1항을 위반하여 철도종사자의 직무상 지시에 따르지 아니한 사람

② 다음 각 호의 어느 하나에 해당하는 자에게는 500만원 이하의 과태료를 부과한다.

7. 제40조의2에 따른 준수사항을 위반한 자

8. 제47조제1항제1호 또는 제3호를 위반하여 여객출입 금지장소에 출입하거나 물건을 여객열차 밖으로 던지는 행위를 한 사람

8의2. 제47조제3항을 위반하여 여객열차에서의 금지행위에 관한 사항을 안내하지 아니한 자 〈2021.6.23.추가〉

9. 제48조제5호를 위반하여 철도시설(선로는 제외한다)에 승낙 없이 출입하거나 통행한 사람

10. 제48조제7호 · 제9호 또는 제10호를 위반하여 철도시설에 유해물 또는 오물을 버리거나 열차운행에 지장을 준 사람

④ 다음 각 호의 어느 하나에 해당하는 자에게는 100만원 이하의 과태료를 부과한다.

1. 제40조의3을 위반하여 업무에 종사하는 동안에 열차 내에서 흡연을 한 사람

2. 제47조제1항제4호를 위반하여 여객열차에서 흡연을 한 사람

3. 제48조제5호를 위반하여 선로에 승낙 없이 출입하거나 통행한 사람

⑤ 다음 각 호의 어느 하나에 해당하는 자에게는 50만원 이하의 과태료를 부과한다.

2. 제47조제1항제7호를 위반하여 공중이나 여객에게 위해를 끼치는 행위를 한 사람

38. 철도안전법에서 한국교통안전공단에 위탁하는 업무가 아닌 것은?

① 안전관리체계에 대한 정기검사　　② 관제자격증명시험의 실시

③ 철도안전 자율보고의 접수　　　　④ 표준규격서의 작성

해설 시행령 제63조(업무의 위탁) ① 국토교통부장관은 법 제77조제2항에 따라 다음 각 호의 업무를 한국교통안전공단에 위탁한다.

1. 법 제7조제4항에 따른 안전관리기준에 대한 적합 여부 검사

1의2. 법 제7조제5항에 따른 기술기준의 제정 또는 개정을 위한 연구 · 개발

1의3. 법 제8조제2항에 따른 안전관리체계에 대한 정기검사 또는 수시검사

1의4. 법 제9조의3제1항에 따른 철도운영자등에 대한 안전관리 수준평가

2. 법 제17조제1항에 따른 운전면허시험의 실시

3. 법 제18조제1항(법 제21조의9에서 준용하는 경우를 포함한다)에 따른 운전면허증 또는 관제자격증명서의 발급과 법 제18조제2항(법 제21조의9에서 준용하는 경우를 포함한다)에 따른 운전면허증 또는 관제자격증명서의 재발급이나 기재사항의 변경

4. 법 제19조제3항(법 제21조의9에서 준용하는 경우를 포함한다)에 따른 운전면허증 또는 관제자격증명서의 갱신 발급과 법 제19조제6항(법 제21조의9에서 준용하는 경우를 포함한다)에 따른 운전면허 또는 관제자격증명 갱신에 관한 내용 통지

5. 법 제20조제3항 및 제4항(법 제21조의11제2항에서 준용하는 경우를 포함한다)에 따른 운전면허증 또는 관제자격증명서의 반납의 수령 및 보관

6. 법 제20조제6항(법 제21조의11제2항에서 준용하는 경우를 포함한다)에 따른 운전면허 또는 관제자격증명의 발급·갱신·취소 등에 관한 자료의 유지·관리

6의2. 법 제21조의8제1항에 따른 관제자격증명시험의 실시

6의3. 법 제24조의2제1항부터 제3항까지에 따른 철도차량정비기술자의 인정 및 철도차량정비경력증의 발급·관리

6의4. 법 제24조의5제1항 및 제2항에 따른 철도차량정비기술자 인정의 취소 및 정지에 관한 사항

6의5. 법 제38조제2항에 따른 종합시험운행 결과의 검토

6의9. 법 제61조의3제1항에 따른 철도안전 자율보고의 접수

7. 법 제70조에 따른 철도안전에 관한 지식 보급과 법 제71조에 따른 철도안전에 관한 정보의 종합관리를 위한 정보체계 구축 및 관리

7의2. 법 제75조제4호의3에 따른 철도차량정비기술자의 인정 취소에 관한 청문

39. 국토교통부장관이 한국교통안전공단에 위탁한 업무가 아닌 것은?

① 운전면허시험과 관제자격증명 시험의 실시
② 안전관리체계에 대한 정기검사 또는 수시검사
③ 정비조직운영기준의 작성
④ 철도종사자의 준수사항을 위반한 자에 따른 과태료 부과·징수

해설 안전법 시행령 제63조(업무의 위탁)

40. 철도안전법에서 한국철도기술연구원에 위탁하는 업무가 아닌 것은?

① 철도차량 개조승인검사
② 철도차량 품질관리체계 유지의 정기검사 수시검사
③ 철도차량 기술기준의 제정
④ 종합시험운행 결과의 검토

해설 안전법시행령 제63조(업무의 위탁) ② 국토교통부장관은 법 제77조제2항에 따라 다음 각 호의 업무를 한국철도기술연구원에 위탁한다.

1. 법 제25조제1항, 제26조제3항, 제26조의3제2항, 제27조제2항 및 제27조의2제2항에 따른 기술기준의 제정 또는 개정을 위한 연구·개발

5. 법 제26조의8 및 제27조의2제4항에서 준용하는 법 제8조제2항에 따른 정기검사 또는 수시검사

8. 법 제34조제1항에 따른 철도차량·철도용품 표준규격의 제정·개정 등에 관한 업무 중 다음 각 목의 업무
   가. 표준규격의 제정·개정·폐지에 관한 신청의 접수
   나. 표준규격의 제정·개정·폐지 및 확인 대상의 검토
   다. 표준규격의 제정·개정·폐지 및 확인에 대한 처리결과 통보
   라. 표준규격서의 작성
   마. 표준규격서의 기록 및 보관

9. 법 제38조의2제4항에 따른 철도차량 개조승인검사

8장

벌 칙

1 징역 · 벌금

(1) 무기징역 등 중대한 벌칙

위 반 내 용	위반자 (고의성)	과실로 죄를 지은 사람	업무상 과실이나 중대한 과실	미수범
① 사람이 탑승하여 운행 중인 철도 차량에 불을 놓아 소훼한 사람 ② 사람이 탑승하여 운행 중인 철도차량을 탈선 또는 충돌하게 하거나 파괴한 사람	무기징역 또는 5년이상의 징역	1년이하의 징역 또는 1천만원이하의 벌금	3년이하의 징역 또는 3천만원이하의 벌금	처벌
위 ①, ②의 죄를 지어 사람을 사망에 이르게 한 자	사형, 무기징역, 7년이상의 징역			
철도보호 및 질서유지를 위한 금지행위를 위반하여 철도시설 또는 철도차량을 파손하여 철도차량 운행에 위험을 발생하게 한 사람	10년이하의 징역 또는 1억원이하의 벌금	1천만원이하의 벌금	2년이하의 징역 또는 2천만원이하의 벌금	

(2) 5년 이하의 징역 또는 5천만원 이하의 벌금

폭행 · 협박으로 철도종사자의 직무집행을 방해한 자

(3) 3년 이하의 징역 또는 3천만원 이하의 벌금

① 안전관리체계의 승인을 받지 아니하고 철도운영을 하거나 철도시설을 관리한 자
② 국토교통부장관의 운행제한 명령을 따르지 아니하고 철도차량을 운행한 자
③ 철도사고등 발생 시 관제업무종사사, 운전업무종사자와 여객승무원의 준수사항을 위반하여 사람을 사상(死傷)에 이르게 하거나 철도차량 또는 철도시설을 파손에 이르게 한 자

④ 술을 마시거나 약물을 사용한 상태에서 업무를 한 사람

⑤ 운송 금지 위험물의 운송을 위탁하거나 그 위험물을 운송한 자

⑥ 위험물을 안전하게 포장·적재 운송을 위반하여 위험물을 운송한 자

⑦ 여객열차에서 다른 사람을 폭행하여 열차운행에 지장을 초래한 자

⑧ 다음의 철도보호 및 질서유지를 위한 금지행위를 위반한 자

 ㉮ 철도차량을 향하여 돌이나 그 밖의 위험한 물건을 던져 철도차량 운행에 위험을 발생하게 하는 행위

 ㉯ 궤도의 중심으로부터 양측으로 폭 3m 이내의 장소에 철도차량의 안전 운행에 지장을 주는 물건을 방치하는 행위

 ㉰ 철도교량 등 **국토교통부령**으로 정하는 시설 또는 구역에 **국토교통부령**으로 정하는 폭발물 또는 인화성이 높은 물건 등을 쌓아 놓는 행위

(4) 2년 이하의 징역 또는 2천만원 이하의 벌금

* 거짓이나 그 밖의 부정한 **방법**으로 승인·지정·인증 등을 받은 경우가 대부분이 벌칙에 해당한다

① 거짓이나 그 밖의 부정한 방법으로 안전관리체계의 승인을 받은 자

② 승인받은 안전관리체계를 지속적으로 유지하지 않아 철도운영이나 철도시설의 관리에 중대하고 명백한 지장을 초래한 자

③ 거짓이나 그 밖의 부정한 방법으로 지정을 받은 자

 ㉮ 운전적성검사기관 ㉯ 운전교육훈련기관 ㉰ 관제적성검사기관

 ㉱ 관제교육훈련기관 ㉲ 정비교육훈련기관 ㉳ 정밀안전진단기관

 ㉴ 안전전문기관

④ 업무정지 기간 중에 해당 업무를 한 자

 ㉮ 운전적성검사기관 ㉯ 운전교육훈련기관 ㉰ 관제적성검사기관

 ㉱ 관제교육훈련기관 ㉲ 정비교육훈련기관 ㉳ 안전전문기관

⑤ 완성검사를 받지 아니하고 철도차량을 판매한자

⑥ 종합시험운행을 실시하지 아니하거나 실시한 결과를 국토교통부장관에게 보고하지 아니하고 철도노선을 정상운행한 자

⑦ 관제업무종사자가 특별한 사유 없이 열차운행을 중지하지 아니한 자

⑧ 열차운행의 중지를 요청한 철도종사자에게 불이익한 조치를 한 자

⑨ 음주, 약물사용의 확인 또는 검사에 불응한 자

⑩ 정당한 사유 없이 위해물품을 휴대하거나 적재한 사람

⑪ 철도보호지구에서 행위 신고를 하지 아니하거나 행위금지 또는 제한 명령에

따르지 아니한 자

⑫ 열차에서의 금지행위인 운행 중 비상정지버튼을 누르거나 승강용 출입문을 여는 행위를 한 사람

⑬ 철도안전 자율보고를 한 사람에게 불이익한 조치를 한 자

(5) 1년 이하의 징역 또는 1천만원 이하의 벌금

* 거짓이나 그 밖의 부정한 방법으로 운전면허·관제자격증명·철도차량정비기술자 인정·철도운행안전관리자 자격 인정 등을 받은 경우의 대부분 이 벌칙에 해당한다

* 자격 등을 빌려주거나 빌리거나 알선한 경우에 이 벌칙에 해당한다

① 운전면허를 받지 아니하고(운전면허가 취소되거나 그 효력이 정지된 경우를 포함) 철도차량을 운전한 사람

② 거짓이나 그 밖의 부정한 방법으로 운전면허를 받은 사람

③ 거짓이나 그 밖의 부정한 방법으로 관제자격증명을 받은 사람

④ 거짓이나 그 밖의 부정한 방법으로 철도차량정비기술자로 인정받은 사람

⑤ 운전면허증을 다른 사람에게 빌려주거나 빌리거나 이를 알선한 사람

⑥ 실무수습을 이수하지 아니하고 철도차량의 운전업무에 종사한 사람

⑦ 운전면허를 받지 아니하거나(운전면허가 취소되거나 그 효력이 정지된 경우 포함) 실무수습을 이수하지 아니한 사람을 철도차량의 운전업무에 종사하게 한 철도운영자등

⑧ 관제자격증명을 받지 아니하고(관제자격증명이 취소되거나 그 효력이 정지된 경우 포함) 관제업무에 종사한 사람

⑨ 관제자격증명서를 다른 사람에게 빌려주거나 빌리거나 이를 알선한 사람

⑩ 실무수습을 이수하지 아니하고 관제업무에 종사한 사람

⑪ 관제자격증명을 받지 아니하거나(관제자격증명이 취소되거나 그 효력이 정지된 경우 포함) 실무수습을 이수하지 아니한 사람을 관제업무에 종사하게 한 철도운영자등

⑫ 운전업무종사자 등 철도종사자가 신체검사와 적성검사를 받지 아니하거나 신체검사와 적성검사에 합격하지 아니하고 업무를 한 사람 및 그로 하여금 그 업무에 종사하게 한 자

⑬ 철도차량정비기술자의 명의 대여금지를 위반한 다음에 해당하는 사람

㉮ 다른 사람에게 자기의 성명을 사용하여 철도차량정비 업무를 수행하게 하거나 자신의 철도차량정비경력증을 빌려 준 사람

④ 다른 사람의 성명을 사용하여 철도차량정비 업무를 수행하거나 다른 사람의 철도차량정비경력증을 빌린 사람

㉺ 위 ㉮,④의 행위를 알선한 사람

⑭ 종합시험운행 결과를 허위로 보고한 자

⑮ 철도차량 운행하는 자가 국토교통부장관이 지시하는 이동·출발·정지 등의 지시를 따르지 아니한 자

⑯ 설치 목적과 다른 목적으로 영상기록장치를 임의로 조작하거나 다른 곳을 비춘 자 또는 운행기간 외에 영상기록을 한 자

⑰ 영상기록을 목적 외의 용도로 이용하거나 다른 자에게 제공한 자

⑱ 안전성 확보에 필요한 조치를 하지 아니하여 영상기록장치에 기록된 영상정보를 분실·도난·유출·변조 또는 훼손당한 자

⑲ 술을 마시거나 약물을 복용하고 다른 사람에게 위해를 주는 행위를 한 사람

⑳ 거짓이나 부정한 방법으로 철도운행안전관리자 자격을 받은 사람

㉑ 철도운행안전관리자를 배치하지 아니하고 철도시설의 건설 또는 관리와 관련한 작업을 시행한 철도운영자

㉒ 철도안전 전문인력의 정기교육을 받지 아니하고 업무를 한 사람 및 그로 하여금 그 업무에 종사하게 한 자

㉓ 철도안전 전문인력의 분야별 자격을 다른 사람에게 빌려주거나 빌리거나 이를 알선한 사람

(6) 500만원 이하의 벌금

철도종사자와 여객에게 성적 수치심을 일으키는 행위를 한 자

(7) 형의 가중

① 다음의 죄를 지어 사람을 사망에 이르게 한 자는 사형, 무기징역 또는 7년 이상의 징역에 처한다

㉮ 사람이 탑승하여 운행 중인 철도차량에 불을 놓아 소훼하여 사람을 사망에 이르게 한 자

④ 사람이 탑승하여 운행 중인 철도차량을 탈선 또는 충돌하게 하거나 파괴하여 사람을 사망에 이르게 한 자

② 다음의 죄를 범하여 열차운행에 지장을 준 자는 그 죄에 규정된 형의 2분의 1까지 가중한다

㉮ 폭행·협박으로 철도종사자의 직무집행을 방해한 자

④ 위해물품을 열차내에서 휴대하거나 적재한 사람

ⓒ 철도보호지구에서 신고하여야 할 행위를 신고하지 아니하거나 행위금지 또는 제한 명령에 따르지 아니한 자

③ 다음의 죄를 범하여 사람을 사상에 이르게 한 자는 5년 이하의 징역 또는 5천만원 이하의 벌금에 처한다

㉮ 위해물품을 열차에서 휴대하거나 적재한 사람

㉯ 철도보호지구에서 신고하여야 할 행위를 신고하지 아니하거나 행위금지 또는 제한 명령에 따르지 아니한 자

(8) 양벌규정

① 행위자 외에 법인·개인에게도 해당 벌금형을 과한다

법인의 대표자나 법인 또는 개인의 대리인, 사용인, 그 밖의 종업원이 그 법인 또는 개인의 업무에 관하여 다음에 해당하는 위반행위를 하면 그 행위자를 벌하는 외에 그 법인 또는 개인에게도 해당 벌금형을 과(科)한다

〈양벌규정 적용 대상 위반행위〉

㉮ 3년 이하의 징역 또는 3천만원 이하의 벌금에 해당하는 위반행위

㉯ 2년 이하의 징역 또는 2천만원 이하의 벌금에 해당하는 위반행위
(위해물품을 열차내에서 휴대하거나 적재한 사람은 제외)

㉰ 1년 이하의 징역 또는 1천만원 이하의 벌금에 해당하는 위반행위
(거짓이나 그 밖의 부정한 방법으로 운전면허를 받은 사람은 제외)

㉱ 형의 가중 대상 범죄 중에서는 철도보호지구에서 신고하여야 할 행위를 신고하지 아니하거나 행위금지 또는 제한 명령에 따르지 아니한 자의 경우만 해당한다

② 법인 또는 개인이 그 위반행위를 방지하기 위하여 해당 업무에 관하여 상당한 주의와 감독을 게을리 하지 아니한 경우에는 적용하지 않는다

2 과태료

(1) 1천만원 이하의 과태료

① 안전관리체계의 변경승인을 받지 아니하고 안전관리체계를 변경한 자

② 안전관리체계, 철도차량 품질관리체계, 철도용품 품질관리체계 유지를 위한 시정조치 명령을 정당한 사유 없이 따르지 아니한 자

③ 철도안전 우수운영자로 지정을 받지 아니한 자가 우수운영자로 지정되었음을 표시하여 해당 표시를 제거하게 하는 등 필요한 시정조치 명령을 따르지 아니한 자

④ 종합시험운행 결과의 개선·시정 명령을 따르지 아니한 자

⑤ 철도시설내에서 사람, 자동차 및 철도차량의 운행제한 등 필요한 안전조치를 따르지 아니한 자

⑥ 영상기록장치를 설치·운영하지 아니한 자

⑦ 국토교통부장관의 성능인증을 받은 보안검색장비를 사용하지 아니한 자

⑧ 철도종사자의 직무상 지시에 따르지 아니한 사람

⑨ 철도사고의 의무보고, 철도차량 등에 발생한 고장 등의 보고를 하지 아니하거나 거짓으로 보고한 자

⑩ 국토교통부장관, 관계 지방자치단체가 철도관계기관등에게 보고를 명하였는데 보고를 하지 아니하거나 거짓으로 보고한 자

⑪ 국토교통부장관, 관계 지방자치단체가 철도관계기관등에게 자료제출을 명하였는데 자료제출을 거부, 방해 또는 기피한 자

⑫ 국토교통부장관, 관계 지방자치단체가 철도관계기관등에게 질문, 서류검사를 위한 소속 공무원의 출입·검사를 거부, 방해 또는 기피한 자

(2) 500만원 이하의 과태료

① 안전관리체계, 철도차량 제작자, 철도용품 제작자의 변경신고를 하지 아니하고 안전관리체계를 변경한 자

② 철도종사자에 대한 안전교육을 실시하지 아니한 자 또는 정기적인 직무교육을 실시하지 아니한 자

③ 철도종사자의 정기적인 안전교육 실시 여부를 확인하지 아니하거나 안전교육을 실시하도록 조치하지 아니한 철도운영자등

④ 철도종사자의 준수사항을 위반한 자

⑤ 위험물취급의 방법, 절차 등을 따르지 아니하고 위험물취급을 한 자(위험물을 철도로 운송한 자는 제외한다)

⑥ 검사를 받지 아니하고 포장 및 용기를 판매 또는 사용한 자

⑦ 자신이 고용하고 있는 종사자가 위험물취급안전교육을 받도록 하지 아니한 위험물취급자

⑧ 여객열차에서 여객출입 금지장소에 출입하거나 물건을 여객열차 밖으로 던지는 행위를 한 사람

⑨ 여객열차에서의 금지행위에 관한 사항을 안내하지 아니한 자

⑩ 철도시설(선로는 제외)에 철도운영자등의 승낙 없이 출입하거나 통행한 사람

⑪ 철도시설에 유해물 또는 오물을 버리거나, 열차운행중 타고 내리거나 정당한 사유 없이 승강용출입문의 개폐를 방해, 정당한 사유 없이 열차 승강장의 비상 정지버튼을 작동시켜 열차운행에 지장을 준 사람

⑫ 보안검색장비의 성능인증을 위한 기준·방법·절차 등을 위반한 인증기관 및 시험기관

⑬ 철도사고등 의무보고를 제외한 철도사고등의 사고조사 결과보고를 하지 아니 하거나 거짓으로 보고한 자

(3) 300만원 이하의 과태료

① 철도안전 우수운영자 지정 표시를 위반하여 운수운영자로 지정되었음을 나타 내는 표시를 하거나 이와 유사한 표시를 한 자

② 운전면허, 관제자격증명의 취소 또는 효력정지시 운전면허증(관제자격증명)을 반납하지 아니한 사람

(4) 100만원 이하의 과태료

① 철도종사원(운전업무 실무수습하는 사람 포함)이 업무에 종사하는 동안에 열차 내에서 흡연을 한 사람

② 여객열차에서 흡연을 한 사람

③ 선로에 철도운영자등의 승낙없이 출입하거나 통행한 사람

④ 역시설 등 공중이 이용하는 철도시설 또는 철도차량에서 폭언 또는 고성방가 등 소란을 피우는 행위를 한 사람

(5) 50만원 이하의 과태료

① 철도보호지구에서 시설등 소유자가 장애물 제거, 방지시설 설치 등의 조치명령 을 따르지 아니한 자

② 공중이나 여객에게 위해를 끼치는 행위로서 **국토교통부령**으로 정하는 행위
  ㉮ 여객에게 위해를 끼칠 우려가 있는 동식물을 안전조치 없이 여객열차에 동 승하거나 휴대하는 행위
  ㉯ 타인에게 전염의 우려가 있는 법정 감염병자가 철도종사자의 허락 없이 여 객열차에 타는 행위
  ㉰ 철도종사자의 허락 없이 여객에게 기부를 부탁하거나 물품을 판매·배부하 거나 연설·권유 등을 하여 여객에게 불편을 끼치는 행위

(6) 과태료 부과 · 징수

① 과태료 부과 · 징수권자 : 국토교통부장관, 시 · 도지사

② 시 · 도지사가 부과 · 징수하는 경우

㉮ 철도종사자의 직무상 지시에 따르지 아니한 사람(1천만원 과태료)

㉯ 철도운영자등이 보고를 하지 아니하거나 거짓을 보고한 자(1천만원 과태료)

㉰ 철도운영자등이 자료제출을 거부, 방해 또는 기피한 자(1천만원 과태료)

㉱ 여객출입금지장소 출입, 물건을 여객열차 밖으로 던지는 행위, 철도시설(선로제외)에 승낙 없이 출입 · 통행한 사람, 철도시설에 유해물 · 오물을 버리거나 열차운행 중 타고내리거나, 정당한 사유 없이 승강용 출입문의 개폐를 방해 또는 승강장의 비상정지 버튼을 작동시켜 열차운행에 지장을 준 사람(500만원 과태료)

㉲ 100만원의 과태료 부과대상 전체

㉳ 50만원의 과태료 부과대상 전체

(7) 과태료 규정의 적용 특례

① 과태료와 과징금의 병과 금지

과태료에 관한 규정을 적용할 때 과징금을 부과한 행위에 대해서는 과태료를 부과할 수 없다

② 과징금 부과대상 (과태료를 병과할 수 없는 경우)

㉮ 안전관리체계 위반으로 업무의 제한이나 정지

㉯ 철도차량 제작자의 업무의 제한이나 정지

㉰ 철도용품 제작자의 업무의 제한이나 정지

㉱ 철도차량의 운행제한 (임의 개조, 철도차량 기술기준 부적합)

㉲ 철도차량 인증정비조직의 업무의 제한이나 정지

㉳ 철도차량 정밀안전진단기관의 업무의 정지

(8) 과태료 부과기준 : (별표28)

① 위반 횟수별 과태료 부과체계 : 상한액의 30%, 60%, 90%로 규정함

② 위반행위별 과태료 금액

위반행위	과태료금액(단위 :만원)		
	1회위반	2회위반	3회이상위반
1. 안전관리체계의 변경승인을 받지 않고 안전관리체계를 변경한 경우	300	600	900
2. 안전관리체계의 변경신고를 하지 않고 안전관리체계를 변경한 경우	150	300	450
3. 검사결과 안전관리체계가 지속적으로 유지되지 아니하는 위반으로 시정조치 명령을 받고 정당한 사유 없이 시정조치 명령에 따르지 않은 경우	300	600	900
4. 우수운영자로 지정되었음을 나타내는 표시를 하거나 이와 유사한 표시를 한 경우	90	180	270
5. 우수운영자 지정을 받지 않은 자가 지정표시를 하였을 경우 시정조치 명령을 따르지 않은 경우	300	600	900
6. 운전면허 취소 또는 효력정지시 운전면허증을 반납하지 않은 경우	90	180	270
7. 철도운영자등이 자신이 고용하는 철도종사자에 대하여 정기적으로 안전교육을 실시하지 않거나 직무교육을 실시하지 않은 경우	150	300	450
8. 철도운영자등이 사업주의 안전교육 실시 여부를 확인하지 않거나 안전교육을 실시하도록 조치하지 않은 경우			
9. 철도시설내에서 사람, 자동차 및 철도차량의 운행제한 등 안전조치를 따르지 않은 경우	300	600	900
10. 영상기록장치를 설치·운영하지 않은 경우			
11. 철도종사자의 준수사항을 위반한 경우	150	300	450
12. 시설등의 소유자나 점유자가 시야에 장애를 주는 장애물을 제거하는 등의 조치명령을 따르지 않은 경우	15	30	45
13. 정당한 사유 없이 국토교통부령으로 정하는 여객출입 금지장소에 출입하는 행위<여객출입 금지장소 ㉮ 운전실 ㉯ 기관실 ㉰ 발전실 ㉱ 방송실>	150	300	450
14. 여객열차 밖에 있는 사람을 위험하게 할 우려가 있는 물건을 여객열차 밖으로 던지는 행위			
15. 여객이 여객열차에서 흡연을 한 경우	30	60	90
16. 철도종사자가 업무에 종사하는 동안에 열차 내에서 흡연을 한 경우			
17. 여객열차에서 공중이나 여객에게 위해를 끼치는 행위를 한 경우 ⓐ 여객에게 위해를 끼칠 우려가 있는 동식물을 안전조치 없이 여객열차에 동승하거나 휴대하는 행위 ⓑ 타인에게 전염의 우려가 있는 법정 감염병자가 철도종사자의 허락없이 여객열차에 타는 행위 ⓒ 철도종사자의 허락없이 여객에게 기부를 부탁하거나 물품을 판매·배부하거나 연설·권유 등을 하여 여객에게 불편을 끼치는 행위	15	30	45
18. 여객열차에서의 금지행위에 관한 사항을 안내하지 않은 경우	150	300	450
19. 철도시설(선로는 제외한다)에 승낙 없이 출입하거나 통행한 경우			
20. 선로에 승낙 없이 출입하거나 통행한 경우	30	60	90
21. 역시설 등 공중이 이용하는 철도시설 또는 철도차량에서 폭언 또는 고성방가 등 소란을 피우는 행위를 한 경우			
22. 철도시설에 유해물 또는 오물을 버리거나 열차운행에 지장을 준 경우	150	300	450
23. 철도종사자의 직무상 지시에 따르지 않은 경우	300	600	900

과태료 부과기준(제64조 관련)

1. 일반기준

가. 위반행위의 횟수에 따른 과태료의 가중된 부과기준은 최근 1년간 같은 위반행위로 과태료 부과처분을 받은 경우에 적용한다. 이 경우 기간의 계산은 위반행위에 대하여 과태료 부과처분을 받은 날과 그 처분 후 다시 같은 위반행위를 하여 적발된 날을 기준으로 한다.

나. 가목에 따라 가중된 부과처분을 하는 경우 가중처분의 적용 차수는 그 위반행위 전 부과처분 차수(가목에 따른 기간 내에 과태료 부과처분이 둘 이상 있었던 경우에는 높은 차수를 말한다)의 다음 차수로 한다.

다. 하나의 행위가 둘 이상의 위반행위에 해당하는 경우에는 그 중 무거운 과태료의 부과기준에 따른다.

라. 부과권자는 다음의 어느 하나에 해당하는 경우에는 제2호에 따른 과태료 금액의 2분의 1 범위에서 그 금액을 줄일 수 있다. 다만, 과태료를 체납하고 있는 위반행위자의 경우에는 그렇지 않다.

  1) 삭제 〈2020. 10. 8.〉

  2) 위반행위가 사소한 부주의나 오류로 인한 것으로 인정되는 경우

  3) 위반행위자가 법 위반상태를 시정하거나 해소하기 위해 노력한 것이 인정되는 경우

  4) 그 밖에 위반행위의 정도, 위반행위의 동기와 그 결과 등을 고려하여 과태료를 줄일 필요가 있다고 인정되는 경우

마. 부과권자는 다음의 어느 하나에 해당하는 경우에는 제2호의 개별기준에 따른 과태료 금액의 2분의 1 범위에서 그 금액을 늘릴 수 있다. 다만, 법 제82조제1항부터 제5항까지의 규정에 따른 과태료 금액의 상한을 넘을 수 없다.

  1) 위반의 내용·정도가 중대하여 공중(公衆)에게 미치는 피해가 크다고 인정되는 경우

  2) 그 밖에 위반행위의 정도, 위반행위의 동기와 그 결과 등을 고려하여 늘릴 필요가 있다고 인정되는 경우

2. 개별기준

위반행위	근거 법조문	과태료금액(단위 :만원)		
		1회위반	2회위반	3회이상위반
가. 법 제7조제3항(법 제26조의8 및 제27조의2제4항에서 준용하는 경우를 포함한다)을 위반하여 안전관리체계의 변경승인을 받지 않고 안전관리체계를 변경한 경우	법 제82조제1항 제1호	300	600	900
나. 법 제7조제3항(법 제26조의8 및 제27조의2제4항에서 준용하는 경우를 포함한다)을 위반하여 안전관리체계의 변경신고를 하지 않고 안전관리체계를 변경한 경우	법 제82조제2항 제1호	150	300	450
다. 법 제8조제3항(법 제26조의8 및 제27조의2제4항에서 준용하는 경우를 포함한다)을 위반하여 정당한 사유 없이 시정조치 명령에 따르지 않은 경우	법 제82조제1항 제2호	300	600	900
라. 법 제9조의4제3항을 위반하여 우수운영자로 지정되었음을 나타내는 표시를 하거나 이와 유사한 표시를 한 경우	법 제82조제3항 제1호	90	180	270
마. 법 제9조의4제4항을 위반하여 시정조치명령을 따르지 않은 경우	법 제82조제1항 제2호의2	300	600	900
바. 법 제20조제3항(법 제21조의11제2항에서 준용하는 경우를 포함한다)을 위반하여 운전면허증을 반납하지 않은 경우	법 제82조제3항 제4호	90	180	270
사. 법 제24조제1항을 위반하여 안전교육을 실시하지 않거나 같은 조 제2항을 위반하여 직무교육을 실시하지 않은 경우	법 제82조제2항 제2호	150	300	450
아. 법 제24조제3항을 위반하여 철도운영자 등이 안전교육 실시 여부를 확인하지 않거나 안전교육을 실시하도록 조치하지 않은 경우	법 제82조제2항 제2호의2	150	300	450
자. 법 제26조제2항 본문(법 제27조제4항에서 준용하는 경우를 포함한다)을 위반하여 변경승인을 받지 않은 경우	법 제82조제1항 제4호	300	600	900
차. 법 제26조제2항 단서(법 제27조제4항에서 준용하는 경우를 포함한다)를 위반하여 변경신고를 하지 않은 경우	법 제82조제2항 제3호	150	300	450
카. 법 제26조의5제2항(법 제27조의2제4항에서 준용하는 경우를 포함한다)에 따른 신고를 하지 않은 경우	법 제82조제1항 제5호	300	600	900
타. 법 제27조의2제3항을 위반하여 형식승인표시를 하지 않은 경우	법 제82조제1항 제6호	300	600	900

위반행위	근거 법조문	과태료금액(단위 : 만원)		
		1회위반	2회위반	3회이상위반
파. 법 제31조제2항을 위반하여 조사·열람·수거 등을 거부, 방해 또는 기피한 경우	법 제82조제1항제7호	300	600	900
하. 법 제32조제2항 또는 제4항을 위반하여 시정조치계획을 제출하지 않거나 시정조치의 진행 상황을 보고하지 않은 경우	법 제82조제1항제8호	300	600	900
거. 법 제38조제2항에 따른 개선·시정 명령을 따르지 않은 경우	법 제82조제1항제9호	300	600	900
너. 법 제38조의2제2항 단서를 위반하여 개조신고를 하지 않고 개조한 철도차량을 운행한 경우	법 제82조제2항제4호	150	300	450
더. 제38조의5제3항을 위반한 다음의 어느 하나에 해당하는 경우 1) 이력사항을 고의로 입력하지 않은 경우 2) 이력사항을 위조·변조하거나 고의로 훼손한 경우 3) 이력사항을 무단으로 외부에 제공한 경우	법 제82조제1항제9호의2	300	600	900
러. 법 제38조의5제3항제1호를 위반하여 이력사항을 과실로 입력하지 않은 경우	법 제82조제2항제5호	150	300	450
머. 법 제38조의7제2항을 위반하여 변경인증을 받지 않은 경우	법 제82조제1항제9호의3	300	600	900
버. 법 제38조의7제2항을 위반하여 변경신고를 하지 않은 경우	법 제82조제2항제6호	150	300	450
서. 법 제38조의9에 따른 준수사항을 지키지 않은 경우	법 제82조제1항제9호의4	300	600	900
어. 법 제38조의12제2항에 따른 정밀안전진단 명령을 따르지 않은 경우	법 제82조제1항제9호의5	300	600	900
저. 법 제38조의14제2항 후단을 위반하여 특별한 사유 없이 자료를 제출하지 않거나 거짓으로 제출한 경우	법 제82조제1항제9호의6	300	600	900
처. 법 제39조의2제3항에 따른 안전조치를 따르지 않은 경우	법 제82조제1항제10호	300	600	900
커. 법 제39조의3제1항을 위반하여 영상기록장치를 설치·운영하지 않은 경우	법 제82조제1항제10호의2	300	600	900
터. 법 제40조의2에 따른 준수사항을 위반한 경우	법 제82조제1항제7호	150	300	450
퍼. 법 제40조의3을 위반하여 업무에 종사하는 동안에 열차 내에서 흡연을 한 경우	법 제82조제4항제1호	30	60	90
허. 법 제44조제1항에 따른 위험물취급의 방법, 절차 등을 따르지 않고 위험물취급을 한 경우(위험물을 철도로 운송한 경우는 제외한다)	법 제82조제2항제7호의2	150	300	450
고. 법 제44조의2제1항에 따른 검사를 받지 않고 포장 및 용기를 판매 또는 사용한 경우	법 제82조제2항제7호의3	150	300	450
노. 위험물취급자가 법 제44조의3제1항을 위반하여 자신이 고용하고 있는 종사자가 위험물취급안전교육을 받도록 하지 않은 경우	법 제82조제2항제7호의4	150	300	450
도. 법 제45조제4항을 위반하여 조치명령을 따르지 않은 경우	법 제82조제5항제1호	15	30	45
로. 법 제47조제1항제1호 또는 제3호를 위반하여 여객출입 금지장소에 출입하거나 물건을 여객열차 밖으로 던지는 행위를 한 경우	법 제82조제2항제8호	150	300	450
모. 법 제47조제1항제4호를 위반하여 여객열차에서 흡연을 한 경우	법 제82조제4항제2호	30	60	90
보. 법 제47조제1항제7호를 위반하여 공중이나 여객에게 위해를 끼치는 행위를 한 경우	법 제82조제5항제2호	15	30	45
소. 법 제47조제4항에 따른 여객열차에서의 금지행위에 관한 사항을 안내하지 않은 경우	법 제82조제2항제8호의2	150	300	450
오. 법 제48조제1항제5호를 위반하여 철도시설(선로는 제외한다)에 승낙 없이 출입하거나 통행한 경우	법 제82조제2항제9호	150	300	450
조. 법 제48조제1항제5호를 위반하여 선로에 승낙 없이 출입하거나 통행한 경우	법 제82조제4항제3호	30	60	90
초. 법 제48조제1항제6호를 위반하여 폭언 또는 고성방가 등 소란을 피우는 행위를 한 경우	법 제82조제4항 제4호	30	60	90
코. 법 제48조제1항제7호·제9호 또는 제10호를 위반하여 철도시설에 유해물 또는 오물을 버리거나 열차운행에 지장을 준 경우	법 제82조제2항제10호	150	300	450
토. 법 제48조의3제1항을 위반하여 국토교통부장관의 성능인증을 받은 보안검색장비를 사용하지 않은 경우	법 제82조제1항제13호의2	300	600	900
포. 인증기관 및 시험기관이 법 제48조의3제2항에 따른 보안검색장비의 성능인증을 위한 기준·방법·절차 등을 위반한 경우	법 제82조제2항제11호	150	300	450
호. 법 제49조제1항을 위반하여 철도종사자의 직무상 지시에 따르지 않은 경우	법 제82조제1항제14호	300	600	900
구. 법 제61조제1항에 따른 보고를 하지 않거나 거짓으로 보고한 경우	법 제82조제1항제15호	300	600	900
누. 법 제61조제2항에 따른 보고를 하지 않거나 거짓으로 보고한 경우	법 제82조제2항제12호	150	300	450
두. 법 제61조의2제1항·제2항에 따른 보고를 하지 않거나 거짓으로 보고한 경우	법 제82조제1항제15호	300	600	900
루. 법 제73조제1항에 따른 보고를 하지 않거나 거짓으로 보고한 경우	법 제82조제1항제16호	300	600	900
무. 법 제73조제1항에 따른 자료제출을 거부, 방해 또는 기피한 경우	법 제82조제1항제17호	300	600	900
부. 법 제73조제2항에 따른 소속 공무원의 출입·검사를 거부, 방해 또는 기피한 경우	법 제82조제1항제18호	300	600	900

1. 철도안전법에서 가장 높은 벌칙에 해당하는 자는?
① 철도차량에 불을 놓아 소훼(소燒)한 사람
② 철도차량을 탈선하게 한 사람
③ 사람이 탑승하여 운행 중인 철도차량을 충돌하게 한 사람
④ 철도종사자의 직무상 지시에 따르지 아니한 사람

해설 안전법 제78조(벌칙) ① 다음 각 호의 어느 하나에 해당하는 사람은 무기징역 또는 5년 이상의 징역에 처한다.
1. 사람이 탑승하여 운행 중인 철도차량에 불을 놓아 소훼(소燒)한 사람
2. 사람이 탑승하여 운행 중인 철도차량을 탈선 또는 충돌하게 하거나 파괴한 사람

2. 철도안전법에서 정한 벌칙으로 틀린 것은?
① 과실로 철도보호 및 질서유지를 위한 금지행위중 철도시설 또는 철도차량을 파손하여 철도차량 운행에 위험을 발생하게 한 사람은 1년 이하의 징역 또는1천만원 이하의 벌금에 처한다
② 과실로 사람이 탑승하여 운행 중인 철도차량을 충돌하게 한 사람은 1년 이하의 징역 또는 1천만원 이하의 벌금에 처한다
③ 업무상 과실이나 중대한 과실로 사람이 탑승하여 운행 중인 철도차량에 불을 놓아 소훼한 사람은 3년 이하의 징역 또는 3천만원 이하의 벌금에 처한다
④ 사람이 탑승하여 운행 중인 철도차량을 탈선 또는 충돌하게 하거나 파괴하고자 한 미수범은 처벌한다

해설 안전법 제78조(벌칙) ① 다음 각 호의 어느 하나에 해당하는 사람은 무기징역 또는 5년 이상의 징역에 처한다.
1. 사람이 탑승하여 운행 중인 철도차량에 불을 놓아 소훼(소燒)한 사람
2. 사람이 탑승하여 운행 중인 철도차량을 탈선 또는 충돌하게 하거나 파괴한 사람
② 제48조제1호를 위반하여 철도시설 또는 철도차량을 파손하여 철도차량 운행에 위험을 발생하게 한 사람은 10년 이하의 징역 또는 1억원 이하의 벌금에 처한다.
③ 과실로 제1항의 죄를 지은 사람은 1년 이하의 징역 또는 1천만원 이하의 벌금에 처한다.
④ 과실로 제2항의 죄를 지은 사람은 1천만원 이하의 벌금에 처한다.
⑤ 업무상 과실이나 중대한 과실로 제1항의 죄를 지은 사람은 3년 이하의 징역 또는 3천만원 이하의 벌금에 처한다.
⑥ 업무상 과실이나 중대한 과실로 제2항의 죄를 지은 사람은 2년 이하의 징역 또는 2천만원 이하의 벌금에 처한다
⑦ 제1항 및 제2항의 미수범은 처벌한다.

정답 1. ③ 2. ①

3. 철도안전법에서 벌칙 중 5년 이하의 징역 또는 5천만원 이하의 벌금에 해당하는 행위는?

① 폭행·협박으로 철도종사자의 직무집행을 방해한 자
② 철도안전 자율보고를 한 사람에게 불이익한 조치를 한 자
③ 국토교통부장관의 운행제한 명령을 따르지 아니하고 철도차량을 운행한 자
④ 안전관리체계의 승인을 받지 아니하고 철도운영을 하거나 철도시설을 관리한 자

> **해설** 안전법 제79조 (벌칙) ① 제49조제2항을 위반하여 폭행·협박으로 철도종사자의 직무집행을 방해한 자는 5년 이하의 징역 또는 5천만원 이하의 벌금에 처한다.

4. 철도안전법에서 3년 이하의 징역 또는 3천만원 이하의 벌금에 해당하는 행위가 아닌 것은?

① 술을 마시거나 약물을 사용한 상태에서 업무를 한 사람
② 운송 금지 위험물의 운송을 위탁하거나 그 위험물을 운송한 자
③ 승인 받은 안전관리체계를 지속적으로 유지하지 아니하여 철도운영이나 철도시설의 관리에 중대하고 명백한 지장을 초래한 자
④ 철도차량을 향하여 돌이나 그 밖의 위험한 물건을 던져 철도차량 운행에 위험을 발생하게 하는 행위를 한 자
⑤ 여객열차에서 다른 사람을 폭행하여 열차운행에 지장을 초래한 자

> **해설** 안전법 제79조 (벌칙) ② 다음 각 호의 어느 하나에 해당하는 자는 3년 이하의 징역 또는 3천만원 이하의 벌금에 처한다.
> 1. 제7조제1항을 위반하여 안전관리체계의 승인을 받지 아니하고 철도운영을 하거나 철도시설을 관리한 자
> 2. 제26조의3제1항을 위반하여 철도차량 제작자승인을 받지 아니하고 철도차량을 제작한 자
> 3. 제27조의2제1항을 위반하여 철도용품 제작자승인을 받지 아니하고 철도용품을 제작한 자
> 3의2. 제38조의2제2항을 위반하여 개조승인을 받지 아니하고 철도차량을 임의로 개조하여 운행한 자
> 3의3. 제38조의2제3항을 위반하여 적정 개조능력이 있다고 인정되지 아니한 자에게 철도차량 개조 작업을 수행하게 한 자
> 3의4. 제38조의3제1항을 위반하여 국토교통부장관의 운행제한 명령을 따르지 아니하고 철도차량을 운행한 자
> 4. 철도사고등 발생 시 제40조의2제2항제2호 또는 제5항을 위반하여 사람을 사상(死傷)에 이르게 하거나 철도차량 또는 철도시설을 파손에 이르게 한 자
> 5. 제41조제1항을 위반하여 술을 마시거나 약물을 사용한 상태에서 업무를 한 사람
> 6. 제43조를 위반하여 운송 금지 위험물의 운송을 위탁하거나 그 위험물을 운송한 자
> 7. 제44조제1항을 위반하여 위험물을 운송한 자
> 7의2. 제47조제2항을 위반하여 여객열차에서 다른 사람을 폭행하여 열차운행에 지장을 초래한 자
> 8. 제48조제2호부터 제4호까지의 규정에 따른 금지행위를 한 자
> ③ 다음 각 호의 어느 하나에 해당하는 자는 2년 이하의 징역 또는 2천만원 이하의 벌금에 처한다.
> 2. 제8조제1항을 위반하여 철도운영이나 철도시설의 관리에 중대하고 명백한 지장을 초래한 자

5. 철도안전법에서 2년 이하의 징역 또는 2천만원 이하의 벌금에 해당하는 행위가 아닌 것은?

① 운전적성검사기관의 업무정지 기간 중에 해당 업무를 한 자
② 거짓이나 그 밖의 부정한 방법으로 운전면허를 받은 사람
③ 철도보호지구에서 제한 행위의 신고를 하지 아니하거나 명령에 따르지 아니한 자
④ 여객열차에서 운행 중 비상정지버튼을 누르거나 승강용 출입문을 여는 행위를 한 사람
⑤ 술을 마시거나 약물을 사용한 상태에서 업무를 하였는지 확인 또는 검사에 불응한 자
⑥ 위해물품을 열차에 휴대하거나 적재한 사람

정답 | 3. | ① | 4. | ③ | 5. | ②

해설 안전법 제79조 (벌칙) ③ 다음 각 호의 어느 하나에 해당하는 자는 2년 이하의 징역 또는 2천만원 이하의 벌금에 처한다.

1. 거짓이나 그 밖의 부정한 방법으로 제7조제1항에 따른 안전관리체계의 승인을 받은 자

2. 제8조제1항을 위반하여 철도운영이나 철도시설의 관리에 중대하고 명백한 지장을 초래한 자

3. 거짓이나 그 밖의 부정한 방법으로 제15조제4항, 제16조제3항, 제21조의6제3항, 제21조의7제3항, 제24조의4제2항, 제38조의13제1항 또는 제69조제5항에 따른 지정을 받은 자

4. 제15조의2(제16조제5항, 제21조의6제5항, 제21조의7제5항, 제24조의4제5항 또는 제69조제7항에서 준용하는 경우를 포함한다)에 따른 업무정지 기간 중에 해당 업무를 한 자

13. 제38조제1항을 위반하여 종합시험운행을 실시하지 아니하거나 실시한 결과를 국토교통부장관에게 보고하지 아니하고 철도노선을 정상운행한 자

13의7. 제40조제2항 후단을 위반하여 특별한 사유 없이 열차운행을 중지하지 아니한 자

13의8. 제40조제4항을 위반하여 철도종사자에게 불이익한 조치를 한 자

14. 삭 제

15. 제41조제2항에 따른 확인 또는 검사에 불응한 자

16. 정당한 사유 없이 제42조제1항을 위반하여 위해물품을 휴대하거나 적재한 사람

17. 제45조제1항 및 제2항에 따른 신고를 하지 아니하거나 같은 조 제3항에 따른 명령에 따르지 아니한 자

18. 제47조제1항제2호를 위반하여 운행 중 비상정지버튼을 누르거나 승강용 출입문을 여는 행위를 한 사람

19. 제61조의3제3항을 위반하여 철도안전 자율보고를 한 사람에게 불이익한 조치를 한 자

안전법 제79조 (벌칙) ④ 다음 각 호의 어느 하나에 해당하는 자는 1년 이하의 징역 또는 1천만원 이하의 벌금에 처한다.

2. 거짓이나 그 밖의 부정한 방법으로 운전면허를 받은 사람

6. 철도안전법에서 1년 이하의 징역 또는 1천만원 이하의 벌금에 처하는 행위가 아닌 것은?

① 운전면허를 받지 아니하고(운전면허가 취소되거나 그 효력이 정지된 경우를 포함한다) 철도차량을 운전한 사람

② 설치 목적과 다른 목적으로 영상기록장치를 임의로 조작하거나 다른 곳을 비춘 자 또는 운행기간 외에 영상기록을 한 자

③ 술을 마시거나 약물을 복용하고 다른 사람에게 위해를 주는 행위를 한 사람

④ 안전관리체계의 변경승인을 받지 아니하고 안전관리체계를 변경한 자

⑤ 안전성 확보에 필요한 조치를 하지 아니하여 영상기록장치에 기록된 영상정보를 분실·도난·유출·변조 또는 훼손당한 자

⑥ 철도차량을 운행하는 자는 국토교통부장관이 지시하는 이동·출발·정지 등의 명령과 운행 기준·방법·절차 및 순서 등에 따라야 하는 지시에 따르지 아니한 자

⑦ 운전업무종사자 등 철도종사자가 정기적으로 신체검사와 적성검사를 받지 아니하거나 신체검사와 적성검사에 합격하지 아니하고 업무를 한 사람 및 그로 하여금 그 업무에 종사하게 한 자

⑧ 운전면허증을 다른 사람에게 빌려주거나 빌리거나 이를 알선한 사람

해설 안전법 제79조 (벌칙) ④ 다음 각 호의 어느 하나에 해당하는 자는 1년 이하의 징역 또는 1천만원 이하의 벌금에 처한다.

1. 제10조제1항을 위반하여 운전면허를 받지 아니하고(제20조에 따라 운전면허가 취소되거나 그 효력이 정지된 경우를 포함한다) 철도차량을 운전한 사람

2. 거짓이나 그 밖의 부정한 방법으로 운전면허를 받은 사람

정답 6. ④

2의2. 거짓이나 그 밖의 부정한 방법으로 관제자격증명을 받은 사람

2의3. 거짓이나 그 밖의 부정한 방법으로 철도차량정비기술자로 인정받은 사람

2의4. 제19조의2를 위반하여 운전면허증을 다른 사람에게 빌려주거나 빌리거나 이를 알선한 사람

3. 제21조를 위반하여 실무수습을 이수하지 아니하고 철도차량의 운전업무에 종사한 사람

3의2. 제21조의2를 위반하여 운전면허를 받지 아니하거나(제20조에 따라 운전면허가 취소되거나 그 효력이 정지된 경우를 포함한다) 실무수습을 이수하지 아니한 사람을 철도차량의 운전업무에 종사하게 한 철도운영자등

3의3. 제21조의3을 위반하여 관제자격증명을 받지 아니하고(제21조의11에 따라 관제자격증명이 취소되거나 그 효력이 정지된 경우를 포함한다) 관제업무에 종사한 사람

3의4. 제21조의10을 위반하여 관제자격증명서를 다른 사람에게 빌려주거나 빌리거나 이를 알선한 사람

4. 제22조를 위반하여 실무수습을 이수하지 아니하고 관제업무에 종사한 사람

4의2. 제22조의2를 위반하여 관제자격증명을 받지 아니하거나(제21조의11에 따라 관제자격증명이 취소되거나 그 효력이 정지된 경우를 포함한다) 실무수습을 이수하지 아니한 사람을 관제업무에 종사하게 한 철도운영자등

5. 제23조제1항을 위반하여 신체검사와 적성검사를 받지 아니하거나 같은 조 제3항을 위반하여 신체검사와 적성검사에 합격하지 아니하고 같은 조 제1항에 따른 업무를 한 사람 및 그로 하여금 그 업무에 종사하게 한 자

5의2. 제24조의3을 위반한 다음 각 목의 어느 하나에 해당하는 사람

    가. 다른 사람에게 자기의 성명을 사용하여 철도차량정비 업무를 수행하게 하거나 자신의 철도차량정비경력증을 빌려 준 사람

    나. 다른 사람의 성명을 사용하여 철도차량정비 업무를 수행하거나 다른 사람의 철도차량정비경력증을 빌린 사람

    다. 가목 및 나목의 행위를 알선한 사람

8. 제39조의2제1항에 따른 지시를 따르지 아니한 자

9. 제39조의3제3항을 위반하여 설치 목적과 다른 목적으로 영상기록장치를 임의로 조작하거나 다른 곳을 비춘 자 또는 운행기간 외에 영상기록을 한 자

10. 제39조의3제4항을 위반하여 영상기록을 목적 외의 용도로 이용하거나 다른 자에게 제공한 자

11. 제39조의3제5항을 위반하여 안전성 확보에 필요한 조치를 하지 아니하여 영상기록장치에 기록된 영상정보를 분실 · 도난 · 유출 · 변조 또는 훼손당한 자

12. 제47조제6호를 위반하여 술을 마시거나 약물을 복용하고 다른 사람에게 위해를 주는 행위를 한 사람

13. 거짓이나 부정한 방법으로 철도운행안전관리자 자격을 받은 사람

14. 제69조의2제1항을 위반하여 철도운행안전관리자를 배치하지 아니하고 철도시설의 건설 또는 관리와 관련한 작업을 시행한 철도운영자

15. 제69조의3제1항 및 제2항을 위반하여 정기교육을 받지 아니하고 업무를 한 사람 및 그로 하여금 그 업무에 종사하게 한 자

16. 제69조의4를 위반하여 철도안전 전문인력의 분야별 자격을 다른 사람에게 빌려주거나 빌리거나 이를 알선한 사람

⑤ 제47조제1항제5호를 위반한 자는 500만원 이하의 벌금에 처한다.

7. 철도종사자와 여객 등에게 성적 수치심을 일으키는 행위를 한 사람에 대한 벌칙은?

① 1천만원 이하의 과태료

② 1년 이하의 징역 또는 1천만원 이하의 벌금

③ 3년 이하의 징역 또는 3천만원 이하의 벌금

④ 500만원 이하의 벌금

해설 안전법 제79조 (벌칙)

    ⑤ 제47조제1항제5호를 위반한 자는 500만원 이하의 벌금에 처한다.

제47조(여객열차에서의 금지행위) ① 여객은 여객열차에서 다음 각 호의 어느 하나에 해당하는 행위를 하여서는 아니 된다. 〈개정 2018. 6. 12.〉

　　5. 철도종사자와 여객 등에게 성적(性的) 수치심을 일으키는 행위

8. 철도안전법에서 형의 가중에 관한 내용으로 틀린 것은?

① 사람이 탑승하여 운행 중인 철도차량을 탈선 또는 충돌하게 하거나 파괴하여 사람을 사망에 이르게 한 자는 사형, 무기징역 또는 7년 이상의 징역에 처한다

② 폭행·협박으로 철도종사자의 직무집행을 방해하여 열차운행에 지장을 준 자는 그 죄에 규정된 형의 2분의 1까지 가중한다

③ 위해물품을 열차에서 휴대하거나 적재하여 열차운행에 지장을 준 자는 그 죄에 규정된 형의 2분의 1까지 가중한다

④ 위해물품을 열차에서 휴대하거나 적재하여 사람을 사상에 이르게 한 자는 3년 이하의 징역 또는 3천만원 이하의 벌금에 처한다

⑤ 철도보호지구에서 신고하여야 할 행위를 신고하지 아니하여 사람을 사상에 이르게 한 자는 5년 이하의 징역 또는 5천만원 이하의 벌금에 처한다

> **해설** 안전법 제80조(형의 가중) ① 제78조제1항의 죄를 지어 사람을 사망에 이르게 한 자는 사형, 무기징역 또는 7년 이상의 징역에 처한다.
> ② 제79조제1항, 제3항제16호 또는 제17호의 죄를 범하여 열차운행에 지장을 준 자는 그 죄에 규정된 형의 2분의 1까지 가중한다.
> ③ 제79조제3항제16호 또는 제17호의 죄를 범하여 사람을 사상에 이르게 한 자는 5년 이하의 징역 또는 5천만원 이하의 벌금에 처한다.
> 안전법 제79조 (벌칙) ③ 다음 각 호의 어느 하나에 해당하는 자는 2년 이하의 징역 또는 2천만원 이하의 벌금에 처한다.
> 16. 정당한 사유 없이 제42조제1항을 위반하여 위해물품을 휴대하거나 적재한 사람
> 17. 제45조제1항 및 제2항에 따른 신고를 하지 아니하거나 같은 조 제3항에 따른 명령에 따르지 아니한 자

9. 철도안전법에서 죄에 규정된 형의 2분의 1까지 가중할 수 있는 경우가 아닌 것은?

① 사람이 탑승하여 운행 중인 철도차량을 탈선 또는 충돌하게 하거나 파괴하여 열차운행에 지장을 준 자

② 폭행·협박으로 철도종사자의 직무집행을 방해하여 열차운행에 지장을 준 자

③ 위해물품을 열차에서 휴대하거나 적재하여 열차운행에 지장을 준 자

④ 철도보호지구에서 신고하여야 할 행위를 신고하지 아니하여 열차운행에 지장을 준 자

> **해설** 안전법 제80조(형의 가중)

10. 철도안전법에서 양벌규정이 적용되는 것은?

① 위해물품을 열차에서 휴대하거나 적재한 자

② 거짓이나 그 밖의 부정한 방법으로 운전면허를 받은 사람

③ 철도보호지구에서 신고하여야 할 행위를 신고하지 아니하여 열차운행에 지장을 준 자

④ 폭행·협박으로 철도종사자의 직무집행을 방해하여 열차운행에 지장을 준 자

> **해설** 안전법 제81조(양벌규정) 법인의 대표자나 법인 또는 개인의 대리인, 사용인, 그 밖의 종업원이 그 법인 또는 개인의 업무에 관하여 제79조제2항, 같은 조 제3항(제16호는 제외한다) 및 제4항(제2호는 제외한다) 또는 제80조(제79조제3항제17호의 가중죄를 범한 경우만 해당한다)의 어느 하나에 해당하는 위반행위를 하면 그 행위자를 벌하는 외에 그 법인 또는 개인에게도 해당 조문의 벌금형을 과(科)한다. 다만, 법인 또는 개인

정답 | 8. | ④ | 9. | ① | 10. | ③

이 그 위반행위를 방지하기 위하여 해당 업무에 관하여 상당한 주의와 감독을 게을리 하지 아니한 경우에는 그러하지 아니하다.

11. 철도안전법에서 양벌규정의 설명으로 틀린 것은?

① 법인의 대표자나 법인 또는 개인의 대리인, 사용인, 그 밖의 종업원의 관계에서 대표자나 법인 또는 개인이 업무에 관하여 위반행위를 하면 그 행위자를 벌하는 외에 그 대리인, 사용인에게도 해당 조문의 벌금형을 과한다

② 법인 또는 개인이 그 위반행위를 방지하기 위하여 해당 업무에 관하여 상당한 주의와 감독을 게을리 하지 아니한 경우에는 양벌규정을 적용하지 아니한다

③ 철도보호지구에서 신고하여야 할 행위를 신고하지 아니하여 열차운행에 지장을 준 경우에 양벌규정이 적용된다

④ 법인의 대표자나 법인 또는 개인의 대리인, 사용인, 그 밖의 종업원이 그 법인 또는 개인의 업무에 관하여 위반행위를 하면 그 행위자를 벌하는 외에 그 법인 또는 개인에게도 해당 조문의 벌금형을 과한다

해설 안전법 제81조(양벌규정)

12. 철도안전법에서 1천만원 이하의 과태료를 부과하는 경우가 아닌 것은?

① 철도안전 우수운영자로 지정을 받지 아니한 자가 우수운영자로 지정되었음을 표시하여 해당 표시를 제거하게 하는 등 필요한 시정조치 명령을 따르지 아니한 자

② 영상기록장치를 설치·운영하지 아니한 자

③ 철도종사자의 준수사항을 위반한 자

④ 철도종사자의 직무상 지시에 따르지 아니한 사람

⑤ 국토교통부장관의 성능인증을 받은 보안검색장비를 사용하지 아니한 자

해설 안전법 제82조(과태료) ① 다음 각 호의 어느 하나에 해당하는 자에게는 1천만원 이하의 과태료를 부과한다.
1. 제7조제3항(제26조의8 및 제27조의2제4항에서 준용하는 경우를 포함한다)을 위반하여 안전관리체계의 변경승인을 받지 아니하고 안전관리체계를 변경한 자
2. 제8조제3항(제26조의8 및 제27조의2제4항에서 준용하는 경우를 포함한다)을 위반하여 정당한 사유 없이 시정조치 명령에 따르지 아니한 자
2의2. 제9조의4제4항을 위반하여 시정조치 명령을 따르지 아니한 자
3. 〈삭제〉
7. 제31조제2항을 위반하여 조사·열람·수거 등을 거부, 방해 또는 기피한 자
8. 제32조제2항 또는 제4항을 위반하여 시정조치계획을 제출하지 아니하거나 시정조치의 진행 상황을 보고하지 아니한 자
9. 제38조제2항에 따른 개선·시정 명령을 따르지 아니한 자
9의2. 제38조의5제3항을 위반한 다음 각 목의 어느 하나에 해당하는 자
　가. 이력사항을 고의로 입력하지 아니한 자
　나. 이력사항을 위조·변조하거나 고의로 훼손한 자
　다. 이력사항을 무단으로 외부에 제공한 자
9의3. 제38조의7제2항을 위반하여 변경인증을 받지 아니하거나 변경신고를 하지 아니하고 변경한 자
9의4. 제38조의9에 따른 준수사항을 지키지 아니한 자
9의5. 제38조의12제2항에 따른 정밀안전진단 명령을 따르지 아니한 자
9의6. 제38조의14제2항 후단을 위반하여 특별한 사유 없이 자료를 제출하지 아니하거나 거짓으로 제출한 자
10. 제39조의2제3항에 따른 안전조치를 따르지 아니한 자
10의2. 제39조의3제1항을 위반하여 영상기록장치를 설치·운영하지 아니한 자
11. 〈삭제〉 12. 〈삭제〉 13. 〈삭제〉
13의2. 제48조의3제1항을 위반하여 국토교통부장관의 성능인증을 받은 보안검색장비를 사용하지 아니한 자

정답 | **11.** | ① | **12.** | ③

13의3. 〈삭제〉
14. 제49조제1항을 위반하여 철도종사자의 직무상 지시에 따르지 아니한 사람
15. 제61조제1항 및 제61조의2제1항·제2항에 따른 보고를 하지 아니하거나 거짓으로 보고한 자
15의2. 〈삭제〉
16. 제73조제1항에 따른 보고를 하지 아니하거나 거짓으로 보고한 자
17. 제73조제1항에 따른 자료제출을 거부, 방해 또는 기피한 자
18. 제73조제2항에 따른 소속 공무원의 출입·검사를 거부, 방해 또는 기피한 자

13. 철도안전법에서 500백만원 이하의 과태료를 부과하는 경우가 아닌 것은?

① 안전교육을 실시하지 아니한 자 또는 직무교육을 실시하지 아니한 자
② 여객열차에서 여객출입 금지장소에 출입하거나 물건을 여객열차 밖으로 던지는 행위를 한 사람
③ 운전면허 실무수습을 이수하지 아니하고 철도차량의 운전업무에 종사한 사람
④ 자신이 고용하고 있는 종사자가 위험물취급안전교육을 받도록 하지 아니한 위험물취급자
⑤ 철도시설에 유해물 또는 오물을 버리거나 열차운행에 지장을 준 사람
⑥ 여객열차에서의 금지행위에 관한 사항을 안내하지 아니한 자

해설 안전법 제82조(과태료) ② 다음 각 호의 어느 하나에 해당하는 자에게는 500만원 이하의 과태료를 부과한다.
1. 제7조제3항(제26조의8 및 제27조의2제4항에서 준용하는 경우를 포함한다)을 위반하여 안전관리체계의 변경신고를 하지 아니하고 안전관리체계를 변경한 자
2. 제24조제1항을 위반하여 안전교육을 실시하지 아니한 자 또는 제24조제2항을 위반하여 직무교육을 실시하지 아니한 자
2의2. 제24조제3항을 위반하여 안전교육 실시 여부를 확인하지 아니하거나 안전교육을 실시하도록 조치하지 아니한 철도운영자등
7. 제40조의2에 따른 준수사항을 위반한 자
7의2. 제44조제1항에 따른 위험물취급의 방법, 절차 등을 따르지 아니하고 위험물취급을 한 자(위험물을 철도로 운송한 자는 제외한다)
7의3. 제44조의2제1항에 따른 검사를 받지 아니하고 포장 및 용기를 판매 또는 사용한 자
7의4. 제44조의3제1항을 위반하여 자신이 고용하고 있는 종사자가 위험물취급안전교육을 받도록 하지 아니한 위험물취급자
8. 제47조제1항제1호 또는 제3호를 위반하여 여객출입 금지장소에 출입하거나 물건을 여객열차 밖으로 던지는 행위를 한 사람
8의2. 제47조제3항을 위반하여 여객열차에서의 금지행위에 관한 사항을 안내하지 아니한 자 〈2021.6.23. 추가〉
9. 제48조제5호를 위반하여 철도시설(선로는 제외한다)에 승낙 없이 출입하거나 통행한 사람
10. 제48조제7호·제9호 또는 제10호를 위반하여 철도시설에 유해물 또는 오물을 버리거나 열차운행에 지장을 준 사람
11. 제48조의3제2항에 따른 보안검색장비의 성능인증을 위한 기준·방법·절차 등을 위반한 인증기관 및 시험기관
12. 제61조제2항에 따른 보고를 하지 아니하거나 거짓으로 보고한 자

정답 | 13. | ③

14. 철도안전법에서 300만원 이하의 과태료를 부과하는 경우가 아닌 것은?

① 관제자격증명의 취소 또는 효력정지 통지를 받은 관제자격증명 취득자가 그 통지를 받은 날부터 15일 이내에 반납하지 아니한 사람
② 철도안전 우수운영자로 지정 받지 않은 자가 운수운영자로 지정되었음을 나타내는 표시를 하거나 이와 유사한 표시를 한 자
③ 운전면허의 취소 또는 효력정지 통지를 받은 운전면허 취득자가 그 통지를 받은 날부터 15일 이내에 반납하지 아니한 사람
④ 철도시설(선로는 제외한다)에 승낙 없이 출입하거나 통행한 사람

> **해설** 안전법 제82조(과태료) ③ 다음 각 호의 어느 하나에 해당하는 자에게는 300만원 이하의 과태료를 부과한다.
> 1. 제9조의4제3항을 위반하여 우수운영자로 지정되었음을 나타내는 표시를 하거나 이와 유사한 표시를 한 자
> 4. 제20조제3항(제21조의11제2항에서 준용하는 경우를 포함한다)을 위반하여 운전면허증을 반납하지 아니한 사람

15. 철도안전법에서 과태료를 부과하는 기준으로 틀린 것은?

① 역시설 등 공중이 이용하는 철도시설 또는 철도차량에서 폭언 또는 고성방가 등 소란을 피우는 행위를 한 사람에게는 50만원의 이하의 과태료를 부과한다
② 여객열차에서 흡연을 하는 사람에게는 100만원의 이하의 과태료를 부과한다
③ 철도종사원(운전업무 실무수습하는 자 포함)이 업무에 종사하는 동안에 열차 내에서 흡연을 한 경우에는 100만원의 이하의 과태료를 부과한다
④ 동식물을 안전조치 없이 여객열차에 동승하거나 휴대하는 행위로 공중이나 여객에게 위해를 끼치는 행위를 한 사람에게는 50만원 이하의 과태료를 부과한다

> **해설** 안전법 제82조(과태료) ④ 다음 각 호의 어느 하나에 해당하는 자에게는 100만원 이하의 과태료를 부과한다.
> 1. 제40조의3을 위반하여 업무에 종사하는 동안에 열차 내에서 흡연을 한 사람
> 2. 제47조제1항제4호를 위반하여 여객열차에서 흡연을 한 사람
> 3. 제48조제5호를 위반하여 선로에 승낙 없이 출입하거나 통행한 사람
> 4. 제48조제1항제6호를 위반하여 폭언 또는 고성방가 등 소란을 피우는 행위를 한 사람
> ⑤ 다음 각 호의 어느 하나에 해당하는 자에게는 50만원 이하의 과태료를 부과한다.
> 1. 제45조제4항을 위반하여 조치명령을 따르지 아니한 자
> 2. 제47조제1항제7호를 위반하여 공중이나 여객에게 위해를 끼치는 행위를 한 사람

16. 철도안전법에서 과태료를 시·도지사가 부과·징수하는 위반행위가 아닌 것은?

① 철도종사자의 직무상 지시에 따르지 아니한 사람
② 관계 지방자치단체의 자료제출을 거부, 방해 또는 기피한 자
③ 여객열차에서 여객출입 금지장소에 출입하거나 물건을 여객열차 밖으로 던지는 행위를 한 사람
④ 출입금지 철도시설(선로는 제외)에 철도운영자등의 승낙 없이 출입하거나 통행한 사람
⑤ 철도지역내에서 흡연한 사람
⑥ 철도종사자의 허락 없이 여객에게 기부를 부탁하거나 물품을 판매·배부하거나 연설·권유 등을 하여 여객에게 불편을 끼치는 행위로 열차운행에 지장을 준 사람

> **해설** 안전법 제82조(과태료) ⑥ 제1항부터 제5항까지에 따른 과태료는 대통령령으로 정하는 바에 따라 국토교통부장관 또는 시·도지사(이 조 제1항제14호·제16호 및 제17호, 제2항제8호부터 제10호까지, 제4항제1호·제2호 및 제5항제1호·제2호만 해당한다)가 부과·징수한다.

17. 철도안전법에서 과징금을 부과한 행위에 대해서 과태료를 부과할 수 없는 경우가 아닌 것은?

① 안전관리체계 위반으로 업무의 제한이나 정지
② 운전적성검사기관의 업무 제한이나 정지
③ 철도차량 인증정비조직의 업무의 제한이나 정지
④ 철도차량 정밀안전진단기관의 업무의 정지
⑤ 철도차량 제작자의 업무의 제한이나 정지
⑥ 철도용품 제작자의 업무의 제한이나 정지

해설 안전법 제83조(과태료 규정의 적용 특례) 제82조의 과태료에 관한 규정을 적용할 때 제9조의2(제26조의8, 제27조의2제4항, 제38조의4, 제38조의11 및 제38조의14에서 준용하는 경우를 포함한다)에 따라 과징금을 부과한 행위에 대해서는 과태료를 부과할 수 없다.

18. 철도안전법에서 과태료 부과의 일반기준으로 틀린 것은?

① 위반행위의 횟수에 따른 과태료의 가중된 부과기준은 최근 3년간 같은 위반행위로 과태료 부과처분을 받은 경우에 적용한다
② 하나의 행위가 둘 이상의 위반행위에 해당하는 경우에는 그 중 무거운 과태료의 부과기준에 따른다
③ 위반행위가 사소한 부주의나 오류로 인한 것으로 인정되는 경우 과태료 금액의 2분의 1 범위에서 그 금액을 줄일 수 있다
④ 위반의 내용·정도가 중대하여 공중에게 미치는 피해가 크다고 인정되는 경우 과태료 금액의 2분의 1 범위에서 그 금액을 늘릴 수 있다
⑤ 과태료를 체납하고 있는 위반행위자의 경우에는 과태료 금액의 2분의 1 범위에서 그 금액을 줄일 수 없다

해설 안전법 시행령 제64조(과태료 부과기준) 법 제82조제1항부터 제5항까지의 규정에 따른 과태료 부과기준은 별표 6과 같다.
〈과태료 부과기준〉
1. 일반기준
　가. 위반행위의 횟수에 따른 과태료의 가중된 부과기준은 최근 1년간 같은 위반행위로 과태료 부과처분을 받은 경우에 적용한다. 이 경우 기간의 계산은 위반행위에 대하여 과태료 부과처분을 받은 날과 그 처분 후 다시 같은 위반행위를 하여 적발된 날을 기준으로 한다.
　나. 가목에 따라 가중된 부과처분을 하는 경우 가중처분의 적용 차수는 그 위반행위 전 부과처분 차수(가목에 따른 기간 내에 과태료 부과처분이 둘 이상 있었던 경우에는 높은 차수를 말한다)의 다음 차수로 한다.
　다. 하나의 행위가 둘 이상의 위반행위에 해당하는 경우에는 그 중 무거운 과태료의 부과기준에 따른다.
　라. 부과권자는 다음의 어느 하나에 해당하는 경우에는 제2호에 따른 과태료 금액의 2분의 1 범위에서 그 금액을 줄일 수 있다. 다만, 과태료를 체납하고 있는 위반행위자의 경우에는 그렇지 않다.
　　1) 삭제 〈2020. 10. 8.〉
　　2) 위반행위가 사소한 부주의나 오류로 인한 것으로 인정되는 경우
　　3) 위반행위자가 법 위반상태를 시정하거나 해소하기 위해 노력한 것이 인정되는 경우
　　4) 그 밖에 위반행위의 정도, 위반행위의 동기와 그 결과 등을 고려하여 과태료를 줄일 필요가 있다고 인정되는 경우
　마. 부과권자는 다음의 어느 하나에 해당하는 경우에는 제2호의 개별기준에 따른 과태료 금액의 2분의 1 범위에서 그 금액을 늘릴 수 있다. 다만, 법 제82조제1항부터 제5항까지의 규정에 따른 과태료 금액의 상한을 넘을 수 없다.

1) 위반의 내용 · 정도가 중대하여 공중(公衆)에게 미치는 피해가 크다고 인정되는 경우
2) 그 밖에 위반행위의 정도, 위반행위의 동기와 그 결과 등을 고려하여 늘릴 필요가 있다고 인정되는 경우

19. 철도안전법에서 과태료 금액을 300만원 부과하는 경우가 아닌 것은?

① 안전관리체계의 변경승인을 받지 않고 안전관리체계를 변경한 경우 1회 위반시
② 안전관리체계를 지속적으로 유지하지 아니하여 시정조치 명령을 한 경우 정당한 사유 없이 시정조치 명령에 따르지 않은 경우 1회 위반시
③ 철도안전 우수운영자로 지정을 받지 아니한 자가 지정표시를 하였을 경우 해당 표시 제거 등의 시정조치 명령을 따르지 아니한 경우 2회 위반시
④ 영상기록장치를 설치 · 운영하지 않은 경우 1회 위반시
⑤ 철도종사자의 직무상 지시에 따르지 않은 경우 1회 위반시
⑥ 철도운영자등이 사상자가 많은 사고 등 국토교통부장관에게 즉시 보고대상을 보고하지 않은 경우 1회 위반시
⑦ 국토교통부장관이나 관계 지방자치단체의 자료제출을 거부, 방해 또는 기피한 경우 1회 위반시
⑧ 여객열차에서의 금지행위에 관한 사항을 안내하지 않은 경우 2회 위반시

해설 안전법 시행령 제64조(과태료 부과기준) 법 제82조제1항부터 제5항까지의 규정에 따른 과태료 부과기준은 별표 6과 같다.

〈과태료 부과기준〉

위반행위	과태료금액(단위 :만원)		
	1회위반	2회위반	3회이상위반
가. 안전관리체계의 변경승인을 받지 않고 안전관리체계를 변경한 경우	300	600	900
나. 안전관리체계의 변경신고를 하지 않고 안전관리체계를 변경한 경우	150	300	450
다. 검사결과 안전관리체계가 지속적으로 유지되지 아니하는 위반으로 시정조치 명령을 받고 정당한 사유 없이 시정조치 명령에 따르지 않은 경우	300	600	900
라. 우수운영자로 지정되었음을 나타내는 표시를 하거나 이와 유사한 표시를 한 경우	90	180	270
마. 우수운영자 지정을 받지 않은 자가 지정표시를 하였을 경우 시정조치 명령을 따르지 않은 경우	300	600	900
바. 영상기록장치를 설치 · 운영하지 않은 경우	300	600	900
사. 여객열차에서의 금지행위에 관한 사항을 안내하지 않은 경우	150	300	450
아. 철도종사자의 직무상 지시에 따르지 않은 경우	300	600	900

20. 철도안전법에서 과태료로 15만원을 부과하는 것을 모두 고르시오?

① 타인에게 전염의 우려가 있는 법정 감염병자가 철도종사자의 허락 없이 여객열차에 타는 행위를 하는 경우 1회 위반시
② 여객열차에서 흡연을 하는 경우 1회 위반시
③ 선로에 승낙 없이 출입하거나 통행한 경우 1회 위반시
④ 철도보호지구에서 시설등의 소유자가 시설등이 시야에 장애를 주는 장애물을 제거하도록 하는 조치명령을 따르지 않은 경우 1회 위반시

해설 안전법 시행령 제64조(과태료 부과기준) 법 제82조제1항부터 제5항까지의 규정에 따른 과태료 부과기준은 별표 6과 같다.

정답 **19.** ③ **20.** ①, ④

〈과태료 부과기준〉

위반행위	과태료금액(단위 :만원)		
	1회위반	2회위반	3회이상위반
12. 시설등의 소유자나 점유자가 시야에 장애를 주는 장애물을 제거하는 등의 조치명령을 따르지 않은 경우	15	30	45
15. 여객이 여객열차에서 흡연을 한 경우 16. 철도종사자가 업무에 종사하는 동안에 열차 내에서 흡연을 한 경우	30	60	90
17. 여객열차에서 공중이나 여객에게 위해를 끼치는 행위를 한 경우 　ⓐ 여객에게 위해를 끼칠 우려가 있는 동식물을 안전조치 없이 여객열차에 동승하거나 휴대하는 행위 　ⓑ 타인에게 전염의 우려가 있는 법정 감염병자가 철도종사자의 허락없이 여객열차에 타는 행위 　ⓒ 철도종사자의 허락없이 여객에게 기부를 부탁하거나 물품을 판매·배부하거나 연설·권유 등을 하여 여객에게 불편을 끼치는 행위	15	30	45
20. 선로에 승낙 없이 출입하거나 통행한 경우 21. 역시설 등 공중이 이용하는 철도시설 또는 철도차량에서 폭언 또는 고성방가 등 소란을 피우는 행위를 한 경우	30	60	90

21. 철도안전법에서 과태료로 30만원을 부과하는 것에 해당하지 않는 것은?

① 철도종사자가 업무에 종사하는 동안에 열차 내에서 흡연을 한 경우 1회 위반시
② 시설등의 소유자나 점유자가 시야에 장애를 주는 장애물을 제거하는 등의 조치명령을 따르지 않은 경우 2회 위반시
③ 여객이 여객열차에서 흡연을 하는 경우 2회 위반시
④ 역시설 등 공중이 이용하는 철도시설 또는 철도차량에서 폭언 또는 고성방가 등 소란을 피우는 행위를 한 경우 1회 위반시

해설 안전법 시행령 제64조(과태료 부과기준)

22. 철도안전법에서 과태료 부과금액이 틀린 것은?

① 관제업무종사자의 준수사항을 위반한 경우 2회 위반시 300만원
② 여객열차에서 여객출입 금지장소에 출입하거나 물건을 여객열차 밖으로 던지는 행위를 한 경우 1회 위반시 200만원
③ 국토교통부장관의 성능인증을 받은 보안검색장비를 사용하지 않은 경우 3회 이상 위반시 900만원
④ 철도종사자의 직무상 지시에 따르지 않은 경우 1회 위반시 300만원
⑤ 국토교통부장관에게 즉시 보고하여야 하는 철도사고등을 보고를 하지 않거나 거짓으로 보고한 경우 2회 위반시 600만원

해설 안전법 시행령 제64조(과태료 부과기준) 법 제82조제1항부터 제5항까지의 규정에 따른 과태료 부과기준은 별표 6과 같다.
〈과태료 부과기준〉

위반행위	과태료금액(단위 :만원)		
	1회위반	2회위반	3회이상위반
1. 철도종사자의 준수사항을 위반한 경우 (운전업무종사자, 관제업무종사자, 작업책임자)	150	300	450

2. 정당한 사유 없이 국토교통부령으로 정하는 여객출입 금지장소에 출입하는 행위〈여객출입 금지장소 ⑦ 운전실 ④ 기관실 ④ 발전실 ④ 방송실〉 3. 여객열차 밖에 있는 사람을 위험하게 할 우려가 있는 물건을 여객열차 밖으로 던지는 행위	150	300	450
4. 국토교통부장관의 성능인증을 받은 보안검색장비를 사용하지 않은 경우	300	600	900
5. 철도종사자의 직무상 지시에 따르지 않은 경우	300	600	900
6. 즉시 보고하여야 할 철도사고등을 보고를 하지 않거나 거짓으로 보고한 경우	300	600	900

23. 철도안전법에서 과태료 부과금액이 틀린 것은?

① 여객에게 위해를 끼칠 우려가 있는 동식물을 안전조치 없이 여객열차에 동승하거나 휴대하는 행위를 1회 위반시 15만원의 과태료

② 철도운영자등이 자신이 고용하고 있는 철도종사자에 대하여 정기적으로 안전교육 및 직무교육을 실시하지 않은 경우 1회 위반시 150만원의 과태료

③ 철도운영자등이 사업주의 안전교육 실시 여부를 확인하지 않거나 안전교육을 실시하도록 조치하지 않은 경우 2회 위반시 450만원

④ 철도차량 운전면허 취소시 반납하지 않은 경우 1회 위반시 90만원의 과태료

⑤ 타인에게 전염의 우려가 있는 법정 감염병자가 철도종사자의 허락 없이 여객열차에 타는 행위를 2회 위반한 경우 30만원의 과태료

해설 안전법 시행령 제64조(과태료 부과기준) 법 제82조제1항부터 제5항까지의 규정에 따른 과태료 부과기준은 별표 6과 같다.

〈과태료 부과기준〉

위반행위	근거 법조문		
	1회위반	2회위반	3회이상위반
가. 법 제20조제3항(법 제21조의11제2항에서 준용하는 경우를 포함한다)을 위반하여 운전면허증을 반납하지 않은 경우	90	180	270
나. 법 제24조제1항을 위반하여 안전교육을 실시하지 않거나 같은 조 제2항을 위반하여 직무교육을 실시하지 않은 경우	150	300	450
다. 법 제24제3항을 위반하여 철도운영자 등이 안전교육 실시 여부를 확인하지 않거나 안전교육을 실시하도록 조치하지 않은 경우	150	300	450
라. 법 제47조제1항제7호를 위반하여 공중이나 여객에게 위해를 끼치는 행위를 한 경우	15	30	45

안전법 제47조(여객열차에서의 금지행위)
   7. 그 밖에 공중이나 여객에게 위해를 끼치는 행위로서 국토교통부령으로 정하는 행위

시행규칙 제80조(여객열차에서의 금지행위) 법 제47조제1항제7호에서 "국토교통부령으로 정하는 행위"란 다음 각 호의 행위를 말한다.
   1. 여객에게 위해를 끼칠 우려가 있는 동식물을 안전조치 없이 여객열차에 동승하거나 휴대하는 행위
   2. 타인에게 전염의 우려가 있는 법정 감염병자가 철도종사자의 허락 없이 여객열차에 타는 행위
   3. 철도종사자의 허락 없이 여객에게 기부를 부탁하거나 물품을 판매·배부하거나 연설·권유 등을 하여 여객에게 불편을 끼치는 행위

정답 | **23.** | ③

특별부록

1 숫자로 정리한 철도안전법

수	조 문	내 용	기 간
1	규칙제6조 규칙제59조 규칙제71조 규칙제85조7	철도안전관리체계 정기검사 주기 철도차량 품질관리체계 정기검사 주기 철도용품 품질관리체계 정기검사 주기 보안검색장비 성능의 정기점검 주기	1년 1회
	규칙제9조	철도안전 우수운영자 지정의 유효기간	1년
	법제15조	운전적성검사과정 부정행위자의 제한기간	1년
	법제20조 법제21조11	운전면허의 효력정지기간 관제자격증명의 효력정지기간	1년 이내
	법제24조의5	철도차량정비기술자의 인정 정지기간	1년 범위
	법제26조5	철도차량제작자 승인 승계 신고기한	승계일부터 1개월 이내
	규칙제75조17	정밀안전진단기관 지정기준 (지정취소, 업무정지가 없어야 하는 기간)	지정신청일 1년 이내
	규칙제75조5	철도차량 개조능력 인정자 실적기간	1년 이상 정비실적
	규칙제75조8	철도운영자등에게 철도차량정비 또는 원상복구 명령 대상	지연운행이 1년 3회 이상시
	규칙제75조11	철도차량 정비조직 인증 경미한 변경 신고대상 - 직접 사용되는 토지 면적의 변동 범위	1만㎡ 이하 범위변경
	규칙제75조11	철도차량 정비조직 인증 경미한 변경 신고면제대상 - 직접 사용되는 토지 면적의 변동 범위	3천㎡ 이하 범위변경
	규칙제75조13	정밀안전진단후 반복고장 3회이상시 상태 평가 및 안전성 평가 시행시기	3회 발생 날부터 1년 이내
	규칙제75조15	철도차량 정밀안전진단의 연장 또는 유예신청기한	진단기간이 도래하기 1년 이전
	규칙제85조7	보안검색장비의 성능점검 (정기점검 주기)	매년 1회
	법제48조4	시험기관 지정 업무의 전부 또는 일부의 정지기간	1년 이내
	법제69조4	철도운행안전관리자 자격정지 기간	1년 이내
	규칙제85조10	보안검색 직무장비중 가스분사기 발사금지 거리	1m이내 상대방 얼굴을 향해
2	시행령제5조	철도안전 전년도 시행계획의 추진실적 제출기한	매년 2월말까지
	규칙제1조2	철도안전투자 공시 예산규모 내용	향후 2년간 예산
	법제11조	운전면허 결격사유 (취소된 날부터 2년 이내)	취소된 날부터 2년 이내
	규칙제18조 규칙제22조 규칙제42조4	운전적성검사기관 지정기준 적합한 지 심사 관제적성검사기관 지정기준 적합한 지 심사 운전교육훈련기관 지정기준 적합한 지 심사 관제교육훈련기관 지정기준 적합한 지 심사	2년마다
	법제15조2	운전적성검사 지정 제한기간	취소한 날부터 2년
	규칙제24조 규칙제38조7	운전면허 필기시험 합격 유효기간 관제자격증명 학과시험 유효기간	2년이 되는 날 12.31.까지
	규칙제26조 규칙제38조10	운전면허시험 신체검사 판정서 유효기간 관제자격증명 신체검사 판정서 유효기간	응시원서 접수일 이전 2년

수	조 문	내 용	기 간
2	규칙제32조 규칙제38조의15	운전면허 갱신 필요경력(관제업무,운전교육훈련업무) 관제자격증명 갱신 필요경력 (관제교육훈련업무,관제업무종사자 지도·교육·관리 ·감독업무)	2년 이상 종사한 경력
	규칙제40조	운전업무종사자 신체검사 정기검사기간	최초검사후 2년마다
	법제26조의2	철도차량 형식승인 제한기간(취소된 경우)	취소된 날부터 2년간
	법제26조의4 법제38조의8	철도차량제작자승인 결격사유(징역형 종료,면제후 경 과기간) 정비조직인증 결격사유(징역형 종료,면제후 경과기간)	2년이 경과되지 아니한 사람
	법제26조의4 법제38조의8	철도차량제작자승인 결격사유(취소된 경우) 정비조직인증 결격사유(취소된 경우)	취소된 후 2년이 경과되지 않은 자
	시행령제60조	철도안전 전문인력 자격기준(관제업무 종사경력)	2년 이상
	규칙제3조	철도서비스 품질평가 주기 및 사전통보기간	2년마다 평가, 2주전 통보
3	제15조	운전적성검사 불합격자 제한기간	검사일부터 3개월
	규칙제40조	신체검사 정기검사 실시기간	2년이 되는날 전 3개월 이내
	법제26조의5	철도차량제작자승인 상속인 양도 인정기간	피상속인 사망한 날부터 3개월 이내
	규칙제72조3	철도차량판매자의 자료제공,교육시행 기한	인도예정일 3개월 전까지
	규칙제1조2	철도안전투자예산 공시규모 내용	과거 3년간 철도안전투자의 예산 및 그 집행 실적
	시행령제20조	운전면허 실효자 재취득절차 일부면제 기간	실효된 날부터 3년 이내
	규칙제74조	철도표준규격 개정, 폐지 타당성 확인 주기	고시한 날부터 3년마다
	법제48조	안전운행 지장물건 방치행위 금지장소	궤도중심 양측 폭 3m 이내
	시행령제63조3 규칙제96조	규제의 재검토-타당성 검토주기 (신체,적성검사,위해물품,위험물,안전전문기관 등)	3년마다
	규칙제76조3	영상기록의 보관기간	3일 이상
	시행령제57조	철도사고중 즉시보고 대상 사고	3명 이상 사상자 발생사고
	시행령제60조6	철도운행안전관리자 배치 면제 작업 또는 공사	3명 이하의 인원
	규칙제92조7 별표	철도안전 전문인력 정기교육 주기	3년
5	규칙제1조5	철도안전투자의 예산규모 공시기한	매년 5월 말까지
	규칙제75조12	차량정비조직 인증 취소대상 철도사고 및 중대한 운 행장애 (재산피해)	5억원 이상 재산피해
	규칙제75조15	철도차량 정밀안전진단 기간의 연장, 유예 신청시기	정밀안전진단 시기 도래하 기 5년 전까지 (긴급사유시 1년)
	시행령제57조	철도사고중 즉시보고 대상사고(재산피해)	5천만원 이상

수	조 문	내 용	기 간
6	법제9조 법제26조7 법제38조10 법제38조13 법제15조의2	안전관리체계 업무제한 또는 정지기간 철도차량제작자 업무제한 또는 정지기간 인증정비조직의 업무제한 또는 정지기간 정밀안전진단기관의 전부 또는 일부정지 운전적성검사기관 업무정지	6개월 이내
	법제19조	운전면허 효력정지된 사람의 실효시기	6개월 내 갱산 받지 않을 때
	규칙제31조 규칙제38조14	운전면허갱신신청서 제출기한 관제자격증명갱신신청서 제출기간	유효기간 만료일 전 6개월 이내
	규칙제32조 규칙제38조15	운전면허 갱신에 필요한 운전경력 관제업무 갱신에 필요한 경력	유효기간내 6개월 이상
	규칙제33조	운전면허 갱신통지 기간	만료일 6개월 전
	규칙제41조2	철도종사자의 안전교육시간	매 분기마다 6시간 이상
7	규칙제6조	안전관리체계 정기검사 또는 수시검사 시행일 통보기간	7일 전
	규칙제25조	운전면허시험 시행계획 변경시 공고시기	변경전 시험일의 7일 전
	규칙제26조 규칙제38조10	운전면허시험 일시 및 장소 공고기한 관제자격증명시험 일시 및 장소 공고기간	응시원서 접수마감 7일 이내
	규칙제75조의2	종합시험운행 결과 검토시 시·도지사와 협의시 의견제출 기한	협의요청 받은 날부터 7일 이내
	시행령제61조	국토부장관·지방자치단체장이 철도관계기관에 보고·자료제출 요구시 부여기간	7일 이상
	시행령제6조별표	중상자의 최초 진단기한	부상 입은 날부터 7일 이내
10	시행령제5조	철도안전 다음연도 시행계획 제출기한	매년 10월 말까지
	법제19조	운전면허의 유효기간 운전면허 갱신 경력을 갖춰야 할 시기	10년 갱신신청하는 날 전 10년 이내
	규칙제75조4	경미한 철도차량 개조신고서 제출기한	개조작업 시작예정일 10일 전까지
	규칙제94조	수수료의 이해관계인의 의견수렴시 긴급한 경우에 게시기간	10일간 (의견수렴기간 20일간)
	시행령제48조2	노면전차 안전운행 저해 제한	깊이 10m 이상의 굴착 최대높이 10m 이상인 건설기계 높이가 10m 이상인 인공구조물
12	규칙제41조	운전업무종사자 적성검사기한	10년이 되는 날 전 12개월 이내

일	조 문	내 용	기 간
14	규칙제2조	안전관리체계 승인(변경) 신청기한	개시예정일 14일 전
	규칙제6조	안전관리체계 시정조치계획서 제출기한	시정조치명령을 받은 날부터 14일 이내
	규칙제33조	운전면허 갱신안내 통지가 불가능한 경우 공고기간	14일 이상
	규칙제34조	운전면허의 취소·효력정지 처분통지서 송달 불가능할 경우 공고기간	14일 이상
	규칙제75조8	철도차량정비 또는 원상복구 명령시 시정조치계획서 제출기한	명령을 받은 날부터 14일 이내
	규칙제85조10	보안검색 직무장비중 전자충격기 사용제한	14세 미만에게 사용 불가
15	규칙제2조	안전관리체계 승인(변경)신청시 승인검사계획서 통보기한	15일 이내
	시행령제15조	운전적성검사기관의 중대한 변경사항 통지기한	사유가 발생한 날부터 15일 이내
	시행령제18조	운전교육훈련기관의 중대한 변경사항 통지기한	사유가 발생한 날부터 15일 이내
	법제20조	운전면허의 취소·정지시 운전면허증 반납기한	통지를 받은 날부터 15일 이내
	규칙제34조	운전면허의 취소·효력정지 처분시 운전면허증 반납기한	통지를 받은 날부터 15일 이내
	규칙제42조2	철도차량정비경력증의 발급(취소)현황 제출기한	매 반기의 말일을 기준으로 다음달 15일까지
	시행령제21조5	정비교육훈련기관의 변경사항 통지기한	사유가 발생한 날부터 15일 이내
	규칙제46조	철도차량 형식(변경)승인신청 받은 경우 검사계획서 통보기한	15일 이내
	규칙제51조	철도차량 제작자(변경)승인신청 받은 경우 검사계획서 통보기한	15일 이내
	규칙제56조	철도차량 완성검사 신청 받은 경우 검사계획서 통보기한	15일 이내
	규칙제59조	철도차량 품질관리체계의 정기(수시)검사시 검사계획 통보기한	검사시행일 15일 전
	규칙제60조	철도용품 형식(변경)승인 신청시 검사계획서 통보기한	15일 이내
	규칙제64조	철도용품 제작자승인 신청시 검사계획서 통보기한	15일 이내

일	조 문	내 용	기 간
15	규칙제71조	철도용품 품질관리체계의 정기(수시)검사시 검사계획 통보기한	검사시행일 15일 전
	시행령제29조	시정조치의 면제신청 제작자의 서류제출 기한	중지명령을 받은 날부터 15일 이내
	규칙제75조의3	철도차량 개조승인 신청시 개조검사계획서 통지기한	신청서를 받은 날부터 15일 이내
	규칙제75조의17	정밀안전진단기관의 중대변경시 통보기한	사유가 발생한 날부터 15일 이내
	규칙제85조의9	철도보안검색장비 시험기관의 지정취소(업무정지)시 지정서 반납기한	통지를 받은 날부터 15일 이내
	시행령제60조5	안전전문기관의 중대변경사항 통지기한	사유가 발생한 날부터 15일 이내
	규칙제92조7 별표	철도안전 전문인력 정기교육 시간	15시간 이상
20	규칙제4조	안전관리체계승인(변경)시 시도지사와 협의시 의견제출 기한	협의 요청받은 날부터 20일 이내
	시행령제7조	과징금의 납부기한	통지를 받은 날부터 20일 이내
	규칙32조	운전면허 갱신에 필요한 교육훈련 시간	갱신신청일 전까지 20시간 이상
	규칙제72조2	철도차량 판매자 부품 공급기간	완성검사를 받는 날부터 20년 이상
	규칙제73조	철도차량, 철도용품 제작자의 시정조치 진행상황 보고기한(완료한 경우)	매분기 종료 후 20일 이내 (완료 후 20일 이내)
	법제45조	노면전차 철도보호지구의 안전운행 방해행위 신고지역	철도보호지구 바깥쪽 경계선으로부터 20m 이내의 지역
	규칙제94조	수수료의 기준을 정할 때 의견수렴 기한	20일간
24	별표	중상자 정의	24시간 이상 입원치료가 필요한 상해

일	조 문	내 용	기 간
30	규칙제2조	안전관리체계 변경승인신청서 제출기한	개시예정일 30일 전(철도차량, 교량 등 철도시설의 증가시 90일 전)
	제45조	철도보호지구의 범위	철도경계선으로부터 30m
	제9조2	과징금 상한선 (업무제한이나 정지를 갈음)	30억원
	규칙제33조	운전면허 갱신안내 통지기한(효력정지시)	효력이 정지된 날부터 30일 이내
	규칙제50조	철도차량 형식 변경승인 명령시 변경승인 신청기한	명령을 통보받은 날부터 30일 이내
	규칙제75조4	철도차량의 경미한 개조로 보지 않는 경우 (개조타당성 검토시 영업중인 선로 운행시간)	영업운행 종료이후 30분 경과~ 다음 영업운행 개시 30분 전까지
	규칙제75조9	철도차량정비조직인증의 변경인증시 신청서 제출기한	적용예정일 30일 전
	시행령제46조	철도보호지구내의 행위신고시 안전조치 명령기한	신고를 받은 날부터 30일 이내
	시행령제6조별표	사망자 정의 : 인정기한	철도사고 발생한 날부터 30일 이내
35	시행령제21조3	정비교육훈련의 교육시간	5년마다 35시간 이상
40	규칙제38조15	관제자격증명 갱신에 필요한 교육훈련 시간	갱신 신청일 전까지 40시간 이상
50	규칙제41조	운전업무종사자 적성검사 정기검사 주기	10년(50세 이상시 5년)
	규칙제75조11	정비조직인증을 받지 않는 조직규모	상시 종사자 50명 미만의 조직
60	규칙제75조9	철도차량정비조직인증 신청서 제출기한	개시예정일 60일 전
	규칙제75조의14	철도차량 정밀안전진단신청서 제출기한	시기가 도래하기 60일 전
90	규칙제2조	안전관리체계 승인신청서 제출기한	개시예정일 90일 전
100	시행령제4조	철도안전 종합계획의 경미한 변경 예산변동 규모	총사업비를 원래계획의 10/100 이내
1135	규칙제43조	승하차용 출입문 설비 설치기준 (선로수직거리)	1,135밀리미터

2 승인·신고·보고 등 분류표

① 승 인

조 문	내 용	승인권자	신청자
법제7조	안전관리체계의 승인	국토교통부장관	철도운영자등 (전용철도운영자 제외)
법제7조	승인받은 안전관리체계를 변경승인	국토교통부장관	철도운영자등 (전용철도운영자 제외)
칙제20조	운전교육훈련과정 개설	국토교통부장관	운전교육훈련기관
칙제25조	운전면허시험의 공고한 시행계획 변경승인	국토교통부장관	한국교통안전공단
법제26조	철도차량 형식승인	국토교통부장관	국내에서 운행하는 철도차량을 제작하거나 수입하려는 자
법제26조	철도차량 형식승인 변경승인	국토교통부장관	국내에서 운행하는 철도차량을 제작하거나 수입하려는 자
법제26조의3	철도차량 제작자 승인	국토교통부장관	철도차량을 제작하려는 자(외국에서 한국으로 수출하는 경우 포함)
법제27조	철도용품 형식승인	국토교통부장관	철도용품을 제작하거나 수입하려는 자
법제27조	철도용품 형식승인 변경승인	국토교통부장관	철도용품을 제작하거나 수입하려는 자
법제27조의2	철도용품 제작자승인	국토교통부장관	철도용품을 제작하려는 자(외국에서 한국으로 수출하는 경우 포함)
법제38조의2	철도차량의 개조승인	국토교통부장관	철도차량을 소유하거나 운영하는 자(소유자등)
법제74조	수수료를 정하는 기준 (변경포함)	국토교통부장관	대행기관, 수탁기관

② 신 고

조 문	내 용	신고수리자	신청자
법제7조	안전관리체계의 경미한 변경	국토교통부장관	
법제26조	철도차량 형식승인의 경미한 변경	국토교통부장관	
법제26조의5	철도차량 제작자승인의 지위 승계사실 (1개월내)	국토교통부장관	지위승계자
법제38조의2	철도차량의 경미한 개조	국토교통부장관	철도차량을 소유하거나 운영하는 자(소유자등)
법제38조의7	철도차량 정비 인증조직의 경미한 사항 변경	국토교통부장관	철도차량정비를 하려는 자
법제45조	철도보호지구에서의 행위 신고	국토교통부장관 또는 시·도지사	행위 하려는 자
법제45조	노면전차 철도보호지구 행위 신고	국토교통부장관 또는 시·도지사	

③ 보 고

조 문	내 용	보고자	수보자
제32조	철도차량 또는 철도용품의 제작자의 시정조치 진행 상황(제작, 판매중지) 보고	제작자	국토교통부장관
제38조	종합시험운행 결과보고	철도운영자등	국토교통부장관
제38조의5	철도차량과 관련한 제작·운용·철도차량정비·폐차 등 이력관리 내용 보고(철도차량의 이력관리)	소유자등	국토교통부장관
제61조	철도사고등 의무보고	철도운영자등	국토교통부장관
제61조	의무사고등을 제외한 철도사고등의 조사결과 보고	철도운영자등	국토교통부장관
제61조의2	철도차량 등에 발생한 결함, 고장 사실등 보고 의무	제작자승인받은자	국토교통부장관
제61조의2	철도차량 등에 발생한 결함, 고장 등의 발생을 알게 된 때 보고 의무	정비조직인증 받은 자	국토교통부장관
제61조의3	철도안전위험요인을 발생시켰거가 발생사실을 안 사람(자율보고)		국토교통부장관
제73조	철도안전종합계획, 안전관리체계 확인·검사, 안전관 리수준 평가, 위임·위탁기관의 확인 등의 보고	철도관계기관등	국토교통부장관 이나 관계 지방 자치단체

④ 인 증

조 문	내 용	승인권자	신청자
제38조의7	철도차량 정비조직인증	철도차량정비를 하려는 자	국토교통부장관
제38조의7	인증정비조직의 인증받은 사항의 변경인증	정비조직인증자	국토교통부장관
제48조의3	보안검색장비의 성능인증	보안검색장비제작자	국토교통부장관

⑤ 인 정

조 문	내 용	승인권자	신청자
제24조의2	철도차량정비기술자의 인정	인정받는자	국토교통부장관

⑥ 권 고

조 문	내 용	수명자	권고자
제34조	철도차량 및 철도용품의 표준규격을 정하여 차량제작자 등에게 권고할 수 있음	제작자등	국토교통부장관
제75조의2	사고에 책임이 있는 사람을 징계할 것을 해당 철도운영 자등에게 권고할 수 있음	철도운영자등	국토교통부장관

⑦ 통 보

조 문	내 용	통보자	수보자
제75조의2	범죄혐의가 있다고 인정할 만한 상당한 이유가 있을 때에는 관할 수사기관에 그 내용을 통보할 수 있음	국토교통부장관	수사기관

3 각종 절차의 비교·정리표

① 안전관리체계

구 분		안전관리체계 승인	철도안전우수운영자 지정
승인 신청	신청자	철도운영자등	
	신청시기	철도운용 또는 철도시설의 관리 개시예정일 90일 전	
승인권자		국토교통부장관	
변 경	방 법	승인필요	
	신청시기	철도운용 또는 철도시설 관리 개시예정일 30일 전(철도노선의 신설 또는 개량시는 90일 전)	
	경미한변경	신고사항	
승인 검사	방 법	① 서류검사 ② 현장검사	
	기술기준	안전관리기준	안전관리수준평가 결과 활용
승인절차 등		국토교통부령	
승인발급증서		안전관리체계승인증명서	
유지 검사	방 법	①정기검사(1년마다 1회) ②수시검사	
	통 보	검사시행일 7일 전	
	시정조치	철도운영자등 14일 이내 시정조치계획서 제출	
절대적 취소		1. 거짓이나 그 밖의 부정한 방법으로 승인 받 은 경우	1. 거짓이나 그밖의 부정한 방법으로 철도안전 우수운영자 지정을 받은 경우 2. 안전관리체계의 승인이 취소된 경우
재량적 취소 등	방 법	1. 승인취소 2. 6개월 이내 업무제한 또는 정지	지정취소
	사 유	1. 변경승인을 받지 아니하거나 변경신고를 하 지 아니하고 안전관리체계를 변경한 경우 2. 안전관리체계를 지속적으로 유지하지 아니 하여 철도운영이나 철도시설의 관리에 중대 한 지장을 초래한 경우 3. 시정조치명령을 정당한 사유 없이 이행하지 아니한 경우	1. 지정기준에 부적합하게 되는 등 그 밖에 국토교통부령으로 정하는 사유 가 발생한 경우 - 계산 착오, 자료의 오류 등으로 안 전관리 수준평가 결과가 최상위 등 급이 아닌 것으로 확인된 경우 - 국토교통부장관이 정해 고시하는 표 시가 아닌 다른 표시를 사용한 경우
과징금	금 액	30억원 이하	
	사 유	업무제한, 정지시 철도이용자 심한불편 또는 공익저해	

② 철도종사자의 안전관리

구 분		운전면허	관제자격증명	철도차량정비 기술자인정
종류		1. 고속철도차량 운전면허 2. 제1종 전기차량 운전면허 3. 제2종 전기차량 운전면허 4. 디젤차량 운전면허 5. 철도장비 운전면허 6. 노면전차(路面電車) 운전면허	1. 도시철도 관제자격 증명 2. 철도 관제자격 증명	
결격사유		1. 19세 미만인 사람 2. 철도차량 운전상의 위험과 장해를 일으킬 수 있는 정신 질환자 또는 뇌전증환자로서 대통령령으로 정하는 사 람 3. 철도차량 운전상의 위험과 장해를 일으킬 수 있는 약물 또는 알코올 중독자로서 대통령령으로 정하는 사람 4. 두 귀의 청력 또는 두 눈의 시력을 완전히 상실한 사람 5. 운전면허가 취소된 날부터 2년이 지나지 아니하였거나 운전면허의 효력정지기간 중인 사람 **"대통령령으로 정하는 사람"**이란 해당 분야 전문의가 정상적인 운전을 할 수 없다고 인정하는 사람	좌 동 (운전면허→ 관제자격증명)	—
신체 검사	의료기관	의원, 병원, 종합병원	좌 동	—
	합격기준	국토교통부령	좌 동	—
적성 검사	제한기간	1.불합격자 : 검사일부터 3개월 2.부정행위자 : 검사일부터 1년	좌 동 (운전면허→ 관제자격증명)	—
	합격기준	국토교통부령	좌 동	—
	검사자	국토교통부장관	좌 동	—
	결과	운전적성검사 판정서	관제적성검사 판정서	—
적성 검사 기관	지정기준 지정절차	대통령령	좌 동	
	지정기준	1. 상설 전담조직 2. 전문검사인력을 3명 이상 확보 3. 사무실, 검사장과 검사 장비 4. 업무규정	좌 동	—
	중대한 변경	사유발생한 날부터 15일 이내 장관에게 알림	좌 동	—
	심사	지정기준에 적합여부를 2년마다	—	—
적성검사기관 절대적 취소		1. 거짓이나 그밖의 부정한 방법으로 지정 받았을 때 2. 업무정지 명령을 위반하여 그 정지기간 중 운전적성검 사 업무를 하였을 때	좌 동 (운전면허→ 관제자격증명)	—

구 분		운전면허	관제자격증명	철도차량정비 기술자인정
적성검사 기관 재량적 취소	방법	1. 지정취소 2. 6개월 이내 업무정지	좌 동 (운전면허→관제자격)	–
	사유	1. 지정기준에 맞지 아니하게 되었을 때 2. 정당한 사유 없이 운전적성검사 업무를 거부하였을 때 3. 거짓이나 그 밖의 부정한 방법으로 운전적성검사 판정서를 발급하였을 때	좌 동 (운전면허→관제자격 증명)	–
교육 훈련 기관	기간,방법	국토교통부령	좌 동	대통령령
	지정기준 지정절차	대통령령	좌 동	좌 동
	기정기준	1. 운전교육훈련 업무 수행에 필요한 상설 전담조직을 갖출 것 2. 운전면허의 종류별로 운전교육훈련 업무를 수행할 수 있는 전문인력을 확보할 것 3. 운전교육훈련 시행에 필요한 사무실·교육장과 교육 장비를 갖출 것 4. 운전교육훈련기관의 운영 등에 관한 업무규정을 갖출 것	좌 동	좌 동 (운전→정비)
	중대한 변경	사유발생한 날부터 15일 이내 장관에게 알림	좌 동	좌 동
	심사	지정기준에 적합여부를 2년마다	좌 동	좌 동
교육훈련	–	관제교육훈련 일부 면제의 경우 1. 학교에서 관제관련교과목 이수자 2. 철도차량 운전 5년 이상 경력자 3. 철도신호기, 선로전환기, 조작판의 취급 업무 5년 이상 경력자 4. 관제자격증명을 받은 후 다른 종류의 관제자격증명을 받으려는 사람	정비교육훈련 실시기준 1. 교육내용, 방법 : 정비법령, 기술기준, 정비기술 등 실무이론 및 실습교육 2. 교육시간 : 정비업 수행기간 5년마다 35시간 이상	
운전교육훈련 기관 절대적 취소		1. 거짓이나 그밖의 부정한 방법으로 지정 받았을 때 2. 업무정지 명령을 위반하여 그 정지기간 중 운전교육훈련 업무를 하였을 때	좌 동 (운전→관제)	좌 동 (운전→정비)
운전 교육 훈련 기관 재량적 취소	방법	1. 지정취소 2. 6개월 이내 업무정지	좌 동 (운전→관제)	좌 동 (운전→정비)
	사유	1. 지정기준에 맞지 아니하게 되었을 때 2. 정당한 사유 없이 운전교육훈련 업무를 거부하였을 때 3. 거짓이나 그 밖의 부정한 방법으로 운전교육훈련 수료증을 발급하였을 때	좌 동 (운전→관제)	좌 동 (운전→정비)

구 분		운전면허	관제자격증명	철도차량 정비기술자인정
시험	시행 공고	매년 11.30.까지 인터넷홈피 등에 공고 (변경시 7일 전까지 공고)	좌 동	자격, 경력, 학력 을 점수로 계산
	응시 조건	신체검사 + 운전적성검사 합격한 후 운전교육훈련 수료	좌동(운전→관제)	
	방법	1. 필기시험 　(합격한 날부터 2년 되는 해의 12.31.까지 유효) 2. 기능시험 (필기시험 합격자만 응시가능)	1. 학과시험 : (좌동) 2. 실기시험 : (좌동)	
	일부 면제	9 –	1. 운전면허를 받은 자 2. 관제자격증명을 받은 　후 다른 종류의 관제 　자격증명에 응시하려 　는 사람	1등급 : 80점 이상 2등급 : 60 이상 3등급 : 40점 이상 4등급 : 10점 이상
	합격 기준	1. 필기시험 : 매과목 40점(철도관련법 60점) 이상, 　평균 60점 이상 2. 기능시험 : 과목당 60점 이상, 평균 80점 이상	1. 학과시험 : (기준 좌동) 2. 실기시험 : (기준 좌동)	
갱신	조건	1. 운전면허의 갱신을 신청하는 날 전 10년 이내에 6 　개월 이상 철도차량의 운전업무에 종사한 경력 2. 다음 업무에 2년 이상 종사한 경력 　－관제업무 　－운전교육훈련기관에서의 운전교육훈련업무 　－철도운영자등에게 소속되어 철도차량 운전자를 　　지도, 교육, 관리하거나 감독하는 업무 3. 철도차량 운전에 필요한 교육훈련을 운전면허 갱 　신신청일 전까지 20시간 이상 받은 경우	1. 좌동(운전→관제) 2. 좌동 （"－관제업무"제외） 3. 관제교육훈련기관,철 　도운영자등의 관제 　업무 교육훈련을 갱 　신신청일 전까지 40 　시간 이상 받은 경우	
	통지	유효기간 만료일 6개월 전까지 해당 운전면허 취득 자에게 운전면허 갱신에 관한 내용을 통지(불능시 14 일 공고로 갈음)		
면허	유효 기간	10년	좌 동	
	효력 정지	유효기간이 만료되는 날의 다음 날부터 (효력정지된 날부터 30일이내 취득자에 통지)	좌 동	
	효력 상실	효력이 정지된 사람이 6개월 내에 운전면허의 갱신 을 신청하여 운전면허의 갱신을 받지 아니하면 그 기 간이 만료되는 날의 다음 날부터 그 운전면허는 효력 을 잃는다.	좌 동 (운전면허→관제자격)	
	반납	운전면허의 취소 또는 효력정지 통지를 받은 운전면 허 취득자는 그 통지를 받은 날부터 15일 이내에 운 전면허증을 국토교통부장관(한국교통안전공단)에게 반납	좌 동 (운전면허→관제자격)	
	대여 금지	다른 사람에게 빌려주거나 빌리거나 이를 알선하여서는 아니 된다	좌 동	－자기 명의로 　타인이 업무수행 －빌려주거나 －빌리거나 －알선금지

구 분		운전면허	관제자격증명	철도차량정비 기술자인정
효력 상실자 재취득	기한	실효된 날부터 3년 이내	좌 동	
	취득 절차 일부 면제	1. 갱신조건에 해당하는 경우 : 운전교육훈련 　＋필기시험 면제 2. 갱신조건에 해당하지 않는 경우 : 운전교 　육훈련 면제	좌 동 (운전면허→관제자격 증명)	
면허 절대적 취소		1. 거짓이나 그 밖의 부정한 방법으로 운전면 　허를 받았을 때 2. 정신질환자, 퇴전증환자, 알코올 또는 약 　물중독자로서 전문의가 정상적인 운전을 　할 수 없다고 인정한 사람 3. 두 귀의 청력 또는 두 눈의 시력을 완전히 　상실한 사람 4. 운전면허의 효력정지기간 중 철도차량을 　운전하였을 때 5. 운전면허증을 다른 사람에게 대여하였을 때	좌 동 (운전면허→관제자격 증명)	1. 거짓이나 그 밖의 부 　정한 방법으로 철도 　차량정비기술자로 　인정받은 경우 2. 자격기준에 해당하지 　아니하게 된 경우 3. 철도차량정비 업무 수 　행 중 고의로 철도사 　고의 원인을 제공한 　경우
면허 재량적 취소	방법	1. 취소 2. 1년 이내 효력정지	좌 동	1년 이내 정지
	사유	1. 철도차량을 운전 중 고의 또는 중과실로 　철도사고를 일으켰을 때 2. 운전업무종사자의 준수사항을 위반하였을 때 3. 술을 마시거나 약물을 사용한 상태에서 철 　도차량을 운전하였을 때 4. 술을 마시거나 약물을 사용한 상태에서 업 　무를 하였다고 인정할 만한 상당한 이유가 　있음에도 불구하고 국토교통부장관 또는 　시, 도지사의 확인, 검사를 거부하였을 때 5. 철도의 안전 및 보호와 질서유지를 위하여 　한 명령·처분을 위반하였을 때	1. 좌동(운전→관제) 2. 좌동(운전→관제) 3. 좌동(운전→관제) 4. 좌동 5. (삭제－제외)	1. 다른 사람에게 철도 　차량정비 경력증을 　빌려 준 경우 2. 철도차량정비 업무수 　행중 중과실로 철도 　사고의 원인을 제공 　한 경우

③ 철도차량의 안전관리

㉮ 철도차량 · 철도용품 형식승인

구 분		철도차량 형식승인	철도용품 형식승인
승인신청자		제작하거나 수입하려는 자	좌 동
승인권자		국토교통부장관	좌 동
변경	일반변경	<승인필요>	좌 동
	경미한 변경	<신고사항> 1. 철도차량의 구조안전 및 성능에 영향을 미치지 아니하는 차체 형상의 변경 2. 철도차량의 안전에 영향을 미치지 아니하는 설비의 변경 3. 중량분포에 영향을 미치지 아니하는 장치 또는 부품의 배치 변경 4. 동일 성능으로 입증할 수 있는 부품의 규격 변경 5. 그 밖에 철도차량의 안전 및 성능에 영향을 미치지 아니한다고 국토교통부장관이 인정하는 사항의 변경	좌 동(차량→용품)
승인 검사 (최초, 변경)	방법	<철도차량 형식승인검사> 1. 설계적합성 검사 : 철도차량의 설계가 철도차량기술기준에 적합한지 여부에 대한 검사 2. 합치성 검사 : 철도차량이 부품단계, 구성품단계, 완성차단계에서 제1호에 따른 설계와 합치하게 제작되었는지 여부에 대한 검사 3. 차량형식 시험 : 철도차량이 부품단계, 구성품단계, 완성차단계, 시운전단계에서 철도차량기술기준에 적합한지 여부에 대한 시험	<철도용품 형식승인검사> 좌 동(차량→용품)
	기술기준	철도차량 기술기준(국토교통부장관)	좌 동(차량→용품)
	검사계획	15일이내 신청인에게 승인검사계획서 통보	좌 동
	면제 (전부, 일부)	1. <전부면제>시험·연구·개발 목적으로 제작 또는 수입되는 철도차량으로서 대통령령(여객 및 화물 운송에 사용되지 아니하는 철도차량)으로 정하는 철도차량에 해당하는 경우 2. <전부면제>수출 목적으로 제작 또는 수입되는 철도차량으로서 대통령령(국내에서 철도운영에 사용되지 아니하는 철도차량)으로 정하는 철도차량에 해당하는 경우 3. 대한민국이 체결한 협정 또는 대한민국이 가입한 협약에 따라 형식승인검사가 면제되는 철도차량의 경우(협정, 협약 면제범위) 4. 그 밖에 철도시설의 유지·보수 또는 철도차량의 사고복구 등 특수한 목적을 위하여 제작 또는 수입되는 철도차량으로서 국토교통부장관이 정하여 고시하는 경우(시운전단계 제외 전부면제)	1. 좌동(차량→용품) (철도시설 또는 철도차량에 사용되지 아니하는 철도용품) 2. 좌동(차량→용품) 3. 좌동(차량→용품) 4.<삭제 – 제외>
	기술기준 위반시	변경승인을 받을 것을 명하여야 한다 (중대한 위반시는 제외) –통보받은 날부터 30일 이내 변경승인 신청	좌 동(차량→용품)
승인발급증서		철도차량 형식승인증명서	좌 동(차량→용품)
절대적 취소		1. 거짓이나 그 밖의 부정한 방법으로 형식승인을 받은 경우	좌 동(차량→용품)
재량적 취소 등	방법	취소가능	좌 동
	사유	1. 철도차량기술기준에 중대하게 위반되는 경우 2. 변경승인명령을 이행하지 아니한 경우	좌 동(차량→용품)
취소효과		최소된 날부터 2년간 동일한 형식승인 불가	좌 동

④ 철도차량 제작자 · 철도용품 제작자 승인

구 분		철도차량 제작자 승인	철도용품 제작자 승인
승인신청	신청자	1. 형식승인 받은 철도차량 제작자 2. 외국에서 한국에 수출목적 포함	좌 동(차량→용품)
	갖출것	철도차량 품질관리체계	철도용품 품질관리체계
승인권자		국토교통부장관	좌 동
변경	일반변경	<승인필요>	좌 동(차량→용품)
	경미한변경	<신고필요> 1. 철도차량 제작자의 조직변경에 따른 품질관리조직 또는 품질관리책임자에 관한 사항의 변경 2. 법령 또는 행정구역의 변경 등으로 인한 품질관리규정의 세부내용 변경 3. 서류간 불일치 사항 및 품질관리규정의 기본방향에 영향을 미치지 아니하는 사항으로서 그 변경근거가 분명한 사항의 변경	좌 동(차량→용품)
승인 검사 (최초 변경)	방법	<제작자승인검사> 1. 품질관리체계 적합성검사 : 해당 철도차량의 품질관리체계가 철도차량제작자승인기준에 적합한지 여부에 대한 검사 2. 제작검사 : 해당 철도차량에 대한 품질관리체계의 적용 및 유지 여부 등을 확인하는 검사	좌 동(차량→용품)
	기술기준	철도차량 제작관리 및 품질유지에 필요한 기술기준	좌 동(차량→용품)
	검사계획	15일이내 신청인에게 승인검사계획서 통보	좌 동(차량→용품)
	면제 1. 대상제외 2. 전부면제 3. 일부면제	1. 대한민국이 체결한 협정 또는 대한민국이 가입한 협약에 따라 제작자승인이 면제되거나 제작자승인검사의 전부 또는 일부가 면제되는 경우(협정,협약 면제범위) 2. <전부면제>철도시설의 유지·보수 또는 철도차량의 사고복구 등 특수한 목적을 위하여 제작 또는 수입되는 철도차량으로서 국토교통부장관이 정하여 고시하는 철도차량에 해당하는 경우	좌 동(차량→용품)
승인발급증서		철도차량 제작자승인증명서	좌 동(차량→용품)
결격사유		1. 피성년후견인 2. 파산선고를 받고 복권되지 아니한 사람 3. 이 법 또는 대통령령으로 정하는 철도 관계 법령을 위반하여 징역형의 실형을 선고받고 그 집행이 종료(집행이 종료된 것으로 보는 경우를 포함한다)되거나 집행이 면제된 날부터 2년이 지나지 아니한 사람 4. 이 법 또는 대통령령으로 정하는 철도 관계 법령을 위반하여 징역형의 집행유예를 선고를 받고 그 유예기간 중에 있는 사람 5. 제작자승인이 취소된 후 2년이 경과되지 아니한 자 6. 임원중에 제1호부터 제5호까지의 어느 하나에 해당하는 사람이 있는 법인	좌 동(차량→용품)

구 분		철도차량 제작자 승인	철도용품 제작자 승인
지위 승계	대상	사업양도, 사망, 법인합병	좌 동(차량→용품)
	신고	승계일부터 1개월 이내에 국토교통부장관에게 신고	좌 동(차량→용품)
	제한	<결격사유 준용> 단, 사망한 날부터 3개월 이내에 다른 사람에게 양도시 양도일까지 상속으로 간주	좌 동(차량→용품)
완성 검사	신청	제작자승인을 받은 자	–
	시기	제작한 철도차량을 판매하기 전	–
	증명	철도차량 완성검사증명서	–
	방법	1. 완성차량검사 : 안전과 직결된 주요 부품의 안전성 확보 등 철도차량이 철도차량기술기준에 적합하고 형식승인 받은 설계대로 제작되었는지를 확인하는 검사 2. 주행시험 : 철도차량이 형식승인 받은 대로 성능과 안전성을 확보하였는지 운행선로 시운전 등을 통하여 최종 확인하는 검사	–
절대적 취소		1. 거짓이나 그 밖의 부정한 방법으로 제작자승인을 받은 경우 2. 업무정지 기간 중에 철도차량을 제작한 경우	좌 동(차량→용품)
재량 적 취소 등	방법	1. 승인취소 2. 6개월 이내 업무제한, 정지	좌 동(차량→용품)
	사유	1. 변경승인을 받지 아니하거나 변경신고를 하지 아니하고 철도차량을 제작한 경우 2. 유지·검사후 시정조치명령을 정당한 사유 없이 이행하지 아니한 경우 3. 제작, 판매 중지 등의 명령을 이행하지 아니하는 경우	좌 동(차량→용품)
유지 검사	방법	① 정기검사(1년마다 1회) ② 수시검사	좌 동(차량→용품)
	통보	검사시행일 15일 전	좌 동(차량→용품)
	시정 조치	철도운영자등 14일 이내 시정조치계획서 제출	좌 동(차량→용품)
과징 금	금액	30억원 이하	좌 동(차량→용품)
	사유	업무제한, 정지시 철도이용자 심한불편, 공익 저해	좌 동(차량→용품)

⑭ **철도차량 개조 승인**

구 분			철도차량의 개조 승인
신청자			철도차량을 소유하거나 운영하는 자
승인권자			국토교통부장관
변경	일반변경		<승인>
	경미한변경	내용	<신고> 1. 차체구조 등 철도차량 구조체의 개조로 인하여 해당 철도차량의 허용 적재하중 등 철도차량의 강도가 100분의 5 미만으로 변동되는 경우 2. 설비의 변경 또는 교체에 따라 해당 철도차량의 중량 및 중량분포가 다음 각 목에 따른 기준 이하로 변동되는 경우 　－고속철도차량 및 일반철도차량의 동력차(기관차) : 100분의 2 　－고속철도차량 및 일반철도차량의 객차·화차·전기동차·디젤동차 : 100분의 4 　－도시철도차량 : 100분의 5 3. 그 외에 경미한 장치 또는 부품의 개조 또는 변경
		시기	개조작업 시작예정일 10일전까지 신고서 제출
승인검사 (최초변경)	방법		<개조승인검사> 1. 개조적합성 검사 　철도차량의 개조가 철도차량기술기준에 적합한지 여부에 대한 기술문서 검사 2. 개조합치성 검사 　해당 철도차량의 대표편성에 대한 개조작업이 제1호에 따른 기술문서와 합치하게 시행되었는지 여부에 대한 검사 3. 개조형식시험 　철도차량의 개조가 부품단계, 구성품단계, 완성차단계, 시운전단계에서 철도차량기술기준에 적합한지 여부에 대한 시험
	기술기준		철도차량 기술기준
운행제한	사유		1. 소유자등이 개조승인을 받지 아니하고 임의로 철도차량을 개조하여 운행하는 경우 2. 철도차량의 기술기준에 적합하지 아니한 경우
	과징금		30억원 이하 (철도차량의 운행제한시 철도이용자 심한불편, 공익 저해)
개조능력 인정자			1. 개조대상 철도차량 또는 그와 유사한 성능의 철도차량을 제작한 경험이 있는 자 2. 개조 대상 부품 또는 장치 등을 제작하여 납품한 실적이 있는 자 3. 개조 대상 부품·장치 또는 그와 유사한 성능의 부품·장치 등을 1년 이상 정비한 실적이 있는 자 4. 인증정비조직 5. 개조 전의 부품 또는 장치 등과 동등 수준 이상의 성능을 확보할 수 있는 부품 또는 장치 등의 신기술을 개발하여 해당 부품 또는 장치를 철도차량에 설치 또는 개량하는 자

㉘ 철도차량 정비조직 · 진단기관

구 분		정비조직 인증	정밀안전진단기관의 지정
	신청자	철도차량을 정비하려는 자	지정받으려는 자
	갖출것	정비조직인증기준	−
인증신청	인증 불필요	1. 철도차량 정비업무에 상시 종사하는 사람이 50명 미만의 조직 2. 「중소기업기본법 시행령」 제8조에 따른 소기업 중 해당 기업의 주된 업종이 운수 및 창고업에 해당하는 기업(「통계법」 제22조에 따라 통계청장이 고시하는 한국표준산업분류의 대분류에 따른 운수 및 창고업을 말한다) 3. 「철도사업법」에 따른 전용철도 노선에서만 운행하는 철도차량을 정비하는 조직	<기관의 업무> 1. 해당 업무분야의 철도차량에 대한 정밀안전진단 시행 2. 정밀안전진단의 항목 및 기준에 대한 조사 · 검토 3. 정밀안전진단의 항목 및 기준에 대한 제정 · 개정 요청 4. 정밀안전진단의 기록 보존 및 보호에 관한 업무 5. 그 밖에 국토교통부장관이 필요하다고 인정하는 업무
인증권자		국토교통부장관	국토교통부장관 지정 (지정기준, 지정절차 : 국토교통부령)
변경	방법	<변경인증>	−
	경미한 변경	<신고하여야 할 경우> 1. 철도차량 정비를 위한 사업장을 기준으로 철도차량 정비와 관련된 업무를 수행하는 인력의 100분의 10 이하 범위에서의 변경 2. 철도차량 정비를 위한 사업장을 기준으로 철도차량 정비에 직접 사용되는 토지 면적의 1만 ㎡ 이하 범위에서의 변경 3. 그 밖에 철도차량 정비의 안전 및 품질 등에 중대한 영향을 초래하지 않는 설비 또는 장비 등의 변경 <신고하지 않아도 되는 경우> 1. 철도차량 정비를 위한 사업장을 기준으로 철도차량 정비와 관련된 업무를 수행하는 인력이 100분의 5 이하 범위에서 변경되는 경우 2. 철도차량 정비를 위한 사업장을 기준으로 철도차량 정비에 직접 사용되는 면적이 3천 ㎡ 이하 범위에서 변경되는 경우 3. 철도차량 정비를 위한 설비 또는 장비 등의 교체 또는 개량 4. 그 밖에 철도차량 정비의 안전 및 품질 등에 영향을 초래하지 않는 사항의 변경	<지정기준> 1. 정밀안전진단업무를 수행할 수 있는 상설 전담조직을 갖출 것 2. 정밀안전진단업무를 수행할 수 있는 기술 인력을 확보할 것 3. 정밀안전진단업무를 수행하기 위한 설비와 장비를 갖출 것 4. 정밀안전진단기관의 운영 등에 관한 업무규정을 갖출 것 5. 지정 신청일 1년 이내에 법 제38조의13제3항에 따른 정밀안전진단기관 지정취소 또는 업무정지를 받은 사실이 없을 것 6. 정밀안전진단 외의 업무를 수행하고 있는 경우 그 업무를 수행함으로 인하여 정밀안전진단업무가 불공정하게 수행될 우려가 없을 것 7. 철도차량을 제조 또는 판매하는 자가 아닐 것 8. 그 밖에 국토교통부장관이 정하여 고시하는 정밀안전진단기관의 지정 세부기준에 맞을 것
인증발급 증서		철도차량 정비조직인증서 ("정비조직운영기준" 첨부하여 발급)	정밀안전진단기관 지정서

구 분		정비조직 인증	정밀안전진단기관의 지정
인증 절차	인증 기준	1. 정비조직의 업무를 적절하게 수행할 수 있는 인력을 갖출 것 2. 정비조직의 업무범위에 적합한 시설·장비 등 설비를 갖출 것 3. 정비조직의 업무범위에 적합한 철도차량 정비매뉴얼, 검사체계 및 품질관리체계 등을 갖출 것	–
	기한	정비업무 개시예정일 60일 전까지 (변경인증서 제출시기 : 30일 전)	–
구 분		정비조직 인증	정밀안전진단기관의 지정
결격사유		1. 피성년후견인 및 피한정후견인 2. 파산선고를 받은 자로서 복권되지 아니한 자 3. 제38조의10에 따라 정비조직의 인증이 취소(제38조의10제1항제4호에 따라 제1호 및 제2호에 해당되어 인증이 취소된 경우는 제외한다)된 후 2년이 지나지 아니한 자 4. 이 법을 위반하여 징역 이상의 실형을 선고받고 그 집행이 끝나거나 그 집행이 면제된 날부터 2년이 지나지 아니한 사람 5. 이 법을 위반하여 징역 이상의 형의 집행유예를 선고받고 그 유예기간 중에 있는 사람	–
인증조직 준수사항		1. 철도차량정비기술기준을 준수할 것 2. 정비조직인증기준에 적합하도록 유지할 것 3. 정비조직운영기준을 지속적으로 유지할 것 4. 중고 부품을 사용하여 철도차량정비를 할 경우 그 적정성 및 이상 여부를 확인할 것 5. 철도차량정비가 완료되지 않은 철도차량은 운행할 수 없도록 관리할 것	–
절대적 취소		1. 거짓이나 그 밖의 부정한 방법으로 인증을 받은 경우 2. 고의(또는 중대한 과실 제외)로 국토교통부령으로 정하는 철도사고 및 중대한 운행장애를 발생시킨 경우 3. 아래 결격사유에 해당하게 된 경우 　－피성년후견인 및 피한정후견인 　－파산선고를 받은 자로서 복권되지 아니한 자	1. 거짓이나 그 밖의 부정한 방법으로 지정을 받은 경우 2. 업무정지명령을 위반하여 업무정지 기간 중에 정밀안전진단 업무를 한 경우 3. 정밀안전진단 업무와 관련하여 부정한 금품을 수수(收受)하거나 그 밖의 부정한 행위를 한 경우
재량 적 취소 등	방법	1. 인증취소 2. 6개월 이내 업무제한 또는 정지	1. 지정취소 2. 6개월 이내 업무 전부 또는 일부정지
	사유	1. (고의 제외 또는) 중대한 과실로 국토교통부령으로 정하는 철도사고 및 중대한 운행장애를 발생시킨 경우 2. 변경인증을 받지 아니하거나 변경신고를 하지 아니하고 인증 받은 사항을 변경한 경우 3. 인증조직 준수사항을 위반한 경우	1. 정밀안전진단 결과를 조작한 경우 2. 정밀안전진단 결과를 거짓으로 기록하거나 고의로 결과를 기록하지 아니한 경우 3. 성능검사 등을 받지 아니한 검사용 기계·기구를 사용하여 정밀안전진단을 한 경우
과징 금	금액	30억원 이하	좌 동
	사유	업무제한, 정지시 철도이용자 심한불편, 공익 저해	

4 운전규칙의 차이점 비교표

구분	도시철도운전규칙	철도차량운전규칙
열차의 편성	제28조(열차의 편성) 열차는 **차량의 특성** 및 **선로 구간의 시설 상태** 등을 고려하여 안전운전에 지장이 없도록 편성하여야 한다.	제10조(열차의 최대연결차량수 등) 열차의 최대연결차량수는 이를 조성하는 **동력차의 견인력, 차량의 성능·차체(Frame)** 등 차량의 구조 및 연결장치의 강도와 운행선로의 시설현황에 따라 이를 정하여야 한다.
비상 제동 거리	제29조(열차의 비상제동거리) 열차의 비상제동거리는 600미터이하로 하여야 한다. 제30조(열차의 제동장치) 열차에 편성되는 각 차량에는 제동력이 균일하게 작용하고 분리 시에 자동으로 정차할 수 있는 제동장치를 구비하여야 한다.	제14조(열차의 제동장치) 2량 이상의 차량으로 조성하는 열차에는 모든 차량에 연동하여 작용하고 차량이 분리되었을 때 자동으로 차량을 정차시킬 수 있는 제동장치를 구비하여야 한다. 다만, 다음 각 호의 어느 하나에 해당하는 경우에는 그러하지 아니하다. 1. 정거장에서 차량을 연결·분리하는 작업을 하는 경우 2. 차량을 정지시킬 수 있는 인력을 배치한 구원열차 및 공사열차의 경우 3. 그 밖에 차량이 분리된 경우에도 다른 차량에 충격을 주지 아니하도록 안전조치를 취한 경우
제동 장치	제31조(열차의 제동장치시험) 열차를 편성하거나 편성을 변경할 때에는 운전하기 전에 제동장치의 기능을 시험하여야 한다.	제17조(제동장치의 시험) 열차를 조성하거나 열차의 조성을 변경한 경우에는 당해 열차를 운행하기 전에 제동장치를 시험하여 정상작동여부를 확인하여야 한다.
운전 위치	제33조(열차의 운전위치) 열차는 맨 앞의 차량에서 운전하여야 한다. 다만, **추진운전, 퇴행운전** 또는 **무인운전**을 하는 경우에는 그러하지 아니하다.	제13조(열차의 운전위치) ① 열차는 운전방향 맨 앞 차량의 운전실에서 운전하여야 한다. ② 제1항에도 불구하고 다음 각 호의 어느 하나에 해당하는 경우에는 운전방향 맨 앞 차량의 운전실 외에서도 열차를 운전할 수 있다. 1. 철도종사자가 차량의 맨 앞에서 전호를 하는 경우로서 그 전호에 의하여 열차를 운전하는 경우 2. 선로·전차선로 또는 차량에 고장이 있는 경우 3. 공사열차·구원열차 또는 제설열차를 운전하는 경우 4. 정거장과 그 정거장 외의 본선 도중에서 분기하는 측선과의 사이를 운전하는 경우 5. 철도시설 또는 철도차량을 시험하기 위하여 운전하는 경우 6. 사전에 정한 특정한 구간을 운전하는 경우 6의2. 무인운전을 하는 경우 7. 그 밖에 부득이한 경우로서 운전방향 맨 앞 차량의 운전실에서 운전하지 아니하여도 열차의 안전한 운전에 지장이 없는 경우
운전 정리	제35조(운전 정리) 도시철도운영자는 운전사고, 운전장애 등으로 열차를 정상적으로 운전할 수 없을 때에는 **열차의 종류, 도착지, 접속** 등을 고려하여 열차가 정상운전이 되도록 운전 정리를 하여야 한다.	제24조(운전정리) 철도사고등의 발생 등으로 인하여 열차가 지연되어 열차의 운행일정의 변경이 발생하여 열차운행상 혼란이 발생한 때에는 **열차의 종류·등급·목적지 및 연계수송** 등을 고려하여 운전정리를 행하고, 정상운전으로 복귀되도록 하여야 한다. <개정 2019. 1. 2.>

구분	도시철도운전규칙	철도차량운전규칙
운전 진로	제36조(운전 진로) ① 열차의 운전방향을 구별하여 운전하는 한 쌍의 선로에서 열차의 운전 진로는 우측으로 한다. 다만, 좌측으로 운전하는 기존의 선로에 직통으로 연결하여 운전하는 경우에는 좌측으로 할 수 있다. ② 다음 각 호의 어느 하나에 해당하는 경우에는 제1항에도 불구하고 운전 진로를 달리할 수 있다. 　1. 선로 또는 열차에 고장이 발생하여 퇴행운전을 하는 경우 　2. 구원열차(救援列車)나 공사열차(工事列車)를 운전하는 경우 　3. 차량을 결합·해체하거나 차선을 바꾸는 경우 　4. 구내운전(構內運轉)을 하는 경우 　5. 시험운전을 하는 경우 　6. 운전사고 등으로 인하여 일시적으로 단선운전(單線運轉)을 하는 경우 　7. 그 밖에 특별한 사유가 있는 경우	제20조(열차의 운전방향 지정 등) ① 철도운영자등은 상행선·하행선 등으로 노선이 구분되는 선로의 경우에는 열차의 운행방향을 미리 지정하여야 한다. ② 다음 각 호의 어느 하나에 해당되는 경우에는 제1항의 규정에 의하여 지정된 선로의 반대선로로 열차를 운행할 수 있다. 　1. 제4조제2항의 규정에 의하여 철도운영자등과 상호 협의된 방법에 따라 열차를 운행하는 경우 　2. 정거장내의 선로를 운전하는 경우 　3. 공사열차·구원열차 또는 제설열차를 운전하는 경우 　4. 정거장과 그 정거장 외의 본선 도중에서 분기하는 측선과의 사이를 운전하는 경우 　5. 입환운전을 하는 경우 　6. 선로 또는 열차의 시험을 위하여 운전하는 경우 　7. 퇴행(退行)운전을 하는 경우 　8. 양방향 신호설비가 설치된 구간에서 열차를 운전하는 경우 　9. 철도사고 또는 운행장애(이하 "철도사고등"이라 한다)의 수습 또는 선로보수공사 등으로 인하여 부득이하게 지정된 선로방향을 운행할 수 없는 경우 ③ 철도운영자등은 제2항의 규정에 의하여 반대선로로 운전하는 열차가 있는 경우 후속열차에 대한 운행통제 등 필요한 안전조치를 하여야 한다.
폐색 구간	제37조(폐색구간) ① 본선은 폐색구간으로 분할하여야 한다. 다만, 정거장 안의 본선은 그러하지 아니하다. ② 폐색구간에서는 둘 이상의 열차를 동시에 운전할 수 없다. 다만, 다음 각 호의 어느 하나에 해당하는 경우에는 그러하지 아니하다. 　1. 고장 난 열차가 있는 폐색구간에서 구원열차를 운전하는 경우 　2. 선로 불통으로 폐색구간에서 공사열차를 운전하는 경우 　3. 다른 열차의 차선바꾸기 지시에 따라 차선을 바꾸기 위하여 운전하는 경우 　4. 하나의 열차를 분할하여 운전하는 경우	제49조(폐색에 의한 열차 운행) ① 폐색에 의한 방법으로 열차를 운행하는 경우에는 본선을 폐색구간으로 분할하여야 한다. 다만, 정거장내의 본선은 이를 폐색구간으로 하지 아니할 수 있다. ② 하나의 폐색구간에는 둘 이상의 열차를 동시에 운행할 수 없다. 다만, 다음 각 호에 해당하는 경우에는 그렇지 않다. 　1. 제36조제2항 및 제3항에 따라 열차를 진입시키려는 경우(자동폐색신호기 정지신호, 서행허용표지 부설 자동폐색신호기 정지신호) 　2. 고장열차가 있는 폐색구간에 구원열차를 운전하는 경우 　3. 선로가 불통된 구간에 공사열차를 운전하는 경우 　4. 폐색구간에서 뒤의 보조기관차를 열차로부터 떼었을 경우 　5. 열차가 정차되어 있는 폐색구간으로 다른 열차를 유도하는 경우 　6. 폐색에 의한 방법으로 운전을 하고 있는 열차를 열차제어장치로 운전하거나 시계운전이 가능한 노선에서 열차를 서행하여 운전하는 경우 　7. 그 밖에 특별한 사유가 있는 경우

구분	도시철도운전규칙	철도차량운전규칙
퇴행 운전	제38조(추진운전과 퇴행운전) ① 열차는 추진운전이나 퇴행운전을 하여서는 아니 된다. 다만, 다음 각 호의 어느 하나에 해당하는 경우에는 그러하지 아니하다. 　1. 선로나 열차에 고장이 발생한 경우 　2. 공사열차나 구원열차를 운전하는 경우 　3. 차량을 결합·해체하거나 차선을 바꾸는 경우 　4. **구내운전**을 하는 경우 　5. 시설 또는 차량의 시험을 위하여 **시험운전**을 하는 경우 　6. 그 밖에 특별한 사유가 있는 경우 ② 노면전차를 퇴행운전하는 경우에는 주변 차량 및 보행자들의 안전을 확보하기 위한 대책을 마련하여야 한다.	제26조(열차의 퇴행 운전) ① 열차는 퇴행하여서는 아니 된다. 다만, 다음 각 호의 어느 하나에 해당하는 경우에는 그러하지 아니하다. 　1. 선로·전차선로 또는 차량에 고장이 있는 경우 　2. 공사열차·구원열차 또는 **제설열차**가 작업상 퇴행할 필요가 있는 경우 　3. 뒤의 보조기관차를 활용하여 퇴행하는 경우 　4. 철도사고등의 발생 등 특별한 사유가 있는 경우 ② 제1항 단서의 규정에 의하여 퇴행하는 경우에는 다른 열차 또는 차량의 운전에 지장이 없도록 조치를 취하여야 한다.
동시 출발 진입	제39조(열차의 동시출발 및 도착의 금지) 둘 이상의 열차는 동시에 출발시키거나 도착시켜서는 아니 된다. 다만, 열차의 안전운전에 지장이 없도록 신호 또는 제어설비 등을 완전하게 갖춘 경우에는 그러하지 아니하다.	제28조(열차의 동시 진출·입 금지) 2 이상의 열차가 정거장에 진입하거나 정거장으로부터 진출하는 경우로서 열차 상호간 그 진로에 지장을 줄 염려가 있는 경우에는 2 이상의 열차를 동시에 정거장에 진입시키거나 진출시킬 수 없다. 다만, 다음 각 호의 어느 하나에 해당하는 경우에는 그러하지 아니하다. 1. 안전측선·탈선선로전환기·탈선기가 설치되어 있는 경우 2. 열차를 유도하여 서행으로 진입시키는 경우 3. 단행기관차로 운행하는 열차를 진입시키는 경우 4. 다른 방향에서 진입하는 열차들이 출발신호기 또는 정차위치로부터 200미터(동차·전동차의 경우에는 150미터) 이상의 여유거리가 있는 경우 5. 동일방향에서 진입하는 열차들이 각 정차위치에서 100미터 이상의 여유거리가 있는 경우
정거장 외의 정차 금지	제40조(정거장 외의 승차·하차금지) 정거장 외의 본선에서는 승객을 승차·하차시키기 위하여 열차를 정지시킬 수 없다. 다만, 운전사고 등 특별한 사유가 있을 때에는 그러하지 아니하다.	제22조(열차의 정거장외 정차금지) 열차는 정거장외에서는 정차하여서는 아니된다. 다만, 다음 각 호의 어느 하나에 해당하는 경우에는 그러하지 아니하다. 1. 경사도가 1000분의 30 이상인 급경사 구간에 진입하기 전의 경우 2. 정지신호의 현시(現示)가 있는 경우 3. 철도사고등이 발생하거나 철도사고등의 발생 우려가 있는 경우 4. 그 밖에 철도안전을 위하여 부득이 정차하여야 하는 경우
선로 차단	제41조(선로의 차단) 도시철도운영자는 공사나 그 밖의 사유로 선로를 차단할 필요가 있을 때에는 미리 계획을 수립한 후 그 계획에 따라야 한다. 다만, 긴급한 조치가 필요한 경우에는 운전업무를 총괄하는 사람(이하 "관제사"라 한다)의 지시에 따라 선로를 차단할 수 있다.	제30조(선로의 일시 사용중지) ① 선로의 개량 또는 보수 등으로 열차의 운행에 지장을 주는 작업이나 공사가 진행 중인 구간에는 작업이나 공사 관계 차량 외의 열차 또는 철도차량을 진입시켜서는 안 된다. ② 제1항의 규정에 의한 작업 또는 공사가 완료된 경우에는 열차의 운행에 지장이 없는 지를 확인하고 열차를 운행시켜야 한다.

4. 운전규칙의 차이점 비교표　**363**

구분	도시철도운전규칙	철도차량운전규칙
열차의 정지	제42조(열차등의 정지) ① 열차등은 정지신호가 있을 때에는 즉시 정지시켜야 한다. ② 제1항에 따라 정차한 열차등은 진행을 지시하는 신호가 있을 때까지는 진행할 수 없다. 다만, 특별한 사유가 있는 경우 관제사의 속도제한 및 안전조치에 따라 진행할 수 있다.	제36조(열차 또는 차량의 정지) ① 열차 또는 차량은 정지신호가 현시된 경우에는 그 현시지점을 넘어서 진행할 수 없다. 다만, 다음 각 호의 어느 하나에 해당하는 경우에는 그러하지 아니하다. 　1. <삭제> 　2. 수신호에 의하여 정지신호의 현시가 있는 경우 　3. 신호기 고장 등으로 인하여 정지가 불가능한 거리에서 정지신호의 현시가 있는 경우 ② 제1항의 규정에 불구하고 **자동폐색신호기의 정지신호**에 의하여 일단 정지한 열차 또는 차량은 정지신호 현시중이라도 운전속도의 제한 등 안전조치에 따라 서행하여 그 현시지점을 넘어서 진행할 수 있다. ③ **서행허용표지를 추가하여 부설한 자동폐색신호기가** 정지신호를 현시하는 때에는 정지신호 현시중이라도 정지하지 아니하고 운전속도의 제한 등 안전조치에 따라 서행하여 그 현시지점을 넘어서 진행할 수 있다. 제29조(열차의 긴급정지 등) 철도사고등이 발생하여 열차를 급히 정지시킬 필요가 있는 경우에는 지체 없이 정지신호를 표시하는 등 열차정지에 필요한 조치를 취하여야 한다.
열차의 서행	제43조(열차등의 서행) ① 열차등은 서행신호가 있을 때에는 **지정속도 이하**로 운전하여야 한다. ② 열차등이 서행해제신호가 있는 지점을 통과한 후에는 정상속도로 운전할 수 있다.	제38조(열차 또는 차량의 서행) ① 열차 또는 차량은 서행신호의 현시가 있을 때에는 그 **속도를 감속**하여야 한다. ② 열차 또는 차량이 서행해제신호가 있는 지점을 통과한 때에는 정상속도로 운전할 수 있다.
열차의 진행	제44조(열차등의 진행) 열차등은 진행을 지시하는 신호가 있을 때에는 **지정속도**로 그 표시지점을 지나 다음 신호기까지 진행할 수 있다.	제37조(열차 또는 차량의 진행) 열차 또는 차량은 진행을 지시하는 신호가 현시된 때에는 신호종류별 지시에 따라 **지정속도 이하**로 그 지점을 지나 다음 신호가 있는 지점까지 진행할 수 있다.
입환	제46조(차량결합 등의 장소) 정거장이 아닌 곳에서 본선을 이용하여 차량을 결합·해체하거나 차선을 바꾸어서는 아니 된다. 다만, 충돌방지 등 안전조치를 하였을 때에는 그러하지 아니하다.	제43조(정거장외 입환) 다른 열차가 인접정거장 또는 신호소를 출발한 후에는 그 열차에 대한 장내신호기의 바깥쪽에 걸친 입환을 할 수 없다. 다만, 특별한 사유가 있는 경우로서 충분한 안전조치를 한 때에는 그러하지 아니하다. 제42조(열차의 진입과 입환) ① 다른 열차가 정거장에 진입할 시각이 임박한 때에는 다른 열차에 지장을 줄 수 있는 입환을 할 수 없다. 다만, 다른 열차가 진입할 수 없는 경우 등 긴급하거나 부득이한 경우에는 그러하지 아니하다. ② 열차의 도착 시각이 임박한 때에는 그 열차가 정차 예정인 선로에서는 입환을 할 수 없다. 다만, 열차의 운전에 지장을 주지 아니하도록 안전조치를 한 후에는 그러하지 아니하다.

구분	도시철도운전규칙	철도차량운전규칙
선로전환기 쇄정, 정위치 유지	제47조(선로전환기의 쇄정 및 정위치 유지) ① 본선의 선로전환기는 이와 관계있는 신호장치와 연동쇄정을 하여 사용하여야 한다. ② 선로전환기를 사용한 후에는 지체 없이 미리 정하여진 위치에 두어야 한다. ③ **노면전차**의 경우 도로에 설치하는 선로전환기는 보행자 안전을 위해 열차가 충분히 접근하였을 때에 작동하여야 하며, 운전자가 선로전환기의 개통 방향을 확인할 수 있어야 한다.	제40조(선로전환기의 쇄정 및 정위치 유지) ① 본선의 선로전환기는 이와 관계된 신호기와 그 진로내의 선로전환기를 연동쇄정하여 사용하여야 한다. 다만, 상시 쇄정되어 있는 선로전환기 또는 취급회수가 극히 적은 **배향**(背向)의 **선로전환기**의 경우에는 그러하지 아니하다. ② 쇄정되지 아니한 선로전환기를 대향으로 통과할 때에는 쇄정기구를 사용하여 **텅레일(Tongue Rail)을 쇄정**하여야 한다. ③ 선로전환기를 사용한 후에는 지체 없이 미리 정하여진 위치에 두어야 한다.
운전속도	제48조(운전속도) ① 도시철도운영자는 **열차** **등의 특성, 선로 및 전차선로의 구조와 강도** 등을 고려하여 열차의 운전속도를 정하여야 한다. ② 내리막이나 곡선선로에서는 제동거리 및 열차등의 안전도를 고려하여 그 속도를 제한하여야 한다. ③ **노면전차**의 경우 도로교통과 주행선로를 공유하는 구간에서는 「도로교통법」 제17조에 따른 최고속도를 초과하지 않도록 열차의 운전속도를 정하여야 한다.	제34조(열차의 운전 속도) ① 열차는 **선로 및 전차선로의 상태, 차량의 성능, 운전방법, 신호의 조건** 등에 따라 안전한 속도로 운전하여야 한다. ② 철도운영자등은 다음 각 호를 고려하여 선로의 노선별 및 차량의 종류별로 열차의 최고속도를 정하여 운용하여야 한다. 1. 선로에 대하여는 선로의 굴곡의 정도 및 선로전환기의 종류와 구조 2. **전차선**에 대하여는 가설방법별 제한속도
속도제한	제49조(속도제한) 도시철도운영자는 다음 각 호의 어느 하나에 해당하는 경우에는 운전속도를 제한하여야 한다. 1. 서행신호를 하는 경우 2. 추진운전이나 퇴행운전을 하는 경우 3. 차량을 결합·해체하거나 차선을 바꾸는 경우 4. 쇄정되지 아니한 선로전환기를 향하여 진행하는 경우 5. **대용폐색방식**으로 운전하는 경우 6. 자동폐색신호의 정지신호가 있는 지점을 지나서 진행하는 경우 7. 차내신호의 "0" 신호가 있은 후 진행하는 경우 8. 감속·주의·경계 등의 신호가 있는 지점을 지나서 진행하는 경우 9. 그 밖에 안전운전을 위하여 운전속도제한이 필요한 경우	제35조(운전방법 등에 의한 속도제한) 철도운영자등은 다음 각 호의 어느 하나에 해당하는 경우에는 열차 또는 차량의 운전제한속도를 따로 정하여 시행하여야 한다. 1. 서행신호 현시구간을 운전하는 경우 2. 추진운전을 하는 경우(총괄제어법에 따라 열차의 맨 앞에서 제어하는 경우를 제외한다) 3. 열차를 퇴행운전을 하는 경우 4. 쇄정(鎖錠)되지 않은 선로전환기를 대향(對向)으로 운전하는 경우 5. 입환운전을 하는 경우 6. 제74조에 따른 전령법(傳令法)에 의하여 열차를 운전하는 경우 7. 수신호 현시구간을 운전하는 경우 8. **지령운전**을 하는 경우 9. **무인운전** 구간에서 **운전업무종사자가 탑승하여 운전하는 경우** 10. 그 밖에 철도안전을 위하여 필요하다고 인정되는 경우

구분	도시철도운전규칙	철도차량운전규칙
구름 방지	제50조(차량의 구름 방지) ① 차량을 선로에 두는 경우에는 저절로 구르지 않도록 필요한 조치를 하여야 한다. ② 동력을 가진 차량을 선로에 두는 경우에는 그 동력으로 움직이는 것을 방지하기 위한 조치를 마련하여야 하며, 동력을 가진 동안에는 차량의 움직임을 감시하여야 한다.	제41조(차량의 정차시 조치) 차량을 측선 등에 정차시켜 두는 경우에는 차량이 움직이지 아니하도록 필요한 조치를 하여야 한다.
폐색 방식 의 구분	제51조(폐색방식의 구분) ① 열차를 운전하는 경우의 폐색방식은 일상적으로 사용하는 폐색방식("상용폐색방식"이라 한다)과 폐색장치의 고장이나 그 밖의 사유로 상용폐색방식에 따를 수 없을 때 사용하는 폐색방식("대용폐색방식"이라 한다)에 따른다. ② 제1항에 따른 폐색방식에 따를 수 없을 때에는 전령법에 따르거나 무폐색운전을 한다.	제72조(시계운전에 의한 열차의 운전) 시계운전에 의한 열차운전은 다음 각 호의 어느 하나의 방법으로 시행해야 한다. 다만, 협의용 단행기관차의 운행 등 철도운영자등이 특별히 따로 정한 경우에는 그렇지 않다. 1. 복선운전을 하는 경우 　가. 격시법 　나. 전령법 2. 단선운전을 하는 경우 　가. 지도격시법(指導隔時法) 　나. 전령법
상용 폐색 식	제52조(상용폐색방식) 상용폐색방식은 자동폐색식 또는 차내신호폐색식에 따른다.	제50조(폐색방식의 구분) 폐색방식은 각 호와 같이 구분한다. 1. 상용(常用)폐색방식 : 　자동폐색식 · 연동폐색식 · 차내신호폐색식 · 통표폐색식
대용 폐색 식	제55조(대용폐색방식) 대용폐색방식은 다음 각 호의 구분에 따른다. 1. 복선운전을 하는 경우 : 　지령식 또는 통신식 2. 단선운전을 하는 경우 : 지도통신식	2. 대용폐색방식 : 통신식 · 지도통신식 · 지도식 · 지령식
자동 폐색 식	제53조(자동폐색식) 자동폐색구간의 장내신호기, 출발신호기 및 폐색신호기에는 다음 각 호의 구분에 따른 신호를 할 수 있는 장치를 갖추어야 한다. 1. 폐색구간에 열차등이 있을 때 : 정지신호 2. 폐색구간에 있는 선로전환기가 올바른 방향으로 되어 있지 아니할 때 또는 분기선 및 교차점에 있는 다른 열차등이 폐색구간에 지장을 줄 때 : 정지신호 3. 폐색장치에 고장이 있을 때 : 정지신호	제51조(자동폐색장치의 기능) 자동폐색식을 시행하는 폐색구간의 폐색신호기 · 장내신호기 및 출발신호기는 다음 각 호의 기능을 갖추어야 한다. 1. 폐색구간에 열차 또는 차량이 있을 때에는 자동으로 정지신호를 현시할 것 2. 폐색구간에 있는 선로전환기가 정당한 방향으로 개통되지 아니한 때 또는 분기선 및 교차점에 있는 차량이 폐색구간에 지장을 줄 때에는 자동으로 정지신호를 현시할 것 3. 폐색장치에 고장이 있을 때에는 자동으로 정지신호를 현시할 것 4. 단선구간에 있어서는 하나의 방향에 대하여 진행을 지시하는 신호를 현시한 때에는 그 반대방향의 신호기는 자동으로 정지신호를 현시할 것
차내 신호 폐색 식	제54조(차내신호폐색식) 차내신호폐색식에 따르려는 경우에는 폐색구간에 있는 열차등의 운전상태를 그 폐색구간에 진입하려는 열차의 운전실에서 알 수 있는 장치를 갖추어야 한다.	제54조(차내신호폐색장치의 기능) 차내신호폐색식을 시행하는 구간의 차내신호는 다음 각호의 어느 하나에 해당하는 경우에는 자동으로 정지신호를 현시하는 기능을 갖추어야 한다. 1. 폐색구간에 열차 또는 다른 차량이 있는 경우 2. 폐색구간에 있는 선로전환기가 정당한 방향에 있지 아니한 경우 3. 다른 선로에 있는 열차 또는 차량이 폐색구간을 진입하고 있는 경우 4. 열차제어장치의 지상장치에 고장이 있는 경우 5. 열차 정상운행선로의 방향이 다른 경우

구분	도시철도운전규칙	철도차량운전규칙
통신식	제56조(지령식 및 통신식) ①폐색장치 및 차내신호장치의 고장으로 열차의 정상적인 운전이 불가능할 때에는 관제사가 폐색구간에 열차의 진입을 지시하는 지령식에 따른다. ② 상용폐색방식 또는 지령식에 따를 수 없을 때에는 폐색구간에 열차를 진입시키려는 역장 또는 소장이 상대 역장 또는 소장 및 관제사와 협의하여 폐색구간에 열차의 진입을 지시하는 통신식에 따른다. ③ 제1항 또는 제2항에 따른 지령식 또는 통신식에 따르는 경우에는 **관제사** 및 폐색구간 양쪽의 **역장** 또는 소장은 전용전화기를 설치·운용하여야 한다. 다만, 부득이한 사유로 전용전화기를 설치할 수 없거나 전용전화기에 고장이 발생하였을 때에는 다른 전화기를 이용할 수 있다.	제57조(통신식 대용폐색 방식의 통신장치) 통신식을 시행하는 구간에는 전용의 통신설비를 설치하여야 한다. 다만, 다음 각 호의 어느 하나에 해당하는 경우에는 다른 통신설비로서 이를 대신할 수 있다. 1. 운전이 한산한 구간인 경우 2. 전용의 통신설비에 고장이 있는 경우 3. 철도사고등의 발생 그 밖에 부득이한 사유로 인하여 전용의 통신설비를 설치할 수 없는 경우 제58조(열차를 통신식 폐색구간에 진입시킬 경우의 취급) ① 열차를 통신식 폐색구간에 진입시키려는 경우에는 **관제업무종사자** 또는 **운전취급담당자**의 승인을 받아야 한다. ② **관제업무종사자** 또는 **운전취급책임자**는 폐색구간에 열차 또는 차량이 없음을 확인한 경우에만 열차의 진입을 승인할 수 있다.
지도 통신식	제57조(지도통신식) ① 지도통신식에 따르는 경우에는 지도표 또는 지도권을 발급받은 열차만 해당 폐색구간을 운전할 수 있다. ② 지도표와 지도권은 폐색구간에 열차를 진입시키려는 역장 또는 소장이 상대 역장 또는 소장 및 관제사와 협의하여 발행한다. ③ 역장이나 소장은 같은 방향의 폐색구간으로 진입시키려는 열차가 하나뿐인 경우에는 지도표를 발급하고, 연속하여 둘 이상의 열차를 같은 방향의 폐색구간으로 진입시키려는 경우에는 맨 마지막 열차에 대해서는 지도표를, 나머지 열차에 대해서는 지도권을 발급한다. ④ 지도표와 지도권에는 폐색구간 **양쪽의 역 이름 또는 소 이름, 관제사 명령번호, 열차번호** 및 발행일과 시각을 적어야 한다. ⑤ 열차의 기관사는 제3항에 따라 발급받은 지도표 또는 지도권을 폐색구간을 통과한 후 도착지의 역장 또는 소장에게 반납하여야 한다.	제59조(지도통신식의 시행) ① 지도통신식을 시행하는 구간에는 폐색구간 양끝의 정거장 또는 신호소의 통신설비를 사용하여 서로 협의한 후 시행한다. ② 지도통신식을 시행하는 경우 폐색구간 양끝의 정거장 또는 신호소가 서로 협의한 후 지도표를 발행하여야 한다. ③ 제2항의 규정에 의한 지도표는 1폐색구간에 1매로 한다. 제61조(열차를 지도통신식 폐색구간에 진입시킬 경우의 취급) 열차는 당해구간의 지도표 또는 지도권을 휴대하지 아니하면 그 구간을 운전할 수 없다. 다만, 고장열차가 있는 폐색구간에 구원열차를 운전하는 경우 등 특별한 사유가 있는 경우에는 그러하지 아니하다. 제60조(지도표와 지도권의 사용구별) ① 지도통신식을 시행하는 구간에서 동일방향의 폐색구간으로 진입시키고자 하는 열차가 하나뿐인 경우에는 지도표를 교부하고, 연속하여 2 이상의 열차를 동일방향의 폐색구간으로 진입시키고자 하는 경우에는 최후의 열차에 대하여는 지도표를, 나머지 열차에 대하여는 지도권을 교부한다. ② 지도권은 지도표를 가지고 있는 정거장 또는 신호소에서 서로 협의를 한 후 발행하여야 한다. 제62조(지도표·지도권의 기입사항) ① 지도표에는 그 구간 **양끝의 정거장명·발행일자** 및 **사용열차번호**를 기입하여야 한다. ② 지도권에는 **사용구간·사용열차·발행일자** 및 **지도표 번호**를 기입하여야 한다. 제64조(지도표의 발행) ① 지도식을 시행하는 구간에는 지도표를 발행하여야 한다. ② 지도표는 1폐색구간에 1매로 하며, 열차는 당해구간의 지도표를 휴대하지 아니하면 그 구간을 운전할 수 없다.

구분	도시철도운전규칙	철도차량운전규칙
전령법	제58조(전령법의 시행) ① 열차등이 있는 폐색구간에 다른 열차를 운전시킬 때에는 그 열차에 대하여 전령법을 시행한다. ② 제1항에 따른 전령법을 시행할 경우에는 이미 폐색구간에 있는 열차등은 그 위치를 이동할 수 없다.	제74조(전령법의 시행) ① 열차 또는 차량이 정차되어 있는 폐색구간에 다른 열차를 진입시킬 때에는 전령법에 의하여 운전하여야 한다. ② 전령법은 그 폐색구간 양끝에 있는 정거장 또는 신호소의 운전취급담당자가 협의하여 이를 시행해야 한다. 다만, 다음 각 호의 어느 하나에 해당하는 경우에는 협의하지 않고 시행할 수 있다. 　1. 선로고장 등으로 지도식을 시행하는 폐색구간에 전령법을 시행하는 경우 　2. 제1호 외의 경우로서 전화불통으로 협의를 할 수 없는 경우 ③ 제2항제2호에 해당하는 경우에는 당해 열차 또는 차량이 정차되어 있는 곳을 넘어서 열차 또는 차량을 운전할 수 없다.
전령자	제59조(전령자의 선정 등) ① 전령법을 시행하는 구간에는 한 명의 전령자를 선정하여야 한다. ② 제1항에 따른 전령자는 백색 완장을 착용하여야 한다. ③ 전령법을 시행하는 구간에서는 그 구간의 전령자가 탑승하여야 열차를 운전할 수 있다. 다만, 관제사가 취급하는 경우에는 전령자를 탑승시키지 아니할 수 있다.	제75조(전령자) ① 전령법을 시행하는 구간에는 전령자를 선정하여야 한다. ② 제1항의 규정에 의한 전령자는 1폐색구간 1인에 한한다. ③ <삭제> ④ 전령법을 시행하는 구간에서는 당해구간의 전령자가 동승하지 아니하고는 열차를 운전할 수 없다.
신호	제60조(신호의 종류) 도시철도의 신호의 종류는 다음 각 호와 같다. 　1. 신호 : 형태·색·음 등으로 열차등에 대하여 운전의 조건을 지시하는 것 　2. 전호(傳號) : 형태·색·음 등으로 직원 상호간에 의사를 표시하는 것 　3. 표지 : 형태·색 등으로 물체의 위치·방향·조건을 표시하는 것	제76조(철도신호) 철도의 신호는 다음 각 호와 같이 구분하여 시행한다. 　1. 신호는 모양·색 또는 소리 등으로 열차나 차량에 대하여 운행의 조건을 지시하는 것으로 할 것 　2. 전호는 모양·색 또는 소리 등으로 관계직원 상호간에 의사를 표시하는 것으로 할 것 　3. 표지는 모양 또는 색 등으로 물체의 위치·방향·조건 등을 표시하는 것으로 할 것
주야간 신호	제61조(주간 또는 야간의 신호) ① 주간과 야간의 신호방식을 달리하는 경우에는 일출부터 일몰까지는 주간의 방식, 일몰부터 다음날 일출까지는 야간방식에 따라야 한다. 다만, 일출부터 일몰까지의 사이에 기상상태로 인하여 상당한 거리로부터 주간방식에 따른 신호를 확인하기 곤란할 때에는 야간방식에 따른다. ② 차내신호방식 및 지하구간에서의 신호방식은 야간방식에 따른다.	제77조(주간 또는 야간의 신호 등) 주간과 야간의 현시방식을 달리하는 신호·전호 및 표지의 경우 일출 후부터 일몰 전까지는 주간 방식으로, 일몰 후부터 다음 날 일출 전까지는 야간 방식으로 한다. 다만, 일출 후부터 일몰 전까지의 경우에도 주간 방식에 따른 신호·전호 또는 표지를 확인하기 곤란한 경우에는 야간 방식에 따른다. 제78조(지하구간 및 터널 안의 신호) 지하구간 및 터널 안의 신호·전호 및 표지는 야간의 방식에 의하여야 한다. 다만, 길이가 짧아 빛이 통하는 지하구간 또는 조명시설이 설치된 터널 안 또는 지하 정거장 구내의 경우에는 그러하지 아니하다.

구분	도시철도운전규칙	철도차량운전규칙
제한 신호	제62조(제한신호의 추정) ① 신호가 필요한 장소에 신호가 없을 때 또는 그 신호가 분명하지 아니할 때에는 정지신호가 있는 것으로 본다. ② 상설신호기 또는 임시신호기의 신호와 수신호가 각각 다를 때에는 열차등에 **가장 많은 제한을 붙인 신호**에 따라야 한다. 다만, 사전에 통보가 있었을 때에는 통보된 신호에 따른다.	제79조(제한신호의 추정) ① 신호를 현시할 소정의 장소에 신호의 현시가 없거나 그 현시가 정확하지 아니할 때에는 정지신호의 현시가 있는 것으로 본다. ② 상치신호기 또는 임시신호기와 수신호가 각각 다른 신호를 현시한 때에는 그 운전을 **최대로 제한하는 신호**의 현시에 의하여야 한다. 다만, 사전에 통보가 있을 때에는 통보된 신호에 의한다.
신호 겸용 금지	제63조(신호의 겸용금지) 하나의 신호는 하나의 선로에서 하나의 목적으로 사용되어야 한다. 다만, 진로표시기를 부설한 신호기는 그러하지 아니하다.	제80조(신호의 겸용금지) 하나의 신호는 하나의 선로에서 하나의 목적으로 사용되어야 한다. 다만, 진로표시기를 부설한 신호기는 그러하지 아니하다.
상치 신호기	제64조(상설신호기) 상설신호기는 일정한 장소에서 색등 또는 등열에 의하여 열차등의 운전조건을 지시하는 신호기를 말한다.	제81조(상치신호기) **상치신호기**는 일정한 장소에서 색등 또는 등열에 의하여 열차 또는 차량의 운전조건을 지시하는 신호기를 말한다.
주 신호기	제65조(상설신호기의 종류) 상설신호기의 종류와 기능은 다음 각 호와 같다. 1. 주신호기 　가. **차내신호기** : 열차등의 가장 앞쪽의 운전실에 설치하여 운전조건을 지시하는 신호기 　나. 장내신호기 : 정거장에 진입하려는 열차등에 대하여 신호기 뒷방향으로의 진입이 가능한지를 지시하는 신호기 　다. 출발신호기 : 정거장에서 출발하려는 열차등에 대하여 신호기 뒷방향으로의 진입이 가능한지를 지시하는 신호기 　라. 폐색신호기 : 폐색구간에 진입하려는 열차등에 대하여 운전조건을 지시하는 신호기 　마. 입환신호기 : 차량을 결합·해체하거나 차선을 바꾸려는 차량에 대하여 신호기 뒷방향으로의 진입이 가능한지를 지시하는 신호기	제82조(상치신호기의 종류) 상치신호기의 종류와 용도는 다음 각 호와 같다. 1. 주신호기 　가. 장내신호기 : 정거장에 진입하려는 열차에 대하여 신호를 현시하는 것 　나. 출발신호기 : 정거장을 진출하려는 열차에 대하여 신호를 현시하는 것 　다. 폐색신호기 : 폐색구간에 진입하려는 열차에 대하여 신호를 현시하는 것 　라. 엄호신호기 : 특히 방호를 요하는 지점을 통과하려는 열차에 대하여 신호를 현시하는 것 　마. 유도신호기 : 장내신호기에 정지신호의 현시가 있는 경우 유도를 받을 열차에 대하여 신호를 현시하는 것 　바. 입환신호기 : 입환차량 또는 차내신호폐색식을 시행하는 구간의 열차에 대하여 신호를 현시하는 것 제83조(**차내신호**) 차내신호의 종류 및 그 제한속도는 다음 각 호와 같다. 1. 정지신호 : 열차운행에 지장이 있는 구간으로 운행하는 열차에 대하여 정지하도록 하는 것 2. 15신호 : 정지신호에 의하여 정지한 열차에 대한 신호로서 1시간에 15킬로미터 이하의 속도로 운전하게 하는 것 3. 야드신호 : 입환차량에 대한 신호로서 1시간에 25킬로미터 이하의 속도로 운전하게 하는 것 4. 진행신호 : 열차를 지정된 속도 이하로 운전하게 하는 것

구분	도시철도운전규칙	철도차량운전규칙
종속 신호기	2. 종속신호기 　가. 원방신호기 : 장내신호기 및 폐색신호기에 종속되어 그 신호상태를 예고하는 신호기 　나. 중계신호기 : 주신호기에 종속되어 그 신호상태를 중계하는 신호기	2. 종속신호기 　가. 원방신호기 : 장내신호기·**출발신호기**·폐색신호기 및 **엄호신호기**에 종속하여 열차에 주 신호기가 현시하는 신호의 예고신호를 현시하는 것 　나. **통과신호기** : 출발신호기에 종속하여 정거장에 진입하는 열차에 신호기가 현시하는 신호를 예고하며, 정거장을 통과할 수 있는지에 대한 신호를 현시하는 것 　다. 중계신호기 : **장내신호기·출발신호기·폐색신호기** 및 **엄호신호기**에 종속하여 열차에 주 신호기가 현시하는 신호의 중계신호를 현시하는 것
신호 부속기 · 차내 신호	3. 신호부속기 　가. 진로표시기 : 장내신호기, 출발신호기, 진로개통표시기 또는 입환신호기에 부속되어 열차등에 대하여 그 진로를 표시하는 것 　나. 진로개통표시기 : 차내신호기를 사용하는 본선로의 분기부에 설치하여 진로의 개통상태를 표시하는 것	3. 신호부속기 　가. 진로표시기 : 장내신호기·출발신호기·진로개통표시기 및 입환신호기에 부속하여 열차 또는 차량에 대하여 그 진로를 표시하는 것 　나. **진로예고기** : 장내신호기·출발신호기에 종속하여 다음 장내신호기 또는 출발신호기에 현시하는 진로를 열차에 대하여 예고하는 것 　다. 진로개통표시기 : 차내신호기를 사용하는 열차가 운행하는 본선의 분기부에 설치하여 진로의 개통상태를 표시하는 것 4. **차내신호** : 동력차 내에 설치하여 신호를 현시하는 것
임시 신호기 설치	제67조(임시신호기의 설치) 선로가 일시 정상운전을 하지 못하는 상태일 때에는 그 구역의 **앞쪽**에 임시신호기를 설치하여야 한다.	제90조(임시신호기) 선로의 상태가 일시 정상운전을 할 수 없는 상태인 경우에는 그 구역의 **바깥쪽**에 임시신호기를 설치하여야 한다.
임시 신호기	제68조(임시신호기의 종류) 임시신호기의 종류는 다음 각 호와 같다. 1. 서행신호기 　서행운전을 필요로 하는 구역에 진입하는 열차등에 대하여 그 구간을 서행할 것을 지시하는 신호기 2. 서행예고신호기 　서행신호기가 있을 것임을 예고하는 신호기 3. 서행해제신호기 　서행운전구역을 지나 운전하는 열차등에 대하여 서행 해제를 지시하는 신호기	제91조(임시신호기의 종류) 임시신호기의 종류와 용도는 다음 각 호와 같다. 1. 서행신호기 : 서행운전할 필요가 있는 구간에 진입하려는 열차 또는 차량에 대하여 당해구간을 서행할 것을 지시하는 것 2. 서행예고신호기 : 서행신호기를 향하여 진행하려는 열차에 대하여 그 전방에 서행신호의 현시 있음을 예고하는 것 3. 서행해제신호기 : 서행구역을 진출하려는 열차에 대하여 서행을 해제할 것을 지시하는 것 4. **서행발리스(Balise)** : 서행운전할 필요가 있는 구간의 전방에 설치하는 송·수신용 안테나로 지상 정보를 열차로 보내 자동으로 열차의 감속을 유도하는 것

임시신호기 현시방식:

제69조(임시신호기의 신호방식) ① 임시신호기의 형태·색 및 신호방식은 다음과 같다.

신호의 종류 주간·야간별	서행신호	서행예고신호	서행해제신호
주간	백색테두리의 황색원판	흑색 삼각형 무늬 3개를 그린 3각형판	백색테두리의 녹색원판
야간	등황색등	흑백 삼각형 무늬 3개를 그린 백색등	녹색등

② 임시신호기 표지의 배면과 배면광은 백색으로 하고, 서행신호기에는 **지정속도**를 표시하여야 한다.

제92조(신호현시방식) ① 임시신호기의 신호현시방식은 다음과 같다.

종 류	신호현시방식	
	주 간	야 간
서행신호	백색테두리를 한 등황색 원판	등황색등 또는 반사재
서행예고신호	흑색삼각형 3개를 그린 백색삼각형	흑색삼각형 3개를 그린 백색등 또는 반사재
서행해제신호	백색테두리를 한 녹색원판	녹색등 또는 반사재

② 서행신호기 및 서행예고신호기에는 서행속도를 표시하여야 한다.

구분	도시철도운전규칙	철도차량운전규칙
수신호	제70조(수신호방식) 신호기를 설치하지 아니한 경우 또는 신호기를 사용하지 못할 경우에는 다음 각 호의 방식으로 수신호를 하여야 한다. 1. 정지신호 　가. 주간 : 적색기. 다만, 부득이한 경우에는 두 팔을 높이 들거나 또는 녹색기 외의 물체를 급격히 흔드는 것으로 대신할 수 있다. 　나. 야간 : 적색등. 다만, 부득이한 경우에는 녹색등 외의 등을 급격히 흔드는 것으로 대신할 수 있다. 2. 진행신호 　가. 주간 : 녹색기. 다만, 부득이한 경우에는 한 팔을 높이 드는 것으로 대신할 수 있다. 　나. 야간 : 녹색등 3. 서행신호 　가. 주간 : 적색기와 녹색기를 머리 위로 높이 교차한다. 다만, 부득이한 경우에는 양 팔을 머리 위로 높이 교차하는 것으로 대신할 수 있다. 　나. 야간 : **명멸(明滅)하는 녹색등**	제93조(수신호의 현시방법) 신호기를 설치하지 아니하거나 이를 사용하지 못하는 경우에 사용하는 수신호는 다음 각 호와 같이 현시한다. 1. 정지신호 　가. 주간 : 적색기. 다만, 적색기가 없을 때에는 양팔을 높이 들거나 또는 녹색기외의 것을 급히 흔든다. 　나. 야간 : 적색등. 다만, 적색등이 없을 때에는 녹색등 외의 것을 급히 흔든다. 2. 서행신호 　가. 주간 : 적색기와 녹색기를 **모아쥐고** 머리 위에 높이 교차한다. 　나. 야간 : **깜박이는 녹색등** 3. 진행신호 　가. 주간 : 녹색기. 다만, 녹색기가 없을 때는 한 팔을 높이 든다. 　나. 야간 : 녹색등
선로 지장 신호	제71조(선로 지장 시의 방호신호) 선로의 지장으로 인하여 열차등을 정지시키거나 서행시킬 경우, 임시신호기에 따를 수 없을 때에는 지장지점으로부터 200미터 이상의 앞 지점에서 정지수신호를 하여야 한다.	제94조(선로에서 정상 운행이 어려운 경우의 조치) 선로에서 정상적인 운행이 어려워 열차를 정지하거나 서행시켜야 하는 경우로서 임시신호기를 설치할 수 없는 경우에는 다음 각 호의 구분에 따른 조치를 해야 한다. 다만, 열차의 무선전화로 열차를 정지하거나 서행시키는 조치를 한 경우에는 다음 각 호의 구분에 따른 조치를 생략할 수 있다. 1. 열차를 정지시켜야 하는 경우 : 철도사고등이 발생한 지점으로부터 200미터 이상의 앞 지점에서 정지 수신호를 현시할 것 2. 열차를 서행시켜야 하는 경우 : 서행구역의 시작지점에서 서행수신호를 현시하고 서행구역이 끝나는 지점에서 진행수신호를 현시할 것
출발 전호	제72조(출발전호) 열차를 출발시키려 할 때에는 출발전호를 하여야 한다. 다만, 승객안전설비를 갖추고 차장을 승무(乘務)시키지 아니한 경우에는 그러하지 아니하다.	제99조(출발전호) 열차를 출발시키고자 할 때에는 출발전호를 하여야한다.

4. 운전규칙의 차이점 비교표　**371**

구분	도시철도운전규칙	철도차량운전규칙
기적전호	제73조(기적전호) 다음 각 호의 어느 하나에 해당하는 경우에는 기적전호를 하여야 한다. 1. 비상사고가 발생한 경우 2. 위험을 경고할 경우	제100조(기적전호) 다음 각 호의 어느 하나에 해당하는 경우에는 기관사는 기적전호를 하여야 한다. 1. 위험을 경고하는 경우 2. 비상사태가 발생한 경우
입환전호	제74조(입환전호) 입환전호방식은 다음과 같다. 　1. 접근전호 　　가. 주간 : 녹색기를 좌우로 흔든다. 다만, 부득이한 경우에는 한 팔을 좌우로 움직이는 것으로 대신할 수 있다. 　　나. 야간 : 녹색등을 좌우로 흔든다. 　2. 퇴거전호 　　가. 주간 : 녹색기를 상하로 흔든다. 다만, 부득이한 경우에는 한 팔을 상하로 움직이는 것으로 대신할 수 있다. 　　나. 야간 : 녹색등을 상하로 흔든다. 　3. 정지전호 　　가. 주간 : 적색기를 흔든다. 다만, 부득이한 경우에는 두 팔을 높이 드는 것으로 대신할 수 있다. 　　나. 야간 : 적색등을 흔든다.	제101조(입환전호 방법) ① 입환작업자(기관사를 포함한다)는 서로 맨눈으로 확인할 수 있도록 다음 각 호의 방법으로 입환전호해야 한다. 　1. 오너라전호 　　가. 주간 : 녹색기를 좌우로 흔든다. 다만, 부득이한 경우에는 한 팔을 좌우로 움직임으로써 이를 대신할 수 있다. 　　나. 야간 : 녹색등을 좌우로 흔든다. 　2. 가거라전호 　　가. 주간 : 녹색기를 위·아래로 흔든다. 다만, 부득이 한 경우에는 한 팔을 위·아래로 움직임으로써 이를 대신할 수 있다. 　　나. 야간 : 녹색등을 위·아래로 흔든다. 　3. 정지전호 　　가. 주간 : 적색기. 다만, 부득이한 경우에는 두 팔을 높이 들어 이를 대신할 수 있다. 　　나. 야간 : 적색등 ② 제1항에도 불구하고 다음 각 호의 어느 하나에 해당하는 경우에는 무선전화를 사용하여 입환전호를 할 수 있다. 　1. 무인역 또는 1인이 근무하는 역에서 입환하는 경우 　2. 1인이 승무하는 동력차로 입환하는 경우 　3. 신호를 원격으로 제어하여 단순히 선로를 변경하기 위하여 입환하는 경우 　4. 지형 및 선로여건 등을 고려할 때 입환전호하는 작업자를 배치하기가 어려운 경우 　5. 원격제어가 가능한 장치를 사용하여 입환하는 경우
작업전호		제102조(작업전호) 다음 각 호의 어느 하나에 해당하는 때에는 전호의 방식을 정하여 그 전호에 따라 작업을 하여야 한다. 　1. 여객 또는 화물의 취급을 위하여 정지위치를 지시할 때 　2. 퇴행 또는 추진운전시 열차의 맨 앞 차량에 승무한 직원이 철도차량운전자에 대하여 운전상 필요한 연락을 할 때 　3. 검사·수선연결 또는 해방을 하는 경우에 당해 차량의 이동을 금지시킬 때 　4. 신호기 취급직원 또는 입환전호를 하는 직원과 선로전환기취급 직원간에 선로전환기의 취급에 관한 연락을 할 때 　5. 열차의 관통제동기의 시험을 할 때
표지	제75조(표지의 설치) 도시철도운영자는 열차 등의 안전운전에 지장이 없도록 운전관계 표지를 설치하여야 한다.	제103조(열차의 표지) 열차 또는 입환 중인 동력차는 표지를 게시하여야 한다. 제104조(안전표지) 열차 또는 차량의 안전운전을 위하여 안전표지를 설치하여야 한다.

PART

02

철도차량운전규칙

1장 총 칙

1 개 요

(1) 근거법 : 「철도안전법」 제39조

> 제39조(철도차량의 운행) 열차의 편성, 철도차량 운전 및 신호방식 등 철도차량의 안전운행에 필요한 사항은 **국토교통부령**으로 정한다

(2) 제정목적

열차의 편성, 철도차량의 운전 및 신호방식 등 철도차량의 안전운행에 관하여 필요한 사항을 정함을 목적으로 한다

(3) 적용범위

철도에서의 철도차량의 운행에 관하여는 다른 법령에 특별한 규정이 있는 경우를 제외하고는 이 규칙이 정하는 바에 의한다

2 용어의 정의

(1) 정거장

여객의 승강(여객 이용시설 및 편의시설을 포함한다), 화물의 적하(積下), 열차의 조성(組成, 철도차량을 연결하거나 분리하는 작업을 말한다), 열차의 교행(交行) 또는 대피를 목적으로 사용되는 장소

(2) 본선

열차의 운전에 상용하는 선로

(3) 측선

본선이 아닌 선로

(4) 차량

열차의 구성부분이 되는 1량의 철도차량

(5) 전차선로

전차선 및 이를 지지하는 공작물

(6) 완급차 (緩急車)

관통제동기용 제동통·압력계·차장변(車掌弁) 및 수(手)제동기를 장치한 차량으로서 열차승무원이 집무할 수 있는 차실이 설비된 객차 또는 화차

(7) 철도신호

신호·전호(傳號) 및 표지

(8) 진행지시신호

진행신호·감속신호·주의신호·경계신호·유도신호 및 차내신호(정지신호를 제외) 등 차량의 진행을 지시하는 신호

(9) 폐색

일정 구간에 동시에 2 이상의 열차를 운전시키지 아니하기 위하여 그 구간을 하나의 열차의 운전에만 점용시키는 것

(10) 구내운전

정거장내 또는 차량기지 내에서 입환신호에 의하여 열차 또는 차량을 운전하는 것

(11) 입환 (入換)

사람의 힘에 의하거나 동력차를 사용하여 차량을 이동·연결 또는 분리하는 작업

(12) 조차장 (操車場)

차량의 입환 또는 열차의 조성을 위하여 사용되는 장소

(13) 신호소

상치신호기 등 열차제어시스템을 조작·취급하기 위하여 설치한 장소

(14) 동력차

기관차, 전동차, 동차 등 동력발생장치에 의하여 선로를 이동하는 것을 목적으로 제조한 철도차량

(15) 위험물

「철도안전법」 제44조제1항의 규정에 의한 위험물

〈운송취급주의 위험물〉

㉮ 철도운송 중 폭발할 우려가 있는 것

㉯ 마찰·충격·흡습 등 주위의 상황으로 인하여 발화할 우려가 있는 것

㉰ 인화성·산화성 등이 강하여 그 물질 자체의 성질에 따라 발화할 우려가 있는 것

㉱ 용기가 파손될 경우 내용물이 누출되어 철도차량·레일·기구 또는 다른 화물 등을 부식시키거나 침해할 우려가 있는 것

㉲ 유독성 가스를 발생시킬 우려가 있는 것

㉳ 그 밖에 화물의 성질상 철도시설·철도차량·철도종사자·여객 등에 위해나 손상을 끼칠 우려가 있는 것

(16) 무인운전

열차 안에서 직접 운전하지 아니하고 관제실에서의 원격조종에 따라 열차가 자동으로 운행되는 방식

(17) 운전취급담당자

철도 신호기·선로전환기 또는 조작판을 취급하는 사람

3 철도운영자등의 업무

(1) 업무규정의 제정

① 제정자 : 철도운영자 및 철도시설관리자(철도운영자등)

② 업무규정 내용

㉮ 이 규칙에서 정하지 아니한 사항

㉯ 지역별로 상이한 사항 등 열차운행의 안전관리 및 운영에 필요한 세부기준 및 절차

③ 업무규정 범위 : 이 규칙의 범위 안에서 따로 정할 수 있다

④ 다른 철도운영자와 협의

철도운영자등은 철도운영자등이 관리하는 구간이 서로 다른 구간에서 열차를 계속하여 운행하고자 하는 경우에는 다른 철도운영자 등과 사전에 협의하여야 한다

(2) 철도운영자등의 책무

철도운영자등은 열차 또는 차량을 운행함에 있어 철도사고를 예방하고 여객과 화물을 안전하고 원활하게 운송할 수 있도록 필요한 조치를 하여야 한다

2장 철도종사자

1 교육 및 훈련

(1) 교육실시자 : 철도운영자등

(2) 교육내용 : 「철도안전법」등 관계법령에 따라 필요한 교육

(3) 교육실시 대상자

① 철도차량의 운전업무에 종사하는 사람(운전업무종사자)

② 철도차량운전업무를 보조하는 사람(운전업무보조자)

③ 철도차량의 운행을 집중 제어·통제·감시하는 업무에 종사하는 사람(관제업무종사자)

④ 여객에게 승무 서비스를 제공하는 사람(여객승무원)

⑤ 운전취급담당자

⑥ 철도차량을 연결·분리하는 업무를 수행하는 사람

⑦ 원격제어가 가능한 장치로 입환 작업을 수행하는 사람

(4) 해당업무 수행 조건

해당 철도종사자 등이 업무 수행에 필요한 지식과 기능을 보유한 것을 확인한 후 업무를 수행하도록 해야 한다

(5) 안전관리체계 수립

① 안전관리체계를 갖추어야 할 자 : 철도운영자등

② 안전관리체계 업무수행자 : 운전업무종사자, 운전업무보조자, 여객승무원

③ 수행업무

철도차량에 탑승하기 전 또는 철도차량의 운행중에 필요한 사항에 대한 보고·지시 또는 감독 등을 적절히 수행할 수 있도록 안전관리체계를 갖추어야 한다

④ 업무수행 불가시 조치

　　철도운영자등은 업무를 수행하는 자가 과로 등으로 인하여 당해 업무를 적절히 수행하기 어렵다고 판단되는 경우에는 그 업무를 수행하도록 하여서는 아니 된다

2 열차에 탑승하여야 하는 철도종사자

(1) 탑승시켜야 할 철도종사자

① 운전업무종사자

② 여객승무원

　* 무인운전의 경우에는 운전업무종사자를 탑승시키지 않을 수 있다

(2) 탑승의무 예외

① 대상

　　해당 선로의 상태, 열차에 연결되는 차량의 종류, 철도차량의 구조 및 장치의 수준 등을 고려하여 열차운행의 안전에 지장이 없다고 인정되는 경우

② 미탑승 및 인원조정

　　운전업무종사자 외의 다른 철도종사자를 탑승시키지 않거나 인원을 조정할 수 있다

3장 적재제한

1 차량의 적재 제한

(1) 화물 최대적재량

차량에 화물을 적재할 경우에는 차량의 구조와 설계강도 등을 고려하여 허용할 수 있는 최대적재량을 초과하지 않도록 적재해야 한다

(2) 화물적재방법

① 차량에 화물을 적재할 경우에는 중량의 부담을 균등히 해야 하며, 운전 중의 흔들림으로 인하여 무너지거나 넘어질 우려가 없도록 하여야 한다

② 차량에는 차량한계(차량의 길이, 너비 및 높이의 한계를 말한다)를 초과하여 화물을 적재·운송해서는 안 된다

③ 차량한계를 초과할 수 있는 경우

㉮ 열차의 안전운행에 필요한 조치를 하는 경우에는 차량한계를 초과하는 화물(특대화물)을 운송할 수 있다

㉯ 철도운영자등은 특대화물을 운송하려는 경우에는 사전에 해당 구간에 열차운행에 지장을 초래하는 장애물이 있는지 등을 조사·검토한 후 운송해야 한다

④ 차량의 화물 적재 제한 등에 필요한 세부사항은 국토교통부장관이 정하여 고시한다

4장 열차의 운전

1 열차의 조성

(1) 열차의 최대연결차량수 결정 요소

열차의 최대연결차량수는 이를 조성하는 ① 동력차의 견인력, ② 차량의 성능·차체(Frame)등 차량의 구조, ③ 연결장치의 강도, ④ 운행선로의 시설현황에 따라 이를 정하여야 한다

(2) 동력차의 연결위치

① 원칙 : 열차의 운전에 사용하는 동력차는 열차의 맨 앞에 연결

② 동력차를 맨 앞에 연결하지 않을 수 있는 경우

   ⑦ 기관차를 2 이상 연결한 경우로서 열차의 맨 앞에 위치한 기관차에서 열차를 제어하는 경우

   ⑭ 보조기관차를 사용하는 경우

   ⑭ 선로 또는 열차에 고장이 있는 경우

   ⑮ 구원열차·제설열차·공사열차 또는 시험운전열차를 운전하는 경우

   ⑯ 정거장과 그 정거장 외의 본선 도중에서 분기하는 측선과의 사이를 운전하는 경우

   ⑰ 그 밖에 특별한 사유가 있는 경우

(3) 여객열차의 연결제한

① 여객열차에 연결할 수 없는 차량

   ⑦ 화차　　　⑭ 동력을 사용하지 아니하는 기관차

   ⑭ 파손차량　⑮ 2차량 이상에 무게를 부담시킨 화물을 적재한 화차

② 예외적으로 화차를 연결할 수 있는 경우

　㉮ 회송의 경우

　㉯ 그 밖에 특별한 사유가 있는 경우

　　* 화차를 연결하는 경우에는 화차를 객차의 중간에 연결하여서는 아니 된다

(4) 열차의 운전위치

① 열차는 운전방향 맨 앞 차량의 운전실에서 운전

② 운전방향 맨 앞 차량의 운전실 외에서도 운전할 수 있는 경우

　㉮ 철도종사자가 차량의 맨 앞에서 전호를 하는 경우로서 그 전호에 의하여 열차를 운전하는 경우

　㉯ 선로·전차선로 또는 차량에 고장이 있는 경우

　㉰ 공사열차·구원열차 또는 제설열차를 운전하는 경우

　㉱ 정거장과 그 정거장 외의 본선 도중에서 분기하는 측선과의 사이를 운전하는 경우

　㉲ 철도시설 또는 철도차량을 시험하기 위하여 운전하는 경우

　㉳ 사전에 정한 특정한 구간을 운전하는 경우

　㉴ 무인운전을 하는 경우

　㉵ 그 밖에 부득이한 경우로서 운전방향 맨 앞 차량의 운전실에서 운전하지 아니하여도 열차의 안전한 운전에 지장이 없는 경우

(5) 열차의 제동장치

① 2량 이상의 차량으로 조성하는 열차의 구비조건

　㉮ 모든 차량에 연동하여 작용하고

　㉯ 차량이 분리되었을 때 자동으로 차량을 정차시킬 수 있는 제동장치

② 제동장치를 구비하지 않아도 되는 경우

　㉮ 정거장에서 차량을 연결·분리하는 작업을 하는 경우

　㉯ 차량을 정지시킬 수 있는 인력을 배치한 구원열차 및 공사열차의 경우

　㉰ 그 밖에 차량이 분리된 경우에도 다른 차량에 충격을 주지 아니하도록 안전조치를 취한 경우

(6) 열차의 제동력

① 열차는 선로의 굴곡정도 및 운전속도에 따라 충분한 제동능력을 갖추어야 한다

② 제동축비율이 100이 되도록 열차를 조성하여야 한다

㉮ 철도운영자등은 연결축수에 대한 제동축수의 비율(제동축비율)이 100이 되도록 열차를 조성하여야 한다

  * 제동축비율 = 제동축수 ÷ 연결축수 × 100
  * 연결축수 : 연결된 차량의 차축 총수
  * 제동축수 : 소요 제동력을 작용시킬 수 있는 차축의 총수

㉯ 긴급상황 발생 등으로 인하여 열차를 조성하는 경우 등 부득이한 사유가 있는 경우에는 그렇지 않다

③ 제동력이 균등하도록 차량을 배치

㉮ 열차를 조성하는 경우에는 모든 차량의 제동력이 균등하도록 차량을 배치하여야 한다

㉯ 고장 등으로 인하여 일부 차량의 제동력이 작용하지 아니하는 경우에는 제동축비율에 따라 운전속도를 감속하여야 한다

④ 제동장치의 시험

열차를 조성하거나 열차의 조성을 변경한 경우에는 당해 열차를 운행하기 전에 제동장치를 시험하여 정상작동여부를 확인하여야 한다

(7) 완급차의 연결

① 관통제동기를 사용하는 열차의 맨 뒤(추진운전의 경우에는 맨 앞)에는 완급차를 연결하여야 한다

② 화물열차에는 완급차를 연결하지 아니할 수 있다

  * 단, 군전용열차 또는 위험물을 운송하는 열차 등 열차승무원이 반드시 탑승하여야 할 필요가 있는 열차에는 완급차를 연결하여야 한다

2 열차의 운전

(1) 철도신호와 운전의 관계

철도차량은 신호·전호 및 표지가 표시하는 조건에 따라 운전하여야 한다

(2) 정거장의 경계

철도운영자등은 정거장 내·외에서 운전취급을 달리하는 경우 이를 내·외로 구분하여 운영하고 그 경계지점과 표시방식을 지정하여야 한다

(3) 열차의 운전방향 지정

① 열차의 운행방향 사전 지정

철도운영자등은 상행선·하행선 등으로 노선이 구분되는 선로의 경우에는 열차의 운행방향을 미리 지정하여야 한다

② 지정된 선로의 반대선로로 열차를 운행할 수 있는 경우

    ㉮ 관리하는 구간이 서로 다른 구간에서 열차를 계속하여 운행하고자 할 경우에는 철도운영자등과 상호 협의된 방법에 따라 열차를 운행하는 경우

    ㉯ 정거장내의 선로를 운전하는 경우

    ㉰ 공사열차·구원열차 또는 제설열차를 운전하는 경우

    ㉱ 정거장과 그 정거장 외의 본선 도중에서 분기하는 측선과의 사이를 운전하는 경우

    ㉲ 입환운전을 하는 경우

    ㉳ 선로 또는 열차의 시험을 위하여 운전하는 경우

    ㉴ 퇴행(退行)운전을 하는 경우

    ㉵ 양방향 신호설비가 설치된 구간에서 열차를 운전하는 경우

    ㉶ 철도사고 또는 운행장애(이하 "철도사고등"이라 한다)의 수습 또는 선로보수공사 등으로 인하여 부득이하게 지정된 선로방향을 운행할 수 없는 경우

③ 반대선로 운전시 안전조치

철도운영자등은 반대선로로 운전하는 열차가 있는 경우 후속열차에 대한 운행통제 등 필요한 안전조치를 하여야 한다

(4) 정거장외의 운전

① 정거장외 본선의 운전

    ㉮ 차량은 이를 열차로 하지 아니하면 정거장외의 본선을 운전할 수 없다

    ㉯ 단, 입환작업을 하는 경우에는 그러하지 아니하다

② 열차의 정거장외 정차금지

    ㉮ 열차는 정거장외에서는 정차하여서는 아니 된다

    ㉯ 정거장외에 정차할 수 있는 경우

        ⓐ 경사도가 1000분의 30이상인 급경사 구간에 진입하기 전의 경우

        ⓑ 정지신호의 현시(現示)가 있는 경우

        ⓒ 철도사고등이 발생하거나 철도사고등의 발생 우려가 있는 경우

        ⓓ 그 밖에 철도안전을 위하여 부득이 정차하여야 하는 경우

(5) 열차의 운행

① 열차의 운행시각 설정

    ㉮ 철도운영자등은 정거장에서의 열차의 출발·통과 및 도착의 시각을 정하고 이에 따라 열차를 운행하여야 한다

㉯ 단, 긴급하게 임시열차를 편성하여 운행하는 경우 등 부득이한 경우에는 그
러하지 아니하다

② 열차 출발시의 여객 안전 확보

철도운영자등은 열차를 출발시키는 경우 여객이 객차의 출입문에 끼었는지의
여부, 출입문의 닫힘 상태 등을 확인하는 등 여객의 안전을 확보할 수 있는 조
치를 하여야 한다

(6) 이례적인 상황의 열차운행

① 운전정리

㉮ 운전정리 대상

철도사고등의 발생 등으로 인하여 열차가 지연되어 열차의 운행일정의 변
경이 발생하여 열차운행상 혼란이 발생한 때

㉯ 운전정리 방법

ⓐ 열차의 종류 ⓑ 등급 ⓒ 목적지 및 ⓓ 연계수송 등을 고려하여 운전정리
를 행하고, 정상운전으로 복귀되도록 하여야 한다

② 열차의 긴급정지

㉮ 긴급정지 대상

철도사고등이 발생하여 열차를 급히 정지시킬 필요가 있는 경우

㉯ 정지신호 표시

지체없이 정지신호를 표시하는 등 열차정지에 필요한 조치를 취하여야 한다

③ 열차의 재난방지

㉮ 대상

폭풍우·폭설·홍수·지진·해일 등으로 열차에 재난 또는 위험이 발생할
우려가 있는 경우

㉯ 재난·위험방지 조치

그 상황을 고려하여 열차운전을 일시 중지하거나 운전속도를 제한하는 등
의 재난·위험방지 조치를 강구해야 한다

④ 화재발생시의 운전

㉮ 열차에 화재가 발생한 경우에는 ⓐ 조속히 소화의 조치를 하고 ⓑ 여객을
대피시키거나 ⓒ 화재가 발생한 차량을 다른 차량에서 격리시키는 등의 필
요한 조치를 하여야 한다

㉯ 열차에 화재가 발생한 장소가 교량 또는 터널 안인 경우에는 우선 철도차
량을 교량 또는 터널 밖으로 운전하는 것을 원칙으로 하고, 지하구간인 경
우에는 가장 가까운 역 또는 지하구간 밖으로 운전하는 것을 원칙으로 한다

⑤ 특수목적열차의 운전

철도운영자등은 특수한 목적으로 열차의 운행이 필요한 경우에는 당해 특수목적열차의 운행계획을 수립·시행하여야 한다

(7) 열차의 퇴행 운전

① 원칙 : 열차는 퇴행하여서는 아니 됨

② 퇴행할 수 있는 경우

㉮ 선로·전차선로 또는 차량에 고장이 있는 경우

㉯ 공사열차·구원열차 또는 제설열차가 작업상 퇴행할 필요가 있는 경우

㉰ 뒤의 보조기관차를 활용하여 퇴행하는 경우

㉱ 철도사고등의 발생 등 특별한 사유가 있는 경우

③ 부득이 퇴행하는 경우에는 다른 열차 또는 차량의 운전에 지장이 없도록 조치를 취하여야 한다

(8) 열차운행의 금지사항

① 열차의 동시 진출·입 금지

㉮ 2 이상의 열차가 정거장에 진입하거나 정거장으로부터 진출하는 경우로서 열차 상호간 그 진로에 지장을 줄 염려가 있는 경우에는 2 이상의 열차를 동시에 정거장에 진입시키거나 진출시킬 수 없다

㉯ 열차의 동시 진출·입이 가능한 경우

ⓐ 안전측선·탈선선로전환기·탈선기가 설치되어 있는 경우

ⓑ 열차를 유도하여 서행으로 진입시키는 경우

ⓒ 단행기관차로 운행하는 열차를 진입시키는 경우

ⓓ 다른 방향에서 진입하는 열차들이 출발신호기 또는 정차위치로부터 200m(동차·전동차의 경우에는 150m) 이상의 여유거리가 있는 경우

ⓔ 동일방향에서 진입하는 열차들이 각 정차위치에서 100m 이상의 여유거리가 있는 경우

② 구원열차 요구 후 이동금지

㉮ 철도사고등의 발생으로 인하여 정거장외에서 열차가 정차하여 구원열차를 요구하였거나 구원열차 운전의 통보가 있는 경우에는 당해 열차를 이동하여서는 아니 된다

㉯ 구원열차 요구 후 이동할 수 있는 경우

ⓐ 철도사고등이 확대될 염려가 있는 경우

ⓑ 응급작업을 수행하기 위하여 다른 장소로 이동이 필요한 경우

ⓓ 구원열차 요구 후 이동할 경우의 관계자 통보 및 안전조치

ⓐ 통보대상 철도종사자

철도종사자는 열차나 철도차량을 이동시키는 경우에는 지체없이 (ㄱ) 구원열차의 운전업무종사자와 (ㄴ) 관제업무종사자 또는 (ㄷ) 운전취급담당자에게

ⓑ 통보내용 : 이동 내용과 이동 사유

ⓒ 안전조치

열차의 방호를 위한 정지수신호 등 안전조치를 취하여야 한다

③ 선로의 일시 사용중지

㉮ 선로의 개량 또는 보수 등으로 열차의 운행에 지장을 주는 작업이나 공사가 진행 중인 구간에는 작업이나 공사 관계 차량 외의 열차 또는 철도차량을 진입시켜서는 안 된다

㉯ 작업 또는 공사가 완료된 경우에는 열차의 운행에 지장이 없는 지를 확인하고 열차를 운행시켜야 한다

(9) 무인운전 시의 안전확보 (무인운전하는 경우의 준수사항)

① 철도운영자등이 지정한 철도종사자는 차량을 차고에서 출고하기 전 또는 무인운전 구간으로 진입하기 전에 운전방식을 무인운전 모드(mode)로 전환하고, 관제업무종사자로부터 무인운전 기능을 확인받을 것

② 관제업무종사자는 열차의 운행상태를 실시간으로 감시하고 필요한 조치를 할 것

③ 관제업무종사자는 열차가 정거장의 정지선을 지나쳐서 정차한 경우 다음의 조치를 할 것

㉮ 후속 열차의 해당 정거장 진입 차단

㉯ 철도운영자등이 지정한 철도종사자를 해당 열차에 탑승시켜 수동으로 열차를 정지선으로 이동

㉰ 나목의 조치가 어려운 경우 해당 열차를 다음 정거장으로 재출발

④ 철도운영자등은 여객의 승하차 시 안전을 확보하고 시스템 고장 등 긴급상황에 신속하게 대처하기 위하여 정거장 등에 안전요원을 배치하거나 순회하도록 할 것

3 열차의 운전속도

(1) 열차의 운전속도

① 안전한 속도 운전

열차는 선로 및 전차선로의 상태, 차량의 성능, 운전방법, 신호의 조건 등에 따라 안전한 속도로 운전하여야 한다

② 열차의 최고속도를 정하여 운용

철도운영자등은 다음을 고려하여 선로의 노선별 및 차량의 종류별로 열차의 최고속도를 정하여 운용하여야 한다

㉮ 선로에 대하여는 선로의 굴곡의 정도 및 선로전환기의 종류와 구조

㉯ 전차선에 대하여는 가설방법별 제한속도

(2) 운전방법 등에 의한 속도제한

철도운영자등은 다음에 해당하는 경우에는 열차 또는 차량의 운전제한속도를 따로 정하여 시행하여야 한다

① 서행신호 현시구간을 운전하는 경우

② 추진운전을 하는 경우

(총괄제어법에 따라 열차의 맨 앞에서 제어하는 경우는 제외)

③ 열차를 퇴행운전을 하는 경우

④ 쇄정되지 않은 선로전환기를 대향(對向)으로 운전하는 경우

⑤ 입환운전을 하는 경우

⑥ 전령법에 의하여 열차를 운전하는 경우

⑦ 수신호 현시구간을 운전하는 경우

⑧ 지령운전을 하는 경우

⑨ 무인운전 구간에서 운전업무종사자가 탑승하여 운전하는 경우

⑩ 그 밖에 철도안전을 위하여 필요하다고 인정되는 경우

(3) 열차 또는 차량의 정지

① 정지신호

㉮ 열차 또는 차량은 정지신호가 현시된 경우에는 그 현시지점을 넘어서 진행할 수 없다

㉯ 정지신호 현시지점을 넘어서 진행할 수 있는 경우

ⓐ 수신호에 의하여 정지신호의 현시가 있는 경우

ⓑ 신호기 고장 등으로 인하여 정지가 불가능한 거리에서 정지신호의 현시
　　가 있는 경우

② 자동폐색신호기의 정지신호

㉮ 자동폐색신호기의 정지신호에 의하여 일단 정지한 열차 또는 차량은 정지
신호 현시중이라도 운전속도의 제한 등 안전조치에 따라 서행하여 그 현시
지점을 넘어서 진행할 수 있다

㉯ 서행허용표지를 추가하여 부설한 자동폐색신호기가 정지신호를 현시하는
때에는 정지신호 현시중이라도 정지하지 아니하고 운전속도의 제한 등 안
전조치에 따라 서행하여 그 현시지점을 넘어서 진행할 수 있다

(4) 열차 또는 차량의 제한운행

① 열차 또는 차량의 진행

열차 또는 차량은 진행을 지시하는 신호가 현시된 때에는 신호종류별 지시에
따라 지정속도 이하로 그 지점을 지나 다음 신호가 있는 지점까지 진행할 수
있다

② 열차 또는 차량의 서행

㉮ 열차 또는 차량은 서행신호의 현시가 있을 때에는 그 속도를 감속하여야
한다

㉯ 열차 또는 차량이 서행해제신호가 있는 지점을 통과한 때에는 정상속도로
운전할 수 있다

4 입 환

(1) 입환

① 입환작업계획서 작성

㉮ 철도운영자등은 입환작업을 하려면 입환작업계획서를 작성하여 ⓐ 기관사,
ⓑ 운전취급담당자, ⓒ 입환작업자에게 배부하고 입환작업에 대한 교육을
실시하여야 한다

㉯ 단순히 선로를 변경하기 위하여 이동하는 입환의 경우에는 입환작업계획서
를 작성하지 아니할 수 있다

㉰ 입환작업계획서에 포함되는 사항

ⓐ 작업 내용

ⓑ 대상 차량

ⓒ 입환 작업 순서

ⓓ 작업자별 역할

ⓔ 입환전호 방식

ⓕ 입환 시 사용할 무선채널의 지정

ⓖ 그 밖에 안전조치사항

② 입환작업자(기관사 포함)는 차량과 열차를 입환하는 경우 다음 기준에 따라야한다

㉮ 차량과 열차가 이동하는 때에는 차량을 분리하는 입환작업을 하지 말 것

㉯ 입환 시 다른 열차의 운행에 지장을 주지 않도록 할 것

㉰ 여객이 승차한 차량이나 화약류 등 위험물을 적재한 차량에 대하여는 충격을 주지 않도록 할 것

(2) 선로전환기의 쇄정 및 정위치 유지

① 선로전환기의 쇄정

㉮ 본선의 선로전환기는 이와 관계된 신호기와 그 진로내의 선로전환기를 연동쇄정하여 사용하여야 한다

㉯ 단, 상시 쇄정되어 있는 선로전환기 또는 취급회수가 극히 적은 배향의 선로전환기의 경우에는 연동쇄정하지 않을 수 있다

② 대향 통과시의 쇄정

쇄정되지 아니한 선로전환기를 대향으로 통과할 때에는 쇄정기구를 사용하여 텅레일(Tongue Rail)을 쇄정하여야 한다

③ 선로전환기를 사용한 후에는 지체없이 미리 정하여진 위치에 두어야 한다

(3) 차량의 정차시 조치

차량을 측선 등에 정차시켜 두는 경우에는 차량이 움직이지 아니하도록 필요한 조치를 하여야 한다

(4) 열차의 진입과 입환

① 열차의 진입시각 임박할 때의 입환금지

㉮ 다른 열차가 정거장에 진입할 시각이 임박한 때에는 다른 열차에 지장을 줄 수 있는 입환을 할 수 없다

㉯ 단, 다른 열차가 진입할 수 없는 경우 등 긴급하거나 부득이한 경우에는 입환을 할 수 있다

② 정차예정인 선로의 입환금지

⑦ 열차의 도착 시각이 임박한 때에는 그 열차가 정차 예정인 선로에서는 입환을 할 수 없다

④ 단, 열차의 운전에 지장을 주지 아니하도록 안전조치를 한 후에는 입환을 할 수 있다

(5) 정거장외 입환

* 인접역 출발후 장내신호기 바깥쪽에 걸친 입환금지

① 다른 열차가 인접정거장 또는 신호소를 출발한 후에는 그 열차에 대한 장내신호기의 바깥쪽에 걸친 입환을 할 수 없다

② 단, 특별한 사유가 있는 경우로서 충분한 안전조치를 한 때에는 입환을 할 수 있다

(6) 인력입환

① 본선을 이용하는 인력입환은 관제업무종사자 또는 운전취급담당자의 승인을 얻어야 하며

② 운전취급담당자는 그 작업을 감시하여야 한다

기출예상문제

2편

1. 철도차량운전규칙의 근거가 되는 법률 및 관계조문은?

① 철도사업법 제39조
② 철도안전법 제39조
③ 철도건설법 제21조
④ 철도산업법 제39조

> **해설** 차량규칙 제1조(목적) 이 규칙은 「철도안전법」 제39조의 규정에 의하여 열차의 편성, 철도차량의 운전 및 신호방식 등 철도차량의 안전운행에 관하여 필요한 사항을 정함을 목적으로 한다.

2. 철도차량운전규칙에서 정거장의 정의에 포함되지 않는 것은?

① 화물의 적하
② 열차의 조성
③ 열차제어시스템 취급
④ 열차의 교행 또는 대피

> **해설** 차량규칙 제2조(정의) 이 규칙에서 사용하는 용어의 정의는 다음과 같다.
> 1. "정거장"이라 함은 여객의 승강(여객 이용시설 및 편의시설을 포함한다), 화물의 적하(積下), 열차의 조성(組成, 철도차량을 연결하거나 분리하는 작업을 말한다), 열차의 교행(交行) 또는 대피를 목적으로 사용되는 장소를 말한다.

3. 철도차량운전규칙에서 정한 다음 (   )에 적합한 것은?

> (a) (이)라 함은 열차의 운전에 상용하는 선로를 말한다
> (b) (이)라 함은 기관차(機關車), 전동차(電動車), 동차(動車) 등 동력발생장치에 의하여 선로를 이동하는 것을 목적으로 제조한 철도차량을 말한다
> (c) (이)라 함은 열차의 구성부분이 되는 1량의 철도차량을 말한다

① a : 본선, B : 동력차, c : 차량
② a : 객차, b : 동력차, c : 화차
③ a : 화차, B : 동력차, c : 객차
④ a : 열차, b : 차량,   c : 동력차

> **해설** 차량규칙 제2조(정의)
> 2. "본선"라 함은 열차의 운전에 상용하는 선로를 말한다.
> 16. "동력차"라 함은 기관차, 전동차, 동차 등 동력발생장치에 의하여 선로를 이동하는 것을 목적으로 제조한 철도차량을 말한다.
> 6. "차량"이라 함은 열차의 구성부분이 되는 1량의 철도차량을 말한다.

4. 철도차량운전규칙에서 정한 다음 (   )에 적합한 것은?

> (   )이라 함은 정거장내 또는 차량기지 내에서 입환신호에 의하여 열차 또는 차량을 운전하는 것을 말한다

① 입환운전
② 구내운전
③ 연결운전
④ 기지운전

> **해설** 차량규칙 제2조(정의)
> 12. "구내운전"이라 함은 정거장내 또는 차량기지 내에서 입환신호에 의하여 열차 또는 차량을 운전하는 것을 말한다.

정답 | 1. | ② | 2. | ③ | 3. | ① | 4. | ②

5. 철도차량운전규칙에서 상치신호기 등 열차제어시스템을 조작·취급하기 위하여 설치한 장소는?

① 신호소 　　② 신호장 　　③ 조차장 　　④ 정거장

해설 차량규칙 제2조(정의)

　15. "신호소"라 함은 상치신호기 등 열차제어시스템을 조작·취급하기 위하여 설치한 장소를 말한다.

6. 철도차량운전규칙의 용어 설명으로 맞는 것은?

① 무인운전 : 사람이 열차 안에서 직접 운전하지 아니하고 관제실에서의 원격조종에 따라 열차가 수동으로 운행되는 방식

② 완급차 : 관통제동기용 제동통·압력계·차장변 및 수용바퀴구름막이를 장치한 차량으로서 열차승무원이 집무할 수 있는 차실이 설비된 객차 또는 화차

③ 진행지시신호 : 진행신호·감속신호·주의신호·경계신호·유도신호 및 차내신호·정지신호 등 차량의 진행을 지시하는 신호

④ 폐색 : 일정 구간에 동시에 2 이상의 열차를 운전시키지 아니하기 위하여 그 구간을 하나의 열차의 운전에만 점용시키는 것

해설 차량규칙 제2조(정의)

　8. "완급차(緩急車)"라 함은 관통제동기용 제동통·압력계·차장변(車掌弁) 및 수(手)제동기를 장치한 차량으로서 열차승무원이 집무할 수 있는 차실이 설비된 객차 또는 화차를 말한다.

　10. "진행지시신호"라 함은 진행신호·감속신호·주의신호·경계신호·유도신호 및 차내신호(정지신호를 제외한다) 등 차량의 진행을 지시하는 신호를 말한다.

　11. "폐색"이라 함은 일정 구간에 동시에 2 이상의 열차를 운전시키지 아니하기 위하여 그 구간을 하나의 열차의 운전에만 점용시키는 것을 말한다.

　18. "무인운전"이란 사람이 열차 안에서 직접 운전하지 아니하고 관제실에서의 원격조종에 따라 열차가 자동으로 운행되는 방식을 말한다.

7. 철도차량운전규칙에서 무엇에 대한 설명인가?

> 철도 신호기·선로전환기 또는 조작판을 취급하는 사람을 말한다

① 역장 　　② 운전취급담당자 　　③ 운전취급책임자 　　④ 철도종사자

해설 차량규칙 제2조(정의)

　19. "운전취급담당자"란 철도 신호기·선로전환기 또는 조작판을 취급하는 사람을 말한다.

8. 철도차량운전규칙에서 정하지 아니한 사항이나 지역별로 상이한 사항 등 열차운행의 안전관리 및 운영에 필요한 세부기준 및 절차를 철도차량운전규칙의 범위 안에서 따로 정할 수 있는 자가 아닌 것은?

① 철도운영자 　　② 철도시설관리자 　　③ 철도운영자등 　　④ 한국교통안전공단

해설 차량규칙 제4조(업무규정의 제정·개정 등) ① 철도운영자 및 철도시설관리자(이하 "철도운영자등"이라 한다)는 이 규칙에서 정하지 아니한 사항이나 지역별로 상이한 사항 등 열차운행의 안전관리 및 운영에 필요한 세부기준 및 절차(이하 이 조에서 "업무규정"이라 한다)를 이 규칙의 범위 안에서 따로 정할 수 있다.

　② 철도운영자등은 다음 각 호의 경우에는 이와 관련된 다른 철도운영자등과 사전에 협의해야 한다.

　　1. 다른 철도운영자등이 관리하는 구간에서 열차를 운행하려는 경우

　　2. 제1호에 따른 열차 운행과 관련하여 업무규정을 제정·개정하는 경우

정답 | 5. | ① | 6. | ④ | 7. | ② | 8. | ④

9. 철도운영자등이 다른 철도운영자등과 사전에 협의해야 하는 경우가 아닌 것은?
   ① 다른 철도운영자등이 관리하는 구간에서 열차 운행과 관련하여 업무규정을 제정하는 경우
   ② 지역별로 동일한 사항 등 열차운행의 안전관리 및 운영에 필요한 세부기준 및 절차를 정할 경우
   ③ 다른 철도운영자등이 관리하는 구간에서 열차 운행과 관련하여 업무규정을 개정하는 경우
   ④ 다른 철도운영자등이 관리하는 구간에서 열차를 운행하려는 경우

   해설 차량규칙 제4조(업무규정의 제정 · 개정 등)

10. 철도차량운전규칙에서 철도운영자등이 철도안전법 등 관계법령에 따라 철도종사자에 대한 교육을 실시하여야 하는 직원이 아닌 것은?
   ① 운전업무종사자, 여객승무원
   ② 정거장에서 여객과 화물운송 업무를 수행하는 자
   ③ 운전업무보조자, 관제업무종사자, 운전취급담당자
   ④ 철도차량을 연결 · 분리하는 업무를 수행하는 사람
   ⑤ 원격제어가 가능한 장치로 입환 작업을 수행하는 사람

   해설 차량규칙 제6조(교육 및 훈련 등) ① 철도운영자등은 다음 각 호의 어느 하나에 해당하는 사람에게 「철도안전법」 등 관계 법령에 따라 필요한 교육을 실시해야 하고, 해당 철도종사자 등이 업무 수행에 필요한 지식과 기능을 보유한 것을 확인한 후 업무를 수행하도록 해야 한다.
   　　1. 「철도안전법」 제2조제10호가목에 따른 철도차량의 운전업무에 종사하는 사람(이하 "운전업무종사자"라 한다)
   　　2. 철도차량운전업무를 보조하는 사람(이하 "운전업무보조자"라 한다)
   　　3. 「철도안전법」 제2조제10호나목에 따라 철도차량의 운행을 집중 제어 · 통제 · 감시하는 업무에 종사하는 사람(이하 "관제업무종사자"라 한다)
   　　4. 「철도안전법」 제2조제10호다목에 따른 여객에게 승무 서비스를 제공하는 사람(이하 "여객승무원"이라 한다)
   　　5. 운전취급담당자
   　　6. 철도차량을 연결 · 분리하는 업무를 수행하는 사람
   　　7. 원격제어가 가능한 장치로 입환 작업을 수행하는 사람
   　② 철도운영자등은 운전업무종사자, 운전업무보조자 및 여객승무원이 철도차량에 탑승하기 전 또는 철도차량의 운행중에 필요한 사항에 대한 보고 · 지시 또는 감독 등을 적절히 수행할 수 있도록 안전관리체계를 갖추어야 한다.

11. 철도차량운전규칙에서 열차에 탑승하여야 하는 철도종사자로 맞는 것은?
   ① 운전업무종사자, 여객역무원　② 관제업무종사자, 여객승무원
   ③ 여객승무원, 여객역무원　　　④ 운전업무종사자, 여객승무원

   해설 차량규칙 제7조(열차에 탑승하여야 하는 철도종사자) ① 열차에는 운전업무종사자와 여객승무원을 탑승시켜야 한다. 다만, 해당 선로의 상태, 열차에 연결되는 차량의 종류, 철도차량의 구조 및 장치의 수준 등을 고려하여 열차운행의 안전에 지장이 없다고 인정되는 경우에는 운전업무종사자 외의 다른 철도종사자를 탑승시키지 않거나 인원을 조정할 수 있다.
   　② 제1항에도 불구하고 무인운전의 경우에는 운전업무종사자를 탑승시키지 않을 수 있다.

정답 | 9. | ② | 10. | ② | 11. | ④

12. 철도차량운전규칙에서 운전업무종사자외의 다른 철도종사자를 탑승시키지 아니하거나 인원을 조정할 경우 고려하여야 할 것이 아닌 것은?

① 열차의 연결량수
② 열차에 연결되는 차량의 종류
③ 철도차량의 구조 및 장치의 수준
④ 해당 선로의 상태

해설 차량규칙 제7조(열차에 탑승하여야 하는 철도종사자) ①항

13. 철도차량운전규칙에서 열차에 탑승하여야 하는 철도종사자중 운전업무종사자를 탑승시키지 않을 수 있는 경우는?

① 열차자동방호장치에 의한 운전의 경우
② 5량 미만의 차량을 연결한 열차
③ 화물열차
④ 무인운전을 하는 경우

해설 차량규칙 제7조(열차에 탑승하여야 하는 철도종사자) ②항

14. 철도차량운전규칙에서 규정한 내용으로 틀린 것은?

① "위험물"이라 함은 「철도안전법」 제44조제1항의 규정에 의한 위험물을 말한다
② 철도에서의 철도차량의 운행에 관하여는 다른 법령에 특별한 규정이 있는 경우를 제외하고는 운전취급규정이 정하는 바에 의한다
③ 철도운영자등은 다른 철도운영자등이 관리하는 구간에서 열차를 운행하려는 경우 이와 관련된 다른 철도운영자등과 사전에 협의해야 한다
④ 철도운영자등은 열차 또는 차량을 운행함에 있어 철도사고를 예방하고 여객과 화물을 안전하고 원활하게 운송할 수 있도록 필요한 조치를 하여야 한다

해설 차량규칙 제2조(정의) 이 규칙에서 사용하는 용어의 정의는 다음과 같다.
　17. "위험물"이라 함은 「철도안전법」 제44조제1항의 규정에 의한 위험물을 말한다.
　제3조(적용범위) 철도에서의 철도차량의 운행에 관하여는 다른 법령에 특별한 규정이 있는 경우를 제외하고는 이 규칙이 정하는 바에 의한다.
　제4조(업무규정의 제정·개정 등) ② 항
　제5조(철도운영자등의 책무) 철도운영자등은 열차 또는 차량을 운행함에 있어 철도사고를 예방하고 여객과 화물을 안전하고 원활하게 운송할 수 있도록 필요한 조치를 하여야 한다.

15. 철도차량운전규칙에서 차량의 적재 제한에 관한 설명으로 틀린 것은?

① 차량에는 차량한계를 초과하여 화물을 적재·운송해서는 안 된다
② 차량에 화물을 적재할 경우에는 차량의 구조와 설계강도 등을 고려하여 허용할 수 있는 적정적재량을 초과하지 아니하도록 하여야 한다
③ 차량에 화물을 적재할 경우에는 중량의 부담을 균등히 해야 하며, 운전 중의 흔들림으로 인하여 무너지거나 넘어질 우려가 없도록 하여야 한다
④ 열차의 안전운행에 필요한 조치를 하는 경우에는 차량한계를 초과하는 화물(특대화물)을 운송할 수 있다

해설 차량규칙 제8조(차량의 적재 제한 등) ① 차량에 화물을 적재할 경우에는 차량의 구조와 설계강도 등을 고려하여 허용할 수 있는 최대적재량을 초과하지 않도록 해야 한다.
　② 차량에 화물을 적재할 경우에는 중량의 부담을 균등히 해야 하며, 운전 중의 흔들림으로 인하여 무너지거나 넘어질 우려가 없도록 하여야 한다.
　③ 차량에는 차량한계(차량의 길이, 너비 및 높이의 한계를 말한다)를 초과하여 화물을 적재·운송해서는 안 된다. 다만, 열차의 안전운행에 필요한 조치를 하는 경우에는 차량한계를 초과하는 화물("특대화물"이라 한다)을 운송할 수 있다.

정답 | 12. | ① | 13. | ④ | 14. | ② | 15. | ②

④ 제1항부터 제3항까지의 규정에 따른 차량의 화물 적재 제한 등에 필요한 세부사항은 국토교통부장관이 정하여 고시한다.

16. 철도차량운전규칙에서 정한 (   )에 적합한 것은?

> (   ) : 철도차량의 길이와 너비 및 높이의 한계

① 차량한계   ② 차량접촉한계   ③ 건축물한계   ④ 궤도한계

해설 차량규칙 제8조(차량의 적재 제한 등) ③항

17. 철도차량운전규칙에서 열차의 최대연결차량수를 정하는 요소가 아닌 것은?

① 동력차의 견인력   ② 차량의 성능·차체 등 차량의 구조
③ 운행선로의 시설현황   ④ 연결차량의 강도

해설 차량규칙 제10조(열차의 최대연결차량수 등) 열차의 최대연결차량수는 이를 조성하는 동력차의 견인력, 차량의 성능·차체(Frame) 등 차량의 구조 및 연결장치의 강도와 운행선로의 시설현황에 따라 이를 정하여야 한다.

18. 철도차량운전규칙에서 동력차를 맨 앞에 연결하지 않아도 되는 경우로 틀린 것은?

① 기관차를 2 이상 연결한 경우로서 열차의 맨 앞에 위치한 기관차에서 열차를 제어하는 경우
② 정거장과 그 정거장 외의 측선 도중에서 분기하는 측선과의 사이를 운전하는 경우
③ 선로 또는 열차에 고장이 있는 경우
④ 보조기관차를 사용하는 경우

해설 차량규칙 제11조(동력차의 연결위치) 열차의 운전에 사용하는 동력차는 열차의 맨 앞에 연결하여야 한다. 다만, 다음 각 호의 어느 하나에 해당하는 경우에는 그러하지 아니하다.
1. 기관차를 2 이상 연결한 경우로서 열차의 맨 앞에 위치한 기관차에서 열차를 제어하는 경우
2. 보조기관차를 사용하는 경우
3. 선로 또는 열차에 고장이 있는 경우
4. 구원열차·제설열차·공사열차 또는 시험운전열차를 운전하는 경우
5. 정거장과 그 정거장 외의 본선 도중에서 분기하는 측선과의 사이를 운전하는 경우
6. 그 밖에 특별한 사유가 있는 경우

19. 철도차량운전규칙에서 동력차를 맨 앞에 연결하지 않아도 되는 열차가 아닌 것은?

① 제설열차   ② 공사열차   ③ 회송열차   ④ 구원열차

해설 차량규칙 제11조(동력차의 연결위치) 4호

20. 철도차량운전규칙에서 여객열차의 연결제한에 관한 설명으로 틀린 것은?

① 회송의 경우에 화차를 연결할 수 있으며 객차의 중간에 연결한다
② 특별한 경우에는 화차를 연결할 수 있다
③ 파손차량 및 동력이 없는 기관차는 여객열차에 연결할 수 없다
④ 2차량 이상에 무게를 부담시킨 화물을 적재한 화차는 여객열차에 연결할 수 없다
⑤ 원칙적으로 여객열차에는 화차를 연결할 수 없다

해설 차량규칙 제12조(여객열차의 연결제한) ① 여객열차에는 화차를 연결할 수 없다. 다만, 회송의 경우와 그 밖에 특별한 사유가 있는 경우에는 그러하지 아니하다.

② 제1항 단서의 규정에 의하여 화차를 연결하는 경우에는 화차를 객차의 중간에 연결하여서는 아니된다.

③ 파손차량, 동력을 사용하지 아니하는 기관차 또는 2차량 이상에 무게를 부담시킨 화물을 적재한 화차는 이를 여객열차에 연결하여서는 아니된다.

21. 철도차량운전규칙에서 운전방향 맨 앞 차량의 운전실 외에서 운전할 수 있는 경우가 아닌 것은?

① 철도종사자가 차량의 맨 앞에서 전호를 하는 경우로서 그 전호에 의하여 열차를 운전하는 경우

② 무인운전을 하는 경우

③ 사전에 정한 특정한 구간을 운전하는 경우

④ 정거장과 그 정거장 외의 측선 도중에서 분기하는 본선과의 사이를 운전하는 경우

해설 차량규칙 제13조(열차의 운전위치) ① 열차는 운전방향 맨 앞 차량의 운전실에서 운전하여야 한다.

② 제1항에도 불구하고 다음 각 호의 어느 하나에 해당하는 경우에는 운전방향 맨 앞 차량의 운전실 외에서도 열차를 운전할 수 있다.

1. 철도종사자가 차량의 맨 앞에서 전호를 하는 경우로서 그 전호에 의하여 열차를 운전하는 경우

2. 선로 · 전차선로 또는 차량에 고장이 있는 경우

3. 공사열차 · 구원열차 또는 제설열차를 운전하는 경우

4. 정거장과 그 정거장 외의 본선 도중에서 분기하는 측선과의 사이를 운전하는 경우

5. 철도시설 또는 철도차량을 시험하기 위하여 운전하는 경우

6. 사전에 정한 특정한 구간을 운전하는 경우

6의2. 무인운전을 하는 경우

7. 그 밖에 부득이한 경우로서 운전방향 맨 앞 차량의 운전실에서 운전하지 아니하여도 열차의 안전한 운전에 지장이 없는 경우

22. 철도차량운전규칙에서 열차의 조성에 관한 설명으로 틀린 것은?

① 모든 열차는 모든 차량에 연동하여 작동하는 제동장치를 구비하여야 한다

② 철도운영자등은 제동축비율이 100이 되도록 열차를 조성하여야 한다

③ 열차를 조성하는 경우에는 모든 차량의 제동력이 균등하도록 차량을 배치하여야 한다

④ 열차는 선로의 굴곡정도 및 운전속도에 따라 충분한 제동능력을 갖추어야 한다

해설 차량규칙 제14조(열차의 제동장치) 2량 이상의 차량으로 조성하는 열차에는 모든 차량에 연동하여 작용하고 차량이 분리되었을 때 자동으로 차량을 정차시킬 수 있는 제동장치를 구비하여야 한다. 다만, 다음 각 호의 어느 하나에 해당하는 경우에는 그러하지 아니하다.

1. 정거장에서 차량을 연결 · 분리하는 작업을 하는 경우

2. 차량을 정지시킬 수 있는 인력을 배치한 구원열차 및 공사열차의 경우

3. 그 밖에 차량이 분리된 경우에도 다른 차량에 충격을 주지 아니하도록 안전조치를 취한 경우

제15조(열차의 제동력) ① 열차는 선로의 굴곡정도 및 운전속도에 따라 충분한 제동능력을 갖추어야 한다.

② 철도운영자등은 연결축수(연결된 차량의 차축 총수를 말한다)에 대한 제동축수(소요 제동력을 작용시킬 수 있는 차축의 총수를 말한다)의 비율(이하 "제동축비율"이라 한다)이 100이 되도록 열차를 조성하여야 한다. 다만, 긴급상황 발생 등으로 인하여 열차를 조성하는 경우 등 부득이한 사유가 있는 경우에는 그러하지 아니하다.

③ 열차를 조성하는 경우에는 모든 차량의 제동력이 균등하도록 차량을 배치하여야 한다. 다만, 고장 등으로 인하여 일부 차량의 제동력이 작용하지 아니하는 경우에는 제동축비율에 따라 운전속도를 감속하여야 한다.

23. 철도차량운전규칙에서 2량 이상의 차량으로 조성하는 열차에 모든 차량에 연동하여 작용하고 차량이 분리되었을 때 자동으로 차량을 정차시킬 수 있는 제동장치를 구비해야 하는 경우는?

① 정거장에서 차량을 연결·분리하는 작업을 하는 경우
② 차량을 정지시킬 수 있는 인력을 배치한 제설열차 및 시험운전열차의 경우
③ 차량이 분리된 경우에도 다른 차량에 충격을 주지 아니하도록 안전조치를 취한 경우
④ 차량을 정지시킬 수 있는 인력을 배치한 구원열차 및 공사열차의 경우

> **해설** 차량규칙 제14조(열차의 제동장치)

24. 철도차량운전규칙에서 "제동축비율"을 나타내는 수식으로 맞는 것은?

① $\dfrac{연결축수}{제동축수} \times 100$

② $\dfrac{부분제동}{전제동} \times 100$

③ $\dfrac{제동축수}{연결축수} \times 100$

④ $\dfrac{제동축수}{전제동} \times 100$

> **해설** 차량규칙 제15조(열차의 제동력) 제②항

25. 철도차량운전규칙에서 다음 (   )에 공통적으로 적합한 것은?

> ① 관통제동기를 사용하는 열차의 맨 뒤에는 (   )을 연결하여야 한다
>   다만, 화물열차에는 (   )을 연결하지 아니할 수 있다
> ② 화물열차의 경우 군전용열차 또는 위험물을 운송하는 열차 등 열차승무원이 반드시 탑승하여야 할 필요가 있는 열차에는 (   )를 연결하여야 한다

① 발전차   ② 유개차   ③ 완급차   ④ 무개차

> **해설** 차량규칙 제16조(완급차의 연결) ① 관통제동기를 사용하는 열차의 맨 뒤(추진운전의 경우에는 맨 앞)에는 완급차를 연결하여야 한다. 다만, 화물열차에는 완급차를 연결하지 아니할 수 있다.
> ② 제1항 단서의 규정에 불구하고 군전용열차 또는 위험물을 운송하는 열차 등 열차승무원이 반드시 탑승하여야 할 필요가 있는 열차에는 완급차를 연결하여야 한다.

26. 철도차량운전규칙에서 열차의 운전에 관한 설명으로 틀린 것은?

① 철도차량은 신호·전호 및 표지가 표시하는 조건에 따라 운전하여야 한다
② 차량은 이를 열차로 하지 아니하면 정거장외의 본선을 운전할 수 없다 다만, 입환작업을 하는 경우에는 그러하지 아니하다
③ 철도운영자등은 정거장 내·외에서 운전취급을 달리하는 경우 이를 내·외로 구분하여 운영하고 그 경계지점과 표시방식을 지정하여야 한다
④ 열차를 조성하거나 열차의 조성을 변경한 경우에는 당해 열차를 운행한 후에 제동장치를 시험하여 정상작동여부를 확인하여야 한다
⑤ 철도운영자등은 특대화물을 운송하려는 경우에는 사전에 해당 구간에 열차운행에 지장을 초래하는 장애물이 있는지 등을 조사·검토한 후 운송해야 한다

> **해설** 차량규칙 제9조(특대화물의 수송) 철도운영자등은 제8조제3항 단서에 따라 특대화물을 운송하려는 경우에는 사전에 해당 구간에 열차운행에 지장을 초래하는 장애물이 있는지 등을 조사·검토한 후 운송해야 한다.
> 제17조(제동장치의 시험) 열차를 조성하거나 열차의 조성을 변경한 경우에는 당해 열차를 운행하기 전에 제동장치를 시험하여 정상작동여부를 확인하여야 한다.

정답 | 23. | ② | 24. | ③ | 25. | ③ | 26. | ④

제18조(철도신호와 운전의 관계) 철도차량은 신호 · 전호 및 표지가 표시하는 조건에 따라 운전하여야 한다.

제19조(정거장의 경계) 철도운영자등은 정거장 내 · 외에서 운전취급을 달리하는 경우 이를 내 · 외로 구분하여 운영하고 그 경계지점과 표시방식을 지정하여야 한다.

제21조(정거장외 본선의 운전) 차량은 이를 열차로 하지 아니하면 정거장외의 본선을 운전할 수 없다. 다만, 입환작업을 하는 경우에는 그러하지 아니하다.

27. 철도차량운전규칙에서 지정된 선로의 반대선로로 열차를 운행할 수 있는 경우로 틀린 것은?

① 관리하는 구간이 서로 다른 구간을 열차를 계속하여 운영하고자 하는 경우에 철도운영자등과 상호 협의된 방법에 따라 열차를 운행하는 경우

② 입환운전을 하는 경우

③ 퇴행운전을 하는 경우

④ 운행장애 등으로 인하여 일시적으로 지정된 선로방향을 운행할 수 있는 경우

해설 차량규칙 제20조(열차의 운전방향 지정 등) ① 철도운영자등은 상행선 · 하행선 등으로 노선이 구분되는 선로의 경우에는 열차의 운행방향을 미리 지정하여야 한다.

② 다음 각 호의 어느 하나에 해당되는 경우에는 제1항의 규정에 의하여 지정된 선로의 반대선로로 열차를 운행할 수 있다.

1. 제4조제2항의 규정에 의하여 철도운영자등과 상호 협의된 방법에 따라 열차를 운행하는 경우
2. 정거장내의 선로를 운전하는 경우
3. 공사열차 · 구원열차 또는 제설열차를 운전하는 경우
4. 정거장과 그 정거장 외의 본선 도중에서 분기하는 측선과의 사이를 운전하는 경우
5. 입환운전을 하는 경우
6. 선로 또는 열차의 시험을 위하여 운전하는 경우
7. 퇴행(退行)운전을 하는 경우
8. 양방향 신호설비가 설치된 구간에서 열차를 운전하는 경우
9. 철도사고 또는 운행장애(이하 "철도사고등"이라 한다)의 수습 또는 선로보수공사 등으로 인하여 부득이하게 지정된 선로방향을 운행할 수 없는 경우

③ 철도운영자등은 제2항의 규정에 의하여 반대선로로 운전하는 열차가 있는 경우 후속열차에 대한 운행통제 등 필요한 안전조치를 하여야 한다.

28. 철도차량운전규칙에서 지정된 선로의 반대선로로 열차를 운행할 수 있는 경우가 아닌 것은?

① 정거장과 그 정거장 외의 본선 도중에서 분기하는 측선과의 사이를 운전하는 경우

② 정거장외의 선로를 운전하는 경우

③ 철도사고등의 수습 또는 선로보수공사 등으로 인하여 부득이하게 지정된 선로방향을 운행할 수 없는 경우

④ 양방향 신호설비가 설치된 구간에서 열차를 운전하는 경우

해설 차량규칙 제20조(열차의 운전방향 지정 등) 제②항

29. 철도차량운전규칙에서 지정된 선로의 반대선로로 운전할 수 있는 열차가 아닌 것은?

① 공사열차　　② 구원열차　　③ 회송열차　　④ 시험운전열차

해설 차량규칙 제20조(열차의 운전방향 지정 등) 제②항

정답 | **27.** | ④ | **28.** | ② | **29.** | ③

30. 철도차량운전규칙에서 열차가 정거장외에서 정차할 수 있는 경우가 아닌 것은?

① 경사도가 1000분의 30을 넘는 급경사 구간에 진입하기 전의 경우
② 정지신호의 현시가 있는 경우
③ 철도사고등의 발생 우려가 있는 경우
④ 철도사고등이 발생하였을 경우

> **해설** 차량규칙 제22조(열차의 정거장외 정차금지) 열차는 정거장외에서는 정차하여서는 아니된다. 다만, 다음 각 호의 어느 하나에 해당하는 경우에는 그러하지 아니하다.
> 1. 경사도가 1000분의 30 이상인 급경사 구간에 진입하기 전의 경우
> 2. 정지신호의 현시(現示)가 있는 경우
> 3. 철도사고등이 발생하거나 철도사고등의 발생 우려가 있는 경우
> 4. 그 밖에 철도안전을 위하여 부득이 정차하여야 하는 경우

31. 철도차량운전규칙에서 철도사고등의 발생 등으로 인하여 열차가 지연되어 열차의 운행일정의 변경이 발생하여 열차운행상 혼란이 발생한 때 행하는 운전정리시 고려할 내용이 아닌 것은?

① 열차의 종류   ② 열차의 등급   ③ 열차의 합병운전   ④ 연계수송

> **해설** 차량규칙 제24조(운전정리) 철도사고등의 발생 등으로 인하여 열차가 지연되어 열차의 운행일정의 변경이 발생하여 열차운행상 혼란이 발생한 때에는 열차의 종류 · 등급 · 목적지 및 연계수송 등을 고려하여 운전정리를 행하고, 정상운전으로 복귀되도록 하여야 한다.

32. 철도차량운전규칙에서 열차가 퇴행운전을 할 수 있는 경우로 틀린 것은?

① 차량에 고장이 있는 경우
② 공사열차 · 회송열차 또는 제설열차가 작업상 퇴행할 필요가 있는 경우
③ 뒤의 보조기관차를 활용하여 퇴행하는 경우
④ 제설열차가 작업상 퇴행할 필요가 있는 경우

> **해설** 차량규칙 제26조(열차의 퇴행 운전) ① 열차는 퇴행하여서는 아니된다. 다만, 다음 각 호의 어느 하나에 해당하는 경우에는 그러하지 아니하다.
> 1. 선로 · 전차선로 또는 차량에 고장이 있는 경우
> 2. 공사열차 · 구원열차 또는 제설열차가 작업상 퇴행할 필요가 있는 경우
> 3. 뒤의 보조기관차를 활용하여 퇴행하는 경우
> 4. 철도사고등의 발생 등 특별한 사유가 있는 경우
> ② 제1항 단서의 규정에 의하여 퇴행하는 경우에는 다른 열차 또는 차량의 운전에 지장이 없도록 조치를 취하여야 한다.

33. 철도차량운전규칙에서 열차의 운전에 관한 설명으로 틀린 것은?

① 차량은 이를 열차로 하지 아니하면 정거장외의 본선을 운전할 수 없다. 다만, 입환작업과 퇴행운전을 하는 경우에는 그러하지 아니하다
② 철도운영자등은 정거장에서의 열차의 출발 · 통과 및 도착의 시각을 정하고 이에 따라 열차를 운행하여야 한다. 다만, 긴급하게 임시열차를 편성하여 운행하는 경우 등 부득이한 경우에는 그러하지 아니하다
③ 철도운영자등은 열차를 출발시키는 경우 여객이 객차의 출입문에 끼었는지의 여부, 출입문의 닫힘 상태 등을 확인하는 등 여객의 안전을 확보할 수 있는 조치를 하여야 한다
④ 철도운영자등은 폭풍우 · 폭설 · 홍수 · 지진 · 해일 등으로 열차에 재난 또는 위험이 발생할 우려가 있는 경우에는 그 상황을 고려하여 열차운전을 일시 중지하거나 운전속도를 제한하는 등의 재난 · 위험방지 조치를 강구해야 한다

정답 | 30. | ① | 31. | ③ | 32. | ② | 33. | ①

해설 차량규칙 제21조(정거장외 본선의 운전) 차량은 이를 열차로 하지 아니하면 정거장외의 본선을 운전할 수 없다. 다만, 입환작업을 하는 경우에는 그러하지 아니하다.

제23조(열차의 운행시각) 철도운영자등은 정거장에서의 열차의 출발·통과 및 도착의 시각을 정하고 이에 따라 열차를 운행하여야 한다. 다만, 긴급하게 임시열차를 편성하여 운행하는 경우 등 부득이한 경우에는 그러하지 아니하다.

제25조(열차 출발시의 사고방지) 철도운영자등은 열차를 출발시키는 경우 여객이 객차의 출입문에 끼었는지의 여부, 출입문의 닫힘 상태 등을 확인하는 등 여객의 안전을 확보할 수 있는 조치를 하여야 한다.

제27조(열차의 재난방지) 철도운영자등은 폭풍우·폭설·홍수·지진·해일 등으로 열차에 재난 또는 위험이 발생할 우려가 있는 경우에는 그 상황을 고려하여 열차운전을 일시 중지하거나 운전속도를 제한하는 등의 재난·위험방지 조치를 강구해야 한다.

34. 철도차량운전규칙에서 정거장에서 열차의 동시 진출·동시 진입 시킬 수 있는 경우가 아닌 것은?

① 탈선선로전환기·탈선기가 설치되어 있는 경우

② 열차를 유도하여 서행으로 진입시키는 경우

③ 시험운전을 목적으로 운행하는 열차를 진입시키는 경우

④ 안전측선이 설치되어 있는 경우

해설 차량규칙 제28조(열차의 동시 진출·입 금지) 2 이상의 열차가 정거장에 진입하거나 정거장으로부터 진출하는 경우로서 열차 상호간 그 진로에 지장을 줄 염려가 있는 경우에는 2 이상의 열차를 동시에 정거장에 진입시키거나 진출시킬 수 없다. 다만, 다음 각 호의 어느 하나에 해당하는 경우에는 그러하지 아니하다.

1. 안전측선·탈선선로전환기·탈선기가 설치되어 있는 경우
2. 열차를 유도하여 서행으로 진입시키는 경우
3. 단행기관차로 운행하는 열차를 진입시키는 경우
4. 다른 방향에서 진입하는 열차들이 출발신호기 또는 정차위치로부터 200미터(동차·전동차의 경우에는 150미터) 이상의 여유거리가 있는 경우
5. 동일방향에서 진입하는 열차들이 각 정차위치에서 100미터 이상의 여유거리가 있는 경우

35. 철도차량운전규칙에서 열차를 동시에 정거장에 진출·진입 시킬 수 있는 경우가 아닌 것은?

① 다른 방향에서 진입하는 동차가 정차위치로부터 150미터 이상의 여유거리가 있는 경우

② 다른 방향에서 진입하는 열차들이 출발신호기로부터 100미터 이상의 여유거리가 있는 경우

③ 동일방향에서 진입하는 열차들이 각 정차위치에서 100미터 이상의 여유거리가 있는 경우

④ 다른 방향에서 진입하는 전동차가 정차위치로부터 150미터 이상의 여유거리가 있는 경우

해설 차량규칙 제28조(열차의 동시 진출·입 금지) 4호, 5호

정답 | 34. | ③ | 35. | ②

36. 철도차량운전규칙에서 정거장외에서 구원열차 요구 후 이동금지와 관련한 설명으로 틀린 것은?

① 철도사고등이 확대될 염려가 있는 경우에는 구원열차 요구 이후에도 이동할 수 있다

② 구원열차의 위치를 파악하기 어려운 경우에는 인접역장의 승인 후에 열차를 이동할 수 있다

③ 응급작업을 수행하기 위하여 다른 장소로 이동이 필요한 경우에는 구원열차 요구 이후에도 이동할 수 있다

④ 철도종사자는 구원열차 요구 후 열차를 상당거리 이동시킨 때에는 열차의 방호를 위한 정지수신호 등 안전조치를 취하여야 한다

> **해설** 차량규칙 제31조(구원열차 요구 후 이동금지) ① 철도사고등의 발생으로 인하여 정거장외에서 열차가 정차하여 구원열차를 요구하였거나 구원열차 운전의 통보가 있는 경우에는 당해 열차를 이동하여서는 아니된다. 다만, 다음 각 호의 어느 하나에 해당하는 경우에는 그러하지 아니하다.
> 　1. 철도사고등이 확대될 염려가 있는 경우
> 　2. 응급작업을 수행하기 위하여 다른 장소로 이동이 필요한 경우
> ② 철도종사자는 제1항 단서에 따라 열차나 철도차량을 이동시키는 경우에는 지체없이 구원열차의 운전업무종사자와 관제업무종사자 또는 운전취급담당자에게 그 이동 내용과 이동 사유를 통보하고, 열차의 방호를 위한 정지수신호 등 안전조치를 취하여야 한다.

37. 철도차량운전규칙에서 정거장외에서 구원열차 요구 후 열차나 차량을 이동시키는 경우에 지체없이 그 이동내용과 이동사유를 통보하여야 할 대상자가 아닌 것은?

① 구원열차의 운전업무종사자　　　② 관제업무종사자
③ 운전취급담당자　　　　　　　　④ 이동열차의 운전업무종사자

> **해설** 차량규칙 제31조(구원열차 요구 후 이동금지) ② 항

38. 철도차량운전규칙에서 열차에 화재발생 시 조치로 틀린 것은?

① 열차에 화재가 발생한 장소가 교량인 경우에는 우선 철도차량을 교량 밖으로 운전하는 것을 원칙으로 한다

② 화재가 발생한 경우에는 여객을 대피시키거나 화재가 발생한 차량을 다른 차량에서 격리시킨다

③ 터널 안에서 화재가 발생한 경우에는 화재의 확산방지를 위하여 터널 안에서 여객을 대피시키거나 화재가 발생한 차량을 다른 차량에서 격리시킨다

④ 지하구간에서 화재가 발생한 경우에는 가장 가까운 역 또는 지하구간 밖으로 운전하는 것을 원칙으로 한다

> **해설** 차량규칙 제32조(화재발생시의 운전) ① 열차에 화재가 발생한 경우에는 조속히 소화의 조치를 하고 여객을 대피시키거나 화재가 발생한 차량을 다른 차량에서 격리시키는 등의 필요한 조치를 하여야 한다.
> ② 열차에 화재가 발생한 장소가 교량 또는 터널 안인 경우에는 우선 철도차량을 교량 또는 터널 밖으로 운전하는 것을 원칙으로 하고, 지하구간인 경우에는 가장 가까운 역 또는 지하구간 밖으로 운전하는 것을 원칙으로 한다.

39. 철도차량운전규칙에서 열차의 운전에 관한 설명으로 틀린 것은?

① 철도사고등이 발생하여 열차를 급히 정지시킬 필요가 있는 경우에는 지체없이 서행전호를 표시하는 등 열차정지에 필요한 조치를 취하여야 한다

② 선로의 개량 또는 보수 등으로 열차의 운행에 지장을 주는 작업이나 공사가 진행 중인 구간에는 작업이나 공사 관계 차량 외의 열차 또는 철도차량을 진입시켜서는 안 된다

③ 선로의 개량 또는 보수 등으로 열차의 운행에 지장을 주는 작업 또는 공사가 완료된 경우에는 열차의 운행에 지장이 없는 지를 확인하고 열차를 운행시켜야 한다

④ 철도운영자등은 특수한 목적으로 열차의 운행이 필요한 경우에는 당해 특수목적열차의 운행계획을 수립·시행하여야 한다

> **해설** 차량규칙 제29조(열차의 긴급정지 등) 철도사고등이 발생하여 열차를 급히 정지시킬 필요가 있는 경우에는 지체없이 정지신호를 표시하는 등 열차정지에 필요한 조치를 취하여야 한다.
>
> 제33조(특수목적열차의 운전) 철도운영자등은 특수한 목적으로 열차의 운행이 필요한 경우에는 당해 특수목적열차의 운행계획을 수립·시행하여야 한다.
>
> 제30조(선로의 일시 사용중지) ① 선로의 개량 또는 보수 등으로 열차의 운행에 지장을 주는 작업이나 공사가 진행 중인 구간에는 작업이나 공사 관계 차량 외의 열차 또는 철도차량을 진입시켜서는 안 된다.
> ② 제1항의 규정에 의한 작업 또는 공사가 완료된 경우에는 열차의 운행에 지장이 없는 지를 확인하고 열차를 운행시켜야 한다.

40. 철도차량운전규칙에서 열차를 무인운전하는 경우의 준수사항으로 틀린 것은?

① 철도운영자등이 지정한 철도종사자는 차량을 차고에서 출고하기 전 또는 무인운전 구간으로 진입하기 전에 운전방식을 무인운전 모드로 전환한다

② 철도운영자등은 여객의 승하차 시 안전을 확보하고 시스템 고장 등 긴급상황에 신속하게 대처하기 위하여 정거장 등에 안전요원을 배치하거나 순회하도록 할 것

③ 철도운영자등이 지정한 철도종사자는 차량을 차고에서 출고한 후 또는 무인운전 구간으로 진입한 후에 관제업무종사자로부터 무인운전 기능을 확인 받을 것

④ 관제업무종사자는 열차의 운행상태를 실시간으로 감시하고 필요한 조치를 할 것

> **해설** 차량규칙 제32조의2(무인운전 시의 안전확보 등) 열차를 무인운전하는 경우에는 다음 각 호의 사항을 준수해야 한다.
>
> 1. 철도운영자등이 지정한 철도종사자는 차량을 차고에서 출고하기 전 또는 무인운전 구간으로 진입하기 전에 운전방식을 무인운전 모드(mode)로 전환하고, 관제업무종사자로부터 무인운전 기능을 확인받을 것
> 2. 관제업무종사자는 열차의 운행상태를 실시간으로 감시하고 필요한 조치를 할 것
> 3. 관제업무종사자는 열차가 정거장의 정지선을 지나쳐서 정차한 경우 다음 각 목의 조치를 할 것
>   가. 후속 열차의 해당 정거장 진입 차단
>   나. 철도운영자등이 지정한 철도종사자를 해당 열차에 탑승시켜 수동으로 열차를 정지선으로 이동
>   다. 나목의 조치가 어려운 경우 해당 열차를 다음 정거장으로 재출발
> 4. 철도운영자등은 여객의 승하차 시 안전을 확보하고 시스템 고장 등 긴급상황에 신속하게 대처하기 위하여 정거장 등에 안전요원을 배치하거나 순회하도록 할 것

41. 철도차량운전규칙에서 관제업무종사자가 열차가 정거장의 정지선을 지나쳐서 정차한 경우에 조치할 내용으로 틀린 것은?

① 후속 열차가 해당 정거장에 진입하는 것을 차단한다
② 선행 열차가 없을 경우 다음 정거장까지 운행시킨다
③ 철도운영자등이 지정한 철도종사자를 해당 열차에 탑승시켜 수동으로 열차를 정지선으로 이동시킨다
④ 철도운영자등이 지정한 철도종사자를 해당 열차에 탑승시켜 수동으로 열차를 정지선으로 이동 조치가 어려운 경우 해당 열차를 다음 정거장으로 재출발한다

> **해설** 차량규칙 제32조의2(무인운전 시의 안전확보 등) 3호

42. 철도차량운전규칙에서 안전한 열차의 운전 속도를 결정하는 요인이 아닌 것은?

① 선로 및 전차선로의 상태   ② 차량의 성능
③ 운전기능   ④ 신호의 조건

> **해설** 차량규칙 제34조(열차의 운전 속도) ① 열차는 선로 및 전차선로의 상태, 차량의 성능, 운전방법, 신호의 조건 등에 따라 안전한 속도로 운전하여야 한다.

43. 철도차량운전규칙에서 철도운영자등이 선로의 노선별 및 차량의 종류별로 열차의 최고속도를 정할 때 고려사항이 아닌 것은?

① 선로에 대하여는 선로의 굴곡의 정도
② 선로에 대하여는 선로의 경사 정도
③ 선로전환기의 종류와 구조
④ 전차선에 대하여는 가설방법별 제한속도

> **해설** 차량규칙 제34조(열차의 운전 속도) ② 철도운영자등은 다음 각 호를 고려하여 선로의 노선별 및 차량의 종류별로 열차의 최고속도를 정하여 운용하여야 한다.
> 1. 선로에 대하여는 선로의 굴곡의 정도 및 선로전환기의 종류와 구조
> 2. 전차선에 대하여는 가설방법별 제한속도

44. 철도차량운전규칙에서 철도운영자등이 열차의 운전제한속도를 따로 정하여 시행하여야 하는 경우가 아닌 것은?

① 서행신호 현시구간을 운전하는 경우   ② 무인운전을 하는 경우
③ 입환운전을 하는 경우   ④ 지령운전을 하는 경우

> **해설** 차량규칙 제35조(운전방법 등에 의한 속도제한) 철도운영자등은 다음 각 호의 어느 하나에 해당하는 경우에는 열차 또는 차량의 운전제한속도를 따로 정하여 시행하여야 한다.
> 1. 서행신호 현시구간을 운전하는 경우
> 2. 추진운전을 하는 경우(총괄제어법에 따라 열차의 맨 앞에서 제어하는 경우를 제외한다)
> 3. 열차를 퇴행운전을 하는 경우
> 4. 쇄정(鎖錠)되지 않은 선로전환기를 대향(對向)으로 운전하는 경우
> 5. 입환운전을 하는 경우
> 6. 제74조에 따른 전령법(傳令法)에 의하여 열차를 운전하는 경우
> 7. 수신호 현시구간을 운전하는 경우
> 8. 지령운전을 하는 경우
> 9. 무인운전 구간에서 운전업무종사자가 탑승하여 운전하는 경우
> 10. 그 밖에 철도안전을 위하여 필요하다고 인정되는 경우

45. 철도차량운전규칙에서 철도운영자등이 열차의 운전제한속도를 따로 정하여 시행하여야 하는 경우가 아닌 것은?

① 격시법에 의하여 열차를 운전하는 경우

② 열차를 퇴행운전을 하는 경우

③ 무인운전 구간에서 운전업무종사자가 탑승하여 운전하는 경우

④ 수신호 현시구간을 운전하는 경우

> **해설** 차량규칙 제35조(운전방법 등에 의한 속도제한)

46. 철도차량운전규칙에서 열차 또는 차량이 정지신호가 현시된 경우에도 그 현시지점을 넘어서 진행할 수 있는 경우는?

① 폭음신호가 현시된 경우

② 화염신호가 현시된 경우

③ 신호기 고장 등으로 정지할 수 있는 상당한 거리에서 정지신호가 현시된 경우

④ 수신호에 의하여 정지신호가 현시된 경우

> **해설** 차량규칙 제36조(열차 또는 차량의 정지) ① 열차 또는 차량은 정지신호가 현시된 경우에는 그 현시지점을 넘어서 진행할 수 없다. 다만, 다음 각 호의 어느 하나에 해당하는 경우에는 그러하지 아니하다.
>   1. 〈삭제〉
>   2. 수신호에 의하여 정지신호의 현시가 있는 경우
>   3. 신호기 고장 등으로 인하여 정지가 불가능한 거리에서 정지신호의 현시가 있는 경우
> ② 제1항의 규정에 불구하고 자동폐색신호기의 정지신호에 의하여 일단 정지한 열차 또는 차량은 정지신호 현시중이라도 운전속도의 제한 등 안전조치에 따라 서행하여 그 현시지점을 넘어서 진행할 수 있다.
> ③ 서행허용표지를 추가하여 부설한 자동폐색신호기가 정지신호를 현시하는 때에는 정지신호 현시중이라도 정지하지 아니하고 운전속도의 제한 등 안전조치에 따라 서행하여 그 현시지점을 넘어서 진행할 수 있다.

47. 철도차량운전규칙에서 일단 정지한 열차 또는 차량이 정지신호 현시중이라도 운전속도의 제한 등 안전조치에 따라 서행하여 그 현시지점을 넘어서 진행할 수 있는 신호는?

① 자동폐색신호기의 정지신호

② 연동폐색신호기의 정지신호

③ 통표폐색신호기의 정지신호

④ 차내신호폐색신호기의 정지신호

> **해설** 차량규칙 제36조(열차 또는 차량의 정지) ②항

48. 철도차량운전규칙에서 자동폐색신호기가 정지신호를 현시하는 때에 정지신호 현시중이라도 정지하지 아니하고 운전속도의 제한 등 안전조치에 따라 서행하여 그 현시지점을 넘어서 진행할 수 있는 경우는?

① 서행허용표지를 추가하여 부설한 경우

② 속도제한표지를 추가하여 부설한 경우

③ 자동식별표지가 추가하여 부설한 경우

④ 정거장경계표지가 설치된 경우

> **해설** 차량규칙 제36조(열차 또는 차량의 정지) ③항

정답 | 45. | ① | 46. | ④ | 47. | ① | 48. | ① |

49. 철도차량운전규칙에서 열차의 운전속도 및 입환에 관한 설명으로 틀린 것은?

① 열차 또는 차량은 진행을 지시하는 신호가 현시된 때에는 신호종류별 지시에 따라 지정속도 이하로 그 지점을 지나 다음 정거장까지 진행할 수 있다

② 열차 또는 차량이 서행해제신호가 있는 지점을 통과한 때에는 정상속도로 운전할 수 있다

③ 차량을 측선 등에 정차시켜 두는 경우에는 차량이 움직이지 아니하도록 필요한 조치를 하여야 한다

④ 열차 또는 차량은 서행신호의 현시가 있을 때에는 그 속도를 감속하여야 한다

> **해설** 차량규칙 제37조(열차 또는 차량의 진행) 열차 또는 차량은 진행을 지시하는 신호가 현시된 때에는 신호종류별 지시에 따라 지정속도 이하로 그 지점을 지나 다음 신호가 있는 지점까지 진행할 수 있다.
> 제38조(열차 또는 차량의 서행) ① 열차 또는 차량은 서행신호의 현시가 있을 때에는 그 속도를 감속하여야 한다.
> ② 열차 또는 차량이 서행해제신호가 있는 지점을 통과한 때에는 정상속도로 운전할 수 있다.
> 제41조(차량의 정차시 조치) 차량을 측선 등에 정차시켜 두는 경우에는 차량이 움직이지 아니하도록 필요한 조치를 하여야 한다.

50. 철도차량운전규칙에서 철도운영자등이 입환작업계획서를 작성하여 배부하고 입환작업에 대한 교육을 실시하여야 하는 대상자로 틀린 것은?

① 기관사　　② 운전취급담당자　　③ 입환작업자　　④ 역장

> **해설** 차량규칙 제39조(입환) ① 철도운영자등은 입환작업을 하려면 다음 각 호의 사항을 포함한 입환작업계획서를 작성하여 기관사, 운전취급담당자, 입환작업자에게 배부하고 입환작업에 대한 교육을 실시하여야 한다. 다만, 단순히 선로를 변경하기 위하여 이동하는 입환의 경우에는 입환작업계획서를 작성하지 아니할 수 있다.
> 1. 작업 내용　　2. 대상 차량　　3. 입환 작업 순서　　4. 작업자별 역할
> 5. 입환전호 방식　　6. 입환 시 사용할 무선채널의 지정　　7. 그 밖에 안전조치사항
> ② 입환작업자(기관사를 포함한다)는 차량과 열차를 입환하는 경우 다음 각 호의 기준에 따라야 한다.
> 1. 차량과 열차가 이동하는 때에는 차량을 분리하는 입환작업을 하지 말 것
> 2. 입환 시 다른 열차의 운행에 지장을 주지 않도록 할 것
> 3. 여객이 승차한 차량이나 화약류 등 위험물을 적재한 차량에 대하여는 충격을 주지 않도록 할 것

51. 철도차량운전규칙에서 철도운영자등이 작성하는 입환작업계획서에 포함할 내용이 아닌 것은?

① 작업내용　　② 작업자별 역할　　③ 작업방법　　④ 입환전호 방식

> **해설** 차량규칙 제39조(입환) ①항

52. 철도차량운전규칙에서 입환작업자가 차량과 열차를 입환하는 경우의 작업기준이 아닌 것은?

① 차량과 열차가 정차한 중에는 차량을 분리하는 입환작업을 하지 말 것

② 입환 시 다른 열차의 운행에 지장을 주지 않도록 할 것

③ 화약류 등 위험물을 적재한 차량에 대하여는 충격을 주지 않도록 할 것

④ 여객이 승차한 차량에 대하여는 충격을 주지 않도록 할 것

> **해설** 차량규칙 제39조(입환) ②항

53. 선로전환기의 쇄정 및 정위치 유지에 관한 설명으로 적합하지 않은 것은?

① 상시 쇄정되어 있는 선로전환기 또는 취급회수가 극히 적은 배향(背向)의 선로전환기의 경우에는 이와 관계된 신호기와 그 진로내의 선로전환기를 연동쇄정하여 사용하지 않을 수 있다

② 선로전환기를 사용한 후에는 지체없이 미리 정하여진 위치에 두어야 한다

③ 쇄정되지 아니한 선로전환기를 배향으로 통과할 때에는 쇄정기구를 사용하여 텅레일(Tongue Rail)을 쇄정하여야 한다

④ 본선의 선로전환기는 이와 관계된 신호기와 그 진로내의 선로전환기를 연동쇄정하여 사용하여야 한다

해설 차량규칙 제40조(선로전환기의 쇄정 및 정위치 유지) ① 본선의 선로전환기는 이와 관계된 신호기와 그 진로내의 선로전환기를 연동쇄정하여 사용하여야 한다. 다만, 상시 쇄정되어 있는 선로전환기 또는 취급회수가 극히 적은 배향(背向)의 선로전환기의 경우에는 그러하지 아니하다.
② 쇄정되지 아니한 선로전환기를 대향으로 통과할 때에는 쇄정기구를 사용하여 텅레일(Tongue Rail)을 쇄정하여야 한다.
③ 선로전환기를 사용한 후에는 지체없이 미리 정하여진 위치에 두어야 한다.

54. 철도차량운전규칙에서 열차의 입환에 관한 설명으로 틀린 것은?

① 열차의 도착 시각이 임박한 때에 열차의 운전에 지장을 주지 아니하도록 안전조치를 한 후에는 그 열차가 정차 예정인 선로에서 입환을 할 수 있다

② 다른 열차가 정거장에 진입할 시각이 임박한 때에는 다른 열차에 지장을 줄 수 있는 입환을 할 수 없다

③ 열차의 도착 시각이 임박한 때에는 그 열차가 정차 예정인 선로에서는 입환을 할 수 없다

④ 다른 열차가 정거장에 진입할 시각이 임박한 때에 다른 열차가 진입할 수 없는 경우 등 긴급하거나 부득이한 경우에 다른 열차에 지장을 줄 수 있는 입환을 할 수 없다

해설 차량규칙 제42조(열차의 진입과 입환) ① 다른 열차가 정거장에 진입할 시각이 임박한 때에는 다른 열차에 지장을 줄 수 있는 입환을 할 수 없다. 다만, 다른 열차가 진입할 수 없는 경우 등 긴급하거나 부득이한 경우에는 그러하지 아니하다.
② 열차의 도착 시각이 임박한 때에는 그 열차가 정차 예정인 선로에서는 입환을 할 수 없다. 다만, 열차의 운전에 지장을 주지 아니하도록 안전조치를 한 후에는 그러하지 아니하다.

55. 철도차량운전규칙에서 입환에 관한 설명으로 틀린 것은?

① 다른 열차가 인접정거장 또는 신호소를 출발한 후에는 그 열차에 대한 장내신호기의 안쪽에 걸친 입환을 할 수 없다

② 본선을 이용하는 인력입환은 관제업무종사자 또는 운전취급담당자의 승인을 받아야 하며, 운전취급담당자는 그 작업을 감시해야 한다

③ 다른 열차가 인접정거장 또는 신호소를 출발한 후에도 특별한 사유가 있는 경우로서 충분한 안전조치를 한 때에는 그 열차에 대한 장내신호기의 바깥쪽에 걸친 입환을 할 수 있다

④ 본선을 이용하는 인력입환은 관제업무종사자 또는 차량운전취급책임자의 승인을 얻어야 한다

정답 53. ③ 54. ④ 55. ①

해설 차량규칙 제43조(정거장외 입환) 다른 열차가 인접정거장 또는 신호소를 출발한 후에는 그 열차에 대한 장내 신호기의 바깥쪽에 걸친 입환을 할 수 없다. 다만, 특별한 사유가 있는 경우로서 충분한 안전조치를 한 때에는 그러하지 아니하다.

제45조(인력입환) 본선을 이용하는 인력입환은 관제업무종사자 또는 운전취급담당자의 승인을 받아야 하며, 운전취급담당자는 그 작업을 감시해야 한다.

5장

열차간의 안전확보

1 총 칙

(1) 열차 간의 안전 확보

① 열차 간의 안전확보 방법

㉮ 열차는 열차간의 안전을 확보할 수 있도록 다음의 방법으로 운전해야 한다

ⓐ 폐색에 의한 방법

ⓑ 열차간의 간격을 확보하는 장치(열차제어장치)에 의한 방법

ⓒ 시계(視界)운전에 의한 방법

㉯ 단, 정거장 내에서 철도신호의 현시·표시 또는 그 정거장의 운전을 관리하는 사람의 지시에 따라 운전하는 경우에는 그렇지 않다

② 단선구간의 폐색

단선(單線)구간에서 폐색을 한 경우 상대역의 열차가 동시에 당해 구간에 진입하도록 하여서는 아니 된다

③ 구원열차·공사열차 운전의 안전확보

구원열차를 운전하는 경우 또는 공사열차가 있는 구간에서 다른 공사열차를 운전하는 등의 특수한 경우로서 열차운행의 안전을 확보할 수 있는 조치를 취한 경우에는 열차간의 안전확보 방법에 의하지 않을 수 있다

(2) 진행지시신호의 금지

열차 또는 차량의 진로에 지장이 있는 경우에는 이에 대하여 진행을 지시하는 신호를 현시할 수 없다

(3) 열차의 방호

① 인접선로 지장시 방호

철도운영자등은 철도사고등이 발생하여 인접 선로의 열차 운행에 지장을 주는 등 다른 열차의 정차가 필요한 경우에는 방호 조치를 해야 한다

② 방호 확인시 즉시 정차

운전업무종사자는 다른 열차의 방호 조치를 확인한 경우 즉시 열차를 정차해야 한다

2 폐색에 의한 방법

(1) 폐색에 의한 열차운행 방법

① 폐색에 의한 방법

폐색에 의한 방법을 사용하는 경우에는 당해 열차의 진로상에 있는 폐색구간의 조건에 따라 신호를 현시하거나 다른 열차의 진입을 방지할 수 있어야 한다

② 폐색에 의한 열차 운행

㉠ 폐색에 의한 방법으로 열차를 운행하는 경우에는 본선을 폐색구간으로 분할하여야 한다

㉡ 단, 정거장내의 본선은 이를 폐색구간으로 하지 아니할 수 있다

③ 1폐색구간 1개열차 운전

㉠ 원칙 : 하나의 폐색구간에는 둘 이상의 열차를 동시에 운행할 수 없다

㉡ 하나의 폐색구간에 둘 이상의 열차를 동시운행 가능한 경우

ⓐ 자동폐색신호기의 정지신호, 서행허용표지를 추가하여 부설한 자동폐색신호기의 정지신호의 경우에 열차를 진입시키려는 경우

ⓑ 고장열차가 있는 폐색구간에 구원열차를 운전하는 경우

ⓒ 선로가 불통된 구간에 공사열차를 운전하는 경우

ⓓ 폐색구간에서 뒤의 보조기관차를 열차로부터 떼었을 경우

ⓔ 열차가 정차되어 있는 폐색구간으로 다른 열차를 유도하는 경우

ⓕ 폐색에 의한 방법으로 운전을 하고 있는 열차를 열차제어장치로 운전하거나 시계운전이 가능한 노선에서 열차를 서행하여 운전하는 경우

ⓖ 그 밖에 특별한 사유가 있는 경우

(2) 폐색방식의 구분

① 상용폐색방식

자동폐색식 · 연동폐색식 · 차내신호폐색식 · 통표폐색식

② 대용폐색방식

통신식 · 지도통신식 · 지도식 · 지령식

(3) 폐색장치의 구비조건

① 자동폐색장치의 기능

자동폐색식을 시행하는 폐색구간의 폐색신호기·장내신호기 및 출발신호기가 갖추어야 할 기능

㉮ 폐색구간에 열차 또는 차량이 있을 때에는 자동으로 정지신호를 현시할 것

㉯ 폐색구간에 있는 선로전환기가 정당한 방향으로 개통되지 아니한 때 또는 분기선 및 교차점에 있는 차량이 폐색구간에 지장을 줄 때에는 자동으로 정지신호를 현시할 것

㉰ 폐색장치에 고장이 있을 때에는 자동으로 정지신호를 현시할 것

㉱ 단선구간에 있어서는 하나의 방향에 대하여 진행을 지시하는 신호를 현시한 때에는 그 반대방향의 신호기는 자동으로 정지신호를 현시할 것

② 연동폐색장치의 구비조건

연동폐색식을 시행하는 폐색구간 양끝의 정거장 또는 신호소에는 다음의 기능을 갖춘 연동폐색기를 설치해야 한다

㉮ 신호기와 연동하여 자동으로 다음 각 목의 표시를 할 수 있을 것

ⓐ 폐색구간에 열차 있음

ⓑ 폐색구간에 열차 없음

㉯ 열차가 폐색구간에 있을 때에는 그 구간의 신호기에 진행을 지시하는 신호를 현시할 수 없을 것

㉰ 폐색구간에 진입한 열차가 그 구간을 통과한 후가 아니면 "폐색구간에 열차 있음"의 표시를 변경할 수 없을 것

㉱ 단선구간에 있어서 하나의 방향에 대하여 폐색이 이루어지면 그 반대방향의 신호기는 자동으로 정지신호를 현시할 것

③ 차내신호폐색장치의 기능

차내신호폐색식을 시행하는 구간의 차내신호가 자동으로 정지신호를 현시하는 기능을 갖추어야 하는 경우

㉮ 폐색구간에 열차 또는 다른 차량이 있는 경우

㉯ 폐색구간에 있는 선로전환기가 정당한 방향에 있지 아니한 경우

㉰ 다른 선로에 있는 열차 또는 차량이 폐색구간을 진입하고 있는 경우

㉱ 열차제어장치의 지상장치에 고장이 있는 경우

㉲ 열차 정상운행선로의 방향이 다른 경우

④ 통표폐색장치의 기능 등

㉮ 통표폐색식을 시행하는 폐색구간 양끝의 정거장 또는 신호소에 설치하는 통표폐색장치가 갖추어야 할 기능

ⓐ 통표는 폐색구간 양끝의 정거장 또는 신호소에서 협동하여 취급하지 아니하면 이를 꺼낼 수 없을 것

ⓑ 폐색구간 양끝에 있는 통표폐색기에 넣은 통표는 1개에 한하여 꺼낼 수 있으며, 꺼낸 통표를 통표폐색기에 넣은 후가 아니면 다른 통표를 꺼내지 못하는 것일 것

ⓒ 인접 폐색구간의 통표는 넣을 수 없는 것일 것

㉯ 통표의 운용

ⓐ 통표폐색기에는 그 구간 전용의 통표만을 넣어야 한다.

ⓑ 인접폐색구간의 통표는 그 모양을 달리하여야 한다

ⓒ 열차는 당해 구간의 통표를 휴대하지 아니하면 그 구간을 운전할 수 없다. 단, 특별한 사유가 있는 경우에는 그렇지 않다

⑤ 통신식 대용폐색 방식의 통신장치

㉮ 통신식을 시행하는 구간에는 전용의 통신설비를 설치하여야 한다

㉯ 단, 다른 통신설비로서 대신할 수 있는 경우

ⓐ 운전이 한산한 구간인 경우

ⓑ 전용의 통신설비에 고장이 있는 경우

ⓒ 철도사고등의 발생 그 밖에 부득이한 사유로 인하여 전용의 통신설비를 설치할 수 없는 경우

(4) 열차를 폐색구간에 진입시킬 경우의 취급방법

① 열차를 연동폐색구간에 진입시킬 경우의 취급

㉮ 열차를 폐색구간에 진입시키려는 경우에는 "폐색구간에 열차 없음"의 표시를 확인하고 전방의 정거장 또는 신호소의 승인을 받아야 한다

㉯ ㉮항의 승인은 "폐색구간에 열차 있음"의 표시로 해야 한다

㉰ 폐색구간에 열차 또는 차량이 있을 때에는 ㉮의 규정에 의한 승인을 할수 없다

② 열차를 통표폐색구간에 진입시킬 경우의 취급

㉮ 열차를 통표폐색구간에 진입시키려는 경우에는 폐색구간에 열차가 없는 것을 확인하고 운행하려는 방향의 정거장 또는 신호소 운전취급담당자의 승인을 받아야 한다

㉯ 열차의 운전에 사용하는 통표는 통표폐색기에 넣은 후가 아니면 이를 다른

열차의 운전에 사용할 수 없다. 단, 고장열차가 있는 폐색구간에 구원열차를 운전하는 경우 등 특별한 사유가 있는 경우에는 그렇지 않다

③ 열차를 통신식 폐색구간에 진입시킬 경우의 취급

㉮ 열차를 통신식 폐색구간에 진입시키려는 경우에는 관제업무종사자 또는 운전취급담당자의 승인을 얻어야 한다

㉯ 관제업무종사자 또는 운전취급담당자는 폐색구간에 열차 또는 차량이 없음을 확인한 경우에만 열차의 진입을 승인할 수 있다

④ 열차를 지도통신식 폐색구간에 진입시킬 경우의 취급

열차는 당해구간의 지도표 또는 지도권을 휴대하지 아니하면 그 구간을 운전할 수 없다. 단, 고장열차가 있는 폐색구간에 구원열차를 운전하는 경우 등 특별한 사유가 있는 경우에는 그렇지 않다

(5) 지도통신식

① 지도통신식의 시행

㉮ 지도통신식을 시행하는 구간에는 폐색구간 양끝의 정거장 또는 신호소의 통신설비를 사용하여 서로 협의한 후 시행한다

㉯ 지도통신식을 시행하는 경우 폐색구간 양끝의 정거장 또는 신호소가 서로 협의한 후 지도표를 발행하여야 한다

㉰ 지도표는 1폐색구간에 1매로 한다

② 지도표와 지도권의 사용구별

㉮ 지도통신식을 시행하는 구간에서 동일방향의 폐색구간으로 진입시키고자 하는 열차가 ⓐ 하나뿐인 경우에는 지도표를 교부하고, ⓑ 연속하여 2 이상의 열차를 동일방향의 폐색구간으로 진입시키고자 하는 경우에는 최후의 열차에 대하여는 지도표를, ⓒ 나머지 열차에 대하여는 지도권을 교부한다

㉯ 지도권은 지도표를 가지고 있는 정거장 또는 신호소에서 서로 협의를 한 후 발행하여야 한다

③ 지도표·지도권의 기입사항

㉮ 지도표 : 구간 양끝의 정거장명·발행일자·사용열차번호

㉯ 지도권 : 사용구간·사용열차·발행일자·지도표 번호

(6) 지도식

① 지도식의 시행

지도식은 철도사고등의 수습 또는 선로보수공사 등으로 현장과 가장 가까운 정거장 또는 신호소간을 1폐색구간으로 하여 열차를 운전하는 경우에 후속열

차를 운전할 필요가 없을 때에 한하여 시행하는 대용폐색방식이다

② 지도표의 발행

㉮ 지도식을 시행하는 구간에는 지도표를 발행하여야 한다

㉯ 지도표는 1폐색구간에 1매로 하며, 열차는 당해구간의 지도표를 휴대하지 아니하면 그 구간을 운전할 수 없다

(7) 지령식의 시행

① 지령식은 폐색 구간이 다음 요건을 모두 갖춘 경우 관제업무종사자의 승인에 따라 시행한다

㉮ 관제업무종사자가 열차 운행을 감시할 수 있을 것

㉯ 운전용 통신장치 기능이 정상일 것

② 관제업무종사자는 지령식을 시행하는 경우 다음 사항을 준수해야 한다

㉮ 지령식을 시행할 폐색구간의 경계를 정할 것

㉯ 지령식을 시행할 폐색구간에 열차나 철도차량이 없음을 확인할 것

㉰ 지령식을 시행하는 폐색구간에 진입하는 열차의 기관사에게 승인번호, 시행구간, 운전속도 등 주의사항을 통보할 것

3 열차제어장치에 의한 방법

(1) 열차제어장치의 조건

열차 간의 간격을 자동으로 확보하는 열차제어장치는 운행하는 열차와 동일 진로 상의 다른 열차와의 간격 및 선로 등의 조건에 따라 자동으로 해당 열차를 감속시키거나 정지시킬 수 있어야 한다

(2) 열차제어장치의 구분

① 열차자동정지장치 (ATS, Automatic Train Stop)

② 열차자동제어장치 (ATC, Automatic Train Control)

③ 열차자동방호장치 (ATP, Automatic Train Protection)

(3) 열차제어장치의 기능

① 열차자동정지장치의 기능

열차의 속도가 지상에 설치된 신호기의 현시 속도를 초과하는 경우 열차를 자동으로 정지시킬 수 있어야 한다

② 열차자동제어장치·열차자동방호장치가 갖추어야 할 기능

㉮ 운행 중인 열차를 선행열차와의 간격, 선로의 굴곡, 선로전환기 등 운행 조

건에 따라 제어정보가 지시하는 속도로 자동으로 감속시키거나 정지시킬
수 있을 것

㉯ 장치의 조작 화면에 열차제어정보에 따른 운전 속도와 열차의 실제 속도를
실시간으로 나타내 줄 것

㉰ 열차를 정지시켜야 하는 경우 자동으로 제동장치를 작동하여 정지목표에
정지할 수 있을 것

4 시계운전 방법

(1) 시계운전에 의한 방법

① 시계운전에 의한 방법은 신호기 또는 통신장치의 고장 등으로 상용폐색방식
및 대용폐색방식 외의 방법으로 열차를 운전할 필요가 있는 경우에 한하여 시행

② 철도차량의 운전속도는 전방 가시거리 범위 내에서 열차를 정지시킬 수 있는
속도 이하로 운전하여야 한다

③ 동일 방향으로 운전하는 열차는 선행 열차와 충분한 간격을 두고 운전하여야 한다

④ 단선구간에서의 시계운전
단선구간에서는 하나의 방향으로 열차를 운전하는 때에 반대방향의 열차를 운
전시키지 아니하는 등 사고예방을 위한 안전조치를 하여야 한다

(2) 시계운전에 의한 열차의 운전

① 복선운전을 하는 경우
㉮ 격시법
㉯ 전령법

② 단선운전을 하는 경우
㉮ 지도격시법
㉯ 전령법

단, 협의용 단행기관차의 운행 등 철도운영자등이 특별히 따로 정한 경우에는 시
계운전에 의한 열차의 운전방법을 시행하지 않을 수 있다

(3) 격시법 또는 지도격시법의 시행

① 격시법 또는 지도격시법을 시행하는 경우에는 최초의 열차를 운전시키기 전에
폐색구간에 열차 또는 차량이 없음을 확인하여야 한다

② 격시법은 폐색구간의 한끝에 있는 정거장 또는 신호소의 운전취급담당자가 시
행한다

③ 지도격시법은 폐색구간의 한끝에 있는 정거장 또는 신호소의 운전취급담당자가 적임자를 파견하여 상대의 정거장 또는 신호소 운전취급담당자와 협의한 후 시행해야 한다

단, 지도통신식을 시행 중인 구간에서 통신두절이 된 경우 지도표를 가지고 있는 정거장 또는 신호소에서 출발하는 최초의 열차에 대해서는 적임자를 파견하지 않고 시행할 수 있다

(4) 전령법의 시행

① 전령법 시행방법

㉮ 열차 또는 차량이 정차되어 있는 폐색구간에 다른 열차를 진입시킬 때에는 전령법에 의하여 운전하여야 한다

㉯ 전령법은 그 폐색구간 양끝에 있는 정거장 또는 신호소의 운전취급담당자가 협의하여 이를 시행해야 한다

㉰ 운전취급담당자가 협의하지 않고 시행할 수 있는 경우

ⓐ 선로고장 등으로 지도식을 시행하는 폐색구간에 전령법을 시행하는 경우

ⓑ 전화불통으로 협의를 할 수 없는 경우

㉱ 전화불통으로 협의를 할 수 없는 경우에는 당해 열차 또는 차량이 정차되어 있는 곳을 넘어서 열차 또는 차량을 운전할 수 없다

② 전령자 운용

㉮ 전령법을 시행하는 구간에는 전령자를 선정하여야 한다

㉯ 전령자는 1폐색구간 1인에 한한다

㉰ 전령법을 시행하는 구간에서는 당해구간의 전령자가 동승하지 아니하고는 열차를 운전할 수 없다

6장 철도신호

1 총 칙

(1) 철도신호

① 신호 : 모양·색 또는 소리 등으로 열차나 차량에 대하여 운행의 조건을 지시하는 것으로 할 것

② 전호 : 모양·색 또는 소리 등으로 관계직원 상호간에 의사를 표시하는 것

③ 표지 : 모양 또는 색 등으로 물체의 위치·방향·조건 등을 표시하는 것

(2) 주간 또는 야간의 신호

① 주간의 현시방식 : 일출 후부터 일몰 전까지

② 야간의 현시방식 : 일몰 후부터 다음 날 일출 전까지

　　단, 일출 후부터 일몰 전까지의 경우에도 주간 방식에 따른 신호·전호 또는 표지를 확인하기 곤란한 경우에는 야간 방식에 따른다

③ 야간의 방식으로 하여야 하는 경우

　　㉮ 지하구간의 신호·전호·표지

　　㉯ 터널 안의 신호·전호·표지

④ 야간의 방식으로 하지 않을 수 있는 경우

　　㉮ 길이가 짧아 빛이 통하는 지하구간

　　㉯ 조명시설이 설치된 터널 안

　　㉰ 지하 정거장 구내

(3) 신호의 운용

① 정지신호로 간주

　　신호를 현시할 소정의 장소에 신호의 현시가 없거나 그 현시가 정확하지 아니할 때에는 정지신호의 현시가 있는 것으로 본다

② 최대 제한신호로 간주

상치신호기 또는 임시신호기와 수신호가 각각 다른 신호를 현시한 때에는 그 운전을 최대로 제한하는 신호의 현시에 의하여야 한다

* 단, 사전에 통보가 있을 때에는 통보된 신호에 의한다

③ 신호의 겸용금지

하나의 신호는 하나의 선로에서 하나의 목적으로 사용되어야 한다

단, 진로표시기를 부설한 신호기는 그렇지 않다

2 상치신호기

(1) 상치신호기

상치신호기는 일정한 장소에서 색등(色燈) 또는 등열(燈列)에 의하여 열차 또는 차량의 운전조건을 지시하는 신호기를 말한다

(2) 상치신호기의 종류와 용도

① 주신호기

㉮ 장내신호기

정거장에 진입하려는 열차에 대하여 신호를 현시하는 것

㉯ 출발신호기

정거장을 진출하려는 열차에 대하여 신호를 현시하는 것

㉰ 폐색신호기

폐색구간에 진입하려는 열차에 대하여 신호를 현시하는 것

㉱ 엄호신호기

특히 방호를 요하는 지점을 통과하려는 열차에 대하여 신호를 현시하는 것

㉲ 유도신호기

장내신호기에 정지신호의 현시가 있는 경우 유도를 받을 열차에 대하여 신호를 현시하는 것

㉳ 입환신호기

입환차량 또는 차내신호폐색식을 시행하는 구간의 열차에 대하여 신호를 현시하는 것

② 종속신호기

㉮ 원방신호기

장내신호기·출발신호기·폐색신호기 및 엄호신호기에 종속하여 열차에 주신호기가 현시하는 신호의 예고신호를 현시하는 것

  ㉯ 통과신호기

   출발신호기에 종속하여 정거장에 진입하는 열차에 신호기가 현시하는 신호를 예고하며, 정거장을 통과할 수 있는지에 대한 신호를 현시하는 것

  ㉰ 중계신호기

   장내신호기·출발신호기·폐색신호기 및 엄호신호기에 종속하여 열차에 주신호기가 현시하는 신호의 중계신호를 현시하는 것

 ③ 신호부속기

  ㉮ 진로표시기

   장내신호기·출발신호기·진로개통표시기 및 입환신호기에 부속하여 열차 또는 차량에 대하여 그 진로를 표시하는 것

  ㉯ 진로예고기

   장내신호기·출발신호기에 종속하여 다음 장내신호기 또는 출발신호기에 현시하는 진로를 열차에 대하여 예고하는 것

  ㉰ 진로개통표시기

   차내신호를 사용하는 열차가 운행하는 본선의 분기부에 설치하여 진로의 개통상태를 표시하는 것

 ④ 차내신호: 동력차 내에 설치하여 신호를 현시하는 것

(3) 차내신호의 종류 및 제한속도

 ① 정지신호

  열차운행에 지장이 있는 구간으로 운행하는 열차에 대하여 정지하도록 하는 것

 ② 15신호

  정지신호에 의하여 정지한 열차에 대한 신호로서 1시간에 15km 이하의 속도로 운전하게 하는 것

 ③ 야드신호

  입환차량에 대한 신호로서 1시간에 25km 이하의 속도로 운전하게 하는 것

 ④ 진행신호

  열차를 지정된 속도 이하로 운전하게 하는 것

(4) 신호현시방식

① 장내신호기·출발신호기·폐색신호기 및 엄호신호기

종류	신호현시방식					
	5현시	4현시	3현시	2현시		
	색등식	색등식	색등식	색등식	완목식	
					주간	야간
정지신호	적색등	적색등	적색등	적색등	완·수평	적색등
경계신호	상위 : 등황색등 하위 : 등황색등					
주의신호	등황색등	등황색등	등황색등			
감속신호	상위 : 등황색등 하위 : 녹색등	상위 : 등황색등 하위 : 녹색등				
진행신호	녹색등	녹색등	녹색등	녹색등	완·좌하향 45도	녹색등

② 유도신호기(등열식) : 백색등열 좌·하향 45도

③ 입환신호기

종류	신호현시방식		
	등열식	색등식	
		차내신호폐색구간	그 밖의 구간
정지신호	백색등열 수평 무유도등 소등	적색등	적색등
진행신호	백색 등열 좌하향 45도 무유도등 점등	등황색등	청색등 무유도등 점등

④ 원방신호기 (통과신호기 포함)

종류		신호현시방식		
		색등식	완목식	
			주간	야간
주신호기가 정지신호를 할 경우	주의신호	등확색등	완·수평	등황색등
주신호기가 진행을 지시하는 신호를 할 경우	진행신호	녹색등	완·좌하향 45도	녹색등

⑤ 중계신호기

종류	등열식		색등식
주신호기가 정지신호를 할 경우	정지중계	백색등열(3등) 수평	적색등
주신호기가 진행을 지시하는 신호를 할 경우	제한중계	백색등열(3등) 좌하향 45도	주신호기가 진행을 지시하는 색등
	진행중계	백색등열(3등) 수직	

⑥ 차내신호

종류	신호현시방식
정지신호	적색사각형등 점등
15신호	적색원형등 점등("15" 지시)
야드신호	노란색 직사각형등과 적색원형등(25등신호) 점등
진행신호	적색원형등(해당신호등) 점등

(5) 신호현시의 기본원칙

① 장내신호기 : 정지신호

② 출발신호기 : 정지신호

③ 폐색신호기(자동폐색신호기를 제외한다) : 정지신호

④ 엄호신호기 : 정지신호

⑤ 유도신호기 : 신호를 현시하지 아니한다.

⑥ 입환신호기 : 정지신호

⑦ 원방신호기 : 주의신호

⑧ 자동폐색신호기 및 반자동폐색신호기 : 진행을 지시하는 신호

   * 단, 단선구간의 경우에는 정지신호를 현시함을 기본으로 한다

⑨ 차내신호 : 진행신호

(6) 신호의 설치

① 배면광 설비

상치신호기의 현시를 후면에서 식별할 필요가 있는 경우에는 배면광(背面光)을 설비하여야 한다

② 신호의 배열

기둥 하나에 같은 종류의 신호 2 이상을 현시할 때에는 맨 위에 있는 것을 맨 왼쪽의 선로에 대한 것으로 하고, 순차적으로 오른쪽의 선로에 대한 것으로 한다

(7) 신호의 현시

① 신호현시의 순위

원방신호기는 그 주된 신호기가 진행신호를 현시하거나, 3위식 신호기는 그 신호기의 배면쪽 제1의 신호기에 주의 또는 진행신호를 현시하기 전에 이에 앞서 진행신호를 현시할 수 없다

② 신호의 복위

열차가 상치신호기의 설치지점을 통과한 때에는 그 지점을 통과한 때마다 ⓐ 유도신호기는 신호를 현시하지 아니하며 ⓑ 원방신호기는 주의신호를, ⓒ 그 밖의 신호기는 정지신호를 현시

3 임시신호기

(1) 임시신호기의 설치

선로의 상태가 일시 정상운전을 할 수 없는 상태인 경우에는 그 구역의 바깥쪽에 임시신호기를 설치하여야 한다

(2) 임시신호기의 종류와 용도

① 서행신호기

서행운전할 필요가 있는 구간에 진입하려는 열차 또는 차량에 대하여 당해구간을 서행할 것을 지시하는 것

② 서행예고신호기

서행신호기를 향하여 진행하려는 열차에 대하여 그 전방에 서행신호의 현시 있음을 예고하는 것

③ 서행해제신호기

서행구역을 진출하려는 열차에 대하여 서행을 해제할 것을 지시하는 것

④ 서행발리스(Balise)

서행운전할 필요가 있는 구간의 전방에 설치하는 송·수신용 안테나로 지상 정보를 열차로 보내 자동으로 열차의 감속을 유도하는 것

(3) 신호현시방식

종류	신호현시방식	
	주간	야간
서행신호	백색테두리를 한 등황색 원판	등황색등 또는 반사재
서행예고신호	흑색삼각형 3개를 그린 백삭삼각형	흑색삼각형 3개를 그린 백색등 또는 반사재
서행해제신호	백색테두리를 한 녹색원판	녹색등 또는 반사재

* 서행신호기 및 서행예고신호기에는 서행속도를 표시하여야 한다

4 수신호

(1) 수신호의 현시방법

신호기를 설치하지 아니하거나 이를 사용하지 못하는 경우에 사용하는 수신호는 다음과 같이 현시한다

① 정지신호

㉮ 주간

적색기. 단, 적색기가 없을 때에는 양팔을 높이 들거나 또는 녹색기 외의 것을 급히 흔든다.

㉯ 야간

적색등. 단, 적색등이 없을 때에는 녹색등 외의 것을 급히 흔든다.

② 서행신호

㉮ 주간 : 적색기와 녹색기를 모아 쥐고 머리 위에 높이 교차한다.

㉯ 야간 : 깜박이는 녹색등

③ 진행신호

㉮ 주간 : 녹색기. 단, 녹색기가 없을 때는 한 팔을 높이 든다.

㉯ 야간 : 녹색등

(2) 선로에서 정상 운행이 어려운 경우의 조치

① 사유

㉮ 선로에서 정상적인 운행이 어려워 열차를 정지하거나 서행시켜야 하는 경우로서

㉯ 임시신호기를 설치할 수 없는 경우

② 조치사항

㉮ 열차를 정지시켜야 하는 경우

철도사고등이 발생한 지점으로부터 200미터 이상의 앞 지점에서 정지 수신호를 현시할 것

㉯ 열차를 서행시켜야 하는 경우

서행구역의 시작지점에서 서행수신호를 현시하고 서행구역이 끝나는 지점에서 진행수신호를 현시할 것

③ 단, 열차의 무선전화로 열차를 정지하거나 서행시키는 조치를 한 경우에는 ②의 조치를 생략할 수 있다.

5 전 호

(1) 전호현시 방법

① 열차 또는 차량에 대한 전호는 전호기로 현시하여야 한다

② 단, 전호기가 설치되어 있지 아니하거나 고장이 난 경우에는 수전호 또는 무선전화기로 현시할 수 있다

(2) 출발전호

열차를 출발시키고자 할 때에는 출발전호를 하여야 한다

(3) 기적전호

다음의 경우에 기관사는 기적전호를 한다

① 위험을 경고하는 경우   ② 비상사태가 발생한 경우

(4) 입환전호 방법

① 입환작업자(기관사 포함)는 서로 맨눈으로 확인할 수 있도록 입환전호해야 한다

㉮ 오너라전호

ⓐ 주간 : 녹색기를 좌우로 흔든다

단, 부득이한 경우에는 한 팔을 좌우로 움직임으로써 이를 대신할 수 있다

ⓑ 야간 : 녹색등을 좌우로 흔든다

㉯ 가거라전호

ⓐ 주간 : 녹색기를 위·아래로 흔든다

단, 부득이 한 경우에는 한 팔을 위·아래로 움직임으로써 이를 대신할 수 있다

ⓑ 야간 : 녹색등을 위·아래로 흔든다

    ㉰ 정지전호

     ⓐ 주간 : 적색기

      단, 부득이한 경우에는 두 팔을 높이 들어 이를 대신할 수 있다

     ⓑ 야간 : 적색등

  ② 무선전화를 사용하여 입환전호를 할 수 있는 경우

   ㉮ 무인역 또는 1인이 근무하는 역에서 입환하는 경우

   ㉯ 1인이 승무하는 동력차로 입환하는 경우

   ㉰ 신호를 원격으로 제어하여 단순히 선로를 변경하기 위하여 입환하는 경우

   ㉱ 지형 및 선로여건 등을 고려할 때 입환전호하는 작업자를 배치하기가 어려운 경우

   ㉲ 원격제어가 가능한 장치를 사용하여 입환하는 경우

(5) 작업전호 (전호의 방식을 정하여 전호에 따라 작업)

 ① 여객 또는 화물의 취급을 위하여 정지위치를 지시할 때

 ② 퇴행 또는 추진운전시 열차의 맨 앞 차량에 승무한 직원이 철도차량운전자에 대하여 운전상 필요한 연락을 할 때

 ③ 검사·수선연결 또는 해방을 하는 경우에 당해 차량의 이동을 금지시킬 때

 ④ 신호기 취급직원 또는 입환전호를 하는 직원과 선로전환기취급 직원간에 선로전환기의 취급에 관한 연락을 할 때

 ⑤ 열차의 관통제동기의 시험을 할 때

6 표지

(1) 열차의 표지

 열차 또는 입환 중인 동력차는 표지를 게시하여야 한다

(2) 안전표지

 열차 또는 차량의 안전운전을 위하여 안전표지를 설치하여야 한다

기출예상문제

1. 철도차량운전규칙에서 열차 간의 안전을 확보하는 방법이 아닌 것은?

① 폐색에 의한 방법 ② 무인운전에 의한 방법

③ 열차제어장치에 의한 방법 ④ 시계운전에 의한 방법

해설 차량규칙 제46조(열차 간의 안전 확보) ① 열차는 열차 간의 안전을 확보할 수 있도록 다음 각 호의 어느 하나의 방법으로 운전해야 한다. 다만, 정거장 내에서 철도신호의 현시·표시 또는 그 정거장의 운전을 관리하는 사람의 지시에 따라 운전하는 경우에는 그렇지 않다.
1. 폐색에 의한 방법
2. 열차 간의 간격을 확보하는 장치(이하 "열차제어장치"라 한다)에 의한 방법
3. 시계(視界)운전에 의한 방법
② 단선(單線)구간에서 폐색을 한 경우 상대역의 열차가 동시에 당해 구간에 진입하도록 하여서는 아니된다.
③ 구원열차를 운전하는 경우 또는 공사열차가 있는 구간에서 다른 공사열차를 운전하는 등의 특수한 경우로서 열차운행의 안전을 확보할 수 있는 조치를 취한 경우에는 제1항 및 제2항의 규정에 의하지 아니할 수 있다.

2. 철도차량운전규칙에서 열차간의 안전확보에 관한 설명으로 틀린 것은?

① 단선구간에서 폐색을 한 경우 상대역의 열차가 동시에 당해 구간에 진입하도록 하여서는 아니된다

② 시험운전열차를 운전하는 경우로서 열차운행의 안전을 확보할 수 있는 조치를 취한 경우에는 열차간의 안전확보 방법에 의하지 않을 수 있다

③ 폐색에 의한 방법을 사용하는 경우에는 당해 열차의 진로상에 있는 폐색구간의 조건에 따라 신호를 현시하거나 다른 열차의 진입을 방지할 수 있어야 한다

④ 공사열차가 있는 구간에서 다른 공사열차를 운전하는 경우로서 열차운행의 안전을 확보할 수 있는 조치를 취한 경우에는 열차제어장치에 의한 방법에 의하지 않을 수 있다

해설 차량규칙 제46조(열차간의 안전 확보) ①,②,③항
제48조(폐색에 의한 방법) 폐색에 의한 방법을 사용하는 경우에는 당해 열차의 진로상에 있는 폐색구간의 조건에 따라 신호를 현시하거나 다른 열차의 진입을 방지할 수 있어야 한다.

3. 철도차량운전규칙에서 폐색에 의한 방법으로 열차를 운행하는 경우에 폐색구간으로 하지 않을 수 있는 것은?

① 정거장외의 본선 ② 정거장외의 측선

③ 정거장내의 본선 ④ 정거장내의 측선

해설 차량규칙 제49조(폐색에 의한 열차 운행) ①폐색에 의한 방법으로 열차를 운행하는 경우에는 본선을 폐색구간으로 분할하여야 한다. 다만, 정거장내의 본선은 이를 폐색구간으로 하지 아니할 수 있다.

정답 | 1. | ② | 2. | ② | 3. | ③

4. 철도차량운전규칙에서 하나의 폐색구간에 둘 이상의 열차를 동시에 운행할 수 있는 경우가 아닌 것은?

① 열차가 정차되어 있는 폐색구간으로 다른 열차를 유도하는 경우

② 폐색구간에서 뒤의 보조기관차를 열차로부터 떼었을 경우

③ 선로가 불통된 구간에 시운전열차를 운전하는 경우

④ 고장열차가 있는 폐색구간에 구원열차를 운전하는 경우

해설 차량규칙 제49조(폐색에 의한 열차 운행) ② 하나의 폐색구간에는 둘 이상의 열차를 동시에 운행할 수 없다. 다만, 다음 각 호에 해당하는 경우에는 그렇지 않다.

1. 제36조제2항 및 제3항에 따라 열차를 진입시키려는 경우
2. 고장열차가 있는 폐색구간에 구원열차를 운전하는 경우
3. 선로가 불통된 구간에 공사열차를 운전하는 경우
4. 폐색구간에서 뒤의 보조기관차를 열차로부터 떼었을 경우
5. 열차가 정차되어 있는 폐색구간으로 다른 열차를 유도하는 경우
6. 폐색에 의한 방법으로 운전을 하고 있는 열차를 열차제어장치로 운전하거나 시계운전이 가능한 노선에 서 열차를 서행하여 운전하는 경우
7. 그 밖에 특별한 사유가 있는 경우

5. 철도차량운전규칙에서 하나의 폐색구간에 둘 이상의 열차를 동시에 운행할 수 있는 경우가 아닌 것은?

① 폐색에 의한 방법으로 운전을 하고 있는 열차를 열차제어장치로 운전하는 경우

② 자동폐색신호기의 정지신호에 의하여 일단 정지한 열차 또는 차량이 정지신호 현시중이라도 운전속도의 제한 등 안전조치에 따라 서행하여 그 현시지점을 넘어서 열차를 진입시키는 때

③ 폐색에 의한 방법으로 운전을 하고 있는 열차를 시계운전이 가능한 노선에서 열차를 서행하여 운전하는 경우

④ 자동식별표지를 추가하여 부설한 자동폐색신호기가 정지신호를 현시하는 때에 정지신호현시 중이라도 정지하지 아니하고 운전속도의 제한 등 안전조치에 따라 서행하여 그 현시지점을 넘어서 열차를 진입시키는 때

해설 차량규칙 제49조(폐색에 의한 열차 운행)

제36조(열차 또는 차량의 정지)

② 제1항의 규정에 불구하고 자동폐색신호기의 정지신호에 의하여 일단 정지한 열차 또는 차량은 정지신호 현시중이라도 운전속도의 제한 등 안전조치에 따라 서행하여 그 현시지점을 넘어서 진행할 수 있다.

③ 서행허용표지를 추가하여 부설한 자동폐색신호기가 정지신호를 현시하는 때에는 정지신호 현시중이라도 정지하지 아니하고 운전속도의 제한 등 안전조치에 따라 서행하여 그 현시지점을 넘어서 진행할 수 있다.

6. 철도차량운전규칙에서 상용폐색방식의 종류가 아닌 것은?

① 자동폐색식 　 ② 연동폐색식 　 ③ 통표폐색식 　 ④ 통신식

해설 차량규칙 제50조(폐색방식의 구분) 폐색방식은 각 호와 같이 구분한다.

1. 상용(常用)폐색방식 : 자동폐색식 · 연동폐색식 · 차내신호폐색식 · 통표폐색식
2. 대용폐색방식 : 통신식 · 지도통신식 · 지도식 · 지령식

정답 | 4. | ③ | 5. | ④ | 6. | ④

7. 철도차량운전규칙에서 대용폐색방식의 종류가 아닌 것은?

① 차내신호폐색식　　② 지도통신식　　③ 지령식　　④ 통신식

해설 차량규칙 제50조(폐색방식의 구분)

8. 철도차량운전규칙에서 폐색방식이 아닌 것은?

① 통표폐색식　　② 지도격시법　　③ 지도식　　④ 통신식

해설 차량규칙 제50조(폐색방식의 구분)

9. 철도차량운전규칙에서 자동폐색식을 시행하는 폐색구간의 폐색신호기 · 장내신호기 및 출발신호기가 갖추어야 할 기능이 아닌 것은?

① 폐색구간에 있는 선로전환기가 정당한 방향으로 개통되지 아니한 때 또는 분기선 및 교차점에 있는 차량이 폐색구간에 지장을 줄 때에는 자동으로 정지신호를 현시할 것

② 단선구간에 있어서는 하나의 방향에 대하여 진행을 지시하는 신호를 현시한 때에는 같은 방향의 신호기는 자동으로 정지신호를 현시할 것

③ 폐색구간에 열차 또는 차량이 있을 때에는 자동으로 정지신호를 현시할 것

④ 폐색장치에 고장이 있을 때에는 자동으로 정지신호를 현시할 것

해설 차량규칙 제51조(자동폐색장치의 기능) 자동폐색식을 시행하는 폐색구간의 폐색신호기 · 장내신호기 및 출발신호기는 다음 각 호의 기능을 갖추어야 한다.
1. 폐색구간에 열차 또는 차량이 있을 때에는 자동으로 정지신호를 현시할 것
2. 폐색구간에 있는 선로전환기가 정당한 방향으로 개통되지 아니한 때 또는 분기선 및 교차점에 있는 차량이 폐색구간에 지장을 줄 때에는 자동으로 정지신호를 현시할 것
3. 폐색장치에 고장이 있을 때에는 자동으로 정지신호를 현시할 것
4. 단선구간에 있어서는 하나의 방향에 대하여 진행을 지시하는 신호를 현시한 때에는 그 반대방향의 신호기는 자동으로 정지신호를 현시할 것

10. 철도차량운전규칙에서 연동폐색식을 시행하는 폐색구간 양끝의 정거장 또는 신호소에 설치된 연동폐색기의 구비조건이 아닌 것은?

① 단선구간에 있어서 하나의 방향에 대하여 폐색이 이루어지면 그 반대방향의 신호기는 자동으로 정지신호를 현시할 것

② 폐색구간에 진입한 열차가 그 구간을 통과한 후가 아니면 "폐색구간에 열차 있음"의 표시를 변경할 수 없을 것

③ 열차가 폐색구간에 있을 때에는 그 구간의 신호기에 진행 신호를 현시할 수 없을 것

④ 신호기와 연동하여 자동으로 "폐색구간에 열차 있음", "폐색구간에 열차 없음"의 표시를 할 수 있을 것

해설 차량규칙 제52조(연동폐색장치의 구비조건) 연동폐색식을 시행하는 폐색구간 양끝의 정거장 또는 신호소에는 다음 각 호의 기능을 갖춘 연동폐색기를 설치해야 한다.
1. 신호기와 연동하여 자동으로 다음 각 목의 표시를 할 수 있을 것
　가. 폐색구간에 열차 있음
　나. 폐색구간에 열차 없음
2. 열차가 폐색구간에 있을 때에는 그 구간의 신호기에 진행을 지시하는 신호를 현시할 수 없을 것
3. 폐색구간에 진입한 열차가 그 구간을 통과한 후가 아니면 제1호가목의 표시를 변경할 수 없을 것

정답 | 7. | ① | 8. | ② | 9. | ② | 10. | ③

4. 단선구간에 있어서 하나의 방향에 대하여 폐색이 이루어지면 그 반대방향의 신호기는 자동으로 정지신호를 현시할 것

11. 열차를 연동폐색구간에 진입시킬 경우의 취급방법으로 잘못된 것은?

① 열차를 폐색구간에 진입시키려는 경우에는 "폐색구간에 열차 없음"의 표시를 확인하고 전방의 정거장 또는 신호소의 승인을 받아야 한다

② 열차를 폐색구간에 진입시키려는 경우에 전방의 정거장 또는 신호소의 승인은 "폐색구간에 열차 없음"의 표시로 해야 한다

③ 폐색구간에 열차 또는 차량이 있을 때에는 전방의 정거장 또는 신호소에서 승인을 할 수 없다

④ 열차를 폐색구간에 진입시키려는 경우에는 전방의 정거장 또는 신호소의 승인을 받아야 한다

해설 차량규칙 제53조(열차를 연동폐색구간에 진입시킬 경우의 취급) ① 열차를 폐색구간에 진입시키려는 경우에는 제52조제1호나목의 표시를 확인하고 전방의 정거장 또는 신호소의 승인을 받아야 한다.
② 제1항에 따른 승인은 제52조제1호가목의 표시로 해야 한다.
③ 폐색구간에 열차 또는 차량이 있을 때에는 제1항의 규정에 의한 승인을 할 수 없다.

12. 철도차량운전규칙에서 차내신호폐색식을 시행하는 구간의 차내신호가 자동으로 정지신호를 현시하는 기능을 갖추어야 할 경우가 아닌 것은?

① 열차 정상운행선로의 방향이 다른 경우

② 다른 선로에 있는 열차 또는 차량이 폐색구간을 진입하고 있는 경우

③ 열차제어장치의 차상장치에 고장이 있는 경우

④ 폐색구간에 열차 또는 다른 차량이 있는 경우

해설 차량규칙 제54조(차내신호폐색장치의 기능) 차내신호폐색식을 시행하는 구간의 차내신호는 다음 각 호의 경우에는 자동으로 정지신호를 현시하는 기능을 갖추어야 한다.
1. 폐색구간에 열차 또는 다른 차량이 있는 경우
2. 폐색구간에 있는 선로전환기가 정당한 방향에 있지 아니한 경우
3. 다른 선로에 있는 열차 또는 차량이 폐색구간을 진입하고 있는 경우
4. 열차제어장치의 지상장치에 고장이 있는 경우
5. 열차 정상운행선로의 방향이 다른 경우

13. 철도차량운전규칙에서 통표폐색식을 시행하는 폐색구간 양끝의 정거장 또는 신호소에 설치하는 통표폐색장치가 갖추어야 할 기능이 아닌 것은?

① 인접 폐색구간의 통표를 넣을 수 있는 것일 것

② 폐색구간 양끝에 있는 통표폐색기에 넣은 통표는 1개에 한하여 꺼낼 수 있을 것

③ 폐색구간 양끝에 있는 통표폐색기에서 꺼낸 통표를 통표폐색기에 넣은 후가 아니면 다른 통표를 꺼내지 못하는 것일 것

④ 통표는 폐색구간 양끝의 정거장 또는 신호소에서 협동하여 취급하지 아니하면 이를 꺼낼 수 없을 것

해설 차량규칙 제55조(통표폐색장치의 기능 등) ① 통표폐색식을 시행하는 폐색구간 양끝의 정거장 또는 신호소에는 다음 각 호의 기능을 갖춘 통표폐색장치를 설치해야 한다.
1. 통표는 폐색구간 양끝의 정거장 또는 신호소에서 협동하여 취급하지 아니하면 이를 꺼낼 수 없을 것
2. 폐색구간 양끝에 있는 통표폐색기에 넣은 통표는 1개에 한하여 꺼낼 수 있으며, 꺼낸 통표를 통표폐색기에 넣은 후가 아니면 다른 통표를 꺼내지 못하는 것일 것

정답 | 11. | ② | 12. | ③ | 13. | ①

3. 인접 폐색구간의 통표는 넣을 수 없는 것일 것

② 제1항의규정에 의한 통표폐색기에는 그구간 전용의 통표만을 넣어야 한다.

③ 인접폐색구간의 통표는 그 모양을 달리하여야 한다.

④ 열차는 당해 구간의 통표를 휴대하지 아니하면 그 구간을 운전할 수 없다. 다만, 특별한 사유가 있는 경우에는 그러하지 아니하다.

14. 철도차량운전규칙에서 열차를 통표폐색구간에 진입시킬 경우의 취급방법이 아닌 것은?

① 열차의 운전에 사용하는 통표는 통표폐색기에 넣은 후가 아니면 이를 다른 열차의 운전에 사용할 수 없다

② 열차를 통표폐색구간에 진입시키려는 경우에는 폐색구간에 열차가 없는 것을 확인하고 운행하려는 방향의 정거장 또는 신호소 운전취급담당자의 승인을 받아야 한다

③ 고장열차가 있는 폐색구간에 구원열차를 운전하는 경우 등 특별한 사유가 있는 경우에는 열차의 운전에 사용하는 통표를 통표폐색기에 넣은 후가 아니면 이를 다른 열차의 운전에 사용할 수 없다

④ 통표폐색기에는 그 구간 전용의 통표만을 넣어야 하고, 인접폐색구간의 통표는 그 모양을 달리하여야 한다

해설 차량규칙 제56조(열차를 통표폐색구간에 진입시킬 경우의 취급) ① 열차를 통표폐색구간에 진입시키려는 경우에는 폐색구간에 열차가 없는 것을 확인하고 운행하려는 방향의 정거장 또는 신호소 운전취급담당자의 승인을 받아야 한다.

② 열차의 운전에 사용하는 통표는 통표폐색기에 넣은 후가 아니면 이를 다른 열차의 운전에 사용할 수 없다. 다만, 고장열차가 있는 폐색구간에 구원열차를 운전하는 경우 등 특별한 사유가 있는 경우에는 그러하지 아니하다.

15. 철도차량운전규칙에서 통신식을 시행하는 구간에는 전용 통신설비가 아닌 다른 통신설비로 대신할 수 있는 경우는?

① 전용의 통신설비가 있는 경우　　② 운전이 복잡한 구간인 경우

③ 사전에 다른 통신설비를 설치한 경우　④ 전용의 통신설비에 고장이 있는 경우

해설 차량규칙 제57조(통신식 대용폐색 방식의 통신장치) 통신식을 시행하는 구간에는 전용의 통신설비를 설치하여야 한다. 다만, 다음 각 호의 어느 하나에 해당하는 경우에는 다른 통신설비로서 이를 대신할 수 있다.

1. 운전이 한산한 구간인 경우

2. 전용의 통신설비에 고장이 있는 경우

3. 철도사고등의 발생 그 밖에 부득이한 사유로 인하여 전용의 통신설비를 설치할 수 없는 경우

16. 철도차량운전규칙에서 열차를 통신식 폐색구간에 진입시키려 하는 경우에 승인을 받아야 할 사람을 모두 고르시오?

① 운전취급담당자　　　　　② 운전업무책임자

③ 차량관리책임자　　　　　④ 관제업무종사자

해설 차량규칙 제58조(열차를 통신식 폐색구간에 진입시킬 경우의 취급) ① 열차를 통신식 폐색구간에 진입시키려는 경우에는 관제업무종사자 또는 운전취급담당자의 승인을 받아야 한다.

② 관제업무종사자 또는 운전취급책임자는 폐색구간에 열차 또는 차량이 없음을 확인한 경우에만 열차의 진입을 승인할 수 있다.

17. 철도차량운전규칙에서 지도통신식의 시행에 관한 설명으로 적합하지 않은 것은?

① 지도표는 1개열차에 1매로 한다

② 폐색구간 양끝의 정거장 또는 신호소가 서로 협의한 후 지도표를 발행하여야 한다

③ 열차를 통신식 폐색구간에 진입시키려 하는 경우에 관제업무종사자 또는 운전취급 담당자는 폐색구간에 열차 또는 차량이 없음을 확인하지 아니하고서는 열차의 진 입을 승인하여서는 아니된다

④ 지도통신식을 시행하는 구간에는 폐색구간 양끝의 정거장 또는 신호소의 통신설비 를 사용하여 서로 협의한 후 시행한다

해설 차량규칙 제59조(지도통신식의 시행) ① 지도통신식을 시행하는 구간에는 폐색구간 양끝의 정거장 또는 신호 소의 통신설비를 사용하여 서로 협의한 후 시행한다.

② 지도통신식을 시행하는 경우 폐색구간 양끝의 정거장 또는 신호소가 서로 협의한 후 지도표를 발행하여 야 한다.

③ 제2항의 규정에 의한 지도표는 1폐색구간에 1매로 한다.

18. 철도차량운전규칙에서 지도표와 지도권의 사용에 관한 설명으로 맞는 것은?

① 지도통신식을 시행하는 구간에서 동일방향으로 연속하여 2 이상의 열차를 동일방 향의 폐색구간으로 진입시키고자 하는 경우에는 최후의 열차에 대하여는 지도권을 교부한다

② 지도통신식을 시행하는 구간에서 동일방향의 폐색구간으로 진입시키고자 하는 열 차가 하나뿐인 경우에는 지도표를 교부한다

③ 지도표는 지도권을 가지고 있는 정거장 또는 신호소에서 서로 협의를 한 후 발행 하여야 한다

④ 지도통신식을 시행하는 구간에서 동일방향으로 연속하여 2 이상의 열차를 동일방 향의 폐색구간으로 진입시키고자 하는 경우에 최후의 열차 이외의 나머지 열차에 대하여는 지도표를 교부한다

해설 차량규칙 제60조(지도표와 지도권의 사용구별) ① 지도통신식을 시행하는 구간에서 동일방향의 폐색구간으 로 진입시키고자 하는 열차가 하나뿐인 경우에는 지도표를 교부하고, 연속하여 2 이상의 열차를 동일방향 의 폐색구간으로 진입시키고자 하는 경우에는 최후의 열차에 대하여는 지도표를, 나머지 열차에 대하여는 지도권을 교부한다.

② 지도권은 지도표를 가지고 있는 정거장 또는 신호소에서 서로 협의를 한 후 발행하여야 한다.

19. 철도차량운전규칙에서 열차를 지도통신식 폐색구간에 진입시킬 경우의 취급방법으 로 틀린 것은?

① 열차는 당해구간의 지도표 또는 지도권을 휴대하지 아니하면 그 구간을 운전할 수 없다

② 고장열차가 있는 폐색구간에 구원열차를 운전하는 경우에는 반드시 지도표를 휴대 하여야 한다

③ 특별한 사유가 있는 경우에는 지도권을 휴대하지 않고 운전할 수 있다

④ 지도통신식은 대용폐색방식이다

해설 차량규칙 제61조(열차를 지도통신식 폐색구간에 진입시킬 경우의 취급) 열차는 당해구간의 지도표 또는 지도 권을 휴대하지 아니하면 그 구간을 운전할 수 없다. 다만, 고장열차가 있는 폐색구간에 구원열차를 운전하는 경우 등 특별한 사유가 있는 경우에는 그러하지 아니하다.

정답 | **17.** | ① | **18.** | ② | **19.** | ②

20. 철도차량운전규칙에서 지도표와 지도권에 공통적으로 기입하여야 할 사항은?

① 양끝의 정거장명   ② 발행일자   ③ 사용구간   ④ 관제사 승인번호

해설 차량규칙 제62조(지도표 · 지도권의 기입사항) ① 지도표에는 그 구간 양끝의 정거장명 · 발행일자 및 사용열
차번호를 기입하여야 한다.
② 지도권에는 사용구간 · 사용열차 · 발행일자 및 지도표 번호를 기입하여야 한다.

21. 철도차량운전규칙에서 지도식의 시행에 관한 설명으로 맞는 것은?

① 철도사고등의 수습 또는 선로보수공사 등으로 현장과 가장 가까운 정거장 또는 신
호소간을 1폐색구간으로 하며 열차를 운전하는 경우에 후속열차를 운전할 필요가
없을 때 시행하는 폐색방식이다

② 지도식을 시행하는 구간에는 지도표와 지도권을 발행 한다

③ 지도권은 1폐색구간에 1매로 한다

④ 열차는 당해구간의 지도권을 휴대하지 않으면 그 구간을 운전할 수 없다

해설 차량규칙 제63조(지도식의 시행) 지도식은 철도사고등의 수습 또는 선로보수공사 등으로 현장과 가장 가까운
정거장 또는 신호소간을 1폐색구간으로 하여 열차를 운전하는 경우에 후속열차를 운전할 필요가 없을 때에
한하여 시행한다.
제64조(지도표의 발행) ① 지도식을 시행하는 구간에는 지도표를 발행하여야 한다.
② 지도표는 1폐색구간에 1매로 하며, 열차는 당해구간의 지도표를 휴대하지 아니하면 그 구간을 운전할 수
없다.

22. 철도차량운전규칙에서 폐색구간이 관제업무종사자가 열차 운행을 감시할 수 있고
운전용 통신장치 기능이 정상일 경우 관제업무종사자의 승인에 따라 시행하는 폐색
방식은?

① 통신식   ② 연동폐색식   ③ 지도식   ④ 지령식

해설 차량규칙 제64조의2(지령식의 시행) ① 지령식은 폐색 구간이 다음 각 호의 요건을 모두 갖춘 경우 관제업무
종사자의 승인에 따라 시행한다.
1. 관제업무종사자가 열차 운행을 감시할 수 있을 것
2. 운전용 통신장치 기능이 정상일 것
② 관제업무종사자는 지령식을 시행하는 경우 다음 각 호의 사항을 준수해야 한다.
1. 지령식을 시행할 폐색구간의 경계를 정할 것
2. 지령식을 시행할 폐색구간에 열차나 철도차량이 없음을 확인할 것
3. 지령식을 시행하는 폐색구간에 진입하는 열차의 기관사에게 승인번호, 시행구간, 운전속도 등 주의사
항을 통보할 것

23. 철도차량운전규칙에서 지령식을 시행하는 경우에 관제업무종사자가 준수해야 할 사
항이 아닌 것은?

① 지령식을 시행하는 폐색구간에 진입하는 열차의 기관사에게 승인번호, 시행구간,
운전속도 등 주의사항을 통보할 것

② 지령식을 시행할 폐색구간의 경계를 정할 것

③ 지령식을 시행하는 폐색구간에 열차 또는 차량이 있을 경우에는 자동으로 정지신
호를 현시 할 것

④ 지령식을 시행할 폐색구간에 열차나 철도차량이 없음을 확인할 것

해설 차량규칙 제64조의2(지령식의 시행) 제②항

24. 철도차량운전규칙에서 다음의 (   )에 적합한 것은?

> 열차 간의 간격을 자동으로 확보하는 (   )는 운행하는 열차와 동일 진로상의 다른 열차와의 간격 및 선로 등의 조건에 따라 자동으로 해당 열차를 감속시키거나 정지시킬 수 있어야 한다

① 열차방호장치　　② 열차운전장치　　③ 자동열차장치　　④ 열차제어장치

해설 차량규칙 제65조(열차제어장치에 의한 방법) 열차 간의 간격을 자동으로 확보하는 열차제어장치는 운행하는 열차와 동일 진로상의 다른 열차와의 간격 및 선로 등의 조건에 따라 자동으로 해당 열차를 감속시키거나 정지시킬 수 있어야 한다.

25. 철도차량운전규칙에서 열차 간의 안전확보 방법중 열차제어장치의 종류가 아닌 것은?

① ATC　　　　② ATS　　　　③ ATO　　　　④ ATP

해설 차량규칙 제66조(열차제어장치의 종류) 열차제어장치는 다음 각 호와 같이 구분한다.
1. 열차자동정지장치(ATS, Automatic Train Stop)
2. 열차자동제어장치(ATC, Automatic Train Control)
3. 열차자동방호장치(ATP, Automatic Train Protection)

26. 열차제어장치의 기능에 해당하지 않는 것은?

① 열차자동제어장치 및 열차자동방호장치는 열차의 속도가 지상에 설치된 신호기의 현시 속도를 초과하는 경우 열차를 자동으로 정지시킬 수 있어야 한다
② 열차자동제어장치 및 열차자동방호장치는 열차를 정지시켜야 하는 경우 자동으로 제동장치를 작동하여 정지목표에 정지할 수 있을 것
③ 열차자동제어장치 및 열차자동방호장치는 장치의 조작 화면에 열차제어정보에 따른 운전 속도와 열차의 실제 속도를 실시간으로 나타내 줄 것
④ 열차자동제어장치 및 열차자동방호장치는 운행 중인 열차를 선행열차와의 간격, 선로의 굴곡, 선로전환기 등 운행 조건에 따라 제어정보가 지시하는 속도로 자동으로 감속시키거나 정지시킬 수 있을 것

해설 차량규칙 제67조(열차제어장치의 기능) ① 열차자동정지장치는 열차의 속도가 지상에 설치된 신호기의 현시 속도를 초과하는 경우 열차를 자동으로 정지시킬 수 있어야 한다.
② 열차자동제어장치 및 열차자동방호장치는 다음 각 호의 기능을 갖추어야 한다.
1. 운행 중인 열차를 선행열차와의 간격, 선로의 굴곡, 선로전환기 등 운행 조건에 따라 제어정보가 지시하는 속도로 자동으로 감속시키거나 정지시킬 수 있을 것
2. 장치의 조작 화면에 열차제어정보에 따른 운전 속도와 열차의 실제 속도를 실시간으로 나타내 줄 것
3. 열차를 정지시켜야 하는 경우 자동으로 제동장치를 작동하여 정지목표에 정지할 수 있을 것

27. 철도차량운전규칙에서 열차간의 안전확보에서 시계운전에 의한 방법이 아닌 것은?

① 격시법　　　② 전령법　　　③ 지도식　　　④ 지도격시법

해설 차량규칙 제72조(시계운전에 의한 열차의 운전) 시계운전에 의한 열차운전은 다음 각 호의 어느 하나의 방법으로 시행해야 한다. 다만, 협의용 단행기관차의 운행 등 철도운영자등이 특별히 따로 정한 경우에는 그렇지 않다.
1. 복선운전을 하는 경우 : 가. 격시법,　　나. 전령법
2. 단선운전을 하는 경우 : 가. 지도격시법,　　나. 전령법

28. 철도차량운전규칙에서 시계운전에 의한 열차의 운전방법이 아닌 것은?

① 격시법   ② 지도격시법   ③ 전령법   ④ 통신식

해설 차량규칙 제72조(시계운전에 의한 열차의 운전)

29. 철도차량운전규칙에서 열차간의 안전확보 방법으로 맞는 것은?

① 복선운전을 하는 경우 시계운전에 의한 방법으로 격시법과 전령법이 있다
② 단선운전을 하는 경우 시계운전에 의한 방법으로 통표폐색식과 지도격시법이 있다
③ 자동폐색식과 지도식은 상용폐색방식이다
④ 대용폐색방식에는 통표폐색식과 통신식이 있다

해설 차량규칙 제72조(시계운전에 의한 열차의 운전)

30. 철도차량운전규칙에서 시계운전에 의한 열차운전방법에 관한 설명으로 잘못된 것은?

① 전방 가시거리 범위에서 열차를 정지시킬 수 있는 속도 이하로 운전하여야 한다
② 시계운전에 의한 방법은 신호기 또는 통신장치의 고장 등으로 폐색방식 외의 방법으로 열차를 운전할 필요가 있는 경우에 한하여 시행하여야 한다
③ 열차를 폐색구간에 진입시키고자할 때 상용폐색방식에 의할 수 없을 때는 시계운전에 의하여야 한다
④ 동일방향으로 운전하는 열차는 선행열차와 충분한 간격을 두고 운전하여야 한다

해설 차량규칙 제70조(시계운전에 의한 방법) ① 시계운전에 의한 방법은 신호기 또는 통신장치의 고장 등으로 제50조제1호 및 제2호 외의 방법으로 열차를 운전할 필요가 있는 경우에 한하여 시행하여야 한다.
   ② 철도차량의 운전속도는 전방 가시거리 범위 내에서 열차를 정지시킬 수 있는 속도 이하로 운전하여야 한다.
   ③ 동일 방향으로 운전하는 열차는 선행 열차와 충분한 간격을 두고 운전하여야 한다.
   제71조(단선구간에서의 시계운전) 단선구간에서는 하나의 방향으로 열차를 운전하는 때에 반대방향의 열차를 운전시키지 아니하는 등 사고예방을 위한 안전조치를 하여야 한다.

31. 철도차량운전규칙에서 상용폐색방식 및 대용폐색방식으로 운전을 할 수 없을 때 폐색구간의 한 끝에 있는 정거장 또는 신호소의 운전취급담당자가 적임자를 파견하여 상대정거장 또는 신호소 운전취급담당자와 협의한 후 시행하는 폐색방식은?

① 지도격시법   ② 지도식   ③ 격시법   ④ 전령법

해설 차량규칙 제73조(격시법 또는 지도격시법의 시행) ① 격시법 또는 지도격시법을 시행하는 경우에는 최초의 열차를 운전시키기 전에 폐색구간에 열차 또는 차량이 없음을 확인하여야 한다.
   ② 격시법은 폐색구간의 한끝에 있는 정거장 또는 신호소의 운전취급담당자가 시행한다.
   ③ 지도격시법은 폐색구간의 한끝에 있는 정거장 또는 신호소의 운전취급담당자가 적임자를 파견하여 상대의 정거장 또는 신호소 운전취급담당자와 협의한 후 시행해야 한다. 다만, 지도통신식을 시행 중인 구간에서 통신두절이 된 경우 지도표를 가지고 있는 정거장 또는 신호소에서 출발하는 최초의 열차에 대해서는 적임자를 파견하지 않고 시행할 수 있다.

32. 철도차량운전규칙에서 시계운전에 의한 방법 중 상대의 정거장 또는 신호소 운전취급담당자와 협의 없이 시행하는 방식은?

① 지도격시법   ② 지도식   ③ 격시법   ④ 전령법

해설 차량규칙 제73조(격시법 또는 지도격시법의 시행)

33. 철도차량운전규칙에서 전령법에 관한 설명으로 틀린 것은?

① 전령자는 1폐색구간 1인에 한한다

② 전령법은 그 폐색구간 한끝에 있는 정거장 또는 신호소의 운전취급담당자가 시행하여야 한다

③ 전화불통으로 협의를 할 수 없는 경우 그 폐색구간 양끝에 있는 정거장 또는 신호소의 운전취급담당자와 협의하지 않고 시행할 수 있다

④ 열차 또는 차량이 정차되어 있는 폐색구간에 다른 열차를 진입시킬 때에는 전령법에 의하여 운전하여야 한다

⑤ 전령법을 시행하는 구간에서는 당해구간의 전령자가 동승하지 아니하고는 열차를 운전할 수 없다

⑥ 전령법을 시행하는 구간에는 전령자를 선정하여야 하며, 전령자는 1폐색구간 1인에 한한다

> **해설** 차량규칙 제74조(전령법의 시행) ① 열차 또는 차량이 정차되어 있는 폐색구간에 다른 열차를 진입시킬 때에는 전령법에 의하여 운전하여야 한다.
> ② 전령법은 그 폐색구간 양끝에 있는 정거장 또는 신호소의 운전취급담당자가 협의하여 이를 시행해야 한다. 다만, 다음 각 호의 어느 하나에 해당하는 경우에는 협의하지 않고 시행할 수 있다.
> 　1. 선로고장 등으로 지도식을 시행하는 폐색구간에 전령법을 시행하는 경우
> 　2. 제1호 외의 경우로서 전화불통으로 협의를 할 수 없는 경우
> ③ 제2항제2호에 해당하는 경우에는 당해 열차 또는 차량이 정차되어 있는 곳을 넘어서 열차 또는 차량을 운전할 수 없다.
> 제75조(전령자) ① 전령법을 시행하는 구간에는 전령자를 선정하여야 한다.
> ② 제1항의 규정에 의한 전령자는 1폐색구간 1인에 한한다.
> ③ 〈삭제〉
> ④ 전령법을 시행하는 구간에서는 당해구간의 전령자가 동승하지 아니하고는 열차를 운전할 수 없다.

34. 철도차량운전규칙에서 철도신호의 구분에 포함되지 않는 것은?

① 신호　　② 표지　　③ 표시기　　④ 전호

> **해설** 차량규칙 제76조(철도신호) 철도의 신호는 다음 각 호와 같이 구분하여 시행한다.
> 　1. 신호는 모양·색 또는 소리 등으로 열차나 차량에 대하여 운행의 조건을 지시하는 것으로 할 것
> 　2. 전호는 모양·색 또는 소리 등으로 관계직원 상호간에 의사를 표시하는 것으로 할 것
> 　3. 표지는 모양 또는 색 등으로 물체의 위치·방향·조건 등을 표시하는 것으로 할 것

35. 철도차량운전규칙에서 철도신호 중에 모양·색 또는 소리 등으로 관계직원 상호간에 의사를 표시하는 것은?

① 신호　　② 표지　　③ 표시기　　④ 전호

> **해설** 차량규칙 제76조(철도신호)

36. 철도차량운전규칙에서 철도신호 중에 모양·색으로만 표시하는 것은?

① 신호　　② 표지　　③ 표시기　　④ 전호

> **해설** 차량규칙 제76조(철도신호)

정답 | 33. | ② | 34. | ③ | 35. | ④ | 36. | ②

37. 철도차량운전규칙에서 신호에 관한 설명으로 틀린 것은?

① 지하구간 및 선상역사 구내에서의 신호·전호·표지는 야간 방식으로 한다

② 신호·전호·표지는 일몰 후부터 다음 날 일출 전까지는 야간 방식으로 한다

③ 신호·전호·표지는 일출 후부터 일몰 전까지는 주간 방식으로 한다

④ 일출 후부터 일몰 전까지의 경우에도 주간 방식에 따른 신호·전호 또는 표지를 확인하기 곤란한 경우에는 야간 방식에 따른다

해설 차량규칙 제77조(주간 또는 야간의 신호 등) 주간과 야간의 현시방식을 달리하는 신호·전호 및 표지의 경우 일출 후부터 일몰 전까지는 주간 방식으로, 일몰 후부터 다음 날 일출 전까지는 야간 방식으로 한다. 다만, 일출 후부터 일몰 전까지의 경우에도 주간 방식에 따른 신호·전호 또는 표지를 확인하기 곤란한 경우에는 야간 방식에 따른다.
제78조(지하구간 및 터널 안의 신호) 지하구간 및 터널 안의 신호·전호 및 표지는 야간의 방식에 의하여야 한다. 다만, 길이가 짧아 빛이 통하는 지하구간 또는 조명시설이 설치된 터널 안 또는 지하 정거장 구내의 경우에는 그러하지 아니하다.

38. 철도차량운전규칙에서 신호·전호·표지를 야간의 방식으로 사용하는 경우는?

① 지하구간　　　　　　　② 길이가 짧아 빛이 통하는 지하구간

③ 조명시설이 설치된 터널 안　　④ 지하 정거장 구내

해설 차량규칙 제78조(지하구간 및 터널 안의 신호)

39. 철도차량운전규칙에서 다음 (　　)에 적합한 것은?

> 신호를 현시할 소정의 장소에 신호의 현시가 없거나 그 현시가 정확하지 아니할 때에는 (　　)의 현시가 있는 것으로 본다

① 감속신호　　② 주의신호　　③ 경계신호　　④ 정지신호

해설 차량규칙 제79조(제한신호의 추정) ① 신호를 현시할 소정의 장소에 신호의 현시가 없거나 그 현시가 정확하지 아니할 때에는 정지신호의 현시가 있는 것으로 본다.

40. 철도차량운전규칙에서 철도신호에 대한 설명으로 틀린 것은?

① 상치신호기와 수신호가 각각 다른 신호를 현시할 때에는 그 운전을 최대한 제한하는 신호의 현시에 의하여야 한다

② 진로표시기를 부설한 신호기는 하나의 신호에 하나의 선로에서 하나의 목적으로 사용하지 않을 수 있다

③ 임시신호기와 수신호가 각각 다른 신호를 현시한 때에 사전에 통보가 있을 경우에는 그 운전을 최대한 제한하는 신호의 현시에 의하여야 한다

④ 하나의 신호는 하나의 선로에서 하나의 목적으로 사용되어야 한다

해설 차량규칙 제79조(제한신호의 추정) ② 상치신호기 또는 임시신호기와 수신호가 각각 다른 신호를 현시한 때에는 그 운전을 최대로 제한하는 신호의 현시에 의하여야 한다. 다만, 사전에 통보가 있을 때에는 통보된 신호에 의한다.
제80조(신호의 겸용금지) 하나의 신호는 하나의 선로에서 하나의 목적으로 사용되어야 한다. 다만, 진로표시기를 부설한 신호기는 그러하지 아니하다.

41. 철도차량운전규칙에서 일정한 장소에서 색등 또는 등열에 의하여 열차 또는 차량의 운전조건을 지시하는 신호기로 맞는 것은?

① 상치신호기   ② 상설신호기   ③ 고정신호기   ④ 임시신호기

해설 차량규칙 제81조(상치신호기) 상치신호기는 일정한 장소에서 색등(色燈) 또는 등열(燈列)에 의하여 열차 또는 차량의 운전조건을 지시하는 신호기를 말한다.

42. 철도차량운전규칙에서 상치신호기 중에서 주신호기가 아닌 것은?

① 장내신호기   ② 폐색신호기   ③ 원방신호기   ④ 입환신호기

해설 차량규칙 제82조(상치신호기의 종류) 상치신호기의 종류와 용도는 다음 각 호와 같다.
    1. 주신호기
      가. 장내신호기 : 정거장에 진입하려는 열차에 대하여 신호를 현시하는 것
      나. 출발신호기 : 정거장을 진출하려는 열차에 대하여 신호를 현시하는 것
      다. 폐색신호기 : 폐색구간에 진입하려는 열차에 대하여 신호를 현시하는 것
      라. 엄호신호기 : 특히 방호를 요하는 지점을 통과하려는 열차에 대하여 신호를 현시하는 것
      마. 유도신호기 : 장내신호기에 정지신호의 현시가 있는 경우 유도를 받을 열차에 대하여 신호를 현시하는 것
      바. 입환신호기 : 입환차량 또는 차내신호폐색식을 시행하는 구간의 열차에 대하여 신호를 현시하는 것

43. 철도차량운전규칙에서 상치신호기 중에서 종속신호기가 아닌 것은?

① 중계신호기   ② 진로예고기   ③ 원방신호기   ④ 통과신호기

해설 차량규칙 제82조(상치신호기의 종류) 상치신호기의 종류와 용도는 다음 각 호와 같다.
    2. 종속신호기
      가. 원방신호기 : 장내신호기·출발신호기·폐색신호기 및 엄호신호기에 종속하여 열차에 주 신호기가 현시하는 신호의 예고신호를 현시하는 것
      나. 통과신호기 : 출발신호기에 종속하여 정거장에 진입하는 열차에 신호기가 현시하는 신호를 예고하며, 정거장을 통과할 수 있는지에 대한 신호를 현시하는 것
      다. 중계신호기 : 장내신호기·출발신호기·폐색신호기 및 엄호신호기에 종속하여 열차에 주 신호기가 현시하는 신호의 중계신호를 현시하는 것

44. 철도차량운전규칙에서 상치신호기 중에서 신호부속기가 아닌 것은?

① 유도신호기   ② 진로표시기   ③ 진로예고기   ④ 진로개통표시기

해설 차량규칙 제82조(상치신호기의 종류) 상치신호기의 종류와 용도는 다음 각 호와 같다.
    3. 신호부속기
      가. 진로표시기 : 장내신호기·출발신호기·진로개통표시기 및 입환신호기에 부속하여 열차 또는 차량에 대하여 그 진로를 표시하는 것
      나. 진로예고기 : 장내신호기·출발신호기에 종속하여 다음 장내신호기 또는 출발신호기에 현시하는 진로를 열차에 대하여 예고하는 것
      다. 진로개통표시기 : 차내신호를 사용하는 열차가 운행하는 본선의 분기부에 설치하여 진로의 개통상태를 표시하는 것

45. 철도차량운전규칙에서 상치신호기의 종류가 아닌 것은?

① 차내신호   ② 신호부속기   ③ 종속신호기   ④ 서행발리스(Balise)

해설 차량규칙 제82조(상치신호기의 종류) 상치신호기의 종류와 용도는 다음 각 호와 같다.
    1. 주신호기   2. 종속신호기   3. 신호부속기   4. 차내신호

정답 | 41. | ① | 42. | ③ | 43. | ② | 44. | ① | 45. | ④

46. 철도차량운전규칙에서 신호에 관한 설명으로 틀린 것은?

① 차내신호는 동력차 내에 설치하여 신호를 현시하는 것이다

② 중계신호기의 진행중계의 현시방식은 백색등열(3등) 수평이다

③ 상치신호기는 일정한 장소에서 색등에 의하여 열차의 운전조건을 지시한다

④ 진로개통표시기는 차내신호를 사용하는 열차가 운행하는 본선의 분기부에 설치하여 진로의 개통상태를 표시하는 것이다

해설 차량규칙 제81조(상치신호기) 상치신호기는 일정한 장소에서 색등(色燈) 또는 등열(燈列)에 의하여 열차 또는 차량의 운전조건을 지시하는 신호기를 말한다.

제82조(상치신호기의 종류)

　4. 차내신호 : 동력차 내에 설치하여 신호를 현시하는 것

제84조(신호현시방식) 상치신호기의 현시방식은 다음 각 호와 같다.

　5. 중계신호기

종류		등열식	색등식
주신호기가 정지신호를 할 경우	정지중계	백색등열(3등) 수평	적색등
주신호기가 진행을 지시하는 신호를 할 경우	제한중계	백색등열(3등) 좌하향 45도	주신호기가 진행을 지시하는 색등
	진행중계	백색등열(3등) 수직	

47. 철도차량운전규칙에서 상치신호기의 용도에 대한 설명으로 틀린 것은?

① 장내신호기 : 정거장에 진입하려는 열차에 대하여 신호를 현시하는 것

② 진로표시기 : 장내신호기·출발신호기·폐색신호기 및 입환신호기에 부속하여 열차 또는 차량에 대하여 그 진로를 표시하는 것

③ 원방신호기 : 장내신호기·출발신호기·폐색신호기 및 엄호신호기에 종속하여 열차에 주 신호기가 현시하는 신호의 예고신호를 현시하는 것

④ 입환신호기 : 입환차량 또는 차내신호폐색식을 시행하는 구간의 열차에 대하여 신호를 현시하는 것

해설 차량규칙 제82조(상치신호기의 종류)

48. 철도차량운전규칙에서 상치신호기의 용도에 대한 설명으로 틀린 것은?

① 출발신호기 : 정거장을 진출하려는 열차에 대하여 신호를 현시하는 것

② 통과신호기 : 출발신호기에 종속하여 정거장에 진입하는 열차에 신호기가 현시하는 신호를 예고하며, 정거장을 통과할 수 있는지의 여부에 대한 신호를 현시하는 것

③ 진로예고기 : 장내신호기·출발신호기·진로개통표시기에 종속하여 다음 장내신호기 또는 출발신호기에 현시하는 진로를 열차에 대하여 예고하는 것

④ 유도신호기 : 장내신호기에 정지신호의 현시가 있는 경우 유도를 받을 열차에 대하여 신호를 현시하는 것

해설 차량규칙 제82조(상치신호기의 종류)

49. 철도차량운전규칙에서 상치신호기의 용도에 대한 설명으로 틀린 것은?

① 폐색신호기 : 폐색구간에 진입하려는 열차에 대하여 신호를 현시하는 것

② 방호신호기 : 장내신호기·출발신호기를 사용하는 본 선로의 분기부에 설치하여 진로의 개통상태를 표시하는 것

③ 중계신호기 : 장내신호기·출발신호기·폐색신호기 및 엄호신호기에 종속하여 열차에 주 신호기가 현시하는 신호의 중계신호를 현시하는 것

④ 진로개통표시기 : 차내신호를 사용하는 열차가 운행하는 본선의 분기부에 설치하여 진로의 개통상태를 표시하는 것

해설 차량규칙 제82조(상치신호기의 종류)

50. 철도차량운전규칙에서 차내신호의 종류 및 제한속도에 관한 설명으로 틀린 것은?

① 15신호 : 정지신호에 의하여 정지한 열차에 대한 신호로서 15km/h 이하의 속도로 운전하게 하는 것

② 정지신호 : 열차운행에 지장이 있는 구간으로 운행하는 열차에 대하여 정지하도록 하는 것

③ 야드신호 : 입환차량에 대한 신호로서 15km/h 이하의 속도로 운전하게 하는 것

④ 진행신호 : 열차를 지정된 속도 이하로 운전하게 하는 것

해설 차량규칙 제83조(차내신호) 차내신호의 종류 및 그 제한속도는 다음 각 호와 같다.

　1. 정지신호 : 열차운행에 지장이 있는 구간으로 운행하는 열차에 대하여 정지하도록 하는 것

　2. 15신호 : 정지신호에 의하여 정지한 열차에 대한 신호로서 1시간에 15킬로미터 이하의 속도로 운전하게 하는 것

　3. 야드신호 : 입환차량에 대한 신호로서 1시간에 25킬로미터 이하의 속도로 운전하게 하는 것

　4. 진행신호 : 열차를 지정된 속도 이하로 운전하게 하는 것

51. 철도차량운전규칙에서 상치신호기의 현시방식이 같지 않은 신호기는?

① 장내신호기　　② 입환신호기　　③ 폐색신호기　　④ 엄호신호기

해설 차량규칙 제84조(신호현시방식) 상치신호기의 현시방식은 다음 각 호와 같다.

　1. 장내신호기·출발신호기·폐색신호기 및 엄호신호기

종류	신호현시방식					
	5현시	4현시	3현시	2현시		
	색등식	색등식	색등식	색등식	완목식	
					주간	야간
정지신호	적색등	적색등	적색등	적색등	완·수평	적색등
경계신호	상위 : 등황색등 하위 : 등황색등					
주의신호	등황색등	등황색등	등황색등			
감속신호	상위 : 등황색등 하위 : 녹색등	상위 : 등황색등 하위 : 녹색등				
진행신호	녹색등	녹색등	녹색등	녹색등	완·좌하향 45도	녹색등

52. 철도차량운전규칙에서 상치신호기의 현시방식에 관한 설명으로 틀린 것은?

① 출발신호기의 정지신호는 적색등이다
② 차내신호기의 진행신호는 적색원형등(해당신호등) 점등이다
③ 입환신호기의 등열식 진행신호 현시방식은 백색등열 우하향 45도이다
④ 원방신호기는 주신호기가 정지신호일 경우 색등식의 신호현시는 등황색등이다

해설 차량규칙 제84조(신호현시방식) 상치신호기의 현시방식은 다음 각 호와 같다.
1. 장내신호기 · 출발신호기 · 폐색신호기 및 엄호신호기
2. 유도신호기(등열식) : 백색등열 좌 · 하향 45도
3. 입환신호기

종류	신호현시방식		
	등열식	색등식	
		차내신호폐색구간	그 밖의 구간
정지신호	백색등열 수평 무유도등 소등	적색등	적색등
진행신호	백색등열 좌하향 45도 무유도등 점등	등황색등	청색등 무유도등 점등

4. 원방신호기(통과신호기를 포함한다)

종류		신호현시방식		
		색등식	완목식	
			주간	야간
주신호기가 정지신호를 할 경우	주의신호	등황색등	완 · 수평	등황색등
주신호기가 진행을 지시하는 신호를 할 경우	진행신로	녹색등	완 · 좌하향 45도	녹색등

5. 중계신호기

종류		등열식		색등식
주신호기가 정지신호를 할 경우	정지중계	백색등열(3등) 수평		적색등
주신호기가 진행을 지시하는 신호를 할 경우	제한중계	백색등열(3등) 좌하향 45도		주신호가 진행을 지시하는 색등
	진행중계	백색등열(3등) 수직		

6. 차내신호기

종류	신호현시방식
정지신호	적색사각형등 점등
15 신호	적색원형등 점등("15"지시)
야드신호	노란색 직사각형등과 적색원형등(25등신호) 점등
진행신호	적색원형등(해당신호등) 점등

53. 철도차량운전규칙에서 엄호신호기의 4현시 신호현식방식이 아닌 것은?

① 정지 : 적색등
② 주의 : 등황색등
③ 진행 : 녹색등
④ 경계 : 상위 – 등황색등, 하위 – 등황색등

해설 차량규칙 제84조(신호현시방식) 1호 : 철도차량운전규칙에는 4현시 방식에서 경계신호가 없음

54. 철도차량운전규칙에서 상치신호기의 신호현시방식이 청색등으로 현시되는 신호는?

① 중계신호기의 등열식 제한중계
② 차내신호기의 차내진행신호
③ 원방신호기의 주신호기가 진행을 지시하는 신호의 완목식 야간신호
④ 입환신호기의 차내신호폐색구간 이외의 구간에서 진행신호(무유도등 점등)

해설 차량규칙 제84조(신호현시방식)

55. 철도차량운전규칙에서 상치신호기의 신호현시방식이 등황색등으로 현시되는 신호가 아닌 것은?

① 원방신호기의 완목식 야간신호로 주신호기가 주의신호일 경우
② 입환신호기의 색등식 차내신호폐색구간에서 진행신호일 경우
③ 폐색신호기의 3현시 구간의 주의신호
④ 원방신호기의 색등식 신호로 주신호기가 정지신호일 경우

해설 차량규칙 제84조(신호현시방식)

56. 철도차량운전규칙에서 상치신호기의 현시방식중 적색신호가 없는 신호기는?

① 폐색신호기   ② 입환신호기   ③ 원방신호기   ④ 차내신호기

해설 차량규칙 제84조(신호현시방식)

57. 철도차량운전규칙에서 상치신호기중 출발신호기의 4현시의 종류가 아닌 것은?

① 정지신호   ② 경계신호   ③ 감속신호   ④ 주의신호

해설 차량규칙 제84조(신호현시방식) 철도차량운전규칙에는 4현시 방식에서 경계신호가 없음

58. 철도차량운전규칙에서 장내·출발신호기의 5현시 신호현시방식에서 감속신호에 해당하는 것은?

① 상위 : 청색등,   하위 : 등황색등   ② 상위 : 청색등,   하위 : 녹색등
③ 상위 : 등황색등,   하위 : 녹색등   ④ 상위 : 등황색등, 하위 : 등황색등

해설 차량규칙 제84조(신호현시방식)

59. 철도차량운전규칙에서 유도신호기(등열식)의 신호현시방식은?

① 백색등열 좌·하향 45도   ② 등황색등열 좌·하향 15도
③ 백색등열 우·하향 45도   ④ 등황색등열 우·하향 15도

해설 차량규칙 제84조(신호현시방식) 상치신호기의 현시방식은 다음 각 호와 같다.
　2. 유도신호기(등열식) : 백색등열 좌·하향 45도

60. 철도차량운전규칙에서 상치신호기의 현시방식에 대한 설명 중 틀린 것은?

① 엄호신호기 5현시 색등식 감속신호는 상위 등황색등, 하위 녹색등이 현시된다
② 폐색신호기 5현시 색등식 주의신호는 등황색등이 현시된다
③ 차내신호기 야드신호 현시는 노란색 직사각형등과 적색원형등(25등 신호)이 점등된다
④ 원방신호기 완목식 주간에 주신호기가 정지신호일 경우 등황색등이다

정답 | **54.** | ④ | **55.** | ① | **56.** | ③ | **57.** | ② | **58.** | ③ | **59.** | ① | **60.** | ④

해설 차량규칙 제84조(신호현시방식)

61. 철도차량운전규칙에서 상치신호기의 기본원칙 설명 중 틀린 것은?

① 자동폐색신호기 : 정지신호　　② 유도신호기 : 신호를 현시하지 않음
③ 엄호신호기 : 정지신호　　④ 원방신호기 : 주의신호

해설 차량규칙 제85조(신호현시의 기본원칙) ① 별도의 작동이 없는 상태에서의 상치신호기의 기본원칙은 다음 각
　　호와 같다.
　　　　1. 장내신호기 : 정지신호　　　　　　　　　2. 출발신호기 : 정지신호
　　　　3. 폐색신호기(자동폐색신호기를 제외한다) : 정지신호　　4. 엄호신호기 : 정지신호
　　　　5. 유도신호기 : 신호를 현시하지 아니한다.　　6. 입환신호기 : 정지신호
　　　　7. 원방신호기 : 주의신호
　　② 자동폐색신호기 및 반자동폐색신호기는 진행을 지시하는 신호를 현시함을 기본으로 한다. 다만, 단선구
　　　간의 경우에는 정지신호를 현시함을 기본으로 한다.
　　③ 차내신호는 진행신호를 현시함을 기본으로 한다.

62. 철도차량운전규칙에서 신호 현시의 기본원칙으로 틀린 것은?

① 복선구간의 반자동폐색신호기 : 진행을 지시하는 신호
② 단선구간의 반자동폐색신호기 : 진행을 지시하는 신호
③ 차내신호 : 진행신호
④ 복선구간의 자동폐색신호기 : 진행을 지시하는 신호

해설 차량규칙 제85조(신호현시의 기본원칙)

63. 철도차량운전규칙에서 신호에 관한 설명 중 틀린 것은?

① 기둥 하나에 같은 종류의 신호 2 이상을 현시할 때에는 맨 위에 있는 것을 맨 왼
　쪽의 선로에 대한 것으로 하고, 순차적으로 오른쪽의 선로에 대한 것으로 한다
② 상치신호기의 현시를 후면에서 식별할 필요가 있는 경우에는 배면광을 설비하여야
　한다
③ 열차가 상치신호기의 설치지점을 통과한 때에는 그 지점을 통과한 때마다 원방신
　호기는 주의신호를 현시하여야 한다
④ 열차가 상치신호기의 설치지점을 통과한 때에는 그 지점을 통과한 때마다 유도신
　호기는 정지신호를 현시하여야 한다

해설 차량규칙 제86조(배면광 설비) 상치신호기의 현시를 후면에서 식별할 필요가 있는 경우에는 배면광(背面光)
　　을 설비하여야 한다.
　　제87조(신호의 배열) 기둥 하나에 같은 종류의 신호 2 이상을 현시할 때에는 맨 위에 있는 것을 맨 왼쪽의 선
　　로에 대한 것으로 하고, 순차적으로 오른쪽의 선로에 대한 것으로 한다.
　　제89조(신호의 복위) 열차가 상치신호기의 설치지점을 통과한 때에는 그 지점을 통과한 때마다 유도신호기는
　　신호를 현시하지 아니하며 원방신호기는 주의신호를, 그 밖의 신호는 정지신호를 현시하여야 한다.

64. 철도차량운전규칙에서 원방신호기에 진행신호를 현시할 수 있는 경우는?

① 그 주된 신호기가 진행신호를 현시하기 전
② 3위식 신호기는 그 신호기의 배면쪽 제1의 신호기에 진행신호를 현시하기 전
③ 3위식 신호기는 그 신호기의 배면쪽 제1의 신호기에 주의신호를 현시한 후
④ 3위식 신호기는 그 신호기의 배면쪽 제1의 신호기에 주의신호를 현시하기 전

해설 차량규칙 제88조(신호현시의 순위) 원방신호기는 그 주된 신호기가 진행신호를 현시하거나, 3위식 신호기는 그 신호기의 배면쪽 제1의 신호기에 주의 또는 진행신호를 현시하기 전에 이에 앞서 진행신호를 현시할 수 없다.

65. 철도차량운전규칙에서 선로의 상태가 일시 정상운전을 할 수 없는 상태인 경우에는 그 구역의 바깥쪽에 설치하는 신호기는?

① 서행신호기　　② 임시신호기　　③ 상설신호기　　④ 상치신호기

해설 차량규칙 제90조(임시신호기) 선로의 상태가 일시 정상운전을 할 수 없는 상태인 경우에는 그 구역의 바깥쪽에 임시신호기를 설치하여야 한다.

66. 철도차량운전규칙에서 임시신호기의 종류가 아닌 것은?

① 서행신호기　　② 서행발리스(Balise)　　③ 서행예고신호기　　④ 서행완료신호기

해설 차량규칙 제91조(임시신호기의 종류) 임시신호기의 종류와 용도는 다음 각 호와 같다.
1. 서행신호기 : 서행운전할 필요가 있는 구간에 진입하려는 열차 또는 차량에 대하여 당해구간을 서행할 것을 지시하는 것
2. 서행예고신호기 : 서행신호기를 향하여 진행하려는 열차에 대하여 그 전방에 서행신호의 현시 있음을 예고하는 것
3. 서행해제신호기 : 서행구역을 진출하려는 열차에 대하여 서행을 해제할 것을 지시하는 것
4. 서행발리스(Balise) : 서행운전할 필요가 있는 구간의 전방에 설치하는 송ㆍ수신용 안테나로 지상 정보를 열차로 보내 자동으로 열차의 감속을 유도하는 것

67. 서행운전할 필요가 있는 구간의 전방에 설치하는 송ㆍ수신용 안테나로 지상 정보를 열차로 보내 자동으로 열차의 감속을 유도하는 임시신호기는?

① 서행신호기　　② 서행해제신호기　　③ 서행예고신호기　　④ 서행발리스(Balise)

해설 차량규칙 제91조(임시신호기의 종류)

68. 철도차량운전규칙에서 임시신호기의 신호현시방식에 관한 설명으로 틀린 것은?

① 서행신호기 및 서행예고신호기에는 서행속도를 표시하여야 한다
② 임시신호기 서행신호의 야간방식은 흑색삼각형 3개를 그린 백색등으로 나타낸다
③ 서행해제신호기에는 서행속도를 표시하지 않는다
④ 서행구역을 진출하려는 열차에 대하여 서행을 해제할 것을 지시하는 임시신호기는 서행해제신호기이다

해설 차량규칙 제92조(신호현시방식) ① 임시신호기의 신호현시방식은 다음과 같다.

종류	신호현시방식	
	주간	야간
서행신호	백색테두리를 한 등황색 원판	등황색등 또는 반사재
서행예고신호	흑색삼각형 3개를 그린 백색삼각형	흑색삼각형 3개를 그린 백색등 또는 반사재
서행해제신호	백색테두리를 한 녹색원판	녹색등 또는 반사재

② 서행신호기 및 서행예고신호기에는 서행속도를 표시하여야 한다.

69. 철도차량운전규칙에서 임시신호기의 신호현시방식에 대한 설명 중 틀린 것은?

① 서행신호의 주간 신호현시방식은 백색테두리를 한 등황색 원판 또는 반사재이다
② 서행예고신호의 야간 신호현시방식은 흑색삼각형 3개를 그린 백색삼각형 또는 반사재이다
③ 서행해제신호의 주간 신호현시방식은 백색테두리를 한 녹색원판 또는 반사재이다
④ 서행신호의 야간 신호현시방식은 등황색등 또는 반사재이다

정답 | 65. | ② | 66. | ④ | 67. | ④ | 68. | ② | 69. | ②

차량규칙 제92조(신호현시방식)

70. 철도차량운전규칙에서 수신호의 현시방법으로 틀린 것은?

① 서행신호(야간) : 깜박이는 녹색등　　　② 진행신호(야간) : 녹색등

③ 정지신호(야간) : 적색등　　　　　　　④ 진행신호(주간) : 녹색등

차량규칙 제93조(수신호의 현시방법) 신호기를 설치하지 아니하거나 이를 사용하지 못하는 경우에 사용하는 수신호는 다음 각 호와 같이 현시한다.

　1. 정지신호

　　가. 주간 : 적색기. 다만, 적색기가 없을 때에는 양팔을 높이 들거나 또는 녹색기외의 것을 급히 흔든다.

　　나. 야간 : 적색등. 다만, 적색등이 없을 때에는 녹색등 외의 것을 급히 흔든다.

　2. 서행신호

　　가. 주간 : 적색기와 녹색기를 모아쥐고 머리 위에 높이 교차한다.

　　나. 야간 : 깜박이는 녹색등

　3. 진행신호

　　가. 주간 : 녹색기. 다만, 녹색기가 없을 때는 한 팔을 높이 든다.

　　나. 야간 : 녹색등

71. 철도차량운전규칙에서 철도차량을 운전 중에 수신호를 발견하였을 때 조치사항이 아닌 것은?

① 양팔 높이 들고 있는 사람 발견시 – 정지

② 한 팔을 높이 들고 있는 사람을 발견시 – 진행

③ 깜빡이는 녹색등 발견시 – 서행

④ 적색기와 녹색기를 모아쥐고 머리위에 높이 교차시 – 진행

차량규칙 제93조(수신호의 현시방법)

72. 선로에서 정상적인 운행이 어려워 열차를 정지하거나 서행시켜야 하는 경우로서 임시신호기를 설치할 수 없는 경우의 조치사항으로 틀린 것은?

① 열차를 주의운전시켜야 하는 경우 : 철도사고등이 발생한 지점으로부터 200미터 이상의 앞 지점에서 적색기폭을 걷어잡고 상하로 흔들 것

② 열차를 정지시켜야 하는 경우 : 철도사고등이 발생한 지점으로부터 200미터 이상의 앞 지점에서 정지 수신호를 현시할 것

③ 열차의 무선전화로 열차를 정지하거나 서행시키는 조치를 한 경우에는 다른 조치를 생략할 수 있다

④ 열차를 서행시켜야 하는 경우 : 서행구역의 시작지점에서 서행수신호를 현시하고 서행구역이 끝나는 지점에서 진행수신호를 현시할 것

차량규칙 제94조(선로에서 정상 운행이 어려운 경우의 조치) 선로에서 정상적인 운행이 어려워 열차를 정지하거나 서행시켜야 하는 경우로서 임시신호기를 설치할 수 없는 경우에는 다음 각 호의 구분에 따른 조치를 해야 한다. 다만, 열차의 무선전화로 열차를 정지하거나 서행시키는 조치를 한 경우에는 다음 각 호의 구분에 따른 조치를 생략할 수 있다.

　1. 열차를 정지시켜야 하는 경우

　　철도사고등이 발생한 지점으로부터 200미터 이상의 앞 지점에서 정지 수신호를 현시할 것

　2. 열차를 서행시켜야 하는 경우

　　서행구역의 시작지점에서 서행수신호를 현시하고 서행구역이 끝나는 지점에서 진행수신호를 현시할 것

73. 철도차량운전규칙에서 전호에 관한 설명으로 틀린 것은?

① 열차 또는 차량에 전호를 하여야 할 경우 전호기가 설치되어 있지 아니하거나 고장이 난 경우에는 수전호 또는 무선전화기로 현시할 수 있다
② 열차를 출발시키고자 할 때에는 기적전호를 하여야한다
③ 열차 또는 차량에 대한 전호는 전호기로 현시하여야 한다
④ 기관사는 위험을 경고하는 경우 또는 비상사태가 발생한 경우에는 기적전호를 하여야 한다

해설 차량규칙 제98조(전호현시) 열차 또는 차량에 대한 전호는 전호기로 현시하여야 한다. 다만, 전호기가 설치되어 있지 아니하거나 고장이 난 경우에는 수전호 또는 무선전화기로 현시할 수 있다.
제99조(출발전호) 열차를 출발시키고자 할 때에는 출발전호를 하여야 한다.
제100조(기적전호) 다음 각 호의 어느 하나에 해당하는 경우에는 기관사는 기적전호를 하여야 한다.
1. 위험을 경고하는 경우
2. 비상사태가 발생한 경우

74. 철도차량운전규칙에서 입환전호방법이 아닌 것은?

① 서행전호   ② 오너라전호   ③ 가거라전호   ④ 정지신호

해설 차량규칙 제101조(입환전호 방법) ① 입환작업자(기관사를 포함한다)는 서로 맨눈으로 확인할 수 있도록 다음 각 호의 방법으로 입환전호해야 한다.
1. 오너라전호
   가. 주간 : 녹색기를 좌우로 흔든다. 다만, 부득이한 경우에는 한 팔을 좌우로 움직임으로써 이를 대신할 수 있다.
   나. 야간 : 녹색등을 좌우로 흔든다.
2. 가거라전호
   가. 주간 : 녹색기를 위·아래로 흔든다. 다만, 부득이 한 경우에는 한 팔을 위·아래로 움직임으로써 이를 대신할 수 있다.
   나. 야간 : 녹색등을 위·아래로 흔든다.
3. 정지전호
   가. 주간 : 적색기. 다만, 부득이한 경우에는 두 팔을 높이 들어 이를 대신할 수 있다.
   나. 야간 : 적색등

75. 철도차량운전규칙에서 입환전호방법으로 틀린 것은?

① 정지전호(주간) : 부득이한 경우에는 두 팔을 높이 들어 이를 대신할 수 있다
② 가거라전호(주간) : 부득이 한 경우에는 한 팔을 위·아래로 움직임으로써 이를 대신할 수 있다
③ 오너라전호(주간) : 부득이한 경우에는 한 팔을 상하로 움직임으로써 이를 대신할 수 있다
④ 가거라전호(야간) : 녹색등을 위·아래로 흔든다

해설 차량규칙 제101조(입환전호 방법)

76. 철도차량운전규칙에서 무선전화를 사용하여 입환전호를 할 수 있는 경우가 아닌 것은?

① 1인이 승무하는 동력차로 입환하는 경우
② 지형 및 선로여건 등을 고려할 때 입환전호하는 작업자를 배치하기가 어려운 경우
③ 무인운전 또는 1인이 근무하는 역에서 입환하는 경우
④ 신호를 원격으로 제어하여 단순히 선로를 변경하기 위하여 입환하는 경우
⑤ 원격제어가 가능한 장치를 사용하여 입환하는 경우

해설 차량규칙 제101조(입환전호 방법) ② 제1항에도 불구하고 다음 각 호의 어느 하나에 해당하는 경우에는 무선전화를 사용하여 입환전호를 할 수 있다.
1. 무인역 또는 1인이 근무하는 역에서 입환하는 경우
2. 1인이 승무하는 동력차로 입환하는 경우
3. 신호를 원격으로 제어하여 단순히 선로를 변경하기 위하여 입환하는 경우
4. 지형 및 선로여건 등을 고려할 때 입환전호하는 작업자를 배치하기가 어려운 경우
5. 원격제어가 가능한 장치를 사용하여 입환하는 경우

77. 철도차량운전규칙에서 전호의 방식을 정하여 그 전호에 따라 작업(작업전호)을 하여야 하는 경우가 아닌 것은?

① 퇴행 또는 추진운전시 열차의 맨 뒤 차량에 승무한 직원이 철도차량운전자에 대하여 운전상 필요한 연락을 할 때
② 열차의 관통제동기의 시험을 할 때
③ 검사·수선연결 또는 해방을 하는 경우에 당해 차량의 이동을 금지시킬 때
④ 신호기 취급직원 또는 입환전호를 하는 직원과 관제업무 직원간에 선로전환기의 취급에 관한 연락을 할 때
⑤ 여객 또는 화물의 취급을 위하여 정지위치를 지시할 때

해설 차량규칙 제102조(작업전호) 다음 각 호의 어느 하나에 해당하는 때에는 전호의 방식을 정하여 그 전호에 따라 작업을 하여야 한다.
1. 여객 또는 화물의 취급을 위하여 정지위치를 지시할 때
2. 퇴행 또는 추진운전시 열차의 맨 앞 차량에 승무한 직원이 철도차량운전자에 대하여 운전상 필요한 연락을 할 때
3. 검사·수선연결 또는 해방을 하는 경우에 당해 차량의 이동을 금지시킬 때
4. 신호기 취급직원 또는 입환전호를 하는 직원과 선로전환기취급 직원간에 선로전환기의 취급에 관한 연락을 할 때
5. 열차의 관통제동기의 시험을 할 때

78. 철도차량운전규칙에서 표지의 설명으로 틀린 것은?

① 열차의 안전운전을 위하여 안전표지를 설치하여야 한다
② 열차의 동력차는 표지를 게시하여야 한다
③ 차량의 안전운전을 위하여 안전표지를 설치하여야 한다
④ 입환 중인 동력차는 표지를 게시하지 않을 수 있다

해설 차량규칙 제7절 표지
제103조(열차의 표지) 열차 또는 입환 중인 동력차는 표지를 게시하여야 한다.
제104조(안전표지) 열차 또는 차량의 안전운전을 위하여 안전표지를 설치하여야 한다.

도시철도운전규칙

1장

총 칙

1 개 요

(1) 근거법 : 「도시철도법」 제18조

> 제18조(도시철도의 건설 및 운전) 도시철도의 건설 및 운전에 관한 사항은 국토교통부령으로 정한다.

(2) 제정목적

도시철도의 운전과 차량 및 시설의 유지·보전에 필요한 사항을 정하여 도시철도의 안전운전을 도모함을 목적으로 한다

(3) 적용범위

도시철도의 운전에 관하여 이 규칙에서 정하지 아니한 사항이나 도시교통권역별로 서로 다른 사항은 법령의 범위에서 도시철도운영자가 따로 정할 수 있다

2 용어의 정의

(1) 정거장

여객의 승차·하차, 열차의 편성, 차량의 입환(入換) 등을 위한 장소

(2) 선로

궤도 및 이를 지지하는 인공구조물을 말하며, 열차의 운전에 상용(常用)되는 본선(本線)과 그 외의 측선(側線)으로 구분

(3) 열차

본선에서 운전할 목적으로 편성되어 열차번호를 부여받은 차량

(4) 차량

선로에서 운전하는 열차 외의 전동차·궤도시험차·전기시험차 등

(5) 운전보안장치

열차 및 차량(열차등)의 안전운전을 확보하기 위한 장치로서 폐색장치, 신호장치, 연동장치, 선로전환장치, 경보장치, 열차자동정지장치, 열차자동제어장치, 열차자동운전장치, 열차종합제어장치 등

(6) 폐색 (閉塞)

선로의 일정구간에 둘 이상의 열차를 동시에 운전시키지 아니하는 것

(7) 전차선로

전차선 및 이를 지지하는 인공구조물

(8) 운전사고

열차등의 운전으로 인하여 사상자(死傷者)가 발생하거나 도시철도시설이 파손된 것

(9) 운전장애

열차등의 운전으로 인하여 그 열차등의 운전에 지장을 주는 것 중 운전사고에 해당하지 아니하는 것

(10) 노면전차

도로면의 궤도를 이용하여 운행되는 열차

(11) 무인운전

사람이 열차 안에서 직접 운전하지 아니하고 관제실에서의 원격조종에 따라 열차가 자동으로 운행되는 방식

(12) 시계운전 (視界運轉)

사람의 맨눈에 의존하여 운전하는 것

3 직원 교육

(1) 안전업무 직원의 적성검사 및 교육

① 도시철도운영자는 도시철도의 안전과 관련된 업무에 종사하는 직원에 대하여 적성검사와 정해진 교육을 하여 도시철도 운전 지식과 기능을 습득한 것을 확인한 후 그 업무에 종사하도록 하여야 한다

② 해당 업무와 관련이 있는 자격을 갖춘 사람에 대해서는 적성검사나 교육의 전부 또는 일부를 면제할 수 있다

(2) 직원의 국내외 연수

도시철도운영자는 소속직원의 자질 향상을 위하여 적절한 국내연수 또는 국외연수 교육을 실시할 수 있다

4 안전조치 및 유지·보수 장비의 정비

(1) 안전조치 및 안전점검

① 도시철도운영자는 열차등을 안전하게 운전할 수 있도록 필요한 조치를 하여야 한다

② 안전점검

도시철도운영자는 재해를 예방하고 안전성을 확보하기 위하여「시설물의 안전 및 유지관리에 관한 특별법」에 따라 도시철도시설의 안전점검 등 안전조치를 하여야 한다

(2) 응급복구용 기구 및 자재 등의 정비

① 도시철도운영자는 차량, 선로, 전력설비, 운전보안장치, 그 밖에 열차운전을 위한 시설에 재해·고장·운전사고 또는 운전장애가 발생할 경우에 대비하여 응급복구에 필요한 기구 및 자재를 항상 적당한 장소에 보관하고 정비하여야 한다

5 안전운전계획 및 시험운전

(1) 안전운전계획의 수립

도시철도운영자는 안전운전과 이용승객의 편의 증진을 위하여 장기·단기계획을 수립하여 시행하여야 한다

(2) 신설구간 등에서의 시험운전

① 시험운전 대상 및 기간

도시철도운영자는 선로·전차선로 또는 운전보안장치를 신설·이설 또는 개조한 경우 그 설치상태 또는 운전체계의 점검과 종사자의 업무 숙달을 위하여 정상운전을 하기 전에 60일 이상 시험운전을 하여야 한다

② 시험운전 기간 단축

이미 운영하고 있는 구간을 확장·이설 또는 개조한 경우에는 관계 전문가의 안전진단을 거쳐 시험운전 기간을 줄일 수 있다

2장 선로 및 설비의 보전

1 선 로

(1) 선로의 보전

선로는 열차등이 도시철도운영자가 정하는 속도(지정속도)로 안전하게 운전할 수 있는 상태로 보전(保全)하여야 한다

(2) 선로의 점검 · 정비

① 순회점검

선로는 매일 한 번 이상 순회점검 하여야 하며, 필요한 경우에는 정비하여야 한다

② 정기 안전점검

선로는 정기적으로 안전점검을 하여 안전운전에 지장이 없도록 유지 · 보수하여야 한다

(3) 공사 후의 선로 사용

① 사용전 검사 및 시험운전

선로를 신설 · 개조 또는 이설하거나 일시적으로 사용을 중지한 경우에는 이를 검사하고 시험운전을 하기 전에는 사용할 수 없다

② 단, 경미한 정도의 개조를 한 경우에는 그렇지 않다

2 전력설비

(1) 전력설비의 안전 운전상태 보전

전력설비는 열차등이 지정속도로 안전하게 운전할 수 있는 상태로 보전하여야 한다

(2) 전차선로의 매일 순회점검

전차선로는 매일 한 번 이상 순회점검을 하여야 한다

(3) 전력설비의 주기적 검사

전력설비의 각 부분은 도시철도운영자가 정하는 주기에 따라 검사를 하고 안전운전에 지장이 없도록 정비하여야 한다

(4) 공사 후의 전력설비 사용

① 사용전 검사 및 시험운전

전력설비를 신설·이설·개조 또는 수리하거나 일시적으로 사용을 중지한 경우에는 이를 검사하고 시험운전을 하기 전에는 사용할 수 없다

② 단, 경미한 정도의 개조 또는 수리를 한 경우에는 그렇지 않다

3 통신설비

(1) 통신설비의 보전

통신설비는 항상 통신할 수 있는 상태로 보전하여야 한다

(2) 통신설비의 검사 및 사용

① 통신설비의 주기적 검사

통신설비의 각 부분은 일정한 주기에 따라 검사를 하고 안전운전에 지장이 없도록 정비하여야 한다

② 통신설비 기능의 사전확인

신설·이설·개조 또는 수리한 통신설비는 검사하여 기능을 확인하기 전에는 사용할 수 없다

4 운전보안장치

(1) 운전보안장치의 보전

운전보안장치는 완전한 상태로 보전하여야 한다

(2) 운전보안장치의 검사 및 사용

① 운전보안장치의 주기적 검사

운전보안장치의 각 부분은 일정한 주기에 따라 검사를 하고 안전운전에 지장이 없도록 정비하여야 한다

② 운전보안장치 기능의 사전확인

신설·이설·개조 또는 수리한 운전보안장치는 검사하여 기능을 확인하기 전에는 사용할 수 없다

5 건축한계 안의 물품유치금지

(1) 물품유치 금지

① 차량 운전에 지장이 없도록 궤도상에 설정한 건축한계 안에는 열차등 외의 다른 물건을 둘 수 없다

② 단, 열차등을 운전하지 아니하는 시간에 작업을 하는 경우에는 그렇지 않다

(2) 선로 등 검사에 관한 기록 보존

선로·전력설비·통신설비 또는 운전보안장치의 검사를 하였을 때에는 검사자의 성명·검사상태 및 검사일시 등을 기록하여 일정 기간 보존하여야 한다

3장 열차등의 보전 및 운전

1 열차등의 보전

(1) 열차등의 보전

열차등은 안전하게 운전할 수 있는 상태로 보전하여야 한다

(2) 차량의 검사 및 시험운전

① 검사 및 시험운전 하기 전 사용금지

제작·개조·수선 또는 분해검사를 한 차량과 일시적으로 사용을 중지한 차량
은 검사하고 시험운전을 하기 전에는 사용할 수 없다

* 단, 경미한 정도의 개조 또는 수선을 한 경우에는 그렇지 않다

② 주기적 검사와 분해검사

차량의 각 부분은 일정한 기간 또는 주행거리를 기준으로 하여 그 상태와 작용
에 대한 검사와 분해검사를 하여야 한다

③ 전기장치의 시험

검사를 할 때 차량의 전기장치에 대해서는 절연저항시험 및 절연내력시험을
하여야 한다

(3) 편성차량의 검사

열차로 편성한 차량의 각 부분은 검사하여 안전운전에 지장이 없도록 하여야 한다

(4) 검사 및 시험의 기록 보존

차량의 검사 또는 시험을 하였을 때에는 검사 종류, 검사자의 성명, 검사 상태 및
검사일 등을 기록하여 일정기간 보존하여야 한다

2 운 전

(1) 열차의 편성

① 열차의 편성

열차는 차량의 특성 및 선로 구간의 시설 상태 등을 고려하여 안전운전에 지장이 없도록 편성하여야 한다

② 열차의 비상제동거리

열차의 비상제동거리는 600m 이하로 하여야 한다

③ 열차의 제동장치 구비

열차에 편성되는 각 차량에는 제동력이 균일하게 작용하고 분리 시에 자동으로 정차할 수 있는 제동장치를 구비하여야 한다

④ 열차 운행전 제동장치의 기능시험

열차를 편성하거나 편성을 변경할 때에는 운전하기 전에 제동장치의 기능을 시험하여야 한다

(2) 열차의 운전

① 열차등의 운전

㉮ 열차종류별 운전면허 소지

열차등의 운전은 열차등의 종류에 따라 「철도안전법」에 따른 운전면허를 소지한 사람이 하여야 한다

* 단, 무인운전의 경우에는 그렇지 않다

㉯ 차량의 정거장외 운전금지

차량은 열차에 함께 편성되기 전에는 정거장 외의 본선을 운전할 수 없다

* 단, 차량을 결합·해체하거나 차선을 바꾸는 경우 또는 그 밖에 특별한 사유가 있는 경우에는 그렇지 않다

② 무인운전 시의 안전 확보

도시철도운영자가 열차를 무인운전으로 운행하려는 경우의 준수사항

㉮ 관제실에서 열차의 운행상태를 실시간으로 감시 및 조치할 수 있을 것

㉯ 열차 내의 간이운전대에는 승객이 임의로 다룰 수 없도록 잠금장치가 설치되어 있을 것

㉰ 간이운전대의 개방이나 운전 모드(mode)의 변경은 관제실의 사전 승인을 받을 것

    ㉑ 운전 모드를 변경하여 수동운전을 하려는 경우에는 관제실과의 통신에 이상이 없음을 먼저 확인할 것

    ㉒ 승차·하차 시 승객의 안전 감시나 시스템 고장 등 긴급상황에 대한 신속한 대처를 위하여 필요한 경우에는 열차와 정거장 등에 안전요원을 배치하거나 안전요원이 순회하도록 할 것

    ㉓ 무인운전이 적용되는 구간과 무인운전이 적용되지 아니하는 구간의 경계 구역에서의 운전 모드 전환을 안전하게 하기 위한 규정을 마련해 놓을 것

    ㉔ 열차 운행 중 다음의 긴급상황이 발생하는 경우 승객의 안전을 확보하기 위한 조치 규정을 마련해 놓을 것

       ⓐ 열차에 고장이나 화재가 발생하는 경우

       ⓑ 선로 안에서 사람이나 장애물이 발견된 경우

       ⓒ 그 밖에 승객의 안전에 위험한 상황이 발생하는 경우

③ 열차의 운전위치

    ㉮ 열차는 맨 앞의 차량에서 운전하여야 한다

    ㉯ 단, 추진운전, 퇴행운전 또는 무인운전을 하는 경우에는 그렇지 않다

④ 열차의 운전 시각 준수

    ㉮ 열차는 도시철도운영자가 정하는 열차시간표에 따라 운전하여야 한다

    ㉯ 단, 운전사고, 운전장애 등 특별한 사유가 있는 경우에는 그렇지 않다

⑤ 운전 정리

    도시철도운영자는 운전사고, 운전장애 등으로 열차를 정상적으로 운전할 수 없을 때에는 열차의 종류, 도착지, 접속 등을 고려하여 열차가 정상운전이 되도록 운전 정리를 하여야 한다

⑥ 운전 진로

    ㉮ 우측 운전

       ⓐ 열차의 운전방향을 구별하여 운전하는 한 쌍의 선로에서 열차의 운전 진로는 우측으로 한다

       ⓑ 좌측으로 운전하는 기존의 선로에 직통으로 연결하여 운전하는 경우에는 좌측으로 할 수 있다

    ㉯ 운전 진로를 달리할 수 있는 경우

       ⓐ 선로 또는 열차에 고장이 발생하여 퇴행운전을 하는 경우

       ⓑ 구원열차나 공사열차를 운전하는 경우

       ⓒ 차량을 결합·해체하거나 차선을 바꾸는 경우

ⓓ 구내운전을 하는 경우

ⓔ 시험운전을 하는 경우

ⓕ 운전사고 등으로 인하여 일시적으로 단선운전을 하는 경우

ⓖ 그 밖에 특별한 사유가 있는 경우

⑦ 폐색구간

㉮ 본선은 폐색구간으로 분할하여야 한다

* 단, 정거장 안의 본선은 폐색구간으로 분할하지 않을 수 있다

㉯ 1폐색구간 1개열차 운전

ⓐ 원칙 : 폐색구간에서는 둘 이상의 열차를 동시에 운전할 수 없다

ⓑ 폐색구간에서 둘 이상의 열차를 동시에 운전할 수 있는 경우

㈀ 고장난 열차가 있는 폐색구간에서 구원열차를 운전하는 경우

㈁ 선로 불통으로 폐색구간에서 공사열차를 운전하는 경우

㈂ 다른 열차의 차선바꾸기 지시에 따라 차선을 바꾸기 위하여 운전하는 경우

㈃ 하나의 열차를 분할하여 운전하는 경우

⑧ 추진운전과 퇴행운전

㉮ 원칙 : 열차는 추진운전이나 퇴행운전을 하여서는 아니 된다

㉯ 추진운전 또는 퇴행운전을 할 수 있는 경우

ⓐ 선로나 열차에 고장이 발생한 경우

ⓑ 공사열차나 구원열차를 운전하는 경우

ⓒ 차량을 결합·해체하거나 차선을 바꾸는 경우

ⓓ 구내운전을 하는 경우

ⓔ 시설 또는 차량의 시험을 위하여 시험운전을 하는 경우

ⓕ 그 밖에 특별한 사유가 있는 경우

㉰ 노면전차의 퇴행운전

노면전차를 퇴행운전하는 경우에는 주변 차량 및 보행자들의 안전을 확보하기 위한 대책을 마련하여야 한다

⑨ 열차의 동시출발 및 도착의 금지

㉮ 둘 이상의 열차는 동시에 출발시키거나 도착시켜서는 아니 된다

㉯ 단, 열차의 안전운전에 지장이 없도록 신호 또는 제어설비 등을 완전하게 갖춘 경우에는 그렇지 않다

⑩ 정거장 외의 승차·하차금지

㉮ 정거장 외의 본선에서는 승객을 승차·하차시키기 위하여 열차를 정지시킬 수 없다

㉯ 단, 운전사고 등 특별한 사유가 있을 때에는 그렇지 않다

⑪ 선로의 차단

㉮ 도시철도운영자는 공사나 그 밖의 사유로 선로를 차단할 필요가 있을 때에는 미리 계획을 수립한 후 그 계획에 따라야 한다

㉯ 단, 긴급한 조치가 필요한 경우에는 운전업무를 총괄하는 사람(관제사)의 지시에 따라 선로를 차단할 수 있다

⑫ 열차등의 정지

㉮ 열차등은 정지신호가 있을 때에는 즉시 정지시켜야 한다

㉯ 정차한 열차등은 진행을 지시하는 신호가 있을 때까지는 진행할 수 없다 단, 특별한 사유가 있는 경우 관제사의 속도제한 및 안전조치에 따라 진행할 수 있다

⑬ 열차등의 서행

㉮ 열차등은 서행신호가 있을 때에는 지정속도 이하로 운전하여야 한다

㉯ 열차등이 서행해제신호가 있는 지점을 통과한 후에는 정상속도로 운전할 수 있다

⑭ 열차등의 진행

열차등은 진행을 지시하는 신호가 있을 때에는 지정속도로 그 표시지점을 지나 다음 신호기까지 진행할 수 있다

⑮ 시계운전하는 노면전차의 준수사항

㉮ 운전자의 가시거리 범위에서 신호 등 주변상황에 따라 열차를 정지시킬 수 있도록 적정 속도로 운전할 것

㉯ 앞서가는 열차와 안전거리를 충분히 유지할 것

㉰ 교차로에서 앞서가는 열차를 따라서 동시에 통과하지 않을 것

(3) 차량의 결합·해체

① 차량의 결합·해체 등

㉮ 차량을 결합·해체하거나 차량의 차선을 바꿀 때에는 신호에 따라 하여야 한다

㉯ 본선을 이용하여 차량을 결합·해체하거나 열차등의 차선을 바꾸는 경우에는 다른 열차등과의 충돌을 방지하기 위한 안전조치를 하여야 한다

② 차량의 결합·해체 등의 장소

⑦ 정거장이 아닌 곳에서 본선을 이용하여 차량을 결합·해체하거나 차선을 바꾸어서는 아니 된다

⑭ 단, 충돌방지 등 안전조치를 하였을 때에는 그렇지 않다

③ 선로전환기의 쇄정 및 정위치 유지

⑦ 본선의 선로전환기는 이와 관계있는 신호장치와 연동쇄정을 하여 사용하여야 한다

⑭ 선로전환기를 사용한 후에는 지체 없이 미리 정하여진 위치에 두어야 한다

⑮ 노면전차의 경우 도로에 설치하는 선로전환기는 보행자 안전을 위해 열차가 충분히 접근하였을 때에 작동하여야 하며, 운전자가 선로전환기의 개통 방향을 확인할 수 있어야 한다

(4) 운전속도

① 운전속도

⑦ 도시철도운영자는 ⓐ 열차등의 특성, ⓑ 선로 및 전차선로의 구조와 강도 등을 고려하여 열차의 운전속도를 정하여야 한다

⑭ 내리막이나 곡선선로에서는 제동거리 및 열차등의 안전도를 고려하여 그 속도를 제한하여야 한다

⑮ 노면전차의 경우 도로교통과 주행선로를 공유하는 구간에서는 「도로교통법」에 따른 최고속도를 초과하지 않도록 열차의 운전속도를 정하여야 한다

② 속도제한

도시철도운영자가 운전속도를 제한하여야 하는 경우

⑦ 서행신호를 하는 경우

⑭ 추진운전이나 퇴행운전을 하는 경우

⑮ 차량을 결합·해체하거나 차선을 바꾸는 경우

⑯ 쇄정(鎖錠)되지 아니한 선로전환기를 향하여 진행하는 경우

⑰ 대용폐색방식(지령식, 통신식, 지도통신식)으로 운전하는 경우

⑱ 자동폐색신호의 정지신호가 있는 지점을 지나서 진행하는 경우

⑲ 차내신호의 "0" 신호가 있은 후 진행하는 경우

⑳ 감속·주의·경계 등의 신호가 있는 지점을 지나서 진행하는 경우

㉑ 그 밖에 안전운전을 위하여 운전속도제한이 필요한 경우

③ 차량의 구름 방지
  ㉮ 차량을 선로에 두는 경우에는 저절로 구르지 않도록 필요한 조치를 하여야
     한다
  ㉯ 동력을 가진 차량을 선로에 두는 경우에는 그 동력으로 움직이는 것을 방
     지하기 위한 조치를 마련하여야 하며, 동력을 가진 동안에는 차량의 움직임
     을 감시하여야 한다

4장   폐색방식

1   폐색방식의 구분

(1) 상용폐색방식과 대용폐색방식

① 상용폐색방식

일상적으로 사용하는 폐색방식

② 대용폐색방식

폐색장치의 고장이나 그 밖의 사유로 상용폐색방식에 따를 수 없을 때 사용하는 폐색방식

(2) 전령법과 무폐색 운전

상용폐색방식과 대용폐색방식에 따를 수 없을 때에는 전령법에 따르거나 무폐색 운전을 한다

2   상용폐색방식

(1) 상용폐색방식의 종류

① 자동폐색식   ② 차내신호폐색식

(2) 자동폐색식

자동폐색구간의 장내신호기, 출발신호기 및 폐색신호기에는 다음의 구분에 따른 신호를 할 수 있는 장치를 갖추어야 한다

① 폐색구간에 열차등이 있을 때 : 정지신호

② 폐색구간에 있는 선로전환기가 올바른 방향으로 되어 있지 아니할 때 또는 분기선 및 교차점에 있는 다른 열차등이 폐색구간에 지장을 줄 때 : 정지신호

③ 폐색장치에 고장이 있을 때 : 정지신호

(3) 차내신호폐색식

차내신호폐색식에 따르려는 경우에는 폐색구간에 있는 열차등의 운전상태를 그 폐색구간에 진입하려는 열차의 운전실에서 알 수 있는 장치를 갖추어야 한다

3 대용폐색방식

(1) 대용폐색방식의 종류

① 복선운전을 하는 경우 : 지령식 또는 통신식

② 단선운전을 하는 경우 : 지도통신식

(2) 지령식 및 통신식

① 지령식

폐색장치 및 차내신호장치의 고장으로 열차의 정상적인 운전이 불가능할 때에는 관제사가 폐색구간에 열차의 진입을 지시하는 지령식에 따른다

② 통신식

상용폐색방식 또는 지령식에 따를 수 없을 때에는 폐색구간에 열차를 진입시키려는 역장 또는 소장이 상대 역장 또는 소장 및 관제사와 협의하여 폐색구간에 열차의 진입을 지시하는 통신식에 따른다

③ 전용전화기 설치·운용

지령식 또는 통신식에 따르는 경우에는 관제사 및 폐색구간 양쪽의 역장 또는 소장은 전용전화기를 설치·운용하여야 한다

＊ 단, 부득이한 사유로 전용전화기를 설치할 수 없거나 전용전화기에 고장이 발생하였을 때에는 다른 전화기를 이용할 수 있다

(3) 지도통신식

① 지도통신식에 따르는 경우에는 지도표 또는 지도권을 발급받은 열차만 해당 폐색구간을 운전할 수 있다

② 지도표와 지도권은 폐색구간에 열차를 진입시키려는 역장 또는 소장이 상대 역장 또는 소장 및 관제사와 협의하여 발행

③ 지도표와 지도권 발급

㉠ 역장이나 소장은 같은 방향의 폐색구간으로 진입시키려는 열차가 하나뿐인 경우에는 지도표를 발급하고

㉡ 연속하여 둘 이상의 열차를 같은 방향의 폐색구간으로 진입시키려는 경우에는

ⓐ 맨 마지막 열차에 대해서는 지도표를

ⓑ 나머지 열차(선행열차)에 대해서는 지도권을 발급

④ 지도표와 지도권의 기재사항

　㉮ 폐색구간 양쪽의 역 이름 또는 소 이름

　㉯ 관제사 명령번호

　㉰ 열차번호

　㉱ 발행일과 시각

⑤ 지도표와 지도권의 반납

　열차의 기관사는 발급받은 지도표 또는 지도권을 폐색구간을 통과한 후 도착지의 역장 또는 소장에게 반납

4 전령법

(1) 전령법의 시행

① 열차등이 있는 폐색구간에 다른 열차를 운전시킬 때에는 그 열차에 대하여 전령법을 시행

② 전령법을 시행할 경우에는 이미 폐색구간에 있는 열차등은 그 위치를 이동할 수 없다.

(2) 전령자의 선정

① 전령법을 시행하는 구간에는 한 명의 전령자를 선정하여야 한다

② 전령자는 백색 완장을 착용하여야 한다

③ 전령법을 시행하는 구간에서는 그 구간의 전령자가 탑승하여야 열차를 운전할 수 있다

　* 단, 관제사가 취급하는 경우에는 전령자를 탑승시키지 아니할 수 있다

5장

신 호

1 통 칙

(1) 도시철도 신호의 종류

① 신호 : 형태·색·음 등으로 열차등에 대하여 운전의 조건을 지시하는 것

② 전호(傳號) : 형태·색·음 등으로 직원 상호간에 의사를 표시하는 것

③ 표지 : 형태·색 등으로 물체의 위치·방향·조건을 표시하는 것

(2) 주간 또는 야간의 신호

① 주간의 방식 : 일출부터 일몰까지

② 야간의 방식 : 일몰부터 다음날 일출까지

③ 주간이라도 야간의 방식에 따르는 경우

    ㉮ 일출부터 일몰까지의 사이에 기상상태로 인하여 상당한 거리로부터 주간방식에 따른 신호를 확인하기 곤란할 때

    ㉯ 차내신호방식 및 지하구간에서의 신호방식

(3) 제한신호의 추정

① 정지신호 간주

신호가 필요한 장소에 신호가 없을 때 또는 그 신호가 분명하지 아니할 때에는 정지신호가 있는 것으로 본다

② 가장 많은 제한을 붙인 신호 준수

상설신호기 또는 임시신호기의 신호와 수신호가 각각 다를 때에는 열차등에 가장 많은 제한을 붙인 신호에 따라야 한다

* 단, 사전에 통보가 있었을 때에는 통보된 신호에 따른다

(4) 신호의 겸용금지

① 하나의 신호는 하나의 선로에서 하나의 목적으로 사용되어야 한다

② 단, 진로표시기를 부설한 신호기는 그렇지 않다

2 상설신호기

(1) 상설신호기의 정의

상설신호기는 일정한 장소에서 색등 또는 등열에 의하여 열차등의 운전조건을 지시하는 신호기

(2) 상설신호기의 종류와 기능

① 주신호기

㉮ 차내신호기

열차등의 가장 앞쪽의 운전실에 설치하여 운전조건을 지시하는 신호기

㉯ 장내신호기

정거장에 진입하려는 열차등에 대하여 신호기 뒷방향으로의 진입이 가능한지를 지시하는 신호기

㉰ 출발신호기

정거장에서 출발하려는 열차등에 대하여 신호기 뒷방향으로의 진입이 가능한지를 지시하는 신호기

㉱ 폐색신호기

폐색구간에 진입하려는 열차등에 대하여 운전조건을 지시하는 신호기

㉲ 입환신호기

차량을 결합·해체하거나 차선을 바꾸려는 차량에 대하여 신호기 뒷방향으로의 진입이 가능한지를 지시하는 신호기

② 종속신호기

㉮ 원방신호기

장내신호기 및 폐색신호기에 종속되어 그 신호상태를 예고하는 신호기

㉯ 중계신호기

주신호기에 종속되어 그 신호상태를 중계하는 신호기

③ 신호부속기

㉮ 진로표시기

장내신호기, 출발신호기, 진로개통표시기 또는 입환신호기에 부속되어 열차등에 대하여 그 진로를 표시하는 것

㉯ 진로개통표시기

차내신호기를 사용하는 본선로의 분기부에 설치하여 진로의 개통상태를 표시하는 것

(3) 상설신호기의 신호 방식 (계기·색등 또는 등열 신호)

① 주신호기

⑦ 차내신호기

주간·야간별 　　신호의 종류	정지신호	진행신호
주간 및 야간	"0"속도를 표시	지령속도를 표시

④ 장내신호기, 출발신호기 및 폐색신호기

방식	주간·야간별 　　신호의 종류	정지신호	경계신호	주의신호	감속신호	진행신호
색등식	주간 및 야간	적색등	상하위 등황색등	등황색등	상위는 등황색등 하위는 녹색등	녹색등

④ 입환신호기

방식	주간·야간별 　　신호의 종류	정지신호	진행신호
색등식	주간 및 야간	적색등	등황색등

② 종속신호기

⑦ 원방신호기

방식	주간·야간별 　　신호의 종류	주신호기가 정지신호를 할 경우	주신호기가 진행을 지시하는 신호를 할 경우
색등식	주간 및 야간	등황색등	녹색등

④ 중계신호기

방식	주간·야간별 　　신호의 종류	주신호기가 정지신호를 할 경우	주신호기가 진행을 지시하는 신호를 할 경우
색등식	주간 및 야간	적색등	주신호기가 한 진행을 지시하는 색등

③ 신호부속기

㉮ 진로표시기

방식	주간·야간별	개통방향	좌측진로	중앙진로	우측진로
색등식		주간 및 야간	흑색바탕에 좌측방향 백색화살표 ←	흑색바탕에 수직방향 백색화살표 ↑	흑색바탕에 우측방향 백색화살표 →
문자식		주간 및 야간	4각 흑색바탕에 문자 A I		

㉯ 진로개통표시기

방식	주간·야간별	개통방향	진로가 개통되었을 경우		진로가 개통되지 아니한 경우	
색등식		주간 및 야간	등 황 색 등	● ○	적 색 등	○ ●

3 임시신호기

(1) 임시신호기의 설치

선로가 일시 정상운전을 하지 못하는 상태일 때에는 그 구역의 앞쪽에 임시신호기를 설치하여야 한다

(2) 임시신호기의 종류

① 서행신호기

서행운전을 필요로 하는 구역에 진입하는 열차등에 대하여 그 구간을 서행할 것을 지시하는 신호기

② 서행예고신호기

서행신호기가 있을 것임을 예고하는 신호기

③ 서행해제신호기

서행운전구역을 지나 운전하는 열차등에 대하여 서행 해제를 지시하는 신호기

(3) 임시신호기의 신호방식

① 임시신호기의 형태·색 및 신호방식

신호의 종류 주간·야간별	서행신호	서행예고신호	서행해제신호
주간	백색 테두리의 황색 원판	흑색 삼각형 무늬 3개를 그린 3각형판	백색 테두리의 녹색 원판
야간	등황색등	흑색 삼각형 무늬 3개를 그린 백색등	녹색등

② 임시신호기 표지의 배면과 배면광은 백색으로 하고, 서행신호기에는 지정속도를 표시하여야 한다

4 수신호

(1) 수신호 방식

① 수신호 현시 시기
  ㉮ 신호기를 설치하지 아니한 경우
  ㉯ 신호기를 사용하지 못할 경우
② 수신호 현시방식
  ㉮ 정지신호
    ⓐ 주간 : 적색기
      단, 부득이한 경우에는 두 팔을 높이 들거나 또는 녹색기 외의 물체를 급격히 흔드는 것으로 대신할 수 있다.
    ⓑ 야간 : 적색등
      단, 부득이한 경우에는 녹색등 외의 등을 급격히 흔드는 것으로 대신할 수 있다.
  ㉯ 진행신호
    ⓐ 주간 : 녹색기
      단, 부득이한 경우에는 한 팔을 높이 드는 것으로 대신할 수 있다.
    ⓑ 야간 : 녹색등
  ㉰ 서행신호
    ⓐ 주간 : 적색기와 녹색기를 머리 위로 높이 교차한다
      단, 부득이한 경우에는 양 팔을 머리 위로 높이 교차하는 것으로 대신할 수 있다.
    ⓑ 야간 : 명멸(明滅)하는 녹색등

(2) 선로 지장 시의 정지수신호

선로의 지장으로 인하여 열차등을 정지시키거나 서행시킬 경우, 임시신호기에 따를 수 없을 때에는 지장지점으로부터 200m 이상의 앞 지점에서 정지수신호를 하여야 한다

5 전 호

(1) 출발전호

㉮ 열차를 출발시키려 할 때에는 출발전호를 하여야 한다

㉯ 단, 승객안전설비를 갖추고 차장을 승무(乘務)시키지 아니한 경우에는 그렇지 않다

(2) 기적전호을 하는 경우

① 비상사고가 발생한 경우

② 위험을 경고할 경우

(3) 입환전호 방식

① 접근전호

　㉮ 주간 : 녹색기를 좌우로 흔든다

　　단, 부득이한 경우에는 한 팔을 좌우로 움직이는 것으로 대신할 수 있다

　㉯ 야간 : 녹색등을 좌우로 흔든다

② 퇴거전호

　㉮ 주간 : 녹색기를 상하로 흔든다

　　단, 부득이한 경우에는 한 팔을 상하로 움직이는 것으로 대신할 수 있다

　㉯ 야간 : 녹색등을 상하로 흔든다

③ 정지전호

　㉮ 주간 : 적색기를 흔든다

　　단, 부득이한 경우에는 두 팔을 높이 드는 것으로 대신할 수 있다

　㉯ 야간 : 적색등을 흔든다

6 표지의 설치

도시철도운영자는 열차등의 안전운전에 지장이 없도록 운전관계표지를 설치하여야 한다

7 노면전차 신호기의 설계요건

① 도로교통 신호기와 혼동되지 않을 것

② 크기와 형태가 눈으로 볼 수 있도록 뚜렷하고 분명하게 인식될 것

기출예상문제

3편

---

1. 도시철도운전규칙의 제정목적에 해당하지 않는 것은?

① 도시철도법 제18조에 따라 필요한 사항을 정하여 도시철도의 안전운전을 도모함
② 도시철도의 건설의 안전을 도모함
③ 도시철도의 차량 및 시설의 유지·보전에 필요한 사항을 정함
④ 도시철도의 운전에 관한 사항을 정함

해설 도시규칙 제1조(목적) 이 규칙은 「도시철도법」 제18조에 따라 도시철도의 운전과 차량 및 시설의 유지·보전에 필요한 사항을 정하여 도시철도의 안전운전을 도모함을 목적으로 한다.

2. 도시철도운전규칙에서 사용하는 용어의 뜻과 다른 것은?

① "정거장"이란 여객의 승차·하차, 열차의 편성, 차량의 입환 등을 위한 장소를 말한다
② "차량"이란 선로에서 운전하는 열차 외의 전동차·궤도시험차·전기시험차 등을 말한다
③ "전차선로"란 선로 및 이를 지지하는 인공구조물을 말한다
④ "노면전차"란 도로면의 궤도를 이용하여 운행되는 열차를 말한다

해설 도시규칙 제3조(정의) 이 규칙에서 사용하는 용어의 뜻은 다음과 같다.

1. "정거장"이란 여객의 승차·하차, 열차의 편성, 차량의 입환(入換) 등을 위한 장소를 말한다.
2. "선로"란 궤도 및 이를 지지하는 인공구조물을 말하며, 열차의 운전에 상용(常用)되는 본선(本線)과 그 외의 측선(側線)으로 구분된다.
3. "열차"란 본선에서 운전할 목적으로 편성되어 열차번호를 부여받은 차량을 말한다.
4. "차량"이란 선로에서 운전하는 열차 외의 전동차·궤도시험차·전기시험차 등을 말한다.
5. "운전보안장치"란 열차 및 차량(이하 "열차등"이라 한다)의 안전운전을 확보하기 위한 장치로서 폐색장치, 신호장치, 연동장치, 선로전환장치, 경보장치, 열차자동정지장치, 열차자동제어장치, 열차자동운전장치, 열차종합제어장치 등을 말한다.
6. "폐색(閉塞)"이란 선로의 일정구간에 둘 이상의 열차를 동시에 운전시키지 아니하는 것을 말한다.
7. "전차선로"란 전차선 및 이를 지지하는 인공구조물을 말한다.
8. "운전사고"란 열차등의 운전으로 인하여 사상자(死傷者)가 발생하거나 도시철도시설이 파손된 것을 말한다.
9. "운전장애"란 열차등의 운전으로 인하여 그 열차등의 운전에 지장을 주는 것 중 운전사고에 해당하지 아니하는 것을 말한다.
10. "노면전차"란 도로면의 궤도를 이용하여 운행되는 열차를 말한다.
11. "무인운전"이란 사람이 열차 안에서 직접 운전하지 아니하고 관제실에서의 원격조종에 따라 열차가 자동으로 운행되는 방식을 말한다.
12. "시계운전(視界運轉)"이란 사람의 맨눈에 의존하여 운전하는 것을 말한다.

정답 1. ② 2. ③

3. 도시철도운전규칙에서 사용하는 용어의 뜻과 다른 것은?

① "선로"란 궤도 및 이를 지지하는 인공구조물을 말하며, 차량의 입환에 상용되는 본선과 그 외의 측선으로 구분된다

② "운전보안장치"란 열차 및 차량의 안전운전을 확보하기 위한 장치로서 폐색장치, 신호장치, 연동장치, 선로전환장치, 경보장치, 열차자동정지장치, 열차자동제어장치, 열차자동운전장치, 열차종합제어장치 등을 말한다

③ "운전사고"란 열차등의 운전으로 인하여 사상자가 발생하거나 도시철도시설이 파손된 것을 말한다

④ "무인운전"이란 사람이 열차 안에서 직접 운전하지 아니하고 관제실에서의 원격조종에 따라 열차가 자동으로 운행되는 방식을 말한다

해설 도시규칙 제3조(정의)

4. 도시철도운전규칙에서 사용하는 용어의 뜻과 다른 것은?

① "열차"란 본선에서 운전할 목적으로 편성되어 열차번호를 부여받은 차량을 말한다

② "폐색"이란 선로의 일정구간에 둘 이상의 열차를 동시에 운전시키기 위한 것을 말한다

③ "운전장애"란 열차등의 운전으로 인하여 그 열차등의 운전에 지장을 주는 것 중 운전사고에 해당하지 아니하는 것을 말한다

④ "시계운전"이란 사람의 맨눈에 의존하여 운전하는 것을 말한다

해설 도시규칙 제3조(정의)

5. 도시철도운전규칙에서 운전보안장치에 포함되지 않는 것은?

① 폐색장치　　② 열차자동정지장치　　③ 건널목장치　　④ 열차자동제어장치

해설 도시규칙 제3조(정의)

6. 도시철도운전규칙에서 직원의 교육에 관한 설명으로 틀린 것은?

① 도시철도운영자는 도시철도의 안전과 관련된 업무에 종사하는 직원에 대하여 적성검사와 정해진 교육을 하여 도시철도 운전 지식과 기능을 습득한 것을 확인한 후 그 업무에 종사하도록 하여야 한다

② 도시철도운영자는 소속직원의 자질 향상을 위하여 적절한 국내연수 또는 국외연수 교육을 실시할 수 있다

③ 도시철도의 안전과 관련된 업무와 관련이 있는 자격을 갖춘 사람에 대해서는 적성검사나 교육의 전부 또는 일부를 면제할 수 있다

④ 도시철도의 운영과 관련된 업무에 종사하는 직원은 해당 직무교육을 받아야 그 업무에 종사할 수 있다

해설 도시규칙 제4조(직원 교육) ① 도시철도운영자는 도시철도의 안전과 관련된 업무에 종사하는 직원에 대하여 적성검사와 정해진 교육을 하여 도시철도 운전 지식과 기능을 습득한 것을 확인한 후 그 업무에 종사하도록 하여야 한다. 다만, 해당 업무와 관련이 있는 자격을 갖춘 사람에 대해서는 적성검사나 교육의 전부 또는 일부를 면제할 수 있다.
② 도시철도운영자는 소속직원의 자질 향상을 위하여 적절한 국내연수 또는 국외연수 교육을 실시할 수 있다.

정답 | 3. | ① | 4. | ② | 5. | ③ | 6. | ④

7. 도시철도운전규칙에 관한 설명으로 틀린 것은?

① 도시철도운영자는 재해를 예방하고 안정성을 확보하기 위하여 「철도안전법」에 따라 도시철도시설의 안전점검 등 안전조치를 하여야 한다

② 도시철도운영자는 차량, 선로, 전력설비, 운전보안장치, 그 밖에 열차운전을 위한 시설에 재해·고장·운전사고 또는 운전장애가 발생할 경우에 대비하여 응급복구에 필요한 기구 및 자재를 항상 적당한 장소에 보관하고 정비하여야 한다

③ 도시철도운영자는 열차등을 안전하게 운전할 수 있도록 필요한 조치를 하여야 한다

④ 도시철도운영자는 안전운전과 이용승객의 편의 증진을 위하여 장기·단기 계획을 수립하여 시행하여야 한다

> **해설** 도시규칙 제5조(안전조치 및 유지·보수 등) ① 도시철도운영자는 열차등을 안전하게 운전할 수 있도록 필요한 조치를 하여야 한다.
> ② 도시철도운영자는 재해를 예방하고 안전성을 확보하기 위하여 「시설물의 안전 및 유지관리에 관한 특별법」에 따라 도시철도시설의 안전점검 등 안전조치를 하여야 한다.
> 제6조(응급복구용 기구 및 자재 등의 정비) 도시철도운영자는 차량, 선로, 전력설비, 운전보안장치, 그 밖에 열차운전을 위한 시설에 재해·고장·운전사고 또는 운전장애가 발생할 경우에 대비하여 응급복구에 필요한 기구 및 자재를 항상 적당한 장소에 보관하고 정비하여야 한다.
> 제8조(안전운전계획의 수립 등) 도시철도운영자는 안전운전과 이용승객의 편의 증진을 위하여 장기·단기계획을 수립하여 시행하여야 한다.

8. 도시철도운전규칙에서 선로·전차선로 또는 운전보안장치를 신설·이설 또는 개조한 경우 종사자의 업무숙달을 위하여 정상운행을 하기 전에 시험운전을 하여야 하는 기간은?

① 30일 이상   ② 60일 이상   ③ 90일 이상   ④ 120일 이상

> **해설** 도시규칙 제9조(신설구간 등에서의 시험운전) 도시철도운영자는 선로·전차선로 또는 운전보안장치를 신설·이설(移設) 또는 개조한 경우 그 설치상태 또는 운전체계의 점검과 종사자의 업무 숙달을 위하여 정상운전을 하기 전에 60일 이상 시험운전을 하여야 한다. 다만, 이미 운영하고 있는 구간을 확장·이설 또는 개조한 경우에는 관계 전문가의 안전진단을 거쳐 시험운전 기간을 줄일 수 있다.

9. 도시철도운전규칙에서 선로의 보전에 관한 설명으로 틀린 것은?

① 선로는 매일 한 번 이상 순회점검 하여야 하며, 필요한 경우에는 정비하여야 한다

② 선로는 수시로 안전점검을 하여 안전운전에 지장이 없도록 유지·보수하여야 한다

③ 선로를 신설·개조 또는 이설하거나 일시적으로 사용을 중지한 경우에는 이를 검사하고 시험운전을 하기 전에는 사용할 수 없다 다만, 경미한 정도의 개조를 한 경우에는 그러하지 아니하다

④ 선로는 열차등이 도시철도운영자가 정하는 속도(지정속도)로 안전하게 운행할 수 있는 상태로 보전하여야 한다

> **해설** 도시규칙 제10조(선로의 보전) ① 선로는 열차등이 도시철도운영자가 정하는 속도(이하 "지정속도"라 한다)로 안전하게 운전할 수 있는 상태로 보전(保全)하여야 한다.
> 제11조(선로의 점검·정비) ① 선로는 매일 한 번 이상 순회점검 하여야 하며, 필요한 경우에는 정비하여야 한다.
> ② 선로는 정기적으로 안전점검을 하여 안전운전에 지장이 없도록 유지·보수하여야 한다.
> 제12조(공사 후의 선로 사용) 선로를 신설·개조 또는 이설하거나 일시적으로 사용을 중지한 경우에는 이를 검사하고 시험운전을 하기 전에는 사용할 수 없다. 다만, 경미한 정도의 개조를 한 경우에는 그러하지 아니하다.

정답   7. ①   8. ②   9. ②

10. 도시철도운전규칙에서 선로의 점검 · 정비의 순회 점검 주기는?

① 매일 1회 이상　② 매일 2회 이상　③ 주 2회 이상　④ 주 3회 이상

해설 도시규칙 제11조(선로의 점검 · 정비) 제①항

11. 도시철도운전규칙에서 전력설비에 관한 설명으로 틀린 것은?

① 전차선로는 매일 한 번 이상 순회점검을 하여야 한다

② 전력설비는 열차등이 최고속도로 운전할 수 있는 상태로 보전해야 한다

③ 전력설비의 각 부분은 도시철도운영자가 정하는 주기에 따라 검사를 하고 안전운전에 지장이 없도록 하여야 한다

④ 전력설비를 신설 · 이설 · 개조 또는 수리하거나 일시적으로 사용을 중지한 경우에는 이를 검사하고 시운전을 하기 전에는 사용할 수 없다

해설 도시규칙 제13조(전력설비의 보전) 전력설비는 열차등이 지정속도로 안전하게 운전할 수 있는 상태로 보전하여야 한다.

제14조(전차선로의 점검) 전차선로는 매일 한 번 이상 순회점검을 하여야 한다.

제15조(전력설비의 검사) 전력설비의 각 부분은 도시철도운영자가 정하는 주기에 따라 검사를 하고 안전운전에 지장이 없도록 정비하여야 한다.

제16조(공사 후의 전력설비 사용) 전력설비를 신설 · 이설 · 개조 또는 수리하거나 일시적으로 사용을 중지한 경우에는 이를 검사하고 시험운전을 하기 전에는 사용할 수 없다. 다만, 경미한 정도의 개조 또는 수리를 한 경우에는 그러하지 아니하다.

12. 도시철도운전규칙에서 전차선로의 순회점검 주기는?

① 매일 한번 이상　② 매일 두번 이상　③ 매일 세번 이상　④ 매일 네번 이상

해설 도시규칙 제14조(전차선로의 점검)

13. 도시철도운전규칙에서 운전보안장치 및 통신설비에 관한 설명 중 틀린 것은?

① 운전보안장치는 완전한 상태로 보전해야 하고, 통신설비는 항상 통신할 수 있는 상태로 보전하여야 한다

② 신설 · 이설 · 개조 또는 수리한 통신설비는 검사하여 기능을 확인하기 전에는 사용할 수 없다

③ 운전보안장치의 각 부분은 일정한 주기에 따라 검사를 하고 안전운전에 지장이 없도록 정비하여야 한다

④ 경미하게 수리한 운전보안장치는 검사하여 기능을 확인하기 전에도 사용할 수 있다

⑤ 통신설비는 항상 통신할 수 있는 상태로 보전하여야 한다

해설 도시규칙 제17조(통신설비의 보전) 통신설비는 항상 통신할 수 있는 상태로 보전하여야 한다.

제18조(통신설비의 검사 및 사용) ① 통신설비의 각 부분은 일정한 주기에 따라 검사를 하고 안전운전에 지장이 없도록 정비하여야 한다.

② 신설 · 이설 · 개조 또는 수리한 통신설비는 검사하여 기능을 확인하기 전에는 사용할 수 없다.

제19조(운전보안장치의 보전) 운전보안장치는 완전한 상태로 보전하여야 한다.

제20조(운전보안장치의 검사 및 사용) ① 운전보안장치의 각 부분은 일정한 주기에 따라 검사를 하고 안전운전에 지장이 없도록 정비하여야 한다.

② 신설 · 이설 · 개조 또는 수리한 운전보안장치는 검사하여 기능을 확인하기 전에는 사용할 수 없다.

14. 도시철도운전규칙의 내용 중 보기의 빈칸에 들어갈 것은?

> 차량 운전에 지장이 없도록 궤도상에 설정한 (   ) 안에는 열차등 외의 다른 물건을 둘 수 없다. 다만, 열차등을 운전하지 아니하는 시간에 작업을 하는 경우에는 그러하지 아니하다

① 차량한계   ② 건축한계   ③ 궤도한계   ④ 보수한계

해설 도시규칙 제21조(물품유치 금지) 차량 운전에 지장이 없도록 궤도상에 설정한 건축한계 안에는 열차등 외의 다른 물건을 둘 수 없다. 다만, 열차등을 운전하지 아니하는 시간에 작업을 하는 경우에는 그러하지 아니하다.

15. 도시철도운전규칙에서 차량의 검사 및 시험운전에 관한 내용으로 틀린 것은?

① 차량의 각 부분은 일정한 기간 또는 주행거리를 기준으로 하여 그 상태와 작용에 대해 검사와 분해검사를 하여야 한다
② 개조 또는 분해검사를 한 차량과 일시적으로 사용을 중지한 차량은 검사하고 시험운전을 하기 전에는 사용할 수 없다
③ 경미한 정도의 제작, 개조, 분해 또는 수선을 한 경우에는 차량의 검사 및 시험운전을 하기 전에도 사용할 수 있다
④ 열차로 편성한 차량의 각 부분은 검사하여 안전운전에 지장이 없도록 하여야 한다

해설 도시규칙 제24조(차량의 검사 및 시험운전) ① 제작·개조·수선 또는 분해검사를 한 차량과 일시적으로 사용을 중지한 차량은 검사하고 시험운전을 하기 전에는 사용할 수 없다. 다만, 경미한 정도의 개조 또는 수선을 한 경우에는 그러하지 아니하다.
② 차량의 각 부분은 일정한 기간 또는 주행거리를 기준으로 하여 그 상태와 작용에 대한 검사와 분해검사를 하여야 한다.
③ 제1항 및 제2항에 따른 검사를 할 때 차량의 전기장치에 대해서는 절연저항시험 및 절연내력시험을 하여야 한다.
제25조(편성차량의 검사) 열차로 편성한 차량의 각 부분은 검사하여 안전운전에 지장이 없도록 하여야 한다.

16. 도시철도운전규칙에서 차량검사 및 열차의 편성에 대한 설명으로 틀린 것은?

① 개조, 수선한 차량은 반드시 시험운전을 하여야 한다
② 차량의 각 부분은 일정한 기간 또는 주행거리를 기준으로 하여 그 상태와 작용에 대한 검사와 분해검사를 하여야 한다
③ 차량의 전기장치에 대해서는 절연 저항시험 및 절연 내력시험을 해야 한다
④ 열차는 차량의 특성 및 선로 구간의 시설 상태 등을 고려하여 안전운전에 지장이 없도록 편성하여야 한다

해설 도시규칙 제24조(차량의 검사 및 시험운전)
제28조(열차의 편성) 열차는 차량의 특성 및 선로 구간의 시설 상태 등을 고려하여 안전운전에 지장이 없도록 편성하여야 한다.

17. 도시철도운전규칙에서 철도차량의 검사 및 시험을 하였을 때에 기록하여 일정기간 보존할 사항은?

① 검사인원, 검사종류, 검사일, 검사상태
② 검사자 성명, 검사상태, 검사일, 검사자 소속
③ 검사종류, 검사자의 성명, 검사상태, 검사일
④ 검사목록, 검사상태, 검사자 성명, 검사일

정답 | 14. | ② | 15. | ③ | 16. | ① | 17. | ③

18. 도시철도운전규칙에서 선로, 전력설비, 통신설비 또는 운전보안장치를 검사하였을 때 기록하여 일정기간 보관해야 할 사항으로 맞는 것을 모두 고르시오?

> ㉠ 검사자의 성명 ㉡ 검사상태 ㉢ 검사장소 ㉣ 검사 일시 ㉤ 검사내용

① ㉠, ㉡   ② ㉠, ㉡, ㉢
③ ㉠, ㉡, ㉣   ④ ㉠, ㉡, ㉢, ㉣, ㉤

19. 도시철도운전규칙에서 선로 및 설비와 차량의 보전에 대한 설명 중 맞는 것은?

① 선로는 주기적으로 안전점검을 하여 안전운행에 지장이 없도록 유지·보수하여야 한다
② 전차선로는 일정한 주기에 따라 순회점검을 하고 안전운행에 지장이 없도록 정비하여야 한다
③ 전력설비의 검사는 정기적으로 검사를 하고 안전운전에 지장이 없도록 정비하여야 한다
④ 선로는 열차등이 도시철도운영자가 정하는 속도로 안전하게 운전할 수 있는 상태로 보전하여야 한다

20. 도시철도운전규칙상 열차의 비상제동거리는?

① 600m이하   ② 500m이하   ③ 400m이하   ④ 200m이하

21. 도시철도운전규칙상 열차의 제동장치 기능을 시험하여야 하는 시기는?

① 열차를 편성하거나 편성을 변경할 때에 운전하기 전
② 정지신호를 받았을 때
③ 비상제동으로 정지하였을 때
④ 상구배 정거장에 진입하기 전에

정답 | 18. | ③ | 19. | ④ | 20. | ① | 21. | ①

제31조(열차의 제동장치시험) 열차를 편성하거나 편성을 변경할 때에는 운전하기 전에 제동장치의 기능을 시험하여야 한다.

22. 도시철도운전규칙에서 열차의 편성 및 운전에 관한 설명으로 틀린 것은?

① 열차는 차량의 특성 및 선로구간의 시설 상태 등을 고려하여 안전운전에 지장이 없도록 편성하여야 한다

② 차량은 열차와 함께 편성되기 전에는 정거장 외의 본선을 운전할 수 없다

③ 열차에 편성되는 각 차량에는 제동력이 균일하게 작용하고 분리 시에 자동으로 정차할 수 있는 제동장치를 구비하여야 한다

④ 무인운전의 경우에 열차등의 종류에 따라 「철도안전법」에 따른 운전면허를 소지한 사람이 하여야 한다

해설 도시규칙 제28조(열차의 편성) 열차는 차량의 특성 및 선로 구간의 시설 상태 등을 고려하여 안전운전에 지장이 없도록 편성하여야 한다.

제30조(열차의 제동장치) 열차에 편성되는 각 차량에는 제동력이 균일하게 작용하고 분리 시에 자동으로 정차할 수 있는 제동장치를 구비하여야 한다.

제32조(열차등의 운전) ① 열차등의 운전은 열차등의 종류에 따라 「철도안전법」 제10조제1항에 따른 운전면허를 소지한 사람이 하여야 한다. 다만, 제32조의 2에 따른 무인운전의 경우에는 그러하지 아니하다.

② 차량은 열차에 함께 편성되기 전에는 정거장 외의 본선을 운전할 수 없다. 다만, 차량을 결합 · 해체하거나 차선을 바꾸는 경우 또는 그 밖에 특별한 사유가 있는 경우에는 그러하지 아니하다.

23. 도시철도운전규칙에서 무인운전으로 운행 시 안전확보를 위한 준수사항으로 잘못된 것은?

① 관제실에서 열차의 운행상태를 실시간으로 감시 및 조치할 수 있을 것

② 열차 내의 간이운전대에는 승객이 임의로 다룰 수 없도록 잠금장치가 설치되어 있을 것

③ 운전모드를 변경하여 수동운전을 하는 경우에는 인근역과의 통신에 지장이 없음을 먼저 확인할 것

④ 무인운전이 적용되는 구간과 무인운전이 적용되지 아니하는 구간의 경계구역에서의 운전모드 전환을 안전하게 하기 위한 규정을 마련해 놓을 것

해설 도시규칙 제32조의2(무인운전 시의 안전 확보 등) 도시철도운영자가 열차를 무인운전으로 운행하려는 경우에는 다음 각 호의 사항을 준수하여야 한다.

1. 관제실에서 열차의 운행상태를 실시간으로 감시 및 조치할 수 있을 것
2. 열차 내의 간이운전대에는 승객이 임의로 다룰 수 없도록 잠금장치가 설치되어 있을 것
3. 간이운전대의 개방이나 운전 모드(mode)의 변경은 관제실의 사전 승인을 받을 것
4. 운전 모드를 변경하여 수동운전을 하려는 경우에는 관제실과의 통신에 이상이 없음을 먼저 확인할 것
5. 승차 · 하차 시 승객의 안전 감시나 시스템 고장 등 긴급상황에 대한 신속한 대처를 위하여 필요한 경우에는 열차와 정거장 등에 안전요원을 배치하거나 안전요원이 순회하도록 할 것
6. 무인운전이 적용되는 구간과 무인운전이 적용되지 아니하는 구간의 경계 구역에서의 운전 모드 전환을 안전하게 하기 위한 규정을 마련해 놓을 것
7. 열차 운행 중 다음 각 목의 긴급상황이 발생하는 경우 승객의 안전을 확보하기 위한 조치 규정을 마련해 놓을 것
   가. 열차에 고장이나 화재가 발생하는 경우
   나. 선로 안에서 사람이나 장애물이 발견된 경우
   다. 그 밖에 승객의 안전에 위험한 상황이 발생하는 경우

24. 도시철도운전규칙에서 무인운전으로 운행 중 승객의 안전확보를 위한 조치규정을 마련하여야 하는 긴급상황이 아닌 것은?

① 열차에 고장이나 화재가 발생하는 경우

② 선로 안에서 사람이나 장애물이 발견되는 경우

③ 간이 운전대의 개방이나 운전모드 변경을 하는 경우

④ 그 밖에 승객의 안전에 위험한 상황이 발생하는 경우

> **해설** 도시규칙 제32조의2(무인운전 시의 안전 확보 등)

25. 도시철도운전규칙에서 열차의 맨 앞의 차량에서 운전하지 않아도 되는 경우를 모두 고르시오?

① 추진운전   ② 퇴행운전   ③ 시험운전   ④ 무인운전

> **해설** 도시규칙 제33조(열차의 운전위치) 열차는 맨 앞의 차량에서 운전하여야 한다. 다만, 추진운전, 퇴행운전 또는 무인운전을 하는 경우에는 그러하지 아니하다.

26. 도시철도운전규칙에서 열차의 운전진로를 달리하여 운전할 수 없는 경우는?

① 차량을 결합·해체하거나 차선을 바꾸는 경우

② 제설열차를 운전하는 경우

③ 시험운전을 하는 경우

④ 운전사고 등으로 인하여 일시적으로 단선운전을 하는 경우

> **해설** 도시규칙 제36조(운전 진로) ① 열차의 운전방향을 구별하여 운전하는 한 쌍의 선로에서 열차의 운전 진로는 우측으로 한다. 다만, 좌측으로 운전하는 기존의 선로에 직통으로 연결하여 운전하는 경우에는 좌측으로 할 수 있다.
> ② 다음 각 호의 어느 하나에 해당하는 경우에는 제1항에도 불구하고 운전 진로를 달리할 수 있다.
>   1. 선로 또는 열차에 고장이 발생하여 퇴행운전을 하는 경우
>   2. 구원열차(救援列車)나 공사열차(工事列車)를 운전하는 경우
>   3. 차량을 결합·해체하거나 차선을 바꾸는 경우
>   4. 구내운전(構內運轉)을 하는 경우
>   5. 시험운전을 하는 경우
>   6. 운전사고 등으로 인하여 일시적으로 단선운전(單線運轉)을 하는 경우
>   7. 그 밖에 특별한 사유가 있는 경우

27. 도시철도운전규칙에서 운전진로를 달리할 수 있는 경우에 해당하지 않는 것은?

① 구내운전을 하는 경우

② 열차에 고장이 발생하여 퇴행운전을 하는 경우

③ 구원열차나 공사열차를 운전을 하는 경우

④ 특별한 사유가 없는 경우

> **해설** 도시규칙 제36조(운전 진로) ②항

28. 도시철도운전규칙에서 운전진로를 좌측으로 할 수 있는 경우는?

① 정거장과 그 정거장 외의 본선 도중에서 분기하는 측선과의 사이를 운전하는 경우

② 좌측으로 운전하는 기존의 선로에 직통으로 연결하여 운전하는 경우

③ 양방향 신호설비가 설치된 구간에서 열차를 운전하는 경우

④ 공사열차·구원열차 또는 제설열차를 운전하는 경우

정답 |**24.**| ③ |**25.**| ①, ②, ④ |**26.**| ② |**27.**| ④ |**28.**| ②

해설 도시규칙 제36조(운전 진로) ①항

29. 도시철도운전규칙에서 열차의 운전과 관련된 설명으로 틀린 것은?

① 열차는 맨 앞의 차량에서 운전하여야 한다

② 열차는 도시철도운영자가 정하는 열차시간표에 따라 운전하여야 한다

③ 도시철도운영자는 운전사고, 운전장애 등으로 열차를 정상적으로 운전할 수 없을 때에는 열차의 종류, 도착지, 접속 등을 고려하여 열차가 정상운전이 되도록 운전 정리를 하여야 한다

④ 철도운영자등은 상행선·하행선 등으로 노선이 구분되지 않는 선로의 경우에는 열차의 운행방향을 미리 지정하여야 한다

해설 도시규칙 제33조(열차의 운전위치) 열차는 맨 앞의 차량에서 운전하여야 한다. 다만, 추진운전, 퇴행운전 또는 무인운전을 하는 경우에는 그러하지 아니하다.

제34조(열차의 운전 시각) 열차는 도시철도운영자가 정하는 열차시간표에 따라 운전하여야 한다. 다만, 운전사고, 운전장애 등 특별한 사유가 있는 경우에는 그러하지 아니하다.

제35조(운전 정리) 도시철도운영자는 운전사고, 운전장애 등으로 열차를 정상적으로 운전할 수 없을 때에는 열차의 종류, 도착지, 접속 등을 고려하여 열차가 정상운전이 되도록 운전 정리를 하여야 한다.

제36조(운전 진로) ① 열차의 운전방향을 구별하여 운전하는 한 쌍의 선로에서 열차의 운전 진로는 우측으로 한다. 다만, 좌측으로 운전하는 기존의 선로에 직통으로 연결하여 운전하는 경우에는 좌측으로 할 수 있다.

〈철도차량운전규칙〉 제20조(열차의 운전방향 지정 등) ① 철도운영자등은 상행선·하행선 등으로 노선이 구분되는 선로의 경우에는 열차의 운행방향을 미리 지정하여야 한다.

30. 도시철도운전규칙에서 폐색구간에서 2 이상의 열차를 동시에 운전할 수 있는 경우가 아닌 것은?

① 고장 난 열차가 있는 폐색구간에서 구원열차를 운전하는 경우

② 선로 불통으로 폐색구간에 회송열차를 운전하는 경우

③ 다음 열차의 차선 바꾸기 지시에 따라 차선을 바꾸기 위하여 운전하는 경우

④ 하나의 열차를 분할하여 운전하는 경우

해설 도시규칙 제37조(폐색구간) ① 본선은 폐색구간으로 분할하여야 한다. 다만, 정거장 안의 본선은 그러하지 아니하다.

② 폐색구간에서는 둘 이상의 열차를 동시에 운전할 수 없다. 다만, 다음 각 호의 어느 하나에 해당하는 경우에는 그러하지 아니하다.

1. 고장 난 열차가 있는 폐색구간에서 구원열차를 운전하는 경우

2. 선로 불통으로 폐색구간에서 공사열차를 운전하는 경우

3. 다른열차의 차선바꾸기 지시에 따라 차선을 바꾸기 위하여 운전하는 경우

4. 하나의 열차를 분할하여 운전하는 경우

31. 도시철도운전규칙에서 열차가 추진운전 및 퇴행운전을 할 수 있는 경우가 아닌 것은?

① 열차에 고장이 발생한 경우

② 구원열차를 운전하는 경우

③ 차량을 결합·해체하거나 차선을 바꾸는 경우

④ 회송열차를 하는 경우

해설 도시규칙 제38조(추진운전과 퇴행운전) ① 열차는 추진운전이나 퇴행운전을 하여서는 아니 된다. 다만, 다음 각 호의 어느 하나에 해당하는 경우에는 그러하지 아니하다.

1. 선로나 열차에 고장이 발생한 경우

정답 | 29. | ④ | 30. | ② | 31. | ④

2. 공사열차나 구원열차를 운전하는 경우

3. 차량을 결합·해체하거나 차선을 바꾸는 경우

4. 구내운전을 하는 경우

5. 시설 또는 차량의 시험을 위하여 시험운전을 하는 경우

6. 그 밖에 특별한 사유가 있는 경우

② 노면전차를 퇴행운전하는 경우에는 주변 차량 및 보행자들의 안전을 확보하기 위한 대책을 마련하여야 한다.

32. 도시철도운전규칙에서 열차의 운전과 관련된 설명으로 틀린 것은?

① 본선은 폐색구간으로 분할하여야 한다

② 폐색구간에서는 둘 이상의 열차를 동시에 운전할 수 없다

③ 열차는 추진운전, 퇴행운전 또는 무인운전을 하여서는 아니 된다

④ 정거장 안의 본선은 폐색구간으로 분할하지 않을 수 있다

해설 도시규칙 제37조(폐색구간) ① 본선은 폐색구간으로 분할하여야 한다. 다만, 정거장 안의 본선은 그러하지 아니하다.

② 폐색구간에서는 둘 이상의 열차를 동시에 운전할 수 없다. 다만, 다음 각 호의 어느 하나에 해당하는 경우에는 그러하지 아니하다.

1. 고장난 열차가 있는 폐색구간에서 구원열차를 운전하는 경우

2. 선로 불통으로 폐색구간에서 공사열차를 운전하는 경우

3. 다른열차의 차선바꾸기 지시에 따라 차선을 바꾸기 위하여 운전하는 경우

4. 하나의 열차를 분할하여 운전하는 경우

제38조(추진운전과 퇴행운전) ① 열차는 추진운전이나 퇴행운전을 하여서는 아니 된다. 다만, 다음 각 호의 어느 하나에 해당하는 경우에는 그러하지 아니하다.

1. 선로나 열차에 고장이 발생한 경우

2. 공사열차나 구원열차를 운전하는 경우

3. 차량을 결합·해체하거나 차선을 바꾸는 경우

4. 구내운전을 하는 경우

5. 시설 또는 차량의 시험을 위하여 시험운전을 하는 경우

6. 그 밖에 특별한 사유가 있는 경우

② 노면전차를 퇴행운전하는 경우에는 주변 차량 및 보행자들의 안전을 확보하기 위한 대책을 마련하여야 한다.

33. 도시철도운전규칙에서 긴급한 조치가 필요한 경우 선로를 차단하도록 지시하는 자는?

① 관제사　　② 작업책임자　　③ 역장 및 사업소장　　④ 기관사

해설 도시규칙 제41조(선로의 차단) 도시철도운영자는 공사나 그 밖의 사유로 선로를 차단할 필요가 있을 때에는 미리 계획을 수립한 후 그 계획에 따라야 한다. 다만, 긴급한 조치가 필요한 경우에는 운전업무를 총괄하는 사람(이하 "관제사"라 한다)의 지시에 따라 선로를 차단할 수 있다.

34. 도시철도운전규칙에서 열차의 운전에 관한 설명 중 틀린 것은?

① 열차의 안전운전에 지장이 없도록 신호 또는 제어설비 등을 완전하게 갖춘 경우에는 둘 이상의 열차는 동시에 출발시키거나 도착시킬 수 있다

② 정거장 외의 본선에서는 승객을 승차·하차시키기 위하여 열차를 정지시킬 수 없다

③ 도시철도운영자는 공사나 그 밖의 사유로 선로를 차단할 필요가 있을 때에는 미리 계획을 수립한 후 그 계획에 따라야 한다

④ 운전사고 등 특별한 사유가 있을 때에도 정거장 외의 본선에서 열차를 정지하여 승객을 하차 시킬 수 없다

해설 도시규칙 제39조(열차의 동시출발 및 도착의 금지) 둘 이상의 열차는 동시에 출발시키거나 도착시켜서는 아니 된다. 다만, 열차의 안전운전에 지장이 없도록 신호 또는 제어설비 등을 완전하게 갖춘 경우에는 그러하지 아니하다.

제40조(정거장 외의 승차 · 하차금지) 정거장 외의 본선에서는 승객을 승차 · 하차시키기 위하여 열차를 정지 시킬 수 없다. 다만, 운전사고 등 특별한 사유가 있을 때에는 그러하지 아니하다.

제41조(선로의 차단) 도시철도운영자는 공사나 그 밖의 사유로 선로를 차단할 필요가 있을 때에는 미리 계획 을 수립한 후 그 계획에 따라야 한다. 다만, 긴급한 조치가 필요한 경우에는 운전업무를 총괄하는 사람(이하 "관제사"라 한다)의 지시에 따라 선로를 차단할 수 있다.

35. 도시철도운전규칙에서 열차의 운전에 관한 설명으로 틀린 것은?

① 열차등은 서행신호가 있을 경우의 열차는 지정속도 이하로 운전해야 한다
② 열차등은 진행을 지시하는 신호가 있을 때에는 최고속도 이하로 그 표시지점을 지 나 다음 신호기까지 진행할 수 있다
③ 열차등이 서행해제신호가 있는 지점을 통과한 후에는 정상속도로 운전할 수 있다
④ 정차한 열차등은 진행을 지시하는 신호가 있을 때까지는 진행할 수 없다

해설 도시규칙 제42조(열차등의 정지) ① 열차등은 정지신호가 있을 때에는 즉시 정지시켜야 한다.
② 제1항에 따라 정차한 열차등은 진행을 지시하는 신호가 있을 때까지는 진행할 수 없다. 다만, 특별한 사 유가 있는 경우 관제사의 속도제한 및 안전조치에 따라 진행할 수 있다.
제43조(열차등의 서행) ① 열차등은 서행신호가 있을 때에는 지정속도 이하로 운전하여야 한다.
② 열차등이 서행해제신호가 있는 지점을 통과한 후에는 정상속도로 운전할 수 있다.
제44조(열차등의 진행) 열차등은 진행을 지시하는 신호가 있을 때에는 지정속도로 그 표시지점을 지나 다음 신호기까지 진행할 수 있다.

36. 도시철도운전규칙에서 시계운전을 하는 노면전차의 준수사항으로 틀린 것은?

① 교차로에서 앞서가는 열차를 따라서 동시에 통과하지 않을 것
② 앞서가는 열차와 안전거리를 충분히 유지할 것
③ 자동차 운전과 경합될 경우에는 자동차보다 우선 진행한다
④ 운전자의 가시거리 범위에서 신호 등 주변상황에 따라 열차를 정지시킬 수 있도록 적정 속도로 운전할 것

해설 도시규칙 제44조의2(노면전차의 시계운전) 시계운전을 하는 노면전차의 경우에는 다음 각 호의 사항을 준수 하여야 한다.
1. 운전자의 가시거리 범위에서 신호 등 주변상황에 따라 열차를 정지시킬 수 있도록 적정 속도로 운전할 것
2. 앞서가는 열차와 안전거리를 충분히 유지할 것
3. 교차로에서 앞서가는 열차를 따라서 동시에 통과하지 않을 것

37. 도시철도운전규칙에서 차량의 결합 · 해체 등에 관한 설명으로 맞는 것은?

① 차량의 결합 · 해체할 때에는 역장의 지시에 따라 행하여야 한다
② 측선을 이용하여 차량을 결합 · 해체하거나 열차 또는 차량의 차선을 바꾸는 경우 에는 다른 열차등과의 충돌방지를 위한 안전조치를 하여야 한다
③ 정거장이 아닌 곳에서 본선을 이용하여 차량을 결합 · 해체하거나 차선을 바꾸어서 는 아니 된다
④ 차량의 차선을 바꿀 때에는 관제사의 지시에 따라 행하여야 한다

해설 도시규칙 제45조(차량의 결합 · 해체 등) ① 차량을 결합 · 해체하거나 차량의 차선을 바꿀 때에는 신호에 따 라 하여야 한다.

정답 | **35.** | ② | **36.** | ③ | **37.** | ③

② 본선을 이용하여 차량을 결합·해체하거나 열차등의 차선을 바꾸는 경우에는 다른 열차등과의 충돌을 방지하기 위한 안전조치를 하여야 한다.

제46조(차량결합 등의 장소) 정거장이 아닌 곳에서 본선을 이용하여 차량을 결합·해체하거나 차선을 바꾸어서는 아니 된다. 다만, 충돌방지 등 안전조치를 하였을 때에는 그러하지 아니하다.

38. 도시철도운전규칙에서 선로전환기의 쇄정 및 정위치 유지에 관한 설명으로 틀린 것은?

① 본선의 선로전환기는 이와 관계있는 신호장치와 연동쇄정을 하여 사용하여야 한다
② 선로전환기를 사용한 후에는 지체 없이 미리 정하여진 위치에 두어야 한다
③ 노면전차의 경우 도로에 설치하는 선로전환기는 자동차 안전을 위하여 열차가 충분히 접근 하였을 때 작동해야 한다
④ 노면전차의 운전자가 선로전환기의 개통 방향을 확인할 수 있어야 한다

해설 도시규칙 제47조(선로전환기의 쇄정 및 정위치 유지) ① 본선의 선로전환기는 이와 관계있는 신호장치와 연동쇄정(聯動鎖錠)을 하여 사용하여야 한다.
② 선로전환기를 사용한 후에는 지체 없이 미리 정하여진 위치에 두어야 한다.
③ 노면전차의 경우 도로에 설치하는 선로전환기는 보행자 안전을 위해 열차가 충분히 접근하였을 때에 작동하여야 하며, 운전자가 선로전환기의 개통 방향을 확인할 수 있어야 한다.

39. 도시철도운전규칙에서 운전속도를 정할 때 고려하여야 할 사항으로 틀린 것은?

① 열차등의 특성　　　　　　　　　② 전차선로의 구조와 강도
③ 선로의 구조와 강도　　　　　　　④ 통신설비의 조건

해설 도시규칙 제48조(운전속도) ① 도시철도운영자는 열차등의 특성, 선로 및 전차선로의 구조와 강도 등을 고려하여 열차의 운전속도를 정하여야 한다.
② 내리막이나 곡선선로에서는 제동거리 및 열차등의 안전도를 고려하여 그 속도를 제한하여야 한다.
③ 노면전차의 경우 도로교통과 주행선로를 공유하는 구간에서는 「도로교통법」 제17조에 따른 최고속도를 초과하지 않도록 열차의 운전속도를 정하여야 한다.

40. 도시철도운영자가 운전속도를 제한하여야 하는 경우로 틀린 것은?

① 서행신호를 현시하는 경우
② 차량을 결합·해체하거나 차선을 바꾸는 경우
③ 내리막이나 곡선선로에서는 제동거리 및 열차등의 안전도를 고려하여 그 속도를 제한하여야 한다
④ 감속·주의·경계·진행 등의 신호가 있는 지점을 지나서 진행하는 경우

해설 도시규칙 제48조(운전속도) ② 내리막이나 곡선선로에서는 제동거리 및 열차등의 안전도를 고려하여 그 속도를 제한하여야 한다.
제49조(속도제한) 도시철도운영자는 다음 각 호의 어느 하나에 해당하는 경우에는 운전속도를 제한하여야 한다.
1. 서행신호를 하는 경우
2. 추진운전이나 퇴행운전을 하는 경우
3. 차량을 결합·해체하거나 차선을 바꾸는 경우
4. 쇄정(鎖錠)되지 아니한 선로전환기를 향하여 진행하는 경우
5. 대용폐색방식으로 운전하는 경우
6. 자동폐색신호의 정지신호가 있는 지점을 지나서 진행하는 경우
7. 차내신호의 "0" 신호가 있은 후 진행하는 경우
8. 감속·주의·경계 등의 신호가 있는 지점을 지나서 진행하는 경우
9. 그 밖에 안전운전을 위하여 운전속도제한이 필요한 경우

정답 | **38.** | ③ | **39.** | ④ | **40.** | ④

41. 도시철도운영자가 운전속도를 제한하여야 하는 경우가 아닌 것은?

① 추진운전이나 퇴행운전을 하는 경우
② 쇄정되지 아니한 선로전환기를 향하여 진행하는 경우
③ 차내신호폐색방식에 의하여 운전하는 경우
④ 차내신호의 "0" 신호가 있은 후 진행하는 경우

해설 도시규칙 제49조(속도제한)

42. 도시철도운전규칙에서 노면전차의 경우 도로교통과 주행선로를 공유하는 구간에서 초과하지 않아야 하는 열차의 최고속도를 정한 근거 법은?

① 도로교통법　　② 도시철도법　　③ 철도안전법　　④ 교통안전법

해설 도시규칙 제48조(운전속도) ③ 노면전차의 경우 도로교통과 주행선로를 공유하는 구간에서는 「도로교통법」 제17조에 따른 최고속도를 초과하지 않도록 열차의 운전속도를 정하여야 한다.

43. 도시철도운전규칙에서 열차의 안전운전을 위하여 운전속도제한을 하여야 하는 자는?

① 도시철도운영자　　② 국가철도공단　　③ 역장　　④ 관제사

해설 도시규칙 제49조(속도제한) 도시철도운영자는 다음 각 호의 어느 하나에 해당하는 경우에는 운전속도를 제한하여야 한다.

44. 도시철도운전규칙에서 차량의 유치에 관한 설명으로 틀린 것은?

① 차량을 선로에 두는 경우에는 저절로 구르지 않도록 필요한 조치를 하여야 한다
② 동력이 없는 차량은 구름방지에 필요한 조치를 생략할 수 있다
③ 동력을 가진 동안에는 차량의 움직임을 감시하여야 한다
④ 동력을 가진 차량을 선로에 두는 경우에는 그 동력으로 움직이는 것을 방지하기 위한 조치를 마련하여야 한다

해설 도시규칙 제50조(차량의 구름 방지) ① 차량을 선로에 두는 경우에는 저절로 구르지 않도록 필요한 조치를 하여야 한다.
② 동력을 가진 차량을 선로에 두는 경우에는 그 동력으로 움직이는 것을 방지하기 위한 조치를 마련하여야 하며, 동력을 가진 동안에는 차량의 움직임을 감시하여야 한다.

45. 도시철도운전규칙에서 폐색장치의 고장이나 그 밖의 사유로 상용폐색방식에 따를 수 없을 때 사용하는 폐색방식을 무엇이라고 하는가?

① 자동폐색식　　② 대용폐색방식　　③ 폐색준용법　　④ 무폐색운전

해설 도시규칙 제51조(폐색방식의 구분) ① 열차를 운전하는 경우의 폐색방식은 일상적으로 사용하는 폐색방식(이하 "상용폐색방식"이라 한다)과 폐색장치의 고장이나 그 밖의 사유로 상용폐색방식에 따를 수 없을 때 사용하는 폐색방식(이하 "대용폐색방식"이라 한다)에 따른다.
② 제1항에 따른 폐색방식에 따를 수 없을 때에는 전령법(傳令法)에 따르거나 무폐색운전을 한다.

46. 도시철도운전규칙에서 상용폐색방식 또는 대용폐색방식에 따를 수 없을 때의 운전 방법은?

① 전령법, 격시법
② 지도식, 무폐색운전
③ 지령식, 지도통신식
④ 전령법, 무폐색운전

해설 도시규칙 제51조(폐색방식의 구분) ③항

정답 | **41.** | ③ | **42.** | ① | **43.** | ① | **44.** | ② | **45.** | ② | **46.** | ④

47. 도시철도운전규칙에서 상용폐색방식의 종류는?

① 자동폐색식, 지령식   ② 연동폐색식, 통신식

③ 지도통신식, 통표폐색식   ④ 자동폐색식, 차내신호폐색식

해설   도시규칙 제52조(상용폐색방식) 상용폐색방식은 자동폐색식 또는 차내신호폐색식에 따른다.

48. 도시철도운전규칙에서 자동폐색구간의 장내 · 출발 · 폐색신호기가 정지신호를 현시되어야 하는 경우가 아닌 것은?

① 분기선 및 교차점에 있는 다른 열차등이 폐색구간에 지장을 줄 때

② 폐색구간에 열차등이 있을 때

③ 폐색구간에 있는 선로전환기가 올바른 방향으로 되어 있지 아니할 때

④ 진행을 지시하는 신호를 현시한 때에 그 반대방향의 신호기를 현시할 때

해설   도시규칙 제53조(자동폐색식) 자동폐색구간의 장내신호기, 출발신호기 및 폐색신호기에는 다음 각 호의 구분에 따른 신호를 할 수 있는 장치를 갖추어야 한다.

   1. 폐색구간에 열차등이 있을 때 : 정지신호

   2. 폐색구간에 있는 선로전환기가 올바른 방향으로 되어 있지 아니할 때 또는 분기선 및 교차점에 있는 다른 열차등이 폐색구간에 지장을 줄 때 : 정지신호

   3. 폐색장치에 고장이 있을 때 : 정지신호

49. 도시철도운전규칙에서 폐색구간에 있는 열차등의 운전상태를 그 폐색구간에 진입하려는 열차의 운전실에서 알 수 있는 장치를 갖추어야 되는 폐색방식은?

① 차내신호폐색식   ② 자동폐색식   ③ 지도통신식   ④ 통표폐색식

해설   도시규칙 제54조(차내신호폐색식) 차내신호폐색식에 따르려는 경우에는 폐색구간에 있는 열차등의 운전상태를 그 폐색구간에 진입하려는 열차의 운전실에서 알 수 있는 장치를 갖추어야 한다.

50. 도시철도운전규칙에서 대용폐색방식의 종류가 아닌 것은?

① 지령식   ② 전령법   ③ 통신식   ④ 지도통신식

해설   도시규칙 제55조(대용폐색방식) 대용폐색방식은 다음 각 호의 구분에 따른다.

   1. 복선운전을 하는 경우 : 지령식 또는 통신식

   2. 단선운전을 하는 경우 : 지도통신식

51. 도시철도운전규칙에서 단선운전을 하는 경우의 대용폐색방식은?

① 차내신호폐색식   ② 지도통신식   ③ 지령식   ④ 통신식

해설   도시규칙 제55조(대용폐색방식)

52. 도시철도운전규칙에서 다음과 같이 운전하는 폐색방식은?

> 상용폐색방식 또는 지령식에 따를 수 없을 때에 폐색구간에 열차를 진입시키려는 역장 또는 소장이 상대 역장 또는 소장 및 관제사와 협의하여 폐색구간에 열차의 진입을 지시하는 폐색방식이다

① 통신식   ② 지도식   ③ 지도통신식   ④ 전령법

해설 도시규칙 제56조(지령식 및 통신식) ① 폐색장치 및 차내신호장치의 고장으로 열차의 정상적인 운전이 불가능할 때에는 관제사가 폐색구간에 열차의 진입을 지시하는 지령식에 따른다.
② 상용폐색방식 또는 지령식에 따를 수 없을 때에는 폐색구간에 열차를 진입시키려는 역장 또는 소장이 상대 역장 또는 소장 및 관제사와 협의하여 폐색구간에 열차의 진입을 지시하는 통신식에 따른다.
③ 제1항 또는 제2항에 따른 지령식 또는 통신식에 따르는 경우에는 관제사 및 폐색구간 양쪽의 역장 또는 소장은 전용전화기를 설치·운용하여야 한다. 다만, 부득이한 사유로 전용전화기를 설치할 수 없거나 전용전화기에 고장이 발생하였을 때에는 다른 전화기를 이용할 수 있다.

53. 도시철도운전규칙에서 다음과 같이 운전하는 폐색방식은?

> 폐색장치 및 차내신호장치의 고장으로 열차의 정상적인 운전이 불가능할 때에 관제사가 폐색구간에 열차의 진입을 지시하는 폐색방식이다

① 통신식   ② 지도식   ③ 지도통신식   ④ 지령식

해설 도시규칙 제56조(지령식 및 통신식) ①항

54. 도시철도운전규칙에서 지도통신식에 관한 설명으로 맞는 것은?

① 지도표와 지도권은 폐색구간에 열차를 진출시키려는 역장 또는 소장이 상대역장 또는 소장 및 관제사와 협의하여 발행한다
② 같은 방향의 폐색구간으로 연속하여 2 이상의 열차를 같은 방향의 폐색구간으로 진입시키려는 경우에는 맨 마지막 열차에 대하여는 지도권을, 나머지 열차에 대하여는 지도표를 교부한다
③ 지도통신식에 따르는 경우에는 지도표 또는 지도권을 발급받은 열차만 해당 폐색구간을 운전할 수 있다
④ 열차의 기관사는 발급받은 지도표 또는 지도권을 폐색구간을 통과한 후 출발지의 역장 또는 소장에게 반납하여야 한다

해설 도시규칙 제57조(지도통신식) ① 지도통신식에 따르는 경우에는 지도표 또는 지도권을 발급받은 열차만 해당 폐색구간을 운전할 수 있다.
② 지도표와 지도권은 폐색구간에 열차를 진입시키려는 역장 또는 소장이 상대 역장 또는 소장 및 관제사와 협의하여 발행한다.
③ 역장이나 소장은 같은 방향의 폐색구간으로 진입시키려는 열차가 하나뿐인 경우에는 지도표를 발급하고, 연속하여 둘 이상의 열차를 같은 방향의 폐색구간으로 진입시키려는 경우에는 맨 마지막 열차에 대해서는 지도표를, 나머지 열차에 대해서는 지도권을 발급한다.
④ 지도표와 지도권에는 폐색구간 양쪽의 역 이름 또는 소(所) 이름, 관제사 명령번호, 열차번호 및 발행일과 시각을 적어야 한다.
⑤ 열차의 기관사는 제3항에 따라 발급받은 지도표 또는 지도권을 폐색구간을 통과한 후 도착지의 역장 또는 소장에게 반납하여야 한다.

55. 도시철도운전규칙에서 지도통신식 시행구간에서 지도표와 지도권의 기입사항이 아닌 것은?

① 양쪽의 소 이름   ② 열차명   ③ 발행일   ④ 관제사 명령번호

해설 도시규칙 제57조(지도통신식) ④ 지도표와 지도권에는 폐색구간 양쪽의 역 이름 또는 소(所) 이름, 관제사 명령번호, 열차번호 및 발행일과 시각을 적어야 한다.

56. 도시철도운전규칙에서 지도통신식 시행 시 같은 방향의 폐색구간으로 진입시키려는 열차가 하나뿐인 경우에 발급하는 것은?

① 지도표 또는 지도권　　② 지도표　　③ 통표　　④ 전령자

> **해설** 도시규칙 제57조(지도통신식) ③ 역장이나 소장은 같은 방향의 폐색구간으로 진입시키려는 열차가 하나뿐인 경우에는 지도표를 발급하고, 연속하여 둘 이상의 열차를 같은 방향의 폐색구간으로 진입시키려는 경우에는 맨 마지막 열차에 대해서는 지도표를, 나머지 열차에 대해서는 지도권을 발급한다.

57. 도시철도운전규칙의 내용 중 (　)에 들어갈 운전방식은?

> a. 열차등이 있는 폐색구간에 다른 열차를 운전시킬 때에는 그 열차에 대하여 (　　) 을 시행한다
> b. (　　)을 시행할 경우에는 이미 폐색구간에 있는 열차등은 그 위치를 이동할 수 없다

① a.전령법,　　b.전령법　　　② a.지령식,　　b.통신식
③ a.지도통신식,　b.지도식　　　④ a.지도통신식,　b.지도통신식

> **해설** 도시규칙 제58조(전령법의 시행) ① 열차등이 있는 폐색구간에 다른 열차를 운전시킬 때에는 그 열차에 대하여 전령법을 시행한다.
> ② 제1항에 따른 전령법을 시행할 경우에는 이미 폐색구간에 있는 열차등은 그 위치를 이동할 수 없다.

58. 도시철도운전규칙에서 전령법에 관한 설명으로 틀린 것은?

① 전령법을 시행하는 구간에는 한 명의 전령자를 선정하여야 한다
② 전령자는 백색 완장을 착용하여야 한다
③ 관제사가 취급하는 경우에는 전령자를 탑승시키지 아니할 수 있다
④ 전령법을 시행하는 구간에서는 다른 구간의 전령자가 탑승하여야 열차를 운전할 수 있다

> **해설** 도시규칙 제59조(전령자의 선정 등) ① 전령법을 시행하는 구간에는 한 명의 전령자를 선정하여야 한다.
> ② 제1항에 따른 전령자는 백색 완장을 착용하여야 한다.
> ③ 전령법을 시행하는 구간에서는 그 구간의 전령자가 탑승하여야 열차를 운전할 수 있다. 다만, 관제사가 취급하는 경우에는 전령자를 탑승시키지 아니할 수 있다.

59. 도시철도의 신호의 종류와 설명이 바르지 않은 것은?

① 전호 : 형태·색·음 등으로 직원 상호간에 의사를 표시하는 것
② 신호 : 형태·색·음 등으로 열차에 대하여 운전의 조건을 지시하는 것
③ 신호 : 형태·색·음 등으로 차량에 대하여 운전의 조건을 지시하는 것
④ 표지 : 형태·색·음 등으로 물체의 위치·방향·조건을 표시하는 것

> **해설** 도시규칙 제60조(신호의 종류) 도시철도의 신호의 종류는 다음 각 호와 같다.
> 1. 신호 : 형태 · 색 · 음 등으로 열차등에 대하여 운전의 조건을 지시하는 것
> 2. 전호(傳號) : 형태 · 색 · 음 등으로 직원 상호간에 의사를 표시하는 것
> 3. 표지 : 형태 · 색 등으로 물체의 위치 · 방향 · 조건을 표시하는 것

60. 도시철도운전규칙에서 신호에 관한 설명으로 틀린 것은?

① 차내신호방식 및 지하구간에서의 신호방식은 야간방식에 따른다

② 주간과 야간의 신호방식을 달리하는 경우에는 일출부터 일몰까지는 주간의 방식, 일몰부터 다음날 일출까지는 야간방식에 따라야 한다

③ 상설신호기는 일정한 장소에서 색등 또는 등열에 의하여 열차등의 운전조건을 지시하는 신호기를 말한다

④ 일출부터 일몰까지의 사이에 기상상태로 인하여 상당한 거리로부터 야간방식에 따른 신호를 확인하기 곤란할 때에는 주간방식에 따른다

해설 도시규칙 제61조(주간 또는 야간의 신호) ① 주간과 야간의 신호방식을 달리하는 경우에는 일출부터 일몰까지는 주간의 방식, 일몰부터 다음날 일출까지는 야간방식에 따라야 한다. 다만, 일출부터 일몰까지의 사이에 기상상태로 인하여 상당한 거리로부터 주간방식에 따른 신호를 확인하기 곤란할 때에는 야간방식에 따른다.
② 차내신호방식 및 지하구간에서의 신호방식은 야간방식에 따른다.

61. 도시철도운전규칙에서 신호에 대한 설명으로 맞는 것은?

① 신호가 필요한 장소에 신호가 없을 때 또는 그 신호가 분명하지 아니할 때에는 가장 많은 제한을 붙인 신호에 따라야 한다

② 자동신호방식 및 지하구간에서의 신호방식은 야간방식에 따른다

③ 상설신호기 또는 임시신호기의 신호와 수신호가 각각 다를 때에는 정지신호가 있는 것으로 본다

④ 상설신호기 또는 임시신호기의 신호와 수신호가 각각 다를 때에 사전에 통보가 있었을 때에는 통보된 신호에 따른다

해설 도시규칙 제61조(주간 또는 야간의 신호)
제62조(제한신호의 추정) ① 신호가 필요한 장소에 신호가 없을 때 또는 그 신호가 분명하지 아니할 때에는 정지신호가 있는 것으로 본다.
② 상설신호기 또는 임시신호기의 신호와 수신호가 각각 다를 때에는 열차등에 가장 많은 제한을 붙인 신호에 따라야 한다. 다만, 사전에 통보가 있었을 때에는 통보된 신호에 따른다.

62. 도시철도운전규칙에서 상설신호기 또는 임시신호기의 신호와 수신호가 각각 다를 때 따라야 하는 신호는?

① 상설신호기   ② 수신호

③ 가장 많은 제한을 붙인 신호   ④ 임시신호기

해설 도시규칙 제62조(제한신호의 추정) ②항

63. 도시철도운전규칙에서 일정한 장소에서 색등 또는 등열에 의하여 열차등의 운전조건을 지시하는 신호기는?

① 상설신호기   ② 서행신호기   ③ 임시신호기   ④ 서행예고신호기

해설 도시규칙 제64조(상설신호기) 상설신호기는 일정한 장소에서 색등 또는 등열에 의하여 열차등의 운전조건을 지시하는 신호기를 말한다.

정답 | 60. | ④ | 61. | ④ | 62. | ③ | 63. | ①

64. 도시철도운전규칙에서 상설신호기에 관한 설명으로 틀린 것은?

① 출발신호기 : 정거장에서 출발하려는 열차등에 대하여 신호기 뒷방향으로의 진입이 가능한지를 지시하는 신호기

② 입환신호기 : 차량을 결합·해체하거나 차선을 바꾸려는 차량에 대하여 신호기 뒷방향으로의 진입이 가능한지를 지시하는 신호기

③ 원방신호기 : 주신호기에 종속되어 그 신호상태를 중계하는 신호기

④ 진로표시기 : 장내신호기, 출발신호기, 진로개통표시기 또는 입환신호기에 부속되어 열차등에 대하여 그 진로를 표시하는 것

해설 도시규칙 제65조(상설신호기의 종류) 상설신호기의 종류와 기능은 다음 각 호와 같다.
1. 주신호기
   가. 차내신호기 : 열차등의 가장 앞쪽의 운전실에 설치하여 운전조건을 지시하는 신호기
   나. 장내신호기 : 정거장에 진입하려는 열차등에 대하여 신호기 뒷방향으로의 진입이 가능한지를 지시하는 신호기
   다. 출발신호기 : 정거장에서 출발하려는 열차등에 대하여 신호기 뒷방향으로의 진입이 가능한지를 지시하는 신호기
   라. 폐색신호기 : 폐색구간에 진입하려는 열차등에 대하여 운전조건을 지시하는 신호기
   마. 입환신호기 : 차량을 결합·해체하거나 차선을 바꾸려는 차량에 대하여 신호기 뒷방향으로의 진입이 가능한지를 지시하는 신호기
2. 종속신호기
   가. 원방신호기 : 장내신호기 및 폐색신호기에 종속되어 그 신호상태를 예고하는 신호기
   나. 중계신호기 : 주신호기에 종속되어 그 신호상태를 중계하는 신호기
3. 신호부속기
   가. 진로표시기 : 장내신호기, 출발신호기, 진로개통표시기 또는 입환신호기에 부속되어 열차등에 대하여 그 진로를 표시하는 것
   나. 진로개통표시기 : 차내신호기를 사용하는 본선로의 분기부에 설치하여 진로의 개통상태를 표시하는 것

65. 도시철도운전규칙에서 장내신호기 및 폐색신호기에 종속되어 그 신호상태를 예고하는 신호기는?

① 입환신호기   ② 원방신호기   ③ 엄호신호기   ④ 유도신호기

해설 도시규칙 제65조(상설신호기의 종류) 2. 종속신호기
   가. 원방신호기 : 장내신호기 및 폐색신호기에 종속되어 그 신호상태를 예고하는 신호기

66. 도시철도운전규칙에서 상설신호기에 관한 설명으로 맞는 것은?

① 폐색신호기 : 폐색구간에 진출하려는 열차등에 대하여 운전조건을 지시하는 신호기

② 차내신호기 : 열차등의 가장 앞쪽의 운전실에 설치하여 운전조건을 지시하는 신호기

③ 장내신호기 : 정거장에서 진출하려는 열차등에 대하여 신호기 뒷방향으로의 진입이 가능한지를 지시하는 신호기

④ 진로개통표시기 : 차내신호기를 사용하는 본선로의 분기부에 설치하여 운전조건을 지시하는 신호기

해설 도시규칙 제65조(상설신호기의 종류)

67. 도시철도운전규칙에서 주신호기와 신호부속기가 바르게 연결된 것은?

① 폐색신호기 – 중계신호기   ② 통과신호기 – 원방신호기

③ 입환신호기 – 진로개통표시기   ④ 원방신호기 – 진로표시기

정답 | **64.** ③ | **65.** ② | **66.** ② | **67.** ③

해설 도시규칙 제65조(상설신호기의 종류)

68. 도시철도운전규칙에서 종속신호기와 신호부속기가 바르게 짝지어진 것은?

① 중계신호기 - 진로표시기　　② 원방신호기 - 중계신호기

③ 진로표시기 - 중계신호기　　④ 진로개통표시기 - 원방신호기

해설 도시규칙 제65조(상설신호기의 종류)

69. 도시철도운전규칙에서 종속신호기의 신호현시방식으로 틀린 것은?

① 원방신호기 : 주신호기가 정지신호를 현시할 경우 등황색등을 현시

② 중계신호기 : 주신호기가 진행을 지시하는 신호를 현시할 경우 녹색등을 현시

③ 중계신호기 : 주신호기가 정지신호를 현시할 경우 적색등을 현시

④ 원방신호기 : 주신호기가 진행을 지시하는 신호를 현시할 경우 녹색등을 현시

해설 도시규칙 제66조(상설신호기의 종류 및 신호 방식) 상설신호는 계기ㆍ색등 또는 등열(燈列)로써 다음 각 호의 방식으로 신호하여야 한다.

2. 종속신호기

가. 원방신호기

방식	신호의 종류 / 주간ㆍ야간별	주신호기가 정지신호를 할 경우	주신호기가 진행을 지시하는 신호를 할 경우
색등식	주간 및 야간	등황색등	녹색등

나. 중계신호기

방식	신호의 종류 / 주간ㆍ야간별	주신호기가 정지신호를 할 경우	주신호기가 진행을 지시하는 신호를 할 경우
색등식	주간 및 야간	적색등	주신호기가 한 진행을 지시하는 색등

70. 도시철도운전규칙에서 출발신호기의 신호방식으로 틀린 것은?

① 감속신호 - 상위 등황색등, 하위 녹색등

② 경계신호 - 상하위 등황색등

③ 주의신호 - 상위 적색등, 하위 등황색등

④ 정지신호 - 적색등

해설 도시규칙 제66조(상설신호기의 종류 및 신호 방식) 상설신호기는 계기ㆍ색등 또는 등열(燈列)로써 다음 각 호의 방식으로 신호하여야 한다.

1. 주신호기

나. 장내신호기, 출발신호기 및 폐색신호기

방식	신호의 종류 / 주간ㆍ야간별	정지신호	경계신호	주의신호	감속신호	진행신호
색등식	주간 및 야간	적색등	상하위 등황색등	등황색등	상위는 등황색등 하위는 녹색등	녹색등

71. 도시철도운전규칙에서 입환신호기의 진행신호 신호방식은?

① 적색등 현시　　② 녹색등 현시

③ 등황색등 현시　　④ 등황색등과 녹색등 현시

정답 | 68. | ① | 69. | ② | 70. | ③ | 71. | ③

72. 도시철도운전규칙에서 주신호기가 진행을 지시하는 신호를 할 경우 중계신호기의 신호방식은?

① 등황색등
② 적색등
③ 녹색등
④ 주신호기가 한 진행을 지시하는 색등

73. 도시철도운전규칙에서 상설신호기의 신호방식이 바른 것은?

① 진로가 개통되지 아니한 경우의 진로개통표시기 : 등황색등 현시
② 진로가 개통되었을 경우의 진로개통표시기 : 녹색등 현시
③ 차내신호기의 정지신호 : "0"속도를 현시
④ 차내신호기의 진행신호 : 녹색등 현시

74. 도시철도운전규칙에서 선로가 일시 정상운전을 하지 못하는 상태일 때 그 구역의 앞쪽에 설치하는 신호기는?

① 임시신호기 ② 상설신호 ③ 서행해제신호기 ④ 서행예고신호기

75. 도시철도운전규칙에서 임시신호기의 종류가 아닌 것은?

① 서행완료신호기 ② 서행신호기 ③ 서행예고신호기 ④ 서행해제신호기

해설 도시규칙 제68조(임시신호기의 종류) 임시신호기의 종류는 다음 각 호와 같다.
1. 서행신호기
   서행운전을 필요로 하는 구역에 진입하는 열차등에 대하여 그 구간을 서행할 것을 지시하는 신호기
2. 서행예고신호기
   서행신호기가 있을 것임을 예고하는 신호기
3. 서행해제신호기
   서행운전구역을 지나 운전하는 열차등에 대하여 서행 해제를 지시하는 신호기

76. 도시철도운전규칙에서 임시신호기에 관한 설명으로 맞는 것은?

① 서행해제신호기는 서행운전구역을 지나 운전하는 열차등에 대하여 서행을 지시하는 신호기이다
② 임시신호기 표지의 배면과 배면광은 백색으로 한다
③ 서행예고신호기는 서행신호기가 있을 것임을 중계하는 신호기이다
④ 서행해제신호기에는 지정속도를 표시하여야 한다

해설 도시규칙 제68조(임시신호기의 종류)
제69조(임시신호기의 신호방식) ② 임시신호기 표지의 배면(背面)과 배면광(背面光)은 백색으로 하고, 서행신호기에는 지정속도를 표시하여야 한다.

77. 도시철도운전규칙에서 임시신호기의 신호방식에 관한 설명으로 틀린 것은?

① 서행신호의 주간 신호방식은 흑색 테두리의 황색 원판으로 한다
② 서행예고신호의 주간 신호방식은 흑색 삼각형 무늬 3개를 그린 3각형 판으로 한다
③ 서행해제신호기의 야간 신호방식은 녹색등이다
④ 서행신호의 야간 신호방식은 등황색등으로 한다

해설 도시규칙 제69조(임시신호기의 신호방식) ① 임시신호기의 형태·색 및 신호방식은 다음과 같다.

신호의 종류 주간·야간별	서행신호	서행예고신호	서행해제신호
주간	백색 테두리의 황색 원판	흑색 삼각형 무늬 3개를 그린 3각형판	백색 테두리의 녹색 원판
야간	등확색등	흑색 삼각형 무늬 3개를 그린 백색등	녹색등

78. 도시철도운전규칙에서 서행예고신호기의 야간 현시방식은?

① 흑색 삼각형 무늬 3개를 그린 백색등 ② 등황색등
③ 녹색등 점등 ④ 깜빡이는 등황색등

해설 도시규칙 제69조(임시신호기의 신호방식)

79. 도시철도운전규칙에서 신호기를 설치하지 아니한 경우 사용하는 수신호방식이 아닌 것은?

① 야간 진행신호는 녹색등
② 야간 정지신호는 적색등
③ 주간 정지신호는 적색기 또는 한 팔을 높이 든다
④ 주간 서행신호는 적색기와 녹색기를 머리 위로 높이 교차한다

정답 | 75. | ① | 76. | ② | 77. | ① | 78. | ① | 79. | ③

1. 정지신호
   가. 주간 : 적색기. 다만, 부득이한 경우에는 두 팔을 높이 들거나 또는 녹색기 외의 물체를 급격히 흔드는 것으로 대신할 수 있다.
   나. 야간 : 적색등. 다만, 부득이한 경우에는 녹색등 외의 등을 급격히 흔드는 것으로 대신할 수 있다.
2. 진행신호
   가. 주간 : 녹색기. 다만, 부득이한 경우에는 한 팔을 높이 드는 것으로 대신할 수 있다.
   나. 야간 : 녹색등
3. 서행신호
   가. 주간 : 적색기와 녹색기를 머리 위로 높이 교차한다. 다만, 부득이한 경우에는 양 팔을 머리 위로 높이 교차하는 것으로 대신할 수 있다.
   나. 야간 : 명멸(明滅)하는 녹색등

80. 도시철도운전규칙에서 주간에 부득이한 경우 시행하는 서행 수신호는?

① 두 팔을 높이 들거나 녹색기 외의 물체를 급격히 흔든다
② 한 팔을 높이 든다
③ 녹색기를 좌우로 흔든다
④ 양 팔을 머리 위로 높이 교차한다

해설 도시규칙 제70조(수신호방식)

81. 도시철도운전규칙에서 선로의 지장으로 열차등을 정지시키거나 서행시킬 경우, 임시신호기에 따를 수 없을 때에 정지 수신호를 하여야 할 지점은?

① 지장지점으로부터 100미터 이상의 앞 지점
② 지장지점으로부터 200미터 이상의 앞 지점
③ 지장지점으로부터 300미터 이상의 앞 지점
④ 지장지점으로부터 400미터 이상의 앞 지점

해설 도시규칙 제71조(선로 지장 시의 방호신호) 선로의 지장으로 인하여 열차등을 정지시키거나 서행시킬 경우, 임시신호기에 따를 수 없을 때에는 지장지점으로부터 200미터 이상의 앞 지점에서 정지수신호를 하여야 한다.

82. 도시철도운전규칙에서 다음 상황의 경우에는 어떤 전호를 하여야 하는가?

1. 비상사고가 발생한 경우
2. 위험을 경고할 경우

① 기적전호　　　② 출발전호　　　③ 작업전호　　　④ 비상전호

해설 도시규칙 제73조(기적전호) 다음 각 호의 어느 하나에 해당하는 경우에는 기적전호를 하여야 한다.
    1. 비상사고가 발생한 경우
    2. 위험을 경고할 경우

83. 도시철도운전규칙에서 입환전호방식에 관한 설명으로 틀린 것은?

① 주간 접근전호는 녹색기를 좌우로 흔든다. 다만, 부득이한 경우 한 팔을 좌우로 움직인다
② 주간 퇴거전호는 녹색기를 상하로 흔든다. 다만, 부득이한 경우 양 팔을 상하로 움직인다
③ 야간 정지전호는 적색등을 흔든다
④ 야간 퇴거전호는 녹색등을 상하로 흔든다

정답 | 80. | ④ | 81. | ② | 82. | ① | 83. | ②

해설 도시규칙 제74조(입환전호) 입환전호방식은 다음과 같다.
 1. 접근전호
    가. 주간 : 녹색기를 좌우로 흔든다. 다만, 부득이한 경우에는 한 팔을 좌우로 움직이는 것으로 대신할 수 있다.
    나. 야간 : 녹색등을 좌우로 흔든다.
 2. 퇴거전호
    가. 주간 : 녹색기를 상하로 흔든다. 다만, 부득이한 경우에는 한 팔을 상하로 움직이는 것으로 대신할 수 있다.
    나. 야간 : 녹색등을 상하로 흔든다.
 3. 정지전호
    가. 주간 : 적색기를 흔든다. 다만, 부득이한 경우에는 두 팔을 높이 드는 것으로 대신할 수 있다.
    나. 야간 : 적색등을 흔든다.

84. 도시철도운전규칙에서 규정한 설명으로 틀린 것은?
 ① 승객안전설비를 갖추고 차장을 승무시키지 아니한 경우에는 출발전호를 하지 않을 수 있다
 ② 노면전차의 신호기는 도로교통 신호기와 혼동되지 않도록 설계하여야 한다
 ③ 도시철도건설자는 열차등의 안전운전에 지장이 없도록 안전관계표지를 설치하여야 한다
 ④ 노면전차의 신호기는 크기와 형태가 눈으로 볼 수 있도록 뚜렷하고 분명하게 인식되도록 설계하여야 한다

해설 도시규칙 제72조(출발전호) 열차를 출발시키려 할 때에는 출발전호를 하여야 한다. 다만, 승객안전설비를 갖추고 차장을 승무(乘務)시키지 아니한 경우에는 그러하지 아니하다.
제75조(표지의 설치) 도시철도운영자는 열차등의 안전운전에 지장이 없도록 운전관계표지를 설치하여야 한다.
제76조(노면전차 신호기의 설계) 노면전차의 신호기는 다음 각 호의 요건에 맞게 설계하여야 한다.
 1. 도로교통 신호기와 혼동되지 않을 것
 2. 크기와 형태가 눈으로 볼 수 있도록 뚜렷하고 분명하게 인식될 것

별책

1장

철도시설 · 철도차량 안전관리

1 승하차용 출입문 설비의 설치

(1) 설치 개요

① 설치자 : 철도시설관리자

② 설치장소

선로로부터의 수직거리가 **국토교통부령**으로 정하는 기준(1,135mm) 이상인 승강장

③ 설치내용

열차의 출입문과 연동되어 열리고 닫히는 승하차용 출입문 설비를 설치

④ 설치하지 않아도 되는 경우

여러 종류의 철도차량이 함께 사용하는 승강장 등 **국토교통부령**으로 정하는 승강장의 경우에는 설치하지 않을 수 있다

(2) 설치하지 않아도 되는 구체적인 경우 및 절차

① 설치하지 않아도 되는 구체적인 경우

㉮ 여러 종류의 철도차량이 함께 사용하는 승강장으로서 열차 출입문의 위치가 서로 달라 승강장안전문을 설치하기 곤란한 경우

㉯ 열차가 정차하지 않는 선로 쪽 승강장으로서 승객의 선로 추락 방지를 위해 안전난간 등의 안전시설을 설치한 경우

㉰ 여객의 승하차 인원, 열차의 운행 횟수 등을 고려하였을 때 승강장안전문을 설치할 필요가 없다고 인정되는 경우

② 결정 절차

철도기술심의위원회에서 승강장에 열차의 출입문과 연동되어 열리고 닫히는 승하차용 출입문 설비(승강장안전문)를 설치하지 않아도 된다고 심의·의결한 승강장

2 철도차량 형식승인

(1) 형식승인의 신청 및 승인

① 형식승인 신청자

국내에서 운행하는 철도차량을 제작하거나 수입하려는 자

② 형식승인권자 : 국토교통부장관

③ 형식승인내용

국토교통부령으로 정하는 바에 따라 해당 철도차량의 설계에 관하여 형식승인을 받아야 한다

④ 미승인 차량 운행금지

누구든지 형식승인을 받지 아니한 철도차량을 운행하여서는 아니 된다

(2) 형식승인의 변경

① 변경승인

형식승인을 받은 자가 승인받은 사항을 변경하려는 경우에는 국토교통부장관의 변경승인을 받아야 한다

② 경미한 변경은 신고

국토교통부령으로 정하는 경미한 사항을 변경하려는 경우에는 국토교통부장관에게 신고하여야 한다

<경미한 사항의 변경> – **국토교통부령**

㉮ 철도차량의 구조안전 및 성능에 영향을 미치지 아니하는 차체 형상의 변경

㉯ 철도차량의 안전에 영향을 미치지 아니하는 설비의 변경

㉰ 중량분포에 영향을 미치지 아니하는 장치 또는 부품의 배치 변경

㉱ 동일 성능으로 입증할 수 있는 부품의 규격 변경

㉲ 그 밖에 철도차량의 안전 및 성능에 영향을 미치지 아니한다고 국토교통부장관이 인정하는 사항의 변경

(3) 형식승인 절차

① 형식승인검사 시행

㉮ 대상 : 형식승인 또는 변경승인을 하는 경우

㉯ 기술기준에 적합여부 검사

철도차량이 국토교통부장관이 정하여 고시하는 철도차량의 기술기준에 적합한지에 대하여 형식승인검사를 하여야 한다

② 형식승인검사의 전부를 면제할 수 있는 경우
  ㉮ 시험·연구·개발 목적으로 제작 또는 수입되는 철도차량으로서 **대통령령**으로 정하는 철도차량에 해당하는 경우
     (대통령령 : 여객 및 화물 운송에 사용되지 아니하는 철도차량)
  ㉯ 수출 목적으로 제작 또는 수입되는 철도차량으로서 **대통령령**으로 정하는 철도차량에 해당하는 경우
     (대통령령 : 국내에서 철도운영에 사용되지 아니하는 철도차량)
③ 형식승인검사의 일부를 면제할 수 있는 경우
  ㉮ 대한민국이 체결한 협정 또는 대한민국이 가입한 협약에 따라 형식승인검사가 면제되는 철도차량의 경우
     * 일부면제 범위
       대한민국이 체결한 협정 또는 대한민국이 가입한 협약에서 정한 면제의 범위
  ㉯ 그 밖에 철도시설의 유지·보수 또는 철도차량의 사고복구 등 특수한 목적을 위하여 제작 또는 수입되는 철도차량으로서 국토교통부장관이 정하여 고시하는 경우
     * 일부면제 범위
       형식승인검사 중 철도차량의 시운전단계에서 실시하는 검사를 제외한 검사로서 **국토교통부령**으로 정하는 검사
       <**국토교통부령** – 설계적합성 검사, 합치성 검사, 차량형식 시험(시운전단계의 시험 제외)>

(4) 철도차량 형식승인검사의 방법
① 철도차량 형식승인검사의 종류
  ㉮ 설계적합성 검사
     철도차량의 설계가 철도차량기술기준에 적합한지 여부에 대한 검사
  ㉯ 합치성 검사
     철도차량이 부품단계, 구성품단계, 완성차단계에서 설계적합성 검사에 따른 설계와 합치하게 제작되었는지 여부에 대한 검사
  ㉰ 차량형식 시험
     철도차량이 부품단계, 구성품단계, 완성차단계, 시운전단계에서 철도차량기술기준에 적합한지 여부에 대한 시험

② 철도차량 형식승인검사에 관한 세부적인 기준·절차 및 방법은 국토교통부장관이 정하여 고시

(5) 형식승인 관련 사항

① 승인절차, 승인방법, 신고절차, 검사절차, 검사방법 및 면제절차 등에 관하여 필요한 사항은 **국토교통부령**으로 정한다

② 철도차량 형식승인신청서에 첨부서류

㉮ 철도차량의 기술기준에 대한 적합성 입증계획서 및 입증자료

㉯ 철도차량의 설계도면, 설계 명세서 및 설명서

(적합성 입증을 위하여 필요한 부분에 한정)

㉰ 형식승인검사의 면제 대상에 해당하는 경우 그 입증서류

㉱ 차량형식 시험 절차서

㉲ 그 밖에 철도차량기술기준에 적합함을 입증하기 위하여 국토교통부장관이 필요하다고 인정하여 고시하는 서류

③ 철도차량 형식변경승인신청서에 첨부하는 서류

㉮ 해당 철도차량의 철도차량 형식승인증명서

㉯ 철도차량 형식승인신청서에 첨부하는 서류

(변경되는 부분 및 그와 연관되는 부분에 한정)

㉰ 변경 전후의 대비표 및 해설서

④ 경미한 사항 변경시 철도차량 형식변경신고서에 첨부서류

㉮ 해당 철도차량의 철도차량 형식승인증명서

㉯ 경미한 변경에 해당함을 증명하는 서류

㉰ 변경 전후의 대비표 및 해설서

㉱ 변경 후의 주요 제원

㉲ 철도차량기술기준에 대한 적합성 입증자료(변경되는 부분 및 그와 연관되는 부분에 한정)

⑤ 국토교통부장관은 철도차량 형식승인 또는 변경승인 신청을 받은 경우에 15일 이내에 승인 또는 변경승인에 필요한 검사 등의 계획서를 작성하여 신청인에게 통보

(6) 형식승인의 취소

① 절대적 취소 (취소하여야 한다)

㉮ 거짓이나 그 밖의 부정한 방법으로 형식승인을 받은 경우

* 이 경우에는 그 취소된 날부터 2년간 동일한 형식의 철도차량에 대하여 새로 형식승인을 받을 수 없음

② 재량적 취소 (취소할 수 있는 경우)

㉮ 철도차량 기술기준에 중대하게 위반되는 경우

㉯ 변경승인 명령을 이행하지 아니한 경우

③ 변경승인 명령

㉮ 형식승인이 철도차량 기술기준에 위반(중대하게 위반되는 경우는 제외)된다고 인정하는 경우에는 그 형식승인을 받은자에게 **국토교통부령**으로 정하는 바에 따라 변경승인을 받을 것을 명한다

㉯ 변경승인 명령을 받은 자는 명령을 통보받은 날부터 30일 이내에 철도차량 형식승인의 변경승인을 신청하여야 한다

3 철도용품 형식승인

(1) 형식승인의 신청 및 승인

① 형식승인 신청자

국토교통부장관이 정하여 고시하는 철도용품을 제작하거나 수입하려는 자

② 형식승인권자 : 국토교통부장관

③ 형식승인내용

국토교통부령으로 정하는 바에 따라 해당 철도용품의 설계에 관하여 형식승인을 받아야 한다

④ 미승인 용품 사용금지

누구든지 형식승인을 받지 아니한 철도용품을 철도시설 또는 철도차량에 사용하여서는 아니 된다

(2) 형식승인의 변경

① 변경승인

형식승인을 받은 자가 승인받은 사항을 변경하려는 경우에는 국토교통부장관의 변경승인을 받아야 한다

② 경미한 변경은 신고

국토교통부령으로 정하는 경미한 사항을 변경하려는 경우에는 국토교통부장관에게 신고하여야 한다

<경미한 사항의 변경> - **국토교통부령**

㉮ 철도용품의 안전 및 성능에 영향을 미치지 아니하는 형상 변경

㉯ 철도용품의 안전에 영향을 미치지 아니하는 설비의 변경

㉰ 중량분포 및 크기에 영향을 미치지 아니하는 장치 또는 부품의 배치 변경

㉱ 동일 성능으로 입증할 수 있는 부품의 규격 변경

㉲ 그 밖에 철도용품의 안전 및 성능에 영향을 미치지 아니한다고 국토교통부장관이 인정하는 사항의 변경

(3) 형식승인 절차

① 형식승인검사 시행

㉮ 대상 : 형식승인을 하는 경우

㉯ 기술기준에 적합여부 검사

철도용품이 국토교통부장관이 정하여 고시하는 철도용품의 기술기준에 적합한지에 대하여 형식승인검사를 하여야 한다

② 형식승인검사의 전부를 면제할 수 있는 경우

㉮ 시험·연구·개발 목적으로 제작 또는 수입되는 철도용품으로서 **대통령령**으로 정하는 철도용품에 해당하는 경우

(대통령령 : 철도차량 또는 철도시설에 사용되지 아니하는 철도용품)

㉯ 수출 목적으로 제작 또는 수입되는 철도용품으로서 **대통령령**으로 정하는 철도용품에 해당하는 경우

(대통령령 : 국내에서 철도운영에 사용되지 아니하는 철도용품)

③ 형식승인검사의 일부를 면제할 수 있는 경우

㉮ 대한민국이 체결한 협정 또는 대한민국이 가입한 협약에 따라 형식승인검사가 면제되는 철도용품의 경우

* 일부면제 범위

대한민국이 체결한 협정 또는 대한민국이 가입한 협약에서 정한 면제의 범위

(4) 철도용품 형식승인검사의 방법

① 철도용품 형식승인검사의 종류

㉮ 설계적합성 검사

철도용품의 설계가 철도용품기술기준에 적합한지 여부에 대한 검사

㉔ 합치성 검사

　　　　철도용품이 부품단계, 구성품단계, 완성품단계에서 설계적합성 검사에 따른 설계와 합치하게 제작되었는지 여부에 대한 검사

　　㉕ 용품형식 시험

　　　　철도용품이 부품단계, 구성품단계, 완성품단계, 시운전단계에서 철도용품기술기준에 적합한지 여부에 대한 시험

② 국토교통부장관은 철도용품 형식승인증명서 또는 철도용품 형식변경승인증명서를 발급할 때에는 해당 철도용품이 장착될 철도차량 또는 철도시설을 지정할 수 있다

③ 철도용품 형식승인검사에 관한 세부적인 기준·절차 및 방법은 국토교통부장관이 정하여 고시

(5) 형식승인 관련 사항

① 승인절차, 승인방법, 신고절차, 검사절차, 검사방법 및 면제절차 등에 관하여 필요한 사항은 **국토교통부령**으로 정한다

② 철도용품 형식승인신청서에 첨부서류

　　㉮ 철도용품의 기술기준에 대한 적합성 입증계획서 및 입증자료

　　㉯ 철도용품의 설계도면, 설계 명세서 및 설명서

　　　　(적합성 입증을 위하여 필요한 부분에 한정)

　　㉰ 형식승인검사의 면제 대상에 해당하는 경우 그 입증서류

　　㉱ 용품형식 시험 절차서

　　㉲ 그 밖에 철도용품기술기준에 적합함을 입증하기 위하여 국토교통부장관이 필요하다고 인정하여 고시하는 서류

③ 철도용품 형식변경승인신청서에 첨부하는 서류

　　㉮ 해당 철도용품의 철도용품 형식승인증명서

　　㉯ 철도용품 형식승인신청서에 첨부하는 서류

　　　　(변경되는 부분 및 그와 연관되는 부분에 한정)

　　㉰ 변경 전후의 대비표 및 해설서

④ 경미한 사항 변경시 철도용품 형식변경신고서에 첨부서류

　　㉮ 해당 철도용품의 철도용품 형식승인증명서

　　㉯ 경미한 변경에 해당함을 증명하는 서류

　　㉰ 변경 전후의 대비표 및 해설서

　　㉱ 변경 후의 주요 제원

⑪ 철도용품기술기준에 대한 적합성 입증자료(변경되는 부분 및 그와 연관되는 부분에 한정)

⑤ 국토교통부장관은 철도용품 형식승인 또는 변경승인 신청을 받은 경우에 15일 이내에 승인 또는 변경승인에 필요한 검사 등의 계획서를 작성하여 신청인에게 통보

(6) 형식승인의 취소

① 절대적 취소 (취소하여야 한다)

㉮ 거짓이나 그 밖의 부정한 방법으로 형식승인을 받은 경우

* 이 경우에는 그 취소된 날부터 2년간 동일한 형식의 철도용품에 대하여 새로 형식승인을 받을 수 없음

② 재량적 취소 (취소할 수 있는 경우)

㉮ 철도용품 기술기준에 중대하게 위반되는 경우

㉯ 변경승인 명령을 이행하지 아니한 경우

③ 변경승인 명령

㉮ 형식승인이 철도용품 기술기준에 위반(중대하게 위반되는 경우는 제외)된다고 인정하는 경우에는 그 형식승인을 받은자에게 **국토교통부령**으로 정하는 바에 따라 변경승인을 받을 것을 명한다

㉯ 변경승인 명령을 받은 자는 명령을 통보받은 날부터 30일 이내에 철도용품 형식승인의 변경승인을 신청하여야 한다

4 철도차량 제작자 승인

(1) 승인의 신청 및 승인

① 신청자

㉮ 철도차량 형식승인을 받은 철도차량을 제작하려는 자

㉯ 외국에서 대한민국에 수출할 목적으로 제작하는 경우를 포함

② 승인권자 : 국토교통부장관

③ 승인내용

국토교통부령으로 정하는 바에 따라 철도차량의 제작을 위한 인력, 설비, 장비, 기술 및 제작검사 등 철도차량의 적합한 제작을 위한 유기적 체계(철도차량 품질관리체계)를 갖추고 있는지에 대하여 제작자승인을 받아야 한다

④ 철도차량 제작자 승인의 변경

㉮ 기본 : 국토교통부장관의 변경승인을 받아야 한다

㉯ 경미한 변경

ⓐ **국토교통부령**이 정하는 경미한 사항을 변경하려는 경우에는 국토교통부
장관에게 신고

ⓑ 경미한 변경에 해당하는 경우

㈀ 철도차량 제작자의 조직변경에 따른 품질관리조직 또는 품질관리책
임자에 관한 사항의 변경

㈁ 법령 또는 행정구역의 변경 등으로 인한 품질관리규정의 세부내용
변경

㈂ 서류간 불일치 사항 및 품질관리규정의 기본방향에 영향을 미치지
아니하는 사항으로서 그 변경근거가 분명한 사항의 변경

(2) 제작자 승인검사

① 검사 이유

㉮ 제작자승인을 하는 경우에는 해당 철도차량 품질관리체계가 국토교통부장
관이 정하여 고시하는 철도차량의 제작관리 및 품질유지에 필요한 기술기
준에 적합한지에 대하여

㉯ **국토교통부령**으로 정하는 바에 따라 제작자승인검사 시행

② 제작자승인검사를 면제할 수 있는 경우

㉮ 국토교통부장관은 **대통령령**으로 정하는 경우에는 제작자승인 대상에서 제
외하거나 제작자승인검사의 전부 또는 일부를 면제할 수 있다

ⓐ 대한민국이 체결한 협정 또는 대한민국이 가입한 협약에 따라 제작자승
인이 면제되거나 제작자승인검사의 전부 또는 일부가 면제되는 경우

ⓑ 철도시설의 유지·보수 또는 철도차량의 사고복구 등 특수한 목적을 위
하여 제작 또는 수입되는 철도차량으로서 국토교통부장관이 정하여 고
시하는 철도차량에 해당하는 경우

㉯ 면제 범위

ⓐ ㉮항의 ⓐ에 해당하는 경우

대한민국이 체결한 협정 또는 대한민국이 가입한 협약에서 정한 제작자
승인 또는 제작자승인검사의 면제 범위

ⓑ ㉮항의 ⓑ에 해당하는 경우 : 제작자승인검사의 전부

(3) 철도차량 제작자승인의 신청

① 철도차량 제작자승인신청서에 첨부 서류

㉮ 철도차량의 제작관리 및 품질유지에 필요한 기술기준(철도차량제작자승인 기준)에 대한 적합성 입증계획서 및 입증자료

㉯ 철도차량 품질관리체계서 및 설명서

㉰ 철도차량 제작 명세서 및 설명서

㉱ 제작자승인 또는 제작자승인검사의 면제 대상에 해당하는 경우 그 입증서류

㉲ 그 밖에 철도차량제작자승인기준에 적합함을 입증하기 위하여 국토교통부 장관이 필요하다고 인정하여 고시하는 서류

* 단, 대한민국이 체결한 협정 또는 대한민국이 가입한 협약에 따라 제작자 승인이 면제되는 경우에는 그 입증서류만 첨부

② 철도차량 제작자변경승인신청서에 첨부 서류

㉮ 해당 철도차량의 철도차량 제작자승인증명서

㉯ 철도차량 제작자승인신청서에 첨부 서류

(변경되는 부분 및 그와 연관되는 부분에 한정)

㉰ 변경 전후의 대비표 및 해설서

③ 경미한 사항 변경시 철도차량 제작자승인변경신고서에 첨부서류

㉮ 해당 철도차량의 철도차량 제작자승인증명서

㉯ 경미한 사항 변경에 해당함을 증명하는 서류

㉰ 변경 전후의 대비표 및 해설서

㉱ 변경 후의 철도차량 품질관리체계

㉲ 철도차량제작자승인기준에 대한 적합성 입증자료

(변경되는 부분 및 그와 연관되는 부분에 한정)

④ 검사계획서 통보

국토교통부장관은 철도차량 제작자승인 또는 변경승인 신청을 받은 경우에 15 일 이내에 승인 또는 변경승인에 필요한 검사 등의 계획서를 작성하여 신청인 에게 통보

(4) 철도차량 제작자승인검사의 방법

① 철도차량 제작자승인검사의 종류

㉮ 품질관리체계 적합성검사

해당 철도차량의 품질관리체계가 철도차량제작자승인기준에 적합한지 여 부에 대한 검사

④ 제작검사

해당 철도차량에 대한 품질관리체계의 적용 및 유지 여부 등을 확인하는
검사

② 철도차량 제작자승인검사에 관한 세부적인 기준·절차 및 방법은 국토교통부장
관이 정하여 고시

(5) 철도차량 제작자 승인의 결격사유

① 피성년후견인

② 파산선고를 받고 복권되지 아니한 사람

③ 이 법 또는 <u>대통령령</u>으로 정하는 철도 관계 법령을 위반하여 징역형의 실형을
선고받고 그 집행이 종료(집행이 종료된 것으로 보는 경우를 포함)되거나 집행
이 면제된 날부터 2년이 지나지 아니한 사람

④ 이 법 또는 <u>대통령령</u>으로 정하는 철도 관계 법령을 위반하여 징역형의 집행유
예를 선고를 받고 그 유예기간 중에 있는 사람

⑤ 제작자승인이 취소된 후 2년이 경과되지 아니한 자

⑥ 임원중에 ①~⑤항까지의 어느 하나에 해당하는 사람이 있는 법인

　* 대통령령으로 정하는 철도 관계 법령

　⑦ 「건널목 개량촉진법」

　④ 「도시철도법」

　④ 「철도의 건설 및 철도시설 유지관리에 관한 법률」

　④ 「철도사업법」

　④ 「철도산업발전 기본법」

　④ 「한국철도공사법」

　④ 「국가철도공단법」

　④ 「항공·철도 사고조사에 관한 법률」

(6) 제작사승인을 받은 자의 지위 승계

① 승계대상 및 승계자

　⑦ 사업을 양도한 때 : 양수인

　④ 사망한 때 : 상속인

　④ 법인의 합병이 있는 때 : 합병 후 존속하는 법인이나 합병에 의하여 설립되
는 법인

② 승계자의 신고의무

철도차량 제작자승인의 지위를 승계하는 자는 승계일부터 1개월 이내에 **국토교통부령**으로 정하는 바에 따라 그 승계사실을 국토교통부장관에게 신고

③ 승계자에 대한 결격사유

㉮ 철도차량 제작자 승인의 결격사유를 준용

㉯ 결격사유 적용의 제외

결격사유에 해당하는 상속인이 피상속인이 사망한 날부터 3개월 이내에 그 사업을 다른 사람에게 양도한 경우에는 피상속인의 사망일부터 양도일까지의 기간 동안 피상속인의 제작자승인은 상속인의 제작자승인으로 본다

④ 철도차량 제작자승계신고서에 첨부 서류

㉮ 철도차량 제작자승인증명서

㉯ 사업 양도의 경우

양도·양수계약서 사본 등 양도 사실을 입증할 수 있는 서류

㉰ 사업 상속의 경우

사업을 상속받은 사실을 확인할 수 있는 서류

㉱ 사업 합병의 경우

합병계약서 및 합병 후 존속하거나 합병에 따라 신설된 법인의 등기사항증명서

(7) 철도차량 완성검사

① 완성검사 시행

㉮ 신청자 : 철도차량 제작자승인을 받은 자

㉯ 시행시기 : 제작한 철도차량을 판매하기 전

㉰ 시행내용

철도차량이 형식승인을 받은대로 제작되었는지를 확인하기 위하여 국토교통부장관이 시행하는 완성검사를 받아야 한다

㉱ 완성검사 합격시 완성검사증명서 발급

국토교통부장관은 철도차량이 완성검사에 합격한 경우에는 철도차량제작자에게 **국토교통부령**으로 정하는 완성검사증명서를 발급

② 철도차량 완성검사의 절차 및 방법 등에 관하여 필요한 사항은 **국토교통부령**으로 정한다

③ 철도차량 완성검사의 신청

㉮ 철도차량 완성검사신청서에 첨부 서류

ⓐ 철도차량 형식승인증명서

ⓑ 철도차량 제작자승인증명서

ⓒ 형식승인된 설계와의 형식동일성 입증계획서 및 입증서류

ⓓ 주행시험 절차서

ⓔ 그 밖에 형식동일성 입증을 위하여 국토교통부장관이 필요하다고 인정
하여 고시하는 서류

㉯ 완성검사 계획 통보

국토교통부장관은 완성검사 신청을 받은 경우에 15일 이내에 완성검사의
계획서를 작성하여 신청인에게 통보

③ 철도차량 완성검사의 방법

㉮ 철도차량 완성검사의 종류

ⓐ 완성차량검사

안전과 직결된 주요 부품의 안전성 확보 등 철도차량이 철도차량기술기
준에 적합하고 형식승인 받은 설계대로 제작되었는지를 확인하는 검사

ⓑ 주행시험

철도차량이 형식승인 받은대로 성능과 안전성을 확보하였는지 운행선
로 시운전 등을 통하여 최종 확인하는 검사

㉯ 철도차량 완성검사증명서 발급조건

ⓐ 철도차량이 철도차량기술기준에 적합하고

ⓑ 형식승인 받은 설계대로 제작되었다고 인정하는 경우

㉰ 완성검사에 필요한 세부적인 기준·절차 및 방법은 국토교통부장관이 정하
여 고시

(8) 철도차량 제작자승인의 취소

① 절대적 취소 (취소하여야 한다)

㉮ 거짓이나 그 밖의 부정한 방법으로 제작자승인을 받은 경우

㉯ 업무정지 기간 중에 철도차량을 제작한 경우

② 재량적 취소 또는 업무제한·정지

승인을 취소하거나 6개월 이내의 기간을 정하여 업무의 제한이나 정지를 명할
수 있다

㉮ 철도차량 품질관리체계의 변경승인을 받지 아니하거나 변경신고를 하지 아
니하고 철도차량을 제작한 경우

㉯ 철도차량 품질관리체계의 지속적 유지를 위한 시정조치명령을 정당한 사유
없이 이행하지 아니한 경우

ⓐ 철도차량 또는 철도용품의 제작·수입·판매 또는 사용의 중지를 명령을 이
행하지 아니하는 경우
③ 철도차량 제작자승인의 취소, 업무의 제한 또는 정지의 기준 및 절차 등에 관
하여 필요한 사항은 **국토교통부령**으로 정한다
　* 철도차량 제작자승인의 취소 등 처분기준 : (별표)

(9) 철도차량 품질관리체계의 유지
① 철도차량 품질관리체계의 검사 종류
　ⓐ 정기검사 : 1년마다 1회 실시
　　철도운영자등이 국토교통부장관으로부터 승인 또는 변경승인 받은 철도차
　　량 품질관리체계를 지속적으로 유지하는지를 점검·확인하기 위하여 정기
　　적으로 실시하는 검사
　ⓑ 수시검사
　　철도운영자등이 철도사고 및 운행장애 등을 발생시키거나 발생시킬 우려가
　　있는 경우에 철도차량 품질관리체계 위반사항 확인 및 안전관리체계 위해
　　요인 사전예방을 위해 수행하는 검사
② 정기·수시검사 시행시 검사계획 통보 : 검사 시행일 15일 전까지
③ 검사계획에 포함하는 내용
　㉮ 검사반의 구성
　㉯ 검사 일정 및 장소
　㉰ 검사 수행 분야 및 검사 항목
　㉱ 중점 검사 사항
　㉲ 그 밖에 검사에 필요한 사항
④ 검사 결과보고서에 포함할 내용
　㉮ 철도차량 품질관리체계의 검사 개요 및 현황
　㉯ 철도차량 품질관리체계의 검사 과정 및 내용
　㉰ 철도차량 품질관리체계의 지속적 유지를 위한 시정조치 사항
　　* 시정조치를 명하는 경우에는 시정에 필요한 적정한 기간을 주어야 한다
⑤ 정기검사 또는 수시검사에 관한 세부적인 기준·방법 및 절차는 국토교통부장
관이 정하여 고시

(10) 과징금
① 과징금 부과권자 : 국토교통부장관

② 과징금을 부과할 수 있는 경우

   ㉮ 업무의 제한이나 정지를 명하여야 하는 경우로서

   ㉯ 그 업무의 제한이나 정지가 철도 이용자 등에게 심한 불편을 주거나 그 밖에 공익을 해할 우려가 있는 경우에

   ㉰ 업무의 제한이나 정지를 갈음하여 부과할 수 있다

③ 과징금 부과금액 한도 : 30억원 이하

④ 과징금을 부과하는 위반행위의 종류, 과징금의 금액 : (별표29)

⑤ 기타 과징금의 부과, 납부 등은 <안전관리체계>의 과징금 규정을 적용

5 철도용품 제작자승인

(1) 승인의 신청 및 승인

① 신청자

   ㉮ 형식승인을 받은 철도용품을 제작하려는 자

   ㉯ 외국에서 대한민국에 수출할 목적으로 제작하는 경우를 포함

② 승인권자 : 국토교통부장관

③ 승인내용

   국토교통부령으로 정하는 바에 따라 철도용품의 제작을 위한 인력, 설비, 장비, 기술 및 제작검사 등 철도용품의 적합한 제작을 위한 유기적 체계(철도용품 품질관리체계)를 갖추고 있는지에 대하여 국토교통부장관으로부터 제작자승인을 받아야 한다

④ 철도차량 제작자 승인의 변경

   ㉮ 기본 : 국토교통부장관의 변경승인을 받아야 한다

   ㉯ 경미한 변경

      ⓐ **국토교통부령**이 정하는 경미한 사항을 변경하려는 경우에는 국토교통부장관에게 신고

      ⓑ 경미한 변경에 해당하는 경우

         ㈀ 철도용품 제작자의 조직변경에 따른 품질관리조직 또는 품질관리책임자에 관한 사항의 변경

         ㈁ 법령 또는 행정구역의 변경 등으로 인한 품질관리규정의 세부내용의 변경

         ㈂ 서류간 불일치 사항 및 품질관리규정의 기본방향에 영향을 미치지 아니하는 사항으로써 그 변경근거가 분명한 사항의 변경

(2) 제작자 승인검사

① 검사이유

㉮ 제작자승인을 하는 경우에는 해당 철도용품 품질관리체계가 국토교통부장
관이 정하여 고시하는 철도용품의 제작관리 및 품질유지에 필요한 기술기
준에 적합한지에 대하여

㉯ **국토교통부령**으로 정하는 바에 따라 철도용품 제작자승인검사 시행

② 제작자승인검사를 면제할 수 있는 경우

㉮ 국토교통부장관은 **대통령령**으로 정하는 경우에는 제작자승인 대상에서 제
외하거나 제작자승인검사의 전부 또는 일부를 면제할 수 있다

ⓐ 면제할 수 있는 경우

대한민국이 체결한 협정 또는 대한민국이 가입한 협약에 따라 제작자승
인이 면제되거나 제작자승인검사의 전부 또는 일부가 면제되는 경우

ⓑ 면제 범위

대한민국이 체결한 협정 또는 대한민국이 가입한 협약에서 정한 면제 범위

③ 형식승인 표시

㉮ 제작자승인을 받은 자는 해당 철도용품에 대하여 **국토교통부령**으로 정하는
바에 따라 형식승인을 받은 철도용품임을 나타내는 형식승인표시를 하여야
한다

㉯ 형식승인품의 표시내용

ⓐ 형식승인품명 및 형식승인번호

ⓑ 형식승인품명의 제조일

ⓒ 형식승인품의 제조자명

(제조자임을 나타내는 마크 또는 약호를 포함)

ⓓ 형식승인기관의 명칭

㉰ 형식승인품의 표시는 국토교통부장관이 정하여 고시하는 표준도안에 따름

(3) 철도용품 제작자승인 신청

① 철도용품 제작자승인신청서에 첨부 서류

㉮ 철도용품의 제작관리 및 품질유지에 필요한 기술기준(철도용품제작자승인
기준)에 대한 적합성 입증계획서 및 입증자료

㉯ 철도용품 품질관리체계서 및 설명서

㉰ 철도용품 제작 명세서 및 설명서

  ㉰ 제작자승인 또는 제작자승인검사의 면제 대상에 해당하는 경우 그 입증서류

  ㉱ 그 밖에 철도용품제작자승인기준에 적합함을 입증하기 위하여 국토교통부 장관이 필요하다고 인정하여 고시하는 서류

   * 단, 대한민국이 체결한 협정 또는 대한민국이 가입한 협약에 따라 제작자 승인이 면제되는 경우에는 그 입증서류만 첨부

② 철도용품 제작자변경승인신청서 첨부 서류

  ㉮ 해당 철도용품의 철도용품 제작자승인증명서

  ㉯ 철도용품 제작자승인신청서에 첨부 서류

   (변경되는 부분 및 그와 연관되는 부분에 한정)

  ㉰ 변경 전후의 대비표 및 해설서

③ 경미한 사항을 변경시 철도용품 제작자변경신고서에 첨부 서류

  ㉮ 해당 철도용품의 철도용품 제작자승인증명서

  ㉯ 경미한 사항의 변경에 해당함을 증명하는 서류

  ㉰ 변경 전후의 대비표 및 해설서

  ㉱ 변경 후의 철도용품 품질관리체계

  ㉲ 철도용품제작자승인기준에 대한 적합성 입증자료

   (변경되는 부분 및 그와 연관되는 부분에 한정)

④ 검사계획서 통보

 국토교통부장관은 철도용품 제작자승인 또는 변경승인 신청을 받은 경우에 15 일 이내에 승인 또는 변경승인에 필요한 검사 등의 계획서를 작성하여 신청인 에게 통보하여야 한다

(4) 철도용품 제작자승인검사의 방법

① 철도용품 제작자승인검사의 종류

  ㉮ 품질관리체계의 적합성검사

   해당 철도용품의 품질관리체계가 철도용품제작자승인기준에 적합한지 여 부에 대한 검사

  ㉯ 제작검사

   해당 철도용품에 대한 품질관리체계 적용 및 유지 여부 등을 확인하는 검사

② 철도용품제작자승인기준에 적합한 경우 신청인에게 발급하는 서류

  ㉮ 철도용품 제작자승인증명서 또는 철도용품 제작자변경승인증명서

  ㉯ 제작할 수 있는 철도용품의 형식에 대한 목록을 적은 제작자승인지정서

③ 철도용품 제작자승인검사에 관한 세부적인 기준·절차 및 방법은 국토교통부장관이 정하여 고시

(5) 철도용품 제작자 승인의 결격사유 : 철도차량 제작자 승인과 같음

(6) 제작사승인을 받은 자의 지위 승계 : 철도차량 제작자 승인과 같음

(7) 철도용품 제작자승인의 취소 : 철도차량 제작자 승인과 같음

(8) 철도용품 품질관리체계의 유지 : 철도차량 제작자 승인과 같음

6 철도차량·철도용품 검사업무의 위탁 및 형식승인의 사후관리

(1) 검사 업무의 위탁

① 국토교통부장관은 다음 업무를 **대통령령**으로 정하는 바에 따라 관련 기관 또는 단체에 위탁할 수 있다

㉮ 위탁기관 : 한국철도기술연구원 및 한국교통안전공단에 위탁

㉯ 위탁업무

ⓐ 철도차량 형식승인검사

ⓑ 철도차량 제작자승인검사

ⓒ 철도차량 완성검사 업무중 주행시험(완성차량검사 제외)

ⓓ 철도용품 형식승인검사

ⓔ 철도용품 제작자승인검사

② 완성차량검사의 위탁

㉮ 대상

국토교통부장관은 철도차량 완성검사 업무 중 **국토교통부령**으로 정하는 업무 (완성차량검사)

㉯ 위탁기관

국토교통부장관이 지정하여 고시하는 철도안전에 관한 전문기관 또는 단체에 위탁

(2) 형식승인 등의 사후관리

① 철도차량·철도용품의 확인·점검

㉮ 확인·점검이유

국토교통부장관은 형식승인을 받은 철도차량 또는 철도용품의 안전 및 품질의 확인·점검을 위하여 필요하다고 인정하는 경우

㉯ 확인·점검 조치자 : 소속 공무원에게 조치를 하게 할 수 있다

ⓒ 공무원의 증표 제시

조사 · 열람 또는 검사 등을 하는 공무원은 그 권한을 표시하는 증표를 지니고 이를 관계인에게 제시하여야 한다

ⓔ 확인 · 점검 조치내용

ⓐ 철도차량 또는 철도용품이 기술기준에 적합한지에 대한 조사

ⓑ 철도차량 또는 철도용품 형식승인 및 제작자승인을 받은 자의 관계 장부 또는 서류의 열람 · 제출

ⓒ 철도차량 또는 철도용품에 대한 수거 · 검사

ⓓ 철도차량 또는 철도용품의 안전 및 품질에 대한 전문연구기관에의 시험 · 분석 의뢰

ⓔ 그 밖에 철도차량 또는 철도용품의 안전 및 품질에 대한 긴급한 조사를 위하여 **국토교통부령**으로 정하는 사항

㉠ 사고가 발생한 철도차량 또는 철도용품에 대한 철도운영 적합성 조사

㉡ 장기 운행한 철도차량 또는 철도용품에 대한 철도운영 적합성 조사

㉢ 철도차량 또는 철도용품에 결함이 있는지의 여부에 대한 조사

② 확인 · 점검의 거부 · 방해 · 기피 금지

㉮ 대상자

ⓐ 철도차량 또는 철도용품 형식승인 및 제작자승인을 받은 자

ⓑ 철도차량 또는 철도용품의 소유자 · 점유자 · 관리인

㉯ 금지행위

정당한 사유 없이 조사 · 열람 · 수거 등을 거부 · 방해 · 기피하여서는 아니된다

③ 철도차량 완성검사 자가 철도차량을 판매하는 경우의 의무

㉮ 의무사항

ⓐ 철도차량정비에 필요한 부품을 공급할 것

ⓑ 철도차량을 구매한 자에게 철도차량정비에 필요한 기술지도 · 교육과 정비매뉴얼 등 정비 관련 자료를 제공할 것

㉯ 의무사항 미이행시 이행을 명할 수 있다

ⓐ 철도차량 판매자가 이행해야 할 구체적 조치사항 및 이행 기간 등을 명시하여

ⓑ 서면(전자문서 포함)으로 통지

ⓒ 판매자와 구매자간의 분쟁 조정을 위하여 부품 제작업체, 정밀안전진단기관 또는 학계 등 관련분야 전문가의 의견을 들을 수 있다

④ 철도차량 부품의 안정적 공급

　㉮ 안정적인 공급 대상

　　철도차량 정비에 필요한 부품의 종류 및 공급하여야 하는 기간, 기술지도·교육 대상과 방법, 철도차량정비 관련 자료의 종류 및 제공 방법 등에 필요한 사항은 **국토교통부령**으로 정한다

　㉯ 공급 기간 : 철도차량의 완성검사를 받은 날부터 20년 이상

　㉰ 철도차량판매자가 구매자(정비자 포함)에게 공급할 품목

　　ⓐ 국토교통부장관이 형식승인 대상으로 고시하는 철도용품

　　ⓑ 철도차량의 동력전달장치(엔진, 변속기, 감속기, 견인전동기 등), 주행·제동장치 또는 제어장치 등이 고장난 경우 해당 철도차량 자력(自力)으로 계속 운행이 불가능하여 다른 철도차량의 견인을 받아야 운행할 수 있는 부품

　　ⓒ 그 밖에 철도차량 판매자와 철도차량 구매자의 계약에 따라 공급하기로 약정한 부품

　㉱ 공급 관련사항

　　ⓐ 공급의 예외

　　　철도차량 판매자가 철도차량 구매자와 협의하여 철도차량 판매자가 공급하는 부품 외의 다른 부품의 사용이 가능하다고 약정하는 경우에는 철도차량 판매자는 해당 부품을 철도차량 구매자에게 공급하지 않을 수 있다

　　ⓑ 부품의 형식·규격의 일치

　　　철도차량 판매자가 철도차량 구매자에게 제공하는 부품의 형식 및 규격은 철도차량 판매자가 판매한 철도차량과 일치해야 한다

　　ⓒ 부품 가격의 합리적 결정

　　　철도차량 판매자는 자신이 판매 또는 공급하는 부품의 가격을 결정할 때 해당 부품의 제조원가(개발비용 포함) 등을 고려하여 신의성실의 원칙에 따라 합리적으로 결정

⑤ 철도차량 구매자에게 자료제공·기술지도 및 교육의 시행

　㉮ 제공 자료

　　ⓐ 해당 철도차량이 최적의 상태로 운용되고 유지보수 될 수 있도록 철도차량시스템 및 각 장치의 개별부품에 대한 운영 및 정비 방법 등에 관한 유지보수 기술문서

　　　㉠ 부품의 재고관리, 주요 부품의 교환주기, 기록관리 사항

ⓛ 유지보수에 필요한 설비 또는 장비 등의 현황

ⓒ 유지보수 공정의 계획 및 내용

（일상 유지보수, 정기 유지보수, 비정기 유지보수 등）

ⓛ 철도차량이 최적의 상태를 유지할 수 있도록 유지보수 단계별로 필요한 모든 기능 및 조치를 상세하게 적은 기술문서

ⓑ 철도차량 운전 및 주요 시스템의 작동방법, 응급조치 방법, 안전규칙 및 절차 등에 대한 설명서 및 고장수리 절차서

ⓒ 철도차량 판매자 및 철도차량 구매자의 계약에 따라 공급하기로 약정하는 각종 기술문서

ⓓ 해당 철도차량에 대한 고장진단기(고장진단기의 원활한 작동을 위한 소프트웨어를 포함한다) 및 그 사용 설명서

ⓔ 철도차량의 정비에 필요한 특수공기구 및 시험기와 그 사용 설명서

ⓕ 그 밖에 철도차량 판매자와 철도차량 구매자의 계약에 따라 제공하기로 한 자료

㉯ 기술지도 또는 교육 시행방법

ⓐ CD, DVD 등 영상녹화물의 제공을 통한 시청각 교육

ⓑ 교재 및 참고자료의 제공을 통한 서면 교육

ⓒ 그 밖에 철도차량 판매자와 철도차량 구매자의 계약 또는 협의에 따른 방법

㉰ 집합교육 또는 현장교육 실시

ⓐ 실시대상

㉠ 철도차량 판매자가 해당 철도차량 정비기술의 효과적인 보급을 위하여 필요하다고 인정하는 경우

ⓛ 철도차량 구매자가 해당 철도차량 정비기술을 효과적으로 배우기 위해 집합교육 또는 현장교육이 필요하다고 요청하는 경우

ⓑ 철도차량 판매자와 구매자는 집합교육 또는 현장교육의 시기, 대상, 기간, 내용 및 비용 등을 협의

㉱ 자료제공 및 교육시행 시기

ⓐ 철도차량의 인도예정일 3개월 전까지

ⓑ 단, 철도차량 구매자가 따로 요청하거나 철도차량 판매자와 철도차량 구매자가 합의하는 경우에는 기술지도 또는 교육의 시기, 기간 및 방법 등을 따로 정할 수 있다

⑩ 유상으로 제공시 가격·비용의 합리적 결정

철도차량 판매자가 해당 철도차량 구매자에게 고장진단기 등 장비·기구 등의 제공 및 기술지도·교육을 유상으로 시행하는 경우에는 유사 장비·물품의 가격 및 유사 교육비용 등을 기초로 하여 합리적인 기준에 따라 비용을 결정

7 철도차량·철도용품의 제작 또는 판매 중지

(1) 제작·수입·판매 또는 사용의 중지

① 절대적 중지 : 형식승인이 취소된 경우 (사용의 중지를 명하여야 한다)

② 재량적 중지 (사용의 중지를 명할 수 있다)

㉮ 변경승인 이행명령을 받은 경우

㉯ 완성검사를 받지 아니한 철도차량을 판매한 경우

(판매 또는 사용의 중지명령만 해당)

㉰ 형식승인을 받은 내용과 다르게 철도차량 또는 철도용품을 제작·수입·판매한 경우

(2) 중지명령을 받은 제작자의 시정조치

① 시정조치 이행

㉮ **국토교통부령**으로 정하는 바에 따라 해당 철도차량 또는 철도용품의 회수 및 환불 등에 관한 시정조치계획을 작성하여 국토교통부장관에게 제출하고 이 계획에 따른 시정조치

㉯ 시정조치계획서에 포함하는 내용

ⓐ 해당 철도차량 또는 철도용품의 명칭, 형식승인번호 및 제작연월일

ⓑ 해당 철도차량 또는 철도용품의 위반경위, 위반정도 및 위반결과

ⓒ 해당 철도차량 또는 철도용품의 제작 수 및 판매 수

ⓓ 해당 철도차량 또는 철도용품의 회수, 환불, 교체, 보수 및 개선 등 시정 계획

ⓔ 해당 철도차량 또는 철도용품의 소유자·점유자·관리자 등에 대한 통지문 또는 공고문

㉰ 시정조치의 진행상황 보고

ⓐ 시정조치가 완료될 때까지

매 분기마다 분기 종료 후 20일 이내에 국토교통부장관에게 시정조치의 진행상황을 보고

ⓑ 시정조치를 완료한 경우

완료후 20일 이내에 그 시정내용을 국토교통부장관에게 보고

㉣ 시정조치의 면제

ⓐ 면제 대상

㉠ 변경승인 이행명령을 받은 경우

㉡ 완성검사를 받지 아니한 철도차량을 판매한 경우

(판매 또는 사용의 중지명령만 해당)

ⓑ 면제 조건

위반경위, 위반정도 및 위반효과 등이 **국토교통부령**으로 정하는 경미한 경우

㉠ 구조안전 및 성능에 영향을 미치지 아니하는 형상의 변경 위반

㉡ 안전에 영향을 미치지 아니하는 설비의 변경 위반

㉢ 중량분포에 영향을 미치지 아니하는 장치 또는 부품의 배치 변경 위반

㉣ 동일 성능으로 입증할 수 있는 부품의 규격 변경 위반

㉤ 안전, 성능 및 품질에 영향을 미치지 아니하는 제작과정의 변경 위반

㉥ 그 밖에 철도차량 또는 철도용품의 안전 및 성능에 영향을 미치지 아니한다고 국토교통부장관이 인정하여 고시하는 경우

ⓒ 시정조치 면제 신청

㉠ 시정조치의 면제를 받으려는 제작자는 **대통령령**으로 정하는 바에 따라 국토교통부장관에게 그 시정조치의 면제 신청

㉡ 면제신청 기한 : 중지명령을 받은 날부터 15일 이내

8 표준화

(1) 표준규격 제정

① 제정 목적

국토교통부장관은 철도의 안전과 호환성의 확보 등을 위하여 철도차량 및 철도용품의 표준규격을 정한다

② 표준규격의 제정·개정 등에 필요한 사항은 **국토교통부령**으로 정한다

㉮ 철도표준규격의 제정절차

국토교통부장관은 철도차량이나 철도용품의 표준규격(철도표준규격)을 제정·개정하거나 폐지하려는 경우에는 기술위원회의 심의를 거쳐야 한다

㉯ 공청회 개최

국토교통부장관은 철도표준규격을 제정·개정하거나 폐지하는 경우에 필요

한 경우에는 공청회 등을 개최하여 이해관계인의 의견을 들을 수 있다

   ⓓ 철도표준규격 관보 고시

   국토교통부장관은 철도표준규격을 제정·개정하거나 폐지한 경우에는 해당 철도표준규격의 명칭·번호 및 제정 연월일 등을 관보에 고시

   ⓔ 철도표준규격의 정기적 타당성 확인

   국토교통부장관은 철도표준규격을 고시한 날부터 3년마다 타당성을 확인하여 필요한 경우에는 철도표준규격을 개정하거나 폐지할 수 있다. 단, 철도기술의 향상 등으로 필요가 있다고 인정하는 때에는 3년 이내에도 철도표준규격을 개정하거나 폐지할 수 있다

   ⓕ 철도표준규격 제정에 관한 의견서 제출 가능

   철도표준규격의 제정·개정 또는 폐지에 관하여 이해관계가 있는 자는 철도표준규격 제정·개정·폐지 의견서를 한국철도기술연구원에 제출할 수 있다

   <의견서에 첨부서류>

   ⓐ 철도표준규격의 제정·개정 또는 폐지안

   ⓑ 철도표준규격의 제정·개정 또는 폐지안에 대한 의견서

(2) 철도표준규격의 권고

① 권고 대상

   ㉮ 철도운영자등

   ㉯ 철도차량을 제작·조립 또는 수입하려는 자 등(차량제작자등)

② 권고 예외

「산업표준화법」에 따른 한국산업표준이 제정되어 있는 사항에 대하여는 그 표준에 따름

(3) 철도기술심의위원회의 설치

① 철도기술심의위원회의 심의사항

   ㉮ 기술기준의 제정·개정 또는 폐지

   ㉯ 형식승인 대상 철도용품의 선정·변경 및 취소

   ㉰ 철도차량·철도용품 표준규격의 제정·개정 또는 폐지

   ㉱ 철도안전에 관한 전문기관이나 단체의 지정

   ㉲ 그 밖에 국토교통부장관이 필요로 하는 사항

② 철도기술심의위원회의 구성·운영

㉮ 구성인원

ⓐ 위원장을 포함한 15인 이내의 위원으로 구성

ⓑ 위원장은 위원중에서 호선

㉯ 전문위원회 설치 가능

ⓐ 설치목적

㉠ 철도기술심의위원회에 상정할 안건을 미리 검토

㉡ 철도기술심의위원회가 위임한 안건을 심의

ⓑ 철도기술심의위원회에 기술분과별 전문위원회를 둘 수 있다

㉰ 위의 것 외에 철도기술심의위원회 및 전문위원회의 구성·운영 등에 관하여 필요한 사항은 국토교통부장관이 정한다

9 종합시험운행

(1) 종합시험운행 실시

① 실시 대상

㉮ 철도운영자등은 철도노선을 새로 건설하거나

㉯ 기존노선을 개량하여 운영하려는 경우

② 실시 시기 : 정상운행을 하기 전(해당 철도노선의 영업을 개시하기 전)

③ 종합시험운행을 실시한 후 그 결과를 국토교통부장관에게 보고

(2) 개선명령

① 대상

㉮ 기술기준에의 적합 여부

㉯ 철도시설 및 열차운행체계의 안전성 여부

㉰ 정상운행 준비의 적절성 여부 등을 검토하여

② 필요하다고 인정하는 경우에는 개선·시정할 것을 명할 수 있다

(3) 기타 필요한 사항

① 종합시험운행의 실시 시기·방법·기준과 개선·시정 명령 등에 필요한 사항은 **국토교통부령**으로 정한다

② 종합시험운행 실시방법

㉮ 철도운영자와 합동으로 실시

㉯ 철도운영자의 협조

철도운영자는 종합시험운행의 원활한 실시를 위하여 철도시설관리자로부터 철도차량, 소요인력 등의 지원 요청이 있는 경우 특별한 사유가 없는 한

이에 응하여야 한다

③ 종합시험운행계획 수립

㉮ 철도시설관리자는 종합시험운행을 실시하기 전에 철도운영자와 협의하여 종합시험운행계획을 수립

㉯ 종합시험운행계획에 포함할 내용

ⓐ 종합시험운행의 방법 및 절차

ⓑ 평가항목 및 평가기준 등

ⓒ 종합시험운행의 일정

ⓓ 종합시험운행의 실시 조직 및 소요인원

ⓔ 종합시험운행에 사용되는 시험기기 및 장비

ⓕ 종합시험운행을 실시하는 사람에 대한 교육훈련계획

ⓖ 안전관리조직 및 안전관리계획

ⓗ 비상대응계획

ⓘ 그 밖에 종합시험운행의 효율적인 실시와 안전 확보를 위하여 필요한 사항

④ 종합시험운행 사전검토

철도시설관리자는 종합시험운행을 실시하기 전에 철도운영자와 합동으로 해당 철도노선에 설치된 철도시설물에 대한 기능 및 성능 점검결과를 설명한 서류에 대한 검토 등 사전검토를 하여야 한다

⑤ 종합시험운행의 절차 및 순서

㉮ 시설물검증시험

해당 철도노선에서 허용되는 최고속도까지 단계적으로 철도차량의 속도를 증가시키면서 철도시설의 안전상태, 철도차량의 운행적합성이나 철도시설물과의 연계성(Interface), 철도시설물의 정상 작동 여부 등을 확인·점검하는 시험

㉯ 영업시운전

시설물검증시험이 끝난 후 영업 개시에 대비하기 위하여 열차운행계획에 따른 실제 영업상태를 가정하고 열차운행체계 및 철도종사자의 업무숙달 등을 점검하는 시험

⑥ 기존 노선을 개량한 철도노선에 대한 종합시험운행 실시

철도시설관리자는 철도운영자와 협의하여 종합시험운행 일정을 조정하거나 그 절차의 일부를 생략할 수 있다

⑦ 종합시험운행을 실시할 때 안전관리책임자의 수행업무

㉮ 「산업안전보건법」등 관련법령에서 정한 안전조치사항의 점검·확인

㉯ 종합시험운행을 실시하기 전의 안전점검 및 종합시험운행 중 안전관리 감독

㉰ 종합시험운행에 사용되는 철도차량에 대한 안전 통제

㉱ 종합시험운행에 사용되는 안전장비의 점검·확인

㉲ 종합시험운행 참여자에 대한 안전교육

(4) 종합시험운행 결과의 검토 및 개선명령

① 종합시험운행의 결과에 대한 검토는 다음 절차로 구분하여 순서대로 실시

㉮ 「철도의 건설 및 철도시설 유지관리에 관한 법률」에 따른 기술기준에의 적합여부 검토

㉯ 철도시설 및 열차운행체계의 안전성 여부 검토

㉰ 정상운행 준비의 적절성 여부 검토

② 도시철도의 종합시험운행 결과에 대한 검토는 관할 시·도지사와 협의

㉮ 국토교통부장관은 「도시철도법」에 따른 도시철도 또는 도시철도건설사업 또는 도시철도운송사업을 위탁받은 법인이 건설·운영하는 도시철도에 대하여 검토를 하는 경우에는 해당 도시철도의 관할 시·도지사와 협의할 수 있다

㉯ 협의 요청을 받은 시·도지사는 협의를 요청받은 날부터 7일 이내에 의견을 제출하여야 하며, 그 기간 내에 의견을 제출하지 아니하면 의견이 없는 것으로 본다

10 철도차량의 개조

(1) 임의 개조 금지

① 대상자 : 철도차량을 소유하거나 운영하는 자(소유자등)

② 개조내용

철도차량 최초 제작 당시와 다르게 구조, 부품, 장치 또는 차량성능 등에 대한 개량 및 변경 등(개조)

③ 철도차량의 개조를 임의로 하고 운행하여서는 아니 된다

(2) 개조 승인

① 소유자등이 철도차량을 개조하여 운행하려면 제26조제3항에 따른 철도차량의 기술기준에 적합한지에 대하여 **국토교통부령**으로 정하는 바에 따라 국토교통

부장관의 승인(개조승인)을 받아야 한다

② 철도차량 개조승인신청서에 첨부 서류
  ㉮ 개조 대상 철도차량 및 수량에 관한 서류
  ㉯ 개조의 범위, 사유 및 작업 일정에 관한 서류
  ㉰ 개조 전·후 사양 대비표
  ㉱ 개조에 필요한 인력, 장비, 시설 및 부품 또는 장치에 관한 서류
  ㉲ 개조작업수행 예정자의 조직·인력 및 장비 등에 관한 현황과 개조작업수행
     에 필요한 부품, 구성품 및 용역의 내용에 관한 서류. 단, 개조작업수행 예
     정자를 선정하기 전인 경우에는 개조작업수행 예정자 선정기준에 관한 서류
  ㉳ 개조 작업지시서
  ㉴ 개조하고자 하는 사항이 철도차량기술기준에 적합함을 입증하는 기술문서

③ 개조검사 계획서를 신청인에게 통지
  국토교통부장관은 철도차량 개조승인 신청을 받은 경우에는 그 신청서를 받은
  날부터 15일 이내에 개조승인에 필요한 검사내용, 시기, 방법 및 절차 등을 적
  은 개조검사 계획서를 신청인에게 통지

(3) 경미한 개조의 신고

① **국토교통부령**으로 정하는 경미한 사항을 개조하는 경우에는 국토교통부장관에
   게 신고(개조신고)하여야 한다

② 경미한 개조
  ㉮ 차체구조 등 철도차량 구조체의 개조로 인하여 해당 철도차량의 허용 적재
     하중 등 철도차량의 강도가 100분의 5 미만으로 변동되는 경우
  ㉯ 설비의 변경 또는 교체에 따라 해당 철도차량의 중량 및 중량분포가 다음
     기준 이하로 변동되는 경우
     ⓐ 고속철도차량 및 일반철도차량의 동력차(기관차) : 100분의 2
     ⓑ 고속철도차량 및 일반철도차량의 객차·화차·전기동차·디젤동차 : 100
        분의 4
     ⓒ 도시철도차량 : 100분의 5
  ㉰ 다음에 해당하지 아니하는 장치 또는 부품의 개조 또는 변경
     ⓐ 주행장치 중 주행장치틀, 차륜 및 차축
     ⓑ 제동장치 중 제동제어장치 및 제어기
     ⓒ 추진장치 중 인버터 및 컨버터
     ⓓ 보조전원장치

ⓔ 차상신호장치

(지상에 설치된 신호장치로부터 열차의 운행조건 등에 관한 정보를 수신하여 철도차량의 운전실에 속도감속 또는 정지 등 철도차량의 운전에 필요한 정보를 제공하기 위하여 철도차량에 설치된 장치)

ⓕ 차상통신장치

ⓖ 종합제어장치

ⓗ 철도차량기술기준에 따른 화재시험 대상인 부품 또는 장치

단, 「화재예방, 소방시설 설치·유지 및 안전관리에 관한 법률」에 따른 화재안전기준을 충족하는 부품 또는 장치는 제외

㉝ 국토교통부장관으로부터 철도용품 형식승인을 받은 용품으로 변경하는 경우

㉞ 철도차량 제작자와 철도차량 구매자의 계약에 따른 하자보증 또는 성능개선 등을 위한 장치 또는 부품의 변경

㉟ 철도차량 개조의 타당성 및 적합성 등에 관한 검토·시험을 위한 대표편성 철도차량의 개조에 대하여 한국철도기술연구원의 승인을 받은 경우

㊱ 철도차량의 장치 또는 부품을 개조한 이후 개조 전의 장치 또는 부품과 비교하여 철도차량의 고장 또는 운행장애가 증가하여 개조 전의 장치 또는 부품으로 긴급히 교체하는 경우

㊲ 그밖에 철도차량의 안전, 성능 등에 미치는 영향이 미미하다고 국토교통부장관으로부터 인정을 받은 경우

③ 철도차량의 경미한 개조로 보지 않는 경우

㉮ 철도차량의 유지보수(점검 또는 정비 등) 계획에 따라 일상적·반복적으로 시행하는 부품이나 구성품의 교체·교환

㉯ 철도차량 제작자와의 하자보증계약에 따른 장치 또는 부품의 변경

㉰ 차량 내·외부 도색 등 미관이나 내구성 향상을 위하여 시행하는 경우

㉱ 승객의 편의성 및 쾌적성 제고와 청결·위생·방역을 위한 차량 유지관리

㉲ 다음의 장치와 관련되지 아니한 소프트웨어의 수정

ⓐ 견인장치

ⓑ 제동장치

ⓒ 차량의 안전운행 또는 승객의 안전과 관련된 제어장치

ⓓ 신호 및 통신 장치

㉳ 차체 형상의 개선 및 차내 설비의 개선

㉴ 철도차량 장치나 부품의 배치위치 변경

ⓐ 기존 부품과 동등 수준 이상의 성능임을 제시하거나 입증할 수 있는 부품의 규격 수정

ⓐ 소유자등이 철도차량 개조의 타당성 등에 관한 사전 검토를 위하여 여객 또는 화물 운송을 목적으로 하지 아니하고 철도차량의 시험운행을 위한 전용선로 또는 영업 중인 선로에서 영업운행 종료 이후 30분이 경과된 시점부터 다음 영업운행 개시 30분 전까지 해당 철도차량을 운행하는 경우 (소유자등이 안전운행 확보방안을 수립하여 시행하는 경우에 한한다)

ⓐ 「철도사업법」에 따른 전용철도 노선에서만 운행하는 철도차량에 대한 개조

ⓐ 그 밖에 국토교통부장관으로부터 인정을 받은 경우

④ 경미한 사항의 개조 신고

㉠ 신고시기 : 개조작업 시작예정일 10일 전까지

㉡ 철도차량 개조신고서 첨부 서류

ⓐ 경미한 개조에 해당함을 증명하는 서류

ⓑ 철도차량 개조승인신청서 첨부하는 서류 (개조하고자 하는 사항이 철도차량기술기준에 적합함을 입증하는 기술문서는 제외)

(4) 개조작업 수행자

① 소유자등이 철도차량을 개조하여 개조승인을 받으려는 경우에는 **국토교통부령**으로 정하는 바에 따라 적정 개조능력이 있다고 인정되는 자가 개조 작업을 수행하도록 하여야 한다

② 적정 개조능력이 있다고 인정되는 자

㉠ 개조 대상 철도차량 또는 그와 유사한 성능의 철도차량을 제작한 경험이 있는 자

㉡ 개조 대상 부품 또는 장치 등을 제작하여 납품한 실적이 있는 자

㉢ 개조 대상 부품·장치 또는 그와 유사한 성능의 부품·장치 등을 1년 이상 정비한 실적이 있는 자

㉣ 철도차량 인증정비조직

㉤ 개조 전의 부품 또는 장치 등과 동등 수준 이상의 성능을 확보할 수 있는 부품 또는 장치 등의 신기술을 개발하여 해당 부품 또는 장치를 철도차량에 설치 또는 개량하는 자

(5) 개조승인검사 시행

① 국토교통부장관은 개조승인을 하려는 경우에는 해당 철도차량이 철도차량의 기술기준에 적합한지에 대하여 개조승인검사를 하여야 한다

② 개조적합성검사의 종류

㉮ 개조적합성 검사

철도차량의 개조가 철도차량기술기준에 적합한지 여부에 대한 기술문서 검사

㉯ 개조합치성 검사

해당 철도차량의 대표편성에 대한 개조작업이 제1호에 따른 기술문서와 합치하게 시행되었는지 여부에 대한 검사

㉰ 개조형식시험

철도차량의 개조가 부품단계, 구성품단계, 완성차단계, 시운전단계에서 철도차량기술기준에 적합한지 여부에 대한 시험

(6) 개조에 필요한 사항

개조승인절차, 개조신고절차, 승인방법, 검사기준, 검사방법 등에 대하여 필요한 사항은 **국토교통부령**으로 정한다

11 철도차량의 운행제한 및 이력관리

(1) 철도차량의 운행제한

① 운행 제한을 명할 수 있는 경우

㉮ 소유자등이 개조승인을 받지 아니하고 임의로 철도차량을 개조하여 운행하는 경우

㉯ 철도차량이 철도차량의 기술기준에 적합하지 아니한 경우

<소유자등에게 사전통보>

국토교통부장관은 운행제한을 명하는 경우 사전에 그 목적, 기간, 지역, 제한내용 및 대상 철도차량의 종류와 그 밖에 필요한 사항을 해당 소유자등에게 통보

② 철도차량의 운행제한 처분기준

소유자등에 대한 철도차량의 운행제한 처분기준 : (별표)

③ 철도차량의 운행제한에 대한 과징금의 부과·징수

㉮ 과징금 관련내용 : <안전관리체계>와 같음

㉯ 과징금을 부과하는 위반행위의 종류와 과징금의 금액 : (별표31)

(2) 철도차량의 이력관리

① 소유자등은 보유 또는 운영하고 있는 철도차량과 관련한 제작, 운용, 철도차량 정비 및 폐차 등 이력을 관리하여야 한다

㉮ 소유자등은 이력을 국토교통부장관에게 정기적으로 보고

㉯ 국토교통부장관은 보고된 철도차량과 관련한 제작, 운용, 철도차량정비 및 폐차 등 이력을 체계적으로 관리하여야 한다

② 이력을 관리하여야 할 철도차량, 이력관리 항목, 전산망 등 관리체계, 방법 및 절차 등에 필요한 사항은 국토교통부장관이 정하여 고시

③ 누구든지 철도차량의 이력에 대하여 다음의 행위 불가

㉮ 이력사항을 고의 또는 과실로 입력하지 아니하는 행위

㉯ 이력사항을 위조·변조하거나 고의로 훼손하는 행위

㉰ 이력사항을 무단으로 외부에 제공하는 행위

12 철도차량정비

(1) 정비 의무

① 철도운영자등

운행하려는 철도차량의 부품, 장치 및 차량성능등이 안전한 상태로 유지될수 있도록 철도차량정비가 된 철도차량을 운행

② 국토교통부장관

철도차량을 운행하기 위하여 철도차량을 정비하는 때에 준수하여야 할 항목, 주기, 방법 및 절차 등에 관한 기술기준(철도차량정비기술기준)을 정하여 고시

(2) 철도차량정비 또는 원상복구를 명령

① 명령권한

㉮ 명령권자 : 국토교통부장관

㉯ 시정자 : 철도운영자등

② 명령의 구분

㉮ 절대적 명령 (명하여야 한다)

ⓐ 소유자등이 개조승인을 받지 아니하고 철도차량을 개조한 경우

ⓑ **국토교통부령**으로 정하는 철도사고 또는 운행장애 등이 발생한 경우

㈀ 철도차량의 고장 등 철도차량 결함으로 인한 철도사고등으로 국토교통부장관에게 의무보고 대상이 되는 열차사고 또는 위험사고가 발생한 경우

ㄴ 철도차량의 고장 등 철도차량 결함에 따른 철도사고로 사망자가 발생한 경우

ㄷ 동일한 부품·구성품 또는 장치 등의 고장으로 인한 철도사고등으로 국토교통부장관에게 의무보고 대상이 되는 지연운행이 1년에 3회 이상 발생한 경우

ㄹ 그 밖에 철도 운행안전 확보 등을 위해 국토교통부장관이 정하여 고시하는 경우

㉯ 재량적 명령 (명할 수 있다)

철도차량기술기준에 적합하지 아니하거나 안전운행에 지장이 있다고 인정되는 경우

③ 명령관련 조치사항

㉮ 시정에 필요한 기간을 주어야 한다

㉯ 대상 철도차량 및 사유 등을 명시하여 서면(전자문서 포함)으로 통지

㉰ 철도운영자등의 시정조치계획서 작성

ⓐ 제출기한 : 그 명령을 받은 날부터 14일 이내

ⓑ 제출방법

시정조치계획서를 작성하여 서면으로 국토교통부장관에게 제출

㉱ 시정조치를 완료한 경우

지체 없이 그 시정내용을 국토교통부장관에게 서면으로 통지

13 철도차량 정비조직인증

(1) 인증 의무

① 인증을 받아야 하는 자 : 철도차량정비를 하려는 자

② 인증자 : 국토교통부장관

③ 인증조건

철도차량정비에 필요한 인력, 설비 및 검사체계 등에 관한 기준(정비조직인증기준)을 갖추어야 한다

(2) 국토교통부령으로 정하는 경미한 사항(정비조직)은 인증의무가 없음

① 철도차량 정비업무에 상시 종사하는 사람이 50명 미만의 조직

② 「중소기업기본법 시행령」에 따른 소기업 중 해당 기업의 주된 업종이 운수 및 창고업에 해당하는 기업(「통계법」에 따라 통계청장이 고시하는 한국표준산업 분류의 대분류에 따른 운수 및 창고업)

③ 「철도사업법」에 따른 전용철도 노선에서만 운행하는 철도차량을 정비하는 조직

(3) 변경 인증

① 인증받은 사항의 변경시에도 인증의무

인증정비조직이 인증받은 사항을 변경하려는 경우에는 국토교통부장관의 변경 인증을 받아야 한다

② 경미한 사항의 변경은 신고 (인증의무 없음)

㉮ **국토교통부령**으로 정하는 경미한 사항을 변경하는 경우에는 국토교통부장 관에게 신고

㉯ 경미한 사항의 변경(**국토교통부령**)

ⓐ 철도차량 정비를 위한 사업장을 기준으로 철도차량 정비와 관련된 업무 를 수행하는 인력의 100분의 10 이하 범위에서의 변경

ⓑ 철도차량 정비를 위한 사업장을 기준으로 철도차량 정비에 직접 사용되 는 토지 면적의 1만제곱미터 이하 범위에서의 변경

ⓒ 그 밖에 철도차량 정비의 안전 및 품질 등에 중대한 영향을 초래하지 않는 설비 또는 장비 등의 변경

③ 경미한 사항의 변경중 신고를 하지 않을 수 경우

㉮ 철도차량 정비를 위한 사업장을 기준으로 철도차량 정비와 관련된 업무를 수행하는 인력이 100분의 5 이하 범위에서 변경되는 경우

㉯ 철도차량 정비를 위한 사업장을 기준으로 철도차량 정비에 직접 사용되는 면적이 3천제곱미터 이하 범위에서 변경되는 경우

㉰ 철도차량 정비를 위한 설비 또는 장비 등의 교체 또는 개량

㉱ 그 밖에 철도차량 정비의 안전 및 품질 등에 영향을 초래하지 않는 사항의 변경

(4) 정비조직인증서 발급

① 정비조직인증서에 정비조직운영기준을 첨부하여 발급

㉮ 국토교통부장관은 정비조직을 인증하려는 경우에는 **국토교통부령**으로 정하 는 바에 따라 철도차량정비의 종류·범위·방법 및 품질관리절차 등을 정한 세부 운영기준(정비조직운영기준)을 해당 정비조직에 발급하여야 한다

㉯ 정비조직인증기준, 인증절차, 변경인증절차 및 정비조직운영기준 등에 필요한 사항은 **국토교통부령**으로 정한다

② 인증시 정비조직인증기준 적합여부 확인

㉮ 철도차량 정비조직인증 또는 변경인증의 신청을 받으면 정비조직인증기준에 적합한지 여부를 확인

㉯ 세부적인 기준, 절차 및 방법과 정비조직운영기준 등에 관한 세부 사항은 국토교통부장관이 정하여 고시

③ 정비조직인증기준에 적합하다고 인정하는 경우에는 철도차량 정비조직인증서에 철도차량정비의 종류·범위·방법 및 품질관리절차 등을 정한 운영기준(정비조직운영기준)을 첨부하여 신청인에게 발급

(5) 정비조직인증의 신청

① 정비조직인증기준

㉮ 정비조직의 업무를 적절하게 수행할 수 있는 인력을 갖출 것

㉯ 정비조직의 업무범위에 적합한 시설·장비 등 설비를 갖출 것

㉰ 정비조직의 업무범위에 적합한 철도차량 정비매뉴얼, 검사체계 및 품질관리체계 등을 갖출것

② 철도차량 정비조직인증 신청서 제출

㉮ 제출기한 : 철도차량 정비업무 개시예정일 60일 전까지

㉯ 첨부서류

철도차량 정비조직인증 신청서에 정비조직인증기준을 갖추었음을 증명하는 자료를 첨부하여 국토교통부장관에게 제출

③ 인증정비조직 변경인증 신청서 제출

㉮ 제출기한 : 변경내용의 적용 예정일 30일 전까지

㉯ 첨부서류

인증정비조직 변경인증 신청서에 다음의 서류를 첨부하여 국토교통부장관에게 제출

ⓐ 변경하고자 하는 내용과 증명서류

ⓑ 변경 전후의 대비표 및 설명서

④ 인증정비조직의 경미한 사항의 변경에 관한 신고

인증정비조직 변경신고서에 다음의 서류를 첨부하여 국토교통부장관에게 제출

㉮ 변경 예정인 내용과 증명서류

㉯ 변경 전후의 대비표 및 설명서

⑤ 정비조직인증에 관한 세부적인 기준·방법 및 절차 등은 국토교통부장관이 정하여 고시

(6) 정비조직 인증의 결격사유 (법인은 임원 중에 해당하는 사람)

① 피성년후견인 및 피한정후견인

② 파산선고를 받은 자로서 복권되지 아니한 자

③ 정비조직의 인증이 취소된 후 2년이 지나지 아니한 자

    <절대적 취소의 경우는 제외 : 2년이 지나도 인증불가>

    ㉮ 거짓이나 그 밖의 부정한 방법으로 인증을 받은 경우

    ㉯ 고의 또는 중대한 과실로 **국토교통부령**으로 정하는 철도사고 및 중대한 운행장애를 발생시킨 경우

    ㉰ 위 ①, ②항의 결격사유에 해당되어 취소한 경우

④ 이 법을 위반하여 징역 이상의 실형을 선고받고 그 집행이 끝나거나 그 집행이 면제된 날부터 2년이 지나지 아니한 사람

⑤ 이 법을 위반하여 징역 이상의 형의 집행유예를 선고받고 그 유예기간 중에 있는 사람

(7) 인증정비조직의 준수사항

① 철도차량정비기술기준을 준수할 것

② 정비조직인증기준에 적합하도록 유지할 것

③ 정비조직운영기준을 지속적으로 유지할 것

④ 중고 부품을 사용하여 철도차량정비를 할 경우 그 적정성 및 이상 여부를 확인할 것

⑤ 철도차량정비가 완료되지 않은 철도차량은 운행할 수 없도록 관리할 것

(8) 인증정비조직의 인증 취소 처분

① 절대적 취소 (취소하여야 한다)

    ㉮ 거짓이나 그 밖의 부정한 방법으로 인증을 받은 경우

    ㉯ 고의 또는 중대한 과실로 **국토교통부령**으로 정하는 철도사고 및 중대한 운행장애를 발생시킨 경우

        ⓐ 철도사고로 사망자가 발생한 경우

        ⓑ 철도사고 또는 운행장애로 5억원 이상의 재산피해가 발생한 경우

    ㉰ 결격사유중 ①, ②항에 따른 결격사유에 해당하게 된 경우

② 재량적 취소 또는 업무제한·정지

인증을 취소하거나 6개월 이내의 기간을 정하여 업무의 제한이나 정지를 명할 수 있다

㉮ 변경인증을 받지 아니하거나 변경신고를 하지 아니하고 인증받은 사항을 변경한 경우

㉯ 인증정비조직의 준수사항을 위반한 경우

③ 처분결과 통지 및 고시

국토교통부장관은 처분을 한 경우에는 지체 없이 그 인증정비조직에 행정처분서를 통지하고 그 사실을 관보에 고시

④ 정비조직인증의 취소, 업무의 제한 또는 정지의 기준 및 절차 등에 필요한 사항은 **국토교통부령**으로 정한다

(정비조직인증의 취소, 업무의 제한 또는 정지 등 처분기준 : 별표)

(9) 인증정비조직에 대한 과징금의 부과·징수

<안전관리체계의 과징금의 부과·징수방법과 같음> (별표32)

14 철도차량 정밀안전진단

(1) 정밀안전진단의 대상

① 소유자등은 철도차량이 제작된 시점(완성검사필증을 발급받은 날부터 기산)부터 **국토교통부령**으로 정하는 일정기간이 경과되거나

② 일정주행거리가 경과하여 노후된 철도차량을 운행하려는 경우

③ 일정기간마다 물리적 사용가능 여부 및 안전성능 등에 대한 진단(정밀안전진단)을 받아야 한다

④ 정밀안전진단 명령

국토교통부장관은 철도사고 및 중대한 운행장애 등이 발생된 철도차량에 대하여는 소유자등에게 정밀안전진단을 받을 것을 명할 수 있다

이 경우 소유자등은 특별한 사유가 없으면 이에 따라야 한다

(2) 정밀안전진단의 연장 또는 유예

① 연장·유예 사유

㉮ 국토교통부장관은 정밀안전진단 대상이 특정시기에 집중되는 경우나

㉯ 그 밖의 부득이한 사유로 소유자등이 정밀안전진단을 받을 수 없다고 인정될 때에는 그 기간을 연장하거나 유예(猶豫)할 수 있다

② 연장·유예 신청

  ㉮ 신청시기

    ⓐ 정밀안전진단 시기가 도래하기 5년 전까지

    ⓑ 긴급한 사유 등이 있는 경우 정밀안전진단 기간이 도래하기 1년 이전에 신청할 수 있다

  ㉯ 신청방법

    정밀안전진단 기간의 연장 또는 유예를 받고자 하는 철도차량의 종류, 수량, 연장 또는 유예하고자 하는 기간 및 그 사유를 명시하여 국토교통부장관에게 신청

③ 연장·유예 결정

  ㉮ 열차운행계획, 정밀안전진단과 유사한 성격의 점검 또는 정비 시행여부, 정밀안전진단 시행 여건 및 철도차량의 안전성 등에 관한 타당성을 검토하여 결정

  ㉯ 정밀안전진단을 받지 아니하거나 정밀안전진단 결과 또는 정밀안전진단 결과에 대한 평가 결과 계속 사용이 적합하지 아니하다고 인정되는 경우에는 해당 철도차량 운행 불가

(3) 정밀안전진단 기관 등

① 소유자등은 국토교통부장관이 지정한 전문기관(정밀안전진단기관)으로부터 정밀안전진단을 받아야 한다

② 정밀안전진단 등의 기준·방법·절차 등에 필요한 사항은 **국토교통부령**으로 정한다

(4) 정밀안전진단의 시행시기

① 정밀안전진단을 받아야 할 시기

  ㉮ 2014년 3월 19일 이후 구매계약을 체결한 철도차량

    철도차량 완성검사증명서를 발급받은 날부터 20년이 경과하기 전

  ㉯ 2014년 3월 18일까지 구매계약을 체결한 철도차량

    영업시운전을 시작한 날부터 20년이 경과하기 전

② 진단시기의 예외

  ㉮ 잦은 고장·화재·충돌 등으로 ①항 ㉮, ㉯의 구분에 따른 기간이 도래하기 이전에 정밀안전진단을 받은 경우에는 그 정밀안전진단을 최초 정밀안전진단으로 본다

㉯ 국토교통부장관은 철도차량의 정비주기·방법 등 철도차량 정비의 특수성을 고려하여 최초 정밀안전진단 시기 및 방법 등을 따로 정할 수 있고, 사고복구용·작업용·시험용 철도차량과 전용철도 노선에서만 운행하는 철도차량은 해당 철도차량의 제작설명서 또는 구매계약서에 명시된 기대수명 전까지 최초 정밀안전진단을 받을 수 있다

③ 정기 정밀안전진단

㉮ 대상

정밀안전진단 결과 계속 사용할 수 있다고 인정을 받은 철도차량

㉯ 주기

①항 ㉮, ㉯에 따른 기간을 기준으로 5년 마다

㉰ 정기 진단내용

해당 철도차량의 물리적 사용가능 여부 및 안전성능 등

④ 추가 정밀안전진단

㉮ 대상

최초 정밀안전진단 또는 정기 정밀안전진단 후 운행 중 충돌·추돌·탈선·화재 등 중대한 사고가 발생되어 철도차량의 안전성 또는 성능 등에 대한 정밀안전진단이 필요한 철도차량

㉯ 시기

해당 철도차량을 운행하기 전에 정밀안전진단을 받아야 한다

㉰ 추가 정밀안전진단을 받았을 경우 정기 정밀안전진단 시기

직전의 정기 정밀안전진단 결과 계속 사용이 적합하다고 인정을 받은 날을 기준으로 산정

⑤ 상태평가 및 안전성 평가

㉮ 대상

최초 정밀안전진단 또는 정기 정밀안전진단 후 전기·전자장치 또는 그 부품의 전기특성·기계적 특성에 따른 반복적 고장이 3회 이상 발생(실제 운행편성 단위를 기준)한 철도차량

㉯ 시기

반복적 고장이 3회 발생한 날부터 1년 이내

㉰ 평가

해당 철도차량의 고장특성에 따른 상태 평가 및 안전성 평가를 시행

(5) 정밀안전진단의 신청

① 신청시기

소유자등은 정밀안전진단 대상 철도차량의 정밀안전진단 완료 시기가 도래하기 60일 전까지

② 제출장소 : 국토교통부장관이 지정한 정밀안전진단기관

③ 철도차량 정밀안전진단 신청서에 첨부 서류

㉮ 정밀안전진단 계획서

ⓐ 정밀안전진단 대상 차량 및 수량

ⓑ 정밀안전진단 대상 차종별 대상항목

ⓒ 정밀안전진단 일정·장소

ⓓ 안전관리계획

ⓔ 정밀안전진단에 사용될 장비 등의 사용에 관한 사항

ⓕ 그 밖에 정밀안전진단에 필요한 참고자료

㉯ 정밀안전진단 판정을 위한 제작사양, 도면 및 검사성적서, 허용오차 등의 기술자료

㉰ 철도차량의 중대한 사고내역(해당되는 경우 한정)

㉱ 철도차량의 주요부품의 교체내역(해당되는 경우 한정)

㉲ 정밀안전진단 대상 항목의 개조 및 수리 내역(해당되는 경우에 한정)

㉳ 전기특성검사 및 전선열화검사(電線劣化檢査 : 전선을 대상으로 외부적·내부적 영향에 따른 화학적·물리적 변화를 측정하는 검사) 시험성적서(해당되는 경우에 한정)

④ 정밀안전진단기관의 조치

㉮ 소유자등으로부터 제출 받은 정밀안전진단 신청서의 보완을 요청할 수 있다

㉯ 정밀안전진단기관은 철도차량 정밀안전진단의 신청을 받은 때에는 제출된 서류를 검토한 후 신청인과 협의하여 정밀안전진단 계획서를 확정하고 신청인 및 한국교통안전공단에게 이를 통보

⑤ 정밀안전진단계획서 변경

정밀안전진단 신청인은 정밀안전진단 계획서의 변경이 필요한 경우 정밀안전진단기관에게 제출하는 서류

㉮ 변경하고자 하는 내용

㉯ 변경하고자 하는 사유 및 설명자료

(6) 철도차량 정밀안전진단의 방법

① 정밀안전진단의 구분

㉮ 상태 평가 : 철도차량의 치수 및 외관검사

㉯ 안전성 평가 : 결함검사, 전기특성검사 및 전선열화검사

㉰ 성능 평가 : 역행시험, 제동시험, 진동시험 및 승차감시험

② 정밀안전진단의 시기, 기준, 방법 및 절차 등에 관하여 필요한 사항은 국토교통부장관이 정하여 고시

(7) 정밀안전진단 기관의 지정

① 지정 이유

㉮ 국토교통부장관은 원활한 정밀안전진단 업무 수행을 위하여 정밀안전진단 기관을 지정 (철도차량 정밀안전진단 기관 지정서 발급)

㉯ 정밀안전진단 기관이 지정기준에 적합한 지의 여부를 매년 심사

㉰ 정밀안전진단 기관의 업무

ⓐ 해당 업무분야의 철도차량에 대한 정밀안전진단 시행

ⓑ 정밀안전진단의 항목 및 기준에 대한 조사·검토

ⓒ 정밀안전진단의 항목 및 기준에 대한 제정·개정 요청

ⓓ 정밀안전진단의 기록 보존 및 보호에 관한 업무

ⓔ 그 밖에 국토교통부장관이 필요하다고 인정하는 업무

㉱ 정밀안전진단 기관의 지정기준, 지정절차 등에 필요한 사항은 **국토교통부령**으로 정한다

② 지정의 취소

㉮ 절대적 취소

ⓐ 거짓이나 그 밖의 부정한 방법으로 지정을 받은 경우

ⓑ 업무정지명령을 위반하여 업무정지 기간 중에 정밀안전진단 업무를 한 경우

ⓒ 정밀안전진단 업무와 관련하여 부정한 금품을 수수(收受)하거나 그 밖의 부정한 행위를 한 경우

㉯ 재량적 취소 또는 업무정지

지정을 취소하거나 6개월 이내의 기간을 정하여 그 업무의 전부 또는 일부의 정지를 명할 수 있다

ⓐ 정밀안전진단 결과를 조작한 경우

ⓑ 정밀안전진단 결과를 거짓으로 기록하거나 고의로 결과를 기록하지 아니한 경우

ⓒ 성능검사 등을 받지 아니한 검사용 기계·기구를 사용하여 정밀안전진단을 한 경우

ⓓ 정밀안전진단 결과를 평가한 결과 고의 또는 중대한 과실로 사실과 다르게 진단하는 등 정밀안전진단 업무를 부실하게 수행한 것으로 평가된 경우

㉰ 지정취소하거나 업무정지의 처분을 한 경우에는 정밀안전진단기관 행정처분서를 통지하고 그 사실을 관보에 고시

㉱ 정밀안전진단기관의 지정취소 및 업무정지의 기준 : (별표)

③ 정밀안전진단기관의 지정기준 및 절차

㉮ 철도차량 정밀안전진단기관 지정신청서에 첨부 서류

ⓐ 운영계획서

ⓑ 정관이나 이에 준하는 약정(법인이나 단체의 경우만 해당한다)

ⓒ 정밀안전진단을 담당하는 전문인력의 보유현황 및 기술인력의 자격·학력·경력등을 증명할수 있는 서류

ⓓ 정밀안전진단업무규정

ⓔ 정밀안전진단에 필요한 시설 및 장비 내역서

ⓕ 정밀안전진단기관에서 사용하는 직인의 인영

㉯ 정밀안전진단기관의 지정기준

ⓐ 정밀안전진단업무를 수행할 수 있는 상설 전담조직을 갖출 것

ⓑ 정밀안전진단업무를 수행할 수 있는 기술 인력을 확보할 것

ⓒ 정밀안전진단업무를 수행하기 위한 설비와 장비를 갖출 것

ⓓ 정밀안전진단기관의 운영 등에 관한 업무규정을 갖출 것

ⓔ 지정 신청일 1년 이내에 정밀안전진단기관 지정취소 또는 업무정지를 받은 사실이 없을 것

ⓕ 정밀안전진단 외의 업무를 수행하고 있는 경우 그 업무를 수행함으로 인하여 정밀안전진단업무가 불공정하게 수행될 우려가 없을 것

ⓖ 철도차량을 제조 또는 판매하는 자가 아닐 것

ⓗ 그 밖에 국토교통부장관이 정하여 고시하는 정밀안전진단기관의 지정 세부기준에 맞을 것

㉰ 지정내용 변경시 통보

ⓐ 통보대상

㉠ 명칭·대표자·소재지

㉡ 정밀안전진단 업무의 수행에 중대한 영향을 미치는 사항의 변경이 있는 경우

ⓑ 통보시기

사유가 발생한 날부터 15일 이내에 국토교통부장관에게 그 사실을 통보해야 한다

㉣ 지정내용 고시

ⓐ 국토교통부장관은 정밀안전진단기관을 지정하거나 변경에 따른 통보를 받은 경우에는 지체 없이 관보에 고시

ⓑ 국토교통부장관이 정하여 고시하는 경미한 사항은 제외

㉤ 정밀안전진단기관의 지정기준 및 지정절차 등에 관하여 필요한 사항은 국토교통부장관이 정하여 고시

④ 정밀안전진단 결과의 평가

㉮ 국토교통부장관은 정밀안전진단기관의 부실 진단을 방지하기 위하여 소유자등이 정밀안전진단을 받은 경우 정밀안전진단기관이 수행한 해당 정밀안전진단의 결과를 평가할 수 있다

㉯ 국토교통부장관은 정밀안전진단기관 또는 소유자등에게 평가에 필요한 자료를 제출하도록 요구할 수 있다. 이 경우 자료의 제출을 요구받은 자는 특별한 사유가 없으면 이에 따라야 한다

㉰ 정밀안전진단 결과 평가의 대상, 방법, 절차 등에 필요한 사항은 국토교통부령으로 정한다

⑤ 정밀안전진단 결과의 평가대상·방법·절차

㉮ 정밀안전진단 결과의 평가대상

한국교통안전공단은 다음에 해당하는 경우 정밀안전진단기관이 수행한 해당 정밀안전진단의 결과를 평가한다.

ⓐ 정밀안전진단 실시 후 5년 이내에 차량바퀴가 장착된 틀이나 차체에 균열이 발생하는 등 철도운행안전에 중대한 위험을 발생시킬 우려가 있는 결함이 발견된 경우로서 소유자등이 의뢰하는 경우

ⓑ 정밀안전진단기관이 법 또는 법에 따른 명령을 위반하여 정밀안전진단을 실시함으로써 부실 진단의 우려가 있다고 인정되는 경우

ⓒ 그 밖에 정밀안전진단의 부실을 방지하기 위하여 국토교통부장관이 정하여 고시하는 경우

㉯ 정밀안전진단결과 평가에 포함해야 할 사항

한국교통안전공단이 정밀안전진단결과 평가를 하는 경우에는 다음 사항을 포함하여 평가해야 한다

ⓐ 평가의 방법 및 그 결과의 적정성

ⓑ 정밀안전진단결과 보고서의 종합 검토

ⓒ 그 밖에 철도차량의 운행안전을 위하여 국토교통부장관이 정하여 고시하는 사항

㉰ 평가방법

정밀안전진단결과 평가는 다음의 구분에 따른 방법으로 실시한다. 다만, 서류평가만으로 부실 진단 여부를 판단할 수 있다고 인정되는 경우에는 현장평가를 생략할 수 있다.

ⓐ 서류평가: 정밀안전진단을 적합하게 수행하였는지를 판단하기 위하여 정밀안전진단기관이 제출한 정밀안전진단 계획서 및 정밀안전진단결과 보고서를 대상으로 실시하는 평가

ⓑ 현장평가: 사실관계를 확인하기 위하여 현장에서 실시하는 평가

㉱ 정밀안전진단결과 평가결과의 통보 및 보고

한국교통안전공단은 정밀안전진단결과를 평가한 때에는 평가 종료 후 그 결과를 다음의 자 또는 기관에 통보해야 한다. 다만, 정밀안전진단결과 평가가 종료되기 전에 정밀안전진단기관의 부실진단이 확인된 경우에는 즉시 그 사실을 국토교통부장관에게 보고해야 한다.

ⓐ 정밀안전진단을 요청한 소유자등

ⓑ 철도차량 정밀안전진단 업무를 수행한 정밀안전진단기관

ⓒ 국토교통부장관

㉲ 정밀안전진단결과 평가의 기준, 결과 통보 및 후속조치 등에 관하여 필요한 세부 사항은 국토교통부장관이 정하여 고시한다.

⑥ 정밀안전진단기관에 대한 과징금의 부과·징수

㉮ 부과·징수 절차: <철도안전관리체계>와 같음

㉯ 과징금의 부과기준: (별표33)

■ 철도안전법 시행령 [별표 29] 〈개정 2014.3.18.〉

철도차량 제작자승인 관련 과징금의 부과기준(제25조 관련)

위반행위	근거 법조문	과징금 금액(단위 : 백만원)	
		업무정지 (업무제한)3개월	업무정지 (업무제한)6개월
1. 법 제26조의8에서 준용하는 법 제7조제3항을 위반하여 변경승인을 받지 않고 철도차량을 제작한 경우	법 제26조의7제1항제2호	30	60
2. 법 제26조의8에서 준용하는 법 제7조제3항을 위반하여 변경신고를 하지 않고 철도차량을 제작한 경우		30	60
3. 법 제26조의8에서 준용하는 법 제8조제3항에 따른 시정조치명령을 정당한 사유 없이 이행하지 않은 경우	법 제26조의7제1항제3호	30	60
4. 법 제32조제1항에 따른 명령을 이행하지 않은 경우	법 제26조의7제1항제4호	30	60

■ 철도안전법 시행령 [별표 3] 〈개정 2014.3.18〉

철도용품 제작자승인 관련 과징금의 부과기준(제27조 관련)

위반행위	근거 법조문	과징금 금액(단위 : 백만원)	
		업무정지 (업무제한)3개월	업무정지 (업무제한)6개월
1. 법 제27조의2제4항에서 준용하는 법 제7조제3항을 위반하여 변경승인을 받지 않고 철도용품을 제작한 경우	법 제27조의2제4항에서 준용하는 법 제26조의7제1항제2호	10	20
2. 법 제27조의2제4항에서 준용하는 법 제7조제3항을 위반하여 변경신고를 하지 않고 철도용품을 제작한 경우		10	20
3. 법 제27조의2제4항에서 준용하는 법 제8조제3항에 따른 시정조치명령을 정당한 사유 없이 이행하지 않은 경우	법 제27조의2제4항에서 준용하는 법 제26조의7제1항제3호	10	20
4. 법 제32조제1항에 따른 명령을 이행하지 않은 경우	법 제27조의2제4항에서 준용하는 법 제26조의7제1항제4호	10	20

철도용품 제작자승인 관련 과징금의 부과기준(제27조 관련)

위반행위	근거 법조문	과징금 금액 (단위 : 백만원)	
		업무정지 (업무제한) 3개월	업무정지 (업무제한) 6개월
1. 법 제27조의2제4항에서 준용하는 법 제7조 제3항을 위반하여 변경승인을 받지 않고 철 도용품을 제작한 경우	법제27조의2제4항에서 준용하는 법제26조의7제1항제2호	10	20
2. 법 제27조의2제4항에서 준용하는 법 제7조 제3항을 위반하여 변경신고를 하지 않고 철 도용품을 제작한 경우		10	20
3. 법 제27조의2제4항에서 준용하는 법 제8조 제3항에 따른 시정조치명령을 정당한 사유 없이 이행하지 않은 경우	법제27조의2제4항에서 준용하는 법 제26조의7제1항제3호	10	20
4. 법 제32조제1항에 따른 명령을 이행하지 않 은 경우	법제27조의2제4항에서 준용하는 법제26조의7제1항제4호	10	20

철도차량의 운행제한 관련 과징금의 부과기준(제29조의2 관련)

1. 일반기준

가. 위반행위의 횟수에 따른 과징금의 가중된 부과기준은 최근 2년간 같은 위반행위로 과징금 부과처분을 받은 경우에 적용한다. 이 경우 기간의 계산은 위반행위에 대하여 과징금 부과처분을 받은 날과 그 처분 후 다시 같은 위반행위를 하여 적발된 날을 기준으로 한다.

나. 가목에 따라 가중된 부과처분을 하는 경우 가중처분의 적용 차수는 그 위반행위 전 부과처분 차수(가목에 따른 기간 내에 과징금 부과처분이 둘 이상 있었던 경우에는 높은 차수를 말한다)의 다음 차수로 한다.

다. 위반행위가 둘 이상인 경우로서 각 처분내용이 모두 운행제한인 경우에는 각 처분기준에 따른 과징금을 합산한 금액을 넘지 않는 범위에서 무거운 처분기준에 해당하는 과징금 금액의 2분의 1의 범위에서 가중할 수 있다.

라. 국토교통부장관은 다음의 어느 하나에 해당하는 경우에는 제2호의 개별기준에 따른 과징금 금액의 2분의 1 범위에서 그 금액을 줄일 수 있다. 다만, 과징금을 체납하고 있는 위반행위자의 경우에는 그렇지 않다.

　　1) 위반행위가 사소한 부주의나 오류로 인한 것으로 인정되는 경우

　　2) 위반행위자가 법 위반상태를 시정하거나 해소하기 위한 노력이 인정되는 경우

　　3) 그 밖에 위반행위의 정도, 위반행위의 동기와 그 결과 등을 고려하여 과징금을 줄일 필요가 있다고 인정되는 경우

마. 국토교통부장관은 다음의 어느 하나에 해당하는 경우에는 제2호의 개별기준에 따른 과징금 금액의 2분의 1 범위에서 그 금액을 늘릴 수 있다. 다만, 법 제9조의2제1항에 따른 과징금 금액의 상한을 넘을 수 없다.

　　1) 위반의 내용 및 정도가 중대하여 공중에게 미치는 피해가 크다고 인정되는 경우

　　2) 법 위반상태의 기간이 6개월 이상인 경우

　　3) 그 밖에 위반행위의 정도, 위반행위의 동기와 그 결과 등을 고려하여 과징금을 늘릴 필요가 있다고 인정되는 경우

2. 개별기준

위반행위	근거 법조문	과징금 금액(단위 : 백만원)			
		1차위반	2차위반	3차위반	4차이상위반
가. 철도차량이 법 제26조제3항에 따른 철도차량의 기술기준에 적합하지 않은 경우	법 제38조의3 제1항제2호	–	5	15	30
나. 법 제38조의2제2항 본문을 위반하여 소유자등이 개조승인을 받지 않고 임의로 철도차량을 개조하여 운행하는 경우	법 제38조의3 제1항제1호	5	15	30	50

■ 철도안전법 시행령 [별표 32] 〈신설 2019.6.4.〉

인증정비조직 관련 과징금의 부과기준(제29조의3 관련)

1. 일반기준

가. 위반행위의 횟수에 따른 과징금의 가중된 부과기준은 최근 2년간 같은 위반행위로 과징금 부과처분을 받은 경우에 적용
한다. 이 경우 기간의 계산은 위반행위에 대하여 과징금 부과처분을 받은 날과 그 처분 후 다시 같은 위반행위를 하여
적발된 날을 기준으로 한다.

나. 가목에 따라 가중된 부과처분을 하는 경우 가중처분의 적용 차수는 그 위반행위 전 부과처분 차수(가목에 따른 기간 내
에 과징금 부과처분이 둘 이상 있었던 경우에는 높은 차수를 말한다)의 다음 차수로 한다.

다. 위반행위가 둘 이상인 경우로서 각 처분내용이 업무정지에 갈음하여 부과하는 과징금인 경우에는 각 처분기준에 따른
과징금을 합산한 금액을 넘지 않는 범위에서 가장 무거운 처분기준에 해당하는 과징금 금액의 2분의 1의 범위까지 늘릴
수 있다.

라. 국토교통부장관은 다음의 어느 하나에 해당하는 경우에는 제2호의 개별기준에 따른 과징금 금액의 2분의 1의 범위에서
그 금액을 줄일 수 있다. 다만, 과징금을 체납하고 있는 위반행위자의 경우에는 그렇지 않다.

　　1) 위반행위가 사소한 부주의나 오류로 인한 것으로 인정되는 경우

　　2) 위반행위자가 법 위반상태를 시정하거나 해소하기 위한 노력이 인정되는 경우

　　3) 그 밖에 위반행위의 정도, 위반행위의 동기와 그 결과 등을 고려하여 과징금을 줄일 필요가 있다고 인정되는 경우

마. 국토교통부장관은 다음의 어느 하나에 해당하는 경우에는 제2호의 개별기준에 따른 과징금 금액의 2분의 1의 범위에서
그 금액을 늘릴 수 있다. 다만, 법 제9조의2제1항에 따른 과징금 금액의 상한을 넘을 수 없다.

　　1) 위반의 내용 및 정도가 중대하여 공중에게 미치는 피해가 크다고 인정되는 경우

　　2) 법 위반상태의 기간이 6개월 이상인 경우

　　3) 그 밖에 위반행위의 정도, 위반행위의 동기와 그 결과 등을 고려하여 과징금을 늘릴 필요가 있다고 인정되는 경우

2. 개별기준

가. 법 제38조의10제1항제2호 관련

위반행위	근거법조문	과징금금액
인증정비조직의 중대한 과실로 철도사고 및 중대한 운행장애를 발생시킨 경우	법 제38조의10 제1항제2호	
1) 철도사고로 인하여 다음의 인원이 사망한 경우		
가) 1명 이상 3명 미만		2억원
나) 3명 이상 5명 미만		6억원
다) 5명 이상 10명 미만		12억원
라) 10명 이상		20억원
2) 철도사고 또는 운행장애로 인하여 다음의 재산피해액이 발생한 경우		
가) 5억원 이상 10억원 미만		1억원
나) 10억원 이상 20억원 미만		2억원
다) 20억원 이상		6억원

나. 법 제38조의10제1항제3호 및 제5호 관련

위반행위	근거 법조문	과징금 금액(단위 : 백만원)			
		1차위반	2차위반	3차위반	4차이상위반
1) 법 제38조의7제2항을 위반하여 변경인증을 받지 않거나 변경신고를 하지 않고 인증받은 사항을 변경한 경우	법제38조의10 제1항제3호	5	15	30	50
2) 법 제38조의9에 따른 준수사항을 위반한 경우	법제38조의10 제1항제5호	5	15	30	50

■ 철도안전법 시행령 [별표 33] 〈신설 2019.6.4.〉

정밀안전진단기관 관련 과징금의 부과기준(제29조의4 관련)

1. 일반기준

가. 위반행위의 횟수에 따른 과징금의 가중된 부과기준은 최근 2년간 같은 위반행위로 과징금 부과처분을 받은 경우에 적용한다. 이 경우 기간의 계산은 위반행위에 대하여 과징금 부과처분을 받은 날과 그 처분 후 다시 같은 위반행위를 하여 적발된 날을 기준으로 한다.

나. 가목에 따라 가중된 부과처분을 하는 경우 가중처분의 적용 차수는 그 위반행위 전 부과처분 차수(가목에 따른 기간 내에 과징금 부과처분이 둘 이상 있었던 경우에는 높은 차수를 말한다)의 다음 차수로 한다.

다. 위반행위가 둘 이상인 경우로서 각 처분내용이 업무정지에 갈음하여 부과하는 과징금인 경우에는 각 처분기준에 따른 과징금을 합산한 금액을 넘지 않는 범위에서 가장 무거운 처분기준에 해당하는 과징금 금액의 2분의 1의 범위까지 늘릴 수 있다.

라. 국토교통부장관은 다음의 어느 하나에 해당하는 경우에는 제2호의 개별기준에 따른 과징금 금액의 2분의 1의 범위에서 그 금액을 줄일 수 있다. 다만, 과징금을 체납하고 있는 위반행위자의 경우에는 그렇지 않다.

  1) 위반행위가 사소한 부주의나 오류로 인한 것으로 인정되는 경우

  2) 위반행위자가 법 위반상태를 시정하거나 해소하기 위한 노력이 인정되는 경우

  3) 그 밖에 위반행위의 정도, 위반행위의 동기와 그 결과 등을 고려하여 과징금을 줄일 필요가 있다고 인정되는 경우

마. 국토교통부장관은 다음의 어느 하나에 해당하는 경우에는 제2호의 개별기준에 따른 과징금 금액의 2분의 1의 범위에서 그 금액을 늘릴 수 있다. 다만, 법 제9조의2제1항에 따른 과징금 금액의 상한을 넘을 수 없다.

  1) 위반의 내용 및 정도가 중대하여 공중에게 미치는 피해가 크다고 인정되는 경우

  2) 법 위반상태의 기간이 6개월 이상인 경우

  3) 그 밖에 위반행위의 정도, 위반행위의 동기와 그 결과 등을 고려하여 과징금을 늘릴 필요가 있다고 인정되는 경우

2. 개별기준

위반행위	근거 법조문	과징금 금액(단위 : 백만원)			
		1차위반	2차위반	3차위반	4차이상 위반
1) 법 제38조의13제3항제4호를 위반하여 정밀안전진단 결과를 조작한 경우	법제38조의13제3항제4호	15	50		
2) 법 제38조의13제3항제5호를 위반하여 정밀안전진단 결과를 거짓으로 기록하거나 고의로 결과를 기록하지 않은 경우	법제38조의13제3항제5호	15	50		
3) 법 제38조의13제3항제6호를 위반하여 성능검사 등을 받지 않은 검사용 기계·기구를 사용하여 정밀안전진단을 한 경우	법제38조의13제3항제6호	5	15	30	50

1. 철도안전법에서 승강장에 열차의 출입문과 연동되어 열리고 닫히는 승하차용 출입문 설비를 설치하여야 하는 기준은?

　① 선로로부터의 수직거리가 1,035mm 이상인 승강장
　② 선로로부터의 수직거리가 1,135mm 이상인 승강장
　③ 선로로부터의 수직거리가 1,235mm 이상인 승강장
　④ 선로로부터의 수직거리가 1,335mm 이상인 승강장

　해설 안전법 제25조의2(승하차용 출입문 설비의 설치) 철도시설관리자는 선로로부터의 수직거리가 국토교통부령으로 정하는 기준 이상인 승강장에 열차의 출입문과 연동되어 열리고 닫히는 승하차용 출입문 설비를 설치하여야 한다. 다만, 여러 종류의 철도차량이 함께 사용하는 승강장 등 국토교통부령으로 정하는 승강장의 경우에는 그러하지 아니하다.[본조신설 2018]
　시행규칙 제43조(승하차용 출입문 설비의 설치) ① 법 제25조의2 본문에서 "국토교통부령으로 정하는 기준"이란 1,135밀리미터를 말한다.
　② 법 제25조의2 단서에서 "여러 종류의 철도차량이 함께 사용하는 승강장 등 국토교통부령으로 정하는 승강장"이란 다음 각 호의 어느 하나에 해당하는 승강장으로서 제44조에 따른 철도기술심의위원회에서 승강장에 열차의 출입문과 연동되어 열리고 닫히는 승하차용 출입문 설비(이하 "승강장안전문"이라 한다)를 설치하지 않아도 된다고 심의 · 의결한 승강장을 말한다.
　　1. 여러 종류의 철도차량이 함께 사용하는 승강장으로서 열차 출입문의 위치가 서로 달라 승강장안전문을 설치하기 곤란한 경우
　　2. 열차가 정차하지 않는 선로 쪽 승강장으로서 승객의 선로 추락 방지를 위해 안전난간 등의 안전시설을 설치한 경우
　　3. 여객의 승하차 인원, 열차의 운행 횟수 등을 고려하였을 때 승강장안전문을 설치할 필요가 없다고 인정되는 경우

2. 철도안전법에서 철도기술심의위원회의 심의 · 의결로 승강장안전문을 설치하지 않아도 되는 대상 승강장이 아닌 것은?

　① 열차가 정차하지 않는 선로 쪽 승강장으로서 승객의 선로 추락 방지를 위해 안전난간 등의 안전시설을 설치한 경우
　② 여러 종류의 철도차량이 함께 사용하는 승강장으로서 열차 출입문의 위치가 서로 달라 승강장안전문을 설치하기 곤란한 경우
　③ 선로로부터의 수직거리가 1,135mm 이상인 승강장
　④ 여객의 승하차 인원, 열차의 운행 횟수 등을 고려하였을 때 승강장안전문을 설치할 필요가 없다고 인정되는 경우

　해설 안전법 제25조의2(승하차용 출입문 설비의 설치)
　시행규칙 제43조(승하차용 출입문 설비의 설치) 제②항

정답 1. ② 2. ③

3. 철도차량의 형식승인 신청자와 승인권자가 바르게 짝지어진 것은?

① 국내에서 운행하는 철도차량을 제작하려는 자 – 한국철도기술연구원장

② 철도운영자등 – 국토교통부장관

③ 철도차량을 제작하거나 수입하려는 자 – 국토교통부장관

④ 철도용품 제작자 – 국토교통부장관

해설 안전법 제26조(철도차량 형식승인) ① 국내에서 운행하는 철도차량을 제작하거나 수입하려는 자는 국토교통부령으로 정하는 바에 따라 해당 철도차량의 설계에 관하여 국토교통부장관의 형식승인을 받아야 한다.

4. 철도차량 형식승인을 받은 자가 승인받은 내용 중 경미한 사항의 변경으로 국토교통부장관에게 신고 가능한 변경이 아닌 것은?

① 철도차량의 안전에 영향을 미치지 아니하는 설비의 변경

② 성능이 다르다는 것을 입증할 수 있는 부품의 규격 변경

③ 철도차량의 구조안전 및 성능에 영향을 미치지 아니하는 차체 형상의 변경

④ 중량분포에 영향을 미치지 아니하는 장치 또는 부품의 배치 변경

⑤ 철도차량의 안전 및 성능에 영향을 미치지 아니한다고 국토교통부장관이 인정하는 사항의 변경

해설 안전법 제26조(철도차량 형식승인) ② 제1항에 따라 형식승인을 받은 자가 승인받은 사항을 변경하려는 경우에는 국토교통부장관의 변경승인을 받아야 한다. 다만, 국토교통부령으로 정하는 경미한 사항을 변경하려는 경우에는 국토교통부장관에게 신고하여야 한다.

시행규칙 제47조(철도차량 형식승인의 경미한 사항 변경) ① 법 제26조제2항 단서에서 "국토교통부령으로 정하는 경미한 사항을 변경하려는 경우"란 다음 각 호의 어느 하나에 해당하는 변경을 말한다.

1. 철도차량의 구조안전 및 성능에 영향을 미치지 아니하는 차체 형상의 변경
2. 철도차량의 안전에 영향을 미치지 아니하는 설비의 변경
3. 중량분포에 영향을 미치지 아니하는 장치 또는 부품의 배치 변경
4. 동일 성능으로 입증할 수 있는 부품의 규격 변경
5. 그 밖에 철도차량의 안전 및 성능에 영향을 미치지 아니한다고 국토교통부장관이 인정하는 사항의 변경

5. 철도차량 형식승인을 하는 경우에 해당 철도차량이 국토교통부장관이 정하여 고시하는 철도차량의 기술기준에 적합한지에 대한 형식승인검사의 전부 또는 일부를 면제할 수 있는 경우가 아닌 것은?

① 시험·연구·개발 목적으로 제작 또는 수입되는 철도차량으로서 대통령령으로 정하는 철도차량에 해당하는 경우(여객 및 화물 운송에 사용되지 아니하는 철도차량)

② 대한민국이 체결한 협정 또는 대한민국이 가입한 협약에 따라 형식승인검사가 면제되는 철도차량의 경우

③ 철도시설의 유지·보수 또는 철도차량의 사고복구 등 특수한 목적을 위하여 제작 또는 수입되는 철도차량으로서 국토교통부장관이 정하여 고시하는 경우

④ 국내에서 철도운영에 사용할 목적으로 제작 또는 수입되는 철도차량으로서 대통령령으로 정하는 철도차량에 해당하는 경우

해설 안전법 제26조(철도차량 형식승인)

④ 국토교통부장관은 제3항에도 불구하고 다음 각 호의 어느 하나에 해당하는 경우에는 형식승인검사의 전부 또는 일부를 면제할 수 있다.

1. 시험·연구·개발 목적으로 제작 또는 수입되는 철도차량으로서 대통령령으로 정하는 철도차량에 해당하는 경우

정답 | 3. | ③ | 4. | ② | 5. | ④

2. 수출 목적으로 제작 또는 수입되는 철도차량으로서 대통령령으로 정하는 철도차량에 해당하는 경우

3. 대한민국이 체결한 협정 또는 대한민국이 가입한 협약에 따라 형식승인검사가 면제되는 철도차량의 경우

4. 그 밖에 철도시설의 유지·보수 또는 철도차량의 사고복구 등 특수한 목적을 위하여 제작 또는 수입되는 철도차량으로서 국토교통부장관이 정하여 고시하는 경우

시행령 제22조(형식승인검사를 면제할 수 있는 철도차량 등) ① 법 제26조제4항제1호에서 "대통령령으로 정하는 철도차량"이란 여객 및 화물 운송에 사용되지 아니하는 철도차량을 말한다.

② 법 제26조제4항제2호에서 "대통령령으로 정하는 철도차량"이란 국내에서 철도운영에 사용되지 아니하는 철도차량을 말한다.

③ 법 제26조제4항에 따라 철도차량별로 형식승인검사를 면제할 수 있는 범위는 다음 각 호의 구분과 같다.

    1. 법 제26조제4항제1호 및 제2호에 해당하는 철도차량 : 형식승인검사의 전부

    2. 법 제26조제4항제3호에 해당하는 철도차량 : 대한민국이 체결한 협정 또는 대한민국이 가입한 협약에서 정한 면제의 범위

    3. 법 제26조제4항제4호에 해당하는 철도차량 : 형식승인검사 중 철도차량의 시운전단계에서 실시하는 검사를 제외한 검사로서 국토교통부령으로 정하는 검사

6. 철도차량별로 형식승인검사를 면제할 수 있는 범위로 틀린 것은?

① 수출 목적으로 제작 또는 수입되는 철도차량으로서 대통령령으로 정하는 철도차량에 해당하는 경우 : 형식승인검사의 전부 면제

② 시험·연구·개발 목적으로 제작 또는 수입되는 철도차량으로서 대통령령으로 정하는 철도차량에 해당하는 경우 : 형식승인검사의 전부 면제

③ 철도시설의 유지·보수 또는 철도차량의 사고복구 등 특수한 목적을 위하여 제작 또는 수입되는 철도차량으로서 국토교통부장관이 정하여 고시하는 경우 : 형식승인 검사 중 철도차량의 시운전단계에서 실시하는 검사를 포함한 검사로서 국토교통부령으로 정하는 검사의 면제

④ 대한민국이 체결한 협정 또는 대한민국이 가입한 협약에 따라 형식승인검사가 면제되는 철도차량의 경우 : 대한민국이 체결한 협정 또는 대한민국이 가입한 협약에서 정한 면제의 범위

<mark>해설</mark> 안전법 제26조(철도차량 형식승인) 제⑤항

시행령 제22조(형식승인검사를 면제할 수 있는 철도차량 등) 제③항

7. 철도차량 형식승인검사의 방법에 관한 설명으로 틀린 것은?

① 합치성 검사는 철도차량이 부품단계, 구성품단계, 완성차단계에서 제1호에 따른 설계와 합치하게 제작되었는지 여부에 대한 검사를 말한다

② 철도차량 형식승인검사는 품질관리체계 적합성 검사, 합치성 검사, 차량형식 시험으로 구분하여 실시한다

③ 차량형식 시험은 철도차량이 부품단계, 구성품단계, 완성차단계, 시운전단계에서 철도차량기술기준에 적합한지 여부에 대한 시험을 말한다

④ 설계적합성 검사는 철도차량의 설계가 철도차량기술기준에 적합한지 여부에 대한 검사를 말한다

<mark>해설</mark> 시행규칙 제48조(철도차량 형식승인검사의 방법 및 증명서 발급 등) ① 법 제26조제3항에 따른 철도차량 형식승인검사는 다음 각 호의 구분에 따라 실시한다.

    1. 설계적합성 검사 : 철도차량의 설계가 철도차량기술기준에 적합한지 여부에 대한 검사

    2. 합치성 검사 : 철도차량이 부품단계, 구성품단계, 완성차단계에서 제1호에 따른 설계와 합치하게 제작되었는지 여부에 대한 검사

정답 | **6.** | ③ | **7.** | ②

3. 차량형식 시험 : 철도차량이 부품단계, 구성품단계, 완성차단계, 시운전단계에서 철도차량기술기준에 적합한지 여부에 대한 시험

8. 철도차량 형식승인의 취소처분에 관한 설명으로 잘못된 것은?

① 철도차량 기술기준에 중대하게 위반되는 경우에는 취소하여야 한다
② 거짓이나 그 밖의 부정한 방법으로 형식승인을 받은 사유로 형식승인이 취소된 경우에는 그 취소된 날부터 2년간 동일한 형식의 철도차량에 대하여 새로 형식승인을 받을 수 없다
③ 변경승인명령을 이행하지 아니한 경우에는 취소할 수 있다
④ 거짓이나 그 밖의 부정한 방법으로 형식승인을 받은 경우에는 취소하여야 한다

> **해설** 안전법 제26조의2(형식승인의 취소 등) ① 국토교통부장관은 제26조에 따라 형식승인을 받은 자가 다음 각 호의 어느 하나에 해당하는 경우에는 그 형식승인을 취소할 수 있다. 다만, 제1호에 해당하는 경우에는 그 형식승인을 취소하여야 한다.
> 1. 거짓이나 그 밖의 부정한 방법으로 형식승인을 받은 경우
> 2. 제26조제3항에 따른 기술기준에 중대하게 위반되는 경우
> 3. 제2항에 따른 변경승인명령을 이행하지 아니한 경우
> ③ 제1항제1호에 해당되는 사유로 형식승인이 취소된 경우에는 그 취소된 날부터 2년간 동일한 형식의 철도차량에 대하여 새로 형식승인을 받을 수 없다.

9. 철도차량의 제작자승인 신청자와 승인권자가 바르게 짝지어진 것은?

① 대한민국에서 외국으로 수출할 목적으로 제작하려는 자 – 국토교통부장관
② 외국에서 대한민국에 수출할 목적으로 제작하려는 자 – 한국교통안전공단
③ 외국에서 대한민국에 수입하려는 자 – 국토교통부장관
④ 철도차량 형식승인을 받은 철도차량을 제작하려는 자 – 국토교통부장관

> **해설** 안전법 제26조의3(철도차량 제작자승인) ① 제26조에 따라 형식승인을 받은 철도차량을 제작(외국에서 대한민국에 수출할 목적으로 제작하는 경우를 포함한다)하려는 자는 국토교통부령으로 정하는 바에 따라 철도차량의 제작을 위한 인력, 설비, 장비, 기술 및 제작검사 등 철도차량의 적합한 제작을 위한 유기적 체계(이하 "철도차량 품질관리체계"라 한다)를 갖추고 있는지에 대하여 국토교통부장관의 제작자승인을 받아야 한다.

10. 철도차량 제작자승인검사의 전부 또는 일부의 면제에 관한 설명으로 틀린 것은?

① 대한민국이 가입한 협약에 따라 제작자승인이 면제되거나 제작자승인검사의 전부 또는 일부가 면제되는 경우의 면제범위는 대한민국이 가입한 협약에서 정한 제작자승인 또는 제작자승인검사의 면제 범위로 한다
② 철도시설의 유지·보수 또는 철도차량의 사고복구 등 특수한 목적을 위하여 제작되는 철도차량으로서 국토교통부장관이 정하여 고시하는 철도차량에 해당하는 경우에는 제작자승인검사의 전부를 면제한다
③ 대한민국이 체결한 협정에 따라 제작자승인이 면제되거나 제작자승인검사의 전부 또는 일부가 면제되는 경우에는 제작자승인검사의 전부를 면제한다
④ 철도시설의 유지·보수 또는 철도차량의 사고복구 등 특수한 목적을 위하여 수입되는 철도차량으로서 국토교통부장관이 정하여 고시하는 철도차량에 해당하는 경우에는 제작자승인검사의 전부를 면제한다

> **해설** 안전법 제26조의3(철도차량 제작자승인) ③ 국토교통부장관은 제1항 및 제2항에도 불구하고 대한민국이 체결한 협정 또는 대한민국이 가입한 협약에 따라 제작자승인이 면제되는 경우 등 대통령령으로 정하는 경우

정답 | **8.** | ① | **9.** | ④ | **10.** | ③

에는 제작자승인 대상에서 제외하거나 제작자승인검사의 전부 또는 일부를 면제할 수 있다.

시행령 제23조(철도차량 제작자승인 등을 면제할 수 있는 경우 등) ① 법 제26조의3제3항에서 "대한민국이 체결한 협정 또는 대한민국이 가입한 협약에 따라 제작자승인이 면제되는 경우 등 대통령령으로 정하는 경우"란 다음 각 호의 어느 하나에 해당하는 경우를 말한다.
1. 대한민국이 체결한 협정 또는 대한민국이 가입한 협약에 따라 제작자승인이 면제되거나 제작자승인검사의 전부 또는 일부가 면제되는 경우
2. 철도시설의 유지·보수 또는 철도차량의 사고복구 등 특수한 목적을 위하여 제작 또는 수입되는 철도차량으로서 국토교통부장관이 정하여 고시하는 철도차량에 해당하는 경우
② 법 제26조의3제3항에 따라 제작자승인 또는 제작자승인검사를 면제할 수 있는 범위는 다음 각 호의 구분과 같다.
1. 제1항제1호에 해당하는 경우 : 대한민국이 체결한 협정 또는 대한민국이 가입한 협약에서 정한 제작자승인 또는 제작자승인검사의 면제 범위
2. 제1항제2호에 해당하는 경우 : 제작자승인검사의 전부

11. 철도차량 제작자승인검사의 방법에 관한 설명으로 틀린 것은?

① 철도차량 제작자승인검사는 품질관리체계 적합성검사, 제작검사, 합치성 검사로 구분하여 실시한다
② 제작검사는 해당 철도차량에 대한 품질관리체계의 적용 및 유지 여부 등을 확인하는 검사를 말한다
③ 철도차량 제작자승인검사에 관한 세부적인 기준·절차 및 방법은 국토교통부장관이 정하여 고시한다
④ 품질관리체계 적합성검사는 해당 철도차량의 품질관리체계가 철도차량제작자승인기준에 적합한지 여부에 대한 검사를 말한다

해설 시행규칙 제53조(철도차량 제작자승인검사의 방법 및 증명서 발급 등) ① 법 제26조의3제2항에 따른 철도차량 제작자승인검사는 다음 각 호의 구분에 따라 실시한다.
1. 품질관리체계 적합성검사 : 해당 철도차량의 품질관리체계가 철도차량제작자승인기준에 적합한지 여부에 대한 검사
2. 제작검사 : 해당 철도차량에 대한 품질관리체계의 적용 및 유지 여부 등을 확인하는 검사
④ 제1항에 따른 철도차량 제작자승인검사에 관한 세부적인 기준·절차 및 방법은 국토교통부장관이 정하여 고시한다.

12. 철도차량 제작자승인을 받을 수 없는 결격사유가 모두 짝지어진 것은?

a. 피성년후견인
b. 미성년자
c. 파산선고를 받고 복권되지 아니한 사람
d. 철도안전법 또는 대통령령으로 정하는 철도 관계 법령을 위반하여 징역형의 실형을 선고받고 그 집행이 종료(집행이 종료된 것으로 보는 경우를 포함한다)되거나 집행이 면제된 날부터 2년이 지난 사람
e. 철도안전법 또는 대통령령으로 정하는 철도 관계 법령을 위반하여 징역형의 집행유예를 선고를 받고 2년이 지나지 아니한 사람
f. 제작자승인이 취소된 후 2년이 경과되지 아니한 자
g. 임원중에 결격사유의 어느 하나에 해당하는 사람이 있는 법인

① a, g, e   ② b, d, e   ③ b, c, f, g   ④ a, c, f, g

해설 안전법 제26조의4(결격사유) 다음 각 호의 어느 하나에 해당하는 자는 철도차량 제작자승인을 받을 수 없다.

정답 | 11. | ① | 12. | ④

1. 피성년후견인
2. 파산선고를 받고 복권되지 아니한 사람
3. 이 법 또는 대통령령으로 정하는 철도 관계 법령을 위반하여 징역형의 실형을 선고받고 그 집행이 종료(집행이 종료된 것으로 보는 경우를 포함한다)되거나 집행이 면제된 날부터 2년이 지나지 아니한 사람
4. 이 법 또는 대통령령으로 정하는 철도 관계 법령을 위반하여 징역형의 집행유예를 선고를 받고 그 유예기간 중에 있는 사람
5. 제작자승인이 취소된 후 2년이 경과되지 아니한 자
6. 임원중에 제1호부터 제5호까지의 어느 하나에 해당하는 사람이 있는 법인

13. 철도차량 제작자 승인시 위반할 경우 결격사유에 포함되는 철도 관계 법령의 범위에 포함되지 않는 것은?

> a. 「건널목 개량촉진법」
> b. 「도시철도법」
> c. 「철도의 건설 및 철도시설 유지관리에 관한 법률」
> d. 「철도사업법」
> e. 「철도산업발전 기본법」
> f. 「철도물류산업의 육성 및 지원에 관한 법률」
> g. 「한국철도공사법」
> h. 「국가철도공단법」
> i. 「항공·철도 사고조사에 관한 법률」

① a, f, i   ② a, i   ③ f   ④ a, c, f, i

해설 시행령 제24조(철도 관계 법령의 범위) 법 제26조의4제3호 및 제4호에서 "대통령령으로 정하는 철도 관계 법령"이란 각각 다음 각 호의 어느 하나에 해당하는 법령을 말한다.
1. 「건널목 개량촉진법」　　　　　　　　　　　2. 「도시철도법」
3. 「철도의 건설 및 철도시설 유지관리에 관한 법률」　4. 「철도사업법」
5. 「철도산업발전 기본법」　　　　　　　　　　6. 「한국철도공사법」
7. 「국가철도공단법」　　　　　　　　　　　　8. 「항공·철도 사고조사에 관한 법률」

14. 철도차량 제작자승인을 받은 자의 지위를 승계할 수 있는 경우와 승계 받는 자가 틀리게 짝지어진 것은?
① 법인의 합병 – 합병에 의하여 설립되는 법인
② 사망한 때 – 배우자
③ 법인의 합병 – 존속하는 법인
④ 사업을 양도할 때 – 양수인

해설 안전법 제26조의5(승계) ① 제26조의3에 따라 철도차량 제작자승인을 받은 자가 그 사업을 양도하거나 사망한 때 또는 법인의 합병이 있는 때에는 양수인, 상속인 또는 합병 후 존속하는 법인이나 합병에 의하여 설립되는 법인은 제작자승인을 받은 자의 지위를 승계한다.

15. 철도차량 제작자승인의 지위를 승계하는 자가 그 승계사실을 국토교통부장관에게 신고하여야 하는 기한은?
① 승계일로부터 1개월 이내　　　② 승계일로부터 3개월 이내
③ 승계일 다음날부터 1개월 이내　④ 승계일 다음날부터 3개월 이내

해설 안전법 제26조의5(승계) ② 제1항에 따라 철도차량 제작자승인의 지위를 승계하는 자는 승계일부터 1개월 이내에 국토교통부령으로 정하는 바에 따라 그 승계사실을 국토교통부장관에게 신고하여야 한다.

16. 철도차량 완성검사의 방법에 관한 설명으로 맞는 것은?

① 완성차량검사는 철도차량이 형식승인 받은 대로 성능과 안전성을 확보하였는지 운행선로 시운전 등을 통하여 최종 확인하는 검사를 말한다

② 완성검사에 필요한 세부적인 기준·절차 및 방법은 국토교통부장관이 정하여 고시한다

③ 철도차량 완성검사는 완성차량검사, 주행시험, 합치성검사로 구분하여 실시한다

④ 주행시험은 안전과 직결된 주요 부품의 안전성 확보 등 철도차량이 철도차량기술기준에 적합하고 형식승인 받은 설계대로 제작되었는지를 확인하는 검사를 말한다

해설 시행규칙 제57조(철도차량 완성검사의 방법 및 검사증명서 발급 등) ① 법 제26조의6제1항에 따른 철도차량 완성검사는 다음 각 호의 구분에 따라 실시한다.

　1. 완성차량검사 : 안전과 직결된 주요 부품의 안전성 확보 등 철도차량이 철도차량기술기준에 적합하고 형식승인 받은 설계대로 제작되었는지를 확인하는 검사

　2. 주행시험 : 철도차량이 형식승인 받은 대로 성능과 안전성을 확보하였는지 운행선로 시운전 등을 통하여 최종 확인하는 검사

　③ 제1항에 따른 완성검사에 필요한 세부적인 기준·절차 및 방법은 국토교통부장관이 정하여 고시한다.

17. 철도차량 제작자승인의 취소와 관련한 설명으로 틀린 것은?

① 업무정지 기간 중에 철도차량을 제작한 경우에는 6개월 이내의 기간을 정하여 업무의 제한이나 정지를 명할 수 있다

② 철도차량 제작자승인의 변경승인을 받지 아니하거나 변경신고를 하지 아니하고 철도차량을 제작한 경우에는 6개월 이내의 기간을 정하여 업무의 제한을 명할 수 있다

③ 거짓이나 그 밖의 부정한 방법으로 제작자승인을 받은 경우에는 제작자승인을 취소하여야 한다

④ 철도차량 제작승인자의 시정조치명령을 정당한 사유 없이 이행하지 아니한 경우에는 6개월 이내의 기간을 정하여 업무의 정지를 명할 수 있다

해설 안전법 제26조의7(철도차량 제작자승인의 취소 등) ① 국토교통부장관은 제26조의3에 따라 철도차량 제작자승인을 받은 자가 다음 각 호의 어느 하나에 해당하는 경우에는 그 승인을 취소하거나 6개월 이내의 기간을 정하여 업무의 제한이나 정지를 명할 수 있다. 다만, 제1호 또는 제5호에 해당하는 경우에는 제작자승인을 취소하여야 한다.

　1. 거짓이나 그 밖의 부정한 방법으로 제작자승인을 받은 경우

　2. 제26조의8에서 준용하는 제7조제3항을 위반하여 변경승인을 받지 아니하거나 변경신고를 하지 아니하고 철도차량을 제작한 경우

　3. 제26조의8에서 준용하는 제8조제3항에 따른 시정조치명령을 정당한 사유 없이 이행하지 아니한 경우

　4. 제32조제1항에 따른 명령을 이행하지 아니하는 경우

　5. 업무정지 기간 중에 철도차량을 제작한 경우

18. 철도차량 제작자승인에서 국토교통부장관에게 신고만 할 수 있는 경미한 사항의 변경에 해당하지 않는 것은?

① 품질관리규정의 기본방향에 영향을 미치지 아니하는 사항으로서 그 변경근거가 분명한 사항의 변경

② 철도차량 제작자의 조직변경에 따른 품질관리조직 또는 품질관리책임자에 관한 사항의 변경

③ 서류간 불일치 사항으로서 그 변경근거가 불명확한 사항의 변경

④ 법령 또는 행정구역의 변경 등으로 인한 품질관리규정의 세부내용 변경

정답 | 16. | ② | 17. | ① | 18. | ③

해설 시행규칙 제52조(철도차량 제작자승인의 경미한 사항 변경) ① 법 제26조의8에서 준용하는 법 제7조제3항 단서에서 "국토교통부령으로 정하는 경미한 사항을 변경하려는 경우"란 다음 각 호의 어느 하나에 해당하는 변경을 말한다.

    1. 철도차량 제작자의 조직변경에 따른 품질관리조직 또는 품질관리책임자에 관한 사항의 변경

    2. 법령 또는 행정구역의 변경 등으로 인한 품질관리규정의 세부내용 변경

    3. 서류간 불일치 사항 및 품질관리규정의 기본방향에 영향을 미치지 아니하는 사항으로서 그 변경근거가 분명한 사항의 변경

② 법 제26조의8에서 준용하는 법 제7조제3항 단서에 따라 경미한 사항을 변경하려는 경우에는 별지 제31호서식의 철도차량 제작자승인변경신고서에 다음 각 호의 서류를 첨부하여 국토교통부장관에게 제출하여야 한다.

    1. 해당 철도차량의 철도차량 제작자승인증명서

    2. 제1항 각 호에 해당함을 증명하는 서류

    3. 변경 전후의 대비표 및 해설서

    4. 변경 후의 철도차량 품질관리체계

    5. 철도차량제작자승인기준에 대한 적합성 입증자료(변경되는 부분 및 그와 연관되는 부분에 한정한다)

③ 국토교통부장관은 제2항에 따라 신고를 받은 때에는 제2항 각 호의 첨부서류를 확인한 후 별지 제31호의2서식의 철도차량 제작자승인변경신고확인서를 발급하여야 한다.

19. 철도용품 형식승인을 하는 경우에 해당 철도용품이 국토교통부장관이 정하여 고시하는 철도용품의 기술기준에 적합한지에 대한 형식승인검사의 전부 또는 일부를 면제할 수 있는 경우가 아닌 것은?

① 시험·연구·개발 목적으로 제작 또는 수입되는 철도용품으로서 대통령령으로 정하는 철도용품에 해당하는 경우(철도차량 또는 철도시설에 사용되지 아니하는 철도용품)

② 대한민국이 체결한 협정 또는 대한민국이 가입한 협약에 따라 형식승인검사가 면제되는 철도용품의 경우

③ 철도시설의 유지·보수 또는 철도용품의 사고복구 등 특수한 목적을 위하여 제작 또는 수입되는 철도용품으로서 국토교통부장관이 정하여 고시하는 경우

④ 수출 목적으로 제작 또는 수입되는 국내에서 철도운영에 사용되는 철도용품으로서 대통령령으로 정하는 철도용품에 해당하는 경우

해설 시행령 제26조(형식승인검사를 면제할 수 있는 철도용품) ① 법 제27조제4항에서 준용하는 법 제26조제4항에 따라 형식승인검사를 면제할 수 있는 철도용품은 법 제26조제4항제1호부터 제3호까지의 어느 하나에 해당하는 경우로 한다.

② 법 제27조제4항에서 준용하는 법 제26조제4항제1호에서 "대통령령으로 정하는 철도용품"이란 철도차량 또는 철도시설에 사용되지 아니하는 철도용품을 말한다.

③ 법 제27조제4항에서 준용하는 법 제26조제4항제2호에서 "대통령령으로 정하는 철도용품"이란 국내에서 철도운영에 사용되지 아니하는 철도용품을 말한다.

④ 법 제27조제4항에서 준용하는 법 제26조제4항에 따라 철도용품별로 형식승인검사를 면제할 수 있는 범위는 다음 각 호의 구분과 같다.

    1. 법 제26조제4항제1호 및 제2호에 해당하는 철도용품 : 형식승인검사의 전부

    2. 법 제26조제4항제3호에 해당하는 철도용품 : 대한민국이 체결한 협정 또는 대한민국이 가입한 협약에서 정한 면제의 범위

20. 철도용품 형식승인을 받은 자가 승인받은 내용 중 경미한 사항의 변경으로 국토교통부장관에게 신고 가능한 변경이 아닌 것은?

① 철도용품의 안전에 영향을 미치지 아니하는 설비의 변경

② 중량분포 및 크기에 영향을 미치지 아니하는 장치 또는 부품의 배치 변경

③ 동일 성능으로 입증할 수 없는 부품의 규격 변경

④ 철도용품의 안전 및 성능에 영향을 미치지 아니하는 형상 변경

해설 시행규칙 제61조(철도용품 형식승인의 경미한 사항 변경) ① 법 제27조제4항에서 준용하는 법 제26조제2항 단서에서 "국토교통부령으로 정하는 경미한 사항을 변경하려는 경우"란 다음 각 호의 어느 하나에 해당하는 변경을 말한다.

1. 철도용품의 안전 및 성능에 영향을 미치지 아니하는 형상 변경
2. 철도용품의 안전에 영향을 미치지 아니하는 설비의 변경
3. 중량분포 및 크기에 영향을 미치지 아니하는 장치 또는 부품의 배치 변경
4. 동일 성능으로 입증할 수 있는 부품의 규격 변경
5. 그 밖에 철도용품의 안전 및 성능에 영향을 미치지 아니한다고 국토교통부장관이 인정하는 사항의 변경

21. 철도용품 형식승인검사의 방법에 관한 설명으로 맞는 것은?

① 철도용품 형식승인검사는 설계적합성 검사, 합치성 검사, 차량형식 시험 등으로 구분하여 실시한다

② 합치성 검사는 철도용품이 부품단계, 구성품단계, 완성품단계에서 설계와 합치하게 제작되었는지 여부에 대한 검사를 말한다

③ 차량형식 시험 : 철도용품이 부품단계, 구성품단계, 완성품단계, 시운전단계에서 철도용품기술기준에 적합한지 여부에 대한 시험

④ 설계적합성 검사 : 철도용품의 설계가 철도차량기술기준에 적합한지 여부에 대한 검사

해설 시행규칙 제62조(철도용품 형식승인검사의 방법 및 증명서 발급 등) ① 법 제27조제2항에 따른 철도용품 형식승인검사는 다음 각 호의 구분에 따라 실시한다.

1. 설계적합성 검사 : 철도용품의 설계가 철도용품기술기준에 적합한지 여부에 대한 검사
2. 합치성 검사 : 철도용품이 부품단계, 구성품단계, 완성품단계에서 제1호에 따른 설계와 합치하게 제작되었는지 여부에 대한 검사
3. 용품형식 시험 : 철도용품이 부품단계, 구성품단계, 완성품단계, 시운전단계에서 철도용품기술기준에 적합한지 여부에 대한 시험

22. 철도용품 제작자승인에서 국토교통부장관에게 신고만 할 수 있는 경미한 사항의 변경에 해당하지 않는 것은?

① 법령 또는 행정구역의 변경 등으로 인한 품질관리규정의 세부내용의 변경

② 품질관리규정의 기본방향에 영향을 미치는 사항으로써 그 변경근거가 분명한 사항의 변경

③ 서류간 불일치 사항으로써 그 변경근거가 분명한 사항의 변경

④ 철도용품 제작자의 조직변경에 따른 품질관리조직 또는 품질관리책임자에 관한 사항의 변경

해설 시행규칙 제65조(철도용품 제작자승인의 경미한 사항 변경) ① 법 제27조의2제4항에서 준용하는 법 제7조제3항의 단서에서 "국토교통부령으로 정하는 경미한 사항을 변경하는 경우"란 다음 각 호의 어느 하나에 해당하는 경우를 말한다.

1. 철도용품 제작자의 조직변경에 따른 품질관리조직 또는 품질관리책임자에 관한 사항의 변경
2. 법령 또는 행정구역의 변경 등으로 인한 품질관리규정의 세부내용의 변경
3. 서류간 불일치 사항 및 품질관리규정의 기본방향에 영향을 미치지 아니하는 사항으로써 그 변경근거가 분명한 사항의 변경

23. 철도용품 제작자승인검사의 방법에 관한 설명으로 맞는 것은?

① 제작검사는 해당 철도용품에 대한 품질관리체계 적용 및 유지 여부 등을 확인하는 검사를 말한다
② 철도용품 제작자승인검사는 품질관리체계의 적합성검사, 합치성 검사, 제작검사로 구분하여 실시한다
③ 품질관리체계의 적합성검사는 해당 철도용품의 품질관리체계가 철도차량제작자승인기준에 적합한지 여부에 대한 검사를 말한다
④ 합치성 검사는 철도용품이 부품단계, 구성품단계, 완성품단계에서 설계와 합치하게 제작되었는지 여부에 대한 검사를 말한다

> **해설** 시행규칙 제66조(철도용품 제작자승인검사의 방법 및 증명서 발급 등) ① 법 제27조의2제2항에 따른 철도용품 제작자승인검사는 다음 각 호의 구분에 따라 실시한다.
> 1. 품질관리체계의 적합성검사 : 해당 철도용품의 품질관리체계가 철도용품제작자승인기준에 적합한지 여부에 대한 검사
> 2. 제작검사 : 해당 철도용품에 대한 품질관리체계 적용 및 유지 여부 등을 확인하는 검사

24. 철도안전법에서 형식승인을 받은 철도용품의 표시내용이 아닌 것은?

① 형식승인품명 및 형식승인번호　　② 형식승인품의 제조자명
③ 형식승인기관의 명칭　　　　　　④ 형식승인품명의 승인일자

> **해설** 시행규칙 제68조(형식승인을 받은 철도용품의 표시) ① 법 제27조의2제3항에 따라 철도용품 제작자승인을 받은 자는 해당 철도용품에 다음 각 호의 사항을 포함하여 형식승인을 받은 철도용품(이하 "형식승인품"이라 한다)임을 나타내는 표시를 하여야 한다.
> 1. 형식승인품명 및 형식승인번호
> 2. 형식승인품명의 제조일
> 3. 형식승인품의 제조자명(제조자임을 나타내는 마크 또는 약호를 포함한다)
> 4. 형식승인기관의 명칭

25. 철도안전법에서 국토교통부장관이 관련 기관 또는 단체에게 위탁할 수 있는 업무가 아닌 것은?

① 철도차량 완성검사　　　　　　② 철도용품 완성검사
③ 철도차량 제작자승인검사　　　④ 철도차량 형식승인검사
⑤ 철도용품 제작자승인검사　　　⑥ 철도용품 형식승인검사

> **해설** 안전법 제27조의3(검사 업무의 위탁) 국토교통부장관은 다음 각 호의 업무를 대통령령으로 정하는 바에 따라 관련 기관 또는 단체에 위탁할 수 있다.
> 1. 제26조제3항에 따른 철도차량 형식승인검사
> 2. 제26조의3제2항에 따른 철도차량 제작자승인검사
> 3. 제26조의6제1항에 따른 철도차량 완성검사
> 4. 제27조제2항에 따른 철도용품 형식승인검사
> 5. 제27조의2제2항에 따른 철도용품 제작자승인검사

26. 철도차량 완성검사 업무 중 국토교통부장관이 지정하여 고시하는 철도안전에 관한 전문기관 또는 단체에 위탁하는 업무는?

① 주행시험　　　　　　　　② 제작검사
③ 완성차량검사　　　　　　④ 합치성검사

> **해설** 시행령 제28조의2(검사 업무의 위탁) ① 국토교통부장관은 법 제27조의3에 따라 다음 각 호의 업무를 「과학기술분야 정부출연연구기관 등의 설립·운영 및 육성에 관한 법률」 제8조에 따라 설립된 한국철도기술연

구원(이하 "한국철도기술연구원"이라 한다) 및 「한국교통안전공단법」에 따른 한국교통안전공단(이하 "한국교통안전공단"이라 한다)에 위탁한다.

    1. 법 제26조제3항에 따른 철도차량 형식승인검사
    2. 법 제26조의3제2항에 따른 철도차량 제작자승인검사
    3. 법 제26조의6제1항에 따른 철도차량 완성검사(제2항에 따라 국토교통부령으로 정하는 업무는 제외한다)
    4. 법 제27조제2항에 따른 철도용품 형식승인검사
    5. 법 제27조의2제2항에 따른 철도용품 제작자승인검사

② 국토교통부장관은 법 제27조의3에 따라 법 제26조의6제1항에 따른 철도차량 완성검사 업무 중 국토교통부령으로 정하는 업무를 국토교통부장관이 지정하여 고시하는 철도안전에 관한 전문기관 또는 단체에 위탁한다.

시행규칙 제71조의2(검사 업무의 위탁) 영 제28조의2제2항에서 "국토교통부령으로 정하는 업무"란 제57조제1항제1호에 따른 완성차량검사를 말한다.

시행세칙 제57조(철도차량 완성검사의 방법 및 검사증명서 발급 등) ① 법 제26조의6제1항에 따른 철도차량 완성검사는 다음 각 호의 구분에 따라 실시한다.

    1. 완성차량검사 : 안전과 직결된 주요 부품의 안전성 확보 등 철도차량이 철도차량기술기준에 적합하고 형식승인 받은 설계대로 제작되었는지를 확인하는 검사
    2. 주행시험 : 철도차량이 형식승인 받은대로 성능과 안전성을 확보하였는지 운행선로 시운전 등을 통하여 최종 확인하는 검사

27. 국토교통부장관이 형식승인을 받은 철도차량 또는 철도용품의 안전 및 품질의 확인·점검을 위하여 필요하다고 인정하는 경우에 소속 공무원으로 하여금 조치를 하게 할 수 있는 것이 아닌 것은?

① 철도차량 또는 철도용품 형식승인 및 제작자승인을 받은 자의 관계 장부 또는 서류의 열람·제출
② 철도차량 또는 철도용품이 기술기준에 적합한지에 대한 서류의 열람·제출
③ 철도차량 또는 철도용품의 안전 및 품질에 대한 전문연구기관에의 시험·분석 의뢰
④ 철도차량 또는 철도용품에 대한 수거·검사

해설 안전법 제31조(형식승인 등의 사후관리) ① 국토교통부장관은 제26조 또는 제27조에 따라 형식승인을 받은 철도차량 또는 철도용품의 안전 및 품질의 확인·점검을 위하여 필요하다고 인정하는 경우에는 소속 공무원으로 하여금 다음 각 호의 조치를 하게 할 수 있다.

    1. 철도차량 또는 철도용품이 제26조제3항 또는 제27조제2항에 따른 기술기준에 적합한지에 대한 조사
    2. 철도차량 또는 철도용품 형식승인 및 제작자승인을 받은 자의 관계 장부 또는 서류의 열람·제출
    3. 철도차량 또는 철도용품에 대한 수거·검사
    4. 철도차량 또는 철도용품의 안전 및 품질에 대한 전문연구기관에의 시험·분석 의뢰
    5. 그 밖에 철도차량 또는 철도용품의 안전 및 품질에 대한 긴급한 조사를 위하여 국토교통부령으로 정하는 사항

28. 철도차량 또는 철도용품의 안전 및 품질에 대한 긴급한 조사를 위하여 국토교통부 소속공무원으로 하여금 조치할 수 있는 사항이 아닌 것은?

① 사고가 발생한 철도차량 또는 철도용품에 대한 철도운영 적합성 조사
② 철도차량 또는 철도용품에 결함이 있는지의 여부에 대한 조사
③ 철도차량 또는 철도용품의 안전 및 품질에 관하여 국토교통부장관이 필요하다고 인정하여 고시하는 사항
④ 운행한 철도차량 또는 철도용품에 대한 철도운영 적합성 조사

정답 | **27.** | ② | **28.** | ④

해설 안전법 제31조(형식승인 등의 사후관리) ① 국토교통부장관은 제26조 또는 제27조에 따라 형식승인을 받은 철도차량 또는 철도용품의 안전 및 품질의 확인·점검을 위하여 필요하다고 인정하는 경우에는 소속 공무원으로 하여금 다음 각 호의 조치를 하게 할 수 있다.
     5. 그 밖에 철도차량 또는 철도용품의 안전 및 품질에 대한 긴급한 조사를 위하여 국토교통부령으로 정하는 사항
시행규칙 제72조(형식승인 등의 사후관리 대상 등) ① 법 제31조제1항제5호에서 "국토교통부령으로 정하는 사항"이란 다음 각 호의 어느 하나에 해당하는 사항을 말한다.
     1. 사고가 발생한 철도차량 또는 철도용품에 대한 철도운영 적합성 조사
     2. 장기 운행한 철도차량 또는 철도용품에 대한 철도운영 적합성 조사
     3. 철도차량 또는 철도용품에 결함이 있는지의 여부에 대한 조사
     4. 그 밖에 철도차량 또는 철도용품의 안전 및 품질에 관하여 국토교통부장관이 필요하다고 인정하여 고시하는 사항

29. 철도차량 판매자가 해당 철도차량의 구매자에게 제공해야할 자료가 아닌 것은?

① 철도차량 운전 및 주요 시스템의 작동방법, 응급조치 방법, 안전규칙 및 절차 등에 대한 설명서 및 고장수리 절차서

② 해당 철도차량에 대한 고장진단기(고장진단기의 원활한 작동을 위한 소프트웨어는 제외한다) 및 그 사용 설명서

③ 해당 철도차량이 최적의 상태로 운용되고 유지보수 될 수 있도록 철도차량시스템 및 각 장치의 개별부품에 대한 운영 및 정비 방법 등에 관한 유지보수 기술문서

④ 철도차량 판매자 및 철도차량 구매자의 계약에 따라 공급하기로 약정하는 각종 기술문서

해설 시행규칙 제72조의3(자료제공·기술지도 및 교육의 시행) ① 법 제31조제4항에 따라 철도차량 판매자는 해당 철도차량의 구매자에게 다음 각 호의 자료를 제공해야 한다.
     1. 해당 철도차량이 최적의 상태로 운용되고 유지보수 될 수 있도록 철도차량시스템 및 각 장치의 개별부품에 대한 운영 및 정비 방법 등에 관한 유지보수 기술문서
     2. 철도차량 운전 및 주요 시스템의 작동방법, 응급조치 방법, 안전규칙 및 절차 등에 대한 설명서 및 고장수리 절차서
     3. 철도차량 판매자 및 철도차량 구매자의 계약에 따라 공급하기로 약정하는 각종 기술문서
     4. 해당 철도차량에 대한 고장진단기(고장진단기의 원활한 작동을 위한 소프트웨어를 포함한다) 및 그 사용 설명서
     5. 철도차량의 정비에 필요한 특수공기구 및 시험기와 그 사용 설명서
     6. 그 밖에 철도차량 판매자와 철도차량 구매자의 계약에 따라 제공하기로 한 자료

30. 국토교통부장관이 형식승인을 받은 철도차량 또는 철도용품의 제작·수입·판매 또는 사용의 중지 명령에 관한 설명으로 틀린 것은?

① 형식승인을 받은 내용과 다르게 철도차량 또는 철도용품을 제작·수입·판매한 경우에는 제작·수입·판매 또는 사용의 중지를 명하여야 한다

② 형식승인이 취소된 경우에는 제작·수입·판매 또는 사용의 중지를 명하여야 한다

③ 변경승인 이행명령을 받은 경우에는 제작·수입·판매 또는 사용의 중지를 명할 수 있다

④ 완성검사를 받지 아니한 철도차량을 판매한 경우에는 제작·수입·판매 또는 사용의 중지를 명할 수 있다

해설 안전법 제32조(제작 또는 판매 중지 등) ① 국토교통부장관은 제26조 또는 제27조에 따라 형식승인을 받은

철도차량 또는 철도용품이 다음 각 호의 어느 하나에 해당하는 경우에는 그 철도차량 또는 철도용품의 제작·수입·판매 또는 사용의 중지를 명할 수 있다. 다만, 제1호에 해당하는 경우에는 제작·수입·판매 또는 사용의 중지를 명하여야 한다.

1. 제26조의2제1항(제27조제4항에서 준용하는 경우를 포함한다)에 따라 형식승인이 취소된 경우
2. 제26조의2제2항(제27조제4항에서 준용하는 경우를 포함한다)에 따라 변경승인 이행명령을 받은 경우
3. 제26조의6에 따른 완성검사를 받지 아니한 철도차량을 판매한 경우(판매 또는 사용의 중지명령만 해당한다)
4. 형식승인을 받은 내용과 다르게 철도차량 또는 철도용품을 제작·수입·판매한 경우

31. 국토교통부장관이 철도의 안전과 호환성의 확보 등을 위하여 철도차량 및 철도용품의 표준규격을 정하여 권고할 수 있는 대상자자가 아닌 자는?

① 철도운영자등
② 철도차량을 수입하려는 자
③ 철도차량 형식승인을 받은 자
④ 철도차량을 제작·조립하려는 자

해설 안전법 제34조(표준화) ① 국토교통부장관은 철도의 안전과 호환성의 확보 등을 위하여 철도차량 및 철도용품의 표준규격을 정하여 철도운영자등 또는 철도차량을 제작·조립 또는 수입하려는 자 등(이하 "차량제작자등"이라 한다)에게 권고할 수 있다. 다만, 「산업표준화법」에 따른 한국산업표준이 제정되어 있는 사항에 대하여는 그 표준에 따른다.

32. 철도안전법에서 철도표준규격의 타당성 확인 주기는?

① 고시한 날부터 3년마다
② 고시한 날부터 1년마다
③ 심의를 마친 날부터 3년마다
④ 심의를 마친 날부터 1년마다

해설 안행규칙 제74조(철도표준규격의 제정 등) ③ 국토교통부장관은 철도표준규격을 제정한 경우에는 해당 철도표준규격의 명칭·번호 및 제정 연월일 등을 관보에 고시하여야 한다. 고시한 철도표준규격을 개정하거나 폐지한 경우에도 또한 같다.
④ 국토교통부장관은 제3항에 따라 철도표준규격을 고시한 날부터 3년마다 타당성을 확인하여 필요한 경우에는 철도표준규격을 개정하거나 폐지할 수 있다. 다만, 철도기술의 향상 등으로 인하여 철도표준규격을 개정하거나 폐지할 필요가 있다고 인정하는 때에는 3년 이내에도 철도표준규격을 개정하거나 폐지할 수 있다.

33. 철도기술심의위원회의 심의사항이 아닌 것은?

① 철도차량·철도용품 표준규격의 제정·개정 또는 폐지
② 기술기준의 제정·개정 또는 폐지
③ 철도안전에 관한 전문기관이나 단체의 지정
④ 형식승인 대상 철도차량·철도용품의 선정·변경 및 취소

해설 시행규칙 제44조(철도기술심의위원회의 설치) 국토교통부장관은 다음 각 호의 사항을 심의하게 하기 위하여 철도기술심의위원회(이하 "기술위원회"라 한다)를 설치한다.

1. 법 제7조제5항·제26조제3항·제26조의3제2항·제27조제2항 및 제27조의2제2항에 따른 기술기준의 제정·개정 또는 폐지
2. 법 제27조제1항에 따른 형식승인 대상 철도용품의 선정·변경 및 취소
3. 법 제34조제1항에 따른 철도차량·철도용품 표준규격의 제정·개정 또는 폐지
4. 영 제63조제4항에 따른 철도안전에 관한 전문기관이나 단체의 지정
5. 그 밖에 국토교통부장관이 필요로 하는 사항

34. 철도운영자등의 종합시험운행에 관한 설명으로 틀린 것은?

① 철도운영자등은 철도노선을 새로 건설하거나 기존노선을 개량하여 운영하려는 경우에는 정상운행을 하기 전에 종합시험운행을 실시한 후 그 결과를 국토교통부장관에게 보고하여야 한다

② 종합시험운행은 시설물검증시험, 영업시운전의 절차로 구분하여 순서대로 실시한다

③ 종합시험운행의 실시 시기·방법·기준과 개선·시정 명령 등에 필요한 사항은 국토교통부령으로 정한다

④ 철도운영자등의 종합시험운행은 해당 철도노선의 영업을 개시하기 전에 실시하며, 철도시설관리자와 합동으로 실시한다

> **해설** 안전법 제38조(종합시험운행) ① 철도운영자등은 철도노선을 새로 건설하거나 기존노선을 개량하여 운영하려는 경우에는 정상운행을 하기 전에 종합시험운행을 실시한 후 그 결과를 국토교통부장관에게 보고하여야 한다.
>
> ③ 제1항 및 제2항에 따른 종합시험운행의 실시 시기·방법·기준과 개선·시정 명령 등에 필요한 사항은 국토교통부령으로 정한다.
>
> 시행규칙 제75조(종합시험운행의 시기·절차 등) ① 철도운영자등이 법 제38조제1항에 따라 실시하는 종합시험운행(이하 "종합시험운행"이라 한다)은 해당 철도노선의 영업을 개시하기 전에 실시한다.
>
> ② 종합시험운행은 철도운영자와 합동으로 실시한다. 이 경우 철도운영자는 종합시험운행의 원활한 실시를 위하여 철도시설관리자로부터 철도차량, 소요인력 등의 지원 요청이 있는 경우 특별한 사유가 없는 한 이에 응하여야 한다.
>
> ⑤ 종합시험운행은 다음 각 호의 절차로 구분하여 순서대로 실시한다.
>
>   1. 시설물검증시험
>
>   해당 철도노선에서 허용되는 최고속도까지 단계적으로 철도차량의 속도를 증가시키면서 철도시설의 안전상태, 철도차량의 운행적합성이나 철도시설물과의 연계성(Interface), 철도시설물의 정상 작동 여부 등을 확인·점검하는 시험
>
>   2. 영업시운전
>
>   시설물검증시험이 끝난 후 영업 개시에 대비하기 위하여 열차운행계획에 따른 실제 영업상태를 가정하고 열차운행체계 및 철도종사자의 업무숙달 등을 점검하는 시험

35. 철도시설관리자가 종합시험운행을 실시하기 전에 철도운영자와 협의하여 종합시험운행계획 수립할 때 포함되어야 할 사항이 아닌 것은?

① 종합시험운행의 일정　　　　　　② 종합시험운행의 방법 및 절차

③ 응급조치계획　　　　　　　　　④ 평가항목 및 평가기준 등

> **해설** 시행규칙 제75조(종합시험운행의 시기·절차 등) ③ 철도시설관리자는 종합시험운행을 실시하기 전에 철도운영자와 협의하여 다음 각 호의 사항이 포함된 종합시험운행계획을 수립하여야 한다.
>
> 1. 종합시험운행의 방법 및 절차　　　　2. 평가항목 및 평가기준 등
>
> 3. 종합시험운행의 일정　　　　　　　　4. 종합시험운행의 실시 조직 및 소요인원
>
> 5. 종합시험운행에 사용되는 시험기기 및 장비
>
> 6. 종합시험운행을 실시하는 사람에 대한 교육훈련계획
>
> 7. 안전관리조직 및 안전관리계획
>
> 8. 비상대응계획
>
> 9. 그 밖에 종합시험운행의 효율적인 실시와 안전 확보를 위하여 필요한 사항

36. 철도운영자등이 종합시험운행을 실시하는 때 지정하는 안전관리책임자의 수행 업무가 아닌 것은?

① 종합시험운행에 사용되는 철도차량에 대한 안전 통제
② 종합시험운행 참여자에 대한 안전교육
③ 「철도안전법」등 관련 법령에서 정한 안전조치사항의 점검·확인
④ 종합시험운행을 실시하기 전의 안전점검 및 종합시험운행 중 안전관리 감독

> **해설** 시행규칙 제75조(종합시험운행의 시기·절차 등) ⑨ 철도운영자등이 종합시험운행을 실시하는 때에는 안전관리책임자를 지정하여 다음 각 호의 업무를 수행하도록 하여야 한다.
> 1. 「산업안전보건법」등 관련 법령에서 정한 안전조치사항의 점검·확인
> 2. 종합시험운행을 실시하기 전의 안전점검 및 종합시험운행 중 안전관리 감독
> 3. 종합시험운행에 사용되는 철도차량에 대한 안전 통제
> 4. 종합시험운행에 사용되는 안전장비의 점검·확인
> 5. 종합시험운행 참여자에 대한 안전교육

37. 철도차량의 개조에 관한 설명으로 틀린 것은?

① 철도차량을 소유하거나 운영하는 자는 철도차량 최초 제작 당시와 다르게 구조, 부품, 장치 또는 차량성능 등에 대한 개량 및 변경 등을 임의로 하고 운행하여서는 아니 된다
② 소유자등이 철도차량을 개조하여 운행하려면 철도차량의 기술기준에 적합한지에 대하여 대통령령으로 정하는 바에 따라 국토교통부장관의 승인을 받아야 한다. 다만, 국토교통부령으로 정하는 경미한 사항을 개조하는 경우에는 국토교통부장관에게 신고하여야 한다
③ 소유자등이 철도차량을 개조하여 개조승인을 받으려는 경우에는 국토교통부령으로 정하는 바에 따라 적정 개조능력이 있다고 인정되는 자가 개조 작업을 수행하도록 하여야 한다
④ 국토교통부장관은 개조승인을 하려는 경우에는 해당 철도차량이 철도차량의 기술기준에 적합한지에 대하여 개조승인검사를 하여야 한다

> **해설** 안전법 제38조의2(철도차량의 개조 등) ① 철도차량을 소유하거나 운영하는 자(이하 "소유자등"이라 한다)는 철도차량 최초 제작 당시와 다르게 구조, 부품, 장치 또는 차량성능 등에 대한 개량 및 변경 등(이하 "개조"라 한다)을 임의로 하고 운행하여서는 아니 된다.
> ② 소유자등이 철도차량을 개조하여 운행하려면 제26조제3항에 따른 철도차량의 기술기준에 적합한지에 대하여 국토교통부령으로 정하는 바에 따라 국토교통부장관의 승인(이하 "개조승인"이라 한다)을 받아야 한다. 다만, 국토교통부령으로 정하는 경미한 사항을 개조하는 경우에는 국토교통부장관에게 신고(이하 "개조신고"라 한다)하여야 한다.
> ③ 소유자등이 철도차량을 개조하여 개조승인을 받으려는 경우에는 국토교통부령으로 정하는 바에 따라 적정 개조능력이 있다고 인정되는 자가 개조 작업을 수행하도록 하여야 한다.
> ④ 국토교통부장관은 개조승인을 하려는 경우에는 해당 철도차량이 제26조제3항에 따라 고시하는 철도차량의 기술기준에 적합한지에 대하여 개조승인검사를 하여야 한다.
> ⑤ 제2항 및 제4항에 따른 개조승인절차, 개조신고절차, 승인방법, 검사기준, 검사방법 등에 대하여 필요한 사항은 국토교통부령으로 정한다.

38. 국토교통부장관에게 철도차량의 개조 신고를 할 수 있는 경미한 사항의 개조가 아닌 것은?

① 설비의 변경 또는 교체에 따라 해당 철도차량의 중량 및 중량분포가 고속철도차량 및 일반철도차량의 동력차(기관차)는 100분의 5 이하로 변동되는 경우

② 차체구조 등 철도차량 구조체의 개조로 인하여 해당 철도차량의 허용 적재하중 등 철도차량의 강도가 100분의 5 미만으로 변동되는 경우

③ 철도차량 제작자와 철도차량 구매자의 계약에 따른 하자보증 또는 성능개선 등을 위한 장치 또는 부품의 변경

④ 철도차량의 장치 또는 부품을 개조한 이후 개조 전의 장치 또는 부품과 비교하여 철도차량의 고장 또는 운행장애가 증가하여 개조 전의 장치 또는 부품으로 긴급히 교체하는 경우

해설 시행규칙 제75조의4(철도차량의 경미한 개조) ① 법 제38조의2제2항 단서에서 "국토교통부령으로 정하는 경미한 사항을 개조하는 경우"란 다음 각 호의 어느 하나에 해당하는 경우를 말한다.

1. 차체구조 등 철도차량 구조체의 개조로 인하여 해당 철도차량의 허용 적재하중 등 철도차량의 강도가 100분의 5 미만으로 변동되는 경우
2. 설비의 변경 또는 교체에 따라 해당 철도차량의 중량 및 중량분포가 다음 각 목에 따른 기준 이하로 변동되는 경우
   가. 고속철도차량 및 일반철도차량의 동력차(기관차) : 100분의 2
   나. 고속철도차량 및 일반철도차량의 객차 · 화차 · 전기동차 · 디젤동차 : 100분의 4
   다. 도시철도차량 : 100분의 5
3. 다음 각 목의 어느 하나에 해당하지 아니하는 장치 또는 부품의 개조 또는 변경
   가. 주행장치 중 주행장치틀, 차륜 및 차축
   나. 제동장치 중 제동제어장치 및 제어기
   다. 추진장치 중 인버터 및 컨버터
   라. 보조전원장치
   마. 차상신호장치(지상에 설치된 신호장치로부터 열차의 운행조건 등에 관한 정보를 수신하여 철도차량의 운전실에 속도감속 또는 정지 등 철도차량의 운전에 필요한 정보를 제공하기 위하여 철도차량에 설치된 장치를 말한다)
   바. 차상통신장치
   사. 종합제어장치
   아. 철도차량기술기준에 따른 화재시험 대상인 부품 또는 장치. 다만, 「화재예방, 소방시설 설치 · 유지 및 안전관리에 관한 법률」 제9조제1항에 따른 화재안전기준을 충족하는 부품 또는 장치는 제외한다.
4. 법 제27조에 따라 국토교통부장관으로부터 철도용품 형식승인을 받은 용품으로 변경하는 경우(제1호 및 제2호에 따른 요건을 모두 충족하는 경우로서 소유자등이 지상에 설치되어 있는 설비와 철도차량의 부품 · 구성품 등이 상호 접속되어 원활하게 그 기능이 확보되는지에 대하여 확인한 경우에 한한다)
5. 철도차량 제작자와 철도차량 구매자의 계약에 따른 하자보증 또는 성능개선 등을 위한 장치 또는 부품의 변경
6. 철도차량 개조의 타당성 및 적합성 등에 관한 검토 · 시험을 위한 대표편성 철도차량의 개조에 대하여 「과학기술분야 정부출연연구기관 등의 설립 · 운영 및 육성에 관한 법률」에 따른 한국철도기술연구원의 승인을 받은 경우
7. 철도차량의 장치 또는 부품을 개조한 이후 개조 전의 장치 또는 부품과 비교하여 철도차량의 고장 또는 운행장애가 증가하여 개조 전의 장치 또는 부품으로 긴급히 교체하는 경우
8. 그밖에 철도차량의 안전, 성능 등에 미치는 영향이 미미하다고 국토교통부장관으로부터 인정을 받은 경우

정답 **38.** ①

39. 철도안전법에서 차량의 개조로 보지 아니하는 경우로 틀린 것은?

① 철도차량 제작자와의 하자보증계약에 따른 장치 또는 부품의 변경
② 철도차량 장치나 부품의 배치위치 변경
③ 「철도안전법」에 따른 전용철도 노선에서만 운행하는 철도차량에 대한 개조
④ 철도차량의 유지보수(점검 또는 정비 등) 계획에 따라 일상적·반복적으로 시행하는 부품이나 구성품의 교체·교환

> **해설** 시행규칙 제75조의4(철도차량의 경미한 개조) ② 제1항을 적용할 때 다음 각 호의 어느 하나에 해당하는 경우에는 철도차량의 개조로 보지 아니한다.
> 1. 철도차량의 유지보수(점검 또는 정비 등) 계획에 따라 일상적·반복적으로 시행하는 부품이나 구성품의 교체·교환
> 1의2. 철도차량 제작자와의 하자보증계약에 따른 장치 또는 부품의 변경
> 2. 차량 내·외부 도색 등 미관이나 내구성 향상을 위하여 시행하는 경우
> 3. 승객의 편의성 및 쾌적성 제고와 청결·위생·방역을 위한 차량 유지관리
> 4. 다음 각 목의 장치와 관련되지 아니한 소프트웨어의 수정
>   가. 견인장치
>   나. 제동장치
>   다. 차량의 안전운행 또는 승객의 안전과 관련된 제어장치
>   라. 신호 및 통신 장치
> 5. 차체 형상의 개선 및 차내 설비의 개선
> 6. 철도차량 장치나 부품의 배치위치 변경
> 7. 기존 부품과 동등 수준 이상의 성능임을 제시하거나 입증할 수 있는 부품의 규격 수정
> 8. 소유자등이 철도차량 개조의 타당성 등에 관한 사전 검토를 위하여 여객 또는 화물 운송을 목적으로 하지 아니하고 철도차량의 시험운행을 위한 전용선로 또는 영업 중인 선로에서 영업운행 종료 이후 30분이 경과된 시점부터 다음 영업운행 개시 30분 전까지 해당 철도차량을 운행하는 경우(소유자등이 안전운행 확보방안을 수립하여 시행하는 경우에 한한다)
> 9. 「철도사업법」에 따른 전용철도 노선에서만 운행하는 철도차량에 대한 개조
> 10. 그 밖에 제1호부터 제7호까지에 준하는 사항으로 국토교통부장관으로부터 인정을 받은 경우

40. 소유자등이 경미한 사항의 철도차량 개조신고를 할 때 해당 철도차량에 대한 철도차량 개조신고서를 국토교통부장관에게 제출하는 기한은?

① 개조작업 시작예정일 10일 전까지　　② 개조작업 신고예정일 10일 전까지
③ 개조작업 시작예정일 15일 전까지　　④ 개조작업 신고예정일 15일 전까지

> **해설** 시행규칙 제75조의4(철도차량의 경미한 개조) ③ 소유자등이 제1항에 따른 경미한 사항의 철도차량 개조신고를 하려면 해당 철도차량에 대한 개조작업 시작예정일 10일 전까지 별지 제45호의2서식에 따른 철도차량 개조신고서에 다음 각 호의 서류를 첨부하여 국토교통부장관에게 제출하여야 한다.
> 1. 제1항 각 호의 어느 하나에 해당함을 증명하는 서류
> 2. 제1호와 관련된 제75조의3제1항제1호부터 제6호까지의 서류

41. 철도차량 개조능력이 있다고 인정되는 자에 해당하지 않는 자는?

① 개조 대상 부품 또는 장치 등을 제작하여 납품한 실적이 있는 자
② 인증정비조직
③ 개조 대상 부품·장치 또는 그와 유사한 성능의 부품·장치 등을 6개월 이상 정비한 실적이 있는 자
④ 개조 대상 철도차량 또는 그와 유사한 성능의 철도차량을 제작한 경험이 있는 자
⑤ 개조 전의 부품 또는 장치 등과 동등 수준 이상의 성능을 확보할 수 있는 부품 또는 장치 등의 신기술을 개발하여 해당 부품 또는 장치를 철도차량에 설치 또는 개량하는 자

정답 | **39.** | ③ | **40.** | ① | **41.** | ③

해설 시행규칙 제75조의5(철도차량 개조능력이 있다고 인정되는 자) 법 제38조의2제3항에서 "국토교통부령으로 정하는 적정 개조능력이 있다고 인정되는 자"란 다음 각 호의 어느 하나에 해당하는 자를 말한다.
　　1. 개조 대상 철도차량 또는 그와 유사한 성능의 철도차량을 제작한 경험이 있는 자
　　2. 개조 대상 부품 또는 장치 등을 제작하여 납품한 실적이 있는 자
　　3. 개조 대상 부품·장치 또는 그와 유사한 성능의 부품·장치 등을 1년 이상 정비한 실적이 있는 자
　　4. 법 제38조의7제2항에 따른 인증정비조직
　　5. 개조 전의 부품 또는 장치 등과 동등 수준 이상의 성능을 확보할 수 있는 부품 또는 장치 등의 신기술을 개발하여 해당 부품 또는 장치를 철도차량에 설치 또는 개량하는 자

42. 철도차량 개조승인 검사의 구분에 해당하지 않는 것은?

① 개조형식시험　　　　　　② 개조적합성 검사
③ 개조합치성 검사　　　　　④ 제작검사

해설 시행규칙 제75조의6(개조승인 검사 등) ① 법 제38조의2제4항에 따른 개조승인 검사는 다음 각 호의 구분에 따라 실시한다.
　　1. 개조적합성 검사
　　　철도차량의 개조가 철도차량기술기준에 적합한지 여부에 대한 기술문서 검사
　　2. 개조합치성 검사
　　　해당 철도차량의 대표편성에 대한 개조작업이 제1호에 따른 기술문서와 합치하게 시행되었는지 여부에 대한 검사
　　3. 개조형식시험
　　　철도차량의 개조가 부품단계, 구성품단계, 완성차단계, 시운전단계에서 철도차량기술기준에 적합한지 여부에 대한 시험

43. 철도차량의 이력관리에서 하여서는 아니 되는 행위로 틀린 것은?

① 이력사항을 무단으로 외부에 제공하는 행위
② 철도차량과 관련한 제작, 운용, 철도차량정비 및 폐차 등의 이력을 관리하는 행위
③ 이력사항을 고의 또는 과실로 입력하지 아니하는 행위
④ 이력사항을 위조·변조하거나 고의로 훼손하는 행위

해설 안전법 제38조의5(철도차량의 이력관리) ① 소유자등은 보유 또는 운영하고 있는 철도차량과 관련한 제작, 운용, 철도차량정비 및 폐차 등 이력을 관리하여야 한다.
　　② 제1항에 따라 이력을 관리하여야 할 철도차량, 이력관리 항목, 전산망 등 관리체계, 방법 및 절차 등에 필요한 사항은 국토교통부장관이 정하여 고시한다.
　　③ 누구든지 제1항에 따라 관리하여야 할 철도차량의 이력에 대하여 다음 각 호의 행위를 하여서는 아니 된다.
　　　1. 이력사항을 고의 또는 과실로 입력하지 아니하는 행위
　　　2. 이력사항을 위조·변조하거나 고의로 훼손하는 행위
　　　3. 이력사항을 무단으로 외부에 제공하는 행위
　　④ 소유자등은 제1항의 이력을 국토교통부장관에게 정기적으로 보고하여야 한다.
　　⑤ 국토교통부장관은 제4항에 따라 보고된 철도차량과 관련한 제작, 운용, 철도차량정비 및 폐차 등 이력을 체계적으로 관리하여야 한다.

44. 철도차량 정비조직 인증기준이 아닌 것은?

① 정비조직의 업무를 적절하게 수행할 수 있는 인력을 갖출 것
② 정비조직의 업무를 적절하게 수행할 수 있는 조직을 갖출 것
③ 정비조직의 업무범위에 적합한 시설·장비 등 설비를 갖출 것
④ 정비조직의 업무범위에 적합한 철도차량 정비매뉴얼, 검사체계 및 품질관리체계 등을 갖출 것

해설 시행규칙 제75조의9(정비조직인증의 신청 등) ① 법 제38조의7제1항에 따른 정비조직인증기준(이하 "정비조직인증기준"이라 한다)은 다음 각 호와 같다.
> 1. 정비조직의 업무를 적절하게 수행할 수 있는 인력을 갖출 것
> 2. 정비조직의 업무범위에 적합한 시설·장비 등 설비를 갖출 것
> 3. 정비조직의 업무범위에 적합한 철도차량 정비매뉴얼, 검사체계 및 품질관리체계 등을 갖출 것

45. 철도차량 정비조직의 인증을 받으려는 자가 철도차량 정비조직인증 신청서에 정비조직인증기준을 갖추었음을 증명하는 자료를 첨부하여 국토교통부장관에게 제출해야 하는 기한은?
① 철도차량 정비업무 개시예정일 60일 전까지
② 철도차량 정비업무 인증예정일 60일 전까지
③ 철도차량 정비업무 개시예정일 90일 전까지
④ 철도차량 정비업무 인증예정일 90일 전까지

해설 시행규칙 제75조의9(정비조직인증의 신청 등) ② 법 제38조의7제1항에 따라 철도차량 정비조직의 인증을 받으려는 자는 철도차량 정비업무 개시예정일 60일 전까지 별지 제45호의5서식의 철도차량 정비조직인증 신청서에 정비조직인증기준을 갖추었음을 증명하는 자료를 첨부하여 국토교통부장관에게 제출해야 한다.

46. 철도차량 정비조직인증을 받지 않아도 되는 경미한 사항에 해당하는 정비조직이 아닌 것은?
① 「중소기업기본법 시행령」에 따른 소기업 중 해당 기업의 주된 업종이 운수 및 창고업에 해당하는 기업
② 철도차량 정비업무에 상시 종사하는 사람이 50명 미만의 조직
③ 철도차량 정비를 위한 사업장을 기준으로 철도차량 정비에 직접 사용되는 토지 면적의 10만 제곱미터 이상 범위에서의 변경
④ 「철도사업법」에 따른 전용철도 노선에서만 운행하는 철도차량을 정비하는 조직

해설 시행규칙 제75조의11(정비조직인증기준의 경미한 변경 등) ① 법 제38조의7제1항 단서에서 "국토교통부령으로 정하는 경미한 사항"이란 다음 각 호의 어느 하나에 해당하는 정비조직을 말한다.
> 1. 철도차량 정비업무에 상시 종사하는 사람이 50명 미만의 조직
> 2. 「중소기업기본법 시행령」 제8조에 따른 소기업 중 해당 기업의 주된 업종이 운수 및 창고업에 해당하는 기업(「통계법」 제22조에 따라 통계청장이 고시하는 한국표준산업분류의 대분류에 따른 운수 및 창고업을 말한다)
> 3. 「철도사업법」에 따른 전용철도 노선에서만 운행하는 철도차량을 정비하는 조직

47. 인증정비조직이 인증 받은 사항을 변경할 때 국토교통부장관에게 신고대상인 경미한 사항의 변경에 해당하지 않는 것은?
① 철도차량 정비를 위한 사업장을 기준으로 철도차량 정비에 직접 사용되는 토지 면적의 1만 제곱미터 이하 범위에서의 변경
② 철도차량 정비를 위한 사업장을 기준으로 철도차량 정비와 관련된 업무를 수행하는 인력의 100분의 10 이하 범위에서의 변경
③ 철도차량 정비의 안전 및 품질 등에 중대한 영향을 초래하지 않는 설비 또는 장비 등의 변경
④ 철도차량 정비를 위한 설비 또는 장비 등의 교체 또는 개량

해설 시행규칙 제75조의11(정비조직인증기준의 경미한 변경 등) ② 법 제38조의7제2항 단서에서 "국토교통부령으로 정하는 경미한 사항의 변경"이란 다음 각 호의 어느 하나에 해당하는 사항의 변경을 말한다.

정답 | 45. | ① | 46. | ③ | 47. | ④

1. 철도차량 정비를 위한 사업장을 기준으로 철도차량 정비와 관련된 업무를 수행하는 인력의 100분의 10 이하 범위에서의 변경
2. 철도차량 정비를 위한 사업장을 기준으로 철도차량 정비에 직접 사용되는 토지 면적의 1만제곱미터 이하 범위에서의 변경
3. 그 밖에 철도차량 정비의 안전 및 품질 등에 중대한 영향을 초래하지 않는 설비 또는 장비 등의 변경

48. 철도차량 정비조직인증의 변경에 관한 신고를 하지 않을 수 있는 것으로 틀린 것은?

① 철도차량 정비를 위한 설비 또는 장비 등의 교체 또는 개량
② 철도차량 정비를 위한 사업장을 기준으로 철도차량 정비에 직접 사용되는 면적이 3천 제곱미터 이하 범위에서 변경되는 경우
③ 철도차량 정비의 안전 및 품질 등에 영향을 초래하지 않는 사항의 변경
④ 철도차량 정비를 위한 사업장을 기준으로 철도차량 정비와 관련된 업무를 수행하는 인력이 100분의 10 이하 범위에서 변경되는 경우

해설 시행규칙 제75조의11(정비조직인증기준의 경미한 변경 등) ③ 제2항에도 불구하고 인증정비조직은 다음 각 호의 어느 하나에 해당하는 경우 정비조직인증의 변경에 관한 신고(이하 이 조에서 "인증변경신고"라 한다)를 하지 않을 수 있다.
1. 철도차량 정비를 위한 사업장을 기준으로 철도차량 정비와 관련된 업무를 수행하는 인력이 100분의 5 이하 범위에서 변경되는 경우
2. 철도차량 정비를 위한 사업장을 기준으로 철도차량 정비에 직접 사용되는 면적이 3천제곱미터 이하 범위에서 변경되는 경우
3. 철도차량 정비를 위한 설비 또는 장비 등의 교체 또는 개량
4. 그 밖에 철도차량 정비의 안전 및 품질 등에 영향을 초래하지 않는 사항의 변경

49. 철도차량 정비조직의 인증을 받을 수 없는 결격사유가 아닌 것을 모두 고른 것은?

a. 미성년자
b. 피성년후견인 및 피한정후견인
c. 파산선고를 받은 자로서 복권되지 아니한 자
d. 정비조직의 인증이 취소된 후 2년이 지난 자
e. 이 법을 위반하여 징역 이상의 실형을 선고받고 그 집행이 끝나거나 그 집행이 면제된 날부터 2년이 지난 사람
f. 철도안전법을 위반하여 징역 이상의 형의 집행유예를 선고받고 그 유예기간이 종료된 사람

① d, e, f   ② b, c   ③ a, d, e, f   ④ a, d, e

해설 안전법 제38조의8(결격사유) 다음 각 호의 어느 하나에 해당하는 자는 정비조직의 인증을 받을 수 없다. 법인인 경우에는 임원 중 다음 각 호의 어느 하나에 해당하는 사람이 있는 경우에도 또한 같다.
1. 피성년후견인 및 피한정후견인
2. 파산선고를 받은 자로서 복권되지 아니한 자
3. 제38조의10에 따라 정비조직의 인증이 취소(제38조의10제1항제4호에 따라 제1호 및 제2호에 해당되어 인증이 취소된 경우는 제외한다)된 후 2년이 지나지 아니한 자
4. 이 법을 위반하여 징역 이상의 실형을 선고받고 그 집행이 끝나거나 그 집행이 면제된 날부터 2년이 지나지 아니한 사람
5. 이 법을 위반하여 징역 이상의 형의 집행유예를 선고받고 그 유예기간 중에 있는 사람

정답 | **48.** | ④ | **49.** | ③

50. 철도차량 인증정비조직의 준수사항이 아닌 것은?

① 철도차량정비기술기준을 준수할 것
② 정비조직운영기준을 지속적으로 유지할 것
③ 철도용품을 사용하여 철도차량정비를 할 경우 그 적정성 및 이상 여부를 확인할 것
④ 정비조직인증기준에 적합하도록 유지할 것
⑤ 철도차량정비가 완료되지 않은 철도차량은 운행할 수 없도록 관리할 것

해설 안전법 제38조의9(인증정비조직의 준수사항) 인증정비조직은 다음 각호의 사항을 준수하여야 한다.
1. 철도차량정비기술기준을 준수할 것
2. 정비조직인증기준에 적합하도록 유지할 것
3. 정비조직운영기준을 지속적으로 유지할 것
4. 중고 부품을 사용하여 철도차량정비를 할 경우 그 적정성 및 이상 여부를 확인할 것
5. 철도차량정비가 완료되지 않은 철도차량은 운행할 수 없도록 관리할 것

51. 철도차량 인증정비조직의 인증 취소 등에 관한 설명으로 틀린 것은?

① 고의 또는 중대한 과실로 국토교통부령으로 정하는 철도사고 및 중대한 운행장애를 발생시킨 경우에는 그 인증을 취소하여야 한다
② 정비조직 인증을 받을 수 없는 결격사유에 해당하게 된 경우에는 그 인증을 취소하여야 한다
③ 변경인증을 받지 아니하거나 변경신고를 하지 아니하고 인정받은 사항을 변경한 경우에는 인증을 취소하거나 6개월 이내의 기간을 정하여 업무의 제한이나 정지를 명할 수 있다
④ 거짓이나 그 밖의 부정한 방법으로 인증을 받은 경우에는 그 인증을 취소하여야 한다

해설 안전법 제38조의10(인증정비조직의 인증 취소 등) ① 국토교통부장관은 인증정비조직이 다음 각 호의 어느 하나에 해당하면 인증을 취소하거나 6개월 이내의 기간을 정하여 업무의 제한이나 정지를 명할 수 있다. 다만, 제1호, 제2호(고의에 의한 경우로 한정한다) 및 제4호에 해당하는 경우에는 그 인증을 취소하여야 한다.
1. 거짓이나 그 밖의 부정한 방법으로 인증을 받은 경우
2. 고의 또는 중대한 과실로 국토교통부령으로 정하는 철도사고 및 중대한 운행장애를 발생시킨 경우
3. 제38조의7제2항을 위반하여 변경인증을 받지 아니하거나 변경신고를 하지 아니하고 인증받은 사항을 변경한 경우
4. 제38조의8제1호 및 제2호에 따른 결격사유에 해당하게 된 경우
5. 제38조의9에 따른 준수사항을 위반한 경우

52. 철도차량 정밀안전진단의 시행시기로 틀린 것은?

① 2014년 3월 19일 이후 구매계약을 체결한 철도차량은 철도차량 완성검사증명서를 발급받은 날부터 20년이 경과하기 전에 최초 정밀안전진단을 받아야 한다
② 소유자등은 정밀안전진단 결과 계속 사용할 수 있다고 인정을 받은 철도차량에 대하여 10년 마다 해당 철도차량의 물리적 사용가능 여부 및 안전성능 등에 대하여 다시 정기 정밀안전진단을 받아야 한다
③ 최초 정밀안전진단 또는 정기 정밀안전진단 후 전기·전자장치 또는 그 부품의 전기특성·기계적 특성에 따른 반복적 고장이 3회 이상 발생한 철도차량은 반복적 고장이 3회 발생한 날부터 1년 이내에 해당 철도차량의 고장특성에 따른 상태 평가 및 안전성 평가를 시행해야 한다
④ 2014년 3월 18일까지 구매계약을 체결한 철도차량: 제75조제5항제2호에 따른 영업시운전을 시작한 날부터 20년이 경과하기 전에 최초 정밀안전진단을 받아야 한다

정답 50. ③ 51. ① 52. ②

해설 시행규칙 제75조의13(정밀안전진단의 시행시기) ① 법 제38조의12제1항에 따라 소유자등은 다음 각 호의 구분에 따른 기간이 경과하기 전에 해당 철도차량의 물리적 사용가능 여부 및 안전성능 등에 대한 정밀안전진단(이하 "최초 정밀안전진단"이라 한다)을 받아야 한다. 다만, 잦은 고장·화재·충돌 등으로 다음 각 호 구분에 따른 기간이 도래하기 이전에 정밀안전진단을 받은 경우에는 그 정밀안전진단을 최초 정밀안전진단으로 본다.

    1. 2014년 3월 19일 이후 구매계약을 체결한 철도차량 : 법 제26조의6제2항에 따른 철도차량 완성검사 증명서를 발급받은 날부터 20년

    2. 2014년 3월 18일까지 구매계약을 체결한 철도차량 : 제75조제5항제2호에 따른 영업시운전을 시작한 날부터 20년

② 제1항에도 불구하고 국토교통부장관은 철도차량의 정비주기·방법 등 철도차량 정비의 특수성을 고려하여 최초 정밀안전진단 시기 및 방법 등을 따로 정할 수 있고, 사고복구용·작업용·시험용 철도차량 등 법 제26조제4항제4호에 따른 철도차량과 「철도사업법」에 따른 전용철도 노선에서만 운행하는 철도차량은 해당 철도차량의 제작설명서 또는 구매계약서에 명시된 기대수명 전까지 최초 정밀안전진단을 받을 수 있다.

③ 소유자등은 제1항 및 제2항에 따른 정밀안전진단 결과 계속 사용할 수 있다고 인정을 받은 철도차량에 대하여 제1항 각 호에 따른 기간을 기준으로 5년 마다 해당 철도차량의 물리적 사용가능 여부 및 안전성능 등에 대하여 다시 정밀안전진단(이하 "정기 정밀안전진단"이라 한다)을 받아야 하며, 정기 정밀안전진단 결과 계속 사용할 수 있다고 인정을 받은 경우에도 또한 같다. 다만, 국토교통부장관은 철도차량의 정비주기·방법등 철도차량 정비의 특수성을 고려하여 정기 정밀안전진단 시기 및 방법 등을 따로 정할 수 있다.

④ 제3항에도 불구하고 최초 정밀안전진단 또는 정기 정밀안전진단 후 운행 중 충돌·추돌·탈선·화재 등 중대한 사고가 발생되어 철도차량의 안전성 또는 성능 등에 대한 정밀안전진단이 필요한 철도차량에 대하여는 해당 철도차량을 운행하기 전에 정밀안전진단을 받아야 한다. 이 경우 정기 정밀안전진단 시기는 직전의 정기 정밀안전진단 결과 계속 사용이 적합하다고 인정을 받은 날을 기준으로 산정한다.

⑤ 제3항에도 불구하고 최초 정밀안전진단 또는 정기 정밀안전진단 후 전기·전자장치 또는 그 부품의 전기특성·기계적 특성에 따른 반복적 고장이 3회 이상 발생(실제 운행편성 단위를 기준으로 한다)한 철도차량은 반복적 고장이 3회 발생한 날부터 1년 이내에 해당 철도차량의 고장특성에 따른 상태 평가 및 안전성 평가를 시행해야 한다.

53. 철도차량 정밀안전진단의 방법에 대한 설명으로 맞는 것은?

① 합치성 평가는 철도차량의 형식승인 검사, 제작검사를 말한다

② 성능 평가는 결함검사, 전기특성검사 및 전선열화검사를 말한다

③ 상태 평가는 철도차량의 치수 및 외관검사를 말한다

④ 정밀안전진단은 상태 평가, 안전성 평가, 합치성 평가, 성능 평가로 구분하여 시행한다

⑤ 안전성 평가는 역행시험, 제동시험, 진동시험 및 승차감시험을 말한다

해설 시행규칙 제75조의16(철도차량 정밀안전진단의 방법 등) ① 법 제38조의12제1항에 따른 정밀안전진단은 다음 각 호의 구분에 따라 시행한다.

    1. 상태 평가 : 철도차량의 치수 및 외관검사

    2. 안전성 평가 : 결함검사, 전기특성검사 및 전선열화검사

    3. 성능 평가 : 역행시험, 제동시험, 진동시험 및 승차감시험

② 제75조의14 및 제1항에서 정한 사항 외에 정밀안전진단의 시기, 기준, 방법 및 절차 등에 관하여 필요한 사항은 국토교통부장관이 정하여 고시한다.

54. 철도차량 정밀안전진단기관의 지정취소 등과 관련한 설명으로 틀린 것은?

① 업무정지명령을 위반하여 업무정지 기간 중에 정밀안전진단 업무를 한 경우에는 그 지정을 취소하여야 한다

② 정밀안전진단 결과를 조작한 경우에는 그 지정을 취소하거나 6개월 이내의 기간을 정하여 그 업무의 전부 또는 일부의 정지를 명할 수 있다

③ 정밀안전진단 결과를 거짓으로 기록하거나 고의로 결과를 기록하지 아니한 경우에는 그 지정을 취소하여야 한다

④ 정밀안전진단 업무와 관련하여 부정한 금품을 수수하거나 그 밖의 부정한 행위를 한 경우에는 그 지정을 취소하여야 한다

> **해설** 안전법 제38조의13(정밀안전진단기관의 지정 등) ③ 국토교통부장관은 정밀안전진단기관이 다음 각 호의 어느 하나에 해당하는 경우에 그 지정을 취소하거나 6개월 이내의 기간을 정하여 그 업무의 전부 또는 일부의 정지를 명할 수 있다. 다만, 제1호부터 제3호까지의 어느 하나에 해당하는 경우에는 그 지정을 취소하여야 한다.
>
> 1. 거짓이나 그 밖의 부정한 방법으로 지정을 받은 경우
> 2. 이 조에 따른 업무정지명령을 위반하여 업무정지 기간 중에 정밀안전진단 업무를 한 경우
> 3. 정밀안전진단 업무와 관련하여 부정한 금품을 수수(收受)하거나 그 밖의 부정한 행위를 한 경우
> 4. 정밀안전진단 결과를 조작한 경우
> 5. 정밀안전진단 결과를 거짓으로 기록하거나 고의로 결과를 기록하지 아니한 경우
> 6. 성능검사 등을 받지 아니한 검사용 기계 · 기구를 사용하여 정밀안전진단을 한 경우

55. 철도차량 정밀안전진단기관의 업무 범위가 아닌 것은?

① 정밀안전진단의 항목 및 기준에 대한 제정·개정 요청

② 해당 업무분야의 철도용품에 대한 정밀안전진단 시행

③ 국토교통부장관이 필요하다고 인정하는 업무

④ 정밀안전진단의 항목 및 기준에 대한 조사·검토

⑤ 정밀안전진단의 기록 보존 및 보호에 관한 업무

> **해설** 시행규칙 제75조의18(정밀안전진단기관의 업무) 정밀안전진단기관의 업무 범위는 다음 각 호와 같다.
>
> 1. 해당 업무분야의 철도차량에 대한 정밀안전진단 시행
> 2. 정밀안전진단의 항목 및 기준에 대한 조사 · 검토
> 3. 정밀안전진단의 항목 및 기준에 대한 제정 · 개정 요청
> 4. 정밀안전진단의 기록 보존 및 보호에 관한 업무
> 5. 그 밖에 국토교통부장관이 필요하다고 인정하는 업무

정답 | 54. | ③ | 55. | ②

2장

철도안전기반 구축

1 철도안전기술의 진흥

(1) 철도안전기술 시책

국토교통부장관은 철도안전에 관한 기술의 진흥을 위하여 연구·개발의 촉진 및 그 성과의 보급 등 필요한 시책을 마련하여 추진하여야 한다

(2) 철도안전 전문기관 등의 육성

① 국토교통부장관은 철도안전에 관한 전문기관 또는 단체를 지도·육성하여야 한다

② 철도안전 전문인력 확보

국토교통부장관은 철도시설의 건설, 운영 및 관리와 관련된 안전점검업무 등 **대통령령**으로 정하는 철도안전업무에 종사하는 전문인력을 원활하게 확보할 수 있도록 시책을 마련하여 추진하여야 한다

㉮ 철도안전 전문인력의 분야별 자격 부여

ⓐ 철도운행안전관리자

ⓑ 철도안전전문기술자

㉯ 철도안전 전문인력의 분야별 자격기준, 자격부여 절차 및 자격을 받기 위한 안전교육훈련 등에 관하여 필요한 사항은 **대통령령**으로 정한다 (철도안전 전문기술자의 자격기준) : (별표34)

③ 안전전문기관 지정

㉮ 국토교통부장관은 철도안전에 관한 전문기관(안전전문기관)을 지정하여 철도안전 전문인력의 양성 및 자격관리 등의 업무를 수행하게 할 수 있다

㉯ 안전전문기관의 지정기준, 지정절차 등에 관하여 필요한 사항은 **대통령령**으로 정한다

㉰ 안전전문기관의 지정취소 및 업무정지 등에 관하여는 운전적성검사기관의 규정을 준용한다

2 철도안전 전문인력

(1) 철도안전 전문인력의 구분

① 철도안전 전문인력에 해당하는 인력

㉮ 철도운행안전관리자

㉯ 철도안전전문기술자

ⓐ 전기철도 분야 철도안전전문기술자

ⓑ 철도신호 분야 철도안전전문기술자

ⓒ 철도궤도 분야 철도안전전문기술자

ⓓ 철도차량 분야 철도안전전문기술자

② 철도안전 전문인력의 업무 범위

㉮ 철도운행안전관리자의 업무

ⓐ 철도차량의 운행선로나 그 인근에서 철도시설의 건설 또는 관리와 관련한 작업을 수행하는 경우에 작업일정의 조정 또는 작업에 필요한 안전장비·안전시설 등의 점검

ⓑ ⓐ에 따른 작업이 수행되는 선로를 운행하는 열차가 있는 경우 해당 열차의 운행일정 조정

ⓒ 열차접근경보시설이나 열차접근감시인의 배치에 관한 계획 수립·시행과 확인

ⓓ 철도차량 운전자나 관제업무종사자와 연락체계 구축 등

㉯ 철도안전전문기술자의 업무

ⓐ 전기철도·철도신호·철도궤도 분야 철도안전전문기술자

해당 철도시설의 건설이나 관리와 관련된 설계·시공·감리·안전점검 업무나 레일용접 등의 업무

ⓑ 철도차량 분야 철도안전전문기술자

철도차량의 설계·제작·개조·시험검사·정밀안전진단·안전점검 등에 관한 품질관리 및 감리 등의 업무

(2) 철도안전 전문인력의 자격기준

① 철도운행안전관리자의 자격을 부여받으려는 사람은 국토교통부장관이 인정한 교육훈련기관에서 **국토교통부령**으로 정하는 교육훈련을 수료하여야 한다 (철도안전 전문인력의 교육훈련 : 별표35)

철도안전 전문인력의 교육훈련(제91조제1항 관련)

대상자	교육시간	교육내용	교육시기
철도운행 안전 관리자	120시간(3주) - 직무관련 : 100시간 - 교양교육 : 20시간	- 열차운행의 통제와 조정 - 안전관리 일반 - 관계법령 - 비상 시 조치 등	철도운행안전관리자로 인정받으려는 경우
철도안전 전문 기술자 (초급)	120시간(3주) - 직무관련 : 100시간 - 교양교육 : 20시간	- 기초전문 직무교육 - 안전관리 일반 - 관계법령 - 실무실습	철도안전전문 초급기술자로 인정받으려는 경우

② 철도안전 전문인력의 정기교육

㉮ 교육목적

ⓐ 철도안전 전문인력의 분야별 자격을 부여받은 사람은 직무 수행의 적정성 등을 유지할 수 있도록 정기적으로 교육을 받아야 한다

ⓑ 철도운영자등은 정기교육을 받지 아니한 사람을 관련 업무에 종사하게 하여서는 아니 된다

㉯ 교육기관 : 안전전문기관에서 실시

㉰ 철도안전 전문인력에 대한 정기교육의 주기, 교육 내용, 교육 절차 등에 관하여 필요한 사항은 **국토교통부령**으로 정한다

ⓐ 정기교육의 주기 : 3년

ⓑ 정기교육 시간 : 15시간 이상

ⓒ 교육 내용 및 절차

(a) 정기교육은 철도안전 전문인력의 분야별 자격을 취득한 날 또는 종전의 정기교육 유효기간 만료일부터 3년이 되는 날 전 1년 이내에 받아야 한다. 이 경우 그 정기교육의 유효기간은 자격 취득 후 3년이 되는 날 또는 종전 정기교육 유효기간 만료일의 다음 날부터 기산한다.

(b) 철도안전 전문인력이 유효기간이 지난 후에 정기교육을 받은 경우 그 정기교육의 유효기간은 정기교육을 받은 날부터 기산한다.

(3) 철도안전 전문인력의 자격부여 절차

① 자격을 부여받으려는 사람은 **국토교통부령**으로 정하는 바에 따라 국토교통부장관에게 자격부여 신청을 하여야 한다

② 국토교통부장관은 자격부여 신청을 한 사람이 해당 자격기준에 적합한 경우에는 전문인력의 구분에 따라 자격증명서를 발급하여야 한다

③ 국토교통부장관은 자격부여 신청을 한 사람이 해당 자격기준에 적합한지를 확인하기 위하여 그가 소속된 기관이나 업체 등에 관계 자료 제출을 요청할 수 있다

④ 국토교통부장관은 철도안전 전문인력의 자격부여에 관한 자료를 유지·관리하여야 한다

⑤ 자격부여 절차와 방법, 자격증명서 발급 및 자격의 관리 등에 필요한 사항은 **국토교통부령**으로 정한다

(4) 철도안전 전문인력 자격부여 절차

① 철도안전 전문인력 자격부여(증명서 재발급) 신청서 첨부서류

㉮ 경력을 확인할 수 있는 자료

㉯ 교육훈련 이수증명서(해당자에 한정)

㉰ 「전기공사업법」에 따른 전기공사 기술자, 「전력기술관리법」에 따른 전력기술인, 「정보통신공사업법」에 따른 정보통신기술자 경력수첩 또는 「건설기술 진흥법」에 따른 건설기술경력증 사본(해당자에 한정)

㉱ 국가기술자격증 사본(해당자에 한정)

㉲ 이 법에 따른 철도차량정비경력증 사본(해당자에 한정)

㉳ 사진(3.5센티미터×4.5센티미터)

② 철도안전 전문인력 자격증명서 발급

㉮ 안전전문기관은 신청인이 자격기준에 적합한 경우에는 철도안전 전문인력 자격증명서를 신청인에게 발급

㉯ 철도안전 전문인력 자격증명서를 발급받은 사람이 철도안전 전문인력 자격증명서를 잃어버렸거나 철도안전 전문인력 자격증명서가 헐거나 훼손되어 못 쓰게 된 때에는 철도안전 전문인력 자격증명서 재발급 신청서에 다음 서류를 첨부하여 안전전문기관에 신청해야 한다

ⓐ 철도안전 전문인력 자격증명서(헐거나 훼손되어 못 쓰게 된 경우만 제출한다)

ⓑ 분실사유서(분실한 경우만 제출한다)

ⓒ 증명사진(3.5센티미터×4.5센티미터)

㉰ 재발급 신청을 받은 안전전문기관은 자격부여 사실과 재발급 사유를 확인한 후 철도안전 전문인력 자격증명서를 신청인에게 재발급

⑩ 안전전문기관은 해당 분야 자격 취득자의 자격증명서 발급 등에 관한 자료를 유지·관리하여야 한다

(5) 자격의 대여 등 금지

① 누구든지 철도안전 전문인력 분야별 자격을 다른 사람에게 빌려주거나 빌리거나 이를 알선하여서는 아니 된다

② 국토교통부장관은 철도안전전문기술자가 철도안전전문기술자 자격을 다른 사람에게 빌려주었을 때에는 그 자격을 취소하여야 한다

3 안전전문기관

(1) 안전전문기관 지정기준

① 지정받을 수 있는 기관이나 단체

㉮ 철도안전과 관련된 업무를 수행하는 학회·기관이나 단체

㉯ 철도안전과 관련된 업무를 수행하는 「민법」에 따라 국토교통부장관의 허가를 받아 설립된 비영리법인

② 안전전문기관의 지정기준

㉮ 업무수행에 필요한 상설 전담조직을 갖출 것

㉯ 분야별 교육훈련을 수행할 수 있는 전문인력을 확보할 것

㉰ 교육훈련 시행에 필요한 사무실·교육시설과 필요한 장비를 갖출 것

㉱ 안전전문기관 운영 등에 관한 업무규정을 갖출 것

* 안전전문기관의 세부 지정기준은 **국토교통부령**으로 정한다 : (별표36)

③ 분야별 안전전문기관 지정

국토교통부장관은 필요하다고 인정하는 경우에는 **국토교통부령**으로 정하는 바에 따라 분야별로 구분하여 안전전문기관을 지정할 수 있다

㉮ 철도운행안전 분야

㉯ 전기철도 분야

㉰ 철도신호 분야

㉱ 철도궤도 분야

㉲ 철도차량 분야

(2) 안전전문기관 지정절차

① 철도안전 전문기관 지정신청서 제출

② 지정신성을 받은 경우에 종합적으로 심사하는 사항

㉮ 안전 전문기관 지정기준에 관한 사항

㉯ 안전전문기관의 운영계획

㉰ 철도안전 전문인력 등의 수급에 관한 사항

㉱ 그 밖에 국토교통부장관이 필요하다고 인정하는 사항

③ 철도안전 전문기관 지정서를 발급

국토교통부장관은 안전전문기관을 지정하였을 경우에는 **국토교통부령**으로 정하는 바에 따라 철도안전 전문기관 지정서를 발급하고 그 사실을 관보에 고시

(3) 안전전문기관의 변경사항 통지

① 통지 기한

안전전문기관은 그 명칭·소재지나 그 밖에 안전전문기관의 업무수행에 중대한 영향을 미치는 사항의 변경이 있는 경우에는 해당 사유가 발생한 날부터 15일 이내에 국토교통부장관에게 그 사실을 알려야 한다

② 국토교통부장관은 통지를 받은 경우에는 그 사실을 관보에 고시

(4) 안전전문기관 지정 신청

철도안전 전문기관 지정신청서(전자문서 포함) 첨부서류

① 안전전문기관 운영 등에 관한 업무규정

② 교육훈련이 포함된 운영계획서(교육훈련평가계획을 포함한다)

③ 정관이나 이에 준하는 약정(법인 그 밖의 단체의 경우만 해당한다)

④ 교육훈련, 철도시설 및 철도차량의 점검 등 안전업무를 수행하는 사람의 자격·학력·경력 등을 증명할 수 있는 서류

⑤ 교육훈련, 철도시설 및 철도차량의 점검에 필요한 강의실 등 시설·장비 등 내역서

⑥ 안전전문기관에서 사용하는 직인의 인영

(5) 안전전문기관의 지정취소·업무정지

① 안전전문기관의 지정취소 및 업무정지의 기준 : (별표)

② 처분시 통지 및 고시

국토교통부장관은 안전전문기관의 지정을 취소하거나 업무정지의 처분을 한 경우에는 지체 없이 그 안전전문기관에 지정기관 행정처분서를 통지하고 그 사실을 관보에 고시

4 철도운행안전관리자

(1) 철도운행안전관리자의 배치

① 배치 의무 및 예외

㉮ 철도운영자등은 철도차량의 운행선로 또는 그 인근에서 철도시설의 건설 또는 관리와 관련한 작업을 시행할 경우에 배치

㉯ 철도운영자등이 자체적으로 작업 또는 공사 등을 시행하는 경우 등 대통령령으로 정하는 경우에는 배치하지 않을 수 있다

ⓐ 철도운영자등이 선로 점검 작업 등 3명 이하의 인원으로 할 수 있는 소규모 작업 또는 공사 등을 자체적으로 시행하는 경우

ⓑ 천재지변 또는 철도사고 등 부득이한 사유로 긴급 복구 작업 등을 시행하는 경우

② 철도운행안전관리자의 배치기준, 방법 등에 관하여 필요한 사항은 **국토교통부령**으로 정한다

㉮ 철도운행안전관리자는 배치된 기간 중에 수행한 업무에 대하여 근무상황일지를 작성하여 철도운영자등에게 제출

㉯ 철도운행안전관리자는 작업일정 및 열차의 운행일정을 작업과 관련하여 관할 역의 관리책임자 및 관제업무종사자와 협의 내용에 따라 수행한 작업 기간에 해당하는 근무상황일지의 작성을 협의서의 작성으로 갈음할 수 있다. 이 경우 해당 협의서 사본을 철도운영자등에게 제출해야 한다.

㉰ 철도운행안전관리자의 배치기준 등 : (별표)

철도운행안전관리자의 배치기준 등 (제92조의6제1항 관련)

1. 철도운영자등은 작업 또는 공사가 다음에 해당하는 경우에는 작업 또는 공사 구간 별로 철도운행안전관리자를 1명 이상 별도로 배치해야 한다. 단, 열차의 운행 빈도가 낮아 위험이 적은 경우에는 국토교통부장관과 사전 협의를 거쳐 작업책임자가 철도운행안전관리자 업무를 수행하게 할 수 있다.

㉮ 도급 및 위탁 계약 방식의 작업 또는 공사

1) 철도운영자등이 도급(공사)계약 방식으로 시행하는 작업 또는 공사

2) 철도운영자등이 자체 유지 · 보수 작업을 전문용역업체 등에 위탁하여 6개월 이상 장기간 수행하는 작업 또는 공사.

㉯ 철도운영자등이 직접 수행하는 작업 또는 공사로서 4명 이상의 직원이 수행하는 작업 또는 공사

2. 철도운영자등은 작업 또는 공사의 효율적인 수행을 위해서는 제1호에도 불구하고 제1호㉮의2) 및 같은 호 ㉯목에 따른 작업 또는 공사에 대해 철도운행안전관리자를 작업 또는 공사를 수행하는 직원으로 지정할 수 있고, 제1호 각 목에 따른 작업 또는 공사에 대해 철도운행안전관리자 2명 이상이 3개 이상의 인접한 작업 또는 공사 구간을 관리하게 할 수 있다.

(2) 철도운행안전관리자의 자격 취소 · 정지

① 절대적 취소
   ㉮ 거짓이나 그 밖의 부정한 방법으로 철도운행안전관리자 자격을 받았을 때
   ㉯ 철도운행안전관리자 자격의 효력정지기간 중에 철도운행안전관리자 업무를 수행하였을 때
   ㉰ 철도운행안전관리자 자격을 다른 사람에게 빌려주었을 때

② 재량적 취소 또는 자격정지
   자격을 취소하거나 1년 이내의 기간을 정하여 철도운행안전관리자 자격을 정지시킬 수 있다
   ㉮ 철도운행안전관리자의 업무 수행 중 고의 또는 중과실로 인한 철도사고가 일어났을 때
   ㉯ 술을 마시거나 약물을 사용한 상태에서 철도운행안전관리자 업무를 하였을 때
   ㉰ 술을 마시거나 약물을 사용한 상태에서 업무를 하였다고 인정할 만한 상당한 이유가 있음에도 불구하고 국토교통부장관 또는 시·도지사의 확인 또는 검사를 거부하였을 때

③ 자격의 취소 또는 효력정지 처분의 세부기준 : (별표)

5 철도안전 전문인력의 정기교육 · 대여 등 금지

(1) 정기교육

① 목적
   철도안전 전문인력의 분야별 자격을 부여받은 사람은 직무 수행의 적정성 등을 유지할 수 있도록 정기적으로 교육을 받아야 한다

② 미교육자 관련업무 종사 금지
   철도운영자등은 정기교육을 받지 아니한 사람을 관련 업무에 종사하게 하여서는 아니 된다

③ 철도안전 전문인력에 대한 정기교육의 주기, 교육 내용, 교육 절차 등에 관하여 필요한 사항은 **국토교통부령**으로 정한다

(2) 정기교육의 주기 · 교육 내용 · 교육 절차

① 정기교육의 주기 : 3년
② 정기교육 시간 : 15시간 이상

③ 정기교육 수강기한
  ㉮ 철도안전 전문인력의 분야별 자격을 취득한 날부터 3년이 되는 날 전 1년 이내에 받아야 한다
  ㉯ 종전의 정기교육 유효기간 만료일부터 3년이 되는 날 전 1년 이내에 받아야 한다
④ 정기교육의 유효기간 기산
  ㉮ 자격 취득 후 3년이 되는 날의 다음 날부터 기산한다
  ㉯ 종전 정기교육 유효기간 만료일의 다음 날부터 기산한다
  ㉰ 수강기한이 지난 후에 정기교육을 받은 경우 그 정기교육의 유효기간은 정기교육을 받은 날부터 기산한다
⑤ 정기교육 내용 및 절차
  ㉮ 철도운행안전관리자
  ㉯ 전기철도분야 안전전문기술자
  ㉰ 철도신호분야 안전전문기술자
  ㉱ 철도시설분야 안전전문기술자
  ㉲ 철도차량분야 안전전문기술자
⑥ 교육기관 : 안전전문기관에서 실시
⑦ 철도안전 전문인력의 정기교육에 필요한 세부사항은 국토교통부장관이 정하여 고시한다

(3) 자격의 대여 등 금지

누구든지 철도안전 전문인력 분야별 자격을 ⓐ 다른 사람에게 빌려주거나 ⓑ 빌리거나 ⓒ 이를 알선하여서는 아니 된다

♣ 철도안전 전문인력의 교육 (교육훈련지침)

1. 교육훈련 대상자의 선발 등
  1) 철도안전전문기관의 장은 교육생 선발기준을 마련하고 그 기준에 적합하게 대상자로 선발하여야 한다.
  2) 철도안전전문기관의 장은 교육생을 선발할 경우에는 교육인원, 교육일시 및 장소 등에 관하여 미리 알려야 한다.
2. 교육의 신청 등
  1) 교육훈련 대상자로 선발된 자는 철도안전전문기관에 교육훈련을 개시하기 전까지 교육훈련에 필요한 등록을 하여야 한다.

2) 철도안전전문인력 교육을 받고자 하는 자는 철도안전전문기관으로 지정받은 기관이나 단체에 신청하여야 할 교육훈련 신청서는 별도 서식과 같다.

3. 철도안전전문인력의 교육과목 및 교육내용

1) 철도운행안전관리자를 위한 교육과목별 내용 및 방법

교육과목	교육방법
열차운행통제조정	강의 및 실습
운전 규정	강의 및 토의
선로지장취급절차	강의, 토의 및 실습
안전관리	강의, 토의 및 실습
비상시의 조치	강의, 토의 및 실습
일반교양	강의 및 토의

2) 철도안전전문기술자(초급)를 위한 교육내용 및 방법

전기철도분야 · 철도신호분야 · 철도궤도분야 안전전문기술자		철도차량 분야 안전전문기술자	
교육과목	교육방법	교육과목	교육방법
기초전문직무교육	강의 및 토의	기초전문직무교육	강의 및 토의
안전관리일반	강의 및 실습	철도차량 관리	강의 및 실습
관계법령	강의 및 토의	관계법령	강의 및 토의
실무수습	실습	실무수습	실습
일반 교양	강의 및 토의	일반 교양	강의 및 토의

4. 교육방법 등

1) 철도안전전문기관에서 철도안전전문 인력의 교육을 실시하고자 하는 경우에는 교육내용이 포함된 교육과목을 편성하고 전문인력을 배치하여 교육목적을 효과적으로 달성할 수 있도록 하여야 한다.

2) 철도안전전문기관의 장은 교육을 실시하는 경우에는 교육내용의 범위 안에서 전문성을 높일 수 있는 방법으로 교육을 실시하여야 한다.

3) 철도안전전문기관의 장은 교육을 실시하는 경우에는 평가에 관한 기준을 마련하여 교육을 종료할 때 평가를 하여야 한다.

4) 철도안전전문기관의 장은 교육운영에 관한 기준 등 세부사항을 정하고 그 기준에 맞게 운영하여야 한다.

5) 철도안전전문기관의 장은 교육훈련을 실시하여 수료자에 대하여는 철도안전전문인력 교육훈련관리대장에 기록하고 유지·관리하여야 한다.

6 철도안전 지식 · 정보관리

(1) 철도안전 지식의 보급

국토교통부장관은 철도안전에 관한 지식의 보급과 철도안전의식을 고취하기 위하여 필요한 시책을 마련하여 추진하여야 한다

(2) 철도안전 정보의 종합관리

① 국토교통부장관은 철도안전법에 따른 철도안전시책을 효율적으로 추진하기 위하여 철도안전에 관한 정보를 종합관리

② 정보를 제공할 수 있는 철도관계기관등

ⓐ 관계 지방자치단체의 장 ⓑ 철도운영자등 ⓒ 운전적성검사기관

ⓓ 관제적성검사기관 ⓔ 운전교육훈련기관 ⓕ 관제교육훈련기관

ⓖ 인증기관 ⓗ 시험기관 ⓘ 안전전문기관

ⓙ 위험물 포장·용기검사기관 ⓚ 위험물취급전문교육기관

ⓛ 업무를 위탁받은 기관 또는 단체

③ 철도관계기관등에 자료제출 요청

㉮ 국토교통부장관은 정보의 종합관리를 위하여 관계 지방자치단체의 장 또는 철도관계기관등에 필요한 자료의 제출을 요청할 수 있다

㉯ 요청을 받은 자는 특별한 이유가 없으면 요청을 따라야 한다

(3) 재정지원

정부는 다음의 기관 또는 단체에 보조 등 재정적 지원을 할 수 있다

① 운전적성검사기관, 관제적성검사기관 또는 정밀안전진단기관

② 운전교육훈련기관, 관제교육훈련기관 또는 정비교육훈련기관

③ 인증기관, 시험기관, 안전전문기관 및 철도안전에 관한 단체

④ 업무를 위탁받은 기관 또는 단체

(4) 철도횡단교량 개축 · 개량 지원

① 국가는 철도의 안전을 위하여 철도횡단교량의 개축 또는 개량에 필요한 비용의 일부를 지원할 수 있다

② 개축 또는 개량의 지원대상, 지원조건 및 지원비율 등에 관하여 필요한 사항은 **대통령령**으로 정한다

철도안전전문기술자의 자격기준(제60조제2항 관련)

구분	자격 부여 범위

1. 특급	가. 「전력기술관리법」, 「전기공사업법」, 「정보통신공사업법」이나 「건설기술 진흥법」(이하 "관계법령"이라 한다)에 따른 특급기술자·특급기술인·특급감리원·수석감리사 또는 특급전기공사기술자로서 다음의 어느 하나에 해당하는 사람
	  1) 「국가기술자격법」에 따른 철도의 해당 기술 분야의 기술사 또는 기사자격 취득자
	  2) 3년 이상 철도의 해당 기술 분야에 종사한 경력이 있는 사람
	나. 별표 1의2에 따른 1등급 철도차량정비기술자로서 경력에 포함되는 기술자격의 종목과 관련된 기술사, 기능장 또는 기사자격 취득자

2. 고급	가. 관계법령에 따른 특급기술자·특급기술인·특급감리원·수석감리사 또는 특급공사기술자로서 1년 6개월 이상 철도의 해당 기술 분야에 종사한 경력이 있는 사람
	나. 관계법령에 따른 고급기술자·고급기술인·고급감리원·감리사 또는 고급전기공사기술자로서 다음의 어느 하나에 해당하는 사람
	  1) 「국가기술자격법」에 따른 철도의 해당 기술 분야의 기사 또는 산업기사 자격 취득자
	  2) 3년 이상 철도의 해당 기술 분야에 종사한 경력이 있는 사람
	다. 별표 1의2에 따른 2등급 철도차량정비기술자로서 경력에 포함되는 기술자격의 종목과 관련된 기사 또는 산업기사 자격 취득자

3. 중급	가. 관계법령에 따른 고급기술자·고급기술인·고급감리원·감리사 또는 고급전기공사기술자로서 1년 6개월 이상 철도의 해당 기술 분야에 종사한 경력이 있는 사람
	나. 관계법령에 따른 중급기술자·중급기술인·중급감리원 또는 중급전기공사기술자로서 다음의 어느 하나에 해당하는 사람
	  1) 「국가기술자격법」에 따른 철도의 해당 기술 분야의 기사, 산업기사 또는 기능사 자격 취득자
	  2) 3년 이상 철도의 해당 기술 분야에 종사한 경력이 있는 사람
	다. 별표 1의2에 따른 3등급 철도차량정비기술자로서 경력에 포함되는 기술자격의 종목과 관련된 기사, 산업기사 또는 기능사 자격 취득자

4. 초급	가. 관계법령에 따른 중급기술자·중급기술인·중급감리원 또는 중급전기공사기술자로서 1년 6개월 이상 철도의 해당 기술 분야에 종사한 경력이 있는 사람
	나. 관계법령에 따른 초급기술자·초급기술인·초급감리원·감리사보 또는 초급전기공사 기술자로서 다음의 어느 하나에 해당하는 사람
	  1) 「국가기술자격법」에 따른 철도의 해당 기술 분야의 기사, 산업기사 또는 기능사 자격 취득자
	  2) 3년 이상 철도의 해당 기술 분야에 종사한 경력이 있는 사람
	다. 국토교통부령으로 정하는 철도의 해당 기술 분야의 설계·감리·시공·안전점검 관련 교육과정을 수료하고 수료 시 시행하는 검정시험에 합격한 사람
	라. 「국가기술자격법」에 따른 용접자격을 취득한 사람으로서 국토교통부장관이 지정한 전문기관 또는 단체의 레일용접인정자격시험에 합격한 사람
	마. 별표 1의2에 따른 4등급 철도차량정비기술자로서 경력에 포함되는 기술자격의 종목과 관련된 기사, 산업기사 또는 기능사 자격 취득자

■ 철도안전법 시행규칙 [별표 35] 〈개정 2023.12.20.〉

철도안전 전문기관 세부 지정기준(제92조의3 관련)

1. 기술인력의 기준
가. 자격기준

등급	기술자격자	학력 및 경력자
교육책임자	1) 철도 관련 해당 분야 기술사 또는 이와 같은 수준 이상의 자격을 취득한 사람으로서 10년 이상 철도 관련 분야에 근무한 경력이 있는 사람 2) 철도 관련 해당 분야 기사 자격을 취득한 사람으로서 15년 이상 철도 관련 분야에 근무한 경력이 있는 사람 3) 철도 관련 해당 분야 산업기사 자격을 취득한 사람으로서 20년 이상 철도 관련 분야에 근무한 경력이 있는 사람 4) 「근로자직업능력 개발법」 제33조에 따라 직업능력개발훈련교사자격증을 취득한 사람으로서 철도 관련 분야 재직경력이 10년 이상인 사람	1) 철도 관련 분야 박사학위를 취득한 사람으로서 10년 이상 철도 관련 분야에 근무한 경력이 있는 사람 2) 철도 관련 분야 석사학위를 취득한 사람으로서 15년 이상 철도 관련 분야에 근무한 경력이 있는 사람 3) 철도 관련 분야 학사학위를 취득한 사람으로서 20년 이상 철도 관련 분야에 근무한 경력이 있는 사람 4) 관련 분야 4급 이상 공무원 경력자 또는 이와 같은 수준 이상의 경력자로서 철도 관련 분야 재직경력이 10년 이상인 사람
이론교관	1) 철도 관련 해당분야 기술사 또는 이와 같은 수준 이상의 자격을 취득한 사람 2) 철도 관련 해당분야 기사 자격을 취득한 사람으로서 10년 이상 철도 관련 분야에 근무한 경력이 있는 사람 3) 철도 관련 해당 분야 산업기사 자격을 취득한 사람으로서 15년 이상 철도 관련 분야에 근무한 경력이 있는 사람	1) 철도 관련 분야 박사학위를 취득한 사람으로서 5년 이상 철도 관련 분야에 근무한 경력이 있는 사람 2) 철도 관련 분야 석사학위를 취득한 사람으로서 10년 이상 철도 관련 분야에 근무한 경력이 있는 사람 3) 철도 관련 분야 학사학위를 취득한 사람으로서 15년 이상 철도 관련 분야에 근무한 경력이 있는 사람 4) 철도 관련 분야 6급 이상의 공무원 경력자 또는 이와 같은 수준 이상의 경력자로서 철도 관련 분야 재직경력이 10년 이상인 사람
기능교관	1) 철도 관련 해당 분야 기사 이상의 자격을 취득한 사람으로서 2년 이상 철도 관련 분야에 근무한 경력이 있는 사람 2) 철도 관련 해당 분야 산업기사 이상의 자격을 취득한 사람으로서 3년 이상 철도 관련 분야에 근무한 경력이 있는 사람	1) 철도 관련 분야 석사학위를 취득한 사람으로서 2년 이상 철도 관련 분야에 근무한 경력이 있는 사람 2) 철도 관련 분야 학사학위를 취득한 사람으로서 3년 이상 철도 관련 분야에 근무한 경력이 있는 사람 3) 철도 관련 분야 7급 이상의 공무원 경력자 또는 이와 같은 수준 이상의 경력자로서 철도 관련 분야 재직 경력이 10년 이상인 사람

비고:
1. 박사·석사·학사 학위는 학위수여학과에 관계없이 학위 취득 시 학위논문 제목에 철도 관련 연구임이 명기되어야 함.
2. "철도 관련 분야"란 철도안전, 철도차량 운전, 관제, 전기철도, 신호, 궤도, 통신 및 철도차량 분야를 말한다.
3. "철도 관련 분야에 근무한 경력" 및 교육책임자의 기술자격자란4)의 "철도 관련 분야 재직경력"은 해당 학위 또는 자격증을 취득하기 전과 취득한 후의 경력을 모두 포함한다.

나. 보유기준
1) 최소보유기준: 교육책임자 1명, 이론교관 3명, 기능교관을 2명 이상 확보하여야 한다.
2) 1회 교육생 30명을 기준으로 교육인원이 10명 추가될 때마다 이론교관을 1명 이상 추가로 확보하여야 한다. 다만 추가로 확보하여야 하는 이론교관은 비전임으로 할 수 있다.
3) 이론교관 중 기능교관 자격을 갖춘 사람은 기능교관을 겸임할 수 있다.
4) 안전점검 업무를 수행하는 경우에는 영 제59조에 따른 분야별 철도안전 전문인력 8명(특급 3명, 고급 이상 2명, 중급 이상 3명) 이상, 열차운행 분야의 경우에는 철도운행안전관리자 3명 이상을 확보할 것

2. 시설·장비의 기준
가. 강의실: 60㎡ 이상(의자, 탁자 및 교육용 비품을 갖추고 1㎡당 수용인원이 1명을 초과하지 않도록 한다)
나. 실습실: 125㎡(20명 이상이 동시에 실습할 수 있는 실습실 및 실습 장비를 갖추어야 한다)이상이어야 한다. 다만, 철도운행안전관리자의 경우 60㎡ 이상으로 할 수 있으며, 강의실에 실습 장비를 함께 설치하여 활용할 수 있는 경우는 제외한다.
다. 시청각 기자재: 텔레비전·비디오 1세트, 컴퓨터 1세트, 빔 프로젝터 1대 이상
라. 철도차량 운행, 전기철도, 신호, 궤도 및 철도안전 등 관련 도서 100권 이상
마. 그 밖에 교육훈련에 필요한 사무실·집기류·편의시설 등을 갖추어야 한다.
바. 전기철도·신호·궤도분야의 경우 다음과 같은 교육 설비를 확보하여야 한다.
1) 전기철도 분야: 모터카 진입이 가능한 궤도와 전차선로 600㎡ 이상의 실습장을 확보하여 절연 구분장치, 브래킷, 스팬선, 스프링밸런서, 균압선, 행거, 드롭퍼, 콘크리트 및 H형 강주 등이 설치되어 전차선가선 시공기술을 반복하여 실습할 수 있는 설비를 확보할 것
2) 철도신호 분야: 계전연동장치, 신호기장치, 자동폐색장치, 궤도회로장치, 선로전환장치, 신호용 전력공급장치, ATS장치 등을 갖춘 실습장을 확보하여 신호보안장치 시공기술을 반복하여 실습할 수 있는 설비를 확보할 것
3) 궤도 분야: 표준 궤간의 철도선로 200m 이상과 평탄한 광장 90㎡ 이상의 실습장을 확보하여 장대레일 재설정, 받침목다짐, GAS압접, 테르밋 용접 등을 반복하여 실습할 수 있는 설비를 확보할 것
사. 장비 및 자재기준
1) 전기철도 분야: 교육을 실시할 수 있는 사다리차, 전선크램프, 도르래, 절연저항측정기, 전차선 가선측정기, 특고압 검전기, 접지걸이, 장선기, 가스누설 측정기, 활선용 피뢰기 진단기, 적외선 온도측정기, 콘크리트 강도 측정기, 아연도금 피막 측정기, 토오크 측정기, 슬리브 압축기, 애자인장기, 자분 탐상기, 초저항 측정기, 접지저항 측정기, 초음파 측정기 등 장비와 실습용으로 사용할 수 있는 크램프, 금구, 급전선 행거어, 조가선, 애자, 드롭퍼용 전선, 슬리브, 완철, 전차선, 구분장치, 브래킷, 밴드, 장력조정장치, 표지, 전기철도자재 샘플보드 등 자재를 보유할 것
2) 신호 분야: 오실로스코프, 접지저항계, 절연저항계, 클램프미터, 습도계(Hygrometer), 멀티미터(Mulimeter), 선로전환기 전환력 측정기, 멀티테스터, 인터그레터, ATS지상자 측정기 등 장비를 보유할 것
3) 궤도 분야: 레일 절단기, 레일 연마기, 레일 다지기, 양로기, 레일 가열기, 사렁머신, 연마기, 그라인더, 얼라이먼트, 가스압접기, 테르밋 용접기, 고압펌프, 압력평형기, 발전기, 단면기, 초음파 탐상기, 레일단면 측정기 등 장비와 레일 온도계, 팬드롤바, 크램프척, 버너(불판) 등 공구를 보유할 것
4) 철도운행안전관리자는 열차운행선 공사(작업) 시 안전조치에 관한 교육을 실시할 수 있는 무전기 등 장비와 단락용 동선 등 교육자재를 갖출 것
5) 철도차량 분야: 절연저항측정기, 내전압시험기, 온도측정기, 습도계, 전기측정기(AC/DC 전류, 전압, 주파수 등), 차상신호장치 시험기, 자분탐상기, 초음파 탐상기, 음향측정기, 다채널 데이터 측정기(비접촉), 속도측정기, 윤중(輪重: 철도차량 바퀴에 의하여 철도선로에 수직으로 가해지는 중량) 동시 측정기, 제동압력 시험기 등의 장비공구를 확보하여 철도차량 설계제작개조개량정밀안전진단 안전점검 기술을 반복하여 실습할 수 있는 설비를 갖출 것

기출예상문제

1. 철도안전에 관한 기술의 진흥을 위하여 연구·개발의 촉진 및 그 성과의 보급 등 필요한 시책을 마련하여 추진하여야 하는 자는?

① 국토교통부장관 　　　　　　② 철도운영자등
③ 철도시설관리자 　　　　　　④ 한국철도기술연구원장

> **해설** 안전법 제68조(철도안전기술의 진흥) 국토교통부장관은 철도안전에 관한 기술의 진흥을 위하여 연구·개발의 촉진 및 그 성과의 보급 등 필요한 시책을 마련하여 추진하여야 한다.

2. 철도안전 전문기관 등의 육성에 관한 설명으로 틀린 것은?

① 국토교통부장관은 철도시설의 건설, 운영 및 관리와 관련된 안전점검업무 등 국토교통부령으로 정하는 철도안전업무에 종사하는 전문인력을 원활하게 확보할 수 있도록 시책을 마련하여 추진하여야 한다
② 철도안전 전문인력의 분야별 자격기준, 자격부여 절차 및 자격을 받기 위한 안전교육훈련 등에 관하여 필요한 사항은 대통령령으로 정한다
③ 국토교통부장관은 철도안전에 관한 전문기관 또는 단체를 지도·육성하여야 한다
④ 국토교통부장관은 철도안전에 관한 전문기관을 지정하여 철도안전 전문인력의 양성 및 자격관리 등의 업무를 수행하게 할 수 있다
⑤ 안전전문기관의 지정기준, 지정절차 등에 관하여 필요한 사항은 대통령령으로 정한다

> **해설** 안전법 제69조(철도안전 전문기관 등의 육성) ① 국토교통부장관은 철도안전에 관한 전문기관 또는 단체를 지도·육성하여야 한다.
> ② 국토교통부장관은 철도시설의 건설, 운영 및 관리와 관련된 안전점검업무 등 대통령령으로 정하는 철도안전업무에 종사하는 전문인력(이하 "철도안전 전문인력"이라 한다)을 원활하게 확보할 수 있도록 시책을 마련하여 추진하여야 한다.
> ③ 국토교통부장관은 철도안전 전문인력의 분야별 자격을 다음 각 호와 같이 구분하여 부여할 수 있다.
> 　1. 철도운행안전관리자　　　　2. 철도안전전문기술자
> ④ 철도안전 전문인력의 분야별 자격기준, 자격부여 절차 및 자격을 받기 위한 안전교육훈련 등에 관하여 필요한 사항은 대통령령으로 정한다.
> ⑤ 국토교통부장관은 철도안전에 관한 전문기관(이하 "안전전문기관"이라 한다)을 지정하여 철도안전 전문인력의 양성 및 자격관리 등의 업무를 수행하게 할 수 있다.
> ⑥ 안전전문기관의 지정기준, 지정절차 등에 관하여 필요한 사항은 대통령령으로 정한다.

3. 철도안전업무에 종사하는 전문인력에 해당하지 않는 것은?

① 전기철도 분야 철도안전전문기술자　② 철도토목 분야 철도안전전문기술자
③ 철도신호 분야 철도안전전문기술자　④ 철도운행안전관리자
⑤ 철도차량 분야 철도안전전문기술자　⑥ 철도궤도 분야 철도안전전문기술자

정답 | 1. | ① | 2. | ① | 3. | ②

시행령 제59조(철도안전 전문인력의 구분) ① 법 제69조제2항에서 "대통령령으로 정하는 철도안전업무에 종사하는 전문인력"이란 다음 각 호의 어느 하나에 해당하는 인력을 말한다.

1. 철도운행안전관리자
2. 철도안전전문기술자
   가. 전기철도 분야 철도안전전문기술자　　　나. 철도신호 분야 철도안전전문기술자
   다. 철도궤도 분야 철도안전전문기술자　　　라. 철도차량 분야 철도안전전문기술자

4. 철도운행안전관리자의 업무가 아닌 것은?

① 철도차량의 운행선로나 그 인근에서 철도시설의 건설 또는 관리와 관련한 작업이 수행되는 선로를 운행하는 열차가 있는 경우 해당 열차의 운행일정 조정

② 철도차량의 설계·제작·개조·시험검사·정밀안전진단·안전점검 등에 관한 품질관리 및 감리 등의 업무

③ 철도차량의 운행선로나 그 인근에서 철도시설의 건설 또는 관리와 관련한 작업을 수행하는 경우에 작업일정의 조정 또는 작업에 필요한 안전장비·안전시설 등의 점검

④ 열차접근경보시설이나 열차접근감시인의 배치에 관한 계획 수립·시행과 확인

⑤ 철도차량 운전자나 관제업무종사자와 연락체계 구축 등

시행령 제59조(철도안전 전문인력의 구분) ② 제1항에 따른 철도안전 전문인력(이하 "철도안전 전문인력"이라 한다)의 업무 범위는 다음 각 호와 같다.

1. 철도운행안전관리자의 업무
   가. 철도차량의 운행선로나 그 인근에서 철도시설의 건설 또는 관리와 관련한 작업을 수행하는 경우에 작업일정의 조정 또는 작업에 필요한 안전장비 · 안전시설 등의 점검
   나. 가목에 따른 작업이 수행되는 선로를 운행하는 열차가 있는 경우 해당 열차의 운행일정 조정
   다. 열차접근경보시설이나 열차접근감시인의 배치에 관한 계획 수립 · 시행과 확인
   라. 철도차량 운전자나 관제업무종사자와 연락체계 구축 등
2. 철도안전전문기술자의 업무
   가. 제1항제2호가목부터 다목까지의 철도안전전문기술자 : 해당 철도시설의 건설이나 관리와 관련된 설계 · 시공 · 감리 · 안전점검 업무나 레일용접 등의 업무
   나. 제1항제2호라목의 철도안전전문기술자 : 철도차량의 설계 · 제작 · 개조 · 시험검사 · 정밀안전진단 · 안전점검 등에 관한 품질관리 및 감리 등의 업무

5. 철도차량 분야 철도안전전문기술자의 업무는?

① 해당 철도시설의 건설이나 관리와 관련된 설계·시공·감리·안전점검 업무나 레일용접 등의 업무

② 철도차량 운전자나 관제업무종사자와 연락체계 구축 등의 업무

③ 열차접근경보시설이나 열차접근감시인의 배치에 관한 계획 수립·시행과 확인 업무

④ 철도차량의 설계·제작·개조·시험검사·정밀안전진단·안전점검 등에 관한 품질관리 및 감리 등의 업무

시행령 제59조(철도안전 전문인력의 구분) ②항 제2호 나)목

6. 철도 안전전문기관으로 지정받을 수 있는 기관이나 단체를 모두 고르시오?

① 철도와 관련된 업무를 수행하는 단체

② 철도안전과 관련된 업무를 수행하는 「민법」에 따라 국토교통부장관의 인가를 받아 설립된 비영리법인

③ 철도안전과 관련된 업무를 수행하는 학회·기관이나 단체

④ 철도안전과 관련된 업무를 수행하는 「민법」에 따라 국토교통부장관의 허가를 받아 설립된 비영리법인

> **해설** 시행령 제60조의3(안전전문기관 지정기준) ① 법 제69조제6항에 따른 안전전문기관으로 지정받을 수 있는 기관이나 단체는 다음 각 호의 어느 하나와 같다.
> 1. 〈삭제〉 2. 철도안전과 관련된 업무를 수행하는 학회·기관이나 단체
> 3. 철도안전과 관련된 업무를 수행하는 「민법」 제32조에 따라 국토교통부장관의 허가를 받아 설립된 비영리법인

7. 안전전문기관의 지정기준이 아닌 것은?

① 업무수행에 필요한 상설 전담인력을 갖출 것

② 교육훈련 시행에 필요한 사무실·교육시설과 필요한 장비를 갖출 것

③ 분야별 교육훈련을 수행할 수 있는 전문인력을 확보할 것

④ 안전전문기관 운영 등에 관한 업무규정을 갖출 것

> **해설** 시행령 제60조의3(안전전문기관 지정기준) ② 법 제69조제6항에 따른 안전전문기관의 지정기준은 다음 각 호와 같다.
> 1. 업무수행에 필요한 상설 전담조직을 갖출 것
> 2. 분야별 교육훈련을 수행할 수 있는 전문인력을 확보할 것
> 3. 교육훈련 시행에 필요한 사무실·교육시설과 필요한 장비를 갖출 것
> 4. 안전전문기관 운영 등에 관한 업무규정을 갖출 것
> ③ 국토교통부장관은 필요하다고 인정하는 경우에는 국토교통부령으로 정하는 바에 따라 분야별로 구분하여 안전전문기관을 지정할 수 있다.
> ④ 제2항에 따른 안전전문기관의 세부 지정기준은 국토교통부령으로 정한다.

8. 안전전문기관의 지정 신청을 받은 경우 지정 여부를 결정할 때 종합적인 심사내용이 아닌 것은?

① 안전전문기관의 지정기준에 관한 사항

② 철도안전 전문인력 등의 수급에 관한 사항

③ 철도운영자등이 필요하다고 인정하는 사항

④ 안전전문기관의 운영계획

> **해설** 시행령 제60조의4(안전전문기관 지정절차 등) ② 국토교통부장관은 제1항에 따라 안전전문기관의 지정 신청을 받은 경우에는 다음 각 호의 사항을 종합적으로 심사한 후 지정 여부를 결정하여야 한다.
> 1. 제60조의3에 따른 지정기준에 관한 사항
> 2. 안전전문기관의 운영계획
> 3. 철도안전 전문인력 등의 수급에 관한 사항
> 4. 그 밖에 국토교통부장관이 필요하다고 인정하는 사항
> ③ 국토교통부장관은 안전전문기관을 지정하였을 경우에는 국토교통부령으로 정하는 바에 따라 철도안전 전문기관 지정서를 발급하고 그 사실을 관보에 고시하여야 한다.

정답 | 6. | ③, ④ | 7. | ① | 8. | ③

9. 철도안전 전문기관 등에 관한 설명으로 틀린 것은?

① 안전전문기관은 그 명칭·소재지나 그 밖에 안전전문기관의 업무수행에 중대한 영향을 미치는 사항의 변경이 있는 경우에는 해당 사유가 발생한 날부터 15일 이내에 국토교통부장관에게 그 사실을 알려야 한다

② 철도운행안전관리자로 인정받으려는 경우의 교육시간은 직무관련 100시간, 교양교육 20시간 등 120시간(3주)이다

③ 철도운행안전관리자로 인정받으려는 경우의 교육내용은 열차운행의 통제와 조정, 안전관리 일반, 관계법령, 실무실습, 비상 시 조치 등이다

④ 철도안전전문 초급기술자로 인정받으려는 경우의 교육시간은 직무관련 100시간, 교양교육 20시간 등 120시간(3주)이다

해설 시행령 제60조의5(안전전문기관의 변경사항 통지) ① 안전전문기관은 그 명칭·소재지나 그 밖에 안전전문기관의 업무수행에 중대한 영향을 미치는 사항의 변경이 있는 경우에는 해당 사유가 발생한 날부터 15일 이내에 국토교통부장관에게 그 사실을 알려야 한다.
② 국토교통부장관은 제1항에 따른 통지를 받은 경우에는 그 사실을 관보에 고시하여야 한다.

〈철도안전 전문인력의 교육훈련〉

대상자	교육시간	교육내용	교육시기
철도운행 안전 관리자	120시간(3주) - 직무관련 : 100시간 - 교양교육 : 20시간	- 열차운행의 통제와 조정 - 안전관리 일반 - 관계법령 - 비상 시 조치 등	철도운행안전관리자로 인정받으려는 경우
철도안전 전문 기술자 (초급)	120시간(3주) - 직무관련 : 100시간 - 교양교육 : 20시간	- 기초전문 직무교육 - 안전관리 일반 - 관계법령 - 실무실습	철도안전전문 초급기술자로 인정받으려는 경우

10. 분야별 안전전문기관이 아닌 것은?

① 전기철도 분야　　　　　　② 철도운행안전 분야
③ 철도신호 분야　　　　　　④ 철도시설 분야

해설 시행규칙 제92조의2(분야별 안전전문기관 지정) 국토교통부장관은 영 제60조의3제3항에 따라 다음 각 호의 분야별로 구분하여 전문기관을 지정할 수 있다. 〈개정 2019. 6. 18.〉
1. 철도운행안전 분야　　　2. 전기철도 분야　　　3. 철도신호 분야
4. 철도궤도 분야　　　5. 철도차량 분야

11. 안전전문기관으로 지정받으려는 자가 국토교통부장관에게 제출하는 철도안전 전문기관 지정신청서에 첨부하여야 하는 서류가 아닌 것은?

① 교육훈련이 포함된 운영계획서(교육훈련평가계획은 제외한다)

② 교육훈련, 철도시설 및 철도차량의 점검 등 안전업무를 수행하는 사람의 자격·학력·경력 등을 증명할 수 있는 서류

③ 안전전문기관에서 사용하는 직인의 인영

④ 안전전문기관 운영 등에 관한 업무규정

해설 시행규칙 제92조의4(안전전문기관 지정 신청 등) ① 영 제60조의4제1항에 따라 안전전문기관으로 지정받으려는 자는 별지 제47호의2서식의 철도안전 전문기관 지정신청서(전자문서를 포함한다)에 다음 각 호의 서류를 첨부하여 국토교통부장관에게 제출하여야 한다.
1. 안전전문기관 운영 등에 관한 업무규정
2. 교육훈련이 포함된 운영계획서(교육훈련평가계획을 포함한다)

정답 | 9. | ③ | 10. | ④ | 11. | ①

3. 정관이나 이에 준하는 약정(법인 그 밖의 단체의 경우만 해당한다)
4. 교육훈련, 철도시설 및 철도차량의 점검 등 안전업무를 수행하는 사람의 자격·학력·경력 등을 증명할 수 있는 서류
5. 교육훈련, 철도시설 및 철도차량의 점검에 필요한 강의실 등 시설·장비 등 내역서
6. 안전전문기관에서 사용하는 직인의 인영

12. 규제의 재검토 사항이 아닌 것은?

① 철도차량 운전면허의 신체검사 방법·절차·합격기준 등
② 철도차량 운전면허의 적성검사 방법·절차 및 합격기준 등
③ 철도 안전전문기관의 세부 지정기준 등
④ 위험물의 종류 등

> **해설** 시행령 제63조의3(규제의 재검토) 국토교통부장관은 다음 각 호의 사항에 대하여 다음 각 호의 기준일을 기준으로 3년마다(매 3년이 되는 해의 기준일과 같은 날 전까지를 말한다) 그 타당성을 검토하여 개선 등의 조치를 하여야 한다.
> 1. 제44조에 따른 운송위탁 및 운송 금지 위험물 등 : 2017년 1월 1일
> 2. 제60조에 따른 철도안전 전문인력의 자격기준 : 2017년 1월 1일
> 시행규칙 제96조(규제의 재검토) 국토교통부장관은 다음 각 호의 사항에 대하여 2020년 1월 1일을 기준으로 3년마다(매 3년이 되는 해의 1월 1일 전까지를 말한다) 그 타당성을 검토하여 개선 등의 조치를 하여야 한다.
> 1. 제12조에 따른 신체검사 방법·절차·합격기준 등
> 2. 제16조에 따른 적성검사 방법·절차 및 합격기준 등   3. 〈삭제〉
> 4. 제78조에 따른 위해물품의 종류 등
> 5. 제92조의3 및 별표 25에 따른 안전전문기관의 세부 지정기준 등

13. 철도운행안전관리자를 배치하지 않을 수 있는 경우를 모두 고르시오?

① 철도운영자등이 선로 점검 작업 등 3명 이하의 인원으로 할 수 있는 소규모 작업 또는 공사 등을 자체적으로 시행하는 경우
② 천재지변 또는 철도사고 등 부득이한 사유로 긴급 복구 작업 등을 시행하는 경우
③ 철도운영자등이 도급(공사)계약 방식으로 시행하는 작업 또는 공사의 경우
④ 철도차량의 운행선로나 그 인근에서 철도시설의 건설 또는 관리와 관련한 작업을 수행하는 경우에 작업일정의 조정 또는 작업에 필요한 안전장비·안전시설 등 점검의 경우

> **해설** 시행령 제60조의6(철도운행안전관리자의 배치) 법 제69조의2제1항 단서에서 "철도운영자등이 자체적으로 작업 또는 공사 등을 시행하는 경우 등 대통령령으로 정하는 경우"란 다음 각 호의 어느 하나에 해당하는 경우를 말한다.
> 1. 철도운영자등이 선로 점검 작업 등 3명 이하의 인원으로 할 수 있는 소규모 작업 또는 공사 등을 자체적으로 시행하는 경우
> 2. 천재지변 또는 철도사고 등 부득이한 사유로 긴급 복구 작업 등을 시행하는 경우

14. 철도운영자등이 작업 또는 공사 구간별로 철도운행안전관리자를 1명 이상 별도로 배치해야 하는 경우가 아닌 것은?

① 철도운영자등이 자체 유지·보수 작업을 전문용역업체 등에 위탁하여 3개월 이상 장기간 수행하는 작업 또는 공사
② 철도운영자등이 직접 수행하는 작업 또는 공사로서 4명 이상의 직원이 수행하는 작업 또는 공사
③ 철도운영자등이 도급(공사)계약 방식으로 시행하는 작업 또는 공사
④ 열차의 운행 빈도가 낮아 위험이 적은 경우에는 국토교통부장관과 사전 협의를 거쳐 작업책임자가 철도운행안전관리자 업무를 수행하게 할 수 있다

정답 | 12. | ④ | 13. | ①, ② | 14. | ①

시행규칙 제92조의6(철도운행안전관리자의 배치기준 등) ① 법 제69조의2제2항에 따른 철도운행안전관리자의 배치기준 등은 별표 27과 같다.

② 철도운행안전관리자는 배치된 기간 중에 수행한 업무에 대하여 별지 제47호의4서식의 근무상황일지를 작성하여 철도운영자등에게 제출해야 한다.

별표 〈철도운행안전관리자의 배치기준 등〉 (제92조의6제1항 관련)

1. 철도운영자등은 작업 또는 공사가 다음 각 목의 어느 하나에 해당하는 경우에는 작업 또는 공사 구간 별로 철도운행안전관리자를 1명 이상 별도로 배치해야 한다. 다만, 열차의 운행 빈도가 낮아 위험이 적은 경우에는 국토교통부장관과 사전 협의를 거쳐 작업책임자가 철도운행안전관리자 업무를 수행하게 할 수 있다.

　가. 도급 및 위탁 계약 방식의 작업 또는 공사

　　1) 철도운영자등이 도급(공사)계약 방식으로 시행하는 작업 또는 공사

　　2) 철도운영자등이 자체 유지·보수 작업을 전문용역업체 등에 위탁하여 6개월 이상 장기간 수행하는 작업 또는 공사.

　나. 철도운영자등이 직접 수행하는 작업 또는 공사로서 4명 이상의 직원이 수행하는 작업 또는 공사

2. 철도운영자등은 작업 또는 공사의 효율적인 수행을 위해서는 제1호에도 불구하고 제1호가목2) 및 같은 호 나목에 따른 작업 또는 공사에 대해 철도운행안전관리자를 작업 또는 공사를 수행하는 직원으로 지정할 수 있고, 제1호 각 목에 따른 작업 또는 공사에 대해 철도운행안전관리자 2명 이상이 3개 이상의 인접한 작업 또는 공사 구간을 관리하게 할 수 있다.

15. 철도운행안전관리자의 배치기준 등에 관한 설명으로 틀린 것은?

① 철도운영자등이 도급(공사)계약 방식으로 시행하는 작업 또는 공사에 대해 철도운행안전관리자 2명 이상이 3개 이상의 인접한 작업 또는 공사 구간을 관리하게 할 수 있다

② 철도운영자등은 작업 또는 공사의 효율적인 수행을 위해서 철도운영자등이 자체 유지·보수 작업을 전문용역업체 등에 위탁하여 6개월 이상 장기간 수행하는 작업 또는 공사에 대해 철도운행안전관리자를 작업 또는 공사를 수행하는 직원으로 지정할 수 있다

③ 철도운영자등이 자체 유지·보수 작업을 전문용역업체 등에 위탁하여 6개월 이상 장기간 수행하는 작업 또는 공사에 대해 철도운행안전관리자 2명 이상이 3개 이상의 인접한 작업 또는 공사 구간을 관리하게 할 수 있다

④ 철도운영자등이 도급(공사)계약 방식으로 시행하는 작업 또는 공사에 대해 철도운행안전관리자를 작업 또는 공사를 수행하는 직원으로 지정할 수 있다

시행규칙 제92조의6(철도운행안전관리자의 배치기준 등) ① 법 제69조의2제2항에 따른 철도운행안전관리자의 배치기준 등은 별표 27과 같다.

별표 〈철도운행안전관리자의 배치기준 등〉 제2호

16. 철도안전 전문인력의 정기교육에 관한 설명으로 틀린 것은?

① 정기교육은 철도안전 전문인력의 분야별 자격을 취득한 날 또는 종전의 정기교육 유효기간 만료일부터 3년이 되는 날 전 1년 이내에 받아야 한다

② 철도안전 전문인력의 정기교육은 안전전문기관에서 실시한다

③ 정기교육의 주기는 3년이며, 정기교육 시간은 15시간 이상이다

④ 철도안전 전문인력이 정기교육을 받아야 하는 기간이 지난 후에 정기교육을 받은 경우 그 정기교육의 유효기간은 정기교육을 받은 날의 다음 날부터 기산한다

안전법 제69조의3(철도안전 전문인력의 정기교육) ① 제69조에 따라 철도안전 전문인력의 분야별 자격을 부여받은 사람은 직무 수행의 적정성 등을 유지할 수 있도록 정기적으로 교육을 받아야 한다.

정답 | 15. | ④ | 16. | ④ |

② 철도운영자등은 제1항에 따른 정기교육을 받지 아니한 사람을 관련 업무에 종사하게 하여서는 아니 된다.

③ 제1항에 따른 철도안전 전문인력에 대한 정기교육의 주기, 교육 내용, 교육 절차 등에 관하여 필요한 사항은 국토교통부령으로 정한다.

시행규칙 제92조의7(철도안전 전문인력의 정기교육) ① 법 제69조의3제1항에 따른 철도안전 전문인력에 대한 정기교육의 주기, 교육 내용, 교육 절차 등은 별표 28과 같다.

② 철도안전 전문인력의 정기교육은 안전전문기관에서 실시한다.

③ 제1항 및 제2항에서 규정한 사항 외에 철도안전 전문인력의 정기교육에 필요한 세부사항은 국토교통부장관이 정하여 고시한다.

별표 〈철도안전 전문인력의 정기교육〉(제92조의7제2항 관련)

1. 정기교육의 주기 : 3년
2. 정기교육 시간 : 15시간 이상
3. 교육 내용 및 절차

가. 철도운행안전관리자   나. 전기철도분야 안전전문기술자
다. 철도신호분야 안전전문기술자   라. 철도시설분야 안전전문기술자
마. 철도차량분야 안전전문기술자

비고

1. 정기교육은 철도안전 전문인력의 분야별 자격을 취득한 날 또는 종전의 정기교육 유효기간 만료일부터 3년이 되는 날 전 1년 이내에 받아야 한다. 이 경우 그 정기교육의 유효기간은 자격 취득 후 3년이 되는 날 또는 종전 정기교육 유효기간 만료일의 다음 날부터 기산한다.
2. 철도안전 전문인력이 제1호 전단에 따른 기간이 지난 후에 정기교육을 받은 경우 그 정기교육의 유효기간은 정기교육을 받은 날부터 기산한다.

17. 철도운행안전관리자 배치와 관련하여 틀린 것은?

① 철도운영자등이 선로 점검 작업 등 3명 이하의 인원으로 할 수 있는 소규모 작업 또는 공사 등을 자체적으로 시행하는 경우 대통령령으로 면제 할 수 있다
② 정기교육은 안전전문기관에서 한다
③ 정기교육을 받지 아니한 사람을 관련업무에 종사하게 하여서는 아니 된다
④ 철도운행안전관리자의 배치기준, 방법 등에 관하여 필요한 사항은 국토교통부장관이 정한다

해설 안전법 제69조의2, 제69조의3, 시행령 제60조의6(철도운행안전관리자의 배치)

18. 철도안전 전문인력 분야별 자격의 취소·정지에 관한 설명으로 틀린 것은?

① 철도운행안전관리자 자격의 효력정지기간 중에 철도운행안전관리자 업무를 수행하였을 때에는 철도운행안전관리자 자격을 취소하여야 한다
② 철도안전전문기술자가 철도안전전문기술자 자격을 다른 사람에게 빌려주었을 때는 그 자격을 취소하여야 한다
③ 철도운행안전관리자 자격을 다른 사람으로부터 빌렸을 때에는 철도운행안전관리자 자격을 취소하여야 한다
④ 철도운행안전관리자의 업무수행 중 고의 또는 중과실로 인한 철도사고가 일어났을 때는 철도운행안전관리자 자격을 취소하거나 1년 이내의 기간을 정하여 철도운행안전관리자 자격을 정지시킬 수 있다
⑤ 술을 마시거나 약물을 사용한 상태에서 철도운행안전관리자 업무를 하였을 때는 철도운행안전관리자 자격을 취소하거나 1년 이내의 기간을 정하여 철도운행안전관리자 자격을 정지시킬 수 있다

정답 | 17. | ④ | 18. | ③

안전법 제69조의5(철도안전 전문인력 분야별 자격의 취소 · 정지) ① 국토교통부장관은 철도운행안전관리자가 다음 각호의 어느 하나에 해당할 때에는 철도운행안전관리자 자격을 취소하거나 1년 이내의 기간을 정하여 철도운행안전관리자 자격을 정지시킬 수 있다. 다만, 제1호부터 제3호까지의 규정에 해당할 때에는 철도운행안전관리자 자격을 취소하여야 한다.

    1. 거짓이나 그 밖의 부정한 방법으로 철도운행안전관리자 자격을 받았을 때
    2. 철도운행안전관리자 자격의 효력정지기간 중에 철도운행안전관리자 업무를 수행하였을 때
    3. 제69조의4를 위반하여 철도운행안전관리자 자격을 다른 사람에게 빌려주었을 때
    4. 철도운행안전관리자의 업무 수행 중 고의 또는 중과실로 인한 철도사고가 일어났을 때
    5. 제41조제1항을 위반하여 술을 마시거나 약물을 사용한 상태에서 철도운행안전관리자 업무를 하였을 때
    6. 제41조제2항을 위반하여 술을 마시거나 약물을 사용한 상태에서 업무를 하였다고 인정할 만한 상당한 이유가 있음에도 불구하고 국토교통부장관 또는 시 · 도지사의 확인 또는 검사를 거부하였을 때

② 국토교통부장관은 철도안전전문기술자가 제69조의4를 위반하여 철도안전전문기술자 자격을 다른 사람에게 빌려주었을 때에는 그 자격을 취소하여야 한다.

19. 철도안전법에서 철도안전에 관한 설명 중 틀린 것은?

① 국토교통부장관은 철도안전에 관한 지식의 보급과 철도안전의식을 고취하기 위하여 필요한 시책을 마련하여 추진하여야 한다

② 국토교통부장관은 이 법에 따른 철도안전시책을 효율적으로 추진하기 위하여 철도안전에 관한 정보를 종합관리하고, 관계 지방자치단체의 장 또는 철도관계기관등에 그 정보를 제공할 수 있다

③ 국가는 철도의 안전을 위하여 철도횡단교량의 개축 또는 개량에 필요한 비용의 일부를 지원하여야 한다

④ 국토교통부장관은 정보의 종합관리를 위하여 관계 지방자치단체의 장 또는 철도관계기관등에 필요한 자료의 제출을 요청할 수 있다. 이 경우 요청을 받은 자는 특별한 이유가 없으면 요청을 따라야 한다

안전법 제70조(철도안전 지식의 보급 등) 국토교통부장관은 철도안전에 관한 지식의 보급과 철도안전의식을 고취하기 위하여 필요한 시책을 마련하여 추진하여야 한다.

제71조(철도안전 정보의 종합관리 등) ① 국토교통부장관은 이 법에 따른 철도안전시책을 효율적으로 추진하기 위하여 철도안전에 관한 정보를 종합관리하고, 관계 지방자치단체의 장 또는 철도운영자등, 운전적성검사기관, 관제적성검사기관, 운전교육훈련기관, 관제교육훈련기관, 인증기관, 시험기관, 안전전문기관, 위험물 포장 · 용기검사기관, 위험물취급전문교육기관 및 제77조제2항에 따라 업무를 위탁받은 기관 또는 단체(이하 "철도관계기관등"이라 한다)에 그 정보를 제공할 수 있다.

② 국토교통부장관은 제1항에 따른 정보의 종합관리를 위하여 관계 지방자치단체의 장 또는 철도관계기관등에 필요한 자료의 제출을 요청할 수 있다. 이경우 요청을 받은 자는 특별한 이유가 없으면 요청을 따라야 한다.

제72조의2(철도횡단교량 개축 · 개량 지원) ① 국가는 철도의 안전을 위하여 철도횡단교량의 개축 또는 개량에 필요한 비용의 일부를 지원할 수 있다.

② 제1항에 따른 개축 또는 개량의 지원대상, 지원조건 및 지원비율 등에 관하여 필요한 사항은 대통령령으로 정한다.

20. 정부가 보조 등 재정적 지원을 할 수 있는 기관 또는 단체가 아닌 것은?

① 운전교육훈련기관, 관제교육훈련기관 또는 정비교육훈련기관

② 인증기관, 시험기관, 안전전문기관 및 철도안전에 관한 단체

③ 업무를 위임받은 소속기관의 장 및 또는 시 · 도지사

④ 운전적성검사기관, 관제적성검사기관 또는 정밀안전진단기관

해설 안전법 제72조(재정지원) 정부는 다음 각 호의 기관 또는 단체에 보조 등 재정적 지원을 할 수 있다.

    1. 운전적성검사기관, 관제적성검사기관 또는 정밀안전진단기관

    2. 운전교육훈련기관, 관제교육훈련기관 또는 정비교육훈련기관

    3. 인증기관, 시험기관, 안전전문기관 및 철도안전에 관한 단체

    4. 제77조제2항에 따라 업무를 위탁받은 기관 또는 단체

최종 실전 모의고사

모의고사

1. 안전관리체계의 승인에 관한 설명으로 틀린 것은?

① 승인신청서에 첨부하는 열차운행체계에 관한 서류는 철도안전관리시스템 개요, 철도운영 개요, 철도사업면허, 철도보호 및 질서유지 등 10개 서류를 첨부해야 한다

② 승인 신청 시 제출서류 중 종합시험운행 실시 결과 보고서는 철도운용 또는 철도시설 관리 개시 예정일 14일 전까지 제출할 수 있다

③ 국토교통부장관은 법에 따른 검사 결과 안전관리체계가 지속적으로 유지되지 아니하거나 그 밖에 철도안전을 위하여 긴급히 필요하다고 인정하는 경우에는 국토교통부령으로 정하는 바에 따라 시정조치를 명할 수 있다

④ 안전관리체계를 승인받으려는 경우에는 철도운용 또는 철도시설 관리 개시 예정일 90일 전까지 승인 신청서에 서류를 첨부하여 국토교통부 장관에게 제출하여야 한다

2. 철도안전법의 내용이다. (   )에 들어갈 적합한 것은?

> 국토교통부장관은 철도안전경영, 위험관리, 사고 조사 및 보고, 내부점검, 비상대응계획, 비상대응훈련, 교육훈련, 안전정보관리, 운행안전관리, 차량·시설의 유지관리(차량의 기대수명에 관한 사항을 포함한다) 등 철도운영 및 철도시설의 안전관리에 필요한 (   )을 정하여 고시하여야 한다

① 인가기준   ② 기술기준   ③ 승인기준   ④ 안전기준

3. 철도보호지구에서의 행위제한에 관한 설명이다. (   )에 들어갈 내용이 순서대로 맞게 짝지어진 것은?

> 노면전차의 철도보호지구는 철도경계선으로부터 (   )미터 이내를 말한다. 노면전차의 철도보호지구에서 안전운행 저해행위로 대통령령으로 정한 행위에는 깊이 (   )미터 이상의 굴착과 「건설기계관리법」 제2도제1항1호에 따른 건설기계 중 최대높이가 (   )미터 이상인 건설기계를 설치하는 행위가 있다

① 30, 20, 10   ② 20, 10, 10   ③ 10, 10, 10   ④ 10, 20, 30

4. 작업책임자의 준수사항 중 국토교통부령으로 정하는 작업안전에 관한 조치사항인 것은?

① 작업 중 비상상황 발생 시 열차방호 등의 조치

② 사고현장의 열차운행 통제

③ 열차접근 감시인과 연락체계 구축

④ 안전장비 착용 등 작업원 보호에 관한 사항

정답 | 1. | ① | 2. | ② | 3. | ③ | 4. | ①

5. 철도안전교육을 실시하여야 할 대상이 아닌 철도종사자는?

① 철도시설 및 철도차량을 보호하기 위한 경비업무를 수행하는 사람
② 철도운행안전관리자
③ 철도에 공급되는 전력의 원격제어장치를 운영하는 사람
④ 여객에게 역무서비스를 제공하는 사람

6. 철도안전 종합계획의 설명으로 틀린 것은?

① 철도안전 종합계획에는 철도차량의 정비 및 점검 등에 관한 사항이 포함되어야 한다
② 철도산업위원회의 심의를 거쳐야 한다
③ 철도안전 종합계획에는 철도종사자의 안전 및 근무환경 향상에 관한 사항이 포함되어야 한다
④ 철도안전 종합계획의 경미한 변경은 총사업비를 원래 계획의 100분의 20 이내에서의 변경을 포함한다

7. 철도시설 또는 철도차량에서 공중의 안전을 위하여 질서유지가 필요하다고 인정되어 국토교통부령으로 정하는 금지행위로 맞는 것은?

① 철도차량을 향하여 돌이나 그 밖의 위험한 물건을 던져 철도차량 운행에 위험을 발생하게 하는 행위
② 흡연이 금지된 철도시설이나 철도차량 안에서 흡연하는 행위
③ 역시설 또는 철도차량에서 노숙하는 행위
④ 정당한 사유 없이 열차 승강장의 비상정지버튼을 작동시켜 열차운행에 지장을 주는 행위

8. 관제자격증명에 관한 설명이다. (   ) 들어갈 적합한 것은?

> 관제자격증명시험 중 학과시험에 합격한 사람에 대해서는 학과시험에 합격한 날부터 (   )이 되는 날이 속하는 해의 12월 31일까지 실시하는 시험에 있어 학과시험의 합격을 유효한 것으로 본다

① 4년이 되는 날   ② 3년이 되는 날   ③ 2년이 되는 날   ④ 1년이 되는 날

9. 철도차량 운전면허 갱신에 관한 내용으로 적합한 것은?

① 운전면허 갱신을 받은 경우 해당 운전면허의 유효기간은 갱신 받기 전 운전면허의 유효기간 만료일부터 기산한다
② 운전면허를 갱신하여 발급 받을 수 있는 대통령령으로 정하는 기간은 유효기간 내에 6개월 이상 해당 철도차량을 운전한 경력을 말한다.
③ 운전면허의 유효기간 만료일 1개월 전까지 해당 운전면허 취득자에게 운전면허 갱신에 관한 내용을 통지하여야 한다
④ 운전면허의 효력이 실효된 사람이 운전면허가 실효된 날부터 3년 이내에 실효된 운전면허와 동일한 운전면허를 취득하려는 경우에는 운전면허 취득절차의 일부를 면제한다

정답 | 5. | ② | 6. | ④ | 7. | ② | 8. | ③ | 9. | ④

10. 철도관제자격증명 소지자가 제2종 전기차량운전면허를 취득하기 위한 교육훈련 시간으로 맞는 것은?

    ① 이론교육 140시간, 기능교육 120시간
    ② 이론교육 140시간, 기능교육 35시간
    ③ 이론교육 170시간, 기능교육 120시간
    ④ 이론교육 105시간, 기능교육 110시간

11. 철도차량운전규칙의 시계운전에 대한 설명으로 적합한 것은?

    ① 시계운전에 의한 열차운전 방법으로 격시법, 지도격시법, 전령법이 있다
    ② 지도격시법은 지도통신식 시행중의 구간에서 전화불통이 된 경우 지도표를 가지고 있는 정거장 또는 신호소에서 최초의 열차를 운행하는 때에 적임자를 파견하여야 한다
    ③ 격시법은 폐색구간의 양끝에 있는 정거장 또는 신호소의 운전취급담당자가 시행한다
    ④ 상용폐색방식외의 방법으로 열차를 운전할 필요가 있는 경우에 한하여 시행하여야 한다

12. 철도차량운전규칙에 정한 내용이 아닌 것은?

    ① 회송의 경우 화차를 객차의 중간에 연결할 수 있다
    ② 동력장치가 분산되어 있는 철도차량은 동차이다
    ③ 파손차량은 여객열차에 연결하면 안 된다
    ④ 동력을 사용하지 않는 기관차는 여객열차에 연결하면 안 된다

13. 철도차량운전규칙에서 열차의 조성에 관한 설명으로 맞는 것은?

    ① 열차의 최대연결차량수는 이를 조성하는 동력차의 견인력, 차량의 성능·차체(Frame) 등 차량의 구조 및 차량한계에 따라 이를 정하여야 한다
    ② 군전용열차 또는 위험물을 운송하는 열차 등 열차승무원이 반드시 탑승하여야 할 필요가 있는 열차에는 완급차를 연결하여야 한다
    ③ 연결축수는 소요 제동력을 작용시킬 수 있는 차축의 총수를 말한다
    ④ 구원열차를 운전하는 경우에는 운전방향 맨 앞 차량의 운전실 외에서 열차를 운전할 수 없다

14. 도시철도운전규칙의 운전에 관한 설명으로 적합한 것은?

    ① 열차의 안전운전에 지장이 없도록 신호 또는 제어설비 등을 완전하게 갖춘 경우에 둘 이상의 열차는 동시에 출발시키거나 도착시켜서는 아니 된다
    ② 열차는 맨 앞의 차량에서 운전하여야 한다. 다만, 추진운전, 퇴행운전 또는 시계운전을 하는 경우에는 그러하지 아니하다
    ③ 노면전차를 추진운전하는 경우에는 주변 차량 및 보행자들의 안전을 확보하기 위한 대책을 마련하여야 한다
    ④ 차량은 열차에 함께 편성되기 전에는 정거장 외의 본선을 운전할 수 없다

15. 도시철도운전규칙에서 운전속도를 제한하여야 하는 경우로 틀린 것은?

    ① 추진운전이나 퇴행운전 하는 경우   ② 공사열차나 구원열차를 운전하는 경우
    ③ 서행신호를 하는 경우   ④ 지령식, 지도통신식으로 운전하는 경우

정답 | 10. | ④ | 11. | ① | 12. | ① | 13. | ② | 14. | ④ | 15. | ②

16. 도시철도운전규칙에서 차량의 검사 및 시험운전에 관한 설명으로 틀린 것은?

① 분해검사를 한 차량을 검사할 때 차량의 전기장치에 대해서는 통전시험을 하여야 한다

② 차량의 각 부분은 일정한 기간 또는 주행거리를 기준으로 하여 그 상태와 작용에 대한 검사와 분해 검사를 하여야 한다

③ 일시적으로 사용을 중지한 차량은 검사하고 시험운전을 하기 전에는 사용할 수 없다

④ 경미한 정도의 수선을 한 경우에는 시험운전을 하지 않을 수 있다

17. 철도차량운전면허 취득자에 대한 실무수습 담당자의 자격기준으로 틀린 것은?

① 운전업무경력이 있는 자로서 철도운영자등에 소속되어 철도차량운전자를 지도·교육·관리 또는 감독하는 업무를 하는 자

② 운전업무 경력이 5년 이상인 자

③ 운전업무경력이 있는 자로서 전문교육을 3월 이상 받은 자

④ 운전업무경력이 있는 자로서 철도운영자등으로부터 운전업무 실무수습을 담당할 수 있는 능력이 있다고 인정받은 자

18. "기타철도교통사고"에 해당하지 않는 것은?

① 건널목사고　② 철도교통사상사고　③ 철도안전사상사고　④ 위험물사고

19. 철도차량운전규칙에서 전호의 방식을 정하여 그 전호에 따라 작업(작업전호)을 하여야 하는 경우가 아닌 것은?

① 퇴행 또는 추진운전시 열차의 맨 뒤 차량에 승무한 직원이 철도차량운전자에 대하여 운전상 필요한 연락을 할 때

② 열차의 관통제동기의 시험을 할 때

③ 검사·수선연결 또는 해방을 하는 경우에 당해 차량의 이동을 금지시킬 때

④ 신호기 취급직원 또는 입환전호를 하는 직원과 관제업무 직원간에 선로전환기의 취급에 관한 연락을 할 때

⑤ 여객 또는 화물의 취급을 위하여 정지위치를 지시할 때

20. 도시철도운전규칙에서 선로·전차선로 또는 운전보안장치를 신설·이설 또는 개조한 경우 종사자의 업무숙달을 위하여 정상운행을 하기 전에 시험운전을 하여야 하는 기간은?

① 30일 이상　② 60일 이상　③ 90일 이상　④ 120일 이상

1. 철도안전 종합계획 및 연차별 시행계획에 관한 설명으로 틀린 것은?

① 철도안전 종합계획의 연차별 시행계획을 시·도지사 및 철도운영자등은 전년도 시행계획의 추진실적을 매년 2월 말까지 국토교통부장관에게 제출하여야 한다

② 철도안전관리체계의 승인을 받은 철도운영자등이 철도운영이나 철도시설의 관리에 중대한 지장을 초래한 경우에는 그 승인을 취소하거나 6개월 이내 기간을 정하여 업무제한이나 업무정지를 명할 수 있다

③ 철도시설관리자에 대해서는 사고분야, 철도안전투자분야, 안전관리 분야 등에 대하여 안전관리 수준평가를 실시한다

④ 철도안전 종합계획의 연차별 시행계획을 시·도지사 및 철도운영자등은 다음연도 시행계획을 매년 10월 말까지 국토교통부장관에게 제출하여야 한다

2. 국토교통부장관이 한국교통안전공단에 위탁한 업무가 아닌 것은?

① 운전면허시험과 관제자격증명 시험의 실시

② 안전관리체계에 대한 정기검사 또는 수시검사

③ 정비조직운영기준의 작성

④ 철도종사자의 준수사항을 위반한 자에 따른 과태료 부과·징수

3. 운전업무 또는 관제업무 실무수습에 관한 설명으로 적합하지 않은 것은?

① 관제업무를 수행할 구간 또는 관제업무 수행에 필요한 기기의 변경으로 인하여 다시 관제업무 실무수습을 이수하여야 하는 사람에 대해서는 별도의 실무수습 계획을 수립하여 시행할 수 있다

② 관제업무의 총 실무수습 시간은 100시간 이상으로 하여야 한다

③ 철도차량의 운전업무에 종사하려는 사람은 운전할 구간의 선로, 신호 등 시스템 등의 숙달을 위한 운전업무 실무수습을 이수하여야 한다

④ 국토교통부장관은 실무수습 항목 및 교육시간 등을 정하여 철도운영자등에게 통보하여야 한다

정답 | 1. | ③ 2. | ④ 3. | ④

4. 철도종사자 중에 철도안전교육을 실시하여야 하는 대상이 아닌 것은?
　① 철도시설 또는 철도차량을 보호하기 위한 순회점검업무 또는 경비업무를 수행하는 사람
　② 철도사고, 철도준사고 및 운행장애가 발생한 현장에서 조사·수습·복구 등의 업무를 수행하는 사람
　③ 정거장에서 철도신호기·선로전환기 또는 조작판 등을 취급하거나 열차의 조성업무를 수행하는 사람
　④ 철도차량의 운행선로 또는 그 인근에서 철도시설의 건설 또는 관리와 관련된 작업의 현장 감독 업무를 수행하는 사람

5. 철도안전법의 벌칙 중 500만원 이하의 과태료를 부과대상을 모두 고르시오?
　① 철도종사자에 대한 안전교육을 실시하지 아니한 자
　② 자신이 고용하고 있는 종사자가 위험물취급안전교육을 받도록 하지 아니한 위험물 취급자
　③ 관제자격증명의 취소 또는 효력정지시 반납하지 아니한 사람
　④ 실무수습을 이수하지 아니하고 관제업무에 종사한 사람

6. 철도안전법에서 정한 벌칙이 같은 것끼리 짝지어진 것은?

> A. 운송금지 위험물의 운송을 위탁하거나 그 위험물을 운송한 자
> B. 철도종사자와 여객에게 성적 수치심을 일으키는 행위를 한 자
> C. 술을 마시거나 약물을 사용한 상태에서 업무를 한 사람
> D. 위해물품을 휴대하거나 적재한 사람
> E. 실무수습을 이수하지 아니하고 철도차량의 운전업무에 종사한 사람

　① A, B　　　　　　② B, C　　　　　　③ A, C　　　　　　④ C, E

7. 국토교통부장관에게 즉시 보고하여야 하는 철도사고등을 제외한 철도사고등이 발생하였을 때 철도운영자등이 국토교통부장관에게 보고하는 방법으로 맞는 것은?
　① 중간보고 : 사고수습·복구결과 등　　② 종결보고 : 사고수습·복구상황 등
　③ 중간보고 : 사고발생 개황 등　　④ 초기보고 : 사고발생 현황 등

8. 철도차량정비기술자의 인정에 관한 설명으로 틀린 것은?
　① 철도차량정비 업무 수행 중 중과실로 철도사고의 원인을 제공한 경우에는 1년의 범위 내에서 철도차량정비기술자의 인정을 정지시킬 수 있다
　② 거짓이나 그 밖의 부정한 방법으로 철도차량정비기술자로 인정받은 경우 그 인정을 취소하여야 한다
　③ 철도차량정비기술자로 인정받은 사람이 대통령령으로 정하는 자격, 경력 및 학력 등 철도차량정비기술자의 인정 기준에 해당하지 아니하게 된 경우 그 인정을 취소하여야 한다
　④ 철도차량정비기술자로 인정받은 사람이 철도차량정비 업무 수행 중 고의 또는 중과실로 철도사고의 원인을 제공한 경우 그 인정을 취소하여야 한다

9. 철도차량운전규칙에서 열차운전위치를 맨 앞 차량의 운전실에서 운전하여야 하는 경우는 다음 중 어느 것인가?
① 선로·전차선로 또는 차량에 고장이 있는 경우
② 보조기관차를 사용하는 경우
③ 무인운전하는 경우
④ 철도종사자가 차량의 맨 앞에서 전호를 하는 경우로서 그 전호에 의하여 열차를 운전하는 경우

10. 철도차량운전규칙에서 신호현시방식으로 틀린 것은?
① 차내신호기의 야드신호는 노란색 직사각형등과 적생원형등(25등신호) 점등이다
② 입환신호기의 등열식 진행신호는 백색등열 좌하향 45도, 무유도등 점등이다
③ 임시신호기 표지의 배면은 백색으로 하고, 서행신호기에는 지정속도를 표시하여야 한다
④ 4현시 신호방식에서 감속신호는 상위 등황색등, 하위 녹색등이다

11. 철도차량운전규칙에서 열차의 최대연결차량수를 정하는 데 감안하여야 하는 사항이 아닌 것은?
① 동력차의 견인력
② 연결장치의 강도와 운행선로의 시설현황
③ 폐색방식의 종류
④ 차량의 성능·차체(Frame)등의 차량구조

12. 철도차량운전규칙에서 자동폐색장치가 갖추어야 할 기능이 아닌 것은?
① 폐색장치에 고장이 있을 때에는 자동으로 정지신호를 현시할 것
② 단선구간에 있어서는 하나의 방향에 대하여 진행을 지시하는 신호를 현시한 때에는 그 반대방향의 신호기는 자동으로 정지신호를 현시할 것
③ 폐색구간에 있는 선로전환기가 정당한 방향으로 개통되지 아니한 때 또는 분기선 및 교차점에 있는 차량이 폐색구간에 지장을 줄 때에는 열차는 자동으로 정지할 것
④ 폐색구간에 열차 또는 차량이 있을 때에는 자동으로 정지신호를 현시할 것

13. 철도차량운전규칙에서 2 이상의 열차가 정거장에 진입하거나 정거장으로부터 진출시킬 수 있는 경우가 아닌 것은?
① 안전측선·탈선선로전환기·탈선기가 설치되어 있는 경우
② 열차를 유도하여 서행으로 진입시키는 경우
③ 단행기관차로 운행하는 열차를 진입시키는 경우
④ 다른 방향에서 진입하는 열차들이 정차위치로부터 100m 이상의 여유거리가 있는 경우

14. 도시철도운전규칙에서 폐색구간에 둘 이상의 열차를 동시에 운전할 수 있는 경우로 맞는 것은?
① 다른 열차의 차선 바꾸기 지시에 따라 차선을 바꾸기 위하여 운전하는 경우
② 운전사고 등으로 인하여 일시적으로 단선운전을 하는 경우
③ 선로 또는 열차에 고장이 발생하여 퇴행운전을 하는 경우
④ 시험운전을 하는 경우

정답 | 9. | ② | 10. | ③ | 11. | ③ | 12. | ③ | 13. | ④ | 14. | ①

15. 도시철도운전규칙에서 규정한 내용으로 틀린 것은?

① 도시철도운영자는 안전운전과 이용승객의 편의 증진을 위하여 장기·단기 안전운전계획을 수립하여 시행하여야 한다

② 통신설비의 각 부분은 일정한 주기에 따라 검사를 하여야 한다

③ 선로는 매일 순회점검 하여야 하며, 필요시 정비할 수 있다

④ 차량의 각 부분은 일정한 기간 또는 주행거리를 기준으로 하여 그 상태와 작용에 대한 검사와 분해검사를 하여야 한다

16. 도시철도운전규칙의 신호방식에서 "등황색등"인 경우가 아닌 것은?

① 임시신호기의 야간에 서행신호   ② 진로개통표시기에서 진로가 개통되었을 때

③ 입환신호기의 주간에 정지신호   ④ 원방신호기의 주신호기가 정지신호를 할 경우

17. 도시철도운전규칙에서 규정한 내용의 설명으로 틀린 것은?

① 도시철도운영자는 열차등의 특성, 선로 및 전차선로의 구조와 강도 등을 고려하여 열차의 운전속도를 정하여야 한다

② 정거장이 아닌 곳에서 본선을 이용하여 차량을 결합·해체하거나 차선을 바꾸어서는 아니 된다

③ 내리막이나 곡선선로에서는 제동거리 및 열차등의 안전도를 고려하여 그 속도를 제한하여야 한다

④ 동력을 가진 차량을 선로에 두는 경우에는 그 동력으로 움직이는 것을 방지하기 위한 조치를 마련하여야 하며, 동력을 가진 동안에는 차량의 움직임을 수시로 확인하여야 한다

18. 철도차량운전면허 교육훈련 방법에 관한 설명으로 맞는 것은?

① 컴퓨터지원교육시스템에 의하여 교육을 실시하는 경우에는 강의실 마다 각각의 컴퓨터 단말기를 설치하여야 한다

② 교육훈련기관의 장은 교육과정을 폐지하거나 변경하는 경우에는 국토교통부장관에게 보고하여야 한다

③ 모의운전연습기를 이용하여 교육을 실시하는 경우에는 전기능모의운전연습기·기본기능모의운전연습기 및 컴퓨터지원교육시스템에 의한 교육이 모두 이루어지도록 교육계획을 수립하여야 한다

④ 철도운영자등은 다른 운전면허의 철도차량을 차량기지 내에서 시속 45킬로미터 이하로 운전하고자 하는 사람에 대하여는 업무를 수행하기 전에 기기취급 등에 관한 실무수습·교육을 받도록 하여야 한다

19. 철도차량운전규칙에서 표지의 설명으로 틀린 것은?

① 열차의 안전운전을 위하여 안전표지를 설치하여야 한다

② 열차의 동력차는 표지를 게시하여야 한다

③ 차량의 안전운전을 위하여 안전표지를 설치하여야 한다

④ 입환 중인 동력차는 표지를 게시하지 않을 수 있다

20. 철도차량운전규칙에서 임시신호기의 종류가 아닌 것은?

① 서행발리스(Balise)   ② 서행신호기   ③ 서행예고신호기   ④ 서행완료신호기

정답 | **15.** | ③ | **16.** | ③ | **17.** | ④ | **18.** | ③ | **19.** | ④ | **20.** | ④

3회

모의고사

1. 철도보호지구에서의 행위제한 등에 대한 설명으로 적합하지 않은 것은?
   ① 철도운영자등은 철도차량의 안전운행 및 철도 보호를 위하여 필요하다고 인정할 때에는 법에 따른 해당 행위의 금지·제한 또는 조치 명령을 할 수 있다
   ② 토지의 형질변형 및 굴착행위를 하려는 자는 대통령령으로 정하는 바에 따라 국토교통부장관 또는 시·도지사에게 신고하여야 한다
   ③ 철도보호지구는 철도경계선으로부터 30미터 이내(노면전차의 경우에는 10미터 이내)로 한다
   ④ 토석, 자갈 및 모래의 채취 등의 행위를 하려는 자에게 국토교통부장관 또는 시·도지사는 행위의 금지 또는 제한을 명령하거나 대통령령으로 정하는 필요한 조치를 하도록 명령 할 수 있다

2. 철도차량 운전·관제업무 등 대통령령으로 정하는 업무에 종사하는 철도종사자가 받아야 하는 신체검사와 적성검사에 관한 설명으로 적합한 것은?
   ① 정거장에서 철도신호기, 선로전환기 또는 조작판 등을 취급하거나 열차의 조성업무를 수행하는 사람은 신체검사를 받아야 한다
   ② 적성검사는 적성검사 유효기간 만료일 전 12개월 이내에, 신체검사는 신체검사 유효기간 만료일 전 3개월 이내에 실시한다
   ③ 정기검사의 유효기간은 신체검사 유효기간 만료일부터 기산한다
   ④ 특별검사는 철도사고등을 일으키거나 질병 등의 사유로 해당 업무를 적절히 수행하기가 어렵다고 철도종사자가 인정하는 경우에 실시한다

3. 철도차량 운전면허에 관한 내용으로 맞는 것은?
   ① 「철도안전법」에 따른 노면전차를 운전하려는 사람은 철도차량 운전면허 외에 「도시철도법」에 따른 운전면허를 받아야 한다
   ② 철도차량기지 정비공장에서 정비한 차량을 공장내의 선로에서 차량유치선으로 운전하여 이동하는 경우는 운전면허 없이 운전할 수 있다
   ③ 철도사고등을 복구하기 위하여 열차운행이 중지된 선로에서 동력차를 운전하여 이동하는 경우는 운전면허 없이 운전할 수 있다
   ④ 운전면허는 대통령령으로 정하는 바에 따라 철도차량의 종류별로 받아야 한다. 운전면허의 종류에 따라 운전할 수 있는 철도차량의 종류는 국토교통부령으로 정한다

정답 1. ① 2. ② 3. ④

4. 철도운영자등 또는 사업주가 실시하는 위험물을 취급하는 철도종사자에 대한 안전 교육의 내용이 아닌 것은?
   ① 위험물 취급 안전 교육
   ② 인적오류의 중요성에 대한 정신교육
   ③ 안전관리의 중요성 등 정신교육
   ④ 철도안전관리체계 및 철도안전관리시스템

5. 1차 위반으로 관제자격증명의 취소사유가 아닌 것은?
   ① 관제자격증명의 효력정지 기간 중에 관제업무를 수행한 경우
   ② 약물을 사용한 상태에서 관제업무를 수행한 경우
   ③ 술을 마신 상태(혈중 알코올농도 0.03퍼센트 이상)에서 관제업무를 수행한 경우
   ④ 거짓이나 그 밖의 부정한 방법으로 관제자격증명을 취득한 경우

6. 철도안전법에서 연차별 시행계획에 대한 설명으로 맞는 것은?
   ① 특별자치도지사는 시행계획을 매년 12월 초까지 국토교통부장관에게 보고해야 한다
   ② 시·도지사는 전년도 시행계획의 추진 실적을 매년 2월 말까지 국토교통부장관에게 제출해야 한다
   ③ 시·도지사는 매년 12월 말까지 국토교통부장관에게 보고해야 한다
   ④ 철도운영자등은 시행계획을 매년 10월 초까지 국토교통부장관에게 보고해야 한다

7. 철도안전법에서 정한 과태료 금액으로 틀린 것은?
   ① 철도종사자의 직무상 지시에 따르지 않은 자 : 2차 위반 600만원
   ② 철도시설에 오물을 버리거나 열차운행에 지장을 준 경우 : 1차 위반 150만원
   ③ 여객열차에서 흡연을 한 경우 : 1차 위반 15만원
   ④ 변경신고를 하지 않고 안전관리체계를 변경한 경우 : 2차 위반 300만원

8. 국토교통부장관이나 관계 지방자치단체가 필요한 사항을 보고하게 하거나 자료의 제출을 명할 수 있는 경우가 아닌 것은?
   ① 인증기관의 업무수행 여부에 대한 확인이 필요한 경우
   ② 정비조직을 인증하려는 경우
   ③ 종합시험운행 실시 결과의 검토를 위하여 필요한 경우
   ④ 철도안전투자의 공시가 적정한지를 확인하려는 경우

9. 철도차량운전규칙에서 수신호의 현시방법 중 서행신호의 현시방법은?
   ① 녹색기를 어깨높이에서 하방 45도로 서서히 흔든다
   ② 녹색기가 없을 때는 한 팔을 높이 든다
   ③ 적색기와 녹색기를 모아쥐고 머리 위에 높이 교차한다
   ④ 녹색기를 좌우로 흔든다

10. 철도차량운전규칙에서 선로에서 정상적인 운행이 어려워 열차를 정지하거나 서행시켜야 하는 경우로서 임시신호기를 설치할 수 없는 경우에 조치 해야할 내용이 아닌 것은?
   ① 열차를 진행시켜야 하는 경우 : 철도사고등이 발생한 지점으로부터 200미터 이상의 앞 지점에서 진행 수신호를 현시할 것
   ② 열차를 서행시켜야 하는 경우 : 서행구역의 시작지점에서 서행수신호를 현시하고 서행구역이 끝나는 지점에서 진행수신호를 현시할 것
   ③ 열차의 무선전화로 열차를 정지하거나 서행시키는 조치를 한 경우에는 다른 조치를 생략할 수 있다
   ④ 열차를 정지시켜야 하는 경우 : 철도사고등이 발생한 지점으로부터 200미터 이상의 앞 지점에서 정지 수신호를 현시할 것

11. 철도차량운전규칙에서 열차가 퇴행할 수 있는 경우가 아닌 것은?
   ① 제설열차가 작업상 퇴행할 필요가 있는 경우
   ② 구내운전을 하는 경우
   ③ 선호나 전차선로 또는 차량에 고장이 있는 경우
   ④ 뒤의 보조기관차를 활용하여 퇴행하는 경우

12. 철도차량운전규칙에서 폐색에 의한 방법에 관한 설명으로 틀린 것은?
   ① 폐색에 의한 방법으로 운전을 하고 있는 열차를 열차제어장치로 운전하는 경우에 하나의 폐색구간에는 둘 이상의 열차를 동시에 운행할 수 있다
   ② 운전취급담당자는 지령식을 시행하는 폐색구간에 진입하는 열차의 기관사에게 승인번호, 시행구간, 운전속도 등 주의사항을 통보해야 한다
   ③ 대용폐색방식은 통신식, 지도통신식, 지도식, 지령식으로 구분한다
   ④ 열차를 통표폐색구간에 진입시키려는 경우에는 폐색구간에 열차가 없는 것을 확인하고 운행하려는 방향의 정거장 또는 신호소 운전취급담당자의 승인을 받아야 한다

13. 도시철도운전규칙에서 운전속도를 제한하여야 되는 경우는?
   ① 지도통신식으로 운전하는 경우
   ② 감속·주의·경계·정지등의 신호가 있는 지점을 지나서 진행하는 경우
   ③ 쇄정되지 아니한 선로전환기를 배향으로 진행하는 경우
   ④ 구내운전을 하는 경우

14. 도시철도운전규칙에서 규정한 내용으로 맞는 것은?
   ① 충돌방지 등 안전조치를 하였을 때에는 정거장이 아닌 곳에서 본선을 이용하여 차량을 결합·해체하거나 차선을 바꾸어서는 아니 된다
   ② 하나의 신호는 하나의 선로에서 하나의 목적으로만 사용되어야 한다
   ③ 진로표시기는 장내신호기, 출발신호기, 진로개통표시기 또는 입환신호기에 부속되어 열차등에 대하여 그 진로를 표시하는 것이다
   ④ 진로예고기는 장내신호기·출발신호기에 종속하여 다음 장내신호기 또는 출발신호기에 현시하는 진로를 열차에 대하여 예고하는 것이다

정답 | 10. | ① | 11. | ② | 12. | ② | 13. | ① | 14. | ③

15. 도시철도운전규칙에서 전호에 관한 설명으로 맞는 것은?

① 입환전호의 정지전호는 야간일 때 적색등을 흔든다
② 서행신호는 야간에 명멸하는 녹색등이다
③ 열차의 관통제동기의 시험을 할 때 작업전호를 한다
④ 야간 정지신호일 경우에는 적색등을 흔든다

16. 관제업무수행에 필요한 실무수습을 담당할 수 있는 자의 자격기준이 아닌 것은?

① 관제업무경력이 있는 자로서 철도운영자등으로부터 관제업무 실무수습을 담당할 수 있는 능력이 있다고 인정받은 자
② 관제업무 경력이 3년 이상인 자
③ 관제업무경력이 있는 자로서 전문교육을 1월 이상 받은 자
④ 관제업무경력이 있는 자로서 철도운영자등에 소속되어 관제업무종사자를 지도 · 교육 · 관리 또는 감독하는 업무를 하는 자

17. 철도운영자등이 실시하는 직무교육의 내용 · 시간 · 방법 등에 대한 설명으로 틀린 것은?

① 운전업무종사자, 관제업무종사자, 여객승무원, 철도차량 정비 · 점검 업무 종사자의 교육시간은 5년마다 35시간 이상이다
② 철도신호기 · 선로전환기 · 조작판 취급자, 열차의 조성업무 수행자, 철도에 공급되는 전력의 원격제어장치 운영자, 철도시설 중 궤도 · 토목 · 건축 시설 점검 · 정비 업무 종사자의 교육시간은 5년마다 21시간 이상이다
③ 철도직무교육의 주기는 철도직무교육 대상자로 신규 채용되거나 전직된 연도의 다음 년도 1월 1일부터 매 5년이 되는 날까지로 한다
④ 철도운영자등은 철도직무교육시간의 10분의 5 이하의 범위에서 철도운영기관의 실정에 맞게 교육내용을 변경하여 철도직무교육을 실시할 수 있다

18. 철도차량운전규칙에서 열차가 정거장외에서 정차할 수 있는 경우가 아닌 것은?

① 경사도가 1000분의 30을 넘는 급경사 구간에 진입하기 전의 경우
② 정지신호의 현시가 있는 경우
③ 철도사고등의 발생 우려가 있는 경우
④ 철도사고등이 발생하였을 경우

19. 도시철도운전규칙에서 시계운전을 하는 노면전차의 준수사항으로 틀린 것은?

① 교차로에서 앞서가는 열차를 따라서 동시에 통과하지 않을 것
② 앞서가는 열차와 안전거리를 충분히 유지할 것
③ 자동차 운전과 경합될 경우에는 자동차보다 우선 진행한다
④ 운전자의 가시거리 범위에서 신호 등 주변상황에 따라 열차를 정지시킬 수 있도록 적정 속도로 운전할 것

20. 조사보고 대상의 철도사고등이 발생한 후 또는 사고발생 신고를 접수한 후 72시간 이내에 초기보고를 해야하는 것으로 틀린 것은?

① 정차역 통과
② 운행허가를 받지 않은 구간으로 열차가 주행하는 경우
③ 화물열차의 60분 운행지연
④ 일반여객열차가 40분 이상 지연이 예상되는 사건

정답 | **15.** | ① | **16.** | ② | **17.** | ④ | **18.** | ① | **19.** | ③ | **20.** | ②

모의고사

1. 운전업무종사자의 준수사항이 아닌 것은?

① 철도차량이 운행하는 선로 주변의 공사·작업의 변경정보, 철도사고등에 관련된 정보, 재난 관련 정보, 테러 발생 등 그 밖의 비상상황에 관한 정보를 관제사에게 제공하여야 한다

② 운행구간에 이상이 발견된 경우 관제사에게 즉시 보고하여야 한다

③ 철도차량이 철도산업발전기본법에 따른 차량정비기지에서 출발하는 경우 운전제어와 관련된 장치의 기능, 제동장치의 기능, 그 밖에 운전 시 사용하는 각종 계기판의 기능에 대하여 이상 여부를 확인하여야 한다

④ 정지신호의 준수 등 철도차량의 안전운행을 위하여 정거장 외에 정차할 수 있다

2. 철도안전 종합계획에 포함되어야 할 내용으로 틀린 것은?

① 철도종사자의 안전 및 근무환경 향상에 관한 사항

② 철도안전 관련 전문 인력의 양성 및 수급관리에 관한 사항

③ 철도안전 종합계획의 추진 목표 및 지속적 유지에 관한 사항

④ 철도안전 관계 법령의 정비 등 제도개선에 관한 사항

3. 안전운행 또는 질서유지 철도종사자에 포함되지 않는 사람은?

① 정거장에서 열차의 조성업무를 감독하는 사람

② 철도에 공급되는 전력의 원격제어장치를 운영하는 사람

③ 철도사고등이 발생한 현장에서 조사업무를 수행하는 사람

④ 철도차량 및 철도시설의 점검·정비 업무에 종사하는 사람

4. 철도보호 및 질서유지를 위한 금지행위로 적합한 것은?

① 역시설 또는 철도차량에서 노숙(露宿)하는 행위와 음주하는 행위

② 정당한 사유 없이 열차 승강장의 비상정지버튼을 작동시켜 열차운행에 지장을 주는 행위

③ 전차선로에 의하여 감전될 우려가 있는 시설이나 설비를 설치하는 행위

④ 선로의 중심으로부터 양측으로 폭 3미터 이내의 장소에 철도차량의 안전 운행에 지장을 주는 물건을 방치하는 행위

정답 | 1. | ① | 2. | ③ | 3. | ① | 4. | ②

5. 관제자격증명에 관한 설명으로 틀린 것은?

① 철도 관제자격 증명으로 도시철도 차량에 관한 관제업무를 할 수 있다

② 관제업무에 종사하려는 사람은 국토교통부장관으로부터 철도교통관제사 자격증명을 받아야 한다

③ 관제자격증명의 종류로는 일반철도 관제자격증명, 도시철도 관제자격증명이 있다

④ 관제자격증명은 대통령령으로 정하는 바에 따라 관제업무의 종류별로 받아야 한다

6. 열차에 휴대금지 위해물품의 종류중 고압가스에 관한 설명으로 틀린 것은?

① 섭씨 50도에서 300킬로파스칼을 초과하는 절대압력을 가진 물질

② 섭씨 21.1도에서 730킬로파스칼을 초과하는 절대압력을 가진 물질

③ 섭씨 37.8도에서 280킬로파스칼을 초과하는 절대가스 압력을 가진 액체상태의 인화성 물질

④ 섭씨 50도 미만의 임계온도를 가진 물질

7. 철도안전법의 벌칙 중 1년 이하의 징역 또는 1천만원 이하의 벌금에 처하는 경우는?

① 철도시설 또는 철도차량을 파손하는 경우

② 철도종사자와 여객 등에게 성적수치심을 일으키는 행위

③ 술을 마시거나 약물을 복용하고 다른 사람에게 위해를 주는 행위를 한 사람

④ 정당한 사유 없이 운행 중에 비상정지버튼을 누른 경우

8. 적성검사기관의 지정신청서에 첨부하는 서류가 아닌 것은?

① 운영계획서

② 정관이나 이에 준하는 약정(법인 그 밖의 단체는 제외)

③ 적성검사장비 내역서

④ 적성검사기관에서 사용하는 직인의 인영

9. 철도차량운전규칙에서 열차가 상치신호기 설치지점을 통과한 때 신호의 복위로 틀린 것은?

① 원방신호기 - 등황색등

② 출발신호기 - 적색등

③ 입환신호기 - 등황색등

④ 유도신호기 - 신호를 현시하지 아니한다

10. 철도차량운전규칙에서 열차의 제동장치에 관한 설명이다. ( )에 적합한 것은?

> 2량 이상의 차량으로 조성하는 열차에는 모든 차량에 연동하여 작용하고 차량이 분리되었을 때 자동으로 차량을 정차시킬 수 있는 제동장치를 구비하여야 한다. 다만, 차량을 정지시킬 수 있는 인력을 배치한 ( ) 및 ( )의 경우에는 그러하지 아니하다

① 공사열차, 구원열차   ② 회송열차, 공사열차

③ 회송열차, 구원열차   ④ 제설열차, 시험운전열차

11. 철도차량운전규칙에서 열차 또는 차량의 운전제한속도를 따로 정하여 시행하여야 경우로 맞는 것은?
   ① 총괄제어법에 따라 열차의 맨 앞에서 제어하는 경우
   ② 쇄정되지 않은 선로전환기를 대향으로 운전하는 경우
   ③ 대용폐색방식을 시행하는 경우
   ④ 서행 운전을 하는 경우

12. 철도차량 운전규칙의 시계운전에 의한 열차의 운전으로 맞는 것은?
   ① 복선운전을 하는 경우 – 격시법, 전령법
   ② 복선운전을 하는 경우 – 지도격시법, 지도식
   ③ 단선운전을 하는 경우 – 지도격시법, 격시법
   ④ 단선운전을 하는 경우 – 격시법, 전령법

13. 철도차량운전규칙에서 정지신호가 신호현시의 기본원칙인 상치신호기로 짝지어진 것은?
   ① 원방신호기 – 유도신호기   ② 유도신호기 – 입환신호기
   ③ 엄호신호기 – 입환신호기   ④ 엄호신호기 – 원방신호기

14. 도시철도운전규칙의 신호에 관한 내용으로 맞는 것은?
   ① 서행예고신호기와 서행신호기에는 서행속도를 표시하여야 한다
   ② 상치신호기의 현시를 후면에서 식별할 필요가 있는 경우에는 배면광을 설비하여야 한다
   ③ 임시신호기의 표지의 배면과 배면광은 백색으로 한다
   ④ 서행예고신호의 야간 신호방식은 흑색 삼각형 3개를 그린 등황색등을 현시한다

15. 도시철도운전규칙의 열차의 운전에 관한 설명으로 틀린 것은?
   ① 열차의 운전방향을 구분하는 한 쌍의 선로에서 운전진로는 우측이다
   ② 차량은 열차와 함께 편성되기 전에는 정거장외의 본선을 운전할 수 없다
   ③ 무인운전시 간이운전대의 개방은 관제실의 사전승인을 받을 것
   ④ 열차의 비상제동거리는 800m 이하로 하여야 한다

16. 도시철도운전규칙에서 열차를 맨 앞 차량에서 운전하지 않아도 되는 경우는?
   ① 서행운전   ② 구원운전   ③ 무인운전   ④ 비상운전

17. 철도사고등의 즉시보고에 관한 설명으로 틀린 것은?
   ① 철도운영자등은 즉시보고 후 국토교통부장관에게 중간보고 및 종결보고를 하여야 한다
   ② 철도운영자등은 즉시보고를 신속하게 할 수 있도록 비상연락망을 비치하여야 한다
   ③ 즉시보고는 사고발생 후 30분 이내에 하여야 한다
   ④ 즉시보고 철도사고등의 중간보고는 철도안전정보관리시스템을 통하여 보고할 수 있다

정답 | 11. | ② | 12. | ① | 13. | ③ | 14. | ③ | 15. | ④ | 16. | ③ | 17. | ④

18. 철도차량운전규칙에서 열차를 무인운전하는 경우의 준수사항으로 틀린 것은?

① 철도운영자등이 지정한 철도종사자는 차량을 차고에서 출고하기 전 또는 무인운전 구간으로 진입하기 전에 운전방식을 무인운전 모드로 전환한다

② 철도운영자등은 여객의 승하차 시 안전을 확보하고 시스템 고장 등 긴급상황에 신속하게 대처하기 위하여 정거장 등에 안전요원을 배치하거나 순회하도록 할 것

③ 철도운영자등이 지정한 철도종사자는 차량을 차고에서 출고한 후 또는 무인운전 구간으로 진입한 후에 관제업무종사자로부터 무인운전 기능을 확인받을 것

④ 관제업무종사자는 열차의 운행상태를 실시간으로 감시하고 필요한 조치를 할 것

19. 도시철도운전규칙에서 규정한 설명으로 틀린 것은?

① 승객안전설비를 갖추고 차장을 승무시키지 아니한 경우에는 출발전호를 하지 않을 수 있다

② 노면전차의 신호기는 도로교통 신호기와 혼동되지 않도록 설계하여야 한다

③ 도시철도건설자는 열차등의 안전운전에 지장이 없도록 안전관계표지를 설치하여야 한다

④ 노면전차의 신호기는 크기와 형태가 눈으로 볼 수 있도록 뚜렷하고 분명하게 인식되도록 설계하여야 한다

20. 철도운영자등이 사고내용을 조사하여 그 결과를 보고해야 하는 철도사고등 중 발생한 후 1시간 이내에 국토교통부장관에게 초기보고를 해야 하는 것이 아닌 것은?

① 철도준사고

② 언론보도가 예상되는 등 사회적 파장이 큰 사건

③ 탈선사고

④ 고속열차가 40분 지연이 예상되는 사건

모의고사

1. 안전운행 또는 질서유지 철도종사자가 아닌 것은?

① 정거장에서 철도신호기·선로전환기 또는 조작판 등을 취급하거나 열차의 조성업무를 수행하는 사람

② 철도시설 또는 철도차량을 보호하기 위한 순회점검업무 또는 경비업무를 수행하는 사람

③ 철도차량의 운행선로 또는 그 인근에서 철도시설의 건설 또는 관리와 관련된 작업의 경비업무를 하는 사람

④ 철도사고, 철도준사고 및 운행장애가 발생한 현장에서 조사·수습·복구 등의 업무를 수행하는 사람

2. 철도 보호 및 질서유지를 위한 금지행위로 틀린 것은?

① 궤도의 중심으로부터 양측으로 폭 3미터 이내의 장소에 철도차량의 안전 운행에 지장을 주는 물건을 방치하는 행위

② 전차선로에 의하여 감전될 우려가 있는 시설이나 설비를 설치하는 행위

③ 철도시설 또는 철도차량을 파손하여 철도차량 운행에 위험을 발생하게 하는 행위

④ 철도차량을 향하여 돌이나 그 밖의 위험한 물건을 던져 철도차량 운행에 위험을 발생하게 하는 행위

3. 철도차량 운전면허 없이 운전할 수 있는 경우의 설명으로 맞는 것은?

① 운전교육 표지를 유리 바깥쪽에 부착

② 바탕은 파란색, 글씨는 노란색의 표지 부착

③ 철도차량을 제작·조립·정비하기 위한 차량정비기지에서 운전하는 경우

④ 교육훈련표지의 규격은 가로 60cm × 세로 20cm이다

4. 철도종사자 중 운전업무종사자의 준수사항이 아닌 것은?

① 운행구간의 이상이 발견된 경우 관제업무종사자에게 즉시 보고할 것

② 철도사고등이 발생한 경우 여객 대피 및 사고현장 현황을 파악할 것

③ 차량정비기지에서 출발하는 경우 운전제어와 관련된 장치의 기능 등을 확인할 것

④ 정거장 외에는 정차를 하지 아니할 것

정답 | 1. | ③ | 2. | ② | 3. | ② | 4. | ②

5. 철도보호지구에서의 행위제한 등에 관한 설명으로 틀린 것은?

① 시·도지사는 철도차량의 안전운행 및 철도 보호를 위하여 필요한 경우 국토교통부장관에게 해당 행위 금지·제한 또는 조치 명령을 할 것을 요청할 수 있다

② 노면전차의 철도보호지구 바깥쪽 경계선으로부터 20m 이내의 지역에서 굴착 등으로 철도차량의 안전운행을 방해할 우려가 있는 행위를 하려는 자는 국토교통부장관 또는 시·도지사에게 신고하여야 한다

③ 도시철도 중 노면전차의 경우에는 철도경계선으로부터 10m 이내의 지역을 철도보호지구라고 한다

④ 철도경계선으로부터 30m 이내의 지역을 철도보호지구라고 한다

6. 영상기록장치의 설치·운영에 관한 설명으로 틀린 것은?

① 영상기록에 대한 접근 통제 및 접근 권한의 제한 조치는 영상기록장치 운영·관리 지침에 포함되어야 한다

② 영상기록의 제공과 영상기록의 보관 기준 등에 필요한 사항은 국토교통부령으로 정한다

③ 국토교통부장관은 영상기록장치에 기록된 영상이 분실·도난·유출·변조 또는 훼손되지 않도록 영상기록장치의 운영·관리 지침을 마련하여야 한다

④ 전용철도의 철도차량의 경우 운전실의 운전조작 상황을 촬영될 수 있는 영상기록장치는 설치하지 않을 수 있다

7. 국토교통부장관이 업무의 일부를 한국교통안전공단에 위탁한 업무가 아닌 것은?

① 안전관리체계에 대한 정기검사 또는 특별검사

② 안전관리기준에 대한 적합 여부 검사

③ 철도운영 및 철도시설의 안전관리에 필요한 기술기준의 재정 또는 개정을 위한 연구·개발

④ 철도차량정비기술자의 인정

8. 운전면허 신체검사의 검사항목 중 혈액이나 조혈계통의 불합격 기준으로 맞는 것은?

① 진성적혈구 과소증

② 혈소판 증가성 자반병

③ 용혈성 빈혈(용혈성 황달)

④ 심한 방실전도장애

9. 철도차량운전규칙에서 상치신호기 신호현시의 기본원칙으로 맞는 것은?

① 유도신호기는 무유도등 점등

② 입환신호기는 정지신호

③ 원방신호기는 정지신호

④ 단선구간 반자동폐색신호기는 진행신호

10. 철도차량운전규칙에서 신호의 복위에 관한 설명이다. (   ) 들어갈 내용은?

> 열차가 상치신호기의 설치지점을 통과한 때에는, 그 지점을 통과한 때마다 (   )는 신호를 현시하지 아니하며, (   )는 주의신호를, 그 밖의 신호는 정지신호를 현시하여야 한다

① 입환신호기 / 원방신호기

② 유도신호기 / 엄호신호기

③ 유도신호기 / 원방신호기

④ 입환신호기 / 엄호신호기

11. 철도차량운전규칙에서 열차 간의 안전확보 방법 중에 폐색에 의한 방법의 설명이다. (   ) 들어갈 내용은?

> (   )은 폐색 구간이 관제업무종사자가 열차 운행을 감시할 수 있어야 하고, 운전용 통신장치 기능이 정상일 경우에 관제업무종사자의 승인에 따라 시행한다

① 지도식   ② 연동폐색식   ③ 지령식   ④ 지도통신식

12. 철도차량운전규칙에서 차내신호기의 야드신호 현시방식은?
① 적색사각형등과 노란색 원형등 (25등 신호) 점등
② 노란색 사각형등과 적색사각형등 (“25”지시) 점등
③ 노란색 직사각형등과 적색원형등 (“25”지시) 점등
④ 노란색 직사각형등과 적색원형등 (25등 신호) 점등

13. 철도차량운전규칙에서 선로전환기의 쇄정에 관한 설명 중 틀린 것은?
① 상시 쇄정되어 있는 선로전환기는 연동쇄정 할 필요가 없다
② 본선의 선로전환기는 이와 관계된 신호기와 그 진로내의 선로전환기를 연동쇄정하여 사용하여야 한다
③ 취급회수가 극히 적은 배향의 선로전환기는 이와 관계된 신호기와 연동쇄정하여야 한다
④ 쇄정되지 않은 선로전환기를 대향으로 통과할 때에는 쇄정기구를 사용하여 텅레일을 쇄정하여야 한다

14. 철도차량운전규칙의 입환에 관한 설명 중 틀린 것은?
① 차량과 열차가 이동하는 때에는 차량을 분리하는 입환작업을 하지 말 것
② 다른 열차가 인접정거장을 출발한 후에는 그 열차에 대한 장내신호기 안쪽에 걸친 입환을 할 수 없다
③ 열차의 도착시간이 임박한 때에는 그 열차가 정차 예정인 선로에서는 입환을 할 수 없다
④ 본선을 이용하는 인력입환은 관제업무종사자 또는 운전취급담당자의 승인을 받아야 하며, 운전취급담당자는 그 작업을 감시해야 한다

15. 철도차량운전규칙에서 차내신호폐색식을 시행하는 구간의 차내신호가 자동으로 정지신호를 현시하는 경우가 아닌 것은?
① 열차제어장치의 차상장치에 고장이 있는 경우
② 폐색구간에 있는 선로전환기가 정당한 방향에 있지 아니한 경우
③ 다른 선로에 있는 열차 또는 차량이 폐색구간을 진입하고 있는 경우
④ 폐색구간에 열차 또는 다른 차량이 있는 경우

16. “기타철도안전사고”에 해당하는 것은?
① 건널목사고   ② 철도안전사상사고   ③ 위험물사고   ④ 철도화재사고

17. 도시철도운전규칙에서 규정한 내용으로 틀린 것은?

　① 열차는 차량의 특성 및 선로 구간의 시설 상태 등을 고려하여 안전운전에 지장이 없도록 편성하여야 한다

　② 열차를 편성하거나 편성을 변경할 때에는 운전하기 전에 제동장치의 기능을 시험하여야 한다

　③ 열차의 운전방향을 구별하여 운전하는 한 쌍의 선로에서 열차의 운전 진로는 우측으로 한다

　④ 운전사고 등으로 열차를 정상적으로 운전할 수 없을 때에는 열차의 종류, 등급, 행선지 및 연계수송 등을 고려하여 열차가 정상운전이 되도록 운전 정리를 하여야 한다

18. 도시철도운전규칙에서 진로표시기의 현시방식으로 맞는 것은?

　① 색등식 좌측진로 : 흑색바탕에 좌측방향 백색화살표

　② 색등식 우측진로 : 흑색바탕에 우측방향 등황색화살표

　③ 색등식 중앙진로 : 흑색바탕에 수직방향 황색화살표

　④ 문자식 : 4각 백색바탕에 문자

19. 제1종 전기차량운전면허 소지자가 제2종 전기차량운전면허를 취득하기 위한 교육 시간으로 맞는 것은?

　① 이론교육 50시간, 기능교육 35시간　② 이론교육 140시간, 기능교육 35시간

　③ 이론교육 40시간, 기능교육 20시간　④ 이론교육 200시간, 기능교육 200시간

20. 노면전차 신호기의 설계 요건으로 맞는 것은?

　① 도로신호를 공용으로 사용한다

　② 도로교통 신호기와 혼동되지 않을 것

　③ 철도신호기와 같은 크기로 설치할 것

　④ 노면전차의 신호는 차내신호기를 사용한다

정답 | 17. | ④ | 18. | ① | 19. | ① | 20. | ②

모의고사

1. 국토교통부령으로 정하는 폭발물 등 적치금지 구역 및 시설로 맞는 것은?

① 신호·통신기기 설치장소　　　② 철도 역사

③ 철도차량 정비시설　　　④ 위험물을 적하하거나 보관하는 장소

2. 철도장비 운전면허의 적성검사 항목으로 맞는 것은?

① 작업기억　　② 주의력　　③ 민첩성　　④ 안정도

3. 여객열차에 승차하는 사람의 신체·휴대물품 및 수화물의 보안검색에 관한 설명으로 적합한 것은?

① 보안검색 장비 종류는 대통령령으로 정한다

② 국토교통부장관은 보안검색 정보 및 그 밖의 철도보안·치안 관리에 필요한 정보를 효율적으로 활용하기 위하여 철도안전정보체계를 구축·운영하여야 한다

③ 보안검색 장소의 안내문 등을 통하여 사전에 보안검색 실시계획을 안내한 경우 철도특별사법경찰관리가 사전 설명 없이 검색할 수 있다

④ 위해물품을 적재하였다고 판단하는 경우 그 물건에 대해 전부검색을 실시할 수 있다

4. 운전업무종사자 등의 관리에 관한 설명으로 적합한 것은?

① 철도운영자등은 철도차량 운전업무 종사자의 신체검사를 의료법 제3조 2항 1호 가목의 의원에 위탁할 수 있다

② 최초검사나 특별검사를 받은 날부터 2년이 되는 날을 "신체검사 유효기간 만료일"이라 한다

③ 국토교통부령으로 정하는 업무에 종사하는 철도종사자는 정기적으로 신체검사를 받아야 한다

④ 신체검사의 합격기준 등에 관한 필요한 사항은 대통령령으로 한다

5. 운전업무종사자의 실무수습 관리대장에 기록하여야 하는 내용이 아닌 것은?

① 평가자의 성명 및 날인　　　② 면허종류 및 소속기관

③ 수습구간 및 수습차량　　　④ 운전시간 및 운전거리

정답 | 1. | ② | 2. | ③ | 3. | ③ | 4. | ① | 5. | ④ |

6. 안전관리체계 승인과 관련한 설명으로 틀린 것은?

① 종합시험운행 결과 보고서는 철도안전관리체계 변경승인신청서에 첨부하여 제출하여야 한다

② 국토교통부장관은 안전관리체계의 변경승인 신청을 받은 경우에는 15일 이내에 변경승인에 필요한 검사 등의 계획서를 작성하여 신청인에게 통보하여야 한다

③ 안전관리체계 승인 받으려는 경우에는 철도운용 또는 철도시설 관리 개시 예정일 90일 전까지 철도안전관리체계 승인신청서를 제출하여야 한다

④ 철도노선의 신설 또는 개량에 따른 변경의 경우에는 철도운용 또는 철도시설 관리 개시 예정일 90일 전까지 철도안전관리체계 변경승인신청서를 제출하여야 한다

7. 관제자격증명 소지자가 관제업무 수행 중 고의 또는 중과실로 철도사고의 원인을 제공하여 부상자가 발생한 경우 2차위반시 처분기준은?

① 효력정지 1개월 　② 효력정지 3개월 　③ 효력정지 6개월 　④ 자격증명취소

8. 국토교통부장관에게 즉시보고하여야 하는 철도사고등으로 맞는 것은?

① 철도차량이나 열차의 운행과 관련하여 2명 이상 사상자가 발생한 사고

② 철도차량이나 열차에서 화재가 발생하여 운행을 중지시킨 사고

③ 열차의 충돌이나 화재사고

④ 철도차량이나 열차의 운행과 관련하여 3천만원 이상의 재산피해가 발생한 사고

9. 철도종사자의 준수사항으로 틀린 것은?

① 여객승무원이 대신하여 여객의 승하차 여부를 확인하는 경우 운전업무종사자는 여객의 승하차 여부를 확인하지 않아도 된다

② 철도종사자는 업무에 종사하는 동안에는 열차 내에서 흡연을 하여서는 아니 된다

③ 운전업무종사자는 차량정비기지에서 출발하는 경우에 운전제어와 관련된 장치의 기능, 제동장치, 각종 계기판의 기능 등의 이상여부를 확인하여야 한다

④ 작업책임자는 작업 중 비상상황 발생 시 작업일정 및 열차의 운행일정을 재조정하여야 한다

10. 철도차량 운전면허 종류별 운전이 가능한 철도차량의 설명으로 틀린 것은?

① 고속철도차량 운전면허 소지자는 입환작업을 위해 원격제어가 가능한 장치를 설치하여 시속 25킬로미터 이하로 운전하는 동력차를 운전할 수 있다

② 디젤차량 운전면허소지자가 노면전차 운전면허를 취득을 위한 기능교육 시간은 20시간이다

③ 철도장비 운전면허 소지자는 차량기지 내에서 25km 이하로 전기동차를 운행 할 수 있다

④ 제1종 전기차량 운전면허 소지자는 시속 100km 이상으로 운행하는 철도시설의 검측장비 운전을 할 수 있다

11. 국토교통부장관이 업무의 일부를 한국교통안전공단에 위탁할 수 있는 업무는?

① 철도보안정보체계의 구축·운영

② 과태료의 부과·징수

③ 술을 마셨거나 약물을 사용하였는지에 대한 확인 또는 검사

④ 철도운영자등에 대한 안전관리 수준평가

12. 철도장비운전업무종사자가 정기 적성검사에서 반응형 검사 항목으로 맞는 것은?

① 주의배분능력   ② 속도예측능력   ③ 거리지각능력   ④ 판단력

13. 운전면허 갱신에 관하여 옳은 것은?

① 운전면허 갱신에 관한 통지는 철도차량 운전면허통지서에 따른다

② 운전면허의 효력이 정지된 사람이 3년 이내에 동일한 운전면허를 취득하려는 경우 그 절차의 일부를 면제한다

③ 운전면허의 갱신을 받지 아니하면 유효기간이 만료되는 날부터 운전면허의 효력이 정지된다

④ 운전면허 취득자에게 운전면허의 유효기간이 만료되기 전에 국토교통부령으로 정하는 바에 따라 운전면허의 갱신에 관한 내용을 통지하여야 한다

14. 철도안전법에서 과태료의 금액을 오름차순으로 나열한 것은?

> ㄱ. 여객열차에서의 금지행위중 흡연하는 행위를 위반하여 여객열차에서 흡연을 한 사람
>
> ㄴ. 안전관리체계의 변경승인을 받지 아니하고 안전관리체계를 변경한 자
>
> ㄷ. 철도안전 우수운영자 지정 표시를 위반하여 운수운영자로 지정되었음을 나타내는 표시를 하거나 이와 유사한 표시를 한 자
>
> ㄹ. 철도종사자의 허락 없이 여객에게 기부를 부탁하거나 물품을 판매·배부하거나 연설·권유 등을 하여 여객에게 불편을 끼치는 행위

① ㄴ-ㄷ-ㄴ-ㄱ-ㄹ   ② ㄹ-ㄱ-ㄷ-ㄴ   ③ ㄱ-ㄴ-ㄷ-ㄹ   ④ ㄹ-ㄷ-ㄴ-ㄱ

15. 관제자격증명에 관한 설명으로 틀린 것은

① 도시철도 관제자격증명의 학과시험 과목은 철도관련법, 관제관련규정, 철도시스템 일반, 도시철도교통 관제 운영, 비상 시 조치 등이다

② 도시철도 관제자격증명 취득자가 철도 관제자격증명 시험에 응시하는 경우에 실기 시험 과목중 열차운행계획, 철도관제시스템 운용 및 실무 과목을 면제한다

③ 도시철도 관제자격증명을 취득한 사람에 대한 철도 관제자격증명의 교육훈련시간 은 80시간이다

④ 철도 관제자격증명의 관제교육훈련시간은 360시간이다.

16. 철도차량운전규칙에서 정한 용어의 정의 중 틀린 것은?

① 정거장 : 여객의 승강, 화물의 적하, 열차의 조성, 열차의 교행 또는 대피를 목적으로 사용되는 장소를 말하다
② 신호장 : 상치신호기 등 열차제어시스템을 조작, 취급하기 위하여 설치한 장소를 말한다
③ 구내운전 : 정거장내 또는 차량기지 내에서 입환신호에 의하여 열차 또는 차량을 운전하는 것을 말하다
④ 조차장 : 차량의 입환 또는 열차의 조성을 위하여 사용되는 장소를 말한다

17. 도시철도운전규칙에서 속도를 제한할 경우로 틀린 것은?

① 지령식으로 운전할 경우
② 차량을 결합, 해제하거나 차선을 바꾸는 경우
③ 쇄정되지 않은 선로전환기를 향하여 진행하는 경우
④ 감속·주의·경계·정지신호 등의 신호가 있는 지점을 지나서 진행하는 경우

18. 도시철도운전규칙에서 임시신호기에 관한 설명으로 틀린 것을 모두 고르시오?

① 서행예고신호기에는 지정속도를 표시하여야 한다
② 임시신호기 표지의 배면과 배면광은 백색으로 한다
③ 야간 서행신호기는 흑색삼각형 무늬 3개를 그린 백색등이다
④ 주간 서행신호기는 백색테두리 황색원판이다

19. 둘 이상의 철도운영자등이 관련된 철도사고등이 발생한 경우 사고조사 및 보고방법으로 틀린 것은?

① 철도사고등에 따른 최초 보고자는 사고 발생 구간을 관리하는 철도운영자등이다
② 중간보고는 보고 기한일 이전에 사고원인이 명확하게 밝혀진 경우에는 철도시설 관련 사고 등은 철도차량 운영자 및 철도시설 관리자가 한다
③ 종결보고는 보고 기한일 이전에 사고원인이 명확하게 밝혀지지 않은 경우에는 사고와 관련된 모든 철도차량 운영자 및 철도시설 관리자가 한다
④ 공동으로 사고조사를 시행할 수 있다

20. 철도차량운전규칙에서 열차제어장치의 기능에 관한 설명으로 맞는 것은?

① 열차자동정지장치는 운행 중인 열차를 선행열차와의 간격, 선로의 굴곡, 선로전환기 등 운행 조건에 따라 제어정보가 지시하는 속도로 자동으로 감속시키거나 정지시킬 수 있을 것
② 열차자동방호장치는 열차의 속도가 지상에 설치된 신호기의 현시 속도를 초과하는 경우 열차를 자동으로 정지시킬 수 있어야 한다
③ 열차자동제어장치 및 열차자동방호장치는 열차를 정지시켜야 하는 경우 자동으로 제동장치를 작동하여 정지목표에 정지할 수 있을 것
④ 열차자동정지장치는 장치의 조작 화면에 열차제어정보에 따른 운전 속도와 열차의 실제 속도를 실시간으로 나타내 줄 것

1. 다음 중 운전교육훈련기관의 세부 지정 기준으로 옳지 않은 것은?
   ① 책임교수는 박사학위 소지자로 철도교통에 관한 업무에 10년 이상 또는 철도차량 운전 관련 업무에 5년 이상 근무한 경력이 있는 사람
   ② 선임교수는 석사학위 소지자로 철도교통에 관한 업무에 10년 이상 또는 철도차량 운전 관련 업무에 5년 이상 근무한 경력이 있는 사람
   ③ 선임교수는 교수 경력이 5년 이상 있는 사람
   ④ 교수는 철도차량 운전과 관련된 교육기관에서 강의 경력이 1년 이상 있는 사람

2. 자율보고 시행지침에서 정의하는 철도사고로 틀린 것은?
   ① 위험물 사고는 열차에서 위험물 또는 위해물품이 누출되거나 폭발하는 등으로 사상자 또는 재산피해가 발생한 사고를 뜻한다
   ② 건널목 사고란 건널목에서 열차 또는 철도차량과 도로를 통행하는 차마, 사람 또는 기타 이동수단으로 사용하는 기계기구와 충돌하거나 접촉한 사고를 말한다
   ③ 기타 철도교통사고는 위험물 사고, 건널목 사고, 철도교통사상사고, 기타안전사고로 이루어져 있다
   ④ 철도안전사상사고는 철도화재, 철도시설파손사고를 동반하지 않고, 대합실, 승강장, 선로 등 철도시설에서 추락, 감전, 충격 등으로 여객, 공중, 직원이 사망하거나 부상을 당한 사고이다

3. 한국교통안전공단에 위임한 것이 아닌 것은?
   ① 철도 운전면허 시험의 실시
   ② 운전면허 교육 훈련 시행
   ③ 정비조직 운영 기준의 작성
   ④ 철도차량정비기술자 인정의 취소 및 정지에 관한 사항

4. 철도차량운전규칙에서 상치신호기에 대한 설명으로 옳지 않은 것은?
   ① 중계신호기는 주신호기가 정지신호를 할 경우 제한 중계에서 백색등열 좌하향 45도를 현시한다
   ② 등열식 입환신호기의 진행 신호는 백색등열 좌하향 45도, 무유도등 점등한다
   ③ 원방신호기는 주 신호기가 정지신호를 현시할 경우 등황색등을 현시한다
   ④ 유도신호기는 백색등열 좌하향 45도 현시한다

정답 1. ③ 2. ③ 3. ② 4. ①

5. 철도차량운전면허를 보유하고 다른 철도차량운전면허를 취득하려고 할 때의 설명으로 틀린 것은 무엇인가?
① 디젤차량면허 보유자 : 제2종 전기차량 운전면허 필기시험을 볼 때 전기동차 구조 및 기능과 도시철도 시스템일반 과목을 응시하여야 한다
② 제1종 전기차량운전면허 보유자 : 제2종 전기차량 운전면허 시험 응시 시 기능시험에서 비상시 조치는 제외한다
③ 제2종 전기차량운전면허 운전업무 수행경력 3년 이상 : 고속철도차량 운전면허 기능시험에서 준비점검이 포함된다
④ 제2종 전기차량운전면허 운전업무 수행경력 2년 이상 : 디젤차량 운전면허 취득 시 필기시험을 면제한다

6. 철도안전법 제 50조(사람 또는 물건에 대한 퇴거조치)에서 정하는 '대통령령으로 정하는 지역'으로 틀린 것은?
① 열차 밖
② 철도차량정비소의 담장이나 경계선 안의 지역
③ 철도 전력설비가 설치되어있는 담장이나 경계선 안의 지역
④ 화물 적하하는 장소의 담장이나 경계선 안의 지역

7. 철도차량운전면허의 결격 사유가 아닌 사람은?
① 18세 미만인 A씨
② 운전면허가 취소된 날로부터 2년이 지난 B씨
③ 철도차량 운전상의 위험과 장애를 일으킬 수 있는 뇌전증환자 또는 알코올 중독자로서 대통령령으로 정하는 사람
④ 두 귀의 시력 또는 청력을 완전히 상실한 사람

8. 철도사고등의 종결보고 시 작성해야 할 것으로 맞는 것은?
① 사고결과보고서, 사고현장상황, 수습결과조사표
② 사고결과보고서, 사고현장분석, 사고수습조사표
③ 조사결과보고서, 사고현장상황, 사고발생원인조사표
④ 조사결과보고서, 사고현장상황, 사고원인분석조사표

9. 철도차량운전규칙에서 종속신호기에 대한 설명으로 틀린 것은?
① 원방신호기는 비자동구간의 출발신호기에 종속되어 있다
② 중계신호기는 전방의 주신호기가 진행을 현시하고 있을 경우 백색등이 수직으로 현시되어 있다
③ 통과신호기는 전방의 출발신호기가 진행을 현시하고 있을 경우 완목이 45도 좌하향으로 기울어져 있다
④ 3현시 원방신호기의 정위는 주의신호이다

10. 관제업무종사자가 고의 또는 중과실로 철도사고를 일으켜 부상자가 2회 발생하였을 때 어떤 처분을 받는가?

① 효력정지 2개월 ② 효력정지 3개월 ③ 자격증명 취소 ④ 효력정지 1개월

11. 철도차량운전규칙에서 5현시 색등식 감속신호의 하위 색상으로 맞는 것은?

① 적색등 ② 녹색등 ③ 등황색등 ④ 백색등

12. 폭발물 적치 금지 구역으로 옳은 것은?

① 철도차량 정비시설 ② 위험물 보관, 적하하는 시설
③ 철도 운전용 급유시설물이 있는 장소 ④ 철도 역사

13. 도시철도운전규칙에서 입환 전호에 관한 내용으로 맞는 것은?

① 신호기를 설치하지 아니한 경우 또는 신호기를 사용하지 못할 경우에는 입환전호를 하여야 한다
② 입환전호의 방식으로는 접근전호, 퇴거전호, 기적전호, 정지전호가 있다
③ 접근전호는 주간에 녹색기를 현시한다
④ 정지전호는 야간에 적색등을 흔든다

14. 철도종사자 등에 관한 교육훈련시행지침에서 실무수습 절차에 대해 틀린 것은?

① 철도운영자등은 실무수습에 필요한 교육교재·평가 등 교육기준을 마련하고 그 절차에 따라 실무수습을 실시하여야 한다
② 철도운영자 등은 운전업무 및 관제업무에 종사하고자 하는 자에 대하여 자격기준을 갖춘 실무수습 담당자를 지정하여 가능한 개별교육이 이루어지도록 노력하여야 한다
③ 철도운영자등은 실무수습을 이수한 자에 대하여는 매월 말일을 기준으로 다음달 15일까지 교통안전공단에 실무수습기간·실무수습을 받은 구간·인증기관·평가자 등의 내용을 통보하고 철도안전정보망에 관련 자료를 입력하여야 한다
④ 철도운영자등은 철도차량의 운전업무에 종사하려는 사람 또는 관제업무에 종사하려는 사람에 대하여 실무수습을 실시하여야 한다

15. 철도보호지구에서의 행위 제한 등이 아닌 것은?

① 토지의 형질변형 및 굴착
② 토석, 자갈 및 모래의 채취
③ 건축물의 신축, 개축, 증축 또는 인공구조물의 설치
④ 나무의 식재(국토교통부령으로 정한 경우만 해당한다)

16. 운전업무종사자의 적성검사 항목 중 반응형 검사로 틀린 것은?

① 복합기능 ② 선택주의 ③ 시각변별 ④ 작업기억

정답 | 10. | ③ | 11. | ② | 12. | ④ | 13. | ④ | 14. | ③ | 15. | ④ | 16. | ④

17. 1년 이상 철도차량운전업무 경력자가 다른 운전면허를 취득하기 위한 교육훈련 시간으로 틀린 것은?

① 철도차량운전업무 보조경력 2년차 : 철도장비운전면허 이론 120시간
② 철도차량운전업무 보조경력 1년차 : 철도장비운전면허 이론 80시간
③ 철도차량운전업무 보조경력 1년차 : 제 2종 전기차량운전면허 이론 190시간
④ 철도차량운전업무 보조경력 1년차 : 디젤차량운전면허 이론 190시간

18. 철도차량운전규칙에서 열차의 동시 진출·입 기준으로 맞는 것은?

① 다른 방향에서 진입하는 열차들이 출발신호기 또는 정차위치로부터 150m 이상 여유거리가 있는 경우
② 다른 방향에서 진입하는 열차들이 출발신호기 또는 정차위치로부터 150m 이상(동차, 전동차는 150m)의 여유거리가 있는 경우
③ 다른 방향에서 진입하는 열차들이 출발신호기 또는 정차위치로부터 200m(동차, 전동차는 150m)이하의 여유거리가 있는 경우
④ 다른 방향에서 진입하는 열차들이 출발신호기 또는 정차위치로부터 200m(동차, 전동차는 150m)이상의 여유거리가 있는 경우

19. 2022년 5월 1일 기관사 A씨는 휴대전화를 사용하다 적발되어 벌금을 냈다. 2023년 3월 21일 재적발되었다면 이때의 벌금은 얼마인가?

① 60만원　　② 300만원　　③ 150만원　　④ 30만원

20. 운행장애의 종류별 설명으로 옳지 않은 것은?

① 급전장애 : 전기설비의 고장, 파손 및 변형 등의 결함이나 외부 충격 및 이물질 접촉 등으로 정전 또는 전압강하 등의 급전지장이 발생되어 열차 운행에 지장을 가져온 경우
② 차량구름 : 열차 또는 철도차량이 주·정차하는 정거장(신호장, 신호소, 간이역, 기지를 포함)에서 열차 또는 철도차량이 정거장 바깥으로 구른 경우
③ 열차방해 : 선로점거 등의 고의적으로 열차운행을 방해하여 열차운행에 지장을 가져온 경우
④ 열차분리 : 열차운행 중 열차의 조성 작업과 관련하여 열차를 구성하는 철도차량 간의 연결이 분리된 경우

저자약력

황 승 순

〈카페〉 cafe.daum.net/RAIL
〈메일〉 hss-21@hanmail.net

현. 우송대학교 철도경영학과 출강
　　(사)한국철도운수협회 부회장
우송대학교 철도경영학과 초빙교수
동국대학교 행정대학원 졸업(행정학 석사)
건국대학교 부동산대학원 최고경영자과정
인하대학교 물류대학원 최고경영자과정
한국철도협회 철도산업 최고경영자과정

〈경력〉

* 한국철도공사
　안전본부장(상임이사)
　여객본부장(상임이사)
　물류본부장
　서울본부장
　비서실장
　인사운영처장 · 경영전략처장
　물류계획처장 · 물류수송차량처장

* 철도청
　총무과 팀장(기획 · 상벌)
　기획예산담당 사무관
　영업본부(운수국) 영업팀장
　동대구역 영업과장 · 세류역 부역장
　서울열차사무소 차장
　서울역 역무원 · 수송원

〈자격증〉

공인중개사
주택관리사(보)
행정사(일반)
안전보건경영시스템 인증심사원
철도교통안전관리자
철도운송산업기사
컴퓨터활용능력 2급

워드프로세서 1급
정보통신운용기능사
인터넷정보검색사 2급
위험물취급기능사(4류)
부역장(팀장)등용자격
차장등용자격

〈수상〉

전국 공무원PC이용 중앙경진대회(국무총리표창)
PC프로그램 경진대회 입상
철도기능경기대회 여객부문 1등
운전 시문경기대회 입상
지적확인환호응답 경진대회 입상
산업포장 · 대통령표창 · 국무총리표창 · 장관표창 · 청장표창 등

〈저서〉

「철도운송산업기사」(2025), 박영사
「철도관련법 철도안전법」(2025), 박영사
「철도교통안전관리자 10일 완성 기출문제집」(2025), 박영사

제3판
철도관련법
철도안전법

초판발행	2022년 1월 20일
중판발행	2023년 8월 1일
제2판발행	2024년 2월 1일
제3판발행	2025년 2월 1일

지은이	황승순
펴낸이	안종만 · 안상준

편 집	박정은
기획/마케팅	정연환
표지디자인	BEN STORY
제 작	고철민 · 김원표

펴낸곳	(주) **박영사**
	서울특별시 금천구 가산디지털2로 53, 210호(가산동, 한라시그마밸리)
	등록 1959. 3. 11. 제300–1959–1호(倫)
전 화	02)733-6771
f a x	02)736-4818
e-mail	pys@pybook.co.kr
homepage	www.pybook.co.kr
ISBN	979-11-303-2200-1 13530

copyright©황승순, 2025, Printed in Korea

철도취업 · 자격정보

* 책의 내용에 관한 제안 · 의견 · 문의
   <카페> cafe.daum.net/RAIL
   <메일> hss–21@hanmail.net

정 가   29,000원